i+ Interactif de Chenelière Éducation, le nouveau standard de l'enseignement

- **Créer** des préparations de cours et des présentations animées.
- **Partager** des annotations, des documents et des hyperliens avec vos collègues et vos étudiants.
- **Captiver** votre auditoire en utilisant les différents outils performants.

Profitez dès maintenant des contenus spécialement conçus pour ce titre.

3258-M1 ISBN 978-2-7651-0680-7

CODE D'ACCÈS ÉTUDIANT

http://mabibliotheque.cheneliere.ca

Liste des éléments : symboles et masses atomiques *

Élément	Symbole	Numéro atomique	Masse atomique**	Élément	Symbole	Numéro atomique	Masse atomique**
Actinium	Ac	89	[227]	Magnésium	Mg	12	24,31
Aluminium	Al	13	26,98	Manganèse	Mn	25	54,94
Américium	Am	95	[243]	Meitnerium	Mt	109	[266]
Antimoine	Sb	51	121,8	Mendélévium	Md	101	[256]
Argent	Ag	47	107,9	Mercure	Hg	80	200,6
Argon	Ar	18	39,95	Molybdène	Mo	42	95,94
Arsenic	As	33	74,92	Néodyme	Nd	60	144,2
Astate	At	85	[210]	Néon	Ne	10	20,18
Azote	N	7	14,01	Neptunium	Np	93	[237]
Baryum	Ba	56	137,3	Nickel	Ni	28	58,69
Berkélium	Bk	97	[247]	Niobium	Nb	41	92,91
Béryllium	Be	4	9,012	Nobélium	No	102	[253]
Bismuth	Bi	83	209,0	Or	Au	79	197,0
Bohrium	Bh	107	[262]	Osmium	Os	76	190,2
Bore	B	5	10,81	Oxygène	O	8	16,00
Brome	Br	35	79,90	Palladium	Pd	46	106,4
Cadmium	Cd	48	112,4	Phosphore	P	15	30,97
Calcium	Ca	20	40,08	Platine	Pt	78	195,1
Californium	Cf	98	[249]	Plomb	Pb	82	207,2
Carbone	C	6	12,01	Plutonium	Pu	94	[242]
Cérium	Ce	58	140,1	Polonium	Po	84	[210]
Césium	Cs	55	132,9	Potassium	K	19	39,10
Chlore	Cl	17	35,45	Praséodyme	Pr	59	140,9
Chrome	Cr	24	52,00	Prométhium	Pm	61	[147]
Cobalt	Co	27	58,93	Protactinium	Pa	91	[231]
Copernicium	Cn	112	[285]	Radium	Ra	88	[226]
Cuivre	Cu	29	63,55	Radon	Rn	86	[222]
Curium	Cm	96	[247]	Rhénium	Re	75	186,2
Darmstadtium	Ds	110	[269]	Rhodium	Rh	45	102,9
Dubnium	Db	105	[260]	Roentgenium	Rg	111	[272]
Dysprosium	Dy	66	162,5	Rubidium	Rb	37	85,47
Einsteinium	Es	99	[254]	Ruthénium	Ru	44	101,1
Erbium	Er	68	167,3	Rutherfordium	Rf	104	[257]
Étain	Sn	50	118,7	Samarium	Sm	62	150,4
Europium	Eu	63	152,0	Scandium	Sc	21	44,96
Fer	Fe	26	55,85	Seaborgium	Sg	106	[263]
Fermium	Fm	100	[253]	Sélénium	Se	34	78,96
Flérovium	Fl	114	[289]	Silicium	Si	14	28,09
Fluor	F	9	19,00	Sodium	Na	11	22,99
Francium	Fr	87	[223]	Soufre	S	16	32,07
Gadolinium	Gd	64	157,3	Strontium	Sr	38	87,62
Gallium	Ga	31	69,72	Tantale	Ta	73	180,9
Germanium	Ge	32	72,59	Technétium	Tc	43	[99]
Hafnium	Hf	72	178,5	Tellure	Te	52	127,6
Hassium	Hs	108	[265]	Terbium	Tb	65	158,9
Hélium	He	2	4,003	Thallium	Tl	81	204,4
Holmium	Ho	67	164,9	Thorium	Th	90	232,0
Hydrogène	H	1	1,008	Thulium	Tm	69	168,9
Indium	In	49	114,8	Titane	Ti	22	47,88
Iode	I	53	126,9	Tungstène	W	74	183,9
Iridium	Ir	77	192,2	Uranium	U	92	238,0
Krypton	Kr	36	83,80	Vanadium	V	23	50,94
Lanthane	La	57	138,9	Xénon	Xe	54	131,3
Lawrencium	Lr	103	[257]	Ytterbium	Yb	70	173,0
Lithium	Li	3	6,941	Yttrium	Y	39	88,91
Livermorium	Lv	116	[293]	Zinc	Zn	30	65,38
Lutécium	Lu	71	175,0	Zirconium	Zr	40	91,22

* Toutes les masses atomiques ont quatre chiffres significatifs. Ces valeurs sont celles approuvées par le comité de l'enseignement de la chimie de l'UICPA.

** Les valeurs approximatives des masses atomiques des éléments radioactifs sont données entre crochets.

Code de couleur des modèles moléculaires

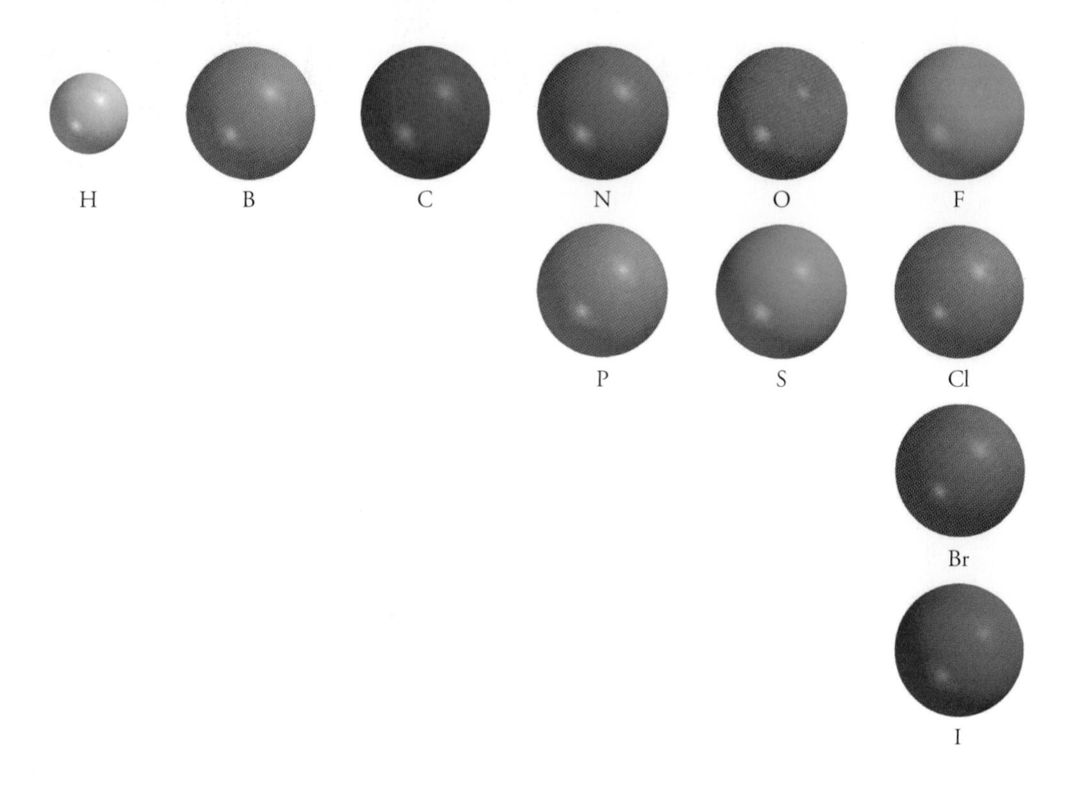

4e édition

Chimie
générale

Raymond Chang, Williams College
Kenneth A. Goldsby, Florida State University

Traduction et adaptation française

Azélie Arpin, Collège de Maisonneuve
Luc Papillon

Consultation

Nadya Bolduc, Cégep de Sainte-Foy
Denys Grandbois, Collège Shawinigan
Christian Gravel, Collège de Bois-de-Boulogne
Véronique Leblanc-Boily, Collège de Bois-de-Boulogne
André Martineau, Collège Ahuntsic
Sonia Moffatt, Collège de Sherbrooke
Sébastien Osborne, La Cité collégiale
Isabelle Paquin, Collège Édouard-Montpetit
Maritza Volel, Collège Montmorency

Chimie générale
4e édition

Traduction et adaptation de : *General Chemistry: The Essential Concepts, Seventh Edition* de Raymond Chang et Kenneth A. Goldsby
© 2014 The McGraw-Hill Companies, Inc. (ISBN 978-0-07-340275-8)

Conception éditoriale : Sophie Gagnon
Édition : Marie Victoire Martin
Coordination : Jean-Philippe Michaud
Recherche iconographique : Julie Saindon
Révision linguistique : Nicole Blanchette
Correction d'épreuves : Katie Delisle
Conception graphique : Pige Communication
Conception de la couverture : Micheline Roy
Impression : TC Imprimeries Transcontinental

Coordination éditoriale du matériel complémentaire Web : Marie Victoire Martin
Coordination du matériel complémentaire Web : Jean-Philippe Michaud

Source iconographique

Couverture : G Brad Lewis Photography, www.volcanoman.com

Catalogage avant publication de Bibliothèque et Archives nationales du Québec et Bibliothèque et Archives Canada

Chang, Raymond

[General chemistry. Français]

Chimie générale

4e édition.

Traduction partielle de la 7e édition de : General chemistry.
Comprend un index.
Pour les étudiants du niveau collégial.

ISBN 978-2-7651-0680-7

1. Chimie. 2. Chimie physique et théorique. 3. Liaisons chimiques. 4. Chimie – Problèmes et exercices. I. Goldsby, Kenneth A. II. Arpin, Azélie, 1978- . III. Papillon, Luc, 1943- . IV. Titre. V. Titre : General chemistry. Français.

QD33.C39214 2014 540 C2014-940525-1

5800, rue Saint-Denis, bureau 900
Montréal (Québec) H2S 3L5 Canada
Téléphone : 514 273-1066
Télécopieur : 514 276-0324 ou 1 800 814-0324
info@cheneliere.ca

ISBN 978-2-7651-0680-7

Dépôt légal : 2e trimestre 2014
Bibliothèque et Archives nationales du Québec
Bibliothèque et Archives Canada

Imprimé au Canada

1 2 3 4 5 ITIB 18 17 16 15 14

Nous reconnaissons l'aide financière du gouvernement du Canada par l'entremise du Fonds du livre du Canada (FLC) pour nos activités d'édition.

Gouvernement du Québec – Programme de crédit d'impôt pour l'édition de livres – Gestion SODEC.

Avant-propos

La quatrième édition de *Chimie générale* poursuit la tradition qui consiste à présenter tous les thèmes fondamentaux nécessaires à l'acquisition d'une base solide en chimie générale, sans rien sacrifier de la profondeur, de la clarté ni de la rigueur.

Les notions sont toujours présentées de manière progressive et dans le but de susciter l'intérêt. Le texte, encore plus vivant qu'auparavant, invite continuellement le lecteur à vérifier sa compréhension de la matière et à réaliser sur-le-champ son apprentissage des nouvelles notions selon une méthode systématique de résolution de problèmes. Les chapitres s'enchaînent de façon logique et cohérente, ce qui n'empêche pas une certaine polyvalence.

Cette édition est caractérisée par :

- une nouvelle présentation, plus visuelle, des résumés ;
- l'ajout de rubriques « Révision des concepts » et « Questions de révision » au fil des chapitres ;
- une nouvelle approche pour le chapitre 7 permettant d'utiliser et de consolider les notions abordées dans les chapitres précédents, en particulier les configurations électroniques ;
- une meilleure organisation dans le chapitre 2 de la section sur la nomenclature ;
- l'ajout de problèmes plus difficiles et intégrateurs.

Pour cette nouvelle édition, Raymond Chang a fait équipe avec Kenneth A. Goldsby à titre de coauteur. Azélie Arpin s'est jointe à Luc Papillon à titre d'adaptatrice de la version française.

À propos des auteurs

Raymond Chang a obtenu un diplôme de premier cycle en chimie à l'Université de Londres, puis un doctorat en chimie à l'Université Yale. Après des recherches postdoctorales à l'Université de Washington et une année d'enseignement au Hunter College de l'Université de la Ville de New York, il a été engagé au département de chimie du Williams College, où il a enseigné de 1968 jusqu'à sa retraite.

Kenneth A. Goldsby a obtenu un baccalauréat en chimie et en mathématiques à l'Université Rice. Également titulaire d'un doctorat en chimie de l'Université de Caroline du Nord à Chapel Hill, il a par la suite effectué des recherches postdoctorales à l'Université d'État de l'Ohio. Il enseigne maintenant à l'Université d'État de Floride.

À propos des adaptateurs

Azélie Arpin est titulaire d'une maîtrise en chimie organique de l'Université McGill et enseigne au Collège de Maisonneuve depuis 2006.

Luc Papillon est titulaire d'un baccalauréat ès arts et d'une licence en enseignement de la chimie de l'Université de Montréal, et d'un certificat de perfectionnement en enseignement collégial (CPEC) de l'Université de Sherbrooke. Il a enseigné la chimie pendant dix ans au niveau secondaire à Montréal, puis au cégep de Sherbrooke de 1976 jusqu'à sa retraite.

Caractéristiques du manuel

Dans *Chimie générale*, les outils pédagogiques permettent au lecteur de consolider sa compréhension des notions de chimie et d'acquérir des habiletés de résolution de problèmes.

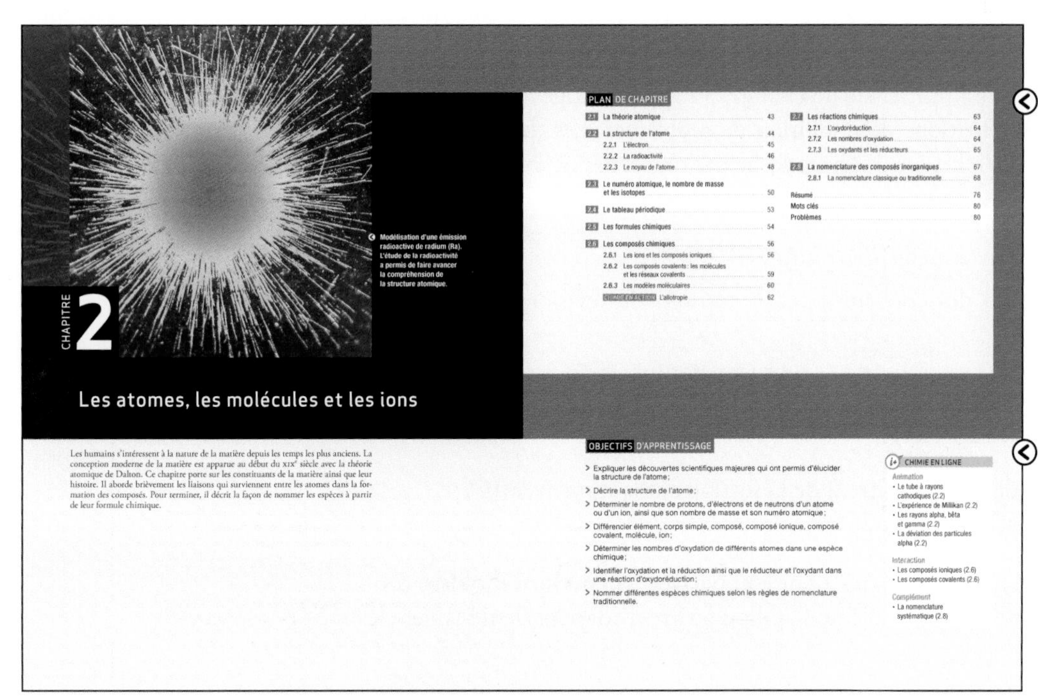
CHAPITRE 2

Les atomes, les molécules et les ions

Modélisation d'une émission radioactive de radium (Ra). L'étude de la radioactivité a permis de faire avancer la compréhension de la structure atomique.

PLAN DE CHAPITRE

OBJECTIFS D'APPRENTISSAGE

- Expliquer les découvertes scientifiques majeures qui ont permis d'élucider la structure de l'atome ;
- Décrire la structure de l'atome ;
- Déterminer le nombre de protons, d'électrons et de neutrons d'un atome ou d'un ion, ainsi que son nombre de masse et son numéro atomique ;
- Différencier élément, corps simple, composé, composé ionique, composé covalent, molécule, ion ;
- Déterminer les nombres d'oxydation de différents atomes dans une espèce chimique ;
- Identifier l'oxydation et la réduction ainsi que le réducteur et l'oxydant dans une réaction d'oxydoréduction ;
- Nommer différentes espèces chimiques selon les règles de nomenclature traditionnelle.

CHIMIE EN LIGNE

Animation
- Le tube à rayons cathodiques (2.2)
- L'expérience de Millikan (2.2)
- Les rayons alpha, bêta et gamma (2.2)
- La déviation des particules alpha (2.2)

Interaction
- Les composés ioniques (2.6)
- Les composés covalents (2.6)

Complément
- La nomenclature systématique (2.8)

Mise en contexte

Chaque chapitre commence par un plan, qui donne une vue d'ensemble du chapitre, et les objectifs d'apprentissage, qui résument les principaux sujets abordés.

Chimie en ligne

Chimie en ligne indique les animations, les interactions et les compléments en lien avec le chapitre offerts sur la plateforme *i+* Interactif. Les animations et les interactions aident à mieux saisir des concepts abstraits en simulant des phénomènes de manière interactive, alors que les compléments permettent d'approfondir certains sujets.

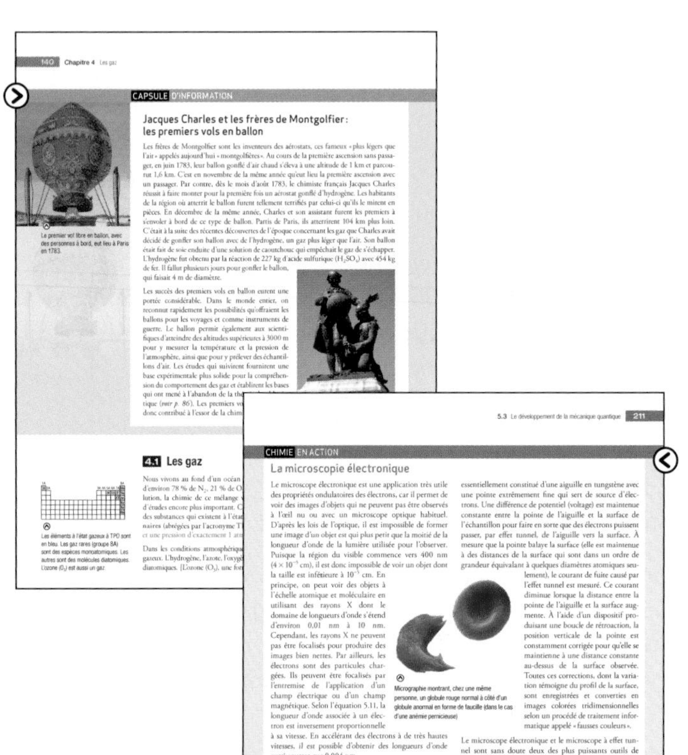
140 Chapitre 4 Les gaz

CAPSULE D'INFORMATION

Jacques Charles et les frères de Montgolfier : les premiers vols en ballon

4.1 Les gaz

5.3 Le développement de la mécanique quantique 211

CHIMIE EN ACTION

La microscopie électronique

Capsule d'information

De courts exposés portant sur des notions liées au chapitre mettent en évidence des faits historiques ou des applications multidisciplinaires. Le but est de susciter l'intérêt du lecteur pour la chimie tout en lui montrant qu'elle demeure avant tout une activité humaine.

Chimie en action

Dans chaque chapitre, le lecteur trouvera des encadrés qui montrent, au moyen d'exemples concrets, comment les notions théoriques abordées s'appliquent à d'autres disciplines et contribuent à l'essor de nouvelles technologies.

Exemples

Au fil du texte, de nombreux exemples proposent une méthode de résolution de problèmes en trois étapes : démarche, solution et vérification. Chacun se termine par un exercice dont la réponse est donnée en fin de manuel. En marge, on dirige le lecteur vers un ou des problèmes semblables.

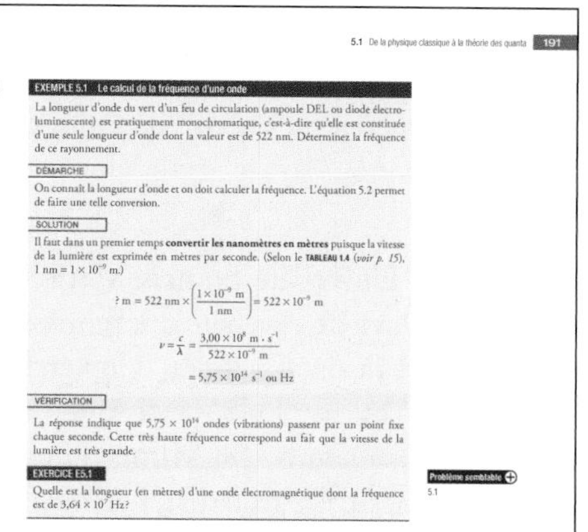

5.1 De la physique classique à la théorie des quanta 191

EXEMPLE 5.1 Le calcul de la fréquence d'une onde

La longueur d'onde du vert d'un feu de circulation (ampoule DEL ou diode électroluminescente) est pratiquement monochromatique, c'est-à-dire qu'elle est constituée d'une seule longueur d'onde dont la valeur est de 522 nm. Déterminez la fréquence de ce rayonnement.

DÉMARCHE

On connaît la longueur d'onde et on doit calculer la fréquence. L'équation 5.2 permet de faire une telle conversion.

SOLUTION

Il faut dans un premier temps **convertir les nanomètres en mètres** puisque la vitesse de la lumière est exprimée en mètres par seconde. (Selon le TABLEAU 1.4 (*voir p. 15*), $1\ \text{nm} = 1 \times 10^{-9}\ \text{m}$.)

$$?\ \text{m} = 522\ \text{nm} \times \left(\frac{1 \times 10^{-9}\ \text{m}}{1\ \text{nm}}\right) = 522 \times 10^{-9}\ \text{m}$$

$$\nu = \frac{c}{\lambda} = \frac{3{,}00 \times 10^{8}\ \text{m} \cdot \text{s}^{-1}}{522 \times 10^{-9}\ \text{m}}$$

$$= 5{,}75 \times 10^{14}\ \text{s}^{-1} \text{ ou Hz}$$

VÉRIFICATION

La réponse indique que $5{,}75 \times 10^{14}$ ondes (vibrations) passent par un point fixe chaque seconde. Cette très haute fréquence correspond au fait que la vitesse de la lumière est très grande.

EXERCICE E5.1

Quelle est la longueur (en mètres) d'une onde électromagnétique dont la fréquence est de $3{,}64 \times 10^{7}$ Hz?

Problème semblable 5.1

Révision des concepts

Nouveau ! Des exercices conceptuels éclair, répartis tout au long de l'ouvrage, permettent au lecteur d'évaluer sa compréhension des concepts étudiés. Les réponses sont données à la fin du manuel.

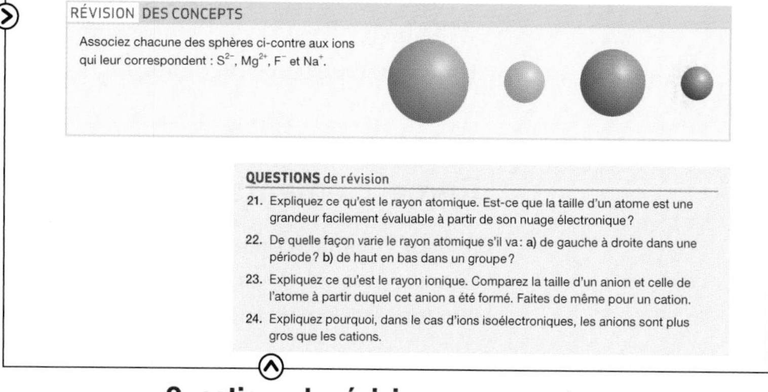

RÉVISION DES CONCEPTS

Associez chacune des sphères ci-contre aux ions qui leur correspondent : S^{2-}, Mg^{2+}, F^- et Na^+.

QUESTIONS de révision

21. Expliquez ce qu'est le rayon atomique. Est-ce que la taille d'un atome est une grandeur facilement évaluable à partir de son nuage électronique ?
22. De quelle façon varie le rayon atomique s'il va : **a)** de gauche à droite dans une période ? **b)** de haut en bas dans un groupe ?
23. Expliquez ce qu'est le rayon ionique. Comparez la taille d'un anion et celle de l'atome à partir duquel cet anion a été formé. Faites de même pour un cation.
24. Expliquez pourquoi, dans le cas d'ions isoélectroniques, les anions sont plus gros que les cations.

Questions de révision

Les questions de révision, qui se trouvent maintenant à la fin des sections, amènent le lecteur à vérifier ses connaissances à mesure qu'il avance dans sa lecture.

Résumé

À la fin de chaque chapitre, un résumé plus visuel fait une récapitulation rapide des principaux concepts abordés dans le chapitre.

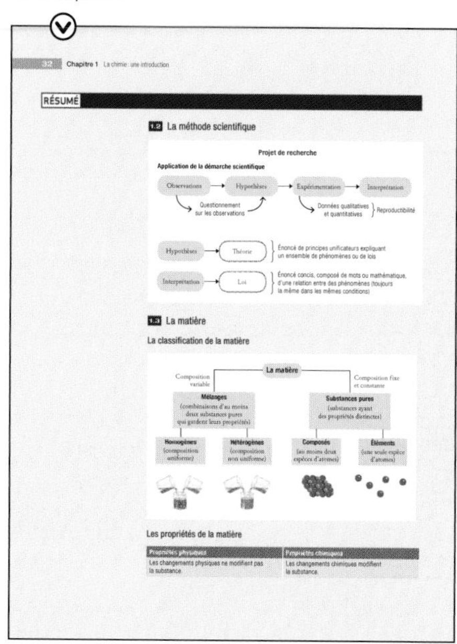

32 Chapitre 1 La chimie : une introduction

RÉSUMÉ

1.2 La méthode scientifique

1.3 La matière

La classification de la matière

Les propriétés de la matière

Propriétés physiques	Propriétés chimiques
Les changements physiques ne modifient pas la substance	Les changements chimiques modifient la substance.

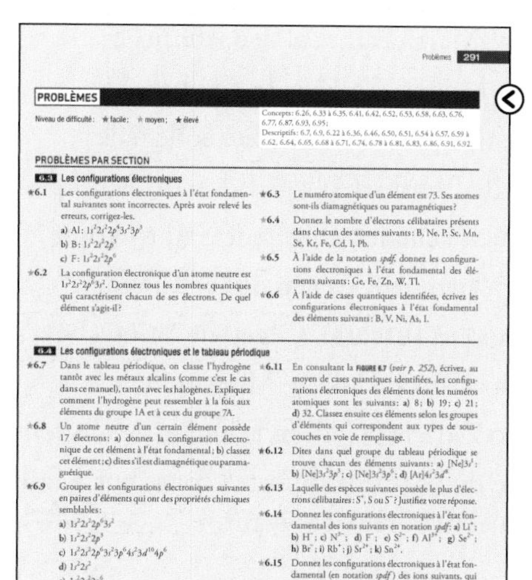

Problèmes 291

PROBLÈMES

Niveau de difficulté : ★ facile ; ★ moyen ; ★ élevé

Concepts : 6.26, 6.33 à 6.35, 6.41, 6.42, 6.52, 6.53, 6.58, 6.63, 6.76, 6.77, 6.87, 6.93, 6.95 ;
Descriptifs : 6.7, 6.9, 6.22 à 6.36, 6.46, 6.50, 6.51, 6.54 à 6.57, 6.59 à 6.62, 6.64, 6.65, 6.68 à 6.71, 6.74, 6.78 à 6.81, 6.83, 6.86, 6.91, 6.92.

PROBLÈMES PAR SECTION

6.3 Les configurations électroniques

★6.1 Les configurations électroniques à l'état fondamental suivantes sont incorrectes. Après avoir relevé les erreurs, corrigez-les.
a) Al : $1s^22s^22p^43s^23p^3$
b) B : $1s^22s^22p^5$
c) F : $1s^22s^22p^6$

★6.2 La configuration électronique d'un atome neutre est $1s^22s^22p^63s^2$. Donnez tous les nombres quantiques qui caractérisent chacun de ses électrons. De quel élément s'agit-il ?

★6.3 Le numéro atomique d'un élément est 73. Ses atomes sont-ils diamagnétiques ou paramagnétiques ?

★6.4 Donnez le nombre d'électrons célibataires présents dans chacun des atomes suivants : B, Ne, P, Sc, Mn, Se, Kr, Fe, Cd, I, Pb.

★6.5 À l'aide de la notation *spdf*, donnez les configurations électroniques à l'état fondamental des éléments suivants : Ge, Fe, Zn, W, Tl.

★6.6 À l'aide de cases quantiques identifiées, écrivez les configurations électroniques à l'état fondamental des éléments suivants : B, V, Ni, As, I.

6.4 Les configurations électroniques et le tableau périodique

★6.7 Dans le tableau périodique, on classe l'hydrogène tantôt avec les métaux alcalins (comme c'est le cas dans ce manuel), tantôt avec les halogènes. Expliquez comment l'hydrogène peut ressembler à la fois aux éléments du groupe 1A et à ceux du groupe 7A.

★6.8 Un atome neutre d'un certain élément possède 17 électrons : **a)** donnez la configuration électronique de cet élément à l'état fondamental ; **b)** classez cet élément ; **c)** dites s'il est diamagnétique ou paramagnétique.

★6.9 Groupez les configurations électroniques suivantes en paires d'éléments qui ont des propriétés chimiques semblables :
a) $1s^22s^22p^63s^2$
b) $1s^22s^22p^3$
c) $1s^22s^22p^63s^23p^64s^23d^{10}4p^6$
d) $1s^22s^2$
e) $1s^22s^22p^6$
f) $1s^22s^22p^63s^23p^3$

★6.10 En consultant la FIGURE 6.7 (*voir p. 252*), écrivez en notation *spdf* les configurations électroniques des éléments dont les numéros atomiques sont les suivants : **a)** 9 ; **b)** 20 ; **c)** 26 ; **d)** 33. Classez ensuite ces éléments selon les groupes d'éléments qui correspondent aux types de sous-couches en voie de remplissage.

★6.11 En consultant la FIGURE 6.7 (*voir p. 252*), écrivez, au moyen de cases quantiques identifiées, les configurations électroniques des éléments dont les numéros atomiques sont les suivants : **a)** 8 ; **b)** 19 ; **c)** 21 ; **d)** 32. Classez ensuite ces éléments selon les groupes d'éléments qui correspondent aux types de sous-couches en voie de remplissage.

★6.12 Dites dans quel groupe du tableau périodique se trouve chacun des éléments suivants : **a)** $[Ne]3s^1$; **b)** $[Ne]3s^23p^3$; **c)** $[Ne]3s^23p^6$; **d)** $[Ar]4s^23d^8$.

★6.13 Laquelle des espèces suivantes possède le plus d'électrons célibataires : S^+, S ou S^- ? Justifiez votre réponse.

★6.14 Donnez les configurations électroniques à l'état fondamental des ions suivants en notation *spdf* : **a)** Li^+ ; **b)** H^- ; **c)** N^{3-} ; **d)** F^- ; **e)** S^{2-} ; **f)** Al^{3+} ; **g)** Se^{2-} ; **h)** Br^- ; **i)** Rb^+ ; **j)** Sr^{2+} ; **k)** Sn^{2+}.

★6.15 Donnez les configurations électroniques à l'état fondamental (en notation *spdf*) des ions suivants, qui jouent des rôles biochimiques importants dans le corps humain : **a)** Na^+ ; **b)** Mg^{2+} ; **c)** Cl^- ; **d)** K^+ ; **e)** Ca^{2+} ; **f)** Fe^{2+} ; **g)** Cu^{2+} ; **h)** Zn^{2+}.

★6.16 Donnez les configurations électroniques à l'état fondamental (en notation *spdf*) des ions suivants, dérivés de métaux de transition : **a)** Sc^{3+} ; **b)** Ti^{4+} ; **c)** V^{5+} ; **d)** Cr^{3+} ; **e)** Mn^{2+} ; **f)** Fe^{2+} ; **g)** Fe^{3+} ; **h)** Co^{2+} ; **i)** Ni^{2+} ; **j)** Cu^+ ; **k)** Cu^{2+} ; **l)** Ag^+ ; **m)** Au^+ ; **n)** Au^{3+} ; **o)** Pt^{2+}.

Problèmes

Les problèmes sont classés selon leur niveau de difficulté ou leur domaine d'application. Ils sont regroupés sous trois rubriques :

- les problèmes par section précisent le sujet sur lequel porte le problème et sont conçus pour évaluer les habiletés en résolution de problèmes ;
- les problèmes variés demandent au lecteur de trouver lui-même la ou les notions sous-jacentes ;
- les problèmes spéciaux exigent un esprit de synthèse et de la multidisciplinarité.

Les réponses sont données à la fin du manuel.

Remerciements

Remerciements de l'édition originale anglaise

Nous aimerions remercier les réviseurs et les participants aux symposiums qui suivent, leurs commentaires nous ayant grandement aidés dans la préparation de la présente édition :

Thomas Anderson, Université Francis Marion ; Bryan Breyfogle, Université d'État du Missouri ; Phillip Davis, Université du Tennessee à Martin ; Milton Johnson, Université de Floride du Sud ; Jason C. Jones, Université Francis Marion ; Myung-Hoon Kim, Georgia Perimeter College ; Lyle V. McAfee, The Citadel ; Candice McCloskey, Georgia Perimeter College ; Dennis McMinn, Université Gonzaga ; Robbie Montgomery, Université du Tennessee à Martin ; LeRoy Peterson, Jr., Université Francis Marion ; James D. Satterlee, Université d'État de Washington ; Kristofoland Varazo, Université Francis Marion ; Lisa Zuraw, The Citadel. Nos discussions avec nos collègues du Williams College et de l'Université d'État de Floride ainsi que notre correspondance avec de nombreux enseignants d'ici et d'ailleurs nous ont beaucoup apporté.

— Raymond Chang et Kenneth A. Goldsby

Remerciements de la version française

Je tiens à remercier particulièrement Étienne Lanthier, du Collège Édouard-Montpetit, Ginette Lessard et Carolyne Stafford, du Collège de Maisonneuve, Luc Papillon ainsi que tous les consultants et les collaborateurs qui ont lu et commenté le manuscrit :

Nadya Bolduc, Cégep de Sainte-Foy ;

Martin Giroux, Cégep du Vieux-Montréal ;

Denys Grandbois, Collège Shawinigan ;

Christian Gravel, Collège de Bois-de-Boulogne ;

Dany Halim, Collège Lionel-Groulx ;

Andjelka Lavoie, retraitée du Collège de Maisonneuve ;

Véronique Leblanc-Boily, Collège de Bois-de-Boulogne ;

André Martineau, Collège Ahuntsic ;

Sonia Moffat, Collège de Sherbrooke ;

Sébastien Osborne, La Cité collégiale ;

Isabelle Paquin, Collège Édouard-Montpetit ;

Yannick Pelletier, Cégep de Saint-Jérôme ;

Alain Tremblay, Cégep de Jonquière ;

Véronique Turcotte, Cégep de Sainte-Foy ;

Maritza Volel, Collège Montmorency ;

Dimo Zidarov, Collège Édouard-Montpetit.

L'aide qu'ils m'ont apportée contribue à faire de cet ouvrage un manuel rigoureux et vivant.

— Azélie Arpin

Table des matières

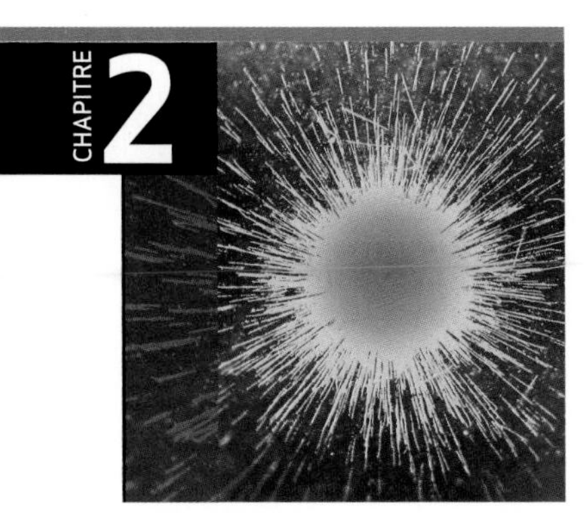

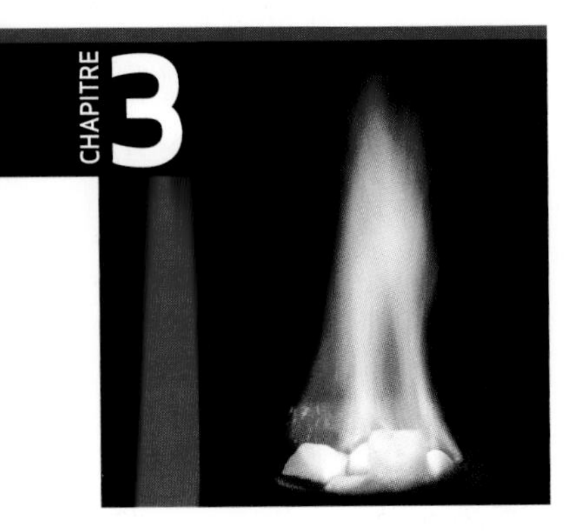

Les moles, les réactions chimiques et la stœchiométrie 84

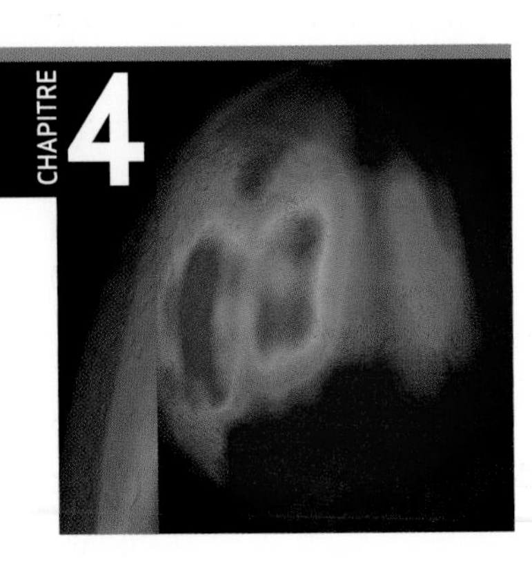

Les gaz 138

CHAPITRE 5

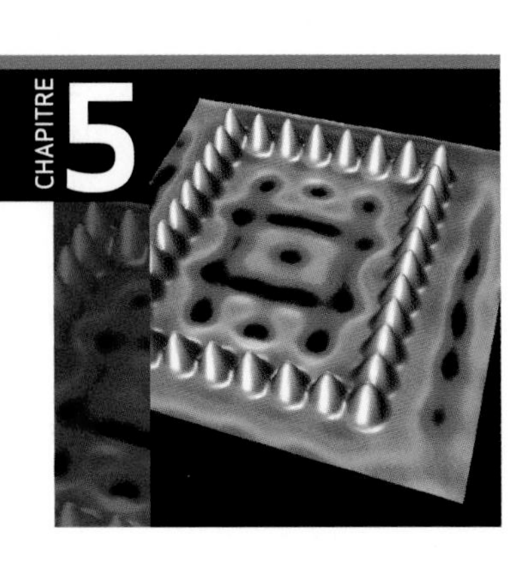

Les configurations électroniques et le tableau périodique 236

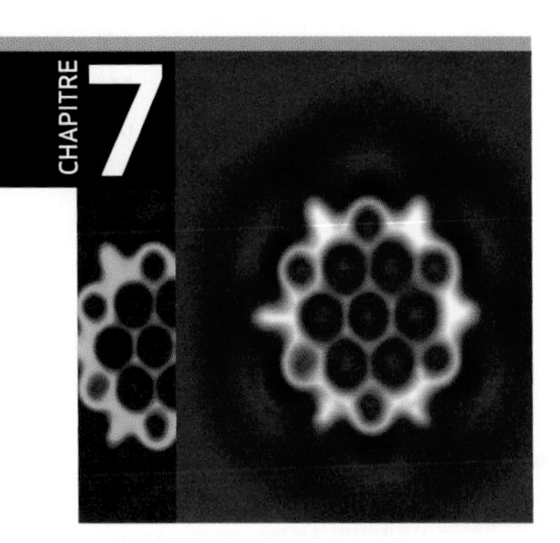

CHAPITRE 7

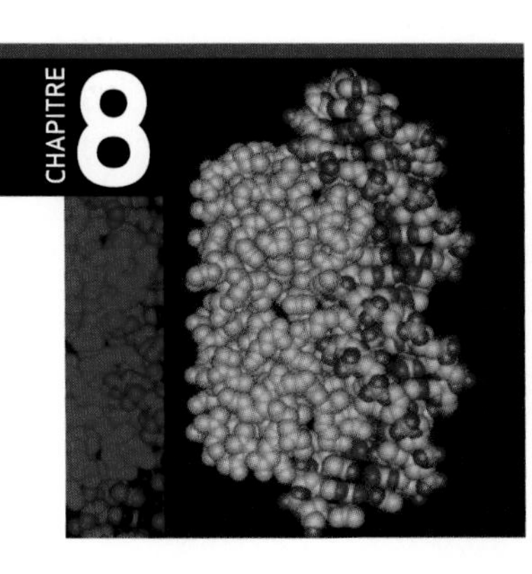

CHAPITRE 8

En se servant de champs électriques pour « pousser » les molécules d'ADN à travers les pores du graphène, les scientifiques ont mis au point une technique qui pourrait un jour permettre de réaliser le séquençage rapide de l'ADN en fonction des propriétés électriques caractéristiques des quatre bases azotées qui le composent.

CHAPITRE 1

La chimie : une introduction

La chimie est une science en évolution qui revêt une importance vitale, tant dans la nature que dans la société. Ce chapitre aborde l'étude de la chimie à l'échelle macroscopique, à laquelle il est possible de voir et de mesurer les constituants du monde. Après une description des bases de la chimie, il sera question de la méthode scientifique puis de la matière. Le traitement des résultats numériques et la résolution de problèmes numériques seront ensuite abordés. Le chapitre 2 traite de la chimie à l'échelle microscopique.

PLAN DE CHAPITRE

OBJECTIFS D'APPRENTISSAGE

- Reconnaître l'importance de la chimie et situer sa présence dans la vie de tous les jours;
- Décrire la méthode scientifique;
- Classifier les différents constituants de la matière et indiquer leurs propriétés;
- Différencier les propriétés physiques des propriétés chimiques;
- Distinguer les états de la matière;
- Utiliser les différents préfixes et unités du SI (ainsi que les principales unités utilisées en chimie) et effectuer des conversions;
- Utiliser la notation scientifique;
- Appliquer les règles d'utilisation des chiffres significatifs dans les mesures et dans les opérations mathématiques;
- Résoudre différents problèmes en utilisant une méthode de conversion d'unités.

CHIMIE EN LIGNE

Interaction

- Les substances pures et les mélanges (1.3)
- Les éléments (1.3)
- Les unités SI (1.4)
- Les préfixes des unités SI (1.4)
- La masse volumique (1.4)
- L'exactitude et la précision (1.5)

Complément

- La méthode de l'analyse dimensionnelle (1.6)

CAPSULE D'INFORMATION

Archimède, un pionnier et un grand expérimentateur

Archimède est un mathématicien et un inventeur grec qui vécut de 287 à 212 av. J.-C. Une légende raconte qu'un jour le roi Hérion de Syracuse lui demanda de déterminer, sans l'altérer, si sa couronne était faite d'or pur ou d'un mélange d'or et de métaux moins précieux comme l'argent et le cuivre. Quelques jours plus tard, dans un bain public, Archimède remarqua que plus il s'enfonçait dans l'eau, plus l'eau débordait de la baignoire, et que plus son corps était submergé, plus il semblait léger. Il en déduisit que l'apparente perte de poids d'un objet plongé dans un liquide était égale au poids du liquide déplacé par l'objet : c'est ce que l'on appelle aujourd'hui le « principe d'Archimède ». Le savant était si excité par sa trouvaille qu'il s'élança hors du bain en criant : « Eurêka ! » (un mot grec qui signifie « J'ai trouvé ! »).

Cette découverte lui permit de concevoir l'expérience suivante : ayant auparavant observé que le volume d'un objet immergé détermine le volume de liquide déplacé, il n'aurait qu'à peser sur une balance à fléau, en les immergeant, d'un côté la couronne et de l'autre le même poids en or (*voir les figures ci-dessous*). Puisque chaque objet a son propre rapport masse-volume, ou masse volumique, la couronne (si elle n'était pas en or pur) et l'or pur, qui avaient le même poids dans l'air, auraient des poids différents dans l'eau, car ils déplaceraient des volumes d'eau différents. Il s'avéra que l'orfèvre était un fraudeur : il avait remplacé une partie de l'or donné par le roi par de l'argent, un métal ayant une masse volumique inférieure à celle de l'or. Nul ne sait ce qu'il advint de l'orfèvre...

C'est Galilée (1564-1642) qui a imaginé et expliqué comment Archimède aurait procédé. Après avoir étudié toute l'œuvre d'Archimède et à la suite de nombreuses expériences, il a présenté ses conclusions, à l'âge de 22 ans, dans un traité intitulé *La Balancetta* (« La petite balance »).

La chimie est une science en grande partie expérimentale. Comme pour la découverte d'Archimède, ses progrès sont le fruit d'observations et d'expériences, mais aujourd'hui, le lieu de travail habituel demeure le laboratoire.

Pesée dans l'air — Pesée dans l'eau — Balance de Galilée

1.1 La chimie : une science ancienne et nouvelle

Selon certains étymologistes, le mot « chimie » tiendrait son origine de l'Égypte ancienne et signifierait « magie noire » (*kemi*). Qu'il s'agisse de faire fondre des métaux, de teindre des tissus, de tanner les cuirs ou de fabriquer du fromage, du vin et du savon, certains procédés chimiques sont connus depuis l'Antiquité. Bien que la chimie tienne ses bases de racines anciennes, elle est aussi une science relativement jeune, dont les fondements modernes ne datent que du XIXe siècle.

Le docteur René Roy, chercheur au département de chimie de l'Université du Québec à Montréal (UQAM), travaille à la mise au point de vaccins à base d'une classe de composés chimiques appelés « hydrates de carbone » (sucres).

La **chimie** est la science qui étudie la structure de la matière et ses transformations. Elle joue un rôle capital dans plusieurs domaines et elle contribue à augmenter l'espérance et la qualité de vie des populations. Elle a grandement participé à l'avancement de la médecine en permettant, par exemple, la conception de vaccins, d'antibiotiques et de substances anesthésiantes. Encore aujourd'hui, certains chimistes travaillent continuellement à la mise au point de nouveaux médicaments permettant de vivre mieux et plus longtemps.

De même, les chimistes, physiciens et ingénieurs consacrent beaucoup d'efforts à la découverte de nouvelles sources d'énergie : afin de minimiser la production de gaz à effet de serre (GES), il faut désormais mettre au point des énergies propres et durables telles l'énergie solaire et les piles à combustible, lesquelles sont produites par des réactions chimiques. De plus, grâce, entre autres, aux applications de la chimie, le XXe siècle a vu naître une variété de nouveaux matériaux, lesquels ont permis l'avènement de nombreuses technologies : par exemple les cristaux liquides dans les appareils à affichage électronique, les polymères dans la fabrication d'organes artificiels et de vêtements mieux adaptés (nylon, Kevlar, Gore-Tex), des ordinateurs de plus en plus puissants, etc.

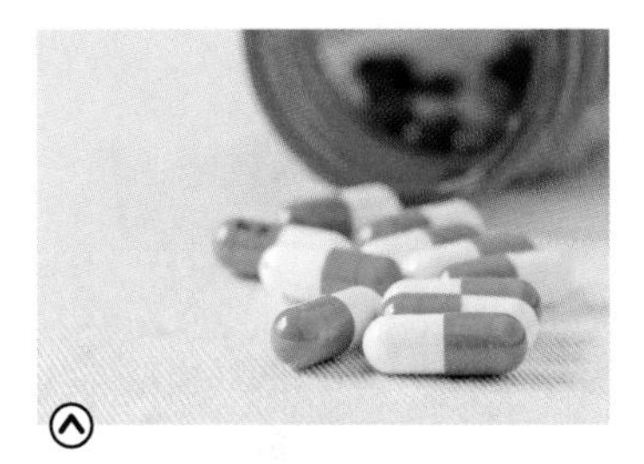

Bien que plusieurs antibiotiques soient isolés de substances naturelles, ils sont souvent synthétisés à grande échelle par des chimistes.

La chimie permet aussi de se nourrir : dans le domaine de l'agriculture, la conception d'engrais et de pesticides ainsi que de méthodes permettant l'optimisation de la production sont d'importance capitale. L'explosion démographique prévue pour les prochaines années représente un défi de taille pour les scientifiques : ils devront trouver des stratégies pour nourrir la population grandissante, et ce, en utilisant un minimum d'espace. De plus, à l'ère des préoccupations environnementales et du développement durable, les avancées se doivent d'être respectueuses de l'environnement. Les progrès de la chimie verte réalisés ces dernières années permettent la mise au point de procédés visant à réduire et à éliminer l'usage ou la génération de substances néfastes. En outre, beaucoup de réactions chimiques peuvent aujourd'hui s'effectuer dans l'eau plutôt que dans des solvants nocifs pour l'environnement.

La chimie est donc partout : dans les aliments, les vêtements, les appareils électroniques, les crèmes, cosmétiques et médicaments, sans compter le corps humain lui-même, qui fonctionne grâce à des réactions chimiques. Elle est à l'œuvre dans les activités de tous les jours, lors de la préparation des repas, des soins d'hygiène, des séances de coiffure, etc. En outre, les notions de base de la chimie sont essentielles à la compréhension de la biologie, de la physique, de la géologie et de plusieurs autres disciplines. La chimie est beaucoup plus que des équations et des théories abstraites : c'est une science logique qui donne naissance à des tas d'idées et d'applications intéressantes.

Le docteur Chao-Jun Li est chercheur au département de chimie de l'Université McGill. Ses travaux portent sur la chimie verte.

QUESTION de révision

1. Nommez quelques domaines d'application de la chimie. Pour chaque domaine, donnez un exemple qui montre l'importance de la chimie.

1.2 La méthode scientifique

Les connaissances scientifiques sont basées sur des découvertes. Alors que certaines sont purement fortuites, d'autres sont le fruit de plusieurs années de travail acharné. Bien qu'il n'existe pas de méthode universelle pour faire progresser la science, les scientifiques utilisent la plupart du temps une méthode basée sur les observations, l'expérimentation et l'interprétation appelée **méthode scientifique** (*voir la* **FIGURE 1.1**).

La plupart des projets de recherche débutent par des observations et la formulation d'une **hypothèse**, c'est-à-dire une tentative d'explication du phénomène observé. L'hypothèse n'a pas à être vraie ; son rôle est de proposer une explication. Elle sera ensuite validée ou réfutée par des expériences scientifiques. Les informations ou **données** obtenues peuvent être à la fois **qualitatives** (des observations générales concernant le système) ou **quantitatives** (des valeurs chiffrées résultant de mesures prises à partir du système avec une panoplie d'instruments). En général, les scientifiques notent leurs données, lesquelles se doivent d'être reproductibles. Une fois les expérimentations terminées, les scientifiques chercheront à interpréter les données.

Il est souvent souhaitable et fort utile de résumer l'interprétation de ces données d'une manière précise par la formulation d'une loi. En science, une **loi** est un énoncé concis, composé de mots ou mathématique, d'une relation entre des phénomènes, cette relation étant toujours la même dans les mêmes conditions. Par exemple, en mécanique, la deuxième loi de Newton stipule que la force est toujours égale à la masse multipliée par l'accélération ($F = ma$). Cette loi énonce que tout accroissement de la masse ou de l'accélération d'un objet accroît toujours proportionnellement la force de cet objet et, à l'inverse, que toute diminution de la masse ou de l'accélération en diminue la force.

Les hypothèses qui survivent à plusieurs épreuves de validité peuvent devenir des théories. Une **théorie** est un énoncé de principes unificateurs qui permet d'expliquer un ensemble de phénomènes ou de lois formulées à partir de ces phénomènes. Les théories sont elles aussi mises à l'épreuve : si une théorie est contredite à la suite d'une expérimentation, elle sera soit mise de côté, soit modifiée pour être conforme aux observations. La confirmation ou le rejet d'une théorie peut prendre des années et même des siècles. Une des raisons expliquant ces longs délais est le manque de technologie adéquate pour pouvoir mener une certaine expérimentation. C'est le cas, par exemple, de la théorie atomique, qui est décrite au chapitre 2. Il a fallu plus de 2000 ans pour en élaborer les principes fondamentaux. Aujourd'hui, cette théorie est à la base de la chimie moderne.

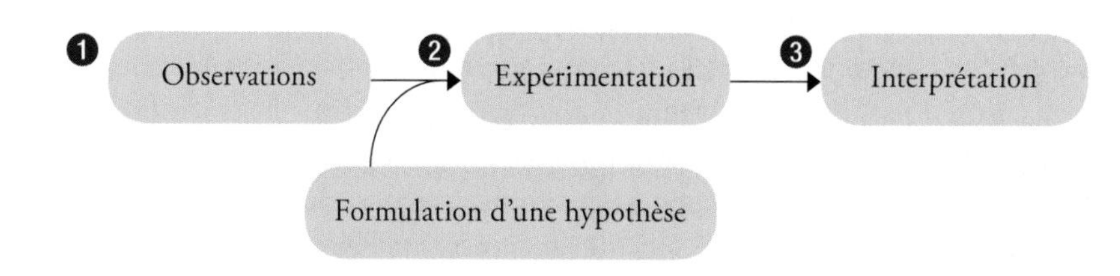

FIGURE 1.1 **Principales étapes d'une démarche scientifique**

1 L'observation porte sur des événements du monde macroscopique (les atomes et les molécules font partie du monde microscopique).

2 L'expérimentation permet de vérifier l'hypothèse.

3 L'interprétation vise à utiliser les connaissances sur les atomes et les molécules pour expliquer le phénomène étudié.

Le progrès scientifique se fait rarement d'une manière aussi stricte, étape par étape, que dans cette description de la méthode scientifique. En général, une loi précède une théorie, mais, parfois, le contraire se produit. Deux chercheurs peuvent aussi travailler sur un même projet dans un même but, mais en procédant différemment. Les scientifiques sont avant tout des humains, donc des êtres qui subissent l'influence autant de leurs propres expériences et de leurs connaissances antérieures que de leurs traits de caractère.

RÉVISION DES CONCEPTS

Quelle affirmation est vraie?

a) Une hypothèse engendre toujours l'énoncé d'une loi.

b) La méthode scientifique est une séquence d'étapes rigides de résolution de problèmes.

c) Une loi résume une série d'observations expérimentales; une théorie apporte une explication aux observations.

QUESTION de révision

2. Expliquez dans vos mots ce qu'est la méthode scientifique.

CHIMIE EN ACTION

L'hélium primordial et la théorie du Big Bang

Les recherches portant sur la formation de l'Univers fournissent un bon exemple d'application de la méthode scientifique.

Vers 1948, le physicien américain d'origine russe Georges Gamow a émis l'hypothèse que notre Univers serait né à la suite d'une explosion primordiale, ou *Big Bang*, qui a eu lieu voilà plusieurs milliards d'années. À sa naissance, l'Univers occupait un tout petit volume tout en étant à une température incroyablement élevée. Après seulement quelques minutes d'existence, cette boule de feu jaillissante constituée de radiation mélangée à des particules de matière s'est suffisamment refroidie pour donner naissance à des atomes. Puis, un milliard d'années plus tard, sous l'influence de la gravité, ces atomes se sont agglomérés pour former des milliards de galaxies, dont la nôtre, la Voie lactée.

L'hypothèse de Gamow est intéressante et a provoqué de nombreuses discussions. Elle a été vérifiée expérimentalement de différentes manières. D'abord, des observations quantitatives ont démontré que l'Univers est en expansion, c'est-à-dire que les galaxies s'éloignent toutes les unes des autres à très grande vitesse. Cette constatation soutient l'idée d'un Univers né à la suite d'une explosion. En imaginant cette expansion à l'inverse, comme dans le visionnement d'un film à reculons, les astronomes ont déduit que l'Univers est né voilà 13 milliards d'années. Récemment, en mars 2013, l'analyse des données recueillies par le satellite Planck a permis d'établir l'âge de l'Univers avec une bien meilleure précision, soit 13,798 ± 0,037 milliards d'années. La deuxième observation qui sous-tend l'hypothèse de Gamow est la détection, en 1964, d'une radiation cosmique appelée «fond de rayonnement cosmologique» (ou «rayonnement fossile» ou «rayonnement à 3 K»). Pendant des milliards d'années, l'Univers en expansion s'est refroidi à 3 K (ou –270 °C)! À cette température, presque toute l'énergie rayonnante se situe dans la région des micro-ondes. Parce que le Big Bang s'est produit au même instant dans le petit volume de l'Univers naissant, le rayonnement (ou radiation) alors généré a dû remplir l'Univers tout entier. Donc, la radiation observée devrait être la même dans toutes les directions. C'est justement le cas, car les signaux des micro-ondes enregistrés par les astronomes sont *indépendants* de la direction.

Une troisième «pièce à conviction» appuie l'hypothèse de Gamow: c'est la découverte d'hélium primordial. Les scientifiques croient que l'hélium et l'hydrogène (les deux éléments les plus légers) furent les premiers éléments formés au cours des étapes initiales de l'évolution cosmique.

Carte en deux dimensions de l'Univers à ses débuts selon les données fournies par le satellite Planck. Les points orange indiquent les points chauds à l'origine des étoiles et des galaxies.

(On croit que les éléments plus lourds tels le carbone, l'azote et l'oxygène se sont formés plus tard, à la suite de réactions nucléaires impliquant les atomes d'hydrogène et d'hélium au centre des étoiles.) Si tel est le cas, un gaz diffus d'hydrogène et d'hélium se serait répandu à travers l'Univers naissant avant la formation des galaxies. En 1995, des astronomes ont analysé une lumière ultraviolette provenant d'un quasar lointain (un quasar produit une forte source de lumière et de signaux radio et serait une galaxie en explosion aux confins de l'Univers). Ils ont trouvé qu'une portion de la lumière était absorbée par des atomes d'hélium au cours de leur trajet vers la Terre. Étant donné que ce quasar se trouve à plus de 10 milliards d'années-lumière (une année-lumière est la distance parcourue par la lumière en un an), cette lumière qui atteint la Terre révèle des événements qui ont eu lieu il y a 10 milliards d'années. Pourquoi ne détecte-t-on pas plutôt l'hydrogène, pourtant plus abondant ? Un atome d'hydrogène n'a qu'un électron, lequel est expulsé par la lumière du quasar par un phénomène appelé « ionisation ». Les atomes d'hydrogène ionisés sont incapables d'absorber la lumière du quasar. Par contre, un atome d'hélium a deux électrons. Une radiation peut faire partir un des électrons d'un atome d'hélium, mais pas toujours les deux à la fois. Les atomes d'hélium ionisés une seule fois peuvent encore absorber de la lumière et, par conséquent, ils sont détectables.

Les défenseurs de l'hypothèse de Gamow se sont réjouis de la détection d'hélium aux confins de l'Univers (hélium primordial). S'appuyant sur toutes ces preuves, les scientifiques appellent dorénavant l'hypothèse de Gamow la « théorie du Big Bang ».

1.3 La matière

化学

Le caractère chinois de la chimie signifie « l'étude du changement ».

Interaction

- Les substances pures et les mélanges

La chimie est la science qui étudie la structure de la matière et ses transformations. La **matière** représente tout ce qui occupe un espace et qui a une masse. Elle inclut toute chose que l'on peut voir et toucher comme l'eau, la terre et les arbres, mais aussi l'air, invisible, mais qu'on ressent sur la peau. La matière est constituée d'atomes et de **molécules**, ces dernières résultant d'un assemblage d'au moins deux atomes dans un arrangement déterminé (les atomes et les molécules sont abordés au chapitre 2).

1.3.1 La classification de la matière

La matière peut être divisée en plusieurs catégories. Cette classification de la matière regroupe les substances pures, les mélanges, les éléments et les composés.

Les substances pures et les mélanges

Une **substance pure** est un type de matière qui a une composition fixe et constante ainsi que des propriétés distinctes. L'eau, l'argent, l'éthanol, le sel de table (le chlorure de sodium) et le dioxyde de carbone en sont des exemples. Chaque substance pure se distingue des autres par sa composition et peut être identifiée par son apparence, son odeur, son goût ou par d'autres propriétés. Actuellement, plus de huit millions de substances pures sont connues (dont la majorité contiennent du carbone), et leur nombre augmente rapidement.

On appelle **mélange** une combinaison de deux ou de plusieurs substances pures dans laquelle chaque substance garde son identité propre. L'air, les boissons gazeuses, le lait et le ciment en sont des exemples. Les mélanges n'ont pas une composition constante. Par exemple, la composition des échantillons d'air prélevés dans différentes villes sera probablement différente en fonction de l'altitude, de la pollution, etc.

Il existe deux types de mélanges : les mélanges homogènes et les mélanges hétérogènes. À titre d'exemple, lorsqu'une cuillerée de sucre se dissout dans l'eau, après une agitation suffisante, la composition est la même dans tout le mélange ; il s'agit donc d'un **mélange**

homogène. D'un autre côté, si du sable est mélangé à de la limaille de fer, les grains de sable et la limaille de fer restent visibles et distincts (*voir la* **FIGURE 1.2A**). Ce type de mélange, dont la composition n'est pas uniforme, est appelé un **mélange hétérogène**. L'addition d'huile à de l'eau crée aussi un mélange hétérogène parce que le liquide formé n'a pas une composition constante. Ce phénomène est facilement observable dans les vinaigrettes en vente sur le marché.

Tout mélange, qu'il soit homogène ou hétérogène, peut être formé par des moyens physiques sans que la nature des substances qui le constituent soit modifiée ; inversement, ses constituants peuvent être séparés en substances pures par des moyens physiques.

Par exemple, le sel peut être récupéré d'un mélange avec de l'eau si le mélange est chauffé jusqu'à évaporation complète de l'eau. En condensant la vapeur d'eau ainsi produite, on récupère l'eau du mélange. Pour séparer la limaille de fer du sable, on peut utiliser un aimant, qui attire le fer, mais pas le sable (*voir la* **FIGURE 1.2B**). Après leur séparation, les constituants d'un mélange conservent leur composition et leurs propriétés d'origine.

A

B

FIGURE 1.2

Séparation du fer

A Ce mélange contient de la limaille de fer et du sable.

B Sous l'action d'un aimant, le fer est séparé du sable. La même technique est utilisée à grande échelle pour séparer le fer et l'acier des substances non magnétisables comme l'aluminium, le verre et les plastiques.

Les éléments et les composés

Une substance pure peut être soit un élément, soit un composé. Un **élément** est une substance que des moyens chimiques ne peuvent pas décomposer en substances plus simples. Par exemple, l'oxygène (O) et le fer (Fe) sont des éléments. Actuellement, l'existence de 114 éléments a été confirmée (*voir la liste au début du manuel*). Quatre-vingt-dix-huit d'entre eux existent naturellement sur la Terre (à l'état élémentaire ou combiné), alors que les autres ont été créés en laboratoire.

CHIMIE EN LIGNE

Interaction

- Les éléments

Les éléments chimiques sont représentés par des symboles chimiques, formés d'une ou de deux lettres. La première lettre d'un symbole chimique est *toujours* une lettre majuscule, alors que la deuxième, si elle est présente, est écrite en minuscule. Par exemple, Co est le symbole de l'élément cobalt, mais CO est la formule du monoxyde de carbone, qui est composé des éléments carbone et oxygène. Le **TABLEAU 1.1** (*voir page suivante*) présente certains des éléments les plus répandus. Bien que le symbole chimique de certains éléments dérive parfois de leur nom latin (par exemple Au, d'*aurum*, pour or ; et Na, de *natrium*, pour sodium), il est l'abréviation de leur nom français dans la plupart des cas. L'annexe 1 (*voir p. 469*) présente l'origine des noms de la plupart des éléments et la liste de ceux qui les ont découverts.

La **FIGURE 1.3** (*voir page suivante*) montre les éléments les plus abondants dans l'écorce terrestre et dans le corps humain. Cinq éléments (l'oxygène, le silicium, l'aluminium, le fer et le calcium) forment plus de 90 % de l'écorce terrestre. De ces cinq éléments, seul l'oxygène fait partie de ceux que l'on trouve en grande quantité chez les êtres vivants.

TABLEAU 1.1 > Quelques éléments courants et leurs symboles

Nom	Symbole	Nom	Symbole	Nom	Symbole
Aluminium	Al	Cobalt	Co	Or	Au
Argent	Ag	Cuivre	Cu	Oxygène	O
Arsenic	As	Étain	Sn	Phosphore	P
Azote	N	Fer	Fe	Platine	Pt
Baryum	Ba	Fluor	F	Plomb	Pb
Brome	Br	Hydrogène	H	Potassium	K
Calcium	Ca	Iode	I	Silicium	Si
Carbone	C	Magnésium	Mg	Sodium	Na
Chlore	Cl	Mercure	Hg	Soufre	S
Chrome	Cr	Nickel	Ni	Zinc	Zn

FIGURE 1.3

Abondance relative des éléments dans l'écorce terrestre et dans le corps humain

Ⓐ L'abondance relative (en pourcentage masse/masse) des éléments présents dans l'écorce terrestre. Par exemple, l'oxygène y représente 45,5 %. Un échantillon de 100 g d'écorce terrestre renferme donc en moyenne 45,5 g d'oxygène.

Ⓑ L'abondance relative (en pourcentage masse/masse) des éléments présents dans le corps humain.

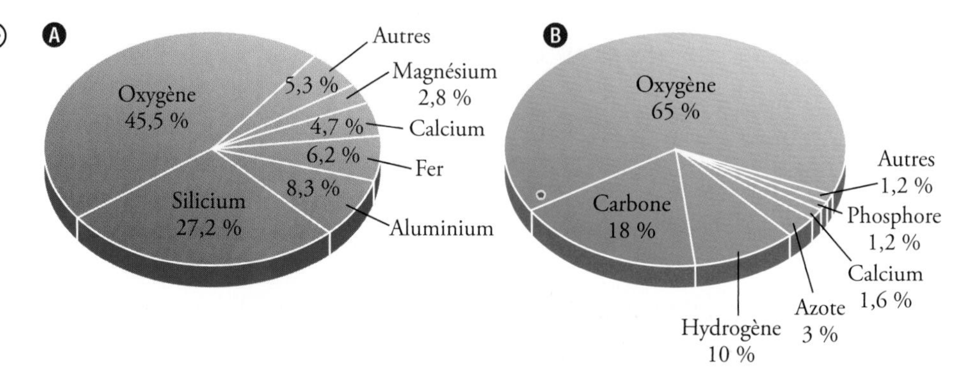

La plupart des éléments peuvent réagir avec un ou plusieurs autres éléments pour former des composés. On appelle **composé** une substance formée d'atomes de deux ou de plusieurs espèces d'éléments liés chimiquement dans des proportions définies. Par exemple, pendant la combustion de l'hydrogène avec l'oxygène, il y a formation d'eau, un composé dont les propriétés diffèrent de celles des substances de départ. L'eau est constituée de deux parties d'hydrogène et d'une partie d'oxygène. Cette composition chimique ne change pas, que l'eau vienne d'un étang du Québec, d'un lac en Chine ou des calottes glaciaires de Mars. Contrairement aux mélanges, les composés ne peuvent être séparés en leurs constituants simples que par des moyens chimiques. Les relations entre les éléments, les composés et les autres catégories de la matière sont illustrées à la **FIGURE 1.4**.

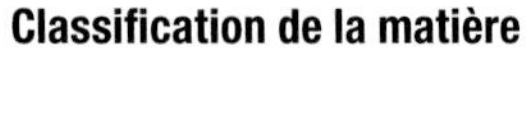

FIGURE 1.4

Classification de la matière

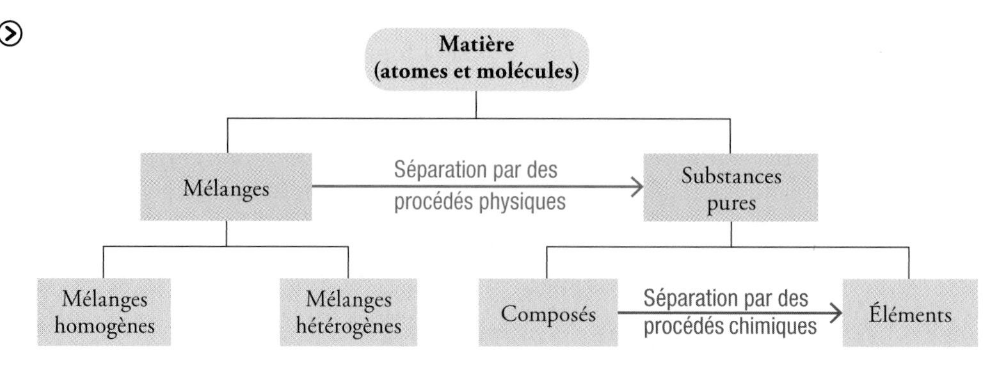

RÉVISION DES CONCEPTS

Parmi les diagrammes ci-dessous, lesquels représentent des éléments et lesquels représentent des composés ? (Les différentes espèces d'atomes sont représentées par des sphères et des sphères tronquées, une couleur donnée correspond à une seule espèce d'atome.)

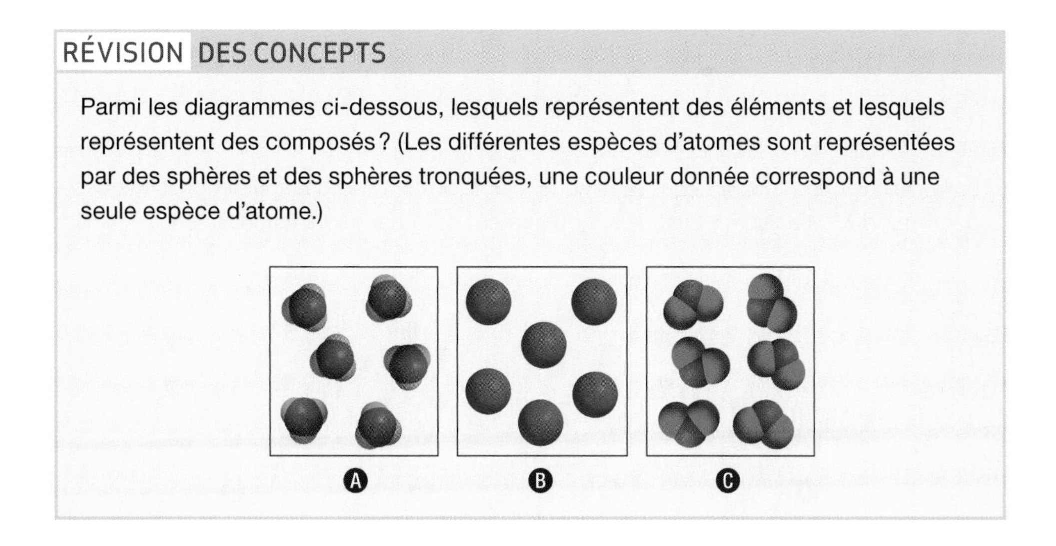

1.3.2 Les propriétés de la matière

On identifie les substances aussi bien par leurs propriétés que par leur composition. La couleur, le point de fusion, le point d'ébullition et la masse volumique sont des propriétés physiques. Une **propriété physique** peut être mesurée ou observée sans que la composition ou la nature d'une substance soit modifiée. Par exemple, le fait que le chlore soit un gaz jaune n'affecte en rien sa composition ou sa nature. Aucun changement ne survient dans la nature de l'eau lorsqu'on fait fondre de la glace. L'eau et la glace ne diffèrent qu'en apparence, leur composition étant la même ; il s'agit donc d'une transformation physique. Pour retrouver la glace de départ, il suffit de recongeler l'eau. Le point de fusion d'une substance est donc une propriété physique.

Par ailleurs, lorsque la composition ou la nature d'une substance subit un changement, il s'agit d'une transformation chimique. Une **propriété chimique** peut être observée lorsque la composition ou la nature d'une substance est modifiée. Par exemple, le processus de corrosion du fer résulte d'une transformation chimique. Les atomes de fer réagissent avec des molécules d'oxygène pour former l'oxyde de fer (*voir la* **FIGURE 1.5**). Le fait que le fer rouille facilement est donc une propriété chimique. Les équations chimiques permettent souvent d'expliquer certaines propriétés chimiques.

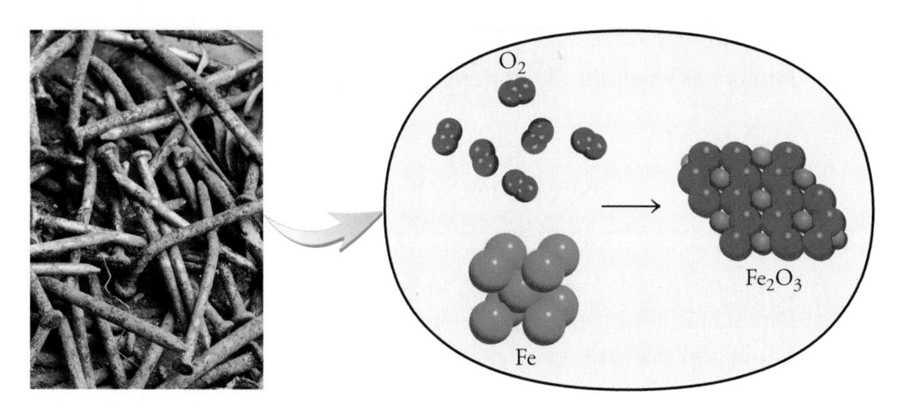

FIGURE 1.5

Modèle simplifié de la formation de la rouille

Formation de la rouille (Fe_2O_3) à partir des atomes de fer (Fe) et des molécules d'oxygène (O_2). En réalité, ce phénomène nécessite la présence d'eau, et celle-ci entre dans la composition de la rouille.

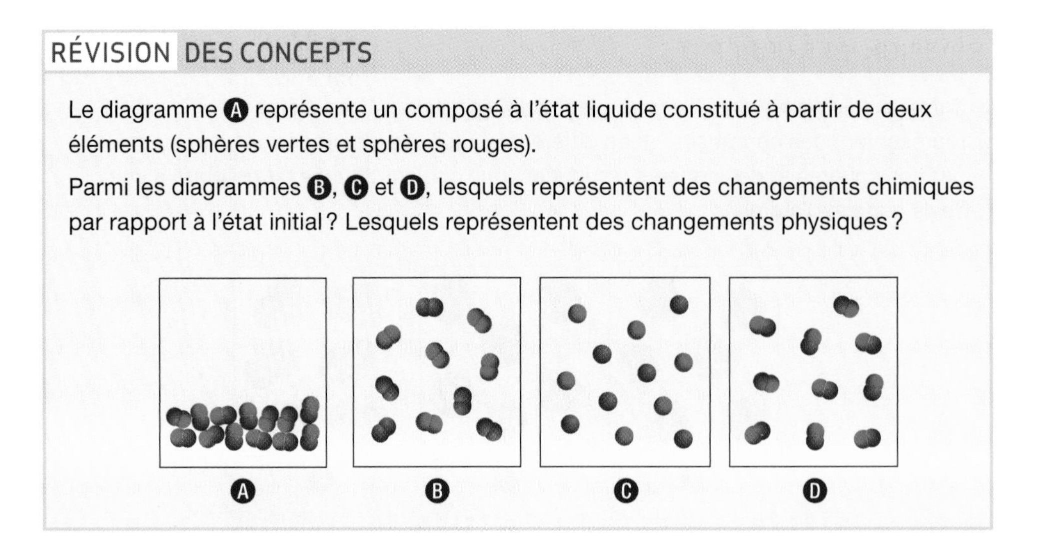

RÉVISION DES CONCEPTS

Le diagramme Ⓐ représente un composé à l'état liquide constitué à partir de deux éléments (sphères vertes et sphères rouges).

Parmi les diagrammes Ⓑ, Ⓒ et Ⓓ, lesquels représentent des changements chimiques par rapport à l'état initial ? Lesquels représentent des changements physiques ?

1.3.3 Les états de la matière

Normalement, on peut observer la matière sous trois états physiques : solide, liquide et gazeux[1]. Dans un solide, les molécules sont retenues et rapprochées les unes des autres, et elles sont placées de manière ordonnée ; elles ont peu de liberté de mouvement. Dans les liquides, les molécules ne sont pas aussi rapprochées, et elles peuvent se déplacer plus librement. Par contre, dans un gaz, la distance entre les molécules est très grande, comparativement à leur taille, et elles bougent très rapidement (*voir la* **FIGURE 1.6**).

FIGURE 1.6

Modèles microscopiques d'un solide, d'un liquide et d'un gaz

Solide
Liquide
Gaz

La matière peut passer successivement d'un état à l'autre sans subir de modification dans sa composition. Par exemple, l'eau peut facilement passer de l'état solide (glace) à l'état liquide sous l'effet de la chaleur et sa composition demeurera la même. La température à laquelle se produit ce changement est le « point de fusion ». À une température plus élevée, appelée « point d'ébullition », le liquide deviendra un gaz. De façon inverse, refroidir un gaz le convertira en liquide. Sous l'effet d'un refroidissement plus important,

1. Utilisé pour la première fois par le physicien Irving Langmuir en 1928, le terme « plasma » est souvent décrit comme le quatrième état de la matière, bien qu'aucun changement de phase ne permette de passer de l'état solide, liquide ou gazeux au plasma. Le plasma n'est visible sur Terre qu'à très haute température. On peut trouver plus d'information à ce sujet dans des manuels de physique.

ce liquide se solidifiera. La **FIGURE 1.7** montre les trois états possibles de l'eau. Les processus par lesquels une substance passe d'un état à un autre sont appelés **changements de phase** et sont présentés à la **FIGURE 1.8**. Il en est question au chapitre 9.

FIGURE 1.7
Trois états de la matière pour l'eau : glace, eau liquide et vapeur

QUESTIONS de révision

3. Donnez un exemple de mélange homogène et un exemple de mélange hétérogène.
4. Expliquez la différence entre une propriété physique et une propriété chimique. Donnez des exemples.
5. Donnez un exemple d'un élément et d'un composé. Qu'est-ce qui les différencie ?

1.4 Les mesures expérimentales

L'étude de la chimie dépend largement des mesures, car celles-ci sont à la base de nombreux calculs permettant d'obtenir les résultats des recherches. Les chimistes utilisent des valeurs chiffrées (ou grandeurs) pour comparer les propriétés des différentes substances ou pour rendre compte des transformations survenues au cours d'une expérience. La mesure d'une grandeur physique comporte deux constituants : la valeur numérique et l'unité avec laquelle on compare la grandeur mesurée.

Une grandeur exprimée sans unité est insignifiante. Par exemple, affirmer que la distance séparant Montréal et Toronto est de 523 ne veut rien dire ; il faut spécifier qu'elle est de 523 km. En science, l'unité est essentielle dans la formulation d'une mesure.

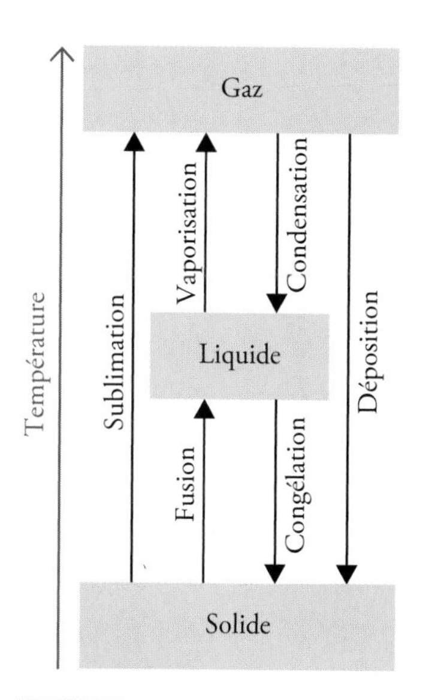

FIGURE 1.8
Changements de phase

CHIMIE EN ACTION

L'importance des unités

En décembre 1998, la NASA a lancé vers la planète Mars un satellite de 125 millions de dollars qui devait être le premier satellite météorologique de la planète rouge. Le 23 septembre 1999, après un parcours à mi-chemin de 670 millions de kilomètres, le vaisseau, qui aurait dû normalement se placer en orbite autour de Mars, a pénétré trop profondément dans l'atmosphère de la planète, 100 km trop bas, et il a été détruit par la chaleur. Plus tard, les contrôleurs de cette mission ont déclaré que cet échec était attribuable à une erreur de programmation dans le logiciel de navigation : on avait oublié de convertir des mesures impériales en mesures métriques.

Les ingénieurs de la société Lockheed Martin, qui ont conçu ce vaisseau, avaient donné les spécifications de la poussée en livres (une unité impériale). Par contre, les ingénieurs de la NASA ont supposé que ces spécifications étaient plutôt exprimées en newtons (une unité du système métrique). En général, la livre est une unité de masse. Cependant, exprimée en unités de force, 1 livre est la force due à l'attraction gravitationnelle exercée sur un objet de cette masse. Pour convertir les livres (lb) en newtons (N), on utilise la relation 1 lb = 0,4536 kg et, d'après la deuxième loi de Newton, on sait que :

$$\begin{aligned} \text{force} &= \text{masse} \times \text{accélération ou } F = ma \\ &= 0{,}4536 \text{ kg} \times 9{,}81 \text{ m/s}^2 \\ &= 4{,}45 \text{ kg} \cdot \text{m/s}^2 \\ &= 4{,}45 \text{ N} \end{aligned}$$

puisque 1 N = 1 kg · m/s^2. Ainsi, au lieu de convertir 1 lb force en 4,45 N, les ingénieurs l'ont considérée comme valant 1 N.

C'est cette valeur de poussée bien inférieure, calculée en newtons, qui a fait prendre une orbite beaucoup trop basse au satellite et qui a causé sa destruction. Commentant l'échec de cette mission, un responsable de la NASA a dit : « Voilà sans doute une très bonne leçon sur l'importance de l'attention qu'il faut porter aux unités. Je crois que cette leçon figurera bien longtemps comme exemple dans tous les cours d'introduction aux systèmes de mesures à tous les niveaux scolaires et jusqu'à la fin des temps ! »

Le satellite Climate Martian

1.4.1 Le système international (SI)

CHIMIE EN LIGNE

Interaction
- Les unités SI
- Les préfixes des unités SI

Afin d'éviter des confusions, tous les scientifiques doivent utiliser le même système de mesures. Depuis 1960, le seul système d'unités en vigueur à l'échelle internationale est le **système international (SI)**, un système métrique révisé qui comporte sept grandeurs de base (ou fondamentales) (*voir le* **TABLEAU 1.2**). Ces dernières peuvent être combinées pour former des unités dérivées, qui sont présentées dans le **TABLEAU 1.3**. Comme les unités métriques, les unités SI sont modifiées sur une base décimale par une série de préfixes (*voir le* **TABLEAU 1.4**). La compréhension de la notation scientifique est essentielle pour l'utilisation du SI. Pour se familiariser avec la notation scientifique, on peut consulter l'annexe 2 (*voir p. 474*). Les grandeurs fréquemment utilisées en chimie sont le temps, la masse, le volume, la quantité de matière et la température.

TABLEAU 1.2 > Grandeurs de base et unités SI

Grandeur	Unité	Symbole
Longueur	mètre	m
Masse	kilogramme	kg
Temps	seconde	s
Intensité du courant électrique	ampère	A
Température	kelvin	K
Quantité de matière	mole	mol
Intensité lumineuse	candela	cd

TABLEAU 1.3 > Exemples d'unités dérivées du SI

Grandeur	Unité	Symbole	Symbole en unités SI
Charge électrique	coulomb	C	$A \cdot s$
Fréquence	hertz	Hz	s^{-1}
Pression	pascal	Pa	$kg \cdot m^{-1} \cdot s^{-2}$
Énergie (travail)	joule	J	$kg \cdot m^2 \cdot s^{-2}$

TABLEAU 1.4 > Préfixes utilisés avec les unités SI et les unités métriques

Préfixe	Symbole	Valeur
Téra-	T	10^{12}
Giga-	G	10^{9}
Méga-	M	10^{6}
Kilo-	k	10^{3}
Déci-	d	10^{-1}
Centi-	c	10^{-2}
Milli-	m	10^{-3}
Micro-	μ	10^{-6}
Nano-	n	10^{-9}
Pico-	p	10^{-12}

EXEMPLE 1.1 Le SI et la notation scientifique

A) Convertissez chaque unité de mesure en utilisant le préfixe SI approprié:

a) $10{,}72 \times 10^3$ m; b) $8{,}09 \times 10^{-6}$ g.

SOLUTION

Il s'agit de remplacer chaque 10^n par le préfixe approprié (*voir le* **TABLEAU 1.4**).

a) 10^3 correspond au préfixe « kilo- »: 10,72 km

b) 10^{-6} correspond au préfixe « micro- »: 8,09 μg

B) Convertissez chaque mesure en notation scientifique:

a) 8,73 Ms; b) 107,8 pg.

SOLUTION

Il s'agit de remplacer le préfixe SI par la puissance de 10 appropriée.

a) M correspond à 10^6 unités: $8{,}73 \times 10^6$ s

b) p correspond à 10^{-12} unités: $107{,}8 \times 10^{-12}$ g

EXERCICE E1.1[2]

A) Convertissez chaque unité de mesure en utilisant le préfixe SI approprié:

a) $4{,}09 \times 10^9$ A; b) $9{,}75 \times 10^{-3}$ mol.

B) Convertissez chaque mesure en notation scientifique:

a) 6,48 nm; b) 1,12 cm.

Problèmes semblables ⊕

1.7 et 1.8

2. Les réponses aux exercices sont données à la fin du manuel.

1.4.2 La masse et le poids

Les termes « masse » et « poids » sont souvent utilisés indifféremment, même si, strictement parlant, ils désignent des quantités différentes. Alors que la **masse** (*m*) est la mesure de la quantité de matière dans un objet, le **poids** est la force que la gravité exerce sur un objet. Par exemple, une pomme qui tombe d'un arbre est attirée vers le bas par la gravité terrestre. Contrairement à son poids, la masse de cette pomme est constante, peu importe où se trouve la pomme. Sur la Lune, la pomme aurait le sixième du poids qu'elle a sur la Terre, parce que la gravité de la Lune est six fois plus faible que celle de la Terre. C'est ce qui permet aux astronautes d'exécuter si facilement des sauts sur la Lune malgré leur habit et leur équipement imposants. La masse d'un objet peut facilement se mesurer sur une balance ; ce procédé est appelé « pesée ».

Un astronaute qui saute sur la Lune

L'unité SI de la masse est le kilogramme (kg). Contrairement aux unités de longueur et de temps, qui sont basées sur des phénomènes naturels reproductibles partout dans le monde par les scientifiques, le kilogramme est défini d'après la masse d'un prototype. En chimie, le gramme (g) est une unité plus pratique :

$$1\ \text{kg} = 1000\ \text{g} = 1 \times 10^3\ \text{g}$$

NOTE

Depuis 1983, le mètre n'est plus défini par une mesure de distance entre deux points sur un prototype, mais plutôt par la distance parcourue par la lumière dans le vide en 1/299 792 458 de seconde, la seconde étant elle-même définie avec une très grande précision grâce à l'utilisation de lasers.

1.4.3 Le volume

L'unité SI de longueur est le mètre (m), et l'unité utilisée pour le volume est une unité SI qui en est dérivée, soit la longueur (m) élevée au cube, c'est-à-dire le mètre cube (m^3). Toutefois, les chimistes travaillent généralement avec de plus petits volumes comme le centimètre cube (cm^3) et le décimètre cube (dm^3) :

$$1\ \text{cm}^3 = (1 \times 10^{-2}\ \text{m})^3 = 1 \times 10^{-6}\ \text{m}^3$$
$$1\ \text{dm}^3 = (1 \times 10^{-1}\ \text{m})^3 = 1 \times 10^{-3}\ \text{m}^3$$

Le litre (L) est une autre unité de volume couramment utilisée. Un **litre** est le volume occupé par un décimètre cube. Le litre (ou millilitre) n'est pas une unité SI, mais il est souvent utilisé par les chimistes pour désigner le volume des liquides. Un litre égale 1000 millilitres (mL) ou 1000 centimètres cubes :

$$1\ \text{L} = 1000\ \text{mL} = 1000\ \text{cm}^3 = 1\ \text{dm}^3$$

et 1 millilitre équivaut à 1 centimètre cube :

$$1\ \text{mL} = 1\ \text{cm}^3$$

La **FIGURE 1.9** illustre les tailles relatives de deux volumes.

Volume : 1000 cm^3
1000 mL
1 dm^3
1 L

1 cm
10 cm = 1 dm

Volume : 1 cm^3
1 mL
1 cm

FIGURE 1.9 **Comparaison entre deux volumes : 1 mL et 1000 mL**

1.4.4 La masse volumique

La **masse volumique** (ρ) représente le rapport entre la masse d'un objet (m) et le volume qu'il occupe (V) :

$$\text{masse volumique} = \frac{\text{masse}}{\text{volume}}$$

ou

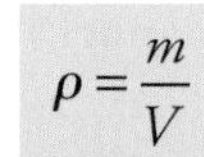

$$\rho = \frac{m}{V} \tag{1.1}$$

où ρ (*rhô*), m et V expriment respectivement la masse volumique, la masse et le volume. Puisque V augmente avec m, le rapport entre la masse et le volume reste toujours le même pour une substance donnée : la masse volumique ne dépend donc pas de la quantité de matière présente. Par contre, elle dépend de la température puisqu'en général, le volume d'une substance augmente avec la température.

L'unité de la masse volumique dans le SI est le kilogramme par mètre cube (kg/m^3). Toutefois, étant donné que cette unité est beaucoup trop grande pour la plupart des applications chimiques, on utilise surtout le gramme par centimètre cube (g/cm^3) et son équivalent, le gramme par millilitre (g/mL), pour exprimer la masse volumique des solides et des liquides. La masse volumique des gaz étant très faible, on l'exprime souvent en grammes par litre (g/L) :

Pour les solides et liquides : $1\ g/cm^3 = 1\ g/mL = 1000\ kg/m^3$

Pour les gaz : $1\ g/L = 0{,}001\ g/mL$

Le **TABLEAU 1.5** donne la masse volumique de quelques substances.

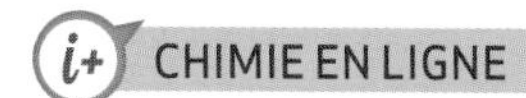

CHIMIE EN LIGNE

Interaction

- La masse volumique

TABLEAU 1.5 > Masses volumiques de quelques substances à 25 °C

Substance	Masse volumique (g/cm^3)
Air*	0,001
Éthanol	0,79
Eau	1,00
Sel de table (NaCl)	2,2
Fer	7,9
Mercure	13,6
Or	19,3
Osmium**	22,6

* Valeur mesurée à 101 kPa.

** De tous les éléments, l'osmium est le plus dense.

NOTE

La masse volumique est différente de la densité, laquelle constitue le rapport entre la masse volumique d'une substance et la masse volumique d'un corps de référence (l'eau dans le cas des liquides et des solides, et l'air dans le cas des gaz). La densité s'exprime donc sans unités. Le terme anglais *density* signifie « masse volumique ».

EXEMPLE 1.2 Le calcul de la masse volumique

L'or est un métal précieux chimiquement inerte. On l'utilise principalement dans la fabrication de bijoux et d'appareils électroniques ainsi qu'en médecine dentaire. Un lingot d'or de 301 g a un volume de 15,6 cm^3. Calculez la masse volumique de l'or.

SOLUTION

On donne la masse et le volume et on demande de calculer la masse volumique. Il suffit simplement, dans ce cas-ci, d'utiliser directement la définition mathématique de la masse volumique. Sachant qu'il s'agit ici d'or solide, il faut s'assurer d'avoir des grammes comme unités de la masse et des centimètres cubes comme unités du volume. D'après l'équation 1.1, la masse volumique de l'or est donnée par :

$$\rho = \frac{m}{V} = \frac{301\ g}{15{,}6\ cm^3} = 19{,}3\ g/cm^3$$

EXERCICE E1.2

a) Un morceau de platine d'une masse volumique de 21,5 g/cm^3 a un volume de 4,49 cm^3. Calculez la masse de cet échantillon.

b) La masse volumique de l'acide sulfurique utilisé dans les accumulateurs d'automobiles est de 1,41 g/mL. Calculez le volume occupé par 341 g d'acide sulfurique.

Problèmes semblables 

1.9 et 1.10

Lingots d'or

1.4.5 La température

Il existe trois échelles couramment utilisées pour exprimer la température. Leurs unités sont le kelvin (K), le degré Celsius (°C) et le degré Fahrenheit (°F). L'échelle Fahrenheit, utilisée surtout dans la vie quotidienne aux États-Unis, situe les points de congélation et d'ébullition normaux de l'eau à 32 °F et à 212 °F respectivement. L'échelle Celsius est l'échelle la plus répandue. Elle divise l'écart entre le point de congélation (0 °C) et le point d'ébullition (100 °C) de l'eau en 100 parties égales (*voir la* **FIGURE 1.10**, *page suivante*). Bien que le degré Celsius ne fasse pas partie du SI, il est souvent utilisé avec d'autres unités SI, et ce sera aussi le cas dans ce manuel.

Un degré Fahrenheit équivaut à 100/180 (ou 5/9) fois un degré Celsius. Pour convertir les degrés Fahrenheit en degrés Celsius ou l'inverse, il faut donc effectuer les opérations suivantes :

$$? °C = (°F - 32 °F) \times \frac{5 °C}{9 °F} \quad (1.2)$$

$$? °F = \left(\frac{9 °F}{5 °C} \times (°C)\right) + 32 °F \quad (1.3)$$

FIGURE 1.10

Comparaison entre les échelles Celsius, Fahrenheit et Kelvin

Il y a 100 divisions, ou 100 degrés, entre le point de congélation et le point d'ébullition de l'eau sur l'échelle Celsius, et il y a 180 divisions, ou 180 degrés, dans ce même intervalle de température sur l'échelle Fahrenheit.

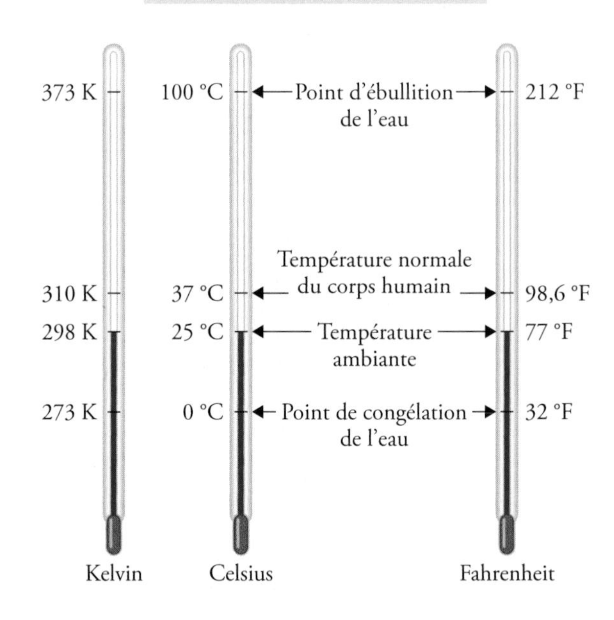

NOTE

La température dans l'échelle Kelvin n'utilise pas le symbole des degrés (on n'écrit pas 15 °K, mais plutôt 15 K). De plus, les températures exprimées en kelvins ne peuvent jamais être négatives, car le zéro absolu (ou 0 K) est théoriquement la plus basse température pouvant exister[3].

L'unité SI pour la température est le **kelvin**. Les deux échelles de température Celsius et Kelvin ont des unités de grandeur égales : un degré Celsius vaut un kelvin. Des mesures ont montré que le *zéro absolu* de l'échelle Kelvin équivaut à −273,15 °C sur l'échelle Celsius. Ainsi :

$$? K = (°C + 273,15 °C)\frac{1 K}{1 °C} \quad (1.4)$$

Il n'est pas rare d'avoir à convertir des températures d'une échelle à l'autre.

Aimant suspendu au-dessus d'un supraconducteur refroidi sous sa température de transition par de l'azote liquide

EXEMPLE 1.3 Les conversions entre les différentes échelles de température

a) En dessous d'une température de −141 °C, une certaine substance devient supraconductrice, c'est-à-dire qu'elle peut conduire l'électricité sans aucune résistance. Quelle est cette température en degrés Fahrenheit ?

b) Le point d'ébullition de l'hélium, −452 °F, est le plus bas parmi ceux de tous les éléments. Convertissez cette température en degrés Celsius.

c) Le mercure fond à −38,9 °C. Quel est le point de fusion du mercure exprimé en kelvins ?

3. Le zéro absolu est un minimum théorique et correspond à la température à laquelle un corps ne contient plus aucune énergie thermique. Les avancées scientifiques permettent de s'en approcher de plus en plus.

SOLUTION

a) Cette conversion s'effectue de la façon suivante :

$$\frac{9\ ^\circ F}{5\ ^\circ C} \times (-141\ ^\circ C) + 32\ ^\circ F = -222\ ^\circ F$$

b) On obtient :

$$(-452\ ^\circ F - 32\ ^\circ F) \times \frac{5\ ^\circ C}{9\ ^\circ F} = -269\ ^\circ C$$

c) Le point de fusion du mercure exprimé en kelvins est donné par l'équation :

$$(-38{,}9\ ^\circ C + 273{,}15\ ^\circ C) \times \frac{1\ K}{1\ ^\circ C} = 234{,}3\ K$$

EXERCICE E1.3

a) Le point de fusion du césium est bas : 28,4 °C. Quel est son point de fusion en degrés Fahrenheit ?

b) Convertissez 172,9 °F (point d'ébullition de l'éthanol) en degrés Celsius.

c) Convertissez le point d'ébullition de l'azote liquide, 77 K, en degrés Celsius.

Problèmes semblables ⊕
1.11 et 1.12

QUESTIONS de révision

6. Quels sont les deux constituants de la mesure d'une grandeur physique ?
7. Donnez les unités SI qui expriment : **a)** la longueur ; **b)** la surface ; **c)** le volume ; **d)** la masse ; **e)** le temps ; **f)** la force ; **g)** l'énergie ; **h)** la température.
8. Écrivez les nombres (en notation scientifique) qui correspondent aux préfixes suivants : **a)** méga- ; **b)** kilo- ; **c)** milli- ; **d)** micro- ; **e)** nano- ; **f)** pico-.
9. Définissez la masse volumique et précisez le symbole et les unités (en fonction de l'état physique) habituellement utilisés pour l'exprimer.

1.5 La manipulation des nombres

Les chimistes utilisent des appareils de mesure assez diversifiés. Les instruments volumétriques (servant à mesurer le volume) et gravimétriques (servant à mesurer la masse) sont d'usage courant, en plus d'appareils conçus pour mesurer d'autres propriétés, comme le pH et la température (*voir la* **FIGURE 1.11**, *page suivante*).

1.5.1 L'exactitude et la précision

Pour juger des résultats obtenus, il est utile de faire la distinction entre exactitude et précision. L'**exactitude** indique à quel point une mesure s'approche de la valeur réelle de la quantité mesurée. La **précision** indique les limites à l'intérieur desquelles se situe la valeur d'une quantité mesurée (*voir la* **FIGURE 1.12**, *page suivante*). Elle ne fait donc pas référence à la valeur réelle (exactitude), mais à la similitude des différentes valeurs obtenues.

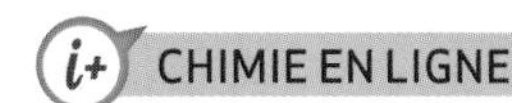

Interaction
- L'exactitude et la précision

FIGURE 1.11

Appareils volumétriques courants des laboratoires de chimie

Ils ne sont pas à l'échelle. Les volumes indiqués sont habituellement valables à une température de 20 °C. Ces appareils doivent aussi être calibrés afin d'atteindre une plus grande précision dans les mesures.

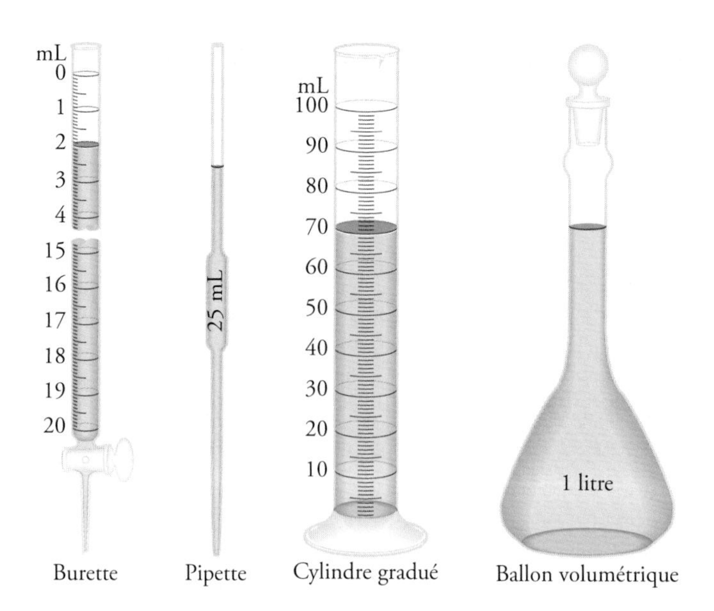

Par exemple, on demande à trois étudiants de déterminer la masse d'un fil de cuivre. L'enseignant a préalablement mesuré cette masse, qui est 2,000 g. On considère qu'il s'agit de la valeur vraie. Les résultats de deux pesées successives effectuées par chaque étudiant se lisent comme suit :

	Étudiant A	Étudiant B	Étudiant C
	1,964 g	1,972 g	2,000 g
	1,978 g	1,968 g	2,002 g
Valeur moyenne	1,971 g	1,970 g	2,001 g

Les résultats de l'étudiant B sont plus *précis* (ou moins dispersés) que ceux de l'étudiant A (1,972 g et 1,968 g sont moins éloignés de 1,970 que 1,964 g et 1,978 g le sont de 1,971 g). Aucun de ces deux groupes de résultats n'est toutefois très *exact*. Cependant, les résultats de l'étudiant C sont non seulement *précis* (faible dispersion), mais également les plus *exacts*, étant donné que leur valeur moyenne est la plus proche de la valeur réelle. Habituellement, les mesures très exactes sont également précises, mais les mesures très précises ne sont pas nécessairement exactes. Par exemple, un mètre mal étalonné ou une balance défectueuse peuvent donner des valeurs précises, mais erronées (inexactes).

FIGURE 1.12

Disposition de fléchettes sur des cibles permettant de différencier précision et exactitude

Les points bleus indiquent la position des fléchettes.

Ⓐ Exact et précis

Ⓑ Non exact mais précis

Ⓒ Ni exact ni précis

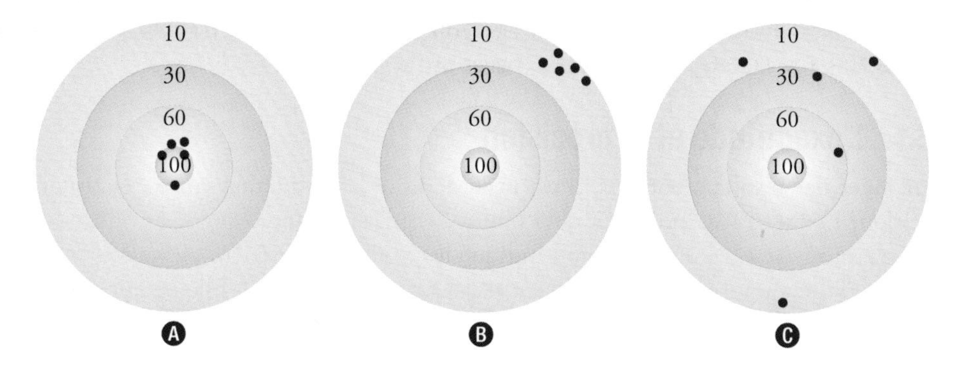

1.5.2 Les chiffres significatifs et les échelles de lecture

À moins que tous les nombres en jeu soient des entiers (par exemple le nombre d'étudiants dans une classe), il est souvent impossible d'obtenir la valeur exacte d'une quantité que l'on veut déterminer. C'est pourquoi il est important d'indiquer la marge d'erreur (ou incertitude) d'une mesure en exprimant de façon claire le nombre de **chiffres significatifs**, c'est-à-dire les chiffres ayant une signification dans le calcul ou la mesure d'une quantité. Une fois le nombre de chiffres significatifs établi, le dernier de ces chiffres est considéré comme incertain. Il ne peut donc y avoir plus d'un chiffre incertain dans un nombre. Par exemple, on mesure le volume d'un liquide avec un cylindre gradué qui est précis à 0,1 mL près. Si le volume mesuré est de 5,7 mL, le volume réel se situe alors entre 5,6 mL et 5,8 mL. On exprime donc le volume du liquide de la façon suivante: (5,7 ±0,1) mL. Pour une plus grande exactitude, on pourrait utiliser un cylindre gradué dont les divisions sont plus fines, de façon à obtenir une mesure dont la précision est au centième de millilitre. Si le volume du liquide y est de 5,73 mL, cette quantité est alors exprimée de la façon suivante: (5,73 ±0,01) mL, et la valeur réelle se situe entre 5,72 mL et 5,74 mL. Le deuxième cylindre gradué permet une mesure plus précise que le premier. La valeur réelle étant comprise entre 5,72 mL et 5,74 mL, cela démontre que les chiffres 5 et 7 sont certains, alors que la deuxième décimale est incertaine. Le dernier chiffre est toujours un chiffre incertain (ou chiffre douteux). Les chiffres significatifs représentent l'ensemble de tous les chiffres certains et le chiffre douteux qui leur succède. La valeur 5,73 mL comprend donc trois chiffres significatifs (deux chiffres certains et un chiffre douteux).

L'amélioration des appareils de mesure permet d'obtenir une plus grande précision (c'est-à-dire plus de chiffres significatifs), mais, dans chaque cas, le dernier chiffre est toujours incertain ou douteux. La marge d'incertitude dépend donc de l'appareil utilisé.

Chaque appareil de mesure possède une incertitude. Pour les appareils gradués, l'incertitude est donnée par la moitié de la plus petite division de l'échelle. Par exemple, un thermomètre gradué aux degrés aura une incertitude de ±0,5 °C (1 °C ÷ 2). Cela revient à dire que son échelle permet de lire jusqu'au dixième de degré. Un thermomètre gradué aux dixièmes de degré aura pour sa part une incertitude de ±0,05 °C et permettra ainsi de lire jusqu'au centième de degré. Dans le cas des appareils à affichage électronique, l'incertitude est estimée à une unité sur le dernier chiffre affiché. Il existe aussi des appareils de mesure pour lesquels l'incertitude est fournie par le fabricant. C'est le cas des appareils jaugés, comme les pipettes et les ballons volumétriques.

Lorsqu'une mesure est rapportée sans incertitude (c'est le cas dans ce manuel), on suppose une incertitude de ±1 pour le dernier chiffre. Par exemple, un volume de 50,0 mL suppose une incertitude de ±0,1 mL.

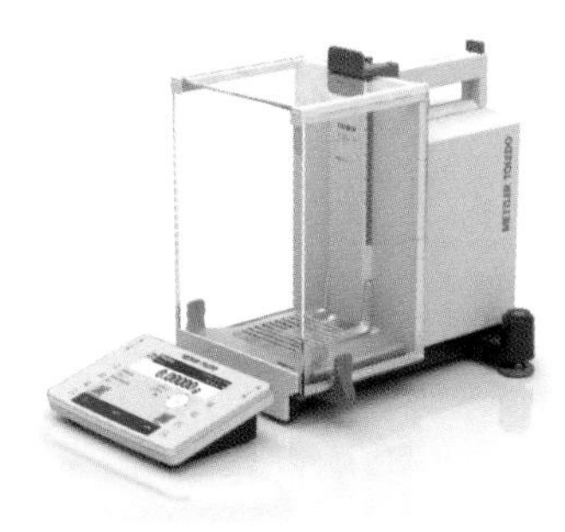

FIGURE 1.13
Balance analytique

La **FIGURE 1.13** montre une balance moderne comme celles que l'on utilise dans beaucoup de laboratoires de chimie. Cette balance mesure facilement la masse des objets jusqu'à la cinquième décimale en grammes. Cela veut dire que la masse mesurée aura habituellement cinq chiffres significatifs (par exemple, 0,864 21 g) ou plus (par exemple, 3,974 52 g). Tenir compte du nombre de chiffres significatifs dans une mesure garantit que le calcul des données reflétera l'incertitude de la mesure.

EXEMPLE 1.4 Les chiffres significatifs dans les mesures

Effectuez les lectures suivantes avec l'incertitude et le bon nombre de chiffres significatifs.

a)

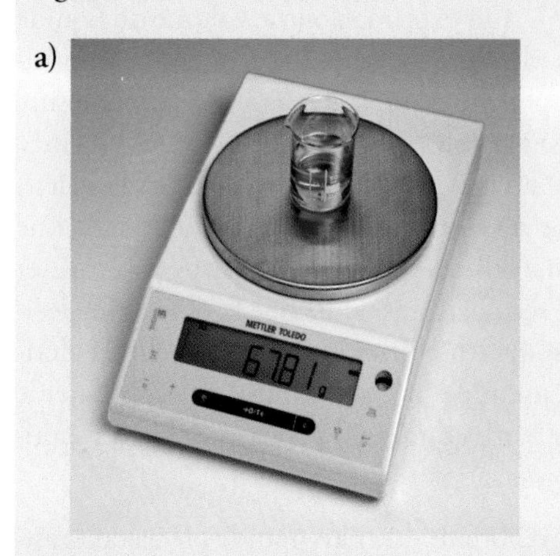

b)

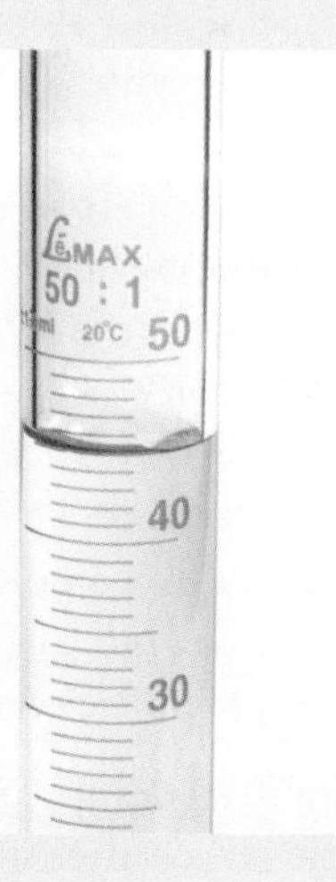

SOLUTION

a) L'incertitude sur les appareils à affichage numérique est de une unité sur le dernier chiffre affiché. La lecture sera donc de : 67,81 ±0,01 g.

b) À moins d'avis contraire, les appareils gradués ont une incertitude de la moitié de la plus petite division de l'échelle. Dans ce cas-ci, l'échelle étant graduée aux millilitres, la moitié de la plus petite division correspond à 0,5 mL. La lecture est donc de 45,0 mL.

Problème semblable 1.13

EXERCICE E1.4

Effectuez les lectures suivantes avec l'incertitude et le bon nombre de chiffres significatifs.

a) b)

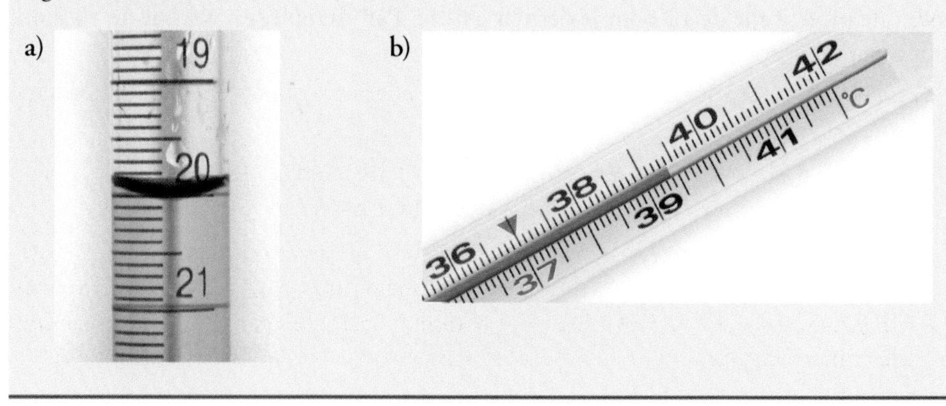

Les règles d'utilisation des chiffres significatifs dans les mesures

On a vu qu'il est toujours important d'écrire le bon nombre de chiffres significatifs. En général, il est assez facile d'y parvenir en suivant les règles suivantes.

1. **Tout chiffre différent de zéro est significatif.** Alors, 845 cm a trois chiffres significatifs, 1,234 kg en a quatre, etc.
2. **Les zéros placés entre deux chiffres significatifs sont significatifs.** Alors, 606 m a trois chiffres significatifs, 40 501 kg en a cinq, etc.
3. **Les zéros placés à gauche du premier chiffre différent de zéro ne sont pas significatifs.** Ils servent uniquement à indiquer l'emplacement de la virgule décimale. Alors, 0,08 L a un chiffre significatif (le 8), 0,000 0349 g en a trois (le 3, le 4 et le 9), etc.
4. Si le nombre est plus grand que un, **tous les zéros écrits à droite de la virgule sont significatifs**. Alors, 2,0 mg a deux chiffres significatifs et 3,040 dm en a quatre. Si le nombre est plus petit que un, seuls les zéros écrits à la fin du nombre et ceux situés entre des chiffres différents de zéro sont significatifs. Alors, 0,090 kg a deux chiffres significatifs (les deux premiers 0 ne sont pas significatifs), 0,3005 L en a quatre, 0,004 20 min en a trois, etc.
5. En ce qui concerne les nombres qui n'ont pas de virgule, les zéros situés après le dernier chiffre différent de zéro peuvent être significatifs ou non. Par exemple, 400 cm peut avoir un chiffre significatif (le chiffre 4), deux chiffres significatifs (40) ou trois chiffres significatifs (400). La notation scientifique lève cette ambiguïté. Dans ce cas, le nombre 400 ne peut correspondre qu'à une seule expression parmi les suivantes : 4×10^2 avec un chiffre significatif, $4{,}0 \times 10^2$ avec deux chiffres significatifs ou $4{,}00 \times 10^2$ avec trois chiffres significatifs selon la précision de la mesure.

EXEMPLE 1.5 La détermination des chiffres significatifs

Déterminez le nombre de chiffres significatifs dans les mesures suivantes : **a)** 478 cm ; **b)** 6,01 g ; **c)** 0,825 m ; **d)** 0,043 kg ; **e)** $1{,}310 \times 10^{22}$ atomes ; **f)** 7000 mL.

SOLUTION

a) Trois, parce que chaque chiffre est différent de zéro.

b) Trois, parce que des zéros placés entre d'autres chiffres sont eux-mêmes significatifs.

c) Trois, parce que les zéros à gauche du premier chiffre qui est différent de zéro ne sont pas significatifs.

d) Deux, parce que les zéros à gauche du premier chiffre qui est différent de zéro ne sont pas significatifs.

e) Quatre, parce que le nombre étant supérieur à un, tous les zéros écrits à la droite de la virgule décimale sont des chiffres significatifs.

f) Voici un cas ambigu : le nombre de chiffres significatifs pourrait être quatre ($7{,}000 \times 10^3$), trois ($7{,}00 \times 10^3$), deux ($7{,}0 \times 10^3$) ou un (7×10^3). Cet exemple illustre bien la nécessité d'utiliser la notation scientifique pour indiquer le nombre de chiffres significatifs.

EXERCICE E1.5

Déterminez le nombre de chiffres significatifs de chacune des mesures suivantes : **a)** 24 mL ; **b)** 3001 g ; **c)** 0,0320 m^3 ; **d)** $6{,}4 \times 10^4$ molécules ; **e)** 560 kg.

1.14

> **NOTE**
> L'annexe 3 (*voir p. 475*) illustre le bien-fondé de ces règles.

Les règles d'utilisation des chiffres significatifs dans les calculs

Un autre ensemble de règles détermine l'utilisation des chiffres significatifs dans les différents types de calculs[4]. Certaines règles s'appliquent dans le cas d'additions et de soustractions, et elles diffèrent pour les multiplications et les divisions.

1. **Additions et soustractions**

   Dans les cas de l'addition et de la soustraction, le résultat doit comporter le même nombre de chiffres décimaux (c'est-à-dire de chiffres après la virgule) que celui des termes de l'opération qui en comporte le moins. Il faut bien distinguer chiffres significatifs (ensemble des chiffres certains + chiffre douteux), ou cs, et chiffres décimaux (chiffres après la virgule), ou cd. Voici quelques exemples :

$$\begin{array}{rl} 89{,}332 & \leftarrow \textit{3 cd} \\ +\ 1{,}1 & \leftarrow \textit{1 cd} \\ \hline 90{,}432 & \leftarrow \text{arrondir à } \underbrace{90{,}4}_{\textit{1 cd}} \end{array} \qquad \begin{array}{rl} 2{,}097 & \leftarrow \textit{3 cd} \\ -\ 0{,}12 & \leftarrow \textit{2 cd} \\ \hline 1{,}977 & \leftarrow \text{arrondir à } 1{,}\underbrace{98}_{\textit{2 cd}} \end{array}$$

   Pour arrondir un nombre à un ordre de grandeur donné, on n'a qu'à éliminer les chiffres qui dépassent cet ordre de grandeur si le premier de ces chiffres est inférieur à 5. Par exemple, 8,724 est arrondi à 8,72 si l'on ne veut conserver que deux chiffres après la virgule. Si le chiffre qui suit celui où l'on veut arrondir est égal ou supérieur à 5[5], on ajoute 1 au dernier chiffre à conserver. Par exemple, si l'on ne veut garder que deux chiffres après la virgule, 8,727 est arrondi à 8,73, et 0,425 est arrondi à 0,43.

2. **Multiplications et divisions**

   Dans les cas de la multiplication et de la division, le nombre de chiffres significatifs du résultat est déterminé par le plus petit nombre de chiffres significatifs des éléments du calcul. Les exemples suivants illustrent cette règle :

$$\underbrace{2{,}80}_{\textit{3 cs}} \times \underbrace{4{,}5039}_{\textit{5 cs}} = 12{,}610\,92 \leftarrow \text{arrondir à } \underbrace{12{,}6}_{\textit{3 cs}}$$

$$\frac{\overbrace{6{,}85}^{\textit{3 cs}}}{\underbrace{112{,}04}_{\textit{5 cs}}} = 0{,}061\,138\,8789 \leftarrow \text{arrondir à } 0{,}0\underbrace{611}_{\textit{3 cs}}$$

---

4. Il existe une méthode permettant de déterminer l'incertitude associée à un calcul à partir des incertitudes sur les mesures expérimentales. Cette méthode de calcul d'incertitude sera peut-être abordée au laboratoire. Lorsqu'on ne connaît pas les incertitudes sur les données, on peut appliquer une méthode plus approximative, présentée dans les paragraphes qui suivent.

5. Dans le cas où le chiffre qui suit celui où l'on veut arrondir est égal à 5, la véritable méthode consiste à augmenter le dernier chiffre d'une unité dans le cas d'un chiffre impair et à le laisser inchangé dans le cas d'un chiffre pair. Cependant, dans ce manuel, on arrondit à la hausse lorsque le chiffre est égal ou supérieur à 5.

3. **Valeurs exactes**

Le concept de chiffre significatif ne s'applique que pour les valeurs auxquelles une incertitude est associée. Certaines valeurs ne proviennent pas de mesures et sont d'emblée exactes. C'est le cas par exemple des nombres entiers obtenus par des définitions ou par le compte d'objets. Ces valeurs sont considérées comme pouvant avoir un nombre infini de chiffres significatifs. Par exemple, le pouce est défini comme équivalant exactement à 2,54 centimètres : 1 po = 2,54 cm. Par conséquent, le 2,54 dans l'équation ne devrait pas être interprété comme une valeur mesurée avec trois chiffres significatifs. Dans des calculs qui exigent de telles conversions (comme entre des pouces et des centimètres), il faut considérer autant la valeur 1 que la valeur 2,54 comme des valeurs exactes, c'est-à-dire ayant un nombre infini de chiffres significatifs. Aussi, si un objet a une masse de 0,2786 g, la masse totale de huit objets semblables sera :

$$\underbrace{0{,}2786}_{4\ cs}\ \text{g} \times 8 = \underbrace{2{,}229}_{4\ cs}\ \text{g}$$

Dans ce cas, on n'arrondit pas le résultat à un chiffre significatif parce que, par définition, le nombre 8 est 8,000 00... De même, pour faire la moyenne des deux mesures de longueur 6,64 cm et 6,68 cm, on écrit :

$$\frac{6,\overbrace{64}^{2\ cd}\ \text{cm} + 6,\overbrace{68}^{2\ cd}\ \text{cm}}{2} = 6,\overbrace{66}^{2\ cd}\ \text{cm}$$

parce que, par définition, le nombre 2 est 2,000 00...

Cette méthode ne s'applique qu'aux calculs à une seule étape. Dans les **calculs en chaîne**, c'est-à-dire des calculs qui nécessitent plus d'une étape, on peut obtenir des réponses différentes selon la méthode d'arrondissement utilisée. Soit le calcul à deux étapes suivant :

$$\text{première étape : } A \times B = C, \text{ seconde étape : } C \times D = E$$

On pose que $A = 3{,}66$, $B = 8{,}45$ et $D = 2{,}11$. La valeur de E variera selon que C, le résultat intermédiaire, est arrondi à trois ou à quatre chiffres significatifs.

Toutefois, si l'on avait effectué le calcul 3,66 × 8,45 × 2,11 sur une calculatrice sans arrondir le résultat intermédiaire, on aurait obtenu 65,3 pour E. Afin de maximiser l'exactitude du résultat final, il est préférable de n'arrondir qu'une fois tous les calculs effectués. Cela signifie que lorsque plusieurs calculs sont nécessaires, il faut conserver tous les chiffres dans la calculatrice et n'arrondir que le résultat final.

Méthode 1 (arrondir à chaque étape)	**Méthode 2** (conserver plus de cs que nécessaire et arrondir à la fin)
3,66 × 8,45 = 30,9	3,66 × 8,45 = 30,93
30,9 × 2,11 = 65,2	30,93 × 2,11 = 65,3

NOTE

Il faut se méfier des réponses données par les calculatrices. La plupart de ces appareils, à moins de contenir des fonctions spéciales, n'affichent pas les réponses avec le bon nombre de chiffres significatifs. Ainsi, l'utilisateur doit décider, en lisant la réponse affichée, s'il est nécessaire d'ajouter ou d'éliminer des chiffres, en conformité avec les données à l'origine d'un calcul particulier.

Exemples :

1. 5,00 cm × 2,00 cm ne donne pas 10, mais plutôt 10,0 cm^2.
2. 3,02 cm × 3,02 cm ne donne pas 9,1204, comme l'affiche la calculatrice, mais plutôt 9,12 cm^2.
3. 5 cm × 5 cm ne donne pas 25, mais 3×10^1 cm^2. 5,0 cm × 5,0 cm donne 25 cm^2.

EXEMPLE 1.6 La manipulation des chiffres significatifs dans les calculs

Donnez le résultat des opérations suivantes avec le bon nombre de chiffres significatifs : **a)** 11 254,1 + 0,1983 ; **b)** 66,59 – 3,113 ; **c)** 8,16 × 5,1355 ; **d)** 0,0154 ÷ 883 ; **e)** $(2,64 \times 10^3) + (3,27 \times 10^2)$.

SOLUTION

Dans une addition ou une soustraction, le nombre de décimales retenues dans la réponse est déterminé par le terme de l'équation qui en a le moins. Dans le cas d'une multiplication ou d'une division, le nombre de chiffres significatifs retenus dans la réponse est déterminé par le terme de l'équation qui en contient le moins.

a)
11 254,1 ← *1 cd*
\+ 0,1983 ← *4 cd*
11 254,2983 ← arrondir à 11 254,3 (*1 cd*)

b)
66,59 ← *2 cd*
– 3,113 ← *3 cd*
63,477 ← arrondir à 63,48 (*2 cd*)

c)
8,16 ← *3 cs*
× 5,1355 ← *5 cs*
41,905 68 ← arrondir à 41,9 (*3 cs*)

d) $\dfrac{\underbrace{0,0154}_{3\ cs}}{\underbrace{883}_{3\ cs}} = 0,000\ 017\ 440\ 5436$ ← arrondir à 0,000 0174 ou $\underbrace{1,74}_{3\ cs} \times 10^{-5}$

e) Il faut d'abord convertir $3,27 \times 10^2$ en $0,327 \times 10^3$, puis additionner les termes entre parenthèses : $(\underbrace{2,64}_{2\ cd} + \underbrace{0,327}_{3\ cd}) \times 10^3$. Selon le procédé utilisé en a), la réponse est $\underbrace{2,97}_{2\ cd} \times 10^3$.

Problème semblable 1.16

EXERCICE E1.6

Donnez le résultat des opérations suivantes avec le bon nombre de chiffres significatifs : **a)** 26,5862 L + 0,17 L ; **b)** 9,1 g – 4,682 g ; **c)** $(7,1 \times 10^4\ dm) \times (2,2654 \times 10^2\ dm)$; **d)** 6,54 g ÷ 86,5542 mL ; **e)** $(7,55 \times 10^4\ m) - (8,62 \times 10^3\ m)$.

RÉVISION DES CONCEPTS

Déterminez la longueur du crayon avec le nombre de chiffres significatifs approprié en fonction de chacune des deux échelles.

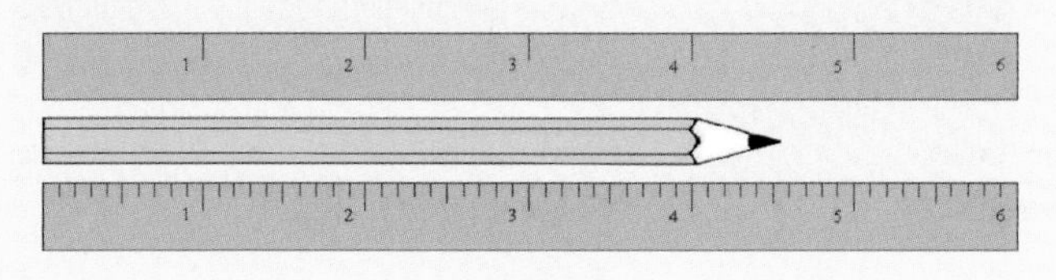

QUESTIONS de révision

10. Un voltmètre gradué tous les 0,1 volt est-il plus précis qu'un voltmètre gradué tous les 0,5 volt?

11. Qu'est-ce qui détermine la dernière décimale d'une mesure?

12. Si une mesure est exprimée avec le bon nombre de chiffres significatifs, combien comportera-t-elle de chiffres douteux?

13. Lorsqu'on dit que la circonférence d'un cercle vaut $2\pi r$, combien de chiffres significatifs comporte le 2?

1.6 La résolution de problèmes et la conversion d'unités

L'analyse dimensionnelle aurait bien pu mener Einstein à sa fameuse équation reliant masse et énergie, $E = mc^2$.

Complément
- La méthode de l'analyse dimensionnelle

Des mesures bien effectuées et une utilisation adéquate des chiffres significatifs, accompagnées de bons calculs, conduiront à des résultats numériques exacts. Cependant, pour avoir un sens, ces résultats doivent être accompagnés des unités appropriées. La méthode utilisée dans ce manuel pour convertir les unités dans les problèmes de chimie s'appelle «analyse dimensionnelle» (ou «méthode des facteurs de conversion»). Il s'agit d'une méthode simple de résolution de problèmes qui demande peu de mémoire, mais qui requiert de structurer sa démarche avant d'entreprendre les calculs proprement dits. Un **facteur de conversion**, c'est une relation entre différentes unités qui expriment une même quantité physique.

On sait, par exemple, que l'unité «dollar» pour l'argent est différente de l'unité «cent». On dit toutefois que 1 dollar *équivaut à* 100 cents parce que les deux représentent la même somme d'argent.

Cette équivalence permet d'écrire:

$$1 \text{ dollar} = 100 \text{ cents}$$

Le rapport des deux quantités est de 1, ce qui donne le facteur de conversion suivant:

$$\frac{1 \text{ dollar}}{100 \text{ cents}} = 1$$

On appelle cette fraction un «facteur de conversion» parce que le numérateur et le dénominateur expriment la même somme d'argent. Ce facteur permet d'effectuer des conversions entre différentes unités dont les valeurs expriment une même quantité.

Le facteur de conversion aurait pu prendre la forme suivante:

$$\frac{100 \text{ cents}}{1 \text{ dollar}} = 1$$

Un facteur de conversion peut se lire dans les deux sens, c'est-à-dire dans ce cas-ci que 1 dollar vaut 100 cents et que 100 cents valent 1 dollar.

Voici un exemple. On souhaite convertir 2,46 dollars en cents. On exprime le problème de la façon suivante :

$$? \text{ cents} = 2{,}46 \text{ dollars}$$

Étant donné qu'il s'agit de convertir des dollars en cents, on place le facteur de conversion de façon à ce que l'unité « dollar » soit au dénominateur (pour éliminer « dollars » de 2,46 dollars) et on écrit :

$$2{,}46\ \cancel{\text{dollars}} \times \frac{100 \text{ cents}}{1\ \cancel{\text{dollar}}} = 246 \text{ cents}$$

Le facteur de conversion 100 cents / 1 dollar contient des nombres entiers (ou nombres exacts), ce qui fait que le nombre de chiffres significatifs n'est pas modifié dans la réponse finale.

Si on avait choisi d'inverser le facteur de conversion, on aurait obtenu :

$$2{,}46 \text{ dollars} \times \frac{1 \text{ dollar}}{100 \text{ cents}} = 2{,}46 \times 10^{-2}\ \frac{\text{dollars}^2}{\text{cents}}$$

Dans un tel cas, l'absurdité des unités obtenues signalerait la présence d'une erreur. Il faut toujours prendre le temps de vérifier les unités après un calcul : cela peut éviter beaucoup d'erreurs.

Dans la méthode de l'analyse dimensionnelle, les unités se simplifient ainsi :

$$\cancel{\text{unité de départ}} \times \frac{\text{unité désirée}}{\cancel{\text{unité de départ}}} = \text{unité désirée}$$

Elles apparaissent à chacune des étapes du calcul. Par conséquent, si l'équation est posée correctement, toutes les unités s'élimineront, sauf celle qu'on veut obtenir.

Il est bon de prendre l'habitude de vérifier si une réponse est vraisemblable (unités, signe, ordre de grandeur). Par exemple, une masse négative révèle à coup sûr une erreur.

La méthode de l'analyse dimensionnelle est une variante du produit croisé (ou règle de trois). Son avantage réside dans le fait qu'elle permet d'effectuer des problèmes complexes en un seul calcul et, en même temps, de vérifier les unités. Ainsi, il est possible de combiner plusieurs facteurs de conversion dans un seul et même calcul, comme dans l'exemple suivant.

Le record du monde du demi-marathon est détenu par le coureur érythréen Zersenay Tadese. En 2010, il a franchi les 13,1 milles (mi) qui le séparaient de la ligne d'arrivée en 58 minutes. Quelle est sa vitesse moyenne en kilomètres par heure ?

Les valeurs connues constituent en fait une vitesse $\left(\frac{\text{distance}}{\text{temps}}\right)$:

$$\left(\frac{13{,}1 \text{ mi}}{58 \text{ min}}\right)$$

Étant donné qu'on veut exprimer la vitesse en kilomètres par heure, on doit convertir les milles en kilomètres et les minutes en heures.

Voici les facteurs de conversion à utiliser :

$$\frac{0{,}6204 \text{ mi}}{1 \text{ km}} \quad \text{et} \quad \frac{60 \text{ min}}{1 \text{ h}}$$

En combinant les facteurs de conversion, on peut calculer la vitesse en une seule étape :

$$? \text{ km/h} = \frac{13{,}1 \cancel{\text{mi}}}{58 \cancel{\text{min}}} \times \frac{1 \text{ km}}{0{,}6204 \cancel{\text{mi}}} \times \frac{60 \cancel{\text{min}}}{1 \text{ h}} = 21{,}84 \text{ km/h}$$

Exprimée avec le bon nombre de chiffres significatifs, la réponse devient 22 km/h. Dans ce cas, 0,6204, 60 et 1 sont considérés comme des valeurs exactes.

Avec la méthode du produit croisé, on aurait effectué une démarche équivalente à la suivante.

Conversion des milles en kilomètres :

$$\begin{array}{rl} ? \text{ km} \longrightarrow 13{,}1 \text{ mi} & \\ 1 \text{ km} \longrightarrow 0{,}6204 \text{ mi} & \qquad ? = 21{,}1 \text{ km} \end{array}$$

Conversion des minutes en heures :

$$\begin{array}{rl} ? \text{ h} \longrightarrow 58 \text{ min} & \\ 1 \text{ h} \longrightarrow 60 \text{ min} & \qquad ? = 0{,}97 \text{ h} \end{array}$$

Calcul de la vitesse :

$$\begin{array}{rl} ? \text{ km} \longrightarrow 1 \text{ h} & \\ 21{,}1 \text{ km} \longrightarrow 0{,}97 \text{ h} & \qquad ? = 22 \text{ km/h} \end{array}$$

Les deux méthodes donnent la même réponse (en supposant qu'on croise les bonnes données), mais la méthode du produit croisé demande d'effectuer plus d'un calcul et rend plus difficile de vérifier les unités.

Il est à noter qu'un facteur de conversion peut être élevé au carré ou au cube, puisque $1^2 = 1^3 = 1$: c'est ce qu'illustrent les **EXEMPLES 1.8** et **1.9** (*voir p. 30 et 31*).

EXEMPLE 1.7 La méthode de l'analyse dimensionnelle

Normalement, une personne absorbe quotidiennement 0,0833 lb de glucose (une sorte de sucre). Convertissez cette masse en milligrammes, sachant que 1 lb = 453,6 g.

DÉMARCHE

Le problème s'énonce ainsi :

$$? \text{ mg} = 0{,}0833 \text{ lb}$$

La relation entre les livres et les grammes est donnée dans l'énoncé du problème. Cette relation permet de convertir les livres en grammes. Par une conversion métrique, on convertit ensuite les grammes en milligrammes (1 mg = 1×10^{-3} g). On écrit les facteurs de conversion qui permettront d'éliminer les livres et les grammes par simplification afin d'obtenir une réponse en milligrammes.

SOLUTION

Voici la séquence de conversion : livres ⟶ grammes ⟶ milligrammes.

En utilisant les facteurs de conversion suivants :

$$453{,}6 \text{ g} = 1 \text{ lb} \quad \text{et} \quad 1 \text{ mg} = 1 \times 10^{-3} \text{ g}$$

on obtient la réponse en une seule étape :

$$? \text{ mg} = 0{,}0833 \cancel{\text{lb}} \times \frac{453{,}6 \cancel{\text{g}}}{1 \cancel{\text{lb}}} \times \frac{1 \text{ mg}}{1 \times 10^{-3} \cancel{\text{g}}} = 3{,}78 \times 10^4 \text{ mg}$$

VÉRIFICATION

Par approximation, on considère que 1 lb vaut 5×10^5 mg et que 0,0833 lb vaut 0,1 lb. La réponse ainsi obtenue est 5×10^4 mg, ce qui est proche de la valeur déjà calculée.

Problèmes semblables 1.18 a) et b) et 1.19

EXERCICE E1.7

Un rouleau de papier d'aluminium pèse 1,07 kg. Combien pèse-t-il en livres ?

EXEMPLE 1.8 La méthode de l'analyse dimensionnelle

Chez un adulte normal, le volume sanguin est de 5,2 L. Calculez ce volume en mètres cubes (m^3).

DÉMARCHE

Le problème s'énonce ainsi :

$$? \text{ m}^3 = 5{,}2 \text{ L}$$

Il faudra effectuer deux conversions successives : une pour convertir les litres en centimètres cubes et une autre pour convertir les centimètres en mètres :

litres ⟶ centimètres cubes ⟶ mètres

$$\frac{1000 \text{ cm}^3}{1 \text{ L}} \quad \text{et} \quad \frac{1 \times 10^{-2} \text{ m}}{1 \text{ cm}}$$

▶

Étant donné que le second facteur a des unités de longueur (centimètres et mètres) et qu'on veut un volume, ce facteur doit être élevé au cube pour donner:

$$\frac{1\times10^{-2}\ \text{m}}{1\ \text{cm}}\times\frac{1\times10^{-2}\ \text{m}}{1\ \text{cm}}\times\frac{1\times10^{-2}\ \text{m}}{1\ \text{cm}}=\left(\frac{1\times10^{-2}\ \text{m}}{1\ \text{cm}}\right)^3$$

ce qui veut dire que 1 $\text{cm}^3 = 1 \times 10^{-6}\ \text{m}^3$. Maintenant, on peut écrire:

$$?\ \text{m}^3 = 5{,}2\,\cancel{\text{L}}\times\frac{1000\ \cancel{\text{cm}^3}}{1\,\cancel{\text{L}}}\times\left(\frac{1\times10^{-2}\ \text{m}}{1\ \cancel{\text{cm}}}\right)^3 = 5{,}2\times10^{-3}\ \text{m}^3$$

VÉRIFICATION

D'après les facteurs de conversion déjà utilisés, on peut démontrer que:

$$1\ \text{L} = 1\times10^{-3}\ \text{m}^3$$

Donc, 5 L de sang donnerait $5 \times 10^{-3}\ \text{m}^3$, ce qui est une valeur proche de la réponse déjà calculée.

EXERCICE E1.8

Le volume d'une chambre est de $1{,}08 \times 10^8\ \text{dm}^3$. Que vaut ce volume en mètres cubes?

NOTE

Dans une conversion cubique, il ne faut pas oublier d'élever au cube non seulement les unités, mais aussi les chiffres qui les précèdent.

Problème semblable ⊕

1.18 c) et d)

EXEMPLE 1.9 La méthode de l'analyse dimensionnelle

L'azote liquide sert à la préparation des aliments congelés et est utilisé dans les laboratoires du domaine des recherches à basses températures. On l'obtient en l'extrayant de l'air liquide. À son point d'ébullition, −196 °C ou 77 K, l'azote liquide a une masse volumique de 0,808 g/cm^3. Quelle est la masse volumique de l'azote liquide exprimée en kilogrammes par mètre cube?

DÉMARCHE

Le problème s'énonce ainsi:

$$?\ \text{kg/m}^3 = 0{,}808\ \text{g/cm}^3$$

Deux conversions séparées sont requises ici: grammes ⟶ kilogrammes et centimètres cubes ⟶ mètres cubes.

On se rappelle que 1 kg = 1000 g et 1 cm = 1×10^{-2} m.

SOLUTION

Dans l'**EXEMPLE 1.8**, on a vu que 1 $\text{cm}^3 = 1 \times 10^{-6}\ \text{m}^3$.

Les facteurs de conversion sont:

$$\frac{1\ \text{kg}}{1000\ \text{g}}\quad\text{et}\quad\frac{1\ \text{cm}^3}{1\times10^{-6}\ \text{m}^3}$$

Finalement:

$$?\ \text{kg/m}^3 = \frac{0{,}808\ \cancel{\text{g}}}{1\ \cancel{\text{cm}^3}}\times\frac{1\ \text{kg}}{1000\ \cancel{\text{g}}}\times\frac{1\ \cancel{\text{cm}^3}}{1\times10^{-6}\ \text{m}^3} = 808\ \text{kg/m}^3$$

EXERCICE E1.9

Le lithium, Li, est le plus léger de tous les métaux. Sa masse volumique est de $5{,}34 \times 10^2\ \text{kg/m}^3$. Convertissez cette masse volumique en grammes par centimètre cube.

Azote liquide

Problème semblable ⊕

1.22

RÉSUMÉ

1.2 La méthode scientifique

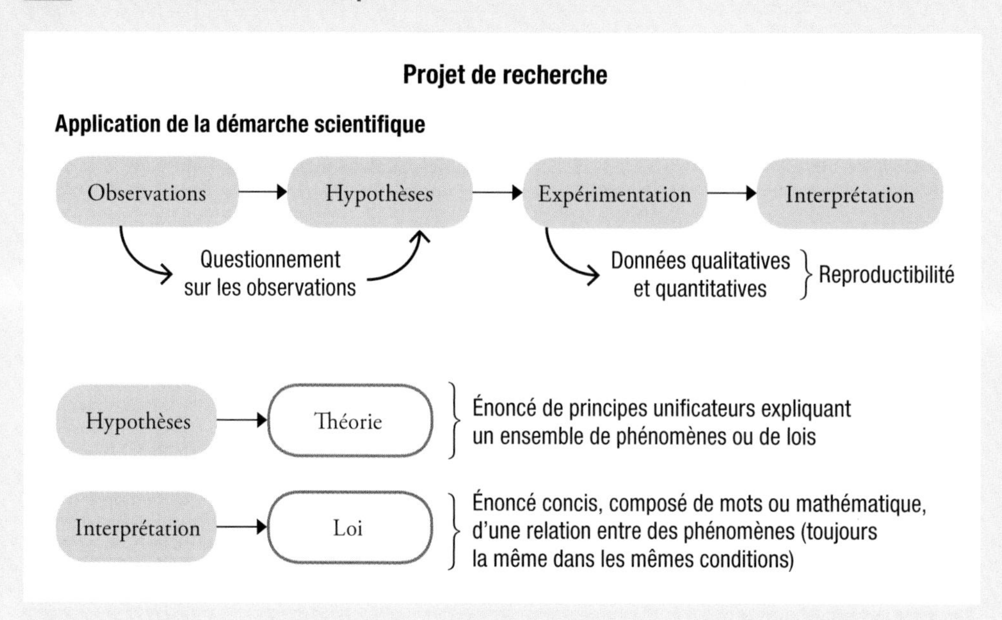

1.3 La matière

La classification de la matière

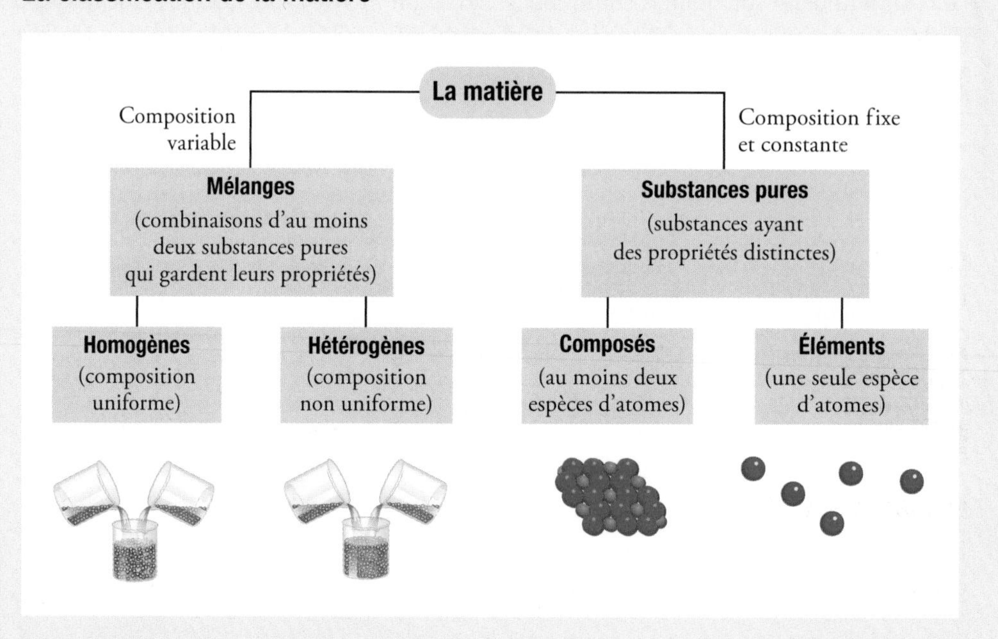

Les propriétés de la matière

Propriétés physiques	Propriétés chimiques
Les changements physiques ne modifient pas la substance.	Les changements chimiques modifient la substance.

Les états de la matière

La matière peut exister sous trois états : solide, liquide ou gazeux. Le passage d'un état à un autre (changement de phase) peut être provoqué par un changement de température.

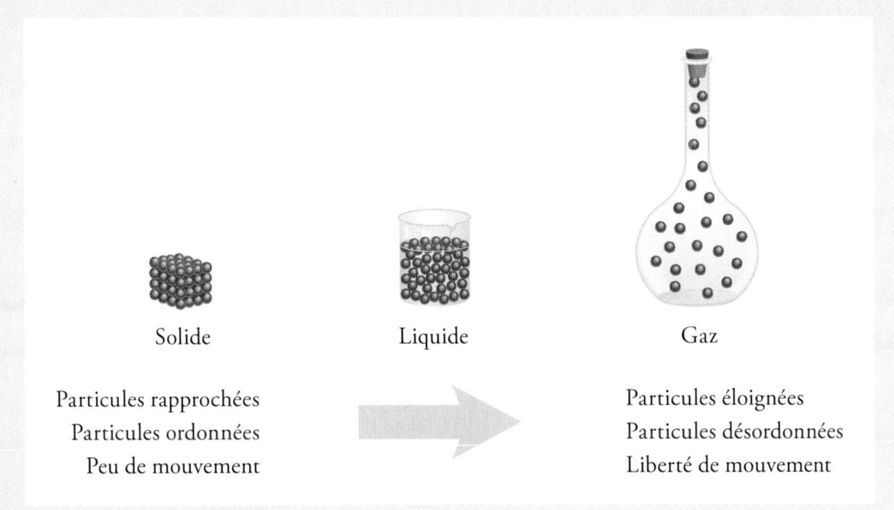

1.4 Les mesures expérimentales

Le système international (SI)

Le SI comprend sept grandeurs de base ayant chacune leurs unités (*voir le* **TABLEAU 1.2**, *p. 15*). En combinant des unités de base, on obtient des unités dérivées, comme le montre l'exemple ci-dessous.

Combinaison des unités de base			
Exemple de SI	**Grandeur**	**Unité**	**Symbole**
Unité de base	Longueur	Mètre	m
Unité dérivée	Volume	Mètre cube	m^3
	Masse volumique	Kilogramme par mètre cube	kg/m^3

Des préfixes (*voir le* **TABLEAU 1.4**, *p. 15*) servent à exprimer de manière plus pratique certaines unités donnant des nombres très grands ou très petits.

Préfixe	Téra-	Giga-	Méga-	Kilo-	Déci-	Centi-	Milli-	Micro-	Nano-	Pico-
Symbole	T	G	M	k	d	c	m	μ	n	p
Valeur	10^{12}	10^{9}	10^{6}	10^{3}	10^{-1}	10^{-2}	10^{-3}	10^{-6}	10^{-9}	10^{-12}

La masse volumique

La masse volumique peut servir à caractériser les substances. Une fois connue, elle permet de convertir un volume en sa masse correspondante ou l'inverse.

$$\rho = \frac{m}{V}$$

Unités pour un liquide : grammes par millilitre (g/mL)
Unités pour un gaz : grammes par litre (g/L)

La température

Trois échelles de température sont couramment utilisées : Celsius, Fahrenheit et Kelvin. Les relations permettant de convertir une valeur de température d'une échelle à l'autre sont données ci-dessous.

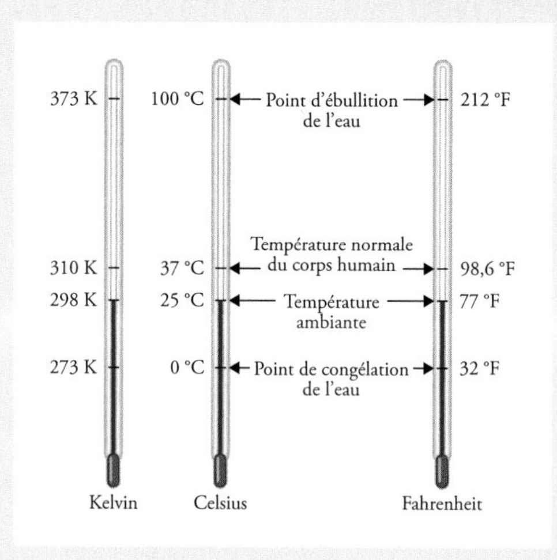

Conversion des degrés Fahrenheit en degrés Celsius :

$$? \,°C = (°F - 32\,°F) \times \frac{5\,°C}{9\,°F}$$

Conversion des degrés Celsius en degrés Fahrenheit :

$$? \,°F = \left(\frac{9\,°F}{5\,°C} \times (°C)\right) + 32\,°F$$

Conversion des degrés Celsius en kelvins :

$$? \,K = (°C + 273{,}15\,°C)\frac{1\,K}{1\,°C}$$

1.5 La manipulation des nombres

L'exactitude et la précision

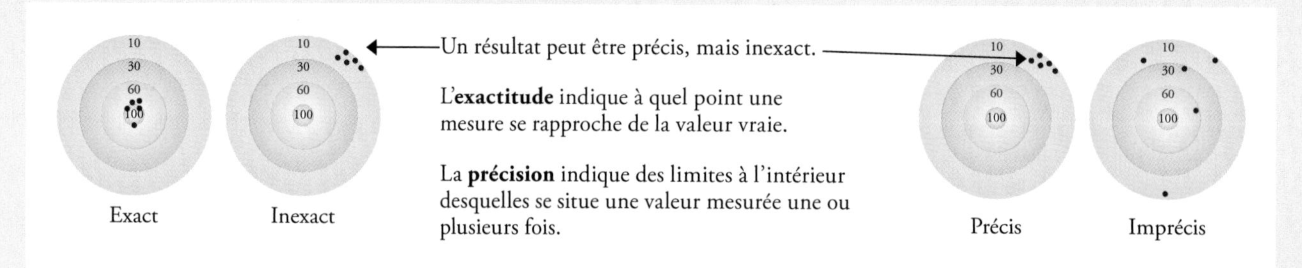

10
30
60
100
Exact
Inexact
Un résultat peut être précis, mais inexact.
L'**exactitude** indique à quel point une mesure se rapproche de la valeur vraie.
La **précision** indique des limites à l'intérieur desquelles se situe une valeur mesurée une ou plusieurs fois.
Précis
Imprécis

Les chiffres significatifs

- Les chiffres significatifs sont des chiffres ayant une signification dans le calcul ou la mesure d'une quantité. Habituellement, le dernier chiffre rapporté dans une mesure est le premier chiffre douteux. Il s'agit donc d'une façon de rapporter l'incertitude.
  - **Règle 1** : Tous les chiffres différents de zéro sont significatifs.
  - **Règle 2** : Les zéros placés entre deux chiffres significatifs sont significatifs.
  - **Règle 3** : Les zéros à gauche du premier chiffre différent de zéro ne sont pas significatifs.
  - **Règle 4** : Les zéros placés à droite de la virgule sont significatifs (pour éviter toute ambiguïté, il est préférable d'utiliser la notation scientifique pour les nombres qui n'ont pas de virgule).

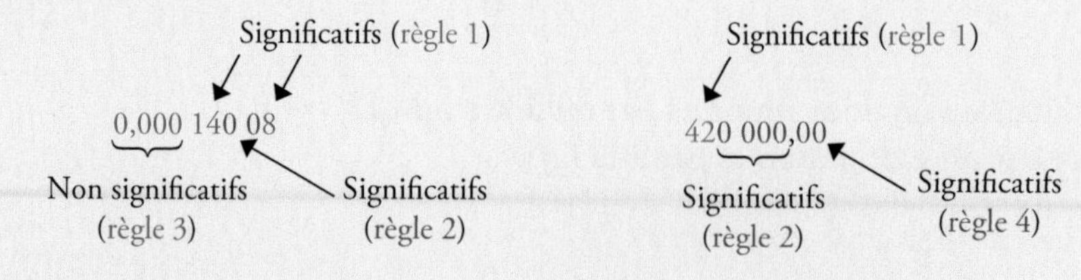

- **Additions et soustractions : le nombre de chiffres décimaux** dans la réponse du calcul est déterminé par le plus petit nombre de chiffres décimaux situés à droite de la virgule dans les éléments du calcul.

$$\underbrace{75{,}56}_{2\,cd} + \underbrace{89{,}007}_{3\,cd} = \underbrace{164{,}57}_{2\,cd}$$

- **Multiplications et divisions : le nombre de chiffres significatifs** du résultat est déterminé par le plus petit nombre de chiffres significatifs des éléments du calcul.

$$\underbrace{5{,}0}_{2\,cs} \times \underbrace{5{,}00}_{3\,cs} = \underbrace{25}_{2\,cs}$$

1.6 La résolution de problèmes et la conversion d'unités

En général, pour appliquer la méthode des facteurs de conversion (ou la méthode de l'analyse dimensionnelle), on utilise la relation générale suivante :

quantité de départ × facteur de conversion = quantité finale désirée

Les unités se simplifient ainsi : $\cancel{\text{unité de départ}} \times \frac{\text{unité désirée}}{\cancel{\text{unité de départ}}}$

Cette technique peut être utilisée lors d'un calcul plus complexe. Il suffit d'éliminer les unités les unes après les autres afin d'obtenir l'unité désirée (les unités sont remplacées par des lettres).

$$\ldots\cancel{A} \times \frac{\ldots\cancel{B}}{\ldots\cancel{A}} \times \frac{\ldots\cancel{C}}{\ldots\cancel{D}} \times \frac{\ldots D}{\ldots\cancel{C}} = \ldots D$$

ÉQUATIONS CLÉS

- $\rho = \frac{m}{V}$ Équation pour la masse volumique (1.1)
- $?\,°C = (°F - 32\,°F) \times \frac{5\,°C}{9\,°F}$ Conversion des degrés Fahrenheit en degrés Celsius (1.2)
- $?\,°F = \left(\frac{9\,°F}{5\,°C} \times (°C)\right) + 32\,°F$ Conversion des degrés Celsius en degrés Fahrenheit (1.3)
- $?\,K = (°C + 273{,}15\,°C)\frac{1\,K}{1\,°C}$ Conversion des degrés Celsius en kelvins (1.4)

MOTS CLÉS

PROBLÈMES

Niveau de difficulté : ★ facile ; ★ moyen ; ★ élevé

Biologie : 1.11, 1.21 c), 1.29, 1.30, 1.40, 1.41 ;
Environnement : 1.31, 1.35, 1.36, 1.38, 1.39 ;
Industrie : 1.12, 1.22, 1.28, 1.36, 1.40.

PROBLÈMES PAR SECTION

1.2 La méthode scientifique

★1.1 Dites si les énoncés suivants sont qualitatifs ou quantitatifs et expliquez votre raisonnement.

a) Le Soleil se situe approximativement à une distance de 93 millions de milles de la Terre.

b) La glace est moins dense que l'eau.

★1.2 Classez chacun des énoncés suivants comme étant une hypothèse, une loi ou une théorie.

a) Beethoven aurait connu une meilleure carrière de compositeur s'il avait été marié.

b) En automne, les feuilles tombent vers le sol parce qu'il y a une force d'attraction entre elles et la Terre.

c) Toute matière est composée de très petites particules appelées « atomes ».

1.3 La matière

★1.3 Déterminez si chacune des affirmations suivantes décrit une propriété chimique ou une propriété physique. **a)** L'oxygène participe à la combustion. **b)** Les engrais permettent d'augmenter la production agricole. **c)** Au sommet d'une montagne, le point d'ébullition de l'eau est inférieur à 100 °C. **d)** La masse volumique du plomb est plus élevée que celle de l'aluminium. **e)** Le sucre a un goût agréable.

★1.4 Chacune des affirmations suivantes décrit-elle une transformation physique ou une transformation chimique ? **a)** Le faisceau lumineux d'une lampe de poche s'atténue lentement et finit par s'éteindre. **b)** Le jus d'orange concentré congelé peut être reconstitué par l'addition d'eau. **c)** La croissance des plantes dépend de l'énergie du Soleil dans un processus appelé « photosynthèse ». **d)** Une cuillerée de sel se dissout dans un bol de soupe.

★1.5 Dites si les substances suivantes sont des éléments ou des composés : **a)** l'hydrogène ; **b)** l'eau ; **c)** l'or ; **d)** le sucre.

★1.6 Pour chacune des substances suivantes, dites s'il s'agit d'un élément, d'un composé, d'un mélange hétérogène ou d'un mélange homogène : **a)** de l'eau de mer ; **b)** de l'hélium gazeux ; **c)** du chlorure de sodium (sel de table) ; **d)** une boisson gazeuse ; **e)** de l'air embouteillé ; **f)** du béton.

1.4 Les mesures expérimentales

★1.7 Convertissez chaque mesure en notation scientifique : a) 0,000 000 027 g ; b) 356 K ; c) 0,096 s ; d) 0,749 A ; e) 0,000 000 621 mol.

★1.8 Convertissez chaque unité de mesure en utilisant le préfixe SI approprié : a) $7,49 \times 10^{12}$ s^{-1} ; b) $5,6 \times 10^{-6}$ mol ; c) $2,11 \times 10^{-3}$ L ; d) $1,19 \times 10^{-9}$ m ; e) $9,95 \times 10^{9}$ J.

★1.9 Une sphère de plomb a une masse de $1,20 \times 10^{4}$ g et un volume de $1,05 \times 10^{3}$ cm^3. Calculez la masse volumique du plomb.

★1.10 Le mercure est le seul métal qui soit liquide à la température ambiante. Sa masse volumique est de 13,6 g/mL. Combien de grammes de mercure occuperont un volume de 95,8 mL ?

★1.11 Normalement, le corps humain peut endurer une température de 105 °F durant une courte période sans que le cerveau ou les organes vitaux subissent de dommages irréversibles. Quel est l'équivalent de cette température en degrés Celsius ?

★1.12 L'éthylèneglycol est un composé organique liquide qui sert d'antigel dans les radiateurs d'automobiles. Il gèle à −11,5 °C. Calculez son point de congélation : a) en degrés Fahrenheit ; b) en kelvins.

1.5 La manipulation des nombres

★1.13 On demande à trois étudiants (A, B et C) de déterminer la masse d'un échantillon de fer à l'aide d'une balance. Chaque étudiant fait trois pesées. Voici les résultats : pour A : 61,5 g, 61,6 g et 61,4 g ; pour B : 62,8 g, 62,2 g et 62,7 g ; pour C : 61,9 g, 62,2 g et 62,1 g. La masse du fer devrait être de 62,0 g. a) Quel étudiant a obtenu le résultat le moins précis ? b) Lequel a obtenu le résultat le plus exact ?

★1.14 Quel est le nombre de chiffres significatifs dans chacune des mesures suivantes ? a) 4867 km ; b) 56 mL ; c) 60 104 kg ; d) 0,000 0003 cm ; e) $4,6 \times 10^{19}$ atomes.

★1.15 Exprimez chacune des mesures suivantes avec le bon nombre de chiffres significatifs.

a) Un volume de liquide de 20 mL mesuré avec une burette dont l'échelle est graduée tous les dixièmes de millilitre.

b) Un volume de 50 mL mesuré avec un cylindre gradué dont l'échelle est graduée tous les deux millilitres.

★1.16 Effectuez les opérations suivantes comme s'il s'agissait de mesures expérimentales et exprimez chaque réponse avec la bonne unité et le bon nombre de chiffres significatifs :

a) 5,6792 m + 0,6 m + 4,33 m

b) 3,70 g − 2,9133 g

c) 4,51 cm × 3,6666 cm

d) 7,310 km ÷ 5,70 km

e) $(3,26 \times 10^{-3}$ mg$) - (7,88 \times 10^{-5}$ mg$)$

f) $(4,02 \times 10^{6}$ dm$) + (7,74 \times 10^{7}$ dm$)$

★1.17 Effectuez les opérations suivantes et exprimez la réponse avec le bon nombre de chiffres significatifs.

a) Vous mesurez le diamètre d'un cylindre avec une règle graduée aux millimètres. Calculez le rayon de ce cylindre si son diamètre est de 1,80 cm.

b) La masse d'une douzaine d'œufs mesurée sur une balance analytique est de 636,0879 g. Calculez la masse moyenne d'un œuf (en admettant que le contenant a été préalablement taré).

c) Calculez le volume d'une balle de rayon égal à 5,8 cm.

1.6 La résolution de problèmes et la conversion d'unités

★1.18 Effectuez les conversions suivantes : a) 22,6 m en décimètres ; b) 25,4 mg en kilogrammes ; c) 71,2 cm^3 en mètres cubes ; d) 7,2 m^3 en litres.

★1.19 Si le prix de l'or 24 carats est de 1648 $ l'once, combien vaut 1 g d'or ? L'or 24 carats est considéré comme de l'or pur à 99,9 %. (1 once d'or = 28,4 g.)

★1.20 Combien de secondes y a-t-il dans une année solaire (365,24 jours) ?

★**1.21** Effectuez les conversions suivantes : **a)** La limite de vitesse habituelle aux États-Unis est de 55 milles par heure (1 mille correspond à 1,609 km). Quelle est la limite en kilomètres par heure ? **b)** La vitesse de la lumière est de $3{,}0 \times 10^{10}$ cm/s. Combien de kilomètres la lumière parcourt-elle en une heure ? **c)** Le plomb est une substance toxique. Sa concentration « normale » dans le sang humain est d'environ 0,40 partie par million (ppm ; 0,40 g de plomb par million de grammes de sang). Une valeur de 0,80 partie par million est considérée comme dangereuse. Combien de grammes de plomb sont contenus dans $6{,}0 \times 10^3$ g de sang (la quantité moyenne de sang chez un adulte) si sa concentration y est de 0,62 ppm ?

★**1.22** L'aluminium est un métal léger (sa masse volumique est de 2,70 g/cm^3) utilisé dans la fabrication d'avions, de câbles pour les lignes à haute tension et de feuilles de métal. Quelle est sa masse volumique en kilogrammes par mètre cube ?

PROBLÈMES VARIÉS

★**1.23** Indiquez, selon le cas, s'il s'agit d'une propriété physique ou chimique. **a)** Le fer peut rouiller. **b)** L'eau de pluie des régions industrialisées a tendance à être acide. **c)** Les molécules d'hémoglobine sont rouges. **d)** Quand un verre d'eau est laissé au soleil, l'eau disparaît graduellement. **e)** Le dioxyde de carbone de l'air est converti en molécules plus complexes par la photosynthèse des plantes.

★**1.24** Soit une nouvelle échelle de température sur laquelle le point de fusion de l'éthanol (−117,3 °C) et son point d'ébullition (78,3 °C) sont de 0 °S et de 100 °S, respectivement, S étant le symbole de la nouvelle échelle. **a)** Trouvez l'équation convertissant l'échelle Celsius en échelle S. **b)** Quelle serait la température en degrés S qui équivaudrait à 25 °C ?

★**1.25** Pour déterminer la masse volumique d'une masse de métal rectangulaire, un étudiant prend les mesures suivantes : longueur, 8,53 cm ; largeur, 2,4 cm ; hauteur, 1,0 cm ; masse, 52,7064 g. Calculez la masse volumique du métal en respectant les règles relatives aux chiffres significatifs. Quelque chose vous semble-t-il anormal dans les mesures prises par cet étudiant ?

★**1.26** Un cylindre de verre d'une longueur de 12,7 cm est rempli de mercure. La masse de mercure nécessaire pour remplir ce cylindre est de 105,5 g. Calculez le diamètre interne du cylindre. (La masse volumique du mercure est de 13,6 g/mL.)

★**1.27** Un cylindre gradué contient 242,0 mL d'eau. On y place un objet en argent (Ag) pesant 194,3 g. Le cylindre indique alors que le volume d'eau est de 260,5 mL. À partir de ces données, calculez la masse volumique de l'argent.

★**1.28** La vanilline (utilisée pour parfumer la crème glacée et d'autres aliments) est une substance dont l'arôme est perçu par notre odorat à de très faibles concentrations. Le seuil limite de perception est de $2{,}0 \times 10^{-11}$ g par litre d'air. Si le prix actuel de 50 g de vanilline est de 112 $, déterminez ce que coûterait la quantité de vanilline suffisante pour que son arôme soit perçu dans un hangar dont le volume est $5{,}0 \times 10^7$ m^3.

★**1.29** Le thermomètre médical que la plupart des gens utilisent à la maison a une incertitude de ±0,1 °F, tandis que celui utilisé en milieu hospitalier est incertain à ±0,1 °C. Exprimez le pourcentage d'incertitude en degrés Celsius associé à chacun de ces thermomètres si on prend la température du corps d'une personne et que celle-ci est de 38,9 °C.

★**1.30** Un adulte au repos a besoin d'environ 240 mL d'oxygène pur par minute, et il respire environ 12 fois chaque minute. Si l'air inspiré contient 20 % d'oxygène (% $\frac{\text{volume}}{\text{volume}}$) et que l'air expiré en contient 16 %, quel est le volume d'air de chaque respiration ? (Supposez que le volume d'air inspiré est égal à celui de l'air expiré.)

★**1.31** Le volume total de l'eau de mer de la planète est de $1{,}5 \times 10^{21}$ L. On suppose que l'eau de mer contient 3,1 % de chlorure de sodium (NaCl) (% $\frac{\text{masse}}{\text{masse}}$) et que sa masse volumique est de 1,03 g/mL. Calculez la masse totale, en kilogrammes, de NaCl dans l'eau de mer.

★**1.32** Comme Archimède (*voir la rubrique « Capsule d'information », p. 4*), vous devez déterminer si un objet est fait d'or véritable. Vous pesez l'objet dans l'air, puis dans l'eau, et vous obtenez des masses respectives de 98,52 g et 87,40 g. Sachant qu'un objet immergé dans un liquide subit une poussée ascendante égale à la masse de liquide qu'il déplace, pouvez-vous affirmer que l'objet est en or ? (La masse volumique de l'eau est de 0,9986 g/cm^3 et celle de l'or est de 19,3 g/cm^3.)

★**1.33** Une étudiante est chargée de déterminer si un creuset est fait de platine pur. Elle le pèse d'abord dans l'air, puis dans l'eau (la masse volumique de l'eau est de 0,9986 g/cm^3). Les mesures obtenues sont respectivement de 860,2 g et de 820,2 g. Sachant qu'un objet immergé dans un liquide subit une poussée ascendante égale à la masse de liquide qu'il déplace, et que la masse volumique du platine est de 21,45 g/cm^3, quelle conclusion l'étudiante tirera-t-elle?

★**1.34** À quelle température un thermomètre gradué en degrés Celsius et un thermomètre gradué en degrés Fahrenheit indiquent-ils la même valeur numérique?

★**1.35** Chaque millilitre d'eau de mer contient environ $4,0 \times 10^{-12}$ g d'or. Le volume total d'eau dans les océans est de $1,5 \times 10^{21}$ L. Calculez la quantité totale d'or (en grammes) contenue dans l'eau des océans ainsi que sa valeur monétaire. Supposez un prix de 1648 $/oz (1 lb vaut 453,6 g, et 16 oz valent 1 lb). Étant donné une telle réserve d'or, pourquoi personne n'est-il jamais devenu riche en extrayant l'or des océans?

★**1.36** Une des techniques de conservation de l'eau dans un réservoir à ciel ouvert (un plan d'eau naturel ou artificiel) consiste à répandre sur sa surface un mince film d'une substance inerte, ce qui a pour effet de diminuer le taux d'évaporation de cette eau pouvant servir de réservoir. Cette technique a été mise au point voilà plus de 200 ans par Benjamin Franklin. Il a alors trouvé qu'il faut seulement 0,10 mL d'une substance huileuse pour couvrir une surface mesurant environ 40 m^2. En supposant que cette huile s'étend sur la surface de l'eau en formant une monocouche, c'est-à-dire une couche dont l'épaisseur est égale à la longueur d'une seule molécule, calculez la longueur d'une molécule d'huile en nanomètres.

PROBLÈMES SPÉCIAUX

1.37 Trois échantillons de 25,0 g de trois solides inconnus (A, B et C) sont ajoutés à 20,0 mL d'eau dans trois cylindres gradués différents. Les résultats obtenus sont donnés ci-dessous. Sachant que les masses volumiques des solides A, B et C sont respectivement égales à 2,9 g/cm^3, 8,3 g/cm^3 et 3,6 g/cm^3, associez chaque échantillon au cylindre gradué correspondant.

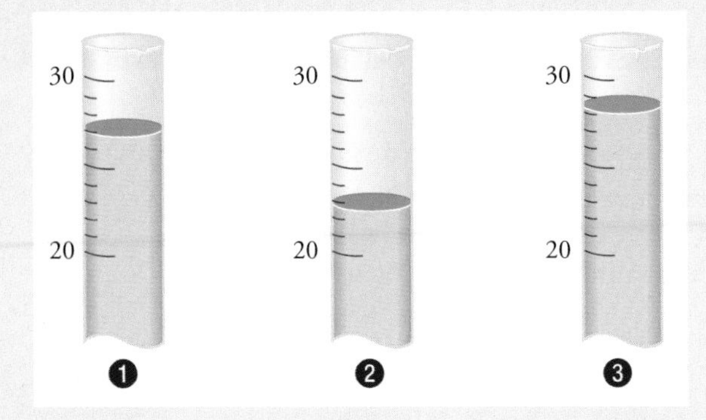

1.38 Un litre d'essence brûlé dans un moteur d'automobile produit en moyenne 2,3 kg de dioxyde de carbone, un gaz à effet de serre (GES) qui contribue à réchauffer l'atmosphère terrestre. Calculez la production annuelle de dioxyde de carbone, en kilogrammes, du parc automobile canadien, soit environ 20 millions d'automobiles. En moyenne, chaque automobile parcourt annuellement 15 000 km et consomme 8,5 L de carburant pour parcourir 100 km.

1.39 Les antiacides sont couramment utilisés pour le soulagement des douleurs gastriques. Ces comprimés contiennent entre autres du carbonate de calcium qui, une fois ingéré, réagit avec l'acide de l'estomac (acide chlorhydrique) pour libérer du dioxyde de carbone. Lorsque 1,328 g de carbonate de calcium réagit avec 40,00 mL d'acide chlorhydrique, une certaine quantité de dioxyde de carbone se dégage et la solution restante pèse 46,699 g. Calculez la quantité (en litres) de dioxyde de carbone produit. Les masses volumiques de l'acide chlorhydrique et du dioxyde de carbone sont 1,140 g/mL et 1,81 g/L respectivement.

1.40 Sachant que la masse volumique de l'eau à 20 °C est de 0,998 g/cm^3 et que celle de la glace est de 0,916 g/cm^3 à −5 °C, qu'arrivera-t-il si vous remplissez une bouteille de verre de 250 mL avec 242 mL d'eau à la température de la pièce et qu'une fois fermée vous l'oubliez au congélateur?

1.41 La Terre prend 365 jours, 5 heures, 48 minutes et 46 secondes pour faire une révolution complète autour du Soleil. **a)** Convertissez cette donnée en utilisant seulement des jours comme unité. **b)** Combien de chiffres significatifs votre réponse devrait-elle comporter?

Modélisation d'une émission radioactive de radium (Ra). L'étude de la radioactivité a permis de faire avancer la compréhension de la structure atomique.

CHAPITRE 2

Les atomes, les molécules et les ions

Les humains s'intéressent à la nature de la matière depuis les temps les plus anciens. La conception moderne de la matière est apparue au début du XIXe siècle avec la théorie atomique de Dalton. Ce chapitre porte sur les constituants de la matière ainsi que leur histoire. Il aborde brièvement les liaisons qui surviennent entre les atomes dans la formation des composés. Pour terminer, il décrit la façon de nommer les espèces à partir de leur formule chimique.

PLAN DE CHAPITRE

OBJECTIFS D'APPRENTISSAGE

- Expliquer les découvertes scientifiques majeures qui ont permis d'élucider la structure de l'atome;
- Décrire la structure de l'atome;
- Déterminer le nombre de protons, d'électrons et de neutrons d'un atome ou d'un ion, ainsi que son nombre de masse et son numéro atomique;
- Différencier élément, corps simple, composé, composé ionique, composé covalent, molécule, ion;
- Déterminer les nombres d'oxydation de différents atomes dans une espèce chimique;
- Identifier l'oxydation et la réduction ainsi que le réducteur et l'oxydant dans une réaction d'oxydoréduction;
- Nommer différentes espèces chimiques selon les règles de nomenclature traditionnelle.

i+ CHIMIE EN LIGNE

Animation
- Le tube à rayons cathodiques (2.2)
- L'expérience de Millikan (2.2)
- Les rayons alpha, bêta et gamma (2.2)
- La déviation des particules alpha (2.2)

Interaction
- Les composés ioniques (2.6)
- Les composés covalents (2.6)

Complément
- La nomenclature systématique (2.8)

CAPSULE D'INFORMATION

Marie Curie dans son laboratoire

Marie Curie et sa famille, de grands chercheurs et de grands découvreurs !

Pour certaines personnes, une visite chez le dentiste est une expérience traumatisante. Cependant, ces mêmes personnes ne craignent probablement pas de se soumettre à une radiographie dentaire. Le technicien vous couvre d'une couverture de plomb, installe une pellicule dans votre bouche et place l'appareil ; puis il quitte la salle, appuie sur un bouton, et un mince faisceau de rayons X traverse votre mâchoire. Votre bouche est alors exposée à des radiations durant environ une seconde, et la radiographie permet au dentiste de poser son diagnostic. Votre corps, cependant, est protégé des radiations par la couverture de plomb.

Il y a un siècle, les dentistes n'utilisaient pas les radiographies : en fait, on connaissait très peu de choses sur les rayons X et les autres types de radiations à haute énergie. Parmi les scientifiques intéressés par ce domaine à l'époque, il y avait une jeune étudiante au doctorat nommée Marie Sklodowska Curie. Pour sa thèse de doctorat, Marie Curie (aidée de Antoine Henri Becquerel, son maître de thèse à la Sorbonne, et de Pierre Curie, son mari) décida d'étudier la pechblende, un minerai d'oxyde d'uranium qui émet des radiations semblables à celles des rayons X. En 1898, les Curie isolèrent un nouvel élément qu'ils nommèrent « polonium », en l'honneur de la Pologne, le pays d'origine de Mme Curie. Quatre mois plus tard, ils découvrirent un autre élément radioactif, le radium.

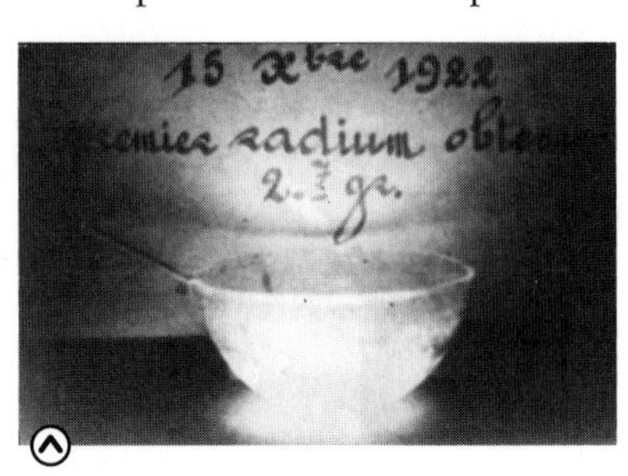

Photographie de 2,7 g de bromure de radium ($RaBr_2$) prise en 1922 avec, comme éclairage, les seuls rayons émis par la substance

Dans leur laboratoire de fortune installé dans un hangar, Marie et Pierre Curie utilisèrent des tonnes de pechblende pour obtenir seulement 0,1 g de chlorure de radium. Ils gardaient un échantillon de cette substance bleue fluorescente près de leur lit et ils aimaient visiter leur hangar la nuit pour regarder les éprouvettes qui brillaient comme des lampes magiques. Vu ses propriétés inhabituelles, le radium était l'élément le plus important à avoir été découvert depuis l'oxygène. La thèse de Marie Curie, basée sur l'étude du radium, fut acclamée par les scientifiques comme « la plus grande contribution jamais apportée à la science par un étudiant au doctorat ».

En 1903, les Curie partagèrent avec Becquerel (qui a découvert la radioactivité) le prix Nobel de physique ; la même année, Marie Curie obtenait son doctorat. Dès ce moment, elle devint célèbre ; malgré tout, les réactions hostiles à son égard se poursuivirent, et elle fut l'objet de discrimination de la part de la communauté scientifique : sa demande d'admission à l'Académie des sciences fut refusée par une voix parce qu'elle était une femme.

Marie Curie fut la première femme à recevoir un prix Nobel, la première personne à en obtenir deux (elle obtint celui de chimie, en 1911) et la première lauréate d'un prix Nobel dont l'enfant reçoit également un prix Nobel. En effet, sa fille, Irène, et son gendre, Frédéric Joliot, reçurent le prix Nobel de chimie en 1935 pour la découverte de la radioactivité artificielle. Malheureusement, Mme Curie ne vécut pas assez longtemps pour en être témoin. Après des années passées à manipuler des matières radioactives sans protection, elle mourut d'une leucémie en 1934. Ses cahiers de laboratoire ont été conservés, mais ils ne peuvent être examinés parce qu'ils sont toujours dangereusement radioactifs. Aujourd'hui, grâce à Marie Curie, presque tous savent qu'il faut se protéger des radiations, que celles-ci proviennent des rayons X ou des déchets nucléaires.

2.1 La théorie atomique

Le questionnement sur la nature de la matière remonte aussi loin qu'à l'Antiquité. Au ve siècle av. J.-C., le philosophe grec Démocrite formula l'hypothèse que toute la matière était constituée de particules très petites, qu'il nomma *atomos* (c'est-à-dire « insécable » ou « indivisible »). La théorie de Démocrite était loin de faire l'unanimité auprès de ses contemporains. Ce fut plutôt la théorie d'Aristote, selon laquelle seuls quatre éléments (l'air, la terre, l'eau et le feu) formaient la matière, qui prévalut durant plusieurs siècles.

Montage de l'expérience de Lavoisier. Dans son *Traité élémentaire de chimie*, Lavoisier écrit: « ... car rien ne se crée, ni dans les opérations de l'art, ni dans celles de la nature, et l'on peut poser en principe que, dans toute opération, il y a une égale quantité de matière avant et après l'opération; que la qualité et la quantité des principes est la même, et qu'il n'y a que des changements, des modifications[1]. »

Il fallut attendre vers les années 1600 avant d'avoir accès à l'expérimentation scientifique. Les expériences permirent d'établir certaines lois qui sont à l'origine de la chimie moderne. Quatre lois, connues sous le nom de « lois pondérales de la chimie », furent établies vers la fin du XVIIIe siècle et le début du XIXe. Trois de ces lois sont décrites ci-après.

La première et la plus connue des lois pondérales de la chimie est la **loi de la conservation de la masse**, énoncée par Antoine Lavoisier en 1789, qui stipule que la masse totale demeure constante lors d'une réaction chimique. Aujourd'hui, on résume souvent cette loi par la fameuse phrase: « Rien ne se perd, rien ne se crée, tout se transforme. »

La **loi des proportions définies** fut énoncée par le chimiste français Joseph Proust en 1801. Selon cette loi, la composition d'une substance chimique donnée est invariable, quelle qu'en soit la provenance. Par exemple, un échantillon d'eau, qu'il provienne d'un lac ou d'un robinet, renferme toujours de l'oxygène et de l'hydrogène dans des proportions définies, soit 8 g d'oxygène pour 1 g d'hydrogène.

Le chimiste anglais John Dalton observa aussi que si deux éléments peuvent se combiner pour former plus d'un composé, les rapports des masses du premier qui s'unissent à une masse constante de l'autre sont entre eux dans un rapport de nombres entiers simples. Par exemple, le carbone et l'oxygène peuvent s'unir pour former deux composés différents: le CO et le CO_2. Les techniques de mesure modernes ont démontré qu'un atome de carbone se combine à un atome d'oxygène pour former le monoxyde de carbone, tandis qu'un atome de carbone se combine à deux atomes d'oxygène pour former le dioxyde de carbone. Le rapport entre l'oxygène du monoxyde de carbone et celui du dioxyde de carbone est alors de 1:2. Cette troisième loi pondérale est connue sous le nom de **loi des proportions multiples** (*voir la* **FIGURE 2.1**).

Monoxyde de carbone

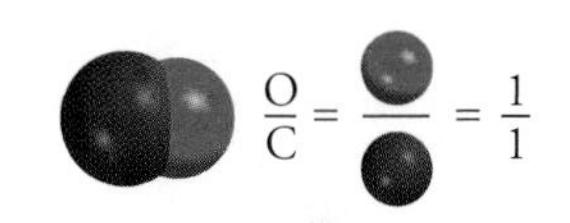

$\frac{O}{C} = \frac{\bullet}{\bullet} = \frac{1}{1}$

Dioxyde de carbone

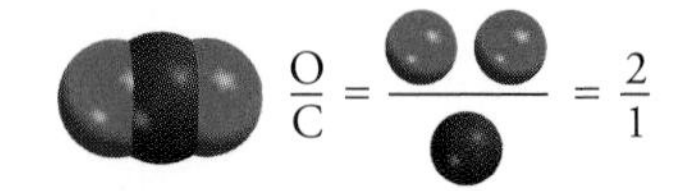

$\frac{O}{C} = \frac{\bullet\bullet}{\bullet} = \frac{2}{1}$

FIGURE 2.1

Illustration de la loi des proportions multiples

Le rapport de l'oxygène dans le monoxyde de carbone à celui de l'oxygène dans le dioxyde de carbone est de 1:2.

C'est à partir de cette troisième loi que John Dalton formula la **théorie atomique** en 1808. Après près de 2000 ans, la théorie de Démocrite refit surface. Dalton en formula une définition précise. C'est pourquoi on le considère comme le père de la théorie atomique. On peut résumer les principes régissant la théorie atomique de Dalton comme suit:

- La matière est formée de particules extrêmement petites et indivisibles appelées « atomes ».
- Les atomes d'un même élément sont identiques quant à leur dimension, leur masse et leurs propriétés, mais diffèrent des atomes d'un autre élément.
- Les composés chimiques sont le résultat de l'association d'atomes d'éléments différents selon des proportions fixes: les atomes se combinent selon des rapports simples (1:1, 1:2, 1:3, etc.).
- Les réactions chimiques ne sont que des réarrangements d'atomes, elles n'entraînent aucune modification des atomes eux-mêmes.

1. de Lavoisier, A.-L. (1789). *Traité élémentaire de chimie*, Paris, Cuchet, p. 140-141.

La **FIGURE 2.2** est une représentation schématique des hypothèses de Dalton. Le concept d'atome développé par Dalton est beaucoup plus détaillé et précis que celui de Démocrite. Selon sa deuxième hypothèse, les atomes d'un élément sont différents des atomes de tous les autres éléments. Toutefois, Dalton n'a pas tenté de décrire la structure ni la composition des atomes; il n'avait en fait aucune idée de ce à quoi ils pouvaient ressembler. Il a tout de même compris que les propriétés distinctes de l'hydrogène et de l'oxygène devaient s'expliquer par le fait que les atomes d'hydrogène sont différents des atomes d'oxygène.

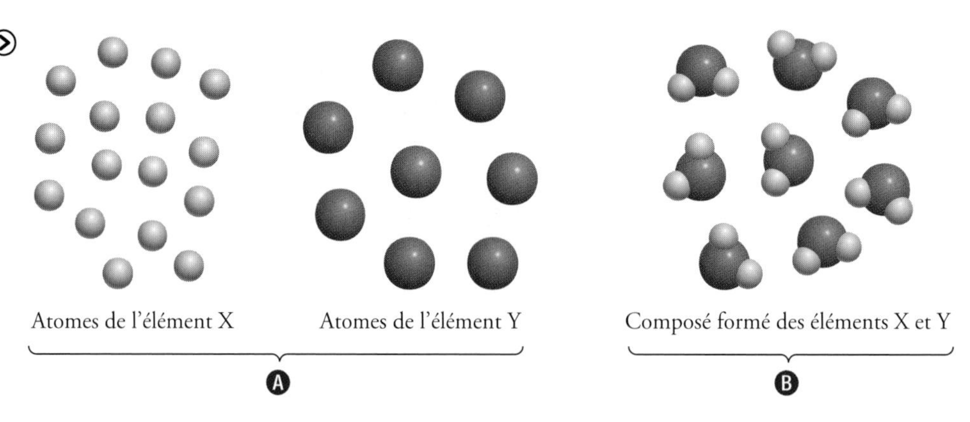

FIGURE 2.2 **Représentation schématique de la théorie de Dalton**

(A) Les atomes d'un même élément sont identiques, mais différents des atomes d'un autre élément.

(B) Composé formé d'atomes de l'élément X et de ceux de l'élément Y. Dans ce cas, le rapport entre les atomes de l'élément X et ceux de Y est de 2:1. Au cours d'une réaction chimique, il n'y a ni destruction ni création d'atomes. Il s'agit seulement d'un réarrangement des atomes.

John Dalton (1766-1844)

Fait intéressant à noter, la théorie de Dalton fut contestée par des chimistes d'importance, comme Le Chatelier et Berthelot. Ce sont les expériences de Joseph Gay-Lussac et l'obtention de valeurs concordantes du nombre d'Avogadro[2] qui imposèrent l'existence de l'atome près de 100 ans plus tard.

RÉVISION DES CONCEPTS

Les atomes des éléments A (bleu) et B (orange) peuvent s'unir pour former deux composés. Ces composés obéissent-ils à la loi des proportions multiples?

QUESTIONS de révision

1. Qui est considéré comme le père de la théorie atomique?
2. Quelles sont les quatre idées de base de la théorie atomique?

2.2 La structure de l'atome

Selon la théorie atomique de Dalton, l'**atome** est la plus petite partie d'un élément qui peut se combiner chimiquement. Cependant, une série d'études, commencées dans les années 1850 et qui se sont poursuivies au XXe siècle, ont clairement montré que les atomes possèdent une structure interne, c'est-à-dire qu'ils sont faits de particules encore plus petites, appelées « particules subatomiques ». Ces recherches ont conduit à la découverte de trois de ces particules: les électrons, les protons et les neutrons[3].

CHIMIE EN LIGNE

Animation
- Le tube à rayons cathodiques

NOTE

L'annexe 4 (*voir page 481*) présente une liste des grandes découvertes scientifiques mentionnées dans ce cours de Chimie générale.

2. Le nombre d'Avogadro représente le nombre d'atomes présents dans une mole d'atomes (*voir le chapitre 3*).
3. Contrairement aux électrons, les protons et les neutrons ne sont pas des particules élémentaires puisqu'ils sont constitués de particules encore plus petites appelées « quarks ».

2.2.1 L'électron

Pendant que les chimistes déterminaient des masses atomiques et découvraient de nouveaux éléments dont ils étudiaient les propriétés, les physiciens exploraient la matière en travaillant avec des tubes à décharge (rayonnement cathodique) et en mesurant les spectres des éléments (*voir la section 5.2, p. 197*). Cela permit de faire petit à petit la lumière sur la structure interne des atomes et contribua à faire accepter la théorie atomique tout en modifiant l'idée d'un atome indivisible comme le concevait Dalton.

Les tubes à rayons cathodiques ont eu leur heure de gloire : avant l'ère des cristaux liquides, les téléviseurs et les écrans d'ordinateur utilisaient le rayonnement cathodique comme source de rayonnement. Ils sont encore présents dans les néons d'éclairage.

C'est en étudiant les rayons cathodiques que sir Joseph John Thomson fit une découverte qui amena la science vers l'atome tel qu'on le connaît aujourd'hui. Le rayonnement cathodique fut expérimenté pour la première fois par Faraday en 1838. Lorsqu'un courant passe à travers un gaz à basse pression dans un tube de verre contenant deux plaques de métal, la cathode émet un rayonnement invisible. Lorsque le rayon, attiré par l'anode perforée, frappe une surface enduite d'un matériau spécial, une lumière vive (fluorescence) est observée, comme le montre la **FIGURE 2.3**.

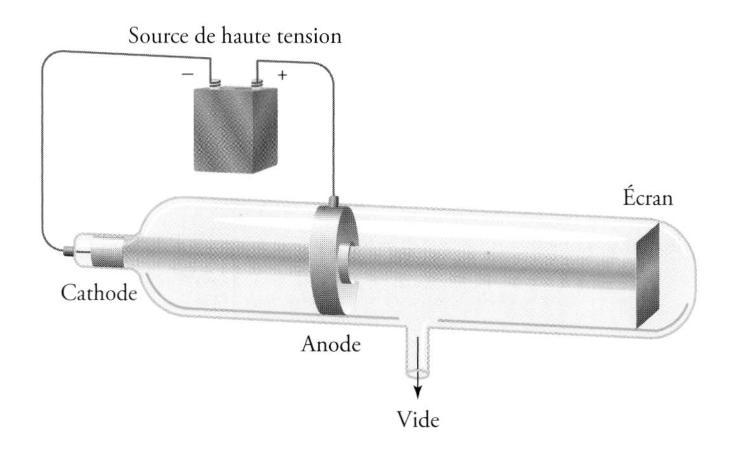

FIGURE 2.3

Rayonnement cathodique

Fluorescence émise par un écran de sulfure de zinc lorsqu'il est heurté par un faisceau de rayons cathodiques.

En 1897, Thomson apporta une variante à l'expérimentation classique du rayonnement cathodique en appliquant un champ électrique en dehors du faisceau du rayon. Le rayonnement cathodique fut immédiatement dévié vers la plaque positive et la déviation mesurée s'avéra indépendante de la nature de la cathode, de l'anode et du gaz contenu dans le tube (*voir la* **FIGURE 2.4**). Thomson en conclut que le rayonnement était formé de particules négatives qui furent par la suite nommées **électrons** et que ces électrons étaient des constituants de toute matière.

Sir Joseph John Thomson (1856-1940)

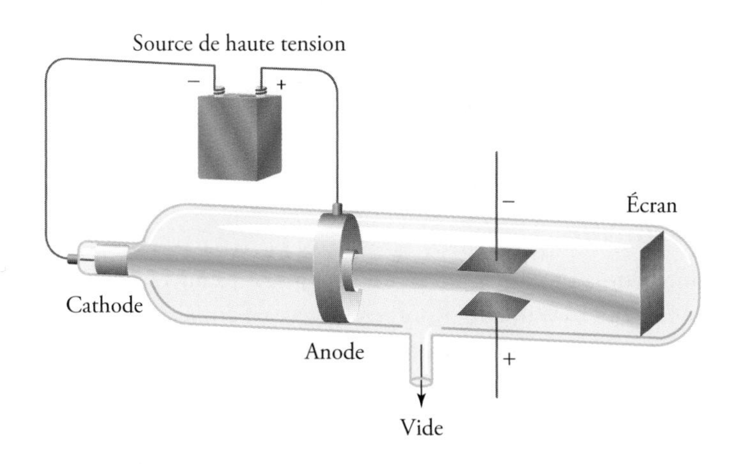

FIGURE 2.4

Tube à rayons cathodiques dans un champ électrique

Le rayonnement cathodique est dévié vers la plaque positive.

De plus, puisque sous l'effet d'un champ électrique les électrons subissent une déviation proportionnelle à leur charge (e) et inversement proportionnelle à leur masse (m), Thomson put déterminer expérimentalement le rapport charge électrique/masse (*e*/*m*) de l'électron, soit $-1{,}76 \times 10^8$ C/g, où C est le symbole du coulomb, l'unité de charge électrique. La **FIGURE 2.5** montre l'effet d'un aimant sur le rayonnement cathodique.

FIGURE 2.5 

Rayonnement produit dans un tube cathodique

Ⓐ Rayonnement cathodique.

Ⓑ Déviation du rayonnement cathodique en présence d'un aimant.

Ⓐ
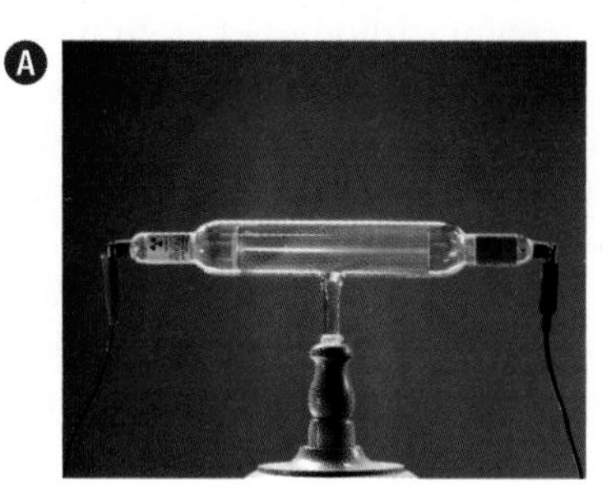

Ⓑ
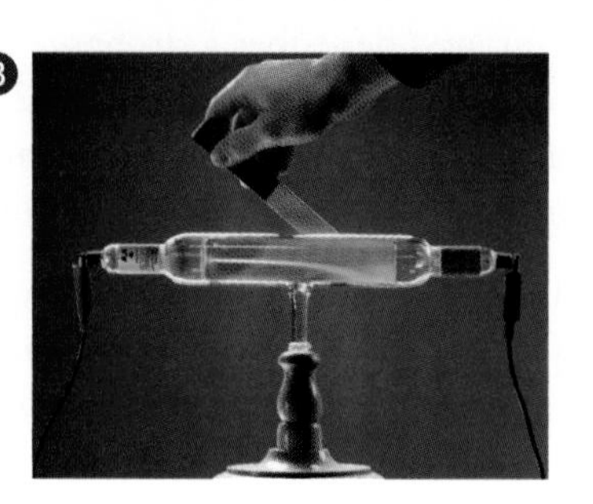

En 1909, le physicien américain Robert Millikan fut en mesure de déterminer la charge d'un électron en étudiant l'effet d'un champ électrique sur le parcours de gouttelettes d'huile ionisées (*voir la* **FIGURE 2.6**). La charge de l'électron fut ainsi établie à $-1{,}6022 \times 10^{-19}$ C. Cette charge (en valeur absolue), combinée au rapport *e*/*m* de l'électron trouvé par Thomson, permit à Millikan d'obtenir la masse de l'électron : $9{,}11 \times 10^{-28}$ g.

FIGURE 2.6 

Schéma de l'expérience de Millikan

Au cours de son expérience, Millikan observa le comportement dans l'air de gouttelettes d'huile préalablement chargées à l'aide d'électricité statique créée par ionisation de l'air. Ces gouttelettes étaient suspendues dans l'air en présence d'un champ électrique et Millikan pouvait suivre leur mouvement à l'aide d'un microscope.

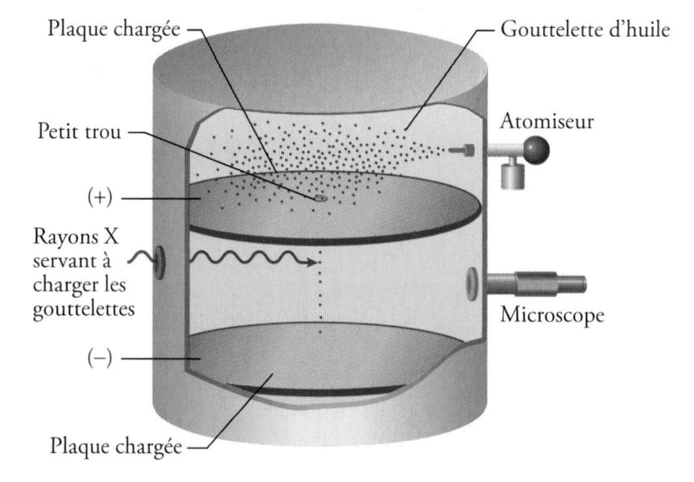

CHIMIE EN LIGNE

Animation
- L'expérience de Millikan

Charge positive qui occupe toute la sphère

FIGURE 2.7 

Modèle atomique de Thomson

Les électrons sont dispersés dans une sphère uniforme de charge positive.

Après avoir démontré la présence d'électrons, Thomson se dit que, puisque des électrons pouvaient être produits par plusieurs types de métaux (utilisés comme électrodes), les électrons devaient faire partie intégrante de l'atome. En revanche, il comprit aussi qu'un atome ne pouvait être constitué seulement de particules négatives. Il imagina donc un atome comme une sphère uniformément positive, dans laquelle étaient dispersés des électrons, un peu à la manière de raisins secs dans un gâteau (*voir la* **FIGURE 2.7**). Le **modèle atomique de Thomson** porte donc le nom du populaire dessert britannique qui l'a inspiré : le Plum Pudding. En français, on l'appelle à l'occasion le modèle du « pain aux raisins ».

2.2.2 La radioactivité

L'étude du rayonnement cathodique mena à deux autres découvertes majeures pour la chimie moderne. En 1895, Wilhelm Röntgen observa l'émission d'un rayonnement inhabituel de haute énergie produit par les rayons cathodiques sur le verre et le métal. Ne connaissant pas la nature de ces rayons, il les nomma « rayons X ».

Presque simultanément, le physicien français Antoine Henri Becquerel découvrit pour sa part (par accident) que certains éléments émettaient un rayonnement semblable, sans toutefois nécessiter l'apport de rayons cathodiques ou d'aucune radiation extérieure.

Il s'aperçut qu'un morceau d'uranium, par exemple, pouvait imprimer sa propre image sur une plaque photographique, et ce, en l'absence de tout rayonnement connu. Marie Curie, qui étudiait alors avec Becquerel, suggéra le terme **radioactivité** pour décrire l'émission spontanée de particules ou de radiation. Par conséquent, tout élément qui émet spontanément des radiations est dit « radioactif ».

Des travaux subséquents de Becquerel, de Pierre et Marie Curie ainsi que d'Ernest Rutherford démontrèrent que le phénomène de la radioactivité est beaucoup plus complexe que l'émission de rayons X. Il fut en effet établi que la radiation émise par la désintégration de l'uranium était constituée de trois faisceaux (ou trois rayons distincts) : les rayons α, β et γ.

Deux de ces trois types de rayons sont déviés par des plaques de métal de charges opposées (*voir la* FIGURE 2.8). Les **rayons alpha (α)** sont constitués de **particules alpha (α)**, des particules de charge positive (qui correspondent en tout point à des ions He^{2+}). Les rayons α sont donc repoussés par une plaque chargée positivement. Les **rayons bêta (β)**, ou **particules bêta (β)**, sont des électrons[4] ; par conséquent, ils sont repoussés par une plaque chargée négativement. C'est à Ernest Rutherford que l'on doit l'identification des particules α et β en 1899.

Découvert en 1900 par le chimiste Paul Villard, le troisième type de radiation radioactive est constitué de rayons à haute énergie appelés **rayons gamma (γ)**. Comme les rayons X, ces derniers n'ont pas de charge ; ils ne sont donc influencés ni par un champ électrique ni par un champ magnétique extérieur.

Animation
- Les rayons alpha, bêta et gamma

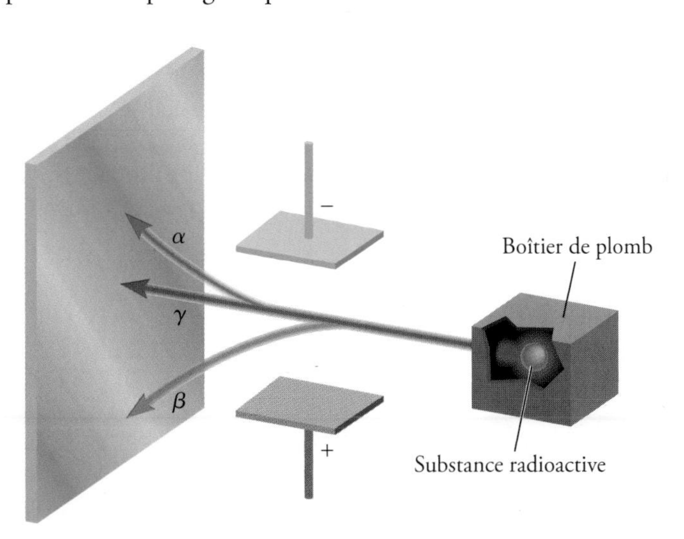

FIGURE 2.8

Les trois types de rayons émis par des éléments radioactifs

Les rayons β sont constitués de particules de charge négative (les électrons) : ils sont donc attirés par la plaque chargée positivement. L'opposé est vrai pour les rayons α, qui sont des particules de charge positive, donc attirées par la plaque négative. Étant donné que les rayons γ n'ont pas de charge, leur trajectoire n'est pas modifiée par un champ électrique extérieur.

Durant les années qui suivirent l'identification des rayons α, β et γ, plusieurs éléments radioactifs furent découverts, la plupart par Pierre et Marie Curie. Des recherches effectuées à l'Université McGill par Ernest Rutherford et Frederick Soddy démontrèrent que la radioactivité implique des changements fondamentaux au niveau subatomique, c'est-à-dire que des éléments chimiques se transforment en d'autres éléments. De telles transformations sont appelées **désintégrations radioactives**. Ces travaux valurent à Rutherford le prix Nobel de chimie en 1908. Fait intéressant : il en garda toujours une petite déception, lui qui se considérait avant tout comme un physicien. Quant à Soddy, il fut à son tour lauréat du prix Nobel de chimie, quelques années plus tard (en 1921), pour ses contributions à la chimie des substances radioactives et à la chimie des isotopes.

NOTE

Les rayons α sont arrêtés par une feuille de papier et les rayons β sont arrêtés par une feuille de métal. Les rayons γ (tout comme les rayons X) ne sont arrêtés qu'en présence d'une épaisseur suffisante de plomb (1 à 5 cm).

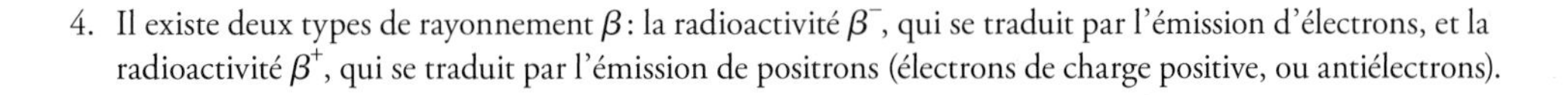

4. Il existe deux types de rayonnement β : la radioactivité β^-, qui se traduit par l'émission d'électrons, et la radioactivité β^+, qui se traduit par l'émission de positrons (électrons de charge positive, ou antiélectrons).

Ernest Rutherford (1871-1937)

2.2.3 Le noyau de l'atome

Le proton

En 1909, Ernest Rutherford eut l'idée d'utiliser les particules α comme projectiles afin de vérifier le modèle atomique de Thomson, son ancien professeur. L'expérience, qu'il réalisa avec l'aide de son jeune collègue Hans Geiger (qui plus tard inventa un compteur de particules) et d'Ernst Mardsen, révéla des résultats inattendus. L'objectif était d'étudier la trajectoire des rayons α lorsque ces derniers étaient lancés sur les atomes (*voir la* **FIGURE 2.9A**). Ils entreprirent de bombarder une mince feuille d'or avec un faisceau de particules α, s'attendant à peu de déviations de celles-ci étant donné la dispersion de la masse et de la charge selon le modèle de Thomson. Or, la grande majorité des particules traversèrent la feuille de métal sans être déviées de leur trajectoire initiale ou en déviant très légèrement. Cependant, quelques particules furent fortement déviées, certaines même au point de retourner d'où elles venaient. Ce dernier phénomène était le plus surprenant, car selon le modèle de Thomson, les charges positives de l'atome étaient si dispersées que l'on s'attendait à voir les particules α les traverser sans que leur trajectoire soit grandement modifiée. En prenant connaissance de ces résultats, Rutherford affirma : « C'est aussi incroyable que de tirer un obus de 35 cm sur une feuille de papier et de le voir rebondir vers soi. »

Cette dernière observation fut cruciale : elle permit de réfuter le modèle proposé par Thomson. En effet, avec ces résultats, il était dorénavant impossible de continuer à croire que l'atome était constitué d'une charge positive diffuse.

Rutherford émit donc l'hypothèse que la majorité des particules α n'étaient pas déviées de leur trajectoire puisque l'atome est en grande partie vide. Quant aux charges positives, il proposa qu'elles sont concentrées dans un **noyau**, un corps dense situé au centre de l'atome et contenant toute la charge positive de l'atome (*voir la* **FIGURE 2.9B**). Comme les particules α sont beaucoup plus lourdes et plus énergétiques que les électrons, elles peuvent facilement les bousculer, mais en passant près du noyau, elles sont fortement repoussées, d'où les déviations observées, d'autant plus grandes lorsque les particules s'approchent davantage du noyau.

CHIMIE EN LIGNE

Animation
- La déviation des particules alpha

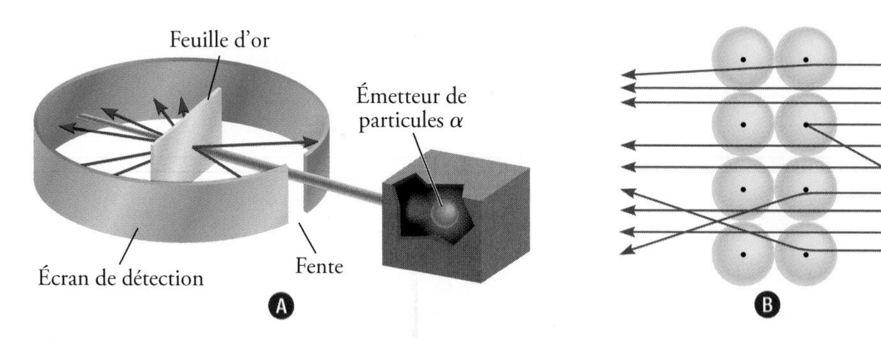

FIGURE 2.9 **Schéma de l'expérience de Rutherford sur la dispersion des particules α par une feuille d'or**

A La plupart des particules α traversent la feuille d'or en ne déviant que peu ou pas de leur trajectoire. Quelques-unes sont fortement déviées. Parfois, une particule est réfléchie.

B Particules α passant à travers un atome, selon le modèle de Rutherford.

Les expériences de Rutherford et de ses collaborateurs ont permis de mettre en évidence la densité du noyau de l'atome par rapport à sa taille.

Le modèle atomique de Rutherford peut être imagé comme un système solaire en miniature (comme le chimiste Jean Perrin en a eu l'idée en 1901), où les électrons tournent autour du noyau comme le font les planètes autour du Soleil, d'où son nom de « modèle planétaire ». L'existence des **protons**, ces particules positives constitutives du noyau de l'atome, fut mise en évidence en 1919 par Rutherford lui-même. À la suite d'études subséquentes, il fut établi que la charge d'un proton était positive et égale, en valeur absolue, à la charge d'un électron et que sa masse était environ 1800 fois supérieure à celle d'un électron. Alors que l'atome a un rayon de l'ordre de 10^{-10} m, celui du noyau est environ 10 000 fois plus petit, soit de 10^{-14} m.

Le neutron

Le modèle atomique de Rutherford comportait cependant un problème important : on savait que l'hydrogène, l'atome le plus simple, ne contenait qu'un proton et que l'atome d'hélium en contenait deux ; on pouvait alors s'attendre à ce que le rapport entre la masse d'un atome d'hélium et celle d'un atome d'hydrogène soit de 2:1 (à cause de leur faible masse, on peut négliger les électrons), mais on savait que ce rapport était de 4:1.

Si on agrandissait un atome jusqu'à le voir occuper un espace aussi grand que le Stade olympique de Montréal, son noyau aurait un volume comparable à celui d'une petite bille et pourtant presque toute sa masse y serait contenue.

Rutherford prédit alors l'existence d'autres particules exemptes de charge électrique présentes dans le noyau, ce qui fut prouvé en 1932 par le physicien anglais James Chadwick. Quand il bombarda une mince feuille de béryllium de particules α, le métal émit une radiation à très haute énergie semblable aux rayons γ. Les expériences ultérieures révélèrent que ces rayons étaient en fait formés de particules électriquement neutres ayant une masse légèrement supérieure à celle des protons. Chadwick nomma ces particules **neutrons.**

Le mystère du rapport des masses pouvait maintenant s'expliquer. Dans le noyau d'un atome d'hélium, il y a deux protons et deux neutrons, tandis que, dans celui d'un atome d'hydrogène, il n'y a qu'un proton et aucun neutron, d'où le rapport de 4:1.

La **FIGURE 2.10** montre les protons et les neutrons dans le noyau de l'atome. Il existe aussi d'autres particules subatomiques, mais l'électron, le proton et le neutron sont les trois particules subatomiques qui sont importantes en chimie. Le **TABLEAU 2.1** présente les masses et les charges de ces particules.

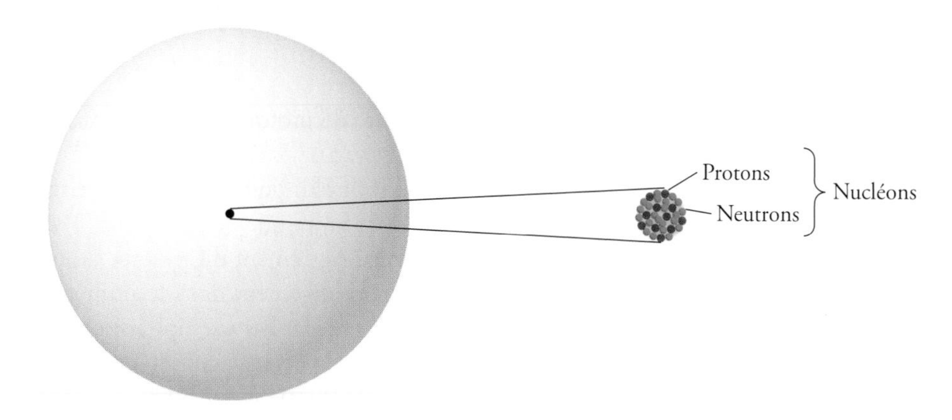

FIGURE 2.10

Position des particules élémentaires dans les atomes

Les protons et les neutrons forment le noyau et occupent un très petit volume au centre de l'atome. Les électrons sont représentés sous forme de « nuages » autour du noyau.

TABLEAU 2.1 > Masse et charge des particules subatomiques

Particule	Masse (g)	Charge	
		Coulomb	Unité de charge
Électron*	$9{,}109\ 39 \times 10^{-28}$	$-1{,}6022 \times 10^{-19}$	−1
Proton	$1{,}672\ 62 \times 10^{-24}$	$+1{,}6022 \times 10^{-19}$	+1
Neutron	$1{,}674\ 93 \times 10^{-24}$	0	0

* Des mesures plus précises ont permis d'obtenir, pour la masse de l'électron, une valeur plus exacte que celle mesurée par Millikan.

RÉVISION DES CONCEPTS

Parmi les particules qui constituent l'atome, lesquelles ont approximativement la même masse ?

QUESTIONS de révision

3. Comment nomme-t-on le rayonnement accompagnant une décharge électrique à faible pression?
4. Vers quelle plaque est dévié le rayonnement cathodique dans l'expérience de Thomson?
5. Comment appelle-t-on les particules responsables du rayonnement cathodique?
6. Qui a déterminé expérimentalement la charge de l'électron?
7. Comment s'appelle le modèle atomique proposé par Thomson? Décrivez-le brièvement.
8. Énumérez les différents types de radiations émises par les éléments radioactifs.
9. Comparez les propriétés des particules suivantes: particules α, rayons cathodiques, protons, neutrons, électrons. Que signifie le terme «particule subatomique»?
10. La masse d'un échantillon d'élément radioactif diminue graduellement. Expliquez ce phénomène.
11. Décrivez la base expérimentale sur laquelle on s'appuie pour affirmer que le noyau occupe une très petite fraction du volume de l'atome.
12. Comment s'appelle le modèle atomique proposé par Rutherford à la suite de ses expériences? Quelle partie de l'atome est associée au Soleil dans ce modèle?

2.3 Le numéro atomique, le nombre de masse et les isotopes

Tous les atomes peuvent être identifiés selon le nombre de protons et de neutrons qu'ils contiennent. Le nombre de protons contenus dans le noyau de chaque atome d'un élément s'appelle **numéro atomique** (Z). La nature d'un élément chimique peut être déterminée par son seul numéro atomique. Par exemple, le numéro atomique de l'azote est 7, ce qui signifie que chaque atome d'azote possède sept protons. Autrement dit, chaque atome de l'Univers qui possède sept protons est de l'azote. Un changement dans le numéro atomique engendre un changement dans la nature de l'élément. Par exemple, si un atome d'azote arrivait à perdre un proton par désintégration spontanée, il ne serait plus de l'azote: il deviendrait du carbone, puisque tous les éléments qui contiennent 6 protons sont du carbone. **Pour un même élément, le nombre de protons ne change donc jamais.**

Dans un atome électriquement neutre, le nombre de protons et le nombre d'électrons sont égaux. Un atome d'oxygène ($Z = 8$) contient donc huit protons et huit électrons. Contrairement au nombre de protons, le nombre d'électrons peut changer pour un même élément. Les atomes peuvent donc gagner ou perdre des électrons, selon leurs propriétés et l'expérience effectuée. Bien évidemment, le nombre de protons restera intact. Lorsque le nombre de protons et d'électrons diffère, l'atome n'est plus électriquement neutre: il s'agit d'un **ion**. Les électrons étant des particules négatives, un atome qui perd des électrons aura une charge résiduelle positive, puisqu'il sera en déficit d'électrons: il s'agira d'un **cation**. Par exemple, un atome de sodium (Na) peut facilement perdre un électron et devenir un cation sodium, représenté par Na^+:

Atome de Na	Ion Na^+
11 protons	11 protons
11 électrons	10 électrons

À l'inverse, un atome qui gagne des électrons aura une charge résiduelle négative (un surplus d'électrons) : il s'agira d'un **anion**. Par exemple, un atome de chlore (Cl) peut gagner un électron et devenir un ion chlorure Cl^- :

Atome de Cl	Ion Cl^-
17 protons	17 protons
17 électrons	18 électrons

Alors que les électrons occupent pratiquement tout l'espace atomique et ne pèsent presque rien, les protons et les neutrons n'occupent que très peu d'espace et confèrent à peu près toute sa masse à l'atome. Le **nombre de masse (*A*)** correspond donc à la somme du nombre de protons et du nombre de neutrons contenus dans le noyau d'un atome. On appelle aussi **nucléons** l'ensemble des protons et des neutrons du noyau. Le nombre de masse d'un atome est donc égal à son nombre de nucléons.

nombre de masse (A) = nombre de protons + nombre de neutrons
= numéro atomique (Z) + nombre de neutrons
= nombre de nucléons

Il est donc possible de connaître le nombre de neutrons contenus dans un atome d'après son numéro atomique et son nombre de masse. Par exemple, un atome d'oxygène ($Z = 8$) dont le nombre de masse est 16 contient 8 neutrons ($16 - 8 = 8$).

Tous les atomes d'un même élément ont le même nombre de protons, mais ils n'ont pas tous la même masse. Cela revient à dire qu'ils n'ont pas tous le même nombre de neutrons. En effet, bien que la plupart des atomes d'hydrogène rencontrés dans la nature n'aient pas de neutrons, certains en ont un ou deux : il s'agit respectivement du deutérium et du tritium. Des atomes d'un même élément qui diffèrent par leur nombre de neutrons sont appelés **isotopes**. L'hydrogène a donc trois isotopes naturels, qui portent tous le numéro atomique 1, mais qui ont des nombres de masse de 1, 2 et 3 respectivement. Voici la façon correcte d'exprimer le numéro atomique et le nombre de masse d'un élément X :

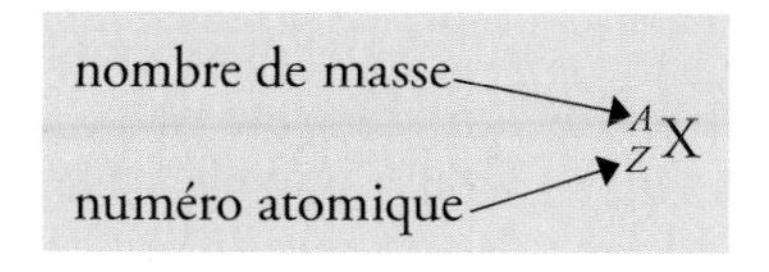

Ainsi, pour les isotopes de l'hydrogène, on écrira :

$^{1}_{1}H$	$^{2}_{1}H$	$^{3}_{1}H$
hydrogène	deutérium	tritium

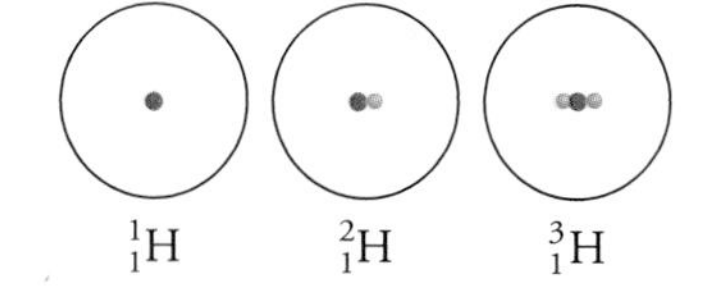

Autre exemple : on représente ainsi les deux isotopes courants de l'uranium ayant respectivement des nombres de masse de 235 et de 238 :

$$^{235}_{92}U \qquad ^{238}_{92}U$$

Le premier de ces isotopes est utilisé dans les réacteurs nucléaires et les bombes atomiques. Sauf pour l'hydrogène, les isotopes des éléments sont identifiés par leur nombre de masse. Les deux isotopes nommés précédemment sont généralement appelés « uranium 235 » et « uranium 238 ».

Les propriétés chimiques d'un élément sont déterminées principalement par les protons et les électrons contenus dans ses atomes; les neutrons ne participent pas aux réactions chimiques dans des conditions normales. C'est pourquoi les isotopes d'un même élément ont des propriétés chimiques identiques: ils forment les mêmes types de composés et réagissent de la même façon.

EXEMPLE 2.1 Le calcul du nombre de protons, de neutrons et d'électrons

Donnez le nombre de protons, de neutrons et d'électrons présents dans chacune des espèces chimiques suivantes: **a)** $^{17}_{8}O$; **b)** $^{199}_{80}Hg$; **c)** $^{200}_{80}Hg$; **d)** $^{39}_{19}K^+$; **e)** $^{16}_{8}O^{2-}$.

DÉMARCHE

Souvenez-vous que le nombre supérieur indique le nombre de masse tandis que le nombre inférieur indique le numéro atomique. Le nombre de masse (A) est toujours plus grand que le numéro atomique (Z) (il n'y a qu'une exception, soit $^{1}_{1}H$, où $A = Z$).

SOLUTION

a) Le numéro atomique étant 8, il y a donc 8 protons. Le nombre de masse est 17: le nombre de neutrons est donc 17 − 8 = 9. Dans un atome neutre, le nombre d'électrons est le même que celui des protons, c'est-à-dire 8.

b) Le numéro atomique est 80: il y a donc 80 protons. Le nombre de masse étant 199, le nombre de neutrons est donc 199 − 80 = 119. Le nombre d'électrons est aussi 80.

c) Ici, le nombre de protons est le même qu'en b), c'est-à-dire 80. Le nombre de neutrons est 200 − 80 = 120. Quant au nombre d'électrons, il est également le même qu'en b), 80. Les éléments donnés en b) et en c) sont deux isotopes du mercure qui sont chimiquement identiques.

d) Le numéro atomique est 19: il y a donc 19 protons. Le nombre de masse étant 39, le nombre de neutrons est donc 39 − 19 = 20. Comme il s'agit d'un ion, le nombre d'électrons ne sera pas égal au nombre de protons. Le potassium a perdu un électron: il a donc 18 électrons au lieu de 19.

e) Le numéro atomique est 8: il y a donc 8 protons. Le nombre de masse étant 16, le nombre de neutrons est 16 − 8 = 8. Comme il s'agit ici d'un atome d'oxygène qui a gagné deux électrons, le nombre d'électrons est 10.

Problème semblable 2.4

EXERCICE E2.1

Combien de protons, de neutrons et d'électrons y a-t-il dans l'isotope du cuivre $^{63}_{29}Cu$? dans le cation Cu^{2+}?

RÉVISION DES CONCEPTS

a) Quel est le numéro atomique d'un élément dont l'un des isotopes a 117 neutrons et un nombre de masse égal à 195?

b) Lequel, parmi les deux symboles suivants, donne le plus d'information: ^{17}O ou $_{8}O$?

QUESTIONS de révision

13. Comment appelle-t-on des éléments qui ne diffèrent que par leur nombre de neutrons ?
14. Définissez les termes suivants : **a)** numéro atomique ; **b)** nombre de masse. Pourquoi la connaissance du numéro atomique permet-elle de déduire le nombre d'électrons contenus dans un atome ?
15. Pourquoi tous les atomes d'un même élément ont-ils le même numéro atomique, bien qu'ils puissent avoir des nombres de masse différents ?
16. Expliquez la signification de chaque lettre dans le symbole ${}^{A}_{Z}X$.

2.4 Le tableau périodique

Plus de la moitié des éléments connus aujourd'hui ont été découverts entre 1800 et 1900. Durant cette période, les chimistes remarquèrent que de nombreux éléments présentaient de grandes similitudes entre eux. La découverte d'une périodicité dans les propriétés physiques et chimiques des éléments ainsi que le besoin d'ordonner la multitude de renseignements sur la structure et les propriétés des éléments ont mené à la création du **tableau périodique**, un tableau dans lequel sont regroupés les éléments ayant des propriétés chimiques et physiques similaires. La **FIGURE 2.11** montre une version moderne du tableau périodique, dans lequel les éléments sont disposés selon leur numéro atomique (au-dessus du symbole) en rangées horizontales, appelées **périodes**, et en colonnes, appelées **groupes** ou **familles**, selon la similitude de leurs propriétés chimiques.

C'est le Russe Dmitri Ivanovitch Mendeleïev (1834-1907) qui, en 1869, disposa les éléments chimiques en fonction de leurs propriétés dans un tableau.

Métaux | Métalloïdes | Non-métaux

1 1A	2 2A	3 3B	4 4B	5 5B	6 6B	7 7B	8	9 8B	10	11 1B	12 2B	13 3A	14 4A	15 5A	16 6A	17 7A	18 8A
1 **H**																	2 **He**
3 **Li**	4 **Be**											5 **B**	6 **C**	7 **N**	8 **O**	9 **F**	10 **Ne**
11 **Na**	12 **Mg**											13 **Al**	14 **Si**	15 **P**	16 **S**	17 **Cl**	18 **Ar**
19 **K**	20 **Ca**	21 **Sc**	22 **Ti**	23 **V**	24 **Cr**	25 **Mn**	26 **Fe**	27 **Co**	28 **Ni**	29 **Cu**	30 **Zn**	31 **Ga**	32 **Ge**	33 **As**	34 **Se**	35 **Br**	36 **Kr**
37 **Rb**	38 **Sr**	39 **Y**	40 **Zr**	41 **Nb**	42 **Mo**	43 **Tc**	44 **Ru**	45 **Rh**	46 **Pd**	47 **Ag**	48 **Cd**	49 **In**	50 **Sn**	51 **Sb**	52 **Te**	53 **I**	54 **Xe**
55 **Cs**	56 **Ba**	57 **La**	72 **Hf**	73 **Ta**	74 **W**	75 **Re**	76 **Os**	77 **Ir**	78 **Pt**	79 **Au**	80 **Hg**	81 **Tl**	82 **Pb**	83 **Bi**	84 **Po**	85 **At**	86 **Rn**
87 **Fr**	88 **Ra**	89 **Ac**	104 **Rf**	105 **Db**	106 **Sg**	107 **Bh**	108 **Hs**	109 **Mt**	110 **Ds**	111 **Rg**	112 **Cn**	(113) **Uut**	114 **Fl**	(115) **Uup**	116 **Lv**	(117) **Uus**	(118) **Uuo**

58 **Ce**	59 **Pr**	60 **Nd**	61 **Pm**	62 **Sm**	63 **Eu**	64 **Gd**	65 **Tb**	66 **Dy**	67 **Ho**	68 **Er**	69 **Tm**	70 **Yb**	71 **Lu**
90 **Th**	91 **Pa**	92 **U**	93 **Np**	94 **Pu**	95 **Am**	96 **Cm**	97 **Bk**	98 **Cf**	99 **Es**	100 **Fm**	101 **Md**	102 **No**	103 **Lr**

FIGURE 2.11

Version moderne du tableau périodique

Sauf pour l'hydrogène (H), les non-métaux se trouvent à la droite du tableau. Les éléments sont disposés selon leur numéro atomique, qui apparaît au-dessus de chaque symbole. Les éléments 113, 115, 117 et 118 ont été synthétisés, mais puisque ces découvertes ne sont pas encore validées, les noms de ces éléments sont provisoires.

On peut classer les éléments en trois catégories : les métaux, les non-métaux et les semi-métaux (ou métalloïdes). La **FIGURE 2.11** (*voir p. 53*) montre que la majorité des éléments connus sont des métaux ; seulement 17 éléments sont des non-métaux et 8 sont des semi-métaux. De gauche à droite, les propriétés physiques et chimiques des éléments passent graduellement de celles qui sont caractéristiques des métaux à celles des non-métaux, et ce, quelle que soit la période. Les propriétés des éléments du tableau périodique seront abordées en détail au chapitre 6.

Les éléments sont souvent connus collectivement par le numéro de leur groupe (groupe 1A, groupe 2A, etc.[5]). Cependant, pour plus de commodité, certains groupes d'éléments ont reçu des noms spéciaux. Les éléments du groupe 1A (Li, Na, K, Rb, Cs et Fr) sont appelés les **métaux alcalins** ; ceux du groupe 2A (Be, Mg, Ca, Sr, Ba et Ra) se nomment **métaux alcalino-terreux**. Les éléments du groupe 7A (F, Cl, Br, I et At) sont appelés **halogènes** ; ceux du groupe 8A (He, Ne, Ar, Kr, Xe et Rn) portent le nom de **gaz rares** (ou **inertes**). Les noms des autres groupes seront présentés plus loin.

RÉVISION DES CONCEPTS

Dans le tableau périodique, est-ce que les propriétés changent plus drastiquement dans une période ou dans un groupe ?

QUESTIONS de révision

17. Comment sont classés les éléments dans le tableau périodique ?
18. Qu'appelle-t-on « groupes » et « périodes » dans le tableau périodique ?
19. Indiquez les noms et les symboles de deux éléments de chacune des catégories suivantes : **a)** non-métaux ; **b)** métaux ; **c)** métalloïdes.
20. Définissez les termes suivants et donnez deux exemples de chacun : **a)** métaux alcalins ; **b)** métaux alcalino-terreux ; **c)** halogènes ; **d)** gaz rares (ou inertes).

2.5 Les formules chimiques

NOTE

Dans une formule chimique, l'absence d'indice sous-entend la valeur 1.

Les chimistes utilisent des **formules chimiques** pour exprimer la composition des espèces chimiques à l'aide de symboles. Par composition, on entend non seulement les éléments présents, mais aussi le rapport dans lequel leurs atomes sont combinés. Par exemple, la formule chimique H_2O indique que l'eau contient deux atomes d'hydrogène pour un atome d'oxygène.

Il existe deux types de formules : les formules empiriques et les formules chimiques réelles (comme indiqué plus loin, lorsqu'elles s'appliquent aux molécules, les formules chimiques réelles peuvent aussi être appelées « formules moléculaires »).

---

5. Il existe plusieurs façons de numéroter les colonnes (groupes) du tableau périodique. L'Union internationale de chimie pure et appliquée (UICPA) suggère une numérotation de 1 à 18 à partir de la gauche. Cependant, pour plus de commodité, il arrive aussi que les groupes soient numérotés de 1 à 8 avec les lettres A et B. Cette numérotation sera détaillée lors de l'étude du tableau périodique, au chapitre 6. Le tableau périodique présenté à l'endos de la page couverture présente les deux numérotations.

La **formule empirique** indique le rapport le plus simple dans lequel se trouvent les éléments dans un composé. Par contre, elle n'indique pas nécessairement le nombre réel d'atomes qui constituent le composé. Par exemple, le peroxyde d'hydrogène que l'on utilise comme antiseptique et comme agent de décoloration pour les cheveux est un composé formé de deux atomes d'hydrogène et de deux atomes d'oxygène (H_2O_2). La formule empirique du peroxyde d'hydrogène est par conséquent HO : elle ne tient pas compte du nombre total d'atomes, seulement du fait que le rapport entre les atomes d'hydrogène et les atomes d'oxygène est de 2:2, ou de 1:1. La formule chimique réelle du peroxyde d'hydrogène est H_2O_2. La **formule chimique réelle** (ou **formule moléculaire** dans le cas d'une molécule) indique le nombre exact d'atomes de chaque élément contenu dans la plus petite unité d'une substance. Par exemple, l'hydrazine, une espèce chimique utilisée comme carburant pour les fusées, a pour formule chimique réelle N_2H_4. Sa formule empirique est donc NH_2. Même si le rapport entre l'azote et l'hydrogène est de 1:2 dans la formule chimique réelle (N_2H_4) et dans la formule empirique (NH_2), seule la formule chimique indique le nombre réel d'atomes d'azote et d'hydrogène contenus dans une molécule d'hydrazine.

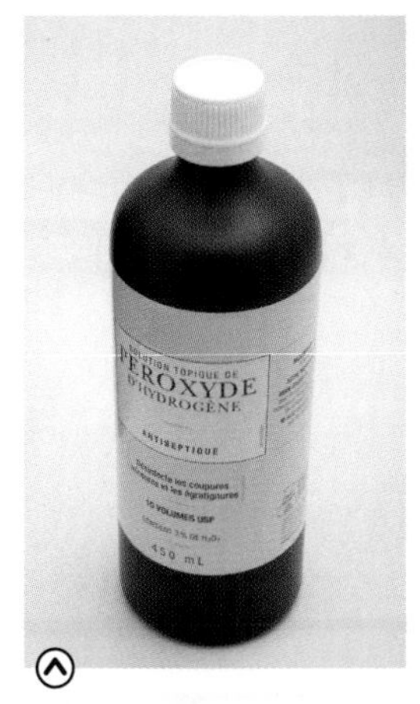

La bouteille de peroxyde d'hydrogène est brune, car l'opacité du contenant ralentit la décomposition du peroxyde par la lumière.

Les formules empiriques sont donc les formules chimiques *les plus simples* ; les chiffres en indice y sont toujours les plus petits nombres entiers possible. Les formules chimiques (ou formules moléculaires), elles, sont les *vraies* formules des molécules. Quand les chimistes analysent un composé inconnu, la première étape consiste habituellement à déterminer sa formule empirique. Il en est question au chapitre 3.

NOTE

Le mot « empirique » signifie « qui s'appuie sur l'expérience, l'observation ». Les formules empiriques sont déterminées expérimentalement (*voir le chapitre 3*).

Cependant, pour beaucoup de composés, la formule chimique et la formule empirique est la même : l'eau (H_2O), l'ammoniac (NH_3), le dioxyde de carbone (CO_2) et le méthane (CH_4) en sont des exemples.

NOTE

Pour les composés qui contiennent du carbone, le carbone est placé en tête dans l'écriture de la formule empirique, suivi de l'hydrogène. Par la suite, on place les atomes en ordre croissant de numéro atomique.

EXEMPLE 2.2 La relation entre les formules empiriques et les formules chimiques réelles

Déterminez la formule empirique de chacun des composés suivants : **a)** l'acétylène (C_2H_2), un gaz utilisé en soudure ; **b)** le glucose ($C_6H_{12}O_6$), le principal sucre sanguin ; **c)** l'oxyde de diazote (N_2O), un gaz utilisé comme anesthésiant (« gaz hilarant ») et comme agent propulsif dans la crème fouettée en aérosol.

DÉMARCHE

Rappelez-vous que, pour écrire une formule empirique, les nombres écrits en indice dans la formule chimique réelle doivent être réduits de manière à obtenir un rapport ayant les plus petits nombres entiers possible, ce qui correspond en mathématiques à des nombres premiers entre eux, c'est-à-dire des entiers naturels ayant pour seul diviseur commun l'unité.

SOLUTION

a) Dans l'acétylène, il y a deux atomes de carbone et deux atomes d'hydrogène. En divisant les chiffres en indice par 2, nous obtenons la formule empirique CH.

b) Dans le glucose, il y a 6 atomes de carbone, 12 atomes d'hydrogène et 6 atomes d'oxygène. En divisant les chiffres en indice par 6, nous obtenons la formule empirique CH_2O. Notez que si nous avions divisé ces chiffres par 3, nous aurions obtenu la formule $C_2H_4O_2$. Bien que le rapport entre les atomes de carbone, d'hydrogène et d'oxygène dans $C_2H_4O_2$ soit le même que dans $C_6H_{12}O_6$ (1:2:1), $C_2H_4O_2$ n'est pas la formule empirique puisque les chiffres ne correspondent pas au rapport des plus petits nombres entiers possible. ▶

c) Étant donné que les chiffres en indice dans N_2O sont déjà les plus petits nombres entiers possible, la formule empirique de l'oxyde de diazote et sa formule chimique sont identiques.

Problème semblable 2.9

EXERCICE E2.2

Donnez la formule empirique de la caféine ($C_8H_{10}N_4O_2$), une substance stimulante présente dans le thé et le café.

QUESTIONS de révision

21. Que représente une formule chimique? Indiquez le rapport entre les nombres d'atomes dans les formules suivantes: a) NO; b) NCl_3; c) N_2O_4; d) P_4O_6.
22. Définissez les expressions «formule chimique réelle (ou formule moléculaire)» et «formule empirique». Quelles sont les ressemblances et les différences entre la formule chimique réelle et la formule empirique d'un composé?
23. Donnez un exemple de deux composés qui ont des formules chimiques réelles différentes, mais la même formule empirique.

2.6 Les composés chimiques

Les atomes se lient entre eux pour former des composés chimiques qui pourront être classés en deux catégories: les composés ioniques ou les composés covalents, selon le type de liaison qui unit les atomes en présence. Les liaisons chimiques seront étudiées au chapitre 7. Il suffit pour l'instant de savoir qu'en général, l'union d'un métal avec un non-métal forme un composé ionique, alors que l'union de non-métaux ou de métalloïdes forme des composés covalents.

2.6.1 Les ions et les composés ioniques

Comme mentionné à la section 2.3 (*voir p. 50*), on appelle **ion** un atome ou un groupe d'atomes qui a gagné ou perdu des électrons à la suite d'une réaction chimique. Le nombre de protons (les particules de charge positive) reste constant dans le noyau durant une transformation chimique normale (appelée «réaction chimique»), mais il peut y avoir gain ou perte d'électrons. Un atome neutre qui perd un ou plusieurs électrons devient un ion de charge positive, ou **cation**. Par ailleurs, un ion dont la charge est négative en raison de l'augmentation du nombre de ses électrons est appelé **anion**. Ainsi, les atomes Na et Cl deviennent respectivement le cation Na^+ et l'anion Cl^-.

Un atome peut perdre ou gagner plus d'un électron (par exemple, Mg^{2+}, Fe^{3+}, S^{2-} et N^{3-}). Ces ions, comme les ions Na^+ et Cl^-, sont dits **ions monoatomiques**, car ils ne contiennent qu'un atome. La **FIGURE 2.12** présente les charges de quelques ions monoatomiques courants. À quelques exceptions près, les métaux forment des cations et les non-métaux forment des anions.

De plus, certains ions résultent d'un agencement d'atomes dont la charge nette est positive ou négative; par exemple OH^- (ion hydroxyde), CN^- (ion cyanure) et NH_4^+ (ion ammonium). De tels ions, parce qu'ils contiennent plus d'un atome, sont dits **ions polyatomiques**.

1 1A	2 2A	3 3B	4 4B	5 5B	6 6B	7 7B	8	9 8B	10	11 1B	12 2B	13 3A	14 4A	15 5A	16 6A	17 7A	18 8A
Li^+													C^{4-}	N^{3-}	O^{2-}	F^-	
Na^+	Mg^{2+}											Al^{3+}		P^{3-}	S^{2-}	Cl^-	
K^+	Ca^{2+}				Cr^{2+} Cr^{3+}	Mn^{2+} Mn^{3+}	Fe^{2+} Fe^{3+}	Co^{2+} Co^{3+}	Ni^{2+} Ni^{3+}	Cu^+ Cu^{2+}	Zn^{2+}				Se^{2-}	Br^-	
Rb^+	Sr^{2+}									Ag^+	Cd^{2+}		Sn^{2+} Sn^{4+}		Te^{2-}	I^-	
Cs^+	Ba^{2+}									Au^+ Au^{3+}	Hg_2^{2+} Hg^{2+}		Pb^{2+} Pb^{4+}				

FIGURE 2.12

Ions monoatomiques courants et leur position dans le tableau périodique

Il convient de remarquer que l'ion Hg_2^{2+} est constitué de deux atomes.

L'assemblage électriquement neutre d'ions de charges opposées forme un **composé ionique**. Par exemple, le sel de table, NaCl, est un composé ionique formé de l'assemblage de cations Na^+ et d'anions Cl^-. Cependant, il serait faux de croire que le NaCl résulte de l'assemblage d'un seul anion avec un seul cation : les composés ioniques s'organisent plutôt sous forme de **réseau cristallin**, c'est-à-dire un réseau tridimensionnel d'extension indéterminée. Comme le montre la **FIGURE 2.13**, dans NaCl, aucun ion Na^+ n'est associé à un seul ion Cl^-. En fait, chacun d'eux est également attiré et maintenu par les six ions Cl^- qui l'entourent, et chaque ion Cl^- est attiré et maintenu par les six ions Na^+ qui l'entourent. Ainsi, NaCl est la formule empirique du chlorure de sodium. Dans d'autres composés ioniques, le type de réseau cristallin peut être différent, mais la disposition des anions et des cations est telle que tous ces composés sont électriquement neutres. Il est à noter que les charges des anions et des cations ne sont pas indiquées dans la formule d'un composé ionique.

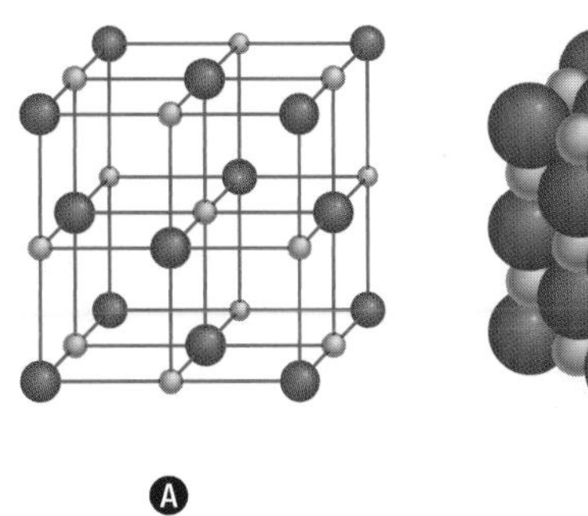

A

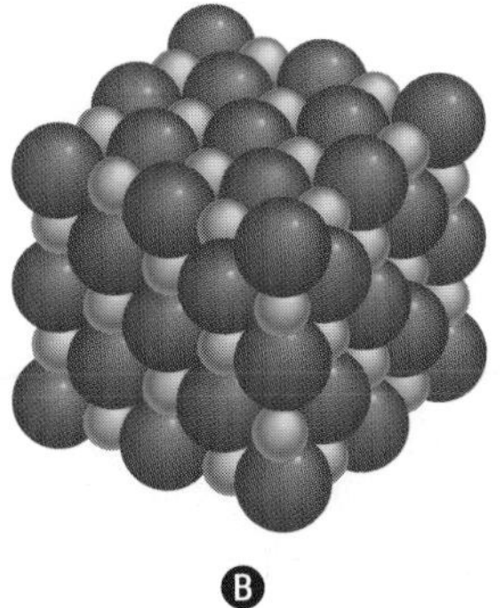

B

C

FIGURE 2.13

Chlorure de sodium solide

A Structure du NaCl.

B En réalité, les cations sont en contact avec les anions. Dans A et B, les petites sphères représentent les ions Na^+, et les grosses représentent les ions Cl^-.

C Cristaux de NaCl.

Les formules des composés ioniques correspondent toujours à des formules empiriques parce que les composés ioniques ne sont pas constitués d'unités distinctes. Comme il ne s'agit pas de molécules, le terme « formule moléculaire » ne peut être utilisé avec les composés ioniques.

Des ions de charges différentes peuvent aussi s'assembler. Dans tous les cas, le composé ionique formé sera électriquement neutre. Cela signifie que sa formule chimique devra correspondre à une somme algébrique des charges des cations et des anions égale à zéro. Par exemple, un composé ionique formé de sodium et d'oxygène sera sous la forme Na_2O. En effet, deux cations Na^+ par anion O^{2-} seront nécessaires pour former un composé électriquement neutre, car $2(+1) + (-2) = 0$. Le **TABLEAU 2.2** *(voir page suivante)* présente quelques exemples de composés ioniques.

1A	2A	3A	4A	5A	6A	7A	8A
Li				N	O	F	
Na	Mg	Al			S	Cl	
K	Ca					Br	
Rb	Sr					I	
Cs	Ba						

Les métaux les plus réactifs (en vert) se combinent avec les non-métaux les plus réactifs (en bleu) ; les composés ioniques sont ainsi formés.

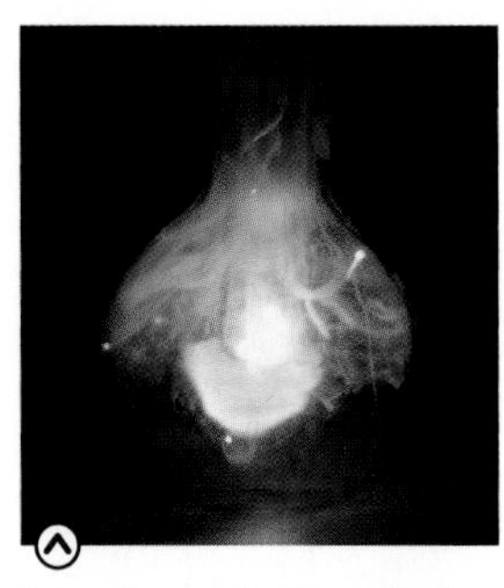

Du sodium métallique réagissant avec du chlore moléculaire pour former du chlorure de sodium

Dans les cas plus complexes, par exemple dans le cas de l'oxyde d'aluminium, un composé ionique formé des ions Al^{3+} et O^{2-}, cela n'est pas aussi simple. Puisque les composés ioniques sont électriquement neutres, la charge totale du ou des cations doit être égale à celle du ou des anions. Étant donné que les charges portées par les ions Al^{3+} et O^{2-} ne sont pas égales, la formule ne peut pas être AlO. Le meilleur moyen de procéder est de trouver le plus petit dénominateur commun des deux charges. Dans le cas de l'oxyde d'aluminium, le plus petit dénominateur commun de 3 et 2 est 6. Pour avoir une charge égale à +6, deux ions Al^{3+} seront nécessaires, alors que pour avoir une charge égale à −6, trois ions O^{2-} seront nécessaires. La formule de l'oxyde d'aluminium est donc Al_2O_3. Comme il s'agit d'un composé neutre, la somme des charges est de zéro : $2(+3) + 3(-2) = 0$.

On peut aussi résoudre l'équation mathématique correspondante : il faut d'abord écrire Al_xO_y et trouver les valeurs respectives des indices x et y.

La neutralité électrique se traduit ici par cette relation :

$$(+3)x + (-2)y = 0$$

CHIMIE EN LIGNE

Interaction

- Les composés ioniques

En résolvant l'équation, on obtient $x/y = 2/3$ et on peut écrire :

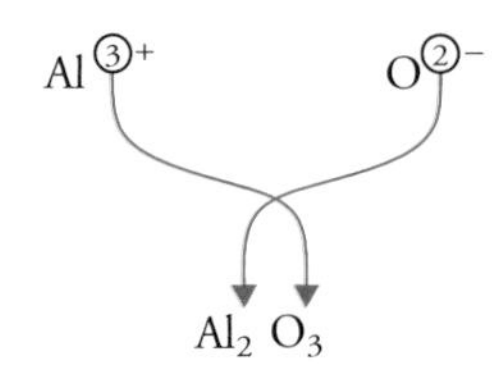

TABLEAU 2.2 > Exemples de quelques composés ioniques

Cation	Anion	Composé ionique
Ca^{2+}	F^-	CaF_2
Li^+	N^{3-}	Li_3N
NH_4^+	Cl^-	NH_4Cl
Mg^{2+}	SO_4^{2-}	$MgSO_4$

Certains éléments peuvent former plusieurs ions monoatomiques qui diffèrent par leur charge. C'est le cas des métaux de transition. Le fer, par exemple, peut former deux ions : l'ion Fe^{2+} et l'ion Fe^{3+}. Il peut donc former deux composés lorsqu'il se lie au chlore : $FeCl_2$, où il porte une charge de +2, et $FeCl_3$, où il porte une charge de +3.

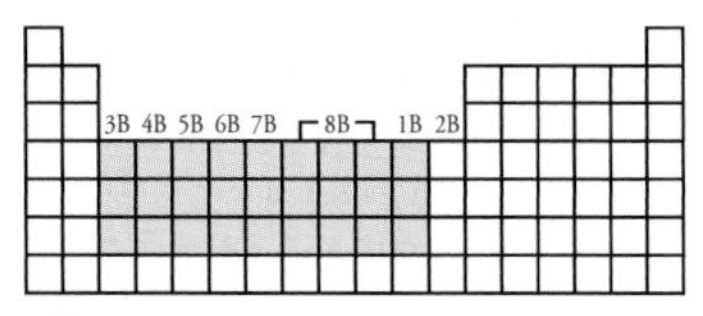

Les métaux de transition sont les éléments des groupes 1B et 3B-8B (*voir la* **FIGURE 2.11**, *p. 53*).

EXEMPLE 2.3 La détermination des formules des composés ioniques

Écrivez la formule du nitrure de magnésium, un composé constitué des ions Mg^{2+} et N^{3-}.

DÉMARCHE

Pour écrire les formules des composés ioniques, il faut se baser sur le principe de la neutralité électrique : la charge totale du ou des cations doit être égale à celle du ou des anions. Étant donné que les charges sur les ions Mg^{2+} et N^{3-} ne sont pas égales, la formule ne peut pas être MgN. Il faut donc d'abord écrire Mg_xN_y et trouver les valeurs respectives des indices x et y.

SOLUTION

La neutralité électrique se traduit ici par cette relation :

$$(+2)x + (-3)y = 0$$

En résolvant l'équation, on obtient $x/y = 3/2$ et on peut écrire :

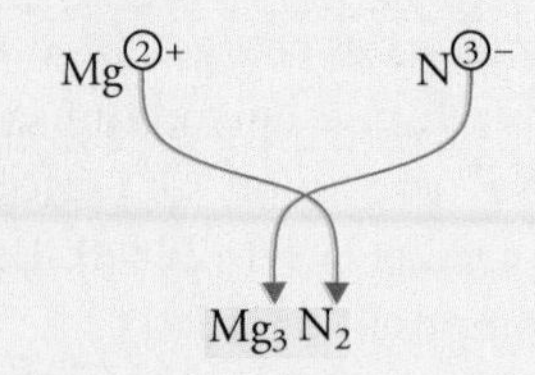

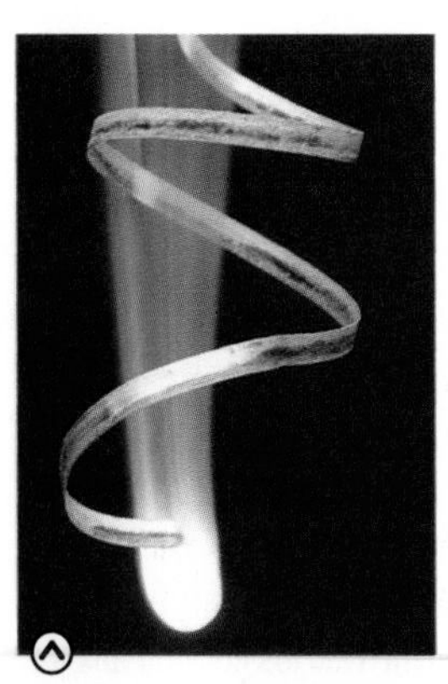

Lorsque le magnésium brûle dans l'air, il forme à la fois de l'oxyde de magnésium et du nitrure de magnésium.

VÉRIFICATION

Les indices sont des nombres premiers, ce qui correspond au rapport des atomes dans une formule empirique comme celle d'un composé ionique.

EXERCICE E2.3

Écrivez les formules des composés ioniques suivants : **a)** sulfate de chrome (composé des ions Cr^{3+} et SO_4^{2-}) ; **b)** phosphate de calcium (ions Ca^{2+} et PO_4^{3-}).

2.18

RÉVISION DES CONCEPTS

Associez chacun des diagrammes suivants aux composés ioniques Al_2O_3, LiH, Na_2S et $Mg(NO_3)_2$ (les sphères vertes représentent les cations et les sphères rouges représentent les anions).

A

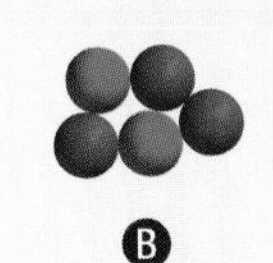
B

C

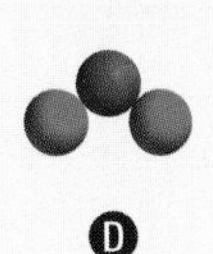
D

2.6.2 Les composés covalents : les molécules et les réseaux covalents

CHIMIE EN LIGNE

Interaction
- Les composés covalents

Une **molécule** est un assemblage d'au moins deux atomes maintenus ensemble, dans un arrangement déterminé, par des forces appelées « liaisons covalentes[6] ». Lorsque les atomes qui forment une molécule sont d'une même espèce, on dit qu'il s'agit d'un corps simple. Un **corps simple** est un corps chimique qui ne contient qu'une seule espèce d'atomes. Les atomes qui forment une molécule peuvent aussi être de plusieurs espèces. Dans ce cas, on dit qu'il s'agit de composés. L'hydrogène, par exemple, est un élément qui existe à l'état moléculaire : il est constitué de molécules formées de deux atomes de H. Il s'agit donc d'un corps simple. La molécule d'eau, par contre, est un composé puisqu'elle contient de l'hydrogène et de l'oxygène dans un rapport de 2 H à 1 O. Comme les atomes, les molécules sont électriquement neutres.

NOTE
En général, les composés covalents sont constitués de non-métaux et de métalloïdes.

Remarque : Par conséquent, une molécule n'est pas nécessairement un composé, puisque ce dernier est, par définition, constitué d'au moins deux espèces d'éléments (*voir la section 1.3, p. 8*).

NOTE
Un composé formé de deux éléments est appelé un « composé binaire ».

La molécule d'hydrogène, dont le symbole est H_2, est une **molécule diatomique** parce qu'elle contient deux atomes. Les autres éléments qui existent normalement sous forme de molécules diatomiques sont l'azote (N_2) et l'oxygène (O_2), ainsi que les éléments du groupe 7A : le fluor (F_2), le chlore (Cl_2), le brome (Br_2) et l'iode (I_2). Bien sûr, une molécule diatomique peut également être formée d'atomes d'éléments différents ; le chlorure d'hydrogène (HCl) et le monoxyde de carbone (CO) en sont des exemples (ce sont des composés).

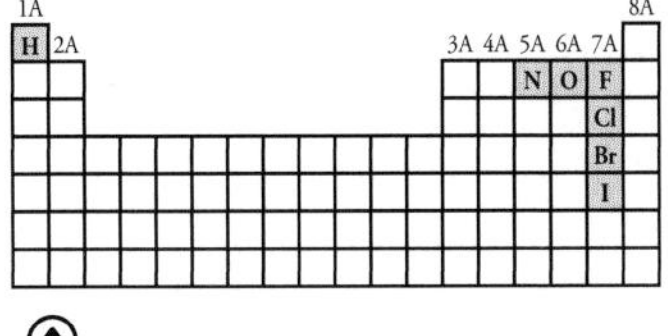

Éléments qui existent normalement sous forme diatomique.

La très grande majorité des molécules sont formées de plus de deux atomes, soit d'un même élément – tel l'ozone (O_3), qui est formé de trois atomes d'oxygène –, soit de deux ou de plusieurs éléments différents. Les molécules formées de plus de deux atomes sont dites **molécules polyatomiques**. Comme celles de l'ozone, les molécules d'eau (H_2O) et

6. Les liaisons covalentes seront étudiées au chapitre 7.

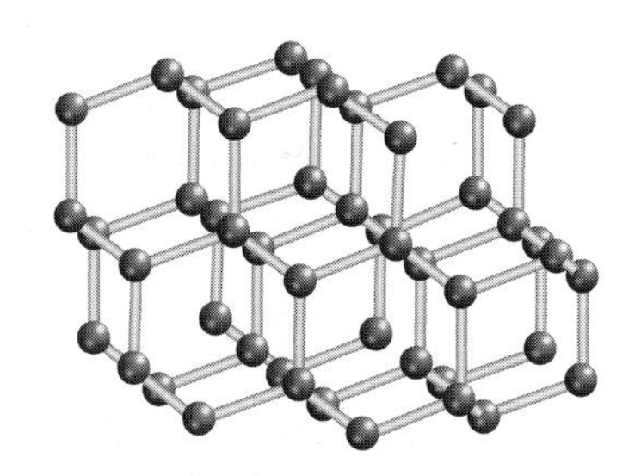

FIGURE 2.14

Structure d'un réseau covalent

Le carbone peut se lier avec lui-même pour former un réseau cristallin tridimensionnel d'extension indéterminée.

d'ammoniac (NH_3) sont polyatomiques. Le phosphore et le soufre existent tous deux sous forme de molécules polyatomiques : le phosphore forme P_4, alors que le soufre forme S_8.

Certains atomes se lient entre eux avec des liaisons covalentes sans toutefois former de molécules. Un peu à l'image des composés ioniques, ils s'assemblent selon un réseau tridimensionnel d'extension indéterminée : ce sont des **réseaux covalents** (*voir la* **FIGURE 2.14**). Par exemple, le carbone, lorsqu'il est sous forme de diamant, s'assemble de cette façon. C'est aussi le cas pour la plupart des semi-métaux. Il existe aussi quelques rares composés qui existent sous forme de réseaux covalents, dont certains seront abordés au chapitre 6.

Compte tenu de ces distinctions entre molécule, réseau covalent et composé ionique, il est possible d'utiliser le terme « formule moléculaire » dans le sens de « formule chimique réelle ». Évidemment, cela ne peut s'appliquer que dans le cas des molécules.

La **FIGURE 2.15** schématise la classification des substances pures en corps simples et en composés. Chacun des types de substances sera étudié dans un chapitre ultérieur.

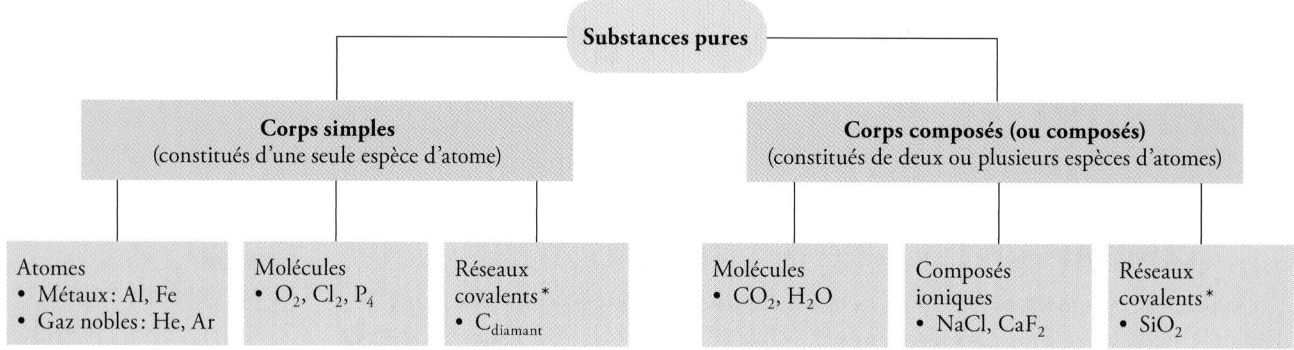

* Les réseaux covalents seront abordés aux chapitres 6 et 9.

FIGURE 2.15

Corps simples et corps composés

RÉVISION DES CONCEPTS

Que signifie S_8 ? En quoi est-ce différent de 8S ?

2.6.3 Les modèles moléculaires

Les molécules sont trop petites pour être observées directement, mais on peut les visualiser à l'aide de modèles moléculaires. On utilise couramment deux sortes de modèles moléculaires : le modèle boules et bâtonnets et le modèle compact (*voir la* **FIGURE 2.16**). Dans le cas du modèle boules et bâtonnets, les atomes sont des sphères en bois ou en plastique dans lesquelles on a percé des trous. Des bâtonnets ou des ressorts sont utilisés pour joindre les sphères afin de représenter les liaisons chimiques. Les angles formés entre les sphères correspondent approximativement aux angles de liaison entre les atomes des molécules. À l'exception de l'atome d'hydrogène H, toutes les boules sont de la même grosseur, et chaque espèce d'atome est représentée par une couleur différente.

Dans le modèle compact, les atomes sont représentés par des sphères tronquées et les liaisons ne sont pas apparentes. Les sphères ont des grosseurs proportionnelles aux différents atomes représentés.

La première étape de la construction d'un modèle moléculaire consiste à écrire sa **formule structurale** (ou **formule développée**), qui indique comment les atomes sont reliés les uns aux autres dans une molécule. Par exemple, si l'on sait que, dans la molécule d'eau, deux atomes d'hydrogène H sont reliés à un atome d'oxygène O, la formule structurale est donc H—O—H. Chaque trait entre les atomes représente une liaison chimique.

	Hydrogène	Eau	Ammoniac	Méthane
Formule moléculaire	H_2	H_2O	NH_3	CH_4
Formule structurale	H–H	H–O–H	H–N(–H)–H	H–C(–H)(–H)–H
Modèle boules et bâtonnets				
Modèle compact				

FIGURE 2.16

Formules moléculaires, formules structurales et modèles moléculaires de quatre molécules courantes

NOTE

Le code de couleur des atome est présenté au début du manuel.

Les modèles boules et bâtonnets ont l'avantage de montrer clairement l'arrangement des atomes, et ils sont faciles à construire. Par contre, la grosseur des boules n'est pas proportionnelle aux atomes représentés, et les distances entre les boules sont grandement exagérées si on les compare aux distances réelles entre les atomes liés dans les molécules, d'où le surnom de « modèles éclatés ». Les modèles compacts sont plus réalistes parce qu'ils tiennent compte des grosseurs relatives des atomes et respectent davantage les distances entre les atomes liés. En revanche, ils sont plus difficiles à bâtir et, une fois construits, on voit plus difficilement quel atome est lié à tel autre. Par ailleurs, il existe de nombreux logiciels de modélisation de molécules par ordinateur qui facilitent la construction de modèles de molécules complexes. Ces derniers peuvent ensuite être manipulés et observés sous tous leurs angles. On peut même concevoir de nouvelles molécules dans le but de mettre au point des médicaments.

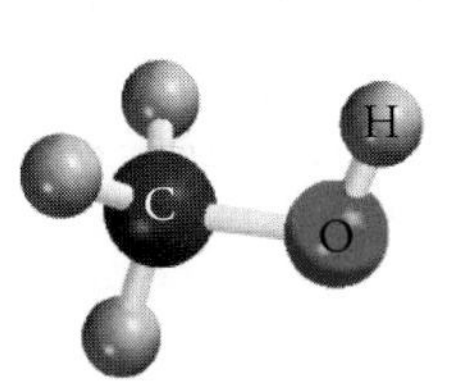

Méthanol

EXEMPLE 2.4 La formule moléculaire

Écrivez la formule moléculaire du méthanol, un solvant organique et un antigel, à partir du modèle boules et bâtonnets illustré en marge.

SOLUTION

En utilisant les symboles indiqués sur le modèle ci-contre ainsi que le code de couleur présenté au début du manuel pour identifier les atomes, on note un atome de carbone C, quatre atomes d'hydrogène H et un atome d'oxygène O. La formule moléculaire est donc CH_4O. Cependant, la manière habituelle d'écrire la formule du méthanol est CH_3OH, ce qui permet de mieux voir comment les atomes sont rattachés dans la molécule.

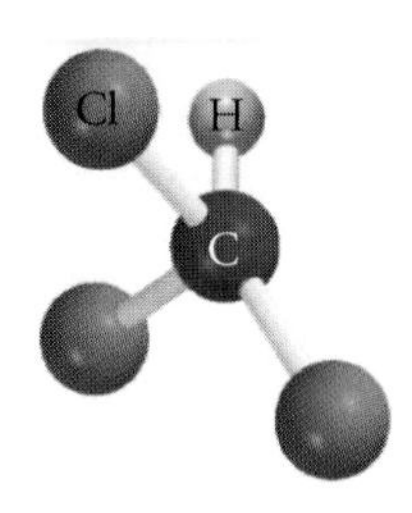

Chloroforme

EXERCICE E2.4

Écrivez la formule moléculaire du chloroforme, utilisé comme solvant et agent de nettoyage, à partir du modèle moléculaire illustré en marge.

Problèmes semblables

2.10 et 2.11

CHIMIE EN ACTION

L'allotropie

L'allotropie, c'est-à-dire le fait que certains éléments puissent exister sous plus d'une forme stable, est un phénomène chimique intéressant. Quand un élément apparaît sous deux ou plusieurs formes, ces dernières se nomment « allotropiques », et les éléments se nomment des « allotropes ». Les allotropes d'un élément sont différents parce que leurs atomes sont liés différemment et, par conséquent, ils ont des propriétés physiques et chimiques différentes. Les éléments courants qui ont des formes allotropiques sont les suivants : le carbone, l'oxygène, le soufre, le phosphore et l'étain. Voici une brève description des formes allotropiques du carbone et de l'oxygène.

Le carbone

La figure ci-après montre les deux formes allotropiques les plus courantes du carbone : le graphite et le diamant. Si l'on compare des échantillons de graphite et de diamant, on peut difficilement croire que ces substances sont toutes les deux constituées des mêmes atomes de carbone. Les différences d'apparence et de propriétés s'expliquent uniquement par la façon dont les atomes de carbone sont liés entre eux, ce qui sera vu au chapitre 9. Le graphite est un solide noir foncé qui a l'éclat d'un métal. Il est un bon conducteur d'électricité, utilisé comme électrode (pour les connexions électriques) dans les piles et comme balais dans les moteurs électriques. La mine des crayons est un mélange de graphite et d'argile. Le graphite est aussi utilisé dans les cartouches d'encre pour les photocopieurs et les imprimantes laser. Il sert également de lubrifiant et on l'utilise de plus en plus dans les matériaux composites (deux ou plusieurs matériaux qui, lorsque combinés, présentent des propriétés différentes de celles des matériaux pris seuls).

Deux formes allotropiques du carbone : le graphite, à gauche, et le diamant, à droite

Dans la nature, le diamant se forme lorsque le graphite présent dans la terre est soumis à une énorme pression durant des millions d'années. Sous sa forme pure, le diamant est un solide transparent. Il est la moins stable des deux formes allotropiques du carbone ; avec le temps, le diamant redevient du graphite. Heureusement pour les joailliers, ce processus prend des millions d'années. En présence de l'oxygène de l'air, le diamant peut brûler à des températures allant de 1500 à 1600 °C, mais il n'est pas considéré comme une substance inflammable vu que cette température d'ignition est très élevée. Par contre, la poudre de diamant peut s'enflammer facilement et causer des incendies lors de son usage en industrie. Le diamant est la plus dure des substances naturelles connues. Depuis 1953, il est possible de fabriquer des diamants synthétiques sur une base industrielle à partir du graphite, ce qui nécessite une température et une pression très élevées. Les petits cristaux et les poudres de diamant ainsi obtenus sont surtout utilisés par l'industrie pour l'usinage (polir, percer, couper) et pour l'abrasion (têtes diamantées de foreuses pour les mines ou pour la construction et la rénovation de routes). On utilise aussi le diamant de synthèse dans la fabrication des lames de scalpel.

QUESTIONS de révision

24. Qu'est-ce que des allotropes ? Donnez un exemple. En quoi les allotropes diffèrent-ils des isotopes ? (*Voir la rubrique « Chimie en action – L'allotropie ».*)
25. Qu'est-ce qu'un composé ionique ? Comment expliquer qu'un composé ionique soit électriquement neutre ?
26. Expliquez pourquoi les formules chimiques des composés ioniques sont habituellement identiques à leurs formules empiriques.
27. Donnez un exemple de chaque cation ou anion suivant : **a)** un anion monoatomique ; **b)** un cation polyatomique ; **c)** un anion polyatomique.
28. Quelle est la différence entre un atome et une molécule ?
29. Qu'est-ce qu'un corps simple ?

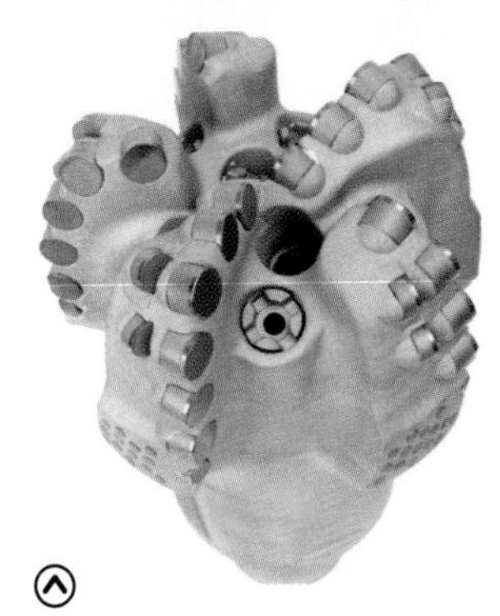
Tête de forage à diamant

Il existe plusieurs autres formes allotropiques du carbone, dont les fullerènes. Le célèbre « Buckyball », ou C_{60}, et les nanotubes de carbone en sont deux exemples. Les nanotubes de carbone sont particulièrement résistants. On les utilise aujourd'hui dans certains vêtements, dans les disques durs et dans le domaine médical pour contrôler la libération de certains médicaments dans le corps.

L'oxygène

L'oxygène moléculaire est une molécule diatomique, tandis que l'ozone (une forme allotropique moins stable de l'oxygène) est triatomique (*voir la figure ci-après*). L'oxygène moléculaire, un gaz incolore et inodore, est essentiel à la vie. Le métabolisme, c'est-à-dire le processus par lequel l'énergie est extraite des aliments pour servir à la croissance et aux différentes fonctions de l'organisme, ne peut se faire sans oxygène. La combustion nécessite également de l'oxygène. Ce gaz occupe environ 20 % du volume de l'air. On l'utilise en sidérurgie et en médecine.

On peut fabriquer de l'ozone en soumettant l'oxygène moléculaire à une décharge électrique. En fait, l'odeur piquante de l'ozone est souvent perçue près d'une voiture de métro (où de fréquentes décharges électriques se produisent) et dans l'air après un violent orage. L'ozone est un gaz toxique bleuté. Il sert à purifier l'eau potable, à désodoriser l'air et les gaz des sites d'enfouissement, ainsi qu'à blanchir les cires, les huiles et les textiles. Bien qu'il ne soit présent dans l'atmosphère qu'à l'état de traces, l'ozone joue un rôle important dans deux processus qui nous touchent de près. À proximité de la surface de la Terre, l'ozone favorise la formation de *smog*, un brouillard dangereux pour les êtres vivants. Il est aussi présent dans la stratosphère, la couche de l'atmosphère située à environ 40 km de la surface de la Terre. De plus, l'ozone absorbe une grande partie des dangereuses radiations à haute énergie provenant du Soleil, et il protège ainsi la vie sur la planète.

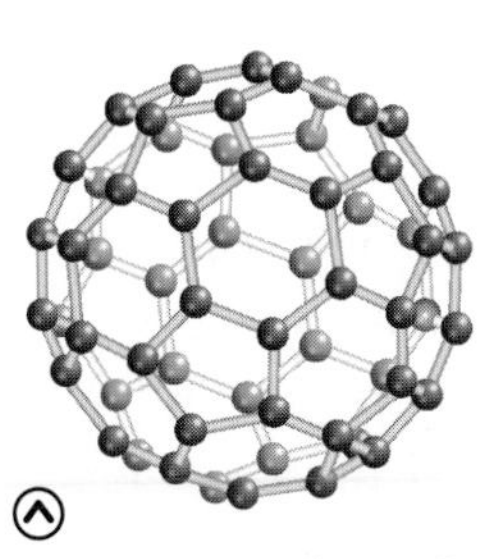
Buckminsterfullerène ou C_{60}

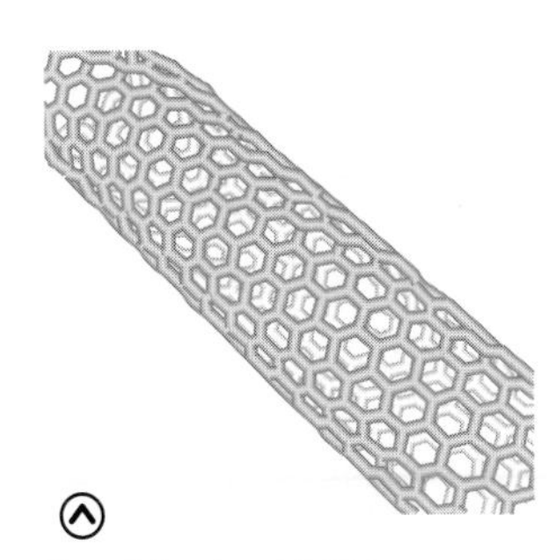
Nanotube de carbone

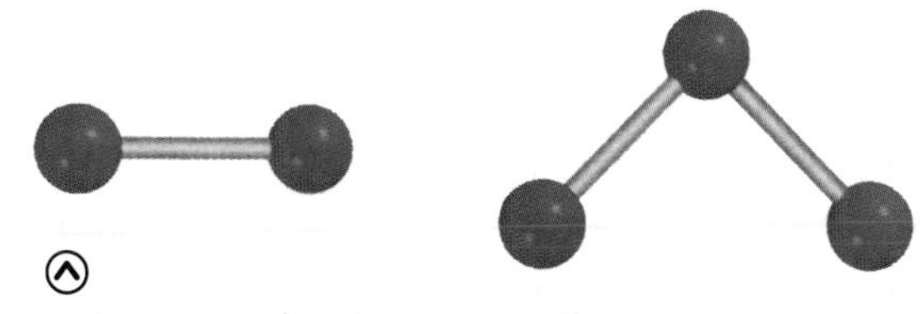
Molécules d'oxygène (O_2) et d'ozone (O_3)

2.7 Les réactions chimiques

Les **réactions chimiques** sont des transformations qui impliquent le réarrangement des atomes qui sont mis en présence. Il en existe plusieurs types, dont les réactions d'oxydoréduction.

Les **réactions d'oxydoréduction** constituent une grande classe de réactions chimiques. Ce sont des réactions au cours desquelles il y a transfert d'électrons. Bien que ces réactions soient étudiées dans *Chimie des solutions*, il convient d'aborder les principes de base de l'oxydoréduction ici, car ils sont nécessaires pour nommer les composés chimiques.

2.7.1 L'oxydoréduction

Si, historiquement, on a défini une oxydation comme un processus lors duquel il y a gain d'oxygène (et une réduction comme un processus lors duquel il y a perte en oxygène), les définitions modernes s'étendent à des réactions qui se déroulent en absence d'oxygène et qui impliquent plutôt un transfert d'électrons. Les **oxydations** sont des réactions lors desquelles il y a perte d'électrons, alors que les **réductions** sont des réactions au cours desquelles il y a gain d'électrons. Comme les électrons sont transférés d'une espèce chimique à une autre (une espèce capte les électrons libérés par l'autre), il ne peut y avoir réduction sans oxydation et vice versa.

2.7.2 Les nombres d'oxydation

Le **nombre d'oxydation** correspond au nombre de charges qu'aurait un atome dans une molécule (ou dans un composé ionique) si les électrons lui étaient complètement enlevés ou donnés. En général, lorsqu'ils forment des composés, les éléments placés dans la partie gauche du tableau périodique (métaux) ont tendance à donner des électrons, donc à avoir des nombres d'oxydation positifs alors que ceux à droite (les non-métaux) ont tendance à avoir des nombres d'oxydation négatifs. Dans le cas des corps simples, il n'y a aucune tendance de transfert d'électrons et le nombre d'oxydation est égal à zéro. Les règles qui régissent les nombres d'oxydation sont présentées ci-dessous et les nombres d'oxydation possibles pour les éléments sont présentés à la **FIGURE 2.17**.

Les règles d'attribution des nombres d'oxydation

1. Pour les éléments non combinés (c'est-à-dire à l'état élémentaire), chaque atome a un nombre d'oxydation égal à zéro. Ainsi, chaque atome dans H_2, Br_2, Na, Be et P_4 a un nombre d'oxydation de zéro.
2. Lorsqu'ils sont combinés, les métaux ont toujours un nombre d'oxydation positif:
   a) Tous les métaux alcalins ont un nombre d'oxydation de +1.
   b) Tous les métaux alcalino-terreux ont un nombre d'oxydation de +2.
   c) L'aluminium a un nombre d'oxydation de +3 dans tous ses composés.
3. Le nombre d'oxydation de l'oxygène dans la plupart des composés est de −2 (par exemple, MgO et H_2O) ; cependant, dans les composés renfermant des liaisons O—O, comme le peroxyde d'hydrogène (H_2O_2) et l'ion peroxyde (O_2^{2-}), le nombre d'oxydation est de −1.
4. Le nombre d'oxydation de l'hydrogène est +1, sauf quand il est lié à un métal dans un composé binaire. Dans ce cas, par exemple dans NaH et CaH_2, son nombre d'oxydation est de −1.
5. Le fluor a un nombre d'oxydation de −1 dans tous ses composés. Les autres halogènes (Cl, Br et I) ont des nombres d'oxydation de −1 lorsqu'ils apparaissent comme ions halogénures dans leurs composés. Par contre, lorsqu'ils se combinent avec l'oxygène, ils ont des nombres d'oxydation positifs et variables.
6. Dans une molécule neutre, la somme des nombres d'oxydation de tous les atomes est égale à zéro. Dans un ion polyatomique, la somme des nombres d'oxydation de tous les atomes de l'ion est égale à la charge de l'ion. Par exemple, dans l'ion ammonium, NH_4^+, la somme des nombres d'oxydation doit être de +1. On peut donc trouver le nombre d'oxydation de l'azote, soit x, en résolvant $x + 4(+1) = +1$.

1 1A	2 2A	3 3B	4 4B	5 5B	6 6B	7 7B	8 8B	9 8B	10 8B	11 1B	12 2B	13 3A	14 4A	15 5A	16 6A	17 7A	18 8A
H +1 −1																	**He**
Li +1	**Be** +2											**B** +3	**C** +4 +2 −4	**N** +5 +4 +3 +2 +1 −3	**O** +2 $-\frac{1}{2}$ −1 −2	**F** −1	**Ne**
Na +1	**Mg** +2											**Al** +3	**Si** +4 −4	**P** +5 +3 −3	**S** +6 +4 +2 −2	**Cl** +7 +6 +5 +4 +3 +1 −1	**Ar**
K +1	**Ca** +2	**Sc** +3	**Ti** +4 +3 +2	**V** +5 +4 +3 +2	**Cr** +6 +5 +4 +3 +2	**Mn** +7 +6 +4 +3 +2	**Fe** +3 +2	**Co** +3 +2	**Ni** +2	**Cu** +2 +1	**Zn** +2	**Ga** +3	**Ge** +4 −4	**As** +5 +3 −3	**Se** +6 +4 −2	**Br** +5 +3 +1 −1	**Kr** +4 +2
Rb +1	**Sr** +2	**Y** +3	**Zr** +4	**Nb** +5 +4	**Mo** +6 +4 +3	**Tc** +7 +6 +4	**Ru** +8 +6 +4 +3	**Rh** +4 +3 +2	**Pd** +4 +2	**Ag** +1	**Cd** +2	**In** +3	**Sn** +4 +2	**Sb** +5 +3 −3	**Te** +6 +4 −2	**I** +7 +5 +1 −1	**Xe** +6 +4 +2
Cs +1	**Ba** +2	**La** +3	**Hf** +4	**Ta** +5	**W** +6 +4	**Re** +7 +6 +4	**Os** +8 +4	**Ir** +4 +3	**Pt** +4 +2	**Au** +3 +1	**Hg** +2 +1	**Tl** +3 +1	**Pb** +4 +2	**Bi** +5 +3	**Po** +2	**At** −1	**Rn**

FIGURE 2.17

Nombres d'oxydation possibles des éléments dans leurs composés

Les nombres les plus courants sont en rouge.

Afin d'étudier une réaction d'oxydoréduction, comme la réaction de combustion du magnésium, il faut dans un premier temps déterminer les nombres d'oxydation de tous les atomes présents :

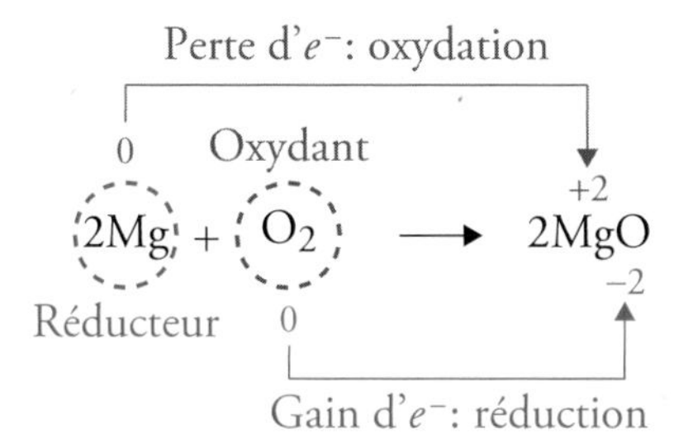

Le magnésium et le dioxygène étant à l'état non combiné, leur nombre d'oxydation sera égal à zéro. Dans le composé MgO, le magnésium étant à l'état combiné, son nombre d'oxydation sera de +2 (*voir la règle 2*) et l'oxygène aura un nombre d'oxydation de −2 (*voir la règle 3*). Comme le magnésium subit une perte d'électrons (il passe de l'état d'oxydation 0 à l'état d'oxydation +2), il s'agit d'une oxydation. L'oxydation du magnésium est possible en raison de la présence de l'oxygène. L'oxygène joue ici le rôle d'oxydant. L'oxygène subit pour sa part un gain d'électrons (son état d'oxydation passe de 0 à −2) ; c'est une réduction. Le magnésium permettant à l'oxygène de subir une réduction, il joue le rôle de réducteur.

2.7.3 Les oxydants et les réducteurs

Un **oxydant** est une substance qui permet l'oxydation : il gagne des électrons au cours de la réaction. Les espèces chimiques avides d'électrons sont donc de bons oxydants : c'est le cas des espèces chimiques qui renferment un élément ayant un nombre d'oxydation très élevé. Le vanadium, par exemple, peut prendre des nombres d'oxydation allant de 0 à +5 (*voir la* **FIGURE 2.18**, *page suivante*). Les composés renfermant un atome de vanadium dont le nombre d'oxydation est de +5 seront donc de meilleurs oxydants que les composés qui renferment un atome de vanadium dont le nombre d'oxydation est de +1. De plus, les éléments de droite du tableau périodique, lorsqu'ils ne sont combinés qu'à eux-mêmes (comme O_2, F_2, Cl_2), sont en général de bons oxydants.

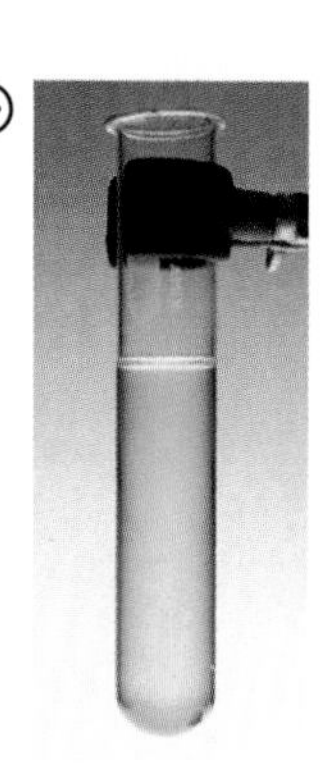
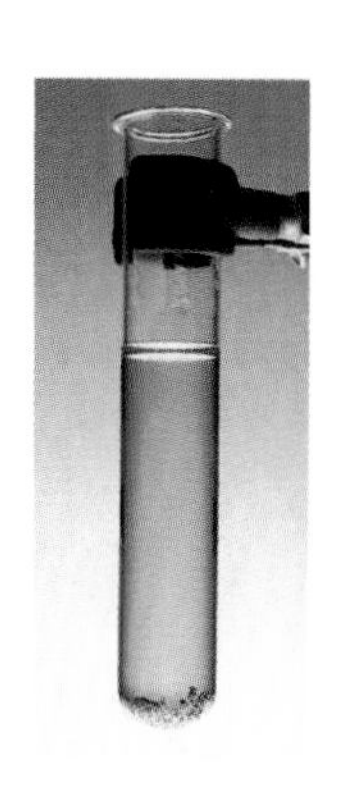
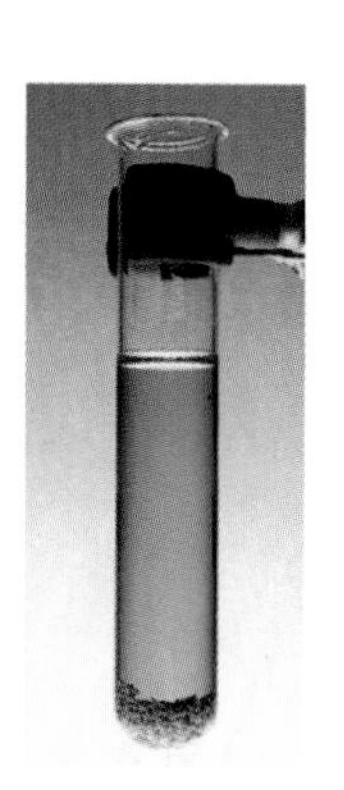
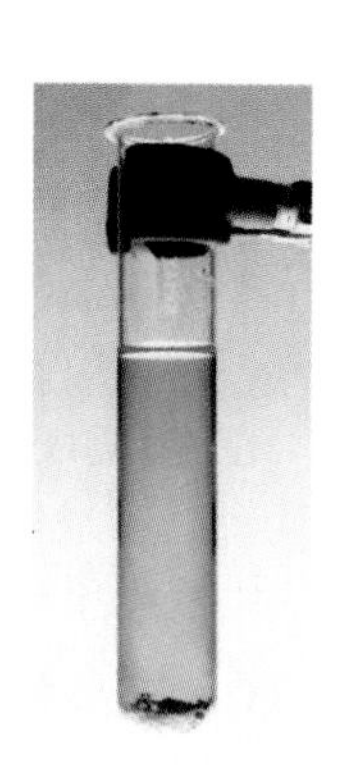

FIGURE 2.18

Nombres d'oxydation possibles du vanadium

De gauche à droite : couleurs des solutions aqueuses de composés contenant du vanadium dans quatre états d'oxydation différents (+5, +4, +3 et +2).

À l'inverse, un **réducteur** est une substance chimique qui permet la réduction : il perd des électrons au cours de la réaction. Les espèces chimiques pauvres en électrons ont donc tendance à être de bons réducteurs : c'est le cas des espèces chimiques qui renferment un élément ayant un nombre d'oxydation très faible. Par exemple, l'hydrogène pouvant prendre des nombres d'oxydation allant de −1 à +1, les composés renfermant un atome d'hydrogène dont le nombre d'oxydation est de −1 seront de bons réducteurs. C'est le cas pour les hydrures de métaux, comme l'hydrure de sodium (NaH). De plus, les métaux, lorsqu'ils sont à l'état non combiné, sont en général de bons réducteurs.

Les réactions d'oxydoréduction ont une grande importance dans notre vie quotidienne. Elles sont à la base de l'électrochimie, la branche de la chimie qui étudie l'interconversion entre l'énergie électrique et l'énergie chimique. Un chapitre complet sera dédié à l'étude de l'électrochimie dans *Chimie des solutions*.

EXEMPLE 2.5 Les réactions d'oxydoréduction et les nombres d'oxydation

La réaction suivante est-elle une réaction d'oxydoréduction ?

$$Cr_2O_3 + 2Al \longrightarrow Al_2O_3 + 2Cr$$

Si oui, déterminez l'oxydant, le réducteur, l'espèce oxydée et l'espèce réduite.

DÉMARCHE

Dans un premier temps, il faut déterminer les nombres d'oxydation pour chacun des éléments qui participent à la réaction. Du côté des réactifs, puisqu'il est à l'état non combiné (métallique), l'aluminium a un nombre d'oxydation égal à zéro (*voir la règle 1*). L'oxygène a un nombre d'oxydation de −2 (*voir la règle 3*). Le chrome, par contre, n'a pas de nombre d'oxydation prédéfini. Le composé Cr_2O_3 étant neutre, la somme des nombres d'oxydation des éléments qui le composent devra être égale à zéro. Il est donc possible de déterminer le nombre d'oxydation du chrome en posant l'égalité suivante :

$$2(x) + 3(-2) = 0$$

Chaque atome de chrome aura donc un nombre d'oxydation égal à +3.

Du côté des produits, l'aluminium a un nombre d'oxydation égal à +3 (*voir la règle 2*) et l'oxygène a un nombre d'oxydation égal à −2 (*voir la règle 3*). Puisqu'il est à l'état métallique, le chrome a un nombre d'oxydation égal à zéro (*voir la règle 1*).

SOLUTION

Les nombres d'oxydation sont les suivants :

$$\overset{+3\,-2}{Cr_2O_3} + \overset{0}{2Al} \longrightarrow \overset{+3\,-2}{Al_2O_3} + \overset{0}{2Cr}$$

▶

Pour évaluer si une réaction est une réaction d'oxydoréduction, il faut déterminer si la réaction implique un transfert d'électrons. Ici, comme les nombres d'oxydation varient pour un même élément (le chrome passe de +3 à 0 et l'aluminium passe de 0 à +3), il s'agit d'une réaction d'oxydoréduction.

Il faut ensuite distinguer l'oxydation et la réduction. En passant de l'état d'oxydation +3 à 0, le chrome a gagné des électrons : il subit une réduction. L'aluminium passe de 0 à +3 : il perd des électrons. L'aluminium subit une oxydation.

L'oxydant est la substance qui gagne des électrons au cours du processus. Ou, plus simplement, c'est l'espèce chimique qui permet l'oxydation. Dans ce cas-ci, l'oxydation de l'aluminium s'est effectuée en présence du chrome. L'atome de chrome +3 dans l'espèce chimique Cr_2O_3 a joué le rôle de l'oxydant. Le réducteur est la substance chimique qui perd des électrons ou, plus simplement, celle qui permet la réduction. Dans ce cas-ci, l'aluminium a joué le rôle de réducteur.

EXERCICE E2.5

Problème semblable ⊕
2.21

Les métaux alcalins réagissent violemment avec l'eau. Déterminez l'oxydant, le réducteur, la substance oxydée et la substance réduite dans la réaction suivante :

$$2Cs + 2H_2O \longrightarrow 2CsOH + H_2$$

QUESTIONS de révision

30. Comment distingue-t-on une réaction d'oxydoréduction ?
31. Donnez la définition d'une oxydation et d'une réduction.
32. Donnez la définition d'un oxydant et d'un réducteur.
33. Donnez un exemple d'un bon oxydant qui est : a) un corps simple ; b) un composé.
34. Où se situent les bons réducteurs dans le tableau périodique ?

2.8 La nomenclature des composés inorganiques

Les composés chimiques peuvent être séparés en deux grandes catégories : les composés organiques et les composés inorganiques. Les composés organiques sont principalement constitués d'atomes de carbone et d'hydrogène et représentent environ 90 % de tous les composés chimiques. Il en sera brièvement question au chapitre 7. Les composés inorganiques peuvent être constitués d'une multitude d'atomes, et bien qu'ils ne représentent que 10 % de tous les composés chimiques, ils sont assez utilisés et connus dans la vie courante (environnement, géologie, industrie, biologie, produits ménagers, etc.) pour qu'on ait besoin d'un système pour les nommer.

Il existe deux systèmes de nomenclature des composés inorganiques : la nomenclature systématique et la nomenclature traditionnelle (ou classique). Les deux méthodes ont leurs avantages et leurs inconvénients. La nomenclature systématique permet de nommer tous les composés à partir d'une série de règles simples. Par contre, les noms des composés sont souvent complexes. La nomenclature classique (ou traditionnelle) comporte l'avantage de donner des noms plus simples aux composés chimiques, mais elle implique beaucoup de mémorisation. Elle est cependant la plus utilisée en Amérique du Nord. C'est donc celle-ci que nous employons dans cet ouvrage. Toutefois, les règles de la nomenclaure systématique sont présentées dans un complément en ligne.

CHIMIE EN LIGNE

Complément
• La nomenclature systématique

2.8.1 La nomenclature classique ou traditionnelle

La nomenclature des ions

Les cations

Tous les cations sont monoatomiques et dérivent d'atomes métalliques (excepté NH_4^+ et H_3O^+). Les cations sont nommés par le nom de l'élément qui les forme, précédé du mot «ion» (ou «cation»). Lorsque le métal est susceptible de prendre plusieurs nombres d'oxydation (c'est le cas pour les métaux de transition), ce dernier est spécifié entre parenthèses, en chiffres romains. Certains cations ont aussi des noms particuliers. Le **TABLEAU 2.3** donne quelques exemples de cations fréquemment rencontrés.

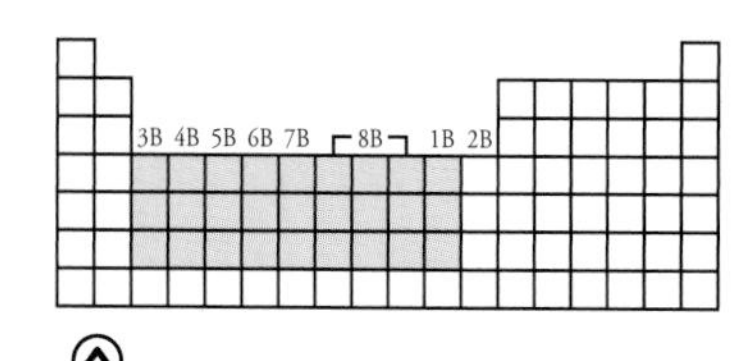

Les métaux de transition sont les éléments des groupes 1B et 3B-8B (*voir la* **FIGURE 2.11**, *p. 53*).

NOTE

Contrairement au nombre d'oxydation, la charge de l'ion s'écrit de la façon suivante : Al^{3+} (+3 correspond au nombre d'oxydation).

TABLEAU 2.3 > Nomenclature des cations

Cations		Nom traditionnel
Monoatomiques	Al^{3+}	Ion aluminium
	Cu^+	Ion cuivre(I) ou ion cuivreux
	Cu^{2+}	Ion cuivre(II) ou ion cuivrique
	Fe^{2+}	Ion fer(II) ou ion ferreux
	Fe^{3+}	Ion fer(III) ou ion ferrique
	Mg^{2+}	Ion magnésium
	Mn^{2+}	Ion manganèse(II) ou ion manganeux
	Hg_2^{2+}	Ion mercure(I) ou ion mercureux*
	Hg^{2+}	Ion mercure(II) ou ion mercurique
	Na^+	Ion sodium
Polyatomiques	NH_4^+	Ion ammonium
	H_3O^+	Ion hydronium

* Les ions mercure(I) existent sous forme diatomique.

TABLEAU 2.4 > Nomenclature des anions monoatomiques

Anion	Nom traditionnel
H^-	Ion hydrure
F^-	Ion fluorure
Cl^-	Ion chlorure
S^{2-}	Ion sulfure
O^{2-}	Ion oxyde
O_2^{2-}	Ion peroxyde
O_2^-	Ion superoxyde
N^{3-}	Ion nitrure
C^{4-}	Ion carbure*

* Le terme «carbure» désigne également l'anion C_2^{2-}.

Les anions

- **Les anions monoatomiques**

En général, on nomme les anions monoatomiques en ajoutant le suffixe «-ure» à la racine du nom de l'élément. Par exemple, le nom «chlorure» est donné à l'ion monoatomique du chlore. L'oxygène, dont l'anion se nomme «oxyde», le soufre, dont l'anion se nomme «sulfure» (et non «soufrure») et l'azote, dont l'anion se nomme «nitrure» (et non «azoture») sont des exceptions. Le **TABLEAU 2.4** donne le nom de quelques anions monoatomiques courants.

- **Les anions polyatomiques**

En ce qui concerne la nomenclature des anions polyatomiques, il faut l'apprendre par cœur. Le cas des **oxanions**, c'est-à-dire des anions polyoxygénés, est particulier. Lorsqu'un même atome peut former deux anions polyoxygénés différents, la nomenclature traditionnelle prévoit les terminaisons «-ate» pour l'anion qui contient le plus d'atomes d'oxygène et «-ite» pour l'anion qui en contient le moins. Les ions NO_3^- et NO_2^- s'appellent donc respectivement l'«ion nitr**ate**» et l'«ion nitr**ite**».

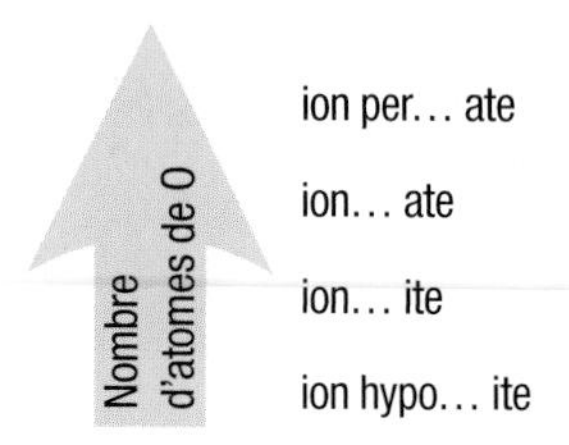

Lorsque quatre anions polyoxygénés peuvent être formés par un même élément, celui qui possède le plus grand nombre d'atomes d'oxygène se voit attribuer le préfixe «per-» en plus de la terminaison «-ate», alors que celui qui en contient le moins se voit attribuer le préfixe «hypo-» en plus de la terminaison «-ite». Les anions ClO_4^-, ClO_3^-, ClO_2^- et ClO^- s'appellent donc respectivement «ion **per**chlor**ate**», «ion chlor**ate**», «ion chlor**ite**» et «ion **hypo**chlor**ite**».

Le **TABLEAU 2.5** présente les noms de différents anions polyatomiques.

TABLEAU 2.5 > Nomenclature traditionnelle de certains anions polyatomiques courants

Anions		Nom traditionnel
Polyatomiques	CN^-	Ion cyanure
	OH^-	Ion hydroxyde
	SCN^-	Ion thiocyanate
	HS^-	Ion hydrogénosulfure
Polyatomiques polyoxygénés	PO_4^{3-}	Ion phosphate
	PO_3^{3-}	Ion phosphite
	SO_4^{2-}	Ion sulfate
	SO_3^{2-}	Ion sulfite
	NO_3^-	Ion nitrate
	NO_2^-	Ion nitrite
	$C_2O_4^{2-}$	Ion oxalate
	CO_3^{2-}	Ion carbonate
	ClO_4^-	Ion perchlorate
	ClO_3^-	Ion chlorate
	ClO_2^-	Ion chlorite
	ClO^-	Ion hypochlorite
	$S_2O_8^{2-}$	Ion persulfate
	$S_2O_3^{2-}$	Ion thiosulfate
	CrO_4^{2-}	Ion chromate
	$Cr_2O_7^{2-}$	Ion dichromate
	MnO_4^-	Ion permanganate

La **FIGURE 2.19** présente un schéma permettant de nommer les ions selon la nomenclature traditionnelle.

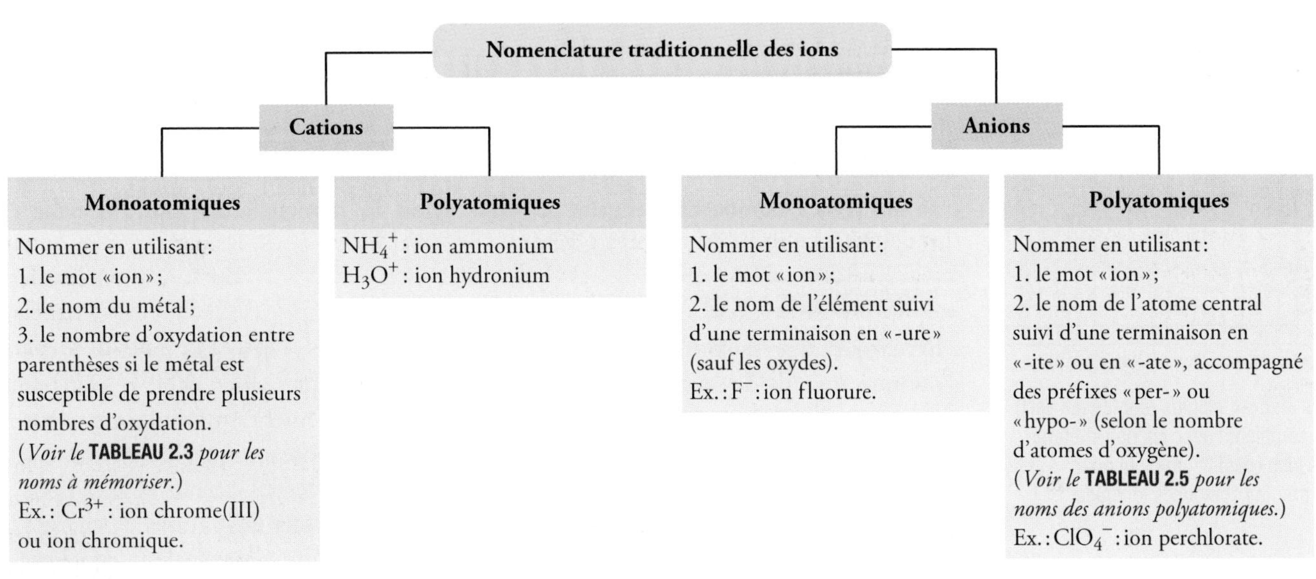

FIGURE 2.19

Nomenclature traditionnelle des ions

EXEMPLE 2.6 La nomenclature des ions

Nommez les ions suivants selon la nomenclature traditionnelle : **a)** Mn^{2+} ; **b)** MnO_4^-.

DÉMARCHE

Il ne faut pas oublier que le nom d'un cation ou d'un anion doit toujours débuter par le mot « ion ». Consultez les **TABLEAUX 2.3, 2.4** et **2.5** (*voir p. 68 et 69*) ainsi que le schéma de la **FIGURE 2.19** (*voir page précédente*) pour la nomenclature traditionnelle des cations et des anions.

SOLUTION

a) Selon la nomenclature traditionnelle, le cation Mn^{2+} se nomme ion manganèse(II) (ou ion manganeux).

b) Selon la nomenclature traditionnelle, l'anion MnO_4^- se nomme ion permanganate.

EXERCICE E2.6

Nommez les ions suivants selon la nomenclature traditionnelle : **a)** Cr^{3+} ; **b)** NO_2^-.

Problème semblable
2.25 a) et b)

La nomenclature des composés ioniques et covalents

Beaucoup de composés ioniques sont des **composés binaires**, c'est-à-dire des composés formés à partir de deux éléments différents. La nomenclature des composés ioniques binaires s'effectue en nommant d'abord l'anion puis le cation selon les règles établies précédemment. L'anion et le cation sont séparés par le mot « de ». Ainsi, le composé ionique NaCl, formé du cation sodium et de l'anion chlorure, s'appelle « chlorure de sodium ». Il est à noter que, dans l'écriture de la formule, le cation précède l'anion.

Dans le cas des métaux qui peuvent prendre plusieurs nombres d'oxydation (ce sont les métaux de transition), il faut préciser le nombre d'oxydation du métal entre parenthèses ou mémoriser le nom des cations. Le fer, par exemple, peut former deux cations : Fe^{2+} et Fe^{3+}. Les composés $FeCl_2$ (qui contient l'ion Fe^{2+}) et $FeCl_3$ (qui contient l'ion Fe^{3+}) sont appelés respectivement « chlorure de fer(II) » et « chlorure de fer(III) » (ou encore « chlorure ferreux » et « chlorure ferrique »).

Le **TABLEAU 2.6** compare la nomenclature traditionnelle pour trois composés formés des mêmes éléments.

TABLEAU 2.6 >
Nomenclature de différents oxydes de manganèse

Composé	Nom traditionnel
MnO	Oxyde de manganèse(II)
Mn_2O_3	Oxyde de manganèse(III)
MnO_2	Oxyde de manganèse(IV)

EXEMPLE 2.7 La nomenclature des composés ioniques

Nommez les composés ioniques suivants selon la nomenclature traditionnelle : **a)** $Cu(NO_3)_2$; **b)** KCN ; **c)** NH_4ClO_3.

DÉMARCHE

Remarquez que les composés en a) et en b) contiennent tous deux des métaux et des non-métaux ; ils devraient donc être des composés ioniques. Bien qu'il n'y ait pas d'atomes métalliques dans le composé c), il y a un groupement ammonium porteur d'une charge positive. NH_4ClO_3 est donc lui aussi un composé ionique. Les **TABLEAUX 2.3, 2.4** et **2.5** (*voir p. 68 et 69*) servent de référence pour nommer les cations et les anions selon la nomenclature traditionnelle. Si un métal peut former des cations de charges différentes (*voir la* **FIGURE 2.12**, *p. 57*), il faut utiliser le nombre d'oxydation, lequel est toujours identique à la charge de l'ion.

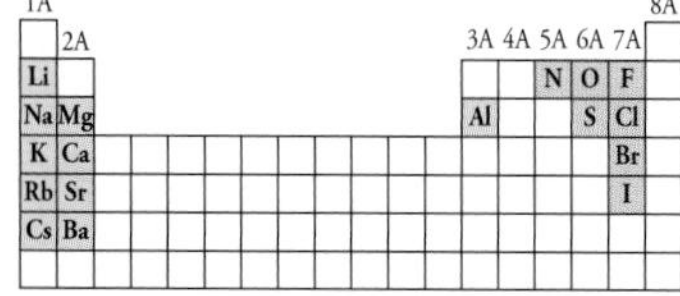

Les métaux les plus réactifs (en vert) se combinent avec les non-métaux les plus réactifs (en bleu) pour former les composés ioniques.

SOLUTION

a) Comme il y a deux ions nitrate portant une charge négative, l'ion cuivre doit avoir deux charges positives. Le cuivre peut former les ions Cu^+ et Cu^{2+}, ce qui nécessite l'utilisation du nombre d'oxydation. Selon la nomenclature traditionnelle, le composé se nomme nitrate de cuivre(II) (ou nitrate cuivrique).

b) Le cation est K^+ et l'anion est CN^- (cyanure). Le potassium ne formant qu'un type d'ions (K^+), il n'est pas nécessaire d'écrire potassium(I) dans le nom. Selon la nomenclature traditionnelle, il s'agit donc du cyanure de potassium.

c) Le cation est NH_4^+ (ion ammonium) et l'anion est ClO_3^- (chlorate). Le composé s'appelle donc chlorate d'ammonium selon la nomenclature traditionnelle.

EXERCICE E2.7

Nommez les composés suivants selon la nomenclature traditionnelle: **a)** PbO; **b)** Li_2SO_3.

Problème semblable ⊕ 2.25 c), d) et g)

EXEMPLE 2.8 La détermination des formules à partir des noms des composés ioniques

Écrivez les formules chimiques des composés suivants: **a)** nitrite de mercure(I); **b)** sulfure de césium; **c)** phosphate de calcium.

DÉMARCHE

Consultez les **TABLEAUX 2.3**, **2.4** et **2.5** (*voir p. 68 et 69*) pour trouver les formules des cations et des anions. Rappelez-vous que le nombre entre parenthèses indique le nombre d'oxydation du cation.

SOLUTION

a) Le chiffre romain I indique que l'ion mercure porte la charge +1. D'après le **TABLEAU 2.3**, l'ion mercure(I) est diatomique (Hg_2^{2+}) et l'ion nitrite est l'ion NO_2^-. La formule du composé est donc $Hg_2(NO_2)_2$.

b) Chaque ion sulfure porte deux charges négatives, et chaque ion césium porte une charge positive (le césium est dans le groupe 1A comme le sodium), d'où la formule Cs_2S.

c) Chaque ion calcium (Ca^{2+}) porte deux charges positives, et chaque ion phosphate (PO_4^{3-}) porte trois charges négatives. Pour arriver à une somme des charges égale à zéro, le nombre de cations et d'anions doit être ajusté:

$$3(+2) + 2(-3) = 0$$

La formule est donc $Ca_3(PO_4)_2$.

EXERCICE E2.8

Écrivez les formules des composés ioniques suivants: **a)** sulfate de rubidium; **b)** hydrure de baryum.

Problème semblable ⊕ 2.27 a), b) et d)

NOTE

Certaines molécules ont des noms plus familiers (appelés « noms triviaux ») qui sont utilisés couramment. C'est le cas notamment pour l'eau (H_2O) et l'ammoniac (NH_3).

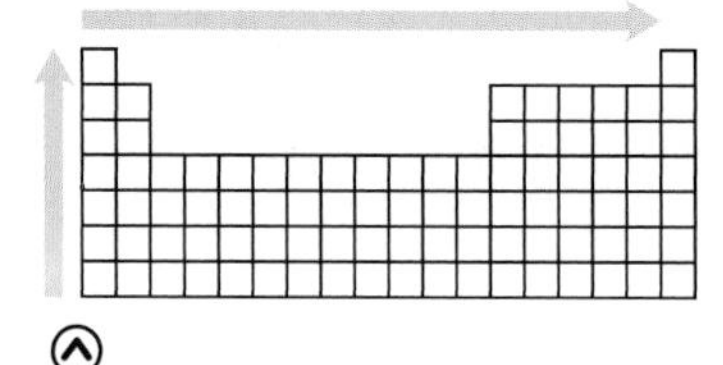

L'électronégativité augmente vers la droite et vers le haut du tableau périodique.

On nomme les composés covalents en suivant les règles décrites précédemment. **L'ordre d'écriture des éléments dans une formule est à l'inverse de celui qu'indique le nom.** Le constituant à placer en tête dans l'écriture de la formule est l'élément le moins électronégatif[7]. Si vous n'êtes pas familier avec l'électronégativité, l'élément à placer en premier dans la formule est l'élément rencontré en premier dans le schéma présenté à la **FIGURE 2.20**. Par exemple, dans la molécule de CO, l'élément le moins électronégatif est le carbone ; le carbone est aussi l'élément qui est rencontré en premier dans le schéma de la **FIGURE 2.20**. Le C est donc placé en tête dans l'écriture de la formule. Par contre, il est nommé en dernier : le nom de la molécule est « oxyde de carbone ».

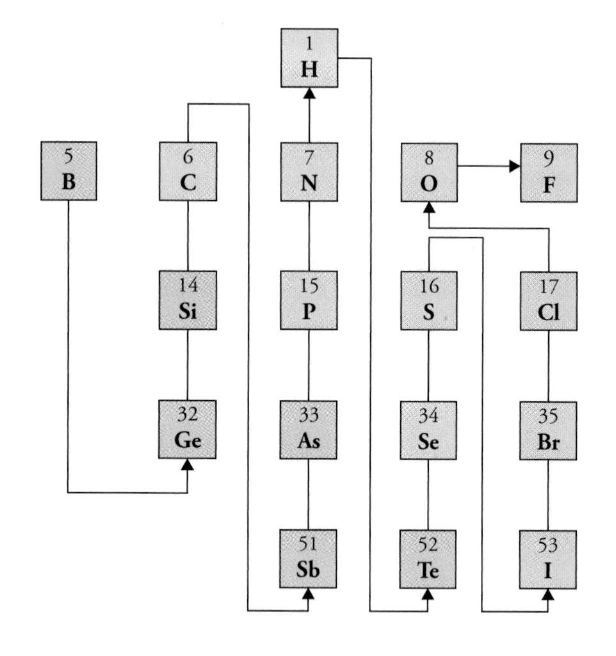

FIGURE 2.20

Détermination des formules des composés covalents binaires

Les éléments de cette portion du tableau périodique sont reliés entre eux. En général, l'élément à placer en tête dans la formule d'un composé covalent est celui qu'on rencontre le premier dans la trajectoire.

TABLEAU 2.7 > Préfixes grecs utilisés pour la nomenclature

Préfixe	Signification
Mono-*	1
Di-	2
Tri-	3
Tétra-	4
Penta-	5
Hexa-	6
Hepta-	7
Octa-	8
Nona-	9
Déca-	10

* Le préfixe « mono- » n'est pas nécessaire et est omis la plupart du temps.

Lorsque plusieurs atomes d'un même élément sont présents, on utilise les préfixes grecs (*voir le* **TABLEAU 2.7**). Le composé CO_2 se nomme ainsi « dioxyde de carbone ».

EXEMPLE 2.9 La nomenclature des composés covalents

Nommez les composés covalents suivants : **a)** $SiCl_4$; **b)** P_4O_{10}.

SOLUTION

a) Étant donné qu'il y a quatre atomes de chlore, le nom est tétrachlorure de silicium.

b) Il y a 4 atomes de phosphore et 10 atomes d'oxygène, le nom du composé est donc décaoxyde de tétraphosphore.

EXERCICE E2.9

Nommez les composés covalents suivants : **a)** NF_3 ; **b)** Cl_2O_7.

Problème semblable

2.25 e) et k)

7. L'électronégativité est définie au chapitre 5.

EXEMPLE 2.10 La détermination des formules à partir des noms des composés covalents

Écrivez les formules chimiques des composés covalents suivants : **a)** disulfure de carbone ; **b)** hexabromure de disilicium.

SOLUTION

a) Étant donné qu'il y a un atome de carbone et deux atomes de soufre, la formule est CS_2.

b) Il y a deux atomes de silicium et six atomes de brome, la formule est donc Si_2Br_6.

EXERCICE E2.10

Écrivez les formules chimiques des composés covalents suivants : **a)** tétrafluorure de soufre ; **b)** pentoxyde de diazote.

Problème semblable ⊕
2.27 f) et g)

La **FIGURE 2.21** résume les étapes à parcourir pour nommer les composés ioniques et covalents selon la nomenclature traditionnelle.

Nomenclature traditionnelle des composés ioniques et covalents

Ioniques	**Covalents**
Nommer en utilisant : 1. le nom de l'anion suivi du nom du cation, séparés par le mot « de » ; 2. le nombre d'oxydation entre parenthèses si le métal est susceptible de prendre plusieurs nombres d'oxydation. Ex. : $Cr(NO_3)_2$: nitrate de chrome(II).	Nommer les composés binaires en utilisant : 1. le nom du deuxième élément suivi du nom du premier élément, séparés par le mot « de » ; 2. la terminaison « -ure » (ou « -yde » pour l'oxygène) ; 3. les préfixes grecs pour le nombre d'atomes. Ex. : N_2O_4 : tétroxyde de diazote.

FIGURE 2.21
Nomenclature traditionnelle des composés ioniques et covalents

Les acides et les bases

Bien que les acides et les bases soient aussi des composés covalents, on les considère dans un groupe à part étant donné leurs propriétés particulières.

La nomenclature des acides

On peut définir un **acide** comme une substance qui, une fois dissoute dans l'eau, libère des ions hydrogène (H^+), lesquels s'associent avec l'eau pour former l'ion hydronium (H_3O^+). Les acides n'étant pas des composés ioniques, ils ne se dissocient pas nécessairement au complet : leur degré de dissociation dépendra de leur force. Plus un acide est fort, plus il libère d'ions hydronium. Les acides sont étudiés en détail dans *Chimie des solutions*.

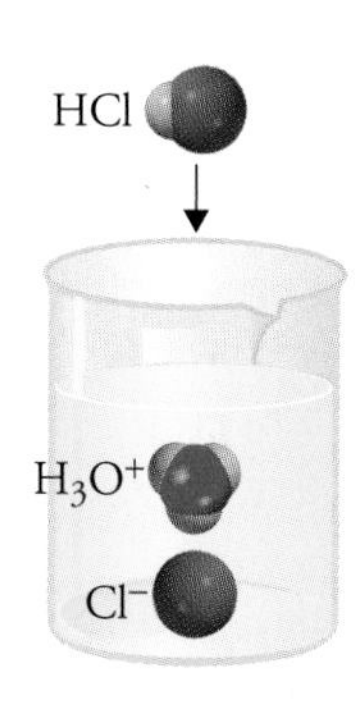

Lorsqu'elle est mise en solution aqueuse, la molécule de HCl s'ionise en ions H^+ et Cl^-. L'ion H^+ s'associe avec une ou plusieurs molécules d'eau pour former principalement l'ion hydronium.

Les formules des acides comportent donc un ou plusieurs atomes d'hydrogène ainsi qu'un groupement anionique. Quand l'anion ne contient pas d'oxygène, il s'agit d'un **hydracide**, et on remplace la terminaison « -ure » par la terminaison « -hydrique » pour nommer l'acide correspondant (*voir le* **TABLEAU 2.8**, *page suivante*). Il peut arriver que la même formule chimique porte deux noms différents. Par exemple, la formule HCl est connue sous les noms de « chlorure d'hydrogène » et d'« acide chlorhydrique », car le nom choisi dépend de l'état physique du composé. À l'état gazeux ou liquide pur, HCl est un composé covalent appelé « chlorure d'hydrogène ». Cependant, lorsqu'il réagit avec l'eau, il forme des ions H_3O^+ et Cl^- ; cette substance s'appelle alors « acide chlorhydrique ».

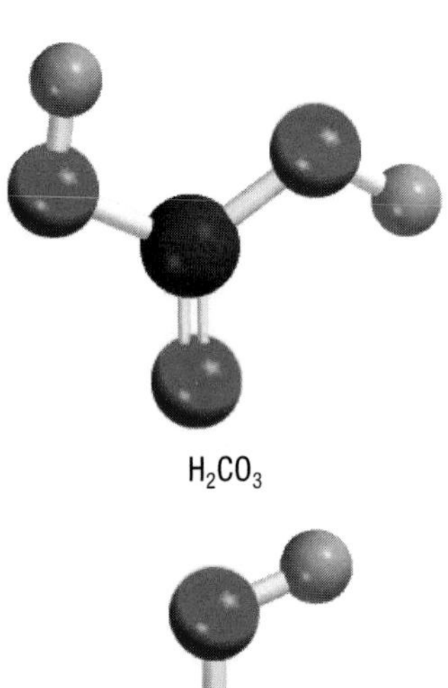

H_2CO_3

TABLEAU 2.8 > Quelques acides simples ou hydracides

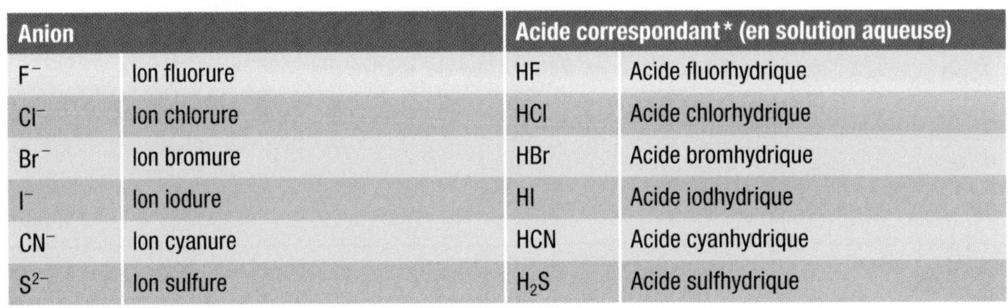

Anion		Acide correspondant* (en solution aqueuse)	
F^-	Ion fluorure	HF	Acide fluorhydrique
Cl^-	Ion chlorure	HCl	Acide chlorhydrique
Br^-	Ion bromure	HBr	Acide bromhydrique
I^-	Ion iodure	HI	Acide iodhydrique
CN^-	Ion cyanure	HCN	Acide cyanhydrique
S^{2-}	Ion sulfure	H_2S	Acide sulfhydrique

* Tous ces acides sont des composés covalents lorsqu'ils sont à l'état gazeux.

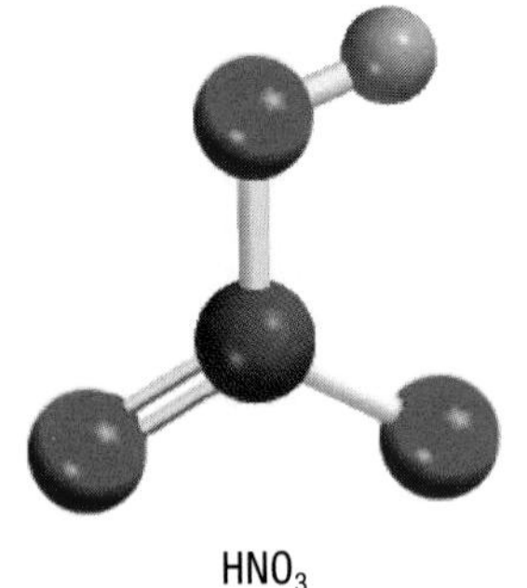

HNO_3

Les acides qui contiennent de l'hydrogène, de l'oxygène et un autre élément (l'élément central) se nomment **oxacides**. Habituellement, leurs formules respectent l'ordre suivant : le H, puis l'élément central et, enfin, le O.

Les quatre oxacides les plus courants sont les suivants :

H_2CO_3	Acide carbonique	H_2SO_4	Acide sulfurique*
HNO_3	Acide nitrique	H_3PO_4	Acide phosphorique

* Le nom usuel (ou trivial) de l'acide sulfurique est le « vitriol ».

Il arrive souvent que deux ou plusieurs oxacides aient le même élément central, mais un nombre différent d'atomes de O. Pour nommer ces composés, comme dans le cas des anions polyoxygénés, il faut tenir compte du nombre d'atomes d'oxygène contenus dans la molécule, comme le montre le **TABLEAU 2.9** pour le chlore. La nomenclature des anions correspondants a été abordée précédemment.

TABLEAU 2.9 > Nomenclature des oxacides

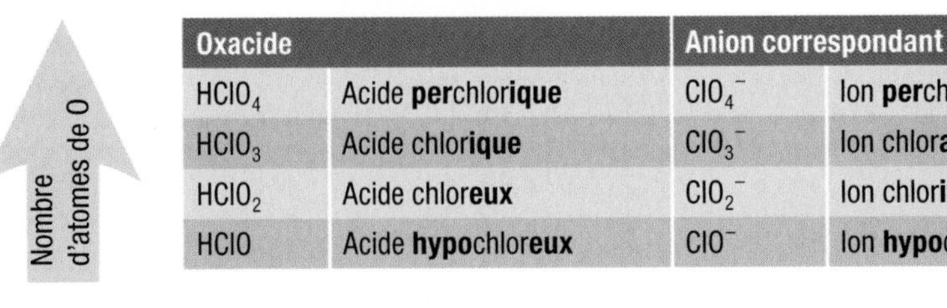

Oxacide		Anion correspondant	
$HClO_4$	Acide **per**chlor**ique**	ClO_4^-	Ion **per**chlor**ate**
$HClO_3$	Acide chlor**ique**	ClO_3^-	Ion chlor**ate**
$HClO_2$	Acide chlor**eux**	ClO_2^-	Ion chlor**ite**
HClO	Acide **hypo**chlor**eux**	ClO^-	Ion **hypo**chlor**ite**

Lorsqu'un oxacide ne peut exister que sous deux formes (au lieu de quatre), on utilise les suffixe « -ique » et « -eux ». Ainsi, HNO_3 est l'acide nitrique, alors que HNO_2 est l'acide nitreux.

La **FIGURE 2.22** schématise la nomenclature des oxacides et des oxanions.

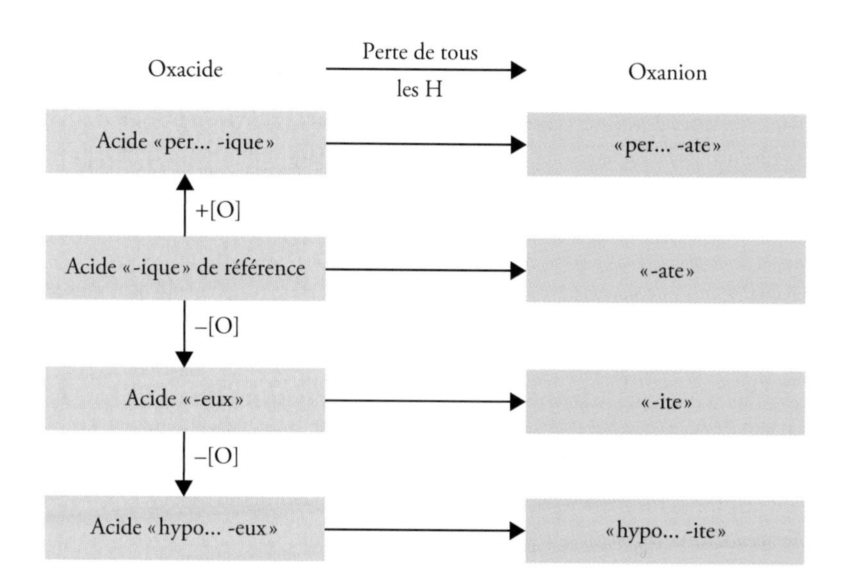

FIGURE 2.22
Nomenclature des oxacides et des oxanions

Les noms des anions desquels un ou plusieurs ions hydrogène (mais pas tous) ont été retranchés doivent indiquer le nombre de H présents. Voici à titre d'exemple les ions dérivés de l'acide phosphorique :

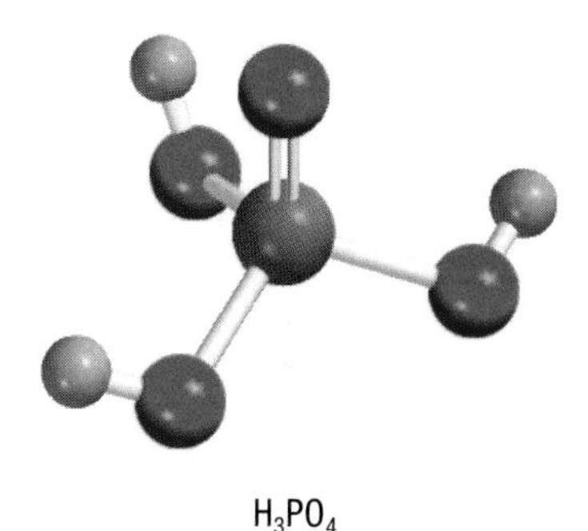

H_3PO_4

H_3PO_4	Acide phosphorique	HPO_4^{2-}	Ion hydrogénophosphate
$H_2PO_4^-$	Ion dihydrogénophosphate	PO_4^{3-}	Ion phosphate

EXEMPLE 2.11 La nomenclature des oxacides et des oxanions

Nommez l'oxacide et l'oxanion suivants selon la nomenclature traditionnelle : **a)** H_3PO_3 ; **b)** IO_4^-.

DÉMARCHE

Pour nommer l'acide en a), il faut d'abord identifier l'acide de référence dont le nom se termine en «-ique», comme le montre la **FIGURE 2.22**. En b), il faut référencer l'anion à son acide parent de manière semblable à celle indiquée au **TABLEAU 2.9**.

SOLUTION

a) Partons de l'acide de référence, l'acide phosphorique (H_3PO_4). Étant donné que H_3PO_3 possède un atome O de moins, on l'appelle acide phosphoreux.

b) L'acide parent est HIO_4, qui s'appelle «acide periodique» puisqu'il a un atome O de plus que l'acide de référence, l'acide iodique (HIO_3). L'anion dérivé de HIO_4 s'appelle donc periodate.

EXERCICE E2.11

Nommez l'oxacide suivant : $HBrO_3$.

Problème semblable
2.25 j)

La nomenclature des bases

On peut définir une **base** comme une substance qui, une fois dissoute dans l'eau, libère des ions hydroxyde (OH^-). La nomenclature des bases s'effectue selon les règles de nomenclature mentionnées pour les composés ioniques. L'anion est l'ion hydroxyde. Le **TABLEAU 2.10** présente le nom de certaines bases courantes.

TABLEAU 2.10 > Nomenclature de certaines bases courantes

Base	Nom traditionnel
NaOH	Hydroxyde de sodium
$Ba(OH)_2$	Hydroxyde de baryum

L'ammoniac (NH_3), un composé covalent à l'état gazeux ou liquide pur, est également considéré comme une base. Au premier abord, cela peut sembler une exception. Cependant, toute substance qui, dissoute dans l'eau, libère des ions hydroxyde répond à la définition des bases. Quand NH_3 se dissout dans l'eau, il réagit partiellement avec l'eau pour former des ions NH_4^+ et OH^- : on peut donc le classer parmi les bases. Pour être une base, une substance n'a donc pas besoin de contenir des ions hydroxyde dans sa structure.

Les hydrates

Les **hydrates** sont des composés ayant un nombre déterminé de molécules d'eau qui leur est rattaché. Par exemple, dans son état normal, chaque unité de sulfate de cuivre(II) a cinq molécules d'eau qui lui sont greffées. Ce composé se nomme « sulfate de cuivre(II) pentahydraté » et sa formule s'écrit $CuSO_4 \cdot 5H_2O$. Il est possible de déloger les molécules d'eau par simple chauffage pour obtenir le composé déshydraté appelé parfois « sulfate de cuivre(II) *anhydre* », ce qui signifie que le composé est exempt de molécules d'eau. Mentionnons quelques noms d'hydrates courants :

Sulfate de cuivre hydraté et anhydre

$BaCl_2 \cdot 2H_2O$	Chlorure de baryum dihydraté
$LiCl \cdot H_2O$	Chlorure de lithium monohydraté
$MgSO_4 \cdot 7H_2O$	Sulfate de magnésium heptahydraté
$Sr(NO_3)_2 \cdot 4H_2O$	Nitrate de strontium tétrahydraté

QUESTIONS de révision

35. Quels sont les deux systèmes de nomenclature permettant de nommer les composés chimiques ?
36. Quand doit-on utiliser le nombre d'oxydation pour nommer une espèce chimique ?
37. Qu'est-ce qu'un hydrate ?

RÉSUMÉ

2.1 La théorie atomique

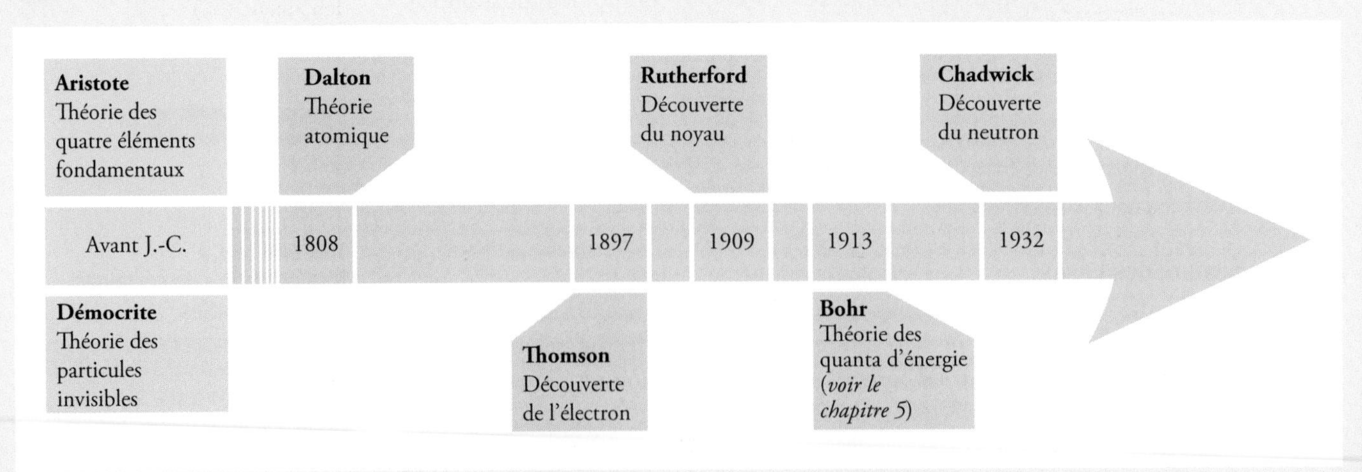

2.2 La structure de l'atome

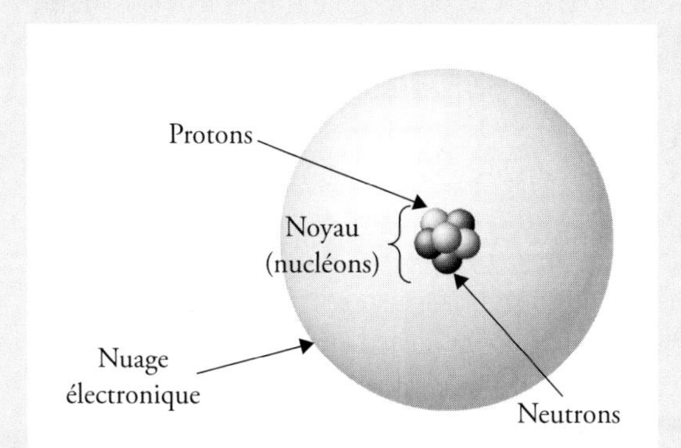

Un atome est constitué d'un noyau central très dense formé de protons et de neutrons, ainsi que d'électrons qui circulent autour du noyau à une distance relativement grande de celui-ci.

2.3 Le numéro atomique, le nombre de masse et les isotopes

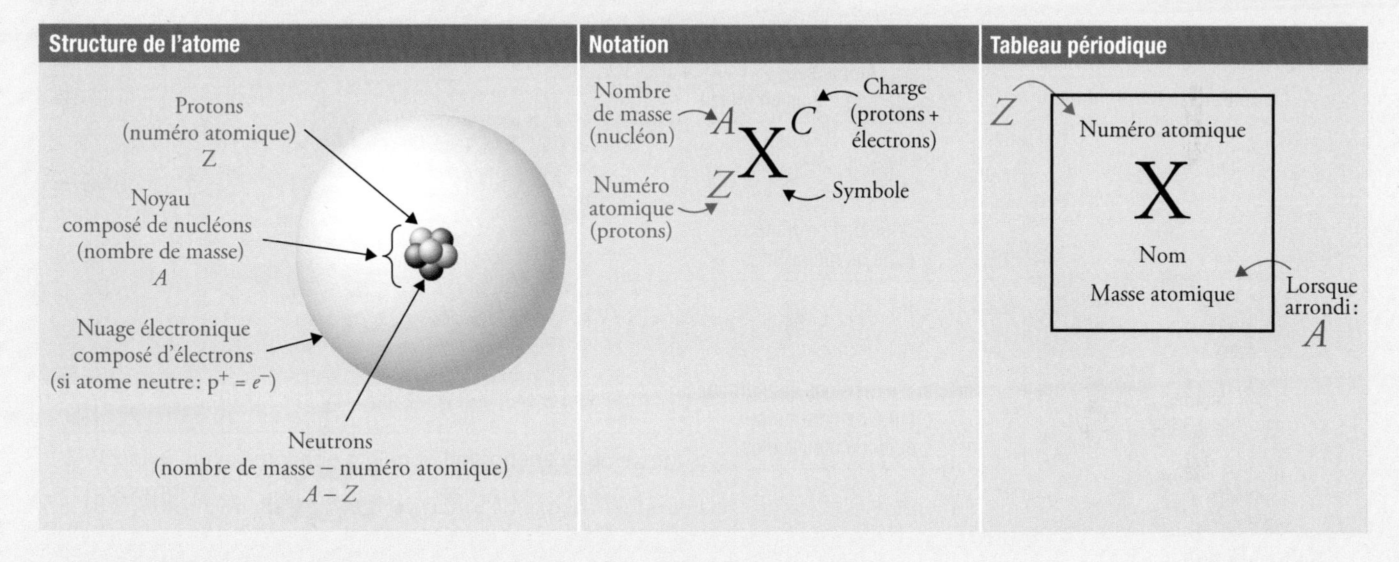

Les modifications dans le nombre de particules constitutives d'un atome

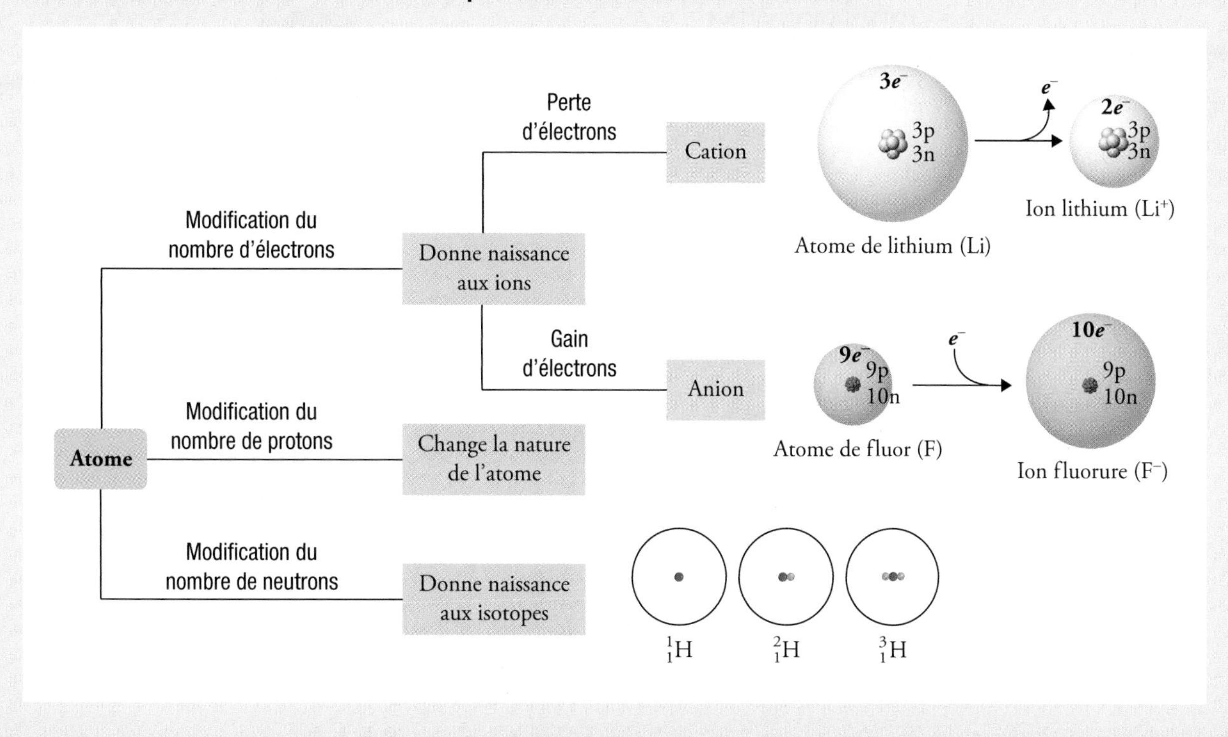

2.5 Les formules chimiques

Formule chimique	
• Indique le type et le nombre d'atomes contenus dans la plus petite unité de cette espèce chimique. • Construite à l'aide des symboles des éléments qui constituent une espèce chimique et où chacun des symboles est affecté en indice d'un nombre entier.	
Formule empirique	**Formule chimique réelle (ou formule moléculaire)**
• Indique le plus petit rapport entre les atomes qui forment une espèce chimique. • Exemple : CH_3O (éthylèneglycol).	• Indique le nombre précis et les types d'atomes qui se combinent dans chaque unité d'une espèce chimique. • Exemple : $C_2H_6O_2$ (éthylèneglycol).

Éthylèneglycol

2.6 Les composés chimiques

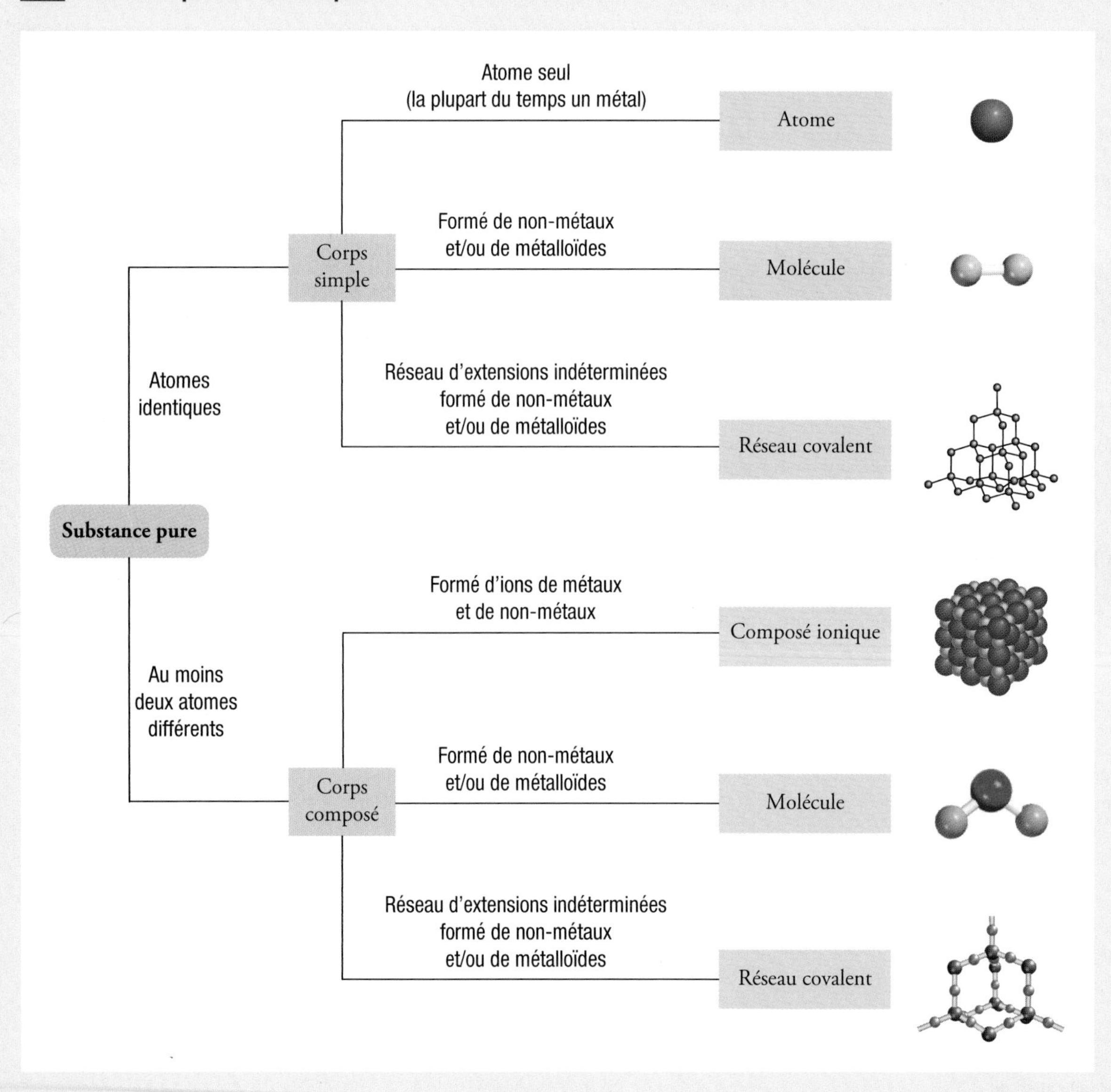

2.7 Les réactions chimiques : l'oxydoréduction

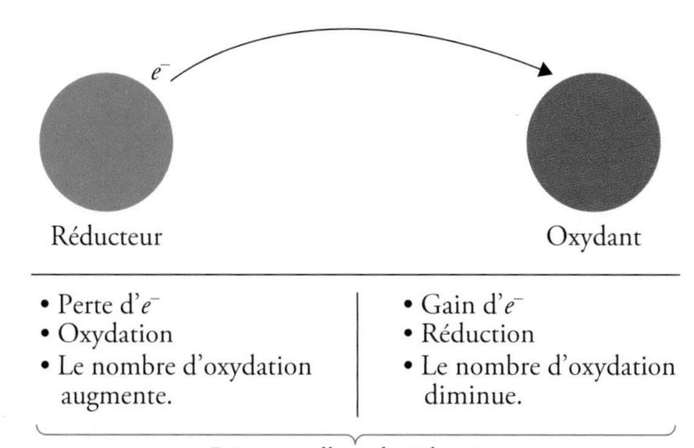

2.8 La nomenclature des composés inorganiques

Nomenclature traditionnelle des composés

Ioniques

Nommer en utilisant :
1. le nom de l'anion suivi du nom du cation, séparés par le mot « de » ;
2. le nombre d'oxydation entre parenthèses si le métal est susceptible de prendre plusieurs nombres d'oxydation.

Ex. : $Cr(NO_3)_2$: nitrate de chrome(II).

Covalents

Nommer les composés binaires en utilisant :
1. le nom du deuxième élément suivi du nom du premier élément, séparés par le mot « de » ;
2. la terminaison « -ure » (ou « -yde » pour l'oxygène) ;
3. les préfixes grecs pour le nombre d'atomes.

Ex. : N_2O_4 : tétroxyde de diazote.

Acides (débutent par H)

Hydracides (ne contiennent pas d'oxygène)

Remplacer la terminaison « -ure » par la terminaison « -hydrique » (*voir le* **TABLEAU 2.8**, *p. 74*).

Ex. : HCl : acide chlorhydrique.

Oxacides (contiennent H, O et un atome central)

Nommer en utilisant :
1. le nom « acide » ;
2. la terminaison « -ique » ou « -eux » pour l'atome central, accompagnée, s'il y a lieu, des préfixes « per- » et « hypo- » selon le nombre d'atomes d'oxygène (*voir le* **TABLEAU 2.9**, *p. 74, et la* **FIGURE 2.22**, *p. 75*).

Ex. : H_3PO_3 : acide phosphoreux.

Bases

Il s'agit de composés ioniques contenant l'anion hydroxyde (OH^-).
Nommer en utilisant le nom « hydroxyde » suivi du nom du cation, séparés par le mot « de ».

Ex. : $Ba(OH)_2$: hydroxyde de baryum.

Hydrates

Il s'agit de composés ioniques (sels) contenant des molécules d'eau.
Nommer en utilisant :
1. le nom du sel suivi du mot « hydraté » ;
2. les préfixes grecs pour le nombre de molécules d'eau.

Ex. : $BaCl_2 \cdot 2H_2O$: chlorure de baryum dihydraté.

MOTS CLÉS

Acide, p. 73
Allotropie, p. 62
Anion, p. 51 et 56
Atome, p. 44
Base, p. 75
Cation, p. 50 et 56
Composé binaire, p. 70
Composé ionique, p. 57
Corps simple, p. 59
Désintégration radioactive, p. 47
Électron, p. 45
Famille, p. 53
Formule chimique, p. 54
Formule chimique réelle, p. 55
Formule développée, p. 60
Formule empirique, p. 55
Formule moléculaire, p. 55
Formule structurale, p. 60
Gaz rare (inerte), p. 54
Groupe, p. 53
Halogène, p. 54
Hydracide, p. 73
Hydrate, p. 76
Ion, p. 50 et 56
Ion monoatomique, p. 56
Ion polyatomique, p. 56
Isotope, p. 51
Loi de la conservation de la masse, p. 43
Loi des proportions définies, p. 43
Loi des proportions multiples, p. 43
Métal alcalin, p. 54
Métal alcalino-terreux, p. 54
Modèle atomique de Thomson, p. 46
Molécule, p. 59
Molécule diatomique, p. 59
Molécule polyatomique, p. 59
Neutron, p. 49
Nombre de masse (*A*), p. 51
Nombre d'oxydation, p. 64
Noyau, p. 48
Nucléon, p. 51
Numéro atomique (*Z*), p. 50
Oxacide, p. 74
Oxanion, p. 68
Oxydant, p. 65
Oxydation, p. 64
Particule alpha (α), p. 47
Particule bêta (β), p. 47
Période, p. 53
Proton, p. 48
Radioactivité, p. 47
Rayon alpha (α), p. 47
Rayon bêta (β), p. 47
Rayon gamma (γ), p. 47
Réaction chimique, p. 63
Réaction d'oxydoréduction, p. 63
Réducteur, p. 66
Réduction, p. 64
Réseau covalent, p. 60
Réseau cristallin, p. 57
Tableau périodique, p. 53
Théorie atomique, p. 43

PROBLÈMES

Niveau de difficulté : ★ facile ; ★ moyen ; ★ élevé

Biologie : 2.10, 2.11 ;
Concepts : 2.12 à 2.15, 2.33, 2.34, 2.45 ;
Descriptifs : 2.19, 2.20, 2.30, 2.32, 2.39, 2.40.

PROBLÈMES PAR SECTION

2.2 La structure de l'atome

★**2.1** Le rayon d'un atome est environ 10 000 fois celui de son noyau. Si l'on pouvait grossir un atome de sorte que le rayon de son noyau soit de 10 cm, quel serait le rayon de l'atome en kilomètres ?

2.3 Le numéro atomique, le nombre de masse et les isotopes

★**2.2** Quel est le nombre de masse d'un atome de fer qui possède 28 neutrons ?

★**2.3** Calculez le nombre de neutrons du Pu 239.

★**2.4** Pour chacune des espèces suivantes, déterminez le nombre de protons et le nombre de neutrons contenus dans le noyau : $^{3}_{2}He$; $^{4}_{2}He$; $^{24}_{12}Mg$; $^{25}_{12}Mg$; $^{48}_{22}Ti$; $^{79}_{35}Br$; $^{195}_{78}Pt$.

★**2.5** Donnez le symbole approprié pour chacun des isotopes suivants : **a)** $Z = 11, A = 23$; **b)** $Z = 28, A = 64$.

★**2.6** Donnez le nombre de protons et d'électrons de chacun des ions suivants : Na^+, Ca^{2+}, Al^{3+}, Fe^{2+}, I^-, F^-, S^{2-}, O^{2-}, N^{3-}.

★**2.7** Donnez le nombre de protons et d'électrons de chacun des ions suivants : K^+, Mg^{2+}, Fe^{3+}, Br^-, Mn^{2+}, Cu^{2+}.

★**2.8** Donnez le nombre de protons et d'électrons contenus au total dans chacun des ions suivants : NH_4^+, SO_4^{2-}, MnO_4^-, $S_2O_8^{2-}$.

2.5 Les formules chimiques

★**2.9** Donnez les formules empiriques des composés suivants : **a)** C_2N_2 ; **b)** C_6H_6 ; **c)** C_9H_{20} ; **d)** P_4O_{10} ; **e)** B_2H_6 ; **f)** Al_2Br_6.

★**2.10** Écrivez la formule moléculaire de la glycine, un acide aminé présent dans les protéines. Le code de couleur est : noir (carbone), bleu (azote), rouge (oxygène) et gris (hydrogène).

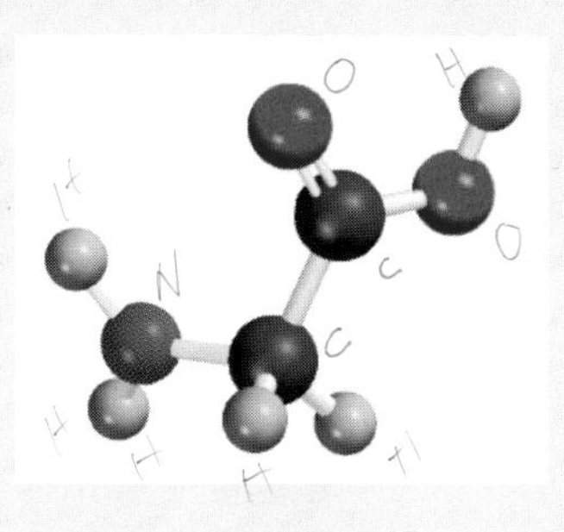

★**2.11** Écrivez la formule moléculaire de l'éthanol. Le code de couleur est : noir (carbone), rouge (oxygène) et gris (hydrogène).

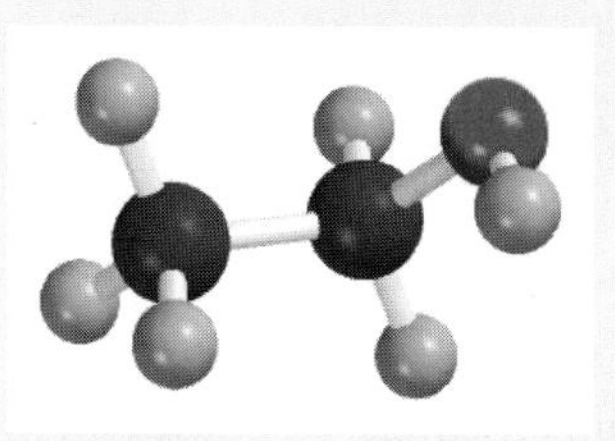

2.6 Les composés chimiques

★**2.12** Lequel (ou lesquels) des diagrammes suivants représente des molécules diatomiques, des molécules polyatomiques, des corps simples, des composés ?

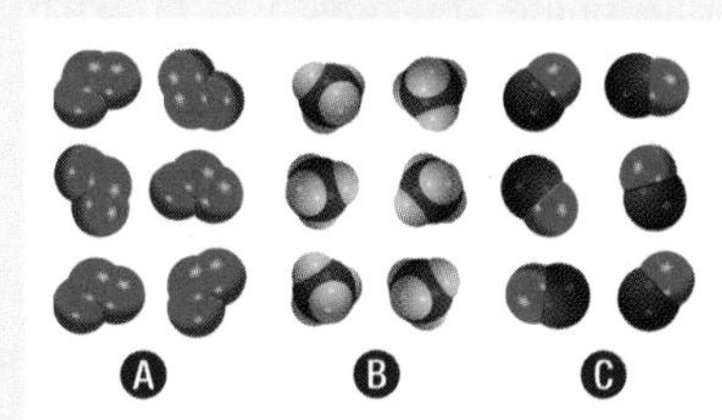

★**2.13** Lequel (ou lesquels) des diagrammes suivants représente des molécules diatomiques, des molécules polyatomiques, des corps simples, des composés ?

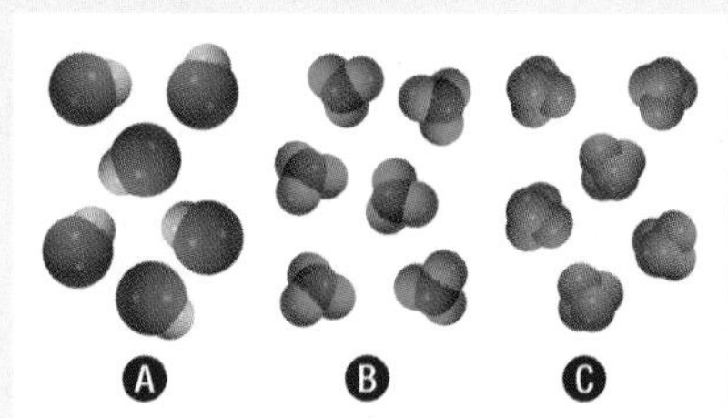

★**2.14** Pour chacune des substances suivantes, dites s'il s'agit de corps simples ou de composés : NH_3, N_2, S_8, NO, CO, CO_2, H_2, SO_2.

★**2.15** Donnez deux exemples pour chacun des énoncés suivants : **a)** une molécule diatomique constituée d'atomes d'un même élément ; **b)** une molécule diatomique constituée d'atomes d'éléments différents ; **c)** une molécule polyatomique constituée d'atomes d'un même élément ; **d)** une molécule polyatomique constituée d'atomes d'éléments différents.

★**2.16** Déterminez le cation et l'anion présents dans chacun des composés ioniques suivants : **a)** LiCl ; **b)** AgOH ; **c)** $NaHSO_4$; **d)** $KHCO_3$; **e)** Na_2SO_4 ; **f)** $MnCO_3$; **g)** $FeSO_4$; **h)** $FePO_4$; **i)** $Al_2(SO_4)_3$.

★**2.17** Écrivez les formules des composés ioniques suivants : **a)** bromure de cuivre(I) (constitué de l'ion Cu^+) ; **b)** oxyde de manganèse(III) (constitué de l'ion Mn^{3+} et de l'ion O^{2-}) ; **c)** iodure de mercure (constitué de l'ion Hg_2^{2+}) ; **d)** phosphate de magnésium (constitué de l'ion PO_4^{3-}).

★**2.18** Écrivez les formules des composés ioniques résultant de la combinaison des ions suivants : **a)** Sr^{2+} et PO_4^{3-} ; **b)** Ca^{2+} et SO_4^{2-} ; **c)** Fe^{2+} et HPO_4^{2-} ; **d)** Al^{3+} et $H_2PO_4^-$; **e)** Mn^{3+} et CO_3^{2-}.

★**2.19** Lesquels des composés suivants semblent ioniques ? Lesquels semblent covalents ? **a)** $SiCl_4$; **b)** LiF ; **c)** $BaCl_2$; **d)** B_2H_6 ; **e)** KCl ; **f)** C_2H_4.

★**2.20** Lesquels des composés suivants semblent ioniques ? Lesquels semblent covalents ? **a)** CH_4 ; **b)** NaBr ; **c)** BaF_2 ; **d)** CCl_4 ; **e)** ICl ; **f)** CsCl ; **g)** NF_3.

2.7 Les réactions chimiques : l'oxydoréduction

★**2.21** Parmi les réactions suivantes, lesquelles sont des réactions d'oxydoréduction ?

a) $2CO + O_2 \longrightarrow 2CO_2$

b) $H_2 + Br_2 \longrightarrow 2HBr$

c) $2N_2O_5 \longrightarrow 2N_2O_4 + O_2$

d) $2K + 2H_2O \longrightarrow 2KOH + H_2$

e) $NH_4NO_2 \longrightarrow NH_4^+ + NO_2^-$

f) $P_4O_{10} + 6H_2O \longrightarrow 4H_3PO_4$

g) $2Al + 3H_2SO_4 \longrightarrow Al_2(SO_4)_3 + 3H_2$

h) $S_8 + 8O_2 \longrightarrow 8SO_2$

i) $2NaOH + H_2SO_4 \longrightarrow Na_2SO_4 + 2H_2O$

★**2.22** Les énoncés suivants concernant les réactions d'oxydoréduction sont-ils vrais ou faux?

a) Une réduction est un gain d'électrons.

b) L'oxydant est la substance qui perd des électrons.

c) Lorsqu'ils sont à l'état non combiné, les éléments de gauche du tableau périodique sont de bons réducteurs puisqu'ils libèrent facilement des électrons.

d) Le nombre d'oxydation de l'oxydant diminue dans une réaction d'oxydoréduction.

★**2.23** Soit les espèces chimiques suivantes:

Cl_2, ClO_2, $NaClO_3$, ClO_4^-, ClO_3, $HClO$

a) Déterminez le nombre d'oxydation du chlore dans chaque espèce.

b) Quelle est l'espèce la plus oxydante?

★**2.24** Pour chacune des réactions suivantes, déterminez l'oxydant et le réducteur.

a) $2Li + Br_2 \longrightarrow 2LiBr$

b) $Ca + 2HClO_4 \longrightarrow Ca(ClO_4)_2 + H_2$

2.8 La nomenclature des composés inorganiques

La nomenclature classique ou traditionnelle

★**2.25** Nommez les espèces chimiques suivantes selon la nomenclature traditionnelle: **a)** SO_4^{2-}; **b)** Ca^{2+}; **c)** Na_2CrO_4; **d)** K_2HPO_4; **e)** HBr (gazeux); **f)** HBr (dans l'eau); **g)** Li_2CO_3; **h)** $K_2Cr_2O_7$; **i)** NH_4NO_2; **j)** HIO_3; **k)** PF_5; **l)** P_4O_6; **m)** CdI_2; **n)** $SrSO_4$; **o)** $Al(OH)_3$; **p)** $Na_2CO_3 \cdot 10H_2O$.

★**2.26** Nommez les composés suivants selon la nomenclature traditionnelle: **a)** KClO; **b)** Ag_2CO_3; **c)** HNO_2; **d)** $KMnO_4$; **e)** $CsClO_3$; **f)** HIO; **g)** FeO; **h)** Fe_2O_3; **i)** $TiCl_4$; **j)** NaH; **k)** Li_3N; **l)** Na_2O; **m)** Na_2O_2; **n)** $FeCl_3 \cdot 6H_2O$.

★**2.27** Donnez les formules des composés suivants: **a)** nitrite de rubidium; **b)** sulfure de potassium; **c)** acide perbromique; **d)** phosphate de magnésium; **e)** hydrogénophosphate de calcium; **f)** trichlorure de bore; **g)** heptafluorure d'iode; **h)** sulfate d'ammonium; **i)** perchlorate d'argent; **j)** chromate de fer(III); **k)** sulfate de calcium dihydraté.

★**2.28** Donnez les formules des composés suivants: **a)** cyanure de cuivre(I); **b)** chlorite de strontium; **c)** acide perchlorique; **d)** acide iodhydrique; **e)** carbonate de plomb(II); **f)** fluorure d'étain(II); **g)** décasulfure de tétraphosphore; **h)** oxyde de mercure(II); **i)** iodure de mercure(I); **j)** chlorure de cobalt(II) hexahydraté.

PROBLÈMES VARIÉS

★**2.29** L'isotope d'un élément métallique a un nombre de masse de 65, et son noyau contient 35 neutrons. Le cation dérivé de cet isotope a 28 électrons. Donnez le symbole de ce cation.

★**2.30** Dans laquelle des paires suivantes les deux espèces ont-elles des propriétés chimiques les plus proches? **a)** ${}^{1}_{1}H$ et ${}^{1}_{1}H^+$; **b)** ${}^{14}_{7}N$ et ${}^{14}_{7}N^{3-}$; **c)** ${}^{12}_{6}C$ et ${}^{13}_{6}C$.

★**2.31** Le tableau suivant donne le nombre d'électrons, de protons et de neutrons contenus dans les atomes ou les ions de certains éléments. Répondez aux questions suivantes: **a)** Laquelle de ces espèces est neutre? **b)** Lesquelles ont une charge négative? **c)** Lesquelles ont une charge positive? **d)** Quel est le symbole de chacune de ces espèces?

Atome, ion ou élément	A	B	C	D	E	F
Nombre d'électrons	5	10	18	28	36	10
Nombre de protons	5	7	19	30	35	9
Nombre de neutrons	5	7	20	36	46	10

★**2.32** Expliquez ce qui est faux ou ambigu dans les énoncés suivants: **a)** un gramme d'hydrogène; **b)** quatre molécules de NaCl.

★**2.33** On connaît les sulfures de phosphore suivants: P_4S_3, P_4S_7 et P_4S_{10}. Ces composés respectent-ils la loi des proportions multiples?

★**2.34** Parmi les substances suivantes, lesquelles sont des symboles d'éléments? des corps simples? des composés sans être des molécules? à la fois des molécules et des composés? SO_2; S_8; Cs; N_2O_5; O; O_2; O_3; CH_4; KBr; S; P_4; LiF.

★**2.35** Pourquoi le chlorure de magnésium ($MgCl_2$) ne s'appelle-t-il pas « chlorure de magnésium(II) »?

★**2.36** Certains composés sont plus connus par leurs noms courants que par leurs noms traditionnels. Consultez un manuel, un dictionnaire, Internet ou votre professeur pour connaître les formules chimiques des substances suivantes: **a)** glace sèche; **b)** sel de table; **c)** gaz hilarant; **d)** calcaire; **e)** chaux vive; **f)** chaux éteinte; **g)** bicarbonate de sodium; **h)** sel d'Epsom; **i)** soude caustique.

★**2.37** Complétez le tableau suivant.

Symbole		$^{54}_{26}Fe^{2+}$			
Protons	5			79	86
Neutrons	6		16	117	136
Électrons	5		18	79	
Charge nette			−3		0

★**2.38** Soit deux symboles: ^{23}Na et $_{11}Na$. Lequel des deux fournit le plus de renseignements sur l'atome de sodium? Expliquez votre réponse.

★**2.39** Soit les éléments K, F, P, Na, Cl et N. Classez par paires les éléments qui, selon vous, ont des propriétés chimiques similaires.

★**2.40** Prédisez la formule de chacun des composés binaires formés des éléments suivants et nommez-les selon la nomenclature traditionnelle: **a)** Na et H; **b)** B et O; **c)** Na et S; **d)** Al et F; **e)** F et O; **f)** Sr et Cl.

★**2.41** Identifiez chacun des éléments suivants: **a)** un halogène dont l'anion contient 36 électrons; **b)** un gaz rare (ou inerte) radioactif ayant 86 protons; **c)** un élément du groupe 6A dont l'anion contient 36 électrons; **d)** l'élément du groupe des métaux alcalins dont le cation possède 36 électrons; **e)** un cation du groupe 4A ayant 80 électrons.

★**2.42** Complétez le tableau suivant.

Cation	Anion	Formule	Nom traditionnel
			Hydrogénocarbonate de magnésium
		$SrCl_2$	
Fe^{3+}	NO_2^-		
			Chlorate de manganèse(II)
Co^{2+}	PO_4^{3-}		
Hg_2^{2+}	I^-		
		Cu_2CO_3	
			Nitrure de lithium
Al^{3+}	O^{2-}		

★**2.43** Calculez le numéro atomique de l'élément X et donnez le symbole de cet élément sachant que $2{,}3 \times 10^3$ atomes de X contiennent $6{,}9 \times 10^4$ neutrons et que son symbole est $^{55}_{Z}X$.

PROBLÈMES SPÉCIAUX

2.44 La baryte est un des minerais du baryum extrait sous forme de sulfate de baryum. Du fait que les éléments d'un même groupe du tableau périodique ont des propriétés chimiques semblables, on devrait s'attendre à trouver dans la baryte un peu de sulfate de radium, le radium étant le dernier élément du groupe 2A. Ce n'est pas le cas, car la seule source de composés du radium dans la nature se trouve dans les minerais d'uranium. Pourquoi?

2.45 Le fluor réagit avec l'hydrogène H et le deutérium D pour former du fluorure d'hydrogène HF et du fluorure de deutérium DF (le deutérium ^2_1H est un isotope de l'hydrogène). Est-ce qu'une même quantité donnée de fluor réagirait avec des masses différentes de ces deux isotopes d'hydrogène? S'agit-il d'une violation de la loi des proportions définies? Expliquez votre réponse.

2.46 Écrivez les formules moléculaires des composés suivants et nommez-les.

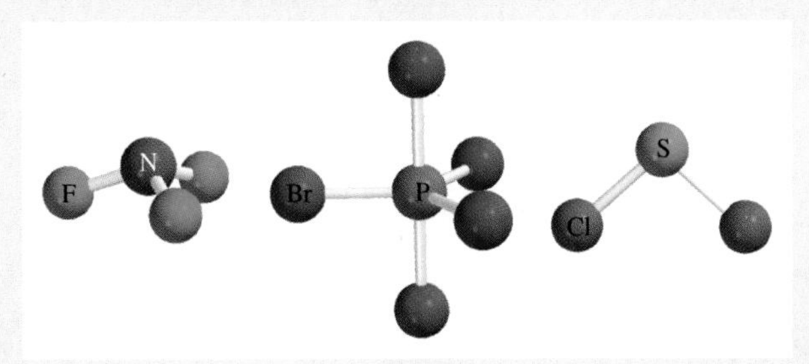

2.47 Nommez les acides suivants selon la nomenclature traditionnelle.

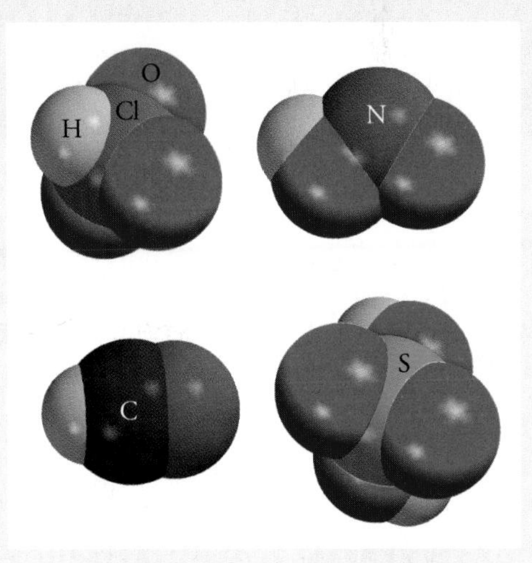

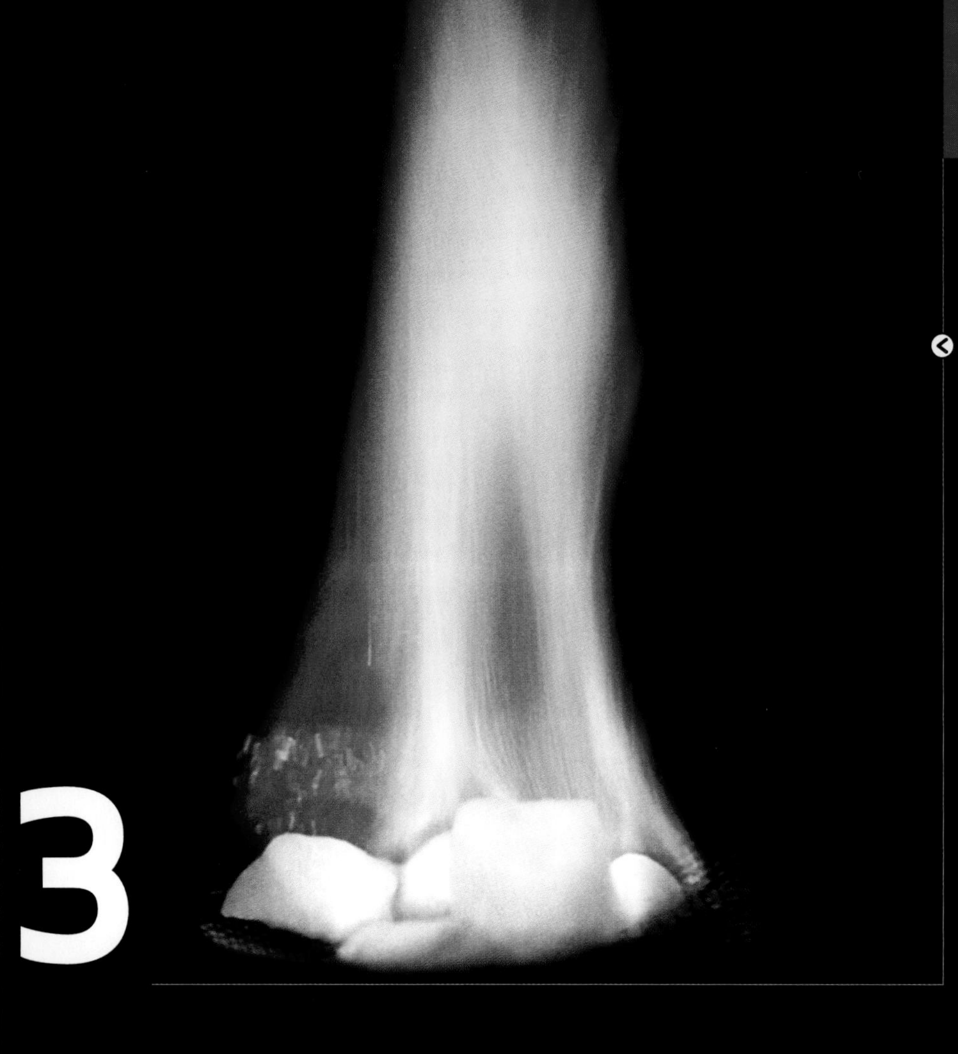

De la glace qui brûle ! Les hydrates de méthane, des molécules de méthane (CH_4) emprisonnées dans des cages formées de molécules d'eau (glace) constituent une immense réserve de combustible fossile dans les fonds marins et le pergélisol. Bien que l'exploitation de ces hydrates instables soit à la fois coûteuse et dangereuse, il sera bien tentant de vouloir utiliser ce vaste réservoir d'énergie dans un proche avenir.

CHAPITRE 3

Les moles, les réactions chimiques et la stœchiométrie

Ce chapitre traite de la masse des atomes et des molécules et décrit leur comportement lors de changements chimiques. Il aborde aussi la notion de mole, une quantité de matière très utile en chimie, qui permet de prédire les quantités des différentes espèces chimiques qui sont consommées ou produites lors des transformations chimiques, lesquelles sont régies par la loi de conservation de la masse.

PLAN DE CHAPITRE

OBJECTIFS D'APPRENTISSAGE

> Effectuer des calculs relatifs aux concepts de masse atomique, de masse moléculaire, de masse molaire, de mole et de constante d'Avogadro;

> Effectuer des calculs relatifs à la composition en masse (détermination de la composition centésimale massique) des composés;

> Déterminer la formule chimique (empirique et réelle) d'un composé chimique à partir de sa composition en masse;

> Équilibrer les équations chimiques;

> Effectuer des calculs stœchiométriques à partir d'équations chimiques;

> Identifier le réactif limitant et le réactif en excès dans une réaction chimique;

> Calculer le rendement d'une réaction chimique.

CHIMIE EN LIGNE

Animation
- Les réactifs limitants (3.5)

Interaction
- La masse moléculaire (3.1)
- L'équilibrage des équations (3.4)
- La méthode des moles (3.5)
- Le jeu du réactif limitant (3.5)

CAPSULE D'INFORMATION

Lavoisier enflammant un mélange d'hydrogène et d'oxygène gazeux.

Antoine Lavoisier, le père de la chimie moderne

Quand le bois, le papier ou la cire se consument, ils perdent de leur masse. Cette perte était jadis attribuée à la libération de « phlogistique » dans l'air au cours de la combustion, une théorie acceptée par la plupart des scientifiques du XVIIIe siècle. Cependant, en 1774, le chimiste et théologien anglais Joseph Priestley isola l'oxygène (qu'il appela « air déphlogistiqué ») en décomposant de l'oxyde de mercure(II), HgO. De son côté, le chimiste français Antoine Lavoisier remarqua que la masse de certains non-métaux, comme le phosphore, augmentait au cours d'une combustion dans l'air ; il en conclut que ces non-métaux devaient se combiner à une substance présente dans l'air. Cette substance était en fait l'« air déphlogistiqué » de Priestley ; Lavoisier nomma ce nouvel élément « oxygène » (du mot grec signifiant « qui engendre un acide »), parce qu'il croyait que les propriétés des acides étaient attribuables à la présence d'oxygène dans ces corps.

Né en 1743, Lavoisier est généralement considéré comme le père de la chimie moderne. Il était reconnu pour le soin qu'il mettait à réaliser ses expériences et pour l'usage qu'il faisait des mesures quantitatives. En effectuant des réactions chimiques, comme la décomposition de l'oxyde de mercure(II) dans un contenant fermé, il démontra que la masse totale des produits est égale à la masse totale des réactifs. Dans son célèbre *Traité élémentaire de chimie* publié en 1789, il a rappelé la mémorable phrase du philosophe grec Anaxagore (500-428 av. J.-C.) : « Rien ne se perd, rien ne se crée, tout se transforme. » En d'autres termes, la quantité de matière ne change pas au cours d'une réaction chimique. Cette observation constitue le fondement de la loi de la conservation de la matière (masse), aussi appelée « loi de Lavoisier », qui est le principe de base de la stœchiométrie, laquelle fait l'objet de ce chapitre.

Outre ses travaux sur la combustion, Lavoisier détermina aussi la composition de l'eau. Il participa également à la conception d'un système de nomenclature et du système métrique, sur lequel se base le Système international (SI). Il fut aussi le premier scientifique à infirmer la théorie des quatre éléments (air, terre, eau et feu) datant de l'Antiquité. Ses expériences marquent le passage de l'alchimie à la chimie. Sa carrière scientifique fut interrompue par la Révolution française : travaillant aussi comme percepteur d'impôts, il fut condamné à la guillotine en 1794.

3.1 La masse atomique

La masse d'un atome dépend du nombre d'électrons, de protons et de neutrons qu'il contient. Connaître cette masse est important pour le travail en laboratoire. Cependant, les atomes sont des particules extrêmement petites ; même le plus petit grain de poussière que l'œil puisse voir contient au moins 1×10^{16} atomes ! Bien qu'il soit impossible de ne peser qu'un seul atome, il est possible de déterminer de façon expérimentale la masse *relative* d'un atome, c'est-à-dire sa masse comparée à celle d'un autre atome. Cette méthode consiste d'abord à donner une valeur à la masse d'un atome d'un élément donné pour ensuite l'utiliser comme étalon.

Une convention internationale définit la **masse atomique** (parfois appelée aussi «poids atomique») comme la masse d'un atome en unités de masse atomique. Une **unité de masse atomique (u)** équivaut à exactement un douzième de la masse d'un atome de carbone 12 (^{12}C). Le ^{12}C est un isotope du carbone qui possède six protons et six neutrons. Il sert donc ici d'étalon pour la détermination des masses atomiques des autres éléments:

$$\text{masse d'un atome de } ^{12}\text{C} = 12 \text{ u}$$

$$\text{u} = \frac{\text{masse d'un atome de } ^{12}\text{C}}{12}$$

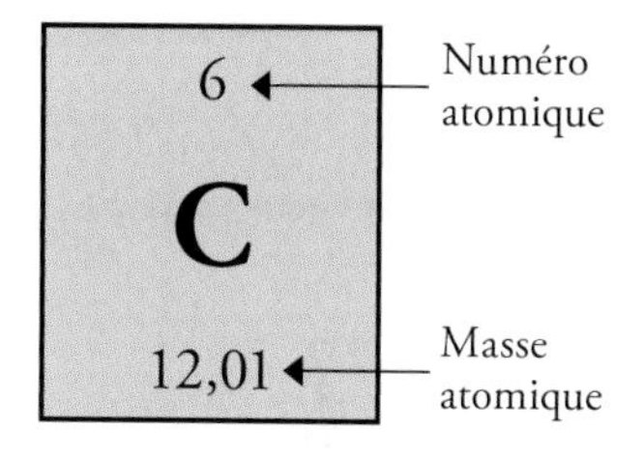

Par exemple, des expériences ont montré que la masse d'un atome d'hydrogène ne représente en moyenne que 8,400 % de la masse étalon du ^{12}C. Si l'on considère que la masse d'un atome de ^{12}C est exactement de 12 u, la masse atomique de l'hydrogène est donc de 0,084 00 × 12,00 u ou 1,008 u. Des calculs semblables révèlent que la masse atomique de l'oxygène est de 16,00 u et que celle du fer est de 55,85 u. Autrement dit, sans connaître la masse réelle moyenne d'un atome de fer, on sait toutefois que sa *masse relative* est approximativement 56 fois celle d'un atome d'hydrogène.

3.1.1 La masse atomique moyenne

Si on vérifie la masse atomique du carbone dans un tableau périodique, on constate qu'elle n'est pas de 12,00 u, mais bien de 12,01 u. La raison de cette différence est que la plupart des éléments naturels (y compris le carbone) ont plus d'un isotope. Cela signifie que la masse atomique d'un élément est généralement représentée par la masse *moyenne* pondérée du mélange naturel des isotopes de cet élément. Par exemple, le carbone naturel est principalement formé de deux isotopes stables, le ^{12}C et le ^{13}C, dans des proportions de 98,89 % et 1,10 % respectivement. La masse atomique du ^{13}C a été établie à 13,003 35 u. Ainsi, on peut calculer la masse atomique moyenne du carbone de la façon suivante:

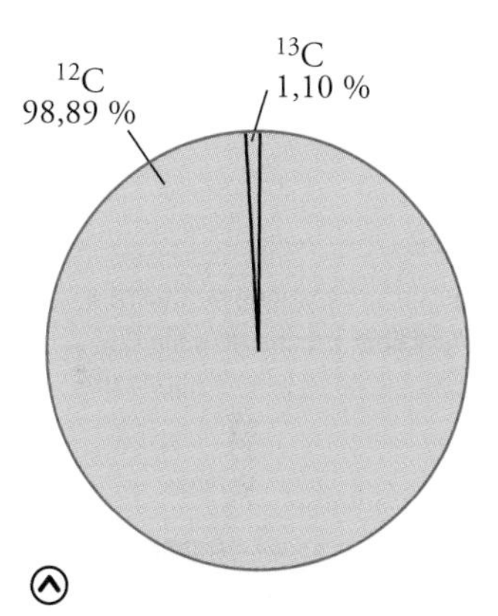

Abondances relatives naturelles des isotopes ^{12}C et ^{13}C

$$\begin{aligned}&\text{masse atomique moyenne du carbone naturel}\\&\quad= (12{,}000\ 00 \text{ u})(0{,}9889) + (13{,}003\ 35 \text{ u})(0{,}0110)\\&\quad= 12{,}01 \text{ u}\end{aligned}$$

NOTE

Le carbone contient aussi des traces de carbone 14 (^{14}C), un isotope radioactif, dont la proportion n'a pas d'influence sur la masse moyenne. Le principe de datation au ^{14}C est basé sur la diminution de l'activité radioactive du ^{14}C avec le temps. Le temps de décomposition du ^{14}C étant connu avec une certaine précision, l'âge d'un échantillon de matière organique issu d'un organisme vivant peut donc être estimé en mesurant la quantité de ^{14}C qu'il contient (ce sujet sera abordé dans *Chimie des solutions*).

Il est à noter que, dans les calculs mettant en jeu des pourcentages, on doit convertir ces derniers en valeurs décimales. Par exemple, 98,89 % devient 0,9889. À cause de la présence d'un plus grand nombre d'atomes de ^{12}C que d'atomes de ^{13}C dans la nature, la masse atomique moyenne du carbone est plus près de 12 u que de 13 u; un tel procédé de calcul donne donc une moyenne pondérée, c'est-à-dire qui tient compte des proportions de chacun des isotopes dans le mélange naturel.

Lorsqu'on dit que la masse atomique du carbone est de 12,01 u, il est important de comprendre que l'on fait référence à sa valeur *moyenne*. Si l'on pouvait examiner chaque atome de carbone individuellement, chacun d'eux aurait une masse soit de 12,000 00 u, soit de 13,003 35 u, mais jamais de 12,01 u.

Échantillon de cuivre

EXEMPLE 3.1 Le calcul de la masse atomique moyenne

Le cuivre (Cu), un métal connu depuis les temps anciens, est utilisé entre autres dans la fabrication de câbles électriques et de pièces de monnaie. Les masses atomiques de ses deux isotopes stables, $^{63}_{29}Cu$ (69,09 %) et $^{65}_{29}Cu$ (30,91 %), sont respectivement de 62,93 u et de 64,9278 u. Calculez la masse atomique moyenne du cuivre. Les pourcentages indiqués entre parenthèses correspondent aux proportions de chaque isotope.

DÉMARCHE

Chaque isotope contribue à la masse atomique moyenne selon son abondance relative. En multipliant la masse d'un isotope par son abondance relative en valeur décimale (non en pourcentage), on obtient sa contribution à la masse atomique moyenne.

SOLUTION

En convertissant les pourcentages en fractions, puis en additionnant les contributions de chaque isotope, on obtient la masse atomique moyenne de la façon suivante:

$$\begin{aligned}&\text{masse atomique moyenne}\\&\quad= (\text{abondance relative du } ^{63}_{29}\text{Cu}) \times (\text{masse atomique du } ^{63}_{29}\text{Cu})\\&\qquad+ (\text{abondance relative du } ^{65}_{29}\text{Cu}) \times (\text{masse atomique du } ^{65}_{29}\text{Cu})\\&\quad= (0{,}6909)(62{,}93 \text{ u}) + (0{,}3091)(64{,}9278 \text{ u}) = 63{,}55 \text{ u}\end{aligned}$$

NOTE

La masse atomique du cuivre a une valeur proche de celle du ^{63}Cu, l'isotope le plus abondant.

VÉRIFICATION

La masse atomique moyenne se situant entre les deux valeurs des masses de ces isotopes, elle est donc plausible. Étant donné qu'il y a plus de $^{63}_{29}Cu$ que de $^{65}_{29}Cu$, la masse atomique moyenne est plus près de 62,93 u que de 64,9278 u. De plus, le tableau périodique indique que la masse atomique de Cu est de 63,55 u.

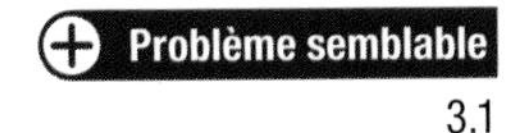

Problème semblable 3.1

EXERCICE E3.1

Les masses atomiques des deux isotopes stables du bore, $^{10}_{5}B$ (19,78 %) et $^{11}_{5}B$ (80,22 %), sont respectivement de 10,0129 u et de 11,0093 u. Calculez la masse atomique moyenne du bore.

TABLEAU 3.1 > Abondance relative des isotopes de l'hydrogène, du carbone et de l'oxygène

Isotope	Abondance isotopique
^{1}H	99,99 %
^{2}H	0,01 %
^{3}H*	Traces
^{12}C	98,89 %
^{13}C	1,10 %
^{14}C*	Traces
^{15}O*	Synthétique
^{16}O	99,76 %
^{17}O	0,04 %
^{18}O	0,20 %

* Isotope radioactif (ou radioisotope)

Le **TABLEAU 3.1** présente l'abondance de certains isotopes de l'hydrogène, du carbone et de l'oxygène.

Pour de nombreux éléments, la masse atomique a été déterminée à cinq ou à six chiffres significatifs. Cependant, dans ce manuel, les calculs sont généralement effectués avec des masses atomiques précises à quatre chiffres significatifs (*voir le tableau des masses atomiques au début du manuel*).

RÉVISION DES CONCEPTS

La masse atomique de l'hélium (He) inscrite dans le tableau périodique est de 4,003 u. En considérant qu'il existe deux isotopes stables pour l'hélium (^{3}He et ^{4}He), quelle est la probabilité qu'un atome d'hélium choisi au hasard ait une masse de 4,003 u?

3.1.2 La masse moléculaire

La **masse moléculaire** correspond à la somme des masses atomiques des atomes qui constituent une molécule. Par exemple, la masse moléculaire d'une molécule de H_2O est :

2(masse atomique de H) + 1(masse atomique de O)

$$2(1{,}008\ u) + 1(16{,}00\ u) = 18{,}02\ u$$

En général, il faut multiplier la masse atomique de chaque élément par le nombre d'atomes de cet élément présent dans la molécule et déterminer la somme des masses de tous les éléments.

Dans le cas des composés ioniques, le terme « masse moléculaire » est couramment utilisé et généralement accepté, même s'il ne s'agit pas de molécules. On peut aussi utiliser le terme « masse formulaire ».

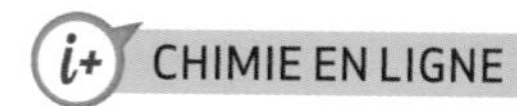

Interaction
- La masse moléculaire

EXEMPLE 3.2 Le calcul de la masse moléculaire

Calculez la masse moléculaire de chacun des composés suivants : **a)** le dioxyde de soufre (SO_2), principal constituant à l'origine des pluies acides ; **b)** la caféine ($C_8H_{10}N_4O_2$).

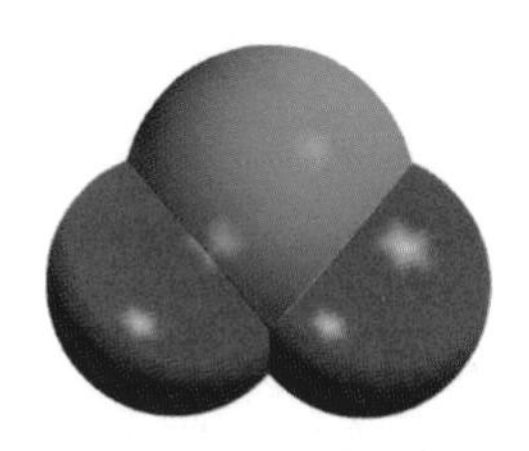

SO_2

DÉMARCHE

Comment les masses atomiques des différents atomes se combinent-elles pour donner la masse moléculaire d'un composé ?

SOLUTION

Pour calculer la masse moléculaire, il faut faire la somme de toutes les masses atomiques des atomes qui composent la molécule. Pour chacun des éléments, on multiplie la masse atomique de l'élément par le nombre d'atomes de cet élément dans la molécule. On trouve les valeurs des masses atomiques dans le tableau périodique.

a) À partir des masses atomiques de S et de O, nous obtenons :

$$\text{masse moléculaire de } SO_2 = 32{,}07\ u + 2(16{,}00\ u) = 64{,}07\ u$$

b) À partir des masses atomiques de C, de H, de N et de O, nous obtenons :

$$\text{masse moléculaire de } C_8H_{10}N_4O_2 = 8(12{,}01\ u) + 10(1{,}008\ u) + 4(14{,}01\ u) + 2(16{,}00\ u) = 194{,}20\ u$$

EXERCICE E3.2

Quelle est la masse moléculaire du méthanol (CH_3OH) ?

Problème semblable ⊕
3.4

QUESTIONS de révision

1. En vérifiant la masse atomique du carbone dans le tableau périodique, on observe que sa valeur est de 12,01 u au lieu de 12,00 u, comme on l'a défini. Pourquoi ?
2. Quelles sont les données nécessaires afin de calculer la masse atomique moyenne d'un élément ?
3. Comment calcule-t-on la masse moléculaire d'un composé ?

Amedeo Avogadro (1776-1856)

3.2 Le nombre d'Avogadro et le concept de mole

Les unités de masse atomique fournissent une échelle des masses relatives des éléments. Les atomes ont des masses si petites qu'aucune balance n'est assez précise pour les peser en unités de masse atomique. En pratique, les chimistes travaillent avec des échantillons qui contiennent des quantités énormes d'atomes. Par exemple, un gramme d'eau contient environ 33 000 000 000 000 000 000 000 molécules d'eau ! Une quantité de matière peut se mesurer en masse ou en volume, mais les chimistes ont aussi besoin d'une unité de quantité de matière qui correspond à un *nombre* de molécules, d'atomes, d'ions (ou en général d'entités ou de particules). D'ailleurs, l'emploi d'unités qui décrivent chacune un nombre particulier d'objets n'est pas nouveau : la paire (2 objets) et la douzaine (12 objets) sont des unités connues.

Dans le SI, l'unité de quantité de matière est la **mole** (**mol**), c'est-à-dire la quantité de substance qui contient autant d'entités élémentaires (atomes, molécules, ions ou autres particules) qu'il y a d'atomes dans exactement 12 g de ^{12}C. Le nombre réel d'atomes contenus dans exactement 12 g de ^{12}C se détermine expérimentalement. Ce nombre s'appelle **nombre d'Avogadro** (N_A), en l'honneur du savant italien Amedeo Avogadro. Le nombre d'Avogadro est en fait une constante dont les unités sont des moles^{-1} (ou 1/mole). Sa valeur couramment acceptée est :

NOTE

Une mole n'est qu'une quantité de matière, comme une douzaine. On peut aussi bien avoir des moles d'atomes, de molécules et d'ions que des moles de chaises et d'œufs. Une mole n'est pas une molécule !

$$N_A = 6{,}022\ 141\ 29 \times 10^{23}\ \text{mol}^{-1}$$

Pour la plupart des calculs, on arrondit ce nombre à $6{,}022 \times 10^{23}$ particules/mole. Ainsi, comme une douzaine d'oranges contient toujours 12 oranges, 1 mol d'atomes d'hydrogène contient toujours $6{,}022 \times 10^{23}$ atomes d'hydrogène. La **FIGURE 3.1** montre une mole de quelques éléments courants.

FIGURE 3.1

Échantillons d'une mole de quelques éléments courants

Dans le sens des aiguilles d'une montre à partir d'en haut, à gauche : du carbone (poudre de charbon de bois), du soufre (poudre jaune), du fer (clous), du cuivre (fils) et, au centre, du mercure (métal liquide brillant).

Le nombre d'Avogadro est un nombre tellement grand qu'il est difficile à imaginer. Par exemple, si l'on répandait une mole d'oranges (c'est-à-dire $6{,}022 \times 10^{23}$ oranges) sur toute la surface de la Terre, on obtiendrait une couverture d'oranges d'une épaisseur de 15 km ! Les atomes et les molécules sont si petits qu'il en faut un très grand nombre pour pouvoir les étudier en quantité observable et ainsi mener des expériences.

Le nombre d'Avogadro a une longue histoire qui débuta en 1893, alors que Michael Faraday parvint à établir la correspondance entre la quantité d'électricité consommée au cours d'une réaction électrochimique et la quantité de matière ayant réagi. Après qu'il eut déterminé la charge de l'électron en 1919, Millikan publia la première valeur acceptable du nombre d'Avogadro en établissant une relation entre la charge de l'électron et les résultats obtenus par Faraday. Il existe aujourd'hui plusieurs méthodes qui permettent de déterminer la constante d'Avogadro de façon de plus en plus précise.

3.2.1 La masse molaire d'un élément

De la même façon qu'une douzaine d'œufs et une douzaine de plumes n'auront pas la même masse, une mole d'une substance n'a pas la même masse qu'une mole d'une autre substance. La masse (en grammes) d'une mole d'entités élémentaires correspond à sa **masse molaire** ($\mathcal{M}$) et s'exprime en grammes par mole (g/mol). La masse molaire du ^{12}C est numériquement égale à sa masse en unités de masse atomique. De même, la masse atomique du sodium (Na) est de 22,99 u et sa masse molaire est de 22,99 g/mol; il en est ainsi pour tous les autres éléments. La liste des masses et le tableau périodique présentés au début du manuel peuvent donc servir à trouver les masses molaires. Les chimistes travaillant la plupart du temps avec des quantités de l'ordre de la mole, les masses molaires sont plus souvent utilisées que les masses atomiques relatives dans ce manuel.

NOTE

L'adjectif « molaire » est formé à partir du nom « mole ». Dans les calculs, les unités de la masse molaire sont des grammes par mole (g/mol).

Comme une mole d'atomes de ^{12}C pèse exactement 12 g, on peut calculer la masse d'un seul atome de carbone :

$$12{,}00 \text{ g } ^{12}\text{C} = 1 \text{ mol d'atomes de } ^{12}\text{C}$$

On peut donc écrire le facteur de conversion suivant :

$$\frac{12{,}00 \text{ g } ^{12}\text{C}}{1 \text{ mol } ^{12}\text{C}}$$

Dans la même ligne de pensée, puisqu'il y a $6{,}022 \times 10^{23}$ atomes dans 1 mol de carbone, on peut dire que :

$$1 \text{ mol d'atomes de } ^{12}\text{C} = 6{,}022 \times 10^{23} \text{ atomes de } ^{12}\text{C}$$

et que le facteur de conversion est :

$$\frac{1 \text{ mol d'atomes de } ^{12}\text{C}}{6{,}022 \times 10^{23} \text{ atomes de } ^{12}\text{C}}$$

Le calcul de la masse (en grammes) d'un atome de ^{12}C est donc le suivant :

$$1 \text{ }\cancel{\text{atome de } ^{12}\text{C}} \times \frac{1 \text{ }\cancel{\text{mol d'atomes de } ^{12}\text{C}}}{6{,}022 \times 10^{23} \text{ }\cancel{\text{atomes de } ^{12}\text{C}}} \times \frac{12{,}00 \text{ g d'atomes de } ^{12}\text{C}}{1 \text{ }\cancel{\text{mol d'atomes de } ^{12}\text{C}}} = 1{,}993 \times 10^{-23} \text{ g d'atomes de } ^{12}\text{C}$$

Sachant que la masse de chaque atome de ^{12}C est exactement de 12 u, on peut également trouver la relation entre les unités de masse atomique et les grammes. La masse en grammes équivalant à 1 u est :

$$\frac{\text{masse (en g/1 u)}}{1\text{ u}} = \frac{1{,}993 \times 10^{-23}\text{ g}}{1\ \cancel{\text{atome de }^{12}\text{C}}} \times \frac{1\ \cancel{\text{atome de }^{12}\text{C}}}{12\text{ u}} = 1{,}661 \times 10^{-24}\text{ g/u}$$

Donc :

$$1\text{ u} = 1{,}661 \times 10^{-24}\text{ g}$$

et :

$$1\text{ g} = 6{,}022 \times 10^{23}\text{ u}$$

Cet exemple montre qu'il est possible d'utiliser le nombre d'Avogadro pour convertir les unités de masse atomique en grammes, et vice versa.

Le nombre d'Avogadro et le concept de masse molaire permettent d'effectuer des conversions entre la masse et le nombre de moles d'une certaine quantité d'atomes, et entre un nombre d'atomes et la masse (*voir la* **FIGURE 3.2**). Les **EXEMPLES 3.2** (*voir p. 89*), **3.3** et **3.4** montrent comment s'effectuent ces conversions. Ces calculs emploient les facteurs de conversion suivants :

$$\frac{1\text{ mol X}}{\text{masse molaire de X}} \quad \text{et} \quad \frac{1\text{ mol X}}{6{,}022 \times 10^{23}\text{ atomes de X}}$$

où X représente un élément.

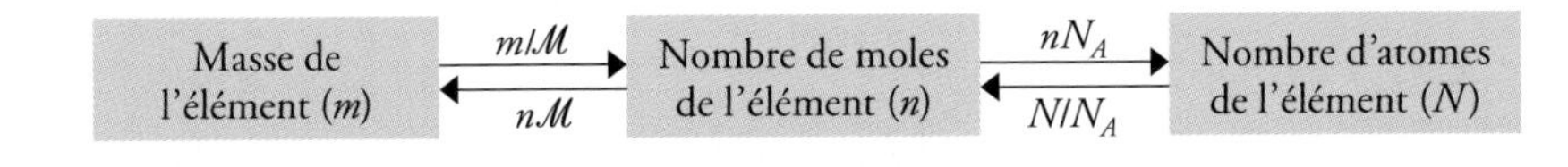

FIGURE 3.2 **Relations entre la masse (*m*, en grammes) d'un élément et le nombre de moles d'un élément (*n*), ainsi qu'entre le nombre de moles d'un élément et le nombre d'atomes (*N*) d'un élément**

$\mathcal{M}$ est la masse molaire (en grammes par mole) de l'élément et N_A représente le nombre d'Avogadro.

Du zinc

EXEMPLE 3.3 La conversion de la masse (en grammes) en nombre de moles

Le zinc (Zn) est un métal de couleur argentée qui entre (avec le cuivre) dans la composition du laiton ; il sert aussi à plaquer le fer pour en empêcher la corrosion. Calculez le nombre de moles de Zn dans 23,3 g de Zn.

DÉMARCHE

Pour obtenir des moles de Zn, il faut trouver le facteur de conversion qui permet d'obtenir des moles à partir des grammes. Utilisez ce facteur de manière à éliminer les grammes et ainsi obtenir l'unité « mol » dans votre réponse.

SOLUTION

Le facteur de conversion permettant d'obtenir des moles à partir de la masse est la masse molaire (*voir la* **FIGURE 3.2**).

Dans le tableau périodique, la masse molaire indiquée pour le Zn est 65,39 g/mol. On peut écrire :

$$1\text{ mol Zn} = 65{,}39\text{ g Zn}$$

Le nombre de moles de Zn est :

$$? \text{ mol Zn} = 23{,}3 \text{ g } \cancel{\text{Zn}} \times \frac{1 \text{ mol Zn}}{65{,}39 \text{ g } \cancel{\text{Zn}}} = 0{,}356 \text{ mol Zn}$$

VÉRIFICATION

Étant donné que 23,3 g de Zn est inférieur à la masse molaire du Zn, on s'attend à une valeur inférieure à une mole.

NOTE

Il faut toujours vérifier si les réponses sont plausibles.

EXERCICE E3.3

Calculez le nombre de grammes de plomb (Pb) dans 12,4 mol de plomb.

Problème semblable 

3.8

EXEMPLE 3.4 La conversion de la masse (en grammes) en nombre d'atomes

Le soufre (S) est un élément non métallique. Les pluies acides sont causées en partie par la présence du soufre dans le charbon. Calculez le nombre d'atomes de soufre contenus dans 16,3 g de S.

DÉMARCHE

On demande de trouver le nombre d'atomes de soufre. On ne peut pas convertir directement des grammes en nombre d'atomes. Afin de convertir la masse de soufre en nombre d'atomes, nous devrons utiliser à la fois la masse molaire et le nombre d'Avogadro (*voir la* **FIGURE 3.2**).

SOLUTION

Nous devons dans un premier temps convertir les grammes en moles, et ensuite convertir les moles en nombre de particules (atomes).

$$\text{grammes de S} \longrightarrow \text{moles de S} \longrightarrow \text{nombre d'atomes de S}$$

La première étape ressemble à celle de l'**EXEMPLE 3.3**. Parce que :

$$1 \text{ mol S} = 32{,}07 \text{ g S}$$

le facteur de conversion est :

$$\frac{1 \text{ mol S}}{32{,}07 \text{ g S}}$$

Le nombre d'Avogadro est la clé de la seconde étape. Nous avons :

$$1 \text{ mol d'atomes} = 6{,}022 \times 10^{23} \text{ atomes}$$

Nous pouvons effectuer ces deux étapes en une seule équation :

$$16{,}3 \text{ } \cancel{\text{g S}} \times \frac{1 \text{ } \cancel{\text{mol S}}}{32{,}07 \text{ } \cancel{\text{g S}}} \times \frac{6{,}022 \times 10^{23} \text{ atomes de S}}{1 \text{ } \cancel{\text{mol S}}} = 3{,}06 \times 10^{23} \text{ atomes de S}$$

Ainsi, il y a $3{,}06 \times 10^{23}$ atomes de soufre dans 16,3 g de soufre.

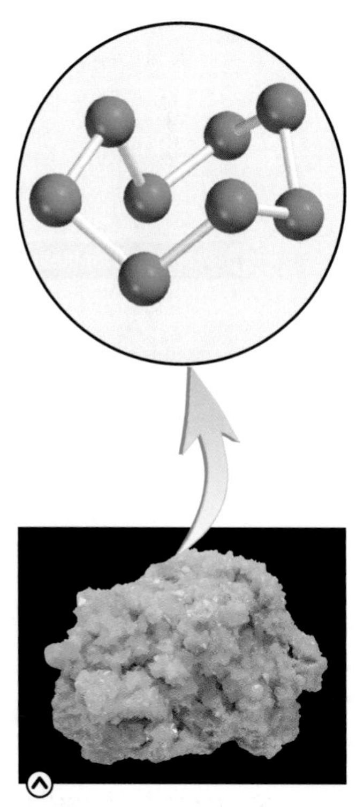

Huit atomes de soufre forment une molécule en anneau de formule chimique S_8.

VÉRIFICATION

Y a-t-il moins d'atomes de soufre dans 16,3 g de soufre qu'il y en a dans un nombre d'Avogadro d'atomes (N_A) ? Quelle masse de soufre correspondrait à N_A ?

EXERCICE E3.4

Calculez le nombre d'atomes contenus dans 0,551 g de potassium (K).

Problème semblable ⊕

3.11

Anneaux en argent

NOTE

Avec la pratique, il devient plus facile de combiner les étapes de résolution des problèmes en une seule équation.

EXEMPLE 3.5 Le calcul de la masse de un atome

L'argent (Ag) est un métal précieux utilisé principalement dans la fabrication de bijoux. Quelle est la masse (en grammes) d'un atome d'argent?

DÉMARCHE

On demande de calculer la masse d'un seul atome d'argent. Combien d'atomes d'argent y a-t-il dans une mole de Ag, et quelle est la masse molaire de l'argent?

$$\text{nombre d'atomes de Ag} \longrightarrow \text{moles de Ag} \longrightarrow \text{grammes de Ag}$$

SOLUTION

La masse molaire de l'argent est de 107,9 g. Puisqu'il y a $6{,}022 \times 10^{23}$ atomes d'argent dans une mole, la masse de un atome de Ag est:

$$1 \cancel{\text{atome de Ag}} \times \frac{1 \text{ mol } \cancel{\text{d'atomes de Ag}}}{6{,}022 \times 10^{23} \cancel{\text{atomes de Ag}}} \times \frac{107{,}9 \text{ g Ag}}{1 \cancel{\text{mol d'atomes de Ag}}}$$

$$= 1{,}792 \times 10^{-22} \text{ g Ag}$$

La masse de un atome d'argent est donc $1{,}792 \times 10^{-22}$ g.

EXERCICE E3.5

Quelle est la masse (en grammes) d'un atome d'iode (I)?

Problème semblable 3.9

RÉVISION DES CONCEPTS

En vous référant au tableau périodique et à la **FIGURE 3.2** (*voir p. 92*), déterminez laquelle des quantités suivantes renferme le plus grand nombre d'atomes: **a)** 2 g de He; **b)** 110 g de Fe; **c)** 250 g de Hg.

3.2.2 La masse molaire d'un composé

De la même façon que la masse moléculaire est la somme des masses atomiques des atomes qui constituent une molécule (ou un composé), *la masse molaire d'un composé est la somme des masses molaires des atomes qui le constituent.* En effet, à partir de la masse moléculaire d'un composé, il est possible de déterminer sa masse molaire: *la masse molaire (en grammes) d'un composé a une valeur numérique égale à sa masse moléculaire (en unités de masse atomique).* Par exemple, la masse moléculaire de l'eau est de 18,02 u: sa masse molaire est donc de 18,02 g/mol.

Comme le montrent les **EXEMPLES 3.6** et **3.7**, la connaissance de la masse molaire permet de calculer le nombre de moles et le nombre d'atomes (ou d'entités) contenus dans une quantité donnée d'un composé.

EXEMPLE 3.6 Le calcul du nombre de moles dans une quantité donnée d'un composé

Le méthane, CH_4, est le principal constituant du gaz naturel. Calculez le nombre de moles de CH_4 dans 6,07 g de CH_4.

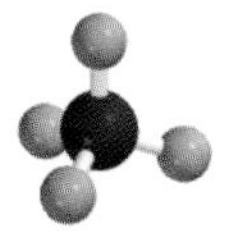

CH_4

DÉMARCHE

On connaît la masse de CH_4, et l'on doit trouver le nombre de moles. Quel est le facteur de conversion qui nous permettrait de convertir les grammes en moles?

SOLUTION

Le facteur de conversion permettant de convertir les grammes en moles est la masse molaire (*voir la* **FIGURE 3.2**, *p. 92*). D'abord, nous calculons la masse molaire de CH_4:

$$\text{masse molaire de } CH_4 = 12{,}01 \text{ g} + 4(1{,}008 \text{ g}) = 16{,}04 \text{ g/mol}$$

Parce que 1 mol CH_4 = 16,04 g CH_4, on peut résoudre l'équation:

$$? \text{ mol } CH_4 = 6{,}07 \text{ g } CH_4 \times \frac{1 \text{ mol } CH_4}{16{,}04 \text{ g } CH_4} = 0{,}378 \text{ mol } CH_4$$

Combustion du méthane sur une cuisinière

VÉRIFICATION

6,07 g de CH_4 devrait-il correspondre à moins de 1 mol de CH_4? Quelle est la masse de 1 mol de CH_4?

EXERCICE E3.6

Calculez le nombre de moles de chloroforme ($CHCl_3$) contenues dans 198 g de chloroforme.

Problème semblable 3.15

EXEMPLE 3.7 Le calcul du nombre d'atomes dans une quantité donnée d'un composé

Combien d'atomes d'hydrogène sont contenus dans 25,6 g d'urée, $(NH_2)_2CO$, une substance utilisée dans les engrais, dans la nourriture pour animaux et pour la fabrication de polymères? La masse molaire de l'urée est de 60,06 g.

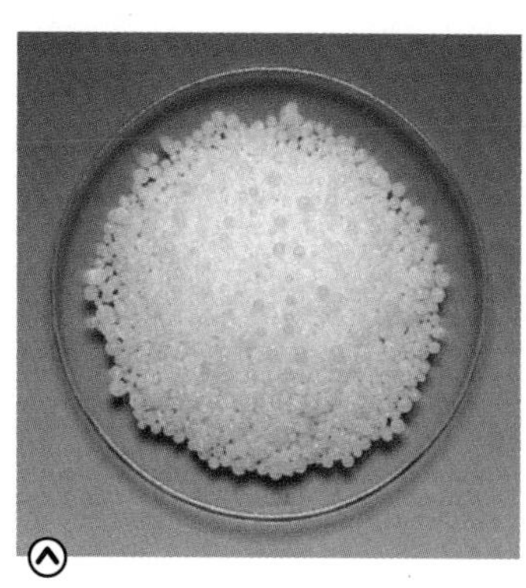

De l'urée

DÉMARCHE

On demande de trouver le nombre d'atomes d'hydrogène contenus dans 25,6 g d'urée. On ne peut pas convertir directement des grammes d'urée en nombre d'atomes d'hydrogène. Comment peut-on se servir de la masse molaire et du nombre d'Avogadro ici? Combien de moles de H y a-t-il dans une mole d'urée?

SOLUTION

Pour calculer le nombre d'atomes de H, il faut d'abord convertir les grammes d'urée en moles d'urée. Cette étape ressemble à celle de l'**EXEMPLE 3.3** (*voir p. 92*). La formule chimique de l'urée indique qu'il y a quatre moles d'atomes de H dans une mole de molécules d'urée, soit un rapport 4:1. Ensuite, sachant le nombre de moles ▶

d'atomes de H, il est possible de calculer le nombre d'atomes en utilisant le nombre d'Avogadro. Deux facteurs de conversion seront nécessaires : la masse molaire et le nombre d'Avogadro. Ces conversions :

grammes d'urée ⟶ moles d'urée ⟶ moles de H ⟶ nombre d'atomes de H

peuvent être ramenées à une seule étape :

$$? \text{ atomes de H} = 25{,}6 \text{ g } \cancel{(NH_2)_2CO} \times \frac{1 \text{ mol } \cancel{(NH_2)_2CO}}{60{,}06 \text{ g } (NH_2)_2CO}$$

$$\times \frac{6{,}022 \times 10^{23} \text{ } \cancel{\text{molécules de } (NH_2)_2CO}}{1 \text{ } \cancel{\text{mol } (NH_2)_2CO}}$$

$$\times \frac{4 \text{ atomes de H}}{1 \text{ } \cancel{\text{molécule de } (NH_2)_2CO}} = 1{,}03 \times 10^{24} \text{ atomes de H}$$

VÉRIFICATION

Cette réponse est-elle plausible ? Combien d'atomes d'hydrogène devrait-il y avoir dans 60,06 g d'urée ?

Problème semblable 3.16

EXERCICE E3.7

Calculez le nombre d'atomes de H dans 72,5 g d'isopropanol (communément appelé « alcool à friction »), C_3H_8O.

RÉVISION DES CONCEPTS

Déterminez la masse moléculaire et la masse molaire de l'acide citrique, $C_6H_8O_7$.

CHIMIE EN ACTION

Le spectromètre de masse

La méthode la plus directe et la plus précise pour déterminer les masses atomiques et moléculaires est la spectrométrie de masse. Dans un *spectromètre de masse*, un échantillon de gaz est bombardé d'un faisceau d'électrons de grande énergie. Les collisions qui se produisent entre les électrons et les atomes (ou les molécules) du gaz provoquent la formation d'ions positifs : les électrons du faisceau délogent des électrons des atomes ou des molécules. Les ions positifs créés (de masse m et de charge e) sont accélérés en passant dans des fentes pratiquées dans deux plaques de charges opposées et à haut voltage. Ensuite, les ions sont soumis à l'action d'un puissant aimant qui fait dévier leur trajectoire selon différents arcs de cercle dont les rayons dépendent du rapport charge/masse (e/m) de chaque ion. Les ions présentant un faible rapport e/m sont moins fortement déviés que ceux qui ont un rapport e/m élevé ; ainsi, des ions de charges égales, mais de masses différentes, sont séparés les uns des autres. La masse de chaque ion (et donc de son atome ou de sa molécule parent) est déterminée par son degré de déviation. Finalement, les ions arrivent au détecteur, ce qui génère un courant pour chaque type d'ions. La quantité de courant généré est directement proportionnelle au nombre d'ions en jeu ; il est ainsi possible de déterminer la quantité relative de chaque isotope d'un élément donné.

Bien que le premier spectromètre de masse, fabriqué dans les années 1920 par le physicien anglais F. W. Aston, fut rudimentaire, il permit d'établir la preuve indiscutable ▶

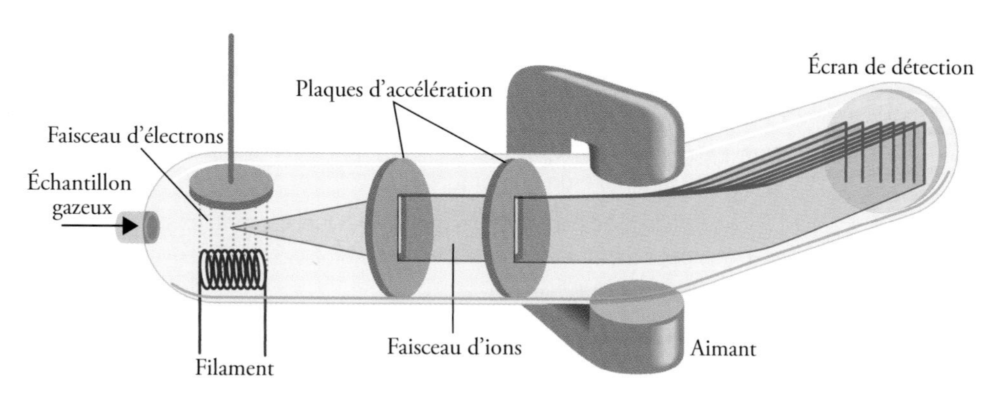

Schéma d'un type de spectromètre de masse

de l'existence des isotopes néon 20 (masse atomique de 19,9924 u et abondance relative de 90,92 %) et néon 22 (masse atomique de 21,9914 u et abondance relative de 8,82 %). L'arrivée d'appareils plus sophistiqués et plus sensibles a permis aux scientifiques de découvrir, avec surprise, qu'il existe dans la nature un troisième isotope stable du néon, dont la masse atomique est de 20,9940 u et l'abondance relative, de 0,257 %. Cet exemple illustre l'importance de l'exactitude expérimentale dans une science quantitative comme la chimie. Les premières expériences n'ont pas permis de détecter le néon 21 parce que celui-ci ne constitue que 0,257 % des isotopes naturels du néon. En d'autres termes, sur 10 000 atomes de néon, seulement 26 sont des isotopes néon 21.

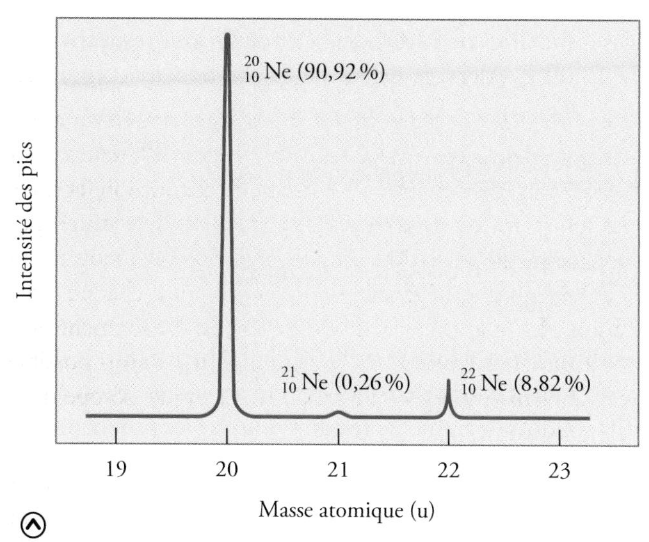

Spectre de masse des trois isotopes du néon

La masse des molécules est déterminée par une méthode semblable. Le spectre de masse de l'ammoniac (NH_3) est présenté plus bas. Le pic le plus élevé (17,03 u) correspond à la masse de l'ion ammoniac NH_3^+. Les autres pics représentent les cations produits par la fragmentation de l'ion NH_3^+.

La spectrométrie de masse est la méthode la plus précise pour déterminer les masses moléculaires de molécules simples comportant généralement moins de 30 atomes.

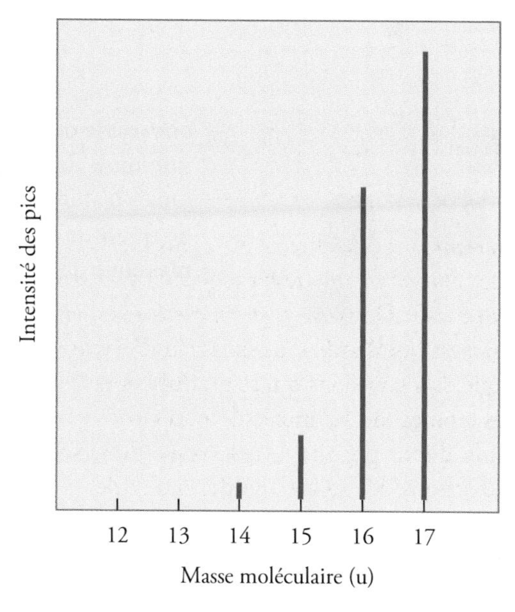

Dans ce spectre de masse de l'ammoniac (NH_3) sous forme d'histogramme, le pic le plus haut (17 u) correspond à l'ion NH_3^+ ; les autres correspondent à d'autres ions dérivés de la fragmentation de l'ion le plus lourd appelé « ion parent ».

QUESTIONS de révision

4. Quelle est l'unité de grandeur du SI qui exprime la quantité de matière?
5. Définissez le terme «mole». Donnez des exemples d'entités qu'on peut calculer en moles. Qu'ont en commun la mole, la paire et la douzaine?
6. Quel est le nombre de particules comprises dans une mole de particules? Comment appelle-t-on ce nombre?
7. Définissez l'expression «masse molaire». Quelles sont les unités habituellement utilisées pour exprimer la masse molaire?

3.3 La composition centésimale massique

Comme il est indiqué à la section 2.5 (*voir p. 54*), la formule chimique d'un composé indique les nombres relatifs d'atomes de chaque élément qui forment ce composé. Si l'on devait vérifier la pureté d'un échantillon d'un composé en vue de son utilisation pour une expérience, on pourrait, d'après sa formule, calculer en pourcentage la contribution de chaque élément à la masse totale du composé. Puis, en comparant les résultats avec les pourcentages obtenus expérimentalement, on pourrait déterminer la pureté de l'échantillon.

La **composition centésimale massique** est le pourcentage en masse de chaque élément contenu dans un composé. On obtient le pourcentage massique de chaque élément en divisant sa part de la masse totale dans une mole d'un composé par la masse molaire de ce composé, puis en multipliant le résultat par 100 %. Mathématiquement, le pourcentage massique, % (m/m), d'un élément dans un composé s'exprime ainsi:

$$\% \; (m/m) = \frac{n \times \text{masse molaire de l'élément}}{\text{masse molaire du composé}} \times 100 \; \% \qquad (3.1)$$

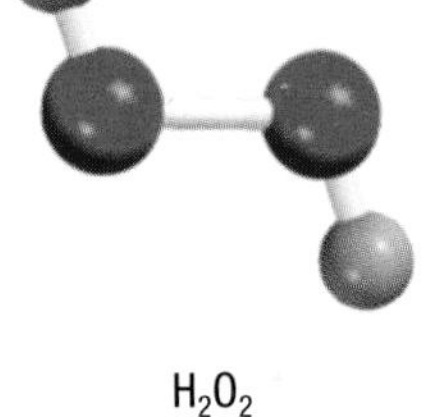

H_2O_2

où n est le nombre de moles de l'élément dans une mole du composé. Par exemple, dans une mole de peroxyde d'hydrogène (H_2O_2), il y a deux moles d'atomes de H et deux moles d'atomes de O. Les masses molaires de H_2O_2, de H et de O sont respectivement de 34,02 g, de 1,008 g et de 16,00 g. Alors, le calcul de la composition centésimale massique de H_2O_2 donne:

$$\% \text{ de H} = \frac{2 \times (1{,}008 \text{ g})}{34{,}02 \text{ g}} \times 100 \; \% = 5{,}926 \; \%$$

$$\% \text{ de O} = \frac{2 \times 16{,}00 \text{ g}}{34{,}02 \text{ g}} \times 100 \; \% = 94{,}06 \; \%$$

La somme des pourcentages est 5,926 % + 94,06 % = 99,99 %. Le petit écart de 0,01 % vient de la façon dont les masses molaires des éléments ont été arrondies. Il est à noter que la formule empirique (HO) conduirait au même résultat puisque les proportions 1:1 des atomes H et O sont identiques pour H_2O_2.

EXEMPLE 3.8 Le calcul de la composition centésimale massique

L'acide phosphorique (H_3PO_4) est utilisé dans les détergents, les engrais et les dentifrices. C'est aussi l'ingrédient qui accentue le goût des boissons gazeuses. Calculez la composition centésimale massique de ce composé. ▶

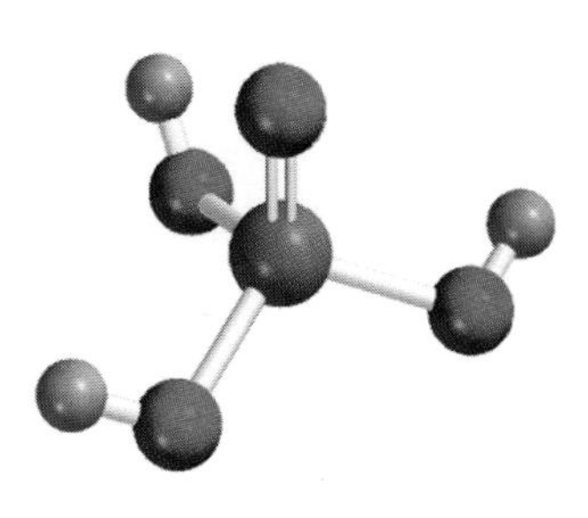

H_3PO_4

DÉMARCHE

Rappelons-nous la procédure pour le calcul du pourcentage massique. Supposons que nous avons une mole de H_3PO_4. Le pourcentage en masse de chaque élément (H, P et O) correspond à la masse totale de l'élément (le nombre de moles de l'élément considéré multiplié par sa masse molaire) dans une mole de H_3PO_4 divisée par la masse molaire de H_3PO_4, puis multipliée par 100 %.

SOLUTION

Les masses molaires des éléments H, P et O sont respectivement de 1,008 g/mol, 30,97 g/mol et 16,00 g/mol. La masse molaire de H_3PO_4 est de 97,99 g/mol. Sa composition centésimale massique est donc :

$$\% \text{ de H} = \frac{3(1{,}008 \text{ g})}{97{,}99 \text{ g}} \times 100\ \% = 3{,}086\ \%$$

$$\% \text{ de P} = \frac{30{,}97 \text{ g}}{97{,}99 \text{ g}} \times 100\ \% = 31{,}61\ \%$$

$$\% \text{ de O} = \frac{4(16{,}00 \text{ g})}{97{,}99 \text{ g}} \times 100\ \% = 65{,}31\ \%$$

Comme il s'agit d'une multiplication, les réponses comportent autant de chiffres significatifs que le terme de l'opération qui en comporte le moins (c'est-à-dire quatre). Les facteurs de multiplication 3 et 4 sont des valeurs exactes.

VÉRIFICATION

La somme de ces pourcentages est 3,086 % + 31,61 % + 65,31 % = 100,01 %. L'écart de 0,01 % est dû à l'arrondissement des valeurs.

EXERCICE E3.8

Calculez la composition centésimale massique de l'acide sulfurique (H_2SO_4).

Problèmes semblables 

3.21 et 3.22 a)

3.3.1 Le calcul de la masse d'un élément dans un composé à partir de sa composition centésimale massique

Les chimistes veulent souvent connaître la masse réelle d'un élément contenue dans une masse donnée d'un composé. Par exemple, dans l'industrie minière, cette information permet au chimiste de connaître la teneur d'un minerai. Puisque la composition centésimale donne le pourcentage du composé qui représente l'élément considéré, on peut facilement calculer la masse de ce dernier.

NOTE

La teneur d'un minerai correspond à son degré de pureté, c'est-à-dire à la proportion dans l'échantillon de la substance recherchée.

EXEMPLE 3.9 Le calcul de la masse d'un élément dans un composé à partir de son pourcentage massique

La chalcopyrite ($CuFeS_2$) est le principal minerai du cuivre. Calculez la masse de Cu en kilogrammes contenue dans $3{,}71 \times 10^3$ kg de chalcopyrite.

DÉMARCHE

La chalcopyrite est composée de cuivre (Cu), de fer (Fe) et de soufre (S). La masse de cuivre dans le composé est déterminée par sa masse en pourcentage dans celui-ci. Comment calcule-t-on le pourcentage en masse d'un élément ?

De la chalcopyrite

SOLUTION

Les masses molaires de Cu et de $CuFeS_2$ sont respectivement de 63,55 g et de 183,5 g; le pourcentage massique de Cu est donc:

$$\% \text{ de Cu} = \frac{\text{masse molaire de Cu}}{\text{masse molaire de CuFeS}_2} \times 100\ \%$$

$$= \frac{63{,}55\ \text{g}}{183{,}5\ \text{g}} \times 100\ \% = 34{,}63\ \%$$

Pour calculer la masse de Cu contenue dans un échantillon de $3{,}71 \times 10^3$ kg de $CuFeS_2$, il faut convertir le pourcentage en valeur décimale (34,63 % = 0,3463) et écrire:

$$\text{masse de Cu dans CuFeS}_2 = 0{,}3463 \times (3{,}71 \times 10^3\ \text{kg}) = 1{,}28 \times 10^3\ \text{kg}$$

On peut simplifier ce calcul en effectuant les deux étapes simultanément:

$$\text{masse de Cu dans CuFeS}_2 = 3{,}71 \times 10^3\ \text{kg CuFeS}_2 \times \frac{63{,}55\ \text{g Cu}}{183{,}5\ \text{g CuFeS}_2}$$

$$= 1{,}28 \times 10^3\ \text{kg Cu}$$

VÉRIFICATION

En prenant comme approximation 33 % pour le pourcentage de cuivre, $\frac{1}{3}$ de la masse devrait donc être du cuivre; on a donc $\frac{1}{3} \times 3{,}71 \times 10^3\ \text{kg} \approx 1{,}24 \times 10^3\ \text{kg}$. Cette réponse est assez semblable à celle déjà calculée.

Problèmes semblables
3.25 et 3.26

EXERCICE E3.9

Calculez la masse de Al en grammes dans 371 g de Al_2O_3.

RÉVISION DES CONCEPTS

Sans effectuer de calculs détaillés, estimez si le pourcentage massique de Hg est inférieur ou supérieur à celui de O dans le nitrate de mercure(II), $Hg(NO_3)_2$.

3.3.2 La détermination de la formule empirique

Il est possible d'établir la formule empirique d'un composé à partir de sa composition centésimale massique: il suffit d'inverser les étapes de l'**EXEMPLE 3.8** (*voir la* **FIGURE 3.3**). De plus, étant donné que les calculs sont en pourcentages et que la somme de ces pourcentages est 100 %, on convient de supposer une masse de 100 g d'un composé au départ (*voir l'***EXEMPLE 3.10**).

FIGURE 3.3

Procédure de calcul de la formule empirique d'un composé à partir de sa composition centésimale massique

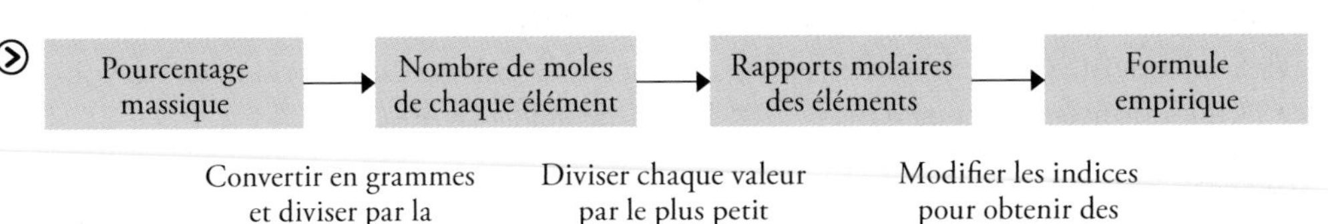

EXEMPLE 3.10 La détermination de la formule empirique d'un composé à partir de sa composition centésimale massique

L'acide ascorbique (vitamine C) guérit du scorbut et peut prévenir le rhume. Son analyse centésimale donne 40,92 % de carbone (C), 4,58 % d'hydrogène (H) et 54,50 % d'oxygène (O). Déterminez sa formule empirique.

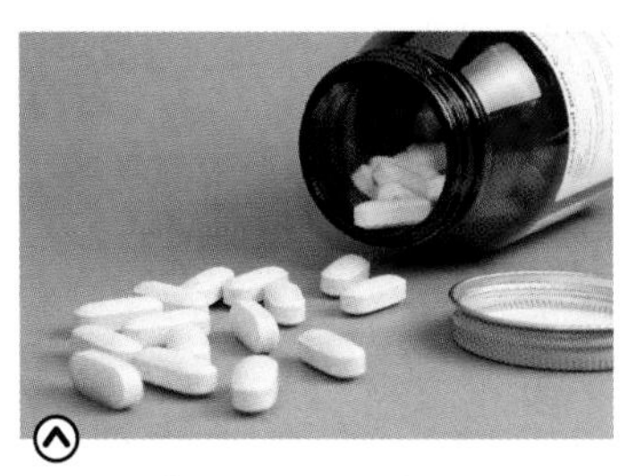
Comprimés de vitamine C

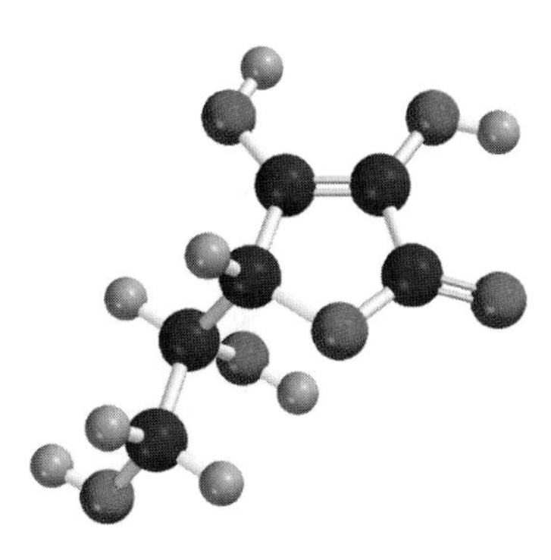
Acide ascorbique ($C_6H_8O_6$)

DÉMARCHE

Dans une formule chimique, les indices représentent le rapport du nombre de moles de chaque élément constitutif requis pour former une mole du composé. Comment convertir les pourcentages massiques en moles ? Si l'on suppose la présence d'un échantillon d'exactement 100 g du composé, pouvons-nous connaître la masse de chaque élément dans ce composé ? Comment convertir ensuite les grammes en moles ?

SOLUTION

Avec un échantillon de 100 g d'acide ascorbique, chaque pourcentage massique peut être converti directement en grammes. Dans cet échantillon, il y aura 40,92 g de C, 4,58 g de H et 54,50 g de O. Ensuite, il faut calculer le nombre de moles de chaque élément du composé. Soit n_C, n_H et n_O, les nombres de moles des éléments présents. En utilisant la masse molaire de chacun d'eux comme facteurs de conversion, nous écrivons :

$$n_C = 40{,}92\ \cancel{g\,C} \times \frac{1\ \text{mol C}}{12{,}01\ \cancel{g\,C}} = 3{,}407\ \text{mol C}$$

$$n_H = 4{,}58\ \cancel{g\,H} \times \frac{1\ \text{mol H}}{1{,}008\ \cancel{g\,H}} = 4{,}54\ \text{mol H}$$

$$n_O = 54{,}50\ \cancel{g\,O} \times \frac{1\ \text{mol O}}{16{,}00\ \cancel{g\,O}} = 3{,}406\ \text{mol O}$$

Nous obtenons alors la formule $C_{3,407}H_{4,54}O_{3,406}$, qui indique la nature des atomes présents et le rapport entre leurs quantités respectives. Cependant, étant donné que les formules chimiques ne s'écrivent qu'avec des nombres entiers, il ne peut y avoir 3,407 atomes de C, 4,54 atomes de H et 3,406 atomes de O. Il est toutefois possible de convertir chaque indice en nombre entier en le divisant par le plus petit d'entre eux, à savoir 3,406 :

$$\text{C}: \frac{3{,}407}{3{,}406} = 1 \qquad \text{H}: \frac{4{,}54}{3{,}406} = 1{,}33 \qquad \text{O}: \frac{3{,}406}{3{,}406} = 1$$

Nous obtenons alors $CH_{1,33}O$ comme formule de l'acide ascorbique. Il faut ensuite convertir l'indice 1,33 en nombre entier. On y arrive par tâtonnement :

$$1{,}33 \times 3 = 3{,}99 \approx 4$$

Parce que $1{,}33 \times 3$ nous donne à peu près un nombre entier (4), nous devons multiplier tous les indices par 3 : on obtient alors $C_3H_4O_3$ comme formule empirique de l'acide ascorbique.

NOTE

Lors de la détermination de formules chimiques, les indices sont des valeurs exactes (nombres entiers sans décimales) : 3,406/3,406 = 1 (et non 1,000).

EXERCICE E3.10

Déterminez la formule empirique d'un composé selon la composition centésimale suivante : K, 24,75 % ; Mn, 34,77 % ; O, 40,51 %.

Problème semblable ⊕
3.27

La détermination expérimentale de la formule empirique

L'**analyse élémentaire** (ou **analyse par combustion**) est une méthode expérimentale qui permet d'établir la formule empirique d'un composé par le biais de l'identification et du dosage de chacun des éléments qui y sont présents. Une analyse chimique permet en premier lieu de déterminer les masses de chacun des éléments présents dans l'échantillon, lesquelles sont par la suite converties en nombre de moles. Finalement, la formule empirique du composé est obtenue par une méthode semblable à celle de l'**EXEMPLE 3.10** (*voir p. 101*).

À titre d'exemple, l'éthanol, lorsqu'il est brûlé en présence d'oxygène dans un appareil semblable à celui qui est illustré à la **FIGURE 3.4**, produit du dioxyde de carbone, CO_2, et de l'eau, H_2O, dont les quantités sont mesurées avec précision. Puisqu'il n'y avait ni carbone ni hydrogène gazeux dans le courant d'oxygène gazeux, on peut en déduire que tout le carbone (C) et l'hydrogène (H) mesurés proviennent de l'éthanol. L'oxygène peut quant à lui provenir de l'éthanol ou du courant d'oxygène ayant servi à la combustion.

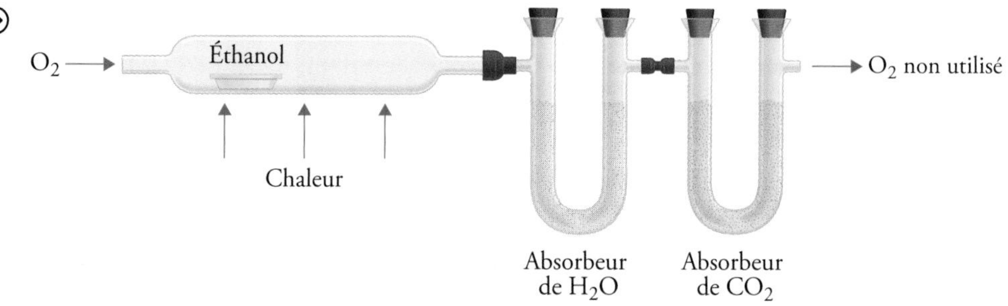

FIGURE 3.4 **Appareil servant à déterminer la formule empirique de l'éthanol**
Les absorbeurs sont des substances qui peuvent retenir l'eau et le dioxyde de carbone respectivement.

Il est possible de déterminer les masses de CO_2 et de H_2O produites en mesurant l'augmentation de la masse de l'absorbeur de CO_2 et celle de l'absorbeur de H_2O. On suppose que, dans une expérience, la combustion de 11,5 g d'éthanol produise 22,0 g de CO_2 et 13,5 g de H_2O. D'après ces données et à l'aide du calcul suivant, il est possible de déterminer la masse du carbone et celle de l'hydrogène contenues dans l'échantillon original d'éthanol :

$$\text{masse de } CO_2 \longrightarrow \text{moles de } CO_2 \longrightarrow \text{moles de C} \longrightarrow \text{masse de C}$$

$$\text{masse de } H_2O \longrightarrow \text{moles de } H_2O \longrightarrow \text{moles de H} \longrightarrow \text{masse de H}$$

$$\text{masse de C} = 22{,}0\ \text{g}\ \cancel{CO_2} \times \frac{1\ \cancel{\text{mol}\ CO_2}}{44{,}01\ \cancel{\text{g}\ CO_2}} \times \frac{1\ \cancel{\text{mol}\ C}}{1\ \cancel{\text{mol}\ CO_2}} \times \frac{12{,}01\ \text{g C}}{1\ \cancel{\text{mol C}}} = 6{,}00\ \text{g C}$$

$$\text{masse de H} = 13{,}5\ \text{g}\ \cancel{H_2O} \times \frac{1\ \cancel{\text{mol}\ H_2O}}{18{,}02\ \cancel{\text{g}\ H_2O}} \times \frac{2\ \cancel{\text{mol H}}}{1\ \cancel{\text{mol}\ H_2O}} \times \frac{1{,}008\ \text{g H}}{1\ \cancel{\text{mol H}}} = 1{,}51\ \text{g H}$$

Ainsi, dans 11,5 g d'éthanol, il y a 6,00 g de carbone et 1,51 g d'hydrogène. La masse manquante correspond à la masse de l'oxygène :

$$\begin{aligned}\text{masse de O} &= \text{masse de l'échantillon} - (\text{masse de C} + \text{masse de H})\\ &= 11{,}5\ \text{g} - (6{,}00\ \text{g} + 1{,}51\ \text{g})\\ &= 4{,}0\ \text{g}\end{aligned}$$

Le nombre de moles de chacun des éléments présents dans 11,5 g d'éthanol est :

$$\text{moles de C} = 6{,}00\ \text{g}\,\cancel{\text{C}} \times \frac{1\ \text{mol C}}{12{,}01\ \text{g}\,\cancel{\text{C}}} = 0{,}500\ \text{mol C}$$

$$\text{moles de H} = 1{,}51\ \text{g}\,\cancel{\text{H}} \times \frac{1\ \text{mol H}}{1{,}008\ \text{g}\,\cancel{\text{H}}} = 1{,}50\ \text{mol H}$$

$$\text{moles de O} = 4{,}0\ \text{g}\,\cancel{\text{O}} \times \frac{1\ \text{mol O}}{16{,}00\ \text{g}\,\cancel{\text{O}}} = 0{,}25\ \text{mol O}$$

La formule de l'éthanol est donc $C_{0,5}H_{1,5}O_{0,25}$. Étant donné que le nombre d'atomes de chaque élément doit être entier, il faut diviser les indices par 0,25 (le plus petit indice) pour ainsi obtenir C_2H_6O comme formule empirique.

Maintenant, on comprend mieux pourquoi on parle de « formule empirique » : ce terme signifie « qui se situe au niveau de l'expérience ». La formule empirique de l'éthanol a été établie à partir de l'analyse expérimentale de ce composé, c'est-à-dire sans que l'on connaisse sa structure (la façon dont les atomes sont liés entre eux).

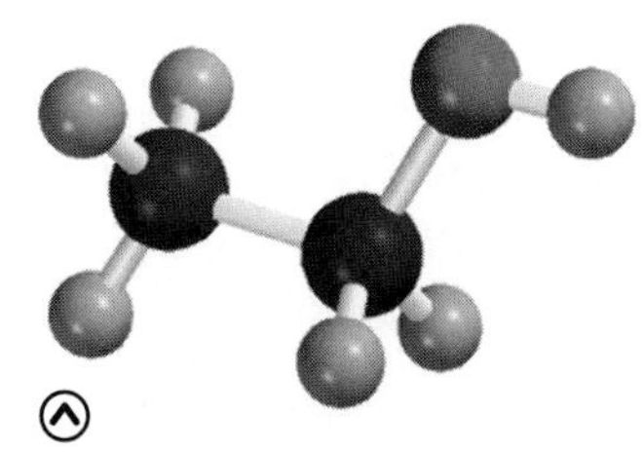

Il s'avère ici que la formule chimique réelle de l'éthanol, C_2H_6O, est la même que sa formule empirique.

3.3.3 La détermination de la formule moléculaire d'un composé

La formule déterminée à partir de l'analyse élémentaire est toujours une formule empirique, parce que ses indices sont toujours réduits aux plus petits nombres entiers possible. Pour établir la formule moléculaire (ou réelle) d'un composé, il faut connaître sa masse molaire *approximative* en plus de sa formule empirique. Sachant que la masse molaire d'un composé doit être un multiple entier (1, 2, 3, etc.) de la masse molaire de sa formule empirique, on peut utiliser la masse molaire du composé pour trouver sa formule moléculaire, comme le montre l'**EXEMPLE 3.11**.

NOTE

La masse molaire d'un composé peut être déterminée expérimentalement même si sa formule chimique réelle est inconnue.

NOTE

Le terme « formule moléculaire » est utilisé dans le cas où le composé est une molécule (*voir la section 2.5, p. 54*).

EXEMPLE 3.11 La détermination de la formule moléculaire d'un composé

Une molécule est formée de 1,52 g d'azote (N) et de 3,47 g d'oxygène (O). Sachant que sa masse molaire se situe entre 90 g/mol et 95 g/mol, déterminez sa formule moléculaire et sa masse molaire exacte.

DÉMARCHE

Pour déterminer la formule moléculaire d'un composé, il faut d'abord en trouver la formule empirique. Comment convertir les grammes en moles ? En comparant la masse molaire empirique à la masse molaire expérimentale, nous pourrons savoir quel est le rapport entre la formule empirique et la formule moléculaire. ▸

SOLUTION

D'abord, il faut déterminer la formule empirique (*voir l'*EXEMPLE 3.10, *p. 101*). Soit n_N et n_O, les nombres de moles d'azote et d'oxygène. Alors :

$$n_N = 1{,}52 \text{ g N} \times \frac{1 \text{ mol N}}{14{,}01 \text{ g N}} = 0{,}108 \text{ mol N}$$

$$n_O = 3{,}47 \text{ g O} \times \frac{1 \text{ mol O}}{16{,}00 \text{ g O}} = 0{,}217 \text{ mol O}$$

Donc, la formule du composé est $N_{0,108}O_{0,217}$. Comme dans l'**EXEMPLE 3.10**, il faut diviser les indices par le plus petit d'entre eux, soit 0,108. Après avoir arrondi, nous obtenons NO_2 comme formule empirique. Nous savons que la formule moléculaire peut être identique à la formule empirique, sinon les indices de la première sont des multiples entiers de la seconde, comme dans N_2O_4, N_3O_6... La masse molaire de la formule empirique NO_2 est :

$$\text{masse molaire empirique} = 14{,}01 \text{ g} + 2(16{,}00 \text{ g}) = 46{,}01 \text{ g ou } 46{,}01 \text{ g/mol}$$

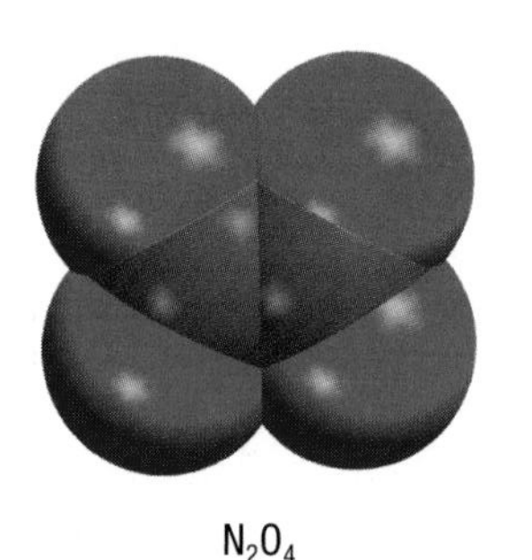

N_2O_4

Ensuite, il faut déterminer le rapport entre la masse molaire et celle correspondant à la formule empirique, ce qui peut se faire avec le rapport suivant :

$$\frac{\text{masse molaire}}{\text{masse molaire empirique}} = \frac{90 \text{ g/mol}}{46{,}01 \text{ g/mol}} \approx 2$$

Ainsi, il y a deux unités de NO_2 dans chaque molécule du composé ; la formule moléculaire est donc $(NO_2)_2$ ou N_2O_4. La masse molaire de ce composé est 2(46,01 g/mol) ou 92,02 g/mol, ce qui est compris entre 90 et 95 g/mol.

VÉRIFICATION

Remarquez que, pour déterminer la formule moléculaire à partir de la formule empirique, la masse molaire du composé peut être approximative, car la masse molaire vraie est toujours un multiple (un nombre entier de fois, soit 1×, 2×, 3×, etc.) de la masse molaire empirique. Le rapport (masse molaire/masse molaire empirique) sera toujours presque un entier.

Problèmes semblables 3.29 et 3.30

EXERCICE E3.11

Un composé est formé de 6,444 g de bore (B) et de 1,803 g d'hydrogène (H). La masse molaire du composé est d'environ 30 g. Quelle est sa formule moléculaire ?

QUESTIONS de révision

8. Expliquez ce que signifie « composition centésimale massique d'un composé » dans le cas de NH_3.
9. Si l'on connaît la formule empirique d'un composé, de quel autre renseignement a-t-on besoin pour déterminer sa formule moléculaire ?
10. Expliquez pourquoi, dans l'**EXEMPLE 3.10** (*voir p. 101*), les calculs ne permettent pas de déterminer la formule moléculaire de l'acide ascorbique.

3.4 Les réactions et les équations chimiques

Les **réactions chimiques** sont des transformations impliquant le réarrangement des atomes qui sont mis en présence. Elles sont décrites à l'aide d'**équations chimiques**, lesquelles utilisent des symboles chimiques et des coefficients pour indiquer ce qui se produit durant une réaction chimique.

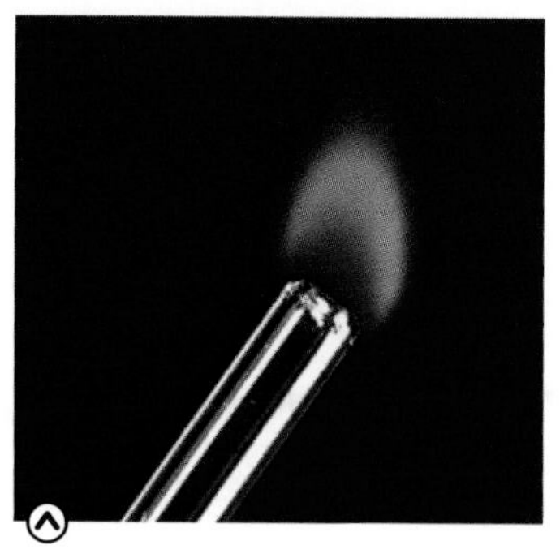

Combustion de l'hydrogène dans l'air

La réaction de la combustion de l'hydrogène (H_2) en présence d'oxygène (O_2) génère de l'eau (H_2O). Cette réaction peut être représentée par l'équation chimique suivante :

$$H_2 + O_2 \longrightarrow H_2O \qquad (3.2)$$

où le signe + signifie « réagit avec » et le signe $\longrightarrow$ signifie « pour former ». Ainsi, cette expression symbolique peut se lire de la façon suivante : « Le dihydrogène réagit avec le dioxygène pour former de l'eau. » La réaction se produit de gauche à droite comme l'indique le sens de la flèche.

Pour être en accord avec la loi de la conservation de la matière, il faut que le nombre d'atomes de chaque élément soit le même de chaque côté de la flèche, c'est-à-dire qu'il doit y avoir le même nombre d'atomes avant et après la réaction. Il faut alors *équilibrer* l'équation 3.2 en plaçant le coefficient approprié (dans ce cas : 2) devant H_2 et H_2O. Les coefficients placés devant les espèces chimiques sont appelés **coefficients stœchiométriques**.

NOTE

Il est possible de changer les coefficients (les nombres qui précèdent les formules), mais pas les indices (les nombres à l'intérieur des formules). Changer les indices correspondrait à changer la nature de la substance. Par exemple, $2H_2O$ signifie « deux moles d'eau » ; si on multipliait l'indice du O par deux, on obtiendrait H_2O_2, qui est la formule du peroxyde d'hydrogène, un composé complètement différent.

$$2H_2 + O_2 \longrightarrow 2H_2O$$

Cette *équation chimique équilibrée* indique que « deux molécules de dihydrogène peuvent se combiner avec une molécule de dioxygène pour former deux molécules d'eau ». Ou encore que « deux moles de dihydrogène peuvent se combiner avec une mole de dioxygène pour former deux moles d'eau ». En outre, puisque la masse molaire de chacune de ces substances est connue, on pourrait aussi lire la réaction en termes de masses, comme le montre le **TABLEAU 3.2**.

Il est à noter que le coefficient 1, comme pour O_2 dans cette équation, est sous-entendu, donc jamais inscrit.

TABLEAU 3.2 > Diverses interprétations d'une équation chimique

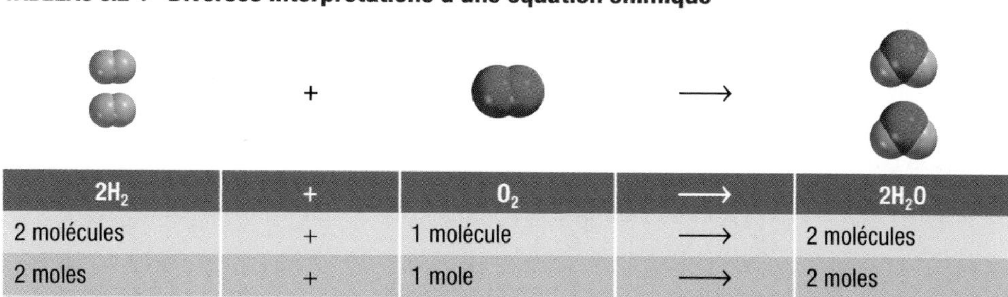

$2H_2$	+	O_2	$\longrightarrow$	$2H_2O$
2 molécules	+	1 molécule	$\longrightarrow$	2 molécules
2 moles	+	1 mole	$\longrightarrow$	2 moles
2(2,02 g) = 4,04 g	+	32,00 g	$\longrightarrow$	2(18,02 g) = 36,04 g
36,04 g de réactifs				36,04 g de produit

NOTE

Au cours d'une réaction chimique, il n'y a pas nécessairement conservation du nombre de moles (et de molécules), mais il y a conservation de la matière.

Les espèces chimiques H_2 et O_2 de l'équation 3.2 constituent les **réactifs** : ce sont les substances de départ d'une réaction chimique. L'eau est le **produit**, c'est-à-dire la substance résultant d'une réaction chimique. Dans une équation chimique, les réactifs sont, par convention, à gauche de la flèche, et les produits se situent à droite :

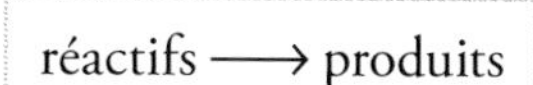

réactifs $\longrightarrow$ produits

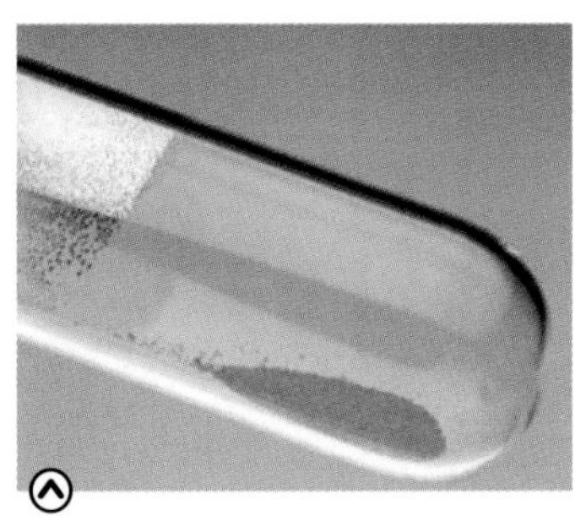

Sous l'effet de la chaleur, l'oxyde de mercure(II) (HgO) se décompose en mercure et en oxygène.

Pour fournir plus de renseignements, les chimistes indiquent souvent l'état physique des réactifs et des produits en utilisant les lettres *g* (gazeux), *l* (liquide), *s* (solide) et *aq* (aqueux). Par exemple :

$$2CO(g) + O_2(g) \longrightarrow 2CO_2(g)$$
$$2HgO(s) \longrightarrow 2Hg(l) + O_2(g)$$

Par ailleurs, pour représenter ce qui arrive au chlorure de sodium (NaCl) lorsqu'il est dissous dans l'eau, on écrit :

$$NaCl(s) \xrightarrow{H_2O} NaCl(aq)$$

Le symbole H_2O placé au-dessus de la flèche indique que la dissolution s'est effectuée dans l'eau. Les lettres (*aq*) signifient « aqueux », c'est-à-dire « entouré d'eau ». Le chapitre 9 traite de la dissolution.

Afin d'être écrite correctement, une équation chimique doit être équilibrée, c'est-à-dire qu'elle doit comporter le même nombre d'atomes de chaque élément du côté des réactifs et du côté des produits. Les équations chimiques peuvent être équilibrées selon deux méthodes, qui donneront le même résultat : la méthode par tâtonnement et la méthode algébrique.

3.4.1 L'équilibrage des équations chimiques par la méthode par tâtonnement

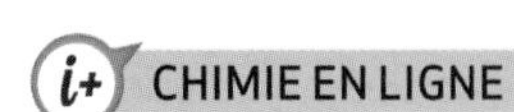

Interaction
• L'équilibrage des équations

Un grand nombre d'équations peu complexes peuvent être équilibrées par une méthode simple et assez rapide appelée « méthode par tâtonnement ». Il s'agit de procéder à l'équilibrage par essais successifs : on place des coefficients devant les formules et on les change, s'il y a lieu, de manière à ce que chaque espèce d'atome soit en nombre égal des deux côtés de l'équation. Voici les principales étapes à suivre afin d'éviter de tourner en rond :

1. Déterminer les réactifs et les produits, puis écrire leurs formules respectivement à gauche et à droite de la flèche.
2. Commencer l'équilibrage en essayant différents coefficients jusqu'à l'obtention d'un nombre égal d'atomes pour chaque élément de part et d'autre de la flèche :
   a) Équilibrer en premier les éléments qui n'apparaissent qu'une fois de chaque côté de la flèche ;
   b) Équilibrer en dernier les éléments qui apparaissent plus d'une fois de chaque côté de la flèche.
3. Vérifier son travail en s'assurant que les atomes de chaque élément sont présents en nombre égal de chaque côté de la flèche.

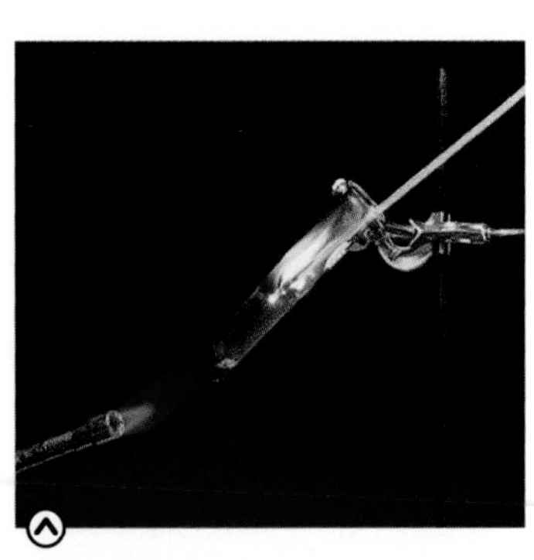

Sous l'effet de la chaleur, le chlorate de potassium ($KClO_3$) produit de l'oxygène qui participe à la combustion d'une éclisse de bois.

Voici un exemple. En laboratoire, on peut facilement obtenir une petite quantité d'oxygène en chauffant du chlorate de potassium ($KClO_3$). Les produits sont de l'oxygène gazeux (O_2) et du chlorure de potassium (KCl). Selon ces données, on écrit :

$$KClO_3(s) \longrightarrow KCl(s) + O_2(g)$$

Chacun des trois éléments (K, Cl et O) n'apparaît qu'une fois de chaque côté de la flèche, mais seuls K et Cl ont le même nombre d'atomes des deux côtés. Alors, $KClO_3$ et KCl doivent avoir le même coefficient. L'étape suivante consiste à rendre le nombre d'atomes de O égal des deux côtés de la flèche. Étant donné qu'il y a trois atomes de O du côté gauche et deux du côté droit, on peut les équilibrer en plaçant les coefficients 2 devant $KClO_3$ et 3 devant O_2 :

$$2KClO_3(s) \longrightarrow KCl(s) + 3O_2(g)$$

Finalement, on équilibre les atomes de K et de Cl en plaçant le coefficient 2 devant KCl :

$$2KClO_3(s) \longrightarrow 2KCl(s) + 3O_2(g) \quad (3.3)$$

Comme vérification finale, on peut remplir un tableau comparant les réactifs et les produits (les chiffres entre parenthèses indiquent le nombre d'atomes de chaque élément) :

Réactifs	Produits
K (2)	K (2)
Cl (2)	Cl (2)
O (6)	O (6)

Bien que cette équation soit également équilibrée si les coefficients sont un multiple des coefficients déjà trouvés (par exemple, si on multiplie les coefficients par 2, on obtient $4KClO_3 \longrightarrow 4KCl + 6O_2$), par convention, on utilise les *plus petits nombres entiers* possible comme coefficients (*voir l'équation 3.3*).

Un autre exemple est la combustion de l'éthane (C_2H_6), un des constituants du gaz naturel, qui génère du dioxyde de carbone (CO_2) et de l'eau. L'équation chimique représentant cette réaction est la suivante :

$$C_2H_6(g) + O_2(g) \longrightarrow CO_2(g) + H_2O(l)$$

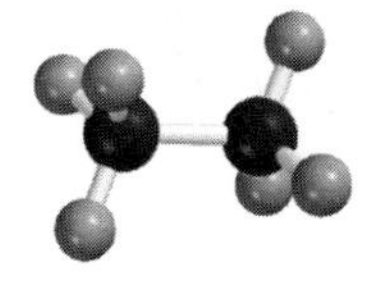
C_2H_6

On remarque que, pour chacun des éléments (C, H et O), le nombre d'atomes n'est pas le même de chaque côté. Cependant, C et H n'apparaissent qu'une fois de part et d'autre de la flèche ; quant à O, il apparaît dans deux composés du côté droit (CO_2 et H_2O). Pour équilibrer les atomes de C, on place le coefficient 2 devant CO_2 :

$$C_2H_6(g) + O_2(g) \longrightarrow 2CO_2(g) + H_2O(l)$$

Pour équilibrer les atomes de H, on place le coefficient 3 devant H_2O :

$$C_2H_6(g) + O_2(g) \longrightarrow 2CO_2(g) + 3H_2O(l)$$

À cette étape, les nombres d'atomes de C et de H sont les mêmes de chaque côté de la flèche, ce qui n'est pas le cas des atomes de O : il y a sept atomes de O à droite et seulement deux à gauche. On peut éliminer cette disparité en écrivant $\frac{7}{2}$ devant O_2 :

$$C_2H_6(g) + \frac{7}{2}O_2(g) \longrightarrow 2CO_2(g) + 3H_2O(l)$$

Le raisonnement qui justifie le choix de $\frac{7}{2}$ comme facteur est le suivant : il y a sept atomes d'oxygène à droite de la flèche, mais seulement deux atomes d'oxygène à gauche. Pour les équilibrer, il suffit de se demander combien de *paires* d'atomes d'oxygène sont nécessaires pour obtenir sept atomes d'oxygène. De la même façon que 3,5 paires de chaussures correspondent à 7 chaussures, $\frac{7}{2}$ molécules de O_2 donnent 7 atomes. Comme le tableau qui suit le montre, l'équation est maintenant complètement équilibrée.

Réactifs	Produits
C (2)	C (2)
H (6)	H (6)
O (7)	O (7)

Cependant, il est préférable que les coefficients soient des nombres entiers plutôt que fractionnaires. C'est pourquoi on peut multiplier tous les coefficients de l'équation par 2 pour convertir $\frac{7}{2}$ en 7 :

$$2C_2H_6(g) + 7O_2(g) \longrightarrow 4CO_2(g) + 6H_2O(l)$$

Le décompte final est :

Réactifs	Produits
C (4)	C (4)
H (12)	H (12)
O (14)	O (14)

Cette cannette est faite en aluminium, un métal qui résiste à la corrosion.

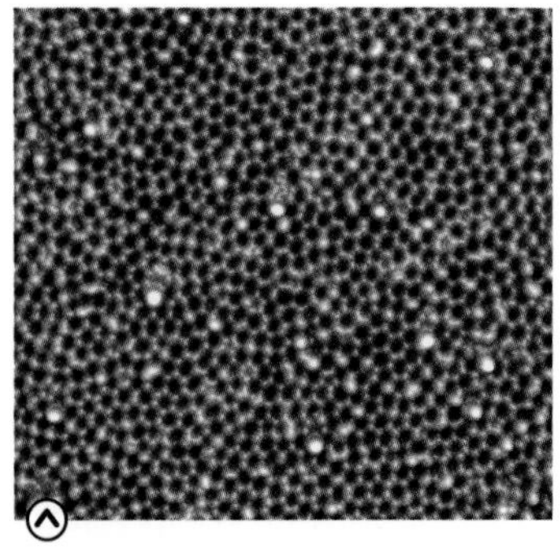

Une image à l'échelle atomique d'oxyde d'aluminium

EXEMPLE 3.12 L'équilibrage des équations chimiques

Quand l'aluminium est exposé à l'air, il se forme une mince couche protectrice d'oxyde d'aluminium (Al_2O_3) à sa surface. L'oxygène (O_2) ne peut plus par la suite attaquer l'aluminium sous la couche d'oxyde ; c'est pourquoi les cannettes de boisson gazeuse en aluminium ne se corrodent pas. (Dans le cas du fer, l'oxyde de fer(III) qui se forme sur ce métal est trop poreux pour le protéger et ainsi stopper la corrosion.) Équilibrez l'équation décrivant ce processus.

DÉMARCHE

Rappelez-vous que la formule d'un élément ou d'un composé ne peut pas être modifiée en équilibrant l'équation. L'équation est équilibrée en plaçant les coefficients appropriés devant les formules. Suivez la procédure décrite à la page 106.

SOLUTION

L'équation non équilibrée est :

$$Al(s) + O_2(g) \longrightarrow Al_2O_3(s)$$

Nous remarquons que Al et O n'apparaissent qu'une seule fois de chaque côté de la flèche, mais en quantités inégales. Pour équilibrer les atomes de Al, nous plaçons le coefficient 2 devant Al :

$$2Al(s) + O_2(g) \longrightarrow Al_2O_3(s)$$

Il y a maintenant deux atomes de O du côté gauche de la flèche et trois du côté droit. Cette disparité peut être éliminée si nous écrivons $\frac{3}{2}$ devant O_2 :

$$2Al(s) + \frac{3}{2}O_2(g) \longrightarrow Al_2O_3(s)$$

▶

À cette étape-ci, on peut dire que l'équation est équilibrée. Toutefois, on l'écrit avec un ensemble de nombres entiers comme coefficients :

$$2\left(2\text{Al}(s) + \frac{3}{2}\text{O}_2(g) \longrightarrow \text{Al}_2\text{O}_3(s)\right)$$

$$4\text{Al}(s) + 3\text{O}_2(g) \longrightarrow 2\text{Al}_2\text{O}_3(s)$$

VÉRIFICATION

Pour qu'une équation soit équilibrée, il faut avoir un même nombre d'atomes pour chaque élément des deux côtés de l'équation.

Le décompte final est :

Réactifs	Produits
Al (4)	Al (4)
O (6)	O (6)

L'équation est équilibrée.

NOTE

Ces coefficients sont-ils encore réductibles en un ensemble d'entiers plus petits ?

EXERCICE E3.12

Équilibrez l'équation représentant la réaction entre l'oxyde de fer(III) (Fe_2O_3) et le monoxyde de carbone (CO) qui forme du fer (Fe) et du dioxyde de carbone (CO_2).

Problème semblable ⊕
3.32

3.4.2 L'équilibrage des équations chimiques par la méthode algébrique

La méthode algébrique est une deuxième méthode d'équilibrage plus générale et plus systématique, principalement utile dans le cas d'équations plus complexes. Dans un premier temps, on attribue des coefficients algébriques (a, b, c...) à chacune des formules de l'équation. Ensuite, en faisant comme si l'équation se trouvait équilibrée, on applique la loi de la conservation de la matière pour chacun des éléments situés de part et d'autre de l'équation. Il en résulte un système d'équations simultanées du premier degré à plusieurs inconnues. En procédant par substitutions successives, la résolution d'un tel système n'est pas trop ardue.

Voici les étapes de la méthode algébrique appliquée à la réaction de combustion de l'hexane :

$$\text{C}_6\text{H}_{14}(l) + \text{O}_2(g) \longrightarrow \text{CO}_2(g) + \text{H}_2\text{O}(l)$$

1. Attribuer des coefficients algébriques aux formules :

$$a\text{C}_6\text{H}_{14}(l) + b\text{O}_2(g) \longrightarrow c\text{CO}_2(g) + d\text{H}_2\text{O}(l)$$

2. Appliquer la loi de la conservation de la matière pour chaque type d'atome (poser une équation algébrique pour chaque atome) :

On inscrit « 6a », car il y a 6 atomes de C dans la molécule comportant le coefficient a.

On inscrit « = » lorsqu'on traverse des réactifs aux produits.

$$\text{C}: \ 6a = c \qquad (1)$$

$$\text{H}: \ 14a = 2d \qquad (2)$$

$$\text{O}: \ 2b = 2c + d \qquad (3)$$

3. Attribuer une valeur à l'une des variables et résoudre le système d'équations :

   Si $a = 1$:

$$6a = c \qquad \text{donc } c = 6$$

$$14a = 2d \qquad \text{donc } d = 7$$

$$2b = 2c + d$$

$$2b = 2(6) + 7 \qquad \text{donc } b = \frac{19}{2}$$

4. Remplacer les variables dans l'équation et vérifier que l'équation est bien équilibrée :

$$C_6H_{14}(l) + \frac{19}{2}\,O_2(g) \longrightarrow 6CO_2(g) + 7H_2O(l)$$

5. Multiplier tous les coefficients par 2 pour convertir $\frac{19}{2}$ en 19 :

$$2C_6H_{14}(l) + 19O_2(g) \longrightarrow 12CO_2(g) + 14H_2O(l)$$

QUESTIONS de révision

11. Définissez les termes réaction chimique, réactif et produit.
12. Dans une équation chimique, qu'est-ce qui donne de l'information sur les rapports selon lesquels les réactifs réagissent entre eux et se transforment en produits ?

3.5 La stœchiométrie

3.5.1 Les calculs des quantités de réactifs et de produits

Voici une question fondamentale soulevée quotidiennement dans les laboratoires de chimie : « Si l'on connaît la quantité des substances de départ (les réactifs) dans une réaction, peut-on calculer la quantité de produits qui sera formée ? » Dans certains cas, la question peut aussi être inversée : « Quelle quantité de substances de départ doit-on utiliser pour obtenir une quantité donnée de produits ? » Pour interpréter quantitativement une réaction, il faut faire appel à nos connaissances sur la masse molaire et sur le concept de mole. L'étude des relations quantitatives entre les produits et les réactifs au cours d'une réaction chimique s'appelle la **stœchiométrie**.

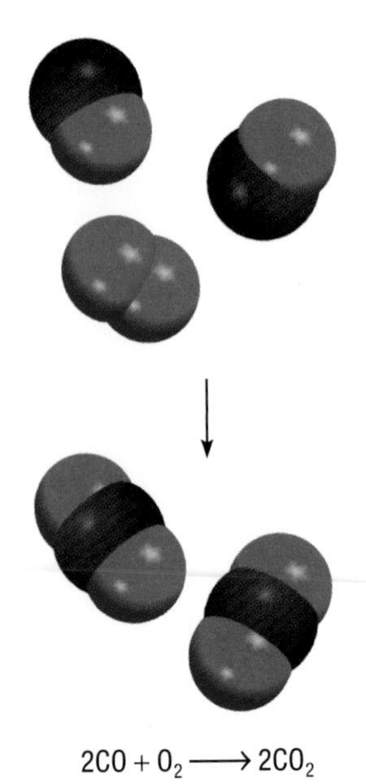
$2CO + O_2 \longrightarrow 2CO_2$

Soit la combustion du monoxyde de carbone dans l'air, qui forme le dioxyde de carbone :

$$2CO(g) + O_2(g) \longrightarrow 2CO_2(g)$$

L'équation et les coefficients stœchiométriques indiquent que deux moles de monoxyde de carbone gazeux réagissent avec une mole d'oxygène gazeux pour former deux moles de dioxyde de carbone gazeux.

En stœchiométrie, on dit que deux moles de CO équivalent à deux moles de CO_2 :

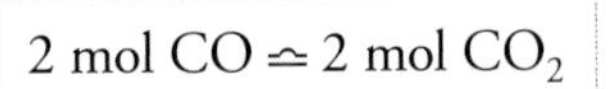

$$2 \text{ mol CO} \simeq 2 \text{ mol } CO_2$$

Le symbole $\triangleq$ veut dire « stœchiométriquement équivalent à » ou simplement « équivalent à ». Le rapport molaire (ou rapport stœchiométrique) entre CO et CO_2 est 2:2 ou 1:1, ce qui signifie que, si 10 mol de CO réagissent, il y aura production de 10 mol de CO_2 au maximum. De même, avec 0,20 mol de CO, on obtiendra 0,20 mol de CO_2. Cette relation s'exprime par les facteurs de conversion suivants :

NOTE

À ne pas confondre ! $\triangleq$ est le symbole de « équivalent à » et $\approx$ est le symbole de « approximativement égal ».

$$\frac{2 \text{ mol CO}}{2 \text{ mol CO}_2} \quad \text{et} \quad \frac{2 \text{ mol CO}_2}{2 \text{ mol CO}}$$

De même, 1 mol $O_2 \triangleq$ 2 mol CO_2, et 2 mol CO $\triangleq$ 1 mol O_2.

Voici un exemple simple. On suppose que 4,8 mol de CO réagissent complètement avec du O_2 pour donner du CO_2. Pour calculer la quantité de CO_2 formée en moles, on utilise le facteur de conversion dans lequel CO est au dénominateur, ce qui donne :

$$\begin{aligned}\text{moles de CO}_2 \text{ produites} &= 4{,}8 \cancel{\text{mol CO}} \times \frac{2 \text{ mol CO}_2}{2 \cancel{\text{mol CO}}} \\ &= 4{,}8 \text{ mol CO}_2\end{aligned}$$

On suppose maintenant que 10,7 g de CO réagissent complètement avec du O_2 pour former du CO_2. Combien de grammes de CO_2 obtiendrait-on ? Pour effectuer ce calcul, on remarque que le lien entre le CO et le CO_2 est le rapport molaire donné par l'équation équilibrée. Il faudra donc d'abord convertir les grammes de CO en moles de CO, puis en moles de CO_2 et, finalement, en grammes de CO_2. Ces étapes de conversion se résument ainsi :

grammes de CO ⟶ moles de CO ⟶ moles de CO_2 ⟶ grammes de CO_2

On convertit d'abord 10,7 g de CO en nombre de moles de CO en utilisant comme facteur de conversion la masse molaire de CO :

$$\begin{aligned}\text{moles de CO} &= 10{,}7 \cancel{\text{g CO}} \times \frac{1 \text{ mol CO}}{28{,}01 \cancel{\text{g CO}}} \\ &= 0{,}382 \text{ mol CO}\end{aligned}$$

Il faut ensuite calculer le nombre de moles de CO_2 produites :

$$\begin{aligned}\text{moles de CO}_2 &= 0{,}382 \cancel{\text{mol CO}} \times \frac{2 \text{ mol CO}_2}{2 \cancel{\text{mol CO}}} \\ &= 0{,}382 \text{ mol CO}_2\end{aligned}$$

On calcule enfin la masse de CO_2 produite en grammes, en utilisant la masse molaire du CO_2 comme facteur de conversion :

$$\begin{aligned}\text{grammes de CO}_2 &= 0{,}382 \cancel{\text{mol CO}_2} \times \frac{44{,}01 \text{ g CO}_2}{1 \cancel{\text{mol CO}_2}} \\ &= 16{,}8 \text{ g CO}_2\end{aligned}$$

Les trois étapes de ce calcul peuvent aussi être combinées en une seule étape de la manière suivante :

$$\text{grammes de } CO_2 = 10{,}7 \text{ g CO} \times \frac{1 \text{ mol CO}}{28{,}01 \text{ g CO}} \times \frac{2 \text{ mol } CO_2}{2 \text{ mol CO}} \times \frac{44{,}01 \text{ g } CO_2}{1 \text{ mol } CO_2}$$
$$= 16{,}8 \text{ g } CO_2$$

On peut aussi calculer de manière semblable la masse en grammes de O_2 consommée lors de cette réaction. En utilisant la relation 2 mol de CO $\simeq$ 1 mol de O_2, on peut écrire :

$$\text{grammes de } O_2 = 10{,}7 \text{ g CO} \times \frac{1 \text{ mol CO}}{28{,}01 \text{ g CO}} \times \frac{1 \text{ mol } O_2}{2 \text{ mol CO}} \times \frac{32{,}00 \text{ g } O_2}{1 \text{ mol } O_2}$$
$$= 6{,}11 \text{ g } O_2$$

CHIMIE EN LIGNE

Interaction
- La méthode des moles

Cette méthode s'appelle la **méthode des moles**. Il s'agit d'une approche basée sur le fait que les coefficients stœchiométriques d'une équation chimique peuvent être interprétés comme le nombre de moles de chaque substance. La **FIGURE 3.5** illustre les étapes à suivre pour effectuer les calculs stœchiométriques par la méthode des moles.

FIGURE 3.5 Méthode des moles

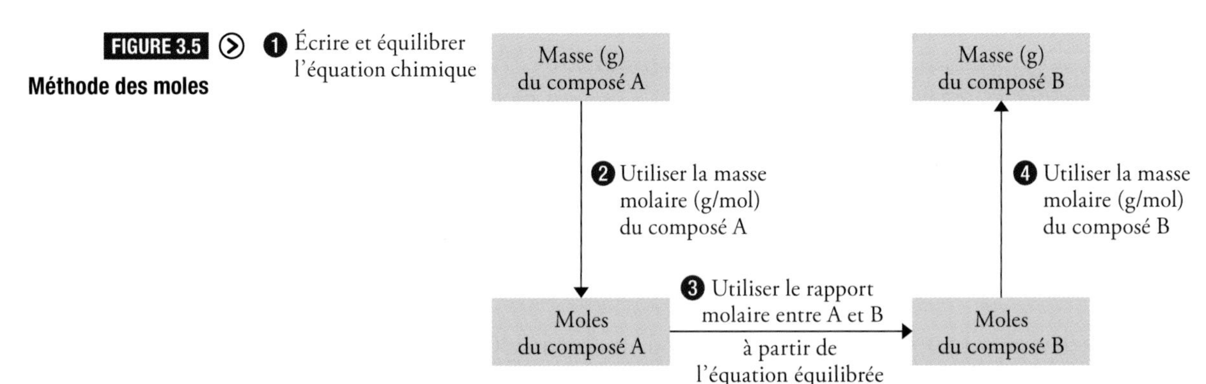

EXEMPLE 3.13 Le calcul de la quantité de produits

Les aliments que nous mangeons doivent être digérés, c'est-à-dire décomposés, pour fournir l'énergie nécessaire à notre croissance et à nos fonctions vitales. Un exemple d'équation globale (ou bilan) correspondant à ce processus très complexe est celui de la dégradation du glucose ($C_6H_{12}O_6$) en dioxyde de carbone (CO_2) et en eau (H_2O) :

$$C_6H_{12}O_6 + O_2 \longrightarrow CO_2 + H_2O$$

Si 856 g de $C_6H_{12}O_6$ sont dégradés par l'organisme durant un certain temps, quelle est la masse de CO_2 produite ?

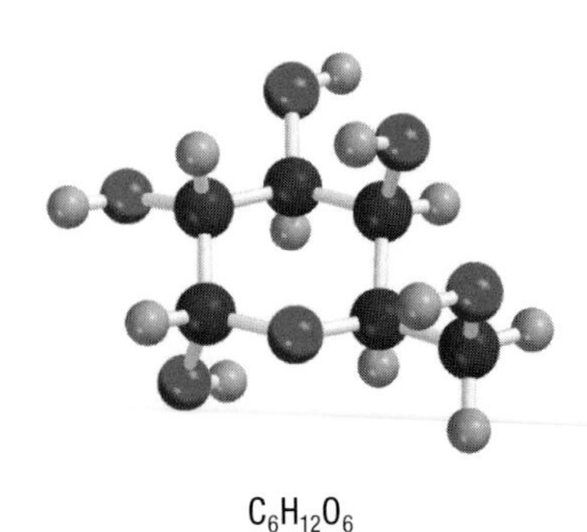

$C_6H_{12}O_6$

DÉMARCHE

À l'aide de l'équation équilibrée, comment pouvons-nous comparer les quantités de $C_6H_{12}O_6$ et de CO_2 ? Cela se fait au moyen du rapport molaire spécifié par l'équation équilibrée. Comment faire pour convertir les grammes de $C_6H_{12}O_6$ en moles ? Une fois les moles de CO_2 connues d'après le rapport molaire qu'indique l'équation équilibrée, comment pouvons-nous les convertir en grammes de CO_2 ?

SOLUTION

Suivons les étapes suivantes en nous inspirant de la **FIGURE 3.5.**

Étape 1 : équilibrer l'équation chimique :

$$C_6H_{12}O_6 + 6O_2 \longrightarrow 6CO_2 + 6H_2O$$

Étape 2 : pour convertir les grammes de $C_6H_{12}O_6$ en moles de $C_6H_{12}O_6$, on écrit :

$$856 \cancel{\text{g } C_6H_{12}O_6} \times \frac{1 \text{ mol } C_6H_{12}O_6}{180{,}2 \cancel{\text{g } C_6H_{12}O_6}} = 4{,}75 \text{ mol } C_6H_{12}O_6$$

Étape 3 : le rapport molaire indique que 1 mol $C_6H_{12}O_6 \simeq 6$ mol CO_2. Le nombre de moles de CO_2 formées est donc :

$$4{,}75 \cancel{\text{mol } C_6H_{12}O_6} \times \frac{6 \text{ mol } CO_2}{1 \cancel{\text{mol } C_6H_{12}O_6}} = 28{,}5 \text{ mol } CO_2$$

Étape 4 : le nombre de grammes de CO_2 formés se calcule ainsi :

$$28{,}5 \text{ mol } CO_2 \times \frac{44{,}01 \text{ g } CO_2}{1 \text{ mol } CO_2} = 1{,}25 \times 10^3 \text{ g } CO_2$$

Avec plus d'entraînement, on parvient à effectuer les conversions :

grammes de $C_6H_{12}O_6 \longrightarrow$ moles de $C_6H_{12}O_6$
$\longrightarrow$ moles de $CO_2 \longrightarrow$ grammes de CO_2

en une seule équation :

$$\begin{aligned} \text{masse de } CO_2 &= 856 \cancel{\text{g } C_6H_{12}O_6} \times \frac{1 \cancel{\text{mol } C_6H_{12}O_6}}{180{,}2 \cancel{\text{g } C_6H_{12}O_6}} \\ &\quad \times \frac{6 \cancel{\text{mol } CO_2}}{1 \cancel{\text{mol } C_6H_{12}O_6}} \times \frac{44{,}01 \text{ g } CO_2}{1 \cancel{\text{mol } CO_2}} \\ &= 1{,}25 \times 10^3 \text{ g } CO_2 \end{aligned}$$

VÉRIFICATION

La réponse vous semble-t-elle plausible ? La masse de CO_2 produite devrait-elle être plus grande que la masse de $C_6H_{12}O_6$ qui a réagi, même si la masse molaire du CO_2 est beaucoup plus petite que celle du $C_6H_{12}O_6$? Quelle est la relation molaire entre le CO_2 et le $C_6H_{12}O_6$?

EXERCICE E3.13

Le méthanol (CH_3OH) brûle dans l'air selon l'équation suivante :

$$2CH_3OH + 3O_2 \longrightarrow 2CO_2 + 4H_2O$$

Si 209 g de méthanol sont brûlés, quelle est la masse de H_2O produite ?

Problème semblable ⊕
3.35

Réaction entre le lithium et l'eau

EXEMPLE 3.14 Le calcul des quantités de réactifs

Tous les métaux alcalins réagissent avec l'eau pour produire de l'hydrogène gazeux et l'hydroxyde correspondant au métal alcalin. Prenons comme exemple la réaction entre le lithium (Li) et l'eau :

$$2\text{Li}(s) + 2\text{H}_2\text{O}(l) \longrightarrow 2\text{LiOH}(aq) + \text{H}_2(g)$$

Combien de grammes de Li faudra-t-il faire réagir afin d'obtenir 9,89 g de H_2 ?

DÉMARCHE

On demande de calculer le nombre de grammes de Li, un réactif, qui sont nécessaires pour produire une quantité donnée d'un produit, H_2. Il faudra donc inverser les étapes indiquées à la **FIGURE 3.5** (*p. 112*). D'après l'équation chimique de la réaction, on constate que 2 mol Li $\simeq$ 1 mol H_2.

SOLUTION

Voici les étapes de conversion :

$$\text{grammes de H}_2 \longrightarrow \text{moles de H}_2 \longrightarrow \text{moles de Li} \longrightarrow \text{grammes de Li}$$

En combinant ces étapes en une seule équation, on obtient :

$$9{,}89\ \cancel{\text{g H}_2} \times \frac{1\ \cancel{\text{mol H}_2}}{2{,}016\ \cancel{\text{g H}_2}} \times \frac{2\ \cancel{\text{mol Li}}}{1\ \cancel{\text{mol H}_2}} \times \frac{6{,}941\ \text{g Li}}{1\ \cancel{\text{mol Li}}} = 68{,}1\ \text{g Li}$$

VÉRIFICATION

Il y a environ 5 mol de H_2 dans 9,89 g de H_2 ; il faudra donc 10 mol de Li. Avec une masse molaire approximative de 7 g pour le Li, donc 70 g au total, la réponse vous semble-t-elle plausible ?

Problèmes semblables 3.36 et 3.37

EXERCICE E3.14

La réaction entre l'oxyde nitrique (NO) et l'oxygène pour former le dioxyde d'azote (NO_2) est une étape clé dans la formation de smog photochimique :

$$2\text{NO}(g) + \text{O}_2(g) \longrightarrow 2\text{NO}_2(g)$$

Combien de grammes de O_2 faudrait-il faire réagir pour produire 2,21 g de NO_2 ?

NOTE

Le smog photochimique est créé lorsque certains polluants atmosphériques réagissent sous l'effet du soleil pour former des substances toxiques.

RÉVISION DES CONCEPTS

Lequel des énoncés suivants décrit le mieux l'équation chimique ci-dessous ?

$$4\text{NH}_3(g) + 5\text{O}_2(g) \longrightarrow 4\text{NO}(g) + 6\text{H}_2\text{O}(g)$$

a) Une mole de NO est produite chaque fois qu'une mole de NH_3 est consommée.

b) Six grammes de H_2O sont produits chaque fois que 4 g de NH_3 sont consommés.

c) Deux moles de NO sont produites chaque fois que 3 mol de O_2 sont consommées.

3.5.2 Les calculs pour des quantités exprimées en concentration

Les chimistes travaillent souvent avec des substances chimiques diluées dans une certaine quantité d'eau. Les quantités de réactifs sont alors exprimées en concentration plutôt qu'en masse. La **concentration molaire** (C) est une grandeur qui indique la quantité d'une espèce chimique contenue dans 1 L (ou 1 dm^3) de solution. Elle est souvent exprimée en moles par litre (mol/L).

$$C = \frac{n}{V} \tag{3.4}$$

On peut facilement déduire la masse d'une substance chimique d'après sa concentration, comme le montre l'**EXEMPLE 3.15**.

EXEMPLE 3.15 Le calcul lorsque les données sont exprimées en concentration

Sachant que l'acide sulfurique réagit avec l'hydroxyde de sodium selon la réaction suivante :

$$NaOH(aq) + H_2SO_4(aq) \longrightarrow Na_2SO_4(s) + H_2O(l)$$

calculez le nombre de moles de sulfate de sodium que l'on peut obtenir au maximum lorsqu'on fait réagir 0,250 L d'une solution aqueuse d'acide sulfurique de concentration 0,200 mol/L avec une quantité suffisante de NaOH.

DÉMARCHE

Dans un premier temps, il faut équilibrer l'équation :

$$2NaOH(aq) + H_2SO_4(aq) \longrightarrow Na_2SO_4(s) + 2H_2O(l)$$

Le rapport molaire entre l'acide sulfurique et le sulfate de sodium étant de 1:1, le nombre de moles de sulfate de sodium obtenu sera le même que le nombre de moles d'acide sulfurique ayant réagi.

SOLUTION

Comme nous connaissons la concentration et le volume d'acide sulfurique, nous pouvons facilement calculer le nombre de moles avec l'équation :

$$n = C \times V$$
$$n = 0{,}200 \text{ mol/L} \times 0{,}250 \text{ L}$$
$$n = 0{,}500 \text{ mol d'acide sulfurique}$$

Le rapport molaire entre l'acide sulfurique et le sulfate de sodium étant de 1:1, nous pouvons dire que la réaction générera 0,500 mol de sulfate de sodium.

Nous aurions aussi pu combiner les étapes en une seule équation :

$$\text{concentration de } H_2SO_4 \longrightarrow \text{moles de } H_2SO_4 \longrightarrow \text{moles de } Na_2SO_4$$

$$0{,}250 \text{ L } H_2SO_4 \times \left(\frac{0{,}200 \text{ mol } H_2SO_4}{1 \text{ L } H_2SO_4}\right) \times \left(\frac{1 \text{ mol } Na_2SO_4}{1 \text{ mol } H_2SO_4}\right) = 0{,}500 \text{ mol } Na_2SO_4$$

EXERCICE E3.15

Quelle masse de carbonate de calcium ($CaCO_3$) sera produite lors de la réaction de 500,0 mL d'une solution d'acide carbonique (H_2CO_3) de concentration 0,100 mol/L avec une quantité suffisante de $Ca(OH)_2$? La réaction se produit selon l'équation suivante :

$$H_2CO_3(aq) + Ca(OH)_2(aq) \longrightarrow CaCO_3(s) + 2H_2O(l)$$

Problème semblable ⊕
3.43

3.5.3 Les réactifs limitants

Animation
- Les réactifs limitants

Interaction
- Le jeu du réactif limitant

Quand un chimiste synthétise un produit, les réactifs ne sont habituellement pas présents en **quantités stœchiométriques**, c'est-à-dire dans les proportions exactes indiquées par l'équation équilibrée. Dans une réaction, le réactif épuisé le premier s'appelle **réactif limitant**; la quantité maximale de produit dépend de la quantité initiale de ce réactif. Quand il n'en reste plus, il ne peut plus se former de produit. Les autres réactifs dont la quantité dépasse celle qui est requise pour réagir avec la quantité du réactif limitant s'appellent **réactifs en excès**.

On peut établir une analogie entre le concept de réactif limitant et une recette de cuisine. Par exemple, on veut faire des sandwichs constitués de deux tranches de pain et d'une tranche de jambon. Ce rapport 2 tranches de pain à 1 tranche de jambon à 1 sandwich est la recette: elle ne changera pas, peu importe les ingrédients dont on dispose. Il en va de même avec les quantités stœchiométriques d'une réaction chimique.

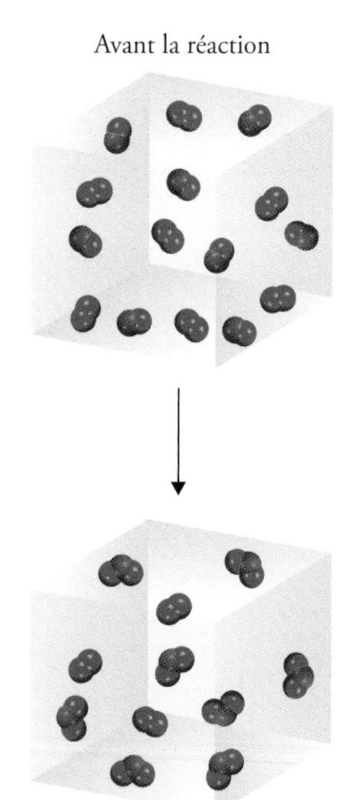

Après la réaction complète

NO O_2 NO_2

FIGURE 3.6

Réactif limitant et réactif en excès

En début de réaction, il y avait huit molécules de NO et sept molécules de O_2. À la fin, toutes les molécules de NO ont réagi, et il ne reste plus que trois molécules de O_2. Le NO est donc le réactif limitant et le O_2 est le réactif en excès. On pourrait tout aussi bien considérer que chaque molécule représente une mole de substance dans cette réaction.

S'il n'y a que huit tranches de pain et cinq tranches de jambon dans le réfrigérateur, on peut faire un maximum de quatre sandwichs. On utilise tout le pain, mais il reste une tranche de jambon. Ainsi, le jambon est le réactif en excès alors que le pain est le réactif limitant: en effet, c'est lui qui limite la quantité de sandwichs qu'on peut faire. Dans le cas où il y aurait eu trois tranches de jambon et huit tranches de pain, le pain aurait été le réactif en excès et le jambon, le réactif limitant. Grâce à l'analogie des sandwichs, le tableau ci-dessous illustre les quantités stœchiométriques d'une réaction.

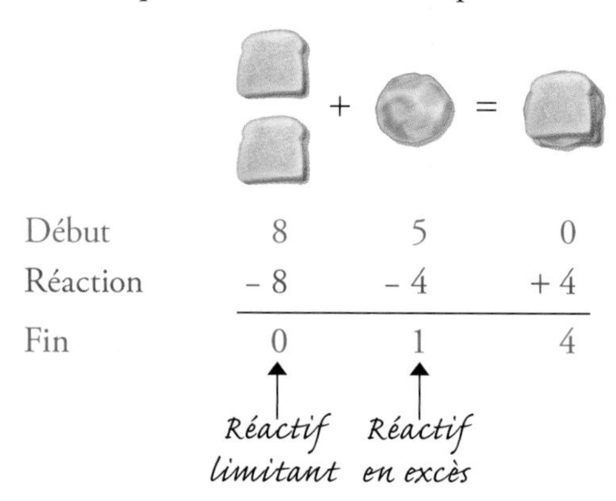

		+	=
Début	8	5	0
Réaction	− 8	− 4	+ 4
Fin	0	1	4

Avant de faire les sandwichs, on disposait de 8 tranches de pain et de 5 tranches de jambon. À ce moment-là, il n'y avait pas encore de sandwichs. Pour réaliser la recette (donc durant la réaction), on a consommé 8 tranches de pain et 4 tranches de jambon, ce qui a donné 4 sandwichs. À la fin, il est resté 1 tranche de jambon et 4 sandwichs.

Ce type de tableau, appelé **tableau stœchiométrique**, est très utile lors de la résolution de problèmes stœchiométriques comportant un réactif limitant. Il dresse le portrait des substances en présence au tout début de la réaction, lorsque la réaction se déroule, et une fois la réaction terminée.

Le même raisonnement peut s'appliquer à une réaction chimique. Par exemple, le monoxyde d'azote (NO) et l'oxygène se combinent pour donner du dioxyde d'azote (NO_2) (*voir la* **FIGURE 3.6**):

$$2NO(g) + O_2(g) \longrightarrow 2NO_2(g)$$

Combien de moles de NO_2 peut-on produire au maximum à partir de 8,0 mol de NO et 7,0 mol de O_2? Une façon de déterminer lequel des deux réactifs est le réactif limitant consiste à calculer le nombre de moles de NO_2 obtenues en se basant sur les quantités initiales de NO et de O_2. Selon la définition précédente de réactif limitant, seul ce dernier va restreindre la formation du produit. Si on commence avec 8,0 mol de NO, le nombre de moles de NO_2 produites est:

$$8{,}0 \text{ \sout{mol NO}} \times \frac{2 \text{ mol } NO_2}{2 \text{ \sout{mol NO}}} = 8{,}0 \text{ mol } NO_2$$

Par contre, si on commence avec 7,0 mol de O_2, le nombre de moles de NO_2 produites est:

$$7{,}0 \text{ \sout{mol O}}_2 \times \frac{2 \text{ mol } NO_2}{1 \text{ \sout{mol O}}_2} = 14 \text{ mol } NO_2$$

Puisque le résultat obtenu avec le NO est plus petit que celui qu'on obtient avec le O_2, le NO est ici le réactif limitant, et O_2 est le réactif en excès.

Dans les calculs stœchiométriques où il peut y avoir un réactif limitant, la première étape consiste à déterminer lequel des réactifs est limitant. Une fois cette étape terminée, le problème se résout suivant la méthode expliquée à la section 3.5.1 (*voir p. 110*). L'**EXEMPLE 3.16** (*voir page suivante*) illustre cette méthode.

On peut aussi faire un tableau stœchiométrique. Avant la réaction, il y a 8,0 mol de NO, 7,0 mol de O_2 et pas encore de NO_2. Afin de déterminer lequel, du NO et du O_2, est le réactif limitant, il faut procéder comme mentionné précédemment ou encore par essais et erreurs. On suppose dans un premier temps que O_2 est le réactif limitant: la réaction consommera donc 7,0 mol de O_2. Pour ce faire, on aura besoin de deux fois plus de NO, donc de 14,0 mol. Cependant, on n'en dispose que de 8,0 mol. L'oxygène n'est donc pas le réactif limitant.

$$2NO(g) + O_2(g) \longrightarrow 2NO_2(g)$$

	$2NO(g)$	$O_2(g)$	$2NO_2(g)$
Début	8,0	7,0	0
Réaction	− 14,0 (← × 2)	+ 7,0	
Fin	Impossible		0

Si le NO est le réactif limitant, c'est-à-dire celui qui réagit au complet, il se consommera la moitié moins de moles de O_2, donc 4,0 mol, et il se formera 8,0 mol de NO_2. À la fin, il n'y aura plus de NO, il restera 3,0 mol de O_2 et 4,0 mol de NO_2 auront été formées.

$$2NO(g) + O_2(g) \longrightarrow 2NO_2(g)$$

	$2NO(g)$	$O_2(g)$	$2NO_2(g)$
Début	8,0	7,0	0
Réaction	− 8,0	(÷ 2 →) − 4,0	+ 4,0
Fin	0	3,0	4,0

La **FIGURE 3.7** illustre les étapes à suivre pour effectuer les calculs stœchiométriques dans le cas où un réactif est en excès.

FIGURE 3.7

Méthode pour effectuer les calculs stœchiométriques lorsqu'un réactif est en excès

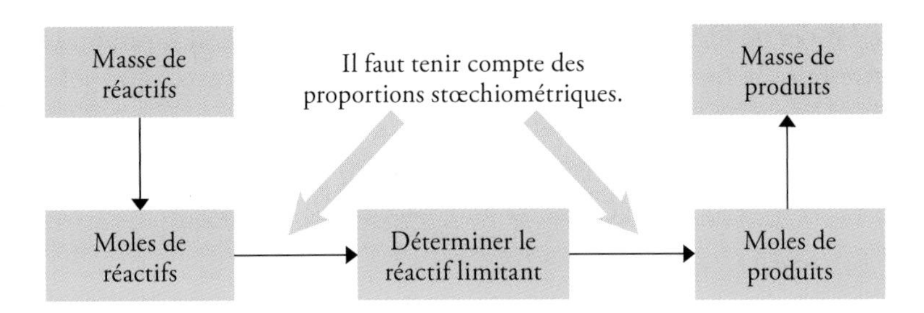

EXEMPLE 3.16 Le calcul du réactif limitant et du réactif en excès

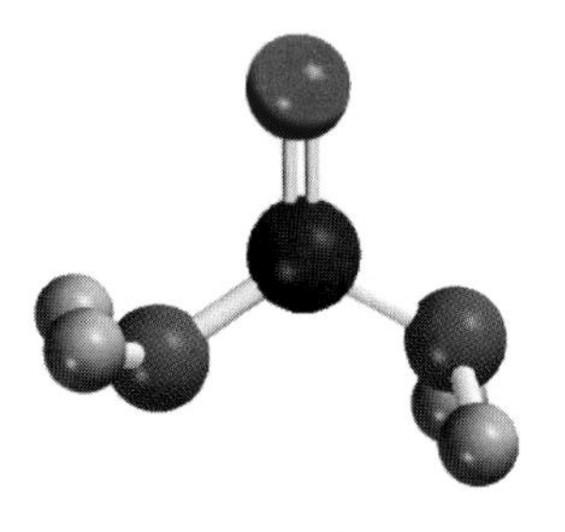

$(NH_2)_2CO$

L'urée, $(NH_2)_2CO$, est obtenue par la réaction de l'ammoniac avec le dioxyde de carbone :

$$2NH_3(g) + CO_2(g) \longrightarrow (NH_2)_2CO(aq) + H_2O(l)$$

Dans une expérience, on fait réagir 637,2 g de NH_3 avec 1142 g de CO_2. **a)** Lequel des deux réactifs est le réactif limitant ? **b)** Calculez la masse de $(NH_2)_2CO$ formée. **c)** Combien reste-t-il de réactif en excès (en grammes) à la fin de la réaction ?

a)

DÉMARCHE

Le réactif limitant est celui qui donne le moins de produit. Comment procéder pour calculer la quantité de produit à partir de la quantité de réactif ? Il faut faire un calcul distinct pour chaque réactif, puis comparer les moles du produit, $(NH_2)_2CO$, formées à partir des quantités données de NH_3 et de CO_2 ; on peut ainsi déterminer lequel de ces deux réactifs est le réactif limitant. On peut aussi faire un tableau stœchiométrique.

SOLUTION

Faisons séparément deux calculs. Premièrement, calculons le nombre de moles de $(NH_2)_2CO$ obtenues si l'on débutait avec 637,2 g de NH_3 et en supposant que tout le NH_3 réagirait. Voici les conversions successives à exécuter :

$$\text{grammes de } NH_3 \longrightarrow \text{moles de } NH_3 \longrightarrow \text{moles de } (NH_2)_2CO$$

En combinant toutes ces étapes en une seule équation, on obtient :

$$\text{moles de } (NH_2)_2CO = 637{,}2\,\cancel{\text{g } NH_3} \times \frac{1\,\cancel{\text{mol } NH_3}}{17{,}03\,\cancel{\text{g } NH_3}} \times \frac{1 \text{ mol } (NH_2)_2CO}{2\,\cancel{\text{mol } NH_3}}$$
$$= 18{,}71 \text{ mol } (NH_2)_2CO$$

Deuxièmement, pour 1142 g de CO_2, il faut faire les conversions suivantes :

$$\text{grammes de } CO_2 \longrightarrow \text{moles de } CO_2 \longrightarrow \text{moles de } (NH_2)_2CO$$

Le nombre de moles de $(NH_2)_2CO$ qui pourrait résulter de la réaction complète du CO_2 est :

$$\text{moles de } (NH_2)_2CO = 1142\ \cancel{\text{g } CO_2} \times \frac{1\ \cancel{\text{mol } CO_2}}{44{,}01\ \cancel{\text{g } CO_2}} \times \frac{1\ \text{mol } (NH_2)_2CO}{1\ \cancel{\text{mol } CO_2}}$$
$$= 25{,}95\ \text{mol } (NH_2)_2CO$$

On doit conclure que le NH_3 est le réactif limitant, car c'est lui qui produit la plus petite quantité de $(NH_2)_2CO$.

Pour faire un tableau stœchiométrique, il faut transformer les masses des réactifs en moles en utilisant la masse molaire :

$$nNH_3 = 637{,}2\ \text{g } NH_3 \times \left(\frac{1\ \text{mol } NH_3}{17{,}03\ \text{g } NH_3}\right) = 37{,}42\ \text{mol } NH_3$$

$$nCO_2 = 1142\ \text{g } CO_2 \times \left(\frac{1\ \text{mol } CO_2}{44{,}01\ \text{g } CO_2}\right) = 25{,}95\ \text{mol } CO_2$$

Au début de la réaction, il y aura donc 37,42 mol de NH_3, 25,95 mol de CO_2 et pas encore d'urée. Supposons dans un premier temps que le CO_2 réagisse au complet. Selon le rapport stœchiométrique, 2 mol de NH_3 se combinent avec 1 mol de CO_2 et forment 1 mol d'urée. Les 25,95 mol de CO_2 correspondent à 51,90 mol de NH_3. Or, la quantité de NH_3 dont nous disposons est inférieure :

$$2NH_3(g) + CO_2(g) \longrightarrow (NH_2)_2CO(aq) + H_2O(l)$$

	$2NH_3(g)$		$CO_2(g)$	$(NH_2)_2CO(aq)$
Début	37,42	× 2	25,95	0
Réaction	− 51,90		− 25,95	+ 25,95
Fin	Impossible		0	25,95

Le réactif limitant devrait donc être le NH_3. Si les 37,42 mol de NH_3 réagissent au complet, 18,71 mol de CO_2 seront nécessaires et la même quantité d'urée sera produite.

$$2NH_3(g) + CO_2(g) \longrightarrow (NH_2)_2CO(aq) + H_2O(l)$$

	$2NH_3(g)$		$CO_2(g)$	$(NH_2)_2CO(aq)$
Début	37,4	÷ 2	25,95	0
Réaction	− 37,4		− 18,71	+ 18,71
Fin	0		7,24	18,71

Le réactif limitant est donc l'ammoniac (NH_3).

NOTE
Le réactif limitant n'est pas nécessairement celui qui a le plus petit nombre de moles. Il faut tenir compte des rapports stœchiométriques.

b)

DÉMARCHE

Si vous avez rempli un tableau stœchiométrique en a), vous pouvez en un coup d'œil déterminer la quantité d'urée produite. Il ne reste qu'à convertir les moles en grammes. Si vous n'en avez pas fait, vous devez calculer les moles de $(NH_2)_2CO$ à partir du NH_3, étant donné qu'il a été choisi comme le réactif limitant en a). Comment faudra-t-il convertir les moles en grammes ? ▶

NOTE

Il s'agit de la quantité maximale d'urée qu'il est possible d'obtenir dans ce cas.

SOLUTION

La masse molaire de $(NH_2)_2CO$ est de 60,06 g et elle sert de facteur de conversion pour convertir les moles de $(NH_2)_2CO$ en grammes de $(NH_2)_2CO$:

$$\text{moles de } (NH_2)_2CO = 18{,}71 \cancel{\text{ mol } (NH_2)_2CO} \times \frac{60{,}06 \text{ g } (NH_2)_2CO}{1 \cancel{\text{ mol}(NH_2)_2CO}}$$
$$= 1124 \text{ g } (NH_2)_2CO$$

VÉRIFICATION

Cette réponse est plausible ; 18,7 mol de produit sont formées. Quelle est la masse de 1 mol de $(NH_2)_2CO$?

c)

DÉMARCHE

Le tableau stœchiométrique indique que 7,24 mol de CO_2 demeureront en excès une fois la réaction terminée. Il ne reste qu'à transformer ce nombre de moles en grammes. Si vous n'avez pas fait de tableau stœchiométrique, vous devrez calculer la quantité de CO_2 qui a réagi pour produire 18,71 mol de $(NH_2)_2CO$. La quantité de CO_2 en excès est la différence entre la quantité initiale et celle qui a réagi.

SOLUTION

À partir des 18,71 mol de $(NH_2)_2CO$, nous pouvons calculer la masse de CO_2 qui a réagi ; il faudra tenir compte du rapport molaire donné par l'équation et utiliser la masse molaire de CO_2. Voici les étapes de conversion :

$$\text{moles de } (NH_2)_2CO \longrightarrow \text{moles de } CO_2 \longrightarrow \text{grammes de } CO_2$$

d'où :

$$\text{masse de } CO_2 \text{ qui a réagi} = 18{,}71 \cancel{\text{ mol } (NH_2)_2CO}$$
$$\times \left(\frac{1 \cancel{\text{ mol } CO_2}}{1 \cancel{\text{ mol } (NH_2)_2CO}} \right) \times \left(\frac{44{,}01 \text{ g } CO_2}{1 \cancel{\text{ mol } CO_2}} \right)$$
$$= 823{,}4 \text{ g } CO_2$$

La quantité de CO_2 qui n'a pas réagi (l'excès) est la différence entre la quantité initiale (1142 g) et celle qui a réagi (823,4 g) :

$$\text{masse de } CO_2 \text{ restante} = 1142 \text{ g} - 823{,}4 \text{ g} = 319 \text{ g}$$

Problème semblable 3.47

EXERCICE E3.16

La réaction entre l'aluminium et l'oxyde de fer(III) peut générer une température proche de 3000 °C et est utilisée pour souder des métaux (aluminothermie) :

$$2Al + Fe_2O_3 \longrightarrow Al_2O_3 + 2Fe$$

Dans une expérience, 124 g de Al ont réagi avec 601 g de Fe_2O_3. **a)** Calculez la masse (en grammes) de Al_2O_3 obtenue si la réaction est complète. **b)** Quelle quantité de réactif en excès reste-t-il à la fin de la réaction ?

L'**EXEMPLE 3.16** soulève un point important. En pratique, les chimistes choisissent habituellement la substance la plus coûteuse comme réactif limitant pour qu'elle soit entièrement, ou presque, utilisée dans la réaction. Ainsi, dans la synthèse de l'urée, l'ammoniac est invariablement le réactif limitant puisqu'il est beaucoup plus dispendieux que le dioxyde de carbone.

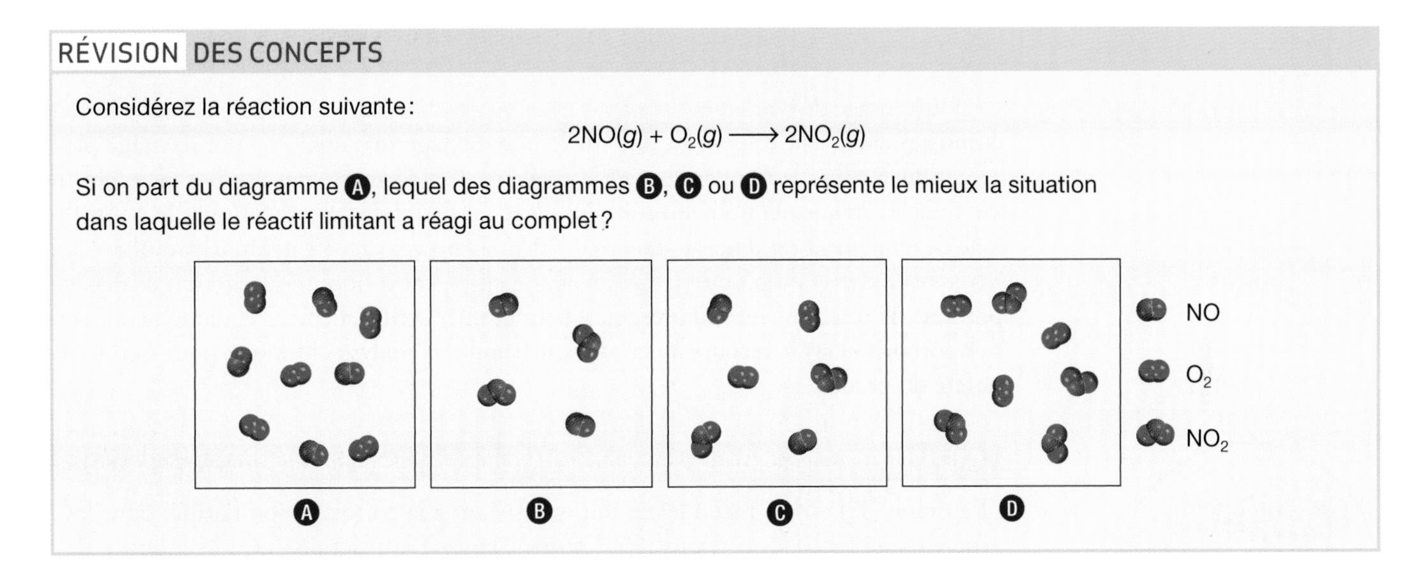

RÉVISION DES CONCEPTS

Considérez la réaction suivante:

$$2NO(g) + O_2(g) \longrightarrow 2NO_2(g)$$

Si on part du diagramme Ⓐ, lequel des diagrammes Ⓑ, Ⓒ ou Ⓓ représente le mieux la situation dans laquelle le réactif limitant a réagi au complet?

QUESTION de révision

13. Définissez les expressions «réactif limitant» et «réactif en excès». Quelle est l'importance du réactif limitant dans la prévision de la quantité de produit obtenue dans une réaction?

3.6 Le rendement des réactions

La quantité de réactif limitant présente au début d'une réaction détermine le **rendement théorique** de la réaction, c'est-à-dire la quantité de produit prévue en supposant que tout le réactif limitant ait réagi. Il s'agit donc du rendement *maximal* prévu par l'équation équilibrée. En pratique toutefois, la *quantité de produit obtenue* est presque toujours inférieure au rendement théorique.

La quantité de produit réellement obtenue à la fin d'une réaction est le **rendement réel**. La différence entre le rendement réel et le rendement théorique est attribuable à plusieurs facteurs. Par exemple, beaucoup de réactions étant réversibles, elles ne s'effectuent pas à 100 % dans le sens qu'indique l'équation, c'est-à-dire des réactifs vers les produits. De plus, quand une réaction est complète à 100 %, il peut être difficile de récupérer tout le produit du milieu réactionnel (par exemple, une solution aqueuse). Certaines réactions sont complexes, leurs produits ou les réactifs peuvent réagir entre eux ou avec des réactifs pour former d'autres produits stables; ce sont des réactions secondaires. Ces réactions additionnelles réduisent le rendement de la première réaction.

Pour exprimer l'efficacité d'une réaction donnée, les chimistes parlent souvent de **pourcentage de rendement**, défini comme étant le rapport entre le rendement réel et le rendement théorique. Il se calcule ainsi :

$$\text{pourcentage de rendement} = \frac{\text{rendement réel}}{\text{rendement théorique}} \times 100\ \% \qquad (3.5)$$

Le pourcentage de rendement peut varier d'une fraction de 1 % à 100 %. Toutefois, les chimistes cherchent toujours à obtenir le pourcentage maximal. Ce pourcentage peut être influencé par la température et la pression. Ces facteurs sont étudiés plus loin. Il arrive que le rendement obtenu soit plus élevé que le rendement théorique : le pourcentage de rendement est donc supérieur à 100 %. Dans ces cas, on attribue le résultat à un manque de pureté du produit final. En effet, la présence d'impuretés (produit de départ, produits de réactions secondaires, etc.) peut gonfler artificiellement le rendement, d'où l'importance d'avoir recours à certaines méthodes d'analyse chimique pour évaluer la pureté du produit.

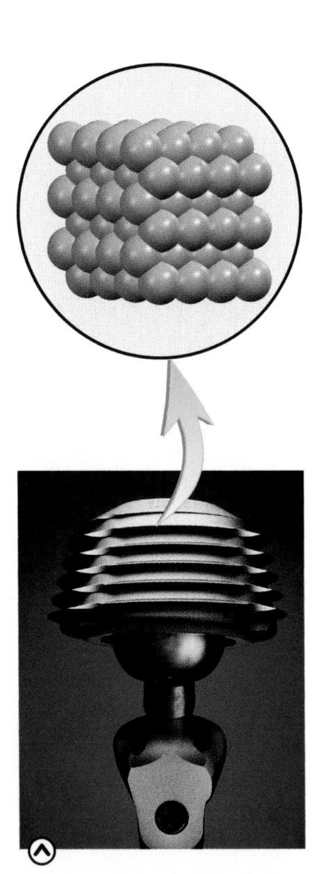
Hanche artificielle faite de titane et structure cristalline du titane

EXEMPLE 3.17 Le calcul du pourcentage de rendement d'une réaction

Le titane (Ti) est un métal léger, dur et résistant à la corrosion ; on l'utilise dans les moteurs de fusées et d'avions. On l'obtient grâce à la réaction entre le chlorure de titane(IV) et le magnésium fondu à une température variant entre 950 °C et 1150 °C :

$$TiCl_4(g) + 2Mg(l) \longrightarrow Ti(s) + 2MgCl_2(l)$$

Au cours d'un procédé industriel, $3{,}54 \times 10^7$ g de $TiCl_4$ réagissent avec $1{,}13 \times 10^7$ g de Mg. **a)** Calculez le rendement théorique de Ti (en grammes). **b)** Calculez le pourcentage de rendement si la réaction produit $7{,}91 \times 10^6$ g de Ti.

a)

DÉMARCHE

Étant donné qu'il y a deux réactifs, ce problème devrait être un cas de réactif limitant. On peut faire un tableau stœchiométrique.

SOLUTION

Calculons en premier lieu la quantité de chaque réactif en moles :

$$\text{moles de } TiCl_4 = 3{,}54 \times 10^7 \text{ g } TiCl_4 \times \left(\frac{1 \text{ mol } TiCl_4}{189{,}7 \text{ g } TiCl_4}\right) = 1{,}87 \times 10^5 \text{ mol } TiCl_4$$

$$\text{moles de Mg} = 1{,}13 \times 10^7 \text{ g Mg} \times \left(\frac{1 \text{ mol Mg}}{24{,}31 \text{ g Mg}}\right) = 4{,}65 \times 10^5 \text{ mol Mg}$$

Supposons que le $TiCl_4$ réagisse au complet :

	$TiCl_4(g)$	+ $2Mg(l)$	$\longrightarrow$ $Ti(s)$	+ $2MgCl_2(l)$
Début	$1{,}87 \times 10^5$	$4{,}65 \times 10^5$	0	0
Réaction	$-1{,}87 \times 10^5$	$-3{,}75 \times 10^5$	$+1{,}87 \times 10^5$	$+3{,}74 \times 10^5$
Fin	0	$9{,}10 \times 10^4$	$1{,}87 \times 10^5$	$3{,}74 \times 10^5$

Comme nous disposons d'assez de Mg, notre première hypothèse était la bonne et le $TiCl_4$ est le réactif limitant. Le maximum de Ti que nous pourrions obtenir si cette réaction fonctionnait à 100 % est donc de $1{,}87 \times 10^5$ mol.

La masse de Ti produite au maximum est :

$$1{,}87 \times 10^5 \text{ mol Ti} \times \frac{47{,}88 \text{ g } \cancel{\text{Ti}}}{1 \text{ mol } \cancel{\text{Ti}}} = 8{,}95 \times 10^6 \text{ g Ti}$$

b)

DÉMARCHE

La masse de Ti calculée en a) correspond au rendement théorique.

SOLUTION

Le pourcentage de rendement est donné par :

$$\% \text{ de rendement} = \frac{\text{rendement réel}}{\text{rendement théorique}} \times 100 \%$$

$$= \frac{7{,}91 \times 10^6 \text{ g}}{8{,}95 \times 10^6 \text{ g}} \times 100 \% = 88{,}4 \%$$

NOTE

Comment peut-on expliquer le fait que ce rendement soit inférieur à 100 % ?

VÉRIFICATION

Ce pourcentage devrait-il être inférieur à 100 % ?

EXERCICE E3.17

Problèmes semblables 3.51 et 3.52

Dans l'industrie, le vanadium, utilisé dans les alliages d'acier, peut être obtenu par la réaction de l'oxyde de vanadium (V) avec le calcium à haute température :

$$5Ca + V_2O_5 \longrightarrow 5CaO + 2V$$

Dans une réaction, $1{,}54 \times 10^3$ g de V_2O_5 réagissent avec $1{,}96 \times 10^3$ g de Ca.

a) Calculez le rendement théorique de V.

b) Calculez le pourcentage de rendement si 803 g de V sont produits.

RÉVISION DES CONCEPTS

Le pourcentage de rendement peut-il excéder le rendement théorique d'une réaction ? Expliquez.

QUESTIONS de révision

14. Pourquoi le rendement d'une réaction n'est-il déterminé que par la quantité du réactif limitant ?
15. Pourquoi le rendement réel d'une réaction est-il presque toujours inférieur au rendement théorique ?

CHIMIE EN ACTION

Les engrais chimiques

La population mondiale augmentant rapidement, la nourrir exige que les récoltes soient toujours plus abondantes et plus saines. Pour accroître la qualité et le rendement de leurs cultures, les agriculteurs ajoutent chaque année à la terre des centaines de millions de tonnes d'engrais chimiques. En effet, pour connaître une croissance satisfaisante, les plantes ont besoin, en plus de l'eau et du dioxyde de carbone, d'au moins six éléments: l'azote (N), le phosphore (P), le potassium (K), le calcium (Ca), le soufre (S) et le magnésium (Mg). La préparation et les propriétés de nombreux engrais contenant de l'azote et du phosphore font appel à certains des principes présentés dans ce chapitre.

Les engrais doivent être utilisés prudemment en évitant les excès et en restreignant leur lessivage par les pluies et l'érosion. On doit empêcher qu'ils aboutissent dans les cours d'eau, car ils sont en partie responsables de l'augmentation des concentrations de phosphates (PO_4^{3-}) dans les lacs, ce qui favorise la prolifération des algues bleues (cyanobactéries) causant l'eutrophisation des lacs. On sait que ces algues peuvent générer des substances très toxiques ou des toxines.

Les engrais azotés contiennent des nitrates (NO_3^-), des sels ammoniacaux (NH_4^+) et d'autres composés. L'azote, sous forme de nitrate, est directement absorbé par les plantes. Quant aux sels ammoniacaux et à l'ammoniac (NH_3), ils doivent d'abord être transformés en nitrates par les bactéries du sol. L'ammoniac, qui constitue la principale substance de base des engrais azotés, est le produit de la réaction entre l'hydrogène et l'azote:

$$3H_2(g) + N_2(g) \longrightarrow 2NH_3(g)$$

Sous forme liquide, l'ammoniac peut être directement ajouté à la terre.

L'ammoniac liquide peut être directement ajouté au sol avant les semis.

Par ailleurs, l'ammoniac peut être transformé en nitrate d'ammonium, NH_4NO_3, en sulfate d'ammonium, $(NH_4)_2SO_4$, ou en dihydrogénophosphate d'ammonium, $(NH_4)H_2PO_4$, comme le montrent les réactions suivantes:

$$NH_3(aq) + HNO_3(aq) \longrightarrow NH_4NO_3(aq)$$

$$2NH_3(aq) + H_2SO_4(aq) \longrightarrow (NH_4)_2SO_4(aq)$$

$$NH_3(aq) + H_3PO_4(aq) \longrightarrow (NH_4)H_2PO_4(aq)$$

Une autre méthode de préparation du sulfate d'ammonium nécessite deux étapes:

$$2NH_3(aq) + CO_2(aq) + H_2O(l) \longrightarrow (NH_4)_2CO_3(aq) \quad (1)$$

$$(NH_4)_2CO_3(aq) + CaSO_4(aq) \longrightarrow (NH_4)_2SO_4(aq) + CaCO_3(s) \quad (2)$$

Cette dernière méthode est préférable parce que les substances de départ (le dioxyde de carbone et le sulfate de calcium) sont moins coûteuses que l'acide sulfurique. Pour augmenter le rendement, on fait en sorte que l'ammoniac soit le réactif limitant de la réaction 1 et que le carbonate d'ammonium soit le réactif limitant de la réaction 2.

Voici les compositions centésimales massiques de l'azote dans quelques engrais courants. La préparation de l'urée a déjà été présentée à l'**EXEMPLE 3.16** (*voir p. 118*).

Engrais	Pourcentage de N
NH_3	82,4 %
NH_4NO_3	35,0 %
$(NH_4)_2SO_4$	21,2 %
$(NH_4)H_2PO_4$	21,2 %
$(NH_2)_2CO$	46,7 %

Le choix d'un engrais fait intervenir plusieurs facteurs: le coût des substances qui entrent dans sa préparation; la facilité d'entreposage, de transport et d'utilisation; le pourcentage massique de l'élément désiré; la solubilité dans l'eau du composé ou la facilité avec laquelle les plantes peuvent l'absorber. Compte tenu de tous ces facteurs, ▶

NH_4NO_3 est l'engrais azoté le plus utilisé, même si l'ammoniac possède le plus haut pourcentage massique d'azote.

Les engrais phosphatés sont dérivés d'un minerai de phosphate appelé « fluorapatite », $Ca_5(PO_4)_3F$. La fluorapatite est insoluble dans l'eau ; elle doit donc d'abord être convertie en dihydrogénophosphate de calcium $[Ca(H_2PO_4)_2]$:

$$2Ca_5(PO_4)_3F(s) + 7H_2SO_4(aq) \longrightarrow 3Ca(H_2PO_4)_2(aq) + 7CaSO_4(aq) + 2HF(g)$$

Pour maximiser le rendement, on fait en sorte que la fluorapatite soit le réactif limitant de cette réaction.

Les réactions pour la préparation des engrais décrites ici sont toutes relativement simples. Jusqu'à maintenant, on a consacré beaucoup d'efforts en vue d'augmenter leur rendement en modifiant certaines des conditions dans lesquelles ces réactions se produisent, comme la température et la pression. Habituellement, les chimistes de l'industrie étudient d'abord des réactions en laboratoire, puis ils les essaient à une échelle réduite avant de les transposer en procédés industriels.

L'étiquette des engrais indique les pourcentages respectifs des trois éléments présents dans leur composition : l'azote, le phosphore et le potassium, correspondant respectivement aux premier, deuxième et troisième chiffres.

RÉSUMÉ

3.1 La masse atomique

Masse atomique

- Elle est exprimée en unités de masse atomique (u).
- Elle est basée sur la valeur exacte de 12 pour l'isotope de ^{12}C.
- La masse atomique d'un élément représente habituellement la *moyenne pondérée* des masses des isotopes de cet élément présents dans la nature.

$$\text{masse atomique moyenne} = (\text{abondance relative } {}^{A_1}_{Z}X) \times (\text{masse atomique du } {}^{A_1}_{Z}X) + (\text{abondance relative } {}^{A_2}_{Z}X) \times (\text{masse atomique } {}^{A_2}_{Z}X)$$

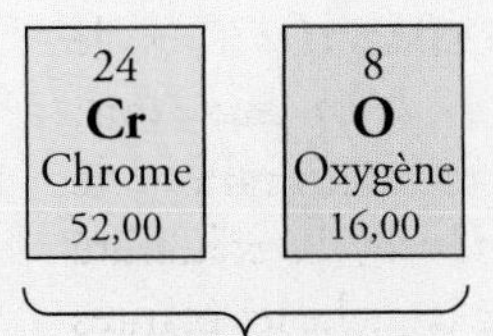

La **masse moléculaire** est la somme des masses atomiques de tous les atomes qui forment une molécule (ou un composé).

CrO ⟵ Masse moléculaire = 68,00 u

3.2 Le nombre d'Avogadro et le concept de mole

Le nombre d'Avogadro

- Équivalent à une mole.
- Quantité définie et constante de particules.
- $6{,}022 \times 10^{23}$ particules/mol (N_A = nombre d'Avogadro).

La relation entre la masse, le nombre de moles et le nombre d'atomes

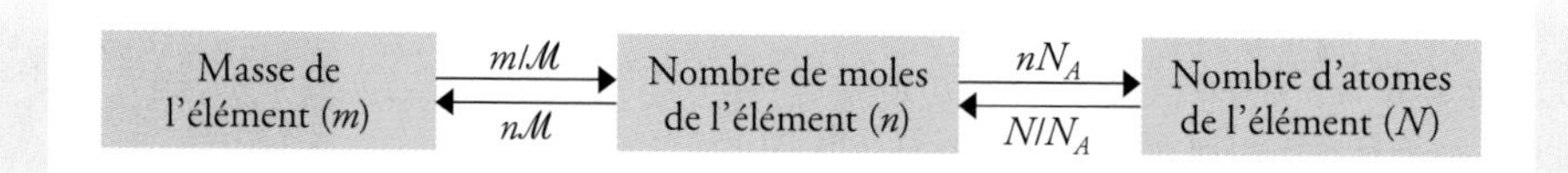

La masse molaire

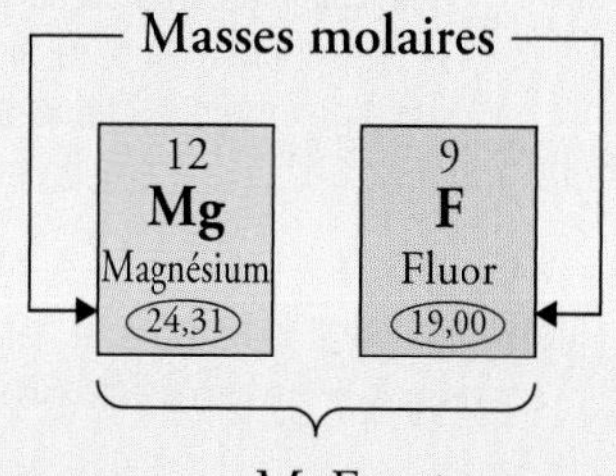

- La masse molaire (g/mol) est la masse d'une mole d'un élément ou d'un composé.
- La masse molaire d'une molécule ou d'un composé correspond à la somme des masses molaires de tous les atomes qui le constituent.

MgF_2 ← Masse molaire = 62,31 g/mol

3.3 La composition centésimale massique

La composition centésimale massique d'un composé

Définition	Équation
Pourcentage en masse de chaque élément d'un composé	$\%\ (m/m) = \dfrac{n \times \text{masse molaire de l'élément}}{\text{masse molaire du composé}} \times 100\ \%$

La formule empirique et la formule moléculaire

De la composition centésimale massique d'un composé, il est possible de déduire la formule empirique de ce composé, ainsi que sa formule chimique réelle si l'on connaît sa masse molaire approximative.

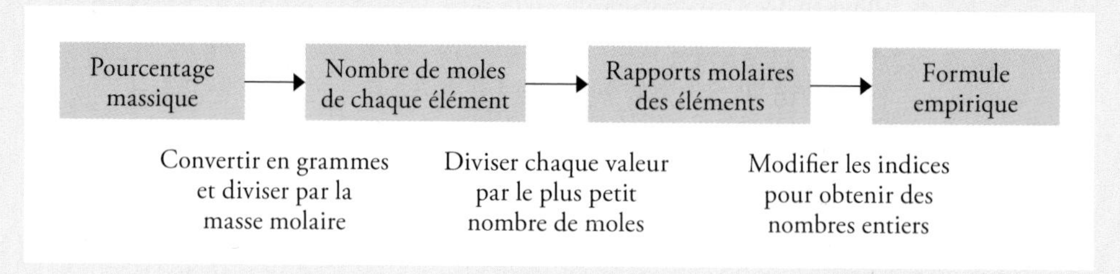

Exemple : Déterminez la formule chimique réelle d'un composé $A_?B_?$, sachant que sa masse molaire réelle est de 160,0 g/mol ($\mathcal{M}_A$ = 3,00 g/mol et $\mathcal{M}_B$ = 35,0 g/mol).

Soit un composé $A_?B_?$	$A_?$	$B_?$
Pourcentage en masse de A et de B	30,0 %	70,0 %
Soit un échantillon de 100 g	30,0 g	70,0 g
Masse molaire atomique	3,00 g/mol	35,0 g/mol
Nombre de moles	10,0 mol	2,00 mol
Rapport molaire	$A_{10}B_2$	
Rapport le plus simple, formule empirique	A_5B	
Masse molaire empirique	$(5 \times 3,00) = 15,0$ g/mol	$(1 \times 35,0) = 35,0$ g/mol
	50,0 g/mol	
Masse molaire approximative (autre expérience)	160 g/mol	
$\frac{\text{Masse molaire approximative}}{\text{Masse molaire empirique}}$	$\frac{160}{50,0} \approx 3$	
Formule chimique réelle	$A_{5 \times 3}$	$B_{1 \times 3}$
	$A_{15}B_3$	

La résolution d'un problème d'analyse élémentaire (analyse par combustion)

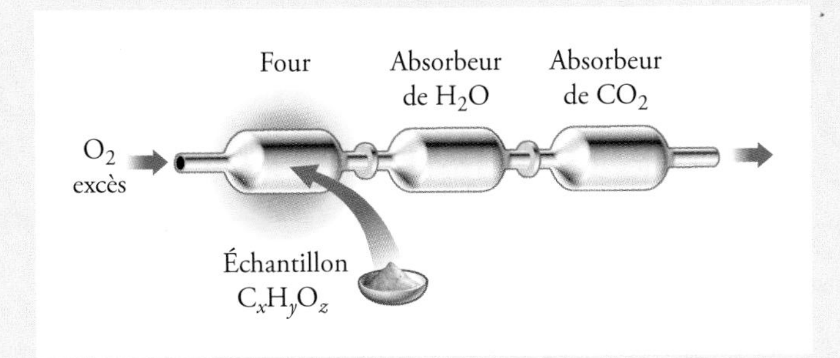

Tout le C contenu dans l'échantillon se transformera en CO_2 :

$$\text{masse de } CO_2 \xrightarrow{} \text{moles de } CO_2 \xrightarrow{} \text{moles de C} \xrightarrow{} \text{masse de C}$$

$\uparrow \mathcal{M}_{CO_2}$ — $\uparrow$ Rapport stœchiométrique $1\ C : 1\ CO_2$ — $\uparrow \mathcal{M}_C$

$$\text{g } CO_2 \times \frac{1 \text{ mol } CO_2}{44,01 \text{ g } CO_2} \times \frac{1 \text{ mol C}}{1 \text{ mol } CO_2} \times \frac{12,01 \text{ g C}}{1 \text{ mol C}} = \text{masse de C}$$

Tout le H contenu dans l'échantillon se transformera en H_2O :

$$\text{masse de } H_2O \xrightarrow{} \text{moles de } H_2O \xrightarrow{} \text{moles de H} \xrightarrow{} \text{masse de H}$$

$\uparrow \mathcal{M}_{H_2O}$ — $\uparrow$ Rapport stœchiométrique $2\ H : 1\ H_2O$ — $\uparrow \mathcal{M}_H$

$$\text{g } H_2O \times \frac{1 \text{ mol } H_2O}{18,02 \text{ g } H_2O} \times \frac{1 \text{ mol C}}{1 \text{ mol } H_2O} \times \frac{1,008 \text{ g H}}{1 \text{ mol H}} = \text{masse de H}$$

La masse d'oxygène dans l'échantillon est obtenue par soustraction :

$$\text{masse de O} = \text{masse de l'échantillon} - \text{masse de C} - \text{masse de H}$$

3.4 Les réactions et les équations chimiques

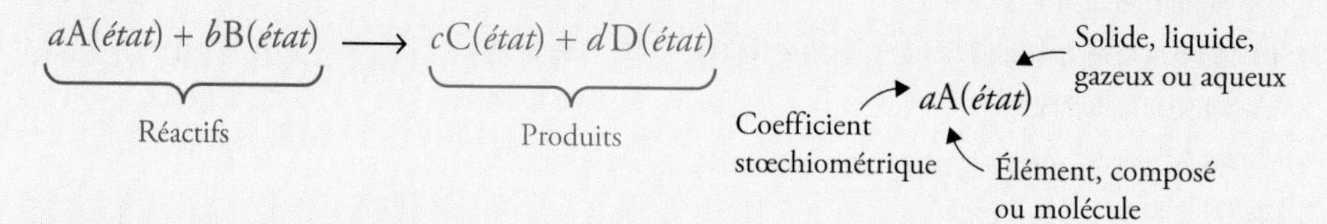

L'équilibrage des équations chimiques

Selon la loi de la conservation de la matière, le nombre d'atomes de chaque élément doit être égal des deux côtés de la flèche.

Méthode par tâtonnement	Méthode algébrique
1. Déterminer les réactifs et les produits, puis écrire leurs formules respectivement à gauche et à droite de la flèche.	
2. Commencer l'équilibrage en essayant différents coefficients jusqu'à l'obtention d'un nombre égal d'atomes pour chaque élément de part et d'autre de la flèche : • équilibrer en premier les éléments qui n'apparaissent qu'une fois de chaque côté de la flèche ; • équilibrer en dernier les éléments qui apparaissent plus d'une fois de chaque côté de la flèche.	**2.** Attribuer des coefficients algébriques aux formules. **3.** Poser une équation algébrique pour chaque atome. **4.** Attribuer une valeur à l'une des variables (ex. : $a = 1$) et résoudre le système d'équations. **5.** Remplacer les variables dans l'équation et vérifier que l'équation est bien équilibrée.
3. Vérifier son travail en s'assurant que les atomes de chaque élément sont présents en nombre égal de chaque côté de la flèche.	

3.5 La stœchiométrie

La stœchiométrie est l'étude quantitative des relations entre les produits et les réactifs dans les réactions chimiques.

Globalement :

$$\text{une certaine quantité de réactifs} \xrightarrow{\text{donnera}} \text{une certaine quantité de produits}$$

Mais combien ?

La résolution de problèmes pour une réaction de type $aA \longrightarrow bB$

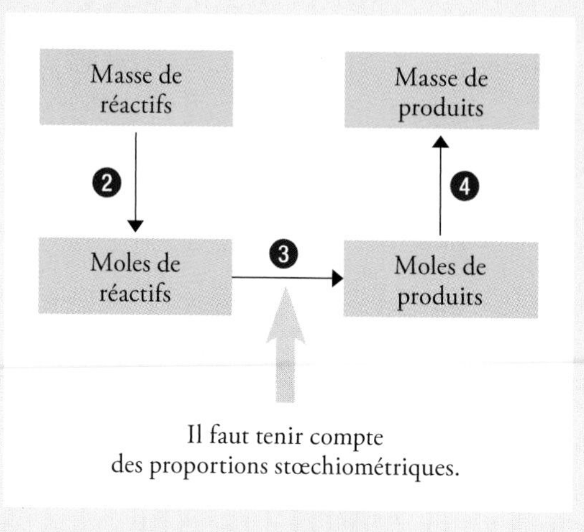

Étapes à respecter

❶ Écrire l'équation chimique balancée.

❷ Convertir la masse des réactifs en moles.

❸ Convertir les moles de réactifs en moles de produits.

❹ Convertir les moles de produits en masse.

Les réactifs limitants

Le réactif limitant :

- est celui dont la quantité stœchiométrique est la plus petite ;
- s'épuise complètement durant la réaction ;
- détermine la quantité de produit qui peut être formée.

Le réactif en excès :

- est présent dans une quantité qui dépasse la quantité requise pour réagir avec la quantité du réactif limitant ;
- ne s'épuise pas complètement durant la réaction.

La résolution de problèmes pour une réaction avec réactif limitant

Exemple montrant comment déterminer le réactif limitant. Les valeurs initiales (ligne « Début ») sont fournies dans l'énoncé du problème.

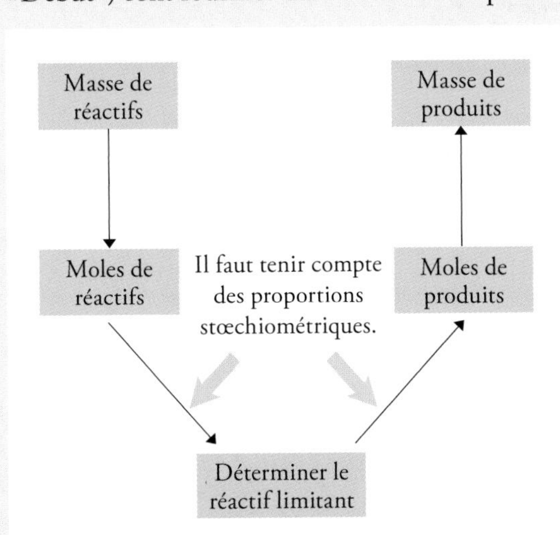

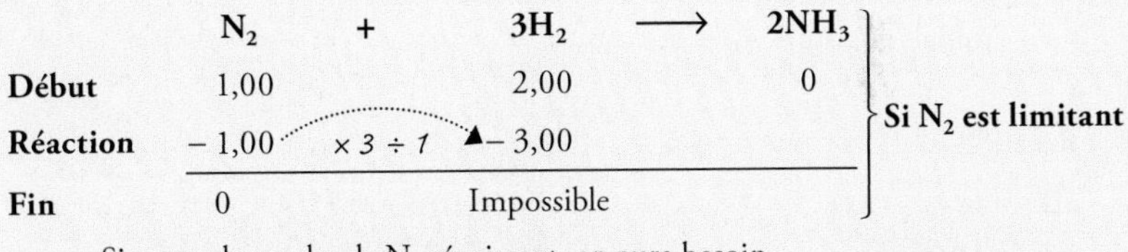

N2 + 3H2 ⟶ 2NH3
Début 1,00 2,00 0
Réaction – 1,00 × 3 ÷ 1 – 3,00
Fin 0 Impossible
Si N2 est limitant

Si toutes les moles de N_2 réagissent, on aura besoin de 3,00 mol de H_2.

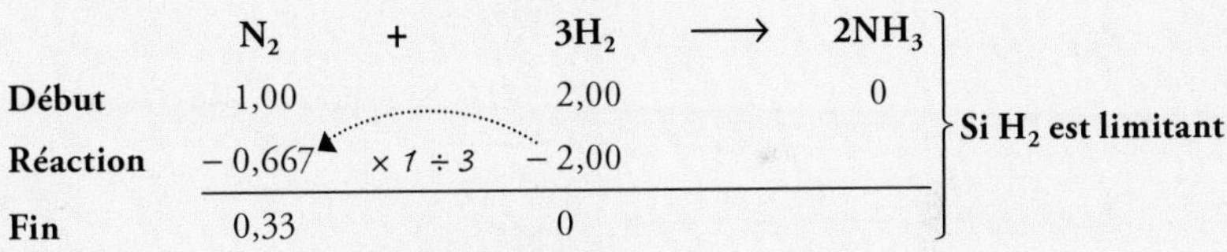

N2 + 3H2 ⟶ 2NH3
Début 1,00 2,00 0
Réaction – 0,667 × 1 ÷ 3 – 2,00
Fin 0,33 0
Si H2 est limitant

Si toutes les moles de H_2 réagissent, on aura besoin de 0,667 mol de H_2.
L'hydrogène est le réactif limitant.
L'azote est le réactif en excès.

3.6 Le rendement des réactions

Rendement théorique	Rendement réel
Quantité de produit prévue en supposant que tout le réactif limitant ait réagi	Quantité de produit réellement obtenue à la fin d'une réaction
Obtenu sur papier	Obtenu en laboratoire

Pourcentage de rendement : Rapport entre le rendement réel et le rendement théorique.

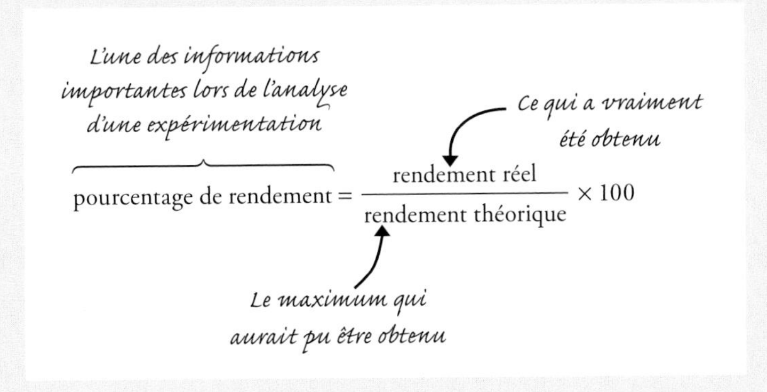

Schéma intégrateur des sections 3.5 et 3.6

Soit une réaction équilibrée représentée par : $aA + bB \longrightarrow cC + dD$.

C. S. = coefficient stœchiométrique (comme a, b et c) ; $\mathcal{M}$ = masse molaire

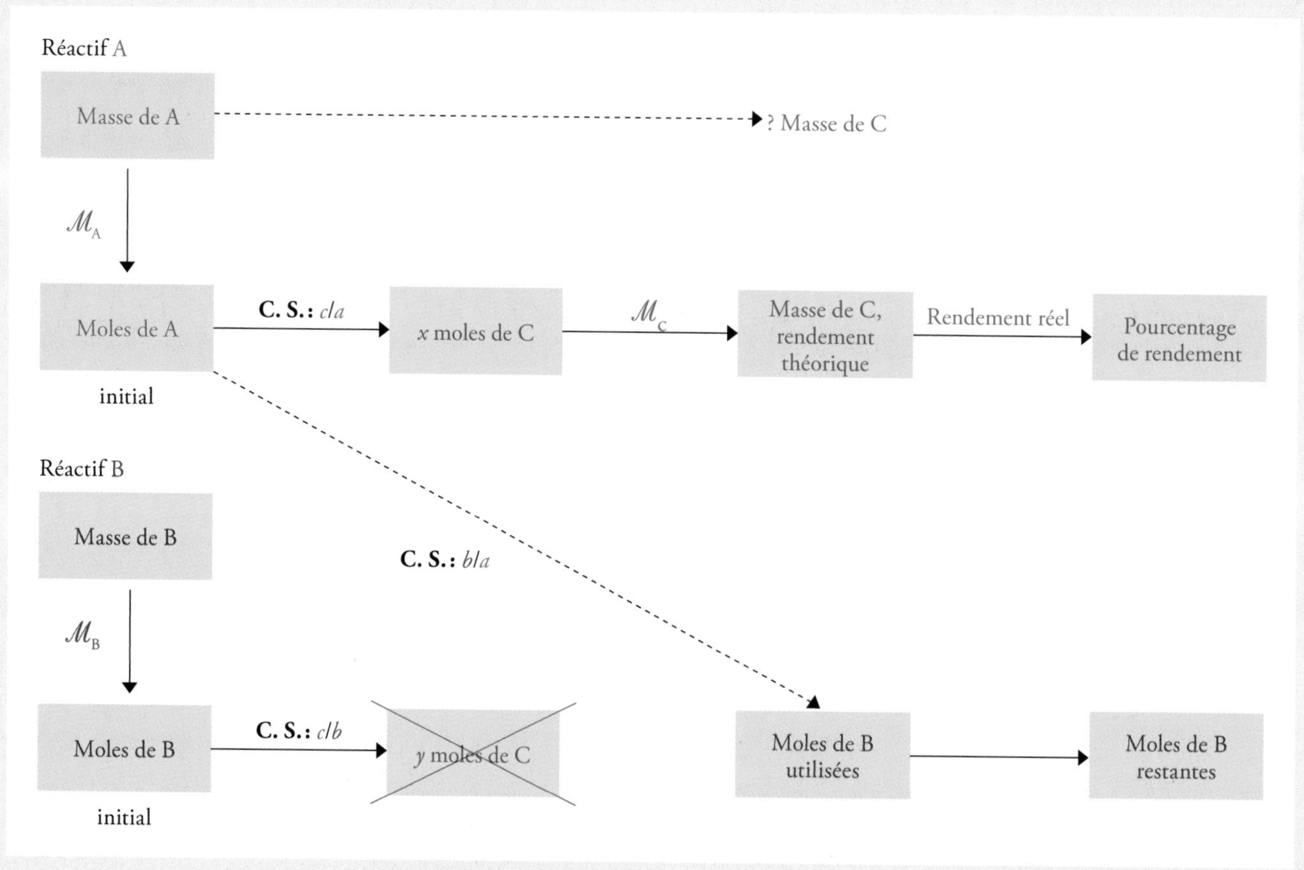

Note : Il faut donc conclure ici que x moles de C < y moles de C et que le réactif limitant est A.

ÉQUATIONS CLÉS

- $\% \ (m/m) = \dfrac{n \times \text{masse molaire de l'élément}}{\text{masse molaire du composé}} \times 100 \ \%$ — Pourcentage massique d'un élément dans un composé (3.1)
- $C = \dfrac{n}{V}$ — Concentration (3.4)
- $\dfrac{\text{rendement réel}}{\text{rendement théorique}} \times 100 \ \%$ — Pourcentage de rendement (3.5)

MOTS CLÉS

Analyse élémentaire (par combustion), p. 102
Coefficient stœchiométrique, p. 105
Composition centésimale massique, % (m/m), p. 98
Concentration molaire (C), p. 115
Équation chimique, p. 105
Masse atomique, p. 87
Masse molaire ($\mathcal{M}$), p. 91
Masse moléculaire, p. 89
Méthode des moles, p. 112
Mole (mol), p. 90
Nombre d'Avogadro (N_A), p. 90
Pourcentage de rendement, p. 122
Produit, p. 105
Quantité stœchiométrique, p. 116
Réactif, p. 105
Réactif en excès, p. 116
Réactif limitant, p. 116
Réaction chimique, p. 105
Rendement réel, p. 121
Rendement théorique, p. 121
Stœchiométrie, p. 110
Tableau stœchiométrique, p. 116
Unité de masse atomique (u), p. 87

PROBLÈMES

Niveau de difficulté : ★ facile ; ★ moyen ; ★ élevé

Biologie : 3.18, 3.21, 3.26, 3.44, 3.66, 3.67 ;
Concepts : 3.34, 3.46, 3.56 ;
Descriptifs : 3.38 a), 3.41 a), 3.42, 3.45 a), 3.55, 3.60 a), 3.63 a), 3.71 a), 3.72 a), 3.73 a) ;
Environnement : 3.48, 3.51, 3.66 ;
Industrie : 3.5, 3.22, 3.23, 3.28, 3.30, 3.37, 3.38, 3.44, 3.50, 3.51, 3.54, 3.64, 3.75.

PROBLÈMES PAR SECTION

3.1 La masse atomique

★**3.1** Les masses atomiques de $^{35}_{17}Cl$ (75,53 %) et de $^{37}_{17}Cl$ (24,47 %) sont respectivement de 34,968 u et de 36,956 u. Calculez la masse atomique moyenne du chlore. Les pourcentages entre parenthèses indiquent les abondances relatives.

★**3.2** Les masses atomiques de $^{6}_{3}Li$ et de $^{7}_{3}Li$ sont respectivement de 6,0151 u et de 7,0160 u. Calculez les abondances relatives de ces deux isotopes sachant que la masse atomique moyenne de Li est de 6,941 u.

★**3.3** Lequel des deux isotopes stables suivants est le plus abondant : ^{140}Ce ou ^{142}Ce?

★**3.4** Calculez la masse moléculaire des substances pures suivantes : **a)** Br_2 ; **b)** C_2H_6.

3.2 Le nombre d'Avogadro et le concept de mole

★**3.5** Depuis 2000, environ 3,9 millions d'œufs ont été pondus au Canada.

a) À combien de douzaines ce nombre correspond-il ?

b) À combien de moles ce nombre correspond-il ?

★**3.6** Combien d'atomes y a-t-il dans 5,10 mol de soufre (S) ?

★**3.7** Combien de moles d'atomes y a-t-il dans $6,00 \times 10^9$ (six milliards) atomes de cobalt ?

★**3.8** Combien de moles d'atomes y a-t-il dans 77,4 g de calcium ?

★**3.9** Quelle est la masse (en grammes) d'un seul atome de chacun des éléments suivants ? **a)** Hg ; **b)** Ne.

★**3.10** Quelle est la masse de $1,00 \times 10^{12}$ atomes de plomb (en grammes) ?

★**3.11** Lequel des échantillons suivants contient le plus d'atomes : 1,10 g d'hydrogène ou 14,7 g de chrome ?

★**3.12** Laquelle des quantités suivantes a la masse la plus élevée : 2 atomes de plomb ou $5,1 \times 10^{-23}$ mol d'hélium ?

★**3.13** L'épaisseur d'une feuille de papier est de 0,0091 cm. Imaginez un livre dont le nombre de pages est égal au nombre d'Avogadro. Calculez l'épaisseur de ce livre en années-lumière. (Une année-lumière correspond à la distance parcourue par la lumière en une année, soit $9,46 \times 10^{12}$ km.)

★**3.14** Calculez la masse molaire des substances suivantes : **a)** Li_2CO_3 ; **b)** CS_2 ; **c)** $CHCl_3$ (chloroforme) ; **d)** $C_6H_8O_6$ (acide ascorbique ou vitamine C) ; **e)** $Ca(NO_3)_2$; **f)** Mg_3N_2.

★**3.15** Combien de molécules d'éthane y a-t-il dans 0,334 g d'éthane (C_2H_6) ?

★**3.16** Calculez les nombres d'atomes de C, de H et de O contenus dans 1,50 g de glucose ($C_6H_{12}O_6$), un glucide.

★**3.17** Un cylindre contient 10,0 g de dioxygène (O_2).

a) Combien de moles de molécules de O_2 ce cylindre contient-il ?

b) Combien de moles d'atomes d'oxygène ce cylindre contient-il ?

★**3.18** Les phéromones sont des composés sécrétés par les femelles de nombreuses espèces d'insectes. Elles ont pour effet d'attirer les mâles pour l'accouplement. L'une d'entre elles a comme formule moléculaire $C_{19}H_{38}O$. Normalement, la quantité de cette phéromone sécrétée par un insecte femelle est d'environ $1,0 \times 10^{-12}$ g. Combien de molécules y a-t-il dans cette quantité ?

★**3.19** Calculez la masse de $Ca(H_2PO_4)_2$ qui renferme 45,0 g d'oxygène.

★**3.20** Calculez la masse de $Al_2(SO_4)_3$ qui contient $1,25 \times 10^{24}$ électrons.

3.3 La composition centésimale massique

★**3.21** Bien qu'il s'agisse d'une substance toxique pouvant provoquer des dommages graves au foie, aux reins et au cœur, le chloroforme ($CHCl_3$) a été utilisé comme gaz anesthésiant durant de nombreuses années. Calculez la composition centésimale massique de ce composé.

★**3.22** L'alcool cinnamylique est utilisé principalement en parfumerie, notamment pour la fabrication des savons et des produits de beauté. Sa formule moléculaire est $C_9H_{10}O$. **a)** Calculez la composition centésimale massique de ce composé. **b)** Combien de molécules sont contenues dans un échantillon de 0,469 g d'alcool cinnamylique ?

★**3.23** Toutes les substances énumérées ci-après sont des engrais qui fournissent de l'azote à la terre. Laquelle d'entre elles constitue la source la plus riche en azote selon sa composition centésimale massique ?

a) Urée, $(NH_2)_2CO$;

b) Nitrate d'ammonium, NH_4NO_3 ;

c) Guanidine, $HNC(NH_2)_2$;

d) Ammoniac, NH_3.

★**3.24** L'allicine est la molécule responsable de l'odeur particulière de l'ail. Une analyse élémentaire de ce composé donne les pourcentages massiques suivants : 44,4 % de C ; 6,21 % de H ; 39,5 % de S et 9,86 % de O. Déterminez sa formule empirique. Quelle est sa formule moléculaire si sa masse molaire est d'environ 162 g ?

★**3.25** La rouille peut être représentée par la formule Fe_2O_3. Combien de moles de Fe sont contenues dans 24,6 g de ce composé ?

★**3.26** Le fluorure d'étain(II) (SnF_2) est souvent ajouté au dentifrice pour prévenir la carie dentaire. Quelle est la masse (en grammes) de F dans 24,6 g de ce composé ?

★**3.27** Quelles sont les formules empiriques déduites à partir des analyses centésimales massiques suivantes ? **a)** 40,1 % de C, 6,6 % de H, 53,3 % de O ; **b)** 18,4 % de C, 21,5 % de N, 60,1 % de K.

★**3.28** Le sel de Morton est utilisé comme antiagglomérant. Ce composé, dont la formule est $CaSiO_3$, se nomme « silicate de calcium » ; il peut absorber de l'eau jusqu'à deux fois sa masse tout en demeurant granuleux. Quelle est sa composition centésimale massique ?

★**3.29** La formule empirique d'un composé est CH, et sa masse molaire est d'environ 78 g. Quelle est sa formule moléculaire ?

★**3.30** Certains croient que le glutamate de sodium, un ingrédient qui relève le goût des aliments, est la cause du « syndrome du restaurant chinois », dont les symptômes sont des maux de tête et de poitrine. L'analyse élémentaire de cet ingrédient donne : 35,51 % de C ; 4,77 % de H ; 37,85 % de O ; 8,29 % de N ; 13,60 % de Na. Déterminez : **a)** la formule empirique du glutamate de sodium ; **b)** sa formule moléculaire si sa masse molaire est de 169 g/mol.

★**3.31** Lors de sa combustion en présence d'oxygène, un échantillon de 5,00 g d'un hydrocarbure (C_xH_y) produit 16,48 g de CO_2 et 4,50 g d'eau. Sachant que sa masse molaire est d'environ 80 g/mol : **a)** calculez la composition centésimale massique de l'hydrocarbure ; **b)** déterminez sa formule empirique ; **c)** déterminez sa formule moléculaire.

3.4 Les réactions et les équations chimiques

★**3.32** Équilibrez les équations suivantes selon la méthode par tâtonnement expliquée à la section 3.4 (*p. 106*):

a) $CO + O_2 \longrightarrow CO_2$

b) $H_2 + Br_2 \longrightarrow HBr$

c) $N_2O_5 \longrightarrow N_2O_4 + O_2$

d) $K + H_2O \longrightarrow KOH + H_2$

e) $O_3 \longrightarrow O_2$

f) $NH_4NO_2 \longrightarrow N_2 + H_2O$

g) $P_4O_{10} + H_2O \longrightarrow H_3PO_4$

h) $Al + H_2SO_4 \longrightarrow Al_2(SO_4)_3 + H_2$

i) $S_8 + O_2 \longrightarrow SO_2$

j) $NaOH + H_2SO_4 \longrightarrow Na_2SO_4 + H_2O$

★**3.33** Équilibrez les réactions suivantes selon la méthode algébrique expliquée à la section 3.4 (*p. 109*):

a) $CH_4 + Br_2 \longrightarrow CBr_4 + HBr$

b) $NH_3 + CuO \longrightarrow Cu + N_2 + H_2O$

c) $Ca(OH)_2 + H_3PO_4 \longrightarrow Ca_3(PO_4)_2 + H_2O$

d) $P_2I_4 + P_4 + H_2O \longrightarrow PH_4I + H_3PO_4$

3.5 La stœchiométrie

★**3.34** Parmi les équations suivantes, laquelle représente le mieux la réaction montrée par le schéma?

a) $A + B \longrightarrow C + D$

b) $6A + 4B \longrightarrow C + D$

c) $A + 2B \longrightarrow 2C + D$

d) $3A + 2B \longrightarrow 2C + D$

e) $3A + 2B \longrightarrow 4C + 2D$

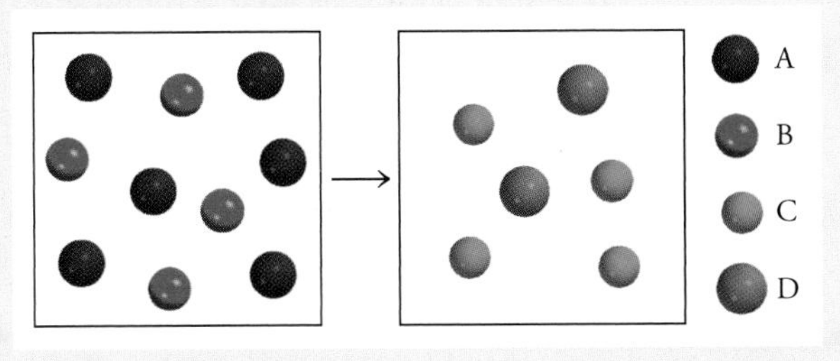

★**3.35** Soit la combustion du monoxyde de carbone (CO) dans de l'oxygène gazeux:

$$2CO(g) + O_2(g) \longrightarrow 2CO_2(g)$$

Avec 3,60 mol de CO, calculez le nombre de moles de CO_2 produites s'il y a assez d'oxygène gazeux pour réagir avec tout le CO.

★**3.36** On peut obtenir du tétrachlorure de silicium ($SiCl_4$) en chauffant du silicium (Si) dans du chlore gazeux:

$$Si(s) + 2Cl_2(g) \longrightarrow SiCl_4(l)$$

S'il y a production de 0,507 mol de $SiCl_4$, combien de moles de molécules de chlore ont été utilisées?

★**3.37** L'ammoniac est le fertilisant le plus important utilisé comme source d'azote. Il se prépare selon la réaction suivante:

$$3H_2(g) + N_2(g) \longrightarrow 2NH_3(g)$$

À la suite d'une expérience, on a obtenu 6,0 mol de NH_3. Quels sont les nombres de moles de H_2 et de N_2 qui ont servi à préparer cette quantité de NH_3?

★**3.38** Quand l'hydrogénocarbonate de sodium ($NaHCO_3$) est chauffé, il libère du dioxyde de carbone gazeux, qui fait gonfler les biscuits, les beignets et le pain pendant leur cuisson. **a)** Écrivez l'équation équilibrée de la décomposition de ce composé (l'un des produits est Na_2CO_3). **b)** Calculez la masse de $NaHCO_3$ requise pour obtenir 20,5 g de CO_2.

★**3.39** Quand le cyanure de potassium (KCN) réagit avec les acides, le cyanure d'hydrogène (HCN), un gaz mortel, est libéré. L'équation suivante en est un exemple:

$$KCN(aq) + HCl(aq) \longrightarrow KCl(aq) + HCN(g)$$

Si un échantillon de 0,140 g de KCN réagit avec du HCl en excès, calculez la masse (en grammes) de HCN formée.

★**3.40** Dans un cristal de pentahydrate de sulfate de cuivre(II) pentahydraté ($CuSO_4 \cdot 5H_2O$), chaque unité de sulfate de cuivre(II) est associée à cinq molécules d'eau. Quand ce composé est chauffé dans l'air à une température supérieure à 100 °C, il perd ses molécules d'eau ainsi que sa couleur bleue:

$$CuSO_4 \cdot 5H_2O \longrightarrow CuSO_4 + 5H_2O$$

S'il reste 9,60 g de $CuSO_4$ après qu'on ait chauffé 15,01 g du composé bleu, calculez le nombre de moles de H_2O présentes dans le composé initial.

★**3.41** L'oxyde de diazote (N_2O), appelé «gaz hilarant», peut être obtenu par la décomposition thermique (chauffage) du nitrate d'ammonium (NH_4NO_3). L'autre produit est l'eau. **a)** Écrivez l'équation équilibrée de cette réaction.

b) Quelle masse en grammes de N_2O est formée si 0,46 mol de NH_4NO_3 est utilisée dans cette réaction?

★3.42 La préparation d'oxygène gazeux par décomposition thermique du chlorate de potassium ($KClO_3$) est un procédé de laboratoire courant. Quelle quantité (en grammes) de O_2 gazeux obtiendrait-on après une décomposition complète de 46,0 g de $KClO_3$? (Les produits sont le chlorure de potassium, KCl, et l'oxygène, O_2.)

★3.43 Calculez la masse de Ca requise pour réagir avec 25,0 mL d'une solution de HCl de concentration 0,200 mol/L.

$$Ca(s) + 2HCl(aq) \longrightarrow CaCl_2(s) + H_2(g)$$

★3.44 Le sulfate d'ammonium $(NH_4)_2SO_4$ est un engrais largement utilisé. Il est produit à partir d'une réaction entre l'ammoniac (NH_3) et l'acide sulfurique (H_2SO_4).

a) Écrivez l'équation équilibrée de la réaction.

b) Quelle masse de sulfate d'ammonium peut-on obtenir au maximum lors de la réaction de 800 L d'une solution aqueuse d'acide sulfurique de concentration 0,200 mol/L?

★3.45 L'acide phosphorique (H_3PO_4) réagit avec l'hydroxyde de baryum ($Ba(OH)_2$) pour former le phosphate de baryum ($Ba_3(PO_4)_2$) et de l'eau.

a) Écrivez l'équation équilibrée de la réaction.

b) Sachant que 18,5 g de phosphate de baryum ont été obtenus lors de la réaction de 0,750 L d'une solution d'acide phosphorique, calculez la concentration de la solution d'acide utilisée.

★3.46 Soit la réaction:

$$N_2 + 3H_2 \longrightarrow 2NH_3$$

En supposant que chaque modèle représente une mole de substance, indiquez le nombre de moles du produit ainsi que le réactif en excès après une réaction complète.

★3.47 Le monoxyde d'azote (NO) réagit instantanément avec l'oxygène gazeux pour former du dioxyde d'azote (NO_2), un gaz brun foncé:

$$2NO(g) + O_2(g) \longrightarrow 2NO_2(g)$$

Dans une expérience, 0,886 mol de NO est mélangée avec 0,503 mol de O_2. Déterminez lequel des deux réactifs est limitant. Calculez le nombre de moles de NO_2 produites au maximum si la réaction est complète.

★3.48 Depuis quelques années, la diminution de la couche d'ozone (O_3) dans la stratosphère préoccupe les scientifiques. On croit que l'ozone peut réagir avec le monoxyde d'azote (NO) qui s'échappe des avions à réaction volant à très haute altitude. La réaction est:

$$O_3 + NO \longrightarrow O_2 + NO_2$$

Si 0,740 g de O_3 réagit avec 0,670 g de NO, quelle masse (en grammes) de NO_2 sera produite au maximum? Quel est le réactif limitant? Calculez le nombre de moles du réactif en excès qui restent après la réaction.

★3.49 Soit la réaction suivante:

$$MnO_2 + 4HCl \longrightarrow MnCl_2 + Cl_2 + 2H_2O$$

Si 0,86 mol de MnO_2 et 48,2 g de HCl réagissent ensemble, lequel de ces deux réactifs sera épuisé le premier? Quelle masse (en grammes) de Cl_2 sera produite?

★3.50 La préparation industrielle de l'acide fluorhydrique, HF (un acide toxique et corrosif), peut s'effectuer selon la réaction suivante:

$$CaF_2 + H_2SO_4 \longrightarrow CaSO_4 + 2HF$$

On fait réagir 500 L d'une solution d'acide sulfurique de concentration 0,200 mol/L et 10,9 kg de fluorure de calcium.

a) Lequel des deux réactifs est en excès?

b) Quelle masse de HF peut-on obtenir au maximum?

c) Quelle est la masse de cet excès, une fois la réaction terminée?

3.6 Le rendement des réactions

★**3.51** Le fluorure d'hydrogène est utilisé dans la fabrication des fréons (gaz pouvant détruire la couche d'ozone) et dans la production de l'aluminium. Il est obtenu par la réaction suivante :

$$CaF_2 + H_2SO_4 \longrightarrow CaSO_4 + 2HF$$

Si l'on fait réagir 6,00 kg de CaF_2 avec du H_2SO_4 en excès pour former 2,86 kg de HF, quel est le pourcentage de rendement de la réaction ?

★**3.52** La nitroglycérine ($C_3H_5N_3O_9$) est un puissant explosif qui se décompose selon la réaction suivante :

$$4C_3H_5N_3O_9 \longrightarrow 6N_2 + 12CO_2 + 10H_2O + O_2$$

Cette réaction génère une grande quantité de chaleur et beaucoup de produits gazeux. C'est la formation soudaine de ces gaz, accompagnée de leur expansion rapide, qui produit l'explosion. **a)** Quelle est la masse maximale de O_2 (en grammes) que l'on peut obtenir à partir de $2,00 \times 10^2$ g de nitroglycérine ? **b)** Calculez le pourcentage de rendement de cette réaction si la quantité de O_2 formée est de 6,55 g.

★**3.53** Le lithium chauffé réagit avec l'azote en formant du nitrure de lithium :

$$6Li(s) + N_2(g) \longrightarrow 2Li_3N(s)$$

Si 12,3 g de Li sont chauffés en présence de 33,6 g de N_2, on obtient 5,89 g de Li_3N. Calculez le pourcentage de rendement de cette réaction.

★**3.54** L'oxyde de titane(IV) (TiO_2) est une substance blanche obtenue par l'action de l'acide sulfurique sur l'ilménite ($FeTiO_3$) :

$$FeTiO_3 + H_2SO_4 \longrightarrow TiO_2 + FeSO_4 + H_2O$$

Son opacité et sa non-toxicité permettent de l'utiliser comme pigment dans les plastiques et les peintures. Si $8,00 \times 10^3$ kg de $FeTiO_3$ produisent $3,67 \times 10^3$ kg de TiO_2, quel est le pourcentage de rendement de la réaction ?

PROBLÈMES VARIÉS

★**3.55** Le schéma suivant représente les produits (CO_2 et H_2O) formés après la combustion complète d'un hydrocarbure (composé ne contenant que des atomes de C et de H). Écrivez l'équation de cette réaction. (Indice : On sait que la masse molaire de cet hydrocarbure est d'environ 30 g/mol.)

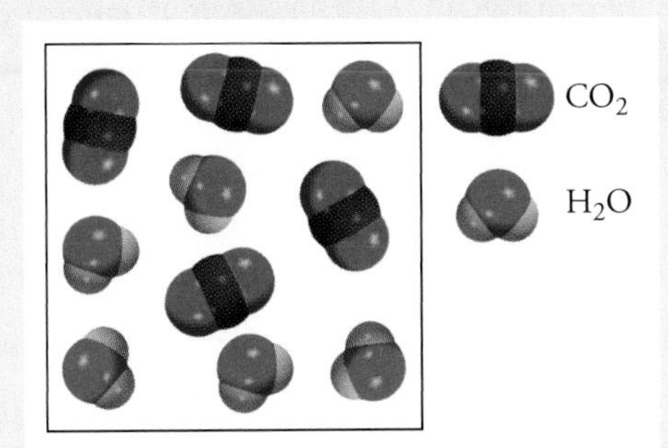

★**3.56** L'hydrogène et l'oxygène gazeux réagissent ainsi :

$$2H_2(g) + O_2(g) \longrightarrow 2H_2O(g)$$

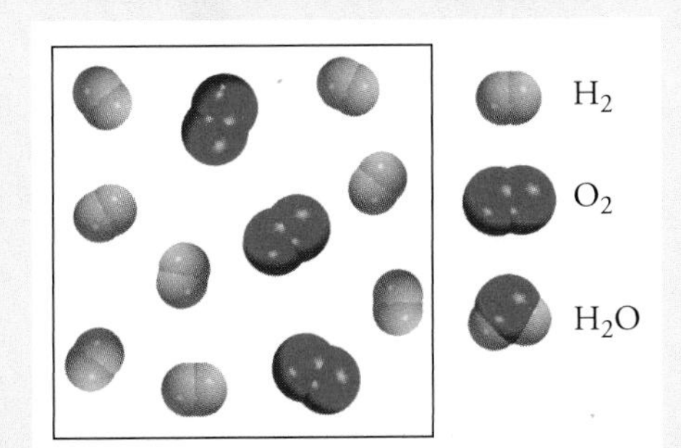

En supposant que la réaction est complète, lequel des schémas ci-dessous représente les quantités de réactifs et de produits après la réaction ?

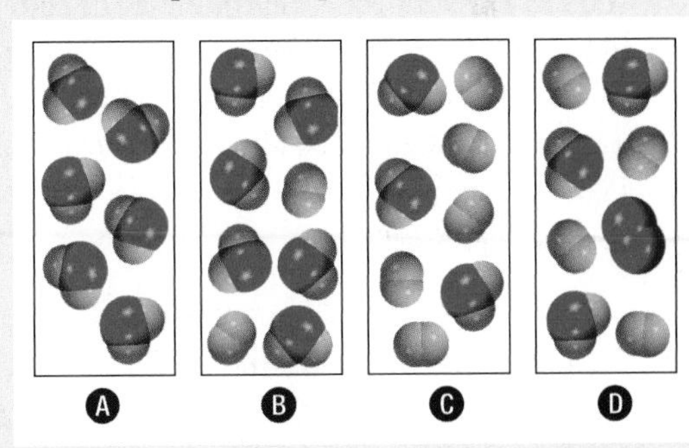

★**3.57** Un échantillon d'un composé constitué de Cl et de O réagit en présence d'un excès de H_2 ; on obtient 0,233 g de HCl et 0,403 g de H_2O. Quelle est la formule empirique du composé ?

★**3.58** Le pourcentage massique de Al dans l'hydrate de sulfate d'aluminium [$Al_2(SO_4)_3 \cdot xH_2O$] est de 8,20 %. Calculez x, c'est-à-dire le nombre de molécules d'eau associées à chaque unité de $Al_2(SO_4)_3$.

★**3.59** On laisse une barre de fer de 664 g exposée à l'air humide pendant un mois. On observe alors qu'un huitième du fer est devenu de la rouille (Fe_2O_3). Calculez la masse finale de la barre de fer rouillée (fer + rouille).

★3.60 Un échantillon de 2,93 g de magnésium réagit avec un volume inconnu d'une solution d'acide chlorhydrique de concentration égale à 0,752 mol/L. La quantité d'acide n'ayant pas réagi est ensuite neutralisée, c'est-à-dire qu'elle réagit exactement avec 250,0 mL d'une solution de NaOH de concentration 0,450 mol/L. Calculez le volume de HCl utilisé au départ.

$$Mg(s) + HCl(aq) \longrightarrow MgCl_2(s) + H_2(g)$$

$$HCl(aq) + NaOH(aq) \longrightarrow NaCl(s) + H_2O(l)$$

★3.61 Un certain oxyde métallique a pour formule MO. Un échantillon de 39,46 g de ce composé est fortement chauffé dans une atmosphère d'hydrogène pour en retirer l'oxygène et former de l'eau. Après la réaction, il reste 31,70 g du métal M. Si O a une masse molaire de 16,00 g/mol, calculez la masse molaire de M et identifiez cet élément.

★3.62 Un échantillon de 6,50 g d'un composé chimique dont la formule est $C_xH_yO_z$ brûle en présence d'oxygène et génère 9,55 g de CO_2 et 3,91 g d'eau. Déterminez la formule moléculaire de ce composé, sachant que sa masse molaire est d'environ 180 g/mol.

★3.63 Un échantillon impur de zinc (Zn) est traité avec de l'acide sulfurique (H_2SO_4) en excès pour former du sulfate de zinc ($ZnSO_4$) et de l'hydrogène gazeux (H_2). **a)** Écrivez l'équation équilibrée de cette réaction. **b)** Si 0,0764 g de H_2 est obtenu de 3,86 g de cet échantillon, calculez le pourcentage de pureté de l'échantillon (en supposant que les impuretés ne réagissent pas).

★3.64 Une des réactions qui se produisent dans un haut fourneau, où le minerai de fer est converti en fer fondu, est:

$$Fe_2O_3 + 3CO \longrightarrow 2Fe + 3CO_2$$

Supposons que $1,64 \times 10^3$ kg de Fe sont obtenus d'un échantillon de $2,62 \times 10^3$ kg de Fe_2O_3 et que la réaction a été complète. Quel est le pourcentage de pureté de Fe_2O_3 dans l'échantillon original?

★3.65 On fait réagir 100,0 mL d'une solution aqueuse d'acide phosphorique de concentration égale à 5,01 mol/L avec un excès d'hydroxyde de potassium (KOH). Calculez la masse de KOH qui réagira, sachant que 3 mol de KOH sont nécessaires pour neutraliser 1 mol d'acide phosphorique.

★3.66 Le dioxyde de carbone (CO_2) est le gaz qui est principalement responsable du réchauffement de la planète (appelé «gaz à effet de serre», GES). La combustion des combustibles fossiles est la cause première de l'augmentation de la concentration de CO_2 dans l'atmosphère. Le dioxyde de carbone est aussi un produit final du métabolisme (*voir l'*EXEMPLE 3.13, *p. 112*). En utilisant le glucose comme exemple de nourriture, calculez la production annuelle de CO_2 (en grammes), en supposant que chaque personne consomme $5,0 \times 10^2$ g de glucose par jour. Considérez que la population mondiale est de 7,0 milliards d'habitants et qu'il y a 365 jours dans une année.

★3.67 Les glucides sont des composés qui contiennent du carbone, de l'hydrogène et de l'oxygène; le rapport entre l'hydrogène et l'oxygène y est 2:1. Dans un certain glucide, le pourcentage massique de C est de 40 %. Déterminez les formules empirique et moléculaire de ce composé si sa masse molaire approximative est de 178 g.

★3.68 Par chauffage, on décompose 2,40 g d'un oxyde métallique d'un métal X (masse molaire de X = 55,9 g/mol) en présence de monoxyde de carbone (CO). On obtient comme produits de cette réaction 1,68 g du métal à l'état pur et du dioxyde de carbone. À partir de ces données, prouvez que la formule la plus simple (ou formule empirique) pour cet oxyde est X_2O_3 et écrivez l'équation équilibrée de la réaction.

★3.69 Un mélange de méthane (CH_4) et d'éthane (C_2H_6) pesant 13,43 g brûle complètement en présence d'oxygène. Si l'on obtient une masse totale de CO_2 et de H_2O de 64,84 g, quelle est la fraction de CH_4 contenue dans le mélange?

★3.70 L'acide sulfurique et l'hydroxyde de lithium réagissent ensemble selon la réaction suivante:

$$2LiOH + H_2SO_4 \longrightarrow Li_2SO_4 + 2H_2O$$

Le mélange de 371 g d'hydroxyde de lithium avec une masse inconnue d'acide sulfurique a produit 550 g de sulfate de lithium. Calculez la masse d'acide introduite initialement.

★3.71 Déterminez le nombre d'ions contenus dans 12,5 g de $(NH_4)_2SO_4$.

PROBLÈMES SPÉCIAUX

3.72 L'acide sulfurique et le phosphate de calcium réagissent ensemble selon la réaction suivante :

$$H_2SO_4 + Ca_3(PO_4)_2 \longrightarrow Ca(H_2PO_4)_2 + CaSO_4$$

a) Équilibrez la réaction.

b) Calculez la masse de $Ca(H_2PO_4)_2$ produite si 95,0 g d'acide sulfurique ont été utilisés et que 38,0 g de $Ca_3(PO_4)_2$ ont été récupérés après la réaction.

c) Calculez la masse de $Ca_3(PO_4)_2$ qui a été utilisée au départ.

d) Quelle masse d'acide sulfurique aurait-il fallu utiliser pour qu'il n'y ait aucun excès de $Ca_3(PO_4)_2$?

3.73 Le chauffage d'un mélange de phosphate de calcium, de dioxyde de silicium et de charbon permet de préparer le P_4 en deux étapes selon les équations suivantes :

1) $Ca_3(PO_4)_2(s) + SiO_2(s) \longrightarrow CaSiO_3(s) + P_2O_5(s)$

2) $P_2O_5(s) + C(s) \longrightarrow CO(g) + P_4(s)$

Lors d'une de ces préparations, on a mélangé 522 g de phosphate de calcium, un excès de SiO_2 et 110 g de charbon contenant 85 % en masse de C pur.

a) Équilibrez les équations chimiques.

b) Déterminez le réactif limitant.

c) Calculez la masse maximale de P_4 qu'on peut obtenir durant ce procédé.

d) Sachant que 78,9 g de P_4 ont été obtenus, calculez le rendement de la deuxième réaction.

3.74 Le chlorure d'aluminium est formé par la réaction entre l'aluminium et l'acide chlorhydrique selon la réaction suivante :

$$Al(s) + HCl(aq) \longrightarrow AlCl_3(s) + H_2(g)$$

Lors d'une expérience, une quantité inconnue d'aluminium a été ajoutée à 25,0 mL d'une solution aqueuse de HCl de concentration inconnue. Le dihydrogène généré a été recueilli, puis mesuré, et il fut établi qu'une quantité égale à $1,51 \times 10^{-3}$ mol de H_2 avait été produite. Après séchage, 0,0378 g d'aluminium n'avait pas réagi.

a) Équilibrez l'équation chimique.

b) Calculez la masse d'aluminium dans l'échantillon inconnu.

c) Calculez la concentration initiale de la solution de HCl.

3.75 Quel volume d'une solution de $Fe(NO_3)_3$ de concentration égale à 0,0500 mol/L faut-il pour que la réaction produite avec 750,0 mL d'une solution aqueuse de K_2CrO_4 à 0,0250 mol/L s'effectue au maximum, sachant que le rendement de la réaction est de 80 % ? Les produits de la réaction sont le chromate de fer(III) et le nitrate de potassium.

3.76 Les sacs gonflables utilisés comme dispositifs de sécurité dans les automobiles doivent être à la fois peu encombrants et efficaces. Ils peuvent se gonfler très rapidement grâce à une poudre d'azoture de sodium (NaN_3) qui, à la suite d'un impact, se transforme en poudre de sodium (Na) et en azote gazeux (N_2). Combien de grammes de nitrure de sodium faudrait-il pour gonfler un sac de 50,0 L? (Un volume de 24,4 L d'un gaz à 101,3 kPa et à 25 °C correspond à 1,00 mol.)

3.77 Voici une méthode peu précise, mais efficace, pour obtenir une estimation de l'*ordre de grandeur* du nombre d'Avogadro à partir d'une expérience faite avec de l'acide stéarique ($C_{18}H_{36}O_2$). Lorsque cet acide est versé dans l'eau, ses molécules demeurent à la surface de l'eau et, en s'y répandant, elles forment une monocouche, c'est-à-dire une couche ayant l'épaisseur d'une seule molécule. La surface occupée par chaque molécule a été mesurée et vaut 0,21 nm^2. Au cours d'une expérience, on a trouvé que $1,4 \times 10^{-4}$ g d'acide stéarique forment une monocouche couvrant une surface circulaire d'un diamètre de 20 cm. D'après ces mesures, estimez le nombre d'Avogadro. (La surface d'un cercle de rayon r est πr^2.)

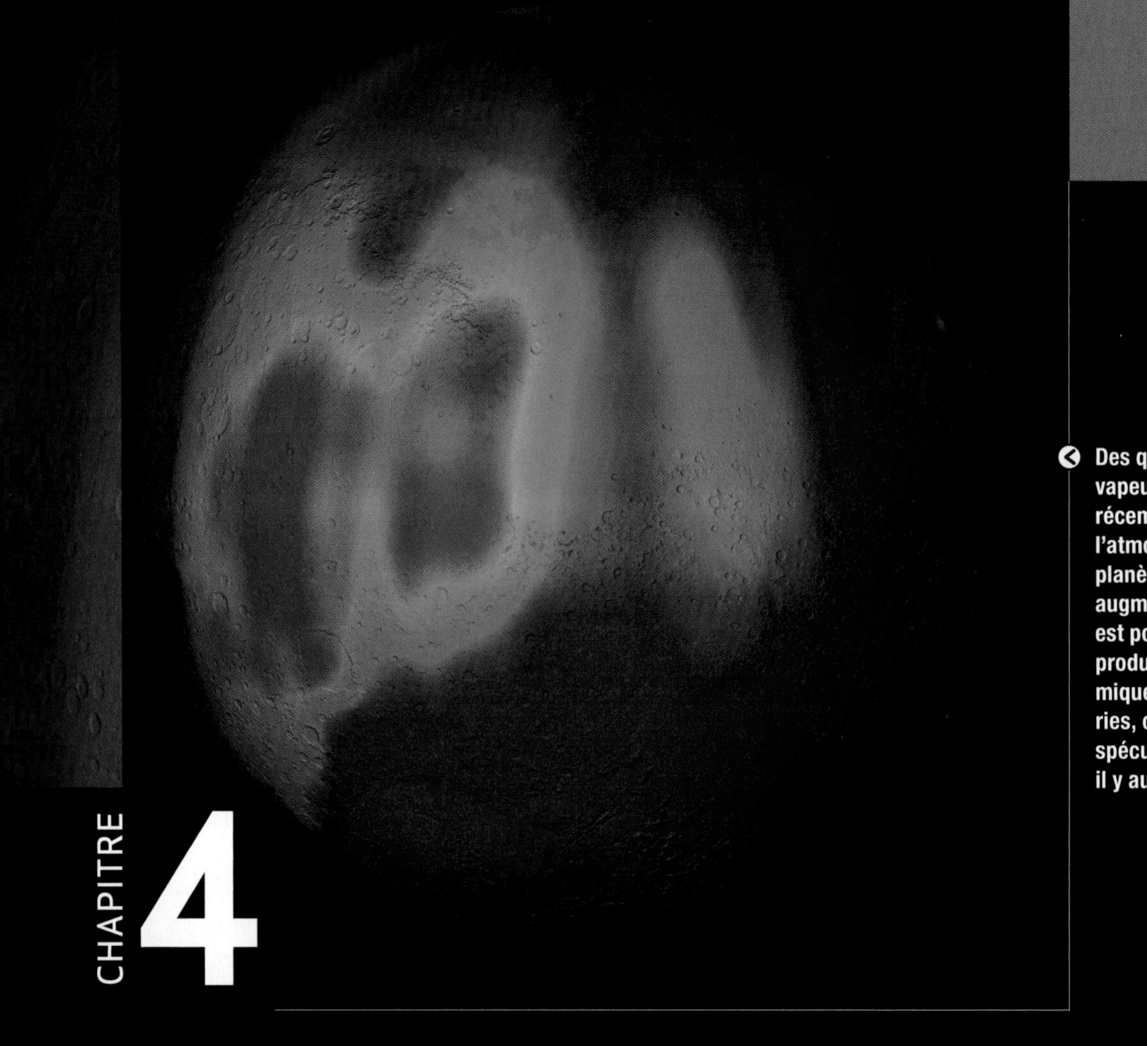

Des quantités significatives de vapeur d'eau et de méthane ont récemment été détectées dans l'atmosphère entourant la planète Mars. (La concentration augmente de mauve à rouge.) Il est possible que le méthane soit produit par une activité géothermique ou encore par les bactéries, ce qui alimente les spéculations selon lesquelles il y aurait de la vie sur Mars.

CHAPITRE 4

Les gaz

Dans certaines conditions de température et de pression, la plupart des substances peuvent exister sous forme solide, liquide ou gazeuse. Les gaz, le sujet de ce chapitre, sont plus simples que les liquides et les solides sous plusieurs aspects. Les mouvements des molécules gazeuses sont complètement aléatoires, et les forces d'attraction entre les molécules gazeuses sont si petites que chaque molécule se déplace librement et ne dépend pratiquement pas des autres. Le comportement des gaz varie en fonction de la température et de la pression et les lois qui gouvernent ces comportements ont joué un rôle important dans l'élaboration de la théorie atomique et de la théorie cinétique des gaz.

PLAN DE CHAPITRE

OBJECTIFS D'APPRENTISSAGE

- Appliquer les lois des gaz et la loi des gaz parfaits ;
- Appliquer la loi des pressions partielles de Dalton ;
- Résoudre des problèmes de stœchiométrie en phase gazeuse ;
- Prévoir l'effet de la masse et de la température sur la vitesse des molécules ;
- Calculer la vitesse quadratique moyenne des molécules ;
- Distinguer l'effusion de la diffusion gazeuse ;
- Appliquer la loi de Graham ;
- Prédire si un gaz se comportera comme un gaz parfait ;
- Utiliser l'équation de Van der Waals dans le cas des gaz réels.

i+ CHIMIE EN LIGNE

Animation
- Les lois des gaz (4.3)
- La collecte d'un gaz par déplacement d'eau (4.6)
- La diffusion des gaz (4.7)

Interaction
- Les lois des gaz (4.3)
- La loi de Boyle-Mariotte (4.3)
- La loi des gaz parfaits (4.4)
- La loi de Dalton (4.6)

Complément
- La pression atmosphérique (4.2)

CAPSULE D'INFORMATION

Le premier vol libre en ballon, avec des personnes à bord, eut lieu à Paris en 1783.

Jacques Charles et les frères de Montgolfier : les premiers vols en ballon

Les frères de Montgolfier sont les inventeurs des aérostats, ces fameux « plus légers que l'air » appelés aujourd'hui « montgolfières ». Au cours de la première ascension sans passager, en juin 1783, leur ballon gonflé d'air chaud s'éleva à une altitude de 1 km et parcourut 1,6 km. C'est en novembre de la même année qu'eut lieu la première ascension avec un passager. Par contre, dès le mois d'août 1783, le chimiste français Jacques Charles réussit à faire monter pour la première fois un aérostat gonflé d'hydrogène. Les habitants de la région où atterrit le ballon furent tellement terrifiés par celui-ci qu'ils le mirent en pièces. En décembre de la même année, Charles et son assistant furent les premiers à s'envoler à bord de ce type de ballon. Partis de Paris, ils atterrirent 104 km plus loin. C'était à la suite des récentes découvertes de l'époque concernant les gaz que Charles avait décidé de gonfler son ballon avec de l'hydrogène, un gaz plus léger que l'air. Son ballon était fait de soie enduite d'une solution de caoutchouc qui empêchait le gaz de s'échapper. L'hydrogène fut obtenu par la réaction de 227 kg d'acide sulfurique (H_2SO_4) avec 454 kg de fer. Il fallut plusieurs jours pour gonfler le ballon, qui faisait 4 m de diamètre.

Les frères de Montgolfier

Les succès des premiers vols en ballon eurent une portée considérable. Dans le monde entier, on reconnut rapidement les possibilités qu'offraient les ballons pour les voyages et comme instruments de guerre. Le ballon permit également aux scientifiques d'atteindre des altitudes supérieures à 3000 m pour y mesurer la température et la pression de l'atmosphère, ainsi que pour y prélever des échantillons d'air. Les études qui suivirent fournirent une base expérimentale plus solide pour la compréhension du comportement des gaz et établirent les bases qui ont mené à l'abandon de la théorie du phlogistique (*voir p. 86*). Les premiers vols en ballon ont donc contribué à l'essor de la chimie moderne.

4.1 Les gaz

Nous vivons au fond d'un océan d'air dont la composition, par unité de volume, est d'environ 78 % de N_2, 21 % de O_2 et 1 % d'autres gaz, dont le CO_2. À cause de la pollution, la chimie de ce mélange vital est devenue, dans les années 2000, un champ d'études encore plus important. Ce chapitre porte essentiellement sur le comportement des substances qui existent à l'état gazeux dans des **conditions atmosphériques ordinaires** (abrégées par l'acronyme **TPO**) définies comme étant une température de 25 °C et une pression d'exactement 1 atmosphère (atm) ou 101,325 kilopascals (kPa).

Les éléments à l'état gazeux à TPO sont en bleu. Les gaz rares (groupe 8A) sont des espèces monoatomiques. Les autres sont des molécules diatomiques. L'ozone (O_3) est aussi un gaz.

Dans les conditions atmosphériques ordinaires, seulement 11 éléments existent à l'état gazeux. L'hydrogène, l'azote, l'oxygène, le fluor et le chlore existent sous forme de molécules diatomiques. [L'ozone (O_3), une forme allotropique de l'oxygène, est également gazeux à la température ambiante.] Par contre, tous les éléments du groupe 8A (les gaz rares) sont des gaz monoatomiques : He, Ne, Ar, Kr, Xe et Rn. Le **TABLEAU 4.1** dresse la liste des éléments gazeux (ou de leur forme la plus stable) dans les conditions atmosphériques ordinaires.

Certains composés covalents se retrouvent aussi sous forme gazeuse dans ces conditions : c'est souvent le cas de petites molécules telles que le CO, le CO_2, le NH_3 et le CH_4. Le **TABLEAU 4.2** présente certains composés existant à l'état gazeux dans les conditions ordinaires. Afin de prédire l'état (solide, liquide ou gazeux) d'une molécule, il faut être en mesure de comprendre la nature des forces qui les retiennent ensemble (les forces intermoléculaires seront étudiées au chapitre 9). Plus ces forces sont importantes, moins un composé est susceptible de se retrouver à l'état gazeux dans les conditions ordinaires. Les forces électrostatiques qui unissent les anions aux cations dans les composés ioniques étant assez grandes, ces derniers n'existent pas sous forme gazeuse dans les conditions ordinaires.

De tous les gaz indiqués dans les **TABLEAUX 4.1** et **4.2**, seul l'oxygène (O_2) est essentiel à notre survie. Le cyanure d'hydrogène (HCN) est un poison mortel. Le monoxyde de carbone (CO), le sulfure d'hydrogène (H_2S), le dioxyde d'azote (NO_2), l'ozone (O_3) et le dioxyde de soufre (SO_2) sont aussi toxiques, mais à un moindre degré. Par ailleurs, l'hélium (He), le néon (Ne) et l'argon (Ar) sont des gaz chimiquement inertes, c'est-à-dire qu'ils ne réagissent avec aucune autre substance. La plupart des gaz, sauf F_2, Cl_2 et NO_2, sont incolores. On peut quelquefois distinguer le brun foncé du NO_2 dans l'air pollué. Tous les gaz ont les caractéristiques physiques suivantes :

- les gaz épousent le volume et la forme de leur contenant ;
- les gaz sont compressibles, alors que les liquides et les solides le sont très peu ;
- les gaz introduits dans un même contenant se mélangent complètement pour former un mélange homogène ;
- les gaz ont des masses volumiques de beaucoup inférieures à celles des liquides et des solides ; pour cette raison, on les exprime en grammes par litre (g/L) plutôt qu'en grammes par millilitre (g/mL).

TABLEAU 4.1 >
Éléments (ou corps simples) existant à l'état gazeux à TPO

Éléments (sous leur forme la plus stable)
H_2 (dihydrogène)
N_2 (diazote)
O_2 (dioxygène)
O_3 (ozone)
F_2 (difluor)
Cl_2 (dichlore)
He (hélium)
Ne (néon)
Ar (argon)
Kr (krypton)
Xe (xénon)
Rn (radon)

TABLEAU 4.2 >
Quelques composés existant à l'état gazeux à TPO

Composés
HF (fluorure d'hydrogène)
HCl (chlorure d'hydrogène)
HBr (bromure d'hydrogène)
HI (iodure d'hydrogène)
CO (monoxyde de carbone)
CO_2 (dioxyde de carbone)
NH_3 (ammoniac)
NO (monoxyde d'azote)
NO_2 (dioxyde d'azote)
N_2O (monoxyde de diazote)
SO_2 (dioxyde de soufre)
H_2S (sulfure d'hydrogène)
HCN (cyanure d'hydrogène)*

* Le point d'ébullition de HCN, soit 26 °C, est suffisamment bas pour que HCN soit considéré comme un gaz à TPO.

QUESTIONS de révision

1. Nommez cinq éléments (ou corps simples) et cinq composés qui, à la température ambiante, sont à l'état gazeux.
2. Énumérez les caractéristiques physiques des gaz.

4.2 La pression

Puisque les particules sont constamment en mouvement, les molécules de gaz entrent en collision avec les parois du récipient dans lequel elles sont confinées, ce qui cause la pression exercée par le gaz.

La **pression** est définie comme la force exercée par unité de surface :

$$\text{pression} = \frac{\text{force}}{\text{surface}}$$

L'unité de pression SI est le **pascal (Pa)**, nommé ainsi en l'honneur du mathématicien et physicien français Blaise Pascal :

$$1 \text{ Pa} = 1 \text{ N/m}^2$$

NOTE

Un gaz est une substance qui est gazeuse à TPO ; une vapeur est la forme gazeuse d'une substance qui est un liquide ou un solide dans les mêmes conditions. Ainsi, à 25 °C et 101,3 kPa, on parle de vapeur d'eau et de dioxygène gazeux.

NOTE

Un newton équivaut à la force qui communique à un corps ayant une masse de 1 kg une accélération de 1 m/s^2. Un newton équivaut presque à la force exercée par la gravité terrestre sur une pomme (1 N = 1 kg · m/s^2).

La pression atmosphérique se mesure généralement en kilopascals (kPa). Elle représente la pression exercée par une colonne d'air qui s'étend de la surface de la Terre (niveau de la mer) jusqu'à la haute atmosphère (*voir les* **FIGURES 4.1** *et* **4.2**).

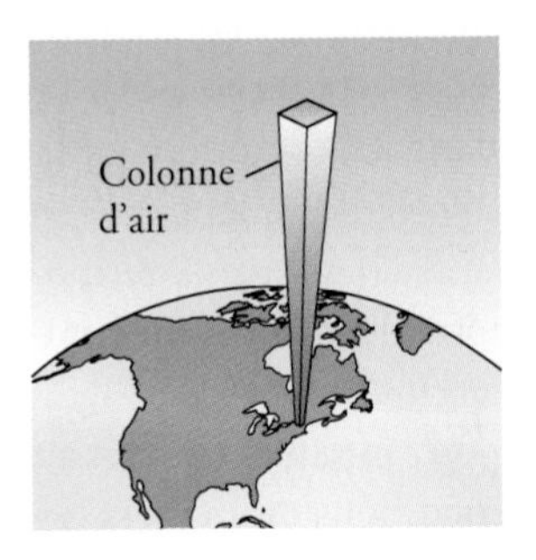

FIGURE 4.1

Pression atmosphérique

C'est la pression exercée par la colonne d'air s'étendant de la surface de la Terre (au niveau de la mer) jusqu'à la haute atmosphère qui cause la pression atmosphérique.

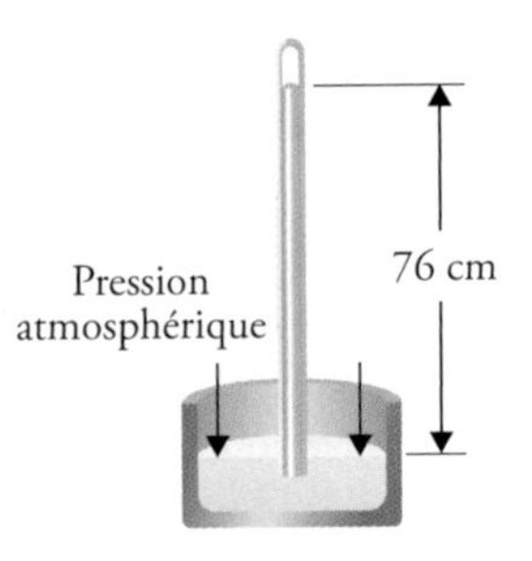

FIGURE 4.2

Mesure de la pression atmosphérique

Un baromètre permet de mesurer la pression atmosphérique. Dans le tube, au-dessus du mercure, il y a un vide. La colonne de mercure est maintenue par la pression atmosphérique.

Complément
- La pression atmosphérique

La pression peut aussi être mesurée en millimètres de mercure (mm Hg), en torrs, en atmosphères (atm), en bars et en psi (de l'anglais ***pounds*** *per* ***square inch***, c'est-à-dire livres/pouce^2). Les équivalences sont présentées au **TABLEAU 4.3**. Pour plus d'information sur la conversion des unités de pression, voir l'annexe 5 (*p. 483*).

TABLEAU 4.3 >
Différentes unités de pression équivalant à 1 atm

101,325 kPa
760* mm Hg
760* Torr
14,696 psi
1,013 25 bar

* Nombre exact

Avion à réaction de transport commercial volant à haute altitude

EXEMPLE 4.1 La conversion des millimètres de mercure en kilopascals

La pression atmosphérique à l'extérieur d'un avion à réaction volant à haute altitude est très inférieure à la pression qui s'exerce au niveau de la mer. Il faut donc régler la pression de l'air à l'intérieur des avions de façon à protéger les passagers (on dit alors que la cabine est pressurisée). Quelle est la pression de l'air en kilopascals dans un avion si l'on sait qu'elle est de 688 mm Hg?

DÉMARCHE

Comme 101,325 kPa = 760 mm Hg, il faut utiliser le facteur de conversion suivant pour obtenir une pression en atmosphères:

$$\frac{101{,}325 \text{ kPa}}{760 \text{ mm Hg}}$$

SOLUTION

On calcule la pression en kilopascals de la façon suivante:

$$\text{pression} = 688 \text{ mm Hg} \times \frac{101{,}325 \text{ kPa}}{760 \text{ mm Hg}}$$

$$= 91{,}7 \text{ kPa}$$

EXERCICE E4.1

Convertissez 749 mm Hg en kilopascals.

Problèmes semblables
4.1 et 4.2

RÉVISION DES CONCEPTS

Placez en ordre croissant les valeurs de pression suivantes : **a)** 735 mm Hg ; **b)** $1{,}06 \times 10^5$ Pa ; **c)** 678 Torr ; **d)** 0,926 atm.

QUESTIONS de révision

3. Définissez la pression et donnez ses unités SI.
4. Expliquez la différence entre un gaz et une vapeur. À 25 °C, laquelle des substances suivantes à l'état gazeux doit-on appeler « gaz » et laquelle doit-on appeler « vapeur » : l'azote moléculaire (N_2) ou le mercure ?

CHIMIE EN LIGNE

Animation
- Les lois des gaz

Interaction
- Les lois des gaz
- La loi de Boyle-Mariotte

4.3 Les lois des gaz

Les lois des gaz examinées dans ce chapitre résument plusieurs siècles de recherche sur les propriétés physiques des gaz. Ces généralisations sur le comportement macroscopique des substances gazeuses ont joué un rôle important dans les progrès de la chimie. En effet, les lois des gaz ont contribué à la détermination des masses atomiques et à la compréhension de ce qui est devenu la stœchiométrie. De plus, comme la mesure du volume est beaucoup plus appropriée que celle de la masse dans le cas des gaz, il est important de connaître les lois qui établissent les relations entre le volume d'un gaz, sa température et sa pression.

Robert Boyle (1627-1691)

4.3.1 La relation pression-volume : la loi de Boyle-Mariotte

À mesure qu'un ballon rempli d'hélium monte dans l'air, son volume augmente parce que la pression extérieure diminue graduellement. Inversement, quand on comprime le volume d'un gaz, sa pression augmente. Cela s'explique par le fait que les particules de gaz ayant moins d'espace, elles frappent plus souvent les parois du contenant. Au XVIIIe siècle, le chimiste irlandais Robert Boyle et le physicien français Edme Mariotte ont établi la relation entre la pression et le volume des gaz. Cette loi est connue sous le nom de **loi de Boyle-Mariotte** et s'énonce ainsi : la pression d'une quantité donnée de gaz maintenu à une température constante est inversement proportionnelle à son volume (*voir la* **FIGURE 4.3**, *page suivante*). Le produit de la pression (P) et du volume (V) d'une quantité donnée de gaz à une température donnée (donc pour une masse et une température constantes) est une constante :

$$PV = k_1 \tag{4.1}$$

Cela signifie que, pour une masse de gaz donnée dans deux ensembles de conditions différentes (à température constante), on peut écrire : $P_1V_1 = k_1$ pour l'état initial 1 et $P_2V_2 = k_1$ pour l'état final 2 :

$$P_1V_1 = P_2V_2 \tag{4.2}$$

où V_1 et V_2 sont respectivement les volumes aux pressions P_1 et P_2.

NOTE

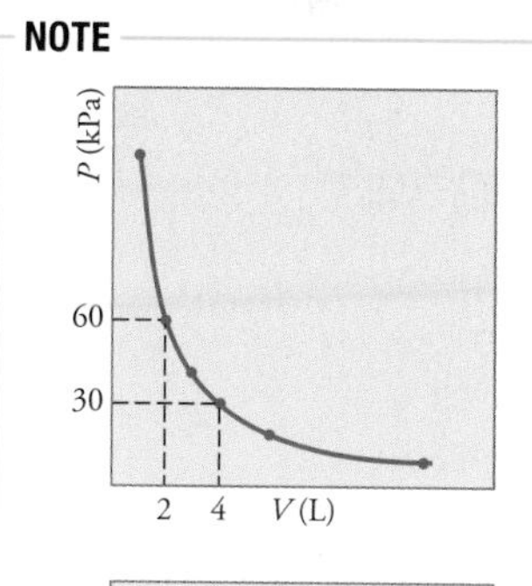

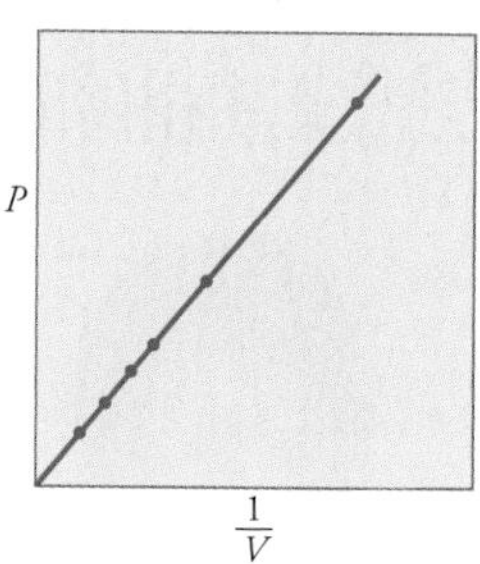

Graphiquement, il existe deux façons d'exprimer la loi de Boyle-Mariotte : il est à noter que cette dernière équation est une équation linéaire de la forme $y = mx + b$, où $b = 0$, $m = k_1$ et $x = 1/V$.

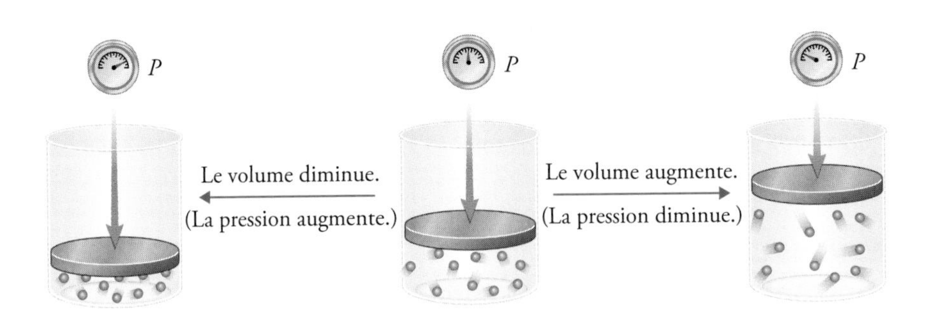

FIGURE 4.3

Illustration schématique de la loi de Boyle-Mariotte (1776)

Augmentation ou diminution du volume d'un gaz à température constante. Les flèches mauves ne font qu'indiquer ici que la pression interne dans les pistons est toujours égale à la pression externe. On peut voir le sens des variations de pression en comparant la position de l'aiguille du manomètre.

4.3.2 Les relations température-volume et température-pression : la loi de Charles-Gay-Lussac

Les Français Jacques Charles et Joseph Gay-Lussac furent les premiers à étudier la relation entre la température et le volume (ou la pression) d'un gaz. À pression constante, pour une masse donnée de gaz, le volume augmente si la température augmente et inversement. À des pressions différentes, le rapport entre le volume et la température est linéaire (*voir la* **FIGURE 4.4**).

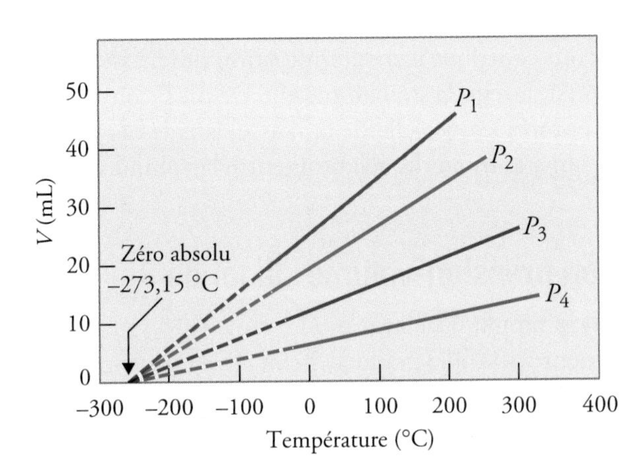

FIGURE 4.4

Variation du volume d'un gaz en fonction de la température à différentes pressions

La pression augmente de P_1 à P_4. En prolongeant ces droites (les parties pointillées) vers les basses températures, elles se coupent toutes en un point dont les coordonnées correspondent à une température de −273,15 °C et à un volume égal à zéro.

L'extrapolation de toutes les droites jusqu'à un volume égal à zéro coupe l'axe de la température à −273,15 °C. Cette température correspond au zéro absolu (température la plus basse qu'il serait possible d'atteindre). En pratique, on ne peut mesurer le volume d'un gaz que dans un intervalle de températures limité, parce que, à basses températures, tous les gaz se condensent pour former des liquides. C'est en choisissant cette valeur de −273,15 °C que lord Kelvin établit son échelle de température (*voir le chapitre 1*).

Le volume d'un gaz est donc proportionnel à sa température et obéit à l'équation mathématique suivante :

$$V = k_2 T$$

ou

$$\frac{V}{T} = k_2 \quad (4.3)$$

où k_2 est la constante de proportionnalité. Cette loi est connue sous le nom de **loi de Charles-Gay-Lussac** (ou simplement **loi de Charles**) et stipule que le volume d'une quantité donnée de gaz maintenu à une pression constante est directement proportionnel à sa température absolue (*voir la* **FIGURE 4.5A**).

Jacques Charles (1746-1823)

Comme dans le cas de la relation pression-volume à température constante, on peut comparer deux ensembles de conditions différentes pour un gaz donné à pression constante. À partir de l'équation 4.3, on peut écrire :

$$\frac{V_1}{T_1} = \frac{V_2}{T_2} \qquad (4.4)$$

où V_1 et V_2 sont respectivement les volumes des gaz aux températures T_1 et T_2. On peut remarquer que, dans tous les calculs concernant les lois des gaz, les températures doivent être exprimées en kelvins.

Louis-Joseph Gay-Lussac (1778-1850)

Une autre forme d'expression de la loi de Charles met en évidence que, pour une quantité donnée de gaz à volume constant, la pression du gaz est proportionnelle à la température (*voir la* **FIGURE 4.5B**) et obéit à l'équation mathématique suivante :

$$P = k_3T$$

ou

$$\frac{P}{T} = k_3 \qquad (4.5)$$

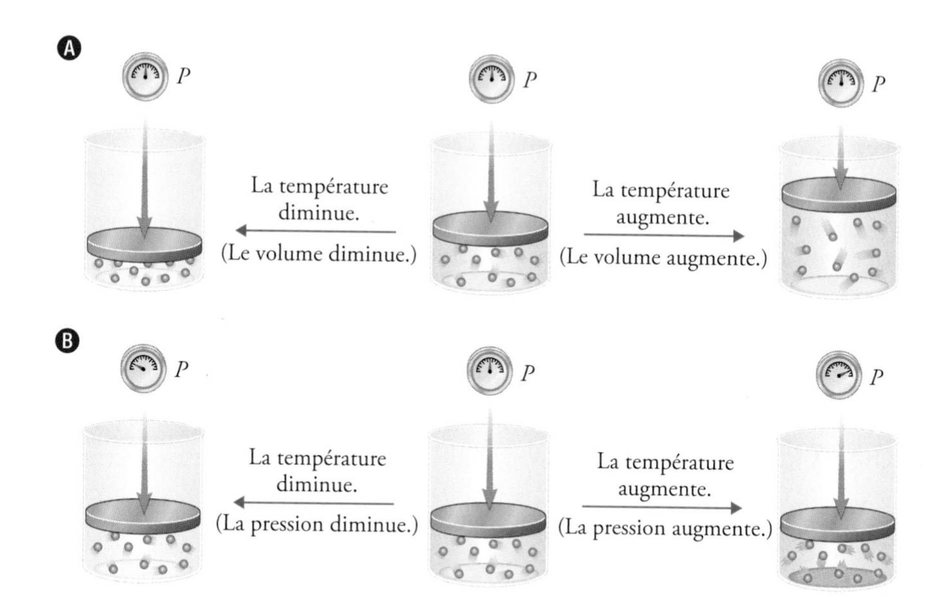
A
P
La température diminue.
(Le volume diminue.)
La température augmente.
(Le volume augmente.)
B
La température diminue.
(La pression diminue.)
La température augmente.
(La pression augmente.)

FIGURE 4.5

Loi de Charles (1784)

A Chauffage ou refroidissement d'un gaz à pression constante.

B Chauffage ou refroidissement d'un gaz à volume constant.

Les flèches mauves ne font qu'indiquer ici que la pression interne dans les pistons est toujours égale à la pression externe. On peut voir le sens des variations de pression en comparant la position de l'aiguille du manomètre.

À différentes valeurs de température T_1 et T_2 et de pression P_1 et P_2, d'après l'équation 4.5, on peut écrire :

$$\frac{P_1}{T_1} = \frac{P_2}{T_2} \qquad (4.6)$$

RÉVISION DES CONCEPTS

Comparez les changements dans le volume lorsque, à pression constante, la température passe de : **a)** 200 K à 400 K ; **b)** 200 °C à 400 °C.

4.3.3 La relation volume-nombre de molécules : la loi d'Avogadro

Le travail du scientifique italien Amedeo Avogadro compléta les recherches de Boyle, de Charles et de Gay-Lussac. En 1811, il proposa l'hypothèse suivante : à la même température et à la même pression, des volumes égaux de gaz différents contiennent le même nombre de molécules (ou d'atomes si le gaz est monoatomique). Il en déduisit que le volume d'un gaz donné devait être proportionnel au nombre de molécules présentes dans ce gaz ; autrement dit :

$$V = k_4 n \qquad (4.7)$$

où n est le nombre de moles et k_4, la constante de proportionnalité.

NOTE

Il aura fallu plus de 100 ans avant que l'hypothèse d'Avogadro soit reconnue comme une loi.

L'équation 4.7 est l'expression mathématique de la **loi d'Avogadro**, qui dit que, à pression et à température constantes, le volume d'un gaz est directement proportionnel au nombre de moles de gaz présentes (*voir la* **FIGURE 4.6**).

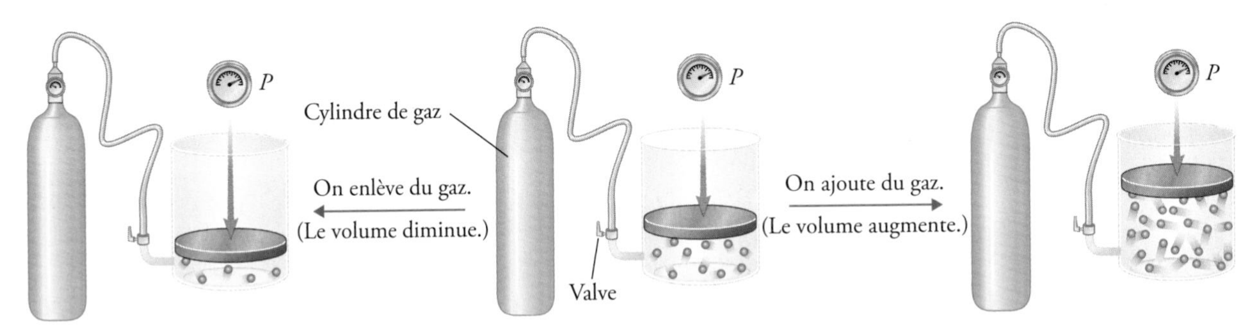
P
Cylindre de gaz
On enlève du gaz.
(Le volume diminue.)
P
On ajoute du gaz.
(Le volume augmente.)
P
Valve

FIGURE 4.6

Loi d'Avogadro (1811)

Volume de gaz en fonction de la quantité de gaz à température et pression constantes. Les flèches mauves ne font qu'indiquer ici que la pression interne dans les pistons est toujours égale à la pression externe.

En accord avec la loi d'Avogadro, lorsque deux gaz réagissent ensemble, le rapport entre leurs volumes respectifs est un nombre simple. Si le produit est aussi un gaz, le rapport entre son volume et ceux des réactifs est également un rapport simple, comme le démontre la **FIGURE 4.7** (ce qu'avait déjà démontré Gay-Lussac).

FIGURE 4.7

Relation entre les volumes gazeux dans une réaction chimique

Le rapport entre le volume de l'hydrogène et celui de l'azote est 3:1 ; celui du volume de l'ammoniac (le produit) et des volumes de l'hydrogène et de l'azote combinés (les réactifs) est 2:4 ou 1:2.

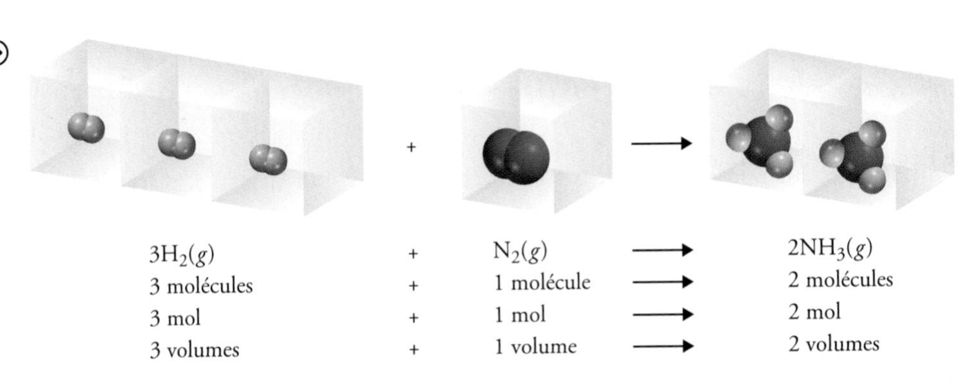
+
→

$3H_2(g)$	+	$N_2(g)$	→	$2NH_3(g)$
3 molécules	+	1 molécule	→	2 molécules
3 mol	+	1 mol	→	2 mol
3 volumes	+	1 volume	→	2 volumes

RÉVISION DES CONCEPTS

Qu'arrive-t-il à la pression d'un gaz si sa température absolue augmente alors que son volume demeure constant ?

QUESTIONS de révision

5. Expliquez en quoi consistent les lois suivantes et donnez les équations qui les résument : la loi de Boyle-Mariotte, la loi de Charles et la loi d'Avogadro. Pour chacun des cas, donnez les conditions dans lesquelles la loi s'applique. Déterminez les unités utilisées pour exprimer chacune des grandeurs des équations.
6. Dites pourquoi un ballon-sonde gonflé d'hélium se dilate à mesure qu'il s'élève dans l'atmosphère (supposez que la température reste constante).

4.4 L'équation des gaz parfaits

La combinaison des lois étudiées à la section 4.3 (*voir p. 143*) conduit à l'équation des gaz parfaits, une équation générale qui décrit le comportement des gaz :

Loi de Boyle-Mariotte : $V \propto \frac{1}{P}$ (n et T étant constants)

Loi de Charles : $V \propto T$ (n et P étant constants)

Loi d'Avogadro : $V \propto n$ (P et T étant constantes)

$V \propto \frac{nT}{P} \longrightarrow V = R\frac{nT}{P}$ où R est la constante de proportionnalité.

$$PV = nRT \quad \text{Loi des gaz parfaits} \qquad (4.8)$$

Interaction
- La loi des gaz parfaits

où R est la constante de proportionnalité appelée **constante des gaz parfaits**. L'équation 4.8, qui décrit la relation entre les quatre variables expérimentales P, V, T et n, s'appelle **équation des gaz parfaits** (ou **loi des gaz parfaits**). Un **gaz parfait** est un gaz hypothétique dont la pression, le volume et la température peuvent être exactement prévus par l'équation des gaz parfaits. Les molécules d'un gaz parfait ne s'attirent ni ne se repoussent les unes les autres, et leur volume est négligeable par rapport au volume du contenant. Bien que les gaz parfaits n'existent pas dans la nature, les écarts dans le comportement des gaz réels par rapport à celui d'un gaz parfait, dans des limites de température et de pression raisonnables, ne modifient pas les calculs de façon significative. On peut donc utiliser l'équation des gaz parfaits pour résoudre adéquatement de nombreux problèmes concernant les gaz, parfaits ou non.

NOTE
Le volume molaire d'un gaz est le volume occupé par une mole de ce gaz.

Avant de pouvoir appliquer l'équation 4.8 à un système réel, il faut évaluer la constante des gaz parfaits R. À 273,15 K (0 °C) et 101,325 kPa, beaucoup de gaz se comportent comme des gaz parfaits. Les expériences faites dans ces conditions ont démontré qu'une mole de gaz parfait occupe 22,414 L. On appelle **conditions de température et de pression normales** (**TPN**) les conditions de 273,15 K (0 °C) et 101,325 kPa. À partir de l'équation 4.8, on peut écrire :

$$R = \frac{PV}{nT} = \frac{(101{,}325\ \text{kPa})(22{,}414\ \text{L})}{(1\ \text{mol})(273{,}15\ \text{K})} = \frac{8{,}3145\ \text{kPa} \cdot \text{L}}{\text{mol} \cdot \text{K}}$$

Comparaison entre le volume de 1 mol de gaz à TPN (environ 22,4 L) et un ballon de basket-ball

Dans la plupart des calculs, la valeur de R sera arrondie à quatre chiffres significatifs (8,314 kPa · L/mol · K).

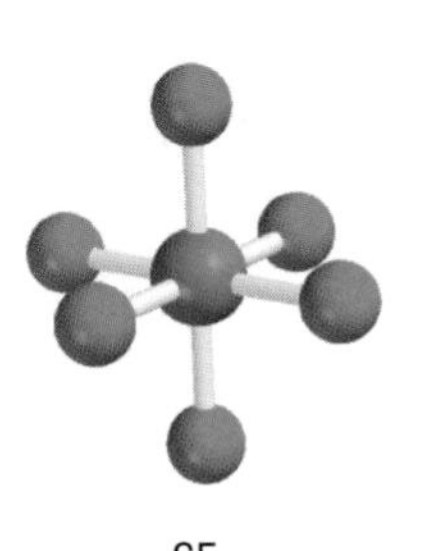

SF_6

EXEMPLE 4.2 L'application de la loi des gaz parfaits

L'hexafluorure de soufre (SF_6) est un gaz incolore, inodore et très stable. Calculez la pression (en kilopascals) exercée par 1,82 mol de ce gaz dans un contenant en acier d'un volume de 5,43 L à 45,0 °C.

DÉMARCHE

On connaît la quantité de gaz, le volume et la température. Quelle équation permettra de trouver la pression? Dans quelles unités faut-il exprimer la température?

SOLUTION

Comme les conditions (P, V, n, T) du gaz ne changent pas, on peut utiliser la loi des gaz parfaits pour calculer la pression. À partir de l'équation des gaz parfaits (équation 4.8), nous écrivons:

NOTE

Lorsque les valeurs sont données à trois chiffres significatifs, on peut se contenter d'écrire 273 K au lieu de 273,15 K.

$$P = \frac{nRT}{V}$$

$$= \frac{(1{,}82\ \text{mol})(8{,}314\ \text{kPa}\cdot\text{L/mol}\cdot\text{K})(45{,}0+273)\ \text{K}}{5{,}43\ \text{L}}$$

$$= 8{,}86 \times 10^2\ \text{kPa}$$

Problème semblable 4.12

EXERCICE E4.2

Calculez le volume (en litres) qu'occupent 2,12 mol de monoxyde d'azote (NO) à 663 kPa et 76 °C.

NH_3

EXEMPLE 4.3 La détermination du volume d'un gaz à TPN

Calculez le volume (en litres) qu'occupent 7,40 g de NH_3 à TPN.

DÉMARCHE

Quel est le volume d'une mole d'un gaz parfait à TPN? Combien de moles y a-t-il dans 7,40 g de NH_3?

SOLUTION

Sachant que 1 mol d'un gaz parfait occupe 22,4 L à TPN et que la masse molaire de NH_3 est de 17,03 g/mol, la séquence des conversions sera:

$$\text{grammes de } NH_3 \longrightarrow \text{moles de } NH_3 \longrightarrow \text{litres de } NH_3 \text{ à TPN}$$

et le volume de NH_3 se calcule ainsi:

$$V = 7{,}40\ \text{g}\ \cancel{NH_3} \times \frac{1\ \text{mol}\ \cancel{NH_3}}{17{,}03\ \text{g}\ \cancel{NH_3}} \times \frac{22{,}4\ \text{L}}{1\ \text{mol}\ \cancel{NH_3}} = 9{,}73\ \text{L}$$

Remarquez qu'il peut y avoir plusieurs façons de résoudre un même problème; cela se produit souvent en chimie et particulièrement dans le cas d'applications de la loi des gaz parfaits. Par exemple, ici, on aurait pu d'abord convertir la masse (7,40 g) de NH_3 en moles et appliquer ensuite la loi des gaz parfaits ($V = nRT/P$).

VÉRIFICATION

Étant donné que 7,40 g de NH_3 donne moins que 1 mol (17,0 g), son volume dans les conditions TPN devrait être inférieur à 22,4 L. La réponse est donc plausible. ▶

EXERCICE E4.3

Quel volume (en litres) occupent 49,8 g de HCl à TPN ?

Problème semblable ⊕
4.17

L'équation des gaz parfaits est utile pour résoudre les problèmes dans lesquels les valeurs de P, de V, de T et de n d'un échantillon de gaz restent constantes. Si l'une des valeurs n'est pas connue, on peut facilement la calculer en l'isolant dans l'équation des gaz parfaits. Mais il se présente souvent d'autres situations où, à partir d'un *état initial* d'un gaz dans les conditions P_1, V_1, T_1 et n_1, il se produit un ou plusieurs changements conduisant à un *état final* avec les nouvelles conditions nommées P_2, V_2, T_2 et n_2. Dans tous ces cas, on doit utiliser une forme modifiée de l'équation des gaz parfaits. Ainsi,

de: $PV = nRT,$ on a: $R = \dfrac{PV}{nT}$

Si l'on applique maintenant cette équation dans le cas d'un état initial, on a :

$$R = \frac{P_1V_1}{n_1T_1}$$

et, pour l'état final :

$$R = \frac{P_2V_2}{n_2T_2}$$

Donc:

$$\frac{P_1V_1}{n_1T_1} = \frac{P_2V_2}{n_2T_2} \qquad (4.9)$$

NOTE

Cette forme modifiée de l'équation des gaz parfaits s'appelle « équation combinée des gaz parfaits ».

Lorsqu'une des variables demeure constante dans l'état initial et dans l'état final, il est possible de la simplifier. Ainsi, on retrouve la loi de Boyle-Mariotte (équation 4.2) dans le cas où $T_1 = T_2$, et la loi de Charles-Gay-Lussac (équation 4.4) dans le cas où $P_1 = P_2$.

EXEMPLE 4.4 L'application de l'équation combinée des gaz parfaits

Une petite bulle monte du fond d'un lac, où la température et la pression sont de 8 °C et 648 kPa, jusqu'à la surface, où la température est de 25 °C et la pression, de 101 kPa. Calculez le volume final (en millilitres) de la bulle si son volume initial était de 2,1 mL.

DÉMARCHE

D'abord, nous écrivons :

État initial	*État final*	
$P_1 = 648$ kPa	$P_2 = 101$ kPa	
$V_1 = 2{,}1$ ml	$V_2 = ?$	$n_1 = n_2$
$T_1 = (8 + 273)$ K	$T_2 = (25 + 273)$ K	

Pour calculer le volume final, il faut réarranger l'équation 4.9. ▶

SOLUTION

Le nombre de moles n étant constant, on peut annuler n_1 et n_2. On obtient ainsi l'équation 4.9 :

$$\text{de } \frac{P_1V_1}{\cancel{n_1}T_1} = \frac{P_2V_2}{\cancel{n_2}T_2}, \text{ on obtient :}$$

$$V_2 = \frac{V_1P_1T_2}{P_2T_1} \text{ ou}$$

$$V_2 = V_1 \times \frac{P_1}{P_2} \times \frac{T_2}{T_1}$$

$$= 2{,}1 \text{ mL} \times \frac{648 \text{ kPa}}{101 \text{ kPa}} \times \frac{298 \text{ K}}{281 \text{ K}}$$

$$= 14 \text{ mL}$$

VÉRIFICATION

On remarque que le volume final résulte de la multiplication du volume initial par un rapport des pressions (P_1/P_2) et par un rapport des températures (T_2/T_1). Rappelez-vous que le volume est inversement proportionnel à la pression et que le volume est directement proportionnel à la température. Étant donné que la pression diminue et que la température monte, on s'attend à ce que le volume augmente. En fait, le changement de pression ici joue un rôle plus grand que celui de la température dans le changement de volume.

Ainsi, le volume de la bulle augmente de 2,1 mL à 14 mL à cause de la diminution de la pression de l'eau et de l'augmentation de la température.

Problèmes semblables 4.14 et 4.16

EXERCICE E4.4

Un échantillon gazeux ayant un volume initial de 4,0 L, à une pression initiale de 121 kPa et à une température initiale de 66 °C, subit une modification qui porte son volume et sa température à 1,7 L et à 42 °C. Quelle est la pression finale, en kilopascals ? Supposez que le nombre de moles reste constant.

4.4.1 La masse volumique et la masse molaire d'une substance gazeuse

La loi des gaz parfaits permet aussi de déterminer la masse volumique et la masse molaire d'une substance gazeuse. En effet, en réarrangeant l'équation 4.8, on peut écrire :

$$\frac{n}{V} = \frac{P}{RT}$$

Le nombre de moles de gaz n est donné par :

$$n = \frac{m}{\mathcal{M}}$$

où m est la masse du gaz (en grammes) et $\mathcal{M}$, sa masse molaire. Donc :

$$\frac{m}{\mathcal{M}V} = \frac{P}{RT}$$

Comme la masse volumique (ρ) est la masse par unité de volume, on peut écrire :

$$\rho = \frac{m}{V} = \frac{P\mathcal{M}}{RT} \quad (4.10)$$

L'équation 4.10 permet de calculer la masse volumique d'un gaz (en grammes par litre). Cependant, comme il est souvent facile de mesurer la masse volumique d'un gaz, on réarrange l'équation de manière à pouvoir plutôt calculer $\mathcal{M}$:

$$\mathcal{M} = \frac{\rho RT}{P} \quad (4.11)$$

Expérimentalement, la masse molaire d'une substance gazeuse peut être déterminée assez simplement, par différence de masse d'un ballon et en utilisant l'équation 4.11, comme expliqué à la **FIGURE 4.8**.

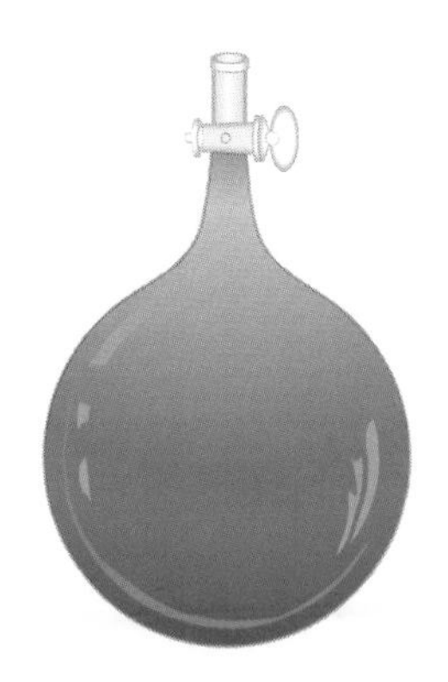

FIGURE 4.8

Appareil permettant de mesurer la masse volumique d'un gaz

Un ballon de volume connu est rempli du gaz étudié à une certaine pression et à une certaine température. Le ballon est ensuite pesé, puis vidé (on évacue le gaz) et pesé de nouveau. La différence de masse donne la masse du gaz. Connaissant le volume du ballon, on peut calculer la masse volumique du gaz.

NOTE

Pour déterminer la masse molaire d'un composé, il n'est pas nécessaire de connaître sa formule moléculaire.

EXEMPLE 4.5 La détermination de la masse molaire d'un gaz à partir de sa masse volumique

Un chimiste a synthétisé un composé gazeux de chlore et d'oxygène de couleur jaune verdâtre. Sa masse volumique est de 7,71 g/L, à 36 °C et 291 kPa. Calculez la masse molaire du composé et déterminez sa formule moléculaire.

DÉMARCHE

On peut calculer la masse molaire d'un gaz si l'on connaît sa masse volumique, sa température et sa pression. De plus, la formule moléculaire devra être compatible avec sa masse molaire. Quelles unités de température faudra-t-il utiliser ?

SOLUTION

Nous effectuons les substitutions requises dans l'équation 4.11 :

$$\begin{aligned}\mathcal{M} &= \frac{\rho RT}{P} \\ &= \frac{(7{,}71\ \text{g/L})(8{,}314\ \text{kPa}\cdot\text{L/mol}\cdot\text{K})(36+273)\ \text{K}}{291\ \text{kPa}} \\ &= 68{,}1\ \text{g/mol}\end{aligned}$$

Pour déterminer la formule moléculaire du composé constitué de chlore et d'oxygène, nous devons procéder par tâtonnement à partir des masses molaires du chlore (35,45 g/mol) et de l'oxygène (16,00 g/mol). Nous savons qu'un composé contenant un atome de Cl et un atome de O aurait une masse molaire de 51,45 g/mol, ce qui est trop bas ; la masse molaire d'un composé formé de deux atomes de Cl et d'un atome de O serait de 86,90 g/mol, ce qui est trop élevé. Si le composé est formé d'un atome de Cl et de deux atomes de O, sa masse molaire est de 67,45 g/mol, ce qui correspond approximativement à notre résultat ; la formule est donc ClO_2.

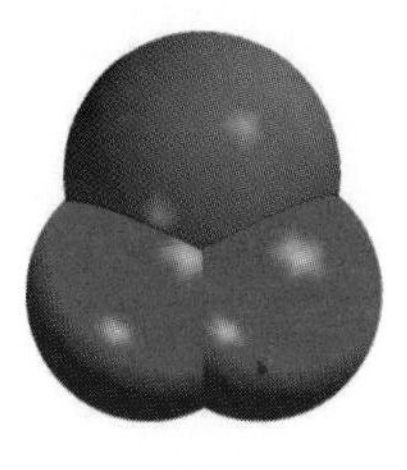

ClO_2

EXERCICE E4.5

La masse volumique d'un composé organique gazeux est de 3,38 g/L, à 40 °C et à 200 kPa. Déterminez sa masse molaire.

Problème semblable ⊕

4.23

RÉVISION DES CONCEPTS

En supposant un comportement idéal, lequel des échantillons gazeux suivants aura le plus grand volume dans des conditions de température et de pression normales?
a) 0,82 mol de He; **b)** 24 g de N_2 ; **c)** $5{,}0 \times 10^{23}$ molécules de Cl_2.

QUESTIONS de révision

7. Donnez les caractéristiques d'un gaz parfait.
8. Citez et expliquez l'équation des gaz parfaits. Précisez les unités utilisées pour exprimer chaque grandeur de l'équation.
9. Qu'entend-on par température et pression normales (TPN)? Quelle est la relation entre TPN et le volume occupé par 1 mol d'un gaz parfait?
10. Pourquoi la masse volumique d'un gaz est-elle très inférieure à celle d'un liquide ou d'un solide dans des conditions atmosphériques habituelles? Quelles sont les unités habituellement utilisées pour exprimer la masse volumique des gaz?

4.5 La stœchiométrie des gaz

Le chapitre 3 montre l'utilisation des relations entre les quantités (en moles) et les masses (en grammes) de réactifs et de produits pour résoudre des problèmes de stœchiométrie. Lorsque les réactifs *ou* les produits sont des gaz, on peut aussi utiliser les relations entre les quantités (les moles, n) et le volume (V) pour résoudre de tels problèmes (*voir la* **FIGURE 4.9**). Les exemples suivants montrent comment utiliser les lois des gaz dans ce type de problèmes.

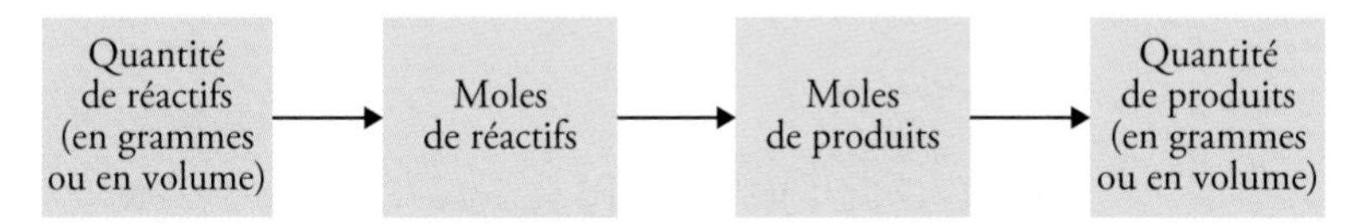

FIGURE 4.9

Résumé des étapes des calculs stœchiométriques concernant des gaz

Par réaction avec l'eau, le carbure de calcium (CaC_2) produit de l'éthylène, un gaz inflammable.

EXEMPLE 4.6 La loi d'Avogadro et la stœchiométrie

Calculez le volume d'oxygène (O_2) requis (en litres), pour faire la combustion complète de 7,64 L d'acétylène (C_2H_2). Ces deux gaz sont à la même température et à la même pression.

$$2C_2H_2(g) + 5O_2(g) \longrightarrow 4CO_2(g) + 2H_2O(l)$$

DÉMARCHE

Remarquons que la température et la pression de O_2 et de C_2H_2 sont les mêmes. Quelle loi des gaz permet de relier les volumes du gaz aux moles de gaz?

SOLUTION

Selon la loi d'Avogadro, à une même température et à une même pression, les nombres de moles de chacun des gaz dépendent directement de leurs volumes, $n = kV$. D'après l'équation équilibrée, 5 mol $O_2 \simeq$ 2 mol C_2H_2; de même, 5 L $O_2 \simeq$ 2 L C_2H_2. Le volume de O_2 qui réagira avec 7,64 L de C_2H_2 sera :

$$\text{volume de } O_2 = 7{,}64\ \cancel{\text{L } C_2H_2} \times \frac{5\text{ L }O_2}{2\ \cancel{\text{L } C_2H_2}}$$
$$= 19{,}1\text{ L}$$

EXERCICE E4.6

En supposant qu'il n'y a aucun changement de température et de pression, calculez le volume d'oxygène (O_2) (en litres) requis pour la combustion complète de 14,9 L de butane, C_4H_{10}.

$$2C_4H_{10}(g) + 13O_2(g) \longrightarrow 8CO_2(g) + 10H_2O(l)$$

Problème semblable ⊕
4.59

EXEMPLE 4.7 La loi des gaz parfaits et la stœchiométrie

L'azoture de sodium (NaN_3) est utilisé comme réactif pour remplir les sacs gonflables dans les automobiles. Au moment d'une collision, l'impact déclenche la décomposition du NaN_3 selon l'équation :

$$2NaN_3(s) \longrightarrow 2Na(s) + 3N_2(g)$$

C'est l'azote gazeux produit par cette réaction rapide qui gonfle subitement le sac. Un coussin protecteur est ainsi formé entre les personnes et l'habitacle. Calculez le volume de N_2 produit à 80 °C et 110 kPa par la décomposition complète de 60,0 g de NaN_3.

Les sacs gonflables peuvent offrir une bonne protection au moment d'une collision. En cas de collision frontale, le sac doit se gonfler en moins de 30 millisecondes. Lors d'une collision latérale, le sac doit se gonfler en moins de 5 millisecondes.

DÉMARCHE

D'après l'équation équilibrée, 2 mol $NaN_3 \simeq$ 3 mol N_2. Le facteur de conversion est donc :

$$\frac{3\text{ mol }N_2}{2\text{ mol }NaN_3}$$

On connaît la masse de NaN_3. On peut donc calculer le nombre de moles de NaN_3 et, de là, le nombre de moles de N_2 produites. Finalement, à l'aide de la loi des gaz parfaits, on calcule le volume de N_2.

SOLUTION

Voici les étapes de conversion :

$$\text{grammes de } NaN_3 \longrightarrow \text{moles de } NaN_3 \longrightarrow \text{moles de } N_2 \longrightarrow \text{volume de } N_2$$

$$\text{moles de } N_2 = 60{,}0\ \cancel{\text{g } NaN_3} \times \frac{1\ \cancel{\text{mol } NaN_3}}{65{,}02\ \cancel{\text{g } NaN_3}} \times \frac{3\text{ mol }N_2}{2\ \cancel{\text{mol } NaN_3}}$$
$$= 1{,}38\text{ mol }N_2$$

▶

Le volume occupé par 1,38 mol de N_2 peut être obtenu à l'aide de l'équation des gaz parfaits :

$$V = \frac{nRT}{P} = \frac{(1{,}38\ \text{mol})(8{,}314\ \text{kPa}\cdot\text{L/mol}\cdot\text{K})(80 + 273)\ \text{K}}{110\ \text{kPa}}$$

$$= 36{,}9\ \text{L}$$

Problèmes semblables
4.27 et 4.28

EXERCICE E4.7

Le métabolisme du glucose ($C_6H_{12}O_6$) est un processus assez complexe catalysé par diverses enzymes. Cependant, l'équation bilan qui le décrit est la même que celle de la combustion du glucose dans l'air :

$$C_6H_{12}O_6(s) + 6O_2(g) \longrightarrow 6CO_2(g) + 6H_2O(l)$$

Calculez le volume de CO_2 produit à 37 °C et 101 kPa pour la combustion de 5,60 g de glucose.

L'air des cabines des sous-marins et des vaisseaux spatiaux doit être purifié continuellement.

EXEMPLE 4.8 La relation entre les variations de pression et la masse d'un produit

L'hydroxyde de lithium (LiOH) en solution aqueuse est utilisé dans les vaisseaux spatiaux et les sous-marins afin de purifier l'air en absorbant le dioxyde de carbone (CO_2) selon l'équation suivante :

$$2LiOH(aq) + CO_2(g) \longrightarrow Li_2CO_3(aq) + H_2O(l)$$

La pression du dioxyde de carbone dans la cabine ayant un volume de $2{,}4 \times 10^5$ L est de 0,800 kPa à 312 K. Une solution d'hydroxyde de lithium, dont le volume est négligeable par rapport à celui du CO_2, est introduite dans la cabine. À un certain moment, la pression du CO_2 est réduite à $1{,}20 \times 10^{-2}$ kPa. Calculez la masse (en grammes) de carbonate de lithium (Li_2CO_3) produite au cours de cette réaction.

DÉMARCHE

Comment peut-on calculer le nombre de moles de CO_2 qui ont réagi à partir de la baisse de pression observée ? Quel est le facteur de conversion utilisé pour établir l'équivalence entre le CO_2 et le Li_2CO_3 ?

SOLUTION

Calculons d'abord le nombre de moles de CO_2 consommées par la réaction. La chute de pression est $(8{,}00 \times 10^{-1}\ \text{kPa}) - (1{,}20 \times 10^{-2}\ \text{kPa}) = 7{,}88 \times 10^{-1}\ \text{kPa}$, ce qui correspond à la consommation de CO_2. En utilisant l'équation des gaz parfaits, nous écrivons :

$$n = \frac{PV}{RT}$$

$$= \frac{(7{,}88 \times 10^{-1}\ \text{kPa})(2{,}4 \times 10^5\ \text{L})}{(8{,}314\ \text{kPa}\cdot\text{L/mol}\cdot\text{K})(312\ \text{K})}$$

$$= 73\ \text{mol}$$

Le rapport stœchiométrique prédit que 1 mol de CO_2 engendre 1 mol de Li_2CO_3. La quantité de Li_2CO_3 formée est donc aussi de 73 mol. Ensuite, avec la masse molaire du Li_2CO_3 (73,89 g/mol), il est possible de calculer la masse de carbonate de lithium :

$$\text{masse de } Li_2CO_3 \text{ formée} = 73 \cancel{\text{mol } Li_2CO_3} \times \frac{73{,}89 \text{ g } Li_2CO_3}{1 \cancel{\text{mol } Li_2CO_3}}$$

$$= 5{,}4 \times 10^3 \text{ g } Li_2CO_3$$

EXERCICE E4.8

Un échantillon de 2,14 L de chlorure d'hydrogène gazeux (H_2) à 264 kPa et à 28 °C est complètement dissous dans 668 mL d'eau pour former une solution d'acide chlorhydrique (HCl). Calculez la concentration (en moles par litre) de la solution d'acide.

Problème semblable ⊕

4.57

4.6 La loi des pressions partielles de Dalton

Jusqu'ici, on a traité uniquement des substances gazeuses pures. Cependant, les études expérimentales concernent très souvent des mélanges de gaz, comme l'air. Dans le cas d'un mélange gazeux, il faut comprendre la relation entre la pression totale des gaz et la pression de chacun des gaz constituant le mélange, appelée **pression partielle**. En 1801, Dalton formula une loi, maintenant appelée **loi des pressions partielles de Dalton**, selon laquelle la pression totale d'un mélange de gaz est la somme des pressions que chaque gaz exercerait s'il était seul. La **FIGURE 4.10** illustre la loi de Dalton.

NOTE

La pression exercée par un gaz résulte des collisions des molécules de ce gaz contre la paroi du récipient.

Soit deux gaz, A et B, dans un contenant de volume V. La pression exercée par le gaz A, selon l'équation des gaz parfaits, est :

$$P_A = \frac{n_A RT}{V}$$

où n_A est le nombre de moles de A. De même, la pression exercée par B est :

$$P_B = \frac{n_B RT}{V}$$

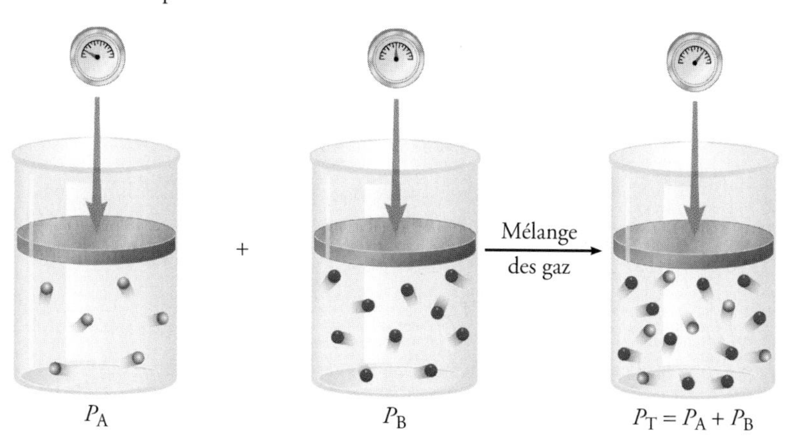

FIGURE 4.10

Illustration schématique de la loi des pressions partielles de Dalton

Dans un mélange des gaz A et B, la pression totale P_T est le résultat des collisions des deux types de molécules, A et B, sur la paroi du contenant. Ainsi, selon la loi de Dalton :

$$\begin{aligned} P_T &= P_A + P_B \\ &= \frac{n_A RT}{V} + \frac{n_B RT}{V} \\ &= \frac{RT}{V}(n_A + n_B) \\ &= \frac{nRT}{V} \end{aligned}$$

où n, le nombre total des moles de gaz présentes, est donné par $n = n_A + n_B$, et où P_A et P_B sont respectivement les pressions partielles de A et de B. En général, la pression totale d'un mélange gazeux est donnée par :

$$P_T = P_A + P_B + P_C + \ldots \tag{4.12}$$

CHIMIE EN LIGNE

Interaction

- La loi de Dalton

où P_A, P_B, P_C, … sont les pressions partielles des constituants A, B, C, …

On veut connaître la contribution de chaque gaz à la pression totale dans le mélange des gaz A et B. En divisant P_A par P_T, on obtient :

$$\begin{aligned} \frac{P_A}{P_T} &= \frac{n_A RT/V}{(n_A + n_B)RT/V} \\ &= \frac{n_A}{n_A + n_B} \\ &= \chi_A \end{aligned}$$

où χ_A est la fraction molaire du gaz A. La **fraction molaire** (χ) est une grandeur sans unité qui exprime le rapport entre le nombre de moles d'un constituant donné d'un mélange et le nombre total de moles présentes dans ce mélange.

En général, la fraction molaire d'un composant i d'un mélange est donnée par :

$$\chi_i = n_i/n_T \tag{4.13}$$

Elle est toujours inférieure à 1, sauf quand A (ou i) est le seul constituant. Dans ce cas, $n_B = 0$ et $\chi_A = n_A/n_A = 1$. On peut donc maintenant exprimer la pression partielle de A :

$$P_A = \chi_A P_T$$

de même que :

$$P_B = \chi_B P_T$$

Il est à noter que la somme des fractions molaires doit être égale à 1. S'il y a seulement deux constituants, alors :

$$\chi_A + \chi_B = \frac{n_A}{n_A + n_B} + \frac{n_B}{n_A + n_B} = 1$$

S'il y a plus de deux gaz, comme c'est le cas dans l'**EXEMPLE 4.9**, la pression partielle du constituant i est reliée à la pression totale du mélange par:

$$P_i = \chi_i P_T \qquad (4.14)$$

où χ_i est la fraction molaire de la substance i.

EXEMPLE 4.9 L'application de la loi des pressions partielles de Dalton

Un mélange de gaz rares contient 4,46 mol de néon (Ne), 0,74 mol d'argon (Ar) et 2,15 mol de xénon (Xe). Calculez les pressions partielles de ces gaz si la pression totale est de 200,0 kPa à une température donnée.

DÉMARCHE

Quelle est la relation entre la pression partielle d'un gaz et la pression totale? Comment calcule-t-on la fraction molaire d'un gaz?

SOLUTION

Selon l'équation 4.14, la pression partielle du Ne (P_{Ne}) est égale au produit de sa fraction molaire (χ_{Ne}) et de la pression totale (P_T):

doit être connue

$$P_{Ne} = \chi_{Ne} P_T$$

à calculer valeur connue

En utilisant l'équation 4.13, on obtient la fraction molaire du Ne:

$$\chi_{Ne} = \frac{n_{Ne}}{n_{Ne} + n_{Ar} + n_{Xe}} = \frac{4,46 \text{ mol}}{4,46 \text{ mol} + 0,74 \text{ mol} + 2,15 \text{ mol}}$$
$$= 0,607$$

Puis:

$$P_{Ne} = \chi_{Ne} P_T$$
$$= 0,607 \times 200 \text{ kPa}$$
$$= 121 \text{ kPa}$$

De même:

$$P_{Ar} = 0,10 \times 200 \text{ kPa}$$
$$= 20 \text{ kPa}$$

et

$$P_{Xe} = 0,293 \times 200 \text{ kPa}$$
$$= 58,6 \text{ kPa}$$

VÉRIFICATION

Assurez-vous que la somme des fractions molaires donne 1 et que la somme des pressions partielles soit égale à la pression totale.

EXERCICE E4.9

Un échantillon de gaz naturel contient 8,24 mol de méthane (CH_4), 0,421 mol d'éthane (C_2H_6) et 0,116 mol de propane (C_3H_8). Si la pression totale est de 138 kPa, quelle est la pression partielle de chacun des gaz?

Problème semblable ⊕
4.31

La loi des pressions partielles de Dalton permet de calculer le volume des gaz recueillis par déplacement d'eau. Par exemple, on peut facilement produire de l'oxygène en laboratoire en chauffant du chlorate de potassium ($KClO_3$). Ce procédé produit du chlorure de potassium (KCl) et de l'oxygène moléculaire (O_2) :

$$2KClO_3(s) \longrightarrow 2KCl(s) + 3O_2(g)$$

L'oxygène produit peut être recueilli par déplacement d'eau (*voir la* **FIGURE 4.11**). Au début, la bouteille renversée est complètement remplie d'eau. À mesure que l'oxygène est produit, les bulles du gaz montent à la surface de l'eau qui, elle, est repoussée hors de la bouteille. Cette méthode de collecte des gaz est possible pour autant que le gaz ne réagisse pas avec l'eau et qu'il ne soit pas soluble de façon appréciable dans cette dernière. L'oxygène satisfait à ces conditions, mais ce n'est pas le cas de tous les gaz ; par exemple, l'ammoniac (NH_3) se dissout facilement dans l'eau. Cependant, l'oxygène gazeux recueilli par cette méthode n'est pas pur, car il est mélangé à de la vapeur d'eau dans la bouteille. La pression totale du mélange gazeux est donc égale à la somme des pressions partielles exercées par l'oxygène et la vapeur d'eau :

$$P_T = P_{O_2} + P_{H_2O}$$

CHIMIE EN LIGNE

Animation
- La collecte d'un gaz par déplacement d'eau

Par conséquent, il faut tenir compte de la pression exercée par la vapeur d'eau quand on calcule la quantité de O_2 produite. Le **TABLEAU 4.4** indique la pression de la vapeur d'eau à différentes températures. Au point d'ébullition de l'eau (100 °C), la pression est de 760 mm Hg, soit exactement 1 atm ou 101,325 kPa.

TABLEAU 4.4 > Pression de la vapeur d'eau à différentes températures

Température (°C)	Pression de la vapeur d'eau (mm Hg)
0	4,58
5	6,54
10	9,21
15	12,79
20	17,54
25	23,76
30	31,82
35	42,18
40	55,32
45	71,88
50	92,51
55	118,04
60	149,38
65	187,54
70	233,7
75	289,1
80	355,1
85	433,6
90	525,76
95	633,90
100	760,00

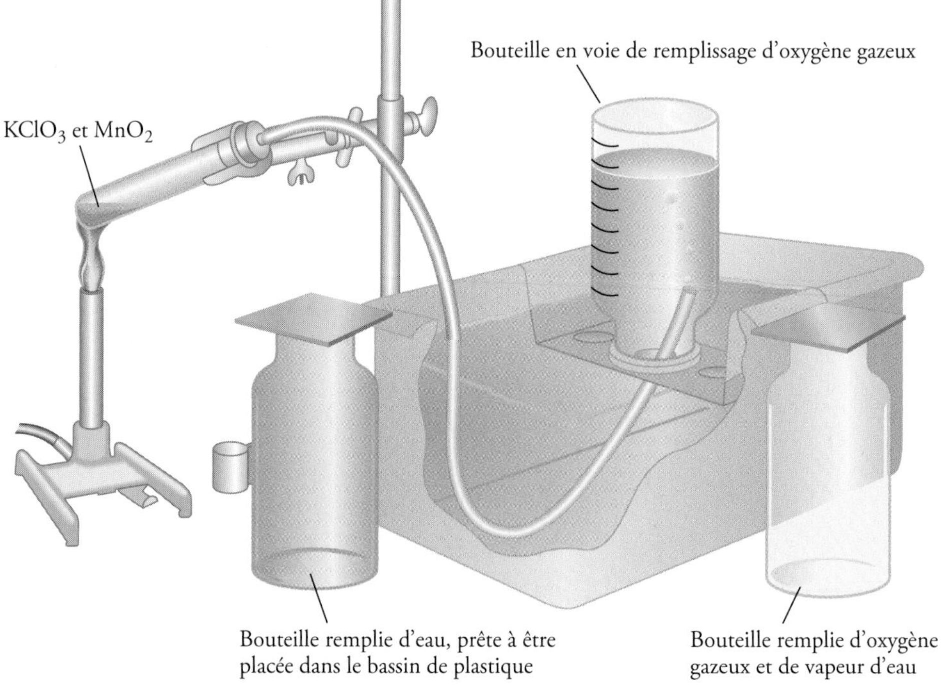

FIGURE 4.11

Appareil permettant de recueillir des gaz par déplacement d'eau

L'oxygène, produit par chauffage de chlorate de potassium ($KClO_3$) en présence d'une petite quantité de dioxyde de manganèse (MnO_2) (pour accélérer la réaction), monte à la surface de l'eau et est recueilli dans une bouteille renversée sous l'eau. L'eau présente au début dans la bouteille se fait déplacer par l'oxygène.

EXEMPLE 4.10 Le calcul de la masse d'un gaz recueilli par déplacement d'eau

L'oxygène (O_2) produit par la décomposition du chlorate de potassium ($KClO_3$) est recueilli comme l'illustre la **FIGURE 4.11**. Le volume du gaz recueilli à 24 °C et à 762 mm Hg est de 128 mL. Calculez la masse (en grammes) de l'oxygène obtenu. La pression de la vapeur d'eau à 24 °C est de 22,4 mm Hg.

DÉMARCHE

Pour trouver la masse d'oxygène dégagée, il faut d'abord calculer la pression partielle de O_2 dans le mélange. Ensuite, il faudra utiliser la loi des gaz parfaits de manière à trouver le nombre de moles d'oxygène, puis la masse qui lui correspond.

SOLUTION

D'abord, il faut calculer la pression partielle de O_2. Nous savons que :

$$P_T = P_{O_2} + P_{H_2O}$$

Ainsi :

$$\begin{aligned} P_{O_2} &= P_T - P_{H_2O} \\ &= 762 \text{ mm Hg} - 22{,}4 \text{ mm Hg} \\ &= 740 \text{ mm Hg} \\ &= 740 \cancel{\text{mm Hg}} \times \frac{101{,}325 \text{ kPa}}{760 \cancel{\text{mm Hg}}} \\ &= 98{,}7 \text{ kPa} \end{aligned}$$

À partir de l'équation des gaz parfaits, nous écrivons :

$$PV = nRT = \frac{m}{\mathcal{M}}RT$$

où m et $\mathcal{M}$ sont respectivement la masse de O_2 recueillie et la masse molaire de O_2. En réarrangeant l'équation, nous obtenons :

$$m = \frac{PV\mathcal{M}}{RT} = \frac{(98{,}7 \text{ kPa})(0{,}128 \text{ L})(32{,}00 \text{ g/mol})}{(8{,}314 \text{ L} \cdot \text{kPa/K} \cdot \text{mol})(273 + 24) \text{ K}}$$

$$= 0{,}164 \text{ g}$$

NOTE

O_2 est peu soluble dans l'eau.

EXERCICE E4.10

On prépare de l'hydrogène (H_2) en faisant réagir du calcium (Ca) avec de l'eau (H_2O). L'hydrogène est recueilli à l'aide d'un montage comme celui qui est décrit à la **FIGURE 4.11**. Le volume de gaz recueilli à 30 °C et à 988 mm Hg est de 641 mL. Quelle est la masse (en grammes) de l'hydrogène obtenu ? La pression de la vapeur d'eau à 30 °C est de 31,82 mm Hg.

Problème semblable 4.35

CHIMIE EN ACTION

La plongée sous-marine et les lois des gaz

Les lois des gaz abordées dans ce chapitre sont d'une importance vitale pour les plongeurs. Les principales consignes de sécurité enseignées par les instructeurs de plongée sous-marine sont basées sur l'application de ces lois. Voyons deux exemples, le premier illustrant l'application de la loi de Boyle-Mariotte et le second, l'application de la loi de Dalton.

La masse volumique de l'eau de mer est légèrement supérieure à celle de l'eau douce (environ 1,03 g/cm^3 comparativement à 1,00 g/cm^3). Ainsi, la pression exercée par une colonne de 10 m d'eau de mer est égale à 100 kPa. Cette pression augmente avec la profondeur : à 20 m, la pression de l'eau est de 200 kPa, à 30 m, elle est de 300 kPa, etc.

Supposons qu'un plongeur se trouve à une profondeur de 6 m. Qu'arriverait-il s'il remontait rapidement à la surface sans respirer ? La loi de Boyle-Mariotte dit que l'air contenu dans ses poumons verrait son volume varier de manière inversement proportionnelle à la pression ambiante ; de 6 m au-dessous du niveau de l'eau jusqu'à la surface, la diminution totale de pression serait de (6 m/10 m) × 100 kPa, soit 60 kPa. Quand le plongeur atteindrait la surface, le volume de l'air emprisonné dans ses poumons augmenterait de 1,6 fois, soit [(100 + 60) kPa/100 kPa]. Cette dilatation soudaine pourrait rompre les parois de ses poumons et lui être fatale. Un autre problème grave susceptible de se produire est l'embolie gazeuse. L'air qui se dilate dans les poumons est poussé dans les vaisseaux et les capillaires sanguins. Les bulles d'air qui se forment alors peuvent empêcher le sang d'irriguer correctement le cerveau. Dans ce cas, le plongeur pourrait perdre connaissance avant d'atteindre la surface. Le seul remède à l'embolie gazeuse est d'installer la victime dans une chambre d'air comprimé. Dans cette chambre où la pression est élevée, le volume des bulles qui se sont formées dans le sang peut diminuer jusqu'à ce qu'elles reviennent à une taille qui les rend inoffensives. Ce traitement douloureux peut durer jusqu'à une journée entière.

Le deuxième exemple constitue une application directe de la loi de Dalton à la plongée sous-marine. La pression partielle de l'oxygène dans l'air est d'environ 20 kPa. L'oxygène étant essentiel à notre survie, il est difficile de croire que ce gaz pourrait être dangereux si l'on en respire plus que la normale. Pourtant, la toxicité de l'excès d'oxygène est bien connue, malgré le fait que les mécanismes en jeu ne le sont guère. Par exemple, les nouveau-nés placés dans des tentes à oxygène subissent souvent des dommages à la rétine qui peuvent causer une cécité partielle ou totale.

Le corps humain fonctionne dans les meilleures conditions lorsque la pression partielle de l'oxygène est d'environ 20 kPa. La pression partielle de l'oxygène est donnée par :

$$P_{O_2} = \chi_{O_2} \cdot P_T = \frac{n_{O_2}}{n_{O_2} + n_{N_2}} \cdot P_T$$

où P_T est la pression totale et χ_{O_2}, la fraction molaire de l'oxygène. Cependant, puisque le volume est directement proportionnel au nombre de moles de gaz (à température et pression constantes), on peut écrire :

$$P_{O_2} = \frac{V_{O_2}}{V_{O_2} + V_{N_2}} \cdot P_T$$

À la pression atmosphérique, la composition de l'air est de 20 % d'oxygène et de 80 % d'azote par unité de volume. Quand un plongeur est submergé, la composition de l'air qu'il respire doit être modifiée afin de maintenir la pression partielle de O_2 à sa valeur de 20 kPa. Par exemple, à une profondeur où la pression totale est de 200 kPa, la proportion d'oxygène dans l'air doit être

Le scaphandre autonome a été breveté en 1943 par Jacques-Yves Cousteau et Émile Magnan.

réduite à 10 % par unité de volume pour maintenir une pression partielle de 20 kPa, c'est-à-dire :

$$P_{O_2} = 20 \text{ kPa} = \frac{V_{O_2}}{V_{O_2} + V_{N_2}} \times 200 \text{ kPa}$$

ou :

$$\frac{V_{O_2}}{V_{O_2} + V_{N_2}} = \frac{20 \text{ kPa}}{200 \text{ kPa}} = 0{,}10 \text{ ou } 10~\%$$

Il semble évident que l'azote est le gaz qu'on doit mélanger avec l'oxygène dans la bouteille du plongeur. Toutefois, l'azote présente un grave problème. Quand la pression partielle de l'azote dépasse 100 kPa, la solubilité de ce gaz augmente dans le sang, ce qui cause l'ivresse des profondeurs, dont les symptômes ressemblent aux effets de l'alcool. C'est pour cette raison qu'on utilise souvent l'hélium pour diluer l'oxygène. L'hélium étant un gaz inerte beaucoup moins soluble dans le sang que l'azote, il n'a pratiquement aucun effet narcotique. On peut aussi réduire la proportion d'azote en augmentant celle de l'oxygène. Ainsi, on remplace de plus en plus l'air dans les bouteilles par un mélange d'azote et d'air (nitrox) pouvant contenir jusqu'à 40 % d'oxygène. Au-delà de ce pourcentage, l'oxygène a des effets toxiques pour les poumons et le cerveau. On explique cette toxicité par le fait que, dans tout échantillon d'oxygène, il se forme spontanément une certaine proportion de radicaux (appelés aussi « radicaux libres »). Il s'agit d'atomes d'oxygène possédant des électrons libres, ce qui les rend très instables et très réactifs. La proportion de ces radicaux dans un mélange gazeux est directement proportionnelle à la pression partielle d'oxygène. Habituellement, à faible pression d'oxygène, les humains ont des mécanismes réparateurs des dommages causés par ces radicaux, mais, en règle générale, au-delà de 40 % de pression partielle en oxygène, ces mécanismes ne peuvent plus suffire à la tâche.

RÉVISION DES CONCEPTS

Chacune des sphères de couleur représente une molécule gazeuse différente. Estimez la pression partielle de chacun des gaz sachant que la pression totale est égale à 100 kPa.

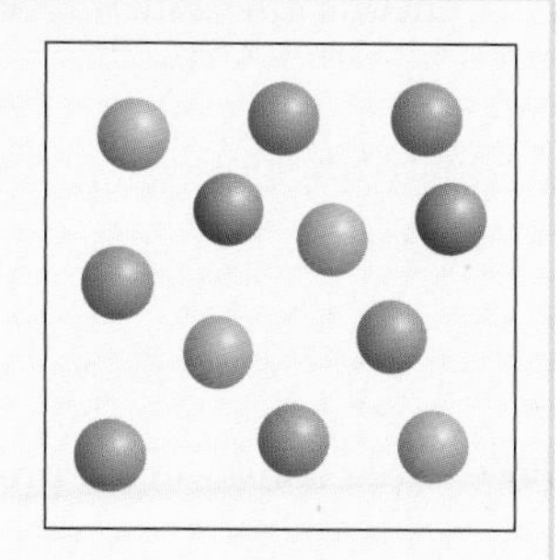

QUESTIONS de révision

11. Énoncez la loi des pressions partielles de Dalton et définissez l'expression « fraction molaire ». La fraction molaire est-elle une grandeur qui a des unités ?

12. Un échantillon d'air ne contient que de l'azote et de l'oxygène, et les pressions partielles de ces gaz sont respectivement de 80 kPa et de 20 kPa. Estimez la pression totale et la fraction molaire de chacun des gaz.

4.7 La théorie cinétique des gaz

Les lois des gaz sont des généralisations importantes faites à la suite de nombreuses observations sur le comportement des gaz ; elles permettent de faire de bonnes prédictions, mais elles ne fournissent aucune explication quant à ce qui se passe au niveau moléculaire pour produire tel ou tel comportement. Par exemple, pourquoi le volume d'un gaz augmente-t-il sous l'action de la chaleur ?

Au XIXe siècle, certains physiciens, notamment l'Allemand Ludwig Boltzmann et l'Anglais James Clerk Maxwell, découvrirent que les propriétés physiques des gaz peuvent s'expliquer si l'on considère les mouvements des molécules individuelles. Ces mouvements constituent une forme d'énergie.

Il existe plusieurs types d'énergie. Celle que possède un objet en mouvement est appelée énergie cinétique. L'**énergie cinétique** (E_c) est l'énergie du mouvement ; elle dépend de la masse et de la vitesse de l'objet observé.

Les découvertes de Maxwell, de Boltzmann et d'autres scientifiques ont mené à certaines généralisations et modélisations mathématiques concernant le comportement des gaz ; c'est la **théorie cinétique des gaz**. Les postulats suivants sont à la base de cette théorie.

NOTE

L'énergie cinétique moyenne ($\overline{E_c}$) pour l'ensemble des molécules est donnée par :

$$\overline{E_c} = \frac{1}{2} m\overline{v^2}$$

où m est la masse d'une molécule et v, sa vitesse. La ligne horizontale indique qu'il s'agit d'une valeur moyenne. La quantité $\overline{v^2}$ est la moyenne des carrés des vitesses de toutes les molécules présentes.

1. Un gaz est formé de molécules séparées les unes des autres par des distances beaucoup plus grandes que leurs propres dimensions. On peut considérer les molécules comme des points par rapport au volume qu'elles occupent.
2. Les molécules gazeuses sont constamment en mouvement dans toutes les directions, et elles s'entrechoquent fréquemment. Les collisions entre les molécules sont parfaitement élastiques : bien que de l'énergie puisse être transférée d'une molécule à l'autre pendant une collision, l'énergie totale de toutes les molécules d'un système ne change pas.
3. Les molécules gazeuses n'exercent aucune force attractive ou répulsive entre elles.
4. L'énergie cinétique moyenne des molécules d'un gaz est proportionnelle à la température de ce gaz en kelvins. Deux gaz à la même température ont la même énergie cinétique moyenne.

Le quatrième postulat permet d'arriver à l'expression mathématique suivante :

$$\overline{E_c} = \frac{1}{2} m\overline{v^2} = CT \tag{4.15}$$

où C est la constante de proportionnalité et T, la température absolue.

Selon la théorie cinétique, la pression exercée par un gaz est le résultat des collisions entre les molécules de ce gaz et les parois du contenant (*voir la* **FIGURE 4.12**). La pression du gaz dépend donc de la fréquence de ces collisions par unité de surface et de la force avec laquelle chaque molécule heurte une paroi. Cette théorie permet également d'interpréter l'effet de la température au niveau moléculaire. Selon l'équation 4.15, la température absolue d'un gaz est une mesure de l'énergie cinétique moyenne de ses molécules. En d'autres termes, la température absolue est une manifestation du mouvement aléatoire des molécules : plus la température est élevée, plus la vitesse des molécules est grande. Cette relation avec la température fait que le mouvement aléatoire des molécules est quelquefois appelé « agitation thermique ».

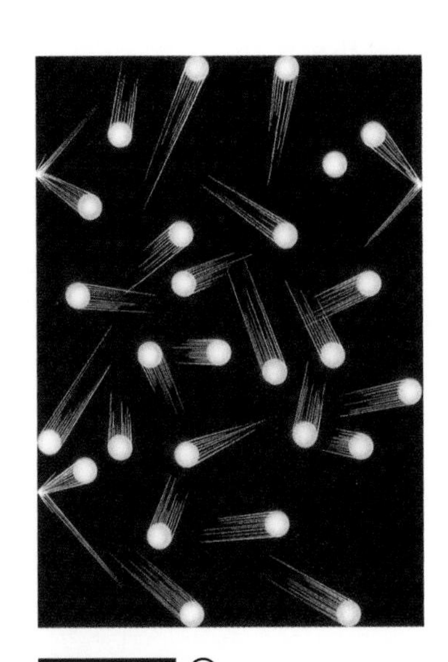

FIGURE 4.12

Pression exercée par les gaz

La pression est le résultat des collisions des molécules de gaz sur la paroi du contenant.

4.7.1 La distribution des vitesses moléculaires

La théorie cinétique des gaz permet d'étudier le mouvement des molécules de façon plus détaillée. Elle permet, par exemple, d'expliquer pourquoi l'eau s'évapore à 25 °C alors que sa température d'ébullition est de 100 °C, ou encore d'expliquer pourquoi certaines molécules sont plus odorantes que d'autres.

Soit une grande quantité de molécules d'un gaz, par exemple une mole (c'est-à-dire $6{,}022 \times 10^{23}$ molécules), dans un contenant. Les déplacements des molécules sont complètement aléatoires et imprévisibles. Bien que l'énergie cinétique moyenne demeure la même à température constante, chacune des molécules de gaz ne se déplace pas à la même vitesse. La **FIGURE 4.13** montre la distribution des vitesses des molécules de N_2 à différentes températures. Toutes les vitesses sont possibles, mais elles ne sont pas également probables. Le maximum de chaque courbe donne la vitesse la plus probable, c'est-à-dire la vitesse du plus grand nombre de molécules :

- la vitesse la plus probable augmente avec la température (le maximum se déplace vers la droite) ;
- plus la température augmente, plus la courbe s'aplatit, indiquant ainsi qu'il y a davantage de molécules possédant une grande vitesse, mais avec une plus grande dispersion.

Ces courbes de distribution expliquent pourquoi l'eau peut s'évaporer à 25 °C alors que sa température d'ébullition est de 100 °C. En effet, bien qu'elles soient peu nombreuses, les molécules d'eau qui se déplacent à grande vitesse peuvent posséder une énergie cinétique suffisante pour briser les interactions qui les retiennent à l'état liquide et passer à l'état gazeux. Plus la température augmente, plus le nombre de molécules ayant l'énergie cinétique suffisante pour passer à l'état gazeux augmente, ce qui explique que la vitesse d'évaporation augmente avec la température.

NOTE

Les courbes qui présentent le nombre de molécules en fonction de leur vitesse moléculaire sont appelées « courbes de Maxwell », alors que les courbes qui présentent le nombre de molécules en fonction leur énergie cinétique sont appelées « courbes de Boltzmann ». On les nomme aussi parfois « courbes de Maxwell-Boltzmann » sans faire de distinction.

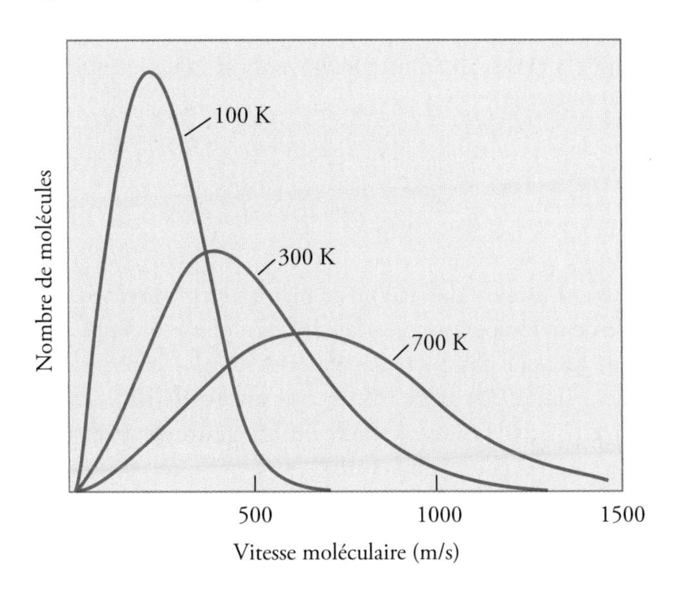

FIGURE 4.13

Influence de la température sur les courbes de distribution de Maxwell

Cas d'un échantillon d'azote gazeux à trois températures différentes. Aux températures plus élevées, il y a un plus grand nombre de molécules qui ont des vitesses plus grandes.

La **FIGURE 4.14** (*voir page suivante*) montre les courbes de distribution dans le cas de trois gaz de nature différente à la *même* température. L'allure différente des courbes s'explique par le fait que les molécules plus légères se déplacent plus rapidement, en moyenne, que les molécules plus lourdes. Cela fournit une explication partielle au fait que certains composés sont plus odorants que d'autres. Les molécules odorantes les plus légères ont plus de chances d'avoir assez d'énergie cinétique, c'est-à-dire une vitesse assez élevée pour pouvoir passer à l'état gazeux et parvenir aux récepteurs olfactifs.

FIGURE 4.14

Influence de la nature du gaz sur les courbes de distribution de Maxwell

Cas de trois gaz différents à 300 K. À une température donnée, ce sont les molécules les plus légères qui se déplacent à une plus grande vitesse, en moyenne, comparativement aux molécules plus lourdes.

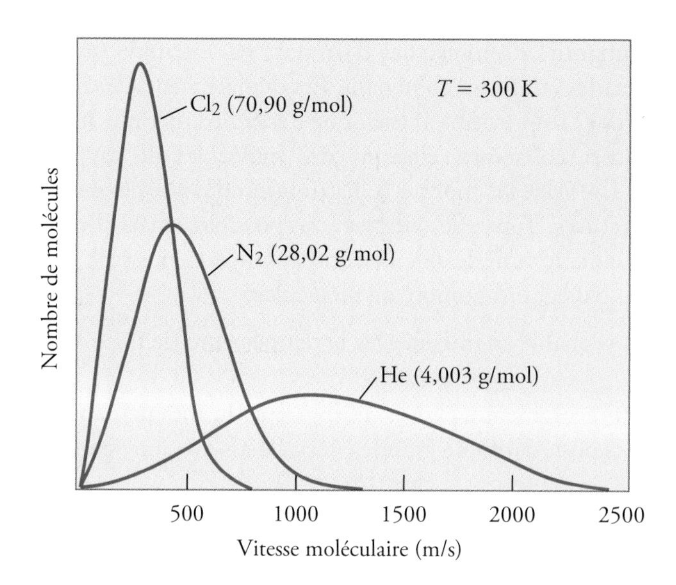

4.7.2 La vitesse quadratique moyenne

À quelle vitesse une molécule se déplace-t-elle, en moyenne, à une température donnée ? Une façon de l'évaluer est de calculer la **vitesse quadratique moyenne** (v_{quadr}), c'est-à-dire la racine carrée de la moyenne des carrés des vitesses. L'équation de Maxwell permet de déterminer la vitesse quadratique moyenne d'une molécule à une température donnée.

$$\sqrt{\overline{v^2}} = v_{quadr} = \sqrt{\frac{3RT}{\mathcal{M}}} \qquad (4.16)$$

Cette dernière équation montre que la vitesse quadratique moyenne d'un gaz augmente avec la racine carrée de sa température (en kelvins). La masse molaire $\mathcal{M}$ étant au dénominateur, il faut en conclure que plus les molécules sont lourdes, moins elles se déplacent vite. En remplaçant la constante R par sa valeur, qui est 8,314 J/K · mol (*voir l'annexe 6, p. 483*), et en convertissant la masse molaire en kilogrammes par mole (kg/mol), v_{quadr} sera alors calculée en mètres par seconde (m/s).

EXEMPLE 4.11 Le calcul de la vitesse quadratique moyenne

Calculez les vitesses quadratiques moyennes des atomes d'hélium et des molécules d'azote (en mètres par seconde) à 25 °C.

DÉMARCHE

Pour calculer la vitesse quadratique moyenne, il faut utiliser l'équation 4.16. Quelles unités de R et de $\mathcal{M}$ permettent d'exprimer v_{quadr} en mètres par seconde ?

SOLUTION

Les unités de la constante R devraient être J/K · mol, donc 8,314 J/K · mol et, parce que 1 J = 1 kg · m^2/s^2, la masse molaire doit être en kilogrammes par mole. La masse molaire de He est 4,003 g/mol ou 4,003 × 10^{-3} kg/mol. Selon l'équation 4.16 : ▶

$$v_{quadr} = \sqrt{\frac{3RT}{\mathcal{M}}}$$

$$= \sqrt{\frac{3(8,314\ \text{J/K}\cdot\text{mol})(298\ \text{K})}{4,003\times 10^{-3}\ \text{kg/mol}}}$$

$$= \sqrt{1,86\times 10^{6}\ \text{J/kg}}$$

À l'aide du facteur d'équivalence 1 J = 1 kg · m^2/s^2, nous obtenons :

$$v_{quadr} = \sqrt{1,86\times 10^{6}\ \text{kg}\cdot\text{m}^2/\text{kg}\cdot\text{s}^2}$$

$$= \sqrt{1,86\times 10^{6}\ \text{m}^2/\text{s}^2}$$

$$= 1,36\times 10^{3}\ \text{m/s}$$

Procédons de la même manière pour N_2 (masse molaire = $2,802 \times 10^{-2}$ kg/mol) :

$$v_{quadr} = \sqrt{\frac{3(8,314\ \text{J/K}\cdot\text{mol})(298\ \text{K})}{2,802\times 10^{-2}\ \text{kg/mol}}}$$

$$= \sqrt{2,65\times 10^{5}\ \text{m}^2/\text{s}^2}$$

$$= 515\ \text{m/s}$$

VÉRIFICATION

Plus une molécule est légère, plus elle se déplace rapidement. Ainsi, à cause de sa plus petite masse, un atome d'hélium se déplace en moyenne, à la même température, environ 2,6 fois plus vite qu'une molécule d'azote (1360 m/s ÷ 515 m/s = 2,64).

EXERCICE E4.11

Calculez la vitesse quadratique moyenne des molécules de chlore (en mètres par seconde) à 20 °C.

Problèmes semblables ⊕
4.40 et 4.41

4.7.3 La diffusion et l'effusion gazeuses

La diffusion gazeuse

Une preuve évidente du mouvement chaotique des molécules gazeuses est la **diffusion gazeuse**, le mélange graduel d'un gaz avec les molécules d'un autre gaz, causé par leurs propriétés cinétiques. La diffusion a toujours lieu d'une région de concentration plus élevée vers une autre de concentration plus faible. En dépit du fait que les vitesses moléculaires soient très grandes, elle demande un temps assez long pour se produire. Par exemple, lorsqu'une bouteille d'ammoniaque en solution aqueuse concentrée est ouverte à une extrémité d'un laboratoire, il faut un certain temps avant qu'une autre personne puisse en sentir l'odeur à l'autre extrémité. Cela s'explique par le fait que les molécules subissent plusieurs collisions en se déplaçant d'une extrémité à l'autre du laboratoire (*voir la* **FIGURE 4.15**). Ainsi, la diffusion gazeuse a toujours lieu graduellement et non pas instantanément comme les vitesses moléculaires semblent le suggérer. Aussi, comme la vitesse quadratique moyenne d'un gaz léger est supérieure à celle d'un gaz lourd (*voir l'***EXEMPLE 4.11**), un gaz plus léger va toujours diffuser dans un volume donné plus rapidement qu'un gaz plus lourd. La **FIGURE 4.16** (*voir page suivante*) illustre un cas de diffusion gazeuse.

i+ CHIMIE EN LIGNE

Animation
- La diffusion des gaz

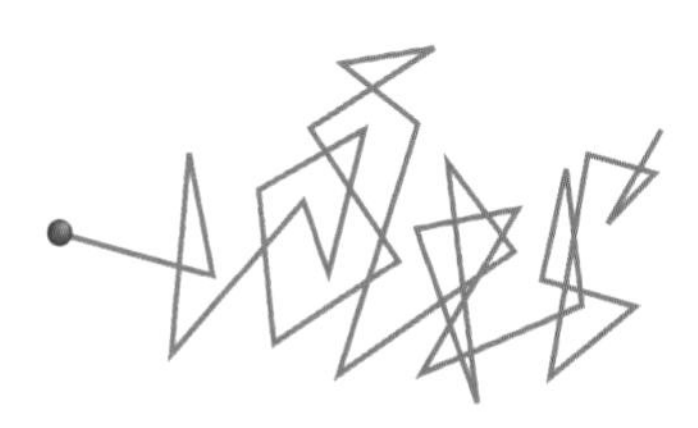

FIGURE 4.15 

Trajectoire d'une seule molécule d'un gaz

Chaque changement de direction correspond à une collision avec une autre molécule.

CHIMIE EN ACTION

L'atmosphère terrestre

Le résultat de l'**EXEMPLE 4.11** (*voir p. 164*) permet de mieux comprendre la composition de l'atmosphère terrestre. L'atmosphère de la Terre, contrairement à celle de Jupiter, par exemple, ne possède pas de quantités appréciables d'hydrogène ni d'hélium. Cela s'explique par le fait que la Terre attire plus faiblement les molécules légères (comme H_2) et les atomes légers (comme He) puisqu'elle est de taille inférieure à Jupiter. Un calcul assez simple montre que, pour échapper à l'attraction terrestre, une molécule doit avoir une vitesse égale ou supérieure à $1{,}1 \times 10^4$ m/s : c'est la « vitesse de libération ». À cause de leur vitesse moyenne considérablement plus élevée que celles des molécules d'azote ou d'oxygène, les atomes d'hélium sont beaucoup plus nombreux à s'échapper de l'attraction terrestre. Par conséquent, l'hélium n'est présent qu'à l'état de traces dans notre atmosphère. Par contre, Jupiter, dont la masse est environ 320 fois celle de la Terre, retient à la fois les gaz lourds et les gaz légers dans son atmosphère.

Le centre de Jupiter, une planète massive, est constitué principalement d'hydrogène liquide.

La **loi de diffusion de Graham**, énoncée en 1832 par le chimiste écossais Thomas Graham, stipule que, dans les mêmes conditions de pression et de température, les vitesses de diffusion des gaz sont inversement proportionnelles à la racine carrée de leur masse molaire respective, c'est-à-dire que :

$$\frac{v_1}{v_2} = \sqrt{\frac{\mathcal{M}_2}{\mathcal{M}_1}} \qquad (4.17)$$

NOTE

On peut facilement déduire cette équation à partir de l'équation 4.16 appliquée successivement à deux gaz différents.

où v_1 et v_2 sont les vitesses de diffusion des gaz 1 et 2, et $\mathcal{M}_1$ et $\mathcal{M}_2$, leurs masses molaires respectives.

FIGURE 4.16

Diffusion gazeuse

Démonstration de la diffusion de NH_3 gazeux (à partir d'une bouteille d'ammoniaque) réagissant avec du HCl gazeux (à partir d'une bouteille d'acide chlorhydrique) pour former un solide, du NH_4Cl. Comme le NH_3 est plus léger, il diffuse plus rapidement et la formation du solide NH_4Cl se produit d'abord plus près de la bouteille de HCl (à droite).

L'effusion gazeuse

Alors que la diffusion est un phénomène où un gaz se mélange de lui-même progressivement avec un autre gaz, l'**effusion gazeuse** est un phénomène où un gaz sous pression s'échappe d'un compartiment en passant par une petite ouverture. La **FIGURE 4.17** montre l'effusion d'un gaz dans le vide. Même s'il s'agit de deux phénomènes différents, les relations de vitesses d'effusion des gaz ont la même forme que celle de la loi de diffusion de Graham (*voir l'équation 4.17*). Un ballon gonflé à l'hélium se dégonfle plus rapidement qu'un ballon gonflé d'air parce que la vitesse d'effusion pour les atomes plus légers de l'hélium est plus grande que celle des molécules de l'air (principalement de l'azote et de l'oxygène).

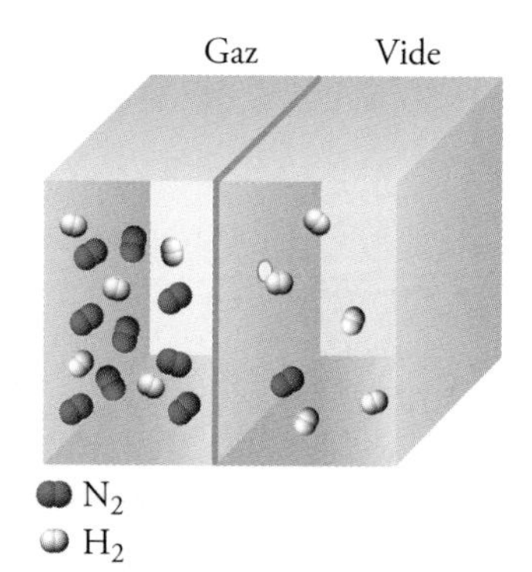

FIGURE 4.17 **Effusion gazeuse**

À gauche, en passant par un petit trou, les molécules se déplacent du compartiment à plus haute pression vers celui de droite, à plus faible pression.

EXEMPLE 4.12 La détermination de la masse molaire par effusion gazeuse

On observe qu'un gaz inflammable constitué exclusivement de carbone (C) et d'hydrogène (H) effuse à travers une membrane poreuse en 1,50 min. Dans les mêmes conditions de température et de pression, un même volume de vapeur de brome (Br_2) prend 4,73 min pour effuser à travers la même membrane. Calculez la masse molaire du gaz inconnu et identifiez-le.

DÉMARCHE

Ici, la vitesse d'effusion correspond au nombre de molécules passant à travers la membrane poreuse durant un temps donné. Plus le temps d'effusion est grand, plus la vitesse est petite. La vitesse est donc inversement proportionnelle au temps requis pour effuser. On peut réécrire l'équation 4.17 sous la forme $v_1/v_2 = t_2/t_1 = \sqrt{\mathcal{M}_2/\mathcal{M}_1}$, où t_1 et t_2 sont respectivement les temps d'effusion des gaz 1 et 2.

SOLUTION

Connaissant la masse molaire de Br_2, on peut écrire :

$$\frac{1{,}50 \text{ min}}{4{,}73 \text{ min}} = \sqrt{\frac{\mathcal{M}}{159{,}8 \text{ g/mol}}}$$

où $\mathcal{M}$ est la masse molaire du gaz inconnu. En isolant $\mathcal{M}$, on obtient :

$$\mathcal{M} = \left(\frac{1{,}50 \text{ min}}{4{,}73 \text{ min}}\right)^2 \times 159{,}8 \text{ g/mol}$$
$$= 16{,}1 \text{ g/mol}$$

Le gaz est du méthane (CH_4) parce que la masse molaire du carbone est 12,01 g et celle de l'hydrogène, 1,008 g.

EXERCICE E4.12

Un gaz inconnu effuse durant 192 s à travers une membrane poreuse alors qu'un même volume de diazote gazeux (N_2) effuse en 84 s à la même température et à la même pression. Quelle est la masse molaire de ce gaz inconnu ?

Problèmes semblables 4.42 et 4.43

RÉVISION DES CONCEPTS

Supposons des échantillons gazeux d'une mole d'hélium (He) et de chlore (Cl_2) dans des conditions normales de température et de pression. Lesquelles des quantités suivantes seront égales pour les deux gaz?

a) vitesses d'effusion;

b) vitesses moléculaires moyennes;

c) énergies cinétiques moyennes;

d) volumes.

QUESTIONS de révision

13. Énumérez les quatre postulats à la base de la théorie cinétique des gaz.
14. Définissez l'agitation thermique.
15. Qu'indique la courbe de Maxwell de distribution des vitesses? La théorie de Maxwell peut-elle s'appliquer dans le cas d'un échantillon de 200 molécules? Expliquez votre réponse.
16. Écrivez l'équation décrivant la vitesse quadratique moyenne pour un gaz à une température *T*. Définissez chaque terme de l'équation et précisez les unités utilisées pour chacun des termes.
17. Laquelle des deux affirmations suivantes est juste? **a)** Il y a production de chaleur lors des collisions entre les molécules gazeuses. **b)** Quand un gaz est chauffé, la fréquence des collisions entre ses molécules est plus élevée.
18. Trois composés gazeux contenant du fluor sont présentés ci-dessous. Lequel de ces trois gaz aura la vitesse quadratique moyenne la plus élevée? Lequel aura l'énergie cinétique moyenne la plus élevée pour une température donnée?

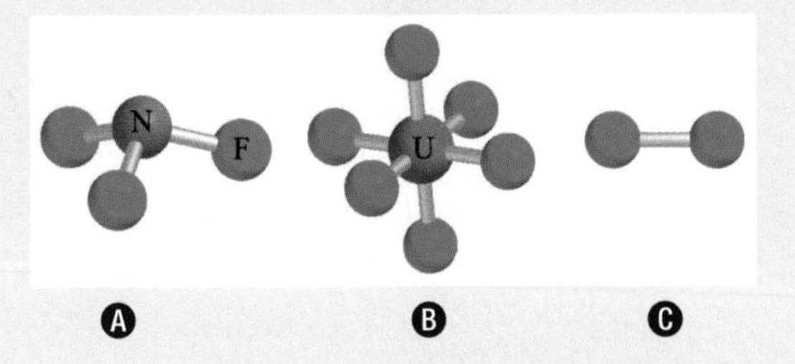

A B C

4.8 Les gaz parfaits et les gaz réels

Jusqu'ici, nous avons tenu pour acquis que les molécules à l'état gazeux n'exerçaient aucune force, ni attractive ni répulsive, entre elles. Nous avons également supposé que le volume des molécules est négligeable par rapport à celui du contenant. Un gaz qui respecte ces deux conditions se comporte comme un gaz parfait (appelé aussi «gaz idéal»). Bien que ces affirmations semblent sensées, on sait qu'il ne faut pas s'attendre à ce qu'elles soient vérifiées dans toutes les conditions. Par exemple, sans forces intermoléculaires, les gaz ne pourraient pas se condenser pour former des liquides. La question importante est de savoir dans quelles conditions les gaz sont le plus susceptibles de ne pas se comporter comme des gaz parfaits.

La **FIGURE 4.18** montre les variations de PV/RT en fonction de P pour trois gaz à une température donnée. Ces variations permettent de déterminer la mesure dans laquelle un gaz se comporte comme un gaz parfait. Selon l'équation des gaz parfaits (pour une mole de gaz), PV/RT est égal à 1, peu importe la pression réelle du gaz. Dans le cas des gaz réels, cela est vrai seulement à des pressions relativement basses (≤ 500 kPa) ; à mesure que la pression augmente, on observe des écarts importants. En effet, les forces d'attraction intermoléculaires sont efficaces à des distances relativement courtes. Par exemple, les molécules d'un gaz à la pression atmosphérique sont suffisamment éloignées les unes des autres pour que leurs forces attractives soient négligeables. À des pressions plus élevées, cependant, la masse volumique du gaz augmente, et les molécules se rapprochent les unes des autres. Les forces intermoléculaires sont alors assez importantes pour influencer le mouvement des molécules ; le gaz ne se comporte alors plus comme un gaz parfait.

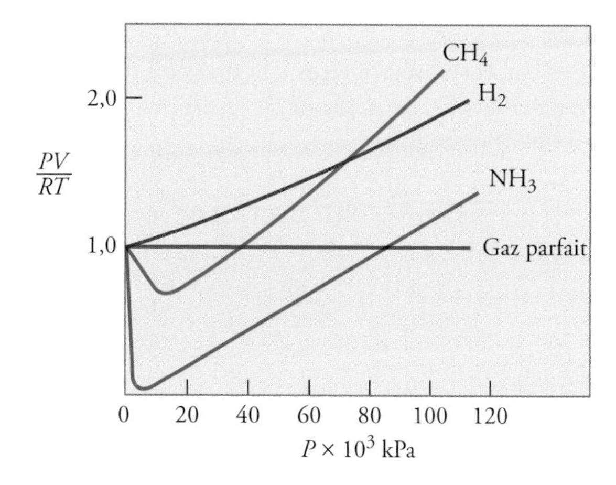

FIGURE 4.18

Variation de PV/RT en fonction de P de 1 mol d'un gaz à 0 °C

Pour 1 mol d'un gaz parfait, PV/RT est égal à 1, peu importe la pression du gaz. Par contre, à des pressions élevées, les gaz réels ne se comportent pas comme des gaz parfaits. À des pressions très basses toutefois, tous les gaz ont des comportements de gaz parfaits ; leurs valeurs de PV/RT convergent toutes vers 1 à mesure que P se rapproche de 0.

On peut également observer des écarts par rapport au comportement idéal lors d'une diminution de température. Le refroidissement d'un gaz diminue l'énergie cinétique moyenne de ses molécules, les privant ainsi de l'énergie dont elles ont besoin pour échapper à leur attraction mutuelle.

Il est possible de traduire mathématiquement ces écarts en modifiant l'équation 4.8 de façon à prendre en compte les forces intermoléculaires et le volume des molécules. C'est le physicien néerlandais J. D. Van der Waals qui a réussi le premier à modifier correctement cette équation en 1873. Outre qu'elle est mathématiquement simple, l'équation de Van der Waals constitue une interprétation du comportement des gaz réels au niveau moléculaire.

Johannes Van der Waals (1837-1923)

Lorsqu'une molécule s'approche de la paroi d'un contenant (*voir la* **FIGURE 4.19**, *page suivante*), les attractions intermoléculaires exercées par les molécules voisines tendent à adoucir l'impact de la molécule contre la paroi ; il en résulte une pression plus faible que celle qu'exercerait un gaz parfait. Van der Waals suggéra que la pression exercée par un gaz parfait, P_{parfait}, est reliée à la pression observée, $P_{\text{réel}}$, par un facteur de correction :

$$P_{\text{parfait}} = \underbrace{P_{\text{réel}}}_{\text{pression observée}} + \underbrace{\frac{an^2}{V^2}}_{\text{facteur de correction}}$$

où a est une constante, et n et V sont respectivement le nombre de moles et le volume du gaz. Le facteur de correction an^2/V^2 peut être interprété de la façon suivante : l'interaction moléculaire qui conduit aux écarts par rapport au comportement idéal dépend

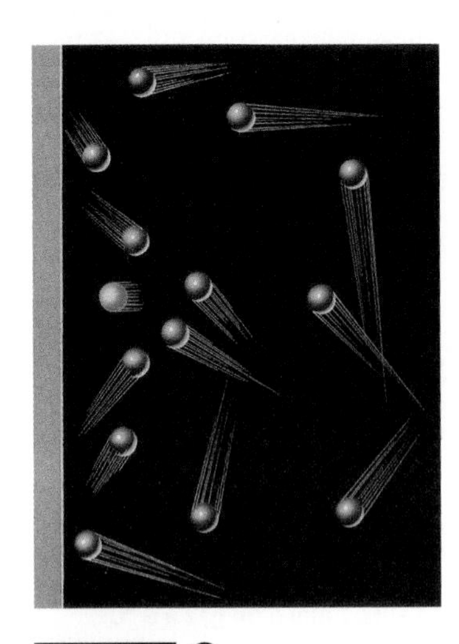

FIGURE 4.19

Impact d'une molécule sur une paroi

La vitesse d'une molécule (la sphère rouge) se déplaçant vers la paroi du contenant est réduite par les forces d'attraction exercées par les molécules voisines (les sphères bleues). Par conséquent, l'impact de cette molécule contre le mur n'est pas aussi grand qu'il le serait si aucune force intermoléculaire n'intervenait. En général, la pression gazeuse mesurée est inférieure à celle que le gaz exercerait s'il avait un comportement de gaz parfait.

de la fréquence avec laquelle deux molécules se rapprochent l'une de l'autre. Le nombre de ces « rencontres » augmente avec le carré du nombre de molécules par unité de volume $(n/V)^2$, parce que la présence de chacune des deux molécules dans une région donnée est proportionnelle à n/V. La grandeur P_{parfait} est la pression qui existerait en l'absence de toute attraction intermoléculaire. La valeur de a n'est qu'une constante de proportionnalité dans le facteur de correction.

Un autre facteur de correction concerne le volume occupé par les molécules gazeuses. La grandeur V dans l'équation des gaz parfaits représente le volume du contenant. Cependant, chaque molécule a son propre volume, petit mais réel. Ainsi, le volume dont dispose un gaz est exprimé par $(V - nb)$, où n est le nombre de moles du gaz et b est une constante. L'expression nb représente le volume occupé par n mol de gaz.

Ayant tenu compte des corrections apportées à la pression et au volume, l'équation des gaz parfaits peut être réécrite sous cette forme :

$$\underbrace{\left(P + \frac{an^2}{V^2}\right)}_{\text{pression corrigée}} \underbrace{(V - nb)}_{\text{volume corrigé}} = nRT \qquad (4.18)$$

On appelle l'équation reliant P, V, T et n pour un gaz réel (équation 4.18) l'**équation de Van der Waals**. Les valeurs de a et de b, appelées **constantes de Van der Waals**, sont déterminées expérimentalement pour chaque espèce de gaz, ce qui permet de faire correspondre le mieux possible les calculs au comportement observé.

Le **TABLEAU 4.5** fournit les valeurs des constantes a et b pour certains gaz. Puisque la valeur de a rend compte de la force d'attraction intermoléculaire, les atomes d'hélium ont la plus faible attraction (ils présentent la valeur de a la plus faible). Il y a aussi une corrélation, bien que moins directe, entre la taille des molécules et la valeur de b : en général, la constante b est proportionnelle à la taille de la molécule (ou de l'atome).

TABLEAU 4.5 > Constantes de Van der Waals pour certains gaz courants

Gaz	a (kPa . L^2/mol^2)	b (L/mol)
He	3,45	0,0237
Ne	21,4	0,0171
Ar	137	0,0322
Kr	235	0,0398
Xe	425	0,0511
H_2	24,7	0,0266
N_2	141	0,0391
O_2	138	0,0318
Cl_2	658	0,0562
CO_2	364	0,0427
CH_4	228	0,0428
CCl_4	2067	0,138
NH_3	423	0,0371
H_2O	553	0,0305

EXEMPLE 4.13 La comparaison des pressions calculées à l'aide de l'équation des gaz parfaits et de l'équation de Van der Waals

Une quantité égale à 3,50 mol de NH_3 occupe 5,20 L à 47 °C. Calculez la pression du gaz (en kilopascals) en utilisant : **a)** l'équation des gaz parfaits ; **b)** l'équation de Van der Waals.

DÉMARCHE

Pour calculer la pression de NH_3 d'après l'équation des gaz parfaits, il faut procéder comme dans l'**EXEMPLE 4.2** (*voir p. 148*). Quels sont les correctifs à apporter à la pression et au volume dans l'équation de Van der Waals ?

SOLUTION

a) Nous avons les données suivantes :

$$V = 5{,}20 \text{ L}$$
$$T = (47 + 273) \text{ K} = 320 \text{ K}$$
$$n = 3{,}50 \text{ mol}$$
$$R = 8{,}314 \text{ L} \cdot \text{kPa/mol} \cdot \text{K}$$

On peut donc faire le calcul suivant à l'aide de l'équation des gaz parfaits :

$$\begin{aligned} P &= \frac{nRT}{V} \\ &= \frac{(3{,}50 \text{ mol})(8{,}314 \text{ L} \cdot \text{kPa/mol} \cdot \text{K})(320 \text{ K})}{5{,}20 \text{ L}} \\ &= 1{,}79 \times 10^3 \text{ kPa} \end{aligned}$$

b) Dans le **TABLEAU 4.5**, nous avons :

$$a = 423 \text{ kPa} \cdot \text{L}^2/\text{mol}^2$$
$$b = 0{,}0371 \text{ L/mol}$$

Calculons d'abord les facteurs de correction de l'équation 4.18. Ce sont :

$$\frac{an^2}{V^2} = \frac{(423 \text{ kPa} \cdot \text{L}^2/\text{mol}^2)(3{,}50 \text{ mol})^2}{(5{,}20 \text{ L})^2} = 192 \text{ kPa}$$

$$nb = (3{,}50 \text{ mol})(0{,}0371 \text{ L/mol}) = 0{,}130 \text{ L}$$

À l'aide de ces facteurs et de l'équation de Van der Waals, nous obtenons :

$$(P + 192 \text{ kPa})(5{,}20 \text{ L} - 0{,}130 \text{ L}) = (3{,}50 \text{ mol})(8{,}314 \text{ L} \cdot \text{kPa/mol} \cdot \text{K})(320 \text{ K})$$
$$P = 1{,}64 \times 10^3 \text{ kPa}$$

VÉRIFICATION

D'après votre compréhension du comportement d'un gaz non idéal, est-il plausible de trouver, à l'aide de l'équation de Van der Waals, une pression inférieure à celle qu'on a obtenue avec l'équation des gaz parfaits ? Pourquoi ?

EXERCICE E4.13

À l'aide des données du **TABLEAU 4.5**, calculez la pression exercée par 4,37 mol de chlore moléculaire contenues dans un volume de 2,45 L à 38 °C. Calculez aussi la pression en utilisant cette fois l'équation des gaz parfaits.

Problème semblable ⊕
4.44

RÉVISION DES CONCEPTS

Quelles conditions de pression et de température engendrent les plus grandes déviations au comportement idéal ?

QUESTIONS de révision

19. Donnez deux preuves que les gaz ne se comportent pas toujours comme des gaz parfaits.

20. Dans quelles conditions peut-on attendre d'un gaz qu'il se comporte comme un gaz parfait ? **a)** À une température élevée et à une basse pression. **b)** À une température et à une pression élevées. **c)** À une température basse et à une pression élevée. **d)** À une température et à une pression basses.

21. Donnez l'équation de Van der Waals pour un gaz réel. Quelle est la signification des facteurs de correction pour la pression et le volume ?

22. Habituellement, la température d'un gaz réel qui se dilate dans un espace vide baisse. Expliquez ce phénomène.

RÉSUMÉ

4.1 Les gaz

Les propriétés physiques des gaz : ils occupent tout le volume disponible, sont compressibles, forment des mélanges homogènes et ont de petites masses volumiques. Dans les conditions atmosphériques ordinaires, seulement quelques éléments sont des gaz : H_2, N_2, O_2, O_3, F_2, Cl_2 et les éléments du groupe 8A (les gaz rares).

Éléments gazeux à TPO

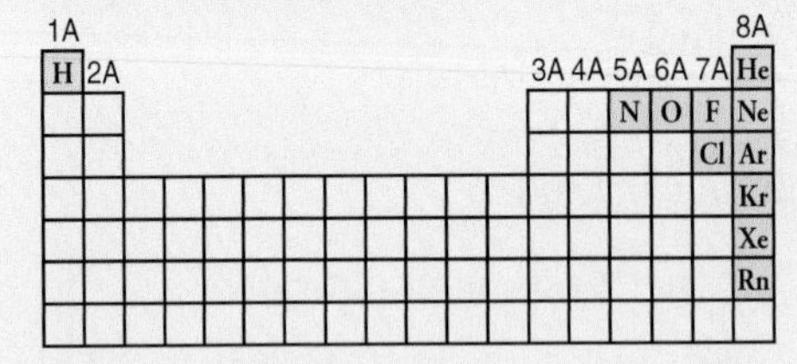

4.2 La pression

Les gaz exercent une pression, car leurs molécules, qui se déplacent librement, s'entrechoquent et frappent les parois de leur contenant. Il existe plusieurs unités de pression, dont les millimètres de mercure (mm Hg), l'atmosphère (atm) et le Pascal (Pa). Dans le SI, on utilise le Pascal et son multiple, le kilopascal.

$$1 \text{ atm} = 760 \text{ mm Hg} = 101{,}325 \text{ kPa}$$

La pression normale vaut exactement 1 atm ou 101,325 kPa.

4.3 Les lois des gaz

La loi de Boyle-Mariotte (1676)

Le volume est inversement proportionnel à la pression (*T* et *n* constants) (équation 4.2).

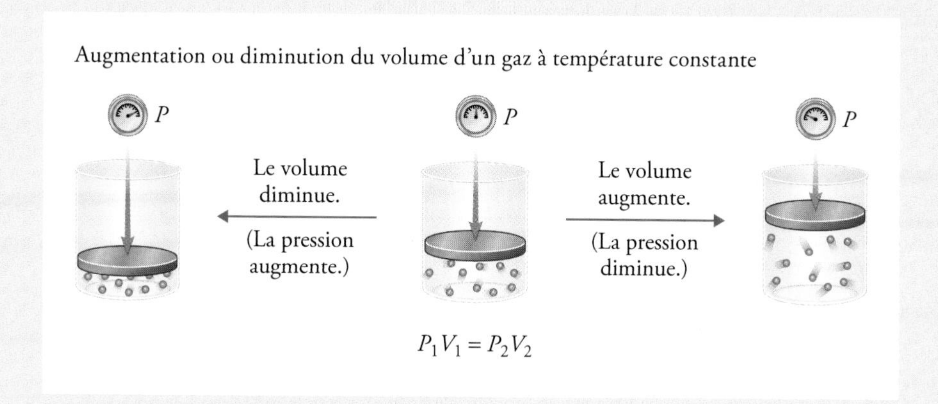
Augmentation ou diminution du volume d'un gaz à température constante
P
P
P
Le volume diminue.
(La pression augmente.)
Le volume augmente.
(La pression diminue.)
$P_1V_1 = P_2V_2$

La loi de Charles-Gay-Lussac (1784)

Le volume est directement proportionnel à la température (*P* et *n* constants) (équation 4.4).

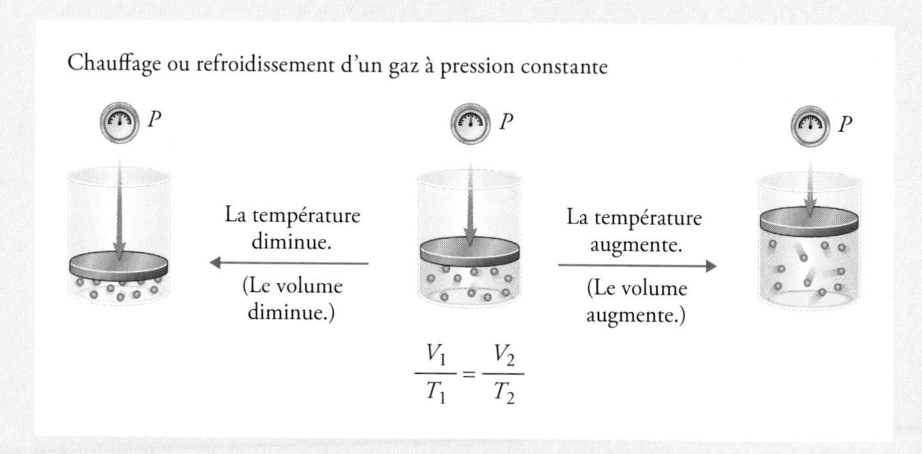
Chauffage ou refroidissement d'un gaz à pression constante
P
P
P
La température diminue.
(Le volume diminue.)
La température augmente.
(Le volume augmente.)
$\frac{V_1}{T_1} = \frac{V_2}{T_2}$

La pression est directement proportionnelle à la température (*V* et *n* constants) (équation 4.6).

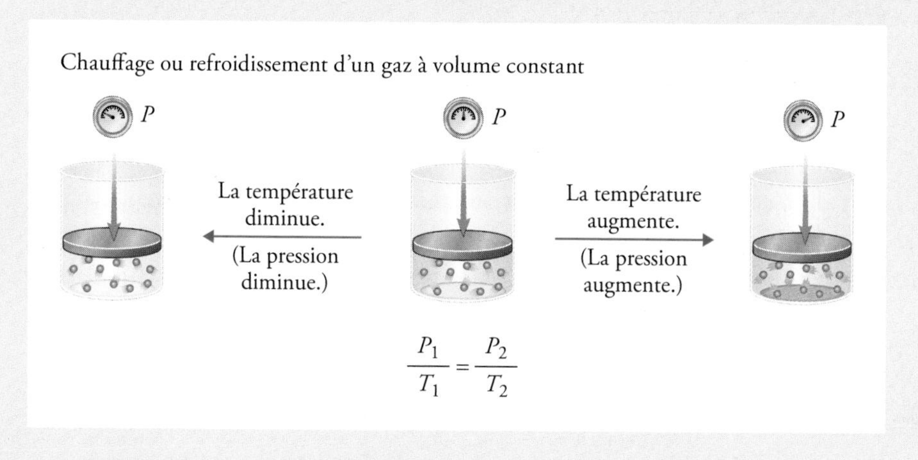
Chauffage ou refroidissement d'un gaz à volume constant
P
P
P
La température diminue.
(La pression diminue.)
La température augmente.
(La pression augmente.)
$\frac{P_1}{T_1} = \frac{P_2}{T_2}$

La loi d'Avogadro (1811)

Des volumes égaux de gaz différents contiennent un nombre égal de molécules (T et P constantes) (équation 4.7).

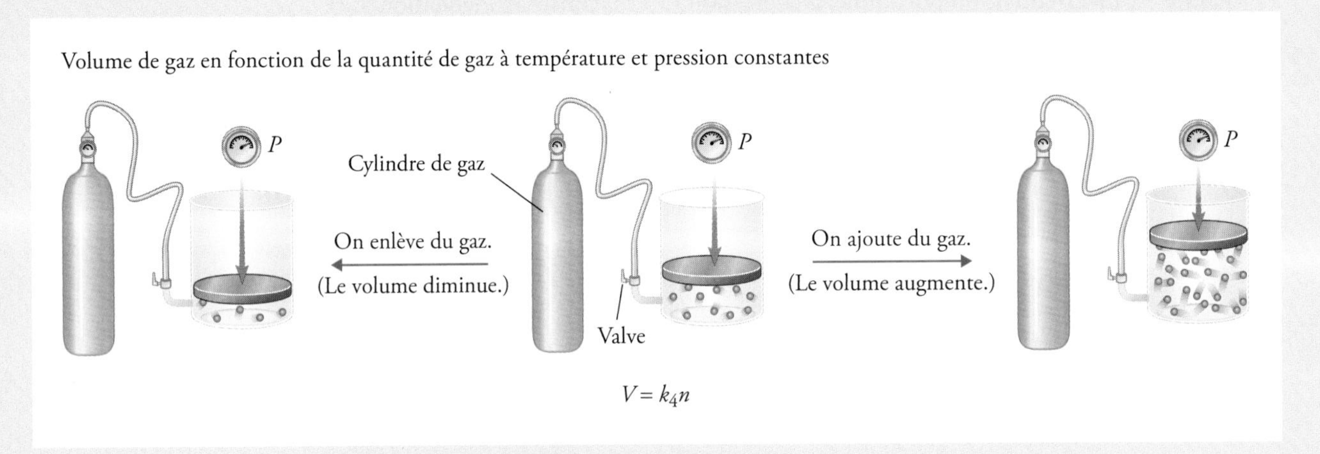

4.4 L'équation des gaz parfaits

L'équation des gaz parfaits combine les lois de Boyle-Mariotte, de Charles et d'Avogadro. Cette équation décrit le comportement d'un gaz parfait.

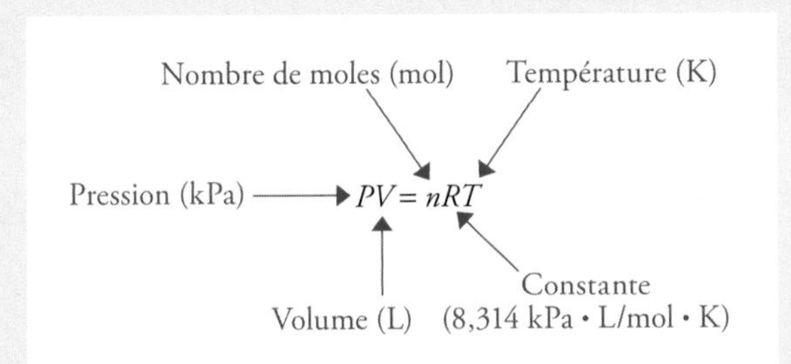

Les conditions particulières de température et de pression

	Conditions ordinaires (TPO)	Conditions normales (TPN)
Température	25 °C	0 °C
Pression	101,325 kPa	101,325 kPa

À TPN, le volume occupé par une mole de gaz est de 22,414 L.

4.5 La stœchiométrie des gaz

Dans les cas de réactifs gazeux, les calculs stœchiométriques se font souvent par des relations de volumes basées sur les lois des gaz.

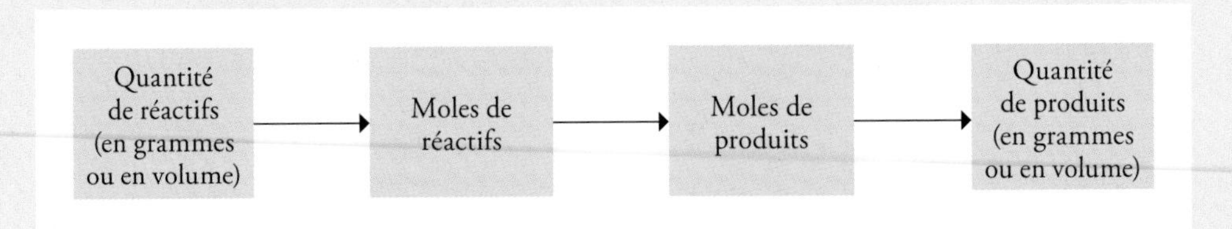

4.6 La loi des pressions partielles de Dalton

Dans un mélange de gaz, chaque gaz exerce la même pression comme s'il était seul dans le même volume. La pression totale est la somme des pressions partielles.

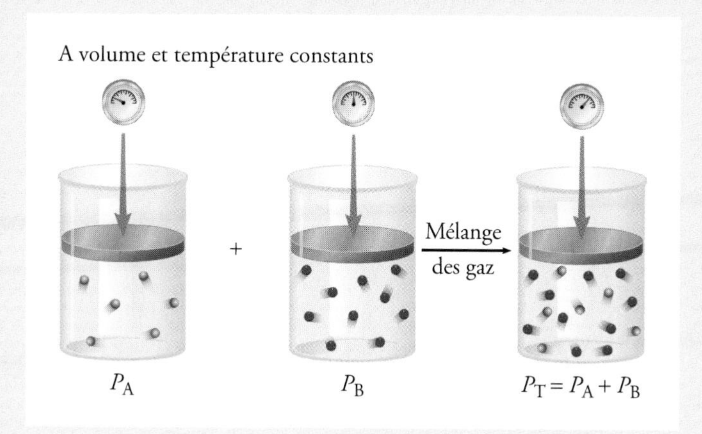

$$P_A = \chi_A P_T = \frac{n_A}{n_T} P_T \qquad P_B = \chi_B P_T = \frac{n_B}{n_T} P_T$$

4.7 La théorie cinétique des gaz

Modèle mathématique décrivant le comportement des gaz basé sur les postulats suivants :

1. Les molécules gazeuses sont séparées par des distances beaucoup plus grandes que leur propre taille ; leur volume est négligeable.
2. Elles sont en constant mouvement, et leurs collisions sont parfaitement élastiques.
3. Les molécules ne s'attirent ni ne se repoussent les unes les autres.
4. La température est une mesure de l'énergie cinétique moyenne des molécules. Deux gaz à la même température ont la même énergie cinétique.

La distribution des vitesses moléculaires

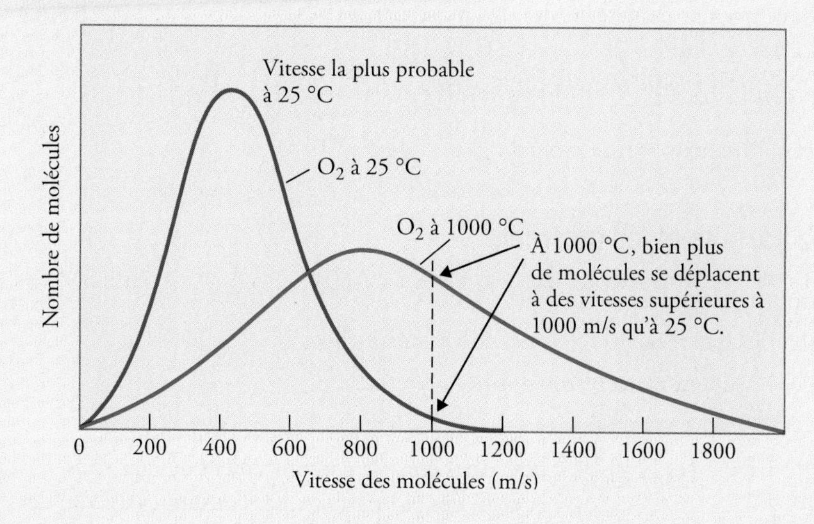

La courbe de Maxwell montre la distribution des vitesses moléculaires à une température donnée.

Plus la température augmente, plus le nombre (et la dispersion) de molécules qui se déplacent à des vitesses élevées augmente.

On calcule les vitesses quadratiques moyennes à l'aide de la formule suivante :

$$v_{\text{quadr}} = \sqrt{\frac{3RT}{\mathcal{M}}}$$

La diffusion et l'effusion gazeuses

Diffusion gazeuse : Mélange graduel d'un gaz avec les molécules d'un autre gaz, causé par leurs propriétés cinétiques.

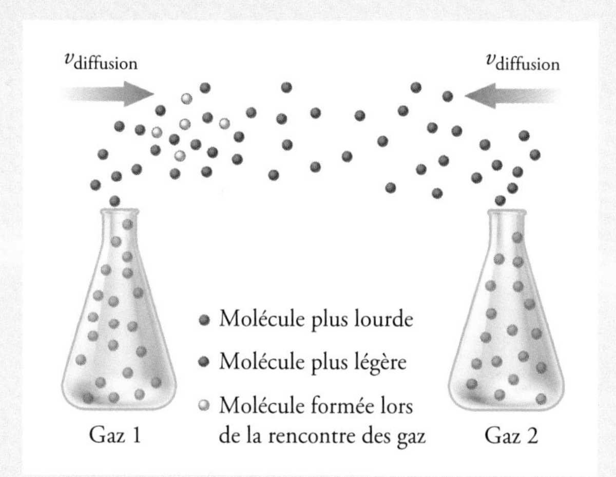

Effusion gazeuse : Phénomène où un gaz sous pression s'échappe d'un compartiment en passant par une petite ouverture.

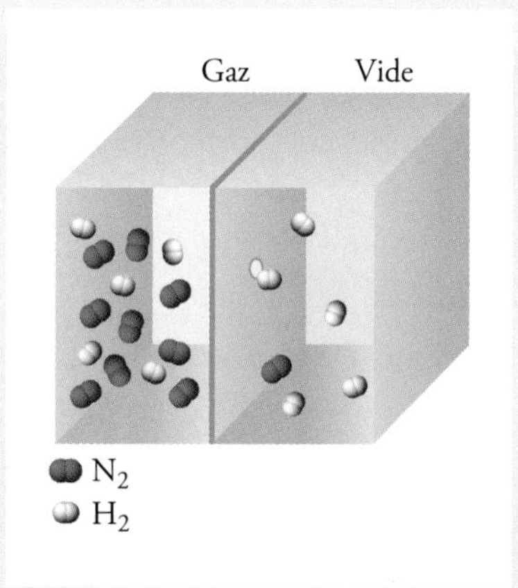

La loi de Graham permet de déterminer des masses molaires :

$$\frac{v_1}{v_2} = \sqrt{\frac{\mathcal{M}_2}{\mathcal{M}_1}}$$

4.8 Les gaz parfaits et les gaz réels

Deux faits sont omis dans l'étude des gaz parfaits :

1. les molécules des gaz réels exercent des forces entre elles ;
2. les molécules occupent un certain volume.

$$\left(P + \frac{an^2}{V^2}\right)(V - nb) = nRT$$

L'équation de Van der Waals tient compte des écarts entre le comportement des gaz réels et celui des gaz parfaits. Les constantes de Van der Waals, a et b, sont déterminées expérimentalement.

ÉQUATIONS CLÉS

- $P_1V_1 = P_2V_2$ — Loi de Boyle-Mariotte permettant de calculer des changements de pression ou de volume (4.2)
- $\frac{V_1}{T_1} = \frac{V_2}{T_2}$ — Loi de Charles-Gay-Lussac permettant de calculer des changements de température ou de volume (4.4)
- $\frac{P_1}{T_1} = \frac{P_2}{T_2}$ — Loi de Charles permettant de calculer des changements de température ou de pression (4.6)
- $V = k_4n$ — Loi d'Avogadro, P et T étant constants (4.7)
- $PV = nRT$ — Loi des gaz parfaits (4.8)
- $\frac{P_1V_1}{n_1T_1} = \frac{P_2V_2}{n_2T_2}$ — Équation combinée des gaz parfaits pour un état initial et un état final (4.9)
- $\rho = \frac{m}{V} = \frac{P\mathcal{M}}{RT}$ — Permet de calculer la masse volumique d'un gaz (4.10)
- $\mathcal{M} = \frac{\rho RT}{P}$ — Permet de calculer la masse molaire d'un gaz (4.11)
- $P_\text{T} = P_\text{A} + P_\text{B} + P_\text{C} + \ldots$ — Loi des pressions partielles de Dalton (4.12)
- $\chi_i = n_i/n_\text{T}$ — Définition de la fraction molaire (4.13)
- $P_i = \chi_i P_\text{T}$ — Permet de calculer les pressions partielles (4.14)
- $\overline{E_\text{c}} = \frac{1}{2}m\overline{v^2} = CT$ — Relation entre l'énergie cinétique moyenne d'un gaz et sa température absolue (4.15)
- $v_\text{quadr} = \sqrt{\frac{3RT}{\mathcal{M}}}$ — Permet de calculer la vitesse quadratique moyenne des molécules gazeuses (4.16)
- $\frac{v_1}{v_2} = \sqrt{\frac{\mathcal{M}_2}{\mathcal{M}_1}}$ — Loi de diffusion de Graham (4.17)
- $\left(P + \frac{an^2}{V^2}\right)(V - nb) = nRT$ — Équation de Van der Waals permettant de calculer la pression d'un gaz réel (4.18)

MOTS CLÉS

PROBLÈMES

Niveau de difficulté : ★ facile ; ★ moyen ; ★ élevé

Biologie : 4.16, 4.25, 4.36, 4.51, 4.55, 4.65, 4.66 ;
Concepts : 4.9, 4.10, 4.15, 4.38, 4.39, 4.46, 4.47, 4.52, 4.54, 4.70, 4.71, 4.74, 4.76 ;
Descriptifs : 4.50 a), 4.59 a), 4.63 a) ;
Environnement : 4.2, 4.14, 4.21, 4.32, 4.36, 4.41, 4.54, 4.64 ;
Industrie : 4.13, 4.16, 4.48, 4.50, 4.53, 4.56, 4.57.

PROBLÈMES PAR SECTION

4.2 La pression

★4.1 Convertissez 562 mm Hg en kilopascals et 2,0 kPa en millimètres de mercure.

★4.2 On observe que la pression atmosphérique au sommet d'une montagne est de 606 mm Hg. Quelle est la pression en atmosphères ?

4.3 Les lois des gaz

★4.3 Un échantillon d'une substance gazeuse est refroidi à pression constante. Laquelle des illustrations suivantes représente le mieux la situation où la température finale est :

a) au-dessus du point d'ébullition de la substance ;

b) en dessous du point d'ébullition, mais au-dessus du point de congélation de la substance ?

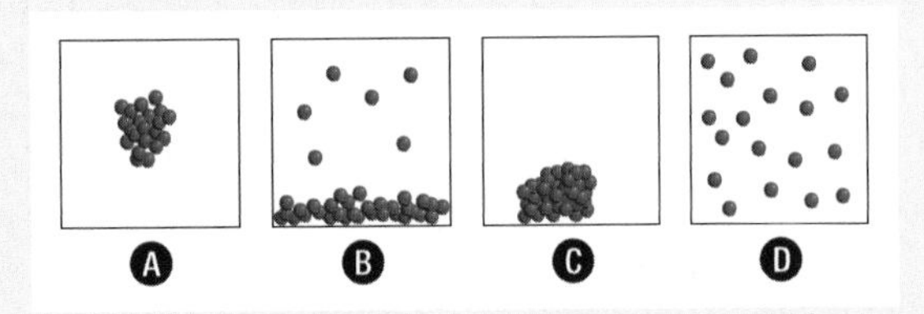

★4.4 Un échantillon d'une substance gazeuse est confiné dans un cylindre ayant un couvercle amovible. Initialement, il y a n mol de gaz dans le cylindre à la température T, à la pression P et au volume V.

Choisissez le cylindre qui représente correctement le gaz après chacun des changements suivants :

1) On a triplé la pression sur le piston à n et T constants.
2) On a doublé la température à n et P constants.
3) On a ajouté n mol d'un autre gaz à T et P constants.
4) On a diminué la température de moitié ainsi que la pression sur le piston qui est maintenant au quart de la valeur initiale.

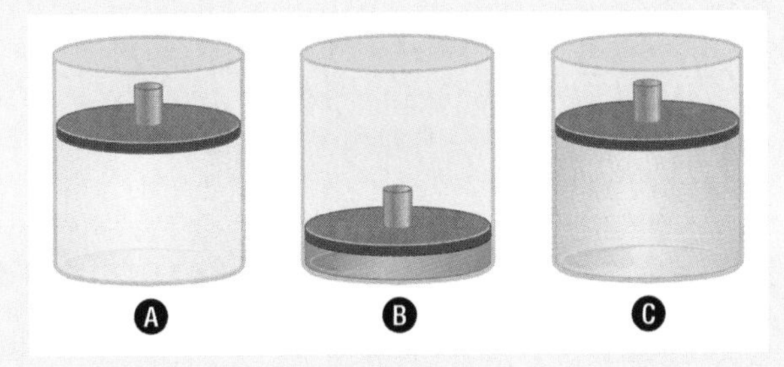

★4.5 Un gaz occupant un volume de 725 mL à une pression de 98,3 kPa se dilate à une température constante jusqu'à ce que sa pression soit de 54,8 kPa. Déterminez son nouveau volume.

★4.6 À 46 °C, un échantillon d'ammoniac gazeux exerce une pression de 537 kPa. Quelle sera la pression si l'on réduit le volume à un dixième de sa valeur initiale, la température restant constante ?

★4.7 À 101 kPa, le volume d'un gaz est de 5,80 L. Quelle serait la pression de ce gaz en millimètres de mercure si l'on portait son volume à 9,65 L ? (La température est constante.)

★4.8 À une pression constante, un échantillon d'hydrogène de 9,6 L à 88 °C est refroidi jusqu'à ce que son volume soit de 3,4 L. Quelle sera sa température après le refroidissement ?

★4.9 L'ammoniac brûle en présence d'oxygène pour former du monoxyde d'azote (NO) et de la vapeur d'eau. Combien de volumes de NO sont obtenus à partir d'un volume d'ammoniac à température et à pression constantes ?

★4.10 Le chlore moléculaire et le fluor moléculaire se combinent pour former un composé gazeux. À température et à pression constantes, un volume de Cl_2 réagit avec trois volumes de F_2 pour former deux volumes de produit. Quelle est la formule chimique du composé produit ?

4.4 L'équation des gaz parfaits

★**4.11** Un échantillon d'azote gazeux gardé dans un contenant de 2,3 L à une température de 32 °C exerce une pression de $4{,}8 \times 10^2$ kPa. Combien de moles d'azote y a-t-il dans le contenant ?

★**4.12** Un échantillon de 6,9 mol de monoxyde de carbone est gardé dans un contenant de 30,4 L. Quelle est la pression du gaz (en kilopascals) si la température est de 62 °C ?

★**4.13** Une certaine quantité de gaz à 25 °C et à 81,0 kPa est contenue dans un récipient de verre. Supposons que le récipient puisse supporter une pression de 203 kPa. Jusqu'à quelle température pourriez-vous chauffer le gaz sans faire éclater le récipient ?

★**4.14** On gonfle un ballon au sol à l'aide d'un gaz jusqu'à ce que son volume soit de 2,50 L à 122 kPa et à 25 °C. Le ballon s'élève ensuite jusque dans la stratosphère (environ 30 km au-dessus de la surface de la Terre), où la température et la pression sont de −23 °C et de 0,304 kPa. Calculez le volume du ballon dans la stratosphère.

★**4.15** Un gaz contenu dans un cylindre ayant comme couvercle un piston mobile a initialement un volume de 6,0 L. Si la pression est réduite au tiers de sa valeur initiale et si la température absolue est abaissée de moitié, quel est le volume final du gaz ?

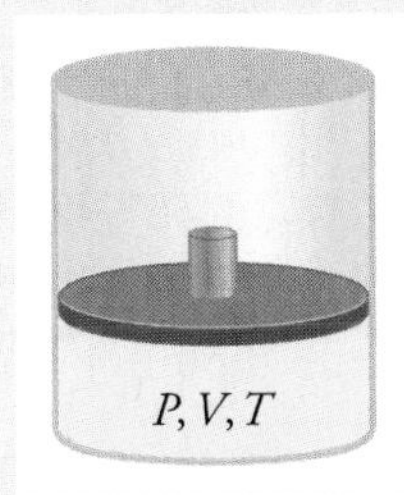

★**4.16** Durant la fermentation du glucose (pour la fabrication du vin), il y a formation d'un gaz qui a un volume de 0,78 L quand il est mesuré à 20,1 °C et à 101 kPa. Quel est le volume de ce gaz quand la température est de 36,5 °C à 101 kPa ?

★**4.17** Le volume d'un gaz à TPN est de 488 mL. Calculez son volume à $2{,}28 \times 10^2$ kPa et à 150 °C.

★**4.18** Un échantillon de 0,050 g de glace sèche, du dioxyde de carbone (CO_2) solide, est placé dans un récipient dont l'air a été préalablement évacué. Le volume du récipient est de 4,6 L et la température, de 30 °C. Calculez la pression en kilopascals dans le récipient une fois que toute la glace sèche sera devenue du CO_2 gazeux.

★**4.19** Un volume de 0,280 L d'un gaz pèse 0,400 g à TPN. Calculez la masse molaire de ce gaz.

★**4.20** Une quantité de gaz pesant 7,10 g à 741 Torr et à 44 °C occupe un volume de 5,40 L. Quelle est la masse molaire de ce gaz ?

★**4.21** Les molécules d'ozone (O_3) présentes dans la stratosphère absorbent la plupart des radiations dangereuses du Soleil. Généralement, la température et la pression de l'ozone dans la stratosphère sont respectivement de 250 K et de $1{,}0 \times 10^{-1}$ kPa. Combien de molécules d'ozone y a-t-il dans 1,0 L d'air dans ces conditions ?

★**4.22** En supposant que l'air contienne 78 % d'azote (N_2), 21 % d'oxygène (O_2) et 1 % d'argon (Ar) par unité de volume, combien de molécules de chaque gaz y a-t-il dans 1 L d'air à TPN ?

★**4.23** Un récipient de 2,10 L contient 4,65 g d'un gaz à 101 kPa et à 27 °C. **a)** Calculez la masse volumique du gaz en grammes par litre. **b)** Quelle est la masse molaire de ce gaz ?

★**4.24** Calculez la masse volumique du bromure d'hydrogène (HBr) en grammes par litre à 733 mm Hg et à 46 °C.

★**4.25** Un anesthésiant contient 64,9 % de C, 13,5 % de H et 21,6 % de O, par unité de masse. À 120 °C et à 750 mm Hg, 1,00 L de ce composé gazeux pèse 4,60 g. Quelle est la formule moléculaire du composé ?

★**4.26** La formule empirique d'un composé est SF_4. À 20 °C, 0,100 g de ce composé gazeux occupe un volume de 22,1 mL et exerce une pression de 103 kPa. Quelle est sa formule moléculaire ?

4.5 La stœchiométrie des gaz

★**4.27** Un échantillon de 3,00 g de carbonate de calcium contenant des impuretés est dissous dans de l'acide chlorhydrique. Il se produit alors un dégagement de 0,656 L de CO_2 (mesuré à 20,0 °C et 792 mm Hg). Calculez le pourcentage massique de carbonate de calcium dans l'échantillon. (Quelles suppositions faut-il faire concernant les impuretés, la quantité d'acide et la réaction avec l'acide ?)

★**4.28** On fait réagir 5,6 L d'hydrogène moléculaire gazeux mesurés à TPN en présence de chlore moléculaire gazeux. Si le chlore est en excès, quelle est la masse de chlorure d'hydrogène produite en grammes ?

★**4.29** Un certain métal M (masse molaire = 27,08 g/mol) pesant 0,225 g produit un dégagement de 0,303 L d'hydrogène moléculaire gazeux (mesuré à 17 °C et à 741 mm Hg) en présence d'acide chlorhydrique en excès. **a**) Quelle est l'équation de cette réaction, d'après ces données ? **b**) Quelles sont les formules de l'oxyde, du sulfate et du phosphate de ce métal M ?

★**4.30** Une quantité égale à 0,2324 g d'un composé solide constitué exclusivement de P et de F est analysée. Le composé se transforme complètement en gaz lors de son chauffage à 77 °C à une pression de 97,3 mm Hg dans un ballon de 378 cm^3. On fait ensuite barboter ce gaz dans une solution aqueuse de chlorure de calcium, ce qui a pour effet de convertir complètement le F en 0,2631 g de CaF_2. Quelle est la formule moléculaire du composé analysé ?

4.6 La loi des pressions partielles de Dalton

★**4.31** Un mélange de gaz contient du CH_4, du C_2H_6 et du C_3H_8. Si la pression totale du mélange est de 152 kPa et que celui-ci contient 0,31 mol de CH_4, 0,25 mol de C_2H_6 et 0,29 mol de C_3H_8, quelles sont les pressions partielles de chacun des gaz ?

★**4.32** L'air sec près du niveau de la mer a la composition suivante par unité de volume : 78,08 % de N_2, 20,94 % de O_2, 0,93 % de Ar et 0,05 % de CO_2. La pression atmosphérique est de 101,3 kPa. Calculez : **a**) la pression partielle de chaque gaz en kilopascals ; **b**) la concentration de chaque gaz en moles par litre à 0 °C. (**Indice** : Puisque le volume est proportionnel au nombre de moles présentes, les fractions molaires des gaz peuvent s'exprimer comme des rapports entre les volumes à la même température et à la même pression.)

★**4.33** Un mélange d'hélium et de néon est recueilli par déplacement d'eau à une température de 28,0 °C et à une pression de 745 mm Hg. Si la pression partielle de l'hélium est de 368 mm Hg, quelle est la pression partielle du néon ? (La pression de la vapeur d'eau à 28,0 °C est de 28,3 mm Hg.)

★**4.34** Un morceau de sodium réagit complètement avec de l'eau selon l'équation suivante :

$$2Na(s) + 2H_2O(l) \longrightarrow 2NaOH(aq) + H_2(g)$$

L'hydrogène est recueilli par déplacement d'eau à une température de 25,0 °C. Le volume du gaz, mesuré à 101 kPa, est de 246 mL. Calculez le nombre de grammes de sodium utilisés dans la réaction. (La pression de la vapeur d'eau à 25 °C est de 3,17 kPa.)

★**4.35** Un morceau de zinc réagit complètement avec un excès d'acide chlorhydrique :

$$Zn(s) + 2HCl(aq) \longrightarrow ZnCl_2(aq) + H_2(g)$$

L'hydrogène produit est recueilli à l'aide d'un déplacement d'eau à 25,0 °C. Le volume du gaz est de 7,80 L, et sa pression, de 99,3 kPa. Calculez la masse de zinc qui a réagi. (La pression de la vapeur d'eau à 25 °C est de 23,8 mm Hg.)

★**4.36** Quand les plongeurs descendent à de grandes profondeurs dans la mer, ils respirent un mélange d'hélium et d'oxygène. Calculez le pourcentage par unité de volume de l'oxygène dans le mélange si le plongeur doit descendre à une profondeur où la pression totale est de $4,2 \times 10^2$ kPa. La pression partielle de l'oxygène est maintenue à 21 kPa.

★**4.37** Un échantillon d'ammoniac (NH_3) gazeux est complètement décomposé en azote et en hydrogène en présence de laine d'acier chauffée. Si la pression totale est de 866 mm Hg, calculez les pressions partielles de N_2 et de H_2.

★**4.38** Les trois récipients suivants ont le même volume et sont placés à la même température. **a)** Dans lequel de ces récipients la fraction molaire du gaz A (sphères bleues) est-elle la plus petite ? **b)** Dans lequel de ces récipients la pression partielle du gaz B (sphères vertes) est-elle la plus élevée ?

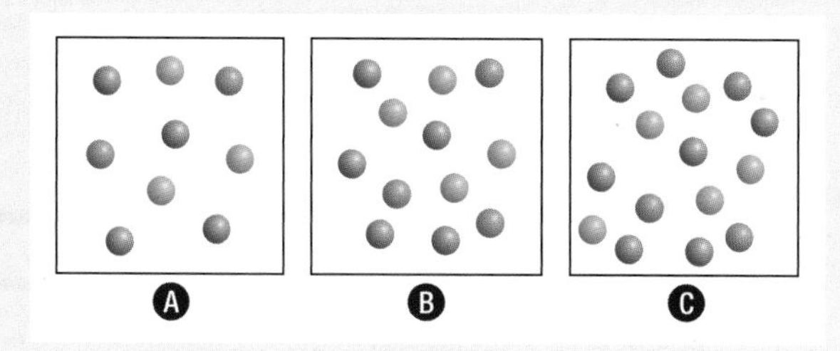

★**4.39** Le volume du récipient de droite est le double de celui de gauche. Les récipients contiennent des atomes d'hélium (sphères rouges) et des molécules d'hydrogène (sphères vertes) à la même température. **a)** Dans lequel des deux récipients la pression totale est-elle la plus élevée ? **b)** Dans lequel des deux récipients la pression partielle de l'hélium est-elle la plus faible ?

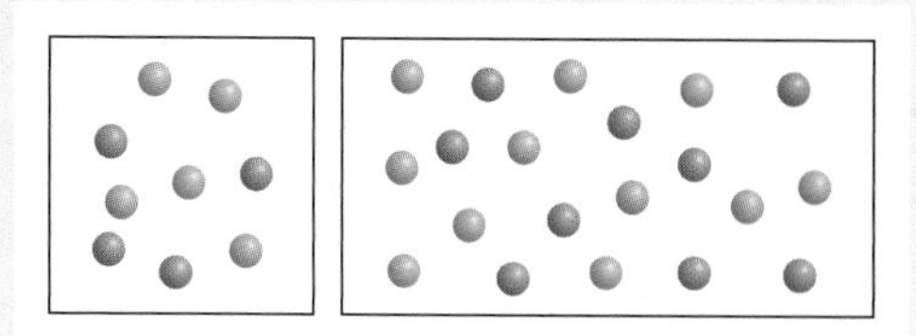

4.7 La théorie cinétique des gaz

★**4.40** Comparez les vitesses quadratiques moyennes de O_2 et de UF_6 à 65 °C.

★**4.41** La température moyenne dans la stratosphère est de −23 °C. Calculez les vitesses quadratiques moyennes des molécules N_2, O_2 et O_3 à cette altitude.

★**4.42** Un échantillon du même gaz que celui dont il a été question au problème 4.16 effuse à travers une membrane poreuse en 15,0 min. Dans les mêmes conditions de température et de pression, N_2 traverse cette même barrière en 12,0 min. Calculez la masse molaire du gaz et tentez de l'identifier (CO_2, N_2, Ne...).

★**4.43** Un carbonate de nickel gazeux a comme formule $Ni(CO)_x$. Quelle est la valeur de *x* étant donné que, dans les mêmes conditions de température et de pression, le méthane (CH_4) effuse 3,3 fois plus rapidement que ce composé de nickel ?

4.8 Les gaz parfaits et les gaz réels

★**4.44** À l'aide des données du **TABLEAU 4.5** (*voir p. 170*), calculez la pression exercée par 2,50 mol de CO_2 contenues dans un volume de 5,00 L à 450 K. Comparez la pression obtenue avec celle qu'on calcule à l'aide de l'équation des gaz parfaits.

★**4.45** À 27 °C, 10,0 mol d'un gaz contenues dans un récipient de 1,50 L exercent une pression de 1,32 × 10^4 kPa. S'agit-il d'un gaz parfait ?

★**4.46** Dans les mêmes conditions de température et de pression, lequel des gaz suivants aura un comportement se rapprochant le plus d'un gaz parfait : Ne, N_2 ou CH_4 ? Expliquez votre réponse.

PROBLÈMES VARIÉS

★**4.47** Expliquez les phénomènes suivants en faisant appel aux lois des gaz : **a)** l'augmentation de la pression dans un pneu d'automobile par une journée chaude ; **b)** l'éclatement d'un sac de papier gonflé ; **c)** l'expansion d'un ballon météorologique à mesure qu'il s'élève dans l'atmosphère ; **d)** le bruit fort que produit une ampoule électrique qui éclate.

★**4.48** La nitroglycérine, un explosif, se décompose selon l'équation suivante :

$$4C_3H_5(NO_3)_3(s) \longrightarrow 12CO_2(g) + 10H_2O(g) + 6N_2(g) + O_2(g)$$

Calculez le volume total des gaz à 122 kPa et à 25 °C que produiront 2,6 × 10^2 g de nitroglycérine. Quelles sont les pressions partielles des gaz dans ces conditions ?

★**4.49** La formule empirique d'un composé est CH. À 200 °C et à une pression de 75 kPa, 0,145 g de ce composé occupe un volume égal à 97,2 mL. Quelle est la formule moléculaire du composé ?

★**4.50** Lorsqu'il est chauffé, le nitrite d'ammonium (NH_4NO_2) se décompose pour donner de l'azote gazeux. On utilise ce procédé pour gonfler les balles de tennis. **a)** Donnez l'équation équilibrée de la réaction. **b)** Calculez la quantité (en grammes) de NH_4NO_2 nécessaire pour gonfler une balle de tennis jusqu'à un volume de 86,2 mL, à 122 kPa et à 22 °C.

★**4.51** Le désavantage de certains antiacides pour le traitement des brûlements d'estomac est l'inconfort pouvant être causé par le dégagement de CO_2 dans l'organisme. Le pourcentage massique d'hydrogénocarbonate (HCO_3^-) dans un médicament contre les maux d'estomac est de 32,5 %. Calculez le volume de CO_2 produit (en millilitres) à 37 °C et à 101,3 kPa si une personne en ingère un comprimé de 3,29 g. (**Indice**: La réaction se produit entre le HCO_3^- et le HCl dans l'estomac.)

★**4.52** Le point d'ébullition de l'azote liquide est de −196 °C. Cette donnée signifie-t-elle que l'azote est un gaz parfait?

★**4.53** Dans le procédé métallurgique de raffinement du nickel, le métal est d'abord combiné au monoxyde de carbone pour former du tétracarbonyle de nickel, à l'état gazeux à 43 °C:

$$Ni(s) + 4CO(g) \longrightarrow Ni(CO)_4(g)$$

Cette réaction permet de séparer le nickel des autres impuretés solides. **a)** Si la quantité initiale de nickel est de 86,4 g, calculez la pression de $Ni(CO)_4$ dans un contenant de 4,00 L (supposez que la réaction est complète). **b)** En chauffant l'échantillon de gaz à plus de 43 °C, on observe que sa pression augmente beaucoup plus rapidement que ne le prévoit l'équation des gaz parfaits. Expliquez-en la raison.

★**4.54** La pression partielle du dioxyde de carbone dans l'air varie selon les saisons. Selon vous, sa pression partielle dans l'hémisphère Nord est-elle plus élevée en été ou en hiver? Pourquoi?

★**4.55** Un adulte en bonne santé expire environ $5{,}0 \times 10^2$ mL de mélange gazeux à chaque respiration. Calculez le nombre de molécules contenues dans ce volume à 37 °C et à 111 kPa. Nommez les principaux constituants de ce mélange gazeux.

★**4.56** L'hydrogénocarbonate de sodium ($NaHCO_3$) est couramment appelé «soda à pâte» parce que, sous l'effet de la chaleur, il libère du CO_2, qui permet aux biscuits, aux beignets et aux pains de lever. **a)** Écrivez l'équation de la réaction chimique, sachant que du carbonate de sodium est aussi produit durant la réaction. **b)** Calculez le volume (en litres) de CO_2 produit en chauffant 5,0 g de $NaHCO_3$ à 180 °C et à 132 kPa. **c)** L'hydrogénocarbonate d'ammonium (NH_4HCO_3) est également utilisé dans le même but. Donnez un avantage et un désavantage de l'utilisation du NH_4HCO_3 au lieu du $NaHCO_3$ dans la cuisson.

★**4.57** Certains produits utilisés pour déboucher les tuyaux d'écoulement contiennent deux substances: de l'hydroxyde de sodium et de la poudre d'aluminium. Quand ce mélange est versé dans un tuyau obstrué, la réaction suivante se produit:

$$2NaOH(aq) + 2Al(s) + 6H_2O(l) \longrightarrow 2NaAl(OH)_4(aq) + 3H_2(g)$$

La chaleur générée par cette réaction fait fondre les produits comme la graisse, et l'hydrogène libéré remue les solides qui bouchent le tuyau. Calculez le volume de H_2 formé à TPN si 3,12 g de Al réagit avec du NaOH en excès.

★**4.58** Un échantillon de HCl gazeux pur a un volume de 189 mL à 25 °C et à 108 mm Hg. On le dissout complètement dans 60 mL d'eau et on le titre avec une solution de NaOH. Sachant qu'il a fallu 15,7 mL de solution de NaOH pour neutraliser le HCl, calculez la concentration molaire volumique de la solution de NaOH.

★**4.59** Le propane (C_3H_8) brûle en présence d'oxygène pour produire du dioxyde de carbone gazeux et de la vapeur d'eau. **a)** Donnez l'équation équilibrée de cette réaction. **b)** Calculez le nombre de litres de dioxyde de carbone à TPN qui peuvent être produits à partir de 7,45 g de propane.

★**4.60** Examinez le montage suivant. Quand on introduit une petite quantité d'eau dans l'ampoule à l'aide du compte-gouttes, l'eau du bécher monte dans le tube de verre jusque dans l'ampoule. Expliquez le fonctionnement de cette fontaine. (**Indice**: L'ammoniac gazeux est soluble dans l'eau.)

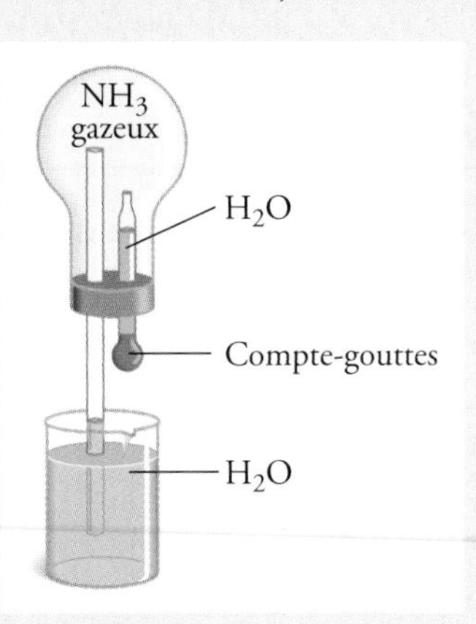

★4.61 Le monoxyde d'azote (NO) réagit avec l'oxygène moléculaire selon la réaction suivante :

$$2NO(g) + O_2(g) \longrightarrow 2NO_2(g)$$

Au début, NO et O_2 sont isolés, et les pressions de NO et de O_2 sont respectivement de 50,0 kPa et 100 kPa, comme le montre l'illustration ci-dessous. Quand on ouvre la valve, ils réagissent rapidement de façon complète.

Déterminez les gaz présents à la fin de la réaction et calculez leurs pressions partielles. Supposez que la température reste constante, soit 25 °C.

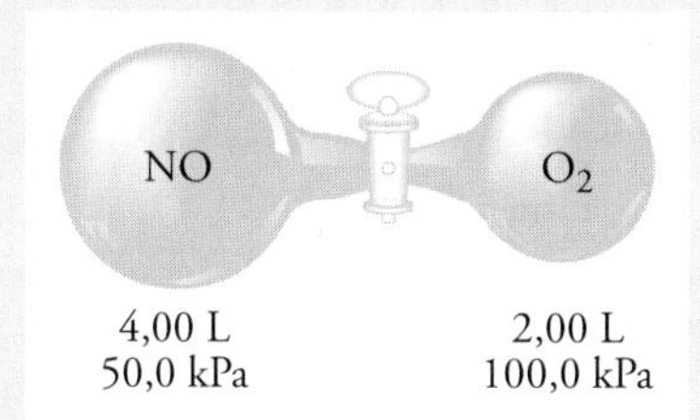

★4.62 L'appareil illustré ci-après sert à mesurer la vitesse des molécules et des atomes. Supposons qu'un faisceau d'atomes d'un métal est dirigé vers le cylindre tournant. Une petite ouverture dans le cylindre permet aux atomes de frapper une région cible de l'autre côté, à l'intérieur du cylindre. Du fait que le cylindre tourne, les atomes voyageant à différentes vitesses vont frapper la cible à différents endroits. Après un certain temps, on observera le dépôt d'une couche métallique sur la cible. La variation d'épaisseur de cette couche métallique correspondra à une distribution des vitesses semblable à celle d'une courbe de Maxwell. Au cours d'une expérience, on observe qu'à 850 °C, quelques atomes de bismuth (Bi) frappent la cible en un point situé à 2,80 cm du spot directement opposé à la fente. Le cylindre a un diamètre de 15,0 cm et tourne à 130 révolutions par seconde.

a) Calculez la vitesse en mètres par seconde (m/s) à laquelle la cible se déplace. (**Indice** : La circonférence d'un cercle est de $2\pi r$, où r est le rayon.)

b) Calculez le temps en secondes nécessaire pour que la cible se déplace de 2,80 cm.

c) Déterminez la vitesse des atomes de Bi. Comparez cette vitesse (votre réponse) avec la vitesse quadratique moyenne du Bi à 850 °C. Expliquez la différence.

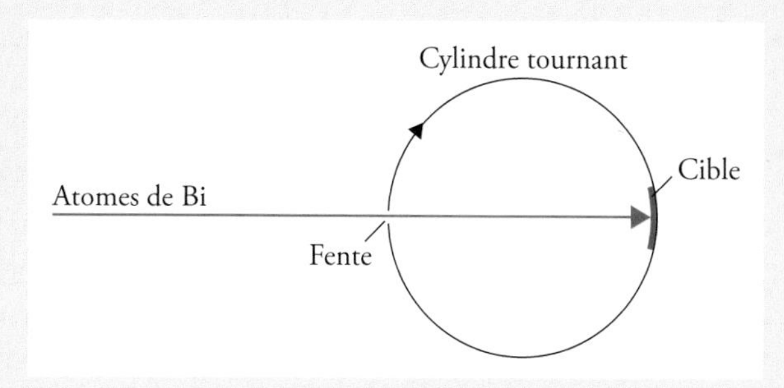

★4.63 Les oxydes acides tel le dioxyde de carbone réagissent avec les oxydes basiques comme l'oxyde de calcium (CaO) et l'oxyde de baryum (BaO) pour former des sels (des carbonates métalliques).

a) Écrivez les équations représentant ces deux réactions.

b) Une étudiante a placé un mélange de BaO et de CaO pesant au total 4,88 g dans un ballon de 1,46 L qui contient du dioxyde de carbone gazeux à 35 °C et à 746 mm Hg. Une fois les réactions terminées, elle a observé que la pression du CO_2 était descendue à 252 mm Hg. Calculez la composition du mélange (en pourcentage poids/poids).

★4.64 Le moteur d'automobile produit du monoxyde de carbone (CO), un gaz toxique, à un taux d'environ 188 g de CO par heure. Par une journée d'été, une automobile est stationnée dans un garage mal ventilé, et on démarre son moteur pour le laisser tourner au ralenti. Dans ces conditions, le moteur étant encore froid et l'oxygène, raréfié, le convertisseur catalytique qui sert normalement à transformer le CO en CO_2 est inefficace. La longueur, la largeur et la hauteur du garage sont respectivement de 6,0 m, de 4,0 m et de 2,2 m. **a)** Calculez la vitesse de production de CO en moles par minute. **b)** Combien de temps faudra-t-il pour obtenir une concentration létale de CO, soit 1000 ppmv (parties par million par volume) ?

★4.65 L'air qui pénètre dans les poumons aboutit dans de petits sacs appelés « alvéoles ». C'est à partir des alvéoles que l'oxygène diffuse dans le sang. Le rayon moyen d'un alvéole est de 0,0050 cm, et son air contient 14 % d'oxygène. En supposant que la pression alvéolaire est de 101,3 kPa et que la température est de 37 °C, calculez le nombre de molécules d'oxygène contenues dans un alvéole. (**Indice** : Le volume d'une sphère de rayon r est $4/3\pi r^3$.)

★4.66 On prétend que chaque inspiration que nous prenons (en moyenne) contient des molécules déjà exhalées par Wolfgang Amadeus Mozart (1756-1791). Les calculs suivants tendent à le prouver.

a) Calculez le nombre total de molécules contenues dans l'atmosphère sachant que la masse molaire de l'air est égale à 29,0 g/mol et que le rayon de la Terre est de $6,371 \times 10^8$ cm. (**Indice:** La masse d'une colonne d'air de section égale à 1,00 cm^2 est égale à 1,03 kg/cm^2 et la surface d'une sphère est égale à $4\pi r^2$, où r est le rayon de la sphère.)

b) En supposant que chaque bouffée d'air expiré ou inhalé a un volume de 500 mL, calculez le nombre de molécules dans ce volume à 37 °C, soit la température du corps humain.

c) En supposant que Mozart a vécu durant exactement 35 ans, quel nombre de molécules a-t-il exhalées pendant toute sa vie? (On suppose qu'une personne prend en moyenne 12 respirations par minute.)

d) Calculez la fraction des molécules de l'atmosphère qui ont été respirées par Mozart. Combien de ces molécules déjà respirées par Mozart inhalons-nous à chaque respiration? (Arrondissez la réponse à un chiffre significatif.)

e) Faites trois suppositions importantes pour rendre ces calculs valables.

★4.67 D'après vos connaissances sur la théorie cinétique des gaz, déduisez la loi de Graham concernant la diffusion gazeuse.

★4.68 Un échantillon de 4,00 g de FeS qui contient des impuretés non soufrées réagit avec du HCl pour produire 896 mL de H_2S à 14 °C et 782 mm Hg. Calculez le pourcentage de pureté de l'échantillon.

★4.69 Le dioxyde d'azote (NO_2) ne peut être obtenu à l'état pur en phase gazeuse, car il se transforme spontanément en un mélange de NO_2 et de N_2O_4. À 25 °C et sous une pression de 99 kPa, la masse volumique du mélange des deux gaz est de 2,7 g/L. Quelle est la pression partielle de chacun des gaz?

PROBLÈMES SPÉCIAUX

4.70 Appliquez vos connaissances sur la théorie cinétique des gaz aux situations suivantes.

a) Peut-on parler de la température d'une seule molécule?

b) Deux ballons de volumes V_1 et V_2 ($V_2 > V_1$) contiennent le même nombre d'atomes d'hélium (He) à la même température. Comparez: **i)** les vitesses quadratiques moyennes et les énergies cinétiques des atomes d'hélium contenus dans les ballons; **ii)** la fréquence des collisions et la force avec laquelle les atomes d'hélium frappent les parois dans chacun des contenants.

c) Des nombres égaux d'atomes de He sont placés dans deux ballons de volumes égaux à des températures T_1 et T_2 ($T_2 > T_1$). Comparez: **i)** les vitesses quadratiques moyennes des atomes dans les deux ballons; **ii)** la fréquence des collisions et la force avec laquelle les atomes d'hélium frappent les parois dans chacun des contenants.

d) Des nombres égaux d'atomes d'hélium (He) et de néon (Ne) sont placés dans deux ballons de volumes égaux et à 74 °C. Déterminez si les affirmations suivantes sont vraies et justifiez vos réponses: **i)** la vitesse quadratique moyenne des atomes de He est égale à celle des atomes de Ne; **ii)** les énergies cinétiques moyennes des deux gaz sont égales; **iii)** la vitesse quadratique moyenne de chaque atome d'hélium est de $1,47 \times 10^3$ m/s.

4.71 Répondez aux questions suivantes qui portent sur la **FIGURE 4.18** (*voir p. 169*). **a)** Comment expliquez-vous les portions descendantes et montantes des courbes? **b)** Pourquoi ces courbes convergent-elles toutes vers 1 pour des valeurs de P très petites? **c)** Quelle interprétation faut-il donner aux intersections de certaines courbes avec la droite horizontale des gaz parfaits? Peut-on dire qu'un gaz a un comportement idéal en son point d'intersection avec cette droite?

4.72 Aux **FIGURES 4.13** et **4.14** (*voir p. 163 et 164*), vous pouvez voir une valeur maximale sur le tracé de chacune des courbes de distribution. Cette valeur maximale s'appelle la «vitesse la plus probable (v_{pb})», car il s'agit ici de la vitesse possédée par le plus grand nombre de molécules; on sait que $v_{pb} = \sqrt{2RT/\mathcal{M}}$.

a) Comparez la vitesse la plus probable de l'azote à 25 °C à sa vitesse quadratique moyenne.

b) Voici deux courbes de distribution de Maxwell dans le cas d'un gaz parfait à deux températures différentes T_1 et T_2. Calculez la valeur de T_2.

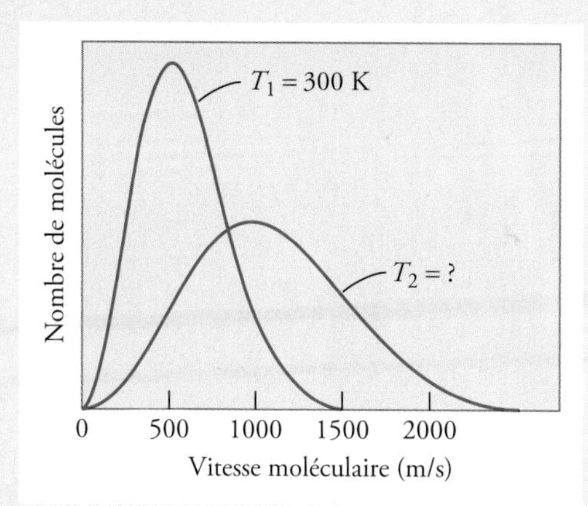

4.73 Une façon de comprendre la signification de la constante b d'un gaz réel dans l'équation de Van der Waals consiste à calculer le « volume exclu ». Supposons que la distance d'approche minimale entre deux atomes identiques correspond à la somme de leur rayon ($2r$). **a)** Calculez le volume autour de chaque atome dans lequel le centre d'un autre atome ne pourrait pas pénétrer. **b)** À partir du résultat obtenu en a), calculez le volume exclu pour une mole d'atomes, c'est-à-dire la valeur de la constante b. Comment ce volume se compare-t-il avec la somme des volumes pour une mole d'atomes ?

4.74 Une réaction en phase gazeuse a lieu à volume et à pression constants dans le cylindre illustré ci-après. Parmi les équations suivantes, laquelle décrit le mieux la réaction ? Considérez que la température initiale (T_1) vaut deux fois la température finale (T_2).

a) $A + B \longrightarrow C$

b) $AB \longrightarrow C + D$

c) $A + B \longrightarrow C + D$

d) $A + B \longrightarrow 2C + D$

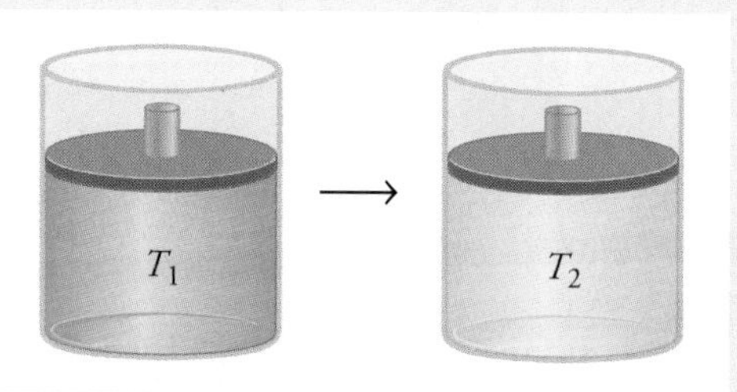

4.75 À une certaine température, la pression totale d'un mélange gazeux de méthane (CH_4), d'éthane (C_2H_6) et de propane (C_3H_8) est de 456 kPa. Calculez les pressions partielles de chacun des gaz sachant que le spectre de masse du mélange est le suivant :

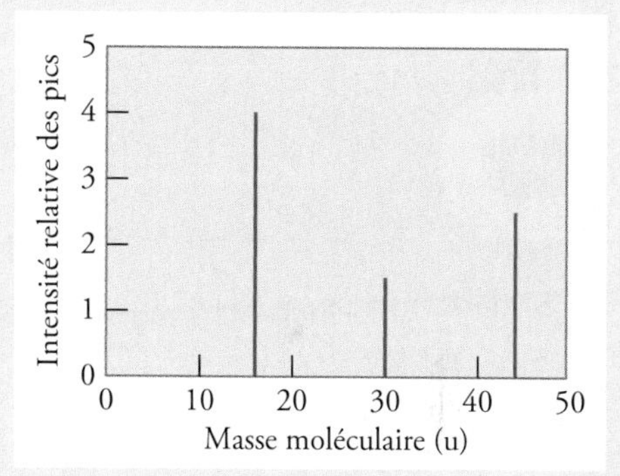

4.76 Lequel des échantillons suivants a la masse la plus élevée : un échantillon d'air de volume V à une certaine température T et à une certaine pression P, ou le même échantillon d'air additionné d'eau dans un même volume et dans les mêmes conditions de température et de pression ?

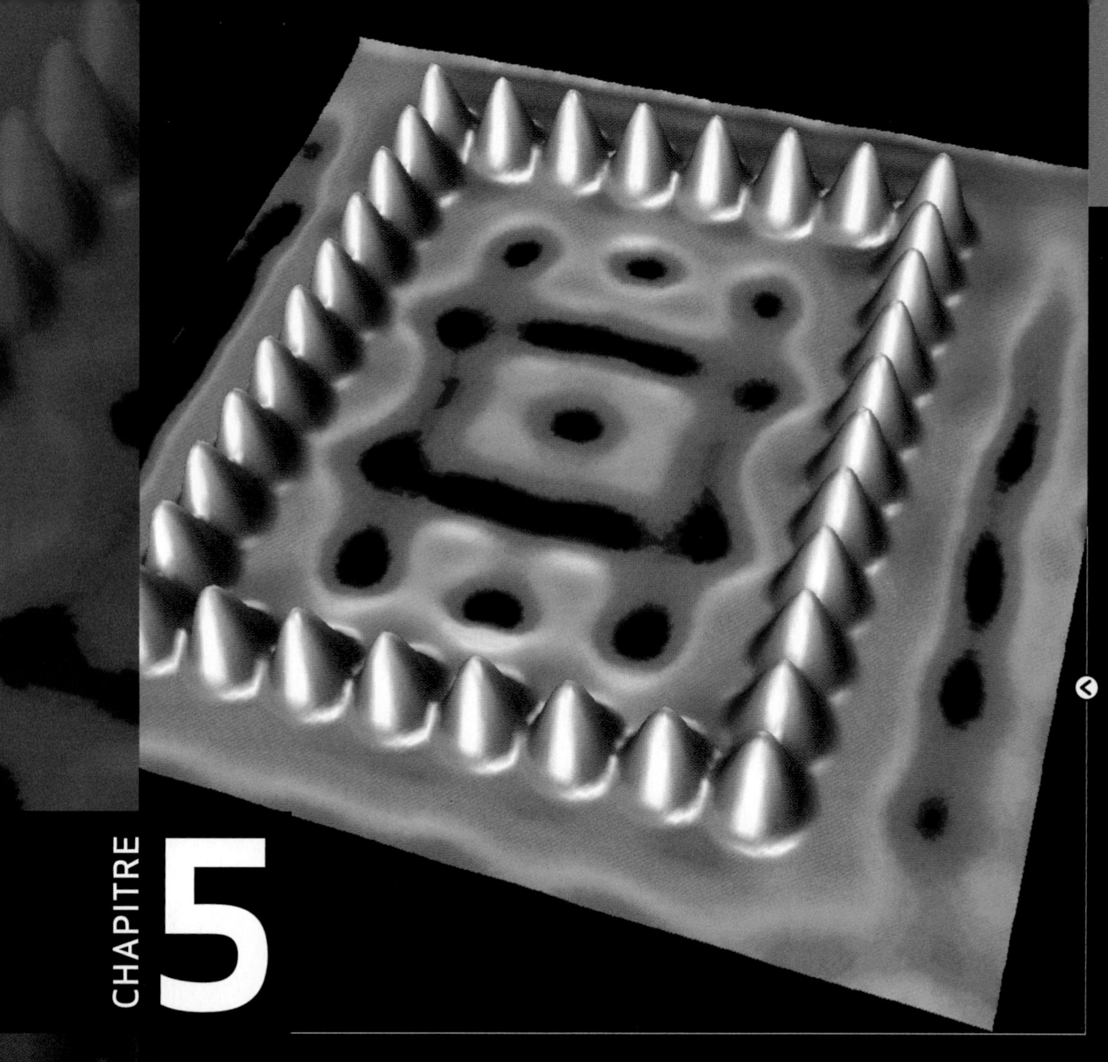

Des atomes de fer sur une surface de cuivre forment un corral quantique qui permet d'observer les propriétés ondulatoires de l'électron.

CHAPITRE 5

La structure électronique des atomes

La théorie quantique permet de prédire et de comprendre le rôle clé que jouent les électrons dans les réactions chimiques. Leur nombre, leur énergie et leur position fournissent en effet beaucoup d'information sur le comportement des substances chimiques. Ce chapitre porte donc sur les électrons et les notions qui ont permis de comprendre leur comportement.

PLAN DE CHAPITRE

OBJECTIFS D'APPRENTISSAGE

- Décrire le comportement de la lumière ;
- Expliquer l'effet photoélectrique ;
- Interpréter le spectre de l'hydrogène à partir du modèle de Bohr ;
- Comprendre la notion de série dans le spectre de l'atome d'hydrogène ;
- Calculer la fréquence, la longueur d'onde, l'énergie absorbée ou émise, l'énergie de l'électron et le niveau de l'orbite de Bohr pour une transition associée à l'atome d'hydrogène ;
- Comprendre l'évolution des idées qui ont mené à la compréhension actuelle de la structure de l'atome ;
- Décrire les principes de la mécanique quantique ;
- Définir les quatre nombres quantiques associés à un électron dans une orbitale, leur signification et leurs valeurs permises ;
- Employer les symboles des différentes orbitales et des différents états quantiques possibles d'un électron en fonction de contraintes données ;
- Connaître la forme générale des orbitales s, p, d et f ;
- Prévoir l'influence du numéro atomique sur l'énergie de l'électron et sur la taille des orbitales.

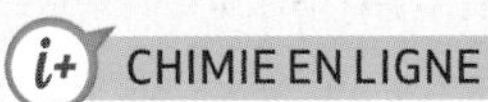

Animation
- Les spectres d'émission (5.2)

CAPSULE D'INFORMATION

La couleur rouge de la nébuleuse de la Rosette provient des fortes raies du spectre d'émission de son hydrogène gazeux.

La composition des étoiles révélée par leur lumière

On entend souvent dire qu'une étoile, par exemple le Soleil, contient tel ou tel élément. Sur quoi se base-t-on pour faire de telles affirmations?

En 1814, l'opticien allemand Joseph Fraunhofer étudia attentivement le spectre de couleurs émis par le Soleil et y observa 324 lignes sombres. Puisque chacune des couleurs du spectre continu correspond à des longueurs d'onde particulières, ces lignes sombres devaient correspondre à des ondes de longueurs données absorbées avant que la lumière du Soleil atteigne la Terre; c'est pourquoi de telles lignes ont été appelées «raies d'absorption».

On sait maintenant que les «lignes de Fraunhofer» résultent du fait qu'une partie du rayonnement solaire est absorbée par les atomes de gaz à travers lesquels il passe. Puisque les atomes d'éléments différents ont une structure électronique différente, chaque élément a un spectre distinct constitué de lumière émise ou absorbée de longueurs d'onde caractéristiques. Un peu à la manière dont les empreintes digitales servent à l'identification des gens, les raies spectrales permettent aux scientifiques de déterminer la composition des corps célestes comme le Soleil, ainsi que les gaz responsables des raies sombres de Fraunhofer. L'hélium fut même identifié dans le spectre solaire avant d'être découvert sur Terre. En 1868, le physicien français Pierre Janssen y détecta une raie sombre qu'il ne pouvait associer à aucun élément connu. On nomma ce nouvel élément «hélium», du mot grec *helios*, qui signifie «soleil»; ce gaz ne fut découvert sur Terre que 27 ans plus tard.

Ce timbre montre un dessin réalisé par Fraunhofer en 1814 qui représente les raies sombres d'absorption dans le spectre d'émission solaire. La courbe au-dessus du spectre montre l'intensité des radiations solaires selon les régions du spectre.

5.1 De la physique classique à la théorie des quanta

Max Planck (1858-1947)

Les résultats des premières recherches portant sur les atomes et les molécules étaient limités et insatisfaisants pour les scientifiques. En supposant que les molécules se comportent comme des balles élastiques, les physiciens pouvaient prédire et expliquer certains phénomènes au niveau macroscopique, comme la pression exercée par un gaz. Cependant, leur modèle n'expliquait pas la stabilité des molécules: autrement dit, il ne pouvait pas expliquer comment les atomes étaient maintenus ensemble. Il fallut beaucoup de temps pour comprendre (et encore plus de temps pour accepter) que les propriétés des atomes et des molécules ne s'expliquent pas par les mêmes lois que celles qui régissent les objets de plus grandes masses.

L'année 1900 marqua le début d'une nouvelle ère en physique, grâce à Max Planck, un physicien allemand. En analysant le rayonnement émis par des solides chauffés à différentes températures (solides incandescents), Planck découvrit que les atomes et les molécules émettent de l'énergie uniquement par multiples entiers d'une quantité minimale d'énergie appelée «quantum». Sa théorie, dite «théorie des quanta», bouleversa les lois de la physique de l'époque, selon lesquelles toute forme d'énergie était continue, c'est-à-dire, entre autres, que n'importe quelle quantité d'énergie pouvait être libérée au cours d'un rayonnement. En fait, la théorie quantique de Planck et les recherches qui suivirent transformèrent de fond en comble la conception qu'on se faisait de la nature de la lumière.

NOTE

Le pluriel de « quantum » (mot d'origine latine) est « quanta ».

Pour comprendre la théorie des quanta, il faut d'abord se familiariser avec la nature des ondes.

On peut définir une **onde** comme une vibration temporaire par laquelle l'énergie est transmise. La vitesse d'une onde dépend du type d'onde et de la nature du milieu dans lequel elle se déplace (par exemple dans l'air, dans l'eau ou dans le vide). On appelle **longueur d'onde (λ**; lambda) la distance entre deux points identiques situés sur deux ondes successives. La **fréquence (ν**; nu) est le nombre d'ondes qui passent en un point donné par seconde. L'**amplitude** est la distance entre la ligne médiane de l'onde et la crête ou entre la médiane et le creux (*voir la* **FIGURE 5.1A**). La **FIGURE 5.1B** montre deux ondes de même amplitude, mais de longueurs et de fréquences différentes.

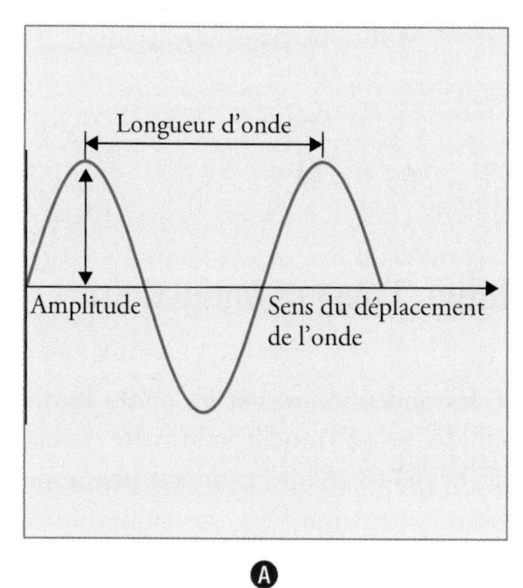

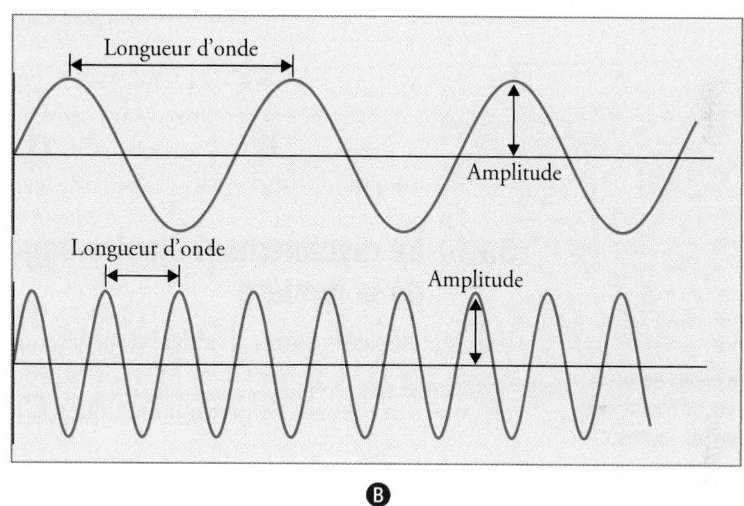

A B

FIGURE 5.1

Caractéristiques d'une onde

A Longueur d'onde et amplitude.

B Deux ondes dont les longueurs et les fréquences sont différentes. La longueur de l'onde supérieure vaut trois fois celle de l'onde inférieure, mais sa fréquence ne représente que le tiers de celle de l'onde inférieure. Les deux ondes ont la même amplitude.

Une autre propriété importante d'une onde est sa vitesse de propagation, v_p. Cette vitesse dépend à la fois du type d'onde et de la nature du milieu dans lequel elle se déplace (par exemple dans l'air, dans l'eau ou dans le vide). La vitesse (v_p) d'une onde est égale au produit de sa longueur d'onde et de sa fréquence :

$$v_p = \lambda\nu \tag{5.1}$$

Comportement ondulatoire des vagues

On saisit le bien-fondé de cette équation quand on analyse les dimensions physiques de ces trois termes. La longueur d'onde (λ) exprime la distance que couvre chaque onde ou la distance par onde. La fréquence (ν) indique le nombre d'ondes qui passent en un point donné par unité de temps ou les ondes divisées par le temps. Donc, les unités du produit de ces deux grandeurs sont la distance divisée par le temps, c'est-à-dire les unités de la vitesse :

$$\frac{\text{distance}}{\text{temps}} = \frac{\text{distance}}{\text{onde}} \times \frac{\text{onde}}{\text{temps}}$$

$$v_p = \lambda \times \nu$$

L'unité exprimant la fréquence est le hertz (Hz), et:

$$1 \text{ Hz} = 1 \text{ cycle/s}$$

On peut omettre le mot «cycle» dans l'expression de la fréquence et dire, par exemple, 25/s (c'est-à-dire 25 par seconde ou 25 s^{-1}).

RÉVISION DES CONCEPTS

Laquelle des ondes suivantes possède: **a)** la fréquence la plus élevée? **b)** la longueur d'onde la plus longue? **c)** l'amplitude la plus grande?

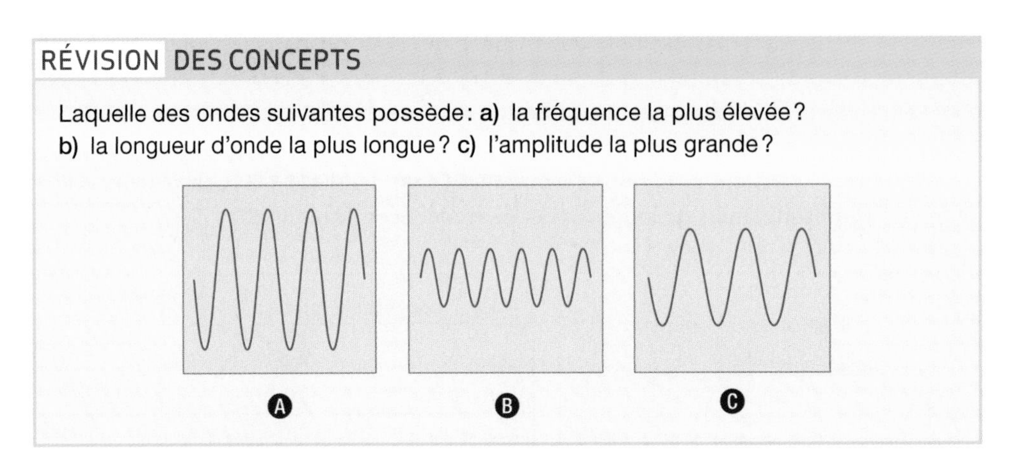

5.1.1 Le rayonnement électromagnétique: l'aspect ondulatoire de la lumière

NOTE
Les vagues et les ondes sonores ne sont pas des ondes électromagnétiques, mais les rayons X et les ondes radio en sont.

Il existe plusieurs sortes d'ondes, dont les vagues, les ondes sonores et les ondes lumineuses. En 1873, James Clark Maxwell a proposé l'idée selon laquelle la lumière visible est constituée d'ondes électromagnétiques. Une **onde électromagnétique** est une onde qui vibre selon deux composantes: une composante électrique et une composante magnétique. Ces deux composantes ont la même longueur d'onde et la même fréquence, mais elles se déplacent dans des plans perpendiculaires (*voir la* **FIGURE 5.2**). La grande importance de la théorie de Maxwell repose surtout sur le fait qu'elle constitue une description mathématique du comportement de la lumière. Entre autres, son modèle décrit précisément comment l'énergie radiante peut se propager dans l'espace comme des champs vibrants à la fois électriques et magnétiques. Un **rayonnement électromagnétique** (appelé aussi «rayon lumineux») est une émission et une transmission d'énergie sous forme d'ondes électromagnétiques.

NOTE
Vitesse de la lumière dans le vide: $3{,}00 \times 10^8$ m/s. Cette vitesse change selon le milieu, mais ce changement est négligeable dans la plupart des calculs.

Puisque toutes les ondes lumineuses se propagent dans le vide à la vitesse de la lumière, c, l'équation 5.1 devient:

$$c = \lambda \nu \qquad (5.2)$$

La longueur d'onde et la fréquence sont donc inversement proportionnelles: la longueur d'onde diminue lorsque la fréquence augmente et inversement.

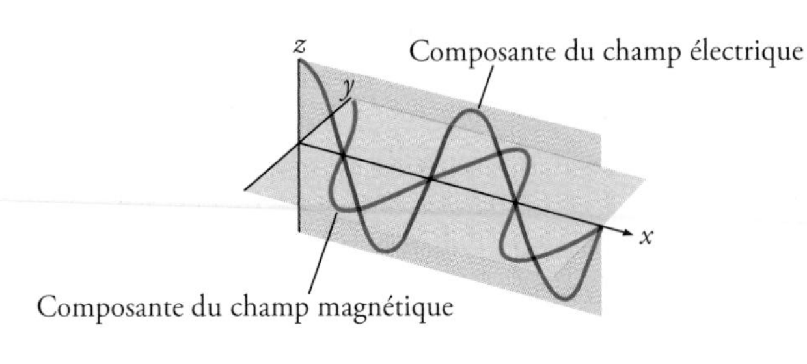

FIGURE 5.2

Propagation d'une onde électromagnétique

Une onde électromagnétique se propage selon une composante de champ électrique et une autre composante de champ magnétique, lesquelles sont dans des plans perpendiculaires.

EXEMPLE 5.1 Le calcul de la fréquence d'une onde

La longueur d'onde du vert d'un feu de circulation (ampoule DEL ou diode électroluminescente) est pratiquement monochromatique, c'est-à-dire qu'elle est constituée d'une seule longueur d'onde dont la valeur est de 522 nm. Déterminez la fréquence de ce rayonnement.

DÉMARCHE

On connaît la longueur d'onde et on doit calculer la fréquence. L'équation 5.2 permet de faire une telle conversion.

SOLUTION

Il faut dans un premier temps **convertir les nanomètres en mètres** puisque la vitesse de la lumière est exprimée en mètres par seconde. (Selon le **TABLEAU 1.4** (*voir p. 15*), $1 \text{ nm} = 1 \times 10^{-9}$ m.)

$$? \text{ m} = 522 \text{ nm} \times \left(\frac{1 \times 10^{-9} \text{ m}}{1 \text{ nm}} \right) = 522 \times 10^{-9} \text{ m}$$

$$\nu = \frac{c}{\lambda} = \frac{3{,}00 \times 10^{8} \text{ m} \cdot \text{s}^{-1}}{522 \times 10^{-9} \text{ m}}$$

$$= 5{,}75 \times 10^{14} \text{ s}^{-1} \text{ ou Hz}$$

VÉRIFICATION

La réponse indique que $5{,}75 \times 10^{14}$ ondes (vibrations) passent par un point fixe chaque seconde. Cette très haute fréquence correspond au fait que la vitesse de la lumière est très grande.

EXERCICE E5.1

Quelle est la longueur (en mètres) d'une onde électromagnétique dont la fréquence est de $3{,}64 \times 10^{7}$ Hz?

Problème semblable ⊕
5.1

Les ondes électromagnétiques se distinguent par leur longueur d'onde et leur fréquence. La gamme des fréquences possibles pour une radiation électromagnétique est extrêmement vaste. Elles vont des ondes radio, qui ont des fréquences extrêmement basses, soit environ 10 Hz, jusqu'aux rayons gamma (γ) (produits par la désintégration de substances radioactives, comme l'indique le chapitre 2), qui ont des fréquences très élevées, soit environ 10^{24} Hz.

Cette gamme étendue de fréquences et de longueurs d'onde possibles pour un rayonnement électromagnétique constitue le **spectre électromagnétique**, qui est généralement divisé en régions (ou domaines), dont les frontières sont plus ou moins bien définies (*voir la* **FIGURE 5.3**, *page suivante*). Fait important à noter, la proportion du spectre électromagnétique que l'on peut percevoir à l'œil nu est minime : il s'agit du domaine du visible et il ne représente qu'une infime partie du spectre électromagnétique (moins d'un trilliardième de pour cent). Les couleurs extrêmes du domaine du visible sont la lumière violette (~400 nm), d'une part, et la lumière rouge (~700 nm), d'autre part.

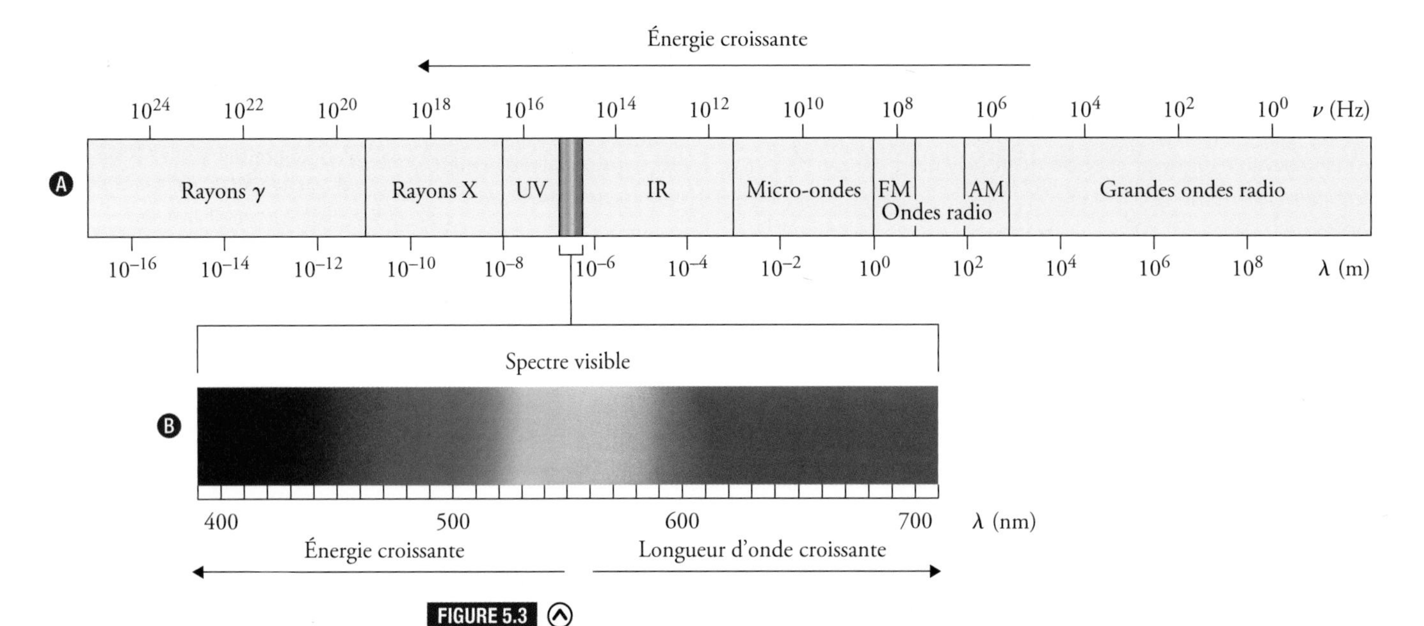

FIGURE 5.3

Types de rayonnements électromagnétiques

A Les rayons gamma (γ) ont les longueurs d'onde les plus courtes, et leurs fréquences sont les plus élevées. Les ondes radio sont les plus longues, et leurs fréquences sont les plus basses. Chaque type de rayonnement se situe dans une région précise de longueurs d'onde (et de fréquences).

B La région visible s'étend de 400 nm (violet) à 700 nm (rouge). De tous les types de rayonnements, seuls ceux de la région du visible sont perceptibles par l'œil humain.

Toutes les radiations électromagnétiques transportent une quantité plus ou moins importante d'énergie. En général, plus la fréquence est élevée, plus la radiation transporte une grande quantité d'énergie. Voilà pourquoi on a besoin d'une protection plus puissante pour prendre une radiographie dentaire que pour écouter la radio. Ce point sera traité plus loin.

La superposition de toutes les longueurs d'onde (ou fréquences) du domaine du visible constitue ce qu'on appelle la **lumière blanche**. Lorsque la lumière passe d'un milieu à un autre, elle subit une déviation causée par le phénomène de la réfraction. Cette déviation est d'autant plus accentuée que la fréquence de la radiation est élevée et, donc, que sa longueur d'onde est faible. Cela a pour effet que, lorsque la lumière blanche passe à travers un prisme (changement de milieu), elle se décompose, produisant le spectre de la lumière blanche ou spectre du visible (*voir la* **FIGURE 5.4**). Ce phénomène de réfraction est à l'origine des lentilles et de la formation des arcs-en-ciel. Lorsque la lumière blanche rencontre des gouttelettes d'eau, la lumière du Soleil est décomposée, d'où l'apparition d'un arc-en-ciel.

Le spectre de la lumière blanche est dit « continu », puisque chaque couleur succède graduellement à la précédente sans interruption, et « polychromatique », puisqu'il est constitué de plusieurs longueurs d'onde (une radiation constituée d'une seule longueur d'onde, comme pour les lasers, est dite « monochromatique »).

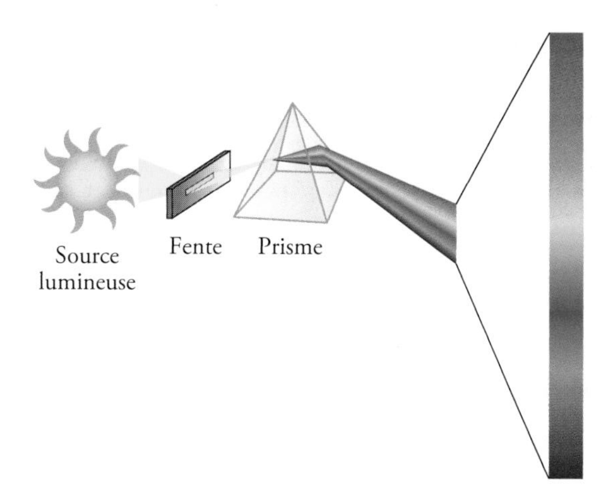

FIGURE 5.4

Spectre de la lumière blanche

Lorsque la lumière blanche est dispersée à la suite d'une réfraction, on obtient le spectre de la lumière blanche, un spectre continu.

RÉVISION DES CONCEPTS

Pourquoi les rayons ultraviolets changent-ils la couleur de la peau (bronzage), alors que les rayons du domaine de l'infrarouge ou du visible ne le font pas?

QUESTIONS de révision

1. Quelle est la vitesse de la lumière et par quel symbole la désigne-t-on?
2. De quelle sorte d'onde la lumière est-elle constituée?
3. Nommez trois caractéristiques d'une onde.
4. Quelles sont les deux composantes d'une onde électromagnétique?
5. Que représente la fréquence d'une onde?
6. Énumérez quelques types de rayonnements électromagnétiques, en commençant par ceux dont les longueurs d'onde sont les plus élevées.
7. Entre quelles valeurs approximatives de longueurs d'onde s'étend la région du visible?
8. Dans le spectre de la lumière blanche, quelle est la couleur des ondes les moins réfractées?
9. Quelle est la couleur des radiations visibles ayant les fréquences les plus élevées?
10. Comment appelle-t-on une radiation constituée de plusieurs fréquences?

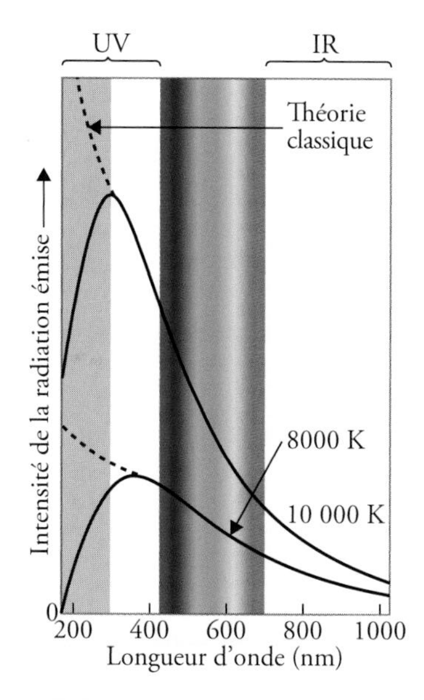

FIGURE 5.5

Spectre d'émission d'un solide incandescent

Plutôt que d'augmenter indéfiniment avec la diminution de la longueur d'onde, comme le prédisait la théorie classique (en pointillés), les courbes représentant l'intensité du rayonnement émis par un corps incandescent en fonction de la longueur d'onde présentent un maximum et une baisse de l'intensité des radiations dans l'ultraviolet.

5.1.2 La théorie des quanta

Lorsque chauffé, un solide peut émettre un rayonnement constitué de différentes couleurs. La lumière rouge de l'élément tubulaire d'une cuisinière et la lumière blanche brillante d'une ampoule au tungstène en sont des exemples.

À la fin du XIXe siècle, des données expérimentales montrèrent que l'intensité de l'énergie émise par un solide incandescent à une température donnée dépend de la longueur d'onde (*voir la* **FIGURE 5.5**). Les tentatives d'explication de cette relation d'après la théorie ondulatoire de l'époque et les lois de la thermodynamique ne connurent alors qu'un succès partiel: en effet, selon la théorie classique du rayonnement, l'intensité du rayonnement émis devrait être proportionnelle à la température. Cette théorie du rayonnement fonctionne bien pour les émissions de longueurs d'onde relativement élevées (*voir les pointillés sur la* **FIGURE 5.5**), mais pas pour les longueurs d'onde plus courtes. En effet, selon la théorie classique, un simple feu de cheminée pourrait émettre des rayons gamma. Cet échec dans la région des courtes longueurs d'onde est appelé «catastrophe de l'ultraviolet».

NOTE

Un solide incandescent est un solide qu'une température élevée rend lumineux.

En 1900, Planck résolut le problème en proposant une hypothèse qui s'écartait radicalement des concepts acceptés jusqu'alors. La physique classique supposait que les atomes et les molécules pouvaient émettre (ou absorber) n'importe quelle quantité d'énergie lumineuse. Planck, au contraire, affirma que ces radiations ne peuvent être émises (ou absorbées) qu'en des quantités discrètes (en petits paquets) et que leurs énergies sont proportionnelles à leur fréquence. Il donna le nom de **quantum** à la plus petite quantité d'énergie pouvant être émise (ou absorbée) sous forme de rayonnement électromagnétique. L'énergie (E) d'un simple quantum est donnée par:

> **NOTE**
> En fait, le quantum est l'énergie attribuée à un seul photon, comme il est expliqué à la section suivante.

$$E = h\nu \qquad (5.3)$$

> **NOTE**
> On peut arrondir la constante de Planck à la valeur $6{,}63 \times 10^{-34}$ J · s sans nuire à la précision de la plupart des calculs.

où h est la constante de Planck et ν, la fréquence du rayonnement. La valeur de la constante de Planck est $6{,}626\,0693 \times 10^{-34}$ J · s. Étant donné que $\nu = \frac{c}{\lambda}$, l'équation 5.3 peut aussi s'écrire sous la forme:

$$E = h\frac{c}{\lambda} \qquad (5.4)$$

Selon la théorie des quanta de Planck, la quantité d'énergie émise est donc toujours représentée par un multiple entier de $h\nu$, par exemple $1h\nu$, $2h\nu$, ... Elle n'équivaut jamais, par exemple, à $1{,}67h\nu$ ou à $4{,}98h\nu$. Quand Planck présenta sa théorie, il ne pouvait cependant pas expliquer pourquoi l'énergie était quantifiée de cette manière (c'est-à-dire pourquoi elle ne prenait que certaines valeurs correspondant à des multiples entiers du quantum). Partant de cette hypothèse, il n'eut toutefois aucune difficulté à reconstituer, pour toutes les longueurs d'onde, le spectre d'émission expérimental des solides incandescents; toutes ces données pouvaient s'expliquer par la théorie des quanta.

L'idée de la quantification de l'énergie peut d'abord sembler étrange, mais il est possible de trouver des analogies qui aident à comprendre ce phénomène. Par exemple, une charge électrique est quantifiée: elle ne peut être qu'un multiple entier de e^-, la charge d'un électron. La matière elle-même est quantifiée: les nombres d'électrons, de protons, de neutrons et le nombre d'atomes dans un échantillon d'une substance doivent aussi être entiers. Même certains processus survenant chez les êtres vivants sont quantifiés: les œufs pondus par les poules sont quantifiés, les chattes donnent naissance à un nombre entier de chatons, etc.

QUESTIONS de révision

11. Décrivez la catastrophe de l'ultraviolet.
12. Expliquez brièvement la théorie des quanta de Planck.
13. Quelles unités utilise-t-on pour exprimer la constante de Planck? Donnez deux exemples de la vie courante qui illustrent le concept de la quantification.

Albert Einstein (1879-1955)

5.1.3 L'effet photoélectrique: l'aspect corpusculaire de la lumière

La théorie de Planck prit tout son sens lorsque, en 1905, Einstein l'utilisa pour expliquer l'effet photoélectrique (observé par Hertz en 1888), qui demeurait un autre mystère de la physique de l'époque. L'**effet photoélectrique** est un phénomène au cours duquel des électrons sont éjectés de la surface d'un métal sous l'action d'un faisceau lumineux (*voir la* **FIGURE 5.6A**). Cependant, l'éjection d'électrons n'est observée que lorsque la fréquence du faisceau lumineux dépasse une certaine valeur (fréquence seuil), et cette fréquence varie en fonction de la nature de l'élément métallique. Un faisceau lumineux de fréquence inférieure à la fréquence seuil, aussi intense soit-il, ne produira aucun effet (*voir la* **FIGURE 5.6B**). Selon la théorie ondulatoire de la lumière, l'énergie cinétique des électrons qui quittent le métal devrait augmenter avec l'intensité du faisceau. Or, l'énergie des électrons dépend plutôt de la fréquence du faisceau lumineux. Selon cette même théorie, le nombre d'électrons éjectés devrait augmenter avec la fréquence de la radiation, mais il augmente plutôt avec son intensité. Ces observations amenèrent Einstein à proposer une hypothèse selon laquelle la lumière est constituée d'un flux de particules, des particules de lumière qui furent nommées **photons**. La théorie d'Einstein fournit donc une interprétation de celle de Planck, qui proposait que l'énergie varie par paquets. Ces paquets sont en fait des photons et on peut déterminer l'énergie d'un photon (E_{photon}) à l'aide de l'équation de Planck, $E_{\text{photon}} = h\nu$, où ν est la fréquence de la lumière.

NOTE
Cette équation a la même forme que l'équation 5.3 parce que, comme il en sera question un peu plus loin, la radiation électromagnétique est à la fois émise et absorbée sous forme de photons.

Cette théorie décrivant la lumière comme des particules permet donc d'expliquer l'effet photoélectrique : lorsqu'un photon entre en collision avec un atome métallique, il peut transférer son énergie à un électron de l'atome, qui sera excité. Si l'énergie est suffisante, d'où la fréquence de seuil nécessaire, l'électron sera éjecté de l'atome et passera outre l'attraction du noyau : son énergie sera d'autant plus grande que la fréquence du flux lumineux (l'énergie des photons) est importante. Le nombre d'atomes dont l'électron sera éjecté augmente avec l'intensité du faisceau parce qu'un rayonnement plus intense transporte plus de photons.

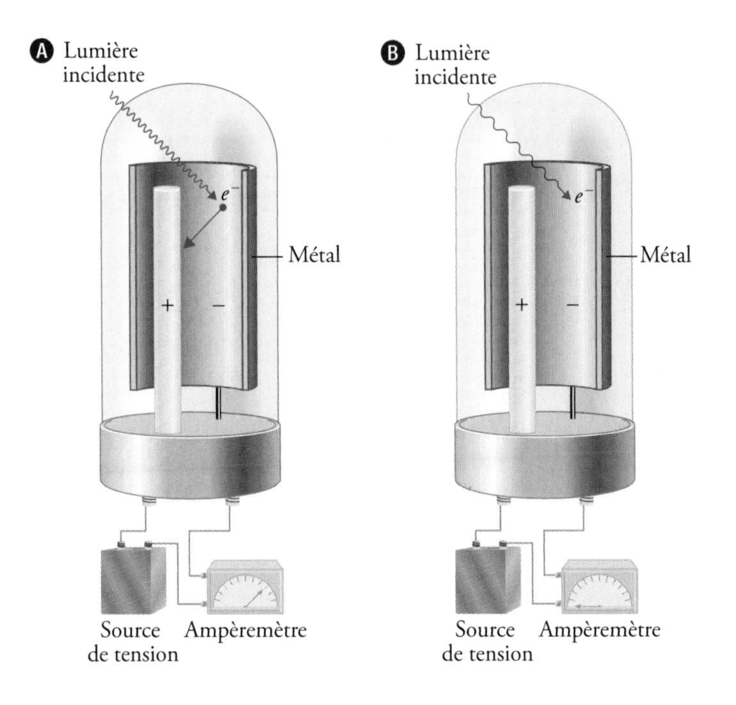

FIGURE 5.6
Effet photoélectrique
A Lorsqu'un métal est soumis à l'action d'une radiation dont la fréquence est supérieure à la fréquence seuil, les électrons sont éjectés de la surface métallique. Le courant est indiqué par un ampèremètre.
B Lorsque la fréquence de la radiation est inférieure à la fréquence seuil, aucun courant électrique n'est mesuré.

Si la fréquence de la lumière est plus élevée, c'est-à-dire qu'elle dépasse le seuil caractéristique du métal, non seulement des électrons seront délogés, mais ils acquerront de l'énergie cinétique (énergie du mouvement). Ce phénomène est représenté par l'équation :

$$h\nu = E_c + E_L \tag{5.5}$$

où E_c est l'énergie cinétique d'un électron éjecté et E_L est l'énergie de liaison de l'électron dans le métal. On peut reformuler cette équation de la manière suivante :

$$E_c = h\nu - E_L$$

Cela démontre que plus le photon qui irradie le métal est énergétique, plus l'énergie cinétique de l'électron éjecté est élevée.

Soit deux faisceaux de lumière ayant la même fréquence (supérieure au seuil de fréquence), mais des intensités différentes. Le faisceau de plus grande intensité contient plus de photons; par conséquent, il éjectera plus d'électrons de la surface du métal que le faisceau d'intensité plus faible. Ainsi, plus la lumière est intense, plus le nombre d'électrons libérés par le métal est élevé. De même, plus la fréquence de la lumière est élevée, plus l'énergie cinétique des électrons éjectés est grande.

EXEMPLE 5.2 Le calcul de l'énergie d'un photon

Calculez l'énergie (en joules): **a)** d'un photon d'une longueur d'onde de $5{,}00 \times 10^4$ nm (rayon infrarouge); **b)** d'un photon d'une longueur d'onde de $5{,}00 \times 10^{-2}$ nm (rayon X).

DÉMARCHE

En a) et en b), on donne la longueur d'onde du photon et on demande de calculer son énergie. Il faut utiliser l'équation $E = \frac{hc}{\lambda}$ (équation 5.4) pour calculer l'énergie. La valeur de la constante de Planck est de $6{,}63 \times 10^{-34}$ J · s.

SOLUTION

a) D'après l'équation 5.4:

$$E = h\frac{c}{\lambda}$$

$$= \frac{(6{,}63 \times 10^{-34}\ \text{J} \cdot \text{s})(3{,}00 \times 10^8\ \text{m/s})}{(5{,}00 \times 10^4\ \text{nm})\left(\frac{1 \times 10^{-9}\ \text{m}}{1\ \text{nm}}\right)}$$

$$= 3{,}98 \times 10^{-21}\ \text{J}$$

Un seul photon d'une longueur d'onde de $5{,}00 \times 10^4$ nm possède cette énergie.

b) En suivant la méthode utilisée en a), nous pouvons démontrer que l'énergie d'un photon d'une longueur d'onde de $5{,}00 \times 10^{-2}$ nm est de $3{,}98 \times 10^{-15}$ J.

VÉRIFICATION

Étant donné que l'énergie d'un photon s'accroît si la longueur d'onde décroît, nous constatons qu'un photon d'un rayon X est un million de fois (1×10^6) plus énergétique qu'un photon d'un rayon infrarouge.

NOTE

C'est pour son explication de l'effet photoélectrique qu'Einstein obtint le prix Nobel de physique en 1921, et non pour la théorie de la relativité, comme on pourrait le penser.

EXERCICE E5.2

L'énergie d'un photon est de $5{,}87 \times 10^{-20}$ J. Quelle est sa longueur d'onde (en nanomètres)?

Problème semblable 5.4

Cette théorie décrivant la lumière comme des particules, telle qu'élaborée par Einstein, posa un problème aux scientifiques. D'une part, elle expliquait de façon satisfaisante l'effet photoélectrique, mais, d'autre part, elle ne parvenait pas à fournir d'explications pour d'autres phénomènes, dont l'interférence. Jusqu'à maintenant, la seule explication logique pour décrire les phénomènes d'interférence demeure la superposition d'ondes: la nature ondulatoire de la lumière joue donc aussi un rôle. L'équation de Planck relie d'ailleurs les deux aspects de la lumière: l'énergie d'un photon est proportionnelle à la fréquence de l'onde lumineuse qui le transporte. Les scientifiques furent donc obligés d'accepter l'idée que la lumière possède des propriétés à la fois ondulatoires et corpusculaires. On sait maintenant que cette dualité (onde et particule) n'est pas unique à la lumière ; elle est une caractéristique de toute la matière, y compris les particules subatomiques comme les électrons.

NOTE

Les phénomènes d'interférence sont des interactions entre deux ondes. Deux ondes lumineuses peuvent en effet s'additionner (interférence constructive) ou se soustraire (interférence destructive).

Interférence constructive

Interférence destructive

RÉVISION DES CONCEPTS

Une surface métallique est irradiée avec des faisceaux de trois longueurs d'onde différentes, λ_1, λ_2 et λ_3. Les énergies cinétiques des électrons éjectés sont les suivantes : λ_1 : $7{,}2 \times 10^{-20}$ J ; λ_2 : approximativement 0 J ; λ_3 : $5{,}8 \times 10^{-19}$ J. Déterminez le faisceau qui a la longueur d'onde la plus courte et celui qui a la longueur d'onde la plus longue.

QUESTIONS de révision

14. Expliquez ce qu'est l'effet photoélectrique.
15. Quelle hypothèse Einstein a-t-il posée pour expliquer l'effet photoélectrique ?
16. Comment appelle-t-on les particules de lumière ?
17. Quelle relation existe-t-il entre l'énergie des particules de lumière et la fréquence des radiations qui les transportent ?

5.2 Le modèle de l'atome de Bohr, un modèle quantique de l'atome d'hydrogène

Les travaux d'Einstein menèrent à la résolution d'un autre mystère du XIXe siècle en physique : les spectres d'émission des atomes.

5.2.1 Les spectres d'émission

Depuis que Newton a démontré, au XVIIe siècle, que la lumière du Soleil est constituée de différentes couleurs qui peuvent être recombinées pour produire de la lumière blanche, les scientifiques étudient les caractéristiques des **spectres d'émission**, les spectres continus ou discontinus des rayonnements émis par les substances.

CHIMIE EN LIGNE

Animation
- Les spectres d'émission

Le spectre de la lumière blanche est **continu**.

Le spectre d'émission d'une substance peut être rendu visible par l'apport d'énergie thermique ou de toute autre forme d'énergie (par exemple, une décharge électrique à haute tension si la substance est gazeuse) à un échantillon de cette substance. Une barre de fer chauffée au rouge ou à blanc émet une lumière caractéristique. Cette lumière visible représente la partie de son spectre d'émission pouvant être captée par l'œil. La chaleur émise par cette même barre correspond à une autre portion de son spectre, cette fois dans la région infrarouge. Une particularité commune aux spectres d'émission du Soleil et d'un solide chauffé (spectres d'incandescence) est qu'ils sont continus ; autrement dit, toutes les longueurs d'onde de la lumière y sont représentées (*voir la* **FIGURE 5.3**, *p. 192*).

Par contre, le spectre d'émission des atomes à l'état gazeux ne présente pas une continuité de longueurs d'onde allant du rouge au violet ; les atomes émettent plutôt la lumière à des longueurs d'onde caractéristiques. Un tel spectre s'appelle **spectre discontinu** ou **spectre de raies**, parce que le rayonnement émis donne un spectre constitué de traits verticaux (raies) lumineux. La **FIGURE 5.7** (*voir page suivante*) montre la couleur émise par les atomes d'hydrogène dans un tube à décharge.

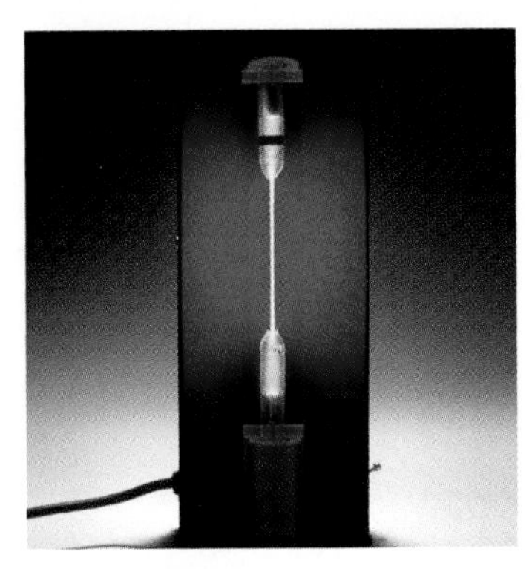

FIGURE 5.7

Couleur émise par les atomes d'hydrogène dans un tube à décharge

La couleur observée résulte de la combinaison des couleurs émises dans la région visible du spectre.

La **FIGURE 5.8A** représente schématiquement un montage utilisant un tube à décharge pour étudier les spectres d'émission. La **FIGURE 5.8B** montre la partie visible du spectre discontinu (raies) des atomes d'hydrogène dans un tube à décharge.

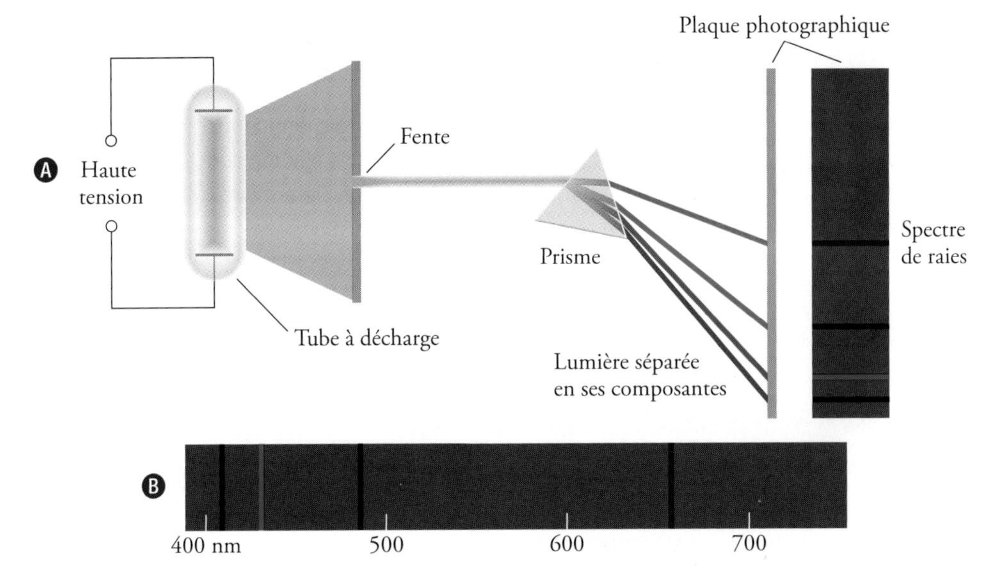

FIGURE 5.8

Schéma d'un montage pour étudier les spectres d'émission des atomes et des molécules

A Le gaz à l'étude se trouve dans un tube muni de deux électrodes. Les électrons heurtent les atomes (et les molécules) du gaz. Ces collisions provoquent l'émission de lumière, qui est séparée en ses composantes par un prisme. Chaque composante de couleur est focalisée en une position précise qui dépend de sa longueur d'onde, ce qui forme une image colorée de la fente sur une plaque photographique.

B Le spectre de raies d'émission de l'atome d'hydrogène dans la région du visible.

Le spectre de l'hydrogène n'a pas que des composantes visibles. En effet, plusieurs groupes de raies apparaissent dans divers domaines du spectre électromagnétique (*voir la* **FIGURE 5.9**). Chacun de ces groupes de raies est appelé une **série** et porte le nom du chercheur qui l'a découvert.

Bien avant de connaître la raison de l'émission de telles radiations, les scientifiques étudièrent le spectre de l'hydrogène avec attention. Le Suisse Johann J. Balmer en déduisit une loi empirique permettant de calculer les fréquences des raies observées, ce qui s'avéra fort utile pour l'époque. C'est à Niels Bohr que l'on doit l'interprétation de la loi de Balmer (*voir la section 5.2.2*).

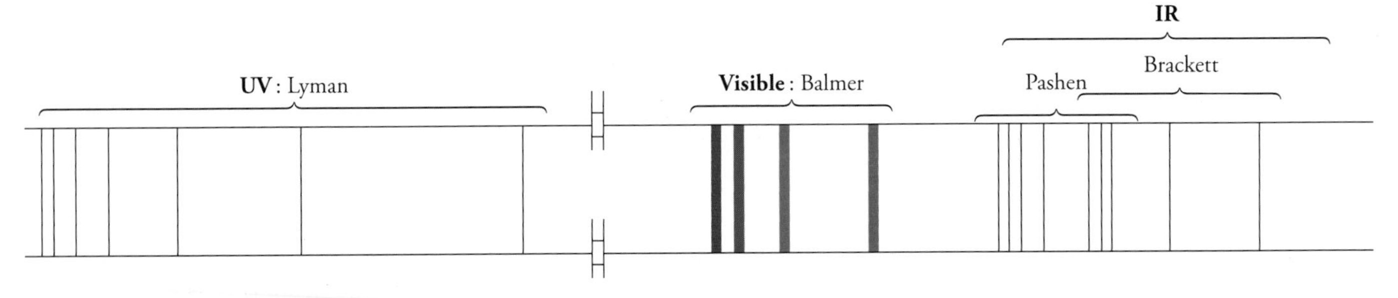

FIGURE 5.9

Spectre complet de l'hydrogène

Le spectre complet de l'hydrogène comporte des groupes de raies (séries) dans différentes régions du spectre électromagnétique.

QUESTIONS de révision

18. Si l'on superposait toutes les raies visibles du spectre d'émission de l'hydrogène, quelle couleur résultante obtiendrait-on ?
19. Qu'est-ce qu'un spectre de raies ?
20. Quelles sont les couleurs des raies du spectre de l'hydrogène (par ordre croissant de fréquences) ?
21. Dans quelles autres régions du spectre électromagnétique retrouve-t-on également des raies pour l'hydrogène ?

5.2.2 Le postulat de Bohr

En 1913, le physicien danois Niels Bohr proposa une nouvelle théorie qui permit d'améliorer le modèle planétaire proposé par Rutherford (*voir le chapitre 2*). Selon les lois de la physique classique, un électron se déplaçant sur une orbite d'un atome d'hydrogène devrait subir une accélération vers le noyau en émettant de l'énergie sous forme d'ondes électromagnétiques. Par conséquent, un tel électron aurait tôt fait de tomber en spirale sur le noyau pour s'annihiler avec le proton. Or, on sait que les électrons n'émettent de l'énergie que lorsqu'ils sont excités et, surtout, qu'ils ne tombent pas sur le noyau (sinon la matière serait très instable, ce qui n'est pas le cas).

Niels Bohr (1885-1962) et sa femme

Afin d'expliquer pourquoi un tel événement n'a pas lieu, Bohr a énoncé un postulat selon lequel l'électron ne peut occuper que certaines orbites circulaires permises auxquelles sont associées des énergies spécifiques. En d'autres mots, les énergies de l'électron sont quantifiées[1]. Bohr attribua le rayonnement émis par un atome d'hydrogène au fait que l'électron libère un quantum d'énergie sous forme de lumière (un photon) en passant d'une orbite supérieure à une orbite inférieure (*voir la* **FIGURE 5.10**). À l'aide des lois de Newton sur le mouvement et d'arguments fondés sur l'interaction électrostatique, Bohr démontra que l'énergie que peut posséder un électron dans un atome d'hydrogène est donnée par :

$$E_n = \frac{-R_H}{n^2} \quad (5.6)$$

où R_H, la constante de Rydberg[2], est égale à $2{,}18 \times 10^{-18}$ J et n est un nombre entier correspondant au niveau de l'orbite, dont les valeurs sont $n = 1, 2, 3, \ldots$

Le signe négatif dans l'équation 5.6 peut sembler curieux, car il porte à croire que toutes les quantités d'énergie de l'électron sont négatives. En fait, ce signe n'est qu'une convention ; il signifie que l'énergie de l'électron dans l'atome est *inférieure* à celle d'un électron libre ou d'un électron qui est infiniment loin d'un noyau. On assigne arbitrairement la valeur 0 à l'énergie d'un électron libre. Mathématiquement, cela correspond à donner à n une valeur infinie (∞) dans l'équation 5.6. Donc, $E_\infty = 0$. Quand l'électron s'approche du noyau (la valeur de n décroît), E_n augmente en valeur absolue, mais devient également

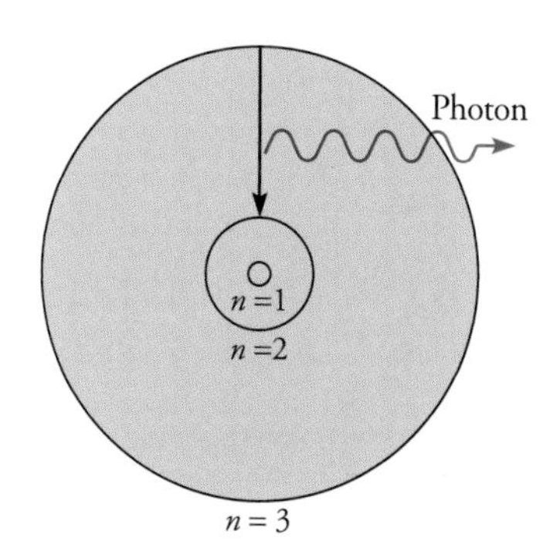

FIGURE 5.10 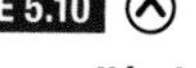

Processus d'émission dans un atome d'hydrogène excité, selon la théorie de Bohr

Un électron situé sur une orbite d'énergie supérieure ($n = 3$) redescend sur une orbite d'énergie inférieure ($n = 2$). Il s'ensuit l'émission d'un photon d'énergie $h\nu$.

1. C'est plutôt l'énergie de l'atome qui est quantifiée. Toutefois, pour simplifier, on considère ici qu'il s'agit de l'énergie de l'électron.
2. La constante de Rydberg (normalement exprimée en m^{-1}) a été déterminée expérimentalement au XIXe siècle. Elle fut par la suite vérifiée par Bohr au moyen de calculs tenant compte de différents paramètres, comme la charge élémentaire, la masse de l'électron, la constante de Planck et la vitesse de la lumière. Elle représente la fréquence du photon de plus basse énergie pouvant éjecter l'électron d'un atome d'hydrogène à partir de son état fondamental, ou encore, lorsqu'elle est calculée en joules, l'énergie requise pour extraire un électron de l'atome d'hydrogène.

> **NOTE**
> Les valeurs permises à n sont des valeurs entières positives (1, 2, 3...).

plus basse. Ainsi, la valeur la plus basse est atteinte quand $n = 1$, qui correspond à l'orbite la plus stable. Ce niveau est appelé **état fondamental**, c'est-à-dire l'état le plus stable de l'atome, où l'énergie est à son minimum. Cependant, si on fournit à l'électron une certaine quantité d'énergie, il est possible que l'électron ait accès à des niveaux supérieurs. Le passage de l'électron à un niveau d'énergie supérieur est appelé « excitation ». Les états d'énergie supérieurs au niveau fondamental sont appelés **états excités** et l'électron peut y avoir accès lorsqu'il absorbe de l'énergie qui peut venir de la lumière, de la chaleur, de décharges électriques, etc. (*voir la* **FIGURE 5.11**).

FIGURE 5.11 

Diagramme d'énergie de l'électron d'un atome d'hydrogène de l'état fondamental à un état excité

L'électron d'un atome d'hydrogène absorbe un photon et passe de l'état fondamental à un état excité.

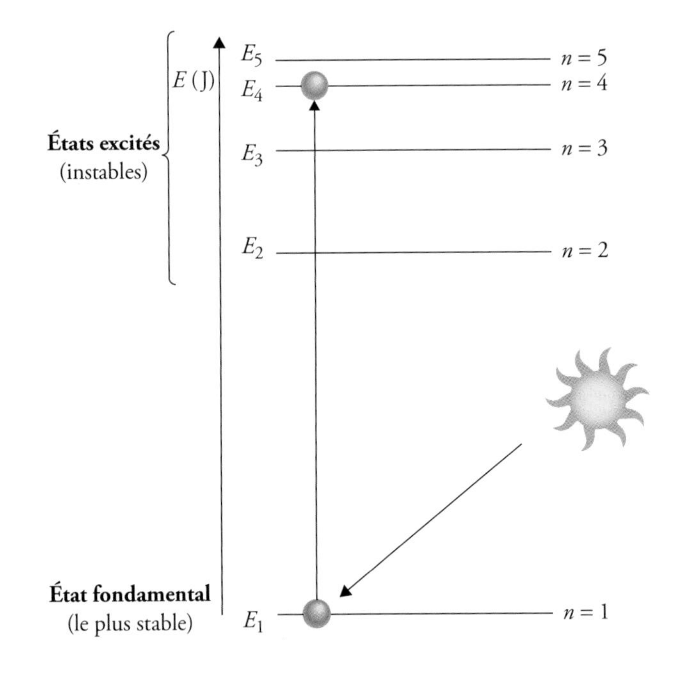

Bohr postula que lorsqu'un électron se trouve sur un niveau n, il n'émet pas d'énergie : il est dans un *état stationnaire*. Cela signifie que l'électron ne s'écrasera jamais sur le noyau ; il décrit plutôt une orbite circulaire autour de celui-ci, dont le rayon, r_n, est lui aussi quantifié. L'électron n'absorbe ou n'émet de l'énergie que lorsqu'il passe d'un niveau à un autre.

Pour l'électron d'un atome d'hydrogène, on peut déterminer le rayon r d'une orbite à un niveau n à l'aide de l'équation suivante :

$$r_n = a_0 n^2 \qquad (5.7)$$

où a_0 est une constante appelée « rayon de Bohr » et évaluée à $5{,}29 \times 10^{-11}$ m.

Les deux équations précédentes permettent de déduire que l'écart entre les niveaux d'énergie diminue largement lorsque le niveau augmente (l'énergie est inversement proportionnelle au carré du rayon). De plus, comme chaque orbite a un rayon qui dépend de n^2, le rayon de l'orbite augmente très rapidement avec n. Plus l'électron est excité, plus il est éloigné du noyau (et moins il y est retenu).

Puisque les états excités sont instables, un électron qui a subi une excitation à un niveau supérieur finira par retourner à son état le plus stable. Le retour à l'état fondamental est toujours accompagné d'un dégagement d'énergie. En effet, l'électron libère l'énergie qu'il a acquise lors de son excitation pour retourner à l'état fondamental. L'énergie libérée prend la forme d'une ou de plusieurs radiations électromagnétiques (la plupart du temps).

Par exemple, l'électron d'un atome d'hydrogène acquiert une quantité d'énergie suffisante pour se retrouver au niveau $n = 3$ (*voir la flèche rouge sur la* **FIGURE 5.12**). Il pourra ensuite retourner à l'état fondamental de l'une de deux manières : aller directement au niveau $n = 1$ en émettant une radiation (*voir la flèche verte sur la* **FIGURE 5.12**), ou passer par d'autres niveaux permis, dans ce cas-ci, s'arrêter au niveau $n = 2$, puis retourner au niveau $n = 1$, en émettant deux radiations successives (*voir les flèches bleues sur la* **FIGURE 5.12**).

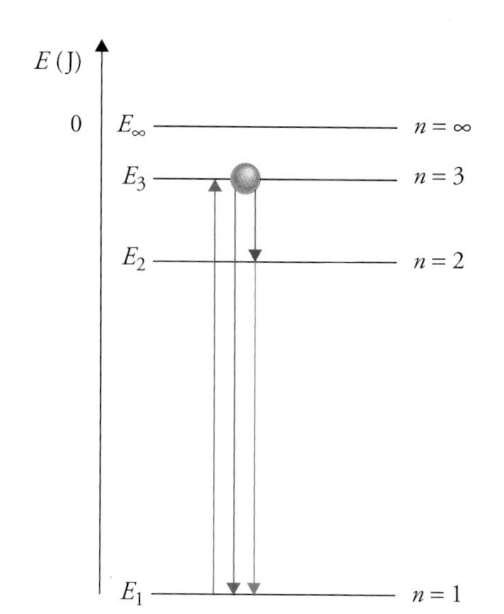

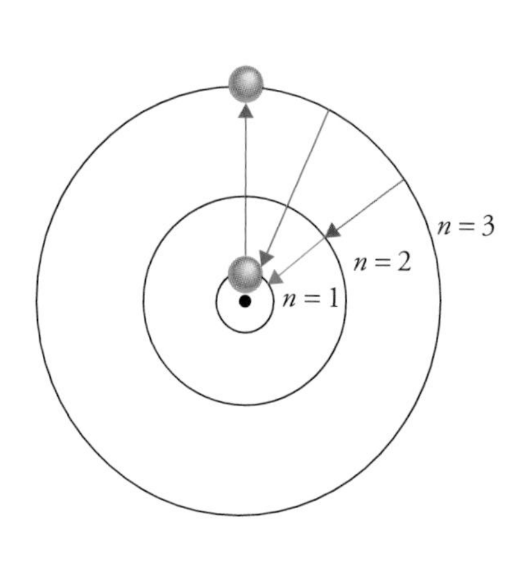

FIGURE 5.12

Émission d'énergie sous forme de photons lors du retour à l'état fondamental

Après l'absorption d'un photon, l'électron d'un atome d'hydrogène réémet l'énergie qu'il a absorbée. Dans ce cas-ci, il peut retourner à l'état fondamental en émettant une radiation (flèche verte) ou encore deux radiations successives (flèches bleues). L'énergie de chacun des niveaux est calculée avec l'équation $E_n = \frac{-R_H}{n^2}$ (équation 5.6).

Le mouvement quantifié de l'électron passant d'une orbite à une autre ressemble au mouvement d'une balle qui monte ou qui descend un escalier (*voir la* **FIGURE 5.13**). La balle peut être sur n'importe quelle marche, mais jamais entre deux marches. Le passage d'une marche inférieure à une marche supérieure demande de l'énergie, tandis que le passage d'une marche supérieure à une marche inférieure libère de l'énergie. La quantité d'énergie en jeu dans chacun des cas dépend de la différence de hauteur entre les deux marches. De même, dans le modèle atomique de Bohr, la quantité d'énergie nécessaire pour déplacer un électron dépend de la différence d'énergie entre l'état final et l'état initial.

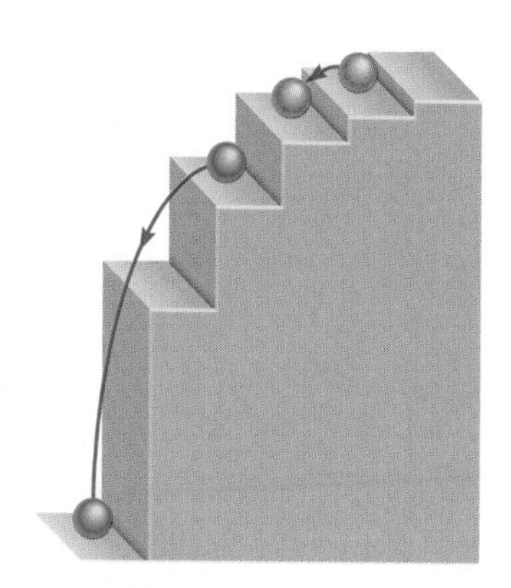

FIGURE 5.13

Analogie mécanique illustrant le processus d'émission

La balle peut demeurer sur les marches, mais jamais entre deux marches.

L'excitation d'électrons et leur retour à l'état fondamental permettent d'expliquer le caractère discontinu des spectres des atomes : à chaque transition correspond une radiation d'énergie précise et, donc, de fréquence précise, c'est-à-dire une « raie ». Il est possible de calculer l'énergie d'une transition en appliquant l'équation 5.6 au processus d'émission dans un atome d'hydrogène. Supposons que l'électron d'un atome d'hydrogène acquiert assez d'énergie pour se retrouver sur un état excité. Il libérera l'énergie acquise sous forme d'une radiation au cours de laquelle l'électron passera d'un niveau d'énergie supérieur n_i à un niveau d'énergie inférieur n_f (les indices « i » et « f » indiquent respectivement l'état initial et l'état final). Le niveau inférieur peut être soit un autre niveau excité, soit le niveau fondamental. La différence entre la quantité d'énergie du niveau final et celle du niveau initial est :

$$\Delta E = E_f - E_i \quad (5.8)$$

D'après l'équation 5.6 :

$$E_f = \frac{-R_H}{n_f^2} \quad \text{et} \quad E_i = \frac{-R_H}{n_i^2}$$

Ainsi,

$$\Delta E = \left(\frac{-R_H}{n_f^2}\right) - \left(\frac{-R_H}{n_i^2}\right)$$

$$\Delta E = R_H\left(\frac{1}{n_i^2} - \frac{1}{n_f^2}\right) \quad (5.9)$$

NOTE

Par convention, un gain en énergie a une valeur positive alors qu'une perte en énergie a une valeur négative.

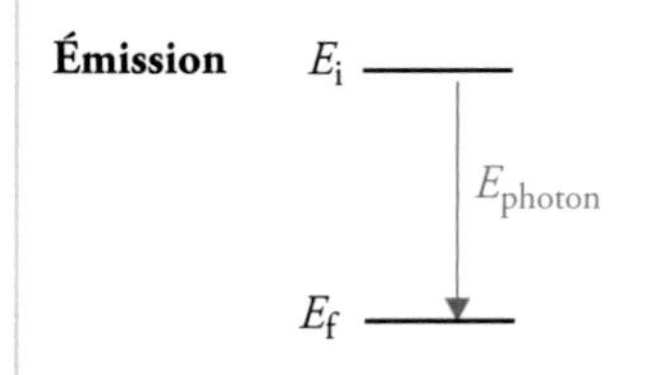

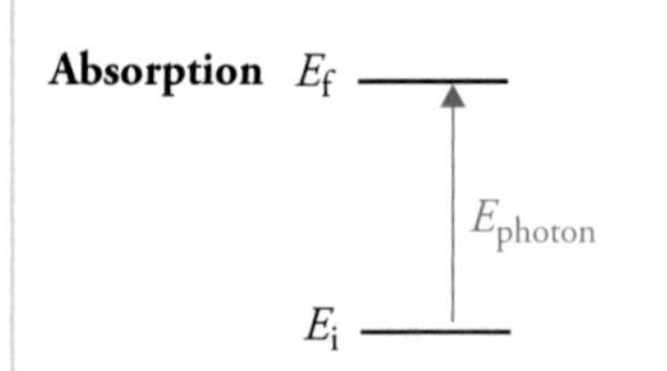

Il y a **absorption** d'un photon lorsque l'électron passe d'un niveau d'énergie inférieur à un niveau d'énergie supérieur, c'est-à-dire lorsque $n_i < n_f$. La valeur de ΔE est alors positive (l'énergie est absorbée par l'électron). À l'inverse, il y a **émission** d'un photon lorsque l'électron passe d'un niveau d'énergie supérieur vers un niveau d'énergie inférieur, c'est-à-dire lorsque $n_i > n_f$. Par conséquent, la valeur de ΔE est négative (l'énergie est libérée dans le milieu extérieur). Chaque raie du spectre d'émission correspond alors à une transition particulière dans l'atome d'hydrogène. Quand on étudie un grand nombre d'atomes d'hydrogène à la fois, on peut provoquer toutes les transitions possibles, et cela permet d'observer les raies spectrales correspondantes. L'intensité d'une raie spectrale dépend du nombre de photons d'une même longueur d'onde qui sont émis.

Grâce à l'équation de Planck, il est possible de déterminer la fréquence de la raie correspondante :

$$E_{photon} = |\Delta E| = h\nu \quad (5.10)$$

L'énergie d'un photon étant une valeur positive, on utilise la valeur absolue de ΔE dans l'équation de Planck.

Les résultats des travaux de Bohr concordent parfaitement avec les lois empiriques développées par Balmer et ses contemporains quelques années auparavant pour le spectre d'émission de l'hydrogène.

QUESTIONS de révision

22. Le modèle planétaire de Rutherford est-il compatible avec les lois de l'électromagnétisme ?
23. Selon Bohr, l'énergie d'un électron est-elle continue ?
24. Pourquoi attribue-t-on des valeurs négatives à l'énergie d'un électron ?
25. Quel nom donne-t-on à l'état de plus basse énergie ?
26. Quel nom donne-t-on aux états d'énergie plus élevés ?
27. Quels paramètres sont quantifiés dans le modèle de Bohr ?
28. Quelle est la différence entre une absorption et une émission ? Comment le signe de l'énergie est-il affecté ?

5.2.3 L'explication du spectre de l'hydrogène

Dans le spectre d'émission de l'hydrogène, chacune des raies observées correspond à une transition permise pour l'électron d'un atome d'hydrogène. Comme on l'a vu précédemment, le spectre de l'hydrogène possède des séries (groupes de raies) dans différents domaines du spectre électromagnétique. Le niveau final, n_f, de l'électron est le paramètre commun de chacune des séries. Par exemple, l'œil humain ne permet de voir que certaines des radiations des transitions qui se terminent au niveau $n_f = 2$: c'est la série de Balmer, la seule qui soit dans le domaine du visible. Le **TABLEAU 5.1** dresse la liste des séries de transitions du spectre de l'hydrogène. La **FIGURE 5.14** présente l'ensemble des transitions permises à l'électron d'un atome d'hydrogène.

TABLEAU 5.1 > Séries du spectre d'émission de l'hydrogène atomique

Série	n_f	n_i	Région du spectre
Lyman	1	2, 3, 4, ...	Ultraviolet
Balmer	2	3, 4, 5, ...	Visible et ultraviolet
Paschen	3	4, 5, 6, ...	Infrarouge
Brackett	4	5, 6, 7, ...	Infrarouge

Comme les écarts entre les niveaux d'énergie diminuent grandement au fur et à mesure que n augmente, la série de Lyman ($n_f = 1$) présente les raies les plus énergétiques, donc de petites longueurs d'onde, et se situe conséquemment dans le domaine de l'ultraviolet. Les séries de Paschen ($n_f = 3$) et de Brackett ($n_f = 4$) appartiennent à un domaine moins énergétique (de plus grandes longueurs d'onde) que la série de Balmer ($n_f = 2$), soit l'infrarouge. On voit clairement ce phénomène en comparant les longueurs des flèches d'émission de la **FIGURE 5.14**.

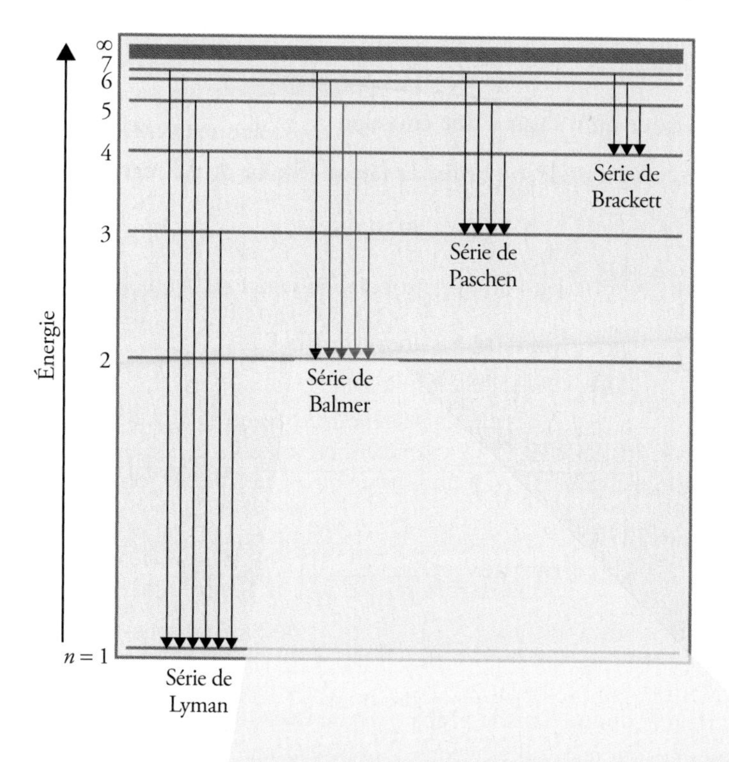

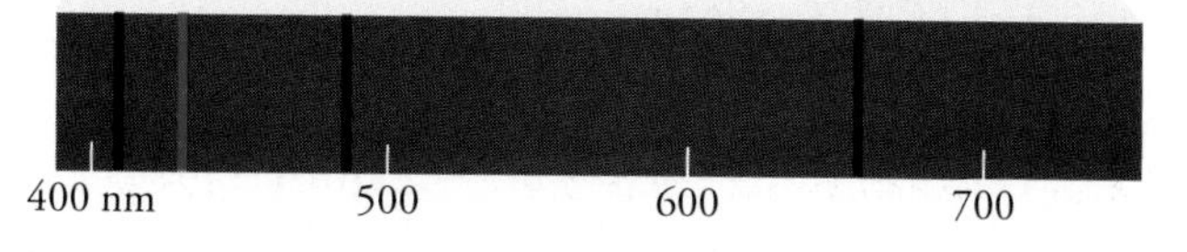

FIGURE 5.14

Diagramme d'énergie des transitions possibles pour l'électron d'un atome d'hydrogène

Chaque niveau correspond à l'énergie associée au mouvement d'un électron sur une orbite.

EXEMPLE 5.3 Le calcul de la longueur d'onde dans un spectre d'émission

Quelle est la longueur d'onde d'un photon émis au cours d'une transition du niveau 5 au niveau 2 dans un atome d'hydrogène?

DÉMARCHE

On connaît les deux états, initial et final, associés à cette émission. Le diagramme énergétique est le suivant.

E_5 → E_2

On peut calculer l'énergie du photon émis à l'aide de l'équation 5.9. Ensuite, en utilisant l'équation 5.4, on pourra trouver la longueur d'onde du photon. La valeur de la constante de Rydberg est indiquée plus haut dans le texte.

SOLUTION

Calculons d'abord l'énergie du photon émis. D'après l'équation 5.9, nous écrivons:

$$\Delta E = R_H\left(\frac{1}{n_i^2} - \frac{1}{n_f^2}\right)$$

$$= 2{,}18\times10^{-18}\,\text{J}\left(\frac{1}{5^2} - \frac{1}{2^2}\right)$$

$$= -4{,}58\times10^{-19}\,\text{J}$$

NOTE

Cette réponse négative est en accord avec la convention selon laquelle un dégagement d'énergie s'accompagne d'un signe −.

Le signe négatif indique qu'il s'agit d'une émission.

Pour calculer la longueur d'onde, on utilise la valeur absolue de ΔE, car l'énergie d'un photon est positive:

$$E_{\text{photon}} = |\Delta E| = \frac{hc}{\lambda}$$

$$\lambda = \frac{hc}{|\Delta E|}$$

$$= \left(\frac{6{,}63\times10^{-34}\ \text{J}\cdot\text{s}\times3{,}00\times10^{8}\ \text{m/s}}{4{,}58\times10^{-19}\ \text{J}}\right) = 4{,}34\times10^{-7}\ \text{m}$$

$$= 4{,}34\times10^{-7}\ \text{m}\times\left(\frac{1\ \text{nm}}{1\times10^{-9}\ \text{m}}\right) = 434\ \text{nm}$$

VÉRIFICATION

Cette longueur d'onde donne dans le visible (*voir la* **FIGURE 5.3B**, *p. 192*), ce qui est en accord avec le fait que tout retour d'électrons d'un niveau supérieur vers le niveau $n_f = 2$ génère une raie spectrale de la série de Balmer (*voir le* **TABLEAU 5.1** *et la* **FIGURE 5.14**, *p. 203*).

Problème semblable
5.17

EXERCICE E5.3

Quelle est la longueur d'onde (en nanomètres) d'un photon émis durant une transition entre $n_i = 6$ et $n_f = 4$ dans un atome d'hydrogène?

RÉVISION DES CONCEPTS

Laquelle des deux transitions suivantes permettrait, pour un atome d'hydrogène, l'émission de la radiation comportant la longueur d'onde la plus courte:
a) $n_i = 5 \longrightarrow n_f = 3$ ou b) $n_i = 4 \longrightarrow n_f = 2$?

QUESTIONS de révision

29. À quelle série appartiennent les raies visibles du spectre de l'hydrogène?
30. Quelles sont les couleurs des raies visibles du spectre de l'hydrogène?
31. Classez ces raies par énergie croissante.
32. Quelles sont les valeurs de n_i et de n_f associées à chacune de ces raies?

5.2.4 L'émission atomique et l'absorption atomique

Puisque tous les atomes émettent de la lumière lorsqu'ils sont soumis à un chauffage intense ou à une décharge électrique, chacun des éléments du tableau périodique possède un spectre de raies qui lui est propre (comme les empreintes digitales d'une personne ou le code à barres d'une marchandise). Cette caractéristique est utilisée dans une technique d'analyse chimique basée sur la spectroscopie (la spectroscopie d'émission atomique, SEA). Quand les raies spectrales d'un échantillon d'un élément inconnu correspondent exactement à celles d'un élément connu (provenant d'une banque de référence), la nature de l'élément à identifier est rapidement établie. La **FIGURE 5.15** présente les spectres d'émission de certains éléments courants.

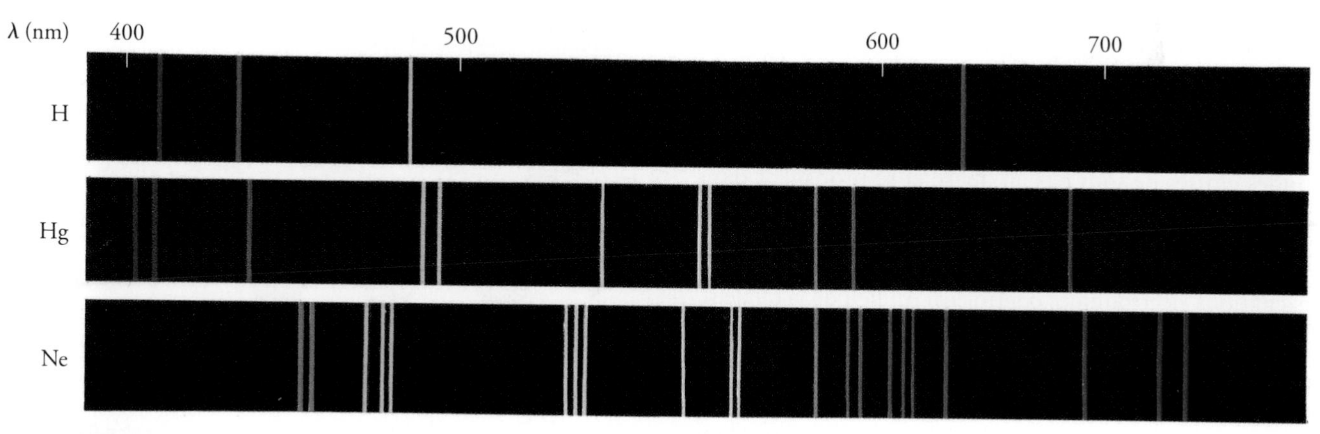

FIGURE 5.15

Spectres d'émission de l'hydrogène, du mercure et du néon
Chaque élément produit un spectre de raies qui lui est caractéristique et différent de tout autre élément.

L'émission atomique se produit donc lors du retour à un état de plus basse énergie après une excitation. Les niveaux entre lesquels se produisent les transitions déterminent la fréquence (ou la longueur d'onde) des radiations et un spectre de raies est obtenu. Il est aussi possible de faire l'inverse et d'exciter les atomes avec des faisceaux de longueurs d'onde identiques à celles des raies obtenues lors d'émissions. Cette technique est appelée « spectroscopie d'absorption atomique » (SAA). Les spectres d'absorption sont complémentaires aux spectres d'émission pour un même élément. Le spectre d'émission du

CHIMIE EN ACTION

Les lasers, des sources de lumière bien utiles, de toutes les couleurs et de toutes les énergies

Les différents lasers maintenant offerts (solides, liquides et gazeux) permettent d'obtenir des rayons de longueurs d'onde très variées, de l'infrarouge à l'ultraviolet en passant par le domaine du visible. Depuis son invention en 1960, le laser a révolutionné la science, la médecine et la technologie.

Un laser est un dispositif qui permet de produire et d'amplifier des rayons lumineux qui sont monochromatiques (d'une seule longueur d'onde) en plus d'être cohérents, c'est-à-dire qu'ils sont en phase (ils se propagent de manière que leurs sommets et leurs creux coïncident, comme s'ils pouvaient se superposer parfaitement). De plus, ces rayons sont collimatés, ce qui veut dire qu'ils sont non divergents. Ce qu'on appelle couramment «l'effet laser» repose d'abord sur les phénomènes d'absorption et d'émission atomiques déjà étudiés dans ce chapitre. On sait par exemple que si on chauffe du chlorure de sodium dans une flamme, la flamme émettra des rayons de couleur jaune qui correspondent à une raie du sodium. La source d'énergie, ici la chaleur, a permis le passage d'électrons de niveau quantique n à un niveau $n + 1$, puis, lors du retour des électrons excités vers le niveau d'origine, il y a eu émission de lumière dont l'énergie correspond à hc/λ. Comme dans le cas du laser, il y a production d'une lumière monochromatique, mais cette lumière n'est pas cohérente et la majorité des ondes émises ne sont pas en phase et se propagent dans toutes les directions.

Les lasers sont donc des dispositifs permettant de créer des excitations électroniques contrôlées. Au lieu de la chaleur, on utilise dans ce cas une source de lumière (lampe flash au xénon, par exemple) et un certain montage en forme de cavité (un cylindre de rubis, par exemple) pour exciter les électrons (on dit «pomper» dans le cas des lasers) d'un niveau stable n à un niveau instable $n + 1$, ce qui a pour effet de créer plus d'électrons excités dans le milieu excitable que d'électrons non excités. On parle alors d'une «inversion de population». Les schémas ci-après, représentant un laser à rubis, illustrent ce processus.

Dans ce montage, la paroi de gauche de la cavité constituée par le cylindre de rubis est parfaitement argentée, ce qui en fait un miroir, soit une surface complètement réfléchissante. Par contre, à droite, cette paroi n'est pas complètement argentée; par conséquent, elle réfléchit partiellement les rayons et des rayons peuvent en sortir. Avec ces deux miroirs, cette cavité constitue un résonateur optique, c'est-à-dire que lors des réflexions multiples, les ondes de longueurs d'onde différentes auront tendance à s'atténuer par interférence de manière qu'il n'y subsistera que les ondes en phase de la longueur d'onde désirée pour provoquer de nouvelles transitions électroniques. Au moment de la désexcitation, qui n'est pas instantanée dans le cas de l'ion chrome, les premiers photons émis sont emprisonnés dans la cavité et vont provoquer à leur tour la désexcitation d'autres atomes, qui réémettront à leur tour des photons, toujours de la même longueur d'onde, etc.,

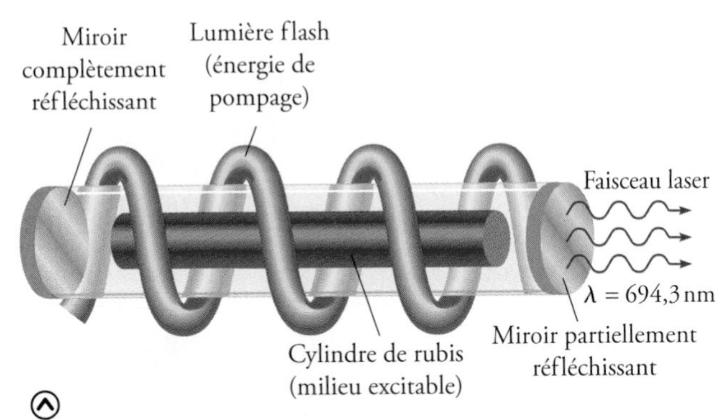

Un laser à rubis synthétique, comme celui utilisé ici, est constitué d'oxyde d'aluminium, Al_2O_3, dans lequel on a remplacé à peine 0,05 % des ions Al^{3+} par des ions Cr^{3+} ; en fait, c'est l'excitation des ions chrome qui est à l'origine de la production de lumière du laser à rubis.

sodium présente une raie d'une longueur d'onde égale à 589 nm. Si un échantillon de sodium est exposé à un faisceau de différentes longueurs d'onde, une absorption caractéristique aura lieu à exactement 589 nm (*voir la* **FIGURE 5.16**). Avec un appareil de meilleure résolution, il est possible de voir un dédoublement de la raie : le sodium possède deux raies très rapprochées, l'une à 589,0 nm et l'autre à 589,6 nm.

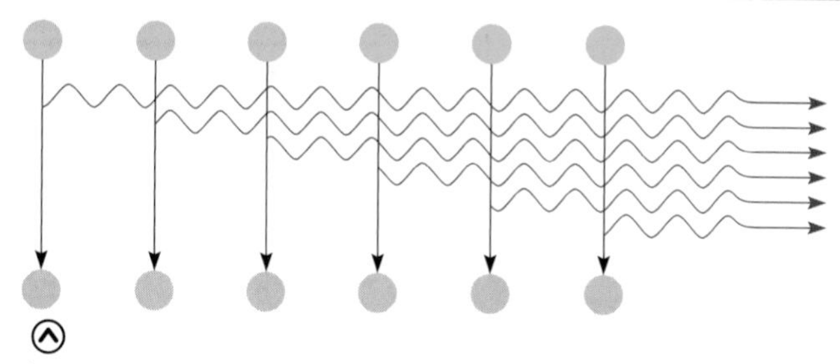

Émission stimulée d'un photon par un autre photon lors d'une cascade d'événements qui se terminent par l'émission d'un rayon laser. La synchronisation des ondes lumineuses (cohérence) produit un faisceau intense et pénétrant.

d'où l'effet laser, c'est-à-dire une amplification de la lumière qui est stimulée par l'émission de radiation. À la suite de cette accumulation de photons, des photons sont émis selon une trajectoire parfaitement perpendiculaire au plan du miroir. On peut maintenant comprendre d'où vient le mot «laser»; il s'agit d'un acronyme de l'expression anglaise *Light Amplification by Stimulated Emission of Radiation*, qui résume bien le phénomène.

Les applications des lasers sont à la fois nombreuses et très diverses. Leurs rayons de grandes intensités et faciles à focaliser en font des instruments privilégiés pour différents types de chirurgie, pour percer des trous dans les métaux, pour souder et même pour produire des fusions nucléaires contrôlées. En outre, le fait que les rayons d'un laser soient à la fois très directionnels et monochromatiques permet son utilisation dans les domaines des télécommunications (répétiteurs, réseaux de fibres optiques) et des spectacles son et lumière. Déjà, les lasers sont présents dans de multiples appareils domestiques (lecteurs et graveurs de CD et de DVD, scanneurs, imprimantes et pointeurs laser…). Il existe des utilisations très spécialisées, comme dans l'holographie (photographie 3D) ou dans la numérisation d'objets de toutes sortes, comme des œuvres d'art ou des pièces mécaniques rares et coûteuses qui pourraient être reproduites au besoin par des imprimantes 3D. Certaines personnes apprécieront la possibilité de se faire enlever – sans douleur – un vieux tatouage devenu indésirable. Une autre application connue est la correction de la myopie par chirurgie oculaire au laser.

Diode laser dont la taille est comparée à celle d'une pièce de un cent

En recherche fondamentale en chimie, l'utilisation des lasers a contribué à caractériser plusieurs espèces moléculaires de manière à mieux en comprendre la structure et le mécanisme de formation. En biologie, une application récente et très prometteuse utilise des rayons laser sous le microscope comme de véritables pincettes microscopiques pour provoquer de minimes déplacements des structures ou pour exercer des forces à un endroit donné lors de la reproduction cellulaire.

Il y a des lasers de tous formats. Dans le cas des appareils électroniques, ils ressemblent beaucoup à de petites diodes électroluminescentes (DEL), à la différence que la lumière émise par les diodes n'est pas complètement monochromatique ni en phase. Il s'agit donc de semi-conducteurs constitués d'une jonction entre deux types de semi-conducteurs; la jonction sert de cavité résonnante pour les photons émis et l'une des parois de cette jonction est partiellement réfléchissante. Au-delà d'un certain courant, l'effet laser a lieu et des rayons en sortent. À l'heure actuelle, on peut fabriquer des lasers tellement petits qu'ils peuvent même faire partie de circuits intégrés comme les microprocesseurs ou puces électroniques des ordinateurs. D'ici une ou deux décennies, l'informatique et les télécommunications seront de plus en plus rapides grâce aux circuits photoniques intégrés.

A

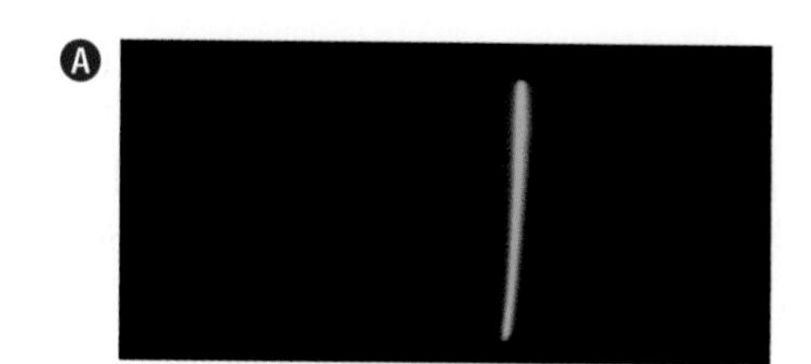

B

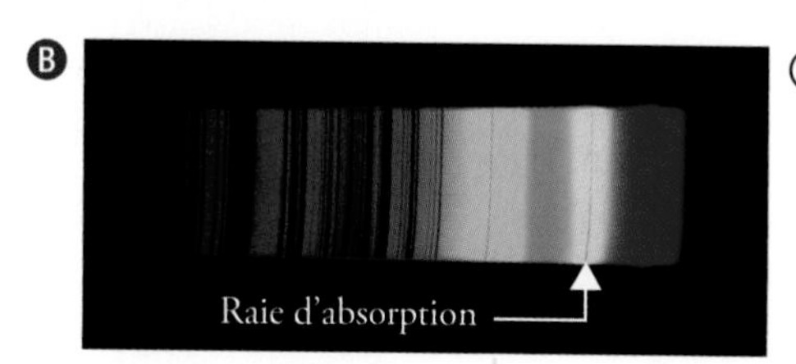

FIGURE 5.16

Spectres d'émission et d'absorption du sodium

La raie du spectre d'émission du sodium (A) et la raie correspondant au sodium (raie sombre dans la couleur jaune) de ce spectre d'absorption solaire (B) ont la même valeur, soit 589 nm.

5.3 Le développement de la mécanique quantique

Bien que Bohr ait fourni une explication complète du spectre de l'hydrogène, sa théorie a rapidement montré quelques faiblesses. Il fut impossible d'appliquer de façon satisfaisante son modèle à des atomes comportant plus d'un électron. En outre, le modèle ne peut expliquer la structure fine de certaines des raies du spectre de l'hydrogène lorsque l'atome est soumis à l'action d'un champ magnétique (le développement d'appareils de meilleure résolution a permis de constater que certaines raies du spectre de l'hydrogène étaient en fait constituées de plusieurs raies très rapprochées). De plus, bien qu'il décrive le mouvement d'un électron dans un état stationnaire, le modèle de Bohr n'explique pas comment cet électron passe d'une orbite à une autre si la grande majorité de l'espace entre les deux lui est interdit.

Les insuffisances du modèle de Bohr sont en partie liées au fait que ce modèle allie à la fois une description du mouvement de l'électron (orbite circulaire) acceptable en mécanique classique à une quantification de cette orbite (et de l'énergie de l'électron), laquelle est incompatible avec la théorie classique et impossible à observer à l'échelle macroscopique. Les scientifiques comprirent que les lois applicables à l'échelle macroscopique ne peuvent pas s'appliquer à l'échelle atomique. Ils élaborèrent alors une nouvelle approche basée sur la quantification, et adaptée à l'échelle atomique : la mécanique quantique.

Louis de Broglie, prince, puis duc de Broglie (1892-1977)

Bien que le modèle de Bohr ne soit plus valide aujourd'hui, il ne faut pas sous-estimer son importance : c'est Bohr qui a permis le passage de la mécanique classique à la mécanique quantique en établissant un nouveau paradigme, celui de la quantification d'énergie.

5.3.1 L'onde associée de De Broglie

En 1924, le prince Louis de Broglie proposa comme sujet de thèse de doctorat que, comme la lumière, toutes les particules peuvent aussi avoir à la fois des propriétés ondulatoires et corpusculaires. À toute particule doit donc être associée une onde, dont la longueur est donnée par la relation :

$$\lambda = \frac{h}{mv} \tag{5.11}$$

où h est la constante de Planck, m, la masse de la particule et v, sa vitesse.

EXEMPLE 5.4 Le calcul de la longueur d'onde d'une particule en mouvement

Au tennis, une balle de service peut atteindre 68 m/s. Calculez : **a)** la longueur d'onde associée à une balle de tennis de $6{,}0 \times 10^{-2}$ kg qui voyage à cette vitesse ; **b)** la longueur d'onde d'un électron ($9{,}1094 \times 10^{-31}$ kg) voyageant à 68 m/s (bien qu'il soit peu probable qu'un électron se déplace à cette vitesse).

DÉMARCHE

On connaît la masse et la vitesse de la particule en a) et en b) et on cherche la longueur d'onde. Il faudra donc utiliser l'équation 5.11. Notez que les unités de la constante de Planck étant des joules-secondes, m et v doivent s'exprimer respectivement en kilogrammes et en mètres par seconde ($1\ \text{J} = 1\ \text{kg} \cdot \text{m}^2/\text{s}^2$).

SOLUTION

a) Selon l'équation 5.11, nous écrivons :

$$\lambda = \frac{h}{mv}$$

$$= \frac{6{,}63 \times 10^{-34}\left(\text{kg} \cdot \text{m}^2 \cdot \text{s}^{-2}\right) \cdot \text{s}}{6{,}0 \times 10^{-2}\ \text{kg} \times 68\ \text{m/s}} = 1{,}6 \times 10^{-34}\ \text{m}$$

COMMENTAIRE

Il s'agit d'une longueur d'onde extrêmement petite ; en comparaison, la taille d'un atome est de l'ordre de 1×10^{-10} m. C'est pourquoi les propriétés ondulatoires d'une telle balle ne peuvent être détectées par aucun appareil existant (d'après les lois de l'optique, il est impossible de former une image d'un objet qui est plus petit que la moitié de la longueur d'onde de la lumière utilisée pour l'observer).

SOLUTION

b) Dans ce cas :

$$\lambda = \frac{h}{mv}$$

$$= \frac{6{,}63 \times 10^{-34}\left(\text{kg} \cdot \text{m}^2 \cdot \text{s}^{-2}\right) \cdot \text{s}}{9{,}1094 \times 10^{-31}\ \text{kg} \times 68\ \text{m/s}} = 1{,}1 \times 10^{-5}\ \text{m}$$

COMMENTAIRE

Cette longueur d'onde ($1{,}1 \times 10^{-5}$ m ou $1{,}1 \times 10^{4}$ nm) donne dans la région de l'infrarouge. Ce calcul démontre que seules des particules comme les électrons (et d'autres particules subatomiques) ont des longueurs d'onde mesurables.

EXERCICE E5.4

Calculez la longueur d'onde (en nanomètres) d'un atome de H (masse = $1{,}674 \times 10^{-27}$ kg) se déplaçant à $7{,}00 \times 10^{2}$ cm/s.

Problèmes semblables 5.25 et 5.28

Évidemment, personne ne pourra observer de vibrations associées à des objets macroscopiques, même avec des instruments sophistiqués (*voir l'* **EXEMPLE 5.4**). On peut conclure qu'il est inutile de tenir compte de la nature ondulatoire pour des objets macroscopiques, mais qu'elle est essentielle, selon De Broglie, pour décrire le comportement des particules à l'échelle atomique ou subatomique.

Malgré sa théorie jugée farfelue, le comité ne pouvant refuser le doctorat à un prince, De Broglie obtint tout de même son diplôme, appuyé par Einstein. Quelques années plus tard, la théorie de l'onde associée fut validée par les scientifiques Davisson et Germer, ainsi que par G. P. Thomson, qui, en bombardant un faisceau d'électrons sur un métal, observèrent des patrons de diffraction. Ces derniers, comme les phénomènes d'interférence, ne peuvent être expliqués que par un caractère ondulatoire. Un autre héritage de De Broglie est l'invention du microscope électronique, qui permet une résolution de beaucoup supérieure à celle offerte par le microscope à photons traditionnel (*voir la rubrique « Chimie en action – La microscopie électronique », p. 211*).

NOTE

Fait intéressant : G. P. Thomson était le fils de J. J. Thomson. Alors que le père a démontré l'aspect corpusculaire de l'électron, le fils en a démontré l'aspect ondulatoire.

Tout comme la lumière, l'électron possède donc à la fois des propriétés ondulatoires et des propriétés corpusculaires : c'est la **dualité onde-particule**.

De Broglie utilisa le terme « onde stationnaire » pour décrire le mouvement d'onde associé à chaque particule. Une onde stationnaire, c'est, par exemple, une onde que l'on obtient en pinçant une corde de guitare (*voir la* FIGURE 5.17). Cette onde est dite « stationnaire » parce qu'elle ne voyage pas sur la corde. Certains points de la corde, appelés **nœuds**, ne bougent pas du tout : l'amplitude de l'onde à ces points est de zéro. Il y a un nœud à chaque extrémité de la corde, mais il peut y en avoir d'autres entre ces deux points. Plus la fréquence de vibration est élevée, plus la longueur d'onde est courte et plus il y a de nœuds. Comme le montre la FIGURE 5.17, les mouvements d'une corde ne permettent que certaines longueurs d'onde.

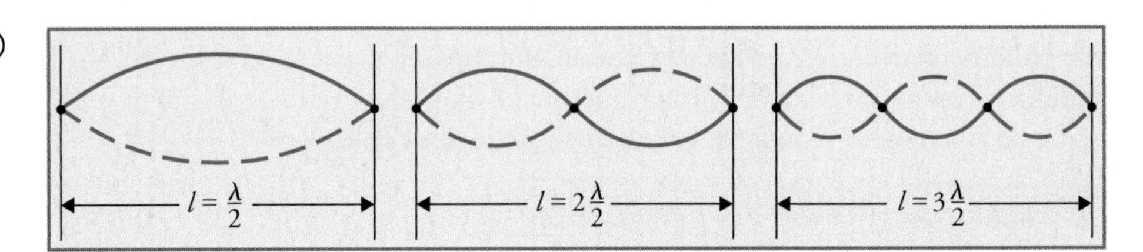

FIGURE 5.17

Ondes stationnaires engendrées par le pincement d'une corde de guitare

Chaque point représente un nœud. La longueur de la corde (l) doit être égale à un multiple entier de la moitié de la longueur d'onde ($\lambda/2$).

De Broglie proposa ceci : si un électron se comporte comme une onde stationnaire dans l'atome d'hydrogène, la longueur de l'onde doit correspondre parfaitement à la circonférence de l'orbite (*voir la* FIGURE 5.18) ; sinon, l'onde s'annulerait partiellement durant le parcours d'orbites successives, pour finalement réduire son amplitude à zéro : l'onde n'existerait pas.

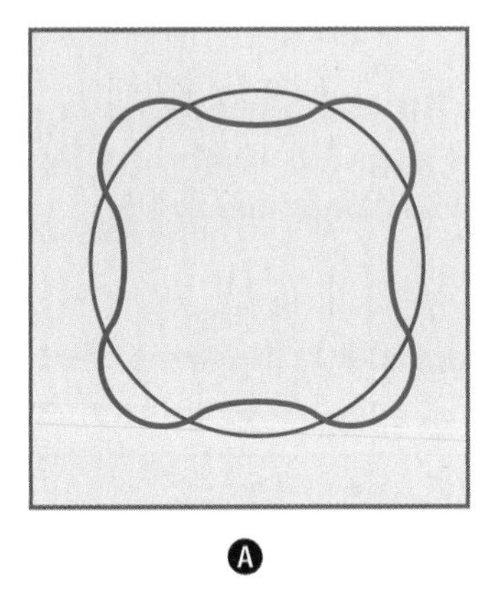

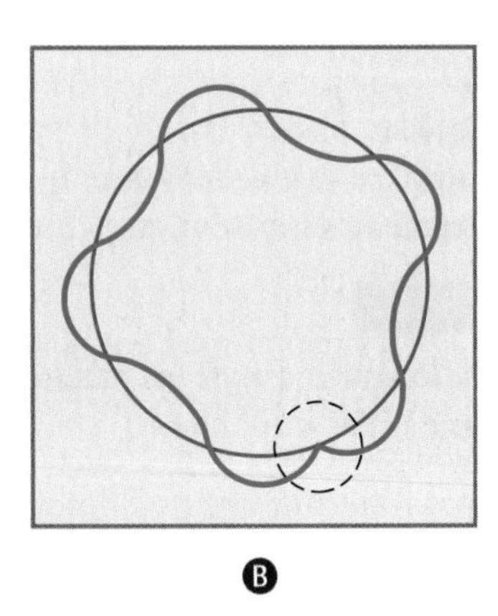

FIGURE 5.18

Orbite permise et orbite interdite pour une onde stationnaire

A La circonférence de l'orbite est égale à un nombre entier de longueurs d'onde. C'est une orbite permise.

B La circonférence de l'orbite n'est pas égale à un nombre entier de longueurs d'onde. L'onde électronique ne s'y emboîte pas sur elle-même. Cette orbite n'est pas permise.

La relation existant entre la circonférence d'une orbite permise ($2\pi r$) et la longueur d'onde (λ) de l'électron étant donnée par :

$$2\pi r = n\lambda \qquad (5.12)$$

la taille de l'orbite ($2\pi r$) doit correspondre à un nombre entier de longueurs d'onde.

RÉVISION DES CONCEPTS

Quelle variable de l'équation $\lambda = \frac{h}{mv}$ (équation 5.11) fait en sorte que les objets macroscopiques ne démontrent pas de propriétés ondulatoires observables ?

CHIMIE EN ACTION

La microscopie électronique

Le microscope électronique est une application très utile des propriétés ondulatoires des électrons, car il permet de voir des images d'objets qui ne peuvent pas être observés à l'œil nu ou avec un microscope optique habituel. D'après les lois de l'optique, il est impossible de former une image d'un objet est qui plus petit que la moitié de la longueur d'onde de la lumière utilisée pour l'observer. Puisque la région du visible commence vers 400 nm (4×10^{-5} cm), il est donc impossible de voir un objet dont la taille est inférieure à 10^{-5} cm. En principe, on peut voir des objets à l'échelle atomique et moléculaire en utilisant des rayons X dont le domaine de longueurs d'onde s'étend d'environ 0,01 nm à 10 nm. Cependant, les rayons X ne peuvent pas être focalisés pour produire des images bien nettes. Par ailleurs, les électrons sont des particules chargées. Ils peuvent être focalisés par l'entremise de l'application d'un champ électrique ou d'un champ magnétique. Selon l'équation 5.11, la longueur d'onde associée à un électron est inversement proportionnelle à sa vitesse. En accélérant des électrons à de très hautes vitesses, il est possible d'obtenir des longueurs d'onde aussi courtes que 0,004 nm.

Micrographie montrant, chez une même personne, un globule rouge normal à côté d'un globule anormal en forme de faucille (dans le cas d'une anémie pernicieuse)

Un microscope électronique différent, appelé « microscope à effet tunnel », met à profit un autre principe de la mécanique quantique appliqué aux électrons pour leur faire produire, cette fois, des images des atomes à la surface d'échantillons. Étant donné sa très petite masse, un électron est capable de passer à travers une barrière d'énergie (comme on peut éviter de franchir une montagne en passant par un tunnel). Ce type de microscope est essentiellement constitué d'une aiguille en tungstène avec une pointe extrêmement fine qui sert de source d'électrons. Une différence de potentiel (voltage) est maintenue constante entre la pointe de l'aiguille et la surface de l'échantillon pour faire en sorte que des électrons puissent passer, par effet tunnel, de l'aiguille vers la surface. À mesure que la pointe balaye la surface (elle est maintenue à des distances de la surface qui sont dans un ordre de grandeur équivalant à quelques diamètres atomiques seulement), le courant de fuite causé par l'effet tunnel est mesuré. Ce courant diminue lorsque la distance entre la pointe de l'aiguille et la surface augmente. À l'aide d'un dispositif produisant une boucle de rétroaction, la position verticale de la pointe est constamment corrigée pour qu'elle se maintienne à une distance constante au-dessus de la surface observée. Toutes ces corrections, dont la variation témoigne du profil de la surface, sont enregistrées et converties en images colorées tridimensionnelles selon un procédé de traitement informatique appelé « fausses couleurs ».

Le microscope électronique et le microscope à effet tunnel sont sans doute deux des plus puissants outils de recherche utilisés en chimie et en biologie.

Image d'atomes de fer disposés à la surface d'un support de cuivre de manière à écrire le mot « atome » en caractères chinois

QUESTIONS de révision

33. Une balle de baseball possède-t-elle des propriétés ondulatoires ? Si oui, sont-elles observables ?
34. Quel instrument constitue une application de la théorie de l'onde associée de De Broglie ?

Werner Heisenberg (1901-1976)

5.3.2 Le principe d'incertitude de Heisenberg

Même si le modèle de Bohr fait appel à la quantification, il se base principalement sur la mécanique classique et repose sur le fait que les électrons décrivent des orbites autour du noyau. Le physicien allemand Werner Heisenberg s'intéressa lui aussi à la trajectoire de l'électron. À l'échelle macroscopique, la mécanique classique permet de prédire avec précision la trajectoire d'un corps, à condition de connaître à tout instant sa position et sa vitesse. Par exemple, la NASA dirige aisément des sondes d'exploration vers des cibles précises. Encore une fois, il en est autrement à l'échelle atomique. En 1927, Heisenberg vint à la conclusion qu'il est impossible de prédire la trajectoire d'une particule à l'échelle atomique, puisqu'il est impossible de connaître avec précision à la fois sa position et sa quantité de mouvement (masse × vitesse). Ce principe, connu sous le nom de **principe d'incertitude de Heisenberg**, peut s'énoncer sous la forme suivante :

$$\Delta x \Delta p \geq \frac{h}{4\pi} \tag{5.13}$$

où h est la constante de Planck, et Δx et Δp sont respectivement les incertitudes dans les mesures de la position et de la quantité de mouvement ($m \times v$) de la particule.

Après un voyage interplanétaire de sept mois, la mission Mars Pathfinder se posa sur Mars le 4 juillet 1997.

Cette relation montre que si on connaît avec précision la position d'une particule, donc que son incertitude (Δx) est presque nulle, alors l'incertitude sur la vitesse sera presque infinie. Et inversement : plus la vitesse d'une particule est connue avec précision, plus sa position sera incertaine.

Concrètement, on peut penser à un électron d'un atome dont le diamètre est de l'ordre de 10^{-10} m. Si on acceptait sur sa position une incertitude de 1 % (donc de 10^{-12} m), l'incertitude sur sa vitesse serait alors du même ordre de grandeur que la vitesse de la lumière ! Le principe d'incertitude implique donc qu'il est impossible de connaître la trajectoire d'un électron. Par contre, pour une sonde d'exploration, l'incertitude sur la position et la vitesse sont trop petites pour avoir une influence à l'échelle macroscopique.

Les électrons ne circulent donc pas sur des orbites selon des trajectoires bien définies comme le pensait Bohr : il fallut donc chercher un nouveau modèle d'atome dans lequel on exclurait toute référence à la trajectoire de l'électron. Cette idée est également en accord avec la nature ondulatoire de l'électron telle que proposée par De Broglie : en effet, on ne peut pas parler de trajectoire pour une onde stationnaire.

QUESTIONS de révision

35. Selon Heisenberg, peut-on connaître avec précision à la fois la position et la vitesse d'une voiture ?
36. Selon Heisenberg, peut-on connaître avec précision à la fois la position et la vitesse d'un électron ?
37. Qu'est-ce que le principe d'incertitude ?

Erwin Schrödinger (1887-1961)

5.3.3 La mécanique quantique, la fonction d'onde et la probabilité de présence

À la suite de ces travaux, le physicien autrichien Erwin Schrödinger et Heisenberg lui-même développèrent une mécanique nouvelle, applicable à l'échelle atomique et qui intègre à la fois la nature ondulatoire des particules et la quantification. La mécanique quantique est basée sur l'équation de Schrödinger, qui décrit le comportement de la matière selon la mécanique quantique en utilisant le concept de fonction d'onde.

Lorsque résolue pour l'électron d'un atome d'hydrogène, l'équation de Schrödinger identifie chacun des niveaux d'énergie que peut occuper l'électron ainsi que la **fonction d'onde, Ψ** (psi), de l'électron associée à chacun de ces niveaux. En simplifiant un peu, Ψ représente donc une mesure de l'amplitude de l'onde stationnaire associée à cet électron en chaque point de l'espace autour du noyau. La section suivante montre que l'équation de Schrödinger fait intervenir trois nombres quantiques au lieu d'un seul comme dans le modèle de Bohr (*n*). L'équation de Schrödinger fait la synthèse de la nature de l'électron : elle tient compte à la fois de son comportement corpusculaire (en étant fonction de sa masse) et de son comportement ondulatoire (Ψ).

Bien que Ψ n'ait pas de signification réelle, son utilité fut proposée par Max Born. En effet, selon cette interprétation, lorsque Ψ est élevée au carré, **Ψ^2 représente la probabilité de présence de la particule en ce point.**

Une **orbitale atomique** correspond à la fonction d'onde d'un électron, c'est-à-dire à la distribution de sa probabilité de présence dans l'espace. On l'obtient par la résolution de l'équation de Schrödinger. Le mot « orbitale » rappelle l'orbite de Bohr, mais il représente une notion complètement différente. Une orbitale (Ψ^2) peut être vue comme l'expression mathématique qui décrit une région de l'espace dans laquelle un électron peut se trouver. Elle peut être imagée sous forme de **densité électronique** (ou **nuage électronique**), c'est-à-dire la densité de probabilité de présence d'un électron par unité de volume. Par exemple, pour l'atome d'hydrogène à l'état fondamental, l'équation de Schrödinger permet de calculer que la probabilité de présence de l'électron diminue au fur et à mesure que la distance du noyau augmente (*voir la* **FIGURE 5.19**).

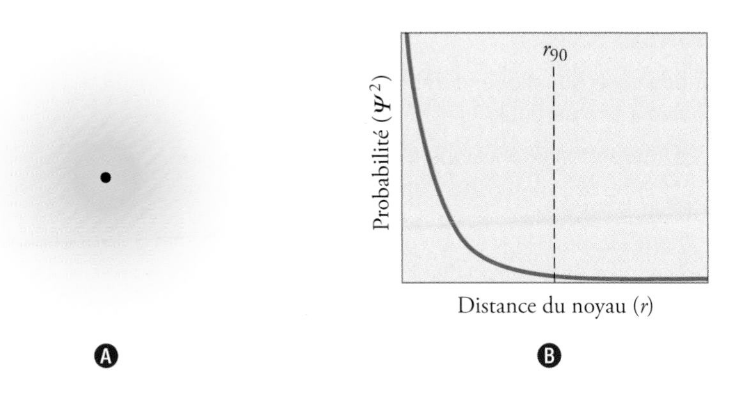

FIGURE 5.19

Distribution de la densité électronique autour du noyau de l'atome d'hydrogène

A Nuage électronique de l'électron de l'atome d'hydrogène. La probabilité de retrouver l'électron près du noyau est élevée et, dans ce cas-ci, elle est égale à une même distance du noyau. Ce genre de représentation sera expliqué davantage lors de l'étude des orbitales à la section 5.6, p. 220.

B Probabilité de présence de l'électron $1s$ de l'atome d'hydrogène en fonction de sa distance par rapport au noyau.

L'équation de Schrödinger vaut pour l'atome d'hydrogène, qui contient un proton et un électron, mais elle ne peut pas être résolue « exactement » (ou analytiquement) pour des atomes contenant plus d'un électron. Les chimistes et les physiciens ont cependant réussi à contourner cet obstacle en ayant recours à des approximations. Ainsi, pour les **atomes polyélectroniques**, c'est-à-dire qui contiennent plus d'un électron, on peut considérer que les énergies et les fonctions d'ondes obtenues à partir de l'étude de l'atome d'hydrogène sont de bonnes approximations du comportement des électrons et permettent d'expliquer de façon satisfaisante certaines tendances.

L'équation de Schrödinger a donc permis d'élaborer un nouveau modèle atomique basé sur la notion de probabilité de présence. Ce **modèle probabiliste**, basé sur la mécanique quantique, est celui qui est utilisé aujourd'hui.

Le chat de Schrödinger

La mécanique quantique a été développée parce qu'il était impossible d'appliquer les lois de l'échelle macroscopique à l'échelle atomique. Or, il est difficile de transposer les lois de l'infiniment petit (la mécanique quantique) à l'échelle macroscopique.

Afin d'illustrer ce problème, Schrödinger imagina une expérience dans laquelle un chat serait placé dans une boîte fermée. Dans cette boîte seraient également présents une petite quantité d'une matière radioactive, un compteur de matière radioactive et un flacon de poison destiné à tuer le chat dès la première désintégration radioactive détectée par le compteur. Comme la désintégration radioactive se décrit en termes de probabilités, il est impossible de prédire quand le chat mourra et son sort ne peut lui aussi être décrit qu'en termes de probabilités. Par exemple, avec le temps de demi-vie des isotopes radioactifs, on pourrait calculer la probabilité que le chat soit encore vivant après une minute. Selon la mécanique quantique, tant que la boîte est fermée, le chat n'est ni mort ni vivant : il se retrouve dans une superposition de ces deux états. Ce n'est que lorsque la boîte sera ouverte que le chat sera soit mort, soit vivant.

À l'échelle macroscopique, la mécanique quantique permet d'imaginer qu'une particule (comme un électron) se retrouve dans une superposition d'états, selon différentes probabilités. Par contre, il est très difficile de traduire un événement microscopique (la désintégration radioactive) en un événement macroscopique (la mort du chat).

RÉVISION DES CONCEPTS

Pour l'électron d'un atome d'hydrogène, quelle est la différence entre Ψ et Ψ^2 ?

QUESTIONS de révision

38. En mécanique quantique, comment symbolise-t-on l'amplitude d'une onde associée à une particule ?
39. Quelle interprétation physique Max Born a-t-il donnée à Ψ^2 ?
40. Comment s'appelle la représentation imagée de Ψ^2 ?
41. Comment s'appelle la fonction mathématique qui fournit la probabilité de présence d'un électron dans l'espace entourant le noyau ?
42. Quelle est la différence entre une orbitale et une orbite ?

5.4 Les nombres quantiques

En mécanique quantique, il faut trois **nombres quantiques** pour décrire la distribution des électrons dans un atome. Ces nombres, qui viennent de la résolution de l'équation de Schrödinger pour l'atome d'hydrogène, sont le nombre quantique principal, le nombre quantique secondaire et le nombre quantique magnétique ; ils servent à décrire les orbitales atomiques et à désigner les électrons qui s'y trouvent. Il existe un quatrième nombre quantique, le nombre quantique de spin (ou de rotation propre), qui décrit le comportement d'un électron donné et complète la description de l'état électronique d'un atome.

Il a été question précédemment du nombre quantique n. En effet, bien que le modèle de Bohr ne soit plus accepté aujourd'hui, l'idée de niveaux d'énergie quantifiés est encore valable dans le modèle probabiliste de l'atome.

5.4.1 Le nombre quantique principal (*n*)

Dans le modèle atomique actuel, le nombre quantique n est appelé **nombre quantique principal**. C'est celui que l'on retrouve dans l'équation 5.6. Il détermine la taille de l'orbitale et l'énergie de l'électron qui l'occupe et ne peut prendre comme valeur que des valeurs entières positives (1, 2, 3, etc.). Il est établi plus loin qu'en général, plus n augmente, plus la taille de l'orbitale augmente. Il faut toutefois mentionner que dans le cas des atomes polyélectroniques, n n'est pas suffisant pour déterminer entièrement l'énergie de l'électron.

NOTE

L'équation 5.6 de la page 199 n'est valable que pour l'atome d'hydrogène.

$$E_n = -R_H\left(\frac{1}{n^2}\right)$$

5.4.2 Le nombre quantique secondaire (ℓ)

Le **nombre quantique secondaire** (ou **azimutal**), représenté par la lettre ℓ, définit principalement la forme de l'orbitale. En effet, comme une orbitale peut être assimilée à une région de l'espace autour du noyau, elle peut prendre différentes formes. Les valeurs permises du nombre quantique ℓ sont les valeurs entières positives comprises entre 0 et $n - 1$. Par exemple, si $n = 5$, ℓ peut prendre les valeurs 0, 1, 2, 3 et 4.

À chaque valeur de ℓ est associée une lettre:

ℓ	0	1	2	3	4
Nom de l'orbitale	*s*	*p*	*d*	*f*	*g*

Au-delà de $\ell = 3$ (dans les états excités seulement), on suit l'ordre alphabétique.

Il est expliqué plus loin que les orbitales *s* ($\ell = 0$) sont des orbitales sphériques, alors que les orbitales *p* ($\ell = 1$) sont des orbitales bilobées. En fait, plus la valeur de ℓ augmente, plus la forme de l'orbitale est complexe. De plus, dans le cas des atomes à plusieurs électrons, la valeur du nombre quantique ℓ contribue aussi à définir l'énergie de l'électron (tout comme n, mais en plus faible contribution).

Un ensemble d'orbitales ayant la même valeur de n est fréquemment appelé **couche** (ou **niveau**). Une ou plusieurs orbitales ayant les mêmes valeurs de n et de ℓ sont appelées **sous-couches** (ou **sous-niveaux**). Par exemple, la couche où $n = 2$ est composée de deux sous-couches où $\ell = 0$ et 1 (les valeurs possibles quand $n = 2$). On les appelle les « sous-couches 2*s* et 2*p* », où 2 est la valeur de n et où *s* et *p* indiquent les valeurs de ℓ.

NOTE

Le « 2 » de « 2*s* » réfère à la valeur de n, et le « *s* » est le symbole de la valeur de ℓ.

5.4.3 Le nombre quantique magnétique (m_ℓ)

Le nombre quantique m_ℓ est appelé **nombre quantique magnétique** et il définit principalement l'orientation de l'orbitale dans l'espace. La valeur de m_ℓ dépend de la valeur de ℓ: m_ℓ peut prendre comme valeur tous les nombres entiers compris entre $-\ell$ et $+\ell$, incluant 0. Plus le nombre quantique ℓ est élevé, et donc plus la forme de l'orbitale est complexe, plus il y a d'orientations possibles pour l'orbitale. La somme des valeurs permises à m_ℓ permet de déterminer le nombre d'orbitales possibles pour une valeur de ℓ. Par exemple, une orbitale *s* n'a qu'une seule orientation possible ($\ell = 0$, $m_\ell = 0$). Par contre, une orbitale *p* pourra prendre trois orientations différentes ($\ell = 1$, $m_\ell = -1, 0, +1$).

En absence de champ magnétique, on considère que le nombre quantique m_ℓ ne contribue pas à l'énergie d'une orbitale. Par exemple, les trois orbitales *p* du niveau $n = 2$ ont la même énergie.

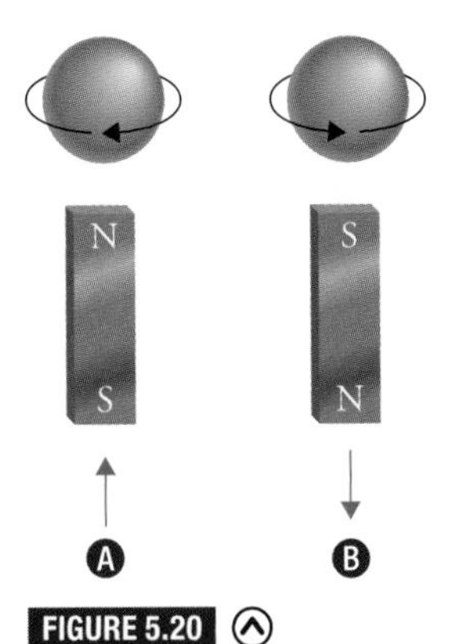

FIGURE 5.20

Spins possibles d'un électron

A Dans le sens des aiguilles d'une montre.

B Dans le sens contraire des aiguilles d'une montre. Les champs magnétiques engendrés par ces deux rotations sont semblables à ceux des deux aimants. Les flèches, vers le haut et le bas, indiquent la direction des spins.

NOTE

Stern et Gerlach ont utilisé des atomes d'argent pour cette expérience, car l'atome d'argent contient un seul électron non apparié, c'est-à-dire qui n'est pas accompagné d'un autre électron de spin contraire. Ici, pour illustrer le principe, on peut supposer l'utilisation d'atomes d'hydrogène.

L'ensemble des trois nombres quantiques n, ℓ et m_ℓ est donc nécessaire pour définir une orbitale: taille et énergie, forme, orientation. Ces nombres quantiques avaient déjà été proposés par les spectroscopistes pour interpréter les différentes raies présentes dans les spectres des atomes, et le fait que la mécanique quantique soit capable de les retrouver théoriquement contribua à faire accepter le modèle probabiliste de l'atome.

5.4.4 Le nombre quantique de spin (m_s)

L'observation des spectres d'émission des atomes d'hydrogène et de sodium en présence d'un champ magnétique externe a montré que les raies spectrales peuvent se diviser en deux. La seule explication à ce phénomène est que les électrons agissent comme de minuscules aimants: ils peuvent tourner sur eux-mêmes dans un sens ou dans l'autre (*voir la* FIGURE 5.20). Si on imagine les électrons tournant sur eux-mêmes, comme la Terre, on peut expliquer leurs propriétés magnétiques. Selon la théorie électromagnétique, une charge qui tourne génère un champ magnétique. Afin de tenir compte de ce comportement, le **nombre quantique de spin** (ou **de rotation propre**) (m_s) fut introduit, lequel décrit le sens de rotation de l'électron sur lui-même. Il ne peut prendre que deux valeurs: soit $+1/2$, soit $-1/2$.

Une preuve expérimentale de l'existence des spins a été fournie par Otto Stern et Walter Gerlach en 1924. La FIGURE 5.21 illustre leur montage expérimental. Un faisceau d'atomes gazeux produit dans un four passe à travers un champ magnétique non homogène (dont la valeur varie dans l'espace). L'interaction entre l'électron et le champ magnétique fait dévier l'atome de sa trajectoire rectiligne. Étant donné que le spin est complètement aléatoire, une moitié des atomes ayant un électron tournant dans un sens sera déviée dans une direction, et l'autre moitié des atomes avec un électron de spin contraire sera déviée dans une direction opposée. Ainsi, on observe deux points lumineux de même intensité sur l'écran de détection.

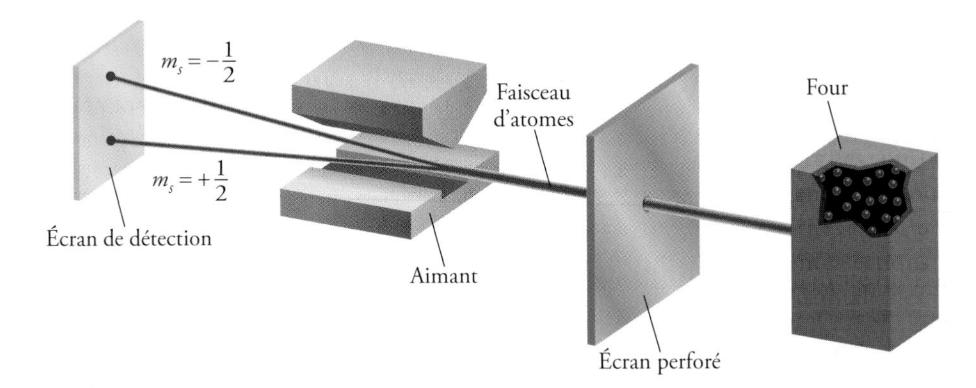

FIGURE 5.21

Montage expérimental démontrant l'existence du spin des électrons

Un faisceau d'atomes est dirigé à travers un champ magnétique non homogène. Par exemple, lorsqu'un atome d'hydrogène, atome qui ne possède qu'un seul électron, passe dans ce champ, il est dévié dans une direction ou une autre selon le spin de son électron. Dans le cas d'un faisceau, il y a présence d'un grand nombre d'atomes, ce qui donne une distribution égale des deux variétés de spin. Donc, il y a détection de deux points lumineux d'égales intensités sur l'écran.

RÉVISION DES CONCEPTS

a) Quels nombres quantiques sont des variables indépendantes?

b) Lesquels sont des variables dépendantes?

QUESTIONS de révision

43. Quels sont les quatre nombres quantiques ?
44. Quelle est leur signification ?
45. Quel nombre quantique définit une couche (un niveau) ?
46. Quels nombres quantiques définissent une sous-couche (un sous-niveau) ?
47. Quel nombre quantique (ou lesquels) détermine : **a)** l'énergie d'un électron dans un atome d'hydrogène ? **b)** l'énergie d'un électron dans un atome polyélectronique ?

5.5 Les orbitales atomiques et les états quantiques

Alors que les nombres quantiques n, ℓ et m_ℓ servent à définir une orbitale, l'ensemble des quatre nombres quantiques n, ℓ, m_ℓ et m_s permet de définir l'**état quantique** de l'électron.

Le symbole d'une orbitale est représenté de la façon suivante :

$$n\ell_{m\ell}$$

Par exemple, une orbitale définie par l'ensemble des nombres quantiques $n = 3$, $\ell = 1$ et $m_\ell = -1$ sera représentée par le symbole suivant : $3p_{-1}$. Le **TABLEAU 5.2** présente des exemples de symboles d'orbitales pour des valeurs données de n, de ℓ et de m_ℓ.

TABLEAU 5.2 > Exemples de symboles d'orbitales atomiques

n	4	2	3	1
ℓ	3 devient f	1 devient p	2 devient d	0 devient s
m_ℓ	+1	0	−2	0
Symbole de l'orbitale	$\mathbf{4f_{+1}}$	$\mathbf{2p_0}$	$\mathbf{3d_{-2}}$	$\mathbf{1s}$

Les quatre nombres quantiques n, ℓ, m_ℓ et m_s permettent donc de décrire de façon complète l'état quantique d'un électron dans une orbitale de n'importe quel atome. Dans un certain sens, par analogie, on peut considérer l'ensemble des quatre nombres quantiques comme « l'adresse » d'un électron dans un atome, comme lorsqu'une personne donne son adresse : rue, ville, province, code postal. Par exemple, les quatre nombres quantiques associés à un électron dans une orbitale $2s$ sont $n = 2$, $\ell = 0$, $m_\ell = 0$ et $m_s = +1/2$ ou $-1/2$. Cette façon de noter les nombres quantiques est peu commode : c'est pourquoi on utilise une notation simplifiée : (n, ℓ, m_ℓ, m_s). Dans l'exemple cité plus haut, les nombres quantiques sont (2, 0, 0, +1/2) ou (2, 0, 0, −1/2). La valeur du nombre quantique m_s n'influe pas sur l'énergie, la taille, la forme et l'orientation d'une orbitale, mais elle joue un rôle important dans l'arrangement des électrons qu'elle contient.

NOTE
Par convention, on commence par attribuer à m_s la valeur de +1/2, puis de −1/2.

Le **TABLEAU 5.3** (*voir page suivante*) fournit un résumé des orbitales permises jusqu'à $n = 3$. Une valeur donnée de n engendre n^2 orbitales permises. Comme un électron d'une orbitale peut prendre deux valeurs de m_s (+1/2 et −1/2), il y aura toujours deux fois plus d'états quantiques permis que d'orbitales permises.

TABLEAU 5.3 > Relation entre les nombres quantiques et les orbitales atomiques permises

n	ℓ (0 à $n-1$)	m_ℓ ($-\ell$ à $+\ell$)	Nombre d'orbitales	Symbole de l'orbitale
1	0	0	1	$1s$
2	0	0	1	$2s$
	1	−1, 0, +1	3	$2p_{-1}$, $2p_0$, $2p_{+1}$
3	0	0	1	$3s$
	1	−1, 0, +1	3	$3p_{-1}$, $3p_0$, $3p_{+1}$
	2	−2, −1, 0, +1, +2	5	$3d_{-2}$, $3d_{-1}$, $3d_0$, $3d_{+1}$, $3d_{+2}$

EXEMPLE 5.5 La désignation d'une orbitale atomique

Donnez les valeurs possibles pour n, ℓ et m_ℓ pour les orbitales du sous-niveau $4d$.

DÉMARCHE

Quelles relations existe-t-il entre n, ℓ et m_ℓ? Que représentent le 4 et le d dans $4d$?

SOLUTION

Le nombre utilisé pour désigner le sous-niveau est le nombre quantique principal, donc $n = 4$. Comme nous avons affaire à des orbitales d, $\ell = 2$. Les valeurs de m_ℓ peuvent varier de $-\ell$ à ℓ. Ainsi, m_ℓ peut avoir les valeurs −2, −1, 0, +1 et +2.

Orbitale	Valeurs permises (n, ℓ, m_ℓ)
$4d$	(4, 2, −2)
	(4, 2, −1)
	(4, 2, 0)
	(4, 2, +1)
	(4, 2, +2)

VÉRIFICATION

Au niveau $4d$, les valeurs de n et de ℓ sont fixes, mais m_ℓ peut prendre l'une ou l'autre des cinq valeurs, ce qui correspond aux cinq orbitales d.

Problème semblable 5.31

EXERCICE E5.5

Donnez les valeurs des nombres quantiques associés aux orbitales du sous-niveau $3p$.

EXEMPLE 5.6 Le calcul du nombre d'orbitales et d'états quantiques associés à un nombre quantique principal

Déterminez le nombre total d'orbitales et d'états quantiques associés au nombre quantique principal $n = 3$.

DÉMARCHE

Pour calculer le nombre total d'orbitales pour une valeur donnée de n, il faut d'abord déterminer les valeurs possibles de ℓ. Ensuite, on trouvera combien il y a de valeurs de m_ℓ associées à chaque valeur de ℓ. Le nombre total d'orbitales est égal à la somme de toutes les valeurs de m_ℓ. Comme le nombre quantique m_s peut prendre deux valeurs, il y a toujours deux fois plus d'états quantiques que d'orbitales. ▶

SOLUTION

Pour $n = 3$, les valeurs possibles de ℓ sont 0, 1 et 2. Ainsi, il y a une seule orbitale $3s$ ($n = 3$, $\ell = 0$ et $m_\ell = 0$) ; il y a trois orbitales $3p$ ($n = 3$, $\ell = 1$ et $m_\ell = -1, 0, +1$) ; il y a cinq orbitales $3d$ ($n = 3$, $\ell = 2$ et $m_\ell = -2, -1, 0, +1, +2$). Donc, le nombre total d'orbitales est $1 + 3 + 5 = 9$ et le nombre d'états quantiques est 18.

Valeur de ℓ	Orbitale	États quantiques permis (n, ℓ, m_ℓ, m_s)	
0	$3s$	(3, 0, 0, +1/2)	(3, 0, 0, −1/2)
1	$3p_{-1}$	(3, 1, −1, +1/2)	(3, 1, −1, −1/2)
	$3p_0$	(3, 1, 0, +1/2)	(3, 1, 0, −1/2)
	$3p_{+1}$	(3, 1, +1, +1/2)	(3, 1, +1, −1/2)
2	$3d_{-2}$	(3, 2, −2, +1/2)	(3, 2, −2, −1/2)
	$3d_{-1}$	(3, 2, −1, +1/2)	(3, 2, −1, −1/2)
	$3d_0$	(3, 2, 0, +1/2)	(3, 2, 0, −1/2)
	$3d_{+1}$	(3, 2, +1, +1/2)	(3, 2, +1, −1/2)
	$3d_{+2}$	(3, 2, +2, +1/2)	(3, 2, +2, −1/2)

VÉRIFICATION

Le nombre total d'orbitales pour une valeur donnée de n est n^2 et le nombre d'états quantiques est $2n^2$. On a donc ici $3^2 = 9$ orbitales et 18 états quantiques.

EXERCICE E5.6

Quel est le nombre total d'orbitales et d'états quantiques associés au nombre quantique principal $n = 4$?

Problème semblable 5.34

EXEMPLE 5.7 L'attribution de nombres quantiques à un électron

Donnez les différents ensembles de nombres quantiques pouvant caractériser un électron situé dans une orbitale $3p$.

DÉMARCHE

Que signifient le 3 et le p dans la notation $3p$? Combien d'orbitales (valeurs possibles de m_ℓ) y a-t-il dans une sous-couche $3p$? Quelles sont les valeurs possibles pour le nombre quantique de spin?

SOLUTION

Premièrement, nous savons que le nombre quantique principal n est 3 et que le nombre quantique secondaire ℓ doit être 1 (car il s'agit d'une orbitale p). Quand $\ell = 1$, m_ℓ peut prendre trois valeurs, soit −1, 0, +1. Puisque le nombre quantique de spin m_s peut être soit + 1/2, soit − 1/2, il y a donc six états quantiques possibles pour l'électron:

(3, 1, −1, +1/2) (3, 1, −1, −1/2)
(3, 1, 0, +1/2) (3, 1, 0, −1/2)
(3, 1, +1, +1/2) (3, 1, +1, −1/2)

EXERCICE E5.7

Donnez les différents ensembles de nombres quantiques qui caractérisent un électron situé dans une orbitale $4d$.

Problème semblable 5.32

RÉVISION DES CONCEPTS

Donnez les quatre nombres quantiques pour chacun des électrons occupant une orbitale 6*s*.

QUESTIONS de révision

48. Quels nombres quantiques sont nécessaires pour définir une orbitale?
49. Quels nombres quantiques sont nécessaires pour définir un état quantique?
50. Quels sont les nombres quantiques associés à l'orbitale $4f_{+3}$?
51. Les orbitales $2s_{+1}$ et $2d_0$ sont-elles permises?

5.6 Les orbitales atomiques

5.6.1 Les orbitales *s* ($\ell = 0$)

À proprement parler, une orbitale n'a pas une forme bien définie, car la fonction d'onde qui caractérise une orbitale s'étend du noyau à l'infini. Il est donc difficile de décrire une orbitale. Par contre, il est bien commode d'imaginer les orbitales selon des formes spécifiques, particulièrement quand on parle de la formation de liaisons chimiques entre des atomes, comme c'est le cas aux chapitres 7 et 8.

Bien que la probabilité de rencontrer l'électron ne soit jamais nulle même à une distance très éloignée du noyau, on a l'habitude de limiter la taille d'une orbitale de façon à y retrouver 90 % de probabilité de présence de l'électron.

La **FIGURE 5.22A** montre la variation de la densité électronique en fonction de la distance qui sépare l'électron du noyau dans l'orbitale 1*s* d'un atome d'hydrogène. On peut voir que cette densité décroît rapidement à mesure que la distance du noyau augmente. Ainsi, on peut représenter l'orbitale 1*s* en traçant une **surface de contour** (surface d'isodensité) qui délimite une frontière englobant environ 90 % de la densité électronique totale pour une orbitale donnée (*voir la* **FIGURE 5.22B**). Une orbitale *s* ainsi représentée est de forme *sphérique*. Une façon plus réaliste de visualiser la densité électronique consiste à diviser l'orbitale 1*s* en minces couches sphériques successives, comme des pelures d'oignon. La mise en graphe de la probabilité de trouver l'électron dans chacune des couches, appelée **probabilité radiale**, en fonction de la distance du noyau donne un maximum à 52,9 pm (*voir la* **FIGURE 5.22C**). Fait intéressant, cette distance est la même que celle trouvée par Bohr dans son modèle pour l'orbite la plus rapprochée du noyau.

NOTE

Dans ce manuel, lorsqu'on fait référence à l'énergie d'une orbitale, il s'agit de l'énergie d'un électron qui occupe cette orbitale.

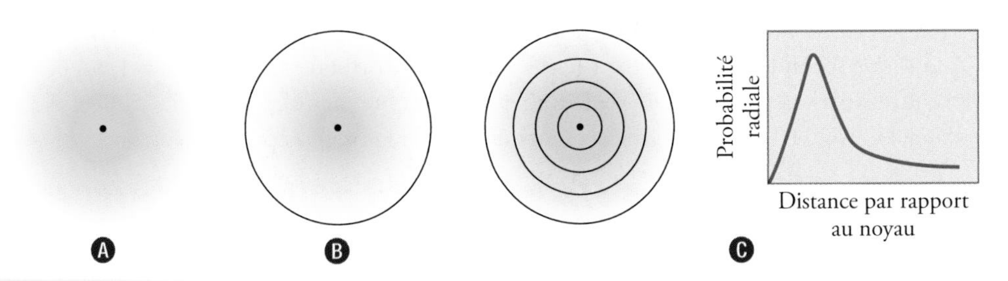

FIGURE 5.22 **Représentations de l'orbitale 1*s***

A Tracé de la variation de la densité électronique dans l'orbitale 1*s* d'un atome d'hydrogène en fonction de la distance par rapport au noyau. La densité électronique chute rapidement à mesure que cette distance augmente.

B Surface de contour de l'orbitale 1*s* de l'hydrogène.

C Probabilité radiale.

Comme la valeur du nombre quantique m_ℓ est égale à zéro, il n'existe qu'une seule orbitale *s* par niveau *n*. Ce qui distingue les orbitales *s* (1*s*, 2*s*, 3*s*...) (*voir la* **FIGURE 5.23**), c'est leur taille, l'énergie du ou des électrons qui les occupent et leur nombre de zones nodales.

La taille de l'orbitale augmente avec *n*. Pour un même élément, l'orbitale 2*s* est plus grande que l'orbitale 1*s*. Cependant, comme le démontre la coupe du nuage électronique, il existe, dans l'orbitale 2*s*, une surface sphérique infiniment mince où la probabilité de présence est nulle. Cette surface de probabilité nulle est appelée **zone nodale**. Dans les orbitales de type *s*, les zones nodales apparaissent à partir de $n = 2$ et s'ajoutent une à une au fur et à mesure que *n* augmente. Dans une orbitale *s*, il y a **$n - 1$ zones nodales**, c'est-à-dire aucune zone nodale dans une orbitale 1*s*, une dans une orbitale 2*s*, deux dans une orbitale 3*s* et ainsi de suite (*voir la* **FIGURE 5.24**).

On peut faire l'analogie suivante pour comprendre ce que représente une zone nodale : lorsqu'une personne est dans sa maison, il y a des probabilités qu'elle se trouve dans le salon, dans la cuisine ou dans une chambre. Par contre, la probabilité de trouver cette personne à l'intérieur des cloisons qui séparent deux pièces est nulle. Une zone nodale est une zone, dans une orbitale, où il est impossible de rencontrer un électron.

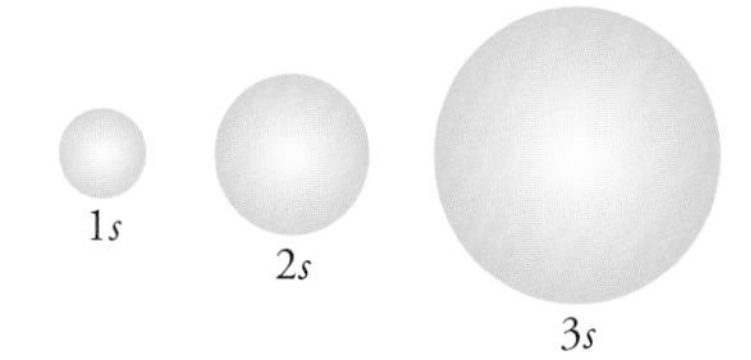

FIGURE 5.23

Surfaces de contour des orbitales 1*s*, 2*s* et 3*s* de l'hydrogène

Chaque surface sphérique délimite un volume dans lequel il y a environ 90 % de probabilité de trouver l'électron. Toutes les orbitales *s* sont sphériques et leur taille augmente avec *n*.

5.6.2 Les orbitales *p* ($\ell = 1$)

Comme la valeur du nombre quantique ℓ est limitée à des valeurs entières comprises entre 0 et $n - 1$, les orbitales *p* apparaissent à partir de $n = 2$ seulement (lorsque $n = 1$, la seule valeur permise pour ℓ est zéro, ce qui implique que seule une orbitale 1*s* est possible). Peu importe la valeur de *n*, les orbitales *p* sont **bilobées**. Les deux lobes ne représentent qu'une seule et même orbitale.

Comme m_ℓ peut prendre trois valeurs différentes lorsque $\ell = 1$ (−1, 0 et +1), il y aura, pour chaque valeur de *n* (sauf lorsque $n = 1$), trois orbitales *p* différentes. Au niveau 2, par exemple, il y aura trois orbitales 2*p* : $2p_{-1}$, $2p_0$ et $2p_{+1}$. C'est l'orientation de ces orbitales qui les différencie (valeur de m_ℓ). On les représente en coordonnées cartésiennes comme à la **FIGURE 5.25**, où l'identification de l'orbitale ($2p_x$, $2p_y$, $2p_z$) est liée à l'axe de symétrie de révolution de chacune d'entre elles. La taille et l'énergie de chacune des trois orbitales 2*p* sont identiques.

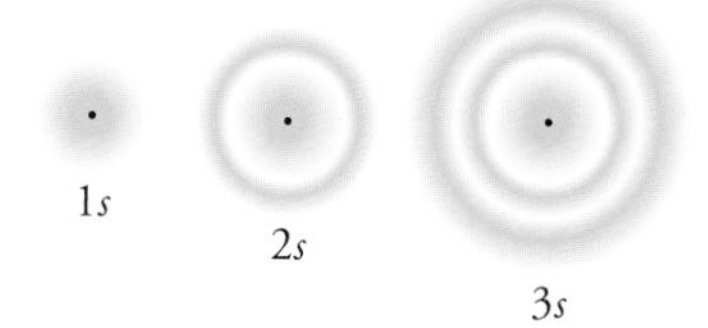

FIGURE 5.24

Coupe des nuages électroniques des orbitales 1*s*, 2*s* et 3*s*

Les orbitales *s* ont $n - 1$ zones nodales : l'orbitale 1*s* n'en a pas, l'orbitale 2*s* en a une et l'orbitale 3*s* en a deux.

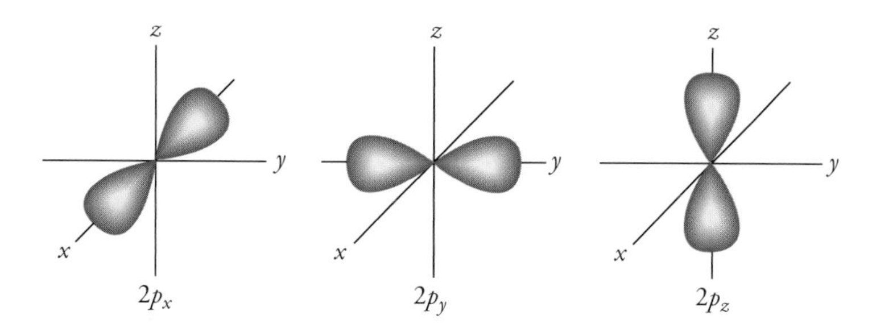

FIGURE 5.25

Surfaces de contour des trois orbitales 2*p*

Mis à part leurs orientations différentes, ces orbitales sont identiques pour ce qui est de la forme et de l'énergie.

Tout comme pour les orbitales *s*, la taille des orbitales *p* augmente avec *n*. De plus, il existe aussi des zones de probabilité nulle dans certaines orbitales *p* (*voir la* **FIGURE 5.26**). En effet, les zones nodales apparaissent à partir de $n = 3$. Dans une orbitale *p*, il y a donc $n - 2$ zones nodales par lobe (*voir la* **FIGURE 5.26**).

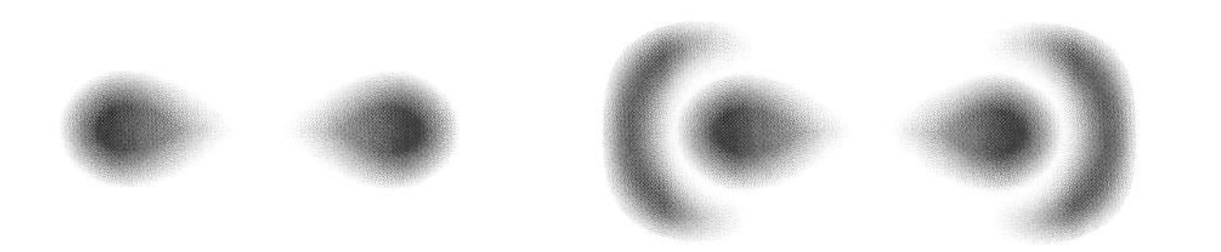

FIGURE 5.26

Coupe des nuages électroniques des orbitales 2*p* et 3*p*

Les orbitales *p* ont $n - 2$ zones nodales : l'orbitale 2*p* n'en a aucune et l'orbitale 3*p* en a une.

5.6.3 Les orbitales *d* ($\ell = 2$)

Les orbitales *d* ($\ell = 2$) sont permises à partir de $n = 3$. Il n'y a donc pas d'orbitales 1*d* ni d'orbitales 2*d*. Comme la valeur de ℓ est plus élevée, la forme des orbitales *d* est plus complexe : généralement, une orbitale *d* présente quatre lobes. Comme il y a cinq valeurs permises pour m_ℓ (−2, −1, 0, +1, +2), il y a cinq orbitales *d* différentes pour chaque valeur de n (à partir de $n = 3$) : $3d_{-2}$, $3d_{-1}$, $3d_0$, $3d_{+1}$, $3d_{+2}$. On peut aussi distinguer les orbitales *d* en fonction de leur position sur les axes (ou entre les axes) x, y et z (*voir la* **FIGURE 5.27**).

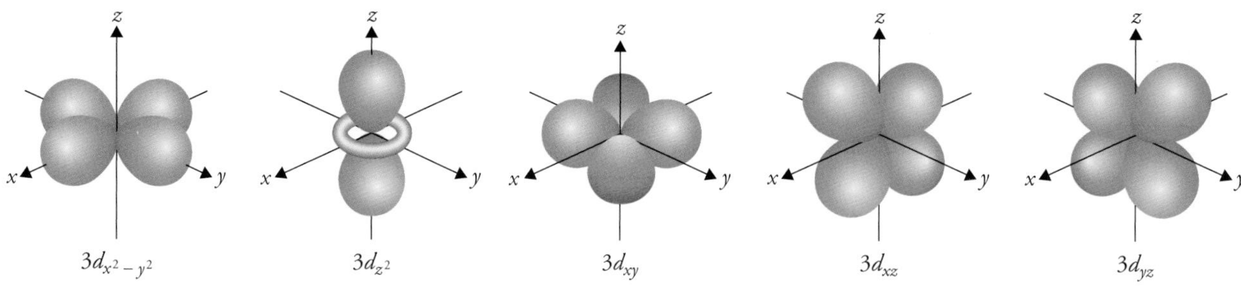

FIGURE 5.27

Surfaces de contour des cinq orbitales 3*d*

Bien que l'orbitale $3d_{z^2}$ n'ait pas la même forme que les autres, il a été démontré qu'elle leur est équivalente. Donc, les cinq orbitales $3d$ ne diffèrent que par leur orientation. Tout comme pour les orbitales *s* et les orbitales *p*, la taille des orbitales *d* augmente avec n.

5.6.4 Les orbitales *f* ($\ell = 3$)

Plus la valeur de ℓ augmente, plus la forme de l'orbitale est complexe (plus le nombre de lobes augmente). On peut estimer le nombre de lobes d'une orbitale à l'aide de la formule 2^ℓ. Les orbitales f ($\ell = 3$) auront donc huit lobes et, comme m_ℓ peut prendre sept valeurs, elles seront au nombre de sept. Leur forme générale est présentée à la **FIGURE 5.28**. Ces orbitales jouent un rôle important dans le comportement des éléments dont le numéro atomique est supérieur à 57.

FIGURE 5.28

Forme générale d'une orbitale *f*

En général, les orbitales *f* possèdent huit lobes.

RÉVISION DES CONCEPTS

Pourquoi une orbitale 2*d* est-elle interdite alors qu'une orbitale 3*d* est permise ?

QUESTIONS de révision

52. Quelles sont les caractéristiques des orbitales *s*, des orbitales *p* et des orbitales *d* ?
53. Qu'est-ce qui distingue une orbitale 2*p* d'une orbitale 3*p* ?
54. Combien d'orbitales *s*, *p*, *d* et *f* y a-t-il au niveau $n = 4$?

5.7 L'énergie et la taille des orbitales atomiques : l'influence de *n*, de ℓ et de *Z*

Dans le cas de l'atome d'hydrogène, l'énergie de l'électron ne dépend que du nombre quantique n, comme le prévoyait le modèle de Bohr (*voir l'équation 5.6 :* $E_n = -R_H/n^2$). Cela signifie que, pour l'électron d'un atome d'hydrogène, toutes les orbitales d'un même nombre quantique n ont la même énergie. Il en est de même pour les ions hydrogénoïdes (ions à un seul électron), mais il faudra tenir compte de la charge nucléaire et utiliser la relation $E_n = \frac{-Z^2 R_H}{n^2}$, où Z est le numéro atomique.

Les énergies des orbitales de l'hydrogène augmentent donc de la manière suivante (*voir la* **FIGURE 5.29**) :

$$1s < 2s = 2p < 3s = 3p = 3d < 4s = 4p = 4f < \ldots$$

Bien que la distribution de la densité électronique soit différente dans les orbitales $2s$ et $2p$, l'énergie de l'électron de l'hydrogène est la même.

L'orbitale $1s$ correspond, dans un atome d'hydrogène, à la condition la plus stable de l'élément et est appelée « état fondamental » (*voir p. 200*) ; un électron situé dans cette orbitale est plus fortement retenu par le noyau, car il en est le plus rapproché possible.

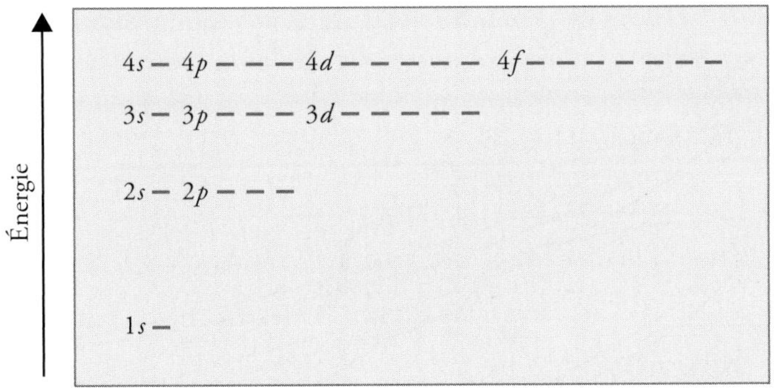

4s – 4p – – – 4d – – – – – 4f – – – – – – –
3s – 3p – – – 3d – – – – –
2s – 2p – – –
1s –
Énergie

FIGURE 5.29

Niveaux d'énergie des orbitales dans l'atome d'hydrogène

Chaque petit trait horizontal représente une orbitale. Les orbitales qui ont le même nombre quantique principal (n) possèdent toutes la même énergie.

L'équation de Schrödinger se résout exactement dans le cas de l'hydrogène et des ions à un seul électron. La configuration énergétique est cependant plus complexe pour ce qui est des atomes polyélectroniques. En général, on constate que les orbitales des atomes polyélectroniques ressemblent aux orbitales de l'hydrogène. En revanche, dans leur cas, l'énergie des orbitales n'est pas seulement tributaire de n : elle varie aussi avec le nombre quantique ℓ (*voir la* **FIGURE 5.30**). En absence de champ magnétique, les orbitales d'un même sous-niveau (ex. : $2p_{+1}$, $2p_0$, $2p_{-1}$) ont toutes la même énergie et sont dites **orbitales dégénérées**.

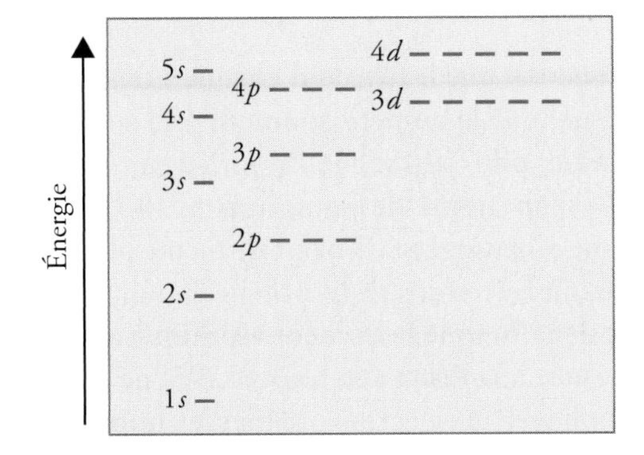

FIGURE 5.30

Niveaux d'énergie des orbitales dans un atome polyélectronique

Les niveaux d'énergie dépendent à la fois des valeurs de n et de ℓ.

On peut déterminer l'ordre croissant d'énergie des orbitales en appliquant la règle « $n + \ell$ minimal » : pour des orbitales en voie de remplissage, la première à se remplir est celle pour laquelle la somme des deux nombres quantiques n et ℓ est la plus petite. Si, pour deux orbitales, cette somme est la même, celle qui a la plus petite valeur de n se remplit la première. Par exemple, $3p$, car $(3 + 1 = 4)$; puis $4s$, car $(4 + 0 = 4)$; puis $3d$, car $(3 + 2) = 5$. Le niveau $4s$ est donc un niveau d'énergie inférieur au niveau $3d$.

Ces inversions dans l'ordre de remplissage des sous-niveaux par rapport à leurs nombres quantiques n résultent du fait que, dans les atomes polyélectroniques, des interactions répulsives entre les électrons eux-mêmes s'ajoutent aux interactions noyau-électrons. Il s'avère que l'énergie totale d'un atome est plus basse quand la sous-couche 4*s* est remplie avant la sous-couche 3*d*.

Ces niveaux d'énergie peuvent être déterminés expérimentalement grâce à des méthodes spectroscopiques, par exemple avec des rayons X qui peuvent interagir avec les électrons internes. La **FIGURE 5.31** présente le résultat de ces mesures. On peut voir que, pour des atomes d'éléments différents, le niveau d'énergie d'un même sous-niveau n'est pas le même. Par exemple, pour plusieurs éléments, le niveau d'énergie 3*d* est très rapproché du niveau 4*s*. La figure présente aussi les inversions et les recouvrements déjà mentionnés entre les niveaux des couches successives. Enfin, on voit clairement que les niveaux élevés sont plus rapprochés entre eux que les niveaux bas.

FIGURE 5.31

Énergies potentielles des orbitales atomiques des différents niveaux en fonction du numéro atomique

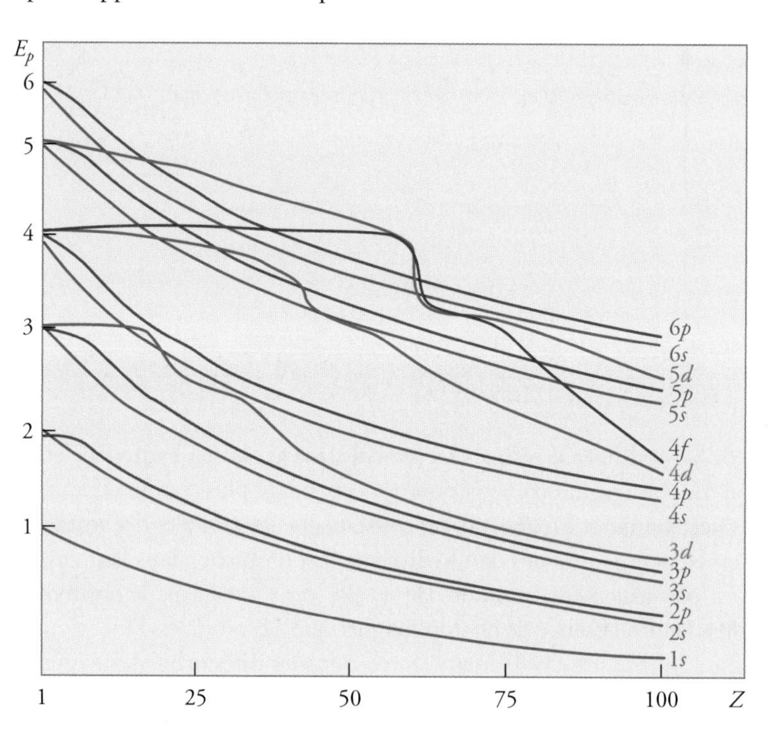

De plus, la **FIGURE 5.31** démontre que le niveau d'énergie a tendance à diminuer progressivement vers le bas à mesure que le numéro atomique (Z) augmente. Cela s'explique par le fait que plus Z augmente, plus l'attraction du noyau sur les électrons est forte. Ainsi, l'énergie de l'orbitale 1*s* d'un atome de potassium (Z = 19) est inférieure à l'énergie de l'orbitale 1*s* d'un atome d'hydrogène. Il en est de même pour la taille : plus l'attraction du noyau est intense, plus les électrons s'approchent du noyau ; ainsi, **la taille et l'énergie des orbitales diminuent lorsque le numéro atomique augmente** (*voir la* **FIGURE 5.32**). L'échelle d'énergie présentée à la **FIGURE 5.30** (*voir p. 223*) ne sert donc que de comparaison : elle ne peut pas s'appliquer aux électrons de tous les atomes pour ces mêmes niveaux.

FIGURE 5.32

Taille des orbitales *s*

La taille de l'orbitale augmente avec *n*. Pour une même orbitale, la taille diminue en fonction du numéro atomique.

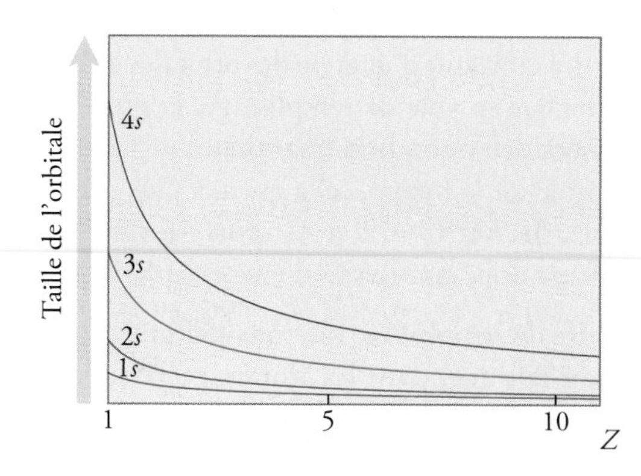

L'influence qu'ont les nombres quantiques n et ℓ et le nombre de protons sur la taille et l'énergie des orbitales peut être résumée comme suit :

- La taille d'une orbitale augmente avec n.
- Pour l'hydrogène et les ions hydrogénoïdes, l'énergie des orbitales ne varie qu'en fonction de n.
- Pour les atomes à plusieurs électrons, l'énergie varie en fonction de n et de ℓ, mais pas de m_ℓ. Elle augmente si n augmente, mais aussi si ℓ augmente.
- L'énergie d'un électron dans une orbitale diminue si le numéro atomique augmente.

QUESTIONS de révision

55. De quels nombres quantiques dépend : **a)** l'énergie d'un électron dans un atome d'hydrogène ? **b)** l'énergie d'un électron dans un atome polyélectronique ?
56. Classez par ordre croissant d'énergie les orbitales 2*p* des atomes H, C et O.
57. Une orbitale 3*d* du carbone est-elle plus petite qu'une orbitale 3*d* de l'hélium ?

RÉSUMÉ

5.1 De la physique classique à la théorie des quanta

La lumière peut se comporter comme une onde ou comme une particule, selon le phénomène étudié.

L'aspect ondulatoire de la lumière

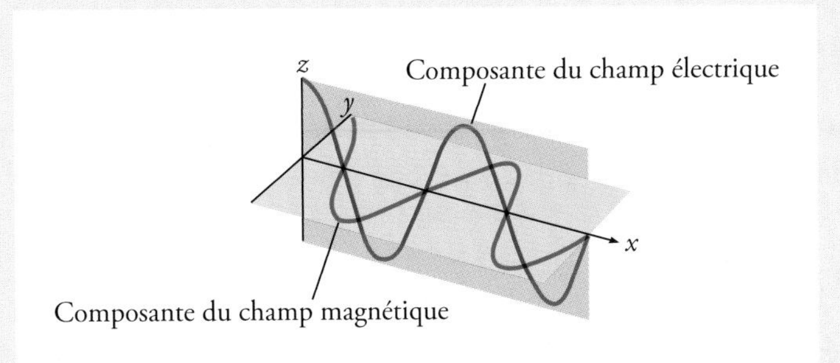

La lumière se comporte comme une onde électromagnétique, c'est-à-dire une onde qui vibre selon deux composantes, une composante électrique et une composante magnétique. Les ondes lumineuses se propagent dans le vide à la vitesse de la lumière.

$$c = \lambda\nu = 3{,}00 \times 10^8 \text{ m/s}$$

Caractéristiques d'une onde

	Longueur d'onde	Fréquence	Amplitude
Symbole	λ (lambda)	ν (nu)	
Unité	Mètre (m) (souvent nanomètre, nm)	s^{-1} ou hertz (Hz)	
Définition	Distance entre deux points identiques situés sur deux ondes successives	Nombre d'ondes qui passent en un point donné par seconde	Distance entre la ligne médiane de l'onde et la crête ou entre la médiane et le creux

La gamme continue des longueurs d'onde possibles pour un rayonnement électromagnétique constitue le spectre électromagnétique, lequel est divisé en plusieurs régions.

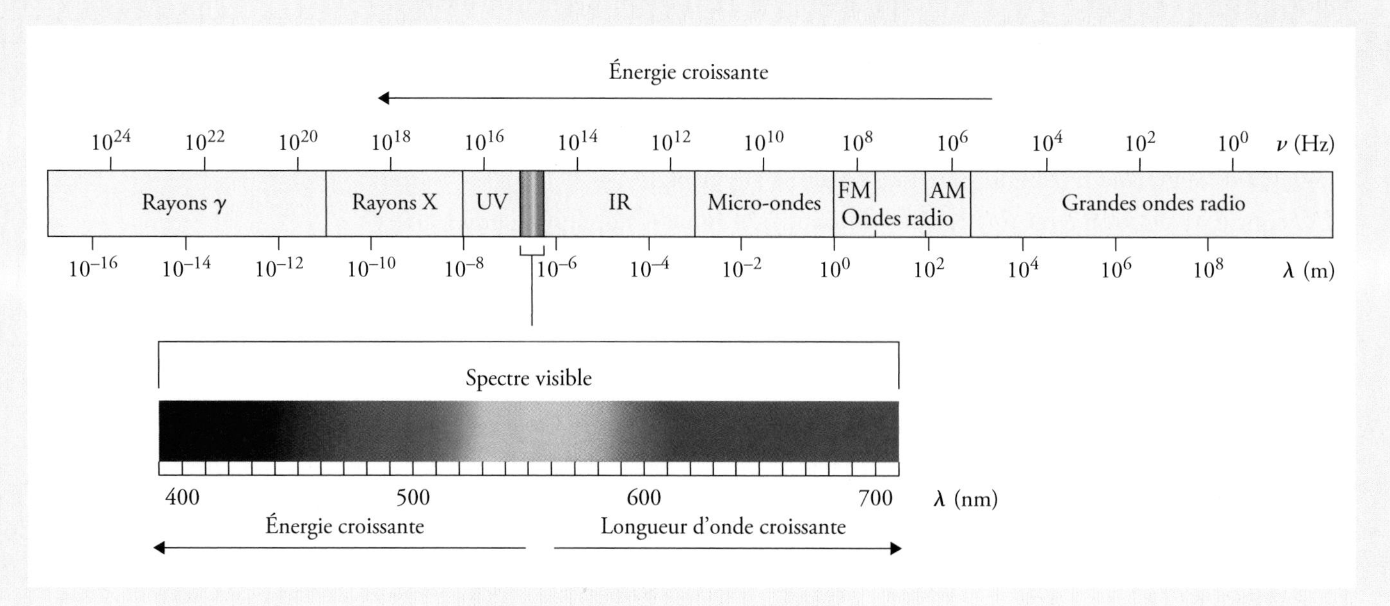

L'aspect corpusculaire de la lumière

La théorie des quanta

Selon la physique classique, les corps peuvent émettre ou absorber n'importe quelle quantité d'énergie lumineuse. L'intensité des radiations émises devrait donc augmenter continuellement lorsque la longueur d'onde diminue. Cependant, on observe que l'intensité de l'énergie émise dépend de la longueur d'onde pour les émissions dont la longueur d'onde est relativement élevée (de l'infrarouge au vert), mais pas pour les longueurs d'onde plus courtes. Planck proposa que les radiations ne peuvent être émises ou absorbées qu'en petits paquets nommés « quanta » (plus petite quantité d'énergie pouvant être émise ou absorbée sous forme de rayonnement électromagnétique).

$$E = h\nu, \text{ où } h = 6{,}63 \times 10^{-34}\ \text{J} \cdot \text{s}$$

Spectre d'émission d'un solide incandescent

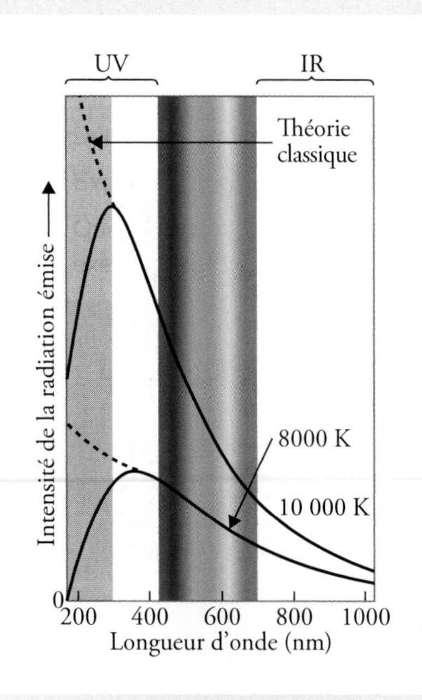

L'effet photoélectrique : l'aspect corpusculaire de la lumière

Sous l'action d'un faisceau lumineux, des électrons sont éjectés d'un métal. Cependant, l'éjection d'électrons n'est observée que lorsque la fréquence du faisceau lumineux dépasse une certaine valeur (fréquence seuil) et cette fréquence varie en fonction de la nature du métal. Selon la physique classique, l'énergie cinétique des électrons qui quittent le métal devrait augmenter avec l'intensité du faisceau. Einstein utilisa la théorie des quanta pour expliquer l'effet photoélectrique en proposant que la lumière puisse aussi se comporter comme un flux de particules appelées « photons ».

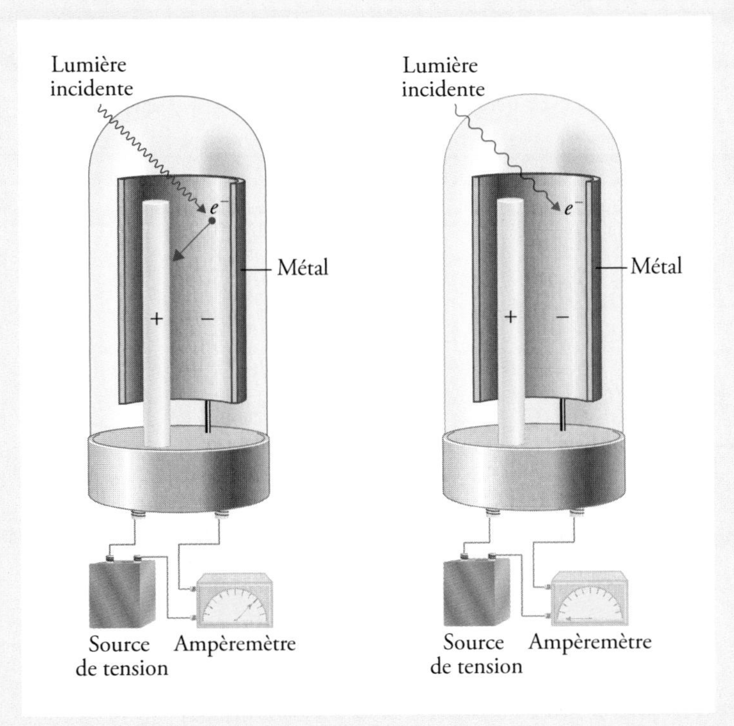

5.2 Le modèle de l'atome de Bohr, un modèle quantique de l'atome d'hydrogène

- Un composé vaporisé et chauffé émet une lumière qui, lorsque décomposée par un prisme, donne un spectre de raies.

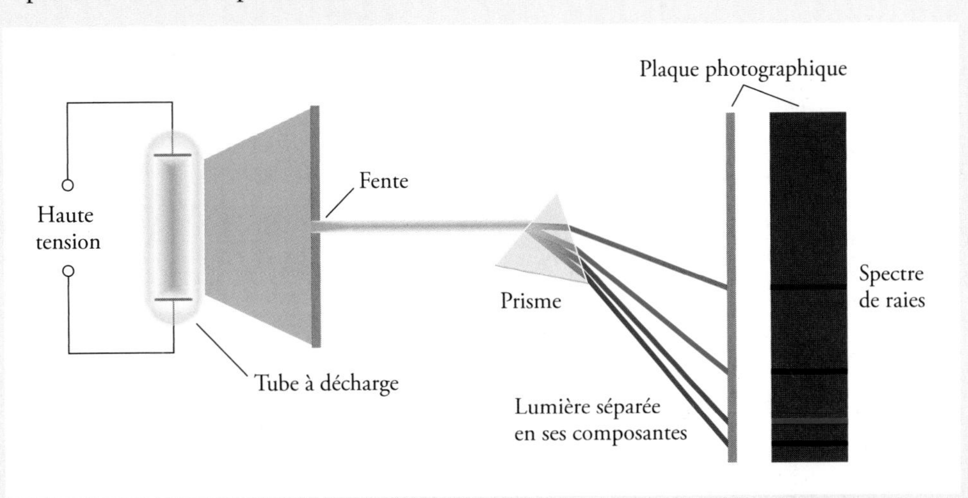

- Bohr proposa un modèle dans lequel l'énergie de l'électron d'un atome d'hydrogène est quantifiée pour expliquer les raies spectrales de l'hydrogène.
- Lorsqu'il est à l'état fondamental, l'électron d'un atome peut absorber une certaine quantité d'énergie.
- L'électron monte à un niveau supérieur (état excité) et redescend à un niveau inférieur en émettant un photon.

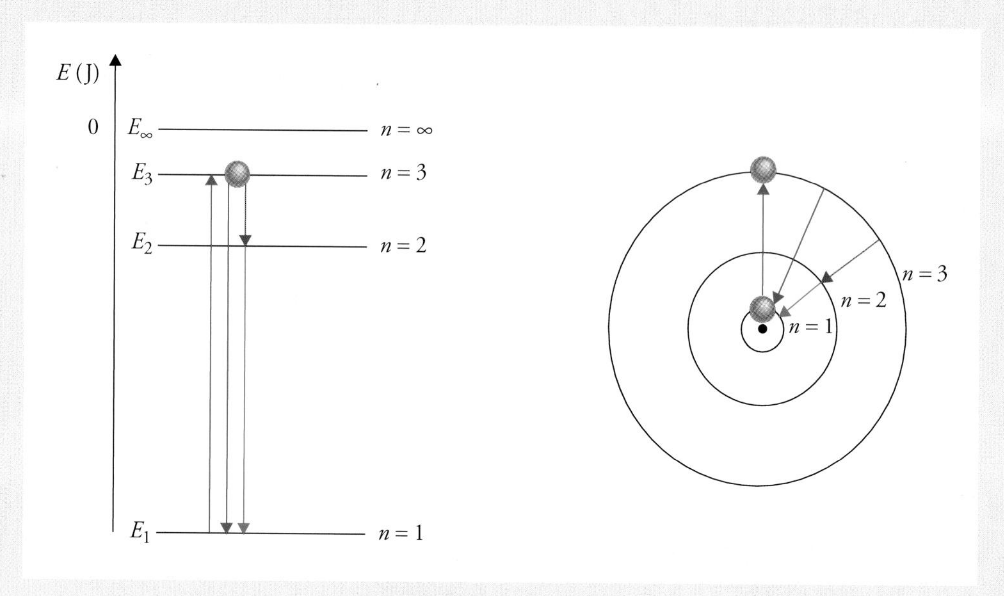

- Chaque émission de photon correspond à une raie.
- Chaque groupe de raies est appelé « série » et porte le nom du chercheur qui l'a découverte.

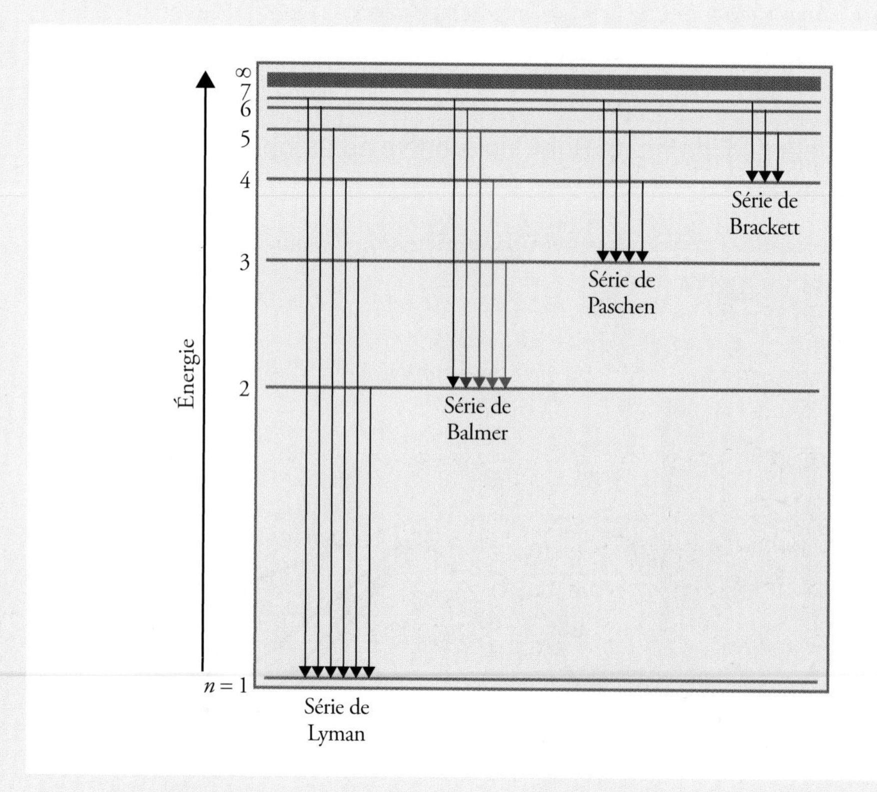

On peut calculer l'énergie d'un photon en utilisant les formules:

$$E_{\text{photon}} = |\Delta E| = h\nu \quad \text{et} \quad \Delta E = R_{\text{H}}\left(\frac{1}{n_{\text{i}}^2} - \frac{1}{n_{\text{f}}^2}\right)$$

où $R_{\text{H}} = 2{,}18 \times 10^{-18}$ J

5.3 Le développement de la mécanique quantique

	Bohr	De Broglie	Heisenberg	Schrödinger
Idée de base	L'électron se trouve sur des niveaux précis appelés «orbites».	Toute matière possède des propriétés corpusculaires et ondulatoires.	Il est impossible de connaître simultanément la position et la vitesse d'un électron.	Grâce à une fonction d'onde, on peut déterminer la probabilité de présence et l'énergie d'un électron.
Apport au modèle atomique	Niveaux (orbites) et rayons quantifiés	Orbites permises par les ondes stationnaires		Orbitales atomiques

5.4 Les nombres quantiques

État quantique: Ensemble de quatre nombres quantiques (n, ℓ, m_ℓ, m_s).

Nom	Symbole	Valeurs permises	Signification
Nombre quantique principal	n	Entiers positifs	Taille et énergie de l'orbitale (niveau)
Nombre quantique secondaire	ℓ	Entiers de 0 à $n-1$	Forme de l'orbitale
Nombre quantique magnétique	m_ℓ	Entiers de $-\ell$ à $+\ell$ (incluant 0)	Orientation de l'orbitale dans l'espace
Nombre quantique de spin	m_s	+1/2 ou −1/2	Sens de rotation de l'électron sur lui-même

5.5 5.6 Les orbitales atomiques

À chaque valeur de ℓ est associée une lettre et une forme particulière:

ℓ	0	1	2	3
Nom de l'orbitale	s	p	d	f
Forme générale	Sphérique	Bilobée	À 4 lobes	À 8 lobes

L'ensemble des nombres quantiques n, ℓ et m_ℓ désigne une orbitale particulière.

n entier (1, 2, 3, …)	1	2				3								
ℓ (0 à $n-1$)	0	0	1			0	1			2				
m_ℓ ($-\ell$ à $+\ell$)	0	0	−1	0	+1	0	−1	0	+1	−2	−1	0	+1	+2
Symbole de l'orbitale	$1s$	$2s$	$2p_{-1}$	$2p_0$	$2p_{+1}$	$3s$	$3p_{-1}$	$3p_0$	$3p_{+1}$	$3d_{-2}$	$3d_{-1}$	$3d_0$	$3d_{+1}$	$3d_{+2}$

5.7 L'énergie et la taille des orbitales atomiques : l'influence de n, de ℓ et de Z

- Dans le cas de l'atome d'hydrogène, l'énergie des orbitales varie en fonction de n.
- Dans le cas des atomes à plusieurs électrons, l'énergie varie en fonction de n et de ℓ.
- L'énergie et la taille des orbitales diminuent avec Z.

ÉQUATIONS CLÉS

- $c = \lambda\nu$ — Relation entre la fréquence d'une onde et sa longueur d'onde (5.2)
- $E = h\nu$ — Relation entre l'énergie d'un quantum (et d'un photon) et sa fréquence (5.3)
- $E = h\dfrac{c}{\lambda}$ — Relation entre l'énergie d'un quantum (et d'un photon) et sa longueur d'onde (5.4)
- $E_n = \dfrac{-R_H}{n^2}$ $\quad E_n = \dfrac{-Z^2R_H}{n^2}$ — Énergie d'un électron dans le $n$ième état d'énergie d'un atome d'hydrogène (tenir compte de la charge nucléaire dans le cas des ions hydrogénoïdes) (5.6)
- $\Delta E = E_f - E_i$ — Variation d'énergie lors d'une transition électronique du niveau n_i au niveau n_f (5.8)
- $\Delta E = R_H\left(\dfrac{1}{n_i^2} - \dfrac{1}{n_f^2}\right)$ — Variation d'énergie lors d'une transition électronique du niveau n_i au niveau n_f (5.9)
- $E_{photon} = |\Delta E| = h\nu$ — Relation entre l'énergie d'un photon et la variation d'énergie lors d'une transition électronique (5.10)
- $\lambda = \dfrac{h}{mv}$ — Relation entre la longueur d'onde d'une particule, sa masse m et sa vitesse v (5.11)
- $\Delta x \Delta p \geq \dfrac{h}{4\pi}$ — Relation entre l'incertitude de la position d'une particule et l'incertitude de sa quantité de mouvement (5.13)

MOTS CLÉS

PROBLÈMES

Niveau de difficulté : ★ facile ; ★ moyen ; ★ élevé

Biologie : 5.9, 5.54, 5.55, 5.65 ;
Concepts : 5.12, 5.13, 5.35, 5.39, 5.43, 5.46, 5.48 ;
Environnement et industrie : 5.9, 5.45.

PROBLÈMES PAR SECTION

5.1 De la physique classique à la théorie des quanta

★**5.1** a) Quelle est la fréquence d'une lumière dont la longueur d'onde est de 456 nm ? **b)** Quelle est la longueur d'onde (en nanomètres) d'un rayonnement d'une fréquence de $2,45 \times 10^9$ Hz utilisé dans les fours à micro-ondes ?

★**5.2** En combien de minutes une onde radio peut-elle voyager de Vénus à la Terre ? (La distance moyenne entre Vénus et la Terre est de 45 millions de kilomètres.)

★**5.3** L'unité de base SI pour le temps est la seconde, qui correspond à 9 192 631 770 cycles du rayonnement associé à une certaine émission de l'atome de césium. Calculez la longueur d'onde de ce rayonnement avec une précision de trois chiffres significatifs. Dans quelle région du spectre électromagnétique cette longueur d'onde se trouve-t-elle ?

★**5.4** Un photon a une longueur d'onde de 624 nm. Calculez son énergie en joules.

★**5.5** Soit les ondes électromagnétiques suivantes.

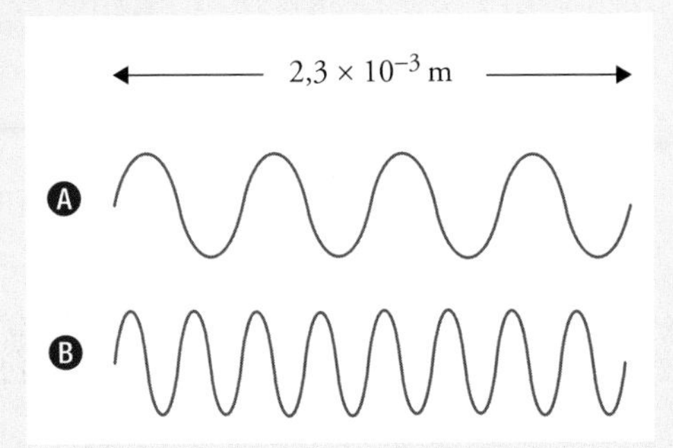

a) Laquelle des deux ondes a la plus grande longueur d'onde ?

b) Laquelle des deux ondes a la plus grande fréquence ?

c) Laquelle des deux ondes transporte une plus grande quantité d'énergie ?

d) De quels types de radiations électromagnétiques s'agit-il ?

★**5.6** Classez par ordre croissant d'énergie les radiations électromagnétiques suivantes et précisez le domaine du spectre électromagnétique auquel elles appartiennent : **a)** les ondes d'une station de radio dont la fréquence est de 94,3 MHz ; **b)** une radiation d'énergie égale à $2,55 \times 10^{-19}$ J ; **c)** une radiation de longueur d'onde égale à 2,18 nm.

★**5.7** Un échantillon de carbone émet une quantité d'énergie lumineuse égale à $2,48 \times 10^5$ J. Calculez le nombre de moles d'atomes de carbone dans l'échantillon sachant que le carbone absorbe l'énergie à une longueur d'onde égale à 150 nm.

★**5.8** La fréquence d'un photon est de $6,0 \times 10^4$ Hz. **a)** Convertissez cette fréquence en longueur d'onde (en nanomètres). Se trouve-t-elle dans la région visible ? **b)** Calculez l'énergie (en joules) de ce photon. **c)** Calculez l'énergie (en joules) d'une mole de photons, tous de cette fréquence.

★**5.9** L'isotope radioactif ^{60}Co est utilisé en médecine nucléaire pour traiter certains types de cancers. Calculez la longueur d'onde (en mètres) et la fréquence d'un rayon gamma (γ) ayant une énergie de $1,29 \times 10^{11}$ J/mol.

★**5.10** Quand on bombarde du cuivre avec des électrons à haute énergie, il y a émission de rayons X. Calculez l'énergie (en joules) associée aux photons émis si la longueur d'onde des rayons X est de 0,154 nm.

★**5.11** Un rayonnement électromagnétique a une fréquence de $8,11 \times 10^{14}$ Hz. **a)** Quelle est sa longueur d'onde en nanomètres ? en mètres ? **b)** Dans quelle région du spectre électromagnétique le situeriez-vous ? **c)** Quelle est l'énergie (en joules) d'un quantum de ce rayonnement ?

5.2 Le modèle de l'atome de Bohr : un modèle quantique de l'atome d'hydrogène

★**5.12** Expliquez pourquoi les éléments produisent des couleurs qui leur sont propres quand ils émettent des photons.

★**5.13** Quand on chauffe certains composés contenant du cuivre dans une flamme, il y a émission de lumière verte. Comment détermineriez-vous si l'on peut associer à cette lumière une seule longueur d'onde ou un mélange de deux ou de plusieurs longueurs d'onde ?

★**5.14** Quelle est l'énergie de l'électron d'un atome d'hydrogène qui occupe la deuxième orbite de Bohr ?

★**5.15** Supposons qu'un atome théorique possède les niveaux d'énergie suivants :

E_4 ———— $-1{,}0 \times 10^{-19}$ J

E_3 ———— $-5{,}0 \times 10^{-19}$ J

E_2 ———— -10×10^{-19} J

E_1 ———— -15×10^{-19} J

a) Quelle longueur d'onde un photon doit-il avoir pour qu'un électron fasse une transition de E_1 à E_4 ? **b)** Quelle est la valeur (en joules) du quantum d'énergie d'un photon nécessaire pour la transition de E_2 à E_3 ? **c)** Pour la transition électronique de E_3 à E_1, l'atome émet un photon. Calculez la longueur d'onde de ce photon.

★**5.16** Une certaine raie de la série de Balmer apparaît à une longueur d'onde de 656,3 nm. Quelle est la différence d'énergie entre les deux niveaux mis en jeu pour produire cette raie d'émission ?

★**5.17** Calculez la longueur d'onde d'un photon émis par un atome d'hydrogène quand son électron passe de l'état $n = 5$ à l'état $n = 3$.

★**5.18** Quelle quantité d'énergie faut-il fournir à l'électron d'un atome d'hydrogène pour que cet électron occupe la quatrième orbite de Bohr ?

★**5.19** Dans un atome d'hydrogène, un électron effectue une transition à partir d'un état initial dont le nombre quantique principal est n_i jusqu'à un état final dont le nombre quantique principal est 2 ; le photon émis a une longueur d'onde de 434 nm. Déterminez n_i ainsi que la couleur de la radiation.

★**5.20** Quelle est la fréquence nécessaire pour extraire l'électron d'un atome d'hydrogène lorsque ce dernier occupe la troisième orbite de Bohr ?

★**5.21** L'électron d'un atome d'hydrogène émet une radiation appartenant à la série de Brackett dont la longueur d'onde est égale à $2{,}63 \times 10^{-6}$ m. Déterminez le niveau auquel se trouvait l'électron avant l'émission de la radiation.

★**5.22** De quelle couleur est la raie du spectre de l'hydrogène d'énergie égale à $4{,}08 \times 10^{-19}$ J ?

★**5.23** Sans faire de calculs, classez les différentes raies de la série de Balmer en ordre croissant de longueur d'onde : rouge, verte, indigo et violette.

★**5.24** L'électron d'un atome d'hydrogène absorbe une certaine quantité d'énergie. Lors de son retour à l'état fondamental, il émet deux radiations successives, dont l'une est violette. **a)** Illustrez l'énoncé du problème par un schéma. **b)** Calculez l'énergie totale absorbée. **c)** Calculez la fréquence de la radiation violette.

5.3 Le développement de la mécanique quantique

★**5.25** Les neutrons thermiques sont des neutrons qui se déplacent à des vitesses comparables à celle des molécules d'air à la température ambiante. Ces neutrons sont particulièrement efficaces pour amorcer une réaction nucléaire en chaîne parmi les isotopes ^{235}U. Calculez la longueur d'onde (en nanomètres) associée à un faisceau de neutrons se déplaçant à $7{,}00 \times 10^2$ m/s. (La masse d'un neutron est de $1{,}675 \times 10^{-27}$ kg.)

★**5.26** Dans un accélérateur de particules, les protons peuvent atteindre des vitesses proches de la vitesse de la lumière. Calculez la longueur d'onde (en nanomètres) d'un proton se déplaçant à 95 % de la vitesse de la lumière. (La masse d'un proton est de $1{,}673 \times 10^{-27}$ kg.)

★**5.27** Calculez la vitesse d'un électron dont la longueur d'onde est de 78,8 nm.

★**5.28** Quelle est la longueur d'onde de De Broglie associée à une balle de tennis de table de 2,5 g se déplaçant à 56 km/h ?

★**5.29** Calculez approximativement l'incertitude sur : **a)** la position d'une balle de ping-pong de 2,5 g dont Δv est de 0,150 m/s ; **b)** la position d'un électron dont Δv est de 0,150 m/s.

5.4 5.5 5.6 5.7 Les nombres quantiques et les orbitales atomiques

★5.30 Un électron dans un atome est au niveau quantique $n = 2$. Déterminez les valeurs permises à ℓ et à m_ℓ.

★5.31 Donnez les trois nombres quantiques associés aux orbitales suivantes : **a)** $2p$; **b)** $3s$; **c)** $5d$.

★5.32 Donnez les valeurs des quatre nombres quantiques d'un électron dans les orbitales suivantes : **a)** $3s$; **b)** $4p$; **c)** $3d$.

★5.33 Quel est le symbole de l'orbitale qui correspond aux ensembles suivants ? **a)** $n = 3$; $\ell = 2$; $m_\ell = +2$; **b)** $n = 5$; $\ell = 0$; $m_\ell = 0$; **c)** $n = 4$; $\ell = 3$; $m_\ell = -1$.

★5.34 À combien d'orbitales différentes et d'états quantiques différents un électron a-t-il accès lorsque : **a)** $n = 4$? **b)** $n = 2$ et $\ell = 1$? **c)** $n = 3$, $\ell = 2$ et $m_\ell = 0$?

★5.35 Quelle est la différence entre une orbitale $2p_x$ et une orbitale $2p_y$?

★5.36 Nommez les orbitales permises lorsque le nombre quantique principal est égal à 4.

★5.37 Calculez le nombre total d'électrons pouvant occuper : **a)** une orbitale s ; **b)** trois orbitales p ; **c)** cinq orbitales d ; **d)** sept orbitales f.

★5.38 Quelles sont les orbitales permises à l'électron lorsque : **a)** $n = 3$? **b)** $n = 2$ et $\ell = 1$? **c)** $n = 4$, $\ell = 2$ et $m_\ell = +1$?

★5.39 Parmi les orbitales suivantes, lesquelles ne peuvent exister : $6s$, $2p_{-2}$, $5f_0$, $5d_{-3}$, $4s_{+1}$, $2d_0$?

★5.40 Dans chacune des paires suivantes, quelle orbitale de l'atome d'hydrogène a l'énergie la plus élevée ? **a)** $1s$, $2s$; **b)** $2p$, $3p$; **c)** $3d_{xy}$, $3d_{yz}$; **d)** $3s$, $3d$; **e)** $5s$, $4f$.

★5.41 Dans chacune des paires suivantes, quelle orbitale d'un atome polyélectronique a l'énergie la moins élevée ? **a)** $2s$, $2p$; **b)** $3p$, $3d$; **c)** $3s$, $4s$; **d)** $4d$, $5f$.

★5.42 Les énoncés suivants sont-ils vrais ou faux ?

a) Un électron dont le nombre quantique secondaire est égal à 2 a accès à trois orbitales de formes différentes.

b) Il existe trois orientations différentes pour une orbitale bilobée et cinq orientations différentes pour les orbitales à quatre lobes.

c) C'est seulement lorsqu'il occupe une orbitale $1s$ qu'un électron peut se trouver près du noyau.

d) Peu importe la valeur de n, un électron décrit une orbitale sphérique si son nombre quantique magnétique est égal à 1.

e) L'orbitale $2p$ d'un atome d'azote ($Z = 7$) et l'orbitale $2p$ d'un atome de sodium ($Z = 11$) ont la même forme.

f) L'orbitale $2p$ d'un atome d'azote ($Z = 7$) est plus petite que l'orbitale $2p$ d'un atome de néon ($Z = 10$).

g) Une orbitale $3p$ d'un atome d'azote ($Z = 7$) est plus grande qu'une orbitale $2p$ d'un atome de néon ($Z = 10$).

★5.43 Lesquels des ensembles de nombres quantiques suivants sont impossibles ? Expliquez votre choix. **a)** $(1, 0, +\frac{1}{2}, +\frac{1}{2})$; **b)** $(3, 0, 0, +\frac{1}{2})$; **c)** $(2, 2, 1, +\frac{1}{2})$; **d)** $(4, 3, -2, +\frac{1}{2})$; **e)** $(3, 2, 1, 1)$.

PROBLÈMES VARIÉS

★5.44 Quand on chauffe un composé contenant du césium avec la flamme d'un bec Bunsen, il y a émission de photons dont l'énergie est de $4{,}30 \times 10^{-19}$ J. Déterminez la couleur de la flamme.

★5.45 Un laser au rubis produit des rayons d'une longueur d'onde de 633 nm par des pulsations d'une durée de $1{,}00 \times 10^{-9}$ s. **a)** Si ce laser produit une énergie de 0,376 J par pulsation, combien de photons sont émis au cours de chaque pulsation ? **b)** Calculez la puissance (en watts) générée par ce laser à chaque pulsation (1 W = 1 J/s).

★5.46 Dans chacun des cas suivants, établissez la différence entre les deux termes : **a)** longueur d'onde et fréquence ; **b)** ondes et particules ; **c)** quantification de l'énergie et variation continue de l'énergie.

★5.47 Dans un atome, quel est le nombre maximum d'électrons pouvant être caractérisé par les nombres quantiques suivants ? **a)** $n = 2$, $m_s = +\frac{1}{2}$; **b)** $n = 4$, $m_\ell = +1$; **c)** $n = 3$, $\ell = 2$; **d)** $n = 2$, $\ell = 0$, $m_s = -\frac{1}{2}$; **e)** $n = 4$, $\ell = 3$, $m_\ell = -2$.

★5.48 Dans une expérience sur l'effet photoélectrique, un étudiant utilise une source lumineuse dont la fréquence est supérieure à celle nécessaire pour éjecter des électrons d'un certain métal. Cependant, après une longue exposition continue de la même surface métallique à la lumière, l'étudiant remarque que l'énergie cinétique maximale des électrons éjectés commence à diminuer, même si la fréquence de la lumière demeure constante. Comment expliquez-vous ce phénomène ?

★5.49 Supposons que vous avez besoin d'un faisceau lumineux d'une fréquence égale à $4,56 \times 10^{14}$ Hz. À l'aide de calculs, déterminez la couleur du faisceau, en admettant que cette transition implique l'électron d'un atome d'hydrogène.

★5.50 Une balle lancée par un lanceur de baseball peut atteindre 193 km/h. **a)** Calculez la longueur d'onde (en nanomètres) d'une balle de 0,141 kg se déplaçant à cette vitesse. **b)** Quelle est la longueur d'onde d'un atome d'hydrogène se déplaçant à cette vitesse ?

★5.51 Supposons l'électron d'un atome d'hydrogène qui retourne à son état fondamental après s'être retrouvé sur la troisième orbite de Bohr. Il peut retourner à son état fondamental de deux façons : **a)** retourner directement à son état fondamental, ou **b)** émettre deux radiations successives. Comparez les énergies libérées (sans faire de calculs).

★5.52 L'ion He^+ possède un seul électron et peut donc être considéré comme un ion semblable à l'atome d'hydrogène. Calculez les longueurs d'onde des quatre premières transitions de la série de Balmer pour l'ion He^+ et comparez-les à celles de l'hydrogène. Pourriez-vous voir ces raies ?

★5.53 L'énergie d'ionisation d'un certain élément est de 412 kJ/mol. Cependant, lorsque les atomes de cet élément sont dans leur premier état excité ($n = 2$), l'énergie d'ionisation vaut seulement 126 kJ/mol. D'après cette information, quelle est la longueur d'onde de la lumière émise accompagnant une transition du niveau $n = 2$ au niveau $n = 1$? (**Indice :** L'énergie d'ionisation est l'énergie minimale requise pour enlever complètement un électron à un atome à partir de son état fondamental.)

★5.54 Les alvéoles des poumons (*voir le problème 4.65, p. 183*) sont faits comme de petits sacs d'air dont le diamètre moyen est de $5,0 \times 10^{-5}$ m. Considérant une molécule d'oxygène (masse = $5,3 \times 10^{-26}$ kg) emprisonnée dans un alvéole, calculez l'incertitude de sa vitesse. (**Indice :** L'incertitude maximale de la position d'une molécule correspond au diamètre du sac.)

★5.55 La rétine de l'œil humain peut détecter une lumière incidente dès que celle-ci a une énergie de $4,0 \times 10^{-17}$ J. Pour une lumière d'une longueur d'onde de 600 nm, à combien de photons correspond cette sensibilité de la rétine ?

★5.56 Combien d'orbitales différentes et combien d'états quantiques sont permis à l'électron d'un atome d'hydrogène dont l'énergie est égale à $-8,72 \times 10^{-20}$ J ?

★5.57 Supposons l'atome d'un élément X qui se déplace à une vitesse égale à 5,00 % de celle de la lumière. La vibration de cet atome est de $6,65 \times 10^{-15}$ m. Déterminez l'élément X.

★5.58 Pour un atome d'hydrogène, faut-il fournir plus d'énergie pour promouvoir un électron du niveau 1 jusqu'au niveau 2 ou du niveau 2 jusqu'au niveau 4 ?

★5.59 Pourquoi les orbitales $2p$ sont-elles permises alors que les orbitales $1p$ ne le sont pas ?

PROBLÈMES SPÉCIAUX

5.60 Associez un nom et une date à chaque événement :

Noms : Planck, Heisenberg, De Broglie, Rutherford, Hemingway, Schrödinger, Balmer, Einstein, Dalton, Mendeleïev, Millikan, Lavoisier

Dates : 1789, 1808, 1869, 1897, 1900, 1905, 1909, 1919, 1924, 1926, 1927

Événements :

- hypothèse du photon ;
- loi de la conservation de la masse ;
- mesure de la charge de l'électron ;
- découverte du noyau de l'atome ;
- théorie atomique ;
- principe d'incertitude ;
- théorie de l'onde associée ;
- classification périodique ;
- théorie des quanta.

5.61 Lorsqu'un électron fait une transition entre différents niveaux d'énergie dans un atome d'hydrogène, il n'y a pas de restrictions quant aux valeurs initiales et finales des valeurs du nombre quantique principal, n. Cependant, une règle de la mécanique quantique restreint les valeurs initiales et finales dans le cas des orbitales de type ℓ. Cette règle de sélection stipule que $\Delta\ell = \pm 1$, c'est-à-dire qu'au cours d'une transition, la valeur de ℓ peut seulement croître ou décroître de 1. Selon cette règle, parmi les transitions suivantes, lesquelles sont permises ? **a)** $1s \longrightarrow 2s$; **b)** $2p \longrightarrow 1s$; **c)** $1s \longrightarrow 3d$; **d)** $3d \longrightarrow 4f$; **e)** $4d \longrightarrow 3s$.

5.62 Pour les hydrogénoïdes (ions ne contenant qu'un seul électron), l'équation 5.6 modifiée (*voir p. 199*) est : $E_n = \frac{-Z^2 R_H}{n^2}$, où Z est le numéro atomique de l'atome parent. La figure ci-dessous représente le spectre d'émission d'un hydrogénoïde en phase gazeuse. Toutes les raies résultent de transitions électroniques d'états excités de retour à l'état $n = 2$. **a)** À quelles transitions électroniques correspondent les raies B et C ? **b)** Si la longueur d'onde de C est 27,1 nm, calculez les longueurs d'onde des raies A et B. **c)** Calculez l'énergie nécessaire pour enlever l'électron de cet ion à partir du niveau $n = 4$. **d)** Quelle est la signification du continuum ?

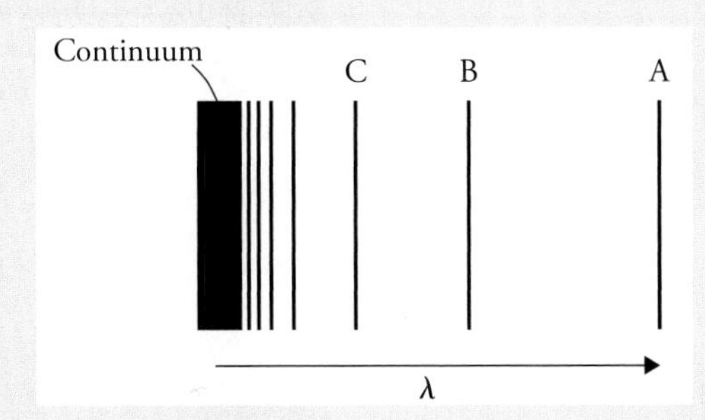

5.63 **a)** L'électron d'un atome d'hydrogène à l'état fondamental se déplace à une vitesse moyenne de 5×10^6 m/s. Si sa vitesse est connue avec une incertitude de 1 %, quelle est l'incertitude sur sa position ? Étant donné que le rayon de l'orbite correspondant à l'état fondamental est de $5{,}29 \times 10^{-11}$ m, commentez votre réponse. (La masse d'un électron est de $9{,}1094 \times 10^{-31}$ kg.)
b) Une balle de baseball de 0,15 kg lancée à 165 km/h a un moment de 6,7 kg · m/s. Si l'incertitude sur la quantité de mouvement mesurée vaut $1{,}0 \times 10^{-7}$ de sa valeur, calculez l'incertitude de la position de la balle.

5.64 Une étudiante a placé une grosse barre de chocolat sortie de son emballage dans un four à micro-ondes sans plateau tournant. Après avoir fait fonctionner le four pendant presque une minute, elle a observé de petites cavités également espacées à la surface de la barre de chocolat (du chocolat fondant). La distance mesurée d'une cavité à l'autre était d'environ 6,0 cm. **a)** À partir de ces observations, calculez la vitesse de la lumière, sachant que le four émet des ondes stationnaires dont la fréquence est de 2,45 GHz. (**Indice :** L'énergie d'une onde est proportionnelle au carré de son amplitude.) **b)** Normalement, à quoi sert le plateau tournant du four à micro-ondes ?

5.65 Les hiboux ont une bonne vision de nuit, car leurs yeux parviennent à détecter une intensité lumineuse aussi faible que $5{,}0 \times 10^{-5}$ W/m^2. Calculez le nombre de photons que l'œil d'un hibou peut détecter par seconde si le diamètre de sa pupille est de 9,0 mm et que la longueur d'onde est de 500 nm (1W = 1 J/s).

Bien que les tendances récurrentes ou « périodiques » dans les propriétés des éléments soient le plus souvent illustrées sous forme de tableau, d'autres formes de représentations sont aussi possibles.

CHAPITRE 6

Les configurations électroniques et le tableau périodique

Il est possible de prédire plusieurs des propriétés chimiques des éléments d'après la distribution des électrons dans les différentes orbitales atomiques. Puisque cette distribution s'effectue de façon assez régulière, la configuration des électrons des éléments d'un même groupe est récurrente, ce qui implique un comportement chimique semblable. Après un survol du développement du tableau périodique, ce chapitre décrira la façon de déterminer les configurations électroniques des éléments, puis il s'attardera à certaines propriétés physiques et chimiques dont on peut prédire les tendances à l'aide du tableau périodique.

PLAN DE CHAPITRE

OBJECTIFS D'APPRENTISSAGE

> Déterminer la configuration électronique à l'état fondamental d'un élément à partir de son numéro atomique ou à partir du tableau périodique en appliquant le principe de Pauli, la règle de Hund et le principe de construction par empilement;

> Définir et différencier les électrons de cœur et les électrons de valence;

> Déterminer la configuration électronique d'un ion;

> Définir et expliquer les tendances générales de la variation du rayon atomique, du rayon ionique, de l'énergie d'ionisation, de l'affinité électronique et de l'électronégativité dans un groupe et dans une période;

> Situer les métaux, les non-métaux et les métalloïdes dans le tableau périodique;

> Connaître l'aspect physique des différents éléments à l'état non combiné dans les conditions normales de température et de pression;

> Connaître les principales réactions chimiques auxquelles participent les groupes d'éléments et leurs oxydes;

> Différencier les oxydes acides, basiques et amphotères.

CHIMIE EN LIGNE

Animation
- Les configurations électroniques (6.3)
- Les rayons atomiques et ioniques (6.5)

Interaction
- L'attraction du noyau (6.5)
- Les rayons atomiques (6.5)
- Les rayons ioniques (6.5)
- L'énergie d'ionisation (6.6)

CAPSULE D'INFORMATION

Première esquisse du tableau périodique par Mendeleïev en 1867

Mendeleïev, le père du tableau périodique

Dmitri Ivanovitch Mendeleïev était le dernier d'une famille de 14 enfants. Bien que la famille fût très pauvre, sa mère avait décidé que Dmitri Ivanovitch irait étudier à Moscou. En 1848, à l'âge de 14 ans, il fit un voyage qui allait changer sa vie. Après un trajet de plus de 2250 km, il se présenta à l'Université de Moscou pour s'y voir refuser l'admission parce qu'il était sibérien. Sa mère et lui se rendirent alors à l'Université de Saint-Pétersbourg où, grâce à une bourse, il put étudier pour devenir professeur. Il y enseigna par la suite la chimie minérale.

C'est Mendeleïev qui, le premier, nota qu'il existait une relation entre les masses moléculaires et les propriétés physiques de composés similaires. En 1869, il construisit un tableau en disposant les éléments en fonction de leurs masses atomiques croissantes, qui révéla une périodicité dans les propriétés des éléments. Le tableau de Mendeleïev se révéla la clé du mystère entourant la structure atomique et les liaisons chimiques.

Mendeleïev avait découvert une loi fondamentale de la nature. Il parvint même à prédire les propriétés de certains éléments qui ne furent découverts que plusieurs années plus tard. Par exemple, en 1875, le chimiste français Lecoq découvrit le gallium et établit sa masse volumique à 4,7 g/cm^3 ; selon Mendeleïev, cette masse volumique devait plutôt être de 5,49 g/cm^3 : c'est en effet sa valeur réelle à 1 % près. La communauté scientifique fut sidérée de voir qu'un théoricien connaissait mieux les propriétés d'un élément que le chimiste qui l'avait découvert !

Aujourd'hui, on considère le tableau périodique de Mendeleïev comme la contribution la plus importante faite à la chimie au XIXe siècle. On nomma l'élément 101 « mendélévium » (Md) en son honneur.

ОПЫТЪ СИСТЕМЫ ЭЛЕМЕНТОВЪ.

ОСНОВАННОЙ НА ИХЪ АТОМНОМЪ ВѢСѢ И ХИМИЧЕСКОМЪ СХОДСТВѢ.

			Ti=50	Zr=90	?=180.
			V=51	Nb=94	Ta=182.
			Cr=52	Mo=96	W=186.
			Mn=55	Rh=104,4	Pt=197,1.
			Fe=56	Rn=104,4	Ir=198.
			Ni=Co=59	Pl=106,6	O-=199.
H=1			Cu=63,4	Ag=108	Hg=200.
	Be=9,4	Mg=24	Zn=65,2	Cd=112	
	B=11	Al=27,4	?=68	Ur=116	Au=197?
	C=12	Si=28	?=70	Sn=118	
	N=14	P=31	As=75	Sb=122	Bi=210?
	O=16	S=32	Se=79,4	Te=128?	
	F=19	Cl=35,5	Br=80	I=127	
Li=7	Na=23	K=39	Rb=85,4	Cs=133	Tl=204.
		Ca=40	Sr=87,6	Ba=137	Pb=207.
		?=45	Ce=92		
		?Er=56	La=94		
		?Yt=60	Di=95		
		?In=75,6	Th=118?		

Д. Менделѣевъ

Copie du premier manuscrit du tableau périodique présenté d'abord en 1869 par Mendeleïev et ensuite publié dans son manuel d'enseignement de la chimie écrit entre 1868 et 1870. Dans ce tableau, les colonnes et les rangées sont inversées par rapport aux tableaux publiés plus tard. Les gaz inertes n'apparaissent pas, car ils n'étaient pas encore découverts. On connaissait alors seulement 63 éléments. On y remarque aussi plusieurs points d'interrogation, pour indiquer soit de futures découvertes, soit un doute sur l'exactitude de la masse atomique. Quelques éléments n'ont plus le même symbole aujourd'hui.

Dmitri Ivanovitch Mendeleïev (1834-1907)

6.1 Le développement du tableau périodique

> **NOTE**
> L'annexe 1 (*voir p. 469*) explique l'origine des noms et des symboles des éléments.

Au XIXe siècle, à l'époque de Mendeleïev, les chimistes n'avaient qu'une vague idée des atomes et des molécules, et ils ne connaissaient pas encore les particules constitutives de la matière, tels les électrons et les protons. Les premiers tableaux périodiques ont été conçus d'après les observations expérimentales de l'époque. On connaissait les masses atomiques de plusieurs éléments avec une grande précision, et il apparaissait logique d'essayer d'établir une classification périodique basée sur ces masses puisque l'on supposait que le comportement chimique d'un élément avait une relation quelconque avec sa masse atomique.

En 1864, le chimiste anglais John Newlands remarqua que, si les éléments connus étaient disposés par ordre de masse atomique, les propriétés se répétaient tous les huit éléments. Il nomma cette relation particulière la «loi des octaves». Cependant, cette «loi» s'avéra inapplicable pour les éléments venant après le calcium; le travail de Newlands ne fut donc pas accepté par la communauté scientifique.

Cinq ans plus tard, Mendeleïev proposa une classification beaucoup plus complète des éléments, où l'on observait la répétition périodique (c'est-à-dire à intervalles réguliers) de leurs propriétés. La classification de Mendeleïev regroupait les éléments sur la base de critères de ressemblance plus exacts, c'est-à-dire selon leurs propriétés; de plus, elle permettait de faire des prédictions quant aux propriétés d'éléments qui n'avaient pas encore été découverts. Par exemple, Mendeleïev proposa l'existence d'un élément, inconnu à l'époque, qu'il appela «éka-aluminium» (*eka* est un mot sanskrit qui signifie «premier»; l'éka-aluminium était, selon Mendeleïev, le premier élément situé sous l'aluminium dans le même groupe). Quand on découvrit le gallium quatre ans plus tard, on nota que ses propriétés (ci-dessous) rappelaient étrangement celles prédites par Mendeleïev pour l'éka-aluminium.

	Éka-aluminium (Ea)	Gallium (Ga)
Masse atomique (u)	68	69,9
Point de fusion (°C)	bas	29,78
Masse volumique (g/cm^3)	5,9	5,94
Formule de l'oxyde	Ea_2O_3	Ga_2O_3

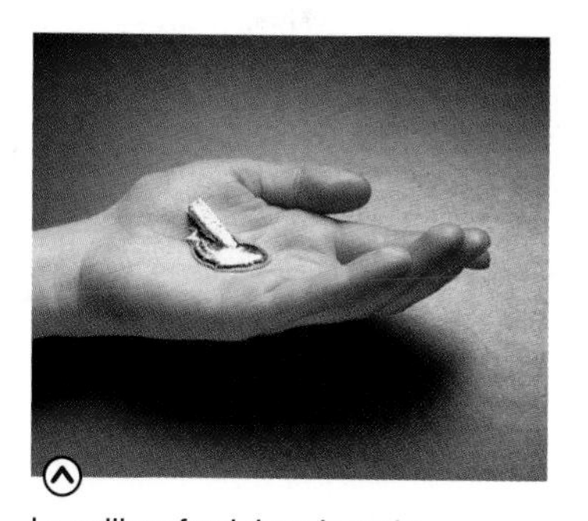
Le gallium fond dans la main.

Les premières versions du tableau périodique de Mendeleïev présentaient néanmoins quelques défauts flagrants. Afin que la loi périodique fonctionne avec la masse atomique, Mendeleïev dut, par exemple, inverser la position de quelques éléments, comme l'iode et le tellure. Ayant une masse atomique de 127, l'iode aurait dû se retrouver avant le tellure, de masse atomique égale à 128. Afin de placer le tellure dans le même groupe que l'oxygène et l'iode avec les halogènes, Mendeleïev dut cependant les permuter. Lorsque les travaux de Henry J. Moseley permirent de mesurer le nombre de protons de chaque élément en 1913, il devint clair que la loi périodique est régie par le numéro atomique (nombre de protons) plutôt que par la masse atomique. Le numéro atomique du tellure étant 52 et celui de l'iode étant 53, il est normal que Mendeleïev ait été obligé de les inverser. Les éléments sont donc maintenant classés par ordre de numéro atomique croissant.

Le tableau périodique s'est beaucoup alourdi durant les dernières décennies. Alors qu'il comptait 63 éléments à l'époque de Mendeleïev, il en comporte aujourd'hui 118. Comme mentionné à la section 2.4 (*voir p. 53*), chacune des lignes horizontales du

Pour les atomes polyélectroniques, le niveau d'énergie des orbitales suit la règle du « $n + \ell$ minimal ».

tableau périodique constitue une période et chacune des 18 colonnes constitue un groupe ou une famille chimique. Les sections qui suivent permettent de constater que les éléments d'un même groupe démontrent une réactivité similaire, due à la disposition redondante des électrons dans les orbitales de plus haute énergie.

QUESTIONS de révision

1. Décrivez brièvement l'importance du tableau périodique de Mendeleïev.
2. Déterminez la contribution de Moseley au tableau périodique moderne.
3. Expliquez brièvement la disposition des éléments dans le tableau périodique moderne.
4. Quelle est, dans le tableau périodique, la relation la plus importante entre les éléments d'un même groupe ?

6.2 Les orbitales des atomes polyélectroniques

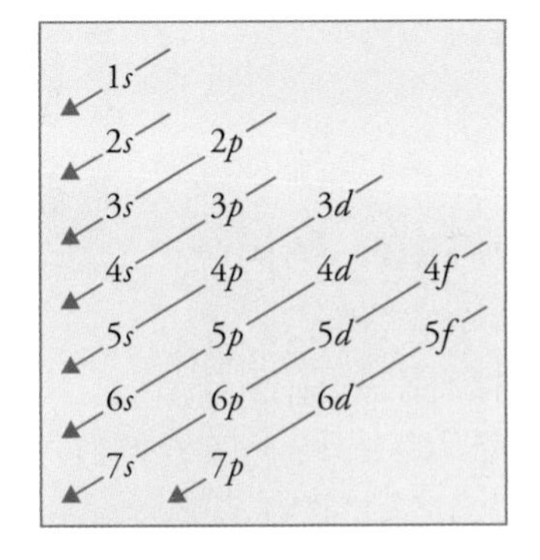

FIGURE 6.1

Règle de Klechkowski

Cette règle permet d'établir l'ordre de remplissage des sous-couches dans un atome polyélectronique. Il faut commencer par l'orbitale 1*s* et suivre la direction des flèches.

Le chapitre précédent a mis en lumière le fait que les niveaux d'énergie des orbitales d'un atome polyélectronique différaient de ceux d'un atome d'hydrogène (et des autres hydrogénoïdes). Cette différence a alors été attribuée aux interactions répulsives entre les électrons. Dans le cas d'un atome d'hydrogène, les niveaux d'énergie des orbitales sont définis par le nombre quantique n. Cependant, dans le cas des atomes contenant plus d'un électron, les orbitales se remplissent selon la règle du « $n + \ell$ minimal » (*voir la section 5.7, p. 222*). En fait, pour une même valeur de ℓ, l'énergie augmente avec n : ainsi, l'énergie d'une orbitale 2*s* est supérieure à celle d'une orbitale 1*s*. De plus, pour une même valeur de n, l'énergie augmente en fonction de ℓ : c'est ainsi que l'énergie d'une orbitale 2*p* est supérieure à l'énergie d'une orbitale 2*s*.

L'ordre de remplissage des orbitales atomiques est donc le suivant :

1*s*, 2*s*, 2*p*, 3*s*, 3*p*, 4*s*, 3*d*, 4*p*, 5*s*, 4*d*, 5*p*, 6*s*, 4*f*, 5*d*, 6*p*, 7*s*, 5*f*, 6*d*

Le diagramme de la **FIGURE 6.1**, aussi connu sous le nom de **règle de Klechkowski**, permet d'établir l'ordre de remplissage des orbitales pour un atome polyélectronique. L'ordre de remplissage des orbitales peut aussi être déduit à partir de la classification périodique, comme il est établi plus loin.

6.3 Les configurations électroniques

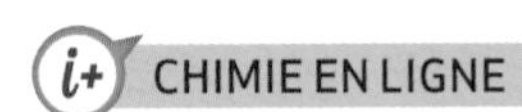

CHIMIE EN LIGNE

Animation
- Les configurations électroniques

Lorsque l'atome d'hydrogène est à l'état fondamental, c'est-à-dire dans son état d'énergie minimale, on sait que son électron se trouve dans l'orbitale située le plus près du noyau, c'est-à-dire l'orbitale 1*s*. Lorsque les atomes ont plus d'un électron, tous les électrons n'occupent pas la même orbitale ; leur distribution n'est pas aléatoire. La **configuration électronique** correspond à la distribution des électrons d'un atome dans ses différentes orbitales atomiques. Il existe trois règles qui régissent l'écriture des configurations électroniques à l'état fondamental. Les 10 premiers éléments du tableau périodique (de l'hydrogène au néon) vont ici servir à les expliquer. Suivra une description de l'application de ces règles aux autres éléments du tableau périodique.

L'électron de l'atome d'hydrogène dans son état fondamental doit se trouver dans l'orbitale 1*s*; sa configuration électronique est donc $1s^1$:

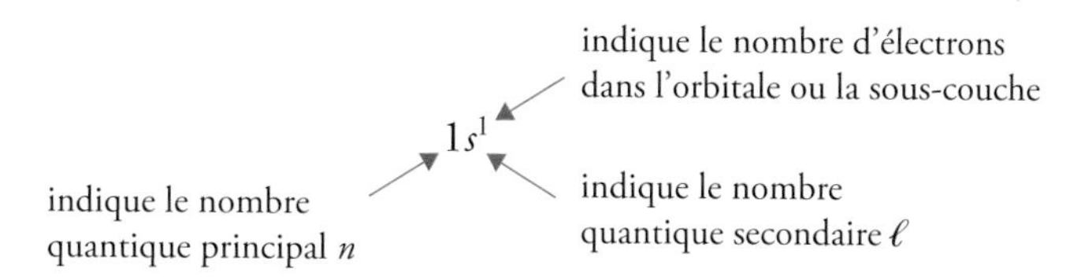

> **NOTE**
> Le nombre d'électrons contenus dans un atome est égal à son numéro atomique (*Z*).

Cette méthode de représentation des configurations électroniques est appelée « notation *spdf* ». On peut également représenter les configurations électroniques à l'aide de « cases quantiques » où chaque case représente une orbitale atomique et où les électrons sont représentés par des flèches indiquant leur spin (*voir la* **FIGURE 5.20**, *p. 216*) :

H [↑]
$1s^1$

où la flèche vers le haut indique l'un des deux sens de rotation possibles de l'électron. (On aurait aussi bien pu représenter l'électron par une flèche vers le bas, la direction du spin de l'électron n'ayant aucun effet sur l'énergie de celui-ci.)

6.3.1 Le principe d'exclusion de Pauli

L'atome d'hydrogène représente un cas simple, car il possède un seul électron, dans ce cas-ci, $+\frac{1}{2}$. Par convention, $\uparrow = +\frac{1}{2}$ et $\downarrow = -\frac{1}{2}$. Lorsqu'un atome contient plus d'un électron, il faut alors se rapporter au **principe d'exclusion de Pauli**, qui stipule que deux électrons dans un atome ne peuvent pas être représentés par le même ensemble de nombres quantiques. Si deux électrons dans un même atome ont les mêmes valeurs de n, de ℓ et de m_ℓ (c'est-à-dire qu'ils sont dans la même orbitale), les valeurs du nombre quantique de spin, m_s, doivent alors être différentes. En d'autres termes, il ne peut y avoir plus de deux électrons dans une même orbitale atomique et ces deux électrons doivent nécessairement avoir des spins opposés.

Wolfgang Pauli (1900-1958)

L'atome d'hélium possède deux électrons. Les trois manières possibles de représenter deux électrons dans une orbitale 1*s* sont les suivantes :

He [↑↑] [↓↓] [↑↓]
1*s* 1*s* 1*s*
A B C

> **NOTE**
> Les cases quantiques doivent toujours être identifiées.

Le principe d'exclusion de Pauli interdit les représentations A et B. En effet, en A, les deux électrons, représentés par les flèches pointant vers le haut, auraient les mêmes nombres quantiques $(1, 0, 0, +\frac{1}{2})$; en B, les deux électrons, représentés par les flèches pointant vers le bas, auraient aussi les mêmes nombres quantiques $(1, 0, 0, -\frac{1}{2})$. Seule la configuration en C est physiquement acceptable, car les électrons sont caractérisés par des ensembles de nombres quantiques différents : d'une part $(1, 0, 0, +\frac{1}{2})$ et d'autre part $(1, 0, 0, -\frac{1}{2})$. La configuration électronique de l'atome d'hélium est donc la suivante :

He : $1s^2$ [↑↓]
1*s*

Il est à noter que $1s^2$ se lit « un *s* deux » et non « un *s* au carré ».

> **NOTE**
> On dit des électrons d'une même orbitale qui ont des spins opposés qu'ils sont des électrons appariés.
> Pour l'hélium, $m_s = +\frac{1}{2}$ pour un électron et $m_s = -\frac{1}{2}$ pour l'autre.
> Un électron seul dans une orbitale est appelé « électron célibataire » (ou électron non apparié).

6.3.2 Le principe de construction par empilement (*aufbau prinzip*)

Dans un atome à l'état fondamental contenant plusieurs électrons, les orbitales de plus basse énergie sont remplies en premier. Lorsqu'elles le sont complètement, les orbitales de plus haute énergie peuvent être remplies à leur tour. C'est ce que Pauli appela le *aufbau prinzip*, expression allemande qui signifie « principe de construction par empilement ». Le **principe de l'*aufbau*** veut que, comme des protons qui s'ajoutent un à un au noyau pour former des éléments successifs, les électrons s'ajoutent un à un aux orbitales atomiques.

L'élément suivant l'hélium dans le tableau périodique, le lithium, possède trois électrons. Le troisième électron du lithium sera donc ajouté dans une nouvelle orbitale, puisque l'orbitale 1*s* contient déjà deux électrons. L'orbitale d'énergie supérieure suivante est l'orbitale 2*s*. La configuration électronique du lithium est donc $1s^2 2s^1$, et ses cases quantiques sont les suivantes :

Li : $1s^2 2s^1$ [↑↓] [↑]
1*s* 2*s*

Le béryllium possède quatre électrons, lesquels occupent les orbitales 1*s* et 2*s* :

Be : $1s^2 2s^2$ [↑↓] [↑↓]
1*s* 2*s*

Le bore possède cinq électrons. Alors que quatre d'entre eux occupent les orbitales 1*s* et 2*s*, le cinquième occupera une orbitale 2*p* :

B : $1s^2 2s^2 2p^1$ [↑↓] [↑↓] [↑][ ][ ] (+1 0 −1)
1*s* 2*s* 2*p*

Même si on admet que la valeur du nombre quantique m_ℓ n'influence pas l'énergie de l'électron, on constate, en présence d'un champ magnétique, que l'énergie des orbitales *p* augmente lorsque la valeur du nombre quantique m_ℓ diminue. C'est pourquoi on remplit l'orbitale $2p_{+1}$ avant l'orbitale $2p_0$, et l'orbitale $2p_0$ avant l'orbitale $2p_{-1}$.

6.3.3 L'effet d'écran dans les atomes polyélectroniques

Mais pourquoi l'orbitale 2*s* est-elle inférieure, sur le plan énergétique, à l'orbitale 2*p* ? En comparant les configurations électroniques $1s^2 2s^1$ et $1s^2 2p^1$, on voit que, dans les deux cas, l'orbitale 1*s* contient deux électrons. La **FIGURE 6.2** montre les courbes de probabilité radiale obtenues pour les orbitales 1*s*, 2*s* et 2*p*. Puisque les orbitales 2*s* et 2*p* ont un volume plus important que l'orbitale 1*s*, un électron se trouvant dans l'une d'elles passera (en moyenne) plus de temps loin du noyau qu'un électron se trouvant dans l'orbitale 1*s*. On peut ainsi dire que les électrons 1*s* formeront un « écran » partiel à la force attractive qu'exerce le noyau sur l'électron 2*s* ou 2*p*. Ce phénomène a pour conséquence de réduire l'attraction électrostatique entre les protons du noyau et l'électron de l'orbitale 2*s* ou 2*p*.

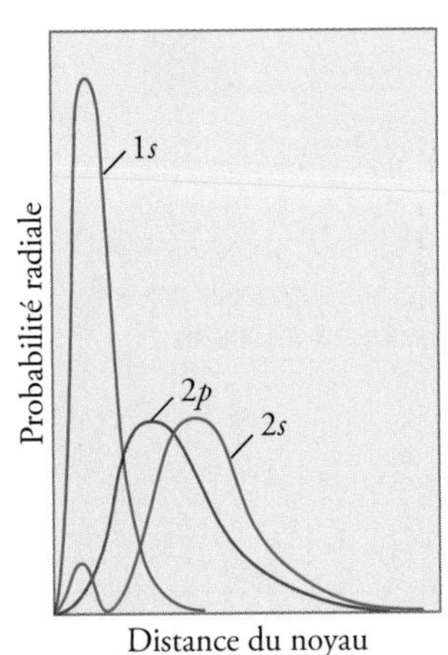

FIGURE 6.2

Courbes de probabilité radiale pour les orbitales 1*s*, 2*s* et 2*p*

On constate que les électrons 1*s* ont un effet d'écran entre le noyau et les électrons 2*s* et 2*p*. On voit aussi que l'orbitale 2*s* est plus pénétrante que l'orbitale 2*p*.

La manière dont la densité électronique varie en fonction de la distance qui sépare l'électron du noyau est différente dans les orbitales 2*s* et 2*p* : la densité électronique de l'orbitale 2*s*, près du noyau, est supérieure à celle de l'orbitale 2*p*. En d'autres termes, un électron 2*s* passe plus de temps près du noyau qu'un électron 2*p* (en moyenne). C'est pourquoi on dit que l'orbitale 2*s* est plus « pénétrante » que l'orbitale 2*p*, comme le montre le petit maximum pour l'orbitale 2*s* dans la **FIGURE 6.2**, et, par conséquent, qu'elle subit moins l'effet d'écran des électrons 1*s*. En fait, pour un même nombre quantique principal (n), le « pouvoir pénétrant » décroît à mesure que le nombre quantique secondaire (ℓ) augmente, ou :

$$s > p > d > f > \ldots$$

Puisque la stabilité d'un électron est déterminée par la force d'attraction du noyau, il s'ensuit que l'énergie d'un électron 2*s* sera inférieure à celle d'un électron 2*p*. Autrement dit, il faut moins d'énergie pour extraire un électron 2*p* qu'un électron 2*s* parce qu'un électron 2*p* n'est pas retenu aussi fortement par le noyau. Le phénomène de l'effet d'écran n'existe pas pour l'hydrogène, puisqu'il n'a qu'un seul électron.

6.3.4 La règle de Hund

La configuration électronique du carbone ($Z = 6$) est $1s^22s^22p^2$. Les diagrammes suivants représentent trois manières différentes de distribuer deux électrons dans trois orbitales *p* :

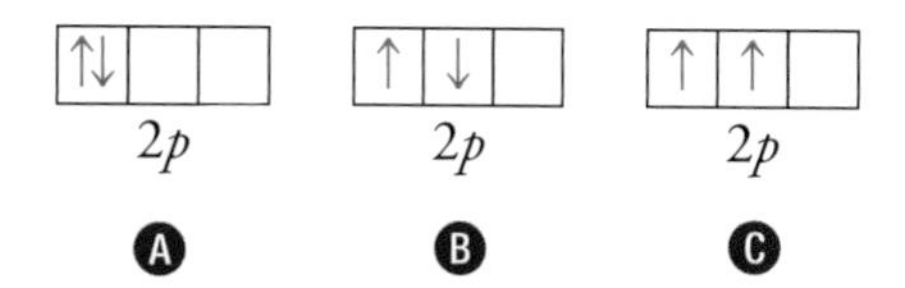

Aucun de ces trois arrangements ne contrevient au principe d'exclusion de Pauli ; il faut donc déterminer celui d'entre eux qui est le plus stable. La solution est fournie par la **règle de Hund**, qui dit que l'arrangement électronique le plus stable d'une sous-couche est celui qui présente le plus grand nombre de spins parallèles. Lorsqu'on place des électrons dans des orbitales de même énergie (même n et même ℓ), les électrons occupent les orbitales une à une, avec des spins parallèles jusqu'à ce que le sous-niveau soit à demi rempli. Seul l'arrangement illustré en C remplit cette condition. Ainsi, la configuration électronique du carbone est la suivante :

C : $1s^22s^22p^2$ [↑↓] [↑↓] [↑|↑|]
1*s* 2*s* 2*p*

Les électrons célibataires dans les orbitales 2*p* ont des spins parallèles.

Avec sept électrons, l'azote ($Z = 7$) a la configuration électronique suivante :

N : $1s^22s^22p^3$ [↑↓] [↑↓] [↑|↑|↑]
1*s* 2*s* 2*p*

La règle de Hund veut que les trois électrons 2*p* aient des spins parallèles entre eux ; l'atome d'azote contient trois électrons dont les spins sont parallèles.

La configuration électronique de l'oxygène ($Z = 8$) est $1s^22s^22p^4$. Une des trois orbitales 2*p* est remplie. L'atome d'oxygène a deux électrons non appariés :

O : $1s^22s^22p^4$ [↑↓] [↑↓] [↑↓|↑|↑]
1*s* 2*s* 2*p*

La configuration électronique du fluor ($Z = 9$) est $1s^22s^22p^5$. Ses neuf électrons sont distribués de la manière suivante :

F : $1s^22s^22p^5$ [↑↓] [↑↓] [↑↓|↑↓|↑]
1*s* 2*s* 2*p*

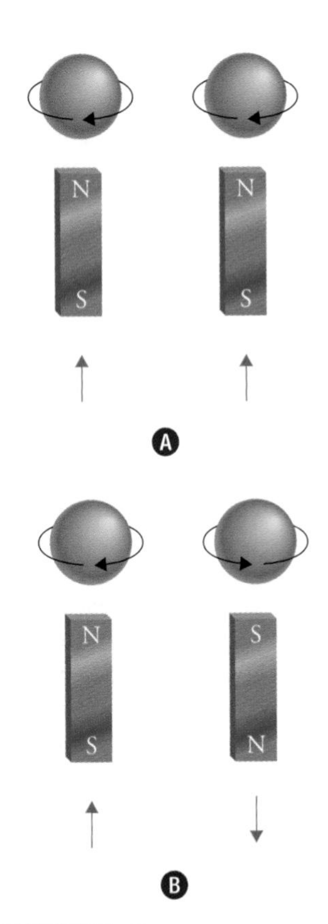

FIGURE 6.3

Spins parallèles A et antiparallèles B de deux électrons

A Les champs magnétiques des électrons se renforcent mutuellement; l'atome est paramagnétique.

B Les champs magnétiques des électrons s'annulent mutuellement; l'atome est diamagnétique.

Dans l'atome de néon ($Z = 10$), les orbitales $2p$ sont toutes remplies. La configuration électronique du néon est $1s^2 2s^2 2p^6$ et *tous* les électrons y sont appariés:

Ne: $1s^2 2s^2 2p^6$ [↑↓] [↑↓] [↑↓|↑↓|↑↓]
1s 2s 2p

6.3.5 Les propriétés magnétiques

Le principe de Pauli et la règle de Hund ont été démontrés par le biais d'expériences portant sur les propriétés magnétiques. Comme chaque électron d'un atome induit un champ magnétique, l'appariement de deux électrons de spins opposés dans une orbitale résulte en un champ magnétique nul puisque le champ magnétique d'un électron annule celui de l'autre. On appelle **substance diamagnétique** une substance dont les électrons sont tous appariés et qui, soumise au champ magnétique d'un aimant, est repoussée hors de ce champ. Par contre, une **substance paramagnétique** est une substance qui a un ou plusieurs électrons non appariés et qui, soumise au champ magnétique d'un aimant, est attirée dans ce champ (*voir la* **FIGURE 6.3**).

Les mesures des propriétés magnétiques constituent la preuve la plus évidente des configurations électroniques spécifiques des éléments. Les progrès réalisés dans le domaine de l'instrumentation ces 30 dernières années ont permis de déterminer le nombre d'électrons non appariés dans certains atomes (*voir la* **FIGURE 6.4**). Par expérience, on sait que l'atome d'hélium est diamagnétique dans son état fondamental, comme le prévoit le principe de Pauli. Il existe une règle utile à garder en mémoire: tout atome contenant un nombre impair d'électrons est paramagnétique, car pour que l'effet magnétique s'annule, il faut un nombre pair d'électrons. Par contre, les atomes qui contiennent un nombre pair d'électrons peuvent être soit diamagnétiques, soit paramagnétiques.

Le **TABLEAU 6.1** présente les deux méthodes de représentation des configurations électroniques ainsi que le comportement magnétique pour les 10 premiers éléments du tableau périodique.

TABLEAU 6.1 > Configurations électroniques et comportement magnétique

Élément	Notation *spdf*	Cases quantiques	Comportement magnétique
$_1H$	$1s^1$	[↑] (1s)	Paramagnétique
$_2He$	$1s^2$	[↑↓] (1s)	Diamagnétique
$_3Li$	$1s^2 2s^1$	[↑↓] (1s) [↑] (2s)	Paramagnétique
$_4Be$	$1s^2 2s^2$	[↑↓] (1s) [↑↓] (2s)	Diamagnétique
$_5B$	$1s^2 2s^2 2p^1$	[↑↓] (1s) [↑↓] (2s) [↑|	] (2p)	Paramagnétique
$_6C$	$1s^2 2s^2 2p^2$	[↑↓] (1s) [↑↓] (2s) [↑|↑|] (2p)	Paramagnétique

TABLEAU 6.1 > (*suite*)

Élément	Notation *spdf*	Cases quantiques	Comportement magnétique
$_7$N	$1s^22s^22p^3$	[↑↓] [↑↓] [↑ | ↑ | ↑] 1*s* 2*s* 2*p*	Paramagnétique
$_8$O	$1s^22s^22p^4$	[↑↓] [↑↓] [↑↓ | ↑ | ↑] 1*s* 2*s* 2*p*	Paramagnétique
$_9$F	$1s^22s^22p^5$	[↑↓] [↑↓] [↑↓ | ↑↓ | ↑] 1*s* 2*s* 2*p*	Paramagnétique
$_{10}$Ne	$1s^22s^22p^6$	[↑↓] [↑↓] [↑↓ | ↑↓ | ↑↓] 1*s* 2*s* 2*p*	Diamagnétique

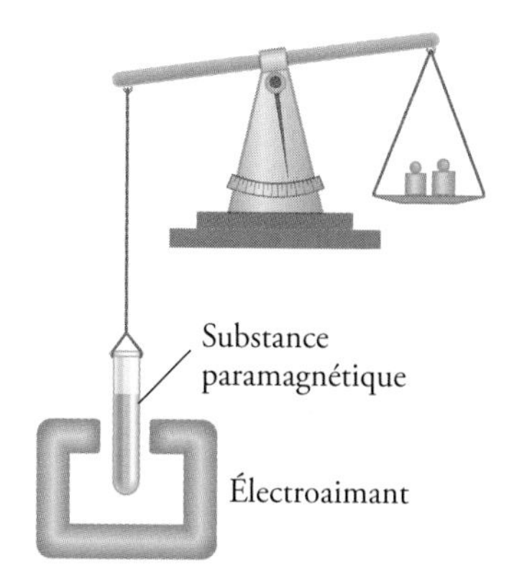

FIGURE 6.4

Mesure des propriétés magnétiques

Lorsque soumise à un champ électromagnétique, une substance paramagnétique (dont la masse est connue) fait pencher la balance puisqu'elle est attirée par ce champ. Connaissant la concentration et le volume de la substance dans l'éprouvette ainsi que la masse additionnelle nécessaire pour rétablir l'équilibre de la balance, il est possible de calculer le nombre d'électrons non appariés pour chaque atome de cette substance.

6.3.6 La configuration électronique abrégée

Dans un but pratique, on peut parfois raccourcir la configuration électronique d'un élément en écrivant entre crochets le symbole du gaz rare qui le précède et en y ajoutant la configuration des électrons supplémentaires. Cette représentation est appelée **configuration électronique abrégée** (ou **structure de gaz rare**).

Par exemple, la configuration électronique du carbone pourrait être représentée de cette façon:

$$\text{C: [He] } 2s^22p^2$$

Lorsqu'un électron s'ajoute, on le place dans l'orbitale de plus basse énergie disponible, selon le principe de l'*aufbau*, en appliquant le principe de Pauli et la règle de Hund. On établit ainsi les configurations électroniques du sodium ($Z = 11$) à l'argon ($Z = 18$).

La **FIGURE 6.5** présente la configuration électronique des éléments des trois premières périodes du tableau périodique.

H $1s^1$							**He** $2s^2$
Li $[He]2s^1$	**Be** $[He]2s^2$	**B** $[He]2s^22p^1$	**C** $[He]2s^22p^2$	**N** $[He]2s^22p^3$	**O** $[He]2s^22p^4$	**F** $[He]2s^22p^5$	**Ne** $[He]2s^22p^6$
Na $[Ne]3s^1$	**Mg** $[Ne]3s^2$	**Al** $[Ne]3s^23p^1$	**Si** $[Ne]3s^23p^2$	**P** $[Ne]3s^23p^3$	**S** $[Ne]3s^23p^4$	**Cl** $[Ne]3s^23p^5$	**Ar** $[Ne]3s^23p^6$

FIGURE 6.5

Configurations électroniques des 18 premiers éléments

RÉVISION DES CONCEPTS

En considérant la configuration électronique suivante: $1s^22s^22p^63s^23p^3$, lesquels des quatre nombres quantiques seront les mêmes pour chacun des trois électrons occupant les orbitales 3*p*?

QUESTIONS de révision

5. Définissez les termes suivants : configuration électronique, principe d'exclusion de Pauli, règle de Hund et principe de l'*aufbau*.
6. Dans un atome, combien d'électrons au maximum les orbitales 3*p* peuvent-elles contenir ?
7. Expliquez ce qu'on entend par « configuration électronique à l'état fondamental » pour un élément donné.
8. Qu'entend-on par « effet d'écran » dans un atome ? En prenant l'atome de Li comme exemple, décrivez l'effet d'écran sur l'énergie des électrons dans un atome.
9. Quelle est la signification des mots « diamagnétique » et « paramagnétique » ? Donnez un exemple d'atome diamagnétique et un exemple d'atome paramagnétique.

6.3.7 Les électrons de valence et les électrons de cœur

Dans la **FIGURE 6.5** (*voir p. 245*), on peut voir que les configurations électroniques des éléments d'un même groupe chimique (même colonne) se terminent de la même façon : celles des éléments de la première colonne (famille) se terminent par s^1, celles des éléments de la deuxième colonne se terminent par s^2, etc. On appelle **électrons de valence** les électrons périphériques (de la couche de nombre *n* le plus élevé) d'un atome. Comme ils sont en moyenne plus éloignés du noyau et subissent un effet d'écran plus grand, les électrons de valence y sont moins bien liés. Ce sont eux qui participent aux liaisons et qui sont impliqués dans les réactions chimiques. Les électrons des couches internes sont appelés **électrons de cœur**. Ces derniers n'interviennent pas dans les réactions chimiques, car ils sont trop bien retenus par le noyau.

En général, un élément contient un nombre d'électrons de valence équivalent à son numéro de groupe (précédé d'une lettre) dans le tableau périodique. C'est le cas pour les éléments des groupes 1A à 8A : ainsi, les éléments du groupe 1A (les métaux alcalins) possèdent un électron de valence, alors que les éléments du groupe 7A (les halogènes) en possèdent sept.

6.3.8 Les configurations électroniques des éléments de la quatrième et de la cinquième période

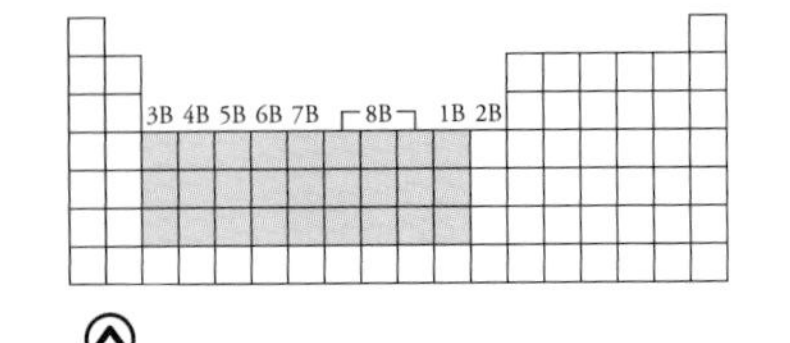

Les métaux de transition

NOTE

Les éléments du groupe 2B ne font pas partie des métaux de transition, car ils ne présentent pas et ne forment pas de cations ayant des sous-couches *d* incomplètes.

L'élément qui suit l'argon est le potassium. Les orbitales 3*p* étant remplies, en suivant l'ordre des ($n + \ell$) croissants, le 19e électron devrait normalement occuper une orbitale 4*s* plutôt qu'une orbitale 3*d* (*voir la* **FIGURE 6.1**, *p. 240*). C'est ainsi que la configuration électronique du potassium est [Ar]$4s^1$. La configuration électronique des électrons de valence se termine donc par s^1, comme c'est le cas pour les autres métaux du groupe 1A.

Comme il est dans le groupe 2A, le calcium (Z = 20) doit avoir deux électrons de valence. Sa configuration électronique est [Ar]$4s^2$.

Les familles des éléments allant du scandium (Z = 21) au cuivre (Z = 29) font partie d'une série d'éléments appelés **métaux de transition**. Les métaux de transition présentent des sous-couches *d* incomplètes ou forment facilement des cations dont les sous-couches *d* sont incomplètes. Dans l'ensemble des éléments de transition de la quatrième période, les électrons additionnels se placent dans les orbitales 3*d*, conformément à la règle de Hund. Par exemple, la configuration électronique du scandium (Z = 21) est

$[Ar]4s^23d^1$. Le scandium possède trois électrons de valence (groupe 3B), lesquels occupent l'orbitale $4s$ et une orbitale $3d$. Il existe cependant deux exceptions au principe de l'*aufbau* dans la quatrième période: la configuration électronique du chrome ($Z = 24$) et celle du cuivre ($Z = 29$). Pour le chrome, la configuration attendue est $[Ar]4s^23d^4$. Toutefois, l'expérience démontre que le chrome possède six électrons célibataires. Ses électrons de valence sont donc disposés de la façon suivante:

Cr: [Ar]	↑		↑	↑	↑	↑	↑
	$4s$				$3d$		

Cela peut s'expliquer par la proximité énergétique des orbitales $3d$ et $4s$ à ce stade. En effet, bien que l'énergie des orbitales diminue avec l'augmentation de Z (en raison de l'attraction qu'exerce le noyau sur les électrons), l'énergie de toutes les orbitales ne diminue pas au même rythme. L'énergie des orbitales $3d$ diminue plus rapidement que celle de l'orbitale $4s$ (*voir la* **FIGURE 5.31**, *p. 224*). Lorsque $Z = 24$, l'écart entre les niveaux d'énergie des orbitales $3d$ et de l'orbitale $4s$ est tellement mince que la règle de Hund s'applique aux six orbitales.

Dans le cas du cuivre, l'énergie des orbitales $3d$ est inférieure à celle de l'orbitale $4s$, d'où la configuration électronique $[Ar]4s^13d^{10}$ plutôt que $[Ar]4s^23d^9$. D'ailleurs, le cuivre ne possède qu'un seul électron de valence (bien qu'il se comporte parfois comme s'il en avait deux).

Les orbitales $3d^5$ à demi occupées et les orbitales $3d^{10}$ remplies permettent donc au chrome et au cuivre d'obtenir une stabilité légèrement supérieure. Cette distribution spatiale des électrons dans une sous-couche de façon à ce que celle-ci soit remplie ou à demi remplie engendre une configuration électronique plus stable, c'est ce qu'on appelle la **symétrie sphérique**. Par conséquent, l'effet d'écran mutuel est relativement faible, de sorte que les électrons sont plus fortement attirés par le noyau quand ils ont la configuration électronique $3d^5$.

Quant aux éléments allant de Zn ($Z = 30$) à Kr ($Z = 36$), les sous-couches $4s$ et $4p$ se remplissent successivement. Le rubidium ($Z = 37$) est le premier élément comportant des électrons dans la couche $n = 5$.

Les configurations électroniques des métaux de la deuxième série de métaux de transition (de l'yttrium ($Z = 39$) à l'argent ($Z = 47$)) comportent elles aussi certaines exceptions.

6.3.9 Les configurations électroniques des éléments de la sixième et de la septième période

La sixième période du tableau périodique commence par le césium ($Z = 55$) et le baryum ($Z = 56$), dont les configurations électroniques sont respectivement $[Xe]6s^1$ et $[Xe]6s^2$. Puis vient le lanthane ($Z = 57$). D'après la **FIGURE 6.1** (*voir p. 240*), on pourrait s'attendre à ce que, une fois l'orbitale $6s$ remplie, les électrons additionnels se logent dans les orbitales $4f$. En réalité, les orbitales $5d$ et $4f$ ont des énergies très proches les unes des autres. Dans le cas du lanthane, les orbitales $4f$ ont une énergie légèrement plus élevée que les orbitales $5d$ (*voir aussi la* **FIGURE 5.31**, *p. 224*). Ainsi, la configuration électronique du lanthane est $[Xe]6s^25d^1$ plutôt que $[Xe]6s^24f^1$.

Immédiatement après le lanthane suivent les **lanthanides** (ou **série des terres rares**). Les lanthanides sont constitués des 14 éléments qui suivent le lanthane, du cérium ($Z = 58$) au lutécium ($Z = 71$). Ils possèdent des sous-couches $4f$ incomplètes ou forment facilement des cations dont les sous-couches $4f$ sont incomplètes. Dans cette série, les électrons additionnels se logent dans les orbitales $4f$, puis dans les orbitales $5d$.

NOTE

La configuration électronique du gadolinium ($Z = 64$) est $[Xe]6s^24f^75d^1$ plutôt que $[Xe]6s^24f^8$. Comme dans le cas du chrome, une sous-couche ($4f^7$) à demi occupée présente plus de stabilité.

La troisième série de métaux de transition, qui comprend le lanthane et le hafnium ($Z=72$) et qui va jusqu'à l'or ($Z=79$), est caractérisée par le remplissage des orbitales $5d$. Ensuite se remplissent les sous-couches $6s$ et $6p$, ce qui mène au radon ($Z=86$).

La dernière rangée d'éléments appartient aux **actinides**, une série constituée des 14 éléments qui suivent l'actinium, du thorium (Z = 90) au lawrencium (Z = 103). La plupart de ces éléments n'existent pas dans la nature ; ils ont été synthétisés.

Les configurations électroniques à l'état fondamental et les propriétés des électrons dans un atome peuvent être résumées par les généralités suivantes :

1. Deux électrons dans un même atome ne peuvent avoir le même ensemble de quatre nombres quantiques (principe d'exclusion de Pauli) :
   a) chaque orbitale peut contenir un maximum de deux électrons,
   b) ceux-ci doivent avoir des spins opposés.
2. L'arrangement le plus stable des électrons dans un sous-niveau est celui qui a le plus de spins parallèles (règle de Hund).
3. Les atomes qui contiennent un ou plusieurs électrons non appariés (célibataires) sont dits « paramagnétiques » ; ceux dont tous les électrons sont appariés sont dits « diamagnétiques ».
4. Dans un atome d'hydrogène, l'énergie de l'électron dépend seulement de son nombre quantique principal (n). Dans un atome polyélectronique, l'énergie d'un électron dépend à la fois de n et de son nombre quantique secondaire (ℓ).
5. Dans un atome polyélectronique, les sous-couches sont remplies dans l'ordre indiqué à la **FIGURE 6.1** (*voir p. 240*), selon la règle de Klechkowski ou selon la loi du « $n + \ell$ minimal ».

EXEMPLE 6.1 L'écriture des configurations électroniques

Écrivez la configuration électronique : a) du soufre (S) ; b) du palladium (Pd), un atome diamagnétique.

DÉMARCHE

a) Combien d'électrons y a-t-il dans l'atome de soufre, S ($Z=16$) ? En débutant avec $n=1$, on remplit les orbitales selon la règle de Klechkowski (*voir la* **FIGURE 6.1**, *p. 240*). Pour chaque valeur de ℓ, on donne les valeurs de m_ℓ. On place ensuite les électrons en respectant le principe d'exclusion de Pauli et la règle de Hund, puis on écrit la configuration électronique. On peut se simplifier la tâche si l'on écrit la structure de gaz inerte qui précède le soufre, soit [Ne], pour représenter les électrons internes.

b) Il faut utiliser la même procédure qu'en a). Que signifie le fait que Pd soit un élément diamagnétique ?

SOLUTION

a) Le soufre a 16 électrons. Le néon (Ne) étant le gaz rare qui le précède, le soufre a une structure de [Ne], soit $1s^22s^22p^6$. Il reste six électrons à placer. Remplissons complètement la sous-couche $3s$ et partiellement la sous-couche $3p$. La configuration de S est donc :

$$1s^22s^22p^63s^23p^4 \text{ ou } [\text{Ne}]3s^23p^4$$

▶

b) Le palladium a 46 électrons. Sa structure de gaz inerte est [Kr], car Kr est le gaz rare de la période qui précède le palladium. [Kr] est représentée par:

$$1s^22s^22p^63s^23p^64s^23d^{10}4p^6$$

Les 10 électrons restants sont placés dans les orbitales $4d$ et $5s$. Il y a trois possibilités: 1) $4d^{10}$, 2) $4d^95s^1$ et 3) $4d^85s^2$. Mais parce que le Pd est diamagnétique, tous les électrons doivent être appariés. La configuration de Pd doit donc être la suivante:

$$1s^22s^22p^63s^23p^64s^23d^{10}4p^64d^{10}$$

ou tout simplement $[Kr]4d^{10}$. Les configurations 2) et 3) correspondent toutes les deux à des éléments paramagnétiques.

VÉRIFICATION

Pour confirmer cette réponse, écrivez les configurations 2) et 3) à l'aide des cases quantiques.

EXERCICE E6.1

Écrivez la configuration électronique à l'état fondamental du phosphore (P).

Problème semblable 6.5

RÉVISION DES CONCEPTS

Identifiez l'atome dont la configuration électronique à l'état fondamental est la suivante: $[Ar]4s^23d^8$.

QUESTIONS de révision

10. Qu'est-ce qu'une structure de gaz rare? Comment son emploi aide-t-il à décrire les configurations électroniques?
11. Quelle est la différence entre les électrons de cœur et les électrons de valence d'un élément?
12. Définissez l'expression «électrons de valence». Le nombre d'électrons de valence d'un élément est généralement égal au numéro de son groupe. Démontrez que cette affirmation est juste à l'aide des éléments suivants: Al, Sr, K, Br, P, S, C.
13. Donnez les configurations des électrons de valence: **a)** des métaux alcalins; **b)** des métaux alcalino-terreux; **c)** des gaz rares.
14. Expliquez pourquoi les configurations électroniques à l'état fondamental de Cr et de Cu sont différentes de ce à quoi l'on pourrait s'attendre.
15. Définissez les métaux de transition, les lanthanides et les actinides. Donnez un exemple de chacun.
16. À quel groupe d'éléments et à quelle période appartient l'osmium?

CHIMIE EN ACTION

Les lanthanides ou la série des terres rares

Depuis quelques années, on entend souvent parler de l'importance stratégique des lanthanides ou terres rares, car plusieurs technologies récentes nécessitent l'usage de ces métaux. Ils ont donc une grande valeur économique. D'où viennent-ils et à quoi servent-ils? La connaissance des caractéristiques générales de ces métaux permet de répondre à ces questions.

Les lanthanides, un ensemble de 14 éléments qui suivent le lanthane dans le tableau périodique (*voir le bas de la* **FIGURE 6.6**, *p. 252*), forment une famille d'éléments disposée horizontalement (habituellement les familles ou groupes d'éléments sont placés verticalement) appelée « série ». La série des lanthanides comprend les éléments dont les numéros atomiques sont compris entre 58 (le cérium) et 71 (le lutécium). C'est donc dire que ces éléments qui ont tous une sous-couche $4f$ incomplète ont la particularité de se ressembler du point de vue des propriétés tant chimiques que physiques, d'où de nombreuses difficultés à les séparer et à les purifier. Certains d'entre eux ont même des propriétés semblables à celles des métaux de transition. Ainsi, jusqu'en 1923, toutes les masses atomiques publiées du zirconium (Zr), un élément de transition, étaient fausses, car le hafnium (Hf), placé juste en dessous de Zr dans le tableau, est toujours présent comme impureté dans son mélange naturel. Encore de nos jours, le hafnium demeure un lanthanide très difficile à séparer du zirconium.

Les terres rares sont des lanthanides, extraits sous forme d'oxydes à partir de minerais ou de gisements formés de roches magmatiques, c'est-à-dire de roches provenant de la cristallisation en profondeur qui a lieu lors de refroidissements à la surface du manteau de la Terre (liquide) pour former la croûte terrestre. Ces terres rares sont peu concentrées dans les roches, mais elles ne sont pas pour autant rares. Un gisement contenant moins de 1 % de terres rares peut s'avérer exploitable du point de vue économique. Les principaux gisements exploités actuellement sont situés en Chine. Ce pays fournit à lui seul près de 95 % du marché mondial et posséderait près de 35 % des réserves de ces métaux. Les États-Unis ont déjà été un grand fournisseur de ces métaux à partir d'une seule mine située en Californie. Les Japonais ont récemment découvert d'importants gisements sous-marins de terres rares à faible profondeur. Le Québec fait aussi partie de cette ruée vers les terres rares en menant actuellement quatre projets d'exploration, entre autres en Abitibi et au Témiscamingue. Dans cette course, il y aura des gagnants et des perdants. D'abord, ces mines sont souvent exploitées en surface et les procédés de séparation sont très complexes, utilisant beaucoup d'énergie, beaucoup d'eau et employant des solvants et des acides de toutes sortes. Il importe d'évaluer avec soin les risques de pollution et de contamination. De tels projets doivent être acceptables non seulement sur le plan économique, mais aussi sur le

6.4 Les configurations électroniques et le tableau périodique

Comme il a été mentionné en début de chapitre, le tableau périodique était à l'origine une classification basée avant tout sur les similitudes des propriétés chimiques et physiques des éléments et de leurs composés physiques. L'élucidation des structures électroniques a jeté un éclairage nouveau sur cette classification en ce sens qu'elle permet de l'expliquer et d'en comprendre tout le sens. On sait aujourd'hui que le tableau périodique est organisé en fonction des configurations électroniques des éléments, lesquelles permettent d'expliquer les propriétés périodiques : en effet, on peut, grâce aux connaissances actuelles sur les propriétés générales d'un groupe (famille) ou d'une période, prédire avec une précision considérable les propriétés de n'importe quel élément, même s'il s'agit d'un élément que l'on connaît mal.

Le tableau périodique est constitué de quatre blocs : les blocs *s*, *p*, *d* et *f* (*voir la* **FIGURE 6.6**, *p. 252*). Les deux premiers groupes constituent le bloc *s*, alors que les six derniers constituent le bloc *p*. Entre les blocs *s* et *p* se trouve le bloc *d*, regroupant les métaux de transition. Le bloc *f* devrait logiquement être inséré à l'intérieur même du bloc *d*, mais pour plan social et environnemental. Qu'est-ce qui explique donc cette course contre la montre?

Les lanthanides sont très en demande, surtout dans les domaines électroniques et énergétiques. En électronique, par exemple, les téléphones intelligents sont de plus en plus puissants tout en étant très petits et légers. La sonnerie par vibration serait impossible à produire avec un aimant traditionnel à base de fer (ferrite), car il s'avère trop gros et trop pesant. Par contre, les aimants au néodyme sont beaucoup plus puissants et permettent la miniaturisation des appareils. Ces mêmes aimants au néodyme sont aussi utilisés dans plusieurs technologies « vertes », comme dans les moteurs électriques de véhicules de transport et les éoliennes, dont les moteurs ou les générateurs nécessitent la présence d'un fort champ magnétique. C'est aussi grâce aux aimants au néodyme que les disques durs peuvent enregistrer les données dans les ordinateurs.

Chaque véhicule hybride nécessite une consommation de 10 à 20 kg de lanthanides principalement pour les batteries. Tous les véhicules à moteur à combustion, quant à eux, doivent être munis d'un système antipollution dont l'une des composantes est le pot catalytique du système d'échappement, lequel contient environ 40 g de cérium. Le cérium est aussi utilisé dans les domaines du polissage et de la verrerie.

Le terbium sert à la fabrication d'écrans à cristaux liquides, comme les écrans tactiles, ainsi qu'à la fabrication des ampoules fluocompactes, moins énergivores que les ampoules traditionnelles au tungstène. Enfin, plusieurs lanthanides sont utilisés dans la fabrication des semi-conducteurs, des lasers et des panneaux solaires.

Aimant au néodyme utilisé dans un moteur électrique de voiture hybride

Pourrions-nous nous en passer? Peut-être pas, mais il faut penser à les recycler, ce qui semble possible dans le cas des ampoules fluocompactes, des batteries des voitures hybrides et des pots d'échappement catalytiques. Plusieurs pays aimeraient bien produire davantage de ces métaux très en demande, mais il se fera aussi beaucoup de recherches pour essayer de remplacer les lanthanides par d'autres métaux plus faciles à se procurer. Par exemple, il pourrait être possible de fabriquer des moteurs électriques beaucoup plus performants à base de filage de cuivre et non d'alliages de lanthanides. Le cuivre est un métal plus disponible et plus facile à extraire et à recycler que les lanthanides.

des raisons pratiques (afin que le tableau entre sur une page), ses éléments sont plutôt placés au bas du tableau. Tous les éléments du bloc *f* ont une réactivité similaire, d'où leur appartenance au groupe 3B. Dans le cas des éléments de transition, la relation entre les propriétés et le nombre d'électrons de valence n'est pas aussi nette que dans le cas des éléments des blocs s et *p*. Ainsi, le fer, le cobalt et le nickel ont des propriétés semblables, même s'ils possèdent 8, 9 et 10 électrons de valence. C'est pourquoi ils font tous partie du groupe 8B. On appelle **éléments représentatifs** les éléments des blocs *s* et *p*. Les éléments du groupe 8A sont nommés **gaz rares**. Ils ont tous, à l'exception de l'hélium, une sous-couche *p* complètement remplie.

L'ordre de remplissage des orbitales est contenu dans le tableau périodique, comme le montre la **FIGURE 6.7** (*voir page suivante*). En allant vers la droite, puis vers le bas, on rencontre successivement les orbitales 1*s*, 2*s*, 2*p*, 3*s*, 3*p*, 4*s*, 3*d*, 4*p*…

À l'aide de la **FIGURE 6.7** ou de n'importe quel tableau périodique, on devrait pouvoir écrire la configuration électronique de n'importe quel élément, à quelques exceptions près. Les éléments auxquels il faut porter une attention particulière sont ceux qui font partie des métaux de transition, des lanthanides et des actinides. Comme indiqué précédemment,

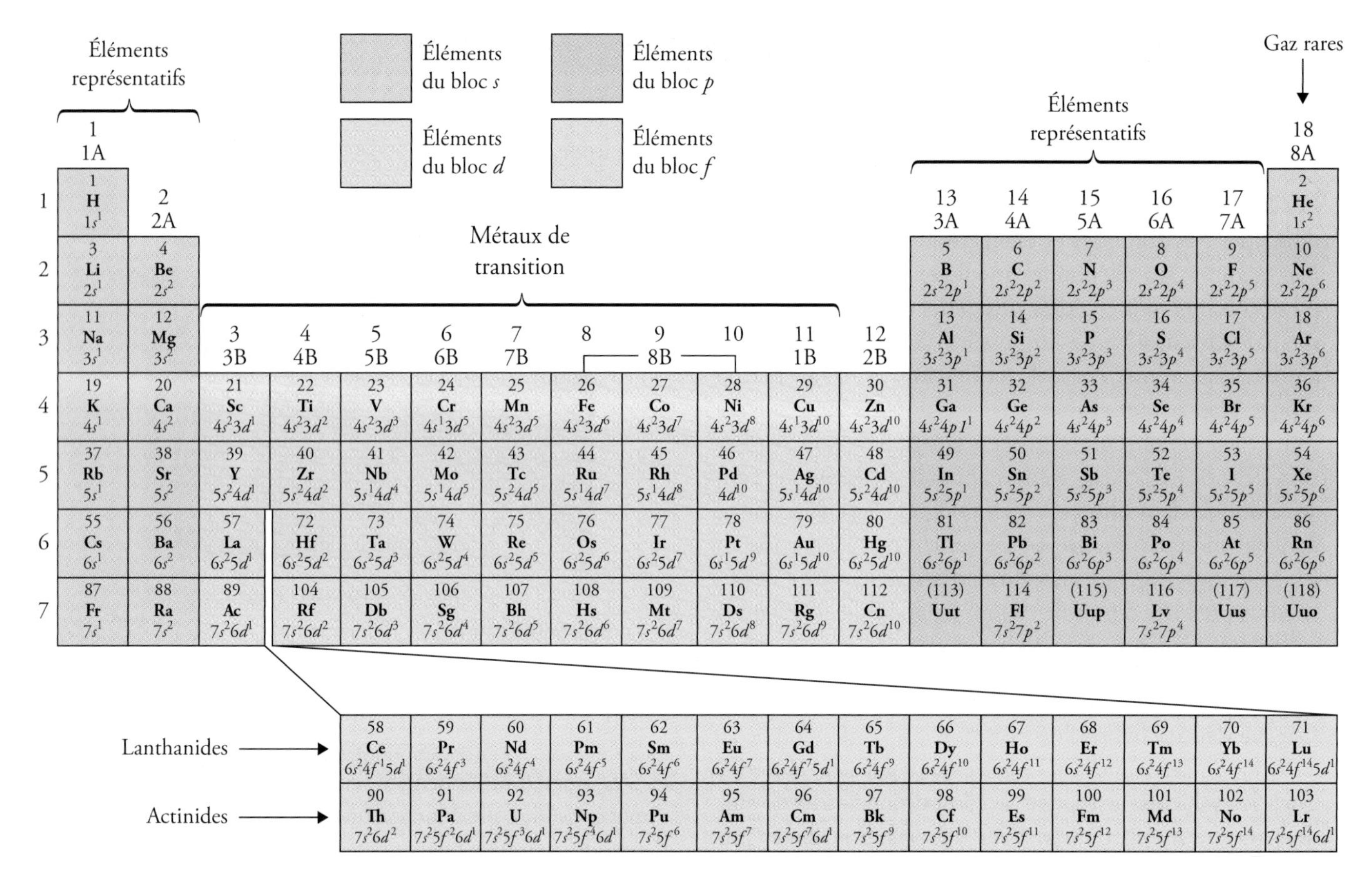

FIGURE 6.6

Classification des éléments

Les configurations électroniques des électrons de valence et les différents groupes d'éléments

quand le nombre quantique principal (n) est élevé, l'ordre de remplissage des sous-couches peut s'inverser d'un élément au suivant.

Inversement, en regardant l'emplacement d'un élément dans le tableau périodique, on peut facilement retrouver l'ensemble des nombres quantiques qui définissent son électron d'énergie la plus élevée. Soit, par exemple, le magnésium. Parce qu'il se situe dans la troisième période et dans le bloc s, son 12e électron aura pour nombres quantiques $n = 3$, $\ell = 0$ et $m_\ell = 0$.

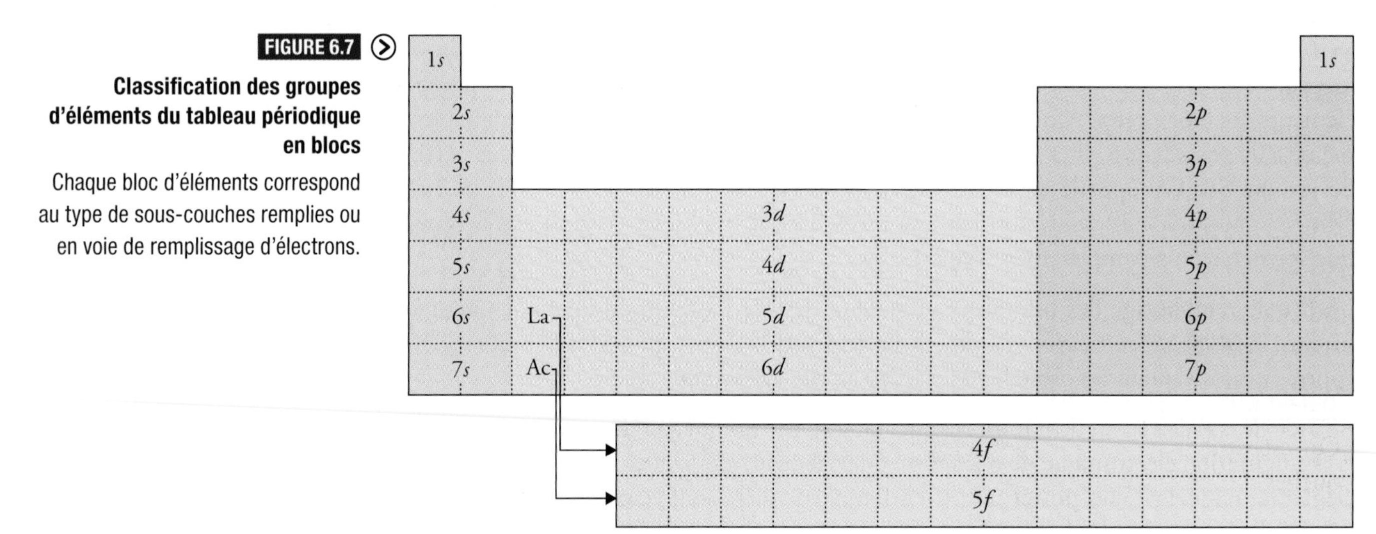

FIGURE 6.7

Classification des groupes d'éléments du tableau périodique en blocs

Chaque bloc d'éléments correspond au type de sous-couches remplies ou en voie de remplissage d'électrons.

EXEMPLE 6.2 La détermination d'une configuration électronique et l'identification d'un élément

Un atome neutre d'un certain élément a 15 électrons. **a)** Quelle est la configuration électronique de l'élément ? **b)** Comment devrait-on classer cet élément ? **c)** Les atomes de cet élément sont-ils diamagnétiques ou paramagnétiques ?

DÉMARCHE

a) Grâce à la **FIGURE 6.7**, commençons à écrire la configuration électronique en partant de la gauche du tableau périodique, tout en haut.

b) Quelles sont les configurations électroniques caractéristiques des éléments représentatifs ? des éléments de transition ? des gaz rares ?

c) Observez comment les électrons sont appariés sur la dernière couche. Qu'est-ce qui détermine si un élément est diamagnétique ou paramagnétique ?

SOLUTION

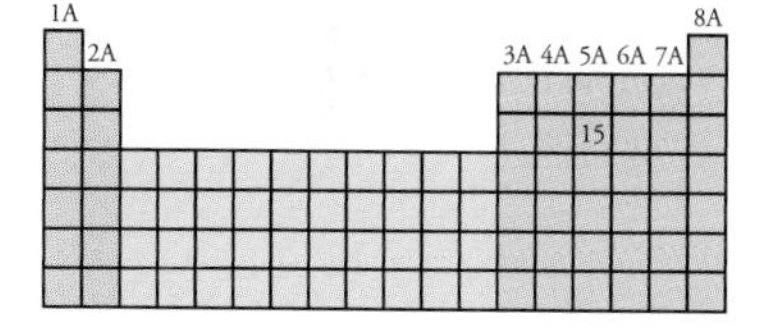

a) La première orbitale rencontrée est l'orbitale 1*s*, laquelle peut contenir deux électrons. Ensuite, sur la deuxième période, on rencontre l'orbitale 2*s*, puis les trois orbitales 2*p* pouvant ensemble contenir un total de huit électrons (deux dans l'orbitale 2*s* et six dans les trois orbitales 2*p*). Sur la troisième période, on rencontre l'orbitale 3*s* qui accueille deux autres électrons. Les trois électrons restants occuperont les orbitales 3*p*.

La configuration électronique est donc :

$$1s^2 2s^2 2p^6 3s^2 3p^3$$

b) Étant donné que la sous-couche 3*p* n'est pas complètement remplie, il s'agit d'un élément représentatif.

c) Selon la règle de Hund, les trois électrons dans les orbitales 3*p* ont des spins parallèles (trois électrons célibataires). Cet élément est donc paramagnétique.

VÉRIFICATION

Dans le cas de b), notons qu'un métal de transition a une sous-couche *d* incomplète et qu'un gaz rare a une couche externe complète. En ce qui concerne c), rappelons que, si les atomes d'un élément ont un nombre impair d'électrons, cet élément doit être paramagnétique.

EXERCICE E6.2

Un atome d'un certain élément a 20 électrons. **a)** Écrivez la configuration électronique de l'élément à l'état fondamental ; **b)** classez-le ; **c)** dites si ses atomes sont diamagnétiques ou paramagnétiques.

Problème semblable ⊕
6.8

EXEMPLE 6.3 La détermination des configurations électroniques à l'aide du tableau périodique

À l'aide du tableau périodique, déterminez la configuration électronique du gallium sous forme de cases quantiques.

DÉMARCHE

Où est situé le gallium dans le tableau périodique ? À partir d'en haut à gauche, quelles orbitales devons-nous remplir pour nous y rendre ? ▶

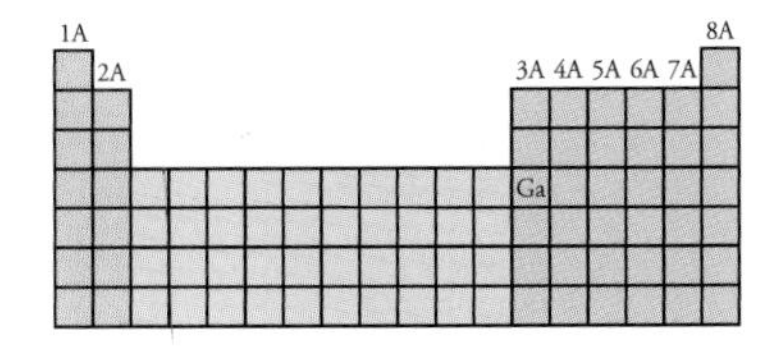

SOLUTION

En partant du début, les orbitales rencontrées sont dans l'ordre : 1*s*, 2*s*, 2*p*, 3*s*, 3*p*, 4*s*, 3*d*, 4*p*. La configuration électronique du Ga est donc :

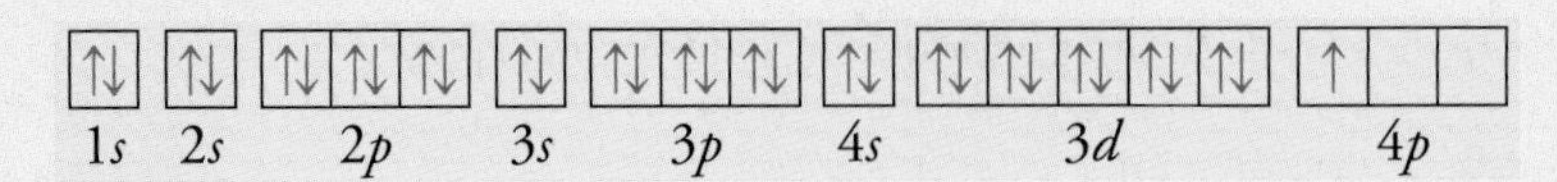

Problèmes semblables
6.10 et 6.11

EXERCICE E6.3

À l'aide du tableau périodique, déterminez la configuration électronique de l'yttrium sous forme de cases quantiques.

6.4.1 Les configurations électroniques des ions

NOTE

À moins d'avis contraire, la configuration électronique d'un atome fait toujours référence à son état fondamental.

Étant donné que plusieurs composés ioniques sont formés d'anions et de cations monoatomiques, il est utile de pouvoir écrire les configurations électroniques des ions. La méthode à utiliser est très semblable à celle qui est appliquée dans le cas d'atomes neutres. Pour les besoins de l'explication, les ions sont regroupés en deux catégories.

Les ions dérivés des éléments représentatifs

Au moment de la formation d'un cation dérivé d'un atome neutre d'un élément représentatif, il y a libération d'un ou de plusieurs électrons de la couche de valence. La liste suivante donne les configurations électroniques de quelques atomes neutres et de leurs cations correspondants :

Na : $[Ne]3s^1$	Na^+ : [Ne] ou $1s^22s^22p^6$
Ca : $[Ar]4s^2$	Ca^{2+} : [Ar] ou $[Ne]3s^23p^6$
Al : $[Ne]3s^23p^1$	Al^{3+} : [Ne] ou $1s^22s^22p^6$

Il est à noter que chacun de ces ions a la configuration d'un gaz rare.

Par contre, au moment de la formation d'un anion, un ou plusieurs électrons s'ajoutent à la couche *n* la plus élevée et qui est partiellement remplie. Par exemple :

H : $1s^1$	H^- : $1s^2$ ou [He]
F : $1s^22s^22p^5$	F^- : $1s^22s^22p^6$ ou [Ne]
O : $1s^22s^22p^4$	O^{2-} : $1s^22s^22p^6$ ou [Ne]
N : $1s^22s^22p^3$	N^{3-} : $1s^22s^22p^6$ ou [Ne]

Encore une fois, tous les anions ont la configuration électronique stable d'un gaz rare. Ainsi, on peut dire des éléments représentatifs que la configuration électronique périphérique (ns^2np^6) des ions dérivés de leurs atomes est celle d'un gaz rare. Les **espèces** sont dites **isoélectroniques** lorsqu'elles ont le même nombre d'électrons et, par conséquent, la même configuration électronique ; par exemple, F^-, Na^+ et Ne sont isoélectroniques (ils contiennent tous 10 électrons).

Les ions dérivés des métaux de transition

Lorsqu'ils sont à l'état non combiné, les métaux de transition libèrent leurs électrons de valence pour former des cations monoatomiques. Dans les métaux de transition de la première rangée (de Sc à Cu), l'orbitale $4s$ se remplit toujours avant les orbitales $3d$ (*voir la section 6.2, p. 240*). À titre d'exemple, on peut penser à la configuration électronique du manganèse : [Ar]$4s^2 3d^5$. Au cours de la formation de l'ion Mn^{2+}, on pourrait s'attendre à ce que les deux électrons s'échappent des orbitales $3d$ pour former [Ar]$4s^2 3d^3$. En fait, la configuration électronique de Mn^{2+} est [Ar]$3d^5$. Les premiers électrons à quitter l'atome sont ceux dont la valeur de n est la plus élevée : les électrons occupant l'orbitale $4s$ quitteront alors avant les électrons qui occupent les orbitales $3d$. Les interactions électron-électron et électron-noyau dans un atome neutre peuvent être très différentes de celles qui existent dans son ion. Donc, de façon générale, lorsqu'un cation est formé à partir d'un atome d'un métal de transition, les électrons quittent toujours l'orbitale ns avant les orbitales $(n-1)d$.

Il faut se rappeler que la plupart des métaux de transition peuvent former plus d'un type de cation et que, souvent, ces cations et le gaz rare qui les précède ne sont pas isoélectroniques.

NOTE

Dans le cas des éléments de transition, l'ordre de remplissage des électrons ne détermine ni ne prédit l'ordre de retrait des électrons.

EXEMPLE 6.4 La configuration électronique des ions

Déterminez, à l'aide de cases quantiques identifiées, la configuration électronique de l'ion Sr^{2+}.

DÉMARCHE

Puisque le strontium est un élément représentatif, il aura tendance à perdre ses électrons de valence pour adopter la configuration d'un gaz noble.

SOLUTION

Le strontium perdra deux électrons pour adopter la configuration électronique du krypton. Les deux électrons perdus sont ceux dont l'orbitale possède l'énergie la plus élevée :

Sr : [↑↓] [↑↓] [↑↓|↑↓|↑↓] [↑↓] [↑↓|↑↓|↑↓] [↑↓] [↑↓|↑↓|↑↓|↑↓|↑↓] [↑↓|↑↓|↑↓] [↑↓]
$1s$ $2s$ $2p$ $3s$ $3p$ $4s$ $3d$ $4p$ $5s$

Sr^{2+} ou Kr : [↑↓] [↑↓] [↑↓|↑↓|↑↓] [↑↓] [↑↓|↑↓|↑↓] [↑↓] [↑↓|↑↓|↑↓|↑↓|↑↓] [↑↓|↑↓|↑↓]
$1s$ $2s$ $2p$ $3s$ $3p$ $4s$ $3d$ $4p$

EXERCICE E6.4

Déterminez, à l'aide de cases quantiques identifiées, la configuration électronique de l'ion Br^-.

Problèmes semblables ⊕
6.14 et 6.15

RÉVISION DES CONCEPTS

Nommez les éléments dont les ions correspondent aux descriptions suivantes : **a)** un métal alcalino-terreux isoélectronique avec le krypton ; **b)** un anion de charge −3 isoélectronique avec l'ion K^+ ; **c)** un ion portant une charge +2 qui est isoélectronique avec l'ion Co^{3+}.

QUESTIONS de révision

17. Qu'est-ce qu'un élément représentatif? Nommez-en quatre et donnez le symbole de chacun.
18. Donnez trois exemples d'ions de métaux de transition de la première série (de Sc à Cu) dont les configurations électroniques pourraient être représentées par une structure d'argon.
19. Quelle est la caractéristique de la configuration électronique des ions stables formés à partir des éléments représentatifs?
20. Que veut-on dire quand on affirme que deux ions (ou un atome et un ion) sont isoélectroniques?

6.5 Les variations périodiques des propriétés physiques

Les configurations électroniques varient périodiquement suivant l'augmentation du numéro atomique. Par conséquent, les comportements physiques et chimiques des éléments présentent également des variations périodiques. Dans cette section et dans les prochaines, il sera question de certaines propriétés physiques des éléments d'un groupe et d'une période, ainsi que de certaines propriétés qui influencent la réactivité chimique de ces éléments. Mais il convient de voir d'abord le concept de charge nucléaire effective, qui est utile pour mieux comprendre ces propriétés.

6.5.1 La charge nucléaire effective (Z_{eff})

Interaction
• L'attraction du noyau

Les électrons situés près du noyau forment en quelque sorte un écran entre les électrons des couches périphériques et le noyau (*voir la section 6.3.3, p. 242*) ; la présence de ces électrons a pour effet de réduire l'attraction électrostatique entre les protons, situés dans le noyau, et les électrons périphériques. De plus, la force répulsive qui s'exerce entre les électrons eux-mêmes atténue également la force d'attraction du noyau. La **charge nucléaire effective** (Z_{eff}) est la charge nucléaire corrigée ressentie par un électron tenant compte à la fois de la charge nucléaire réelle (Z) et de l'effet d'écran. En général, la charge nucléaire effective (Z_{eff}) est donnée par:

$$Z_{eff} = Z - \sigma \tag{6.1}$$

où Z constitue la charge nucléaire, c'est-à-dire le nombre de protons de l'élément, et où σ est la constante d'écran. La valeur de cette constante est toujours supérieure à zéro, mais inférieure à la valeur de Z. Dans cet ouvrage, on fait l'approximation que la constante d'écran est égale au nombre d'électrons de cœur. Bien que la valeur de la constante d'écran ne coïncide pas exactement avec le nombre d'électrons de cœur d'un atome, cette approximation permettra néanmoins de prédire la tendance générale de Z_{eff} pour les éléments représentatifs.

Puisque les électrons des couches internes sont en moyenne plus près du noyau que les électrons de valence, les électrons de cœur exercent un effet d'écran plus important sur les électrons de valence que celui qu'un électron de valence exerce sur un autre électron de valence. Lorsqu'on considère les éléments de la deuxième période, la charge nucléaire augmente, mais le nombre d'électrons de cœur demeure le même. En supposant une constante d'écran égale au nombre d'électrons de cœur pour avoir une idée générale de

Z_{eff}, on peut déterminer que les électrons de valence du bore sont soumis à l'action de 5 protons – 2 électrons de cœur. La charge nucléaire effective est donc égale à 3 :

$$Z_{eff} = Z - \sigma^{\star} \ (\sigma^{\star} : \text{nombre d'électrons de cœur : constante d'écran approximative})$$
$$5 - 2 = 3$$

Dans le cas du néon, la charge nucléaire effective est égale à 8 :

$$Z_{eff} = Z - \sigma^{\star}$$
$$= 10 - 2 = 8$$

Puisque, lorsqu'on parcourt une période de gauche à droite, le nombre de protons augmente et que le nombre d'électrons de cœur demeure constant, **la charge nucléaire effective augmente de gauche à droite dans une période.**

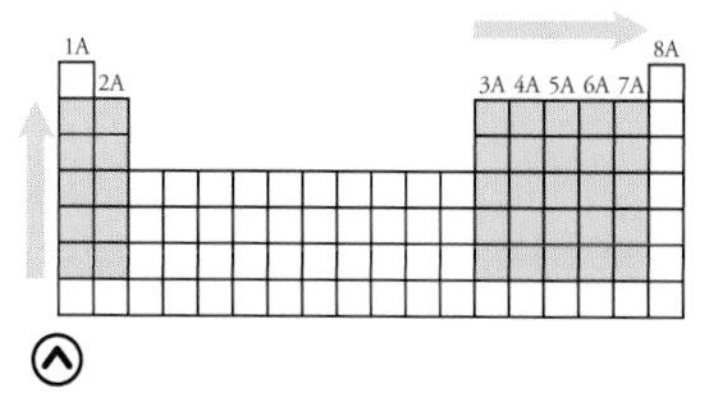

Pour les éléments représentatifs, l'attraction qu'exerce le noyau sur les électrons de valence croît vers la droite dans une période et décroît lorsqu'on parcourt un groupe vers le bas.

Suivant le même raisonnement, Z_{eff} devrait demeurer constante dans un groupe. Cependant, comme il est montré à la section 5.6 (*voir p. 220*), la taille des orbitales augmente avec *n*, ce qui fait que les électrons de valence sont de moins en moins retenus par le noyau au fur et à mesure qu'on descend dans un groupe. Ainsi, **l'attraction électrostatique entre le noyau et les électrons de valence diminue en parcourant un groupe vers le bas.**

6.5.2 Le rayon atomique

Plusieurs propriétés physiques, dont la masse volumique, le point de fusion et le point d'ébullition, sont liées à la taille des atomes. Toutefois, comme indiqué au chapitre 5, puisque la densité électronique dans un atome s'étend loin autour du noyau, la taille d'un atome est une donnée difficile à déterminer. On entend généralement par « taille atomique » le volume qui, autour du noyau, contient environ 90 % de la densité électronique totale. En pratique, ce qui est mesuré, par contre, c'est la distance qui sépare les noyaux d'atomes adjacents. Le **rayon atomique** correspond donc, dans le cas d'un métal, à la moitié de la distance qui sépare les noyaux de deux atomes adjacents (*voir la* **FIGURE 6.8A**). Dans le cas des éléments qui existent à l'état de molécules diatomiques, le rayon atomique est aussi parfois appelé **rayon covalent**. Il correspond alors à la moitié de la distance séparant les noyaux des deux atomes de la molécule (*voir la* **FIGURE 6.8B**).

Animation
- Les rayons atomiques et ioniques

Interaction
- Les rayons atomiques

NOTE

Dans le cas d'un métal, le rayon atomique est aussi parfois appelé « rayon métallique ».

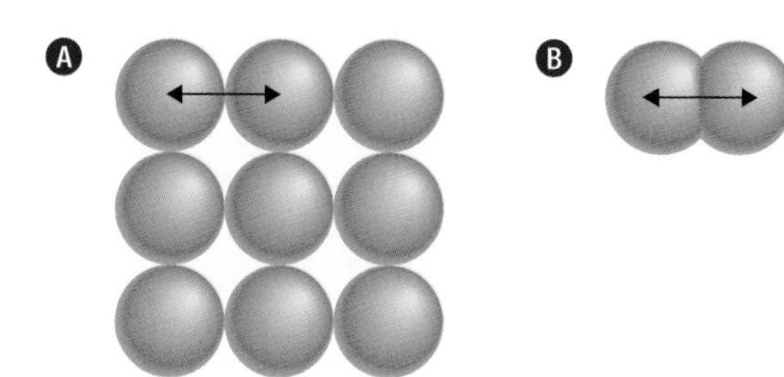

FIGURE 6.8

Rayon atomique

A Dans un métal comme le béryllium, le rayon atomique correspond à la moitié de la distance qui sépare les centres de deux atomes adjacents.

B Chez les éléments qui existent à l'état de molécules diatomiques, comme l'iode, le rayon atomique correspond à la moitié de la distance qui sépare les centres des atomes dans la molécule.

La **FIGURE 6.9** (*voir page suivante*) montre le rayon atomique de plusieurs éléments selon leur position dans le tableau périodique. La **FIGURE 6.10** (*voir p. 259*) illustre la variation du rayon de ces éléments en fonction de leur numéro atomique. La périodicité y est évidente. En examinant cette périodicité, on doit se souvenir que le rayon atomique est déterminé en grande partie par la force qui retient les électrons des couches périphériques autour du noyau. Plus la charge nucléaire effective est élevée, plus l'attraction qu'exerce le noyau est importante et plus le rayon atomique est petit.

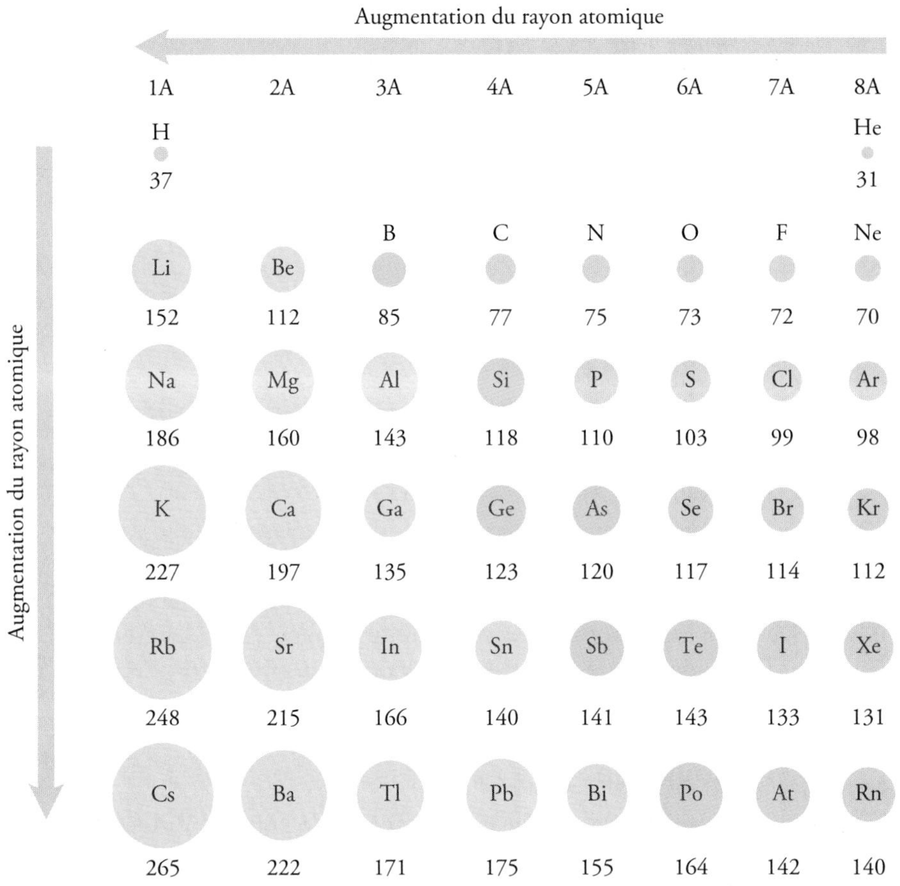

Augmentation du rayon atomique

Augmentation du rayon atomique

1A	2A	3A	4A	5A	6A	7A	8A
H 37							He 31
Li 152	Be 112	B 85	C 77	N 75	O 73	F 72	Ne 70
Na 186	Mg 160	Al 143	Si 118	P 110	S 103	Cl 99	Ar 98
K 227	Ca 197	Ga 135	Ge 123	As 120	Se 117	Br 114	Kr 112
Rb 248	Sr 215	In 166	Sn 140	Sb 141	Te 143	I 133	Xe 131
Cs 265	Ba 222	Tl 171	Pb 175	Bi 155	Po 164	At 142	Rn 140

FIGURE 6.9

Rayons atomiques (en picomètres) des éléments représentatifs selon leur position dans le tableau périodique

Actuellement, il n'y a pas de confirmation définitive quant à l'exactitude de ces valeurs. Il faut donc surtout prêter attention aux grandes tendances de variation des rayons atomiques plutôt qu'à la précision des valeurs.

La variation du rayon atomique dans une période

Par exemple, soit les éléments de la deuxième période (de Li à F). De gauche à droite, on remarque que le nombre d'électrons contenus dans la couche interne ($1s^2$) reste constant, alors que la charge nucléaire augmente. Les électrons qui s'ajoutent pour contrebalancer l'augmentation de la charge nucléaire ne se font presque pas écran entre eux. Par conséquent, la charge nucléaire effective augmente régulièrement tant que le nombre quantique principal reste constant (n = 2). Ainsi, l'électron 2*s* du lithium subit l'effet d'écran des deux électrons 1*s*; on suppose, en faisant une approximation, que l'effet d'écran des deux électrons 1*s* équivaut à l'annulation de deux charges positives du noyau (qui possède trois protons). L'électron 2*s* subit donc une attraction n'équivalant qu'à celle de un proton: autrement dit, la charge nucléaire effective est de +1. Dans le cas du béryllium ($1s^22s^2$), chacun des électrons 2*s* subit l'effet d'écran des électrons 1*s*, qui annulent deux des quatre charges positives du noyau. Puisque les électrons 2*s* n'exercent pas l'un sur l'autre un effet d'écran aussi important, le résultat net est que la charge nucléaire effective de chaque électron 2*s* est supérieure à +1. Alors, à mesure que la charge nucléaire effective augmente, la taille des orbitales diminue. Autrement dit, les électrons périphériques étant beaucoup mieux retenus par le noyau lorsqu'on se déplace vers la droite dans une période, le rayon atomique diminue régulièrement, du lithium au fluor.

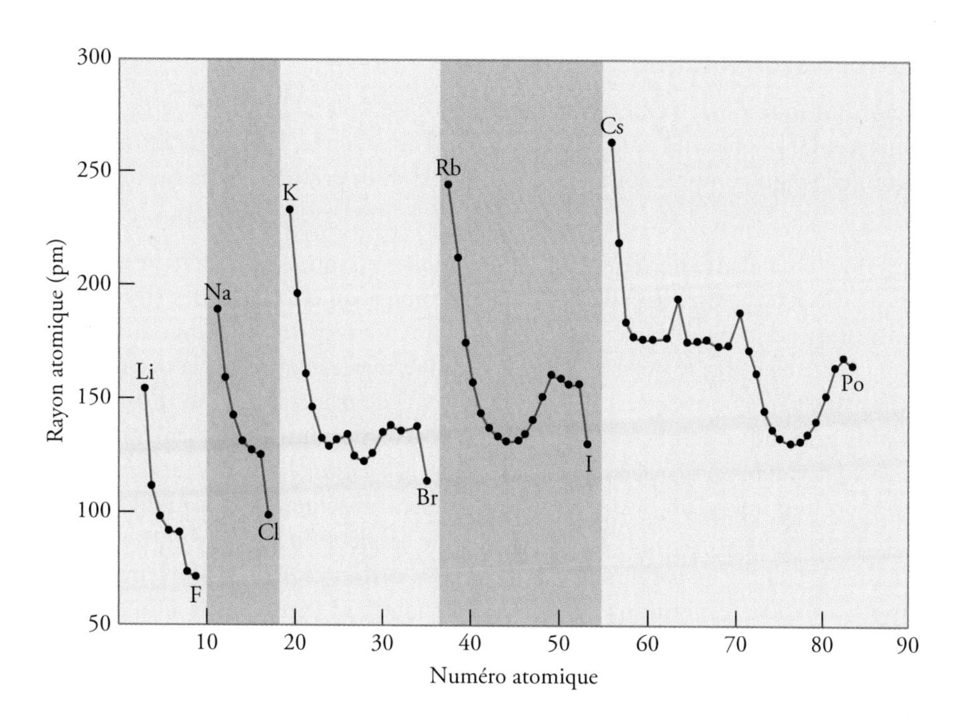

FIGURE 6.10

Variation des rayons atomiques (en picomètres) des éléments en fonction des numéros atomiques

La variation du rayon atomique dans un groupe

À mesure qu'on parcourt un groupe vers le bas (par exemple, le groupe 1A), on remarque que le rayon atomique augmente. Cela s'explique par le fait que les électrons de valence sont de moins en moins retenus par le noyau. La taille des atomes métalliques augmente ainsi de Li à Cs pour les métaux alcalins. Le même raisonnement s'applique aux éléments des autres groupes.

NOTE

En général, les tendances périodiques ne s'appliquent qu'aux éléments représentatifs.

EXEMPLE 6.5 La comparaison de la taille des atomes

À l'aide du tableau périodique, classez les atomes suivants selon l'ordre croissant de leur rayon atomique : P, Si, N.

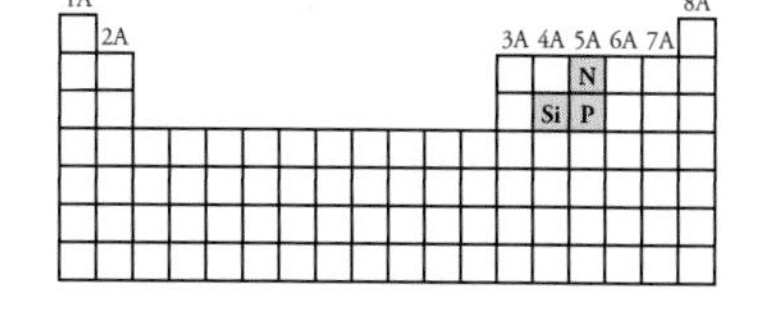

DÉMARCHE

Comment varient les rayons atomiques dans un groupe et dans une période donnés ? Parmi ces éléments, lesquels sont dans le même groupe ? Lesquels sont dans la même période ?

SOLUTION

N et P sont dans le même groupe (le groupe 5A). Puisque le rayon atomique augmente de haut en bas dans un groupe, le rayon de N est inférieur à celui de P. Si et P sont tous les deux dans la même période, et Si est à gauche de P. Puisque le rayon atomique décroît de gauche à droite dans une période, le rayon de P est inférieur à celui de Si. Ainsi, l'ordre croissant des rayons est N < P < Si.

EXERCICE E6.5

Classez les atomes suivants par ordre décroissant de leur rayon : C, Li, Be.

Problèmes semblables 6.22 et 6.23

RÉVISION DES CONCEPTS

Comparez la taille de chacune des paires d'atomes suivantes : **a)** Be et Ba ; **b)** Al et S ; **c)** ^{12}C et ^{13}C.

6.5.3 Le rayon ionique

CHIMIE EN LIGNE

Interaction
- Les rayons ioniques

NOTE
Lorsqu'un atome neutre devient un ion, son nombre de protons demeure le même.

Le **rayon ionique** est le rayon d'un cation ou d'un anion. Il influence les propriétés physiques et chimiques des composés ioniques. Par exemple, le type de structure tridimensionnelle d'un composé ionique dépend de la taille relative de ses cations et de ses anions.

Quand un atome neutre devient un ion, on s'attend à ce que sa taille change puisque le nombre d'électrons varie. En effet, lorsqu'un atome acquiert un ou des électrons pour devenir un anion, la répulsion entre les électrons s'intensifie, augmentant ainsi leur dispersion. Autrement dit, le nuage électronique (une représentation de la densité électronique) grossit parce que les électrons prennent plus de place. **Le rayon d'un anion est donc plus grand que celui de l'atome neutre correspondant.** Inversement, lorsqu'un atome perd un ou plusieurs électrons pour devenir un cation, la charge du noyau devient plus importante que celle des électrons (en valeur absolue). Cette augmentation de « charge positive nette » a pour effet de resserrer les électrons autour du noyau, diminuant ainsi le volume de l'orbitale. **Le rayon d'un cation est donc inférieur à celui de l'atome neutre correspondant.** La **FIGURE 6.11** montre la variation de taille quand les atomes des métaux alcalins forment des cations et que ceux des halogènes forment des anions ; la **FIGURE 6.12** montre la variation de taille quand un atome de lithium réagit avec un atome de fluor pour former LiF.

FIGURE 6.11 

Comparaison entre les rayons atomiques et les rayons ioniques

A Les métaux alcalins et leurs cations.

B Les halogènes et leurs anions (halogénures).

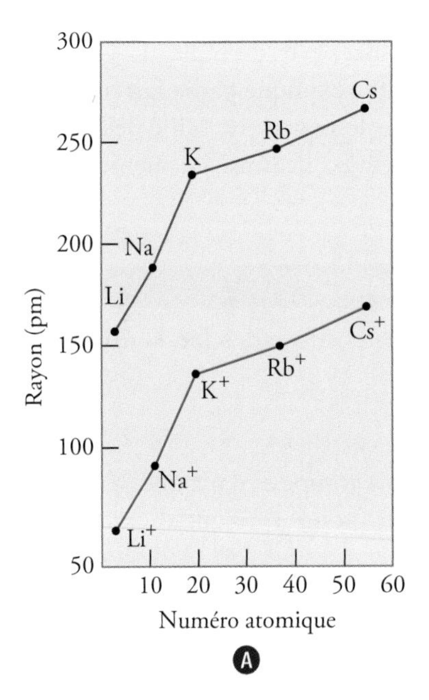

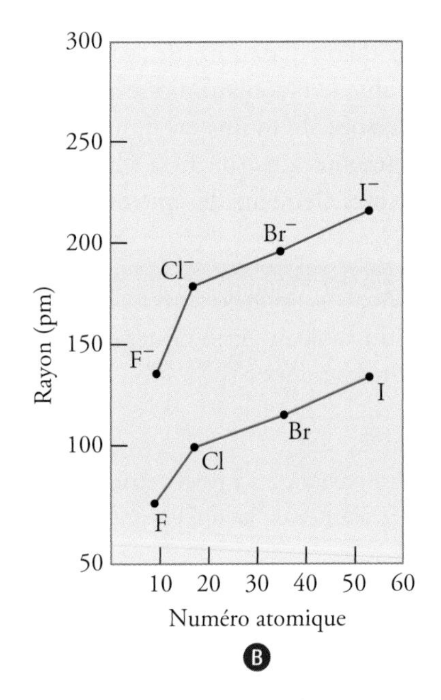

La **FIGURE 6.13** montre les rayons des ions dérivés des éléments les plus courants ; ces derniers sont disposés selon leurs positions dans le tableau périodique. On voit que, dans certains cas, la variation des rayons atomiques et des rayons ioniques va dans le même sens. Par exemple, à mesure qu'on descend dans un groupe, les deux rayons, atomique et ionique, augmentent. Pour ce qui est des ions de groupes différents, on ne peut comparer leurs tailles que s'ils sont isoélectroniques. Si l'on examine les ions isoélectroniques, on remarque que les cations sont plus petits que les anions. Par exemple, Na^+ est plus petit que F^-. Ces deux ions ont le même nombre d'électrons, mais Na ($Z = 11$) possède plus de protons que F ($Z = 9$). La charge nucléaire effective supérieure de Na^+ explique son plus petit rayon.

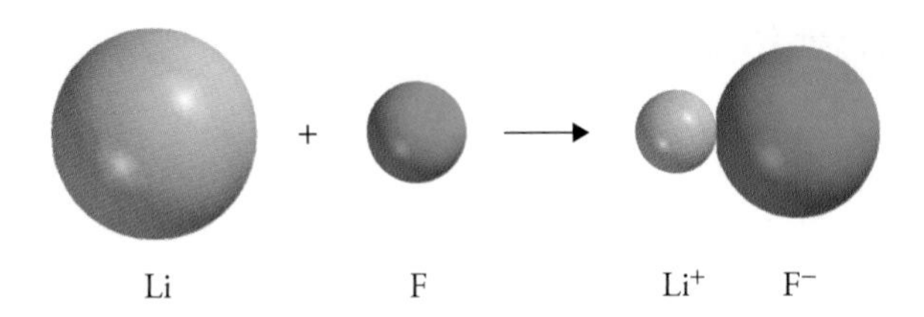

FIGURE 6.12

Variation de la taille des espèces quand Li réagit avec F pour former LiF

Chez les cations isoélectroniques, on remarque que les rayons des ions de charge +3 sont plus petits que ceux des ions de charge +2 qui, à leur tour sont plus petits que ceux des ions de charge +1. Cette tendance est clairement illustrée par la taille des trois ions isoélectroniques de la troisième période : Al^{3+}, Mg^{2+} et Na^+ (*voir la* FIGURE 6.13). L'ion Al^{3+} possède le même nombre d'électrons que Mg^{2+}, mais a un proton de plus. Alors, le nuage électronique de Al^{3+} est attiré plus fortement vers l'intérieur que celui de Mg^{2+}. La différence entre les rayons de Mg^{2+} et de Na^+ s'explique de la même manière. Pour ce qui est des anions isoélectroniques, on remarque que le rayon augmente si l'on passe d'un ion de charge −1 à un ion de charge −2, et ainsi de suite. Ainsi, l'ion oxyde est plus gros que l'ion fluorure parce que l'oxygène a un proton de moins que le fluor ; le nuage électronique de O^{2-} est donc plus étendu que celui de F^-.

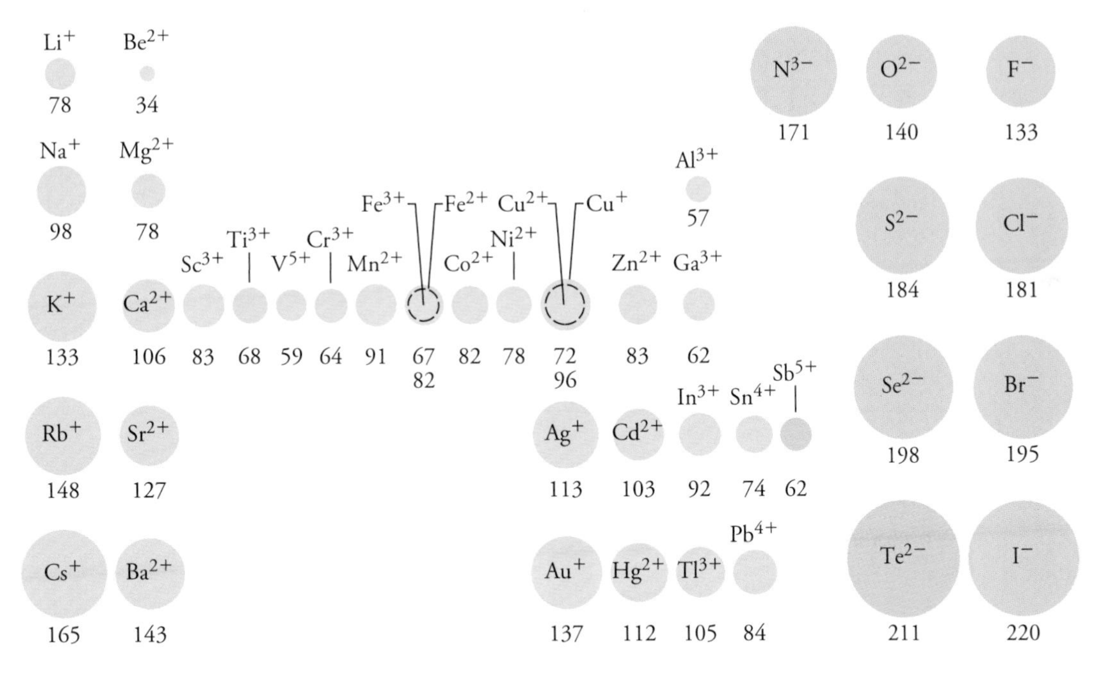

FIGURE 6.13

Ions dérivés des éléments les plus courants

Les ions sont présentés selon la position des éléments dont ils proviennent dans le tableau périodique. Les rayons sont en picomètres.

EXEMPLE 6.6 La comparaison de la taille des ions

Pour chacune des paires suivantes, indiquez l'ion qui est le plus gros : **a)** N^{3-}, F^- ; **b)** Mg^{2+}, Ca^{2+} ; **c)** Fe^{2+}, Fe^{3+}.

DÉMARCHE

Pour comparer les rayons ioniques, il est utile de classer les ions en trois catégories : 1) les ions isoélectroniques ; 2) les ions qui portent la même charge et qui ont leur origine dans le même groupe périodique ; 3) les ions qui ont différentes charges, mais dont l'origine est le même élément. Dans le cas 1), les ions porteurs d'une plus grande charge négative sont toujours plus gros ; dans le cas 2), les ions d'éléments ayant un numéro atomique plus grand sont toujours plus gros ; dans le cas 3), les ions ayant une plus petite charge positive sont toujours plus gros.

SOLUTION

a) N^{3-} et F^- sont des anions isoélectroniques contenant chacun 10 électrons. Parce que N^{3-} a seulement sept protons et puisque F^- en a neuf, l'attraction exercée par le noyau d'azote reste plus petite, et il en résulte un ion plus gros. Les ions N^{3-} sont donc plus volumineux que les ions F^-.

b) Mg et Ca appartiennent tous deux au groupe 2A (métaux alcalino-terreux). Les électrons de valence du Ca étant sur une couche supérieure ($n = 4$) à celle de Mg ($n = 3$), les ions Ca^{2+} sont plus gros que les ions Mg^{2+}.

c) Ces deux ions ont la même charge nucléaire, mais le Fe^{2+} a un électron de plus (24 électrons comparativement à 23 électrons pour le Fe^{3+}), d'où une plus grande force de répulsion entre les électrons. Le rayon du Fe^{2+} est donc plus grand que celui du Fe^{3+}.

Problèmes semblables
6.28 et 6.30

EXERCICE E6.6

Indiquez l'ion qui est le plus petit dans chacun des couples suivants : **a)** K^+, Li^+ ; **b)** Au^+, Au^{3+} ; **c)** P^{3-}, N^{3-}.

RÉVISION DES CONCEPTS

Associez chacune des sphères ci-contre aux ions qui leur correspondent : S^{2-}, Mg^{2+}, F^- et Na^+.

QUESTIONS de révision

21. Expliquez ce qu'est le rayon atomique. Est-ce que la taille d'un atome est une grandeur facilement évaluable à partir de son nuage électronique ?

22. De quelle façon varie le rayon atomique s'il va : **a)** de gauche à droite dans une période ? **b)** de haut en bas dans un groupe ?

23. Expliquez ce qu'est le rayon ionique. Comparez la taille d'un anion et celle de l'atome à partir duquel cet anion a été formé. Faites de même pour un cation.

24. Expliquez pourquoi, dans le cas d'ions isoélectroniques, les anions sont plus gros que les cations.

CHIMIE EN ACTION

Le troisième élément liquide

Parmi les 109 éléments connus, 11 sont des gaz dans les conditions atmosphériques normales. Six d'entre eux forment le groupe 8A (les gaz rares: He, Ne, Ar, Kr, Xe et Rn); les cinq autres sont l'hydrogène (H_2), l'azote (N_2), l'oxygène (O_2), le fluor (F_2) et le chlore (Cl_2). Curieusement, il n'y a que deux éléments qui sont liquides à 25 °C: le mercure (Hg) et le brome (Br_2).

On ne connaît pas les propriétés de tous les éléments du tableau périodique actuel, parce que certains d'entre eux n'ont jamais pu être préparés en quantité suffisante pour être étudiés. Dans ces cas, il faut se reporter aux tendances périodiques pour en prédire les propriétés. Alors, quelles sont les chances de découvrir un troisième élément liquide?

À titre d'exemple, on peut se demander s'il est possible que le francium (Fr), le dernier élément du groupe 1A, soit liquide à 25 °C. Tous ses isotopes sont radioactifs; le plus stable, le francium 223, a une demi-vie de 21 minutes (la demi-vie est le temps que met la moitié des atomes d'une quantité donnée de substance radioactive à se désintégrer). Cette courte demi-vie signifie qu'il ne peut exister que de très petites traces de francium sur la Terre. Cependant, bien qu'il soit possible d'en préparer en laboratoire, on n'a jamais réussi à le faire en quantité suffisante pour pouvoir étudier ses propriétés physiques et chimiques. Il faut donc recourir aux tendances périodiques des groupes pour prédire ses propriétés.

Le point de fusion du francium peut servir d'exemple. La figure ci-après montre la variation du point de fusion des métaux alcalins en fonction du numéro atomique. Du lithium au sodium, le point de fusion descend de 81,4 °C; du sodium au potassium, de 34,6 °C; du potassium au rubidium, de 24 °C; du rubidium au césium, de 11 °C. D'après cette tendance, on peut prédire que la différence entre le point de fusion du césium et celui du francium serait d'environ 5 °C. Si c'était le cas, le point de fusion du francium serait 23 °C, ce qui en ferait un liquide dans les conditions atmosphériques.

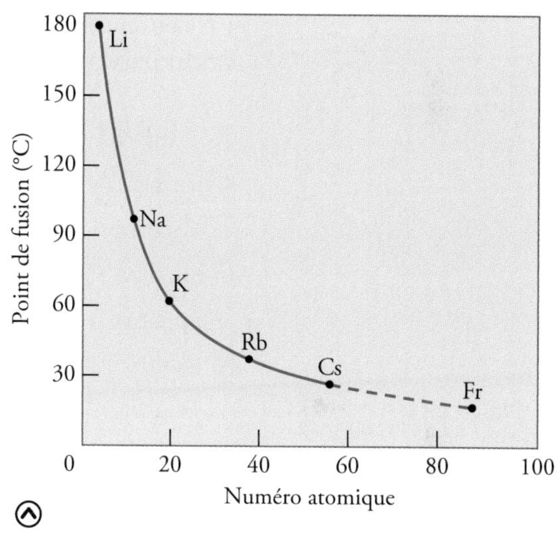

Par extrapolation de la variation des points de fusion des métaux alcalins en fonction des numéros atomiques, le point de fusion du francium devrait être autour de 23 °C.

6.6 L'énergie d'ionisation

Comme nous le verrons tout au long de ce manuel, les propriétés chimiques de tout atome, c'est-à-dire sa réactivité, sont déterminées par la configuration de ses électrons de valence. La stabilité de ces électrons périphériques se reflète directement dans les énergies d'ionisation de l'atome. L'**énergie d'ionisation** (*I*) est l'énergie minimale requise (en kilojoules par mole) pour arracher un électron d'un atome gazeux à l'état fondamental. En d'autres mots, l'énergie d'ionisation est la quantité d'énergie nécessaire, en kilojoules, pour enlever une mole d'électrons à une mole d'atomes à l'état gazeux. Dans cette définition, on spécifie qu'il s'agit de l'état gazeux parce qu'un atome à l'état gazeux n'est pratiquement pas influencé par ses voisins. Ainsi, on n'a pas à tenir compte de ces forces lorsqu'on mesure cette énergie.

Interaction
- L'énergie d'ionisation

L'énergie d'ionisation équivaut à l'effort requis pour forcer un atome à céder un électron, ou à la force qui retient un électron dans l'atome. Plus l'énergie d'ionisation est élevée, plus il est difficile d'arracher un électron. Dans le cas d'un atome polyélectronique, on appelle « énergie de première ionisation » (I_1) l'énergie requise pour arracher le premier électron de l'atome à l'état fondamental. Cette définition est exprimée par l'équation suivante :

$$X(g) + I_1 \longrightarrow X^+(g) + e^- \quad (6.2)$$

Dans l'équation ci-dessus, X représente un atome gazeux d'un élément donné et e^- représente un électron. Il est possible d'ioniser complètement un atome comportant plusieurs électrons en arrachant un électron à la fois : un atome a autant d'énergies d'ionisation qu'il a d'électrons. Le **TABLEAU 6.2** donne la liste des énergies d'ionisation des 20 premiers éléments en kilojoules par mole (kJ/mol), c'est-à-dire la quantité d'énergie en kilojoules nécessaire pour arracher une mole d'électrons de une mole d'atomes (ou d'ions) gazeux. Par convention, l'énergie absorbée par un atome (ou un ion) durant son ionisation a une valeur positive. Ainsi, pour l'atome de carbone, on a les équations suivantes :

1re ionisation	$C(g) + I_1 \longrightarrow C^+(g) + e^-$	I_1 = 1086 kJ/mol
2e ionisation	$C^+(g) + I_2 \longrightarrow C^{2+}(g) + e^-$	I_2 = 2350 kJ/mol
3e ionisation	$C^{2+}(g) + I_3 \longrightarrow C^{3+}(g) + e^-$	I_3 = 4620 kJ/mol
4e ionisation	$C^{3+}(g) + I_4 \longrightarrow C^{4+}(g) + e^-$	I_4 = 6220 kJ/mol
5e ionisation	$C^{4+}(g) + I_5 \longrightarrow C^{5+}(g) + e^-$	I_5 = 38 000 kJ/mol
6e ionisation	$C^{5+}(g) + I_6 \longrightarrow C^{6+}(g) + e^-$	I_6 = 47 261 kJ/mol

Il faudra donc fournir, *au total*, 99 537 kJ pour arracher les six électrons de chacun des atomes d'une mole de carbone ($I_1 + I_2 + I_3 + I_4 + I_5 + I_6$).

TABLEAU 6.2 > Énergies d'ionisation (kJ/mol) des 54 premiers éléments

Z	Élément	I_1	I_2	I_3	I_4	I_5	I_6
1	H	1312					
2	He	2373	5251				
3	Li	520	7300	11 815			
4	Be	899	1757	14 850	21 005		
5	B	801	2430	3660	25 000	32 820	
6	C	1086	2350	4620	6220	38 000	47 261
7	N	1400	2860	4580	7500	9400	53 000
8	0	1314	3390	5300	7470	11 000	13 000
9	F	1680	3370	6050	8400	11 000	15 200
10	Ne	2080,0	3950	6120	9370	12 200	15 000
11	Na	495,9	4560	6900	9540	13 400	16 600
12	Mg	738,1	1450	7730	10 500	13 600	18 000
13	Al	577,9	1820	2750	11 600	14 800	18 400
14	Si	786,3	1580	3230	4360	16 000	20 000
15	P	1012	1904	2910	4960	6240	21 000
16	S	999,5	2250	3360	4660	6990	8500

▶

TABLEAU 6.2 > (*suite*)

Z	Élément	I_1	I_2	I_3	I_4	I_5	I_6
17	Cl	1251	2297	3820	5160	6540	9300
18	Ar	1521	2666	3900	5770	7240	8800
19	K	418,7	3052	4410	5900	8000	9600
20	Ca	589,5	1145	4900	6500	8100	11 000
21	Sc	633,1	1235,0	2388,6	7090,6	8843	10 679
22	Ti	658,8	1309,8	2652,5	4174,6	9581	11 533
23	V	650,9	1414	2830	4507	6298,7	12 363
24	Cr	652,9	1590,6	2987	4743	6702	8744,9
25	Mn	717,3	1509,0	3248	4940	6990	9220
26	Fe	762,5	1561,9	2957	5290	7240	9560
27	Co	760,4	1648	3232	4950	7670	9840
28	Ni	737,1	1753,0	3395	5300	7339	10 400
29	Cu	745,5	1957,9	3555	5536	7700	9900
30	Zn	906,4	1733,3	3833	5731	7970	10 400
31	Ga	578,8	1979,3	2963	6180		
32	Ge	762	1537,5	3302,1	4411	9020	
33	As	947,0	1798	2735	4837	6043	12 310
34	Se	941,0	2045	2973,7	4144	6590	7880
35	Br	1139,9	2103	3470	4560	5760	8550
36	Kr	1350,8	2350,4	3565	5070	6240	7570
37	Rb	403,0	2633	3860	5080	6850	8140
38	Sr	549,5	1064,2	4138	5500	6910	8760
39	Y	600	1180	1980	5847	7430	8970
40	Zr	640,1	1270	2218	3313	7752	9500
41	Nb	652,1	1380	2416	3700	4877	9847
42	Mo	684,3	1560	2618	4480	5257	6640,8
43	Tc	702	1470	2850			
44	Ru	710,2	1620	2747			
45	Rh	719,7	1740	2997			
46	Pd	804,4	1870	3177			
47	Ag	731,0	2070	3361			
48	Cd	867,8	1631,4	3616			
49	In	558,3	1820,7	2704	5210		
50	Sn	708,6	1411,8	2943,0	3930,3	7456	
51	Sb	834	1594,9	2440	4260	5400	10 400
52	Te	869,3	1790	2698	3610	5668	6820
53	I	1008,4	1845,9	3180			
54	Xe	1170,4	2046,4	3099,4			

L'électron extrait est toujours celui qui est le moins bien lié au noyau. L'énergie de première ionisation est donc toujours la plus faible, puisqu'une fois le cation formé, les électrons restants sont beaucoup plus fortement retenus: il faut plus d'énergie pour arracher un autre électron de l'ion positif. Ainsi, pour un même élément, les énergies d'ionisation augmentent toujours de la manière suivante:

$$I_1 < I_2 < I_3 < \ldots$$

Le même raisonnement s'applique pour les énergies d'ionisation subséquentes. De plus, comme les électrons internes sont beaucoup mieux retenus par le noyau, l'énergie nécessaire pour arracher le premier électron de cœur sera de loin beaucoup plus importante que l'énergie d'ionisation précédente, d'où le saut brusque entre les énergies de quatrième et de cinquième ionisation du carbone.

6.6.1 La variation dans une période

La **FIGURE 6.14** montre la variation de l'énergie de première ionisation en fonction du numéro atomique: la courbe indique clairement la périodicité dans la stabilité de l'électron le moins fortement retenu. Il est à noter que, à part quelques petites irrégularités, les énergies d'ionisation des éléments dans une période augmentent avec le numéro atomique. Cette tendance (comme la variation du rayon atomique) s'explique par l'augmentation de la charge nucléaire effective de gauche à droite dans la période. Une charge nucléaire effective élevée signifie que l'électron périphérique est fortement retenu et, par conséquent, que l'énergie de première ionisation est élevée. Les pics que l'on peut voir à la **FIGURE 6.14** correspondent aux gaz rares. Ces fortes valeurs d'énergie d'ionisation sont en accord avec le fait que la plupart des gaz rares sont chimiquement inertes. En fait, l'hélium ($1s^2$) a l'énergie de première ionisation la plus élevée de tous les éléments. En résumé, lorsqu'on parcourt une période de gauche à droite, la force attractive du noyau augmente, rendant ainsi de plus en plus difficile l'extraction d'un électron.

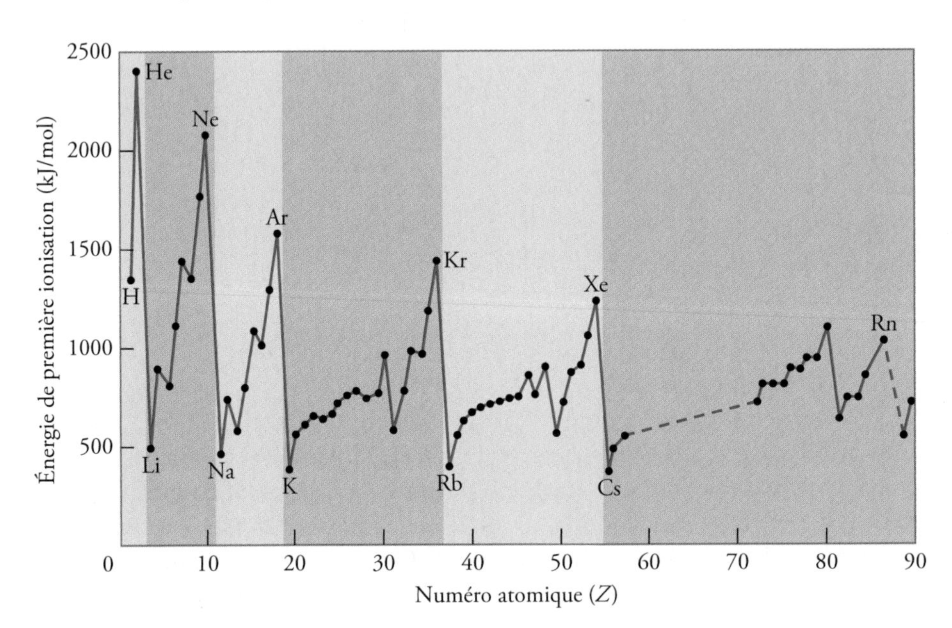

FIGURE 6.14

Variation de l'énergie de première ionisation en fonction du numéro atomique

Il est à noter que les gaz rares ont des énergies d'ionisation élevées et que les métaux alcalins et alcalino-terreux ont des énergies d'ionisation faibles.

Il existe cependant quelques exceptions. La première apparaît quand on passe du groupe 2A au groupe 3A (par exemple, de Be à B ou de Mg à Al). Les éléments du groupe 3A ont tous un seul électron dans la sous-couche *p* périphérique (ns^2np^1) ; cet électron subit un fort effet d'écran causé à la fois par les électrons des couches internes et les électrons ns^2 de la sous-couche périphérique. C'est pourquoi, dans un même niveau principal d'énergie, il faut moins d'énergie pour arracher un électron *p* célibataire qu'il en faut pour un électron *s* couplé. Cela explique le fait que les énergies d'ionisation des éléments du groupe 3A sont *inférieures* à celles du groupe 2A, pour une même période. La deuxième exception se situe entre les groupes 5A et 6A (par exemple, de N à O et de P à S). Dans les éléments du groupe 5A (ns^2np^3), les électrons *p* sont dans trois orbitales différentes, conformément à la règle de Hund. Dans le groupe 6A (ns^2np^4), l'électron additionnel doit être couplé avec l'un des trois électrons *p*. La proximité de deux électrons dans une même orbitale se solde par une forte répulsion électrostatique, ce qui rend l'ionisation d'un atome du groupe 6A plus facile, même si sa charge nucléaire est supérieure de une unité. C'est pourquoi les énergies d'ionisation des éléments du groupe 6A sont *inférieures* à celles des éléments du groupe 5A, pour une même période.

NOTE

Les configurations électroniques des atomes aident à comprendre ces « exceptions ».

6.6.2 La variation dans un groupe

Les éléments du groupe 1A (les métaux alcalins), qui occupent les creux de la courbe de la **FIGURE 6.14**, ont les plus basses valeurs d'énergie d'ionisation. Chacun de ces métaux a un électron de valence (l'électron périphérique dont la configuration est ns^1) qui subit fortement l'effet d'écran des couches internes complètement remplies. Par conséquent, il est facile d'arracher un électron d'un atome d'un métal alcalin pour former des ions de charge +1 (Li^+, Na^+, K^+, etc.). Ces ions ont des configurations isoélectroniques avec celles des gaz rares (ou inertes) qui les précèdent dans le tableau périodique.

Les éléments du groupe 2A (les métaux alcalino-terreux) ont des énergies de première ionisation plus élevées que celles des métaux alcalins. Les métaux alcalino-terreux possèdent deux électrons de valence (la configuration électronique périphérique est ns^2). Puisque ces deux électrons n'exercent pas l'un sur l'autre un fort effet d'écran, la charge nucléaire effective d'un atome d'un métal alcalino-terreux est plus grande que celle de l'atome du métal alcalin qui le précède, d'où une plus grande valeur d'énergie d'ionisation. La plupart des composés des métaux alcalino-terreux contiennent des ions de charge +2 (Mg^{2+}, Ca^{2+}, Sr^{2+}, Ba^{2+}) ; ces ions et les ions de charge +1 des métaux alcalins qui les précèdent dans la période sont tous isoélectroniques.

Comme le montre la **FIGURE 6.14**, les énergies d'ionisation des métaux sont relativement basses, alors que celles des non-métaux sont plus élevées. Quant aux énergies d'ionisation des métalloïdes, elles se situent habituellement entre celles des métaux et celles des non-métaux. La différence entre ces énergies d'ionisation explique pourquoi, dans les composés ioniques, les métaux forment toujours des cations, et les non-métaux forment des anions. **Dans un groupe donné, l'énergie d'ionisation diminue avec l'augmentation du numéro atomique** (c'est-à-dire de haut en bas de la colonne). Les électrons périphériques des éléments d'un même groupe ont la même configuration. Cependant, à mesure que le nombre quantique principal (*n*) augmente, la distance moyenne entre les électrons de valence et le noyau augmente aussi. Or, une plus grande distance entre le noyau et les électrons signifie une plus faible attraction ; donc, le premier électron devient plus facile à arracher à mesure que l'on descend dans un groupe. Ainsi, le caractère métallique des éléments est plus marqué à mesure que l'on descend dans un groupe. Cette tendance s'observe tout particulièrement pour les éléments des groupes 3A à 7A : par exemple, dans le groupe 4A, on remarque que le carbone est un non-métal ; le silicium et le germanium sont des métalloïdes, alors que l'étain et le plomb sont des métaux.

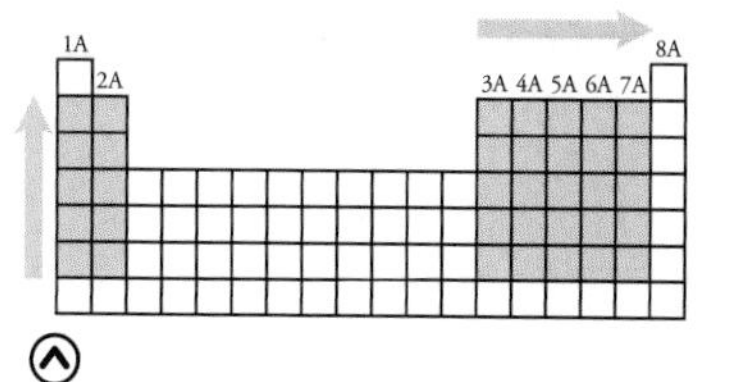

Pour les éléments représentatifs, I_1 augmente le long des périodes et de bas en haut dans les groupes.

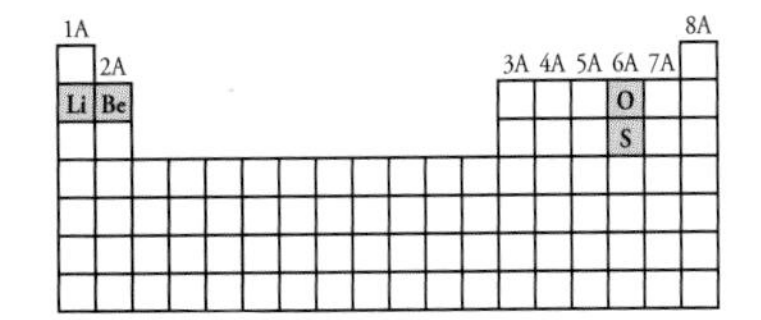

EXEMPLE 6.7 La comparaison des énergies d'ionisation des éléments

a) Lequel de ces deux atomes a la plus faible énergie de première ionisation : l'oxygène ou le soufre ?

b) Lequel de ces deux atomes a la plus forte énergie de deuxième ionisation : le lithium ou le béryllium ?

DÉMARCHE

a) La première énergie d'ionisation diminue de haut en bas dans un groupe parce que les électrons périphériques sont situés plus loin du noyau et, par conséquent, ils subissent une attraction plus faible.

b) Enlever un électron de la dernière couche nécessite moins d'énergie si cet électron subit l'effet d'écran des électrons d'une couche interne remplie.

SOLUTION

a) L'oxygène et le soufre font partie du groupe 6A. Ils ont la même configuration pour les électrons de valence (ns^2np^4), mais l'électron 3*p* du soufre est plus éloigné du noyau et est moins attiré par le noyau que l'électron 2*p* de l'oxygène. On prédit donc que le soufre aura la plus faible énergie de première ionisation.

b) Les configurations électroniques de Li et de Be sont respectivement $1s^22s^1$ et $1s^22s^2$. Pour la deuxième ionisation, on écrit :

$$\underset{1s^2}{Li^+(g)} \longrightarrow \underset{1s^1}{Li^{2+}(g)} + e^-$$

$$\underset{1s^22s^1}{Be^+(g)} \longrightarrow \underset{1s^2}{Be^{2+}(g)} + e^-$$

Puisque l'effet d'écran des électrons 1*s* sur les électrons 2*s* est plus important que celui qu'ils exercent l'un sur l'autre dans la même couche, il devrait être plus facile d'arracher un électron 2s de Be^+ que d'arracher un électron 1s de Li^+. De plus, dans le cas de Li, enlever le deuxième électron correspond à enlever un électron de cœur. L'énergie de deuxième ionisation du Li devrait donc être assez élevée comparativement à la première.

VÉRIFICATION

Comparez vos résultats avec les données du **TABLEAU 6.2** (*voir p. 264*). En a), votre prédiction est-elle en accord avec le fait que le caractère métallique des éléments s'accroît en descendant dans un groupe ? En b), votre prédiction tient-elle compte du fait que les métaux alcalins donnent des ions +1 alors que les alcalino-terreux donnent des ions +2 ?

Problème semblable 6.34

EXERCICE E6.7

a) Lequel de ces deux atomes a la plus forte énergie de première ionisation : N ou P ?

b) Lequel de ces deux atomes a la plus faible énergie de deuxième ionisation : Na ou Mg ?

RÉVISION DES CONCEPTS

Associez chacune des courbes présentées ci-contre aux métaux suivants : Mg, Al et K.

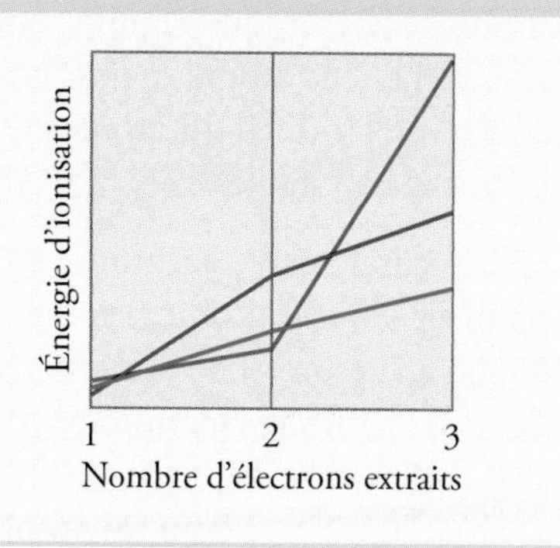

QUESTIONS de révision

25. Expliquez ce qu'est l'énergie d'ionisation. Pourquoi mesure-t-on habituellement l'énergie d'ionisation à l'état gazeux ? Pourquoi, pour tous les éléments, l'énergie de deuxième ionisation est-elle toujours supérieure à l'énergie de première ionisation ?
26. Faites un schéma du tableau périodique et montrez les tendances des énergies de première ionisation des éléments dans un groupe et dans une période. Pour quel type d'élément l'énergie de première ionisation est-elle la plus élevée et pour quel type est-elle la moins élevée ?

6.7 L'affinité électronique

Une autre propriété atomique qui influe grandement sur la réactivité des éléments est leur plus ou moins grande facilité à capter un ou plusieurs électrons pour devenir un anion. Cette facilité se mesure par l'**affinité électronique** (*AE*), qui est l'inverse négatif de la variation d'énergie (énergie absorbée ou dégagée) qui se produit quand un atome à l'état gazeux capte un électron. L'équation qui la représente est :

$$X(g) + e^- \longrightarrow X^-(g) \qquad (AE = -\Delta H) \tag{6.3}$$

où X est un atome d'un élément donné. Comme il est précisé à la section 6.6 (*voir p. 263*), une valeur positive d'énergie d'ionisation signifie qu'il faut fournir de l'énergie pour enlever un électron. Par contre, une valeur positive d'affinité électronique signifie qu'il y a libération d'énergie lorsqu'un électron est ajouté à un atome. L'exemple du phénomène du fluor gazeux qui accepte un électron permet de clarifier cette contradiction apparente :

$$F(g) + e^- \longrightarrow F^-(g) \qquad \Delta H = -328 \text{ kJ/mol}$$

Le signe – de ce ΔH indique qu'il s'agit d'un dégagement d'énergie (phénomène exothermique), mais on donne +328 kJ/mol comme valeur d'affinité au fluor. On peut aussi dire que l'affinité électronique est la valeur d'énergie à fournir pour enlever un électron à un ion négatif, comme dans le cas du fluorure :

$$F^-(g) \longrightarrow F(g) + e^- \qquad \Delta H = 328 \text{ kJ/mol}$$

NOTE

Le ΔH représente l'échange d'énergie au cours du phénomène. S'il y a production de chaleur (phénomène exothermique), alors $\Delta H < 0$, et s'il y a absorption de chaleur (phénomène endothermique), alors $\Delta H > 0$. L'inverse d'un phénomène cause un renversement du signe de ΔH.

Il faut toujours garder à l'esprit que, pour un atome donné, une valeur positive élevée d'affinité électronique signifie que son ion négatif correspondant est très stable (par conséquent, cet atome a une grande tendance à accepter un électron) de la même manière qu'on dit d'un atome qui a une valeur élevée d'énergie d'ionisation qu'il est également très stable.

Expérimentalement, l'affinité électronique se détermine en enlevant l'électron à l'ion négatif de l'atome étudié. En comparaison avec l'énergie d'ionisation, l'affinité est plus difficile à mesurer parce que plusieurs anions sont instables. Le **TABLEAU 6.3** donne les valeurs de l'affinité électronique de quelques éléments représentatifs et des gaz rares ; la **FIGURE 6.15** montre la variation des valeurs des affinités électroniques en fonction des numéros atomiques pour les 56 premiers éléments.

TABLEAU 6.3 > Affinités électroniques (kJ/mol) des éléments représentatifs et des gaz rares*

1A	2A	3A	4A	5A	6A	7A	8A
H 73							**He** < 0
Li 60	**Be** ≤ 0	**B** 27	**C** 122	**N** 0	**O** 141 −844**	**F** 328	**Ne** < 0
Na 53	**Mg** ≤ 0	**Al** 44	**Si** 134	**P** 72	**S** 200 −649**	**Cl** 349	**Ar** < 0
K 48	**Ca** 2,4	**Ga** 29	**Ge** 118	**As** 77	**Se** 195 −424**	**Br** 325	**Kr** < 0
Rb 47	**Sr** 4,7	**In** 29	**Sn** 121	**Sb** 101	**Te** 190	**I** 295	**Xe** < 0
Cs 45	**Ba** 14	**Tl** 30	**Pb** 110	**Bi** 110	**Po** ?	**At** ?	**Rn** < 0

* Les affinités électroniques des gaz rares ainsi que celles du Be et du Mg n'ont pas été déterminées expérimentalement, mais on croit que leurs valeurs sont soit près de zéro, soit négatives. ** Deuxièmes affinités électroniques.

En général, la tendance à capter un électron augmente (c'est-à-dire que l'exothermicité augmente) de gauche à droite dans une période. Les métaux ont en général des affinités électroniques inférieures à celles des non-métaux. À l'intérieur d'un même groupe, l'affinité varie peu. C'est dans le groupe des halogènes (groupe 7A) que l'on trouve les affinités les plus grandes. Ce n'est pas surprenant quand on pense que, en captant un électron, chaque atome de ce groupe prend la configuration électronique stable du gaz rare qui le suit immédiatement. Par exemple, la configuration électronique de F^- est $1s^22s^22p^6$ ou [Ne] ; celle de Cl^- est $[Ne]3s^23p^6$ ou [Ar], etc. Des calculs ont démontré que tous les gaz rares ont des valeurs d'affinité électronique inférieures à zéro. En effet, l'ajout d'un électron supplémentaire ferait perdre au gaz rare sa stabilité « naturelle ». En effet, l'électron ajouté devrait aller occuper une orbitale *s* d'un niveau énergétique supérieur à celui des électrons de valence. L'anion ainsi formé serait très instable, d'où la valeur négative (ou très près de zéro) d'affinité électronique.

NOTE

L'affinité électronique est positive si la réaction est exothermique et négative si elle est endothermique.

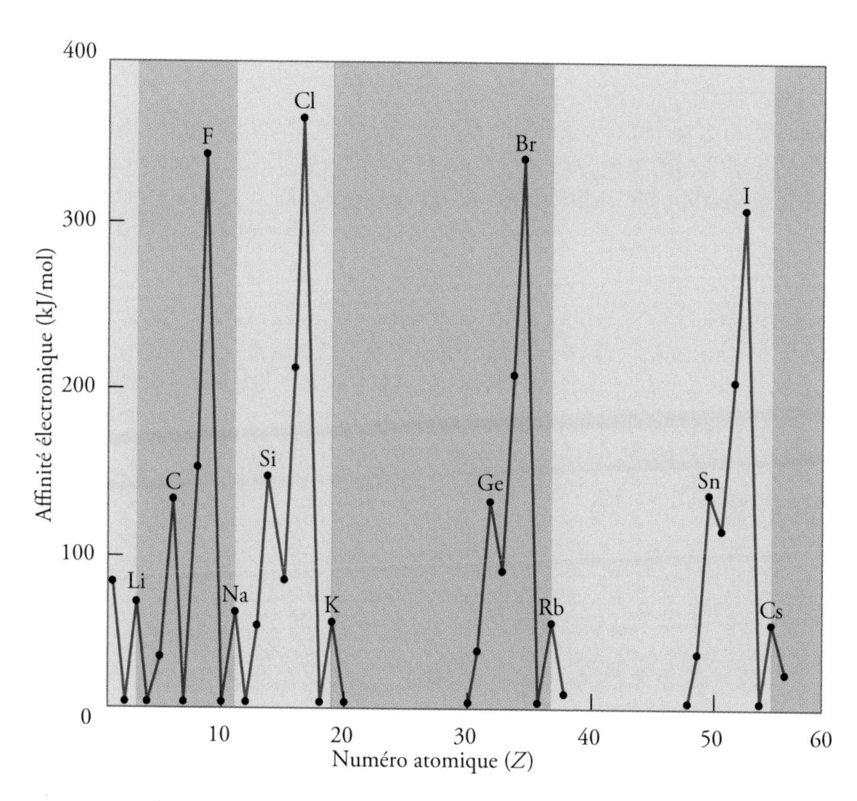

FIGURE 6.15

Variation de l'affinité électronique en fonction des numéros atomiques

Bien que l'ion O^{2-} existe fréquemment dans les composés ioniques (comme MgO), sa formation à partir de l'anion O^- est endothermique, c'est-à-dire qu'il s'agit d'un processus qui nécessite de l'énergie, et ce, même si l'anion O^{2-} et le gaz rare Ne sont isoélectroniques. Cela s'explique par le fait que la charge négative de l'anion O^- repousse fortement le deuxième électron.

$$O(g) + e^- \longrightarrow O^-(g) \qquad \Delta H = -141 \text{ kJ/mol}$$
$$O^-(g) + e^- \longrightarrow O^{2-}(g) \qquad \Delta H = +844 \text{ kJ/mol}$$

Cet ion très peu stable peut exister dans les composés ioniques, car il y est stabilisé par des cations de charge positive à proximité. En fait, le gain d'énergie associé à la formation de la liaison ionique compense largement pour l'investissement d'énergie requis pour former l'anion O^{2-} (*voir le chapitre 7*). Une deuxième affinité électronique a été mesurée pour certains des éléments du groupe 6A, soit l'oxygène, le soufre et le sélénium. **Dans tous les cas où elle existe, la deuxième affinité électronique (AE_2) est endothermique.**

EXEMPLE 6.8 L'affinité électronique des métaux alcalino-terreux

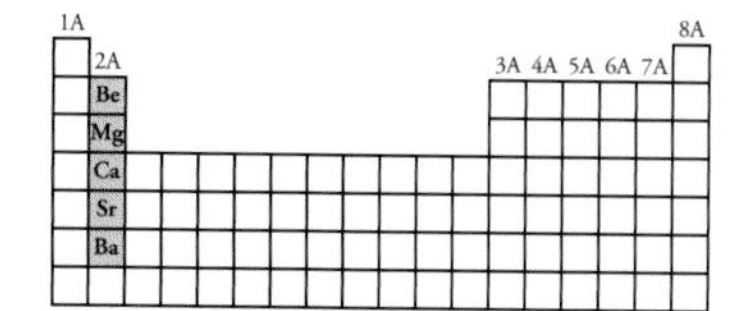

Expliquez pourquoi l'affinité électronique (*voir le* **TABLEAU 6.3**) des métaux alcalino-terreux a toujours une valeur négative ou légèrement positive.

DÉMARCHE

Quelle est la configuration électronique générale des métaux alcalino-terreux ? Si l'on ajoute un électron à un tel atome, sera-t-il fortement retenu par le noyau ?

SOLUTION

Les valeurs d'affinité électronique des alcalino-terreux s'expliquent de la même façon que la diminution de l'énergie d'ionisation lorsqu'on passe du groupe 2A au groupe 3A : la configuration électronique de la couche périphérique des métaux alcalino-terreux est ns^2, où n est le plus grand nombre quantique principal. Pour le processus :

$$\underset{ns^2}{M(g)} + e^- \longrightarrow \underset{ns^2np^1}{M^-(g)}$$

où M est un élément du groupe 2A, l'électron additionnel doit se loger dans la sous-couche np, qui se situe à un niveau d'énergie supérieur. Par conséquent, les métaux alcalino-terreux n'ont pas tendance à capter un électron additionnel.

Problème semblable 6.42

EXERCICE E6.8

Est-il possible que Ar forme l'anion Ar^- ?

RÉVISION DES CONCEPTS

Pourquoi est-il possible de mesurer les énergies d'ionisation successives d'un atome jusqu'à son ionisation complète, alors qu'il est très difficile (et parfois impossible) de mesurer la deuxième affinité électronique d'un atome ?

QUESTIONS de révision

27. a) Définissez l'affinité électronique. Pourquoi est-ce à l'état gazeux que l'on détermine habituellement l'affinité électronique des atomes ?
b) Pourquoi l'énergie d'ionisation est-elle toujours une quantité positive, alors que l'affinité électronique peut être positive ou négative ?

28. Expliquez les tendances dans les affinités électroniques que l'on peut observer pour les éléments allant de l'aluminium au chlore (*voir le* **TABLEAU 6.3**, *p. 270*).

6.8 L'électronégativité

Tout comme l'énergie d'ionisation et l'affinité électronique, l'électronégativité est une propriété périodique basée sur l'attraction qu'exerce le noyau sur les électrons. On sait que, en général, plus un atome retient ses électrons, plus il est nécessaire de fournir de l'énergie pour arracher ses électrons (énergie d'ionisation élevée) et plus il a tendance à capter un électron supplémentaire (affinité électronique élevée). Alors que l'énergie d'ionisation et l'affinité électronique sont des propriétés qui ont été mesurées pour des atomes isolés, c'est-à-dire à l'état gazeux, l'électronégativité d'un atome est une propriété qui ne se manifeste que lorsqu'un élément est lié à un autre. L'**électronégativité** reflète la capacité que possède un atome à attirer vers lui les électrons mis en commun lors de la formation d'une liaison chimique avec un autre atome. Par conséquent, un élément qui possède une énergie d'ionisation et une affinité électronique élevées, comme le fluor, aura une plus forte tendance à attirer vers lui le doublet d'électrons lorsqu'il s'unit à un autre élément dont l'affinité électronique et l'énergie d'ionisation sont moindres, comme l'hydrogène. Le fluor est donc *plus électronégatif* que l'hydrogène. C'est à Linus Pauling (1901-1994) que l'on doit l'échelle d'électronégativité présentée à la **FIGURE 6.16**.

Électronégativité croissante (→) ; Électronégativité croissante (↑)

1A	2A	3B	4B	5B	6B	7B	8B	8B	8B	1B	2B	3A	4A	5A	6A	7A	8A
H 2,2																	
Li 1,0	Be 1,6											B 2,0	C 2,5	N 3,0	O 3,4	F 4,0	
Na 0,9	Mg 1,2											Al 1,6	Si 1,9	P 2,2	S 2,6	Cl 3,1	
K 0,8	Ca 1,0	Sc 1,3	Ti 1,5	V 1,6	Cr 1,7	Mn 1,5	Fe 1,8	Co 1,9	Ni 1,9	Cu 1,9	Zn 1,6	Ga 1,8	Ge 2,0	As 2,2	Se 2,6	Br 3,0	Kr 3,0
Rb 0,8	Sr 1,0	Y 1,2	Zr 1,3	Nb 1,6	Mo 2,2	Tc 1,9	Ru 2,3	Rh 2,3	Pd 2,2	Ag 1,9	Cd 1,7	In 1,8	Sn 2,0	Sb 2,0	Te 2,1	I 2,7	Xe 2,6
Cs 0,8	Ba 0,9	La-Lu 1,0-1,2	Hf 1,3	Ta 1,5	W 2,4	Re 1,9	Os 2,2	Ir 2,2	Pt 2,3	Au 2,5	Hg 2,0	Tl 1,6	Pb 1,9	Bi 2,0	Po 2,0	At 2,2	
Fr 0,7	Ra 0,9																

FIGURE 6.16

Électronégativité des éléments courants

NOTE

Le fluor est l'élément le plus électronégatif.

Dans une période, l'électronégativité varie de la même façon que l'énergie d'ionisation et l'affinité électronique (pour les éléments représentatifs). En effet, plus on se déplace vers la droite dans une période, plus la charge nucléaire effective augmente, alors plus le noyau exerce un pouvoir attracteur sur les électrons d'un atome voisin. L'électronégativité augmente de gauche à droite dans une période. De plus, comme on pourrait s'y attendre, l'électronégativité diminue lorsqu'on parcourt un groupe vers le bas. Cela s'explique par le fait que, les atomes étant de plus en plus gros, la distance entre le noyau d'un atome et les électrons d'un atome voisin est plus grande. Cela a pour effet de réduire le pouvoir attracteur du noyau, le rendant ainsi moins électronégatif.

QUESTIONS de révision

29. Définissez l'électronégativité et expliquez en quoi elle diffère de l'affinité électronique.
30. En général, comment varie l'électronégativité dans une période? dans un groupe?

6.9 Les éléments du tableau périodique

La section 2.4 (*voir p. 53*) décrit le classement des éléments du tableau périodique en trois catégories: les métaux, les non-métaux et les métalloïdes (*voir la* FIGURE 6.17, *page suivante*). La plupart des éléments du tableau périodique appartiennent à la catégorie des métaux.

Les **métaux** sont des éléments malléables et ductiles, sont de bons conducteurs d'électricité et de chaleur, ont un éclat métallique et, ayant de faibles énergies d'ionisation et de faibles affinités électroniques, ils libèrent facilement leurs électrons de valence pour former des cations. Ils occupent la gauche du tableau périodique. De plus, les sections 6.6, 6.7 et 6.8 (*voir p. 263, 269 et 272*) établissent que l'énergie d'ionisation, l'affinité électronique et l'électronégativité augmentent de gauche à droite dans le tableau périodique. Puisque les électrons de valence sont de mieux en mieux retenus lorsqu'on se déplace dans une période, on peut donc dire que **le caractère métallique diminue de gauche à droite dans une période**.

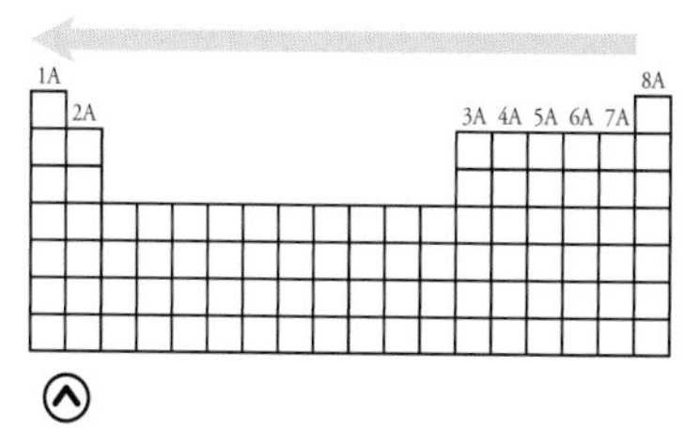

Le caractère métallique augmente vers la gauche.

À l'extrême droite du tableau (et à l'exception des gaz rares) se retrouvent les **non-métaux**, qui sont des éléments mauvais conducteurs d'électricité et de chaleur. Ils ont de fortes énergies d'ionisation et de fortes affinités électroniques, c'est-à-dire qu'ils retiennent bien leurs électrons de valence et qu'ils forment, en général, facilement des anions.

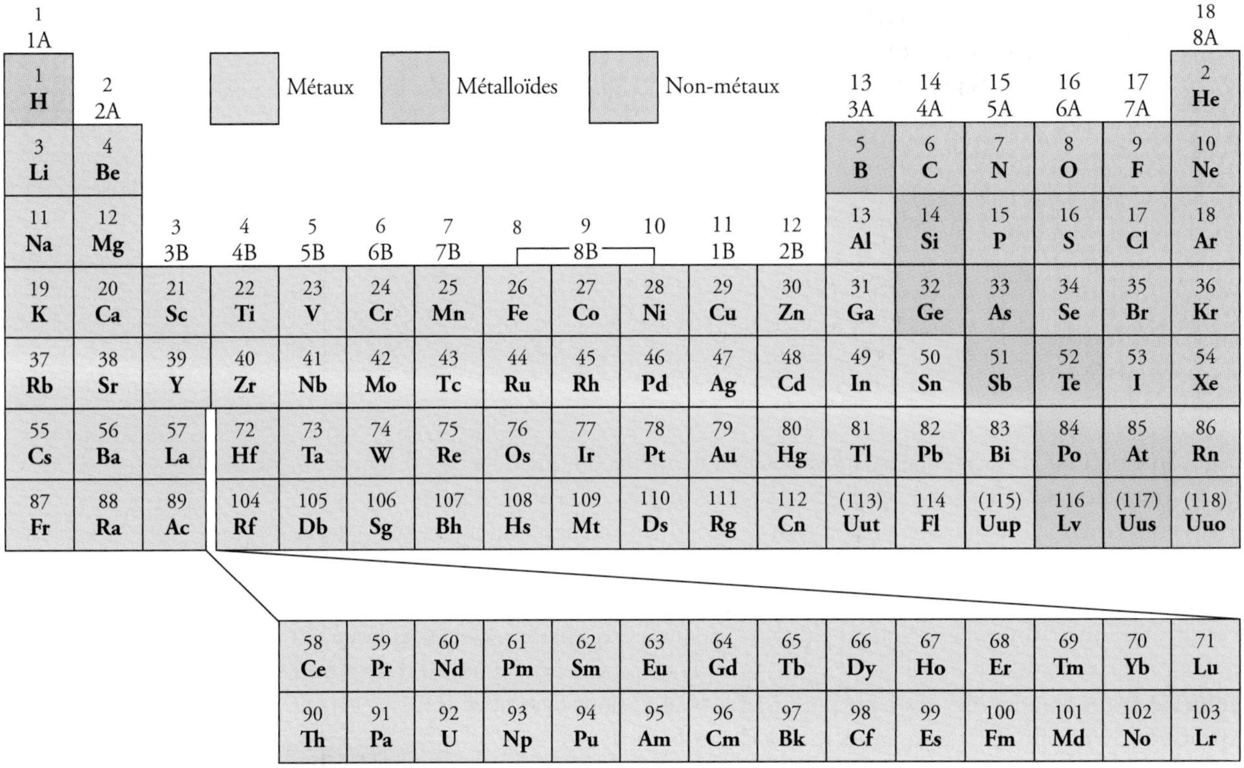

Métaux | Métalloïdes | Non-métaux

1 1A	2 2A	3 3B	4 4B	5 5B	6 6B	7 7B	8 8B	9 8B	10 8B	11 1B	12 2B	13 3A	14 4A	15 5A	16 6A	17 7A	18 8A
1 **H**																	2 **He**
3 **Li**	4 **Be**											5 **B**	6 **C**	7 **N**	8 **O**	9 **F**	10 **Ne**
11 **Na**	12 **Mg**											13 **Al**	14 **Si**	15 **P**	16 **S**	17 **Cl**	18 **Ar**
19 **K**	20 **Ca**	21 **Sc**	22 **Ti**	23 **V**	24 **Cr**	25 **Mn**	26 **Fe**	27 **Co**	28 **Ni**	29 **Cu**	30 **Zn**	31 **Ga**	32 **Ge**	33 **As**	34 **Se**	35 **Br**	36 **Kr**
37 **Rb**	38 **Sr**	39 **Y**	40 **Zr**	41 **Nb**	42 **Mo**	43 **Tc**	44 **Ru**	45 **Rh**	46 **Pd**	47 **Ag**	48 **Cd**	49 **In**	50 **Sn**	51 **Sb**	52 **Te**	53 **I**	54 **Xe**
55 **Cs**	56 **Ba**	57 **La**	72 **Hf**	73 **Ta**	74 **W**	75 **Re**	76 **Os**	77 **Ir**	78 **Pt**	79 **Au**	80 **Hg**	81 **Tl**	82 **Pb**	83 **Bi**	84 **Po**	85 **At**	86 **Rn**
87 **Fr**	88 **Ra**	89 **Ac**	104 **Rf**	105 **Db**	106 **Sg**	107 **Bh**	108 **Hs**	109 **Mt**	110 **Ds**	111 **Rg**	112 **Cn**	(113) **Uut**	114 **Fl**	(115) **Uup**	116 **Lv**	(117) **Uus**	(118) **Uuo**

58 **Ce**	59 **Pr**	60 **Nd**	61 **Pm**	62 **Sm**	63 **Eu**	64 **Gd**	65 **Tb**	66 **Dy**	67 **Ho**	68 **Er**	69 **Tm**	70 **Yb**	71 **Lu**
90 **Th**	91 **Pa**	92 **U**	93 **Np**	94 **Pu**	95 **Am**	96 **Cm**	97 **Bk**	98 **Cf**	99 **Es**	100 **Fm**	101 **Md**	102 **No**	103 **Lr**

FIGURE 6.17

Les éléments du tableau périodique

Les métaux retiennent faiblement leurs électrons de valence et ont tendance à former des cations. Les non-métaux retiennent fortement leurs électrons de valence et ont tendance à former des anions (à l'exception des gaz rares).

Il est clair que le caractère métallique s'estompe graduellement lorsqu'on parcourt une période de la classification. Comme la frontière entre les métaux et les non-métaux n'est pas précise, il existe une troisième catégorie d'éléments. Les **métalloïdes** (ou **semi-métaux**) sont des éléments qui ont des propriétés intermédiaires entre celles des métaux et des non-métaux.

6.9.1 L'aspect physique des éléments

Bien qu'on s'attarde plus en détail sur les métaux, les métalloïdes et les non-métaux dans les prochaines sections, il est intéressant de connaître d'emblée l'état dans lequel ils se retrouvent à la température ambiante lorsqu'ils ne sont pas combinés à d'autres éléments (*voir la* **FIGURE 6.18**). Alors que les métalloïdes et le carbone se retrouvent sous forme de solides covalents, les non-métaux se regroupent pour former de petites molécules. Ainsi, en plus des molécules diatomiques bien connues (H_2, N_2, O_2, F_2 et Cl_2), le soufre par exemple a le plus fréquemment la forme S_8. L'iode, le soufre, le sélénium et le phosphore sont solides, le brome est liquide et les autres sont gazeux.

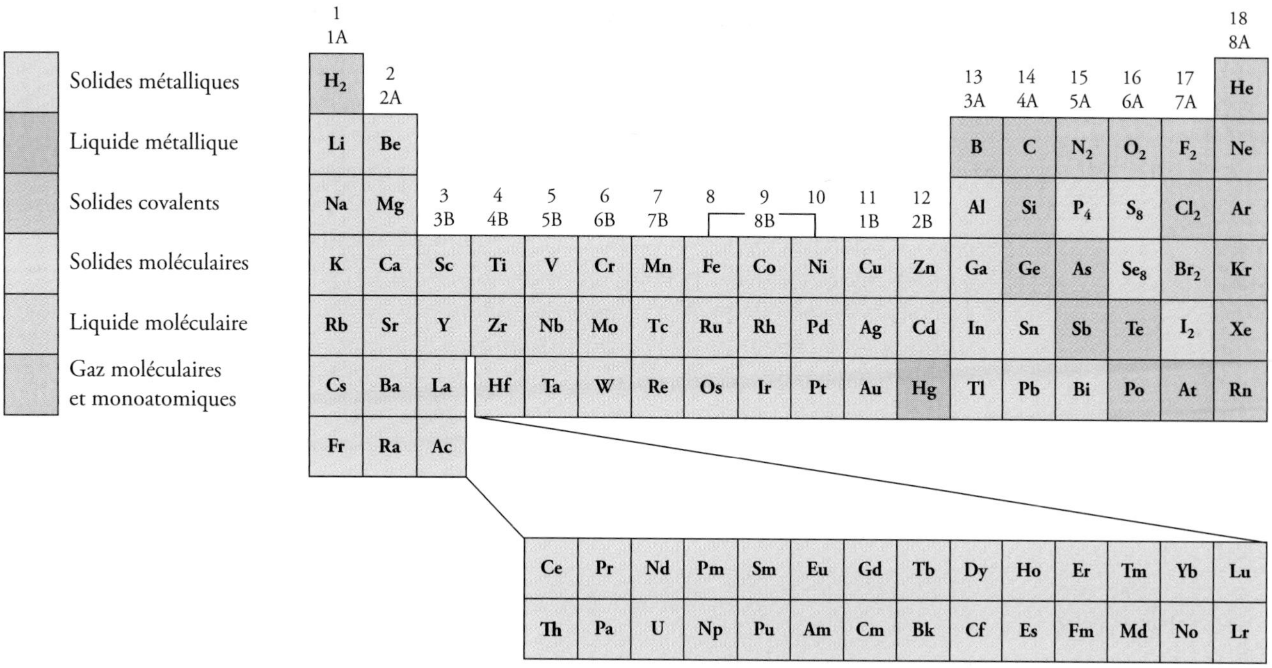

Solides métalliques
Liquide métallique
Solides covalents
Solides moléculaires
Liquide moléculaire
Gaz moléculaires et monoatomiques

1 1A	2 2A	3 3B	4 4B	5 5B	6 6B	7 7B	8 8B	9 8B	10 8B	11 1B	12 2B	13 3A	14 4A	15 5A	16 6A	17 7A	18 8A
H_2																	He
Li	Be											B	C	N_2	O_2	F_2	Ne
Na	Mg											Al	Si	P_4	S_8	Cl_2	Ar
K	Ca	Sc	Ti	V	Cr	Mn	Fe	Co	Ni	Cu	Zn	Ga	Ge	As	Se_8	Br_2	Kr
Rb	Sr	Y	Zr	Nb	Mo	Tc	Ru	Rh	Pd	Ag	Cd	In	Sn	Sb	Te	I_2	Xe
Cs	Ba	La	Hf	Ta	W	Re	Os	Ir	Pt	Au	Hg	Tl	Pb	Bi	Po	At	Rn
Fr	Ra	Ac															

Ce	Pr	Nd	Pm	Sm	Eu	Gd	Tb	Dy	Ho	Er	Tm	Yb	Lu
Th	Pa	U	Np	Pu	Am	Cm	Bk	Cf	Es	Fm	Md	No	Lr

FIGURE 6.18

Aspect physique des éléments du tableau périodique dans les conditions normales de température et de pression

QUESTIONS de révision

31. Dites si les éléments suivants sont des métaux, des non-métaux ou des métalloïdes : As, Xe, Fe, Li, B, Cl, Ba, P, I, Si.

32. Esquissez un tableau périodique. Indiquez où se trouvent les métaux, les non-métaux et les métalloïdes.

6.10 Les variations périodiques des propriétés chimiques des éléments représentatifs

L'énergie d'ionisation et l'affinité électronique aident à comprendre les types de réactions des éléments et la nature des composés qu'ils forment. On peut facilement concevoir le lien entre ces deux mesures : l'énergie d'ionisation est une mesure de l'attraction d'un atome envers ses électrons, alors que l'affinité électronique est une mesure de l'attraction d'un atome envers un électron additionnel provenant d'une autre source. Ces propriétés périodiques fournissent donc un bon aperçu général de l'attraction d'un atome envers ses électrons. Grâce à ces concepts, il est possible d'étudier le comportement chimique des éléments en portant une attention toute particulière à la relation qui existe entre les propriétés chimiques et les configurations électroniques.

6.10.1 Les tendances générales des propriétés chimiques

Avant d'étudier systématiquement les éléments en tant que groupes, il importe de formuler d'abord quelques remarques générales concernant le tableau périodique. On sait que les éléments d'un même groupe ont des comportements chimiques similaires parce que les configurations de leurs couches d'électrons périphériques sont similaires. Cette affirmation, bien que juste en général, doit être interprétée avec précaution. Les chimistes savent depuis longtemps que, pour chaque groupe, le premier élément (c'est-à-dire les éléments de la deuxième période, qui vont du lithium au fluor) est différent des autres éléments de son groupe. Par exemple, le lithium présente beaucoup de propriétés caractéristiques des métaux alcalins, mais pas toutes. De même, le béryllium est un membre à part du groupe 2A, et ainsi de suite. Généralement, cette différence s'explique par la taille relativement petite du premier élément de chaque groupe par rapport à celle des autres éléments de son groupe (*voir la* **FIGURE 6.9**, *p. 258*).

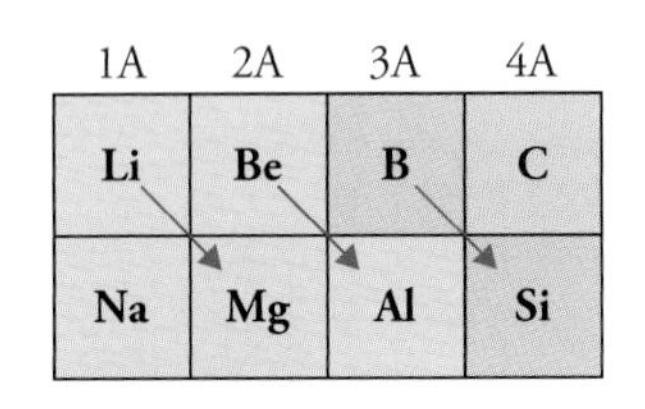

FIGURE 6.19

Parenté diagonale dans le tableau périodique

Cette relation est vérifiée pour le lithium et le magnésium, le béryllium et l'aluminium, le bore et le silicium.

Dans le cas des éléments représentatifs, la **parenté diagonale** représente une autre tendance du comportement chimique. Elle fait référence aux similitudes qui existent entre deux éléments immédiatement voisins de différents groupes et de différentes périodes du tableau périodique ; ils sont donc placés en diagonale, le premier plus haut à gauche du second, plus bas à droite. Plus spécifiquement, les trois premiers membres de la deuxième période (Li, Be et B) présentent beaucoup de similitudes avec les éléments situés en diagonale sur la période inférieure dans le tableau périodique (*voir la* **FIGURE 6.19**). Ce phénomène s'explique par les variations périodiques des rayons atomiques. Le rayon atomique diminue le long des périodes et augmente en descendant dans les groupes. En comparant deux éléments en diagonale, le Mg avec le Li par exemple, on voit que l'augmentation du rayon atomique du Mg attribuable au fait qu'il soit placé plus bas est compensée par la diminution du rayon du fait de sa situation, une case à droite du Li. On peut donc s'attendre à des rayons atomiques semblables. Sachant que la taille d'un atome influence fortement l'attraction des électrons périphériques envers le noyau, des atomes de rayons semblables auront des propriétés chimiques semblables. À certains égards, la chimie du lithium ressemble à celle du magnésium ; cela est également vrai dans le cas du béryllium et de l'aluminium, de même que dans le cas du bore et du silicium. Des exemples de cette parenté sont présentés plus loin.

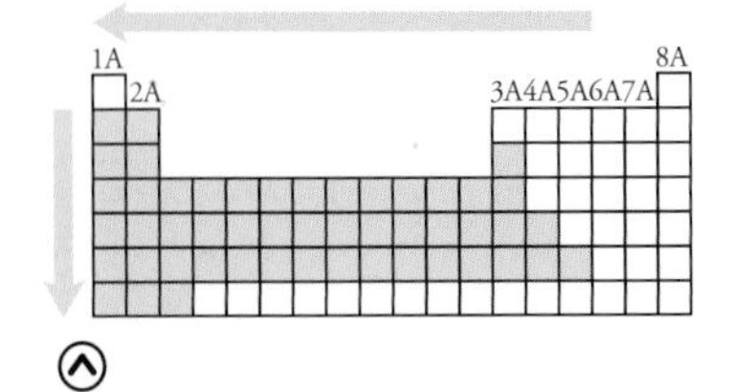

Comportement réducteur des métaux

Quand on compare les propriétés des éléments d'un même groupe, il faut se souvenir que la comparaison est meilleure lorsqu'il s'agit d'éléments du même type. Par exemple, les éléments des groupes 1A et 2A sont tous des métaux et ceux du groupe 7A sont tous des non-métaux. Par contre, les groupes 3A à 6A comprennent des non-métaux, des métalloïdes et des métaux. Il est donc naturel de trouver certaines variations des propriétés chimiques à l'intérieur même de ces groupes, bien que ces éléments aient des configurations électroniques périphériques semblables.

À l'état non combiné, les métaux libèrent facilement leurs électrons de valence pour devenir des cations. Un tel comportement est qualifié de réducteur. Le pouvoir réducteur, c'est-à-dire la facilité avec laquelle un élément libère des électrons, augmente lorsqu'on se déplace vers la gauche et vers le bas dans la classification.

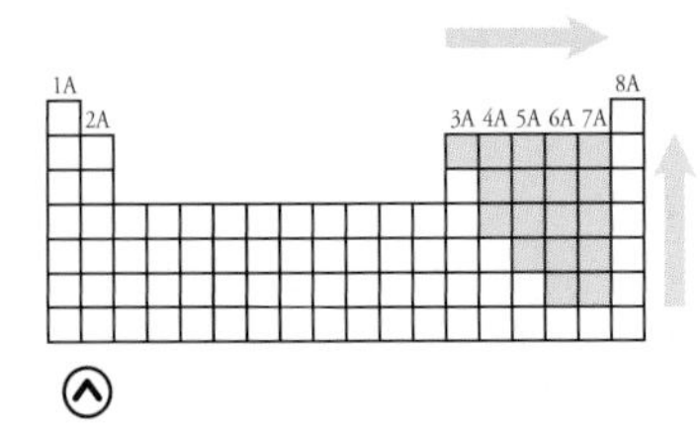

Comportement oxydant des non-métaux

Au contraire, les non-métaux, lorsqu'ils sont à l'état non combiné, acceptent facilement un ou plusieurs électrons supplémentaires : ils ont donc un comportement oxydant. La tendance du pouvoir oxydant augmente lorsqu'on se déplace vers la droite et vers le haut dans la classification.

L'hydrogène

Traditionnellement, dans le tableau périodique, l'hydrogène est placé dans le groupe 1A. Cependant, il ne faut pas le voir comme un élément de ce groupe. À l'instar des métaux alcalins, l'hydrogène a un unique électron de valence et il forme un ion de charge +1 (H^+). L'ion H^+ est toutefois hydraté en solution ($H^+ + H_2O \longrightarrow H_3O^+$). L'hydrogène peut également former l'ion hydrure (H^-) dans les composés ioniques comme NaH et CaH_2 et, à cet égard, il ressemble aux halogènes, qui forment tous des ions de charge −1 (F^-, Cl^-, Br^- et I^-). Les hydrures ioniques réagissent avec l'eau pour former de l'hydrogène gazeux et l'hydroxyde du métal correspondant:

$$NaH(s) + H_2O(l) \longrightarrow NaOH(aq) + H_2(g)$$
$$CaH_2(s) + 2H_2O(l) \longrightarrow Ca(OH)_2(s) + 2H_2(g)$$

Le composé le plus important de l'hydrogène est évidemment l'eau, qui est formée quand l'hydrogène brûle dans l'air:

$$2H_2(g) + O_2(g) \longrightarrow 2H_2O(l)$$

Vu sa réactivité particulière, aucune place ne convient donc parfaitement à l'hydrogène dans le tableau périodique.

Les éléments du groupe 1A: les métaux alcalins

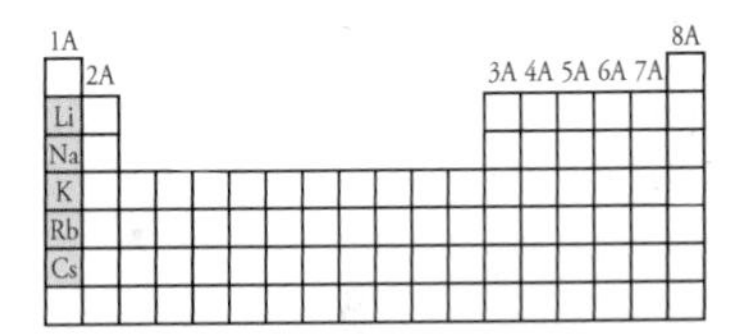

La **FIGURE 6.20** (*voir page suivante*) montre les éléments du groupe 1A, ou métaux alcalins. Tous ces éléments ont une énergie d'ionisation faible; ils ont donc tendance à perdre facilement leur unique électron de valence. En fait, dans tous leurs composés, ils forment des ions de charge +1. Ces métaux sont si réactifs qu'on ne les trouve jamais à l'*état natif* (c'est-à-dire sous forme d'éléments non combinés) dans la nature. Ils réagissent avec l'eau pour former de l'hydrogène gazeux et l'hydroxyde du métal correspondant:

$$2M(s) + 2H_2O(l) \longrightarrow 2MOH(aq) + H_2(g)$$

où M indique un métal alcalin. La réaction des alcalins avec l'eau est d'autant plus forte que le métal est réducteur. Ainsi, la réaction du césium avec l'eau est plus forte que la réaction du sodium avec l'eau. Bien qu'il soit impossible de le vérifier expérimentalement, on pourrait s'attendre à ce que le francium soit encore plus réactif que le césium (le francium est tellement instable qu'il est impossible d'en synthétiser une quantité manipulable pour étudier ses propriétés).

Réaction du potassium avec l'eau

Les métaux alcalins réagissent aussi avec les acides pour former des **sels**, des composés neutres formés d'anions et de cations, et de l'hydrogène moléculaire. Encore une fois, la réaction sera d'autant plus vive que les propriétés réductrices du métal sont élevées. Par exemple, le sodium réagit avec l'acide chlorhydrique selon la réaction suivante:

$$2Na(s) + 2HCl(aq) \longrightarrow 2NaCl(aq) + H_2(g)$$

NOTE

Pour déterminer la formule chimique du sel formé, il faut se rappeler que le cation provient du métal et que l'anion provient de l'acide.

FIGURE 6.20

Éléments du groupe 1A : les métaux alcalins

Le francium (non illustré) est un élément radioactif.

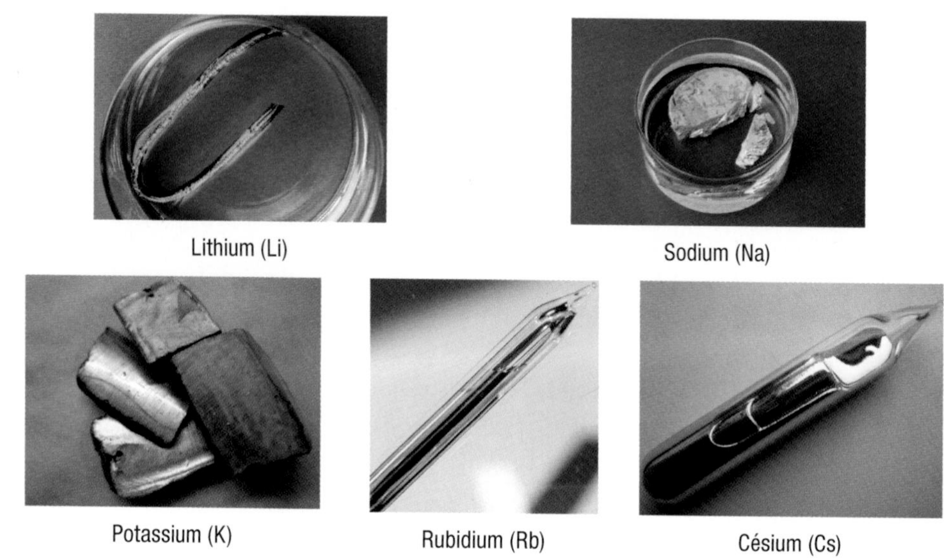

Puisqu'ils sont réducteurs, les métaux alcalins réagissent aussi avec les oxydants, comme l'oxygène. En effet, lorsqu'ils sont exposés à l'air, ils perdent graduellement leur apparence lustrée en se combinant avec l'oxygène pour former des oxydes. Le lithium forme ainsi l'oxyde de lithium (qui contient un ion O^{2-}) :

$$4Li(s) + O_2(g) \longrightarrow 2Li_2O(s)$$

Les autres métaux alcalins forment tous des *peroxydes* (qui contiennent l'ion O_2^{2-}) en plus des oxydes. Par exemple :

$$2Na(s) + O_2(g) \longrightarrow Na_2O_2(s)$$

Le potassium, le rubidium et le césium forment également des *superoxydes* (qui contiennent un ion O_2^-) :

$$K(s) + O_2(g) \longrightarrow KO_2(s)$$

La raison pour laquelle les métaux alcalins forment différents types d'oxydes en réagissant avec l'oxygène est liée à la stabilité des oxydes à l'état solide. Puisque les oxydes des métaux alcalins sont tous des composés ioniques, leur stabilité dépend de la force d'attraction entre les cations et les anions. Le lithium forme préférablement de l'oxyde de lithium parce que ce composé est plus stable que le peroxyde de lithium. La formation des autres oxydes de métaux alcalins peut s'expliquer de la même manière.

Les éléments du groupe 2A : les métaux alcalino-terreux

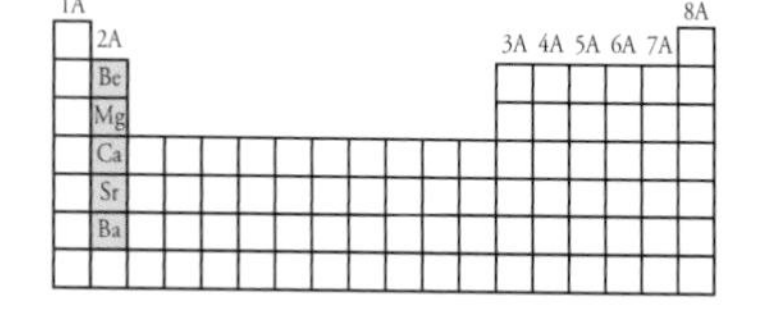

La **FIGURE 6.21** montre les éléments du groupe 2A. Les métaux alcalino-terreux sont moins réactifs que les métaux alcalins. Leurs énergies de première et de deuxième ionisation diminuent, du béryllium au baryum. Ils ont tendance à former des ions M^{2+} (où M est un atome d'un métal alcalino-terreux), et leur caractère métallique, comme leur pouvoir réducteur, augmente à mesure que l'on descend dans le groupe. La plupart des composés du béryllium (comme $BeCl_2$) et certains composés du magnésium (MgH_2, par exemple) sont covalents et non ioniques.

Béryllium (Be)

Magnésium (Mg)

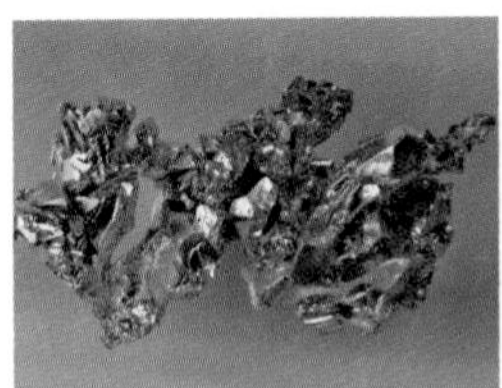
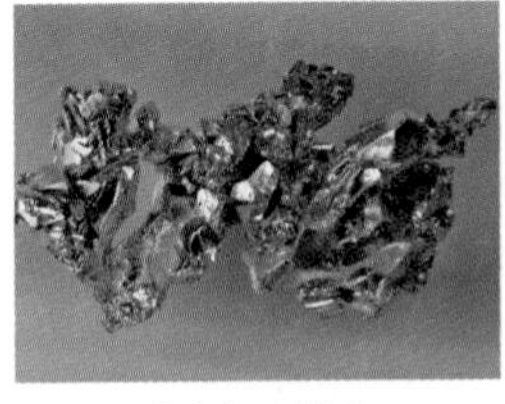
Calcium (Ca)

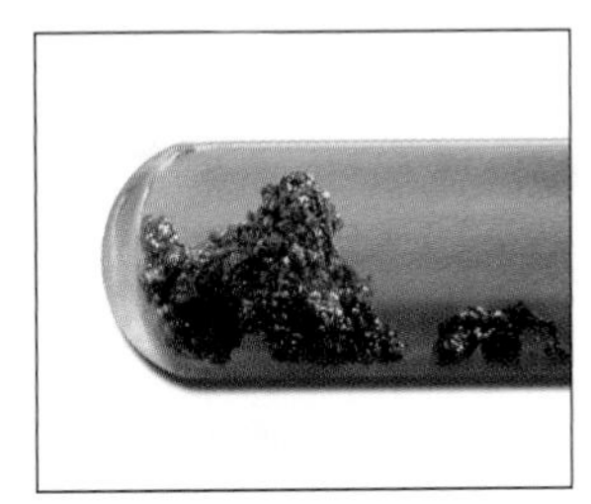
Strontium (Sr)

Baryum (Ba)

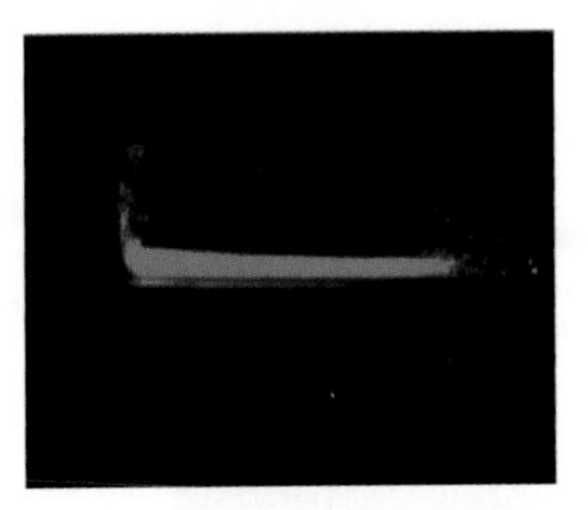
Radium (Ra)

FIGURE 6.21

Éléments du groupe 2A : les métaux alcalino-terreux

Le radium est un élément radioactif.

La réactivité des métaux alcalino-terreux avec l'eau varie beaucoup. Ainsi, le béryllium ne réagit pas avec l'eau tandis que le magnésium réagit lentement avec la vapeur d'eau. Étant beaucoup plus réducteurs, le calcium, le strontium et le baryum réagissent même avec l'eau froide pour former des hydroxydes :

$$Ba(s) + 2H_2O(l) \longrightarrow Ba(OH)_2(aq) + H_2(g)$$

Comme les métaux alcalins, les alcalino-terreux réagissent avec les acides. Ainsi, le magnésium réagit avec l'acide chlorhydrique pour former un sel et de l'hydrogène gazeux :

$$Mg(s) + 2HCl(aq) \longrightarrow MgCl_2(aq) + H_2(g)$$

Le calcium, le strontium et le baryum réagissent aussi avec les acides pour produire de l'hydrogène gazeux. Cependant, puisque ces métaux réagissent également avec l'eau, les deux réactions se déroulent simultanément.

La réactivité des métaux alcalino-terreux avec l'oxygène augmente aussi de Be à Ba. Le béryllium et le magnésium ne forment des oxydes (BeO et MgO) qu'à température élevée, alors que CaO, SrO et BaO se forment à la température ambiante.

Les propriétés chimiques du calcium et du strontium constituent un exemple intéressant de similitude dans un groupe. Le strontium 90, un isotope radioactif, est l'un des principaux produits d'une explosion atomique. Si une bombe atomique explosait dans l'atmosphère, le strontium 90 formé se déposerait sur la terre et dans l'eau, puis pénétrerait dans l'organisme humain par une chaîne alimentaire relativement courte. Par exemple, les vaches ingéreraient l'herbe contaminée et boiraient l'eau contaminée, et le strontium 90 se retrouverait dans le lait. Puisque le calcium et le strontium sont chimiquement similaires, les ions Sr^{2+} pourraient remplacer les ions Ca^{2+} dans l'organisme, par exemple dans les os. Une exposition constante du corps aux radiations de haute énergie émises par le strontium 90 peut provoquer l'anémie, la leucémie et d'autres maladies chroniques.

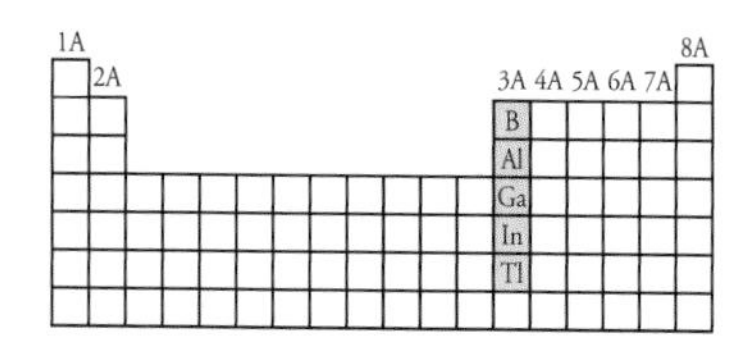

Les éléments du groupe 3A

Le premier élément du groupe 3A, le bore, est un métalloïde; les autres sont des métaux (*voir la* **FIGURE 6.22**). Le bore ne forme pas de composés ioniques binaires; il ne réagit pas non plus spontanément avec l'oxygène gazeux ni avec l'eau. L'élément suivant, l'aluminium, forme facilement de l'oxyde d'aluminium quand il est exposé à l'air:

$$4Al(s) + 3O_2(g) \longrightarrow 2Al_2O_3(s)$$

Bore (B)

Aluminium (Al)

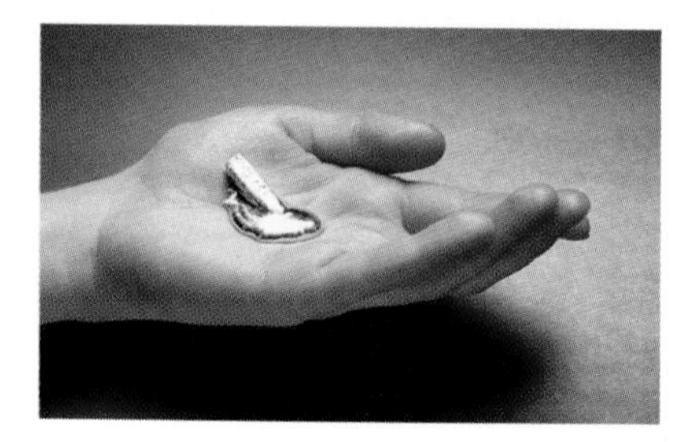
Gallium (Ga)

Indium (In)

FIGURE 6.22

Éléments du groupe 3A

L'aluminium, une fois qu'il est recouvert d'une couche protectrice d'oxyde d'aluminium, devient moins réactif. L'aluminium ne forme que des ions de charge +3. Il réagit avec l'acide chlorhydrique selon la réaction suivante:

$$2Al(s) + 6HCl(aq) \longrightarrow 2AlCl_3(aq) + 3H_2(g)$$

Les autres éléments métalliques du groupe 3A forment des ions de charge +1 ou +3. On remarque que, de haut en bas dans le groupe, les ions de charge +1 deviennent plus stables que les ions de charge +3.

Les éléments métalliques du groupe 3A forment également de nombreux composés covalents. Par exemple, l'aluminium réagit avec l'hydrogène pour former AlH_3, dont les propriétés ressemblent à celles de BeH_2 (voilà un exemple de parenté diagonale). Ainsi, on remarque chez les éléments représentatifs un changement allant graduellement, de gauche à droite du tableau périodique, du caractère métallique au caractère non métallique.

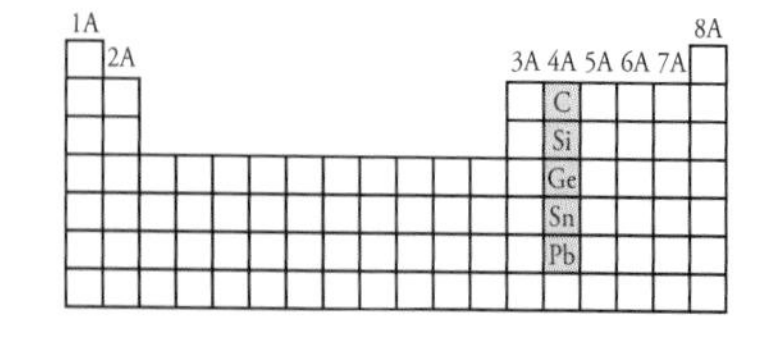

Les éléments du groupe 4A

Le premier élément du groupe 4A, le carbone, est un non-métal; les deux suivants, le silicium et le germanium, sont des métalloïdes (*voir la* **FIGURE 6.23**). Ils ne forment pas de composés ioniques. Les éléments métalliques de ce groupe, l'étain et le plomb, ne possèdent pas un caractère réducteur assez prononcé pour réagir avec l'eau, mais ils réagissent avec les acides (l'acide chlorhydrique, par exemple) pour libérer de l'hydrogène gazeux:

$$Sn(s) + 2H^+(aq) \longrightarrow Sn^{2+}(aq) + H_2(g)$$
$$Pb(s) + 2H^+(aq) \longrightarrow Pb^{2+}(aq) + H_2(g)$$

NOTE

Le fait que le béryllium ne forme en général pas de composés ioniques s'explique par la trop grande proximité des charges négatives, attribuable à la petite taille de l'ion Be^{2+}:

Répulsion

Cl^- Be^{2+} Cl^-

Les éléments du groupe 4A forment des composés dont les nombres d'oxydation sont +2 et +4. Dans le cas du carbone et du silicium, le nombre d'oxydation +4 est le plus stable. Par exemple, CO_2 est plus stable que CO; SiO_2 est un composé stable, tandis que SiO n'existe pas dans les conditions normales. Cependant, cette tendance s'atténue, puis s'inverse lorsqu'on parcourt le groupe vers le bas. Dans les composés de l'étain, le degré d'oxydation +4 n'est que légèrement plus stable que le degré +2. Dans les composés du

Carbone (C) (graphite)

Carbone (C) (diamant)

Silicium (Si)

Germanium (Ge)

Étain (Sn)

Plomb (Pb)

FIGURE 6.23

Éléments du groupe 4A

plomb, le degré d'oxydation +2 est incontestablement le plus stable. La configuration électronique périphérique du plomb est $6s^2 6p^2$; le plomb a tendance à perdre seulement les électrons $6p$ (pour former Pb^{2+}) plutôt que les électrons $6p$ et $6s$ (pour former Pb^{4+}).

Les éléments du groupe 5A

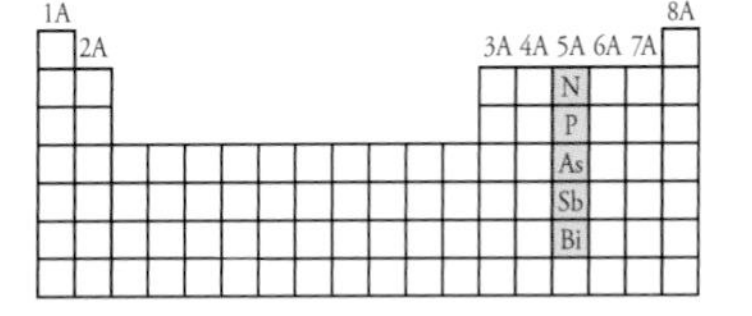

Dans le groupe 5A, l'azote et le phosphore sont des non-métaux, l'arsenic et l'antimoine, des métalloïdes, et le bismuth, un métal (*voir la* **FIGURE 6.24**). On peut ainsi s'attendre à une importante variation dans les propriétés à mesure que l'on descend dans le groupe. L'azote élémentaire est un gaz diatomique (N_2). Il forme différents oxydes (NO, N_2O, NO_2, N_2O_4 et N_2O_5), dont seul N_2O_5 est un solide ; les autres sont des gaz. L'azote a tendance à accepter trois électrons pour former l'ion nitrure, N^{3-} (il atteint ainsi la configuration électronique $2s^2 2p^6$; N^{3-} et le néon sont isoélectroniques). La plupart des nitrures métalliques (par exemple Li_3N et Mg_3N_2) sont des composés ioniques. Le phosphore existe sous forme de molécules P_4. Il forme deux oxydes solides dont les formules sont P_4O_6 et P_4O_{10}. Les oxacides HNO_3 et H_3PO_4, deux oxacides importants, sont formés quand les oxydes suivants réagissent avec l'eau :

$$N_2O_5(s) + H_2O(l) \longrightarrow 2HNO_3(aq)$$
$$P_4O_{10}(s) + 6H_2O(l) \longrightarrow 4H_3PO_4(aq)$$

L'arsenic et l'antimoine sont des solides structurés en vastes réseaux covalents. Le bismuth est un métal beaucoup moins réactif que ceux des groupes précédents.

Azote liquide (N_2)

Phosphore blanc et phosphore rouge (P)

Arsenic (As)

Antimoine (Sb)

Bismuth (Bi)

FIGURE 6.24

Éléments du groupe 5A

L'azote gazeux est incolore et inodore.

Les éléments du groupe 6A

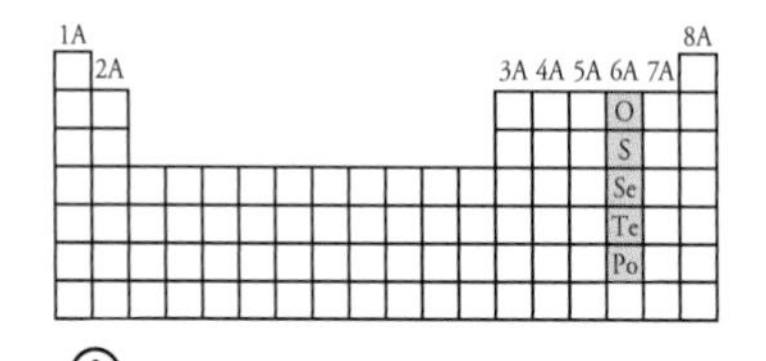

Les éléments du groupe 6A sont parfois appelés « chalcogènes ».

Les trois premiers éléments du groupe 6A (l'oxygène, le soufre et le sélénium) sont des non-métaux ; les deux derniers (le tellure et le polonium) sont des métalloïdes (*voir la* **FIGURE 6.25**). L'oxygène est un gaz diatomique ; le soufre et le sélénium sont des solides moléculaires dont les formules chimiques sont respectivement S_8 et Se_8 ; le tellure et le polonium sont des solides constitués en vastes réseaux (réseaux covalents). (Le polonium est un élément radioactif difficile à étudier en laboratoire.) L'oxygène a tendance à capter deux électrons pour former l'ion oxyde (O^{2-}) dans de nombreux composés ioniques. (La configuration électronique de O^{2-} est $1s^22s^22p^6$: donc, O^{2-} et Ne sont isoélectroniques.) Le soufre, le sélénium et le tellure aussi forment des anions de charge −2 : S^{2-}, Se^{2-} et Te^{2-}. Les éléments de ce groupe (en particulier l'oxygène) forment avec les non-métaux un grand nombre de composés covalents. Les principaux composés du soufre sont SO_2, SO_3 et H_2S. Quand du trioxyde de soufre se dissout dans l'eau, il y a formation d'acide sulfurique :

$$SO_3(g) + H_2O(l) \longrightarrow H_2SO_4(aq)$$

FIGURE 6.25

Éléments du groupe 6A

L'oxygène gazeux est incolore et inodore, et le polonium est un élément radioactif (non illustrés).

Soufre (S_8)

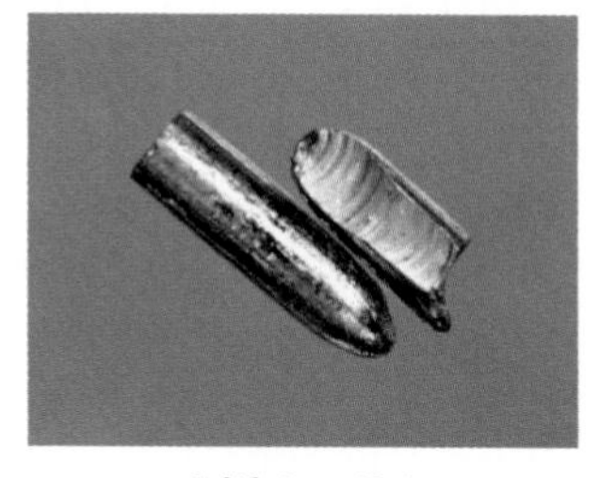

Sélénium (Se)

Tellure (Te)

Les éléments du groupe 7A : les halogènes

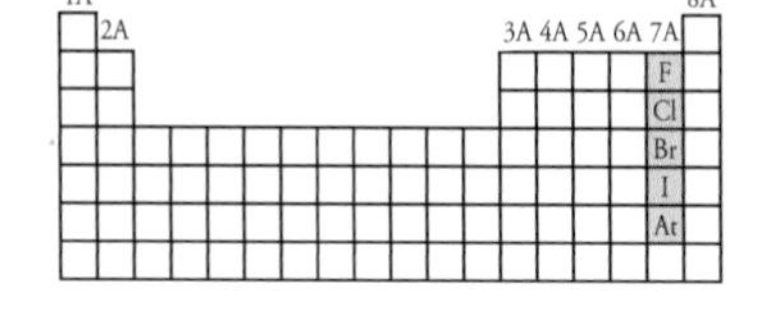

Tous les halogènes sont des non-métaux, de formule générale X_2, où X représente un atome d'un halogène (*voir la* **FIGURE 6.26**). À cause du caractère oxydant important de ces éléments, on ne les trouve jamais à l'état natif (sous forme élémentaire dans la nature). Le dernier élément du groupe 7A est l'astate, un élément radioactif, dont les propriétés sont peu connues. Le fluor est si réactif qu'il réagit avec l'eau pour former de l'oxygène :

$$2F_2(g) + 2H_2O(l) \longrightarrow 4HF(aq) + O_2(g)$$

FIGURE 6.26

Éléments du groupe 7A : chlore, brome et iode

Le fluor est un gaz jaune-verdâtre qui attaque le verre et l'astate est un élément radioactif (non illustrés).

En fait, la réaction entre le fluor moléculaire et l'eau est assez complexe ; les produits formés dépendent des conditions de la réaction. La réaction illustrée ici en est une parmi bien d'autres possibles. Les halogènes ont des valeurs d'énergie d'ionisation élevées et des valeurs d'affinité électronique fortement positives. Ces propriétés suggèrent qu'ils formeront préférablement des anions de type X^-. On appelle « halogénures » les anions dérivés des halogènes (F^-, Cl^-, Br^- et I^-). La plupart des halogénures de métaux alcalins et de métaux alcalino-terreux sont des composés ioniques. Les halogènes forment également de nombreux composés covalents entre eux (ICl et BrF_3, par exemple) et avec des éléments non métalliques d'autres groupes (NF_3, PCl_5 et SF_6, par exemple). Les halogènes réagissent avec l'hydrogène pour former des halogénures d'hydrogène :

$$H_2(g) + X_2(g) \longrightarrow 2HX(g)$$

Quand cette réaction met en jeu du fluor, elle est explosive, mais la violence de cette réaction diminue à mesure qu'elle fait intervenir un halogène situé plus bas dans la colonne (du chlore à l'iode). Les halogénures d'hydrogène se dissolvent dans l'eau pour former des acides halohydriques. Parmi eux, l'acide fluorhydrique (HF) est un acide faible (c'est-à-dire qu'une fois dissous dans l'eau, il s'ionise peu), mais les autres acides (HCl, HBr et HI) sont tous forts (c'est-à-dire qu'une fois dissous dans l'eau, ils s'ionisent beaucoup).

NOTE

Le pouvoir oxydant des non-métaux augmente lorsqu'on parcourt un groupe vers le haut.

Les éléments du groupe 8A : les gaz rares

Tous les gaz rares sont monoatomiques (*voir la* **FIGURE 6.27**). Leurs configurations électroniques montrent que leurs atomes présentent des sous-couches *ns* et *np* périphériques complètement remplies, ce qui leur confère une grande stabilité. (La configuration de l'hélium est $1s^2$.) Les énergies d'ionisation des éléments du groupe 8A sont parmi les plus élevées ; de plus, ces gaz n'ayant aucune tendance à capter des électrons, leurs valeurs d'affinité électronique sont presque nulles. Pendant de nombreuses années, on a appelé ces éléments « gaz inertes », et avec raison. Jusque dans les années 1960, personne n'avait réussi à synthétiser un composé contenant un de ces éléments. Cependant, en 1962, le chimiste britannique Neil Bartlett démolit la vieille conception qu'avaient les chimistes sur ces éléments : lorsqu'il exposa du xénon à de l'hexafluorure de platine, un agent oxydant puissant, la réaction suivante eut lieu :

$$Xe(g) + 2PtF_6(g) \longrightarrow XeF^+Pt_2F_{11}^-(s)$$

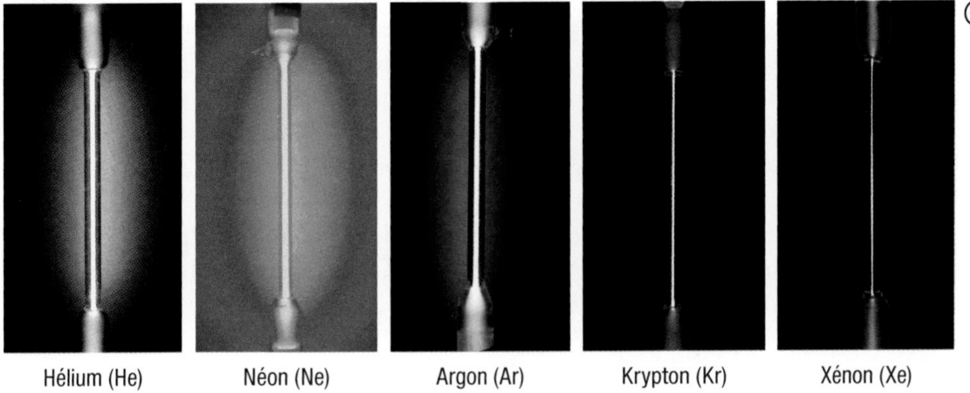

Hélium (He) Néon (Ne) Argon (Ar) Krypton (Kr) Xénon (Xe)

FIGURE 6.27

Éléments du groupe 8A

Tous les gaz rares sont inodores et incolores. Ces photos montrent les couleurs émises par ces gaz dans un tube à décharge.

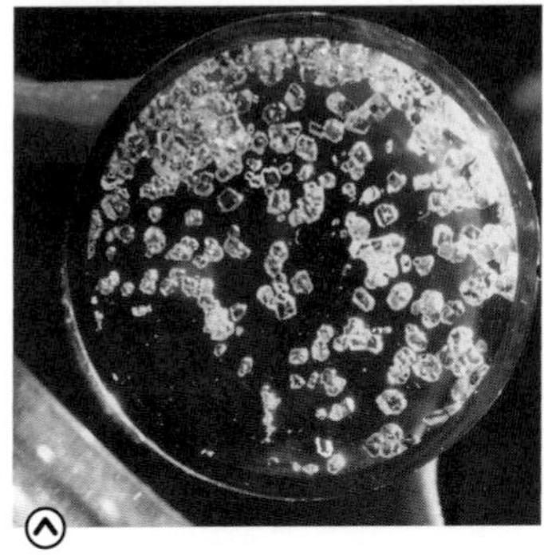

Cristaux de tétrafluorure de xénon (XeF_4)

Depuis lors, on a synthétisé plusieurs composés du xénon (XeF_4, XeO_3, XeO_4, $XeOF_4$) et quelques composés du krypton (par exemple KrF_2). En 2000, les chimistes ont réussi à synthétiser un composé d'argon (HArF) qui est stable seulement à de très basses températures[1].

1. Khriachtchev, L. *et al.* (2000). « A Stable Argon Compound », *Nature*, 406, p. 874-876.

Malgré le grand intérêt que suscite la chimie des gaz rares, leurs composés n'ont aucune application commerciale et ne participent à aucun processus biologique. On ne connaît encore aucun composé de l'hélium et du néon.

6.10.2 Les oxydes

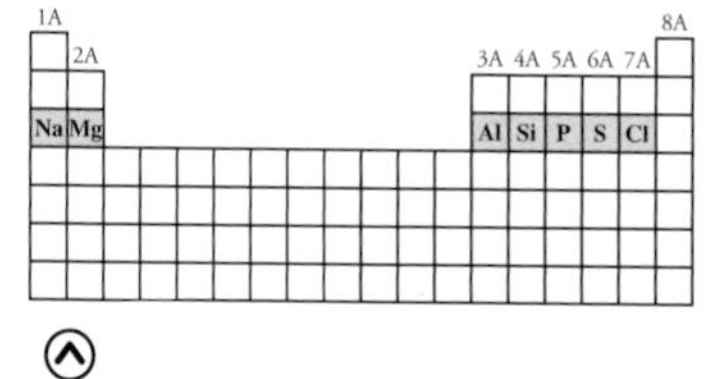

La plupart des éléments se combinent avec l'oxygène pour former des oxydes.

Une façon de comparer les propriétés des éléments représentatifs d'une même période consiste à examiner une série de composés similaires. Quelques éléments de la troisième période (P, S et Cl) forment plusieurs types d'oxydes, mais pour simplifier on ne considère ici qu'un oxyde par élément. Le **TABLEAU 6.4** dresse la liste de quelques caractéristiques générales de ces oxydes.

TABLEAU 6.4 > Quelques propriétés d'oxydes des éléments de la troisième période

	Na_2O	MgO	Al_2O_3	SiO_2	P_4O_{10}	SO_3	Cl_2O_7
Type du composé	Ionique			Moléculaire covalent			
Structure	Vaste réseau tridimensionnel				Molécules distinctes		
Point de fusion (°C)	1275	2800	2045	1610	580	16,8	−91,5
Point d'ébullition (°C)	?	3600	2980	2230	?	44,8	82
Propriétés acido-basiques	Basique	Basique	Amphotère	Acide			

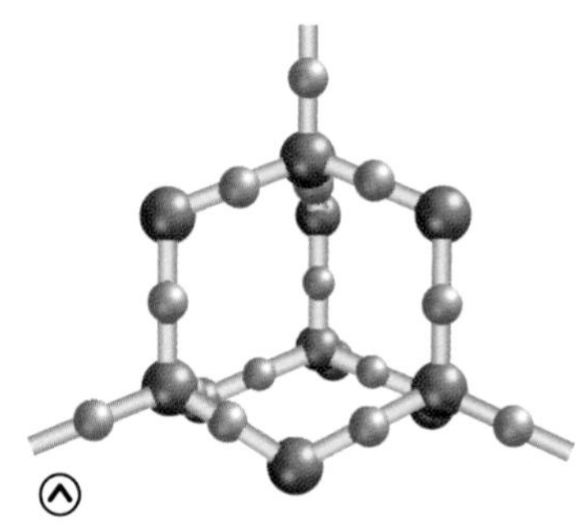

Le SiO_2 existe sous la forme d'un réseau covalent d'extension indéterminée.

La tendance à former des oxydes est grandement favorisée dans les réactions avec les métaux dont l'énergie d'ionisation est basse, à savoir ceux des groupes 1A et 2A, ainsi qu'avec l'aluminium. Par conséquent, les composés Na_2O, MgO et Al_2O_3 sont ioniques, comme l'indiquent leurs points de fusion et d'ébullition élevés. Ce sont des structures tridimensionnelles formant de vastes réseaux où chaque cation est entouré par un nombre déterminé d'anions et inversement. À mesure que l'énergie d'ionisation des éléments augmente (de gauche à droite dans une période), la nature covalente des oxydes formés augmente elle aussi. Le silicium est un métalloïde ; son oxyde (SiO_2) forme aussi un immense réseau tridimensionnel, qui ne comporte cependant aucun ion. Les oxydes de phosphore, de soufre et de chlore sont des solides moléculaires formés de petites unités distinctes. Les faibles attractions entre ces unités, les molécules de ces composés, expliquent leurs points de fusion et d'ébullition relativement bas.

La plupart des oxydes sont classés en deux catégories : les oxydes acides ou les oxydes basiques, selon le type de composé qu'ils produisent lors de leur solubilisation dans l'eau. Les **oxydes acides** sont des oxydes qui se comportent comme des acides dans certaines conditions ou qui produisent des acides lorsqu'ils sont mis en solution aqueuse, alors que les **oxydes basiques** sont des oxydes qui se comportent comme des bases dans certaines conditions ou qui libèrent des bases lorsqu'ils sont mis en solution aqueuse. Certains **oxydes** sont **amphotères**, ce qui signifie qu'ils présentent à la fois les propriétés des acides et celles des bases. Les deux premiers oxydes de la troisième période, Na_2O et MgO, sont des oxydes basiques. Par exemple, Na_2O réagit avec l'eau pour former de l'hydroxyde de sodium (qui est une base) :

Verre électronique. Le verre est en partie constitué de SiO_2. Il est fabriqué à partir du sable.

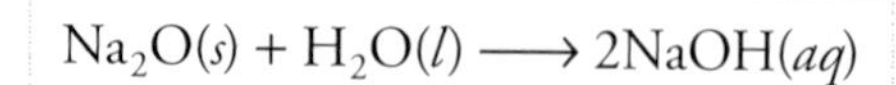

$$Na_2O(s) + H_2O(l) \longrightarrow 2NaOH(aq)$$

L'oxyde de magnésium est pratiquement insoluble ; il ne réagit pas avec l'eau de façon appréciable. Cependant, il réagit avec les acides d'une manière qui ressemble à une réaction acido-basique :

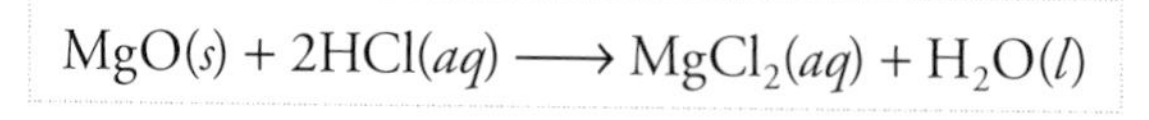

$$MgO(s) + 2HCl(aq) \longrightarrow MgCl_2(aq) + H_2O(l)$$

Il est à noter que les produits de cette réaction sont un sel ($MgCl_2$) et de l'eau, les produits habituels d'une neutralisation acido-basique.

L'oxyde d'aluminium est encore moins soluble que l'oxyde de magnésium ; lui non plus ne réagit pas avec l'eau. Cependant, il présente des propriétés basiques en réagissant avec des acides :

$$Al_2O_3(s) + 6HCl(aq) \longrightarrow 2AlCl_3(aq) + 3H_2O(l)$$

Il présente également des propriétés acides en réagissant avec des bases :

$$Al_2O_3(s) + 2NaOH(aq) + 3H_2O(l) \longrightarrow 2NaAl(OH)_4(aq)$$

Ainsi, on considère Al_2O_3 comme un oxyde amphotère parce qu'il possède à la fois les propriétés des acides et celles des bases. Les oxydes ZnO, BeO et Bi_2O_3 sont aussi amphotères.

Le dioxyde de silicium est insoluble et ne réagit pas avec l'eau. Il a toutefois des propriétés acides, car il réagit avec des bases très concentrées :

$$SiO_2(s) + 2NaOH(aq) \longrightarrow Na_2SiO_3(aq) + H_2O(l)$$

C'est pourquoi on ne doit pas entreposer des bases concentrées, comme NaOH, dans des contenants de verre comme le pyrex, les verres étant en partie faits de SiO_2.

Les oxydes des autres éléments de la troisième période sont des oxydes acides, non pas parce qu'ils sont eux-mêmes des acides, mais parce que leurs réactions avec l'eau donnent de l'acide phosphorique (H_3PO_4), de l'acide sulfurique (H_2SO_4) ou de l'acide perchlorique ($HClO_4$) :

$$P_4O_{10}(s) + 6H_2O(l) \longrightarrow 4H_3PO_4(aq)$$
$$SO_3(g) + H_2O(l) \longrightarrow H_2SO_4(aq)$$
$$Cl_2O_7(s) + H_2O(l) \longrightarrow 2HClO_4(aq)$$

Certains oxydes, tels CO et NO, sont neutres, c'est-à-dire qu'ils ne réagissent pas avec l'eau pour produire une solution acide ou basique. En général, les oxydes contenant des éléments non métalliques ne sont pas basiques.

Cette brève étude des oxydes des éléments de la troisième période démontre que, à mesure que le caractère métallique des éléments diminue (de gauche à droite dans une période), les oxydes de ces éléments sont d'abord basiques, puis amphotères, puis acides. Normalement, les oxydes métalliques sont basiques, et la plupart des oxydes non métalliques sont acides. Les propriétés intermédiaires des oxydes (qui sont celles des oxydes amphotères) se retrouvent chez les éléments situés au centre de la période. Il faut noter également que, puisque le caractère métallique des éléments augmente de haut en bas dans un groupe donné d'éléments représentatifs, on devrait s'attendre à ce que les oxydes des éléments à numéro atomique élevé soient plus basiques que ceux des éléments plus légers du même groupe : c'est effectivement le cas.

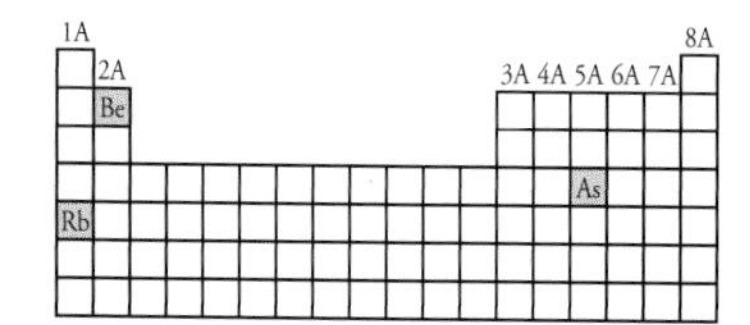

EXEMPLE 6.9 La classification des oxydes dans une période

Classez ces différents oxydes comme acides, basiques ou amphotères: **a)** Rb_2O; **b)** BeO ; **c)** As_2O_5.

DÉMARCHE

Quels sont les types d'éléments qui donnent des oxydes acides ? des oxydes basiques ? des oxydes amphotères ?

SOLUTION

a) Le rubidium étant un métal alcalin, Rb_2O devrait être un oxyde basique.

b) Le béryllium est un métal alcalino-terreux. Cependant, comme il est le premier membre du groupe 2A, on s'attend à un comportement un peu différent par rapport aux autres membres du groupe. On sait que Al_2O_3 est un oxyde amphotère. Étant donné que le béryllium et l'aluminium sont en relation de parenté diagonale, BeO pourrait ressembler à Al_2O_3. Il s'avère justement que BeO est aussi un oxyde amphotère.

c) L'arsenic étant un non-métal, As_2O_5 devrait être un oxyde acide.

6.57

EXERCICE E6.9

Dites si les oxydes suivants sont acides, basiques ou amphotères: **a)** ZnO ; **b)** P_4O_{10} ; **c)** CaO.

RÉVISION DES CONCEPTS

Lequel des éléments suivants est susceptible de former un oxyde basique ? **a)** Ba ; **b)** Al ; **c)** Sb.

QUESTIONS de révision

33. Qu'entend-on par l'expression « parenté diagonale » ? Donnez deux paires d'éléments qui illustrent cette relation.

34. Quels éléments sont les plus susceptibles de former des oxydes acides ? des oxydes basiques ? des oxydes amphotères ?

RÉSUMÉ

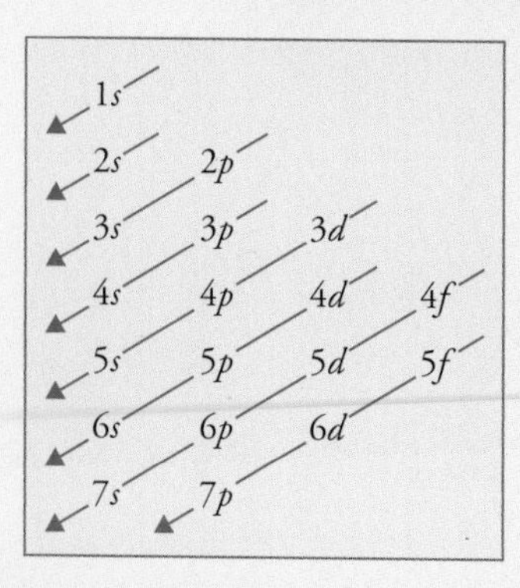

6.2 Les orbitales des atomes polyélectroniques

Règle de Klechkowski: Afin de déterminer le sous-niveau qui doit être rempli en premier, on suit la valeur de $n + \ell$ minimal. Cette somme renseigne sur l'énergie associée à chaque sous-niveau.

- Les électrons occuperont d'abord les sous-niveaux de plus basse énergie.
- En cas d'égalité des valeurs $(n + \ell)$, le sous-niveau caractérisé par la plus faible valeur de n sera considéré comme le moins énergétique.

6.3 Les configurations électroniques

Configuration électronique : Distribution des électrons d'un atome dans ses différentes orbitales atomiques.

Les cases quantiques

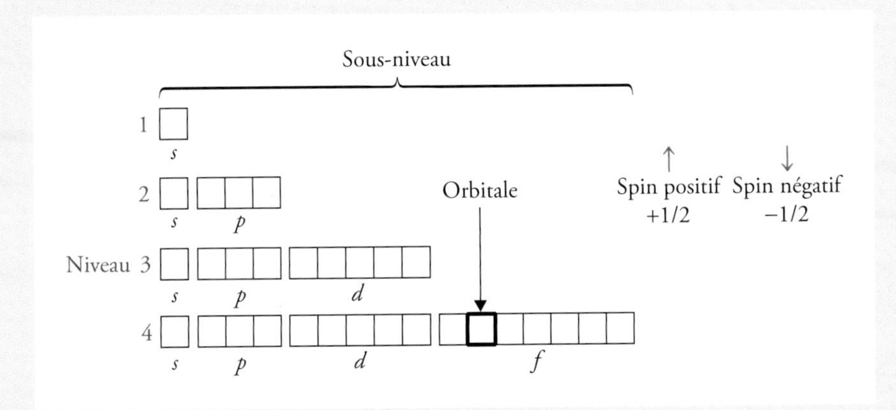

Règles pour le remplissage des cases quantiques

Principe d'exclusion de Pauli : Deux électrons dans un même atome ne peuvent avoir le même ensemble de quatre nombres quantiques :

- chaque orbitale peut contenir un maximum de deux électrons,
- ceux-ci doivent avoir des spins opposés.

Règle de Hund : L'arrangement le plus stable des électrons dans un sous-niveau est celui qui a le plus de spins parallèles.

La notation *spdf*

Configuration électronique complète

$1s^2 2s^2 2p^4$

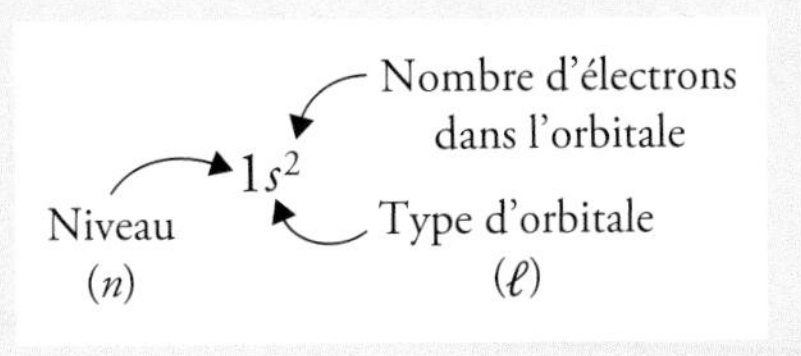

Configuration électronique abrégée

$[Ne]2s^2p^4$

Les propriétés magnétiques

	Substance diamagnétique	Substance paramagnétique
Lorsque soumise à un champ magnétique extérieur	Subira une légère force de répulsion.	Subira une force d'attraction.
Configuration électronique	Tous les électrons sont appariés.	Certains électrons ne sont pas appariés.
Exemple	[↑↓] 1s [↑↓] 2s [ ] 2p	[↑↓] 1s [↑↓] 2s [↑ ↑] 2p

Les électrons de cœur et les électrons de valence

Les électrons de cœur sont les électrons des couches internes de l'atome. Ils sont bien liés au noyau. Les électrons de valence sont les électrons des couches périphériques. Ils sont les moins bien liés au noyau et sont ceux qui participent aux réactions chimiques. Pour les éléments représentatifs, le nombre d'électrons de valence est donné par le numéro du groupe auquel appartient l'élément.

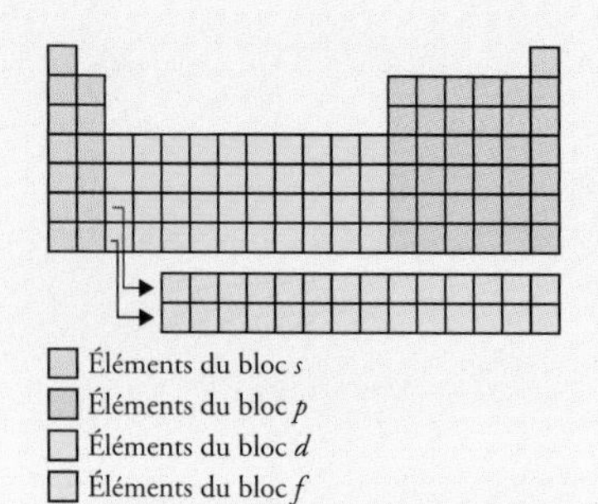

6.4 Les configurations électroniques et le tableau périodique

Le tableau périodique est constitué de quatre blocs : *s*, *p*, *d* et *f*. Les blocs *s* et *p* regroupent les éléments représentatifs, alors que le bloc *d* regroupe les métaux de transition.

On peut déterminer la configuration électronique d'un élément à partir de l'espace qu'il occupe dans le tableau périodique.

6.5 Les variations périodiques des propriétés physiques

La charge nucléaire effective (Z_{eff}) est la charge du noyau corrigée en tenant compte de l'effet d'écran.

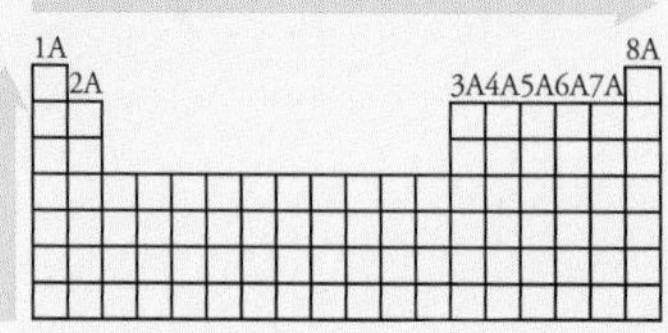

La force d'attraction exercée par le noyau

Dans une période	Dans un groupe
• La charge nucléaire augmente de gauche à droite. • L'effet d'écran ne varie que très peu.	• Le nombre *n* augmente (la taille des orbitales augmente). • L'effet d'écran augmente. • La charge nucléaire augmente, mais la distance qui sépare le noyau des électrons de valence a un effet plus important.
Les électrons de valence sont mieux retenus lorsqu'on se déplace vers la droite dans une période.	**Les électrons de valence sont moins bien retenus lorsqu'on se déplace vers le bas dans un groupe.**

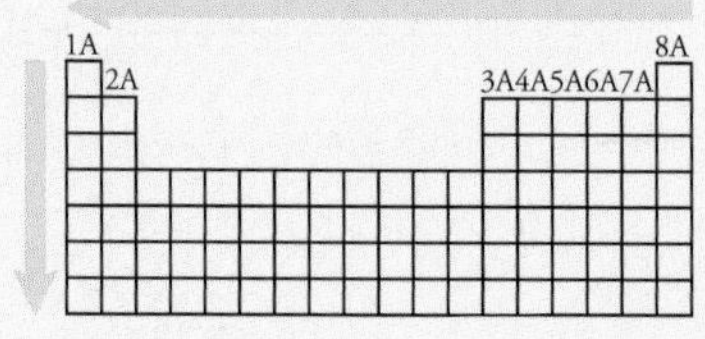

Le rayon atomique

Le rayon atomique diminue lorsqu'on parcourt une période vers la droite, et augmente lorsqu'on parcourt un groupe vers le bas. Cela s'explique par la force d'attraction exercée par le noyau.

Le rayon ionique

- Les cations sont plus petits que les atomes desquels ils proviennent.
- Les anions sont plus gros que les atomes desquels ils proviennent.

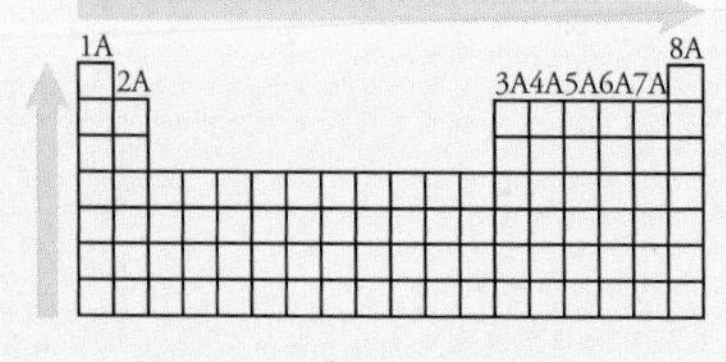

6.6 L'énergie d'ionisation

L'énergie d'ionisation (I) correspond à l'énergie requise pour arracher un électron d'un atome gazeux à l'état fondamental.

L'énergie d'ionisation augmente lorsqu'on parcourt une période vers la droite, et diminue lorsqu'on parcourt un groupe vers le bas. Cela s'explique par la force d'attraction du noyau sur les électrons de valence.

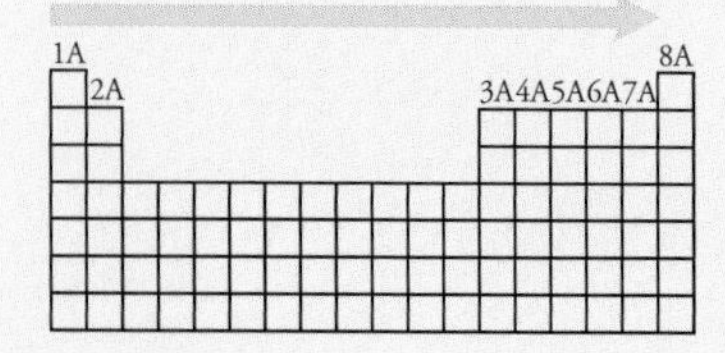

6.7 L'affinité électronique

L'affinité électronique (AE) correspond à l'inverse négatif de la variation d'énergie d'un atome gazeux qui capte un électron.

L'affinité électronique augmente lorsqu'on parcourt une période vers la droite (à l'exception des gaz nobles). Elle diminue lorsqu'on parcourt un groupe vers le bas.

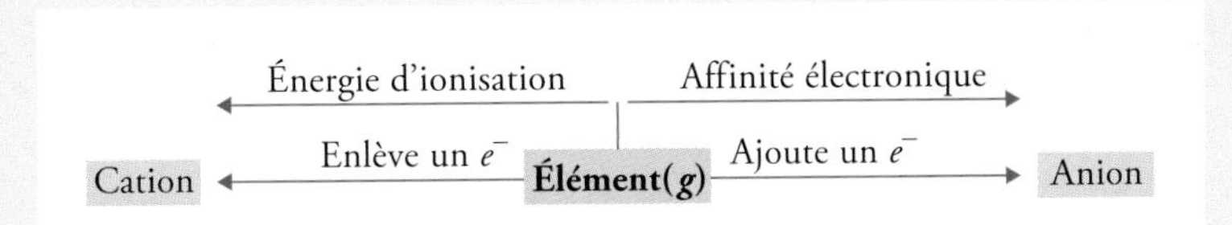

6.8 L'électronégativité

L'électronégativité correspond à la capacité d'un atome à attirer les électrons mis en commun lors de la formation d'une liaison.

L'électronégativité augmente lorsqu'on parcourt une période vers la droite, et diminue lorsqu'on parcourt un groupe vers le bas.

Électronégativité

1A 2A 3A 4A 5A 6A 7A 8A

6.9 Les éléments du tableau périodique

À l'exception du mercure, qui est liquide, tous les métaux et les métalloïdes du tableau périodique se retrouvent sous forme solide dans les conditions normales de température et de pression. Les non-métaux se regroupent pour former des molécules. Le brome est liquide, alors que le phosphore (P_4), le soufre (S_8), le sélénium (Se_8) et l'iode (I_2) sont solides.

6.10 Les variations périodiques des propriétés chimiques des éléments représentatifs

Les métaux libèrent facilement leurs électrons de valence pour former des cations : ils sont de bons réducteurs.

Les non-métaux retiennent bien leurs électrons de valence et acceptent facilement un ou des électrons supplémentaires pour former des anions : ils sont de bons oxydants.

Pouvoir réducteur des métaux

1A 2A 3A 4A 5A 6A 7A 8A

Pouvoir oxydant des non-métaux

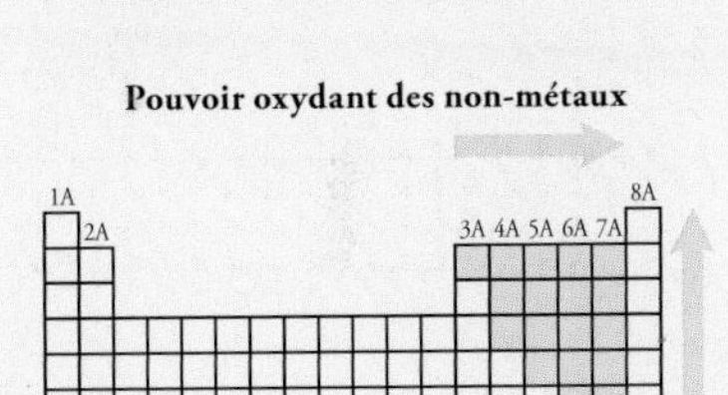

Les oxydes

Les variations des propriétés des composés d'un même élément, par exemple O, avec chacun des éléments d'une période donnée sont elles aussi périodiques. À mesure que le caractère métallique des éléments diminue (de gauche à droite dans une période), les oxydes de ces éléments manifestent graduellement des propriétés variant de basiques à amphotères, puis à acides.

Caractère basique
Caractère métallique

1A	2A	3A	4A	5A	6A	7A
Li	Be	B	C	N	O	F
Na	Mg	Al	Si	P	S	Cl
K	Ca	Ga	Ge	As	Se	Br
Rb	Sr	In	Sn	Sb	Te	I
Cs	Ba	Tl	Pb	Bi	Po	At

Caractère basique
Caractère métallique

Oxyde basique
Oxyde amphotère
Oxyde acide

Résumé des grandes tendances périodiques

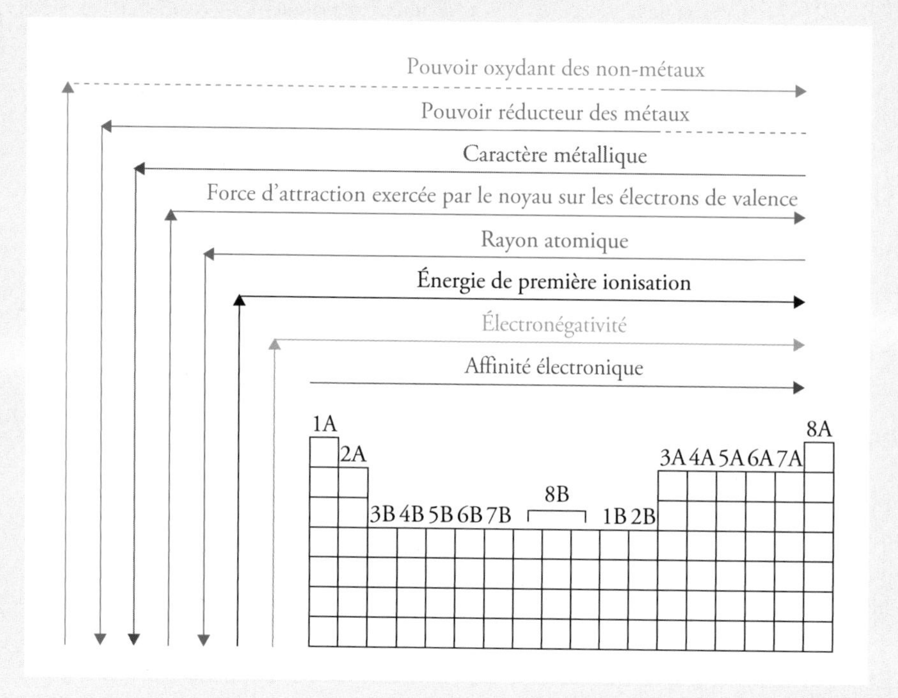

ÉQUATIONS CLÉS

- $Z_{eff} = Z - \sigma$ — Permet de calculer la charge nucléaire effective (6.1)
- $X(g) + I_1 \longrightarrow X^+(g) + e^-$ — Énergie d'ionisation (6.2)
- $X(g) + e^- \longrightarrow X^-(g) \quad (AE = -\Delta H)$ — Affinité électronique (6.3)

MOTS CLÉS

Actinide, p. 248
Affinité électronique (AE), p. 269
Charge nucléaire effective (Z_{eff}), p. 256
Configuration électronique, p. 240
Configuration électronique abrégée (structure de gaz rare), p. 245
Électron de cœur, p. 246
Électron de valence, p. 246
Électronégativité, p. 272
Élément représentatif, p. 251
Énergie d'ionisation (I), p. 263
Espèce isoélectronique, p. 254
Gaz rare, p. 251
Lanthanides (série des terres rares), p. 247
Métal, p. 273
Métal de transition, p. 246
Métalloïde (semi-métal), p. 274
Non-métal, p. 273
Oxyde acide, p. 284
Oxyde amphotère, p. 284
Oxyde basique, p. 284
Parenté diagonale, p. 276
Principe de l'*aufbau*, p. 242
Principe d'exclusion de Pauli, p. 241
Rayon atomique, p. 257
Rayon covalent, p. 257
Rayon ionique, p. 260
Règle de Hund, p. 243
Règle de Klechkowski, p. 240
Sel, p. 277
Substance diamagnétique, p. 244
Substance paramagnétique, p. 244
Symétrie sphérique, p. 247

PROBLÈMES

Niveau de difficulté : ★ facile ; ★ moyen ; ★ élevé

Concepts : 6.26, 6.33 à 6.35, 6.41, 6.42, 6.52, 6.53, 6.58, 6.63, 6.76, 6.77, 6.87, 6.93, 6.95 ;
Descriptifs : 6.7, 6.9, 6.22 à 6.36, 6.46, 6.50, 6.51, 6.54 à 6.57, 6.59 à 6.62, 6.64, 6.65, 6.68 à 6.71, 6.74, 6.78 à 6.81, 6.83, 6.86, 6.91, 6.92.

PROBLÈMES PAR SECTION

6.3 Les configurations électroniques

★6.1 Les configurations électroniques à l'état fondamental suivantes sont incorrectes. Après avoir relevé les erreurs, corrigez-les.

a) Al : $1s^22s^22p^43s^23p^3$

b) B : $1s^22s^22p^5$

c) F : $1s^22s^22p^6$

★6.2 La configuration électronique d'un atome neutre est $1s^22s^22p^63s^2$. Donnez tous les nombres quantiques qui caractérisent chacun de ses électrons. De quel élément s'agit-il ?

★6.3 Le numéro atomique d'un élément est 73. Ses atomes sont-ils diamagnétiques ou paramagnétiques ?

★6.4 Donnez le nombre d'électrons célibataires présents dans chacun des atomes suivants : B, Ne, P, Sc, Mn, Se, Kr, Fe, Cd, I, Pb.

★6.5 À l'aide de la notation *spdf*, donnez les configurations électroniques à l'état fondamental des éléments suivants : Ge, Fe, Zn, W, Tl.

★6.6 À l'aide de cases quantiques identifiées, écrivez les configurations électroniques à l'état fondamental des éléments suivants : B, V, Ni, As, I.

6.4 Les configurations électroniques et le tableau périodique

★6.7 Dans le tableau périodique, on classe l'hydrogène tantôt avec les métaux alcalins (comme c'est le cas dans ce manuel), tantôt avec les halogènes. Expliquez comment l'hydrogène peut ressembler à la fois aux éléments du groupe 1A et à ceux du groupe 7A.

★6.8 Un atome neutre d'un certain élément possède 17 électrons : **a)** donnez la configuration électronique de cet élément à l'état fondamental ; **b)** classez cet élément ; **c)** dites s'il est diamagnétique ou paramagnétique.

★6.9 Groupez les configurations électroniques suivantes en paires d'éléments qui ont des propriétés chimiques semblables :

a) $1s^22s^22p^63s^2$

b) $1s^22s^22p^3$

c) $1s^22s^22p^63s^23p^64s^23d^{10}4p^6$

d) $1s^22s^2$

e) $1s^22s^22p^6$

f) $1s^22s^22p^63s^23p^3$

★6.10 En consultant la **FIGURE 6.7** (*voir p. 252*), écrivez en notation *spdf* les configurations électroniques des éléments dont les numéros atomiques sont les suivants : **a)** 9 ; **b)** 20 ; **c)** 26 ; **d)** 33. Classez ensuite ces éléments selon les groupes d'éléments qui correspondent aux types de sous-couches en voie de remplissage.

★6.11 En consultant la **FIGURE 6.7** (*voir p. 252*), écrivez, au moyen de cases quantiques identifiées, les configurations électroniques des éléments dont les numéros atomiques sont les suivants : **a)** 8 ; **b)** 19 ; **c)** 21 ; **d)** 32. Classez ensuite ces éléments selon les groupes d'éléments qui correspondent aux types de sous-couches en voie de remplissage.

★6.12 Dites dans quel groupe du tableau périodique se trouve chacun des éléments suivants : **a)** $[Ne]3s^1$; **b)** $[Ne]3s^23p^3$; **c)** $[Ne]3s^23p^6$; **d)** $[Ar]4s^23d^8$.

★6.13 Laquelle des espèces suivantes possède le plus d'électrons célibataires : S^+, S ou S^- ? Justifiez votre réponse.

★6.14 Donnez les configurations électroniques à l'état fondamental des ions suivants en notation *spdf* : **a)** Li^+ ; **b)** H^- ; **c)** N^{3-} ; **d)** F^- ; **e)** S^{2-} ; **f)** Al^{3+} ; **g)** Se^{2-} ; **h)** Br^- ; **i)** Rb^+ ; **j)** Sr^{2+} ; **k)** Sn^{2+}.

★6.15 Donnez les configurations électroniques à l'état fondamental (en notation *spdf*) des ions suivants, qui jouent des rôles biochimiques importants dans le corps humain : **a)** Na^+ ; **b)** Mg^{2+} ; **c)** Cl^- ; **d)** K^+ ; **e)** Ca^{2+} ; **f)** Fe^{2+} ; **g)** Cu^{2+} ; **h)** Zn^{2+}.

★6.16 Donnez les configurations électroniques à l'état fondamental (en notation *spdf*) des ions suivants, dérivés de métaux de transition : **a)** Sc^{3+} ; **b)** Ti^{4+} ; **c)** V^{5+} ; **d)** Cr^{3+} ; **e)** Mn^{2+} ; **f)** Fe^{2+} ; **g)** Fe^{3+} ; **h)** Co^{2+} ; **i)** Ni^{2+} ; **j)** Cu^+ ; **k)** Cu^{2+} ; **l)** Ag^+ ; **m)** Au^+ ; **n)** Au^{3+} ; **o)** Pt^{2+}.

★**6.17** Nommez les ions de charge +3 qui ont les configurations électroniques suivantes : **a)** $[Ar]3d^3$; **b)** [Ar] ; **c)** $[Kr]4d^6$; **d)** $[Xe]4f^{14}5d^6$.

★**6.18** Formez, à partir des espèces suivantes, tous les groupes possibles de celles qui sont isoélectroniques : C, Cl^-, Mn^{2+}, B^-, Ar, Zn, Fe^{3+}, Ge^{2+}.

★**6.19** Regroupez les espèces qui sont isoélectroniques parmi les suivantes : Be^{2+}, F^-, Fe^{2+}, N^{3-}, He, S^{2-}, Co^{3+}, Ar.

★**6.20** Un ion M^{2+} dérivé d'un métal de la première série de métaux de transition possède quatre électrons dans sa couche externe, et ces quatre électrons sont tous dans la sous-couche 3*d*. De quel élément s'agit-il ?

★**6.21** Un ion métallique de charge nette +3, dérivé d'un métal de la première série de métaux de transition, possède cinq électrons dans la sous-couche 3*d*. De quel ion métallique s'agit-il ?

6.5 Les variations périodiques des propriétés physiques

★**6.22** En vous basant sur sa position dans le tableau périodique, dites quel atome a le rayon le plus grand dans chacune des paires suivantes : **a)** Na, Cs ; **b)** Be, Ba ; **c)** N, Sb ; **d)** F, Br ; **e)** Ne, Xe.

★**6.23** Classez les atomes suivants par ordre décroissant de leurs rayons atomiques : Na, Al, P, Cl, Mg.

★**6.24** Quel est l'atome le plus gros du groupe 4A ?

★**6.25** Quel est l'atome le plus petit du groupe 7A ?

★**6.26** Pourquoi le rayon d'un atome de lithium est-il beaucoup plus grand que celui d'un atome d'hydrogène ?

★**6.27** Utilisez la deuxième période du tableau périodique pour illustrer le fait que la taille des atomes diminue quand on va de gauche à droite. Expliquez cette variation.

★**6.28** Dans chacune des paires suivantes, indiquez l'espèce qui est la plus petite : **a)** Cl et Cl^- ; **b)** Na et Na^+ ; **c)** O^{2-} et S^{2-} ; **d)** Mg^{2+} et Al^{3+} ; **e)** Au^+ et Au^{3+}.

★**6.29** Classez les ions suivants par ordre croissant de leurs rayons : N^{3-}, Na^+, F^-, Mg^{2+}, O^{2-}.

★**6.30** Déterminez, parmi les ions Cu^+ et Cu^{2+}, celui qui est le plus gros et précisez pourquoi.

★**6.31** Déterminez, parmi les anions Se^{2-} et Te^{2-}, celui qui est le plus gros et précisez pourquoi.

6.6 L'énergie d'ionisation

★**6.32** Utilisez la troisième période du tableau périodique pour illustrer la variation, de gauche à droite, des énergies de première ionisation des éléments. Expliquez cette tendance.

★**6.33** Dans une période donnée, l'énergie d'ionisation augmente habituellement de gauche à droite. Alors, pourquoi l'énergie d'ionisation de l'aluminium est-elle plus basse que celle du magnésium ?

★**6.34** Les énergies de première et de deuxième ionisation de K sont respectivement de 419 kJ/mol et de 3052 kJ/mol, tandis que celles de Ca sont de 590 kJ/mol et de 1145 kJ/mol. Comparez ces valeurs et expliquez leurs différences.

★**6.35** Deux atomes ont les configurations électroniques suivantes : $1s^22s^22p^6$ et $1s^22s^22p^63s^1$. L'énergie de première ionisation de l'un d'eux est de 2080 kJ/mol, et celle de l'autre est de 496 kJ/mol. Associez chacune de ces énergies à l'une des configurations données. Justifiez votre réponse.

★**6.36** Sans utiliser le tableau 6.2, déterminez l'élément : **a)** de la troisième période dont les cinq premières énergies d'ionisation sont approximativement de 578 kJ/mol, 1820 kJ/mol, 2750 kJ/mol, 11 600 kJ/mol et 14 800 kJ/mol ; **b)** transitionnel, de la quatrième période, dont les six premières énergies d'ionisation sont approximativement de 658 kJ/mol, 1310 kJ/mol, 2653 kJ/mol, 4175 kJ/mol, 9573 kJ/mol, 11 516 kJ/mol et 13 590 kJ/mol ; **c)** de la cinquième période et du bloc *s* dont les cinq premières énergies d'ionisation sont approximativement de 550 kJ/mol, 1064 kJ/mol, 4210 kJ/mol, 5500 kJ/mol et 6910 kJ/mol.

★**6.37** Un ion hydrogénoïde est un ion qui ne contient qu'un électron. L'énergie de l'électron dans un tel ion est donnée par :

$$E_n = -(2{,}18 \times 10^{-18}\ \text{J})Z^2\left(\frac{1}{n^2}\right)$$

où n est le nombre quantique principal et Z est le numéro atomique de l'élément. Calculez l'énergie d'ionisation (en kilojoules par mole) de l'ion He^+.

★6.38 Le plasma est un état de la matière dans lequel un système gazeux est constitué d'ions positifs et d'électrons. À l'état de plasma, un atome de mercure serait dépossédé de ses 80 électrons et serait sous la forme Hg^{80+}. À l'aide de l'équation donnée au problème 6.37, calculez l'énergie requise pour atteindre le dernier état d'ionisation, à savoir :

$$Hg^{79+}(g) \longrightarrow Hg^{80+}(g) + e^-$$

6.7 L'affinité électronique

★6.39 Classez les éléments suivants par ordre croissant d'affinité électronique : **a)** Li, Na, K ; **b)** F, Br, I.

★6.40 Selon vous, lequel des éléments suivants a la plus grande affinité électronique : He, K, Co, S, Cl ?

★6.41 D'après les valeurs des affinités électroniques des métaux alcalins, croyez-vous qu'il soit possible que l'un de ces métaux forme un anion du type M^-, où M est un métal alcalin ?

★6.42 Pourquoi les métaux alcalins ont-ils une plus grande affinité électronique que les métaux alcalino-terreux ?

6.8 L'électronégativité

★6.43 D'après l'échelle de Pauling : **a)** nommez les deux éléments les plus électronégatifs ; **b)** nommez deux éléments de faible électronégativité.

★6.44 À l'aide d'un tableau périodique, classez les éléments suivants par ordre croissant d'électronégativité : S, Ge, Si, Ca, F, Cl, Rb.

6.9 Les éléments du tableau périodique

★6.45 Comparez les propriétés physiques et chimiques des métaux et celles des non-métaux.

★6.46 Dites dans quel état physique (gazeux, liquide ou solide) se trouve chacun des éléments représentatifs suivants de la quatrième période à 101,3 kPa et à 25 °C : K, Ca, Ga, Ge, As, Se et Br.

★6.47 Déterminez la forme la plus stable des éléments suivants à 25 °C et à 101,3 kPa : phosphore, iode, magnésium, néon, arsenic, soufre, bore, sélénium et oxygène.

★6.48 On vous donne un solide noir et brillant et l'on vous demande s'il s'agit d'iode ou d'un élément métallique. Suggérez un test non destructif (c'est-à-dire qui ne change pas la nature du solide) qui permettrait de répondre à la question.

★6.49 Les points d'ébullition du néon et du krypton sont respectivement –245,9 °C et –152,9 °C. À l'aide de ces données, estimez le point d'ébullition de l'argon. (**Indice** : Les propriétés de l'argon sont intermédiaires entre celles du néon et du krypton.)

6.10 Les variations périodiques des propriétés chimiques des éléments représentatifs

★6.50 À l'aide d'exemples choisis parmi les métaux alcalins et les métaux alcalino-terreux, démontrez comment on peut prédire les propriétés chimiques des éléments simplement d'après leurs configurations électroniques.

★6.51 Selon vos connaissances en chimie des métaux alcalins, prédisez quelques propriétés chimiques du francium, le dernier élément de ce groupe.

★6.52 Pourquoi les gaz rares constituent-ils un groupe d'éléments chimiquement très stables (seuls Kr et Xe forment quelques composés) ?

★6.53 Pourquoi les éléments du groupe 1B sont-ils plus stables que ceux du groupe 1A, même s'ils semblent avoir la même configuration électronique périphérique ns^1, où n est le nombre quantique principal de la couche périphérique ?

★6.54 Comment les propriétés chimiques des oxydes varient-elles de gauche à droite dans une période ? de haut en bas dans un groupe ?

★6.55 Prédisez les réactions entre l'eau et chacun des oxydes suivants et donnez-en l'équation équilibrée : **a)** Li_2O ; **b)** CaO ; **c)** CO_2.

★6.56 Donnez les formules et les noms des composés binaires formés d'hydrogène et d'un élément de la deuxième période (de Li à F). Décrivez les variations des propriétés chimiques et physiques de ces composés à partir de celui qui est formé par Li jusqu'à celui formé par F (de gauche à droite dans la période).

★6.57 Lequel des oxydes suivants est le plus basique, MgO ou BaO ? Justifiez votre réponse.

PROBLÈMES VARIÉS

★**6.58** Si on ne tient compte que des configurations électroniques à l'état fondamental, y a-t-il plus d'éléments diamagnétiques que paramagnétiques? Expliquez votre réponse.

★**6.59** Parmi les éléments suivants: Ge, Mn, F, As, Mg, I, Ar, O, Zn, **a)** lesquels sont des non-métaux? **b)** lesquels sont des métalloïdes? **c)** lesquels sont des métaux? **d)** lesquels sont des métaux de transition? **e)** lesquels libèrent facilement leurs électrons pour former des cations? **f)** lesquels retiennent bien leurs électrons de valence et forment des anions? **g)** lequel a l'énergie de première ionisation la plus élevée? **h)** lequel est le plus électronégatif?

★**6.60** Indiquez si, généralement, de gauche à droite dans une période et de haut en bas dans un groupe, chacune des propriétés suivantes des éléments représentatifs augmente ou diminue: **a)** le caractère métallique; **b)** la taille atomique; **c)** l'énergie d'ionisation; **d)** l'acidité des oxydes.

★**6.61** En vous aidant du tableau périodique, nommez: **a)** l'élément du groupe des halogènes de la quatrième période; **b)** un élément dont les propriétés chimiques sont semblables à celles du phosphore; **c)** le métal le plus réactif de la cinquième période; **d)** un élément dont le numéro atomique est inférieur à 20 et qui est semblable au strontium.

★**6.62** En vous aidant du tableau périodique, nommez: **a)** l'élément de la quatrième période qui possède trois électrons dans des orbitales à quatre lobes; **b)** l'élément de la deuxième période qui possède trois électrons célibataires; **c)** l'élément appartenant au groupe des halogènes ayant au total 12 électrons de $\ell = 1$ parmi ses électrons de cœur.

★**6.63** Pourquoi les éléments dont l'énergie d'ionisation est élevée ont-ils habituellement une grande affinité électronique?

★**6.64** Classez les espèces isoélectroniques suivantes, O^{2-}, F^-, Na^+, Mg^{2+}, par ordre croissant: **a)** de leurs rayons ioniques; **b)** de leurs énergies d'ionisation.

★**6.65** Parmi les éléments suivants: Ca, P, Al, Rb, K, F, Br, O, Si, déterminez: **a)** celui qui possède l'énergie de première ionisation la plus faible; **b)** celui qui possède l'affinité électronique la plus importante; **c)** celui qui est le plus électronégatif; **d)** celui qui forme les oxydes les plus basiques; **e)** celui qui forme un oxyde amphotère; **f)** ceux qui réagissent avec l'eau en formant un hydroxyde et de l'hydrogène gazeux; **g)** les deux éléments qui ont le caractère oxydant le plus important; **h)** celui qui forme un oxyde acide qui ne réagit pas avec l'eau.

★**6.66** Écrivez les formules empiriques (ou moléculaires) des composés que formeraient les éléments de la troisième période (du sodium au chlore) avec: **a)** l'oxygène moléculaire; **b)** le chlore moléculaire. Pour chacun des cas, indiquez si le composé est ionique ou moléculaire covalent.

★**6.67** L'élément M est un métal brillant et très réactif (point de fusion: 63 °C); l'élément X est un non-métal très réactif (point de fusion: −7,2 °C). M et X réagissent entre eux pour former le composé MX, qui est un solide cassant incolore dont le point de fusion est 734 °C. Quand il est dissous dans l'eau ou quand il est fondu, le composé conduit l'électricité. Quand du chlore gazeux passe dans une solution aqueuse de MX, il y a apparition d'un liquide brun-rouge et formation d'ions Cl^-. À partir de ces données, identifiez M et X. (Pour vérifier votre réponse, vous aurez peut-être besoin de consulter un manuel de données de chimie où l'on trouve les points de fusion, par exemple le *Handbook of Chemistry and Physics*, CRC Press.)

★**6.68** Associez chaque description à l'élément qu'elle représente.

a) Liquide rouge foncé	**I.** Calcium (Ca)
b) Gaz incolore qui brûle dans l'oxygène gazeux	**II.** Or (Au)
c) Métal réactif qui réagit avec l'eau	**III.** Hydrogène (H_2)
d) Métal brillant utilisé en joaillerie	**IV.** Argon (Ar)
e) Gaz totalement inerte	**V.** Brome (Br_2)

★**6.69** Classez les espèces suivantes en paires isoélectroniques: O^+, Ar, S^{2-}, Ne, Zn, Cs^+, N^{3-}, As^{3+}, N, Xe.

★**6.70** Dans lequel des ensembles suivants les espèces sont-elles inscrites par ordre décroissant de leurs rayons? **a)** Be, Mg, Ba; **b)** N^{3-}, O^{2-}, F^-; **c)** Tl^{3+}, Tl^{2+}, Tl^+.

★**6.71** Lesquelles des propriétés suivantes présentent une variation périodique évidente? **a)** l'énergie de première ionisation; **b)** la masse molaire des éléments; **c)** le nombre d'isotopes par élément; **d)** le rayon atomique.

★**6.72** Quand on fait passer du dioxyde de carbone dans une solution limpide d'hydroxyde de calcium, la solution devient laiteuse. Écrivez l'équation de cette réaction et expliquez en quoi celle-ci indique que CO_2 est un oxyde acide.

★6.73 On vous donne quatre substances : un liquide rouge fumant, un solide foncé d'apparence métallique, un gaz jaune pâle et un gaz vert jaunâtre qui réagit avec le verre. On vous dit que ces substances sont les quatre premiers éléments du groupe 7A, les halogènes. Identifiez chaque halogène d'après les propriétés citées.

★6.74 Pour chacune des paires d'éléments suivantes, donnez trois propriétés qui illustrent leurs ressemblances chimiques : **a)** le sodium et le potassium ; **b)** le chlore et le brome.

★6.75 Quel élément forme, dans des conditions adéquates, des composés avec tous les autres éléments du tableau périodique sauf avec He et Ne ?

★6.76 Expliquez pourquoi la première affinité électronique du soufre est de +200 kJ/mol, alors que sa deuxième est de −649 kJ/mol.

★6.77 L'ion H^- et l'atome He ont chacun deux électrons 1*s*. Laquelle de ces deux espèces est la plus grosse ? Justifiez votre réponse.

★6.78 Les oxydes acides sont ceux qui réagissent avec l'eau pour former des solutions acides, tandis que les oxydes basiques réagissent avec l'eau pour former des solutions basiques. Les oxydes non métalliques sont habituellement acides, alors que les oxydes métalliques sont basiques. Prédisez les produits formés entre les oxydes suivants et l'eau : Na_2O, BaO, CO_2, N_2O_5, P_4O_{10}, SO_3. Écrivez l'équation de chacune de ces réactions.

★6.79 Écrivez les formules et les noms des oxydes des éléments de la deuxième période (de Li à N). Dites si ces oxydes sont acides, basiques ou amphotères.

★6.80 Indiquez, pour chacun des éléments suivants, s'il s'agit d'un gaz, d'un liquide ou d'un solide à 25 °C et à 101,3 kPa : Mg, Cl, Si, Kr, O, I et Br. Dites aussi si ces substances, à l'état élémentaire, existent sous forme d'atomes, de molécules ou de réseau tridimensionnel.

★6.81 Qu'est-ce qui fait de l'hydrogène un élément bien différent de tous les autres ?

★6.82 On utilise une technique appelée « spectroscopie photoélectronique » pour mesurer l'énergie d'ionisation des atomes. Il s'agit d'irradier un échantillon avec des rayons ultraviolets (UV) afin d'éjecter des électrons de valence. On mesure ensuite l'énergie cinétique de ces électrons. L'énergie des photons UV et l'énergie cinétique de l'électron éjecté étant connues, on peut écrire :

$$h\nu = E_c + \frac{1}{2}mv^2$$

où ν est la fréquence de la lumière UV, et m et v sont la masse et la vitesse de l'électron respectivement. Au cours d'une expérience, on a mesuré qu'un électron délogé d'un atome de potassium à l'aide d'une source UV d'une longueur d'onde de 162 nm avait une énergie cinétique de $5{,}34 \times 10^{-19}$ J. Calculez l'énergie d'ionisation du potassium. Que pourriez-vous faire pour être certain que cette énergie d'ionisation est bien celle d'un électron de valence (celui qui est le plus faiblement retenu) ?

★6.83 On fournit à une étudiante un échantillon contenant trois éléments : X, Y et Z. Ces éléments peuvent être soit un métal alcalin, soit un élément du groupe 4A, soit un élément du groupe 5A. L'étudiante fait les observations suivantes : l'élément X a un éclat métallique et conduit l'électricité. Il réagit lentement avec l'acide chlorhydrique pour donner de l'hydrogène gazeux. L'élément Y est un solide légèrement jaunâtre qui ne conduit pas l'électricité. L'élément Z a un éclat métallique et conduit l'électricité. Lorsqu'il est exposé à l'air, il forme lentement une poudre blanche. La mise en solution aqueuse de cette poudre blanche donne une solution basique. Identifiez chacun des éléments X, Y et Z.

★6.84 Utilisez les points d'ébullition suivants pour prédire le point d'ébullition du francium, un élément radioactif.

Métal	Li	Na	K	Rb	Cs
Point d'ébullition (°C)	1347	882,9	774	688	678,4

(**Suggestion :** Tracez le graphique des points d'ébullition en fonction des numéros atomiques. *Voir la rubrique « Chimie en action – Le troisième élément liquide », p. 263.*)

★6.85 L'affinité électronique d'un élément peut être déterminée expérimentalement à l'aide d'un rayon laser causant l'ionisation de l'anion d'un élément en phase aqueuse :

$$X^-(g) + h\nu \longrightarrow X(g) + e^-$$

En consultant le **TABLEAU 6.3** (*voir p. 270*), calculez la longueur d'onde du photon (en nanomètres) qui correspond à l'affinité électronique du chlore. Dans quelle région du spectre électromagnétique se situe cette longueur d'onde ?

★6.86 Nommez un élément du groupe 1A ou un élément du groupe 2A qui est un constituant important des substances suivantes : **a)** un antiacide (remède contre les maux d'estomac) ; **b)** un réfrigérant pour les réacteurs nucléaires ; **c)** le sel d'Epsom ; **d)** la poudre à lever; **e)** la poudre à canon; **f)** un alliage léger; **g)** un fertilisant qui sert aussi à neutraliser les pluies acides; **h)** du ciment; **i)** le sel de déglaçage. (La résolution de ce problème pourrait nécessiter une recherche dans d'autres ouvrages.)

★**6.87** Expliquez pourquoi l'affinité électronique de l'azote vaut presque zéro, alors que celles des éléments de chaque côté de l'azote dans le tableau périodique (le carbone et l'oxygène) sont fortement positives.

★**6.88** Voici les valeurs des énergies d'ionisation du sodium (en kilojoules par mole), de la première à la onzième: 495,9, 4560, 6900, 9540, 13 400, 16 600, 20 120, 25 490, 28 930, 141 360, 170 000. Faites la mise en graphe du log de l'énergie d'ionisation (axe des y) en fonction du numéro de l'ionisation (axe des x); par exemple, le log de 495,9 sur l'axe des y correspond à 1 (indiqué par I_1, la première énergie d'ionisation), le log de 4560 correspond à 2 (indiqué par I_2, la deuxième énergie d'ionisation) et ainsi de suite. Pour chacune des valeurs de I: **a)** indiquez l'orbitale (1*s*, 2*s*, 2*p* et 3*s*) à laquelle appartient cet électron; **b)** expliquez les points de cassure de la courbe en relation avec les couches électroniques.

★**6.89** Calculez la longueur d'onde maximale (en nanomètres) d'un photon qui pourrait ioniser un seul atome de sodium.

★**6.90** Les quatre premières énergies d'ionisation d'un élément valent approximativement 738 kJ/mol, 1450 kJ/mol, 7700 kJ/mol et 11 000 kJ/mol. À quel groupe du tableau périodique cet élément appartient-il? Pourquoi?

★**6.91** Associez chaque description à l'élément qu'elle représente.

a) Un gaz jaune verdâtre qui réagit avec l'eau
b) Un métal mou qui réagit avec l'eau pour produire de l'hydrogène
c) Un métalloïde qui est dur et dont le point d'ébullition est élevé
d) Un gaz incolore et inodore
e) Un métal plus réactif que le fer et qui ne se corrode pas au contact de l'air

I. Azote (N_2)
II. Bore (B)
III. Aluminium (Al)
IV. Fluor (F_2)
V. Sodium (Na)

★**6.92** On brûle du magnésium dans l'air, et il se forme deux produits, A et B. A réagit avec l'eau pour donner une solution basique. B réagit avec l'eau pour donner une solution semblable à celle obtenue avec A et un gaz de forte odeur. Identifiez les produits A et B et écrivez les équations des réactions.

PROBLÈMES SPÉCIAUX

6.93 À la fin des années 1800, le physicien britannique Lord Rayleigh a déterminé précisément les masses atomiques de plusieurs éléments, mais il a obtenu un curieux résultat avec l'azote. Une de ses méthodes de préparation de l'azote se faisait par la décomposition thermique de l'ammoniac selon l'équation suivante:

$$2NH_3(g) \longrightarrow N_2(g) + 3H_2(g)$$

Une autre méthode de préparation consistait à débuter avec un échantillon d'air, puis à retirer l'oxygène, le dioxyde de carbone et la vapeur d'eau. Invariablement, l'azote séparé à partir de l'air était un peu plus dense (la masse volumique était plus grande d'environ 0,5 %) que celui qui était produit à partir de l'ammoniac.

Quelques années plus tard, le chimiste anglais sir William Ramsay fit une expérience au cours de laquelle il passa de l'azote, extrait de l'air selon la même méthode que celle qu'avait suivie Rayleigh, au-dessus d'un morceau de magnésium chauffé au rouge afin de convertir l'azote en nitrure de magnésium:

$$3Mg(s) + N_2(g) \longrightarrow Mg_3N_2(s)$$

Après la réaction complète de l'azote avec le magnésium, Ramsay a constaté qu'il restait encore un gaz qui ne pouvait se combiner avec aucun autre élément. Il a ensuite trouvé sa masse atomique, soit 39,95. Il a appelé ce gaz « argon » (de *argos*, mot grec signifiant « inactif »).

a) Plus tard, Rayleigh et Ramsay, avec l'aide de sir William Crookes, l'inventeur du tube cathodique, ont démontré que l'argon était un nouvel élément. Décrivez le genre d'expérience qu'ils ont dû faire pour parvenir à cette conclusion.

b) Pourquoi l'argon a-t-il été découvert si tardivement par rapport aux autres éléments?

c) Une fois l'argon découvert, pourquoi a-t-il fallu peu de temps pour découvrir les autres gaz rares?

d) Pourquoi l'hélium a-t-il été le dernier gaz rare découvert sur la Terre?

e) Le fluorure de radon, RnF, est le seul composé connu du radon. Donnez deux raisons pouvant expliquer le fait qu'il y ait si peu de composés du radon.

6.94 L'énergie d'ionisation d'un certain élément est de 412 kJ/mol, mais lorsque les atomes de cet élément sont au niveau du premier état excité, l'énergie d'ionisation est seulement de 126 kJ/mol. D'après ces données, calculez la longueur d'onde de la lumière émise au cours d'une transition du premier niveau excité vers le niveau fondamental (le plus bas et le plus stable).

6.95 Référez-vous aux données du **TABLEAU 6.2** (*voir p. 264*). Expliquez pourquoi la première énergie d'ionisation de l'hélium vaut moins que deux fois la valeur de celle de l'hydrogène alors que la deuxième énergie d'ionisation de l'hélium vaut plus que deux fois la valeur de celle de l'hydrogène. (**Indice**: Selon la loi de Coulomb, l'énergie d'attraction entre deux charges Q_1 et Q_2 séparées d'une distance r est proportionnelle à Q_1Q_2/r.)

6.96 Le nitrate d'ammonium (NH_4NO_3) est le plus important fertilisant à base d'azote utilisé dans le monde. Expliquez comment vous pourriez préparer ce composé avec seulement de l'air et de l'eau comme substances de départ. Vous pourriez disposer de tout le matériel nécessaire pour faire cette synthèse.

6.97 Afin d'empêcher la formation d'oxydes, de peroxydes et de superoxydes, les métaux alcalins sont parfois entreposés sous une atmosphère inerte. Lesquels des gaz suivants ne devrait-on pas utiliser pour entreposer le lithium: Ne, Ar, N_2, Kr? (**Indice**: Le lithium et le magnésium démontrent une parenté diagonale.)

6.98 Considérez les 18 premiers éléments du tableau périodique, de l'hydrogène à l'argon. Vous attendez-vous à ce que la moitié d'entre eux soit paramagnétique et que l'autre moitié soit diamagnétique?

6.99 À quelle(s) lettre(s) de l'alphabet correspond chacun des énoncés suivants?

Découvrez ce qui se cache derrière les lettres correspondant aux énoncés suivants.

a) Le symbole du métal de transition qui a exactement sept électrons dans des orbitales de $\ell = 2$.

b) La première lettre du symbole de l'élément de la deuxième période dont les orbitales s et p sont complètement remplies.

c) Le symbole de l'élément le plus électronégatif.

d) Le symbole de l'élément dont la configuration électronique des électrons de valence est $5s^25p^5$.

e) La première lettre du symbole d'un élément métallique de la quatrième période dont un seul des électrons de valence occupe une orbitale bilobée.

f) Le symbole de l'élément, qui, s'il pouvait former un ion de charge +6, aurait 86 électrons.

g) La première lettre du symbole de l'élément de la cinquième période qui a la plus faible énergie d'ionisation.

h) La première lettre du symbole de l'élément dont l'ion de charge +3 est isoélectronique avec le Ne.

i) Le symbole du métal de la quatrième période ayant quatre électrons de valence.

j) Le symbole de l'élément du groupe 6A dont l'électronégativité est la plus forte.

k) Le symbole du non-métal qui est l'élément de la deuxième période ayant le plus d'électrons célibataires.

l) La première lettre du symbole du plus petit atome de la famille de l'oxygène à posséder une sous-couche d pleine.

m) La deuxième lettre du nom de l'élément de transition qui possède six électrons de cœur dans des orbitales sphériques et six électrons dans des orbitales de $\ell = 2$.

n) La première lettre du symbole du plus petit des métaux alcalins.

o) La deuxième lettre du symbole de l'élément métallique qui ne forme pas de composés ioniques.

p) Le symbole de l'élément dont la configuration électronique à l'état excité est $1s^22s^12p^3$.

q) La première lettre du symbole de l'élément dont l'ion de charge −2 est isoélectronique avec Xe.

r) La deuxième lettre du symbole du métal alcalino-terreux qui possède 36 électrons de cœur.

s) Le symbole de l'élément du groupe 6A dont le caractère oxydant est le plus marqué.

t) Le symbole de l'élément de la première série des métaux de transition qui a deux électrons célibataires mais qui n'appartient pas à un groupe 4.

u) Il s'agit de la deuxième lettre de l'alphabet qui n'apparaît pas dans le tableau périodique.

v) Le symbole de l'élément le plus important des actinides, qui possède trois électrons dans les orbitales de $\ell = 3$.

w) La deuxième lettre du symbole du métal de la deuxième période dont le rayon est le plus petit.

x) Le symbole de l'élément de la troisième période qui a deux électrons célibataires à l'état fondamental et dont le nombre d'électrons de valence appariés est supérieur à deux.

Source: Adapté de Boyd, S. L. (2007). «Puzzling through General Chemistry: A Light-Hearted Approach to Engaging Students with Chemistry Content», *Journal of Chemical Education*, vol. 84, nº 4, 1er avril 2007, p. 620. Reproduit avec la permission de American Chemical Society.

Image d'une molécule d'hexabenzocoronène (diamètre égal à 1,4 nm) obtenue par microscopie atomique. Cette image permet de distinguer les différentes liaisons carbone-carbone (simples et doubles) ainsi que la longueur de celles-ci.

CHAPITRE 7

La liaison chimique I : les concepts de base

Pour quelles raisons deux atomes d'éléments différents réagissent-ils ensemble ? Les forces qui retiennent les atomes dans les molécules et dans les ions sont responsables de plusieurs de leurs propriétés. Ce chapitre explore les liaisons qui engendrent la formation des composés, c'est-à-dire les liaisons ioniques et les liaisons covalentes, ainsi que les forces qui les stabilisent. L'énergie des liaisons sera aussi traitée dans ce chapitre.

PLAN DE CHAPITRE

OBJECTIFS D'APPRENTISSAGE

> Expliquer la formation des liaisons ;
> Définir et reconnaître la liaison ionique, la liaison covalente polaire et la liaison covalente non polaire ;
> Proposer des structures de Lewis pour des molécules et des ions ;
> Différencier, identifier et dessiner les liaisons sigma et les liaisons pi ;
> Proposer des structures de Lewis pour des molécules organiques ;
> Reconnaître les groupements fonctionnels présents dans une molécule ou un ion ;
> Utiliser le concept de résonance et proposer une structure hybride de résonance pour des molécules ou des ions simples ;
> Calculer les énergies de liaison dans une molécule ou dans un composé ionique à l'aide de cycles énergétiques.

CHIMIE EN LIGNE

Animation
- La variation d'énergie lors de la formation de H_2 (7.1)
- Comparaison entre la liaison ionique et la liaison covalente (7.2)
- La résonance (7.8)

Interaction
- Les structures de Lewis (7.5)
- La résonance (7.8)
- Le cycle de Born-Haber, cas du fluorure de lithium (7.9)
- La force des liaisons covalentes (7.9)

CAPSULE D'INFORMATION

Le professeur Lewis dans son laboratoire

Gilbert N. Lewis et son concept de la liaison covalente

Gilbert N. Lewis a été le premier scientifique à concevoir la liaison covalente comme le partage d'une paire d'électrons entre deux atomes. Né en 1875, Lewis grandit dans le Nebraska. Après avoir étudié à l'Université Harvard et en Europe, il enseigna au Massachusetts Institute of Technology, puis à l'Université de Californie, à Berkeley, en 1912. Il fit du département de chimie de cette université l'un des meilleurs établissements d'enseignement et de recherche au monde.

C'est en donnant un cours d'introduction à la chimie en 1916 que Gilbert N. Lewis aurait eu l'idée que les atomes forment des molécules en partageant des électrons. Il s'empressa d'illustrer une première ébauche de cette idée au verso d'une enveloppe de papier. Sur cette enveloppe, chaque atome est représenté par un cube où chacun des électrons de valence occupe un sommet.

Les liaisons covalentes se font en partageant les sommets et les côtés des cubes de manière à ce que tous les sommets soient occupés pour les atomes liés, soit par huit électrons. C'est ainsi que la règle de l'octet fut établie. Cette règle pouvait expliquer le fait que certains composés sont plus stables que les éléments qui les constituent, et elle permettait aussi d'expliquer les propriétés chimiques de nombreux composés.

Bien qu'on le connaisse mieux pour son travail sur les liaisons chimiques, Lewis a aussi largement contribué à la connaissance des acides et des bases, de la thermodynamique et de la spectroscopie (étude de l'interaction entre la lumière et la matière). De plus, il fut le premier à préparer de l'eau lourde (D_2O) et à en étudier les propriétés. Malgré ses succès marqués, Lewis n'a jamais remporté de prix Nobel. Il est mort en 1946.

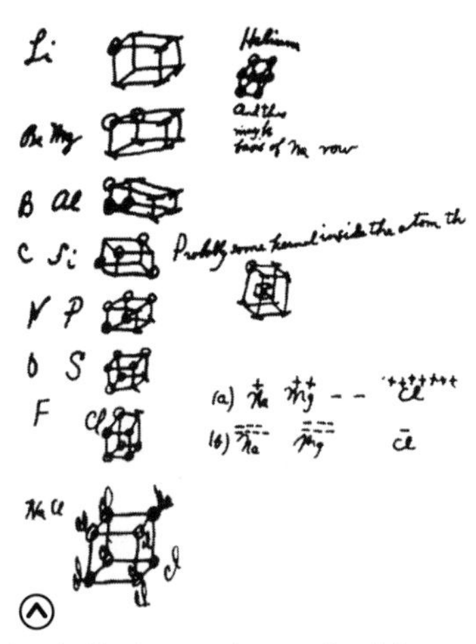

Lewis illustra pour la première fois le concept de la règle de l'octet au verso d'une enveloppe.

7.1 La formation des liaisons

Ce n'est que vers le début du xxe siècle que les scientifiques commencèrent à concevoir la liaison chimique. Ayant constaté que les électrons des couches internes étaient trop bien liés au noyau pour intervenir dans les réactions chimiques, Gilbert Lewis suggéra que les électrons des couches externes, c'est-à-dire les électrons de valence, étaient responsables de la formation des liaisons chimiques.

Le physicien allemand Walther Kossel remarqua quant à lui que les éléments situés à gauche dans le tableau périodique (les métaux) avaient tendance à libérer leurs électrons périphériques. Il proposa qu'il en était ainsi afin que les métaux adoptent une couche externe semblable à celle d'un gaz noble, ces derniers étant connus pour leur grande stabilité. Le même raisonnement fut avancé en ce qui concerne les éléments situés à la droite du tableau périodique, qui tendent à acquérir des électrons en surplus. Kossel suggéra que la formation d'une liaison entre les éléments de gauche et les éléments de droite résultait d'un transfert d'électron du métal au non-métal, ce qui produisait des ions. Ainsi, c'était l'attraction électrostatique qui semblait responsable de la liaison entre les ions, d'où le nom de « liaison ionique ».

NOTE

Les faibles énergies d'ionisation des métaux et les fortes affinités électroniques des non-métaux sont responsables de ces comportements (*voir les sections 6.6 et 6.7, p. 263 et 269*).

Quoiqu'intéressante, la théorie de Kossel ne pouvait pas expliquer la formation des liaisons entre des atomes de non-métaux, comme Cl_2 ou CO_2 par exemple. C'est Lewis qui fut le premier à concevoir que les nuages électroniques de chacun des atomes pouvaient se chevaucher, permettant ainsi à chacun des atomes impliqués dans la liaison d'obtenir une couche externe pleine, semblable à celle d'un gaz noble.

Bien qu'avec le développement de la mécanique quantique on ne parle plus tout à fait du concept de couche électronique (on croit maintenant que la formation des liaisons est plutôt due à la tendance qu'ont les systèmes à atteindre un état d'énergie minimal plutôt qu'à adopter la configuration électronique d'un gaz noble), on continue d'avoir recours aux théories de Lewis et de Kossel. En effet, la notion de partage d'électrons entre deux atomes demeure encore aujourd'hui à la base de la liaison covalente et on croit toujours que la liaison ionique est le résultat d'une attraction électrostatique entre deux ions de charges opposées.

À partir d'approximations réalisées sur des équations complexes de la mécanique quantique, deux groupes de chercheurs proposèrent de nouvelles théories. Dans sa théorie de la liaison de valence (LV) proposée en 1931, Pauling reprend les idées de Lewis en précisant que les liaisons chimiques sont assurées par des paires d'électrons, en accord avec certaines contraintes géométriques. Presque en même temps, d'autres chercheurs[1] ont formulé la théorie des orbitales moléculaires (OM), dans laquelle les électrons ne sont pas assignés à des liaisons chimiques spécifiques entre les atomes, mais sont traités comme se déplaçant sous l'influence des noyaux de la molécule dans son ensemble. L'explication de la structure des molécules dans ce manuel repose sur une approche basée sur la théorie de la liaison de valence. Bien que beaucoup plus complexe, la théorie des orbitales moléculaires sera aussi abordée sommairement au chapitre 8.

QUESTION de révision

1. Quels sont les électrons responsables de la formation des liaisons ?

7.1.1 Les types de liaisons

On sait que les électrons ont tendance à rechercher le niveau d'énergie le plus bas possible. En effet, après une excitation, c'est-à-dire une absorption d'énergie, un atome revient rapidement à son état fondamental en émettant l'énergie acquise sous forme de radiation électromagnétique (*voir le chapitre 5*). C'est une conséquence de la tendance à l'énergie minimale. On peut appliquer le même raisonnement à la formation des liaisons : les atomes forment donc des liaisons chaque fois que cela leur permet d'atteindre un état d'énergie inférieur à ce qu'il serait si les atomes demeuraient séparés. De plus, comme les atomes n'ont pas tous les mêmes propriétés, plusieurs possibilités s'offrent à eux afin qu'ils occupent le plus bas niveau d'énergie possible lors du don ou du partage de certains de leurs électrons, d'où les différents types de liaisons : covalentes, ioniques et métalliques[2].

1. Ce sont les travaux de Friedrich Hund, Robert Mulliken, John C. Slater et John Lennard-Jones qui permirent le développement de la théorie des orbitales moléculaires.
2. Les liaisons ioniques et covalentes sont responsables de la formation des composés chimiques. Les liaisons métalliques sont étudiées au chapitre 9. Les forces intermoléculaires sont un type particulier d'interactions chimiques, dont traite également le chapitre 9.

Les atomes se lient donc entre eux de façon à atteindre le plus bas niveau d'énergie possible, libérant ainsi une certaine quantité d'énergie. La formation d'une liaison stable, quelle qu'elle soit, entraîne toujours une diminution de l'énergie du système (stabilisation).

7.1.2 La formation de la liaison covalente

Soit, par exemple, l'hydrogène qui, dans des conditions normales de température et de pression, existe sous forme moléculaire plutôt que sous forme atomique (*voir le chapitre 2*). La plus grande stabilité de l'hydrogène lorsqu'il est sous forme moléculaire peut s'expliquer de la façon suivante. La **FIGURE 7.1** illustre la variation de l'énergie potentielle de deux atomes d'hydrogène en fonction de la distance qui les sépare: lorsque les atomes sont très éloignés l'un de l'autre, il n'existe pratiquement aucune interaction entre eux. L'énergie potentielle du système est alors pratiquement nulle. Lorsque les deux atomes s'approchent davantage l'un de l'autre, chaque électron est attiré par le noyau de l'autre atome; en même temps, les électrons se repoussent et les noyaux se repoussent aussi. Tant que les forces d'attraction sont plus grandes que les forces de répulsion, les atomes continuent de se rapprocher de sorte que l'énergie potentielle du système décroît (c'est-à-dire que, selon les conventions déjà établies, elle devient de plus en plus négative). Cette tendance continue jusqu'à ce que l'énergie potentielle atteigne une valeur minimale, qui correspond à l'état le plus stable du système. Il y a alors recouvrement des deux orbitales atomiques 1*s* et formation d'une molécule de H_2 stable.

FIGURE 7.1 Variation de l'énergie potentielle de deux atomes d'hydrogène en fonction de la distance qui les sépare

Une liaison covalente se forme entre les deux atomes lorsque l'énergie potentielle est à son minimum.

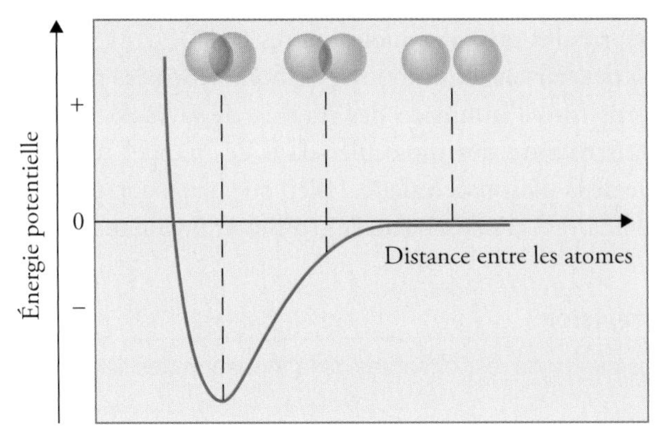

Si les noyaux se rapprochaient jusqu'à une distance nulle, il y aurait fusion des noyaux pour en former un nouveau avec deux protons. L'augmentation brusque de l'énergie potentielle à courte distance permet de comprendre pourquoi il faut d'abord disposer d'une grande quantité d'énergie afin de réaliser la fusion nucléaire, qui pourrait s'avérer une source d'énergie abondante et propre.

Il existe donc une distance entre les deux atomes pour laquelle le système obtient un maximum de stabilité, c'est-à-dire une énergie minimale. À cette distance, les forces de répulsion annulent les forces d'attraction, et les deux atomes auront tendance à se placer de manière à maintenir cette position d'équilibre. Cette distance peut être mesurée et correspond à la longueur de la liaison formée entre les deux atomes. L'énergie dégagée correspond à l'énergie de la liaison. La longueur de la liaison et l'énergie de liaison seront définies dans les sections qui suivent.

Une liaison se forme donc lorsqu'il y a interpénétration des nuages électroniques de deux atomes. À cet endroit précis, les deux orbitales atomiques se recouvrent pour former une liaison covalente: les deux électrons y sont mis en commun (ou partagés).

CHIMIE EN LIGNE

Animation
- La variation d'énergie lors de la formation de H_2

Une **liaison covalente simple** est donc une liaison dans laquelle deux électrons (c'est-à-dire un doublet) sont partagés entre deux atomes. Il existe aussi des liaisons multiples dans lesquelles plus de deux électrons sont partagés : elles font l'objet de la section 7.5 *(voir p. 312)*.

QUESTIONS de révision

2. Énumérez les types de liaisons.
3. Comment varie l'énergie potentielle d'un système constitué de deux charges de signes opposés lorsque la distance qui les sépare diminue ?
4. Vers quoi tend l'énergie potentielle lorsque la distance entre deux charges tend vers l'infini ?

7.2 Liaison ionique et liaison covalente : l'électronégativité

L'étude des propriétés périodiques a permis d'établir que l'**électronégativité** peut être définie comme la tendance que possède un atome à attirer vers lui le doublet d'électrons mis en commun lors d'une liaison covalente. La **FIGURE 7.2** présente l'échelle d'électronégativité.

Électronégativité croissante →

Électronégativité croissante ↑

1A	2A	3B	4B	5B	6B	7B	8B	8B	8B	1B	2B	3A	4A	5A	6A	7A	8A
H 2,2																	
Li 1,0	Be 1,6											B 2,0	C 2,5	N 3,0	O 3,4	F 4,0	
Na 0,9	Mg 1,2											Al 1,6	Si 1,9	P 2,2	S 2,6	Cl 3,1	
K 0,8	Ca 1,0	Sc 1,3	Ti 1,5	V 1,6	Cr 1,7	Mn 1,5	Fe 1,8	Co 1,9	Ni 1,9	Cu 1,9	Zn 1,6	Ga 1,8	Ge 2,0	As 2,2	Se 2,6	Br 3,0	Kr 3,0
Rb 0,8	Sr 1,0	Y 1,2	Zr 1,3	Nb 1,6	Mo 2,2	Tc 1,9	Ru 2,3	Rh 2,3	Pd 2,2	Ag 1,9	Cd 1,7	In 1,8	Sn 2,0	Sb 2,0	Te 2,1	I 2,7	Xe 2,6
Cs 0,8	Ba 0,9	La-Lu 1,0-1,2	Hf 1,3	Ta 1,5	W 2,4	Re 1,9	Os 2,2	Ir 2,2	Pt 2,3	Au 2,5	Hg 2,0	Tl 1,6	Pb 1,9	Bi 2,0	Po 2,0	At 2,2	
Fr 0,7	Ra 0,9																

FIGURE 7.2 **Électronégativité des éléments courants**

Dans une molécule comme H_2, comme les deux atomes sont identiques, ils ont la même électronégativité et le doublet d'électrons qui constitue la liaison covalente sera partagé également entre les deux atomes. La liaison ainsi formée est dite **liaison covalente non polaire** (ou **liaison covalente pure**), puisque le doublet d'électrons est également réparti entre les deux atomes.

Par contre, dans une molécule telle que HF, où il existe une grande différence d'électronégativité (ΔEN) entre les deux atomes, le doublet d'électrons ne sera pas également réparti entre les deux noyaux. En effet, puisque F est beaucoup plus électronégatif que H, il attirera plus fortement vers lui les électrons, déformant ainsi le nuage électronique de la liaison formée. Puisque la densité électronique sera plus importante autour du fluor, la molécule aura donc une partie positive et une partie négative. Il est important de réaliser que les atomes de H et de F ne portent pas de véritables charges, mais des **charges partielles**, notées δ^+ et δ^-, qu'il est possible de quantifier *(voir la section 8.2, p. 379)*. La molécule a donc un dipôle, c'est-à-dire deux pôles. Une liaison covalente dans laquelle le

NOTE

Le symbole δ est la lettre grecque delta.

doublet est partagé inégalement entre les deux atomes est dite **liaison covalente polaire**, puisqu'elle présente un dipôle.

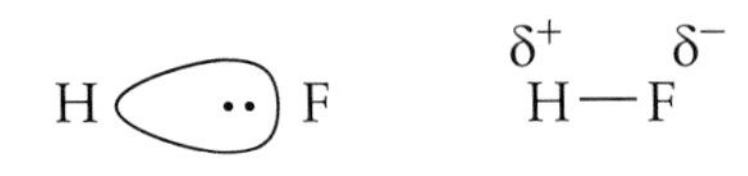

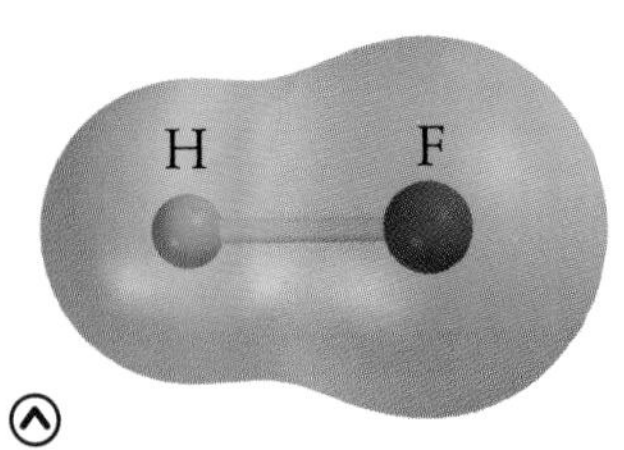

Distribution du nuage électronique (ou diagramme de potentiel électrostatique) dans la molécule de HF (la région la plus riche en électron est rouge ; la plus pauvre est bleue)

Dans le cas où la différence d'électronégativité est importante, la liaison est tellement polaire et les charges partielles sont tellement importantes qu'elles se rapprochent de la charge d'un électron (comme si l'électron était complètement transféré) : dans ce cas, la liaison est ionique.

La différence d'électronégativité entre deux atomes est donc très importante puisqu'elle permet dans une certaine mesure de déterminer la nature de la liaison qui les unit.

Les atomes de deux éléments d'électronégativités très différentes ont donc tendance à former entre eux des liaisons ioniques (comme celles de NaCl et de CaO), car l'atome dont l'électronégativité est la plus faible donne un ou des électrons à l'autre atome. Une telle liaison met généralement en jeu un atome d'un élément métallique (sauf dans le cas où le cation est un cation polyatomique comme NH_4^+) et un atome d'un élément non métallique. Par contre, les atomes dont les électronégativités sont légèrement différentes ont tendance à former des liaisons covalentes polaires entre eux, car la déformation du nuage électronique est habituellement plus faible. La plupart des liaisons covalentes mettent en jeu des atomes d'éléments non métalliques. Les atomes d'un même élément, ou les atomes d'éléments différents qui ont la même électronégativité, peuvent s'unir par une liaison covalente pure (ou non polaire). Ces tendances et ces caractéristiques sont conformes aux définitions de l'énergie d'ionisation et de l'affinité électronique vues précédemment.

CHIMIE EN LIGNE

Animation

- Comparaison entre la liaison ionique et la liaison covalente

Il n'y a pas de véritable démarcation ou frontière entre une liaison covalente polaire ou une liaison ionique. Seules des mesures expérimentales, comme la conductibilité électrique de solides fondus, permettent de savoir si une substance est constituée d'un type de liaison plutôt que d'un autre. Cependant, voici quelques règles qui permettent de distinguer les deux types de liaisons.

1. Si la différence d'électronégativité (ΔEN) est inférieure à 0,5, la liaison est covalente non polaire.
2. Si la différence d'électronégativité est comprise entre 0,5 et 1,6, la liaison est covalente polaire.
3. Si la différence d'électronégativité est supérieure à 2,0, la liaison est ionique.
4. Lorsque la différence d'électronégativité est comprise entre 1,7 et 2,0 **et** qu'un métal prend part à la liaison, la liaison est ionique. Si la liaison s'effectue à partir de non-métaux, elle est covalente polaire.

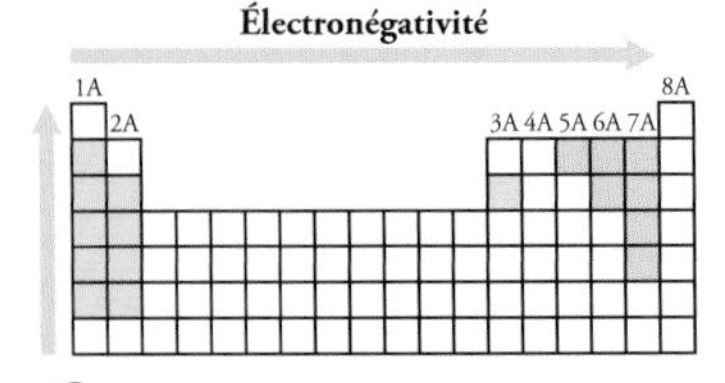

Les éléments les plus électronégatifs sont les non-métaux (groupes 5A à 7A) et les moins électronégatifs sont les métaux alcalins et les alcalino-terreux (groupes 1A et 2A) ainsi que l'aluminium. Le béryllium, le premier membre du groupe 2A, forme surtout des liaisons covalentes (*voir le chapitre 6*).

EXEMPLE 7.1 La classification des liaisons chimiques

Déterminez si les liaisons suivantes sont ioniques, covalentes polaires ou covalentes non polaires : **a)** la liaison dans HCl gazeux ; **b)** la liaison dans KF ; **c)** la liaison C—C dans H_3CCH_3.

DÉMARCHE

On utilise la différence d'électronégativité et on examine les valeurs de la **FIGURE 7.2** (*voir p. 303*).

▶

SOLUTION

a) La différence d'électronégativité entre H et Cl est de 0,9, ce qui est appréciable, mais pas assez élevé pour qualifier HCl gazeux de composé ionique. Ainsi, la liaison entre H et Cl est covalente polaire.

b) La différence d'électronégativité entre K et F est de 3,2, donc bien supérieure à 2,0 ; la liaison entre K et F est donc ionique.

c) Les deux atomes de C ont la même électronégativité ; la liaison entre eux est donc covalente non polaire.

EXERCICE E7.1

Précisez si les liaisons suivantes sont covalentes non polaires, covalentes polaires ou ioniques : **a)** la liaison dans CsCl ; **b)** la liaison S—H dans H_2S ; **c)** la liaison N—N dans H_2NNH_2.

Problème semblable ⊕
7.2

RÉVISION DES CONCEPTS

Associez les diagrammes suivants aux molécules HCl et LiH. Pour chacun d'entre eux, donnez les charges partielles. Dans les deux diagrammes, l'atome d'hydrogène est placé à gauche.

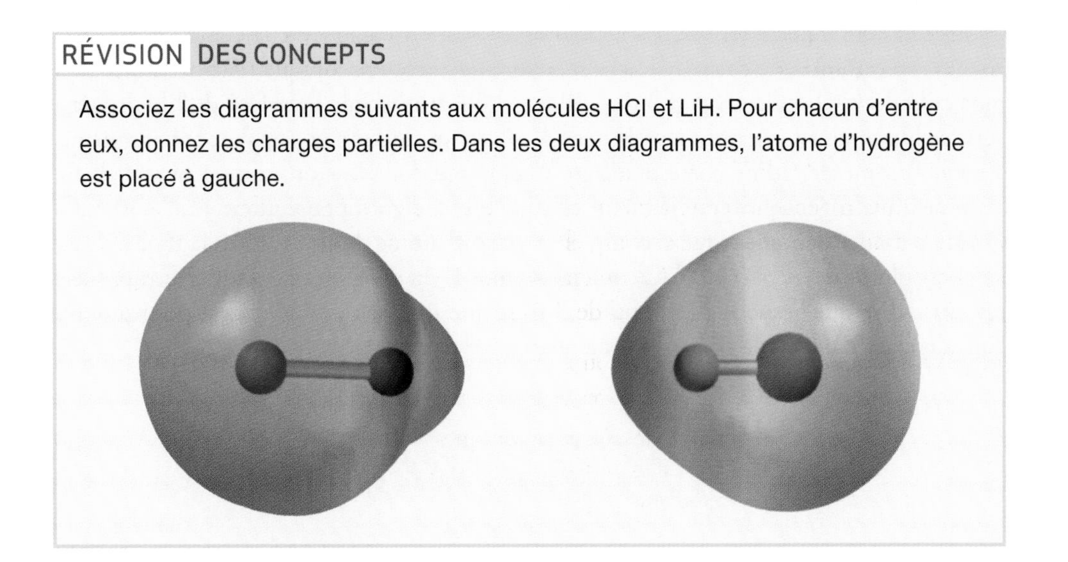

7.2.1 Le pourcentage de caractère ionique

Quelquefois, les chimistes utilisent le **pourcentage de caractère ionique** pour décrire la nature d'une liaison. Une liaison ionique pure aurait une valeur de caractère ionique de 100 % (on ne connaît aucune liaison qui a cette valeur), tandis qu'une liaison purement covalente (comme dans le cas de H_2) a une valeur de caractère ionique égale à 0 %. Comme la **FIGURE 7.3** le démontre, la liaison covalente pure (non polaire) et la liaison ionique sont des extrêmes : entre les deux se retrouve la liaison covalente polaire.

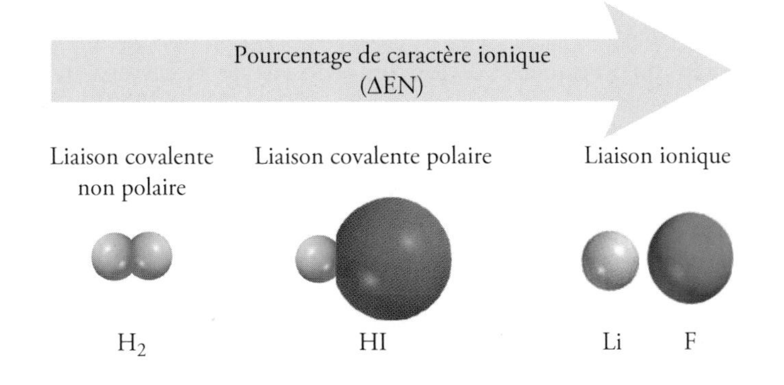

FIGURE 7.3
Type de liaison en fonction du pourcentage de caractère ionique

Il existe une corrélation entre le pourcentage de caractère ionique d'une liaison et la différence d'électronégativité entre les atomes liés (*voir la* **FIGURE 7.4**).

FIGURE 7.4

Relation entre le pourcentage de caractère ionique et la différence d'électronégativité

On peut considérer comme ioniques les composés ayant un pourcentage de caractère ionique supérieur à 50 %.

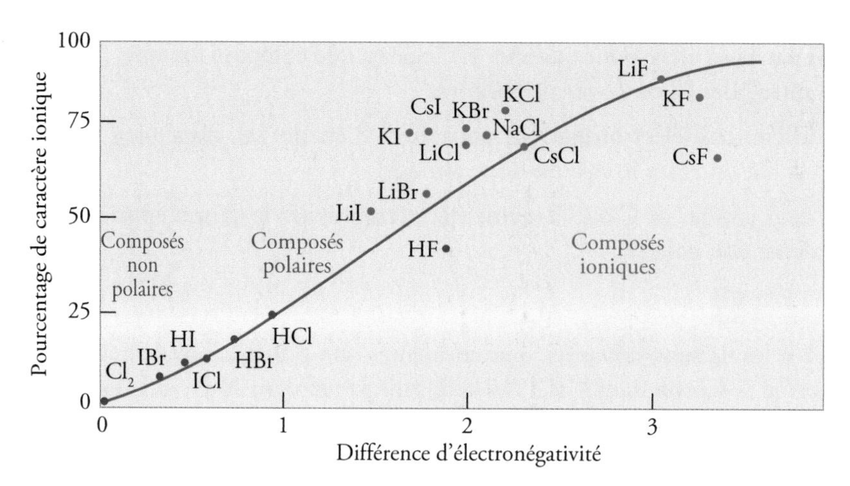

Dans le cas des espèces chimiques peu complexes, il est facile, avec la charge portée par chacun des atomes, de calculer le pourcentage de caractère ionique. Par exemple, si la molécule de HCl était un composé ionique, l'électron serait transféré de l'hydrogène vers le chlore pour former les ions H^+ et Cl^-. Avec un électron en surplus, la charge portée par l'atome de chlore correspondrait à la charge de l'électron, soit $-1{,}6 \times 10^{-19}$ C. L'atome d'hydrogène porterait la même charge, avec le signe opposé, donc $+1{,}6 \times 10^{-19}$ C. Or, l'expérience démontre que la charge portée par l'atome de chlore dans la molécule de HCl est plutôt de $-2{,}7 \times 10^{-20}$ C, qui représente 17 % de la charge d'un électron. Cela revient à dire que l'espèce chimique HCl n'est que très peu ionique ; c'est pourquoi on considère cette molécule comme covalente.

NOTE

La charge de l'électron est égale à $-1{,}6 \times 10^{-19}$ C.

$$\text{pourcentage de caractère ionique} = \frac{|\delta|}{|e^-|} \times 100\ \% \qquad (7.1)[3]$$

QUESTIONS de révision

5. Nommez les circonstances dans lesquelles une liaison est ionique.
6. Dites ce qu'est une liaison covalente polaire.

NOTE

La **loi de Coulomb**, qui énonce que l'énergie potentielle (E) entre deux particules est directement proportionnelle au produit de leur charge (Q) et inversement proportionnelle à la distance (r) qui les sépare, permet d'expliquer la raison pour laquelle il y a une diminution de l'énergie potentielle du système (stabilisation) lorsque deux particules de charges opposées se rapprochent alors qu'il y a augmentation de l'énergie potentielle du système (déstabilisation) lorsque deux particules de même charge se rapprochent.

Loi de Coulomb : $E \propto \dfrac{Q_1Q_2}{r}$

7.3 La liaison ionique

La section 7.2 a exploré le fait qu'il s'établit une liaison ionique entre deux atomes lorsque la différence d'électronégativité entre les deux atomes qui constituent la liaison est importante (égale ou supérieure à 1,7). Dans une liaison ionique, on considère donc, comme Kossel l'avait prédit, qu'un transfert d'électron s'effectue du métal au non-métal.

Les métaux situés à gauche du tableau périodique forment facilement des cations, alors que les éléments de droite du tableau périodique (sauf les gaz nobles) forment facilement des anions. Lorsqu'un métal et un non-métal sont mis en présence, il y a généralement transfert d'électrons du métal au non-métal et formation des ions. C'est l'attraction électrostatique entre ces ions de charges opposées qui cause la liaison ionique.

3. Cette équation n'est valable que pour les molécules diatomiques.

À titre d'exemple, on peut examiner ce qui se passe lorsque des atomes de potassium gazeux et de chlore gazeux sont ionisés. Afin de libérer un électron pour s'ioniser en K^+, un atome de potassium doit se voir fournir 419 kJ/mol (énergie de première ionisation ; *voir la section 6.6, p. 263*). Par contre, lorsque l'atome de chlore captera cet électron, 349 kJ/mol seront libérés (affinité électronique ; *voir la section 6.7, p. 269*). Cela revient à dire que la formation d'une paire d'ions gazeux à partir des éléments gazeux (définitions de l'énergie d'ionisation et de l'affinité électronique) « coûte » 70 kJ/mol.

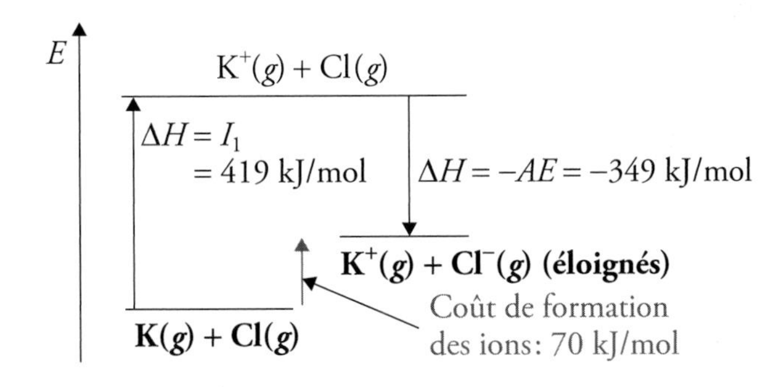

NOTE

Le fait que KCl, lorsqu'il est fondu, conduise l'électricité permet de conclure qu'il s'agit d'un composé ionique.

La formation de ces ions gazeux étant un processus qui nécessite de l'énergie, aucun gain n'est réalisé quant à la stabilité du système. Pourtant, le composé KCl existe, et il a été démontré qu'il est bel et bien constitué d'ions. La cristallographie aux rayons X a aussi permis d'en apprendre un peu plus sur la structure des composés ioniques. Ces derniers ne sont pas constitués d'une répétition de paires d'ions. Il s'agit plutôt d'un assemblage régulier d'ions répété un très grand nombre de fois. Un tel assemblage est appelé **cristal ionique** ou **réseau cristallin** (*voir la* **FIGURE 7.5**).

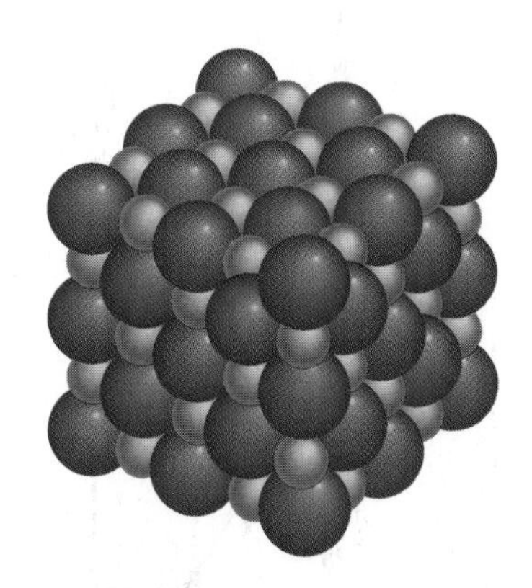

FIGURE 7.5

Structure tridimensionnelle d'un réseau cristallin

Chaque ion est entouré de six ions de charge opposée.

C'est l'assemblage sous forme de cristal ionique qui permet au potassium et au chlore de minimiser davantage leur énergie. Bien que la proximité entre les ions implique des répulsions entre ions de même charge, chaque ion est aussi entouré de six ions de charges opposées à plus courte distance, rendant ainsi les forces d'attraction supérieures aux forces de répulsion. Dans le cas du composé ionique KCl, la diminution d'énergie qui accompagne la formation du cristal étant de 717 kJ/mol pour le KCl, cela compense largement les 70 kJ/mol investis pour former les ions. La force électrostatique entre les deux ions de charges opposées qui retient les ions ensemble dans un cristal ionique constitue la **liaison ionique**.

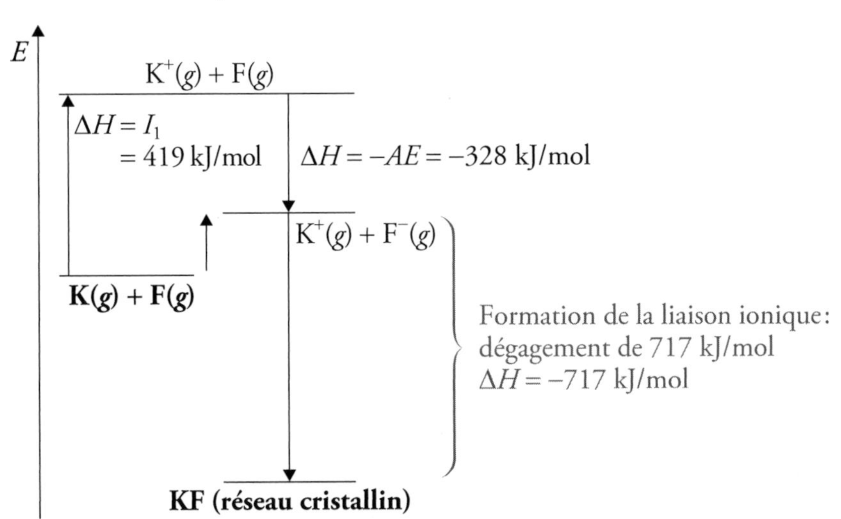

Cette énergie dégagée lors de l'assemblage des ions est grande, car elle représente l'attraction combinée de plusieurs ions. Il serait donc impossible d'isoler une liaison ionique, celle-ci étant constituée de tous les ions contenus dans le cristal. L'**énergie de réseau** (ou **énergie réticulaire**) est une mesure quantitative de la stabilité d'un composé ionique. Elle est définie comme l'énergie qu'il faudrait fournir pour séparer complètement une mole d'un composé ionique solide en ions gazeux. Il en est question à la section 7.9.1.

La formation d'une liaison ionique nécessite donc un investissement énergétique qui correspond à la formation des ions. Si le dégagement d'énergie résultant de la formation de la liaison ionique, c'est-à-dire l'énergie de réseau, est assez important et permet une diminution de l'énergie initiale, le système aura avantage à se lier de cette façon. Sinon, il trouvera une autre façon de se lier qui lui apportera une plus grande stabilité.

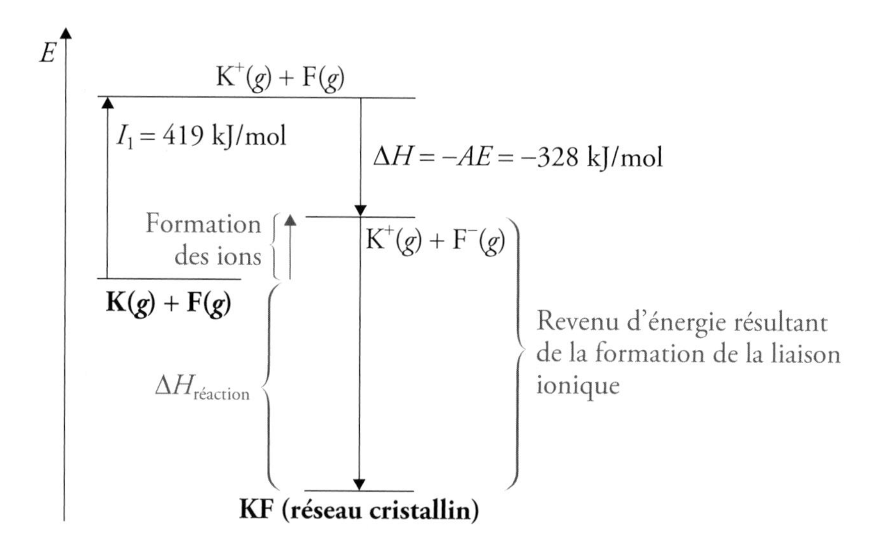

RÉVISION DES CONCEPTS

Déterminez celui des deux cations suivants qui serait le plus susceptible de former un composé ionique avec l'anion O^{2-} : **a)** Li^{+} ; **b)** Pb^{4+}.

QUESTIONS de révision

7. Expliquez ce qu'est une liaison ionique.
8. Expliquez comment l'énergie d'ionisation et l'affinité électronique peuvent aider à prédire si les atomes d'éléments pourraient se combiner pour donner des composés ioniques.

7.4 La notation de Lewis

NOTE

Rappelez-vous que pour les éléments représentatifs (à l'exception de l'hélium), le nombre d'électrons de valence d'un élément est équivalent au numéro de son groupe.

Pour rendre compte du comportement des électrons de valence dans une réaction chimique et s'assurer que le nombre total d'électrons ne change pas, les chimistes utilisent un système établi par Lewis, appelé **notation de Lewis** ; il s'agit d'une représentation d'un élément par son symbole entouré de points qui représentent les électrons de valence. La **FIGURE 7.6** montre la notation de Lewis des éléments représentatifs (groupes 1A à 7A) et celles des gaz rares. Les métaux de transition, les lanthanides et les actinides ne sont généralement pas représentés à l'aide de la notation de Lewis.

1 1A	2 2A	3 3B	4 4B	5 5B	6 6B	7 7B	8	9 8B	10	11 1B	12 2B	13 3A	14 4A	15 5A	16 6A	17 7A	18 8A
·H																	He:
·Li	·Be·											·B·	·C·	·N·	·O·	:F·	:Ne:
·Na	·Mg·											·Al·	·Si·	·P·	·S·	:Cl·	:Ar:
·K	·Ca·											·Ga·	·Ge·	·As·	·Se·	:Br·	:Kr:
·Rb	·Sr·											·In·	·Sn·	·Sb·	·Te·	:I·	:Xe:
·Cs	·Ba·											·Tl·	·Pb·	·Bi·	·Po·	:At·	:Rn:
·Fr	·Ra·																

FIGURE 7.6

Notation de Lewis des éléments représentatifs et des gaz rares

Par exemple, le lithium appartient au groupe 1A et a un électron de valence, et est donc entouré d'un seul point ; le béryllium, du groupe 2A, a deux électrons de valence et est entouré de deux points, etc. Comme les éléments d'un même groupe ont tous la même configuration électronique périphérique, ils ont la même notation de Lewis.

RÉVISION DES CONCEPTS

Quel est le nombre maximal de points qu'on peut placer autour d'un atome d'un élément représentatif ?

QUESTIONS de révision

9. Qu'est-ce que la notation de Lewis ? Avec quels éléments cette notation est-elle surtout utile ?
10. Utilisez le deuxième élément des groupes 1A à 7A pour démontrer que le nombre d'électrons de valence d'un atome équivaut au numéro de son groupe.

7.4.1 La représentation de la liaison ionique à l'aide de la notation de Lewis

La notation de Lewis permet de rendre compte du transfert d'électrons entre un métal et un non-métal au cours de la formation d'une liaison ionique. Voyons, par exemple, la réaction entre le lithium et le fluor qui permet d'obtenir du fluorure de lithium. La configuration électronique du lithium est $1s^22s^1$, et celle du fluor est $1s^22s^22p^5$. Lorsque les atomes de lithium et de fluor sont mis en contact l'un avec l'autre, l'électron de valence $2s^1$ de la couche externe du lithium est transféré à l'atome de fluor. On représente cette réaction à l'aide de la notation de Lewis :

$$\underset{1s^22s^1}{\cdot\mathrm{Li}} \; + \; \underset{1s^22s^22p^5}{:\ddot{\underset{..}{\mathrm{F}}}\cdot} \longrightarrow \underset{1s^2}{\mathrm{Li}^+} \;\; \underset{1s^22s^22p^6}{:\ddot{\underset{..}{\mathrm{F}}}:^-} \quad \text{(ou LiF)}$$

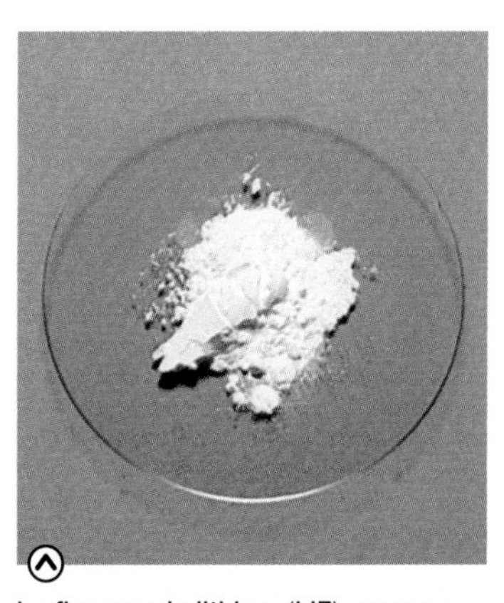

Le fluorure de lithium (LiF), comme la plupart des composés ioniques, s'obtient par un procédé industriel de purification d'un minerai.

On suppose que cette réaction se déroule en plusieurs étapes. Le Li s'ionise :

$$\cdot\text{Li} \longrightarrow \text{Li}^+ + e^-$$

puis le F accepte cet électron :

$$:\ddot{\underset{..}{\text{F}}}\cdot + e^- \longrightarrow :\ddot{\underset{..}{\text{F}}}:^-$$

Ensuite, ces deux ions de charges opposées se rapprochent et se joignent pour former une unité de LiF :

$$\text{Li}^+ + :\ddot{\underset{..}{\text{F}}}:^- \longrightarrow \text{Li}^+ :\ddot{\underset{..}{\text{F}}}:^-$$

NOTE

Normalement, on écrit les formules des composés ioniques sans indiquer les charges. Elles sont spécifiées ici afin de mettre en évidence le transfert d'électron. Rappelons qu'il faut réduire les indices aux plus petits nombres entiers possible.

On remarque alors que la somme des trois équations précédentes donne :

$$\cdot\text{Li} + :\ddot{\underset{..}{\text{F}}}\cdot \longrightarrow \text{Li}^+ :\ddot{\underset{..}{\text{F}}}:^-$$

ce qui revient à l'équation initiale. La liaison ionique dans le LiF est due à l'attraction électrostatique entre les ions Li^+ et les ions F^-. Le composé est électriquement neutre.

De nombreuses réactions mènent à la formation de liaisons ioniques. Par exemple, le calcium brûle en présence d'oxygène pour donner de l'oxyde de calcium :

$$2\text{Ca}(s) + \text{O}_2(g) \longrightarrow 2\text{CaO}(s)$$

En supposant encore ici une réaction se déroulant en plusieurs étapes, on peut imaginer que la molécule diatomique d'oxygène a d'abord dû se séparer en atomes pour donner la réaction suivante décrite en notation de Lewis :

$$\underset{[\text{Ar}]4s^2}{\cdot\text{Ca}\cdot} \quad + \quad \underset{1s^22s^22p^4}{\cdot\ddot{\underset{..}{\text{O}}}\cdot} \quad \longrightarrow \quad \underset{[\text{Ar}]\ [\text{Ne}]}{\text{Ca}^{2+} :\ddot{\underset{..}{\text{O}}}:^{2-}}$$

Il y a eu transfert de deux électrons d'un atome de calcium à un atome d'oxygène. On remarque que l'ion calcium (Ca^{2+}) obtenu a la configuration électronique du gaz rare argon, alors que l'ion oxyde (O^{2-}) est isoélectronique avec le néon. On remarque aussi que le composé obtenu (CaO) est électriquement neutre.

Dans plusieurs cas, les charges du cation et de l'anion ne sont pas les mêmes. Par exemple, dans le cas du lithium qui brûle dans l'air pour donner de l'oxyde de lithium (Li_2O), on a l'équation équilibrée suivante :

$$4\text{Li}(s) + \text{O}_2(g) \longrightarrow 2\text{Li}_2\text{O}(s)$$

En utilisant la notation de Lewis, on obtient :

$$\underset{1s^22s^1}{2\cdot\text{Li}} \quad + \quad \underset{1s^22s^22p^4}{\cdot\ddot{\underset{..}{\text{O}}}\cdot} \quad \longrightarrow \quad \underset{[\text{He}]\ [\text{Ne}]}{2\text{Li}^+ :\ddot{\underset{..}{\text{O}}}:^{2-}} \quad (\text{ou Li}_2\text{O})$$

L'oxygène a reçu deux électrons (un de chacun des deux atomes de lithium), formant ainsi l'ion oxyde. (L'ion Li^+ est isoélectronique avec l'hélium.)

Voici un dernier exemple. Lorsque le magnésium réagit avec de l'azote à haute température, on obtient un composé solide sous forme d'une poudre blanche, le nitrure de magnésium (Mg_3N_2) :

$$3Mg(s) + N_2(g) \longrightarrow Mg_3N_2(s)$$

ou

$$3 \cdot \mathrm{Mg} \cdot \quad + \quad 2 \cdot \ddot{\mathrm{N}} \cdot \quad \longrightarrow \quad 3\mathrm{Mg}^{2+}\ 2\ :\ddot{\mathrm{N}}:^{3-} \quad (\text{ou } \mathrm{Mg_3N_2})$$

$$[\mathrm{Ne}]3s^2 \qquad 1s^22s^22p^3 \qquad [\mathrm{Ne}] \quad [\mathrm{Ne}]$$

Cette réaction implique le transfert de six électrons (deux de chaque atome de magnésium) à deux atomes d'azote. L'ion magnésium (Mg^{2+}) et l'ion nitrure (N^{3-}) obtenus sont tous deux isoélectroniques avec le néon. La charge nette obtenue avec trois ions +2 et deux ions −3 est égale à zéro, donc le composé est électriquement neutre.

EXEMPLE 7.2 L'utilisation de la notation de Lewis

Montrez la formation de l'oxyde d'aluminium (Al_2O_3) à partir de ses éléments en utilisant la notation de Lewis.

Échantillon de corindon (Al_2O_3)

DÉMARCHE

Le principe de l'électroneutralité sert de guide pour écrire les formules des composés ioniques, c'est-à-dire que le total des charges positives des cations doit être égal au total des charges négatives des anions.

SOLUTION

Selon la **FIGURE 7.6** (*voir p. 309*), les notations de Lewis pour Al et O sont :

$$\cdot\dot{\mathrm{Al}}\cdot \qquad \cdot\ddot{\mathrm{O}}\cdot$$

L'aluminium ayant tendance à former le cation (Al^{3+}) et l'oxygène, l'anion (O^{2-}) dans les composés ioniques, le transfert d'électrons se fera de Al vers O. Il y a trois électrons de valence dans chaque atome de Al ; chaque atome de O a besoin de deux électrons pour former l'ion O^{2-}, lequel est isoélectronique avec le néon. Le plus petit rapport de combinaison entre Al^{3+} et O^{2-} qui donnerait un ensemble neutre serait donc 2:3 ; deux ions Al^{3+} ont une charge totale de +6, et trois ions O^{2-} ont une charge totale de −6. La formule empirique de l'oxyde d'aluminium est donc Al_2O_3, et la réaction est :

$$2 \cdot\dot{\mathrm{Al}}\cdot \quad + \quad 3 \cdot\ddot{\mathrm{O}}\cdot \quad \longrightarrow \quad 2\mathrm{Al}^{3+}\ 3\ :\ddot{\mathrm{O}}:^{2-} \quad (\text{ou } \mathrm{Al_2O_3})$$

$$[\mathrm{Ne}]3s^23p^1 \qquad 1s^22s^22p^4 \qquad [\mathrm{Ne}] \quad [\mathrm{Ne}]$$

VÉRIFICATION

Assurez-vous que le nombre total d'électrons de valence (24) est le même de chaque côté de l'équation. Est-ce que les indices dans Al_2O_3 sont réduits aux plus petits nombres entiers possible ?

EXERCICE E7.2

Représentez la formation de l'hydrure de baryum (BaH_2) à l'aide de la notation de Lewis.

Problèmes semblables 7.10 et 7.11

QUESTIONS de révision

11. Nommez cinq métaux et cinq non-métaux qui pourraient facilement former des composés ioniques. Écrivez les formules de composés pouvant résulter de la combinaison entre ces métaux et ces non-métaux. Nommez ces composés.

12. Nommez un composé ionique ne contenant que des éléments qui sont des non-métaux.

13. Nommez un composé ionique contenant un cation polyatomique et un anion polyatomique (*voir les* **TABLEAUX 2.3** *et* **2.5**, *p. 68 et 69*).

14. Expliquez pourquoi il est très rare de trouver des ions porteurs de plus de trois charges positives ou de trois charges négatives dans les composés ioniques.

7.5 La liaison covalente et la structure des molécules

La formation d'une liaison covalente s'effectue toujours de façon analogue à ce qui est indiqué pour la molécule de H_2 (*voir la section 7.1, p. 300*) : deux orbitales atomiques se recouvrent pour former une liaison contenant deux (et seulement deux) électrons provenant habituellement de chacun des atomes participant à la liaison. Ce sont donc les électrons non appariés (ou célibataires) qui sont responsables de la formation de la plupart des liaisons covalentes.

7.5.1 Le nombre de liaisons covalentes et l'état de valence

Comme mentionné précédemment, la formation des liaisons est une conséquence de la tendance à l'énergie minimale. Afin d'atteindre un maximum de stabilité, un atome formera donc le plus grand nombre de liaisons possible.

À la lumière des configurations électroniques des électrons de valence, on est en mesure de prévoir le comportement général de certains atomes :

• L'hydrogène ne peut former qu'une liaison.	[↑] $1s$	
• L'azote et les éléments du groupe 5A possèdent trois électrons célibataires et sont en mesure de former trois liaisons.	[↑↓] $2s$	[↑][↑][↑] $2p$
• L'oxygène et les éléments du groupe 6A possèdent deux électrons célibataires et sont en mesure de former deux liaisons.	[↑↓] $2s$	[↑↓][↑][↑] $2p$
• Les halogènes possèdent un électron célibataire et sont en mesure de former une seule liaison.	[↑↓] s	[↑↓][↑↓][↑] p
• Les gaz nobles ne font pas de liaisons puisque tous leurs électrons sont pairés.	[↑↓] s	[↑↓][↑↓][↑↓] p

Mais alors, comment peut-on expliquer l'existence de molécules telles que BH_3 et CH_4, ou encore tout simplement le fait qu'il existe des composés du béryllium ? Le béryllium n'a aucun électron célibataire, le bore n'en a qu'un, alors que le carbone en a deux…

Cela s'explique par le fait qu'un atome peut redistribuer ses électrons pour obtenir des électrons célibataires grâce à une excitation, ce qui lui permet de faire davantage de liaisons covalentes. Par exemple, le carbone, qui possède quatre électrons de valence dont deux sont célibataires à l'état fondamental, peut acquérir une certaine quantité d'énergie qui permettra la promotion d'un électron d'une orbitale $2s$ vers une orbitale $2p$. Il se trouve dans ce cas dans un état excité avec quatre électrons célibataires. Il est alors tétravalent (ou dans un état de valence quatre), c'est-à-dire qu'il peut participer à quatre liaisons covalentes. La **valence d'un élément** correspond donc au nombre de liaisons covalentes qu'il peut former.

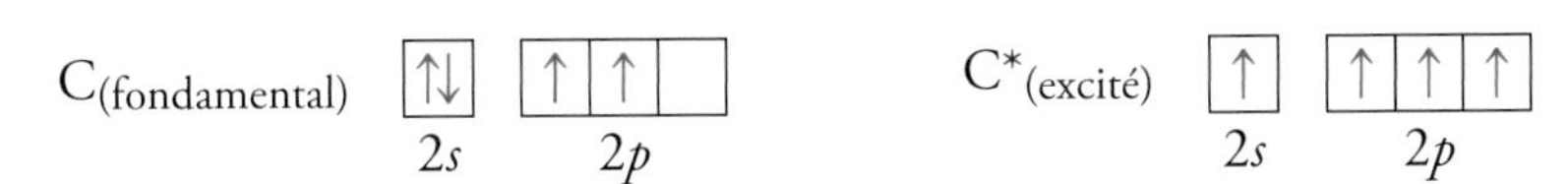

Bien que la promotion d'un électron dans une orbitale d'énergie supérieure semble aller à l'encontre de la tendance à l'acquisition de l'énergie minimale, il n'en est pas nécessairement ainsi. Cela permet au carbone de bénéficier de la formation de quatre liaisons plutôt que de deux. La petite quantité d'énergie que le carbone doit investir pour s'exciter lui est largement retournée par le dégagement d'énergie causé par la formation des quatre liaisons. C'est comme de prendre un élan : on recule un peu, mais on saute bien plus loin.

NOTE
La petite taille de l'ion Be^{2+} fait en sorte que l'atome de béryllium forme des liaisons covalentes plutôt qu'ioniques (*voir la section 6.10.1, p. 276*).

Sauf pour de rares exceptions, **le carbone est toujours tétravalent** : il n'est donc presque jamais à l'état fondamental dans les composés qu'il forme. Il en est de même pour le béryllium et le bore, qui ont toujours un état de valence respectif de 2 et de 3.

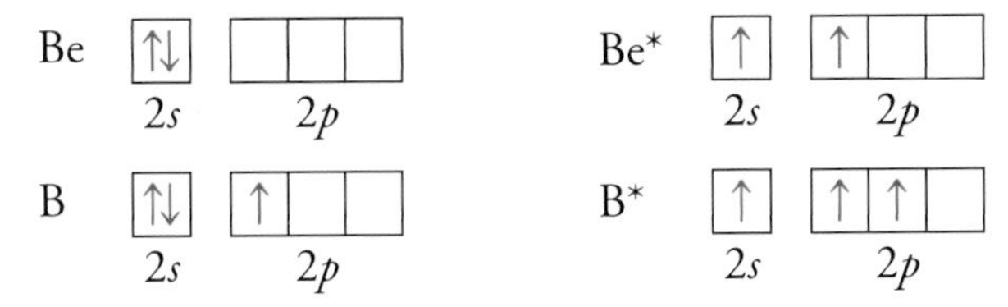

Pour les autres éléments de la deuxième période, l'état de valence est identique à l'état fondamental. Cela s'explique par le fait que les seules orbitales permises au niveau 2 sont les orbitales $2s$ et $2p$ (il n'y a pas d'orbitales d au niveau $n = 2$!). Puisque toutes les orbitales du niveau $n = 2$ sont occupées, l'obtention d'un état excité dans le cas de N, O ou F nécessiterait la promotion d'un électron dans une orbitale du niveau $n = 3$. L'écart entre les niveaux d'énergie étant d'autant plus grand que n est faible, la demande énergétique serait trop importante pour que le processus demeure rentable.

NOTE
Il est à noter qu'il existe une exception pour l'oxygène. Il en sera question à la section 7.5.6 (*voir p. 328*).

Il en est autrement pour les éléments de la troisième période. Contrairement à l'azote, le phosphore a deux états de valence possibles : 3 ou 5. Cela peut s'expliquer par le fait qu'au niveau $n = 3$ apparaissent les orbitales d, pour lesquelles le niveau d'énergie n'est que légèrement supérieur à celui des orbitales $3p$. L'électron sera promu dans une orbitale $3d$ et non dans l'orbitale $4s$. Lors d'une promotion électronique, l'ordre croissant des niveaux d'énergie peut être modifié, surtout en ce qui concerne des niveaux énergétiques très rapprochés, ce qui est le cas pour les orbitales $4s$ et $3d$.

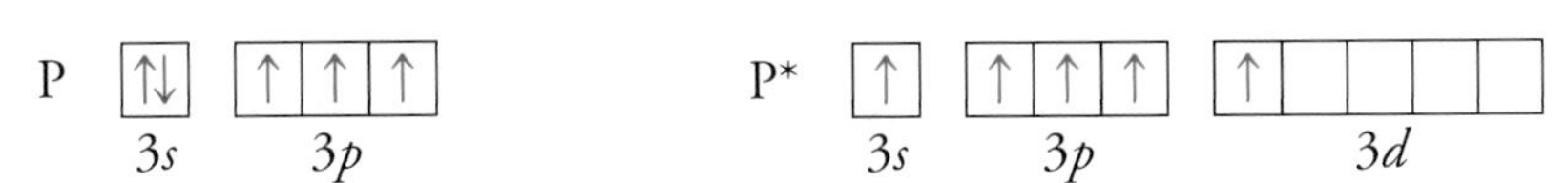

C'est ainsi que l'on peut expliquer l'existence de certains composés tels les fluorures de xénon (XeF_2, XeF_4 et XeF_6). Les gaz nobles ont longtemps été considérés comme chimiquement inertes ; ce n'est qu'en 1962 que leur réactivité fut démontrée[4]. L'explication donnée plus haut pour le phosphore peut tout aussi bien être transposée aux autres éléments. Certains gaz nobles ont accès à des orbitales vacantes (orbitales *d*) leur permettant divers états de valence, ce qui n'est pas le cas pour le néon et l'hélium[5].

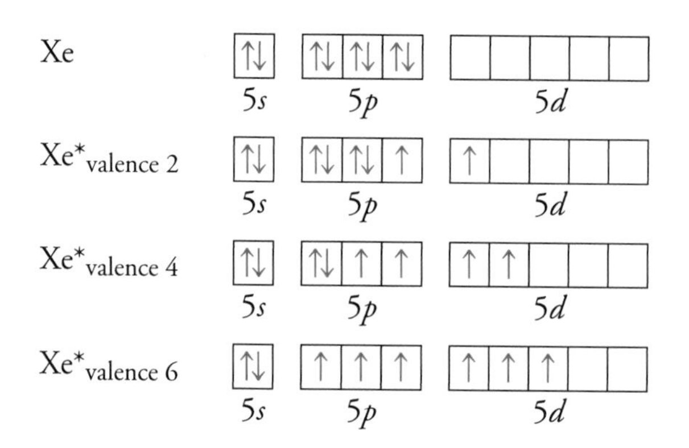

Il faut retenir que les promotions électroniques (visant à augmenter le nombre d'électrons célibataires) s'effectuent sur le même niveau d'énergie : elles n'ont jamais lieu dans le cas de N, O, F et Ne (les orbitales 2*d* n'existent pas). Par contre, les promotions sont systématiques pour Be, B et C (sauf dans de très rares cas).

QUESTIONS de révision

15. De quoi dépend le nombre de liaisons qu'un atome peut former à partir de son état fondamental ?
16. Quel est l'état de valence de l'arsenic qui rend possible la formation du composé AsH_5 ?
17. Quel est l'état de valence du carbone dans la plupart de ses composés ?
18. Pourquoi le soufre peut-il former deux, quatre ou six liaisons alors que l'oxygène ne peut en former que deux ?

7.5.2 La structure de Lewis et la règle de l'octet

Une **structure de Lewis** (ou **diagramme de Lewis**) est une représentation des liaisons covalentes d'une molécule ou d'un ion à l'aide de symboles qui correspondent aux électrons de valence de chacun des atomes. Chacun des atomes de la molécule se voit entouré d'un nombre de points (ou symboles) équivalents à ses électrons de valence. Les électrons célibataires sont représentés par des points isolés, alors que les électrons formant un doublet sont représentés deux par deux, d'où l'importance d'être en mesure d'établir les configurations électroniques des éléments.

4. G. J. Moody, « A Decade of Xenon Chemistry », *J. Chem. Ed.*, vol. 51, 1974, p. 628-630.
5. Un composé de l'argon a été synthétisé en 2000 à l'Université d'Helsinki ; il est extrêmement instable au-dessus de –246 °C. S. Perkins, « HArF ! Argon's Not So Noble After All – Researchers Make Argon Fluorohydride », *Science News*, 26 août 2000, p. 132.

Pour construire le diagramme de Lewis d'une molécule, l'appariement des électrons deux à deux permet de représenter les mises en commun d'électrons, c'est-à-dire les liaisons covalentes. La structure de Lewis de la molécule de HCl, par exemple, est construite en reliant l'électron célibataire de l'atome de chlore et l'électron de l'atome d'hydrogène. Le doublet d'électrons qui participe à une liaison est appelé **doublet liant**, alors qu'un doublet d'électrons qui ne participe pas à la liaison est un **doublet libre** (ou **doublet non liant**). Dans l'exemple de HCl, le chlore porte donc trois doublets libres.

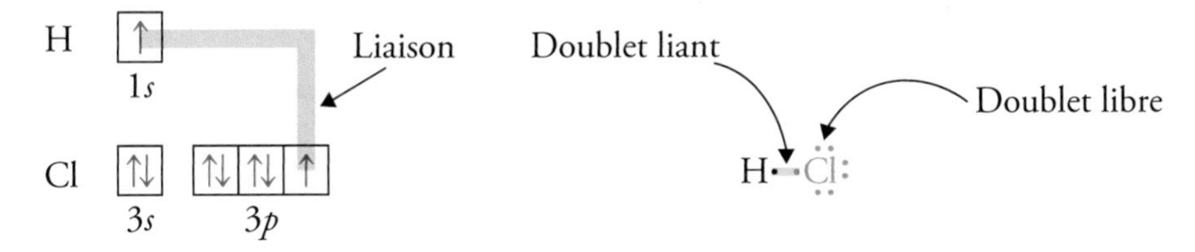

Lorsqu'un seul doublet d'électrons est mis en commun entre deux atomes, il s'agit d'une **liaison covalente simple**.

Sauf dans les cas avec des composés contenant des nombres impairs d'électrons (*voir la section 7.5.3, p. 322*), il ne doit jamais rester d'électrons célibataires dans un diagramme de Lewis. Si les atomes ont plus d'un électron célibataire, on pourra faire plus d'une liaison covalente. L'azote, par exemple, a trois électrons célibataires. S'il se lie à un autre atome d'azote pour former la molécule N_2, il y aura trois doublets d'électrons qui participeront à trois liaisons distinctes. Une telle liaison est appelée **liaison triple** et est constituée de trois liaisons covalentes. De la même façon, lorsque deux doublets d'électrons forment deux liaisons covalentes entre deux atomes, il s'agit d'une **liaison double**. Comme un atome ne peut pas former plus de liaisons qu'il a d'électrons célibataires, l'azote pourra faire au maximum trois liaisons simples, une liaison triple ou encore une liaison double et une simple (il existe une exception, qui est présentée à la section 7.5.3, p. 322).

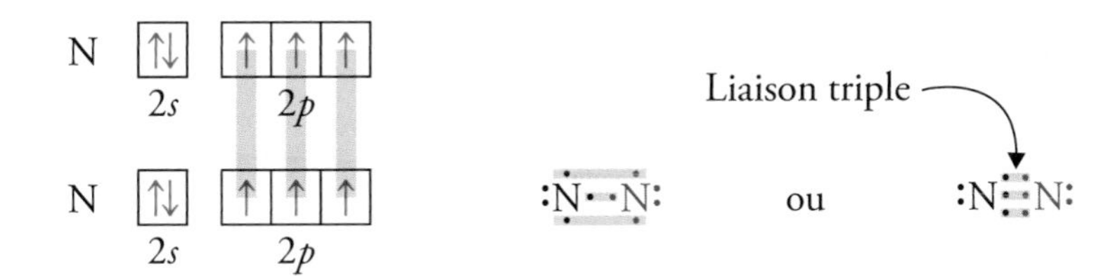

Pour construire le diagramme de Lewis d'une molécule à plusieurs atomes, comme NOF, il faut en premier lieu déterminer l'atome central. En général, l'atome central correspond à l'atome le moins électronégatif (*voir l'échelle d'électronégativité de la* **FIGURE 7.2**, *p. 303*). Il s'agit aussi la plupart du temps de celui qui peut faire le plus grand nombre de liaisons. Dans le cas de la molécule NOF, le fluor ne peut faire qu'une liaison et l'oxygène, deux, alors que l'azote peut en faire trois (l'azote est aussi l'atome le moins électronégatif). Ce dernier sera donc placé au centre, et on l'unira à l'atome de fluor par une liaison simple, puis à l'atome d'oxygène par une liaison double.

NOTE

L'expression « atome central » désigne l'atome qui n'est pas situé à l'une ou à l'autre des extrémités dans une molécule ou un ion polyatomique. En général, il s'agit de l'atome qui peut faire le plus de liaisons ou qui possède l'électronégativité la plus basse (à l'exception de l'hydrogène et du fluor, qui ne peuvent faire qu'une liaison).

F 2s 2p

N 2s 2p

O 2s 2p

Liaison double

:F··N··O: ou :F··N::O:

Il faut noter que les doublets libres n'ont pas servi à faire la liaison double : **les liaisons covalentes s'établissent à partir d'électrons célibataires.**

Lorsque les molécules impliquent des atomes dont l'état de valence nécessite la promotion d'un ou de plusieurs électrons dans une orbitale d'énergie supérieure, c'est-à-dire lorsque l'état de valence est différent de l'état fondamental, il faut déterminer l'état de valence de l'atome impliqué. Soit, par exemple, la molécule de PH_5. Les atomes d'hydrogène ne pouvant participer qu'à une seule liaison, le phosphore sera placé au centre. Puisque l'atome de phosphore doit former cinq liaisons, il devra avoir un état de valence égal à 5. Et parce qu'il n'a que trois électrons célibataires dans son état fondamental, il faudra donc promouvoir un électron dans une orbitale 3*d* afin de pouvoir établir cinq liaisons covalentes simples.

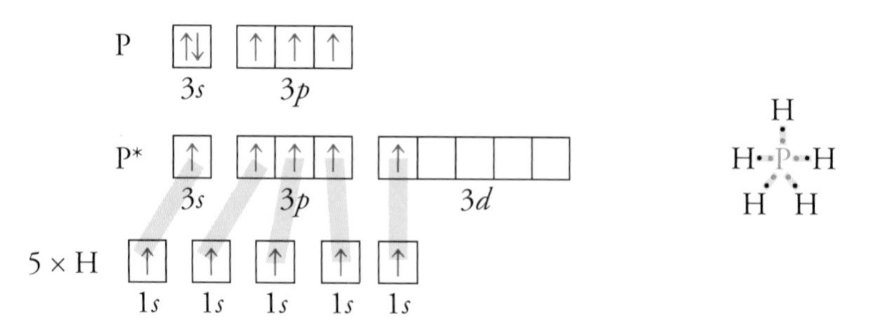

> **NOTE**
> Les atomes ont souvent tendance à s'organiser de façon à adopter un squelette symétrique et compact.

Pour construire la molécule de CO_2, il faut se rappeler que le carbone est pratiquement toujours à l'état de valence quatre. Il est aussi l'atome le moins électronégatif. Donc, ici, c'est lui qui assumera le rôle d'atome central. Afin que tous les électrons célibataires participent aux liaisons, la structure de Lewis du CO_2 comportera deux doubles liaisons.

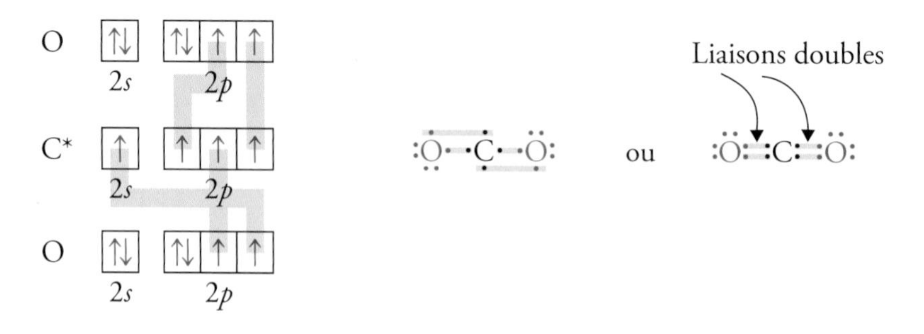

Pour une molécule telle que HCN, le carbone sera l'atome central puisqu'il est moins électronégatif que l'azote. L'hydrogène sera lié au carbone par une liaison simple (puisque l'atome d'hydrogène ne peut former qu'une seule liaison), et l'atome d'azote sera lié au carbone par une liaison triple.

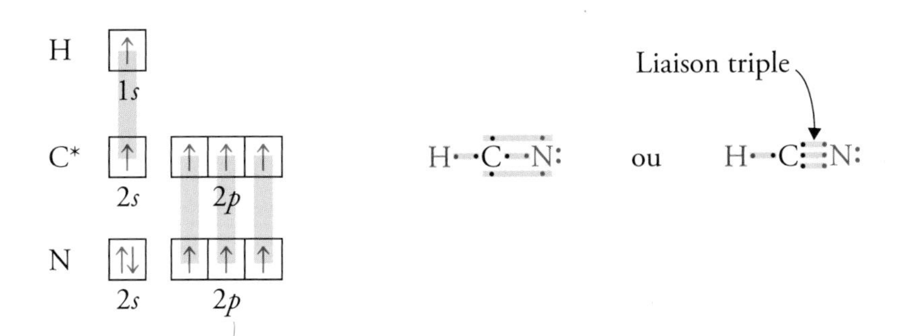

Les non-métaux de la deuxième période forment des composés stables lorsque leurs orbitales de valence, c'est-à-dire l'orbitale 2*s* et les trois orbitales 2*p*, sont remplies ; c'est en tout cas ce que pensait Lewis lorsqu'il formula la règle de l'octet. Dans le but d'acquérir une couche électronique externe semblable à celle des gaz nobles, tout atome a tendance à former des liaisons jusqu'à ce qu'il soit entouré de huit électrons, d'où le nom de **règle de l'octet**. Cet octet comprend à la fois les électrons liants et non liants. Cette même tendance peut être observée par l'hydrogène et par l'hélium, qui s'entourent de deux électrons (puisque la couche de valence est $n = 1$ au lieu de $n = 2$, elle ne peut contenir qu'un maximum de deux électrons).

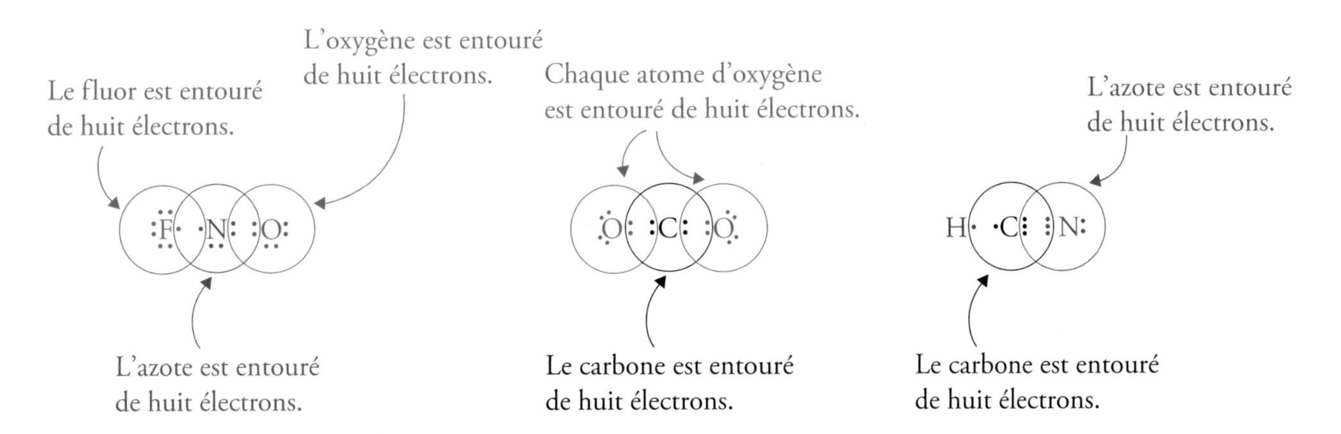

Certains atomes obéissent toujours à la règle de l'octet : c'est le cas pour le carbone, l'azote, l'oxygène et le fluor (C, N, O et F). Ces quatre atomes, surtout le carbone, sont responsables de la formation de plus de 90 % des composés chimiques : la règle de l'octet est donc très utile. Comme toute règle, la règle de l'octet comporte certaines exceptions. Il y en a trois, qui sont décrites à la section 7.5.3 (*voir page 322*) : l'octet incomplet, l'octet étendu et les cas où le nombre d'électrons est impair.

Pour plus de clarté, on peut utiliser des traits pour symboliser une liaison. Ces diagrammes, appelés **structures de Lewis simplifiées** (ou **structures de Kékulé**), sont utiles pour gagner du temps ou pour clarifier les liaisons, mais ne rendent pas compte de tous les électrons de valence. Avec une structure de Lewis simplifiée, NOF, CO_2 et HCN seraient respectivement :

Structures de Lewis	:F̤̈••N̤::O̤:	Ö::C::Ö	H••C⋮⋮N:
Structures de Kékulé (ou structures de Lewis simplifiées)	:F̤̈—N̤=O̤:	:O̤=C=O̤:	H—C≡N:

Étapes générales à suivre pour établir la structure de Lewis d'une molécule

1. Identifier l'atome central. Il s'agit habituellement de l'atome le moins électronégatif et qui peut faire le plus grand nombre de liaisons.
2. Établir la structure squelettique du composé en utilisant les symboles des différents atomes. La plupart du temps, le squelette adopte une structure symétrique et compacte.
3. Déterminer l'état de valence de l'atome central.
4. Dessiner les électrons de valence de chacun des atomes du composé en respectant la configuration électronique (électrons célibataires et doublets d'électrons). Idéalement, utiliser des symboles différents ou des couleurs différentes pour des atomes voisins.
5. Unir les atomes de façon à ce qu'il ne reste pas d'électrons célibataires (sauf s'il y a un nombre impair d'électrons).
6. Vérifier que tous les atomes respectent la règle de l'octet (s'il y a lieu) et vérifier le nombre total d'électrons de valence.
7. S'il reste des électrons célibataires ou que C, N, O ou F ne respectent pas la règle de l'octet, vérifier les configurations électroniques.
8. Si toutes ces étapes sont infructueuses, les reprendre avec un autre squelette du composé.

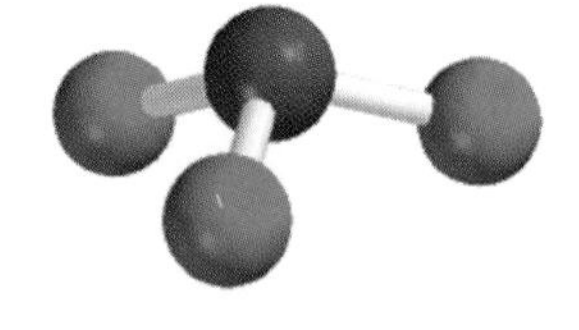

NF_3

EXEMPLE 7.3 La technique d'écriture d'une structure de Lewis dans le cas de liaisons simples

Écrivez la structure de Lewis du trifluorure d'azote (NF_3).

SOLUTION

Il faut suivre la procédure précédente pour écrire la structure de Lewis.

Étape 1 : Puisque N est l'atome le moins électronégatif, il sera l'atome central.

Étape 2 : La structure squelettique du composé est donc la suivante.

F N F
F

Étape 3 : L'azote ne peut avoir qu'un état de valence égal à 3 (la configuration électronique des électrons de valence de N étant $2s^22p^3$, il a trois électrons célibataires).

N [↑↓] [↑|↑|↑]
$2s$ $2p$

Étape 4 : Avec la configuration électronique de ses électrons de valence, l'atome d'azote a un doublet d'électrons et trois électrons célibataires. Chacun des trois atomes de fluor sera entouré de sept électrons : trois doublets et un électron célibataire. ▶

N $\boxed{\uparrow\downarrow}$ $\boxed{\uparrow|\uparrow|\uparrow}$ (2*s*, 2*p*)

F $\boxed{\uparrow\downarrow}$ $\boxed{\uparrow\downarrow|\uparrow\downarrow|\uparrow}$ (2*s*, 2*p*)

F $\boxed{\uparrow\downarrow}$ $\boxed{\uparrow\downarrow|\uparrow\downarrow|\uparrow}$ (2*s*, 2*p*)

F $\boxed{\uparrow\downarrow}$ $\boxed{\uparrow\downarrow|\uparrow\downarrow|\uparrow}$ (2*s*, 2*p*)

:F··N··F:
   :F:

Étape 5 : Unissons les atomes de façon à ce qu'il ne reste pas d'électrons célibataires.

F $\boxed{\uparrow\downarrow}$ $\boxed{\uparrow\downarrow|\uparrow\downarrow|\uparrow}$ (2*s*, 2*p*)

N $\boxed{\uparrow\downarrow}$ $\boxed{\uparrow|\uparrow|\uparrow}$ (2*s*, 2*p*)

F $\boxed{\uparrow\downarrow}$ $\boxed{\uparrow\downarrow|\uparrow\downarrow|\uparrow}$ (2*s*, 2*p*)

F $\boxed{\uparrow\downarrow}$ $\boxed{\uparrow\downarrow|\uparrow\downarrow|\uparrow}$ (2*s*, 2*p*)

:F··N··F:
   :F:

VÉRIFICATION

Il y a bien un total de 26 électrons de valence. Tous les atomes respectent la règle de l'octet.

EXERCICE E7.3

Écrivez la structure de Lewis du disulfure de carbone (CS_2).

Problème semblable 7.14

EXEMPLE 7.4 La technique d'écriture d'une structure de Lewis dans le cas de liaisons multiples

Écrivez la structure de Lewis de l'acide nitreux (HNO_2).

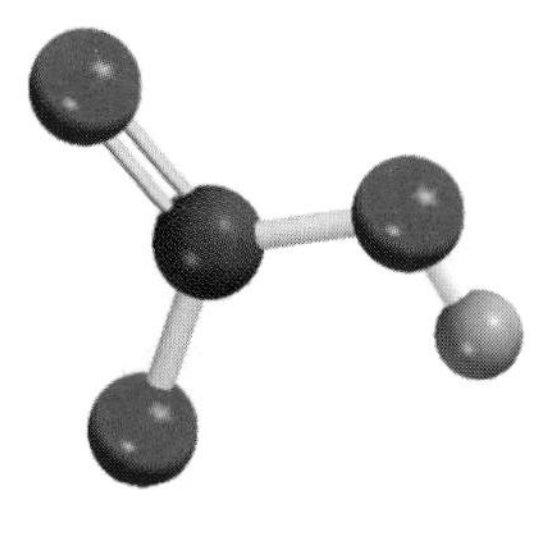

HNO_2

NOTE

Dans le cas des oxacides et des oxanions, les atomes d'hydrogène sont liés aux atomes d'oxygène.

SOLUTION

Suivons la procédure décrite précédemment.

Étape 1 : L'atome central sera l'azote, puisqu'il est moins électronégatif que l'oxygène et qu'il peut faire trois liaisons.

Étape 2 : Puisqu'il s'agit d'un oxacide, l'atome de H sera directement attaché à l'un des atomes de O. La structure squelettique de la molécule sera la suivante.

O N O H

Étape 3 : L'azote ne peut avoir qu'un état de valence égal à 3.

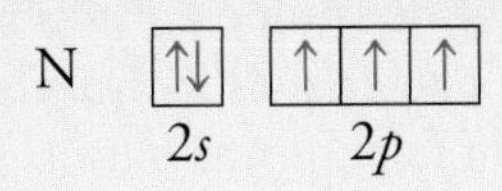

▶

Étape 4 : Les configurations électroniques des électrons de valence de N, O et H sont respectivement $2s^2 2p^3$, $2s^2 2p^4$ et $1s^1$. L'atome d'azote sera donc entouré d'un doublet d'électrons et de trois électrons célibataires, alors que les atomes d'oxygène seront entourés de deux doublets et de deux électrons célibataires.

O [↑↓] [↑↓|↑|↑]
2s 2p

N [↑↓] [↑|↑|↑] :Ö··N̈··Ö··H
2s 2p

O [↑↓] [↑↓|↑|↑]
2s 2p

H [↑]
1s

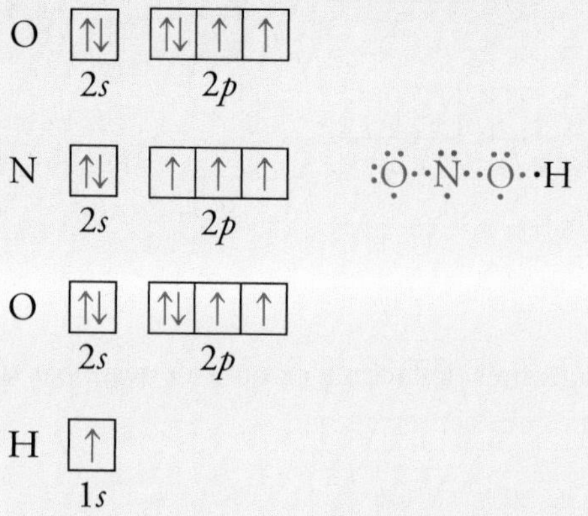

Étape 5 : Unissons les atomes de façon à ce qu'il ne reste pas d'électrons célibataires. Traçons des liaisons covalentes simples entre N et chacun des deux atomes de O et entre un atome de O et un atome de H. Il restera un électron célibataire sur N et un sur O. Nous pourrons ainsi former une deuxième liaison. La liaison double contient donc deux doublets d'électrons distincts et elle est effectuée à partir d'électrons célibataires.

O [↑↓] [↑↓|↑|↑]
2s 2p

N [↑↓] [↑|↑|↑] :Ö··N̈··Ö··H ou :Ö::N··Ö··H
2s 2p

O [↑↓] [↑↓|↑|↑]
2s 2p

H [↑]
1s

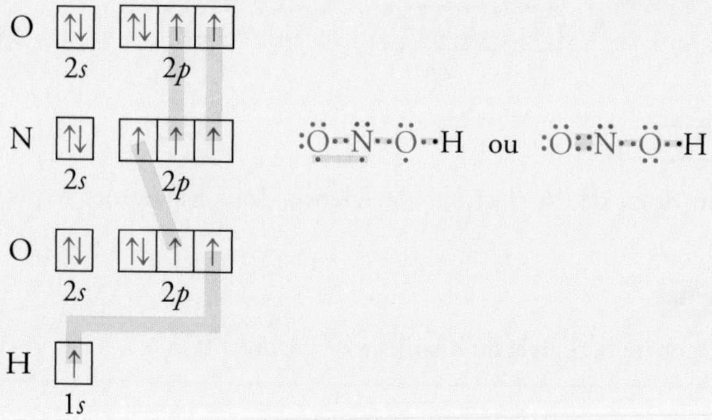

VÉRIFICATION

Le nombre total d'électrons de valence est 18. La règle de l'octet est respectée pour N et O. L'hydrogène s'entoure pour sa part de deux électrons.

Problème semblable 7.15

EXERCICE E7.4

Écrivez la structure de Lewis de l'acide hyposulfureux (H_2SO_2).

CHIMIE EN LIGNE

Interaction
- Les structures de Lewis

Il existe une méthode alternative pour écrire la structure de Lewis d'un composé. Bien qu'un peu moins instinctive, cette méthode fonctionne bien avec des molécules simples. Les étapes générales de cette méthode sont les suivantes :

1. Déterminer le nombre total d'électrons de valence impliqués dans le composé.
2. Établir la structure squelettique du composé. En général, l'atome le moins électronégatif est placé au centre. Il est à noter que l'hydrogène et le fluor ne sont jamais placés au centre puisqu'ils ne peuvent faire qu'une liaison.

3. Unir chacun des atomes du squelette à son voisin par une liaison simple (chaque liaison contient deux électrons).
4. Placer des doublets libres autour de chacun des atomes périphériques de façon à ce que chacun d'entre eux respecte la règle de l'octet (la couche de valence de l'atome d'hydrogène est complète avec seulement deux électrons) et placer, sous forme de doublets libres, les électrons restants sur l'atome central (s'il y a lieu).
5. Si, après qu'on a effectué les étapes précédentes, l'atome central ne respecte toujours pas la règle de l'octet, déplacer un ou plusieurs doublets libres pour former une ou des liaisons multiples entre l'atome central et les atomes voisins.

On peut utiliser cette méthode pour tracer la structure de Lewis de l'acide nitrique, HNO_3.

Étape 1 : Les configurations électroniques des électrons de valence de N, O et H sont respectivement $2s^22p^3$, $2s^22p^4$ et $1s^1$. Il y a donc $[5 + (3 \times 6) + 1] = 24$ électrons de valence dont il faudra tenir compte dans HNO_3.

Étape 2 : L'atome central est l'azote, car il s'agit de l'atome le moins électronégatif (atome de H exclu). Comme il s'agit d'un oxacide, l'atome d'hydrogène sera lié à l'un des atomes d'oxygène. La structure squelettique de la molécule est donc la suivante.

```
O  N  O  H
   O
```

Étape 3 : On trace des liaisons simples pour relier les différents atomes du squelette.

```
O—N—O—H      (8e⁻)
  |
  O
```

Étape 4 : Il faut ensuite ajouter le nombre d'électrons nécessaire sur les atomes périphériques (les atomes d'oxygène) afin qu'ils satisfassent à la règle de l'octet.

```
 ..    ..
:O—N—O—H      (24e⁻)
 ..  | ..
    :O:
     ..
```

Étape 5 : La règle de l'octet est respectée pour tous les atomes d'oxygène, mais pas pour l'azote, qui a seulement six électrons. Il faut donc déplacer un doublet libre de l'un des atomes terminaux, O, de manière à former une autre liaison avec N. La règle de l'octet est maintenant respectée par tous les atomes.

```
..     ..
O=N—O—H      (24e⁻)
..  | ..
   :O:
    ..
```

Cette méthode alternative, bien qu'elle soit parfois plus rapide que la méthode décrite précédemment (*voir p. 318*), ne tient pas compte des configurations électroniques de chacun des atomes impliqués. On retiendra donc la méthode générale dans la suite de cet ouvrage, puisqu'elle permet de mieux faire le lien entre la configuration électronique d'un élément et sa réactivité, et qu'elle favorise la compréhension de la périodicité des propriétés des éléments.

RÉVISION DES CONCEPTS

Déterminez celui des trois arrangements suivants qui est adopté par les atomes du cyanamide (CH_2N_2) : **a)** H_2CNN ; **b)** H_2NCN ; **c)** HNNCH. (Les atomes sont liés dans l'ordre.)

7.5.3 Les exceptions à la règle de l'octet

L'octet incomplet

NOTE

On observe aussi cette tendance pour les autres éléments de la famille du bore. De plus, bien que stables, ces molécules ont tendance à réagir facilement avec des molécules qui présentent un ou plusieurs doublets libres pour combler leur octet.

Certains atomes n'ont pas assez d'électrons de valence pour obéir à la règle de l'octet : c'est le cas pour le bore et le béryllium. Ayant seulement deux électrons de valence, le béryllium ne peut former que deux liaisons, ce qui signifie qu'il ne peut s'entourer que d'un maximum de quatre électrons. Son octet est alors dit « incomplet ». Le bore, avec ses trois électrons de valence, ne peut former que trois liaisons et ne peut ainsi s'entourer que d'un maximum de six électrons.

H
H ∶B∶ H

L'octet étendu

Le cas de l'octet étendu se présente surtout lorsqu'on doit avoir recours à la promotion d'un ou de plusieurs électrons dans une ou des orbitales *d*. Cela peut se produire à partir de la troisième période à cause de l'accès aux orbitales *d*. Par exemple, dans la molécule PH_5 (*voir son analyse complète dans la section 7.5.2, p. 314*), le phosphore est dans un état excité. Il est entouré de 10 électrons : il ne respecte pas la règle de l'octet.

H
H ∶P∶ H
H H

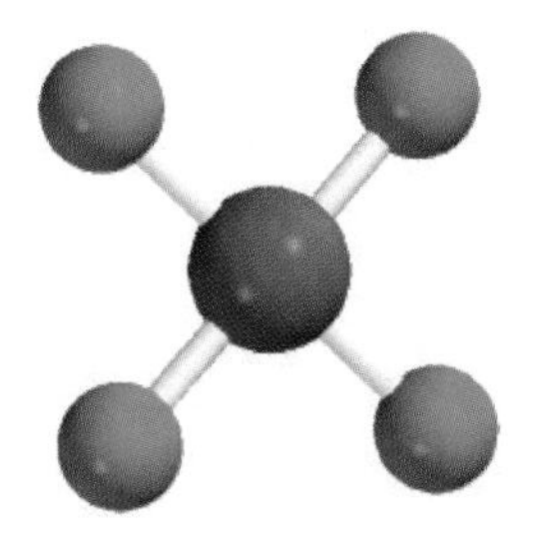

XeF_4

EXEMPLE 7.5 La structure de Lewis d'une molécule dont l'élément central est dans un état excité

Proposez une structure de Lewis pour le tétrafluorure de xénon (XeF_4).

DÉMARCHE

Les gaz rares ne font pas de liaisons lorsqu'ils sont à l'état fondamental. Comment pouvons-nous permettre au xénon de faire quatre liaisons ?

SOLUTION

Il faudra dans un premier temps exciter certains électrons de valence du xénon de façon à ce qu'il ait quatre électrons célibataires.

	5*s*	5*p*	5*d*
Xe	↑↓	↑↓ ↑↓ ↑↓	☐ ☐ ☐ ☐
Xe*	↑↓	↑↓ ↑ ↑	↑ ↑ ☐ ☐

Une fois les quatre électrons célibataires disponibles, il suffira de lier chacun d'entre eux à l'électron d'un atome de fluor.

$$:\ddot{F}\cdot \quad :\ddot{Xe}: \quad \cdot\ddot{F}:$$

VÉRIFICATION

Le nombre total d'électrons est égal à 36. Tous les atomes de fluor respectent la règle de l'octet. Le xénon, pour sa part, est entouré de 12 électrons et ne respecte pas la règle de l'octet, ce qui est possible puisqu'il dispose d'orbitales *d* pour loger les deux électrons promus.

EXERCICE E7.5

Dessinez la structure de Lewis du tétrafluorure de soufre (SF_4).

Problème semblable ⊕

7.16

Les molécules à nombre impair d'électrons

Certaines molécules, comme le monoxyde d'azote (NO) et le dioxyde d'azote (NO_2), contiennent un nombre impair d'électrons :

$$\dot{\ddot{N}}{=}\ddot{O} \qquad \ddot{O}{=}\dot{N}^{+}{-}\ddot{O}:^{-}$$

Puisqu'il faut un nombre total pair d'électrons de valence pour que la règle de l'octet puisse être respectée, lorsqu'une molécule contient un nombre impair d'électrons, il est impossible que tous ses atomes respectent la règle de l'octet.

Ces molécules à nombre impair d'électrons sont parfois appelées « radicaux ». Plusieurs radicaux sont très réactifs, parce que les électrons non appariés ont tendance à former des liens covalents avec les électrons non appariés d'une autre molécule. Par exemple, lors de la collision entre deux molécules de dioxyde d'azote (NO_2), il y a formation d'une molécule de tétroxyde de diazote (N_2O_4) ; la règle de l'octet est respectée dans cette dernière molécule autant pour les atomes de O que pour les atomes de N :

$$NO_2\cdot + \cdot NO_2 \longrightarrow O_2N{-}NO_2$$

RÉVISION DES CONCEPTS

Le modèle moléculaire suivant représente la guanine, l'une des quatre bases azotées qui constituent l'ADN. Seules les connexions entre les atomes sont montrées. Proposez une structure de Lewis pour la guanine. (Pour le code de couleur des modèles moléculaires, référez-vous au début du manuel.)

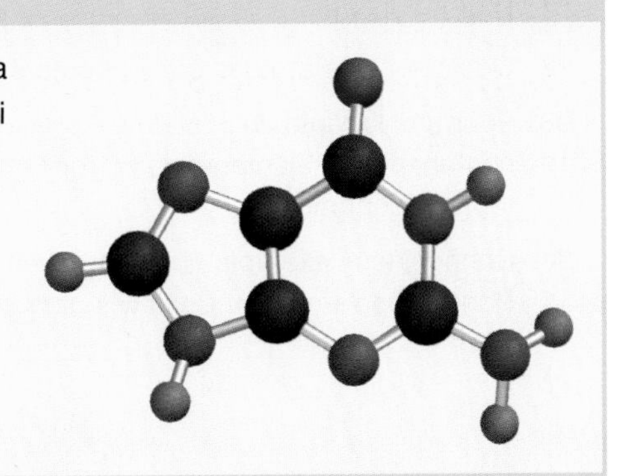

CHIMIE EN ACTION

Le NO, une si petite molécule pour de si grandes prouesses !

Le monoxyde d'azote, NO, l'oxyde d'azote le plus simple, est une molécule avec un nombre impair d'électrons. Il est donc paramagnétique. Ce gaz incolore (avec un point d'ébullition de −152 °C) peut être préparé en laboratoire en faisant réagir du nitrite de sodium, $NaNO_2$, avec un agent réducteur, tel le Fe^{2+}, dans un milieu acide :

$$NO_2^-(aq) + Fe^{2+}(aq) + 2H^+(aq) \longrightarrow NO(g) + Fe^{3+}(aq) + H_2O(l)$$

Il existe plusieurs sources de NO dans notre environnement. Les carburants fossiles contiennent des composés azotés qui, en brûlant, produisent du NO. De plus, les moteurs à essence en produisent à haute température simplement du fait que, dans un moteur chaud, l'azote de l'air qui y est admis se met à réagir avec l'oxygène :

$$N_2(g) + O_2(g) \longrightarrow 2NO(g)$$

Par temps orageux, les éclairs sont une autre source de NO dans l'atmosphère. Exposé à l'air, le monoxyde d'azote forme rapidement du dioxyde d'azote, un gaz rouge brunâtre :

$$2NO(g) + O_2(g) \longrightarrow 2NO_2(g)$$

Ce dioxyde d'azote est un des constituants majeurs du smog.

Par ailleurs, voilà plus d'une vingtaine d'années, des chercheurs qui étudiaient les relaxations musculaires ont découvert que le corps humain fabrique du monoxyde d'azote pour s'en servir comme neurotransmetteur. Un neurotransmetteur est une petite molécule qui facilite les communications intercellulaires, en particulier la transmission de l'influx nerveux.

On a maintenant détecté la présence du NO dans au moins une douzaine de types de cellules à l'intérieur de différents organes du corps. On sait maintenant que les cellules du cerveau ainsi que celles du foie, du pancréas, du système digestif et des vaisseaux sanguins sont capables de synthétiser du monoxyde d'azote. En plus de son rôle de neurotransmetteur, cette molécule agit aussi comme une toxine en tuant des bactéries nocives. Et ce n'est pas tout ! En 1996, il a été prouvé que cette molécule se lie à l'hémoglobine, la protéine qui assure le transport de l'oxygène dans le sang. Il n'y a plus de doute, le NO contribue à régulariser la pression sanguine.

Cette dernière découverte du rôle biologique du monoxyde d'azote a jeté une lumière nouvelle sur le mode d'action médicamenteuse de la nitroglycérine ($C_3H_5N_3O_9$) et d'autres dérivés nitrés prescrits à des patients cardiaques souffrant d'angine de poitrine (douleurs causées par une mauvaise circulation sanguine dans les artères situées près du cœur). On croit maintenant que la nitroglycérine agit comme source de monoxyde d'azote qui cause la vasodilatation des muscles lisses des vaisseaux sanguins.

QUESTIONS de révision

19. Déterminez le nombre de doublets libres dans les atomes soulignés suivants : H<u>Br</u>, H_2<u>S</u>, <u>C</u>H_4.
20. Combien d'électrons partagent les deux atomes qui forment une liaison triple ?
21. Décrivez la règle de l'octet dans ses grandes lignes.
22. Quels sont les atomes qui respectent toujours la règle de l'octet ?
23. Pourquoi la règle de l'octet ne s'applique-t-elle pas à de nombreux composés contenant des éléments de la troisième période ou des périodes suivantes du tableau périodique ?
24. Donnez deux exemples de composés qui ne respectent pas la règle de l'octet. Donnez une structure de Lewis pour chacun d'eux.

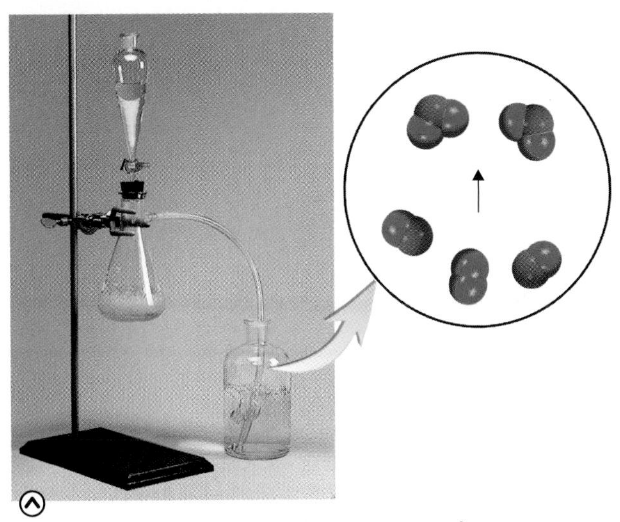

Le NO gazeux incolore produit par la réaction de Fe^{2+} avec une solution de nitrite de sodium acidifiée n'est pas très soluble dans l'eau et se dégage dans l'air, là où il réagit immédiatement avec l'oxygène pour former le NO_2, un gaz brunâtre.

Le rôle du NO comme messager biologique est tout à fait adéquat. Il s'agit d'une petite molécule, ce qui lui permet de diffuser rapidement d'une cellule à l'autre. De plus, il peut devenir très réactif dans certaines circonstances, ce qui explique son rôle protecteur. L'enzyme responsable de la relaxation musculaire contient du fer pour lequel le monoxyde d'azote a une grande affinité. C'est cette fixation du NO au fer qui active l'enzyme. Dans les cellules, les effecteurs biologiques sont habituellement de très grosses molécules. Il est donc très surprenant de constater toute la puissance d'envahissement et de contrôle que la nature a confiée à une si petite molécule.

Le mécanisme d'action des médicaments comme le Viagra (sildénafil) a pour effet de faire prolonger l'effet de la vasodilatation de muscles lisses des vaisseaux sanguins irriguant le pénis, laquelle est causée par la présence du NO. Normalement, cet effet a une durée limitée, car pour toute molécule jouant le rôle de transmetteur dans une cellule, il y en a d'autres qui mettent fin au message (les produits chimiques produits dans les cellules à la suite de l'arrivée du messager sont transformés en d'autres produits, c'est-à-dire métabolisés). Ces transformations se font plus ou moins rapidement en présence d'enzymes. Dans le cas de certains types de dysfonction érectile, il est possible d'inhiber cette action enzymatique par la présence du médicament, causant ainsi un effet prolongé du NO. Par exemple, dans le cas du Viagra, il y a inhibition spécifique d'une enzyme appelée « phosphodiestérase-5 » (PDE5). Comme cette enzyme est présente dans d'autres organes, de tels médicaments peuvent avoir des effets secondaires. Ils sont donc contre-indiqués en cas de maladie cardiaque ou de diabète, par exemple.

La molécule de NO est aussi impliquée dans le choc septique (défaillance du système circulatoire déclenchée par un agent infectieux). Lors d'une infection massive, les macrophages produisent de fortes concentrations de NO afin de tuer les bactéries. Cependant, la libération de NO cause une importante vasodilatation des vaisseaux sanguins, faisant ainsi chuter la pression de façon brutale (hypotension) et pouvant facilement causer la mort.

7.5.4 La structure des ions

Les ions sont des espèces chimiques qui ont un déficit en électrons ou un surplus d'électrons. Lorsqu'on veut proposer un diagramme de Lewis pour un ion polyatomique, les électrons ne sont pas ajoutés ou enlevés au hasard.

Dans le cas d'un anion polyatomique, le ou les électrons en surplus doivent être ajoutés à l'atome qui en est avide, c'est-à-dire à l'atome le plus électronégatif. Par exemple, dans le cas de l'anion ClO^-, l'électron sera ajouté à l'atome le plus électronégatif, c'est-à-dire l'oxygène. On obtient alors le diagramme de Lewis suivant :

O^- [↑↓] [↑↓|↑↓|↑]
2s 2p

$[:\ddot{\underset{..}{Cl}}\cdot\cdot\ddot{\underset{..}{O}}:]^-$ ← Électron en surplus

NOTE
Les crochets servent à indiquer que l'espèce chimique porte une charge globale de −1.

Lorsque plus d'un électron doit être ajouté, le même principe s'applique. Par contre, il faut se rappeler l'affinité électronique vue au chapitre 6. Il est plus facile de donner un premier électron à O qu'un deuxième à O^-. En effet, dans un ion tel que SO_4^{2-}, les électrons supplémentaires seront distribués à deux atomes d'oxygène différents plutôt qu'attribués au même atome.

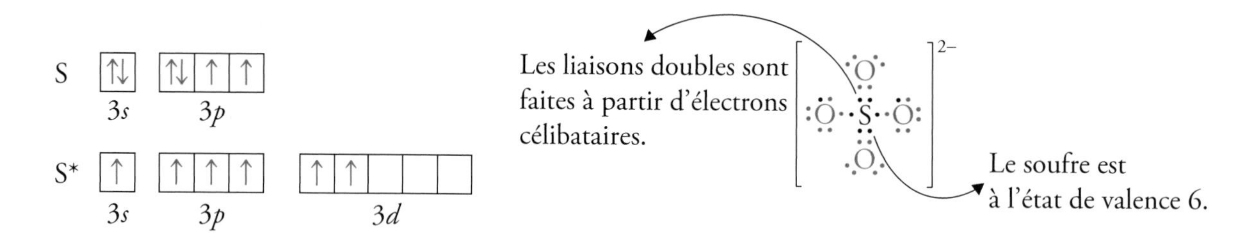
S
3s
3p
S*
3s
3p
3d
Les liaisons doubles sont faites à partir d'électrons célibataires.
2−
Le soufre est à l'état de valence 6.

Cette logique s'applique aussi dans le cas des cations. Par exemple, dans le cas de l'ion BrF_4^+, l'électron est enlevé à l'atome qui « en veut le moins », donc à l'atome le moins électronégatif, c'est-à-dire le brome. Afin de se lier avec quatre atomes de fluor, le brome doit avoir un état de valence de 4.

Br [↑↓] [↑↓|↑↓|↑]
4s 4p

Br^{+*} [↑↓] [↑|↑|↑] [↑| | | |]
4s 4p 4d

$[BrF_4]^+$

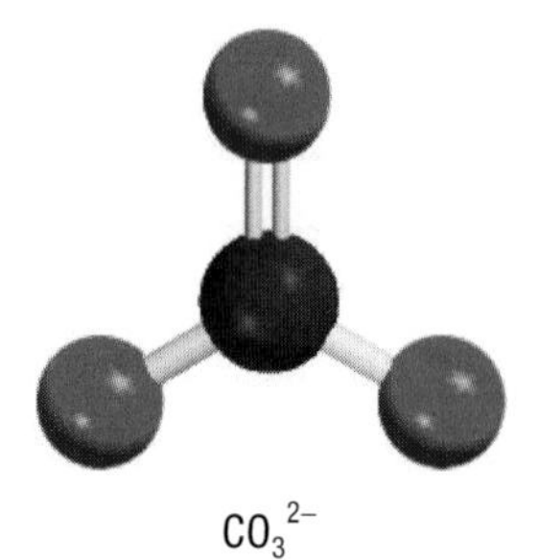

CO_3^{2-}

EXEMPLE 7.6 La technique d'écriture d'une structure de Lewis dans le cas d'un anion polyatomique

Écrivez la structure de Lewis de l'ion carbonate (CO_3^{2-}).

DÉMARCHE

À quels atomes devrons-nous ajouter les deux électrons supplémentaires ?

SOLUTION

Le carbone est ici l'atome central puisqu'il est moins électronégatif que l'oxygène et peut faire quatre liaisons. Puisque l'anion a une charge de −2, il faut ajouter deux électrons supplémentaires. Ce sont deux des trois atomes d'oxygène qui accepteront chacun un électron en surplus (l'oxygène étant plus électronégatif que le carbone).

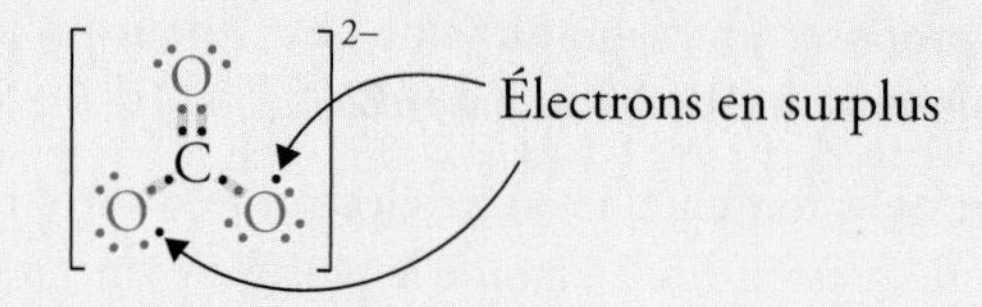
2−
Électrons en surplus

VÉRIFICATION

Le nombre total d'électrons est bien de 24 (22 électrons de valence et 2 électrons supplémentaires dus à la charge de l'ion). Tous les atomes respectent la règle de l'octet.

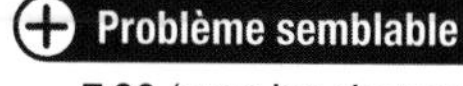
Problème semblable

7.20 (sans les charges formelles)

EXERCICE E7.6

Écrivez la structure de Lewis de l'ion nitrite (NO_2^-).

QUESTIONS de révision

25. Quel atome est le plus susceptible d'accepter l'électron en surplus dans un anion polyatomique?
26. Quel atome est le plus susceptible de perdre un électron dans un cation polyatomique?

7.5.5 La charge formelle

Les structures de Lewis vues précédemment permettent d'obtenir une idée assez précise de la façon dont les atomes sont liés dans une molécule. Cependant, il existe des composés pour lesquels il est plus difficile de proposer une structure de Lewis: par exemple dans certains cas d'octets incomplets ou étendus, dans le cas de composés à nombre impair d'électrons ou encore dans les cas où il y a plus d'une structure de Lewis possible. Le concept de charge formelle permet de déterminer la distribution des électrons dans une molécule et d'en établir la structure la plus plausible. La **charge formelle** constitue un moyen de déterminer la charge électrique hypothétique d'un atome et peut être définie comme la différence entre le nombre d'électrons de valence contenus dans un atome isolé et le nombre d'électrons associés à ce même atome dans une structure de Lewis. On peut calculer la charge formelle d'un atome contenu dans une structure de Lewis en procédant ainsi:

- Tous les électrons non liants d'un atome lui sont assignés.
- On brise la ou les liaisons entre l'atome et l'autre ou les autres atomes, et on lui assigne la moitié des électrons de liaison.

Le bris d'une seule liaison correspond au transfert d'un seul électron, et le bris d'une double liaison, au transfert de deux électrons sur chacun des atomes liés, et ainsi de suite, comme le montre l'**EXEMPLE 7.7**.

$$\text{charge formelle} = \begin{pmatrix}\text{nombre d'électrons}\\ \text{de valence de l'atome}\end{pmatrix} - \left[\begin{pmatrix}\text{nombre d'électrons non}\\ \text{liants autour de l'atome}\end{pmatrix} + \frac{1}{2}\begin{pmatrix}\text{nombre d'électrons présents}\\ \text{dans les doublets liants}\end{pmatrix}\right] \quad (7.2)$$

Les règles suivantes sont utiles pour déterminer les charges formelles:

1. Dans le cas des molécules, la somme des charges formelles doit être égale à zéro parce que les molécules sont des espèces électriquement neutres.
2. Dans le cas d'un ion, la somme des charges formelles doit être égale à la charge de l'ion.

EXEMPLE 7.7 La détermination des charges formelles dans un ion polyatomique

Déterminez les charges formelles portées par chacun des atomes dans l'ion carbonate (CO_3^{2-}).

SOLUTION

La structure de Lewis de l'ion carbonate a été établie à l'**EXEMPLE 7.6**:

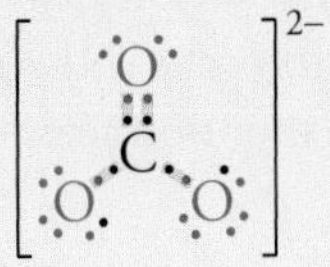

ou la structure de Lewis simplifiée

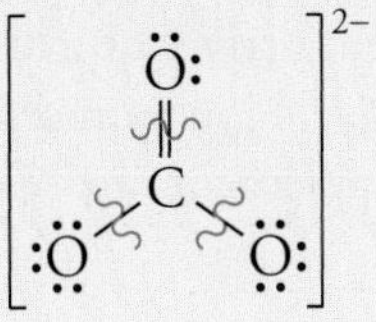

Pour l'atome de C : cet atome a quatre électrons de valence et aucun électron non liant dans la structure de Lewis. Le bris de la double liaison et des deux liaisons simples correspond à un transfert de quatre électrons vers cet atome de C. La charge formelle est donc $4 - (0 + (1/2 \times 8)) = 0$.

Pour l'atome de O dans C═O : cet atome comporte six électrons de valence, et il y a quatre électrons non liants. Le bris de la double liaison correspond au transfert de deux électrons sur cet atome de O. Ici, la charge formelle est $6 - (4 + (1/2 \times 4)) = 0$.

Pour l'atome de O dans C—O : cet atome a six électrons non liants, et le bris de la liaison simple lui confère un autre électron. La charge formelle est donc $6 - (6 + (1/2 \times 2)) = -1$. Il y a deux atomes de O dans cette situation.

Voici donc la structure de Lewis de CO_3^{2-} comprenant les charges formelles :

```
          ..
          O:
          ‖
          C
        /   \
   ⁻:Ö       Ö:⁻
     ..      ..
```

NOTE

Dans le cas d'une seule charge positive ou négative, on omet habituellement le 1.

VÉRIFICATION

Notez que la somme des charges formelles est de −2, ce qui équivaut à la charge de l'ion carbonate.

EXERCICE E7.7

Inscrivez les charges formelles dans la structure de Lewis de l'ion nitrite (NO_2^-).

Problème semblable 7.20 (avec les charges formelles)

Il existe parfois plus d'une structure de Lewis acceptable pour une espèce donnée. Dans de tels cas, ce sont les charges formelles qui permettent de choisir la structure la plus vraisemblable pour un composé donné (cette procédure sera appliquée à l'**EXEMPLE 7.8**). Les règles à suivre sont résumées ainsi :

1. Dans le cas d'une molécule neutre, une structure de Lewis qui ne comprend aucune charge formelle est préférable à une autre qui en comprend.
2. Une structure de Lewis qui comprend des charges formelles élevées (+2, +3 ou −2, −3, etc.) est moins plausible qu'une autre dans laquelle ces charges sont plus petites.
3. Si les structures de Lewis ont une distribution similaire de charges formelles, la plus plausible est celle dans laquelle les charges formelles négatives sont placées sur les atomes les plus électronégatifs (*voir* l'**EXEMPLE 7.8**, *p. 330*).

7.5.6 La liaison de coordinence

NOTE

On a recours à la liaison de coordinence une fois les autres possibilités épuisées.

Afin d'expliquer l'existence de certaines espèces chimiques, on doit faire appel à la liaison de coordinence (ou liaison dative).

Jusqu'ici, la liaison covalente a été présentée comme le résultat d'un partage d'électrons dans lequel chacun des deux atomes fournit l'un des électrons qui sera mis en commun. Par contre, il peut arriver que le doublet d'électrons d'une liaison provienne du même atome. Par exemple, l'ion ammonium se forme lorsque l'ammoniac (NH_3) capte un atome d'hydrogène supplémentaire. Compte tenu des règles mentionnées dans la section précédente, on sait qu'il faut enlever l'électron à l'un des atomes d'hydrogène (puisqu'il est le moins électronégatif). L'atome d'azote ayant un doublet libre, il peut assumer seul la liaison covalente en « prêtant » son doublet d'électrons à l'atome d'hydrogène dénué de son électron. La **liaison de coordinence** est donc une liaison covalente dans laquelle l'un des atomes fournit les deux électrons de la liaison.

Cet atome de H n'a pas d'électron.

$$\left[\begin{array}{c} H \\ H{:}\ddot{N}{:}H \\ H \end{array}\right]^+$$

Liaison de coordinence : le doublet d'électrons servant à assurer la liaison est fourni par un seul des atomes qui participent à la liaison.

La résultante est exactement la même que pour une liaison covalente normale. Mis à part dans le diagramme de Lewis, en pratique, il est impossible de différencier une liaison covalente normale d'une liaison de coordinence. Une fois la liaison formée, on ne sait plus d'où vient le doublet. C'est pour cette raison qu'une liaison de coordinence est considérée comme une liaison covalente : elle n'en est qu'une variante.

On veut construire, par exemple, une structure de Lewis pour l'anion NO_3^-. L'électron supplémentaire sera ajouté au premier atome d'oxygène, ce dernier étant plus électronégatif que l'azote. Deux des trois électrons célibataires de l'azote serviront à faire une liaison double avec le deuxième atome d'oxygène. L'autre électron célibataire servira à former une liaison simple avec l'atome d'oxygène ayant reçu un électron supplémentaire. L'azote n'ayant plus d'électrons célibataires, on devra utiliser une liaison de coordinence pour lier l'azote au troisième atome d'oxygène. L'azote possède en effet un doublet libre qu'il pourrait « prêter » à cet atome d'oxygène. Par contre, l'oxygène ne peut recevoir le doublet, car il n'a pas d'orbitale vide pour l'accepter. Bien qu'il n'y ait aucune orbitale *d* accessible, il est en théorie possible de forcer les deux électrons célibataires d'un atome d'oxygène à entrer dans la même orbitale. Cet état sera évidemment moins stable que l'état fondamental : il s'agit d'un état excité. L'oxygène excité possède donc une orbitale vide qui peut recevoir le doublet de l'azote et participer à une liaison de coordinence.

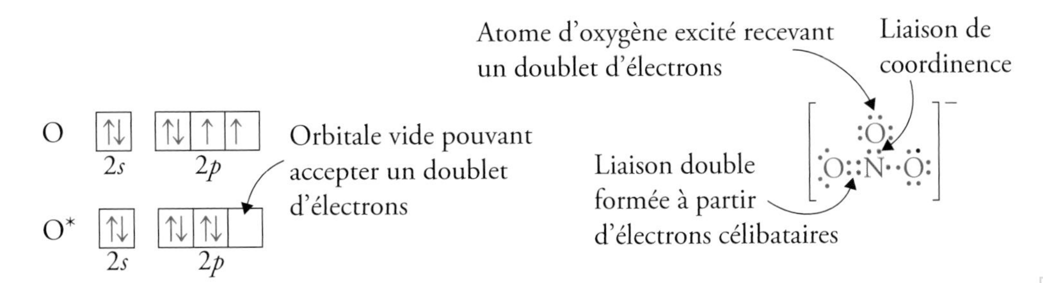

NOTE

Avec les charges formelles, la structure de Lewis simplifiée serait la suivante :

$$\ddot{O}{:} = N^+ (-{:}\ddot{O}^{-})(\ddot{O}{:}^-)$$

En résumé, pour former une liaison de coordinence, deux paramètres sont nécessaires : la présence d'un doublet d'électrons sur un des deux atomes et la présence d'une orbitale vide sur l'autre atome pour accepter le doublet. Il est facile d'avoir accès à des orbitales vides lorsque des orbitales *d* sont disponibles. Dans le cas contraire, un atome peut être excité. L'oxygène peut être excité de façon à avoir une orbitale 2*p* vide, comme c'est le cas dans l'exemple précédent. Il arrive aussi qu'un atome avec une orbitale *s* vide reçoive le doublet, comme dans le cas de l'ion NH_4^+.

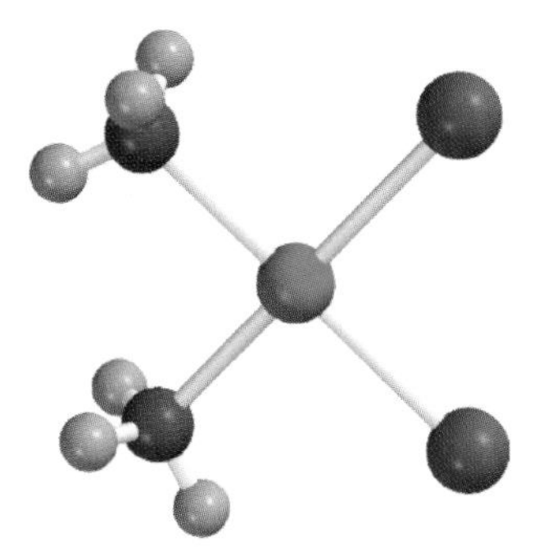

cis-$Pt(NH_3)_2Cl_2$

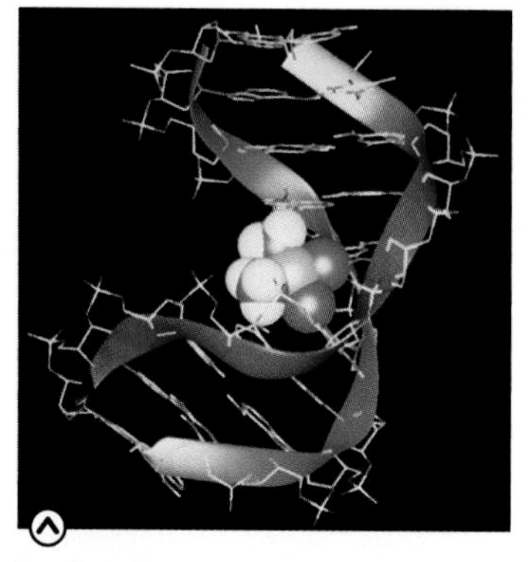

Le cisplatine interrompt la réplication et la transcription de l'ADN en se fixant sur la double hélice.

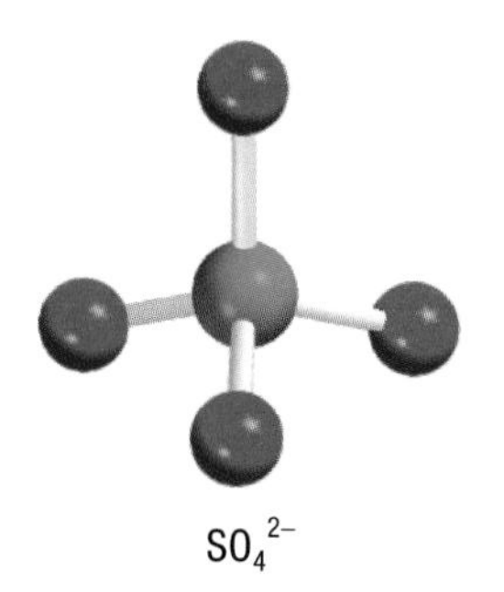

SO_4^{2-}

À cause de leurs configurations électroniques (orbitales vides), les métaux de transition forment souvent des composés chimiques appelés « complexes de coordination ». L'étude de ces espèces chimiques qui peuvent être ioniques ou neutres est une branche importante de la chimie. Certains complexes sont utilisés dans le domaine médical. Le cisplatine (ou cis-diaminedichloroplatine(II)), par exemple, est un agent chimiothérapeutique qui se fixe sur l'ADN et ralentit la prolifération des cellules cancéreuses.

EXEMPLE 7.8 La détermination d'une structure de Lewis à l'aide des charges formelles et de la coordinence

Proposez trois structures de Lewis distinctes pour l'ion sulfate (SO_4^{2-}) et déterminez la plus plausible.

DÉMARCHE

Il faudra utiliser différents états de valence pour le soufre et déterminer les charges formelles afin de choisir la structure la plus plausible.

SOLUTION

Dans son état fondamental, le soufre ne peut faire que deux liaisons. Cela permet de le lier aux deux atomes d'oxygène porteurs d'un électron en surplus :

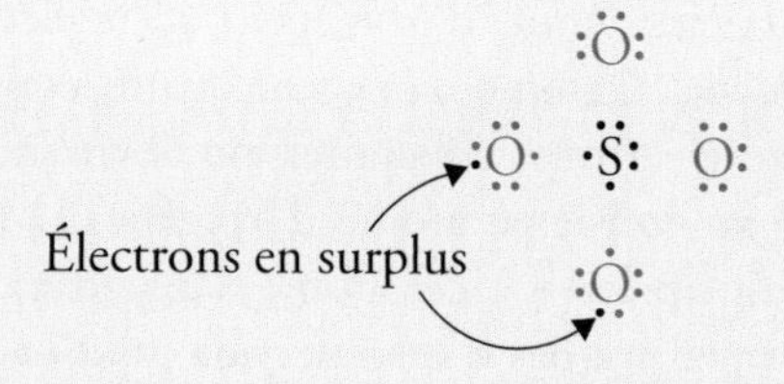

Le soufre n'ayant plus d'électrons célibataires, les deux atomes d'oxygène restants seront liés par une liaison de coordinence. Les liaisons de coordinence s'effectuent à partir des doublets d'électrons du soufre vers l'oxygène excité :

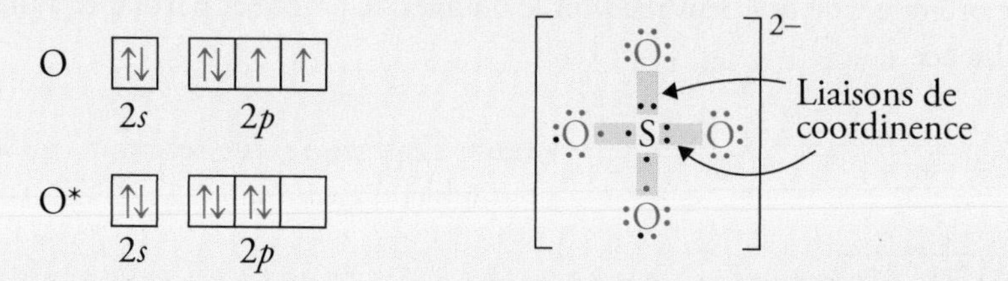

En utilisant le soufre à l'état de valence 4, on peut faire une liaison double et une liaison de coordinence :

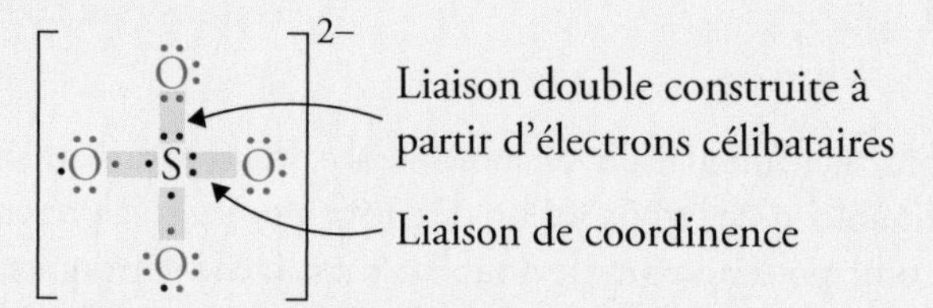

En utilisant le soufre à l'état de valence 6, on peut faire deux liaisons doubles :

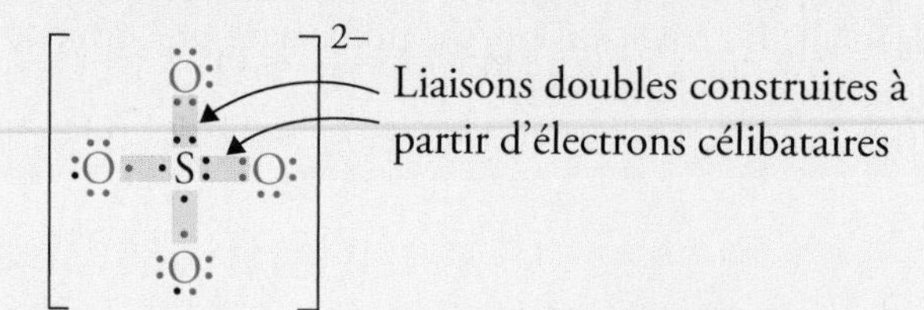

▶

Afin de déterminer celle, parmi ces trois structures de Lewis, qui est la plus plausible, attribuons des charges formelles aux différents atomes :

S : $6e^-$ valence – ($0e^-$ non liants + ($1/2 \times 8e^-$ liants) = +2
O^- : $6e^-$ valence – ($6e^-$ non liants + ($1/2 \times 2e^-$ liants) = –1
Charge globale : –2

S : $6e^-$ valence – ($0e^-$ non liants + ($1/2 \times 10e^-$ liants) = +1
O (S—O) : $6e^-$ valence – ($6e^-$ non liants + ($1/2 \times 2e^-$ liants) = –1
O (S═O) : $6e^-$ valence – ($4e^-$ non liants + ($1/2 \times 4e^-$ liants) = 0
Charge globale : –2

S : $6e^-$ valence – ($0e^-$ non liants + ($1/2 \times 12e^-$ liants) = 0
O (S—O) : $6e^-$ valence – ($6e^-$ non liants + ($1/2 \times 2e^-$ liants) = –1
O (S═O) : $6e^-$ valence – ($4e^-$ non liants + ($1/2 \times 4e^-$ liants) = 0
Charge globale : –2

Selon les règles énoncées à la section 7.5.5 (*voir p. 327*), la dernière structure est la plus plausible puisqu'elle présente les charges formelles les moins élevées.

VÉRIFICATION

Il y a un total de 32 électrons (30 électrons de valence et 2 électrons supplémentaires dus à la charge de l'ion). Tous les atomes d'oxygène respectent la règle de l'octet.

EXERCICE E7.8

Proposez deux structures de Lewis pour l'acide phosphorique (H_3PO_4) et déterminez la plus plausible.

Problème semblable 7.22

RÉVISION DES CONCEPTS

Le bore et l'aluminium tendent à s'entourer de moins de huit électrons. Cependant, l'aluminium peut former des composés et des ions polyatomiques dans lesquels il est entouré de plus de huit électrons, par exemple l'ion AlF_6^-. Pourquoi l'aluminium peut-il avoir un octet étendu ?

QUESTIONS de révision

27. Comment s'établit une liaison de coordinence ?
28. En quoi la liaison de coordinence diffère-t-elle d'une liaison covalente habituelle ?
29. Dans le cas de l'ion NH_4^+, quel atome est le donneur de doublet d'électrons ? Quel atome est l'accepteur de doublet d'électrons ?
30. Quelle est la condition pour qu'un atome puisse recevoir un doublet d'électrons ?
31. Comment un atome d'oxygène peut-il recevoir un doublet d'électrons ?

CHIMIE EN ACTION

La couleur du sang : un phénomène complexe !

Les complexes des métaux de transition ont souvent des couleurs vives. On peut ainsi expliquer la couleur du sang des mammifères. Nos globules rouges fabriquent l'hémoglobine, une protéine dont la masse molaire est d'environ 68 000 g/mol. Cette protéine est constituée d'un noyau hème (*voir le schéma ci-après*) au centre duquel est fixé un atome de fer sous la forme d'ion 2+. L'ion Fe^{2+} ayant plusieurs orbitales vides, il peut recevoir des doublets d'électrons provenant d'autres atomes. D'ailleurs, c'est en partie de cette façon qu'il se lie au restant de la protéine. C'est aussi l'une des six orbitales vides de l'ion Fe^{2+} qui forme un complexe avec l'oxygène (oxyhémoglobine). Cette complexation de l'oxygène sur l'hémoglobine confère sa couleur rouge au sang. Lors de son retour vers le cœur, le sang n'est que partiellement oxygéné, ce qui explique que sa couleur est plutôt rouge sombre. Nos veines nous apparaissent comme contenant du sang bleu, mais cette couleur est due à la manière dont la peau réfléchit la lumière diffuse. L'oxygène qui se lie temporairement à l'hème de la protéine ne cause pas l'oxydation du fer. Ce dernier demeure toujours à l'état d'oxydation +2, qu'il soit oxygéné ou non. L'oxygène se comporte ici comme un ligand.

Avant chaque prélèvement de sang, Héma-Québec analyse le taux de fer du donneur. Il s'agit d'une mesure indirecte de la quantité d'hémoglobine. Puisqu'un don de sang peut faire chuter la quantité d'hémoglobine de 6 à 8 %, il est important de s'assurer que sa concentration est assez forte pour que la personne ne subisse pas les inconvénients de l'anémie. Cette analyse du taux d'hémoglobine se fait très rapidement à l'aide d'une goutte de sang prélevée par une lancette stérile sur le bout d'un doigt.

Certains invertébrés n'ont pas d'hémoglobine, mais une protéine assez semblable, l'hémocyanine, qui est responsable du transport de l'oxygène dans leur sang. Au lieu d'un atome de fer, cette protéine contient un atome de cuivre (le mot grec pour « bleu » signifie « cyan »). C'est pourquoi les escargots, les homards et certaines araignées ont le sang bleu.

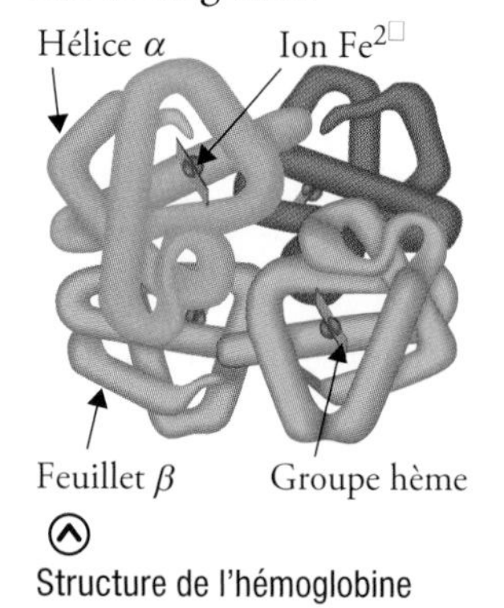

Structure de l'hémoglobine

Un crabe bleu

7.5.7 Les liaisons sigma et les liaisons pi

On sait que la liaison covalente résulte de la mise en commun d'un ou de plusieurs doublets d'électrons entre deux atomes. Selon la théorie du lien de valence, une liaison se forme lorsque deux orbitales atomiques se recouvrent.

Dans le cas d'une liaison covalente simple, un seul doublet d'électrons est partagé. Ces électrons occuperont la région comprise entre les noyaux afin d'obtenir un maximum de stabilité. La **liaison sigma** (σ) est une liaison covalente formée par le recouvrement axial des orbitales, c'est-à-dire dont les nuages électroniques des atomes se concentrent entre les noyaux des atomes liés.

Même si elles se concentrent toutes selon le même axe, les liaisons σ n'ont pas toutes la même forme : elles seront influencées par la forme des orbitales atomiques dont elles proviennent. Dans le cas de la molécule H_2, la liaison σ provient de deux orbitales atomiques $1s$. La liaison covalente formée s'appelle « $\sigma(1s)$ » et a la forme suivante :

H [↑] $1s$

H [↓] $1s$

$1s$ + $1s$ ⟶ $\sigma(1s)$

Dans le cas de la molécule F_2, comme les deux électrons célibataires qui servent à l'établissement de la liaison covalente proviennent d'orbitales $2p$, la liaison formée est une liaison $\sigma(2p)$. Il est à noter que, pour qu'une liaison σ se forme, les deux orbitales p doivent être orientées selon le même axe.

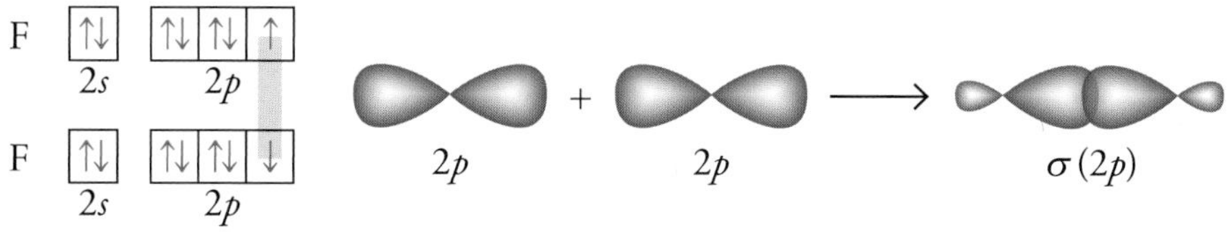

F ↑↓ (2s) ↑↓ ↑↓ ↑ (2p)

F ↑↓ (2s) ↑↓ ↑↓ ↓ (2p)

$2p$ + $2p$ ⟶ $\sigma(2p)$

Une liaison σ peut aussi être asymétrique. Une orbitale atomique $1s$ et une orbitale atomique $2p$ (peu importe son orientation) peuvent se recouvrir et donner lieu à une liaison $\sigma(1s, 2p)$: c'est le cas pour la molécule de HF.

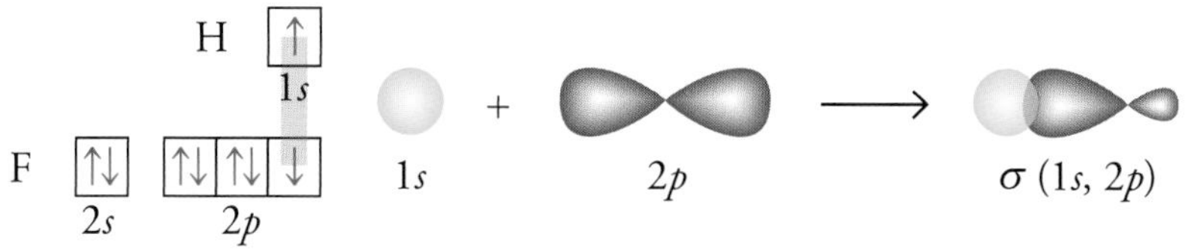

H ↑ (1s)

F ↑↓ (2s) ↑↓ ↑↓ ↓ (2p)

$1s$ + $2p$ ⟶ $\sigma(1s, 2p)$

Ainsi, lorsque deux électrons s'unissent pour former une liaison covalente entre deux atomes, une liaison σ est formée. Dans ce type de liaison, les électrons occupent l'espace compris entre les noyaux.

Qu'en est-il lorsque plusieurs doublets d'électrons sont mis en commun ? Par exemple, la molécule de N_2 résulte de la mise en commun de trois doublets d'électrons (liaison triple). Chaque atome d'azote ayant trois électrons célibataires, ces derniers seront unis deux par deux. La première liaison à se former sera une liaison σ, puisqu'il s'agit de la meilleure place disponible (*voir la* **FIGURE 7.7**, *page suivante*). Les orbitales atomiques $2p$ situées dans l'axe des noyaux se recouvriront alors pour former une liaison $\sigma(2p)$. Une deuxième liaison sera ensuite formée par la combinaison d'une paire d'orbitales $2p$ parallèles, alors que la troisième liaison proviendra de la combinaison de la dernière paire d'orbitales $2p$ parallèles. À cause du principe d'exclusion de Pauli, il ne peut y avoir plus de deux électrons contenus dans une même région de l'espace. L'espace entre les noyaux étant déjà occupé par la liaison $\sigma(2p)$, il ne pourra se former qu'une seule liaison σ entre deux atomes. Les doublets restants devront s'établir le plus près possible des noyaux, de part et d'autre de leur axe. Le recouvrement des deux paires d'orbitales se fera à condition que les orbitales soient parallèles l'une à l'autre. Deux orbitales p parallèles se combineront ensemble pour former une liaison. Cette nouvelle liaison (qui admet un plan de symétrie plutôt qu'un axe) est appelée « liaison pi (π) ». Une **liaison pi** (π) est donc une liaison covalente formée par le recouvrement des orbitales selon un plan latéral par rapport au plan dans lequel sont situés les noyaux des atomes qui sont liés. Il est important de noter que chaque liaison π ne peut contenir que deux électrons au maximum. La combinaison de deux orbitales atomiques $2p$ conduit à la formation d'une liaison $\pi(2p)$. Les deux paires d'orbitales atomiques parallèles pourront se combiner de la même façon pour former une deuxième liaison π (perpendiculaire à la première).

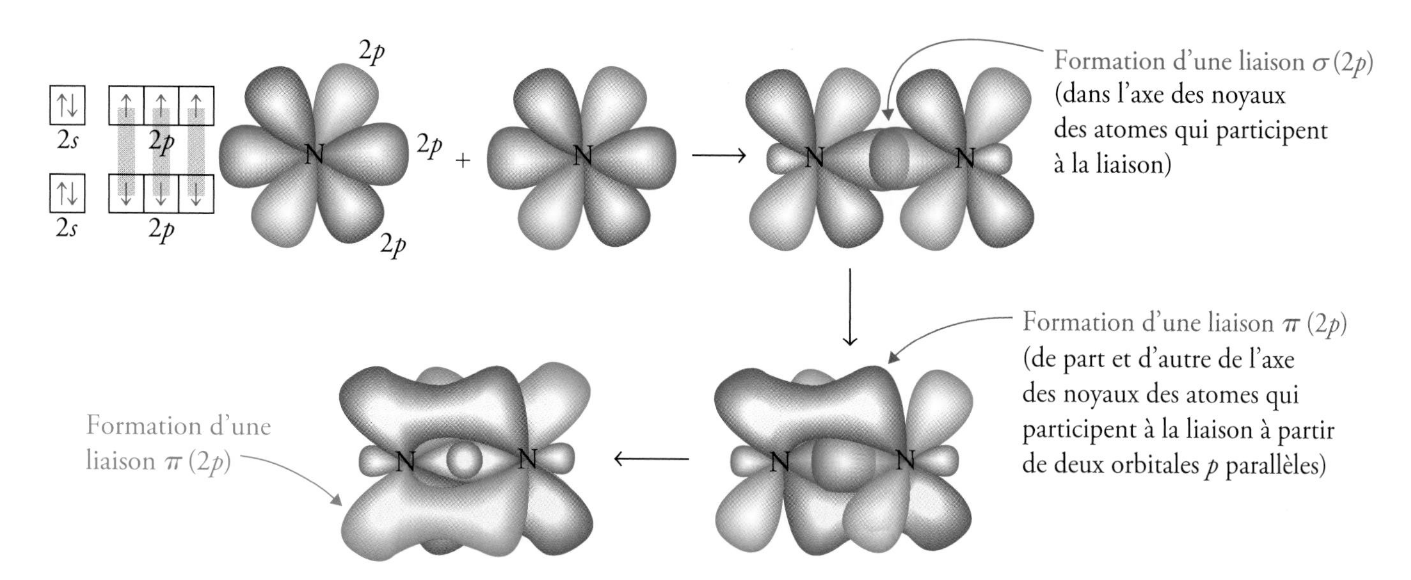

FIGURE 7.7
Formation de N_2

En résumé, lorsqu'une seule liaison covalente se forme entre deux atomes, il s'agit d'une liaison σ. Cette liaison admet l'axe des noyaux comme axe de symétrie, alors qu'une liaison π possède un plan de symétrie. C'est dans une liaison σ que les électrons sont les mieux placés puisqu'ils sont plus près des noyaux. Cela revient à dire qu'une liaison σ sera plus solide qu'une liaison π, donc plus difficile à briser. Le dégagement d'énergie impliqué dans la formation d'une liaison σ sera plus important que celui résultant de la formation d'une liaison π. Lorsque deux atomes s'unissent par le biais d'une liaison covalente, la première liaison à se former sera toujours une liaison σ. Donc, une liaison simple est toujours constituée d'une liaison σ. Si deux atomes sont unis par une liaison triple, il y aura une liaison σ et deux liaisons π, alors qu'une liaison double sera composée d'une liaison σ et d'une liaison π.

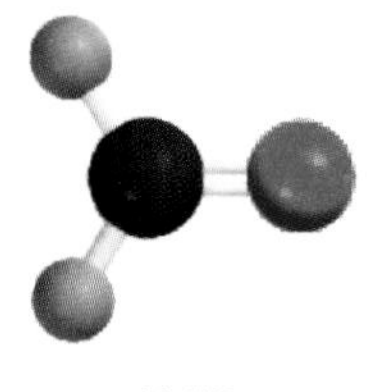

H_2CO

EXEMPLE 7.9 Les liaisons sigma et les liaisons pi

Le formaldéhyde (H_2CO) est une petite molécule utilisée pour la conservation des tissus biologiques. Déterminez les types de liaisons qui composent le formaldéhyde.

DÉMARCHE

En premier lieu, il faut déterminer les configurations électroniques des électrons de valence de C et de O, puis on doit établir la structure de Lewis du formaldéhyde en identifiant les orbitales atomiques qui prennent part aux liaisons. Rappelez-vous que le carbone est tétravalent.

SOLUTION

Selon les configurations électroniques des électrons périphériques et le diagramme de Lewis, les liaisons entre C et H sont des liaisons simples et la liaison entre C et O est une liaison double.

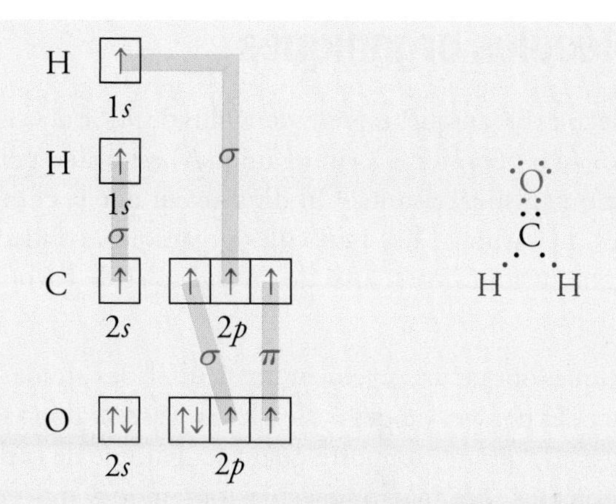

Les liaisons simples sont des liaisons σ. Une liaison double contient une liaison σ et une liaison π. La liaison π s'établit à partir de deux orbitales p parallèles.

O
π ‖ σ
σ ╱C╲ σ
H H

VÉRIFICATION

Tous les atomes respectent la règle de l'octet. Gardez aussi en tête que la liaison σ est toujours la première à s'établir et qu'une seule liaison σ peut s'établir entre deux atomes.

EXERCICE E7.9

Décrivez les liaisons de la molécule de cyanure d'hydrogène, HCN.

Problèmes semblables ⊕
7.25 et 7.26

RÉVISION DES CONCEPTS

Lesquelles des paires d'orbitales atomiques suivantes sont susceptibles de former ensemble une liaison σ ? une liaison π ? Lesquelles ne peuvent pas former de liaison ? (Considérez l'axe des z comme l'axe des noyaux.) **a)** 1s et 2s ; **b)** 1s et $2p_z$; **c)** $2p_y$ et $2p_y$; **d)** $3p_y$ et $3p_x$; **e)** $2p_z$ et $3p_z$.

QUESTIONS de révision

32. Une liaison simple peut-elle être une liaison π ?

33. Deux atomes donnés peuvent-ils être liés entre eux par deux liaisons σ ? Pourquoi ?

34. Déterminez où se trouvent les quatre électrons mis en commun lors de la formation d'une liaison double.

35. La liaison de coordinence dans NH_4^+ est-elle une liaison σ ou une liaison π ?

7.6 Les molécules organiques

Classe à part, les molécules organiques représentent plus de 90 % des composés chimiques. Le terme « organique » (par opposition à « inorganique ») est utilisé pour décrire la chimie des composés issus d'organismes vivants. On dit souvent que la chimie organique est la chimie des composés du carbone. Les molécules organiques contiennent donc du carbone et de l'hydrogène surtout, mais aussi de l'oxygène et de l'azote ainsi que d'autres types d'atomes.

Les molécules organiques ont un arrangement particulier : les atomes de carbone se lient entre eux pour former des chaînes ou des cycles. Elles peuvent donc aller du plus simple, comme le méthane (CH_4) qui ne comporte qu'un seul atome de carbone, au plus complexe, comme les protéines, des macromolécules organiques qui peuvent en contenir plusieurs milliers.

Bien qu'il existe plusieurs millions de composés organiques distincts, on peut les classer en familles ou en groupes, selon leur réactivité. Un **groupement fonctionnel** est une caractéristique structurale d'un composé organique qui lui confère une certaine réactivité. On peut donc classer les composés organiques en une vingtaine de groupements fonctionnels, ce qui permet de prédire leur réactivité. Les sections suivantes survolent les groupements fonctionnels les plus fréquents.

7.6.1 Les alcanes

Les alcanes sont des composés organiques qui sont dépourvus de fonction. Ils ne contiennent que du carbone et de l'hydrogène. Ces composés sont souvent appelés « hydrocarbures saturés » du fait qu'ils ne contiennent que des liaisons simples.

Lorsque les alcanes sont linéaires, ils obéissent à la formule générale C_nH_{2n+2}, où n représente le nombre d'atomes de carbone de la molécule. Les alcanes sont nommés en fonction du nombre d'atomes de carbone qu'ils comportent, suivi de la terminaison « -ane » (*voir le* **TABLEAU 7.1**).

NOTE

Les alcanes peuvent aussi adopter une forme cyclique. Dans ce cas, la formule générale est plutôt C_nH_{2n} et on nomme les composés de la même façon que les alcanes, en utilisant le préfixe « cyclo- ».

H_2C C H_2 CH_2 H_2C CH_2 C H_2

Cyclohexane

TABLEAU 7.1 > Noms* et structures de quelques alcanes simples

Nombre d'atomes de carbone	Formule brute (C_nH_{2n+2})	Structure de Lewis simplifiée (structure de Kékulé)	Nom
1	CH_4	H | H—C—H | H	Méth*ane*
2	C_2H_6	H H | | H—C—C—H | | H H	Éth*ane*

TABLEAU 7.1 > (*suite*)

Nombre d'atomes de carbone	Formule brute (C_nH_{2n+2})	Structure de Lewis simplifiée (structure de Kékulé)	Nom
3	C_3H_8	H H H │ │ │ H—C—C—C—H │ │ │ H H H	Prop*ane*
4	C_4H_{10}	H H H H │ │ │ │ H—C—C—C—C—H │ │ │ │ H H H H	But*ane*
5	C_5H_{12}	H H H H H │ │ │ │ │ H—C—C—C—C—C—H │ │ │ │ │ H H H H H	Pent*ane*
6	C_6H_{14}	H H H H H H │ │ │ │ │ │ H—C—C—C—C—C—C—H │ │ │ │ │ │ H H H H H H	Hex*ane*

* Le préfixe d'un composé organique (en gras dans le tableau) est toujours relatif à la longueur de la chaîne carbonée et sera le même peu importe le groupe fonctionnel.

7.6.2 Les groupements fonctionnels

Les hydrocarbures peuvent aussi contenir des liaisons doubles et triples. Dans ce cas, ils sont dits « insaturés » et appartiennent à la famille des alcènes et des alcynes, respectivement. On les nomme en fonction de la longueur de leur chaîne carbonée, mais avec la terminaison « -ène » ou « -yne » selon qu'il s'agit d'un alcène (double liaison) ou d'un alcyne (triple liaison).

Outre les alcènes et les alcynes, il existe plusieurs groupements fonctionnels. Le **TABLEAU 7.2** (*voir page suivante*) présente les plus fréquents.

7.6.3 L'écriture des formules des molécules organiques

Il existe plusieurs moyens d'écrire la formule d'une molécule. La formule brute indique le nombre d'atomes de chaque élément contenus dans la molécule. L'ordre est toujours le suivant : carbone, hydrogène, puis par ordre de numéro atomique. Par exemple, pour l'acide propanoïque, la formule brute est la suivante : $C_3H_6O_2$. La formule semi-développée est un peu plus précise que la formule brute. Elle donne des renseignements quant à la façon dont les atomes sont liés entre eux, selon un ordre séquentiel. La formule semi-développée de l'acide propanoïque est la suivante : CH_3CH_2COOH. Dans ce type de formule, il faut tenir compte de l'ordre dans lequel les atomes sont liés. La structure de Lewis simplifiée présentée dans le **TABLEAU 7.1** porte le nom de formule développée parce que toutes les liaisons sont présentées.

$C_3H_8O_2$

Formule brute

CH_3-CH_2-COOH

Formule semi-développée

```
 H   H   :Ö:
 |   |   ||
H—C—C—C—Ö—H
 |   |
 H   H
```

Formule développée (structure de Kékulé)

TABLEAU 7.2 > Groupements fonctionnels fréquents

Nom du groupement fonctionnel	Formule générale*	Terminaison	Exemple simple	Nom de l'exemple
Alcène	$R_2C{=}CR_2$	-ène	$H_2C{=}CH_2$	Éthène (éthylène)
Alcyne	$R{-}C{\equiv}C{-}R$	-yne	$H{-}C{\equiv}C{-}H$	Éthyne (acétylène)
Alcool	$R{-}\ddot{O}H$	-ol	$H_3C{-}\ddot{O}H$	Méthanol
Aldéhyde	$R{-}C({=}\ddot{O}{:}){-}H$	-al	$H_3C{-}C({=}\ddot{O}{:}){-}H$	Éthanal
Cétone	$R{-}C({=}\ddot{O}{:}){-}R$	-one	$H_3C{-}C({=}\ddot{O}{:}){-}CH_3$	Propanone (acétone)
Amine	$R{-}\ddot{N}H_2$	-amine	$H_3C{-}\ddot{N}H_2$	Méthanamine
Acide carboxylique	$R{-}C({=}\ddot{O}{:}){-}\ddot{O}H$	[Acide] -oïque	$H_3C{-}C({=}\ddot{O}{:}){-}\ddot{O}H$	Acide éthanoïque (acide acétique, vinaigre)
Ester	$R{-}C({=}\ddot{O}{:}){-}\ddot{O}{-}R$	-ate de -yle	$H_3C{-}C({=}\ddot{O}{:}){-}\ddot{O}{-}CH_3$	Éthanoate de méthyle
Amide	$R{-}C({=}\ddot{O}{:}){-}\ddot{N}H_2$	-amide	$H_3C{-}C({=}\ddot{O}{:}){-}\ddot{N}H_2$	Éthanamide
Nitrile	$R{-}C{\equiv}N{:}$	-nitrile	$H_3C{-}C{\equiv}N{:}$	Éthanenitrile (acétonitrile)
Composé halogéné	$R{-}\ddot{X}{:}$ (X = F, Cl, Br, I)	–	$H_3C{-}\ddot{Br}{:}$	Bromométhane
Éther	$R{-}\ddot{O}{-}R$	–	$H_3C{-}\ddot{O}{-}CH_3$	Méthoxyméthane (éther méthylique)

* R représente une chaîne carbonée de longueur variable.

7.6.4 L'isomérie

Comme mentionné précédemment, la formule brute d'un composé ne donne aucun indice quant à l'ordre dans lequel les atomes sont liés entre eux dans une molécule. Pour plusieurs composés organiques, il peut exister plus d'une façon de disposer les atomes. Ainsi, les deux structures suivantes peuvent décrire un composé ayant pour formule C_4H_{10} :

```
         H   H   H   H                     H
         |   |   |   |                     |
     H — C — C — C — C — H            H — C — H
         |   |   |   |             H       |       H
         H   H   H   H             |       |       |
                                 H — C  —  C  —  C — H
                                     |     |     |
                                     H     H     H
           Butane                      Isobutane
```

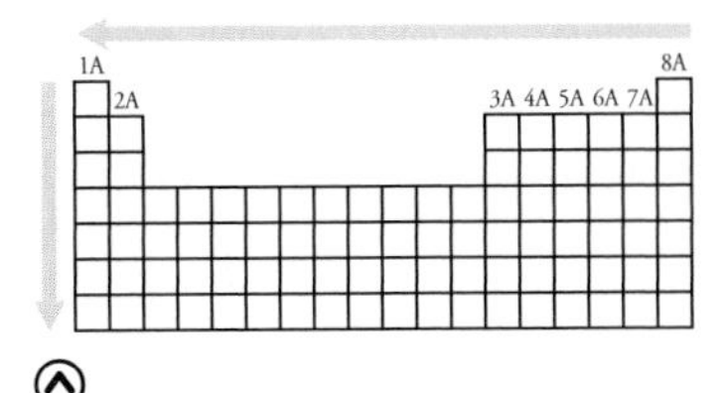

La taille des atomes diminue dans une période et augmente dans un groupe (*voir la section 6.5.2, p. 257*).

De telles molécules, qui comportent la même formule moléculaire, mais dont l'arrangement des atomes diffère (c'est-à-dire ayant une formule développée différente) sont appelées des **isomères**.

7.7 La longueur de liaison

La **longueur de liaison** est la distance mesurée entre les centres (noyaux) de deux atomes formant une liaison dans une molécule (*voir la* **FIGURE 7.8**). On appelle «rayon covalent» la moitié de cette distance. Le **TABLEAU 7.3** énumère quelques longueurs de liaison déterminées expérimentalement.

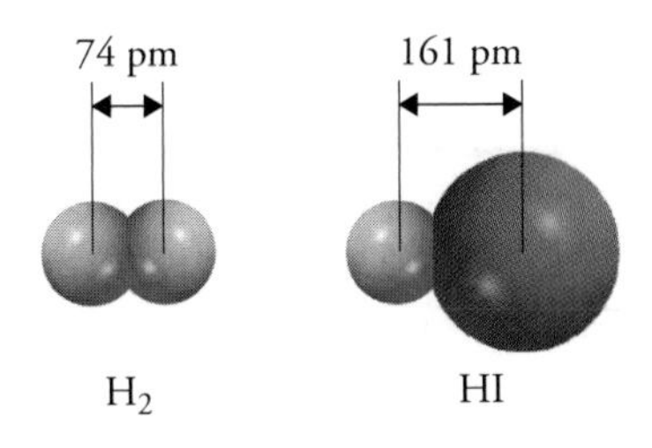

FIGURE 7.8 **Longueurs des liaisons (en picomètres) des molécules diatomiques H_2 et HI**

La longueur de liaison est la distance qui sépare les noyaux de deux atomes qui forment cette liaison.

Puisque les longueurs de liaison sont influencées par la taille des atomes, on peut facilement prévoir la tendance de l'évolution des longueurs de liaison dans des molécules contenant des atomes d'un même groupe ou d'une même période. Par exemple, la longueur de liaison des acides halogénés décroît de la façon suivante: H—I > H—Br > H—Cl > H—F alors que la longueur de la liaison C—O est inférieure à celle de la liaison C—N.

TABLEAU 7.3 > Longueurs de liaison moyennes* (en picomètres) dans le cas de quelques liaisons simples, doubles et triples courantes

Liaisons simples											
	H	**C**	**N**	**O**	**F**	**Si**	**P**	**S**	**Cl**	**Br**	**I**
H	74	107	98	96	92	145	138	132	127	142	161
C		154	147	143	134	194	187	181	176	193	213
N			140	136	134	187	180	174	169	184	203
O				132	130	183	176	170	165	180	199
F					128	181	174	168	163	178	197
Si						234	227	221	216	231	250
P							220	214	209	224	243
S								208	203	218	237
Cl									200	213	232
Br										228	247
I											266

Liaisons doubles	
C═C	133
C═N	138
C═O	121
N═O	122

Liaisons triples	
C≡C	120
C≡N	116

* Il s'agit de valeurs moyennes et, selon le composé, la longueur de liaison peut varier légèrement.

Les liaisons covalentes multiples sont plus courtes que les liaisons simples. Pour une paire donnée d'atomes (par exemple, le carbone et l'azote), les liaisons triples sont plus courtes que les liaisons doubles qui, elles, sont plus courtes que les liaisons simples. Plus courtes, les liaisons multiples sont également plus stables que les liaisons simples (pour une même paire d'atomes). En effet, plus une liaison est forte, mieux les atomes qui la composent sont retenus.

7.8 Le concept de résonance

CHIMIE EN LIGNE
Animation
- La résonance

Interaction
- La résonance

Le benzène est une molécule cyclique dont la formule chimique est C_6H_6. Sachant qu'il contient un cycle à six atomes de carbone, on pourrait proposer deux structures différentes pour le benzène et chacune d'entre elles serait pertinente :

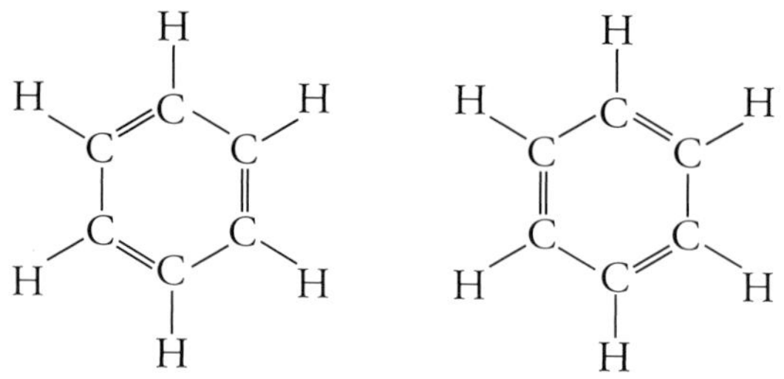

Puisque les liaisons doubles sont plus courtes que les liaisons simples, on pourrait s'attendre à ce qu'il y ait deux longueurs de liaison dans le benzène : C═C et C—C. Cependant, des mesures expérimentales ont démontré que toutes les liaisons carbone-carbone du benzène sont équivalentes. Leur longueur de 140 pm se situe entre celle d'une liaison C—C (154 pm) et celle d'une liaison C═C (133 pm). C'est pourquoi aucune de ces deux structures ne représente exactement la molécule. Pour résoudre ce problème, on les utilise *toutes les deux* pour représenter la molécule de benzène.

NOTE

Pour représenter la molécule de benzène ou tout autre composé organique, on peut ne dessiner que le squelette, et non les atomes de carbone et d'hydrogène. Selon cette convention, les structures de résonance sont :

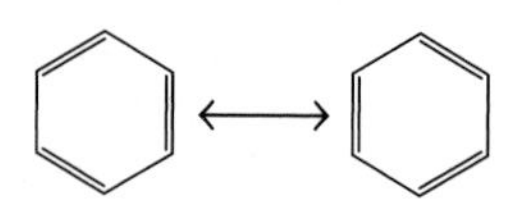

Il est à noter que chaque sommet des angles de l'hexagone est occupé par un atome de C et que les atomes de H ne sont pas illustrés, même s'il est entendu qu'ils existent. Seules les liaisons entre les atomes de C sont illustrées.

Chacune de ces deux structures est appelée **forme de résonance** (ou **forme mésomère**). On définit une forme de résonance comme l'une des structures de Lewis d'une molécule qui sont nécessaires pour décrire cette molécule de façon adéquate. La résonance est symbolisée par une double flèche [⟷] et porte aussi le nom de « mésomérie ».

Ainsi, le terme **résonance** désigne l'utilisation de deux ou de plusieurs structures de Lewis pour représenter une molécule donnée.

Il ne faut pas croire – bien qu'il s'agisse d'une erreur courante – qu'une molécule comme le benzène alterne successivement entre ses formes de résonance. Il faut se rappeler qu'*aucune* de ces structures ne représente adéquatement la molécule réelle. La résonance est un outil utilisé par les chimistes afin de tenter de vaincre les limites de structures trop simplistes qui n'arrivent pas à décrire correctement les liaisons.

La structure hexagonale du benzène fut d'abord proposée par le chimiste allemand August Kékulé (1829-1896).

On peut représenter la structure réelle du benzène au moyen d'un **hybride de résonance**, c'est-à-dire une structure qui traduit le mélange des différentes formes de résonance. L'utilisation d'une ligne pointillée suggère que la liaison se situe entre une liaison simple et une liaison double. L'hybride de résonance est plus stable que chacune des formes de résonance. La différence entre le niveau d'énergie de l'hybride de résonance et celui d'une forme de résonance est appelée « énergie de résonance ».

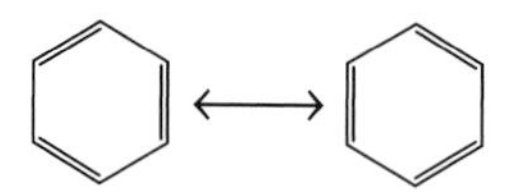

Formes de résonance

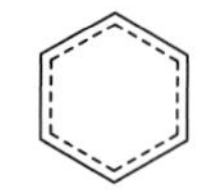

Hybride de résonance

L'ion carbonate, CO_3^{2-}, est un autre exemple de résonance. Une structure de Lewis simplifiée plausible pour l'ion carbonate est la suivante :

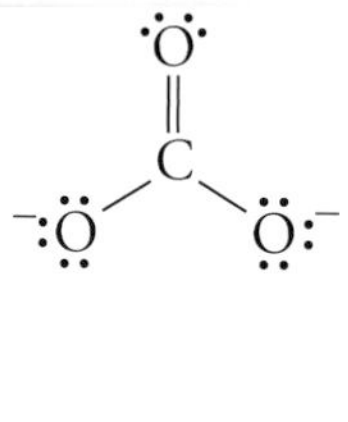

Selon ce diagramme, il existe donc deux types de liaisons dans l'ion carbonate : deux liaisons simples et une liaison double, laquelle devrait être plus courte que les deux autres (*voir la section 7.7, p. 339*). Cependant, il a été démontré expérimentalement que les trois liaisons de l'ion carbonate sont identiques : elles ont une longueur et une force situées entre celles d'une liaison double et celles d'une liaison simple.

On pourrait donc représenter la structure de l'ion carbonate de trois façons :

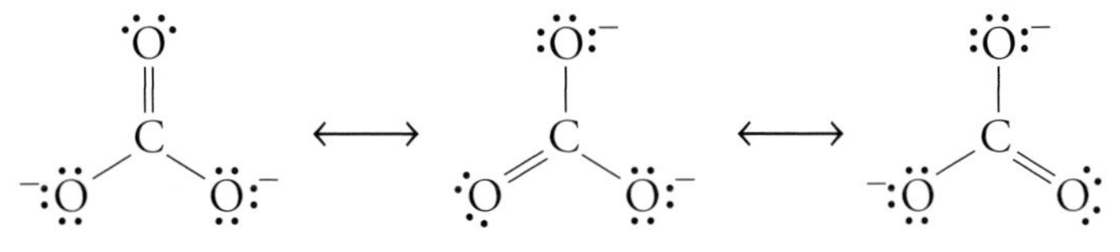

Ces trois structures sont des structures de résonance et aucune d'entre elles ne représente exactement l'ion carbonate. Dans la structure réelle de l'ion, toutes les liaisons sont équivalentes et les deux charges négatives sont portées par les trois atomes d'oxygène à la fois. L'hybride de résonance devra donc traduire le fait que chacune des liaisons carbone-oxygène est parfois simple et parfois double dans les différentes structures de résonance, et que chacun des atomes d'oxygène porte une charge négative dans l'une ou l'autre des différentes formes de résonance.

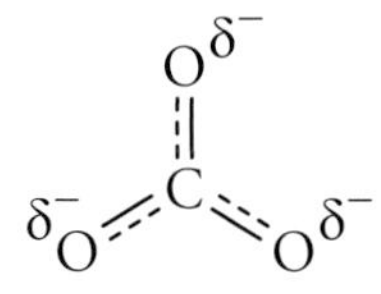

NOTE

L'hybride de résonance rend compte du fait que chacun des atomes d'oxygène porte une charge négative dans l'une ou l'autre des formes limites. Chacune de ces charges est égale à 2/3 de la charge d'un électron.

Pour écrire des structures de résonance, il faut tenir compte de la règle suivante : il est possible de réarranger la position des électrons (mais non celle des atomes) dans les structures de résonance. Autrement dit, pour une espèce donnée, les atomes sont disposés de la même manière, peu importe la structure de résonance.

EXEMPLE 7.10 La technique d'écriture des structures de résonance

Écrivez les structures de résonance (avec les charges formelles) de l'ion nitrate, NO_3^-, au moyen de diagrammes de Lewis simplifiés.

DÉMARCHE

Suivez la procédure déjà vue pour écrire les structures de Lewis.

SOLUTION

Nous avons déjà établi la structure de Lewis de l'ion nitrate à la page 329. Avec les charges formelles, la structure de Lewis simplifiée est la suivante :

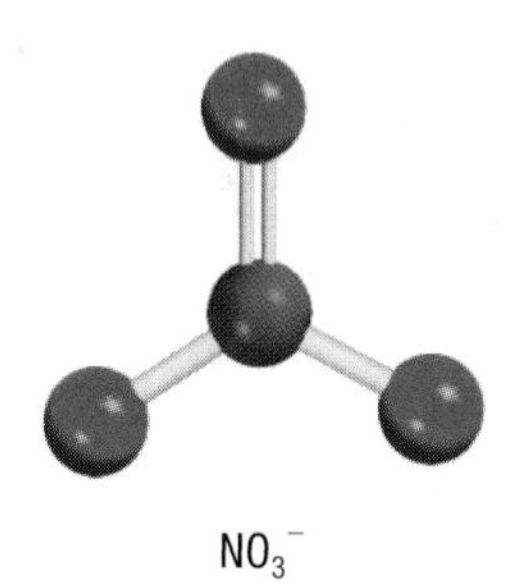

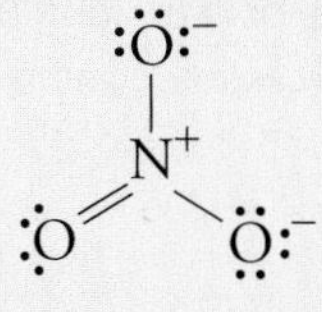

NO_3^-

Comme dans le cas du carbonate, il y a trois structures de résonance qui s'équivalent pour l'ion nitrate :

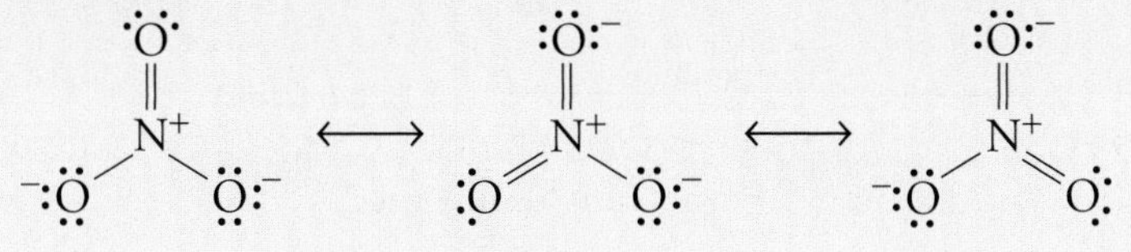

NOTE

Il faut se rappeler qu'aucune de ces structures de résonance n'existe comme telle en réalité.

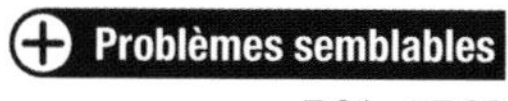

7.31 et 7.32

EXERCICE E7.10

Écrivez les structures de résonance (avec les charges formelles) de l'ion nitrite, NO_2^-, au moyen de structures de Lewis simplifiées.

RÉVISION DES CONCEPTS

Le modèle moléculaire suivant représente l'acétamide, une molécule utilisée comme solvant organique. Seules les connexions entre les atomes sont montrées. Proposez deux structures de résonance pour l'acétamide, en montrant la position des liens multiples et les charges formelles. Le code de couleur utilisé dans cet ouvrage est présenté au début du manuel.

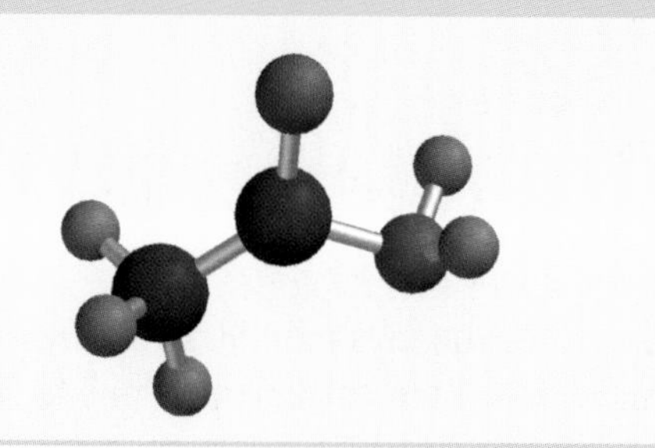

QUESTIONS de révision

36. Définissez les termes suivants : résonance, structure de résonance et hybride de résonance.
37. Est-il possible d'isoler l'une des structures de résonance d'un composé pour l'étudier ? Expliquez votre réponse.

7.9 Les énergies des liaisons

La **variation d'enthalpie** (ΔH) d'une réaction correspond à la variation entre les valeurs des énergies de liaison dans les réactifs et celles contenues dans les produits d'une réaction. Elle implique à la fois des bris de liaisons et la formation de nouvelles liaisons. La formation d'une liaison entraîne toujours un dégagement d'énergie alors que la rupture d'une liaison nécessite un apport d'énergie.

Lorsque l'énergie que coûte le bris des liaisons chimiques est plus grande que l'énergie qui est dégagée par la formation de nouvelles liaisons, la réaction absorbe de l'énergie : il s'agit d'un **processus endothermique** où la variation d'enthalpie (ΔH) est supérieure à zéro. Par contre, lorsque l'énergie dégagée par la formation de nouvelles liaisons est supérieure à l'énergie absorbée lors de la brisure des liaisons dans les réactifs, la réaction dégage de l'énergie : il s'agit d'un **processus exothermique** et le ΔH est inférieur à zéro (*voir la* **FIGURE 7.9**).

$$\Delta H_{\text{réaction}} = \Sigma_{\text{Énergie des liaisons (réactifs)}} - \Sigma_{\text{Énergie des liaisons (produits)}} \quad (7.3)$$

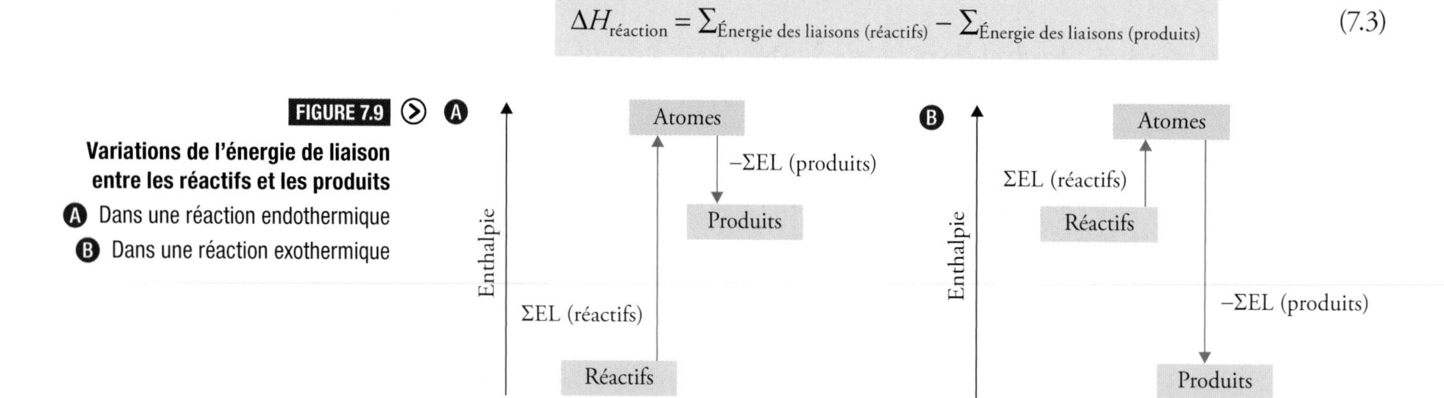

FIGURE 7.9 **Variations de l'énergie de liaison entre les réactifs et les produits**
A Dans une réaction endothermique
B Dans une réaction exothermique

Les valeurs de ΔH peuvent être obtenues directement par calorimétrie (*voir la* **FIGURE 7.10**), un processus au cours duquel toute la chaleur produite par la réaction étudiée est récupérée au contact d'une masse d'eau connue qui subit une augmentation de température. La chaleur (Q) dégagée ou absorbée par l'eau peut être calculée par l'équation :

$$Q = \Delta T \times m_{\text{eau}} \times c \quad (7.4)$$

NOTE
$\Delta T = T_{\text{finale}} - T_{\text{initiale}}$
où T = température (°C)

où m_{eau} = masse de l'eau et c = capacité thermique massique.

Pour l'eau, la capacité thermique massique vaut 4,18 J/g · °C. Cela signifie qu'il faut fournir 4,18 J pour élever la température de 1 g d'eau de 1 °C.

Cette quantité de chaleur permet d'obtenir le ΔH.

$$-Q_{\text{eau}} = \Delta H \quad (7.5)$$

La valeur ainsi mesurée représente le bilan global qui résulte de la différence entre l'énergie nécessaire pour briser les liaisons et celle qui est dégagée lors de la formation de nouvelles liaisons.

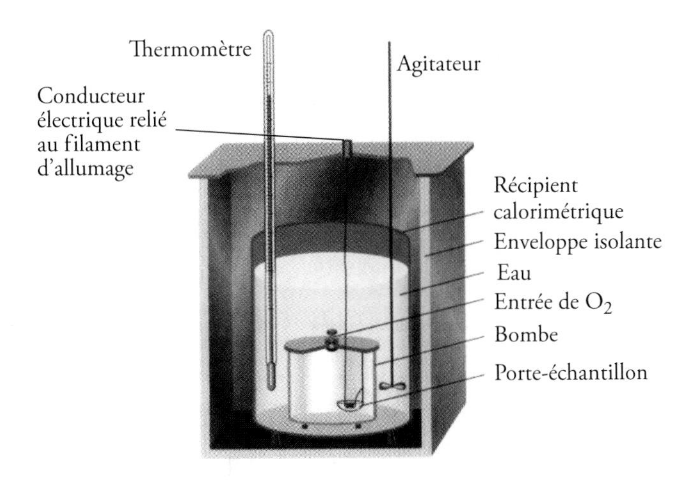

FIGURE 7.10

Bombe calorimétrique à volume constant permettant de déterminer les chaleurs de réaction

On remplit la bombe d'oxygène avant de la placer dans le contenant d'eau. On enflamme électriquement l'échantillon, et la chaleur produite par la réaction peut être mesurée de façon exacte grâce à l'augmentation de température de l'eau dont on connaît la masse exacte.

QUESTIONS de révision

38. Comment appelle-t-on une réaction qui dégage de l'énergie ?
39. Quelle technique permet de mesurer les quantités de chaleur mises en jeu lors de transformations chimiques ?

7.9.1 L'énergie de la liaison ionique et le cycle de Born-Haber

En se basant sur les valeurs d'énergie d'ionisation et d'affinité électronique, on peut prédire les éléments qui peuvent former des composés ioniques ; on peut toutefois se demander comment on pourrait évaluer la stabilité d'un composé ionique. L'énergie d'ionisation et l'affinité électronique concernent des phénomènes se produisant en phase gazeuse sur des atomes isolés, alors qu'à 101,3 kPa et 25 °C, tous les composés ioniques simples sont des solides. L'état solide constitue un environnement fort différent parce que chaque cation dans un solide est entouré par un nombre déterminé d'anions et vice versa. Ainsi, la stabilité totale d'un solide ionique dépend des interactions de tous ces ions et non seulement de l'interaction d'un seul cation avec un seul anion. L'**énergie de**

réseau (ou **énergie réticulaire**) est une mesure quantitative de la stabilité d'un composé ionique. Elle est définie comme l'énergie qu'il faudrait fournir pour séparer complètement une mole d'un composé ionique solide en ions gazeux.

Bien qu'on ne puisse pas la mesurer directement, la force d'une liaison ionique peut se quantifier de deux façons. Si on connaît la structure et la composition d'un composé ionique, on peut calculer approximativement l'énergie de réseau à l'aide de la loi de Coulomb, qui stipule que l'énergie potentielle entre deux ions est directement proportionnelle au produit de leur charge et inversement proportionnelle à la distance qui les sépare. Elle indique donc que la charge des ions et la distance qui les sépare auront un effet déterminant sur la force de la liaison ionique. En effet, plus la charge d'un ion est importante, plus l'attraction qu'il génère est forte. La force de la liaison ionique est aussi inversement proportionnelle à la distance qui sépare les ions : autrement dit, plus les ions sont petits, plus ils sont rapprochés et plus ils exercent une forte attraction.

Pour un seul ion Li^+ et un seul ion F^- séparés par une distance *d*, l'énergie potentielle du système est donnée par :

$$\begin{aligned} E &\propto \frac{Q_{Li^+}Q_{F^-}}{r} \\ &= k\frac{Q_{Li^+}Q_{F^-}}{r} \end{aligned} \tag{7.6}$$

NOTE

Puisque

énergie = force × distance

la loi de Coulomb peut s'écrire ainsi :

$$F = \frac{kQ_{Li^+}Q_{F^-}}{r^2}$$

où *k* est une constante et *F*, la force électrique entre les ions.

où Q_{Li^+} et Q_{F^-} sont les charges portées par les ions Li^+ et F^-, et *k*, la constante de proportionnalité. Q_{Li^+} étant positif et Q_{F^-} étant négatif, *E* est une quantité négative ; la formation d'une liaison ionique entre Li^+ et F^- est donc un phénomène exothermique. Par conséquent, il faut fournir de l'énergie pour renverser le phénomène (en d'autres mots, l'énergie de réseau de LiF est une grandeur positive) ; il s'ensuit qu'une paire d'ions Li^+ et F^- liés est plus stable qu'une paire d'ions Li^+ et F^- séparés.

La méthode indirecte des cycles énergétiques permet aussi de mesurer quantitativement la force d'une liaison en supposant que la formation d'un composé ionique a lieu en une série d'étapes et repose sur la **loi de Hess**, qui peut s'énoncer ainsi : lorsque des réactifs sont convertis en produits, la variation d'enthalpie, ΔH, est la même, peu importe que la réaction ait lieu en une seule étape ou en une série d'étapes. Par analogie, on peut imaginer qu'une personne monte dans l'ascenseur d'un bâtiment du premier étage au sixième étage ; l'augmentation de son énergie potentielle gravitationnelle, qui correspond à la variation de l'enthalpie au cours du phénomène complet, est la même, peu importe que la personne monte directement jusqu'au sixième ou qu'elle s'arrête à chaque étage. Pour cette raison, on appelle aussi la loi de Hess la « loi de l'additivité des chaleurs de réaction » (*voir la* **FIGURE 7.11**).

FIGURE 7.11

Illustration de la loi de Hess pour un phénomène A ⟶ C

Les deux itinéraires reviennent au même du point de vue de la variation d'énergie : $\Delta H = \Delta H_1 + \Delta H_2$.

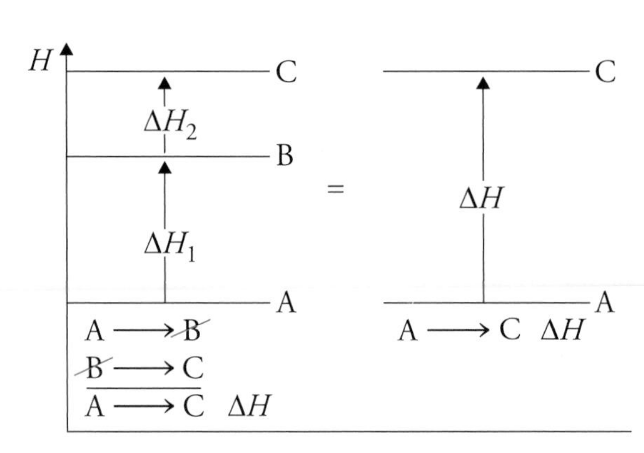

Aussi appelée **cycle de Born-Haber**, cette méthode consiste à décrire chacune des étapes menant à la formation d'un composé ionique à partir des éléments les plus stables qui le composent en reliant les énergies de réseau des composés ioniques aux énergies d'ionisation, aux affinités électroniques ainsi qu'à d'autres propriétés atomiques et moléculaires[6].

On peut illustrer l'application de la loi de Hess au cycle de Born-Haber dans le cas du calcul de l'énergie de réseau du fluorure de lithium. La formation du solide ionique LiF se fera à partir de lithium et de fluor, lesquels se retrouvent respectivement sous des formes de solide métallique et de gaz diatomique à 25 °C (forme la plus stable). La réaction équilibrée de formation de ce composé sera[7] :

$$Li(s) + \frac{1}{2} F_2(g) \longrightarrow LiF_{\text{cristal ionique}} \qquad \Delta H_f^\circ = -594{,}1 \text{ kJ/mol}$$

NOTE

Puisque le ΔH dépend de la pression et de la température, habituellement, on se réfère à une pression égale à 1 bar (ou 100 kPa). Le ΔH est alors appelé « ΔH de réaction standard » et il est noté $\Delta H°$. Le *f* en indice du ΔH indique qu'il s'agit de la formation d'un composé. On appelle donc « enthalpie standard de formation » ($\Delta H^\circ_{f,\,298}$) la variation d'enthalpie rencontrée lors de la formation de ce composé à partir des éléments qui le composent, pris dans leur état physique le plus stable à 25 °C (298 K).

Le lithium et le fluor devront être convertis en ions avant de pouvoir former une liaison ionique. Or, on sait que les énergies d'ionisation (I) et l'affinité électronique (AE) sont calculées à partir des éléments gazeux et isolés. Il sera donc important d'amener tous les éléments à l'état gazeux et isolé (atomique) *avant* de pouvoir former les ions et aussi de préciser l'état dans lequel se trouve chacun des éléments. Le lithium étant à l'état solide à 25 °C, il faudra l'amener à l'état gazeux. Une telle transformation est appelée « sublimation » et nécessite un apport d'énergie de 155,2 kJ/mol. Le fluor se retrouve déjà à l'état gazeux. Par contre, il est sous forme diatomique. Il faudra donc le dissocier en atomes isolés avant de pouvoir en faire un anion. Une fois tous les éléments amenés à l'état gazeux et isolé, il sera possible de les transformer en ions, pour ensuite former le solide ionique. La valeur absolue de l'énergie dégagée lors de la formation d'une mole de solide ionique à partir de ses ions gazeux constitue l'énergie réticulaire du composé. La différence entre l'énergie des produits et l'énergie des réactifs correspond au ΔH de la réaction.

On peut donc considérer que la réaction globale de formation du composé LiF résulte de cinq étapes distinctes. Même si, en réalité, la réaction ne procède pas exactement ainsi, on peut analyser les changements d'énergie accompagnant la formation d'un composé ionique à l'aide de la loi de Hess.

1. Conversion du lithium solide en vapeur (sublimation) :

$$Li(s) \longrightarrow Li(g) \qquad \Delta H_1^\circ = 155{,}2 \text{ kJ/mol}$$

L'énergie de sublimation du lithium vaut 155,2 kJ/mol.

2. Dissociation de $\frac{1}{2}$ mol de F_2 gazeux en atomes de F gazeux :

$$\frac{1}{2} F_2(g) \longrightarrow F(g) \qquad \Delta H_2^\circ = 78{,}5 \text{ kJ/mol}$$

L'énergie nécessaire pour briser les liaisons dans 1 mol de molécules de F_2 est de 156,9 kJ. Pour briser les liens dans $\frac{1}{2}$ mol de F_2, comme c'est le cas ici, la variation d'enthalpie est 156,9/2, soit 78,5 kJ.

NOTE

Les atomes de F dans la molécule de F_2 sont retenus ensemble par une liaison covalente. L'énergie requise pour briser cette liaison se nomme « énergie de liaison » (*voir la section 7.9.2, p. 348*).

6. Pour les formes stables des éléments à 25 °C, on peut consulter le chapitre 6.
7. Les valeurs d'enthalpie de formation ont été déterminées expérimentalement et sont disponibles dans la littérature.

3. Ionisation de 1 mol d'atomes de Li gazeux (*voir le* **TABLEAU 6.2**, *p. 264*) :

$$Li(g) \longrightarrow Li^+(g) + e^- \qquad \Delta H_3^\circ = 520 \text{ kJ/mol}$$

Il s'agit ici de l'énergie de première ionisation du lithium.

4. Addition de 1 mol d'électrons à 1 mol d'atomes de F gazeux. Comme il est indiqué à la page 269, l'échange d'énergie qui a lieu ici correspond à l'affinité électronique, affectée du signe négatif (*voir le* **TABLEAU 6.3**, *p. 270*).

$$F(g) + e^- \longrightarrow F^-(g) \qquad \Delta H_4^\circ = -328 \text{ kJ/mol}$$

5. Combinaison entre 1 mol de $Li^+(g)$ et 1 mol de $F^-(g)$ pour former 1 mol de LiF solide :

$$Li^+(g) + F^-(g) \longrightarrow LiF(s) \qquad \Delta H_5^\circ = ?$$

L'inverse de cette étape s'écrit :

$$\text{énergie} + LiF(s) \longrightarrow Li^+(g) + F^-(g)$$

et décrit l'énergie de réseau du LiF. Cette énergie doit avoir la même valeur que celle de ΔH_5°, mais avec le signe inverse. Même si on ne connaît pas directement la valeur de ΔH_5°, on peut la calculer selon la procédure suivante :

1. $Li(s)$	$\longrightarrow$	$Li(g)$	$\Delta H_1^\circ = 155,2$ kJ/mol
2. $\frac{1}{2}F_2(g)$	$\longrightarrow$	$F(g)$	$\Delta H_2^\circ = 78,5$ kJ/mol
3. $Li(g)$	$\longrightarrow$	$Li^+(g) + e^-$	$\Delta H_3^\circ = 520$ kJ/mol
4. $F(g) + e^-$	$\longrightarrow$	$F^-(g)$	$\Delta H_4^\circ = -328$ kJ/mol
5. $Li^+(g) + F^-(g)$	$\longrightarrow$	$LiF(s)$	$\Delta H_5^\circ = ?$
$Li(s) + \frac{1}{2}F_2(g)$	$\longrightarrow$	$LiF(s)$	$\Delta H_{global}^\circ = -594,1$ kJ/mol

D'après la loi de Hess, on peut écrire :

$$\Delta H_{global}^\circ = \Delta H_1^\circ + \Delta H_2^\circ + \Delta H_3^\circ + \Delta H_4^\circ + \Delta H_5^\circ$$

ou

$$-594,1 \text{ kJ/mol} = 155,2 \text{ kJ/mol} + 78,5 \text{ kJ/mol} + 520 \text{ kJ/mol} + (-328 \text{ kJ/mol}) + \Delta H_5^\circ$$

Alors :

$$\Delta H_5^\circ = -1020 \text{ kJ/mol}$$

et l'énergie de réseau pour LiF vaut donc 1020 kJ/mol.

Interaction
- Le cycle de Born-Haber, cas du fluorure de lithium

Il est possible de représenter toutes ces étapes sous la forme d'un diagramme énergétique. La méthode, beaucoup plus visuelle, est présentée à la **FIGURE 7.12**. Les étapes correspondant aux ΔH_1, ΔH_2 et ΔH_3 requièrent toutes un apport d'énergie, alors que les étapes correspondant aux ΔH_4 et ΔH_5 en dégagent. Plus l'énergie de réseau est grande, plus le composé ionique est stable. Il faut se rappeler que l'énergie de réseau est toujours une quantité positive parce que la séparation des ions d'un solide en ions en phase gazeuse est un phénomène endothermique selon la loi de Coulomb.

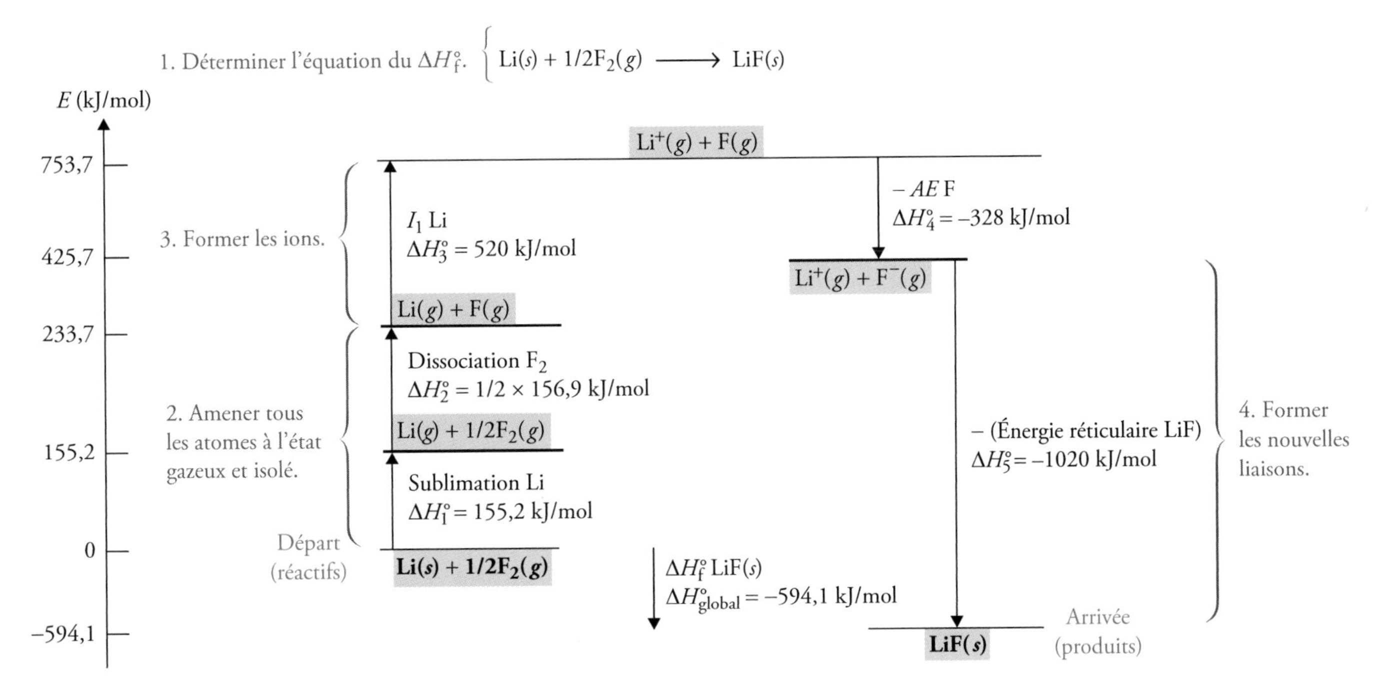

FIGURE 7.12

Cycle de Born-Haber : formation de 1 mol de LiF solide

Méthode à suivre pour faire un cycle énergétique dans le cas d'un composé ionique

1. Déterminer la réaction de formation du composé à partir de ses éléments les plus stables. Se référer au chapitre 6 pour connaître l'état des éléments à 25 °C.
2. Briser toutes les liaisons afin d'amener tous les réactifs à l'état gazeux et isolé (*voir les énergies des liaisons covalentes dans le* **TABLEAU 7.5**, *p. 350*).
3. Former les ions en phase gazeuse. Pour les valeurs des énergies d'ionisation et d'affinité électronique, se référer au **TABLEAU 6.2** (*voir p. 264*) et au **TABLEAU 6.3** (*voir p. 270*).
4. Former le composé ionique à partir de ses ions en phase gazeuse.

Le **TABLEAU 7.4** (*voir page suivante*) indique les énergies de réseau et les points de fusion de plusieurs composés ioniques. Il y a une forte corrélation entre les deux : en effet, plus l'énergie de réseau est grande, plus le solide est stable et plus les ions sont fortement retenus. Il faut donc plus d'énergie pour faire fondre ce solide et, par conséquent, il a un point de fusion plus élevé qu'un autre solide possédant une énergie de réseau plus petite. La force d'une liaison ionique est influencée par la charge et par la taille des ions. En général, pour des composés ayant des formules similaires, plus les ions sont petits et plus la liaison est forte. Il est à noter que $MgCl_2$, MgO et CaO ont des énergies de réseau exceptionnellement élevées. Le premier de ces composés ioniques a un cation porteur d'une charge double (Mg^{2+}), et les deux autres ont des ions qui constituent des interactions entre des espèces doublement chargées (Mg^{2+} ou Ca^{2+} et O^{2-}). Les forces d'attraction de Coulomb entre deux espèces doublement chargées, ou entre un ion doublement chargé et un ion porteur d'une seule charge, sont beaucoup plus grandes que celles existant entre des ions et des cations porteurs d'une seule charge chacun.

TABLEAU 7.4 > Énergie de réseau et point de fusion de quelques composés ioniques

Composé	Énergie de réseau (kJ/mol)	Point de fusion (°C)
LiF	1020	845
LiCl	828	610
NaCl	788	801
NaBr	736	750
$MgCl_2$	2527	714
MgO	3890	2800
CaO	3414	2580

RÉVISION DES CONCEPTS

Lequel des composés ioniques suivants a l'énergie réticulaire la plus importante ?
a) LiCl ; **b)** CsBr.

QUESTIONS de révision

40. Qu'est-ce que l'énergie de réseau ? Quel est son rôle quant à la stabilité des composés ioniques ?

41. Expliquez comment l'énergie de réseau d'un composé ionique tel KCl peut être déterminée à l'aide du cycle de Born-Haber. Sur quelle loi cette procédure repose-t-elle ?

42. Pour chacune des paires de composés ioniques suivantes, choisissez le composé qui a l'énergie de réseau la plus élevée : **a)** KCl ou MgO ; **b)** LiF ou LiBr ; **c)** Mg_3N ou NaCl. Expliquez vos choix.

43. Expliquez pourquoi le point de fusion de LiCl est significativement plus faible que celui de LiF.

7.9.2 L'énergie de la liaison covalente

NOTE

Dans le cas de la formation d'une liaison, $\Delta H < 0$; dans le cas de la rupture d'une liaison, $\Delta H > 0$.

La force d'une liaison covalente ou sa stabilité se mesure par l'énergie nécessaire pour la rompre. Pour évaluer la stabilité d'une molécule, on mesure l'**énergie de dissociation de la liaison** (ou **énergie de liaison**), c'est-à-dire la variation d'enthalpie requise pour rompre une liaison particulière dans une mole de molécules à l'état gazeux (les enthalpies dans les solides et les liquides dépendent des molécules voisines). Par exemple, la valeur de l'énergie de dissociation de la liaison, dans le cas d'une mole de molécules d'hydrogène diatomique, a été obtenue expérimentalement et correspond à :

$$H_2(g) \longrightarrow H(g) + H(g) \qquad \Delta H° = 436{,}4 \text{ kJ/mol}$$

Cette équation indique que, pour rompre les liaisons covalentes d'une mole de molécules de H_2 à l'état gazeux, il faut fournir 436,4 kJ.

De même, pour la molécule de chlore, qui est moins stable, on a :

$$Cl_2(g) \longrightarrow Cl(g) + Cl(g) \qquad \Delta H° = 242{,}7 \text{ kJ/mol}$$

Cette énergie de liaison peut également se mesurer directement dans les cas de molécules diatomiques contenant des éléments différents, comme HCl :

$$HCl(g) \longrightarrow H(g) + Cl(g) \qquad \Delta H° = 431{,}9 \text{ kJ/mol}$$

C'est aussi le cas pour les molécules qui comprennent des liaisons doubles ou triples :

$$O_2(g) \longrightarrow O(g) + O(g) \qquad \Delta H° = 498{,}7 \text{ kJ/mol}$$
$$N_2(g) \longrightarrow N(g) + N(g) \qquad \Delta H° = 941{,}4 \text{ kJ/mol}$$

Dans le cas des molécules polyatomiques, il est plus compliqué de déterminer la force des liaisons covalentes. Par exemple, les mesures montrent qu'il faut plus d'énergie pour rompre la première liaison O—H dans H_2O qu'il n'en faut pour rompre la deuxième :

$$H_2O(g) \longrightarrow H(g) + OH(g) \qquad \Delta H° = 502 \text{ kJ/mol}$$
$$OH(g) \longrightarrow H(g) + O(g) \qquad \Delta H° = 427 \text{ kJ/mol}$$

Dans chaque cas, la liaison rompue est une liaison O—H, mais la première étape est plus endothermique que la seconde. Cette différence suggère que la disparition de la première liaison O—H rend la seconde plus facile à rompre. En fait, l'énergie de la liaison O—H varie légèrement d'une molécule à l'autre, car l'environnement chimique est différent. On peut maintenant comprendre pourquoi l'enthalpie de liaison de la même liaison O—H n'est pas la même dans deux molécules différentes telles que le méthanol (CH_3OH) et l'eau (H_2O) : ce sont deux environnements différents. C'est pourquoi, dans le cas de molécules polyatomiques, on parle d'enthalpie de liaison moyenne pour une liaison donnée. Par exemple, on peut mesurer l'énergie de dissociation de la liaison O—H dans 10 molécules polyatomiques différentes et obtenir l'énergie de liaison moyenne de O—H en divisant leur somme par 10.

Le **TABLEAU 7.5** (*voir page suivante*) dresse la liste des énergies de liaison (ou enthalpies de liaison) moyennes d'un certain nombre de liaisons qui existent dans des molécules polyatomiques, ainsi que les énergies de liaison de plusieurs molécules diatomiques. Il existe une relation entre la force d'une liaison et sa longueur. En effet, plus une liaison est courte, plus la distance entre les atomes diminue et plus l'interaction est forte. Les tendances retrouvées pour les énergies de liaison devraient donc être similaires à celles qui sont observées pour les longueurs de liaison (*voir la section 7.7, p. 339*). On remarque dans ce tableau que les liaisons triples sont en général plus fortes que les liaisons doubles, elles-mêmes plus fortes que les liaisons simples pour les mêmes éléments impliqués. De plus, l'effet qu'a le rayon atomique sur l'énergie d'une liaison peut aussi être observé si on compare les atomes d'un même groupe : lorsqu'ils sont liés à l'hydrogène, l'énergie diminue de la façon suivante : H—F > H—Cl > H—Br > H—I. Les rayons atomiques étant de plus en plus gros lorsqu'on parcourt un groupe vers le bas, les liaisons sont en général de moins en moins fortes.

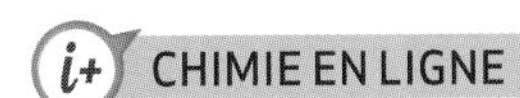

Interaction
- La force des liaisons covalentes

TABLEAU 7.5 > Énergies de dissociation (en kilojoules par mole) de molécules diatomiques* et énergies de liaison moyennes

Liaisons doubles	
N=N	418
C=N	615
C=C	620
C=O**	745
C=S	477
N=O	607
O=O	498,7
S=O	469
P=P	489
S=S	352

Liaisons triples	
N≡N	941,4
C≡N	891
C≡C	812
C≡O	1076,5

Liaisons simples	H	C	N	O	F	Si	P	S	Cl	Br	I
H	436,4	414	393	460	568,2	328	326	368	431,9	366,1	298,3
C		347	305	351	450		263	255	338	276	240
N			163	176	283				192		
O				142		452	335		218		201
F					156,9	565	490	284	253	249	278
Si						222		293	381	310	234
P							197		326		184
S								268	255		
Cl									242,7	216	208
Br										192,5	175
I											151,0

* Les énergies de liaison des molécules diatomiques (en bleu) ont plus de chiffres significatifs que celles des molécules polyatomiques parce que les énergies de dissociation des molécules diatomiques sont des grandeurs directement mesurables, contrairement à celles des molécules polyatomiques, qui sont des moyennes obtenues à partir de plusieurs composés possédant ces liaisons. ** La liaison C=O dans CO_2 est de 799 kJ/mol.

EXEMPLE 7.11 L'utilisation de l'énergie de liaison pour estimer la variation d'enthalpie d'une réaction

Estimez la variation d'enthalpie au moment de la combustion de l'hydrogène gazeux :

$$2H_2(g) + O_2(g) \longrightarrow 2H_2O(g)$$

DÉMARCHE

L'eau étant une molécule polyatomique, il faudra utiliser l'énergie de dissociation moyenne comme valeur de la liaison O—H.

SOLUTION

La première étape consiste à compter les liaisons rompues et les liaisons formées. La façon la plus simple est de construire un tableau.

Type de liaison rompue	Nombre de liaisons rompues	Énergie de liaison (kJ/mol)	Variation d'énergie (kJ/mol)
H—H (H_2)	2	436,4	872,8
O=O (O_2)	1	498,7	498,7
Type de liaison formée	**Nombre de liaisons formées**	**Énergie de liaison (kJ/mol)**	**Variation d'énergie (kJ/mol)**
O—H (H_2O)	4	460	1840

Puis on calcule l'énergie totale absorbée et l'énergie totale libérée :

$$\text{énergie totale absorbée} = 872{,}8\ \text{kJ/mol} + 498{,}7\ \text{kJ/mol} = 1371{,}5\ \text{kJ/mol}$$

$$\text{énergie totale libérée} = 1840\ \text{kJ/mol}$$

D'après l'équation 7.3 (*voir p. 342*), nous avons :

$$\Delta H = \Sigma_{\text{Énergie des liaisons (réactifs)}} - \Sigma_{\text{Énergie des liaisons (produits)}}$$

$$\Delta H° = 1371{,}5\ \text{kJ/mol} - 1840\ \text{kJ/mol} = -469\ \text{kJ/mol}$$

Ce résultat n'est qu'une estimation, car l'énergie de liaison de O—H est une valeur moyenne. Par ailleurs, les mesures calorimétriques donnent une valeur de −483,6 kJ.

VÉRIFICATION

Notez que la valeur estimée à partir des énergies de liaison moyennes est très près de celle qui est mesurée par calorimétrie. En général, l'équation 7.3 donne de meilleurs résultats si les réactions sont très endothermiques ou très exothermiques, c'est-à-dire pour des $\Delta H° > 100$ kJ ou < -100 kJ.

EXERCICE E7.11

Problème semblable ⊕ 7.42

Soit la réaction :

$$H_2(g) + C_2H_4(g) \longrightarrow C_2H_6(g)$$

Estimez la variation d'enthalpie de la réaction en utilisant les énergies de liaison données au **TABLEAU 7.5**.

À la section précédente, la méthode des diagrammes énergétiques a servi à calculer l'énergie de réseau. La même méthode peut être appliquée dans le cas de liaisons covalentes. Soit la molécule de propyne à l'état gazeux, dont la structure est H—C≡C—CH_3. On peut utiliser la même méthode que précédemment pour calculer l'enthalpie de formation standard de cette molécule (*voir la* **FIGURE 7.13**, *page suivante*).

Dans un premier temps, voici un rappel des étapes à suivre pour faire un cycle énergétique :

1. Déterminer la réaction de formation du composé à partir de ses éléments les plus stables pris dans leur état standard. Se référer au chapitre 6 pour connaître l'état des éléments à 25 °C.
2. Briser toutes les liaisons afin d'amener tous les réactifs à l'état gazeux et isolé (atomique).
3. Puisqu'il ne s'agit pas d'un composé ionique, aucun ion n'est impliqué. L'étape 3 ne s'applique donc pas ici.
4. Former les nouvelles liaisons. (Cela implique qu'il faut, au préalable, faire le diagramme de Lewis de la molécule et faire le bilan du nombre et du type de liaisons présentes).

Le propyne contient du carbone et de l'hydrogène. Pris sous leur forme la plus stable, le carbone est solide et l'hydrogène est gazeux, sous forme diatomique dans les conditions normales. La réaction équilibrée de formation du propyne est donc la suivante :

$$3C(s) + 2H_2(g) \longrightarrow H{-}C{\equiv}C{-}CH_3(g) \qquad \Delta H_f° = ?$$

Afin d'amener tous les réactifs à l'état gazeux et isolé, il faudra dans un premier temps briser les liaisons C—C dans le C(*s*). Cela correspond à la sublimation du carbone et son enthalpie est de 717 kJ/mol. Ensuite, il faudra dissocier les molécules de H_2. Une fois les liaisons brisées, il faudra former les liaisons présentes dans la molécule de propyne : quatre liaisons C—H, une liaison simple C—C et une liaison triple C≡C. L'enthalpie de formation standard du propyne est donc de +207 kJ/mol.

FIGURE 7.13 Cycle énergétique d'un composé covalent

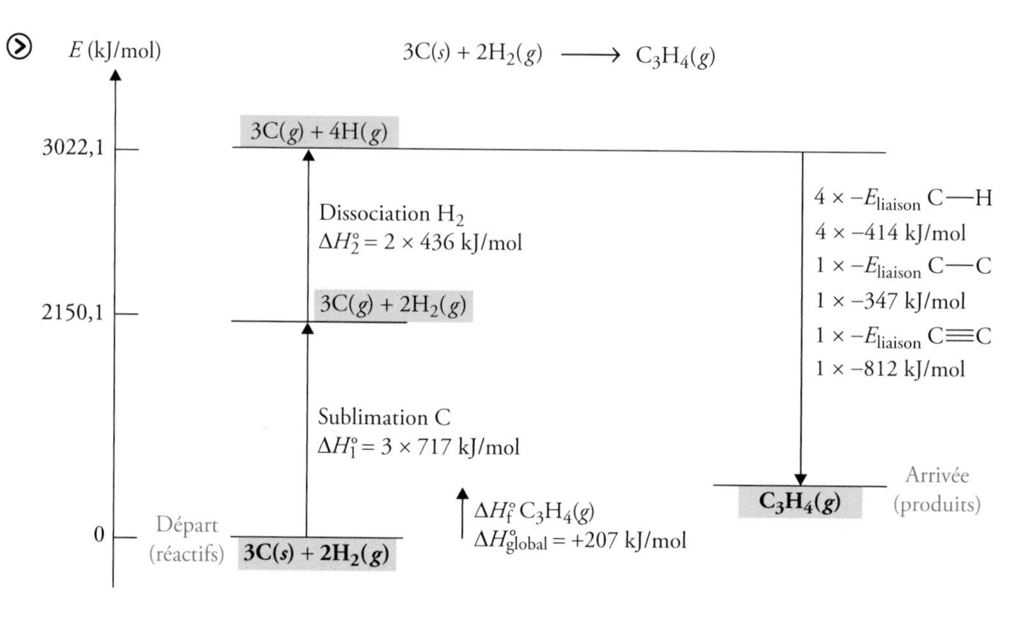

QUESTIONS de révision

44. Dites ce qu'est l'énergie de dissociation d'une liaison. Pourquoi les énergies de liaison dans les molécules polyatomiques sont-elles des valeurs moyennes ?
45. Dites pourquoi on définit habituellement l'énergie de liaison d'une molécule en se basant sur des données obtenues à l'état gazeux. Pourquoi la rupture d'une liaison est-elle toujours endothermique et la formation d'une liaison, toujours exothermique ?

RÉSUMÉ

7.1 La formation des liaisons

Les atomes forment des liaisons lorsque cela leur permet d'atteindre un état d'énergie inférieur à ce qu'il serait s'ils demeuraient séparés.

7.2 La liaison ionique et la liaison covalente : l'électronégativité

Une liaison ionique résulte de l'attraction électrostatique entre des ions de charges opposées alors qu'une liaison covalente résulte d'une mise en commun d'électrons entre deux atomes. Une liaison covalente peut être polaire ou non polaire, selon la différence d'électronégativité des atomes qui y participent.

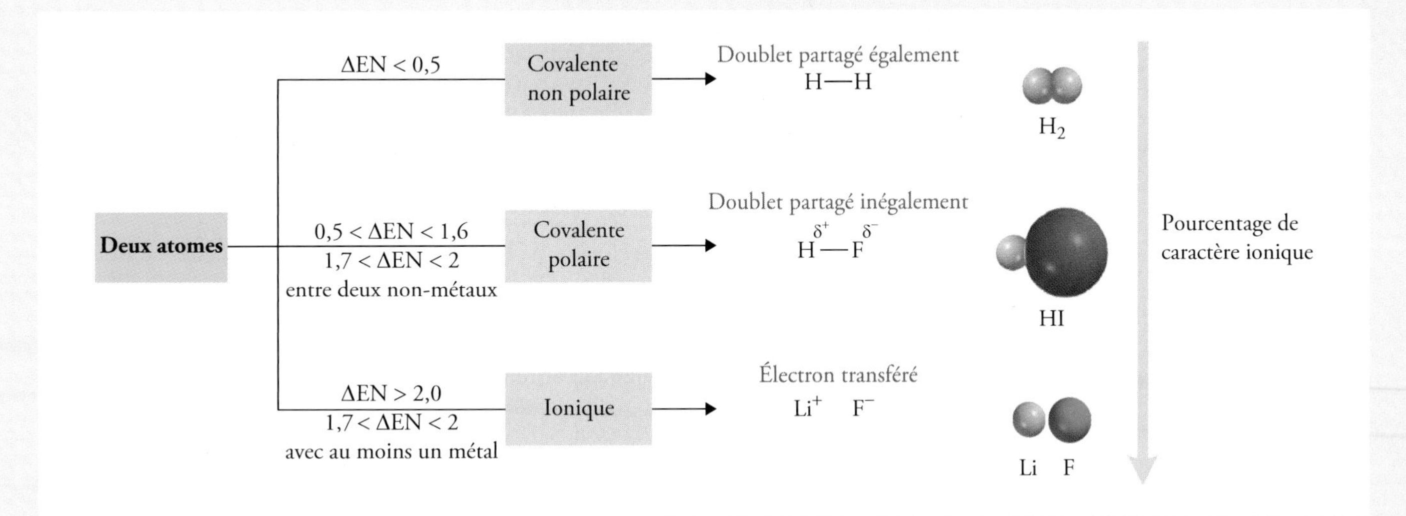

7.3 La liaison ionique

La force électrostatique entre les ions de charges opposées retient les ions ensemble dans un réseau cristallin. Les composés ioniques sont surtout formés de métaux dont la charge est inférieure ou égale à +3 et de non-métaux.

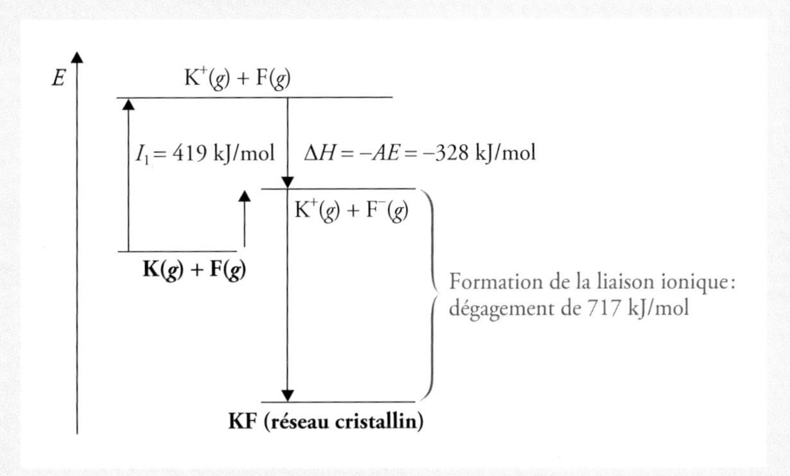

7.4 La notation de Lewis

La notation de Lewis est une représentation simple des éléments par leur symbole entouré des points représentant leurs électrons de valence. Elle est surtout utilisée pour les éléments représentatifs.

·Ẍ: ← Doublet d'électrons
↖ Électron célibataire

7.5 La liaison covalente et la structure des molécules

L'état de valence

La valence d'un élément est le nombre de liaisons covalentes qu'un élément peut former.

Afin de déterminer l'état de valence, on utilise les configurations électroniques; le décompte des électrons célibataires détermine le nombre de liaisons possibles.

	État fondamental	État excité
Exemple	C [↑↓] [↑|↑|] 2s 2p 2 liaisons possibles valence de 2	C* [↑] [↑|↑|↑] 2s 2p 4 liaisons possibles valence de 4

Sauf exception, les atomes de béryllium, de bore et de carbone sont à l'état excité.

La structure de Lewis et la règle de l'octet

Étapes générales à suivre pour établir la structure de Lewis d'une molécule

Méthode 1

Étape	Exemple : HCN
1. Identifier l'atome central (atome le moins électronégatif, sauf H, et qui peut faire le plus de liaisons).	H = 1 liaison, C = 4 liaisons, N = 3 liaisons. Le carbone est le moins électronégatif.
2. Établir la structure squelettique symétrique et compacte du composé.	H C N
3. Déterminer l'état de valence de l'atome central.	C* [↑] [↑|↑|↑] état de valence 4 2s 2p
4. Représenter les électrons de valence de chacun des atomes du composé en respectant la configuration électronique.	H· ·Ċ· ·Ṅ:
5. Unir les atomes de façon à ce qu'il ne reste pas d'électrons célibataires (sauf s'il y a un nombre impair d'électrons).	H· ·Ċ· ·Ṅ: ou H· ·C⋮ ⋮N:
6. S'assurer que tous les atomes respectent la règle de l'octet (s'il y a lieu) et vérifier le nombre total d'électrons de valence.	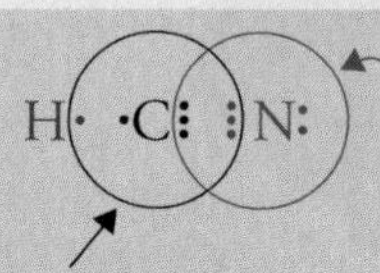 H· ·C⋮ ⋮N: L'azote est entouré de huit électrons. Le carbone est entouré de huit électrons.
7. S'il reste des électrons célibataires ou que C, N, O ou F ne respectent pas la règle de l'octet, vérifier les configurations électroniques.	

Méthode 2

Étape	Exemple : CH_2O
1. Déterminer le nombre total d'électrons de valence impliqués dans le composé.	$1\ C = 1 \times 4 = 4e^-$ $2\ H = 2 \times 1 = 2e^-$ $1\ O = 1 \times 6 = 6e^-$ Total = $12e^-$ (6 doublets)
2. Établir la structure squelettique du composé (l'atome le moins électronégatif est placé au centre*).	H C O H

Étape	Exemple : CH_2O
3. Unir chacun des atomes du squelette à son voisin par une liaison simple. (Chaque liaison contient deux électrons.)	H₂C—O (H—C(—H)—O) $12e^- - (2 \times 3e^-) = 6e^-$
4. Placer des doublets libres autour de chacun des atomes périphériques afin qu'il respecte la règle de l'octet ; placer, sous forme de doublets libres, les électrons restants sur l'atome central (s'il y a lieu).	H₂C—Ö: Tous les doublets sont placés.
5. Si l'atome central ne respecte pas la règle de l'octet, déplacer un ou plusieurs doublets libres pour former une ou des liaisons multiples entre l'atome central et les atomes voisins.	H₂C—Ö: ⟶ H₂C=Ö:

* H et F ne sont jamais placés au centre.

Les exceptions à la règle de l'octet

Certains atomes n'ont pas assez d'électrons de valence pour respecter la règle de l'octet. C'est le cas par exemple du bore et du béryllium. D'autres, au contraire, s'entourent de plus de huit électrons. Cela est rendu possible à cause de la possibilité de promouvoir des électrons dans des orbitales *d*.

Octet incomplet	Octet étendu	Molécule avec un nombre impair d'électrons
H—B(—H)—H L'atome central n'atteint pas l'octet.	PF_5 (F—P avec quatre autres F) L'atome central dépasse l'octet.	·N̈=Ö: Un atome aura un électron célibataire.

La charge formelle

La charge formelle permet de déterminer la distribution des électrons dans une molécule pour en établir la structure la plus plausible et constitue un moyen de déterminer la charge électrique hypothétique d'un atome.

$$\text{charge formelle} = \begin{pmatrix}\text{nombre d'électrons}\\ \text{de valence de l'atome}\end{pmatrix} - \left[\begin{pmatrix}\text{nombre d'électrons non liants}\\ \text{autour de l'atome}\end{pmatrix} + \frac{1}{2}\begin{pmatrix}\text{nombre d'électrons présents}\\ \text{dans les doublets liants}\end{pmatrix}\right]$$

La liaison de coordinence

La liaison de coordinence est une liaison covalente dans laquelle l'un des deux atomes fournit les deux électrons qui participent à la liaison. Elle permet d'expliquer l'existence de certaines espèces chimiques. Elle s'effectue entre un atome porteur d'un doublet d'électrons et un atome porteur d'une orbitale vide (pour accepter le doublet).

Les liaisons sigma et les liaisons pi

Une liaison sigma (σ) se forme par le recouvrement de deux orbitales dans l'axe des noyaux, alors qu'une orbitale pi (π) résulte du recouvrement latéral de deux orbitales *p* parallèles. Une liaison simple est toujours une liaison σ, alors qu'une liaison double contient une liaison σ et une liaison π, et une liaison triple contient une liaison σ et deux liaisons π.

7.8 Le concept de résonance

La résonance est l'utilisation de deux ou de plusieurs structures de Lewis pour représenter une molécule donnée.

Les structures de Lewis suivantes sont nécessaires pour décrire la structure de l'ion carbonate de façon adéquate.

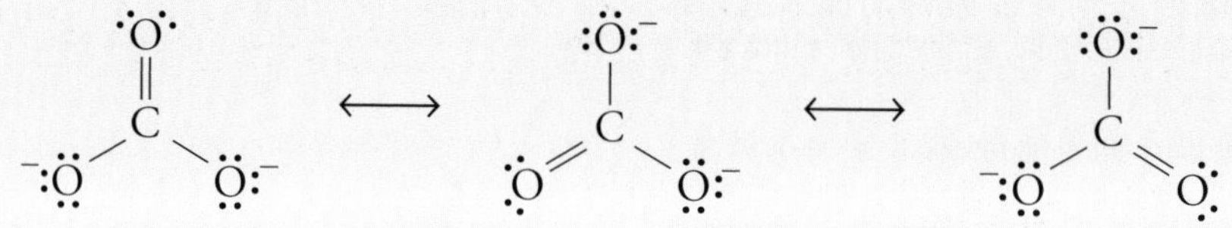

L'hybride de résonance est une structure qui traduit le mélange des différentes formes de résonance.

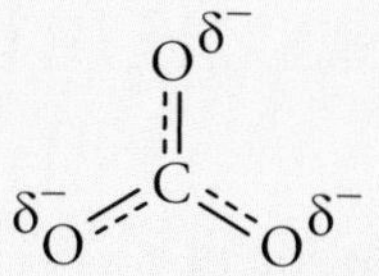

7.9 Les énergies des liaisons

Le ΔH d'une réaction correspond à la différence entre l'énergie des liaisons contenues dans les réactifs et celle des liaisons contenues dans les produits.

Les énergies de liaison dans les composés ioniques

L'énergie de réseau (ou énergie réticulaire) est une mesure de la stabilité d'un composé ionique, soit l'énergie requise pour séparer une mole d'un composé ionique solide en ions gazeux. On peut estimer l'énergie de réseau d'un composé ionique au moyen d'un cycle énergétique (aussi appelé « cycle de Born-Haber »), basé sur la loi de Hess, en la reliant aux énergies d'ionisation, aux affinités électroniques ainsi qu'à d'autres propriétés atomiques et moléculaires (*voir p. 347*).

Les énergies de liaison dans les composés covalents

La force d'une liaison covalente est mesurée par son énergie de liaison (ou énergie de dissociation), c'est-à-dire la variation d'enthalpie requise pour rompre une liaison particulière dans une mole de molécules à l'état gazeux. Plus cette valeur est grande, plus la liaison est stable. On peut utiliser les énergies de liaison pour estimer les chaleurs de réaction, lesquelles s'expriment par des variations d'enthalpie (ΔH), calculées en appliquant la loi de Hess. On peut aussi utiliser la méthode des cycles énergétiques (*voir p. 352*).

ÉQUATIONS CLÉS

- pourcentage de caractère ionique $= \dfrac{|\delta|}{|e^-|} \times 100~\%$ (7.1) *

* Pour déterminer le pourcentage de caractère ionique des molécules diatomiques.

- charge formelle $= \begin{pmatrix}\text{nombre d'électrons} \\ \text{de valence de l'atome}\end{pmatrix} - \left[\begin{pmatrix}\text{nombre d'électrons non} \\ \text{liants autour de l'atome}\end{pmatrix} + \dfrac{1}{2}\begin{pmatrix}\text{nombre d'électrons présents} \\ \text{dans les doublets liants}\end{pmatrix}\right]$ (7.2) **

** Pour calculer la charge formelle portée par un atome.

- $\Delta H_{\text{réaction}} = \Sigma_{\text{Énergie des liaisons (réactifs)}} - \Sigma_{\text{Énergie des liaisons (produits)}}$ (7.3) ***

  = énergie totale absorbée − énergie totale libérée

*** Pour calculer la variation d'enthalpie au cours d'une réaction, à partir des énergies de liaison.

MOTS CLÉS

PROBLÈMES

Niveau de difficulté : ★ facile ; ★ moyen ; ★ élevé

Biologie : 7.51, 7.76, 7.77 ;
Concepts : 7.48, 7.54, 7.56, 7.69, 7.73 ;
Descriptifs : 7.2 à 7.6, 7.19, 7.46, 7.61, 7.63, 7.72, 7.82 ;
Environnement : 7.28, 7.68, 7.80 ;
Industrie : 7.67, 7.71, 7.81, 7.82 ;
Organique : 7.27 à 7.30, 7.34, 7.51, 7.60, 7.64, 7.71, 7.76, 7.77, 7.81, 7.83.

PROBLÈMES PAR SECTION

7.1 La formation des liaisons

★**7.1** Est-ce que le diagramme d'énergie suivant pourrait aussi bien s'appliquer dans le cas de la formation d'une liaison ionique que dans le cas de la formation d'une liaison covalente ? Expliquez votre réponse.

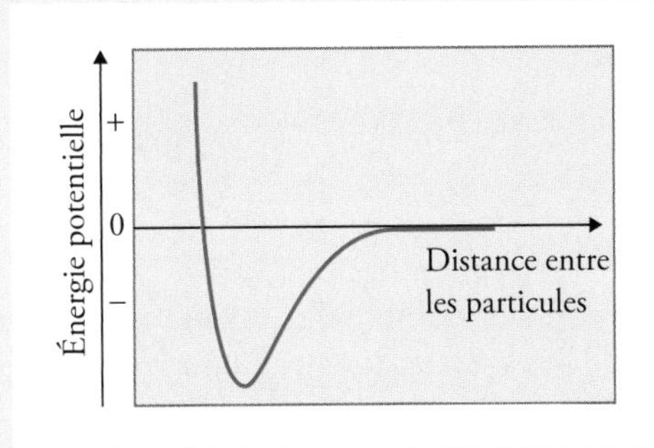

7.2 La liaison ionique et la liaison covalente

★**7.2** Précisez si les liaisons suivantes sont ioniques, covalentes polaires ou covalentes pures. Justifiez votre réponse. **a)** la liaison entre K et I dans KI ; **b)** la liaison entre N et B dans H_3NBCl_3 ; **c)** la liaison entre Cl et O dans ClO_2 ; **d)** la liaison entre Si et Si dans $Cl_3SiSiCl_3$; **e)** la liaison entre Si et Cl dans $Cl_3SiSiCl_3$; **f)** la liaison entre Ca et F dans CaF_2 ; **g)** la liaison entre N et H dans NH_3.

★**7.3** Classez les liaisons suivantes par ordre croissant de leur caractère ionique : **a)** la liaison entre le lithium et le fluor dans LiF ; **b)** la liaison entre le potassium et l'oxygène dans K_2O ; **c)** la liaison entre les atomes d'azote dans N_2 ; **d)** la liaison entre le soufre et l'oxygène dans SO_2 ; **e)** la liaison entre le chlore et le fluor dans ClF_3.

★**7.4** Classez les liaisons suivantes par ordre croissant de leur caractère ionique : **a)** entre carbone et hydrogène ; entre fluor et hydrogène ; entre brome et hydrogène ; entre sodium et iode ; entre potassium et fluor ; entre lithium et chlore ; **b)** entre césium et fluor ; entre chlore et chlore ; entre brome et chlore ; entre silicium et carbone.

★**7.5** Soit les éléments hypothétiques D, E, F et G, dont l'électronégativité est respectivement de 3,8, de 3,3, de 2,8 et de 1,3. Si les atomes de ces éléments forment les molécules DE, DG, EG et DF, comment classeriez-vous ces molécules selon l'ordre croissant du caractère covalent de leurs liaisons ?

★**7.6** Pour chacune des paires d'éléments suivantes, indiquez si le composé binaire formé serait ionique ou covalent. Écrivez la formule empirique du composé et nommez-le : **a)** I et Cl ; **b)** Mg et F ; **c)** B et F ; **d)** K et Br.

7.3 La liaison ionique

★**7.7** Une liaison ionique se forme entre un cation A^+ et un anion B^-. Comment l'énergie de la liaison ionique serait-elle affectée par les changements suivants ? (**Indice** : Loi de Coulomb, *voir p. 306*.) **a)** Le rayon de A^+ est doublé. **b)** La charge de A^+ est triplée. **c)** Les charges sur A^+ et B^- sont toutes deux doublées. **d)** Les rayons de A^+ et de B^- sont tous deux réduits de moitié.

★**7.8** Donnez les formules empiriques des composés formés par les paires d'ions suivantes et nommez ces composés : **a)** Rb^+ et I^- ; **b)** Cs^+ et SO_4^{2-} ; **c)** Sr^{2+} et N^{3-} ; **d)** Al^{3+} et S^{2-}.

7.4 La notation de Lewis

★**7.9** Sans l'aide de la figure 7.6, représentez les atomes des éléments suivants à l'aide de la notation de Lewis : **a)** Be ; **b)** K ; **c)** Ca ; **d)** Ga ; **e)** O.

★**7.10** Représentez, à l'aide de la notation de Lewis, chacun des ions suivants : **a)** Li^+ ; **b)** Cl^- ; **c)** S^{2-} ; **d)** Mg^{2+} ; **e)** N^{3-}.

★**7.11** Utilisez la notation de Lewis pour montrer le transfert d'électrons entre les atomes suivants pour former des cations et des anions : **a)** Na et F ; **b)** K et S ; **c)** Ba et O ; **d)** Al et N.

★**7.12** Réécrivez les équations suivantes en utilisant les symboles de la notation de Lewis pour les réactifs et les produits. (Commencez par équilibrer les équations.)

a) $Sr + Se \longrightarrow SrSe$

b) $Ca + H_2 \longrightarrow CaH_2$

c) $Li + N_2 \longrightarrow Li_3N$

d) $Al + S \longrightarrow Al_2S_3$

7.5 La liaison covalente et la structure des molécules

★7.13 Les structures de Lewis simplifiées suivantes sont incorrectes. Dites pourquoi et corrigez-les. (Les positions relatives des atomes sont bonnes.)

a) H—C̈=N̈

b) H=C=C=H

c) Ö—Sn—Ö

d) :F̈—B(—F̈:)—F̈:

e) H—Ö=F̈:

f) H—C̈(—F̈:)—Ö

g) :F̈—N(—F̈:)—F̈:

★7.14 Écrivez les structures de Lewis des molécules suivantes et déterminez l'état de valence de l'atome central s'il y a lieu : **a)** ICl ; **b)** PH_3 ; **c)** P_4 (chaque atome de P est lié à trois autres atomes de P) ; **d)** H_2S ; **e)** N_2H_4.

★7.15 Écrivez les structures de Lewis des molécules suivantes en utilisant une ou des liaisons multiples. Déterminez l'état de valence de l'atome central :
a) $HClO_3$; **b)** $COBr_2$; **c)** NOCl ; **d)** N_2H_2.

★7.16 Écrivez la structure de Lewis de $SbCl_5$. La règle de l'octet est-elle respectée dans le cas de cette molécule ?

★7.17 Écrivez les structures de Lewis de SeF_4 et de SeF_6. Est-ce que la règle de l'octet est respectée pour ce qui est de Se ?

★7.18 Pour chacune des espèces chimiques suivantes, SCl_2, $SiBr_4$, PH_5, ClF_3, SF_6, proposez une structure de Lewis, déterminez l'état de valence de l'atome central et déterminez si l'atome central respecte la règle de l'octet.

★7.19 Parmi les gaz rares, seuls Kr, Xe et Rn forment quelques composés avec O et F. Écrivez les structures de Lewis pour les composés suivants : **a)** XeF_2 ; **b)** XeF_4 ; **c)** XeF_6 ; **d)** $XeOF_4$; **e)** $XeOF_2$.

★7.20 Écrivez les structures de Lewis simplifiées des ions suivants : **a)** O_2^{2-} ; **b)** NO^+. Indiquez les charges formelles.

★7.21 Illustrez la réaction suivante à l'aide de structures de Lewis :

$$AlCl_3 + Cl^- \longrightarrow AlCl_4^-$$

Dans le produit, quel type de liaison y a-t-il entre Al et Cl ?

★7.22 Proposez deux structures de Lewis simplifiées pour chacune des espèces chimiques suivantes : $POCl_3$, BrO_2^-, HPO_4^{2-}. Déterminez la plus plausible.

★7.23 Proposez une structure de Lewis simplifiée pour l'ion $H_2As_2O_7^{2-}$, sachant que les deux atomes d'arsenic respectent la règle de l'octet. (**Indice** : Squelette symétrique et compact.) Indiquez les charges formelles.

★7.24 Soit la molécule suivante :

(H)(:C̈l)C=C(H)(C̈l:)

Dessinez la forme de chacune des liaisons formées et nommez-les. (Supposez que l'électron de l'atome de C qui occupe une orbitale *s* s'unit avec l'électron de l'atome de H.)

★7.25 Quel est le nombre total de liaisons sigma et de liaisons pi dans chacune des molécules suivantes ?

A : :C̈l—C(H)(H)—C̈l:

B : (H)(H)C=C(C̈l:)(H)

★7.26 Combien de liaisons sigma et de liaisons pi y a-t-il dans la molécule de tétracyanoéthylène ?

(:N≡C)(:N≡C)C=C(C≡N:)(C≡N:)

7.6 Les molécules organiques

★7.27 Écrivez la structure de Lewis simplifiée de chacune des molécules organiques suivantes : C_2H_6, C_3H_8, C_6H_5COOH (contient un cycle à six atomes de C), C_2H_5CHO, $C_3H_7NH_2$. Indiquez les groupements fonctionnels présents s'il y a lieu.

★7.28 Écrivez les structures de Lewis simplifiées des chlorofluorocarbures (CFC) suivants, qui sont en partie responsables de la destruction de la couche d'ozone : $CFCl_3$, CF_2Cl_2, CHF_2Cl, CF_3CHF_2.

★7.29 Donnez une structure de Lewis simplifiée pour chacune des molécules organiques suivantes, qui renferment une liaison double : C_2H_3F, C_3H_6, C_4H_8.

★7.30 Donnez la structure de Lewis simplifiée de deux isomères dont la formule moléculaire est C_4H_8.

7.8 Le concept de résonance

★7.31 Écrivez toutes les structures de résonance pour chacune des espèces suivantes et indiquez les charges formelles : a) HCO_2^- ; b) CH_3NO_2.

★7.32 Donnez trois structures de résonance représentant l'ion chlorate, ClO_3^-. Indiquez les charges formelles et l'hybride de résonance.

★7.33 Donnez trois structures de résonance représentant l'acide hydrazoïque, HN_3. La disposition atomique est HNNN. Indiquez les charges formelles.

★7.34 Donnez deux structures de résonance du diazométhane, CH_2N_2. Indiquez les charges formelles.

★7.35 Proposez trois structures de résonance vraisemblables pour l'ion OCN^-. Indiquez les charges formelles.

★7.36 Donnez trois structures de résonance de la molécule N_2O, dans laquelle la disposition des atomes est NNO. Indiquez les charges formelles.

7.9 Les énergies des liaisons

★7.37 Utilisez le cycle de Born-Haber schématisé à la section 7.9 (*voir p. 347*) dans le cas du LiF pour calculer l'énergie de réseau de NaCl. (La chaleur de sublimation du Na est de 108 kJ/mol et ΔH_f°(NaCl) = −411 kJ/mol, et les énergies de liaison sont données dans le **TABLEAU 7.5**, p. 350.)

★7.38 Calculez l'énergie de réseau du chlorure de calcium sachant que la chaleur de sublimation du Ca est de 121 kJ/mol et que $\Delta H_f^\circ(CaCl_2)$ = −795 kJ/mol (*voir les* **TABLEAUX 6.2**, **6.3** *et* **7.5**, *p. 264, 270 et 350*).

★7.39 À partir des données suivantes, calculez l'énergie de liaison moyenne de la liaison N—H :

$$NH_3(g) \longrightarrow NH_2(g) + H(g) \quad \Delta H^\circ = 435 \text{ kJ/mol}$$
$$NH_2(g) \longrightarrow NH(g) + H(g) \quad \Delta H^\circ = 381 \text{ kJ/mol}$$
$$NH(g) \longrightarrow N(g) + H(g) \quad \Delta H^\circ = 360 \text{ kJ/mol}$$

★7.40 L'énergie de liaison de $F_2(g)$ est de 156,9 kJ/mol. Calculez ΔH_f° de F(*g*).

★7.41 On sait que, dans la molécule d'ozone, O_3, chacune des deux liaisons qui unissent les atomes d'oxygène possède la même énergie. Calculez l'énergie de liaison moyenne dans O_3 à partir de la réaction suivante :

$$O(g) + O_2(g) \longrightarrow O_3(g) \quad \Delta H^\circ = -107{,}2 \text{ kJ/mol}$$

★7.42 Soit la réaction :

$$2C_2H_6(g) + 7O_2(g) \longrightarrow 4CO_2(g) + 6H_2O(g)$$

Prédisez la variation d'enthalpie au cours de la réaction à partir des énergies de liaison moyennes données au **TABLEAU 7.5** (*voir p. 350*).

★7.43 Le monoxyde de carbone, CO, est l'un des rares composés où le carbone n'est pas tétravalent. Déterminez le type de liaison qui unit le carbone à l'oxygène sachant que le ΔH_f° du monoxyde de carbone est égal à −111 kJ/mol et que l'enthalpie de sublimation du carbone vaut 717 kJ/mol.

★7.44 Calculez le ΔH_f° de l'éthylène ($H_2C{=}CH_2$) à partir des données du **TABLEAU 7.5** (*voir p. 350*). L'enthalpie de sublimation du carbone vaut 717 kJ/mol.

PROBLÈMES VARIÉS

★7.45 Associez chacun des types d'énergie suivants à une réaction : énergie d'ionisation, affinité électronique, énergie de dissociation d'une liaison, enthalpie standard de formation.

a) $F(g) + e^- \longrightarrow F^-(g)$

b) $F_2(g) \longrightarrow 2F(g)$

c) $Na(g) \longrightarrow Na^+(g) + e^-$

d) $Na(s) + \frac{1}{2}F_2(g) \longrightarrow NaF(s)$

★7.46 Les formules des fluorures des éléments de la troisième période sont NaF, MgF_2, AlF_3, SiF_4, PF_5, SF_6 et ClF_3. Dites si ces composés sont covalents ou ioniques.

★7.47 Utilisez les valeurs d'énergie d'ionisation et d'affinité électronique données dans le manuel (*voir les* **TABLEAUX 6.2** *et* **6.3**, *p. 264 et 270*) pour calculer la variation d'énergie (en kilojoules par mole) dans les réactions suivantes :

a) $Li(g) + I(g) \longrightarrow Li^+(g) + I^-(g)$

b) $Na(g) + F(g) \longrightarrow Na^+(g) + F^-(g)$

c) $K(g) + Cl(g) \longrightarrow K^+(g) + Cl^-(g)$

★7.48 Nommez quelques caractéristiques d'un composé ionique comme KF qui pourraient le distinguer d'un composé covalent comme CO_2.

★7.49 Donnez les structures de Lewis simplifiées de BrF_3, ClF_5 et IF_7. Dites dans quels cas la règle de l'octet n'est pas respectée.

★7.50 Donnez trois structures de résonance possibles de l'ion triazoture (azide) N_3^-, dans lequel la disposition des atomes est NNN. Indiquez les charges formelles.

★7.51 Le groupement fonctionnel amide joue un rôle important dans la structure d'une protéine.

```
        :O:
   ..   ||
  —N—C—
    |
    H
```

Donnez une autre structure de résonance de ce groupement. Indiquez les charges formelles et l'hybride de résonance.

★7.52 Donnez un exemple d'ion ou de molécule contenant un atome de Al qui : **a)** respecte la règle de l'octet ; **b)** a un octet étendu ; **c)** a un octet incomplet.

★7.53 Tracez quatre structures de résonance plausibles de l'ion PO_3F^{2-}. L'atome central P est lié aux trois atomes de O et à l'atome de F. Indiquez les charges formelles.

★7.54 Toutes les tentatives pour synthétiser des espèces stables à partir des composés suivants ont échoué dans les conditions atmosphériques. Suggérez des raisons qui expliquent cet échec.

CF_2 $\quad CH_5$ $\quad FH_2^-$ $\quad PI_5$

★7.55 Tracez des structures de résonance plausibles des ions suivants :

a) HSO_4^- ; **b)** SO_4^{2-} ; **c)** HSO_3^- ; **d)** SO_3^{2-}.

★7.56 Vrai ou faux ? **a)** Les charges formelles représentent la distribution réelle des charges. **b)** On peut estimer ΔH_f° à partir des énergies de liaison des réactifs et des produits. **c)** Tous les éléments de la deuxième période respectent la règle de l'octet dans leurs composés. **d)** Les structures de résonance d'une molécule correspondent à différentes formes de la molécule qui peuvent être séparées (isolées) les unes des autres.

★7.57 On sait que :

$C(s) \longrightarrow C(g) \qquad \Delta H^\circ_{\text{réaction}} = 717 \text{ kJ/mol}$

$2H_2(g) \longrightarrow 4H(g) \qquad \Delta H^\circ_{\text{réaction}} = 872{,}8 \text{ kJ/mol}$

On sait aussi que l'énergie de liaison moyenne de C—H est de 414 kJ/mol. Estimez l'enthalpie standard de formation du méthane (CH_4).

★7.58 Si l'on ne tient compte que du point de vue énergétique, laquelle des deux réactions suivantes se produira le plus facilement ?

a) $Cl(g) + CH_4(g) \longrightarrow CH_3Cl(g) + H(g)$

b) $Cl(g) + CH_4(g) \longrightarrow CH_3(g) + HCl(g)$

(**Indice :** Aidez-vous des **TABLEAUX 7.3** et **7.5** (*p. 339 et 350*).)

★7.59 Dans laquelle des molécules suivantes la liaison azote-azote est-elle la plus courte ? Justifiez votre réponse.

N_2H_4 $\quad N_2O$ $\quad N_2$ $\quad N_2O_4$

★7.60 Les acides carboxyliques sont représentés par la formule générale RCOOH, où COOH est le groupement carboxyle et R, le reste de la molécule (par exemple, dans le cas de l'acide acétique CH_3COOH, R correspond à CH_3). **a)** Donnez la structure de Lewis du groupement carboxyle. **b)** Au cours de l'ionisation, le groupement carboxyle est transformé en groupement carboxylate, COO^-. Donnez les structures de résonance du groupement carboxylate.

★7.61 Lesquels des molécules ou des ions suivants sont isoélectroniques ? NH_4^+, C_6H_6, CO, CH_4, N_2, $B_3N_3H_6$.

★**7.62** On a pu observer dans l'espace des traces des espèces suivantes : **a)** CH (le carbone n'est pas tétravalent) ; **b)** OH ; **c)** C_2 ; **d)** HNC ; **e)** HCO. Donnez les structures de Lewis de ces espèces et dites lesquelles sont paramagnétiques.

★**7.63** L'ion amidure, NH_2^-, est une base de Bronsted. Représentez, à l'aide de structures de Lewis, la réaction entre l'ion amidure et l'eau.

★**7.64** Donnez les structures de Lewis simplifiées des molécules organiques suivantes : **a)** tétrafluoroéthylène (C_2F_4) ; **b)** propane (C_3H_8) ; **c)** butadiène ($CH_2CHCHCH_2$) ; **d)** propyne (CH_3CCH).

★**7.65** L'ion triiodure (I_3^-), dans lequel les atomes de I sont arrangés en ligne droite, est stable. Pourquoi l'ion F_3^- correspondant n'existe-t-il pas ?

★**7.66** Comparez l'énergie de dissociation de la liaison de F_2 à la variation d'énergie dans la réaction suivante :

$$F_2(g) \longrightarrow F^+(g) + F^-(g)$$

D'un point de vue énergétique, laquelle des dissociations de F_2 est la plus facile à réaliser ?

★**7.67** On utilise l'isocyanate de méthyle, CH_3NCO, pour fabriquer certains pesticides. En décembre 1984, à Bhopal, en Inde, de l'eau s'infiltra dans un réservoir contenant cette substance dans une usine de produits chimiques. Il se forma alors un nuage toxique qui provoqua la mort de milliers de gens. Proposez une structure de Lewis simplifiée pour l'isocyanate de méthyle.

★**7.68** On croit que la molécule de nitrate de chlore ($ClONO_2$) est l'une des molécules responsables de la destruction de l'ozone dans la stratosphère antarctique. Donnez une structure de Lewis simplifiée plausible de cette molécule en indiquant les charges formelles.

★**7.69** Parmi les structures de résonance de la molécule de CO_2 suivantes, certaines représentent moins bien que les autres les liaisons de cette molécule. Trouvez lesquelles et dites pourquoi il en est ainsi.

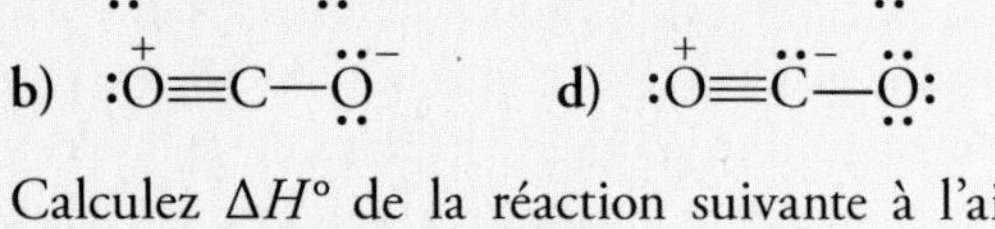

a) $\ddot{\underset{\cdot\cdot}{O}}=C=\ddot{\underset{\cdot\cdot}{O}}$ **c)** $:\overset{+}{O}\equiv C\ \ \ddot{\underset{\cdot\cdot}{O}}:^-$

b) $:\overset{+}{O}\equiv C-\ddot{\underset{\cdot\cdot}{O}}:^-$ **d)** $:\overset{+}{O}\equiv \overset{-}{\ddot{C}}-\ddot{\underset{\cdot\cdot}{O}}:$

★**7.70** Calculez $\Delta H°$ de la réaction suivante à l'aide de l'équation 7.3 (*voir p. 342*) :

$$H_2(g) + I_2(g) \longrightarrow 2HI(g)$$

★**7.71** Écrivez les structures de Lewis simplifiées des molécules organiques suivantes : **a)** le méthanol (CH_3OH) ; **b)** l'éthanol (CH_3CH_2OH) ; **c)** le tétraéthyle de plomb [$Pb(CH_2CH_3)_4$], un constituant autrefois utilisé dans l'essence au plomb ; **d)** la méthylamine (CH_3NH_2) ; **e)** le gaz moutarde ($ClCH_2CH_2SCH_2CH_2Cl$), un gaz toxique utilisé durant la Première Guerre mondiale ; **f)** l'urée [$(NH_2)_2CO$], un engrais ; **g)** la glycine (NH_2CH_2COOH), un acide aminé.

★**7.72** L'oxygène forme trois types de composés ioniques dans lesquels les anions sont l'oxyde (O^{2-}), le peroxyde (O_2^{2-}) et le superoxyde (O_2^-). Quelles sont les structures de Lewis de ces ions ?

★**7.73** Commentez la justesse de l'affirmation suivante : Tous les composés qui contiennent un gaz rare dérogent à la règle de l'octet.

★**7.74** On sait que :

$$F_2(g) \longrightarrow 2F(g) \qquad \Delta H°_{\text{réaction}} = 156{,}9 \text{ kJ/mol}$$

$$F^-(g) \longrightarrow F(g) + e^- \qquad \Delta H°_{\text{réaction}} = 333 \text{ kJ/mol}$$

$$F_2^-(g) \longrightarrow F_2(g) + e^- \qquad \Delta H°_{\text{réaction}} = 290 \text{ kJ/mol}$$

a) Calculez l'énergie de liaison de l'ion F_2^-.

b) Expliquez la différence entre les énergies de liaison de F_2 et de F_2^-.

★**7.75** Le HArF, le seul composé connu de l'argon, a été synthétisé pour la première fois en l'an 2000. Dessinez la structure de Lewis simplifiée de ce composé.

★**7.76** Voici les noms communs et les formules chimiques de certains anesthésiants qui agissent par inhalation :

a) halothane : $CF_3CHClBr$;

b) enflurane : $CHFClCF_2OCHF_2$;

c) isoflurane : $CF_3CHClOCHF_2$;

d) méthoxyflurane : $CHCl_2CF_2OCH_3$.

Dessinez les structures de Lewis simplifiées de ces molécules.

★**7.77** La caféine et la théobromine sont des molécules actives assez semblables que l'on retrouve dans le café et dans le chocolat respectivement.

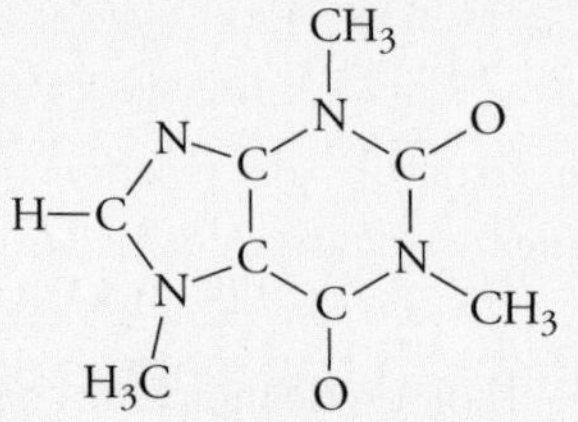

Caféine 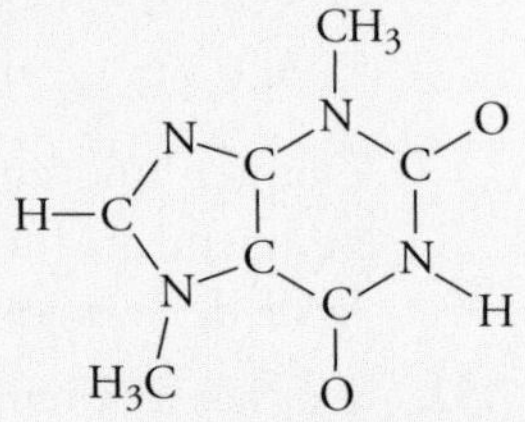 Théobromine

Complétez les structures en ajoutant les doubles liaisons manquantes et les doublets libres.

★7.78 Une molécule organique comportant une fonction nitrile et une fonction ester a pour formule brute $C_3H_3NO_2$. **a)** Proposez une structure de Lewis pour cette molécule; **b)** au moyen d'un cycle énergétique, calculez le ΔH_f° de ce composé, sachant que l'enthalpie de sublimation du carbone est de 717 kJ/mol. (Utilisez le **TABLEAU 7.5**, p. 350, pour les valeurs des énergies de dissociation.)

★7.79 Sachant que l'enthalpie de sublimation standard du chrome vaut 416 kJ/mol, calculez l'énergie réticulaire du composé Cr_2O_3, dont l'enthalpie de formation standard est égale à −1128 kJ/mol. (Utilisez les **TABLEAUX 6.2, 6.3** et **7.5**, p. 264, 270 et 350.)

PROBLÈMES SPÉCIAUX

7.80 Le radical libre hydroxyle (OH) joue un rôle important dans la chimie atmosphérique. Il est très réactif et a tendance à se combiner avec les atomes de H d'autres composés, ce qui cause des scissions (brisures de liaisons). On l'appelle parfois le radical «détergent» parce qu'il contribue à nettoyer l'atmosphère.

a) Écrivez la structure de Lewis de ce radical.

b) Consultez le **TABLEAU 7.5** (*voir p. 350*) et expliquez pourquoi ce radical a une grande affinité pour les atomes d'hydrogène.

c) Calculez la variation d'enthalpie au cours de la réaction suivante:

$$OH(g) + CH_4(g) \longrightarrow CH_3(g) + H_2O(g)$$

d) Ce radical est produit par un effet des rayons solaires sur de la vapeur d'eau. Calculez la longueur d'onde maximale (en nanomètres) requise pour briser une liaison O—H de H_2O.

7.81 Le chlorure de vinyle (C_2H_3Cl), qui diffère de l'éthylène (C_2H_4) parce que l'un des atomes de H y est remplacé par un atome de Cl, est utilisé dans la préparation du chlorure de polyvinyle, un important polymère entrant dans la fabrication de tuyaux. **a)** Écrivez la structure de Lewis simplifiée du chlorure de vinyle. **b)** L'unité qui se répète, ou monomère, dans le chlorure de polyvinyle est $—CH_2—CHCl—$. Représentez une partie de la molécule qui contient trois unités semblables. **c)** Calculez la variation d'enthalpie qui se produit quand $1{,}0 \times 10^3$ kg de chlorure de vinyle réagissent pour former du chlorure de polyvinyle.

7.82 L'acide sulfurique (H_2SO_4), le plus important produit chimique industriel du monde, est préparé par l'oxydation du soufre en dioxyde de soufre, puis en trioxyde de soufre. Même si le trioxyde de soufre réagit bien avec l'eau pour former de l'acide sulfurique, on obtient alors une brume constituée de fines gouttelettes de H_2SO_4 suspendues dans de la vapeur d'eau, ce qui est très difficile à faire condenser. On remédie à ce problème en faisant d'abord dissoudre le trioxyde de soufre dans une solution d'acide sulfurique à 98 % afin de former de l'oléum ($H_2S_2O_7$). Ensuite, en ajoutant de l'eau, il est possible d'obtenir de l'acide sulfurique concentré. Écrivez les équations correspondant à chacune des étapes décrites et dessinez la structure de Lewis simplifiée de l'oléum.

7.83 L'enthalpie de liaison dans la liaison C—N du groupement amide de protéines (*voir le problème 7.51, p. 361*) peut être considérée comme une moyenne entre des liaisons C—N et C═N. Calculez la longueur d'onde maximale d'un rayon lumineux qui pourrait briser cette liaison.

7.84 En 1999, des chercheurs ont préparé un cation inhabituel constitué uniquement d'azote (N_5^+). Dessinez trois structures de résonance de cet ion tout en indiquant les charges formelles. (**Indice**: Les atomes d'azote sont tous alignés ensemble en une structure linéaire.)

7.85 Pris à l'état isolé, l'ion O^{2-} est instable. Il est donc impossible de mesurer directement l'affinité électronique de l'ion O^-. Montrez comment on pourrait arriver à la valeur présentée dans le **TABLEAU 6.3** (*voir p. 270*) en utilisant l'énergie de réseau et le cycle de Born-Haber de MgO. L'enthalpie de sublimation du magnésium vaut 148 kJ/mol.

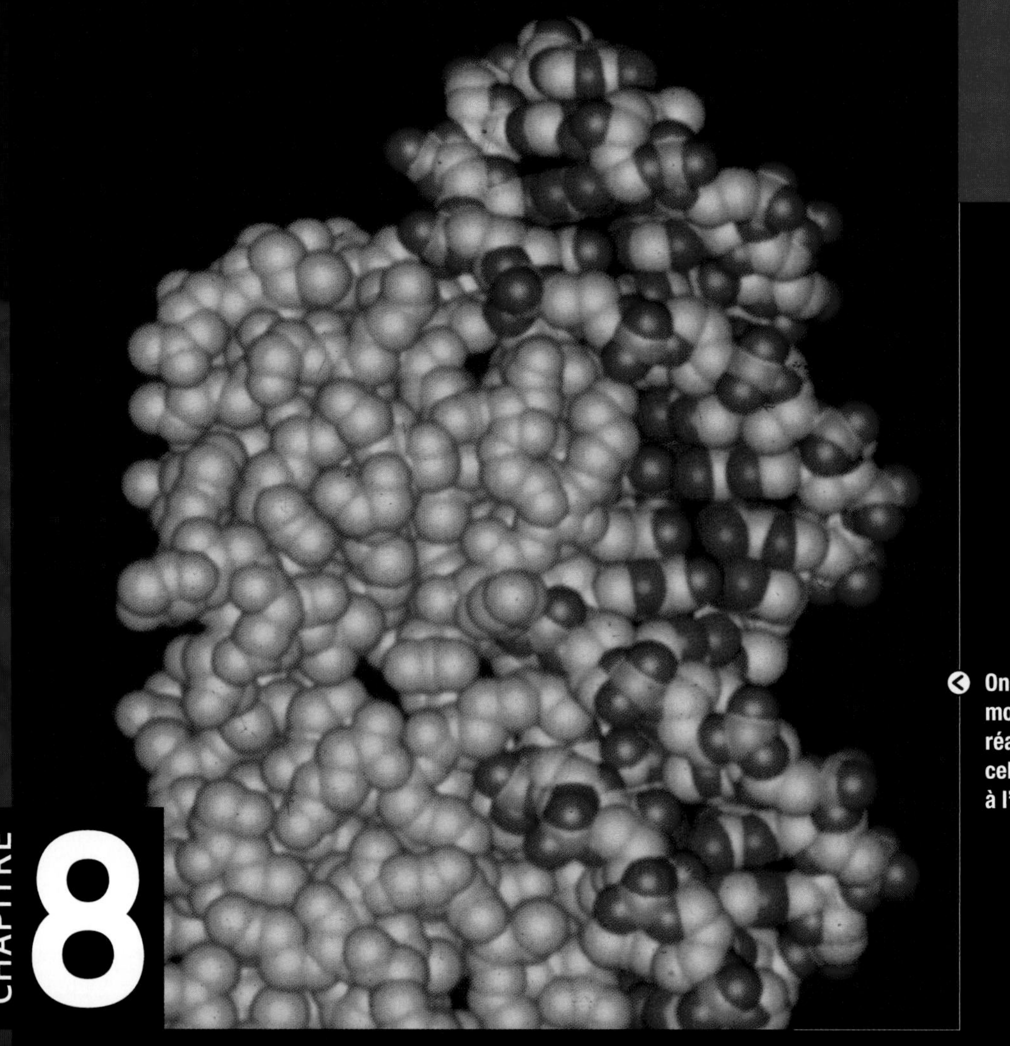

On utilise la modélisation moléculaire pour étudier les réactions biochimiques, comme celles qui lient les protéines à l'ADN.

CHAPITRE 8

La liaison chimique II : la forme des molécules et l'hybridation des orbitales atomiques

L'arrangement tridimensionnel des atomes dans une molécule ou un ion a une grande influence sur ses propriétés. La connaissance de la forme adoptée par une molécule ou un ion peut contribuer à comprendre ou à prévoir sa réactivité et son activité biologique. De petites différences, telle une simple variation de l'orientation spatiale d'un groupement —CH_3 dans une molécule, peuvent suffire à produire la distinction entre l'odeur de menthe et celle du carvi, par exemple.

PLAN DE CHAPITRE

OBJECTIFS D'APPRENTISSAGE

- Décrire et comprendre l'évolution de différents modèles (ou théories) concernant la liaison chimique ;
- Déterminer la géométrie de répulsion et la géométrie moléculaire d'une molécule ou d'un ion en appliquant la théorie RPEV ;
- Représenter la structure tridimensionnelle des molécules et des ions ;
- Prévoir la polarité d'une molécule en fonction des liaisons qui la constituent et en fonction de sa géométrie ;
- Déterminer l'état d'hybridation des atomes dans les molécules et les ions ;
- Interpréter la formation de molécules diatomiques simples au moyen de la théorie des orbitales moléculaires ;
- Donner la configuration électronique de molécules simples ;
- Expliquer la théorie des électrons délocalisés.

CHIMIE EN LIGNE

Animation
- Le modèle RPEV (8.1)
- La polarité des molécules (8.2)
- L'hybridation (8.3)

Interaction
- La détermination de la géométrie moléculaire (8.1)
- La polarité des molécules (8.2)
- La détermination du type d'hybridation (8.3)
- Les niveaux d'énergie des orbitales moléculaires (8.5)

CAPSULE D'INFORMATION

Linus Pauling dans son laboratoire, où il injecte un réactif dans un montage en verre raccordé à un manomètre et à une pompe à vide. Il a travaillé dans plusieurs domaines se rattachant à la fois aux mathématiques, à la physique, à la chimie, à la biochimie et à la biologie.

Linus Pauling, double médaillé Nobel

Linus Carl Pauling (1901-1994), l'un des scientifiques les plus importants du XXe siècle, s'est illustré par ses travaux sur la liaison chimique et la structure moléculaire. De plus, il est l'une des rares personnalités à avoir reçu deux prix Nobel : celui de chimie en 1954 et celui de la paix en 1962. Durant toute sa carrière, il a excellé dans l'art de la multidisciplinarité, en transposant ses idées et ses connaissances d'un domaine scientifique à un autre.

Né le 28 février 1901, à Portland, en Oregon, Linus Pauling manifesta très tôt son intérêt pour la chimie. En 1922, il fut diplômé en génie chimique au collège de l'État d'Oregon ; puis, en 1925, il obtint son doctorat de l'Institut de technologie de Californie. Comme beaucoup d'autres scientifiques de sa génération, il poursuivit ses études postdoctorales en Europe. Il travailla notamment avec Erwin Schrödinger et Niels Bohr, qui étudiaient l'atome, la structure moléculaire et la mécanique quantique. À son retour aux États-Unis, en 1927, Pauling accepta un poste de professeur de chimie à l'Institut de technologie de Californie.

En 1931, il publia un article dans lequel il décrivait la façon d'appliquer la mécanique quantique pour expliquer comment les interactions entre deux électrons non appariés, provenant chacun de deux atomes, peuvent former un doublet liant (liaison covalente). En 1935, il publia le livre *Introduction to Quantum Mechanics*, écrit conjointement avec E. B. Wilson. Pauling s'est particulièrement intéressé à comprendre et à expliquer la liaison chimique. Il a introduit les concepts d'électronégativité et de résonance abordés au chapitre 7 ainsi que celui des orbitales atomiques hybrides, examiné dans le présent chapitre. Dans son livre intitulé *The Nature of the Chemical Bond*, paru en 1939, il développait ces concepts et d'autres idées nouvelles. Plusieurs considèrent que cet ouvrage est le manuel de chimie le plus important du XXe siècle.

En 1940, Pauling s'intéressa aux systèmes biologiques et fit avancer la biochimie. Il appliqua ses connaissances en structure moléculaire aux protéines qui se trouvent dans le sang, particulièrement les acides aminés et les polypeptides. Il fut l'un des premiers à proposer que de nombreuses protéines possèdent une structure en hélice retenue par des liaisons hydrogène. Francis Crick et James Watson utilisèrent le même concept pour déterminer la structure de l'ADN en 1953. Dans la structure moléculaire de l'hémoglobine, le groupe de recherche de Pauling découvrit aussi les anomalies associées à une maladie héréditaire, l'anémie falciforme (drépanocytose). On lui doit l'idée des maladies moléculaires appelées aujourd'hui « maladies génétiques ».

Modèle d'une protéine en forme d'hélice alpha (1958)

Après la Seconde Guerre mondiale, Pauling se sentit concerné par la propagation des armes nucléaires et leurs essais dans l'atmosphère. Ses adversaires l'accusèrent de traîtrise, malgré son grand patriotisme qui se manifesta entre autres par son immense dévouement et ses exploits durant la guerre. On lui retira même son passeport américain pendant quelques années, ce qui l'empêcha de participer à plusieurs conférences en Europe. Ainsi, il ne put examiner les plus récents clichés de cristaux de molécules d'ADN obtenus par la méthode de diffraction de rayons X. Sinon, on pense qu'il aurait probablement réussi à devancer la découverte de Crick et Watson. En 1954, on remit son passeport à Pauling afin qu'il puisse recevoir le prix Nobel de chimie pour son travail sur la liaison chimique et les structures moléculaires.

Par la suite, il joua un rôle très important dans la cause de l'arrêt des essais nucléaires en plein air après que sa femme Ava l'eut convaincu de travailler avec elle et de lancer une pétition pour stopper ces essais. Plus de 10 000 scientifiques la signèrent, et Pauling la présenta aux Nations Unies. En récompense, il reçut le prix Nobel de la paix en 1962.

Au cours de sa vie, Linus Pauling a publié plus de mille articles traitant de sciences et de politique. Il est toujours resté actif et optimiste. Sans doute qu'avec le temps et du recul, il fera un jour partie du palmarès des plus grands scientifiques de tous les temps, au même titre que Newton, Planck, de Broglie, Einstein...

En 1962, Linus Pauling a participé à une marche devant la Maison-Blanche pour réclamer le bannissement des essais nucléaires.

8.1 La géométrie des molécules

L'étude de la géométrie moléculaire permet de connaître la disposition tridimensionnelle des atomes qui forment une molécule. Leur arrangement influence plusieurs propriétés chimiques et physiques, telles que la masse volumique, le point de fusion, de même que les types de réactions chimiques auxquelles la molécule participe. Par exemple, un léger changement dans la géométrie d'une biomolécule peut désactiver un récepteur et perturber une réaction hormonale.

En général, on peut déterminer expérimentalement la longueur et les angles des liaisons que comporte une molécule ; cependant, un raisonnement simple et efficace permet de prédire l'allure générale de la géométrie d'une molécule si l'on connaît le nombre d'électrons qui entourent l'atome central dans sa structure de Lewis.

NOTE

L'angle d'une liaison correspond à l'angle formé par la position des trois noyaux impliqués dans deux liaisons issues d'un même atome.

Proposée en 1940 par Sidgwick et Powell, mais interprétée par le chimiste canadien Ronald Gillespie, la **théorie de la répulsion des paires d'électrons de valence** (ou **modèle RPEV**) est un modèle qui permet de prédire la disposition tridimensionnelle des paires d'électrons de valence autour d'un atome central. La théorie RPEV repose sur la géométrie de répulsion, c'est-à-dire sur le fait que les doublets d'électrons de valence d'un atome lié se repoussent entre eux et adoptent des positions aussi éloignées que possible les unes des autres.

La géométrie autour d'un atome donné dépendra du nombre de paires d'électrons qui l'entourent. Comme les liaisons sont localisées, leur orientation précise est définie sur l'axe des noyaux. En général, chaque doublet d'électrons, liant ou non, a une influence sur l'arrangement tridimensionnel global d'un composé. On considère les liaisons doubles et triples comme étant des liaisons simples, même si elles sont constituées de plusieurs doublets (*voir la section 8.1.3, p. 375*). Généralement, un atome sera entouré de deux, trois, quatre, cinq ou six paires d'électrons. À chaque nombre de paires correspond une géométrie particulière. Les paires d'électrons autour de chaque atome se disposent de façon à être le plus éloignées les unes des autres (tendance à l'énergie minimale en minimisant la répulsion électronique).

8.1.1 Les molécules dont l'atome central ne possède aucun doublet libre

Les molécules formées de seulement deux types d'éléments, qu'on peut nommer A et B, A étant l'atome central, constituent un premier cas à étudier. La formule générale de ces molécules est AB_x, où x est un nombre entier généralement compris entre 2 et 6 qui représente le nombre d'atomes de l'élément B. Dans le cas où l'atome central n'a aucun doublet libre, il y a cinq possibilités : AB_2, AB_3, AB_4, AB_5 et AB_6.

AB_2 : le chlorure de béryllium ($BeCl_2$)

Soit la molécule $BeCl_2$ (à l'état gazeux), pour laquelle la structure de Lewis simplifiée est la suivante :

:C̤̈l—Be—C̤̈l:

L'atome central étant entouré de deux paires d'électrons, ces dernières devront s'éloigner le plus possible l'une de l'autre afin de minimiser la répulsion. C'est lorsqu'elles se trouvent à 180° l'une par rapport à l'autre que la répulsion est minimale. La molécule de $BeCl_2$ ainsi que toutes les molécules de type AB_2 auront une géométrie **linéaire**.

NOTE

Les sphères bleues et beiges représentent des atomes en général.

AB_3 : le trifluorure de bore (BF_3)

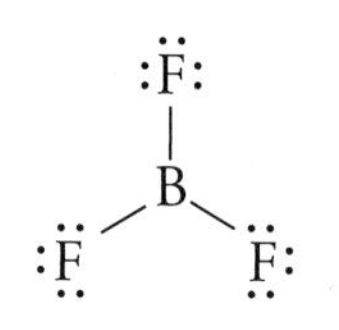

Dans le cas du trifluorure de bore, BF_3, l'atome central, le bore, est entouré de trois paires d'électrons. Afin que la répulsion soit minimale, les paires s'orienteront à partir du centre vers chacun des sommets d'un triangle équilatéral. Les angles seront de 120° et la géométrie sera **trigonale plane**. Les quatre atomes sont dans le même plan.

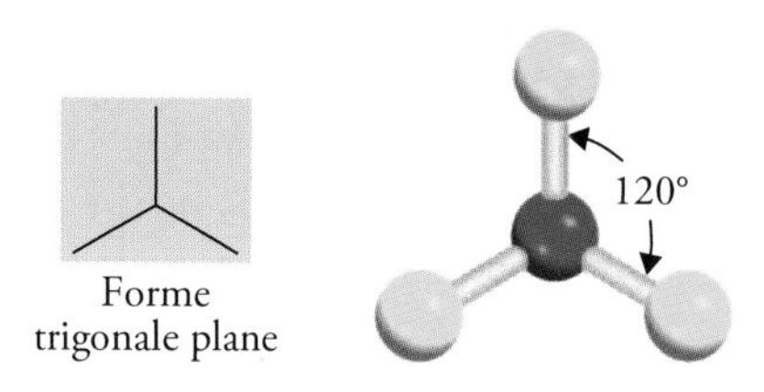

AB_4 : le méthane (CH_4)

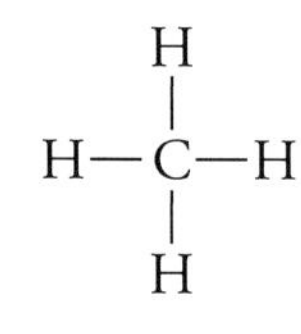

Dans le cas des molécules de type AB_4 comme le méthane, CH_4, l'énergie de la molécule sera minimale si les paires d'électrons s'orientent de façon à obtenir une géométrie **tétraédrique** et dans laquelle les angles H—C—H ont pour valeur 109,5°. L'atome central est au centre d'un tétraèdre et les atomes qui l'entourent sont placés aux sommets[1].

1. Il est important de pouvoir visualiser cette géométrie en trois dimensions. Pour y parvenir, on peut s'exercer à construire des modèles moléculaires. Il existe une convention pour dessiner les molécules en trois dimensions qui facilite la représentation de la perspective. Les liaisons qui sont dans le plan sont dessinées normalement, celles qui pointent vers l'arrière (qui « entrent dans le plan ») sont représentées en traits pointillés et celles qui pointent vers l'avant (qui « sortent du plan ») sont représentées en traits gras.

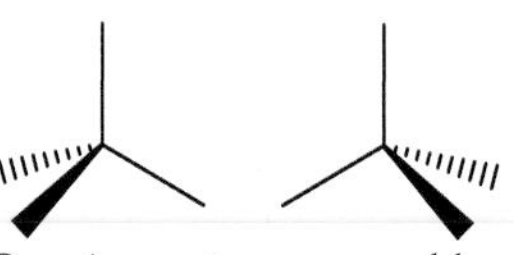

Représentations acceptables

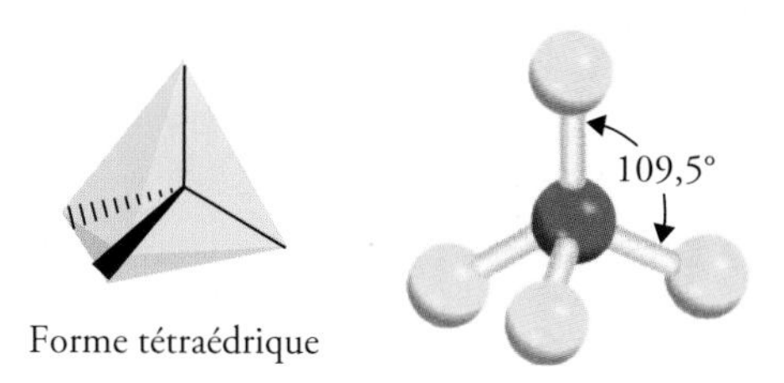

Forme tétraédrique

AB_5 : le pentachlorure de phosphore (PCl_5)

Lorsqu'il y a cinq paires d'électrons autour de l'atome central, comme dans le cas du pentachlorure de phosphore, la seule façon de réduire au minimum les forces répulsives entre les cinq paires d'électrons est de disposer les liaisons de manière à former une **bipyramide trigonale**, constituée en fait de deux tétraèdres partageant une base triangulaire.

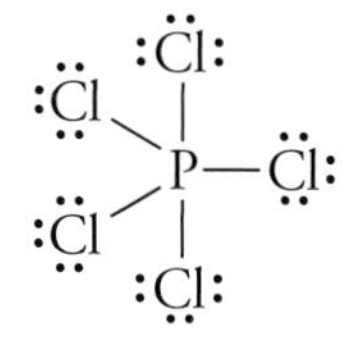

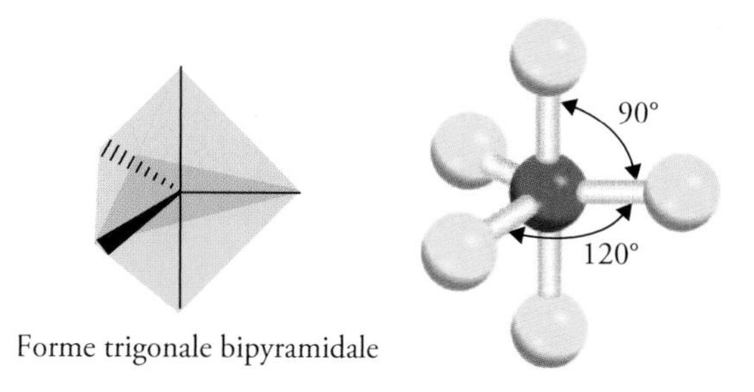

Forme trigonale bipyramidale

L'atome central (dans ce cas-ci, P) se trouve au centre de la base triangulaire commune; les cinq autres atomes sont situés aux cinq sommets de la bipyramide. On dit des atomes qui sont situés dans le plan du triangle qu'ils sont en **positions équatoriales**. Les deux atomes situés de part et d'autre du triangle sont en **positions axiales**. L'angle formé par deux liaisons équatoriales est de 120° alors que celui formé par une liaison axiale et une liaison équatoriale est de 90°.

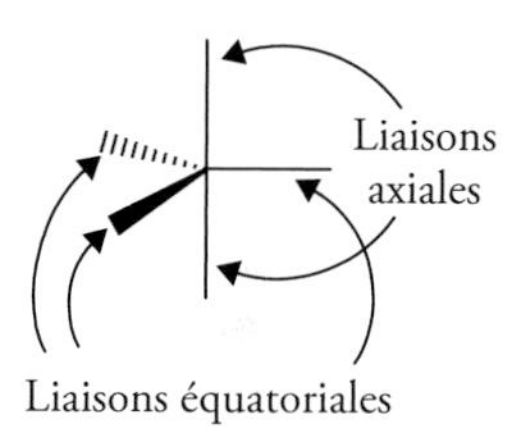

AB_6 : l'hexafluorure de soufre (SF_6)

Lorsqu'un atome central est entouré de six paires d'électrons, comme dans le cas de l'hexafluorure de soufre, la disposition la plus stable des liaisons s'effectue de façon à ce que chacune des six paires se situe au sommet d'un octaèdre, ou encore d'une bipyramide à base carrée. La géométrie est alors dite **octaédrique** et les angles sont tous de 90°. Comme les six liaisons sont équivalentes – contrairement à celles d'une molécule trigonale bipyramidale –, on ne parle pas de positions axiales ou équatoriales.

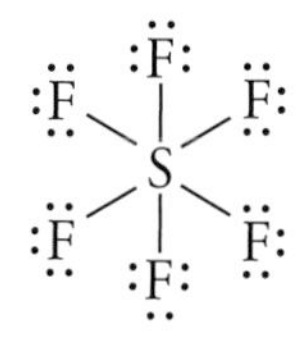

90°
90°

Forme octaédrique

Le **TABLEAU 8.1** *(voir page suivante)* résume bien les géométries observées lorsque l'atome central ne présente pas de doublet libre.

Animation

- Le modèle RPEV

Interaction

- La détermination de la géométrie moléculaire

TABLEAU 8.1 > Géométrie des molécules ou des ions lorsque l'atome central ne comporte pas de doublet libre

Nombre de paires d'électrons entourant l'atome central	Notation de Gillespie	Géométrie
2	AB_2	Linéaire
3	AB_3	Trigonale plane
4	AB_4	Tétraédrique
5	AB_5	Trigonale bipyramidale
6	AB_6	Octaédrique

RÉVISION DES CONCEPTS

Laquelle des géométries suivantes correspond à un maximum de stabilité pour l'hydrure d'étain(IV) ?

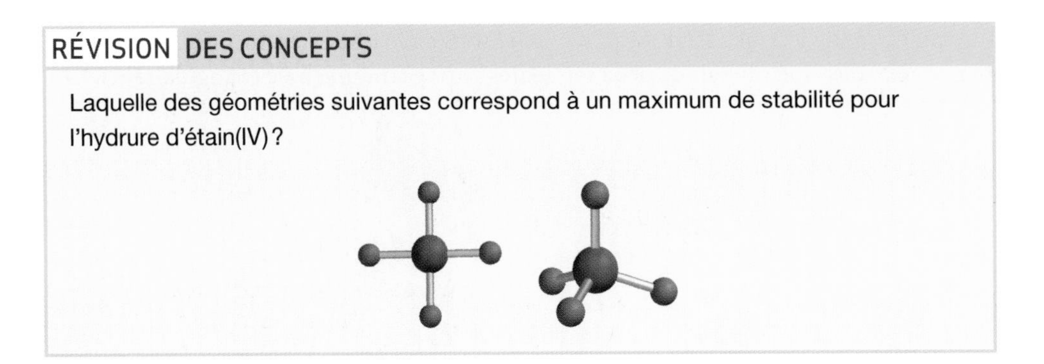

8.1.2 Les molécules dont l'atome central possède un ou plusieurs doublets libres

Il est plus difficile de déterminer la forme géométrique d'une molécule si son atome central compte à la fois des doublets liants et des doublets libres. Dans de telles molécules, il y a trois types de forces répulsives selon qu'elles s'exercent entre les doublets liants, entre les doublets libres, ou entre un doublet liant et un doublet libre. En général, selon le modèle RPEV, les forces répulsives décroissent dans l'ordre suivant :

doublet libre ⟷ doublet libre > doublet libre ⟷ doublet liant > doublet liant ⟷ doublet liant

NOTE

Ici, le symbole ⟷ indique une répulsion.

Les électrons d'une liaison sont retenus l'un près de l'autre par les forces attractives exercées par les noyaux des deux atomes liés. Ces électrons constituent un nuage électronique moins diffus et préférentiellement orienté, c'est-à-dire qu'ils occupent moins d'espace que les électrons d'un doublet libre qui, eux, ne sont associés qu'à un atome. Dans une molécule, les électrons des doublets libres sont moins localisés et occupent un plus grand volume que ceux des doublets liants ; par conséquent, ils sont soumis à une répulsion plus importante de la part des doublets voisins, qu'ils soient liants ou non liants. Afin de pouvoir tenir compte de tous les doublets, liants ou non, on désigne une molécule ayant des doublets libres de la manière suivante : AB_xE_y, où A est l'atome central, B, un atome situé autour de A, et E, un doublet libre de A. Les indices x et y sont des nombres entiers, $x = 2, 3, ...$ et $y = 1, 2, ...$ Ainsi, les valeurs de x et de y indiquent respectivement le nombre d'atomes situés autour de l'atome central et le nombre de doublets libres de l'atome central. La molécule la plus simple de ce type serait une molécule triatomique dont l'atome central a un seul doublet libre, soit AB_2E.

Dans le cas de molécules ayant un ou plusieurs doublets libres, il faut faire une distinction entre l'arrangement géométrique général des doublets d'électrons (géométrie de répulsion) et la forme de la molécule (géométrie moléculaire). La **géométrie de répulsion** correspond à la disposition de tous les doublets de l'atome central, tant les doublets libres que les doublets liants. Elle s'applique donc aussi au système AB_x présenté au **TABLEAU 8.1**.

Par contre, la **géométrie moléculaire** dépend seulement de l'arrangement de ses atomes et, par conséquent, seule la disposition des doublets liants doit être considérée. Donc, si l'atome central contient des doublets libres, la géométrie de la molécule sera différente de la géométrie de répulsion.

Les exemples suivants illustrent bien la distinction entre l'arrangement des doublets d'électrons (géométrie de répulsion) et la géométrie de la molécule.

AB_2E : le dichlorure de germanium ($GeCl_2$)

Puisque le germanium est entouré de trois paires d'électrons, la géométrie de répulsion devrait être trigonale plane (ou plane triangulaire) et les angles de liaison Cl—Ge—Cl devraient être de 120°. Expérimentalement, les angles de liaison sont un peu inférieurs aux angles prévus, et cela se répète pour toutes les molécules qui présentent des doublets libres. Gillespie a expliqué cette observation par le fait qu'un doublet non liant (ou libre) est plus volumineux qu'un doublet liant qui est confiné dans l'espace entre les noyaux, repoussant un peu plus les liaisons Ge—Cl (*voir la* **FIGURE 8.1**). Les paires d'électrons se placeront donc dans une géométrie quasi trigonale plane. Par contre, la molécule, quant à elle, aura une géométrie **angulaire** et l'angle Cl—Ge—Cl sera légèrement inférieur à 120°.

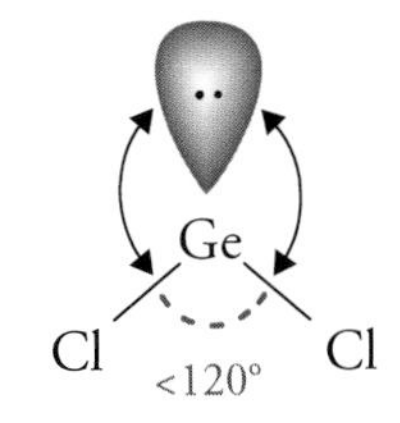

FIGURE 8.1 **Influence de la présence d'un doublet libre sur les angles de liaison**

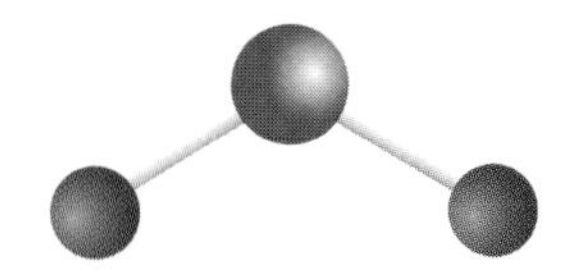

Géométrie de répulsion trigonale plane

Géométrie moléculaire angulaire

AB_3E : l'ammoniac (NH_3)

La molécule d'ammoniac contient trois doublets liants et un doublet libre :

H—N̈—H
|
H

Puisque l'azote est entouré de quatre paires d'électrons, la géométrie de répulsion devrait être tétraédrique et les angles de liaison H—N—H, de 109,5°. Parce que le doublet libre les repousse plus fortement, les trois doublets liants sont poussés les uns vers les autres ; les angles H—N—H dans la molécule d'ammoniac sont donc plus petits que ceux d'un tétraèdre régulier : ils ont été mesurés à 107°.

Les paires d'électrons se placent dans une géométrie quasi tétraédrique. Par contre, la molécule, quant à elle, aura une géométrie **trigonale pyramidale** (ou en forme de pyramide à base triangulaire).

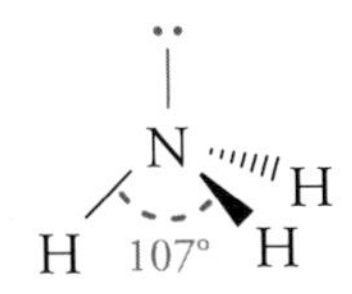

Géométrie de répulsion tétraédrique

Géométrie moléculaire trigonale pyramidale

AB_2E_2 : l'eau (H_2O)

Une molécule d'eau contient deux doublets liants et deux doublets libres :

H—Ö—H

La géométrie de répulsion dans la molécule d'eau est tétraédrique, comme pour la molécule d'ammoniac. Cependant, puisqu'il y a deux doublets libres sur la molécule, l'angle de liaison H—O—H sera encore plus petit que dans le cas de la molécule de NH_3. L'angle mesuré expérimentalement pour l'eau est de 104,5°, ce qui n'est pas surprenant puisque les doublets libres sont beaucoup plus encombrants que les doublets liants.

La molécule de H_2O a donc une géométrie **angulaire**.

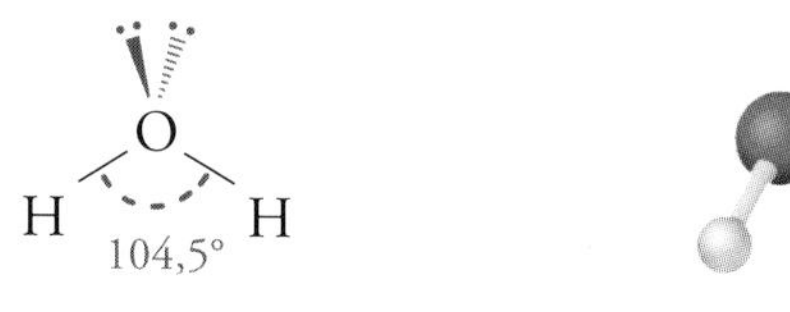

Géométrie de répulsion tétraédrique

Géométrie moléculaire angulaire

AB_4E, AB_3E_2 et AB_2E_3

Comme on peut le voir dans le **TABLEAU 8.1** (*voir p. 370*), lorsqu'un atome central est entouré de cinq paires d'électrons, la géométrie de répulsion est trigonale bipyramidale (ou bipyramidale à base triangulaire). Deux valeurs d'angles sont possibles : 120° dans le plan triangulaire (liaisons en positions équatoriales), ou 90° pour les liaisons en positions axiales.

Dans le cas du tétrafluorure de soufre (AB_4E), la molécule possède un doublet libre et pourrait avoir l'une des formes suivantes :

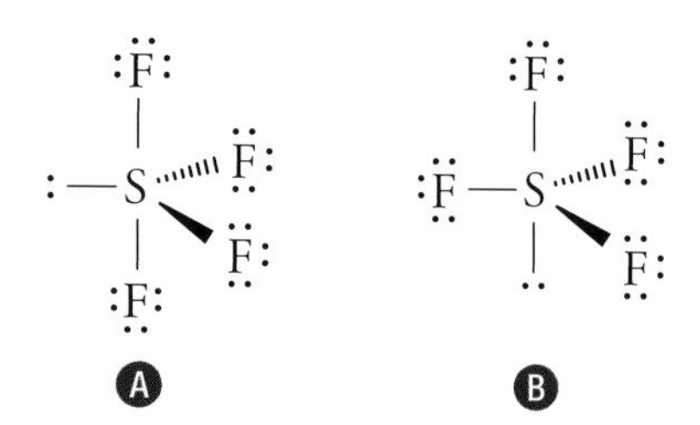

En **A**, le doublet libre est en position équatoriale ; en **B**, il est en position axiale. En **B**, il y a pour le doublet libre trois doublets liants voisins à 90° et un autre à 180° ; en **A**, il y a deux doublets liants voisins à 90° et deux autres à 120°. La répulsion qui s'exerce en **A** est plus faible. C'est d'ailleurs cette structure, qu'on appelle **tétraèdre irrégulier** (ou bascule) qui a été trouvée expérimentalement. En réalité, l'angle F—S—F mesuré, formé par les atomes de F axiaux et l'atome de S, est de 86° ; celui qui est formé par les atomes de F équatoriaux et l'atome de S est de 102°.

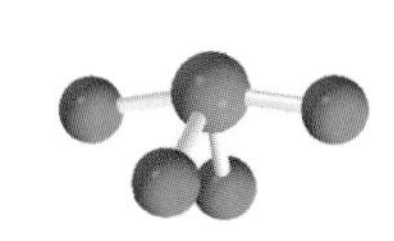

Géométrie de répulsion trigonale bipyramidale

Géométrie moléculaire à bascule

Lorsqu'une géométrie de répulsion à cinq paires contient un ou plusieurs doublets libres, ces derniers occupent toujours les positions équatoriales (dans le plan triangulaire). C'est ainsi que la molécule de ClF_3 présente une géométrie moléculaire **en forme de T** plutôt que triangulaire (les angles sont de 90° et non de 120°) et que la molécule de XeF_2 a une géométrie moléculaire linéaire.

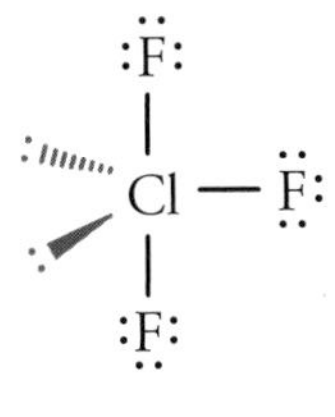

AB_3E_2

Géométrie de répulsion trigonale bipyramidale

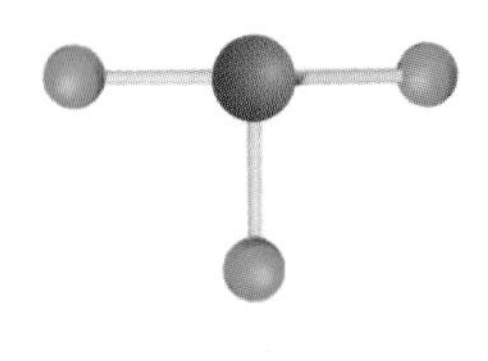

Géométrie moléculaire en T

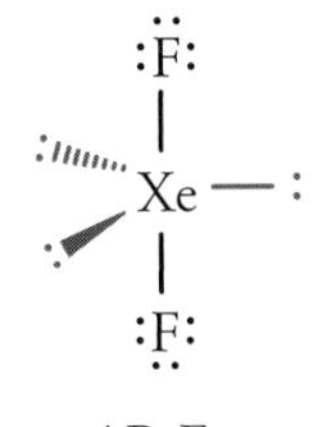

AB_2E_3

Géométrie de répulsion trigonale bipyramidale

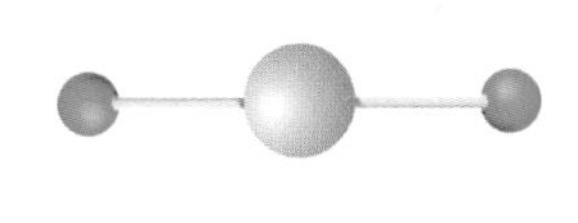

Géométrie moléculaire linéaire

AB_5E et AB_4E_2

Lorsqu'un atome central est entouré de six paires d'électrons, la géométrie de répulsion est dite « octaédrique ». Contrairement à la géométrie de répulsion à cinq paires d'électrons, lorsqu'un doublet non liant est présent autour de l'atome central, il peut se placer n'importe où puisque toutes les positions sont équivalentes. C'est le cas par exemple pour la molécule de BrF_5. La géométrie de cette molécule est donc **pyramidale à base carrée.** Lorsque deux doublets libres sont présents sur un atome central entouré de six paires d'électrons, les doublets se placent à 180° l'un par rapport à l'autre, puisqu'il s'agit des deux groupements dont les nuages électroniques sont les plus volumineux. La géométrie moléculaire est alors **plane carrée.** C'est le cas pour la molécule de XeF_4.

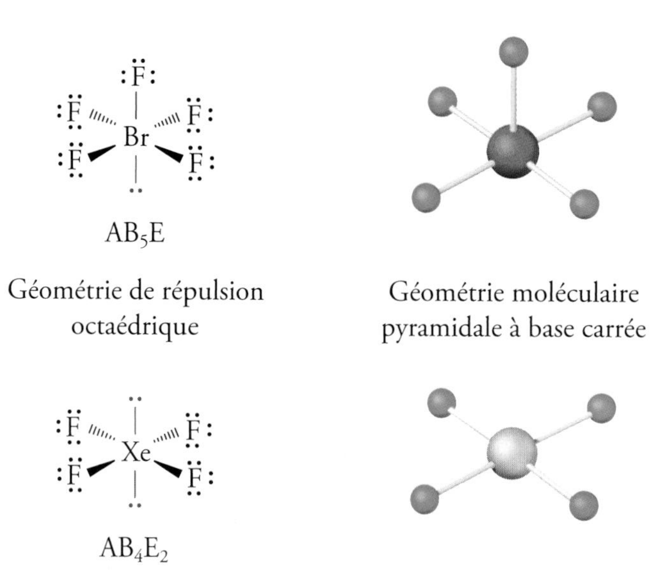

Géométrie de répulsion octaédrique — Géométrie moléculaire pyramidale à base carrée

Géométrie de répulsion octaédrique — Géométrie moléculaire plane carrée

Le **TABLEAU 8.2** résume les géométries étudiées en présence ou en absence de doublets libres.

TABLEAU 8.2 > Forme des molécules et des ions

Nombre total de paires d'électrons	Nombre de doublets libres	Classe de molécules	Géométrie de répulsion	Géométrie de la molécule ou de l'ion	Exemple
2	0	AB_2	B—A—B 180° Linéaire	B—A—B Linéaire	$BeCl_2$
3	0	AB_3	120° Trigonale plane	Trigonale plane	BF_3
	1	AB_2E	<120° Trigonale plane	Angulaire	$GeCl_2$
4	0	AB_4	109,5° Tétraédrique	Tétraédrique	CH_4
	1	AB_3E	<109,5° Tétraédrique	Trigonale pyramidale	NH_3
	2	AB_2E_2	<109,5° Tétraédrique	Angulaire	H_2O

TABLEAU 8.2 > (*suite*)

Nombre total de paires d'électrons	Nombre de doublets libres	Classe de molécules	Géométrie de répulsion	Géométrie de la molécule ou de l'ion	Exemple
5	0	AB_5	Trigonale bipyramidale	Trigonale bipyramidale	PCl_5
	1	AB_4E	Trigonale bipyramidale	Tétraédrique irrégulière (bascule)	SF_4
	2	AB_3E_2	Trigonale bipyramidale	En T	ClF_3
	3	AB_2E_3	Trigonale bipyramidale	Linéaire	XeF_2
6	0	AB_6	Octaédrique	Octaédrique	SF_6
	1	AB_5E	Octaédrique	Pyramidale à base carrée	BrF_5
	2	AB_4E_2	Octaédrique	Plane carrée	XeF_4

8.1.3 Les molécules contenant des liaisons multiples

Les molécules examinées jusqu'ici sont relativement simples. Qu'en est-il des molécules qui contiennent des liaisons multiples? Tant que l'on ne s'intéresse qu'à la répulsion entre les paires d'électrons, on peut considérer que les liaisons doubles et triples équivalent à des liaisons simples. Cependant, il faut aussi tenir compte du fait que, en réalité, les liaisons multiples sont plus volumineuses que les liaisons simples: lorsqu'il y a deux ou trois liaisons entre deux atomes, le nuage électronique occupe un plus grand volume.

NOTE

On cherche l'arrangement géométrique qui minimise la répulsion électronique orientée dans un nombre donné de directions différentes. La présence d'une liaison double ou triple n'affectant pas la direction de la densité électronique, on peut considérer les liaisons multiples comme équivalentes à des liaisons simples.

Le formaldéhyde (formol), HCHO, est une petite molécule dont l'atome central (le carbone) forme deux liaisons simples avec des atomes d'hydrogène et une liaison double avec un atome d'oxygène. La géométrie de cette molécule est donc trigonale plane, avec des angles de 120°. Cependant, de la même façon qu'un doublet libre occupe plus d'espace qu'un doublet liant, une liaison double est plus volumineuse qu'une liaison simple, ce qui rendra l'angle de liaison H—C—H légèrement inférieur à 120°.

```
      :Ö:
       ‖
       C
     /   \
    H     H
     &lt;120°
```

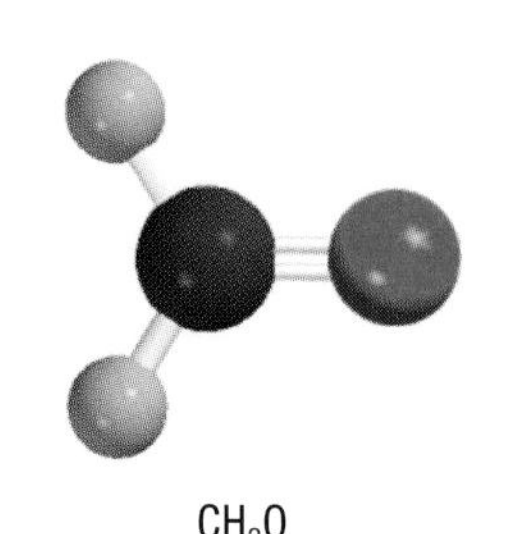

CH_2O

8.1.4 Les molécules ayant plus d'un atome central

Jusqu'à maintenant, il n'a été question que de molécules ayant un seul atome central. La forme générale des molécules qui ont plus d'un atome central est, dans la plupart des cas, difficile à décrire. Souvent, on ne peut que décrire les géométries autour des différents atomes. Soit, par exemple, le méthanol, dont la structure de Lewis simplifiée est la suivante :

```
    H
    |   ..
H — C — O — H
    |   ..
    H
```

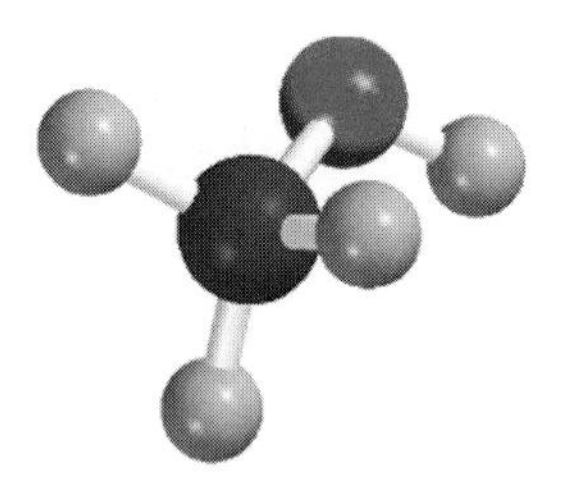

CH_3OH

Les deux atomes centraux dans le méthanol sont C et O. On peut dire que les doublets liants des trois liaisons C—H et celui de la liaison C—O sont disposés selon une géométrie tétraédrique autour de l'atome de carbone. Les angles H—C—H et O—C—H sont d'environ 109°. L'atome d'oxygène dans cette molécule rappelle celui de la molécule d'eau, c'est-à-dire qu'il possède deux doublets libres et deux doublets liants. C'est pourquoi la partie H—O—C de la molécule est angulaire avec un angle d'environ 105°.

Le modèle RPEV permet d'étudier la géométrie autour d'un atome donné, qu'il soit central ou non : on peut donc étudier de très grosses molécules, un atome à la fois, et déterminer la géométrie autour de chacun d'entre eux afin d'estimer les angles de liaison.

8.1.5 La méthode pour appliquer le modèle RPEV

Voici certaines règles utiles pour appliquer le modèle RPEV à tous les types de molécules :

1. Écrire la structure de Lewis de la molécule.
2. Compter les doublets d'électrons (liants et libres) autour de l'atome central ou de l'atome étudié. Considérer les liaisons multiples comme des liaisons simples.
3. Consulter le **TABLEAU 8.2** (*voir p. 374*) pour prédire la géométrie de répulsion et la géométrie moléculaire.
4. Pour prédire les angles des liaisons, se rappeler qu'une triple liaison est plus volumineuse qu'une double liaison, laquelle est plus volumineuse qu'une liaison simple, et que la répulsion exercée par un doublet libre est plus forte que la répulsion exercée par un doublet liant (il est impossible de prédire la valeur exacte des angles des liaisons lorsque l'atome central possède un ou plusieurs doublets libres ou lorsque l'atome central est entouré par plus d'une sorte d'atomes – par exemple CH_3Cl) :

   doublet libre ⟷ doublet libre > doublet libre ⟷ doublet liant > doublet liant ⟷ doublet liant

Le modèle RPEV permet de prédire de façon assez juste la forme de nombreuses molécules. Les chimistes ont adopté cette approche à cause de sa simplicité et de son efficacité. Même si certaines considérations théoriques laissent entendre que la répulsion entre les doublets ne détermine peut-être pas la forme de la molécule, force est de reconnaître que cette méthode permet de faire des prédictions utiles (et généralement correctes). À ce stade, on peut considérer que ce modèle est plutôt un procédé de raisonnement basé sur le modèle de la liaison tel que conçu par Lewis.

EXEMPLE 8.1 La prédiction des formes géométriques à l'aide du modèle RPEV

À l'aide du modèle RPEV, prédisez la géométrie de répulsion et la géométrie moléculaire des espèces suivantes : **a)** AsH_3 ; **b)** OF_2 ; **c)** $AlCl_4^-$; **d)** I_3^- ; **e)** C_2H_4.

DÉMARCHE

Voici les étapes à suivre pour déterminer la forme des molécules :

1. Dessiner la structure de Lewis.
2. Compter les paires d'électrons qui entourent l'atome central (ou l'atome étudié).
3. Déterminer la géométrie de répulsion et la géométrie moléculaire.

SOLUTION

a) La structure de Lewis simplifiée de AsH_3 est :

H—Äs—H
 |
 H

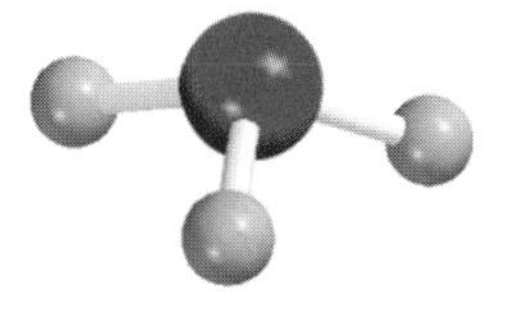

AsH₃

Il y a quatre paires d'électrons autour de l'atome central (forme AB_3E) ; la géométrie de répulsion est donc tétraédrique (*voir le* **TABLEAU 8.2**, *p. 374*). Rappelons que la géométrie moléculaire est déterminée seulement par l'arrangement des atomes (dans ce cas-ci, par les atomes As et H). Ainsi, si l'on ne tient pas compte du doublet libre, on a trois doublets liants, ce qui correspond à une forme trigonale pyramidale, comme dans le cas de NH_3. On ne peut prédire exactement la valeur de l'angle H—As—H, mais elle doit être inférieure à 109,5°, car la répulsion exercée par le doublet libre sur les doublets liants est supérieure à celle qui s'exerce entre les doublets liants.

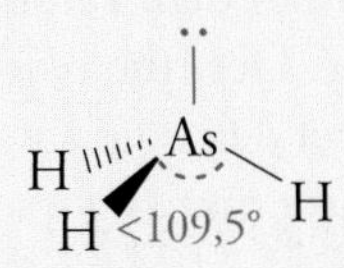

b) La structure de Lewis simplifiée de OF_2 est :

:F̤—Ö—F̤:

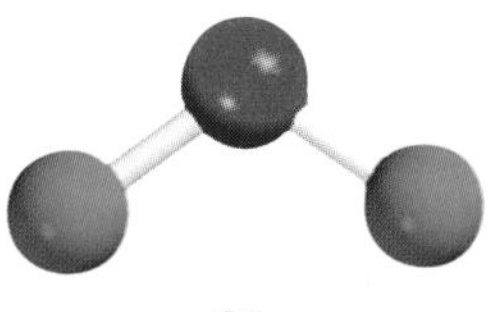

OF_2

Il y a quatre paires d'électrons autour de l'atome central ; la géométrie de répulsion est donc tétraédrique (*voir le* **TABLEAU 8.2**, *p. 374*). Rappelons que la géométrie moléculaire n'est déterminée que par l'arrangement des atomes (O et F ici). Si on ▶

ne considère pas les deux doublets libres, il reste deux paires liantes pour donner une forme angulaire, comme dans le cas de la molécule H_2O. Encore une fois, tout ce que l'on peut dire de la valeur de son angle F—O—F est qu'elle doit être inférieure à 109,5° parce que la force répulsive qu'exercent les doublets libres sur les doublets liants est plus grande que celle qui s'exerce entre les doublets liants eux-mêmes.

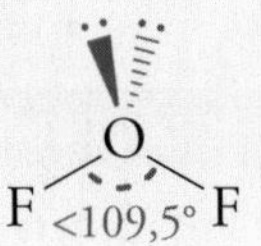

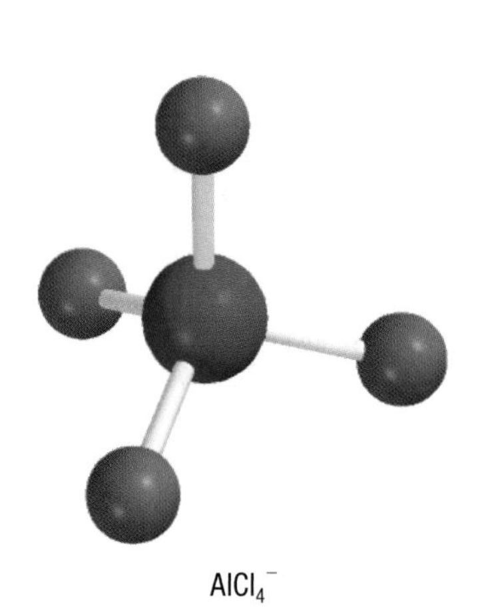
$AlCl_4^-$

c) La structure de Lewis simplifiée de $AlCl_4^-$ est :

$$\left[\begin{array}{c} :\ddot{Cl}: \\ | \\ :\ddot{Cl}-Al-\ddot{Cl}: \\ | \\ :\ddot{Cl}: \end{array}\right]^-$$

Puisque l'atome central Al n'a pas de doublet libre et que les quatre liaisons Al—Cl sont équivalentes, la géométrie de répulsion et la géométrie de l'ion $AlCl_4^-$ sont tétraédriques et les angles Cl—Al—Cl sont tous de 109,5°. Le fait d'avoir un électron supplémentaire n'a aucun impact sur la structure.

[Cl, Al, Cl, Cl, Cl ; 109,5°]⁻

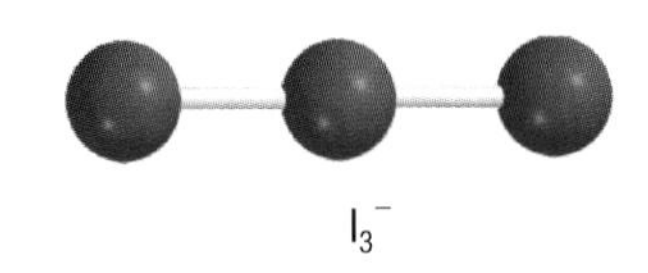
I_3^-

d) La structure de Lewis de I_3^- est :

$$[:\ddot{I}-\ddot{I}-\ddot{I}:]^-$$

Il y a cinq paires d'électrons autour de I, l'atome central ; la géométrie de répulsion est donc trigonale bipyramidale. Des cinq paires d'électrons, il y en a trois qui sont des doublets libres (non liants) et deux qui sont des doublets liants. Rappelons que les doublets libres dans une structure trigonale bipyramidale occupent préférentiellement les positions équatoriales (*voir le* **TABLEAU 8.2**, *p. 374*). On obtient donc une forme linéaire.

[I, I, I ; 180°]⁻

NOTE

L'ion I_3^- est l'une des rares structures dont l'angle de liaison (180°) peut être prédit précisément, même si l'atome central a des paires non liantes.

e) La structure de Lewis simplifiée de C_2H_4 est :

```
H       H
 \     /
  C = C
 /     \
H       H
```

La liaison C═C est considérée comme une liaison simple dans le modèle RPEV. Puisqu'il n'y a aucun doublet libre, l'arrangement autour de chaque atome de carbone est trigonal plan (géométrie de répulsion et géométrie moléculaire), comme dans BF_3. Les angles des liaisons dans C_2H_4 (HCH et HCC) devraient donc tous s'approcher de 120°. Cependant, vu la présence de la double liaison (plus volumineuse), on s'attend à ce que l'angle H—C—H soit inférieur à 120°. De même, on s'attend à ce que l'angle H—C—C soit supérieur à 120°.

```
H  >120°  H
 \       /
  C = C     <120°
 /       \
H  >120°  H
```

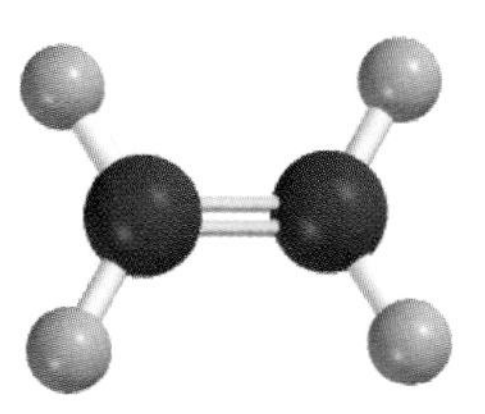

C_2H_4

NOTE

Les valeurs expérimentales des angles des liaisons pour l'éthylène sont de 118° pour l'angle H—C—H et de 121° pour l'angle H—C—C.

EXERCICE E8.1

À l'aide du modèle RPEV, prédisez la géométrie de répulsion et la géométrie moléculaire des espèces suivantes : **a)** $SiBr_4$; **b)** CS_2 ; **c)** NO_3^-.

Problèmes semblables 

8.1, 8.2 et 8.3

QUESTIONS de révision

1. Que signifie l'expression « géométrie moléculaire » ? Pourquoi l'étude de la géométrie moléculaire est-elle importante ?
2. Dessinez la forme d'une molécule triatomique linéaire, d'une molécule trigonale plane qui contient quatre atomes, d'une molécule tétraédrique, d'une molécule trigonale bipyramidale et d'une molécule octaédrique. Donnez la valeur des angles de liaison dans chacun des cas.
3. Combien d'atomes sont directement liés à l'atome central dans une molécule tétraédrique, dans une molécule trigonale bipyramidale et dans une molécule octaédrique ?
4. Énoncez les principales caractéristiques du modèle RPEV. Dites pourquoi la répulsion décroît dans l'ordre suivant : doublet libre ⟷ doublet libre > doublet libre ⟷ doublet liant > doublet liant ⟷ doublet liant.
5. Dans l'arrangement de la forme trigonale bipyramidale, pourquoi un doublet libre occupe-t-il une position équatoriale plutôt qu'axiale ?
6. On pourrait penser que CH_4 est une molécule de forme plane carrée, les quatre atomes occupant les quatre coins du carré, et l'atome C, le centre. Dessinez cette forme et comparez sa stabilité avec celle de la molécule CH_4 de forme tétraédrique.

8.2 La polarité des molécules

À la section 7.2 (*voir p. 303*), on peut lire que, dans la molécule de fluorure d'hydrogène, la paire d'électrons mise en commun est inégalement partagée entre H et F ; elle se situe davantage du côté de F, qui est un atome plus électronégatif que l'atome de H. On représente cette polarisation par une flèche barrée (⟼) au-dessus de la structure de

NOTE

En fait, la flèche barrée indique la direction de la polarité. On peut penser que son extrémité gauche représente le signe + d'une charge partielle positive. Cette flèche indique donc le sens de la polarité de la liaison, de l'atome le moins électronégatif vers le plus électronégatif.

Lewis ; ce symbole est la représentation vectorielle du partage inégal des électrons. Par exemple :

$$\overset{\longmapsto}{\text{H—}\ddot{\underset{..}{\text{F}}}\text{:}}$$

On peut aussi représenter cette distribution des charges dans une molécule de la façon suivante :

$$\overset{\delta^+\quad\delta^-}{\text{H—}\ddot{\underset{..}{\text{F}}}\text{:}}$$

où δ est le symbole d'une charge partielle. C'est le comportement des molécules en présence d'un champ électrique externe qui est à l'origine de cette notion de charges partielles. En effet, on remarque que les molécules de HF sont sensibles à l'application d'un champ électrique : lorsque placées entre les bornes d'un générateur de courant, les molécules ont tendance à tourner de façon à ce que la charge partielle négative (δ^-) s'oriente vers la borne positive du générateur, alors que la partie positive de la molécule (δ^+) s'oriente vers la borne négative (*voir la* **FIGURE 8.2**).

Des molécules telles que HF qui ont des régions positives et négatives sont dites **molécules polaires.** Il est important de distinguer une molécule polaire d'une liaison covalente polaire. La polarité d'une liaison est déterminée par la différence d'électronégativité entre les deux atomes qui participent à la liaison. La polarité d'une molécule est, quant à elle, déterminée expérimentalement par l'action d'un champ électrique et théoriquement par la somme vectorielle de tous les dipôles de liaisons tels qu'ils sont organisés dans l'espace. Il faut donc connaître la géométrie d'une molécule afin de pouvoir prédire sa polarité. De plus, une molécule peut être non polaire tout en possédant des liaisons covalentes polaires, comme dans le cas de CO_2, dont le cas est examiné plus loin.

FIGURE 8.2 

Comportement des molécules polaires

Les charges + et – indiquées sur les molécules sont généralement des charges partielles.

A Comportement en l'absence d'un champ électrique extérieur.

B Comportement en présence d'un champ électrique extérieur. Les molécules non polaires ne subissent pas l'influence d'un champ électrique.

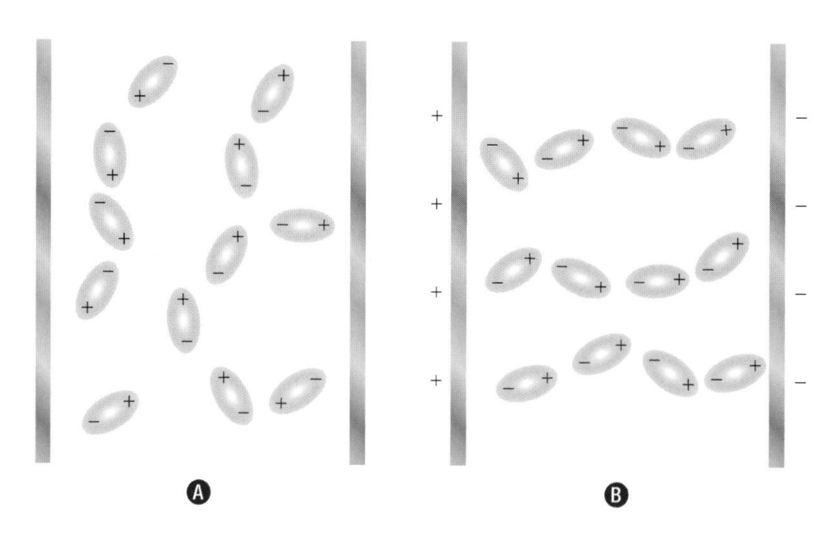

CHIMIE EN LIGNE

Animation
- La polarité des molécules

Le **moment dipolaire** (μ) est la mesure quantitative de la polarité d'une molécule, en coulombs-mètres (C · m) dans le SI. Il varie en fonction du produit de l'intensité de la charge Q (en coulombs) et de la distance d (en mètres) qui sépare les charge :

$$\mu = Q \times d \tag{8.1}$$

Dans une molécule diatomique comme HF, la charge Q est égale aux valeurs absolues de δ^+ et de δ^- et la distance d correspond à la longueur de la liaison. La molécule étant toujours globalement neutre, les charges des deux régions d'une molécule diatomique doivent être égales en valeur absolue, mais de signes opposés. Toutefois, la grandeur Q dans l'équation 8.1 ne concerne que la valeur absolue et non le signe ; μ est donc toujours positif.

NOTE

Les moments dipolaires peuvent aussi être exprimés en debyes (D), une unité nommée en l'honneur du chimiste hollandais Peter Debye, où 1 D = $3{,}336 \times 10^{-30}$ C • m.

Les molécules diatomiques formées d'atomes d'un même élément (par exemple H_2, O_2 et F_2) n'ont pas de moment dipolaire ; elles ne sont pas influencées par l'effet d'un champ électrique. Ce sont donc des **molécules non polaires**, d'autant plus que la différence d'électronégativité entre deux atomes identiques est nulle.

Dans le cas des molécules formées de deux atomes différents, il est facile de prédire si la molécule aura un moment dipolaire ou non. Il suffit de regarder la différence d'électronégativité entre les atomes qui forment la liaison. Par exemple, des molécules comme HF ou CO seront polaires.

En revanche, lorsque les molécules sont plus complexes, c'est-à-dire lorsqu'elles sont formées de trois atomes ou plus, il faut non seulement faire l'analyse des différentes liaisons, mais aussi tenir compte de la géométrie de la molécule : une molécule ayant des liaisons covalentes polaires ne sera pas nécessairement polaire. Par exemple, bien qu'elle soit constituée de deux liaisons covalentes polaires, la molécule de CO_2 est non polaire. Le moment dipolaire global de la molécule est constitué de deux moments dipolaires de liaison, c'est-à-dire des moments dipolaires individuels des deux liaisons polaires C═O. Le moment dipolaire d'une liaison covalente est une grandeur vectorielle : il s'agit d'une grandeur qui a une valeur et une direction. Le moment dipolaire résultant mesuré est une résultante égale à la somme des vecteurs des moments dipolaires de liaison. Dans le cas de CO_2, les deux moments dipolaires de liaison ont la même grandeur, mais leur orientation étant opposée, leur effet s'annule. La molécule ne s'orientera pas si elle est placée sous l'effet d'un champ électrique : son moment dipolaire résultant est nul et la molécule est non polaire.

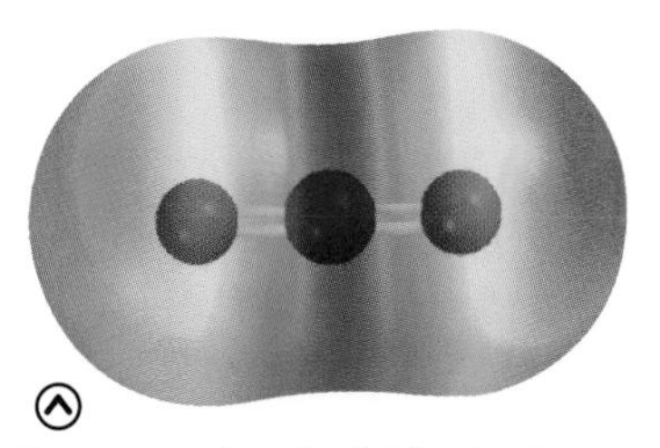

Diagramme de potentiel électrostatique du CO_2

$$:\ddot{O}=C=\ddot{O}:$$

À la lumière de ce qui précède, est-ce que la molécule d'eau est polaire ou non polaire ? Il est important de considérer la géométrie de la molécule dans l'analyse de la polarité. On doit se rappeler que la molécule d'eau a une géométrie angulaire : l'angle H—O—H est de 105°. Les deux liaisons O—H étant des liaisons polaires, deux dipôles seront formés (la densité électronique sera moindre sur les atomes de H). Par contre, les deux dipôles ne s'annulent pas lorsqu'ils sont vectoriellement combinés dans l'espace. L'eau est donc une molécule polaire.

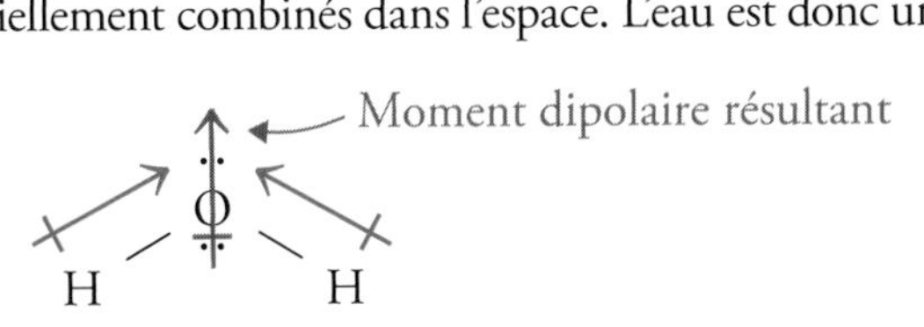

NOTE

Quand on additionne des vecteurs, on peut visualiser la somme vectorielle en alignant bout à bout les flèches représentant chacun des vecteurs. Si on revient à la case départ, la somme vectorielle est nulle.

Cet exemple illustre bien que la géométrie de la molécule est un facteur indispensable dans la détermination de la polarité d'une molécule. En général, une molécule qui a une géométrie parfaitement symétrique sera non polaire. C'est le cas pour les molécules de type AB_2, AB_3, AB_4, AB_5 et AB_6, évidemment dans le cas où toutes les liaisons sont équivalentes. Par exemple, PCl_3 est une molécule non polaire, malgré le fait que les liaisons P—Cl soient polaires.

CHIMIE EN LIGNE

Interaction
- La polarité des molécules

Les moments dipolaires peuvent servir à différencier deux isomères, c'est-à-dire des molécules qui ont une même formule brute, mais des structures différentes (*voir la section 7.6.4, p. 338*). Par exemple, les deux molécules suivantes existent bel et bien ; elles ont la même formule moléculaire ($C_2H_2Cl_2$), le même nombre et les mêmes types de liaisons, mais une structure moléculaire différente :

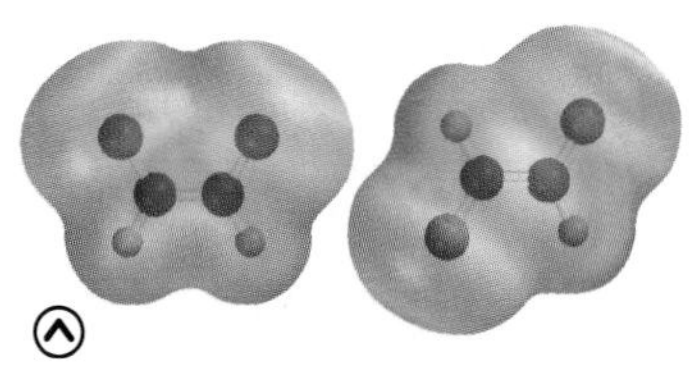
Dans le *cis*-dichloroéthylène (à gauche), les moments dipolaires se renforcent, et la molécule est polaire. Le contraire se produit pour le *trans*-dichloroéthylène (à droite), où la molécule est non polaire.

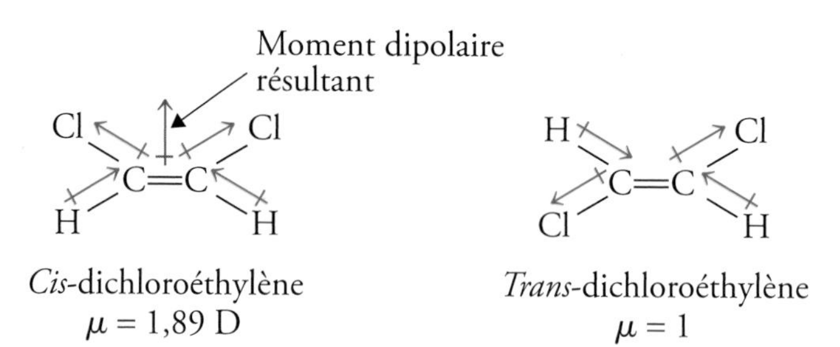

Cis-dichloroéthylène
$\mu = 1{,}89$ D

Trans-dichloroéthylène
$\mu = 1$

Le *cis*-dichloroéthylène est une molécule polaire, et le *trans*-dichloroéthylène, une molécule non polaire : on peut les différencier en mesurant leur moment dipolaire.

Le **TABLEAU 8.3** fournit le moment dipolaire de plusieurs molécules polaires. On remarque que parmi les halogénures d'hydrogène, HX, la molécule HI est celle qui possède le moment dipolaire le plus faible. Cela s'explique par le fait qu'elle est constituée des deux éléments dont la différence d'électronégativité est la plus faible.

TABLEAU 8.3 > Moments dipolaires de quelques molécules polaires

Molécule	Forme	Moment dipolaire (D)
HF	Linéaire	1,92
HCl	Linéaire	1,08
HBr	Linéaire	0,78
HI	Linéaire	0,38
H_2O	Angulaire	1,87
H_2S	Angulaire	1,10
NH_3	Pyramidale	1,46
SO_2	Angulaire	1,60

EXEMPLE 8.2 La prédiction du moment dipolaire

Prédisez si chacune des molécules suivantes a un moment dipolaire : **a)** BrCl ; **b)** BF_3 ; **c)** CH_2Cl_2.

DÉMARCHE

Rappelez-vous que le moment dipolaire d'une molécule dépend à la fois de la différence d'électronégativité des éléments présents et de sa géométrie. Une molécule peut avoir plusieurs liaisons polaires (si les atomes liés ont des valeurs différentes d'électronégativité), mais ne peut pas avoir de moment dipolaire global si la somme des moments dipolaires de liaison est nulle (résultante = 0) en raison d'une géométrie moléculaire de grande symétrie.

SOLUTION

a) Puisque BrCl (chlorure de brome) est diatomique, sa forme est linéaire. Le chlore est plus électronégatif que le brome (*voir la* **FIGURE 7.2**, *p. 303*) et $\Delta EN > 0{,}4$; BrCl est donc polaire, et la charge partielle négative est portée par l'atome de chlore :

$$:\ddot{B}r - \ddot{C}l:$$

Par conséquent, la molécule a un moment dipolaire.

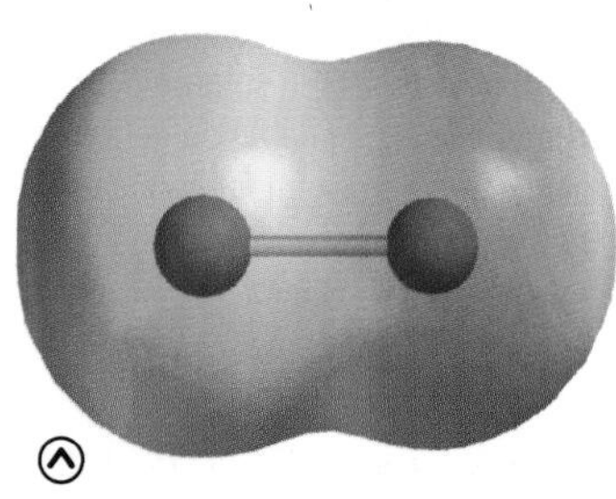
Diagramme de potentiel électrostatique de BrCl montrant que la densité électronique est déplacée vers l'atome de chlore

b) Puisque le fluor est plus électronégatif que le bore et que $\Delta EN > 0{,}4$, chaque liaison B—F dans BF_3 (trifluorure de bore) est polaire, et les trois moments dipolaires de ▶

liaison sont égaux. Cependant, la forme symétrique de la molécule trigonale plane fait en sorte que ces trois moments dipolaires de liaison s'annulent:

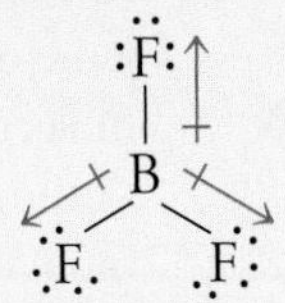

Par analogie, on peut penser à un objet qui est tiré simultanément dans les trois directions indiquées par les moments dipolaires de liaison. Si les forces sont égales, l'objet ne se déplacera pas.

Par conséquent, BF_3 n'a pas de moment dipolaire: c'est une molécule non polaire.

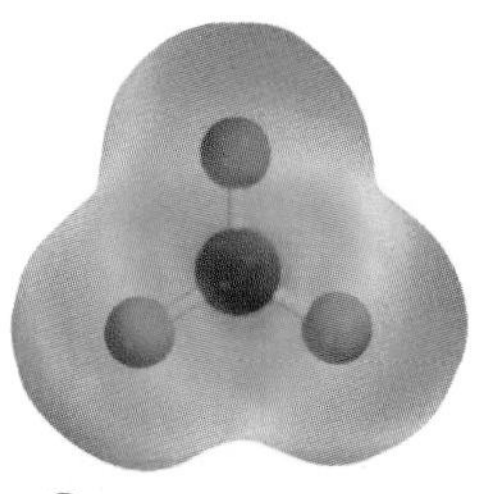

Diagramme de potentiel électrostatique montrant que la densité électronique est également distribuée de manière symétrique dans la molécule de BF_3

c) La structure de CH_2Cl_2 (chlorure de méthylène) est:

```
     :C̈l:
      |
   H—C—H
      |
     :C̤l:
```

Cette molécule rappelle celle de CH_4, car elle a aussi la forme d'un tétraèdre. Cependant, puisque ses liaisons ne sont pas toutes identiques, elles forment trois angles différents: HCH, HCCl et ClCCl. Ces angles ne valent pas 109,5°, mais ils s'en approchent. La liaison C—H n'est pas polaire ($\Delta EN < 0,4$); il n'y a donc pas de moment dipolaire pour cette liaison. Le chlore est plus électronégatif que le carbone et $\Delta EN > 0,4$; il existe un moment dipolaire pour chaque liaison C—Cl. Ces moments dipolaires de liaison ne s'annulent pas entre eux, ce qui veut dire que la molécule a un moment dipolaire:

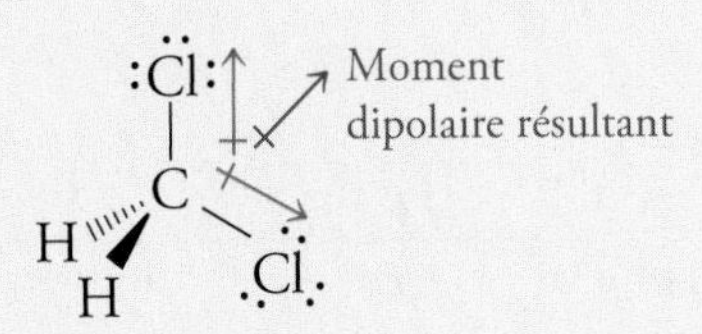

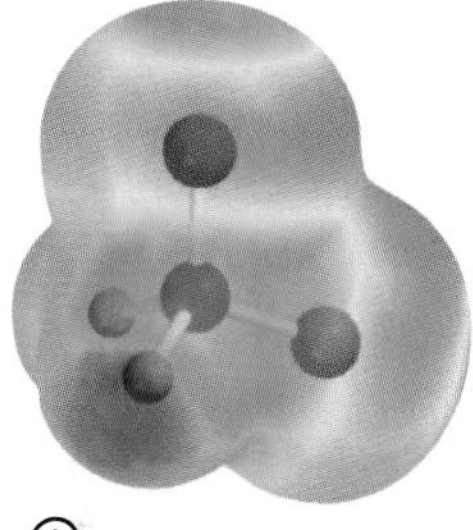

La densité électronique dans CH_2Cl_2 est déplacée du côté des atomes les plus électronégatifs, soit les atomes de chlore.

CH_2Cl_2 est donc une molécule polaire.

EXERCICE E8.2

La molécule $AlCl_3$ a-t-elle un moment dipolaire?

Problème semblable

8.6

CHIMIE EN ACTION

Les fours à micro-ondes – Les moments dipolaires au travail

Depuis plus de 40 ans, le four à micro-ondes est devenu un appareil très courant. La technologie des micro-ondes permet de décongeler et de faire cuire les aliments rapidement. Comment les micro-ondes font-elles pour chauffer si vite les aliments?

Les micro-ondes sont des rayonnements électromagnétiques (*voir la* **FIGURE 5.2**, *p. 190*). Elles sont générées par un magnétron, dispositif inventé durant la Seconde Guerre mondiale au cours de recherches concernant la mise au point du radar. Le magnétron est constitué d'un tube cylindrique placé à l'intérieur d'un aimant en forme de fer à cheval. Une cathode en forme de bâtonnet est placée au centre du cylindre. Les parois du cylindre agissent comme une anode. Lorsque la cathode est chauffée, elle émet des électrons qui voyagent vers l'anode. Le champ magnétique force les électrons à se déplacer dans un mouvement circulaire. Ce mouvement de particules chargées génère des micro-ondes, qui sont réglées à une fréquence de 2,45 GHz ▶

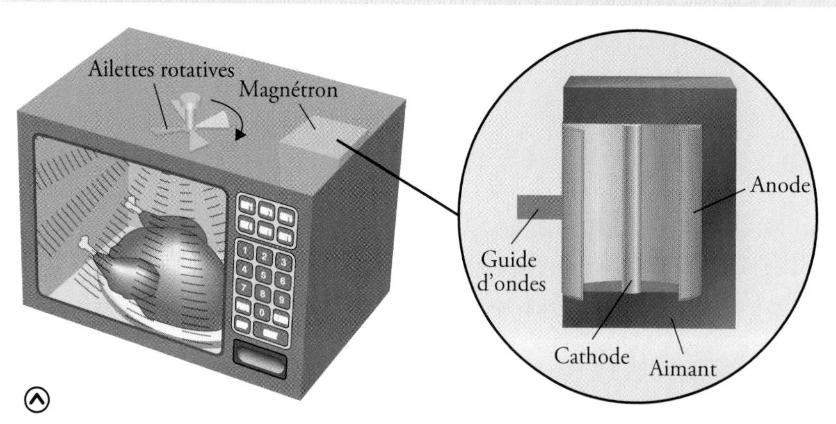

Les micro-ondes produites par le magnétron sont réfléchies partout dans le four grâce à de petites ailettes rotatives.

($2,45 \times 10^9$ Hz), ce qui permet la cuisson. Un guide d'ondes dirige les micro-ondes dans le compartiment de cuisson. Des ailettes semblables à celles d'un ventilateur réfléchissent les micro-ondes dans toutes les parties du four.

La cuisson aux micro-ondes résulte de l'interaction entre la composante du champ électrique de l'onde avec les molécules polaires, principalement l'eau des aliments. À la température de la pièce, toutes les molécules tournent sur elles-mêmes (énergie de rotation). Si la fréquence des micro-ondes et celle des rotations moléculaires sont égales, il peut y avoir transfert d'énergie des micro-ondes vers les molécules polaires. Ainsi, les molécules vont tourner encore plus vite. Ce phénomène se produit à l'état gazeux. Dans les liquides et les solides (par exemple, les aliments), une molécule ne peut pas tourner librement sur elle-même. Cependant, elle subit tout de même un moment de rotation qui tend à faire aligner son moment dipolaire avec le champ oscillant de l'onde (micro-onde). Les molécules d'eau sont ainsi sans cesse agitées et se frottent les unes contre les autres, ce qui provoque un réchauffement de l'aliment. La raison pour laquelle les fours à micro-ondes réchauffent si rapidement les aliments est que ce rayonnement, n'étant pas absorbé par les molécules non polaires, peut donc pénétrer dans différentes régions de l'aliment en même temps. (Selon la quantité d'eau présente, les micro-ondes peuvent pénétrer les aliments à une profondeur de plusieurs centimètres.) Dans un four conventionnel, la chaleur ne peut atteindre le centre des aliments que par convection (c'est-à-dire par transfert de chaleur d'abord des molécules d'air chaud aux molécules plus froides à la surface de l'aliment, puis en pénétrant celui-ci couche après couche), ce qui est un processus beaucoup plus lent.

Les points suivants permettent d'expliquer quelques faits concernant le mode d'emploi des fours à micro-ondes. La vaisselle en matière plastique, en porcelaine ou en verre (Pyrex) n'est pas faite de molécules polaires et ne subit donc pas l'influence des micro-ondes. (Les objets en mousse de polystyrène et en certaines matières plastiques ne peuvent pas être utilisés dans les fours à micro-ondes, car ils fondent à la température atteinte par les aliments.) Les métaux, quant à eux, réfléchissent les micro-ondes, agissant comme un écran pour les aliments; ils peuvent retourner assez d'énergie à l'émetteur pour le surcharger. Aussi, du fait que les micro-ondes peuvent induire un courant électrique dans un métal, il peut en résulter des décharges (arcs électriques) entre le contenant et les parois du four. Enfin, même si les molécules d'eau ne bougent pas librement dans la glace (elles ne peuvent donc pas tourner sur elles-mêmes ou pivoter), on utilise pourtant beaucoup le four à micro-ondes pour décongeler les aliments. Cela s'explique par le fait qu'à la température de la pièce, il y a toujours formation d'un mince film d'eau liquide à la surface des aliments congelés, et ces molécules mobiles du film peuvent absorber les rayons micro-ondes pour amorcer le dégel.

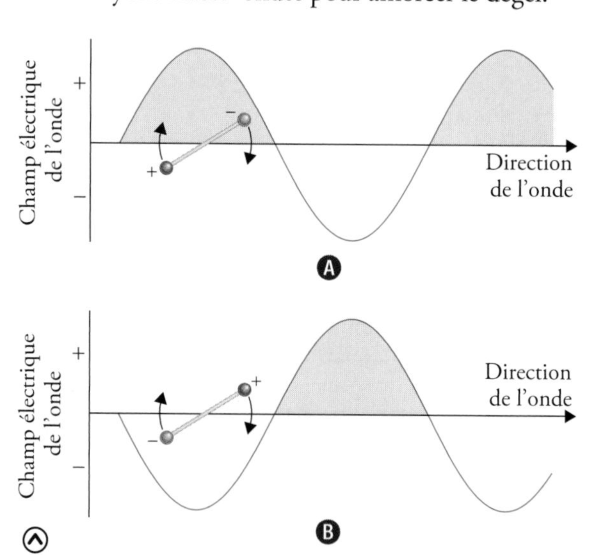

Interaction entre la composante du champ électrique de la micro-onde et une molécule polaire.

A L'extrémité négative du dipôle suit la propagation de l'onde (la région positive) et tourne dans le sens des aiguilles d'une montre.

B Après que la molécule a tourné dans sa nouvelle position, si l'onde s'est aussi déplacée pour arriver à son demi-cycle suivant, l'extrémité positive du dipôle se déplacera vers la région négative de l'onde, alors que l'extrémité négative va être poussée vers le haut. Ainsi, la molécule tournera plus vite. Une telle interaction ne peut se produire avec des molécules non polaires.

RÉVISION DES CONCEPTS

La molécule de CO_2 a une géométrie linéaire et elle est non polaire. La molécule exécute des vibrations d'élongation et de déformation qui créent un moment dipolaire. Expliquez en quoi ces deux descriptions ne sont pas contradictoires.

QUESTIONS de révision

7. Définissez l'expression «moment dipolaire». Quels en sont les unités et le symbole?
8. Quelle est la relation entre un moment dipolaire résultant et un moment dipolaire de liaison? Comment une molécule peut-elle avoir des moments dipolaires de liaison tout en étant non polaire?
9. Dites pourquoi un atome ne peut pas avoir de moment dipolaire permanent.
10. Les liaisons dans la molécule d'hydrure de béryllium (BeH_2) sont polaires, mais la molécule est non polaire. Expliquez pourquoi il en est ainsi.

8.3 L'hybridation des orbitales atomiques

La théorie RPEV étudiée à la section 8.1 (*voir p. 367*) permet de prédire les géométries moléculaires et les angles de liaison de façon assez juste en général. Cette théorie est une approche qualitative basée sur l'expérience et fut développée à partir de la théorie de Lewis (liaison covalente). La mécanique quantique a permis l'élaboration d'une autre théorie, basée sur l'équation de Schrödinger et sur la théorie de la liaison de valence: la théorie de l'hybridation des orbitales atomiques. Proposée par Pauling en 1931, cette théorie permet non seulement de prédire les valeurs des angles de liaison, mais elle leur fournit une explication mathématique.

Soit, par exemple, le méthane, CH_4. On sait que lorsqu'il est à l'état excité, le carbone a un électron dans une orbitale *s* et trois électrons dans des orbitales *p*.

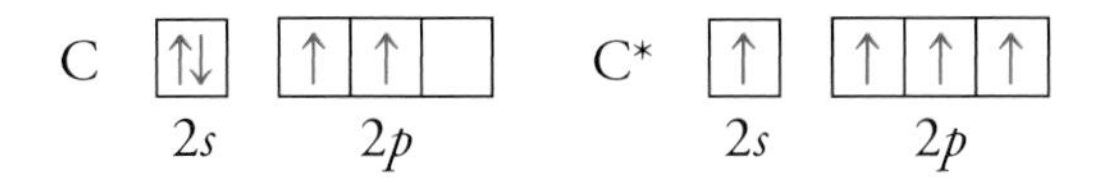

Chacune des quatre orbitales atomiques du carbone se recouvrira avec l'orbitale atomique 1*s* de l'hydrogène, formant ainsi quatre liaisons covalentes. Puisque les orbitales atomiques servant à la formation des liaisons sont différentes (orbitales *s* et orbitales *p*), on pourrait s'attendre à ce que les liaisons C—H ne soient pas équivalentes: la molécule ne serait alors pas parfaitement tétraédrique.

Cependant, l'expérience démontre que les quatre liaisons C—H du méthane sont équivalentes, ce qui revient à dire que les quatre liaisons formées sont identiques. Afin d'expliquer cette observation, on doit faire appel à la théorie de l'hybridation des orbitales atomiques.

Animation
- L'hybridation

Interaction
- La détermination du type d'hybridation

Les **orbitales hybrides** sont des orbitales atomiques obtenues par la combinaison de deux ou plusieurs orbitales atomiques non équivalentes du même atome lors de la formation des liaisons covalentes. L'**hybridation** consiste donc à générer un ensemble d'orbitales hybrides à partir du mélange des orbitales atomiques d'un atome (généralement un atome central).

NOTE

sp^3 se prononce « s-p-trois ».

8.3.1 L'hybridation *sp*^{3}

Ainsi, pour le carbone dans le méthane (CH_4), on peut générer quatre orbitales hybrides équivalentes par le mélange de l'orbitale 2*s* avec les trois orbitales 2*p* :

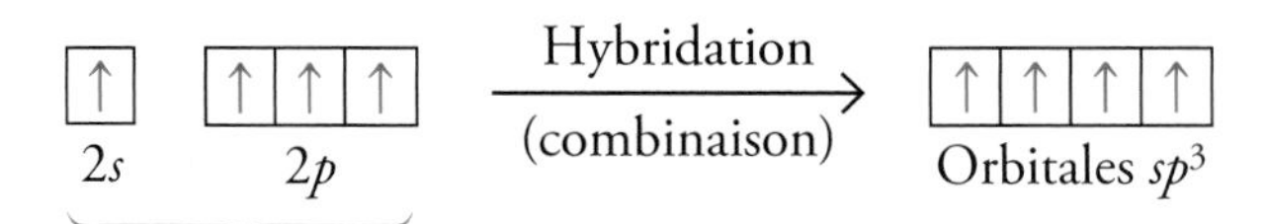

NOTE

Le nombre d'orbitales hybrides obtenues est toujours égal au nombre d'orbitales atomiques mélangées.

Du fait que ces nouvelles orbitales sont formées d'une orbitale *s* et de trois orbitales *p*, on les appelle « *sp*^{3} ». Les quatre orbitales hybridées sont identiques : elles ont la même énergie et la même forme, seule leur orientation est différente. La **FIGURE 8.3** montre la forme et l'orientation des orbitales *sp*^{3}.

FIGURE 8.3 

Formation des orbitales hybrides *sp*^{3} à partir d'une orbitale 2*s* et de trois orbitales 2*p*

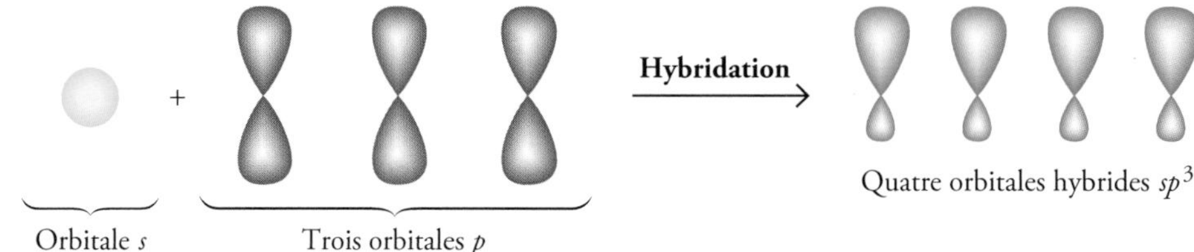

La **FIGURE 8.4** montre la formation des quatre liaisons covalentes entre les orbitales hybridées *sp*^{3} du carbone et les orbitales 1*s* des atomes d'hydrogène servant à former le méthane (CH_4). Ainsi, le méthane a une géométrie tétraédrique, et tous les angles HCH sont de 109,5°. Il faut noter que, même si l'on doit fournir de l'énergie au moment de l'hybridation, cette énergie est largement compensée par l'énergie libérée grâce à la formation des quatre liaisons C—H, la formation d'une liaison étant un processus exothermique.

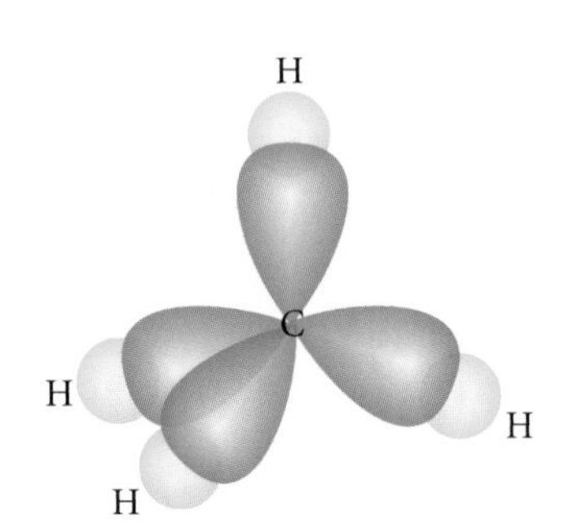

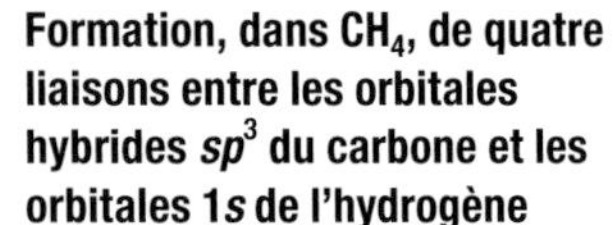

FIGURE 8.4

Formation, dans CH_4, de quatre liaisons entre les orbitales hybrides *sp*^{3} du carbone et les orbitales 1*s* de l'hydrogène

Afin de comprendre le processus d'hybridation, on peut supposer qu'on a, dans un bécher, une solution contenant un colorant jaune et, dans trois autres béchers, une solution contenant du colorant bleu (tous les béchers contiennent 50 mL de solution). La solution jaune correspond à une orbitale 2*s*, les solutions bleues représentent les trois orbitales 2*p*, et chacun des quatre volumes symbolise les quatre orbitales considérées séparément (*voir la* **FIGURE 8.5A**). En mélangeant les solutions, on obtient 200 mL d'une solution verte, laquelle peut être séparée en quatre portions égales de 50 mL (car le processus de l'hybridation génère quatre orbitales *sp*^{3}) (*voir la* **FIGURE 8.5B**). De la même manière que la teinte de vert du mélange résulte des composantes de jaune et de bleu des solutions de départ, les orbitales hybrides ont à la fois des caractéristiques des orbitales *s* et des orbitales *p*, et elles ont toutes le même niveau d'énergie.

L'ammoniac (NH_3) est un autre exemple d'une molécule dans laquelle l'atome central est hybridé *sp*^{3}. L'azote possède cinq électrons de valence : deux dans une orbitale 2*s* et trois dans les orbitales 2*p*. La combinaison de ces quatre orbitales générera, comme dans le cas de CH_4, quatre orbitales hybrides *sp*^{3}. Ces orbitales sont identiques et leur niveau d'énergie est le même.

NOTE

Afin d'alléger les représentations, on omet souvent le petit lobe des orbitales hybrides.

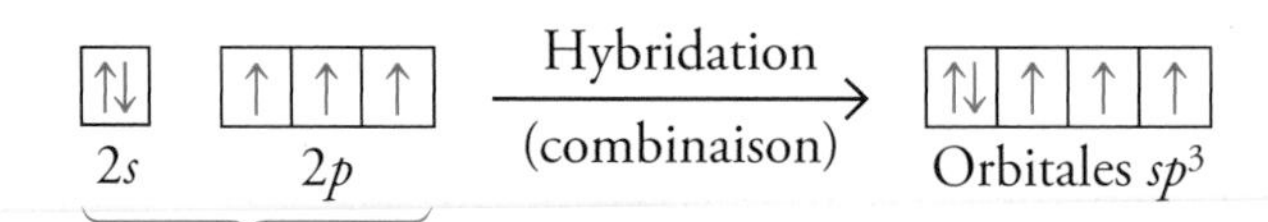

Trois des quatre orbitales hybrides forment les liaisons N—H covalentes ; la quatrième loge le doublet libre de l'azote (*voir la* **FIGURE 8.6**). La répulsion entre les électrons du doublet libre et ceux des paires liantes fait en sorte que les angles HNH sont de 107,3° plutôt que de 109,5°.

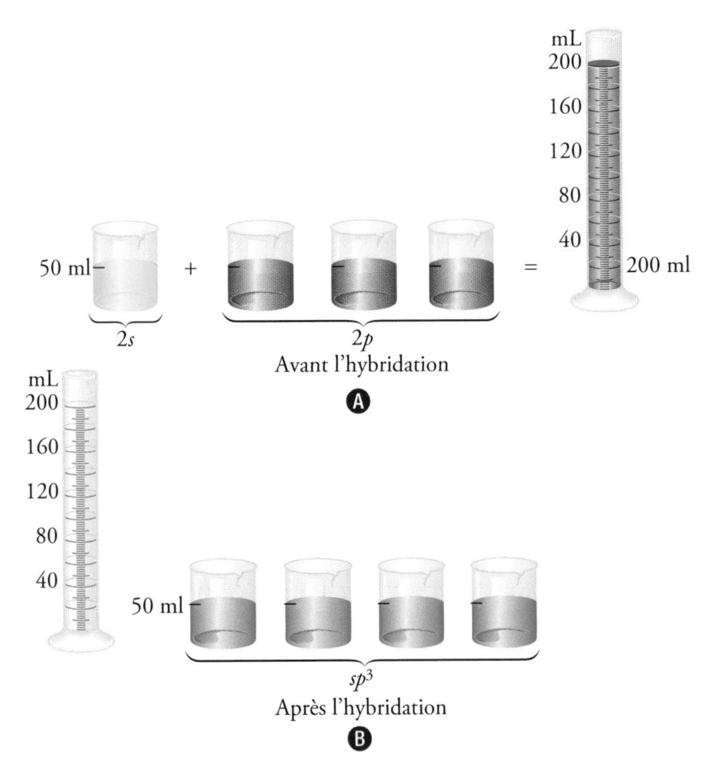

FIGURE 8.5

Analogie pour aider à comprendre le processus de l'hybridation

A Après avoir fait le mélange des couleurs, on obtient une seule couleur résultante.

B Le mélange obtenu dans le cylindre en **A** est ensuite réparti également dans les béchers de départ. Tous les béchers sont maintenant identiques et indiscernables l'un de l'autre : ils sont hybridés.

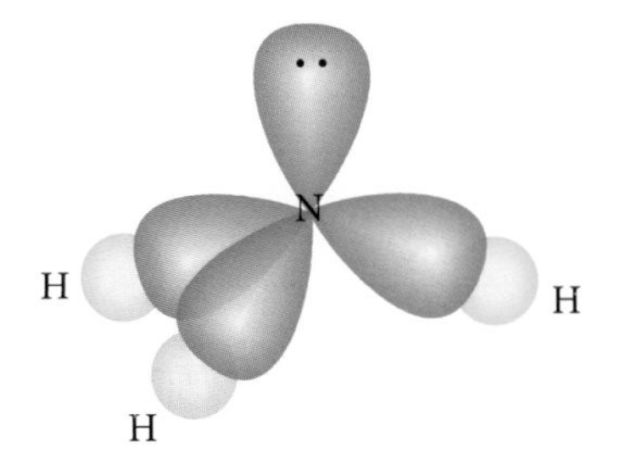

FIGURE 8.6

Hybridation sp^3 de N dans NH_3

8.3.2 L'hybridation sp^2

Il a été démontré expérimentalement que les trois liaisons B—F dans le trifluorure de bore (BF_3) étaient équivalentes, c'est-à-dire qu'elles ont la même longueur et la même énergie. Cela signifie donc, tout comme pour le méthane, que les orbitales atomiques qui ont subi un recouvrement pour former des liaisons covalentes étaient identiques au départ. Comme les électrons célibataires du bore sont dans des orbitales de formes différentes (une orbitale 2*s* et deux orbitales 2*p* à l'état excité), cela suppose que les orbitales atomiques ont été hybridées avant la formation des liaisons covalentes. La combinaison d'une orbitale atomique 2*s* et de deux orbitales atomiques 2*p* génère trois orbitales atomiques hybridées sp^2.

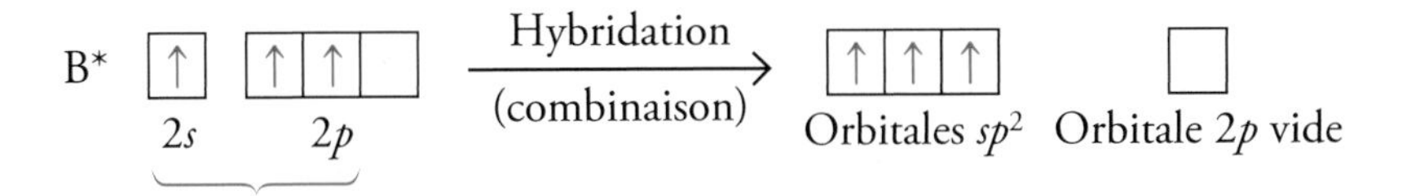

Ces trois orbitales sp^2 sont situées dans un même plan, et les angles qu'elles forment sont de 120° (*voir la* **FIGURE 8.7**, *page suivante*). Chacune des liaisons B—F est formée par le recouvrement d'une orbitale hybride sp^2 du bore et d'une orbitale d'un atome de fluor (*voir la* **FIGURE 8.8**, *page suivante*). La molécule BF_3 est plane, et tous les angles FBF sont de 120°. Ce résultat est conforme aux résultats expérimentaux et aux prédictions faites à l'aide du modèle RPEV.

FIGURE 8.7 Formation des orbitales hybrides sp^2 à partir d'une orbitale 2*s* et de deux orbitales 2*p*

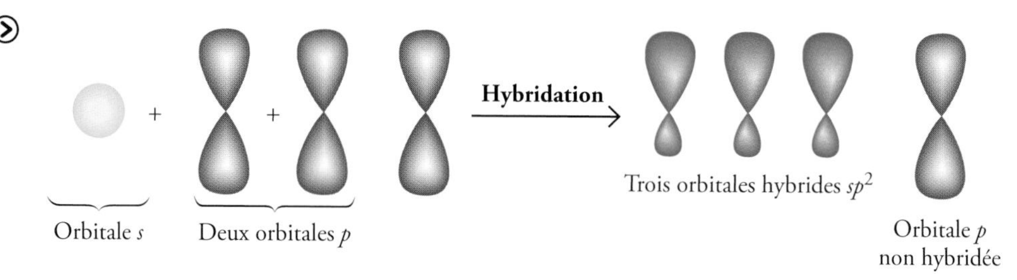

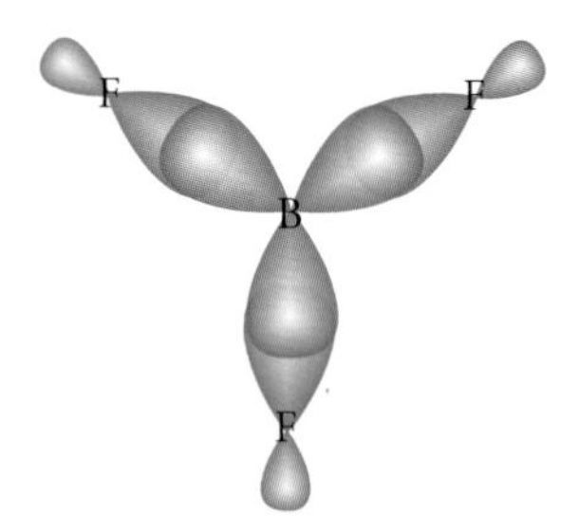

FIGURE 8.8 Recouvrement des orbitales hybrides sp^2 du bore avec des orbitales du fluor

8.3.3 L'hybridation *sp*

Il a été démontré expérimentalement que les deux liaisons Be—Cl dans la molécule $BeCl_2$ sont équivalentes : elles ont la même longueur et la même énergie. Cela signifie donc, tout comme pour le méthane et le trifluorure de bore, que les orbitales atomiques qui ont subi un recouvrement pour former des liaisons covalentes étaient identiques au départ. Comme les électrons célibataires du béryllium sont dans des orbitales de formes différentes (une orbitale 2*s* et une orbitale 2*p* à l'état excité), cela suppose que les orbitales atomiques ont été hybridées lors de la formation des liaisons covalentes. La combinaison d'une orbitale atomique 2*s* et d'une orbitale atomique 2*p* génère deux orbitales hybrides *sp* équivalentes.

Be* [↑] (2*s*) [↑][ ][ ] (2*p*) —Hybridation (combinaison)→ [↑][↑] Orbitales *sp* [ ][ ] Orbitales 2*p* vides

La **FIGURE 8.9** montre la forme et l'orientation des orbitales *sp*. Ces deux orbitales hybrides sont orientées dans un même axe et l'angle qu'elles forment est de 180°. Chacune des liaisons Be—Cl est alors formée par le recouvrement d'une orbitale hybride *sp* de Be et d'une orbitale de l'atome de chlore ; la molécule de $BeCl_2$ qui en résulte a une forme linéaire (*voir la* **FIGURE 8.10**).

FIGURE 8.9 Formation des orbitales hybrides *sp* à partir d'une orbitale 2*s* et d'une orbitale 2*p*

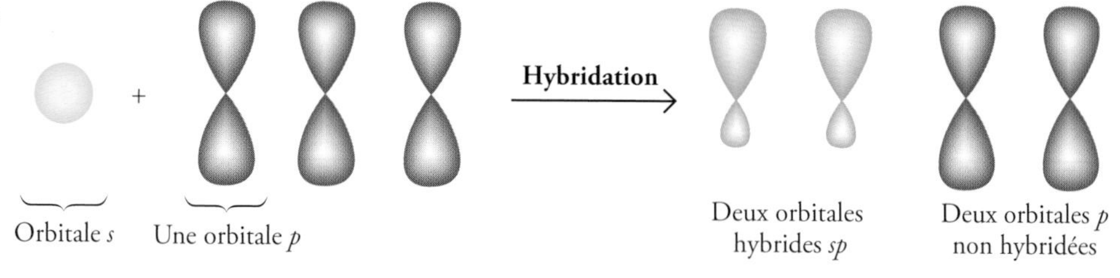

FIGURE 8.10 Recouvrement des orbitales hybrides *sp* du béryllium avec des orbitales du chlore

8.3.4 La méthode à suivre pour hybrider des orbitales atomiques

L'hybridation est un prolongement de la théorie de Lewis. Elle est surtout utile pour expliquer la géométrie d'une molécule telle que prédite par le modèle RPEV.

Afin d'hybrider des orbitales atomiques, il faut suivre les étapes suivantes :

1. Déterminer l'état de valence de l'atome central afin d'avoir le nombre d'électrons célibataires nécessaires.
2. Combiner les orbitales atomiques afin d'obtenir des orbitales hybrides.

L'hybridation repose sur les principes suivants :

1. Le concept d'hybridation ne s'applique pas aux atomes isolés. On l'utilise seulement pour expliquer la disposition des liaisons dans une molécule.
2. L'hybridation est la combinaison de deux ou plusieurs orbitales atomiques non équivalentes, par exemple des orbitales *s* et *p*. Ainsi, les orbitales hybrides et les orbitales atomiques « pures » ont des formes très différentes.
3. Le nombre d'orbitales hybrides formées est égal au nombre d'orbitales atomiques pures qui participent à l'hybridation. Il est aussi égal à la somme des indices *x* et *y* dans la classe de molécules AB_xE_y (*voir le* **TABLEAU 8.2**, *p. 374*).
4. L'hybridation nécessite un apport d'énergie ; cependant, afin que la molécule existe, l'énergie libérée par le système durant la formation des liaisons doit être supérieure (en valeur absolue) à l'énergie nécessaire à l'hybridation.
5. Les liaisons covalentes dans les molécules polyatomiques sont formées par le recouvrement d'orbitales hybrides, ou encore par le recouvrement d'orbitales hybrides et d'orbitales non hybrides, ou par le recouvrement d'orbitales non hybrides uniquement.

NOTE

Les électrons étant encore bien localisés dans des orbitales atomiques identifiables pour chacun des atomes qui sont liés, c'est probablement pour cette raison que d'autres auteurs appellent la théorie LV la « théorie des électrons localisés ».

8.3.5 L'hybridation des orbitales *s*, *p* et *d*

Jusqu'ici, l'étude de l'hybridation a porté sur les orbitales *s* et *p*. Toutefois, les orbitales *d* peuvent aussi participer au processus d'hybridation. C'est le cas entre autres lorsque la formation des liaisons observées nécessite l'excitation d'un ou de plusieurs électrons dans des orbitales *d*.

Soit, par exemple, la molécule de PCl_5. L'atome de phosphore à l'état fondamental ne disposant que de trois électrons célibataires, deux électrons de valence devront être promus dans des orbitales 3*d* afin que la molécule ait un état de valence égal à 5.

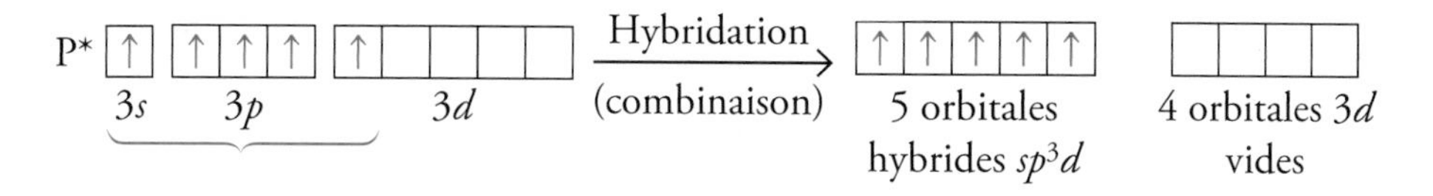

La combinaison de l'orbitale 3*s*, des trois orbitales 3*p* et d'une orbitale 3*d* crée cinq orbitales identiques hybridées sp^3d. Ces cinq orbitales sont orientées vers les sommets d'une bipyramide trigonale, ce qui explique les angles de liaison de 120° et de 90° prédits par la théorie RPEV (*voir la* **FIGURE 8.11**).

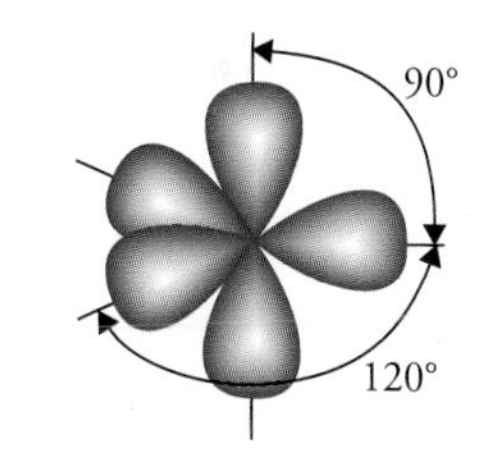

FIGURE 8.11

Hybridation sp^3d de P dans PCl_5

Chacune des cinq liaisons P—Cl se forme par le recouvrement d'une orbitale hybridée sp^3d de l'atome de phosphore avec une orbitale de l'atome de chlore. La molécule présente une géométrie trigonale bipyramidale.

Soit maintenant la molécule SF_6, dans laquelle le soufre doit avoir un état de valence égal à 6.

La combinaison de l'orbitale 3*s*, des trois orbitales 3*p* et des deux orbitales 3*d* crée six orbitales hybrides sp^3d^2, faisant entre elles des angles de 90°.

Les six liaisons S—F se forment par le recouvrement des orbitales hybrides sp^3d^2 de l'atome de soufre et des orbitales 2*p* des atomes de fluor. La molécule est octaédrique, comme l'avait aussi prédit la théorie RPEV (*voir la* **FIGURE 8.12**).

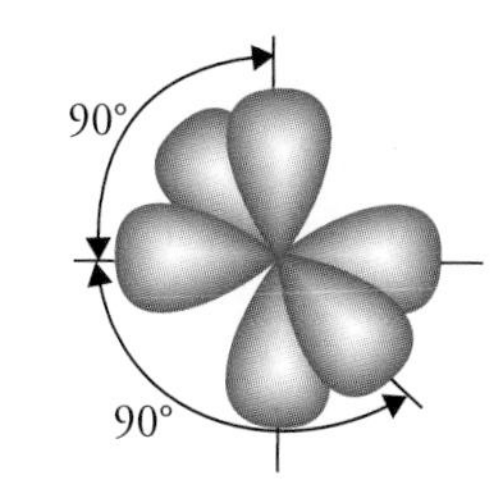

FIGURE 8.12

Hybridation sp^3d^2 de S dans SF_6

Le **TABLEAU 8.4** (*voir page suivante*) résume les types d'hybridation étudiés.

TABLEAU 8.4 > Orbitales hybrides et leur forme

Orbitales atomiques pures de l'atome central	Hybridation de l'atome central	Nombre d'orbitales hybrides	Forme des orbitales hybrides (disposition dans l'espace)	Géométrie	Exemples
s, p	*sp*	2	180°	Linéaire	$BeCl_2$
s, p, p	sp^2	3	120°	Trigonale plane	BF_3
s, p, p, p	sp^3	4	109,5°	Tétraédrique	CH_4, NH_4^+
s, p, p, p, d	sp^3d	5	90°, 120°	Trigonale bipyramidale	PCl_5
s, p, p, p, d, d	sp^3d^2	6	90°, 90°	Octaédrique	SF_6

EXEMPLE 8.3 La déduction de l'état d'hybridation d'un atome

Déduisez l'état d'hybridation de l'atome central dans chacune des molécules suivantes : **a)** BeH_2 ; **b)** AlI_3 ; **c)** AsH_5. Dans chaque cas, décrivez le processus d'hybridation et la géométrie moléculaire.

DÉMARCHE

Rappelons les étapes à suivre pour déterminer l'état d'hybridation de l'atome central dans une molécule :

1. Déterminer l'état de valence de l'atome central.
2. Combiner les orbitales atomiques afin d'obtenir des orbitales hybrides.

SOLUTION

a) La configuration électronique des électrons de valence de Be est :

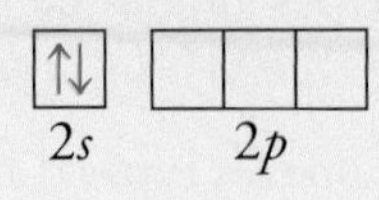

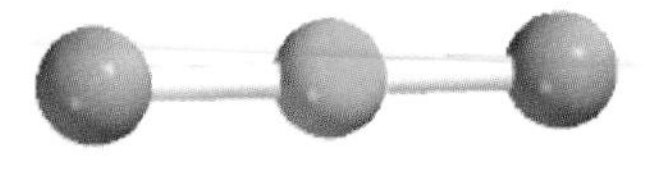

BeH_2

En transférant un électron 2*s* à une orbitale 2*p*, on obtient le béryllium à l'état excité (il a une valence de 2). La combinaison des deux orbitales atomiques du Be permettra d'obtenir deux orbitales hybrides *sp*.

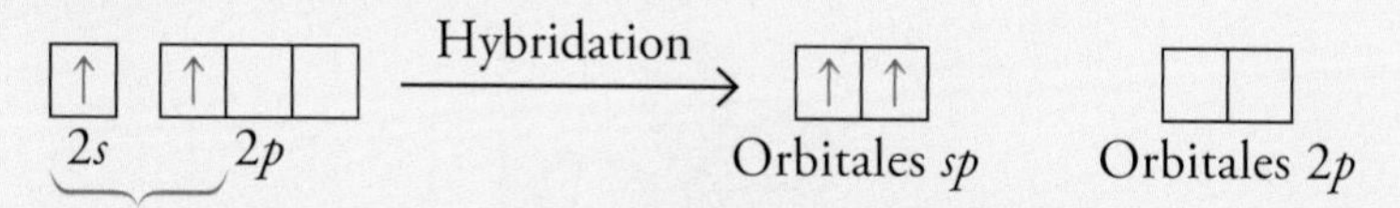

Les orbitales *sp* de Be et les orbitales *s* des atomes de H se recouvrent pour former deux liaisons Be—H. La molécule BeH_2 est donc linéaire.

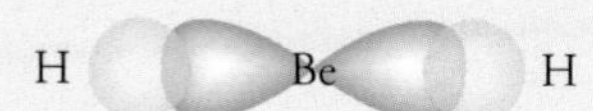

b) La configuration électronique de Al à l'état fondamental est $[Ne]3s^2 3p^1$. L'atome d'aluminium a donc trois électrons de valence. Afin de faire trois liaisons, l'atome de Al devra promouvoir des électrons. L'orbitale *s* et les deux orbitales *p* se combineront pour former trois orbitales hybridées sp^2.

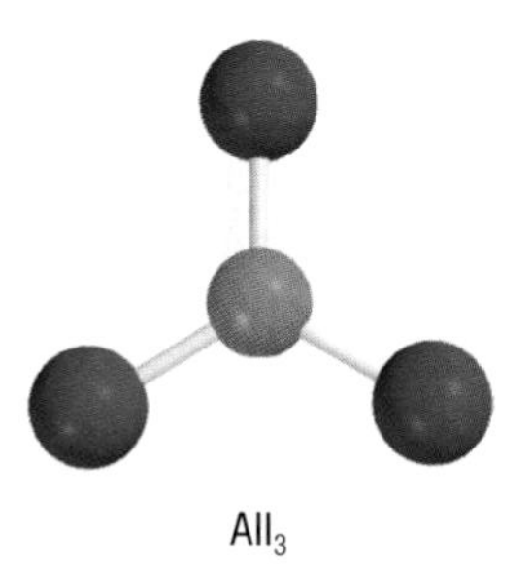
AlI_3

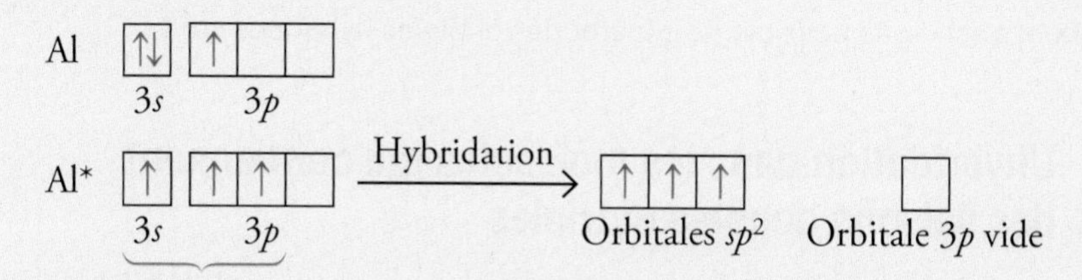

Les orbitales hybrides sp^2 et les orbitales 5*p* de I se recouvrent pour former trois liaisons Al—I covalentes. On peut donc prédire que la molécule AlI_3 est trigonale plane et que tous les angles I—Al—I sont de 120°.

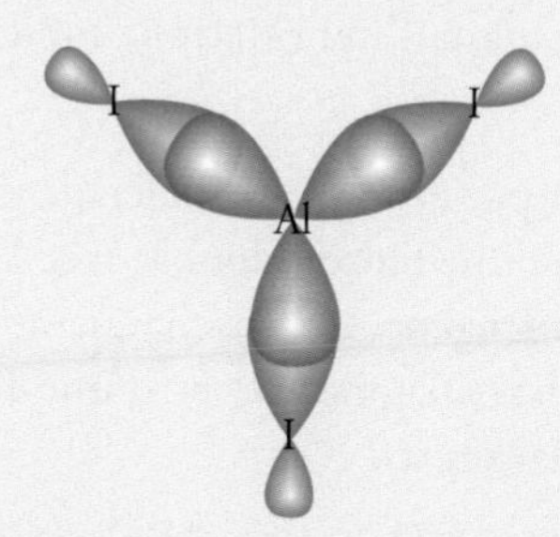

c) La configuration électronique des électrons de valence de l'arsenic à l'état fondamental est $4s^2 4p^3$. L'atome d'arsenic a donc cinq électrons de valence, dont trois sont célibataires. Afin d'obtenir un état de valence égal à 5, il faudra promouvoir un électron de l'orbitale 4*s* vers une orbitale 4*d*. La combinaison d'une orbitale *s*, de trois orbitales *p* et d'une orbitale *d* génère cinq orbitales hybrides sp^3d :

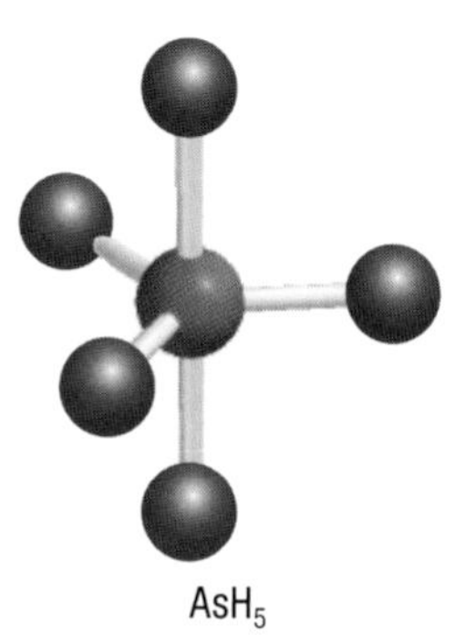
AsH_5

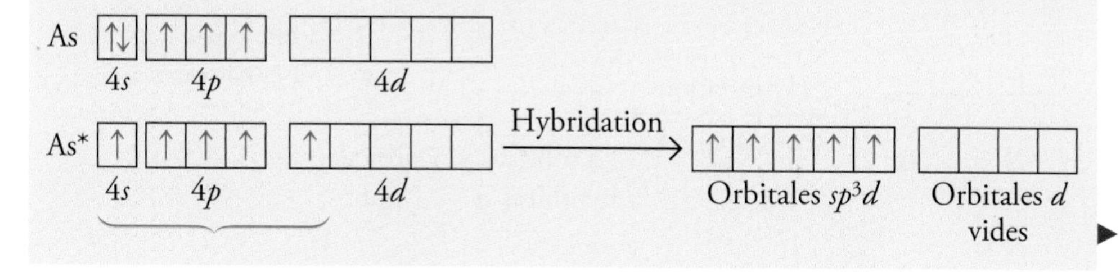

Les orbitales hybrides sp^3d et les orbitales 1*s* de l'hydrogène se recouvrent pour former cinq liaisons As—H. La molécule de AsH_5 a donc une géométrie trigonale bipyramidale et les angles sont de 120° et de 90°.

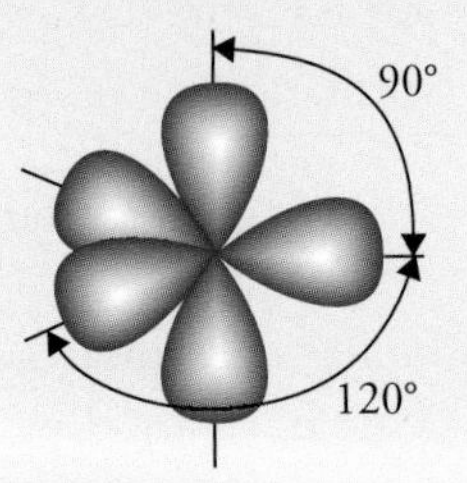

Problèmes semblables
8.13 et 8.14

EXERCICE E8.3

Déterminez l'état d'hybridation de l'atome central pour chacun des composés suivants : **a)** $SiBr_4$; **b)** BCl_3 ; **c)** BrF_5.

RÉVISION DES CONCEPTS

Pourquoi n'est-il pas possible de générer des orbitales hybridées sp^4 ?

8.3.6 L'hybridation dans les molécules qui contiennent des liaisons doubles et triples

Le concept d'hybridation est également utile dans le cas des molécules qui ont des liaisons doubles et triples. Ces molécules contiennent des liaisons pi (π), qui proviennent de la combinaison (ou du recouvrement) de deux orbitales *p* parallèles appartenant aux deux atomes formant la liaison π. Les orbitales *p* servant à former les liaisons π n'interviennent pas dans l'hybridation, car elles doivent demeurer parallèles pour pouvoir se recouvrir.

À cet égard, on peut considérer par exemple la molécule d'éthylène, C_2H_4. On sait que chaque atome de carbone forme une liaison double avec l'atome de carbone adjacent et deux liaisons simples avec l'hydrogène. Ainsi, chaque atome de carbone est impliqué dans la formation de trois liaisons sigma (σ) et d'une liaison π (une liaison double contient une liaison π et une liaison σ).

H   H
\σ π σ/
C═C
/σ σ σ\
H   H

Les quatre électrons de valence du carbone à l'état excité occupent respectivement une orbitale 2*s* et trois orbitales 2*p*. L'orbitale *p* participant à la liaison π ne participe pas à l'hybridation ; il reste l'orbitale 2*s* et 2 orbitales *p* à hybrider.

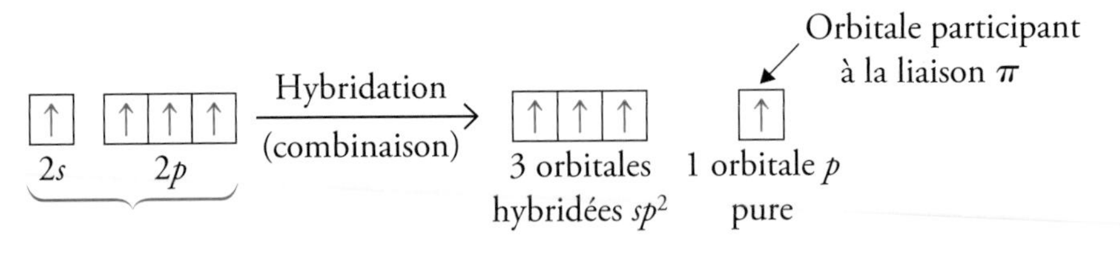

Chaque atome de carbone utilise les trois orbitales hybrides sp^2 pour former deux liaisons avec les orbitales $1s$ des deux atomes d'hydrogène et une liaison avec l'orbitale hybride sp^2 de l'atome de carbone adjacent. De plus, les deux orbitales $2p$ pures (non hybridées) des atomes de carbone forment une liaison π en se recouvrant de façon latérale (parallèle) (*voir la* **FIGURE 8.13**).

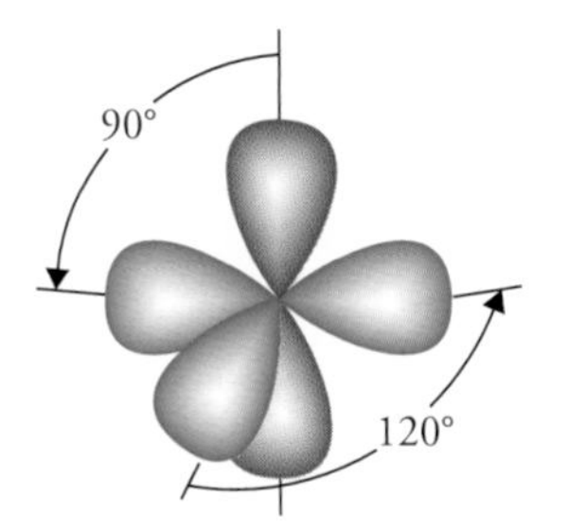

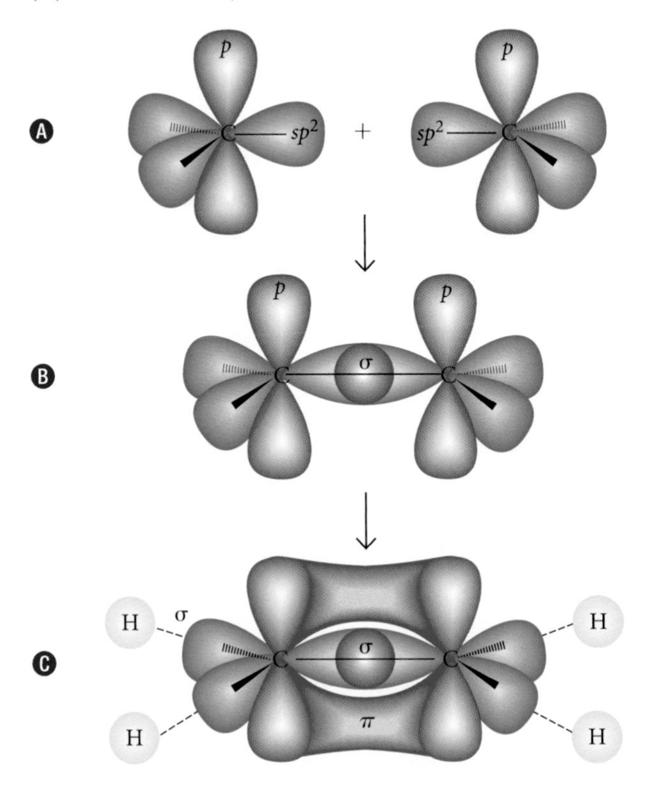

FIGURE 8.13

Liaisons dans C_2H_4

A Deux atomes de carbone possédant trois orbitales hybridées sp^2 et une orbitale p non hybridée.

B Formation d'une liaison σ par le recouvrement de deux orbitales sp^2 situées dans l'axe des noyaux.

C Formation d'une liaison π par le recouvrement des deux orbitales p parallèles (non hybridées). Les orbitales $1s$ des atomes d'hydrogène se lient aux orbitales sp^2 par les liaisons σ.

Une hybridation sp^2 se traduit en une géométrie trigonale plane (autour de chaque atome de carbone) et des angles de 120° (*voir le* **TABLEAU 8.4**, *p. 390*).

La molécule d'acétylène (C_2H_2) contient une liaison carbone-carbone triple. Il faut se rappeler qu'une liaison triple renferme une liaison σ et deux liaisons π. Chaque atome de carbone forme donc une liaison σ avec un atome d'hydrogène ainsi qu'une liaison σ et deux liaisons π avec l'autre atome de carbone.

$$\mathrm{H} \overset{\sigma}{—} \mathrm{C} \underset{\pi}{\overset{\pi}{\equiv}} \mathrm{C} \overset{\sigma}{—} \mathrm{H} \quad (\sigma \text{ : liaison centrale})$$

Les deux orbitales p participant à la formation des liaisons π ne participent pas au processus d'hybridation ; seules l'orbitale $2s$ et une orbitale $2p$ seront hybridées.

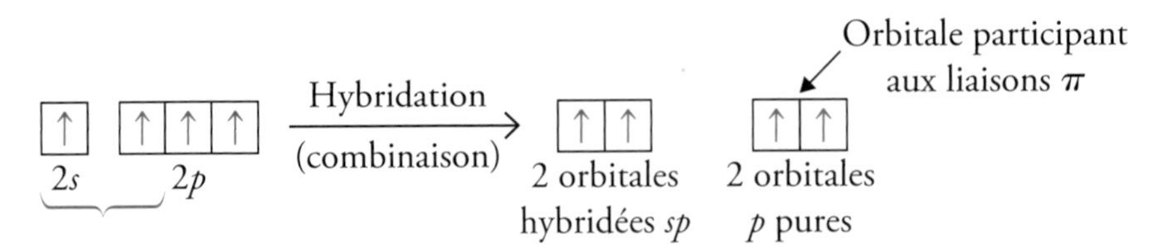

Chaque atome de carbone utilise les deux orbitales hybrides sp pour former une liaison avec l'atome d'hydrogène et une liaison avec l'orbitale hybride sp de l'atome de carbone adjacent. De plus, les deux orbitales non hybrides $2p_y$ et $2p_z$ des atomes de carbone se recouvrent pour former deux liaisons π (*voir la* **FIGURE 8.14**). Chaque atome de carbone sera donc hybridé sp et aura une géométrie linéaire (angles de 180°).

FIGURE 8.14

Liaisons dans C_2H_2

Une liaison σ se forme par le recouvrement des deux orbitales hybridées *sp* (dans l'axe des noyaux), puis deux liaisons π se forment par le recouvrement des orbitales *p* parallèles.

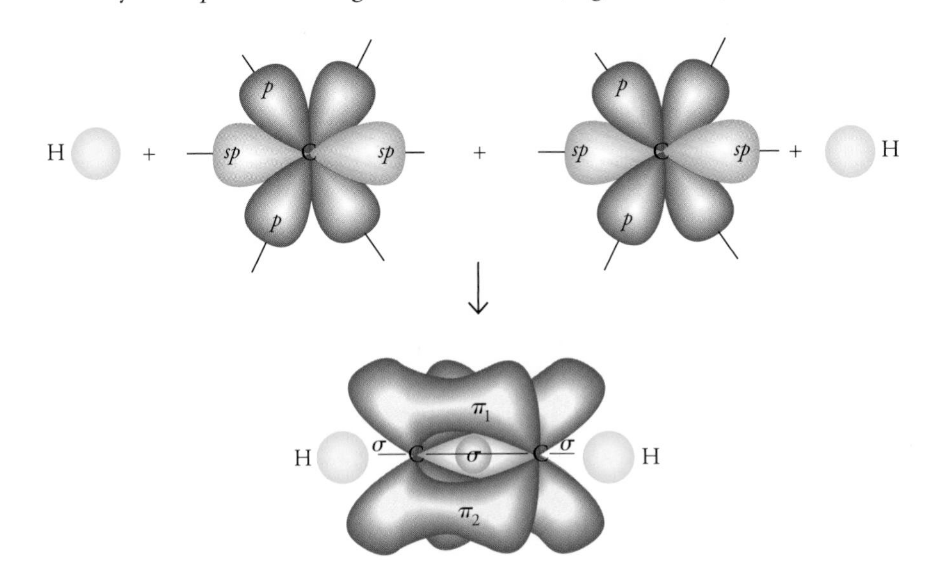

La règle suivante aide à prédire le type d'hybridation dans les molécules qui contiennent des liaisons multiples : si l'atome central forme une liaison double, il a subi une hybridation sp^2 ; s'il forme deux liaisons doubles ou une liaison triple, il a subi une hybridation sp. Toutefois, cette règle ne s'applique qu'aux atomes des éléments de la deuxième période. Les atomes des éléments de la troisième période et au-delà qui forment des liaisons multiples présentent des cas plus complexes qui ne sont pas abordés dans ce manuel.

QUESTIONS de révision

11. Qu'est-ce que l'hybridation des orbitales atomiques ? Pourquoi n'est-il pas favorable pour un atome isolé d'avoir des orbitales hybrides ?

12. En quoi une orbitale hybride diffère-t-elle d'une orbitale atomique pure ? Est-ce que deux orbitales 2*p* d'un même atome peuvent se combiner entre elles pour donner deux orbitales hybrides ?

13. Quel est l'angle formé par les deux orbitales suivantes dans un même atome ? **a)** les orbitales hybrides *sp* et *sp* ; **b)** les orbitales hybrides sp^2 et sp^2 ; **c)** les orbitales hybrides sp^3 et sp^3 ; **d)** une orbitale hybride sp^2 et une orbitale *p*.

CHIMIE EN ACTION

Les fullerènes, les nanotubes et la conception de médicaments

En 1985, pour tenter de créer des molécules bizarres dont ils soupçonnaient l'existence dans l'espace interstellaire, des chimistes de l'Université Rice vaporisèrent du graphite à l'aide d'un puissant rayon laser. Parmi les produits formés et analysés par spectrographie de masse au cours de cette expérience se trouvait une espèce dont la masse molaire correspondait à la formule C_{60}. Étant donné sa grande taille et le fait qu'elle est constituée seulement de carbone, une telle molécule devait nécessairement avoir une forme étrange. Les chercheurs ont d'abord construit un modèle 3D avec du papier, des ciseaux et du ruban adhésif, obtenant ainsi une sphère fermée en forme de cage constituée de 20 hexagones et de 12 pentagones et comportant 60 sommets qui correspondent aux 60 atomes de carbone. Par la suite, des mesures spectroscopiques et par rayons X sur des échantillons de C_{60} ont confirmé cette structure.

À cause de sa forme, les chimistes ont nommé cette molécule « buckminsterfullerène » en l'honneur du célèbre ingénieur et architecte Richard Buckminster Fuller qui a construit plusieurs bâtiments en forme de dômes géodésiques, dont la Biosphère, sur l'île Sainte-Hélène, à Montréal. Cette molécule en forme de sphère évidée, aussi familièrement appelée *buckyball* en anglais, ressemble à un ballon de soccer ; il s'agit de la molécule la plus symétrique connue. Mais malgré ses caractéristiques uniques, la nature des liaisons entre ses atomes de carbone est bien connue : chaque atome de carbone y est hybridé sp^2 et des orbitales moléculaires délocalisées (*voir la section 8.6, p. 405*) recouvrent toute la structure.

La découverte de cette molécule a suscité un très grand intérêt dans la communauté scientifique, et ce, pour plusieurs raisons. D'abord, il s'agissait d'une nouvelle forme allotropique stable du carbone, une molécule intrigante autant par sa forme géométrique que par ses propriétés à découvrir. Depuis 1985, les chimistes ont créé plusieurs autres structures en cages (appelées « fullerènes »), certaines ayant 70 et 76 atomes de carbone et même plus. On a aussi découvert que le C_{60} est une composante naturelle de la suie.

La découverte des fullerènes a mené à un tout nouveau concept en architecture moléculaire et les applications qui en découlent sont nombreuses et importantes. Des études ont déjà démontré que ces molécules (et leurs composés comme K_3C_{60}) peuvent agir comme supraconducteur à 18 K. On peut aussi attacher des métaux de transition au C_{60} afin d'en faire des dérivés qui seraient de bons catalyseurs.

La forme géométrique de la molécule de C_{60} (à droite) ressemble à un ballon de soccer (à gauche).

De plus, sa forme unique en fait un bon lubrifiant et même des roues pour d'infimes pièces mécaniques !

En 1991, des chercheurs japonais ont trouvé d'autres molécules de structures apparentées à celle du C_{60}, les buckytubes, aussi appelés « nanotubes » (en raison de leur petitesse). Ces molécules en forme de tube évidé dont la cavité intérieure a un diamètre de 15 nm peuvent mesurer plusieurs centaines de nanomètres de longueur. Les nanotubes peuvent avoir deux types de structures : soit des molécules constituées d'une seule couche de graphite en forme de tube et fermées aux deux extrémités par des bouchons en C_{60} tronqué, soit d'autres molécules de structures semblables ayant de 2 à 30 couches semblables à du graphite. Ils sont beaucoup plus résistants que des câbles d'acier de même dimension. On pense qu'ils auront des utilisations dans toutes sortes de domaines, comme matériaux conducteurs, dispositifs de stockage d'hydrogène, senseurs moléculaires, semi-conducteurs et sondes moléculaires.

L'étude de ces nouveaux matériaux a donné naissance à la nanotechnologie, puisqu'il est maintenant possible de manipuler des structures à l'échelle moléculaire pour en faire des dispositifs utiles. Par exemple, à l'Université de Montréal, des chercheurs tentent de fabriquer du papier et du tissu électroniques. « Les diodes électroluminescentes organiques (OLED) sont une technologie prometteuse pour la fabrication d'écrans plats de grande dimension à faible coût et de textiles luminescents », explique Richard Martel, professeur au Département de chimie de l'Université de Montréal. « À l'aide de nanotubes de carbone, une nanostructure en forme de tube très conductrice et souple, on peut produire de minces ▶

feuilles de l'ordre de quelques dixièmes de nanomètre d'épaisseur grâce à un procédé semblable à celui de la fabrication du papier. Ces feuilles conservent la conductivité et la souplesse des nanotubes de carbone et sont assez minces pour être transparentes. »

Grâce au procédé de fabrication qu'ils ont mis au point, ces chercheurs ont réussi à produire des diodes électroluminescentes organiques de haute performance sur ce nouveau matériau. Pareille technologie pourrait trouver de nombreuses applications, que l'on songe à des écrans d'ordinateur déroulants ou à des textiles électroluminescents.

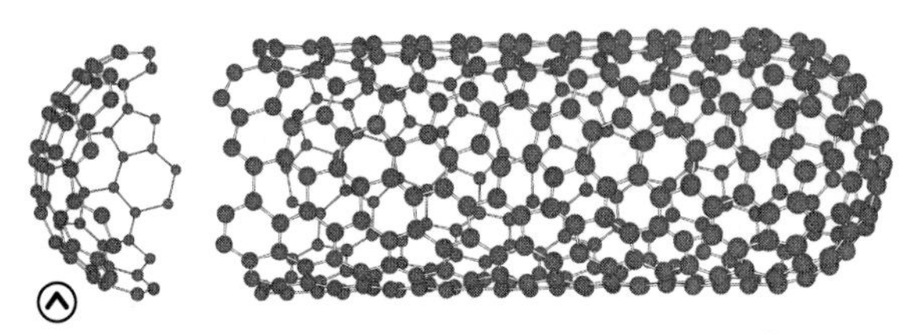

Un nanotube, molécule de forme tubulaire dont la cavité interne a un diamètre de 15 nm, est constitué d'une seule couche d'atomes de carbone. On montre ici que le « bouchon » a une structure semblable à celle du C_{60} tronqué, alors que le tube est en structure de graphite. Les chimistes ont trouvé le moyen d'enlever ces bouchons et peuvent même introduire d'autres molécules dans le tube.

Dans le domaine de la biologie, l'une des premières applications du C_{60} fut de concevoir des médicaments pour lutter contre le sida, maladie du système immunitaire causée par un virus. La reproduction de ce virus se fait par la synthèse d'une longue chaîne protéique qui est ensuite coupée en plus petits segments par une enzyme de la famille des protéases. Pour enrayer cette maladie, un bon moyen serait donc d'inactiver l'enzyme. Lorsque des chercheurs ont fait réagir un dérivé soluble du C_{60} avec l'enzyme protéase, ils ont découvert que cette dernière se lie au site actif de l'enzyme, c'est-à-dire à l'endroit où l'enzyme coupe normalement la protéine reproductive, empêchant la reproduction du virus. Ainsi, le virus ne peut plus infecter les cellules humaines cultivées en laboratoire. Ce composé n'est pas en soi un bon médicament contre le sida parce qu'il pourrait causer des effets secondaires et qu'il ne pénètre pas facilement dans les cellules. Mais il constitue un bon modèle pour aider à la conception de nouveaux médicaments.

Cet exemple permet de s'attarder brièvement à quelques considérations générales concernant le développement de nouveaux médicaments. Soit une certaine molécule isolée d'une plante qui semble prometteuse pour son action médicamenteuse dans un organe donné. Même si sa modélisation par ordinateur et quelques expériences donnent une bonne idée de son mode d'action, il y a plusieurs étapes à franchir. On doit d'abord déterminer la composition et la structure de la molécule, sa capacité d'être absorbée (par la bouche, par inhalation, par injection…), sa capacité de se rendre à l'endroit désiré (le sang est un milieu aqueux, donc favorable aux molécules polaires et aux sels, mais les membranes des cellules à traverser sont des milieux graisseux plutôt favorables aux molécules non polaires) et le mécanisme de transport requis. Ensuite, on peut se demander si la molécule ne sera pas transformée en d'autres substances avant de pouvoir agir, quelle sera sa durée de vie, si les produits formés (métabolites) seront toxiques ou nuisibles à l'environnement. Le chimiste peut intervenir à toutes ces étapes pour faciliter l'action désirée.

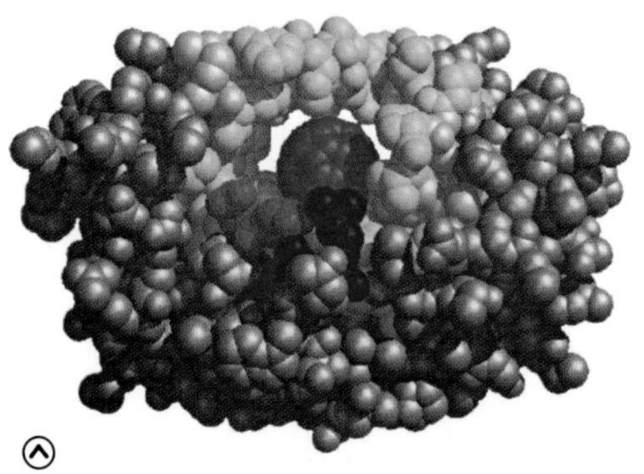

Modélisation par ordinateur de la fixation d'un dérivé de C_{60} sur le site actif de l'enzyme qui normalement se fixe à une protéine nécessaire à la reproduction du virus du sida. La forme du C_{60} (en violet) convient parfaitement pour occuper le site actif, empêchant ainsi l'enzyme de jouer son rôle normal.

Les molécules organiques sont caractérisées par des groupements fonctionnels (*voir le* **TABLEAU 7.2**, *p. 338*). Le chimiste modifiera plus ou moins la molécule candidate en lui greffant un ou plusieurs groupements fonctionnels, ou en y substituant un groupement fonctionnel à un autre dans le but de pouvoir satisfaire à toutes les exigences déjà décrites. Par exemple, le C_{60} n'est pas soluble dans l'eau, mais pénètre facilement les membranes cellulaires. En y greffant des groupements —OH (alcool), on augmente sa solubilité en milieu aqueux sans trop réduire sa solubilité dans les membranes. Enfin, il faut parfois tout recommencer, car des organismes comme les bactéries et les virus font eux-mêmes des modifications de molécules (mutations), ce qui atténue grandement l'efficacité du médicament (résistance). C'est ainsi que, dans le cas du sida, on parvient à contrôler la maladie par l'administration de trois médicaments en même temps (trithérapie), en espérant réussir à concevoir un jour un remède définitif.

8.4 La théorie des orbitales moléculaires

La théorie de la liaison de valence, utilisée précédemment pour expliquer la formation de la liaison covalente, est l'une des deux approches de la mécanique quantique qui explique les liaisons dans les molécules. Elle place des paires d'électrons entre les atomes pour former des liaisons. C'est pourquoi cette théorie porte aussi le nom de « théorie des électrons localisés ». Cette théorie rend compte, au moins qualitativement, de la stabilité du lien covalent en ce qui concerne le recouvrement des orbitales atomiques. Par contre, elle n'est parfois pas suffisante pour expliquer la structure et les propriétés de certaines molécules.

Soit, par exemple, la molécule d'oxygène, dont la structure de Lewis simplifiée est la suivante :

$$\ddot{\underset{..}{O}}=\ddot{\underset{..}{O}}$$

Selon cette description, la molécule devrait être diamagnétique (peu influencée par un champ magnétique externe), puisque tous ses électrons sont appariés. Toutefois, des expériences ont démontré que la molécule d'oxygène est paramagnétique (attirée par un champ magnétique externe), et qu'elle comporte deux électrons non appariés (*voir la* **FIGURE 8.15**).

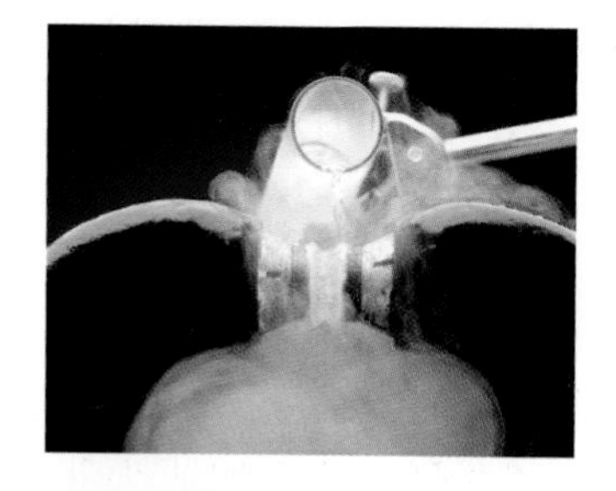

FIGURE 8.15

Paramagnétisme de l'oxygène

L'oxygène liquide reste piégé entre les pôles d'un aimant parce que les molécules de O_2 sont paramagnétiques, ayant deux électrons non appariés de spins parallèles.

Il arrive que certaines propriétés des molécules (comme les propriétés magnétiques) ne s'expliquent pas tout à fait avec la théorie de la liaison de valence. On doit alors avoir recours à une autre approche, elle aussi basée sur la mécanique quantique, appelée « théorie des orbitales moléculaires » (OM). Contrairement à la théorie de la liaison de valence, la théorie des orbitales moléculaires ne traite pas les électrons comme étant localisés dans une liaison entre deux atomes, mais plutôt comme étant associés à la molécule dans son ensemble. Elle décrit les liaisons à l'aide d'**orbitales moléculaires**, qui résultent de l'interaction des orbitales atomiques des atomes liants et qui sont associées à la molécule entière. Les électrons qui occupent les orbitales moléculaires se comportent de la même façon que lorsqu'ils occupent les orbitales atomiques : ils obéissent au principe de Pauli, au principe de l'*aufbau* et à la règle de Hund.

RÉVISION DES CONCEPTS

La structure de Lewis suivante permettrait d'expliquer le caractère paramagnétique de la molécule d'oxygène :

$$\cdot\ddot{\underset{..}{O}}-\ddot{\underset{..}{O}}\cdot$$

Proposez deux raisons pour lesquelles cette structure de Lewis est incorrecte.

8.4.1 Les orbitales moléculaires liantes et antiliantes

Selon la théorie des orbitales moléculaires, le recouvrement des orbitales 1*s* de deux atomes d'hydrogène mène à la formation de deux orbitales moléculaires distinctes : une orbitale moléculaire liante et une orbitale moléculaire antiliante. Une **orbitale moléculaire liante** possède une énergie plus basse et une stabilité plus grande que les orbitales atomiques à partir desquelles elle a été formée. Une **orbitale moléculaire antiliante** possède une énergie plus grande et une stabilité plus petite que les orbitales atomiques à partir desquelles elle a été formée. Comme les qualificatifs « liante » et « antiliante » le suggèrent, le fait de placer des électrons dans une orbitale moléculaire liante entraîne la formation d'un lien covalent stable, alors que le fait de placer des électrons dans une orbitale moléculaire antiliante crée un lien instable.

NOTE

Comme dans le cas des orbitales hybrides, le nombre d'orbitales est conservé. Par exemple, la combinaison de deux orbitales atomiques mène à la formation de deux orbitales moléculaires.

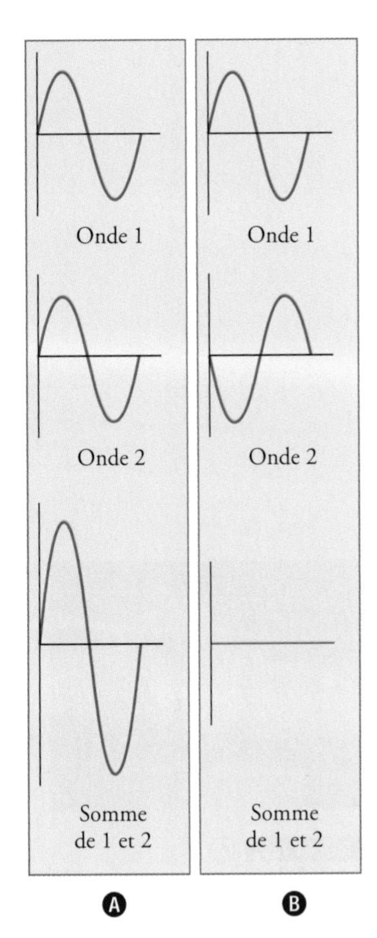

FIGURE 8.16

Interférences pour deux ondes de même longueur d'onde et de même amplitude

A Interférence constructive

B Interférence destructive

NOTE

Une étoile (★) signifie que l'orbitale moléculaire est une orbitale antiliante.

Dans l'orbitale moléculaire liante, la densité électronique est la plus grande entre les noyaux des atomes liés. Par contre, dans l'orbitale moléculaire antiliante, la densité électronique décroît jusqu'à zéro entre les noyaux. Pour comprendre cette distinction, on peut se rappeler que les électrons dans les orbitales ont des caractéristiques ondulatoires. Une propriété unique des ondes permet à des ondes du même type d'interagir d'une manière telle que l'onde résultante a soit une amplitude agrandie, soit une amplitude diminuée. Dans le premier cas, on parle d'une interaction d'interférence constructive ; dans l'autre cas, d'une interaction d'interférence destructive (*voir la* **FIGURE 8.16**).

La formation d'une orbitale moléculaire liante correspond à une interférence constructive (l'augmentation d'amplitude est analogue à l'accroissement de la densité électronique entre les deux noyaux). La formation d'une orbitale moléculaire antiliante correspond à une interférence destructive (la diminution de l'amplitude est analogue à la diminution de la densité électronique entre les deux noyaux). Les interactions constructive et destructive entre les deux orbitales 1*s* dans la molécule de H_2 donnent lieu à la formation d'une orbitale moléculaire σ liante (σ_{1s}) et d'une orbitale moléculaire σ antiliante ($\sigma^{\star}_{1s}$).

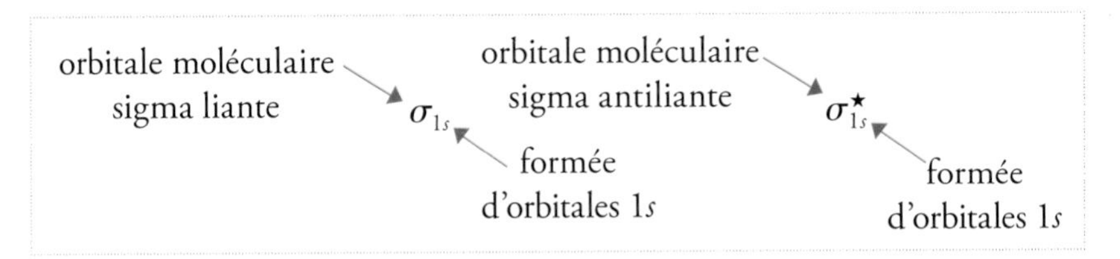

Dans une **orbitale moléculaire sigma** (σ), qu'elle soit liante ou antiliante, la densité électronique est concentrée symétriquement autour d'un axe situé entre les deux noyaux des atomes liés.

La **FIGURE 8.17** montre le diagramme des niveaux d'énergie des orbitales moléculaires, c'est-à-dire des niveaux d'énergie relatifs produits au cours de la formation de la molécule de H_2, et les interactions constructive et destructive entre les deux orbitales 1*s*. On peut remarquer que dans l'orbitale moléculaire antiliante, il y a une zone nodale entre les noyaux, c'est-à-dire que la densité électronique y est nulle. Les noyaux se repoussent l'un et l'autre à cause de leur charge positive. Les électrons dans l'orbitale moléculaire antiliante ont une énergie plus élevée (et sont donc moins stables) que celle qu'ils auraient dans des atomes isolés. D'un autre côté, les électrons dans l'orbitale moléculaire liante ont moins d'énergie (et sont donc plus stables) que celle qu'ils auraient dans des atomes isolés.

Le concept de la formation d'orbitales moléculaires s'applique de la même manière aux autres molécules. Dans le cas de molécules plus complexes, il faudra en revanche considérer les orbitales atomiques additionnelles. Néanmoins, pour toutes les orbitales *s*, le procédé est le même que pour les orbitales 1*s*.

Le procédé s'avère plus complexe pour les orbitales *p* parce qu'elles peuvent interagir l'une avec l'autre de deux manières différentes. Par exemple, les deux orbitales *p* qui sont alignées sur l'axe des noyaux peuvent s'approcher l'une de l'autre par leur extrémité pour produire une orbitale moléculaire σ liante et une orbitale moléculaire σ antiliante (*voir la* **FIGURE 8.18A**). Par ailleurs, les deux orbitales *p* qui sont perpendiculaires à l'axe des noyaux peuvent aussi se recouvrir de façon parallèle pour générer une orbitale moléculaire π liante et une orbitale moléculaire π antiliante (*voir la* **FIGURE 8.18B**).

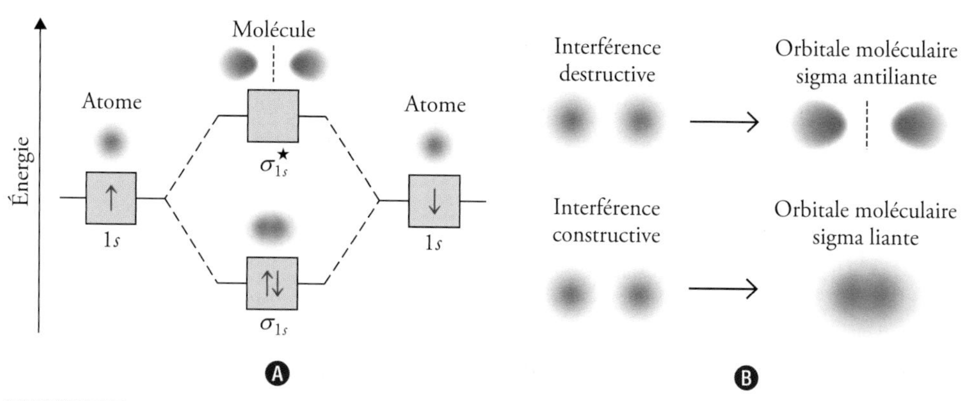

FIGURE 8.17

Diagramme des niveaux d'énergie des orbitales moléculaires

A Les niveaux d'énergie des orbitales moléculaires liantes et antiliantes dans une molécule de H_2. Il faut noter que les deux électrons dans l'orbitale σ_{1s} doivent avoir des spins opposés selon le principe d'exclusion de Pauli. Il faut garder à l'esprit que plus l'énergie de l'orbitale moléculaire est élevée, moins les électrons sont stables dans cette orbitale moléculaire.

B Les interférences constructive et destructive entre les deux orbitales 1*s* de deux atomes d'hydrogène mènent à la formation d'une orbitale moléculaire liante et d'une orbitale moléculaire antiliante. Dans l'orbitale moléculaire liante, il y a augmentation de la densité électronique entre les noyaux, ce qui agit comme une espèce de « colle » chargée négativement permettant de retenir ensemble les noyaux chargés positivement. Dans l'orbitale moléculaire antiliante, il y a un plan modal (nœud) entre les noyaux où la densité électronique est de zéro.

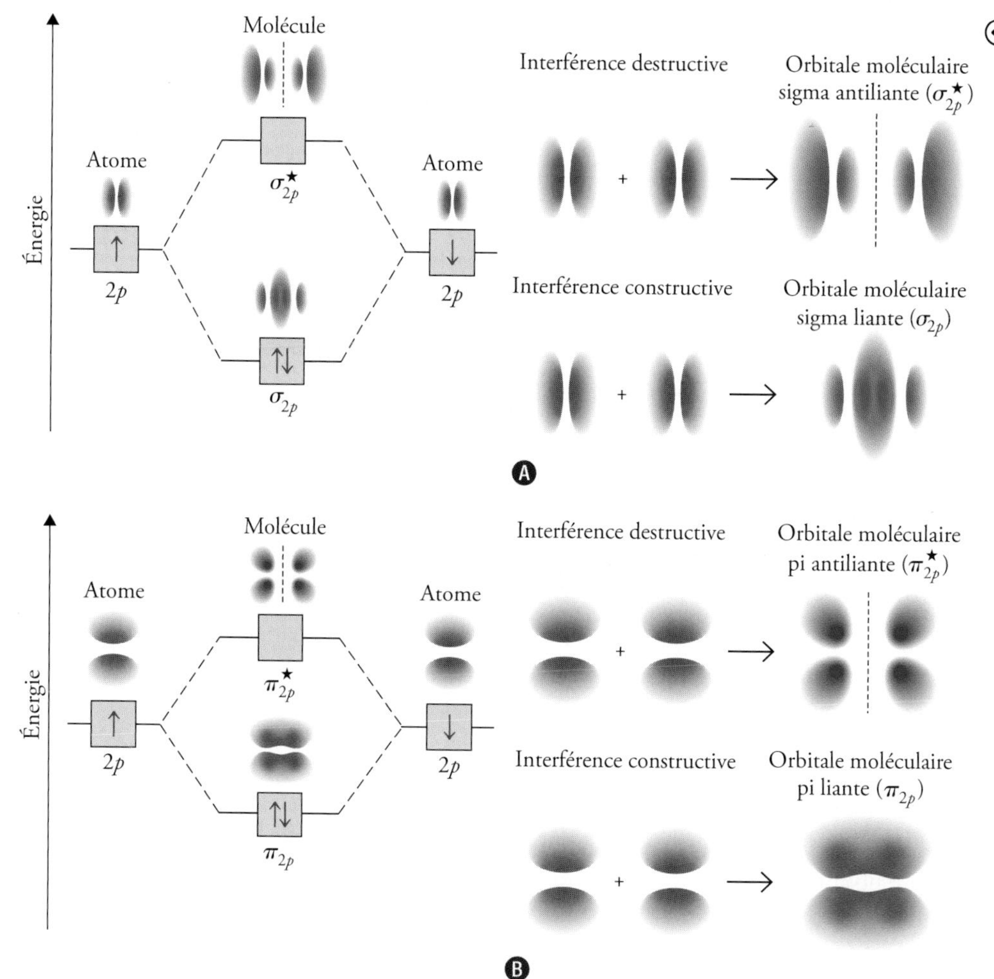

FIGURE 8.18

Interactions possibles entre deux orbitales *p* équivalentes et les orbitales moléculaires correspondantes

A Lorsque des orbitales *p* se recouvrent par leur extrémité, il y a formation d'une orbitale moléculaire σ liante et d'une orbitale moléculaire σ antiliante.

B Lorsque des orbitales *p* se recouvrent par le côté, une orbitale moléculaire π liante et une autre π antiliante se forment. Normalement, une orbitale moléculaire σ liante est plus stable qu'une orbitale moléculaire π liante, car l'interaction côte à côte donne un plus petit recouvrement des orbitales *p* que celui qui est obtenu par le recouvrement des extrémités. On convient que les orbitales $2p_x$ prennent part à la formation de l'orbitale moléculaire σ. Les orbitales $2p_y$ et $2p_z$ ne peuvent alors interagir que pour former des orbitales moléculaires π. Le comportement montré en **B** illustre l'interaction entre deux orbitales $2p_y$ ou $2p_z$.

Dans une **orbitale moléculaire pi** (π), qu'elle soit liante ou antiliante, la densité électronique est concentrée au-dessus et au-dessous d'une ligne imaginaire joignant les deux noyaux des atomes liés. On sait qu'une liaison double est toujours constituée d'une liaison σ et d'une liaison π, alors qu'une liaison triple est toujours constituée d'une liaison σ et de deux liaisons π.

QUESTIONS de révision

14. Qu'est-ce que la théorie des orbitales moléculaires ? Comment diffère-t-elle de la théorie de la liaison de valence ?
15. Définissez les termes suivants : orbitale moléculaire liante, orbitale moléculaire antiliante, orbitale moléculaire π, orbitale moléculaire σ.
16. Dessinez la forme des orbitales moléculaires suivantes : σ_{1s}, $\sigma^{\star}_{1s}$, π_{2p}, σ_{2p} et $\pi^{\star}_{2p}$. Comment leurs énergies se comparent-elles ?

8.5 Les configurations électroniques des orbitales moléculaires

Les électrons se distribuent dans les orbitales moléculaires de façon analogue à leur distribution dans les orbitales atomiques. La méthode permettant de déterminer la configuration électronique d'une molécule est donc semblable à celle qu'on utilise pour écrire les configurations électroniques des atomes (*voir la section 6.3, p. 240*).

8.5.1 Les règles gouvernant la configuration électronique moléculaire et la stabilité

NOTE

Le niveau énergétique des orbitales $\sigma^{\star}$ et π varie d'une molécule à l'autre.

Pour écrire la configuration électronique d'une molécule, on doit d'abord classer les orbitales moléculaires par ordre croissant d'énergie. Ensuite, on peut se baser sur les principes directeurs suivants pour remplir les orbitales moléculaires d'électrons. Ces règles aident aussi à comprendre la stabilité relative des orbitales moléculaires.

1. Le nombre d'orbitales moléculaires formées est toujours égal au nombre d'orbitales atomiques combinées.
2. Plus l'orbitale moléculaire liante est stable, plus l'orbitale antiliante correspondante est instable.
3. Le remplissage des orbitales moléculaires se fait à partir des énergies plus faibles vers les énergies plus élevées (principe de l'*aufbau*). Dans une molécule stable, le nombre d'électrons dans les orbitales moléculaires liantes est toujours plus grand que celui dans les orbitales moléculaires antiliantes.
4. Comme une orbitale atomique, chaque orbitale moléculaire peut contenir deux électrons de spins contraires, selon le principe d'exclusion de Pauli.
5. Lorsque les électrons sont ajoutés aux orbitales moléculaires de même énergie, l'arrangement le plus stable est prédit par la règle de Hund, c'est-à-dire que les électrons occupent ces orbitales moléculaires avec des spins parallèles.
6. Le nombre d'électrons dans les orbitales moléculaires est égal à la somme de tous les électrons des atomes liés.

8.5.2 La stabilité d'une molécule : l'ordre de liaison

La présence d'électrons dans des orbitales moléculaires liantes contribue à stabiliser l'espèce chimique. Au contraire, la présence d'électrons dans des orbitales antiliantes la déstabilise. On peut évaluer qualitativement la stabilité d'une espèce chimique diatomique en déterminant l'**ordre de liaison** (ou **indice de liaison**) qui se définit ainsi :

$$\text{ordre de liaison} = \frac{1}{2}\left(\begin{matrix}\text{nombre d'électrons} \\ \text{dans les OM liantes}\end{matrix} - \begin{matrix}\text{nombre d'électrons} \\ \text{dans les OM antiliantes}\end{matrix}\right) \quad (8.2)$$

L'ordre de liaison représente donc un indice de la force d'une liaison covalente. Par exemple, s'il y a deux électrons dans une orbitale moléculaire liante et aucun dans une orbitale moléculaire antiliante, l'ordre de liaison vaut $\left[\frac{1}{2}(2-0)\right] = 1$, ce qui veut dire que la molécule possède une liaison stable. On voit ici que l'ordre de liaison peut être une fraction ; toutefois, un ordre de liaison de zéro (ou une valeur négative) signifie que la liaison est instable et que cette molécule ne peut pas exister. L'ordre de liaison ne peut être utilisé qu'à des fins qualitatives de comparaison.

NOTE

L'énergie de liaison est la mesure quantitative de la force d'une liaison (*voir la section 7.9, p. 342*).

EXEMPLE 8.4 La prédiction de la stabilité d'une espèce chimique

L'espèce chimique He_2 est-elle stable ?

DÉMARCHE

L'espèce chimique He_2 contiendrait un total de quatre électrons. Comme dans le cas de H_2, les deux orbitales 1*s* de chacun des atomes d'hélium donnent lieu à la formation d'une orbitale moléculaire liante (σ_{1s}) et d'une orbitale moléculaire antiliante ($\sigma^{\star}_{1s}$). Selon le principe de Pauli, deux électrons occuperont l'orbitale moléculaire liante et deux électrons occuperont l'orbitale moléculaire antiliante.

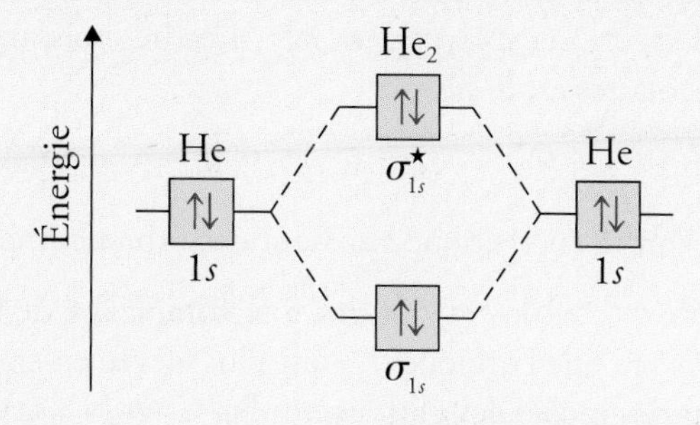

SOLUTION

L'ordre de liaison est nul et l'espèce chimique n'est pas stable.

EXERCICE E8.4

Comparez la stabilité des espèces H_2, H_2^+, He_2^+ et He_2.

Problème semblable 8.26

8.5.3 Les molécules homonucléaires diatomiques des éléments de la deuxième période

Le cas des **molécules diatomiques homonucléaires**, c'est-à-dire des molécules diatomiques contenant des atomes des mêmes éléments, des éléments du bloc *s* de la deuxième période est similaire à celui des molécules mentionnées précédemment. La **FIGURE 8.19** montre le diagramme des niveaux d'énergie pour la molécule de Li_2. Les orbitales moléculaires sont formées par le recouvrement des orbitales 1*s* et 2*s*. Le même diagramme peut être utilisé pour construire toutes les molécules diatomiques. Il en sera question plus loin.

FIGURE 8.19

Diagramme des niveaux d'énergie des orbitales moléculaires pour la molécule de Li_2

La liaison covalente dans Li_2 est formée par les deux électrons dans l'orbitale moléculaire liante σ_{2s}.

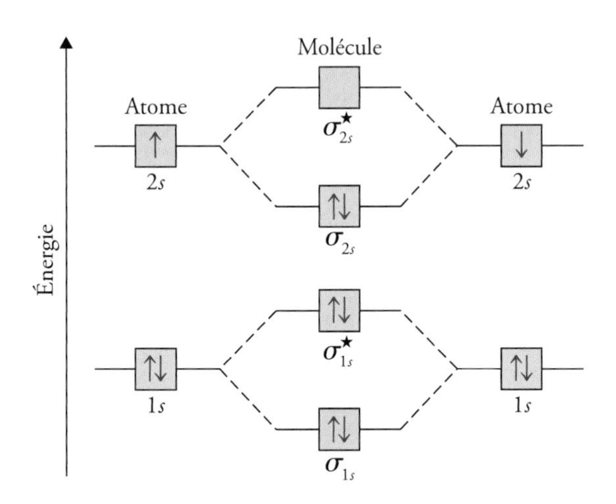

La situation est plus complexe lorsque la liaison implique aussi des orbitales *p*. Comme le montre la **FIGURE 8.18** (*voir p. 399*), deux orbitales *p* peuvent former deux types d'orbitales moléculaires : sigma et pi. Les deux orbitales *p* situées dans l'axe des noyaux (axe des *x*) pourront former une paire d'orbitales moléculaires : σ_{2p_x} et $\sigma^\star_{2p_x}$. Les deux paires d'orbitales *p* restantes ($2p_y$ et $2p_z$) pourront se recouvrir latéralement pour former des orbitales moléculaires π : π_{2p_y} et $\pi^\star_{2p_y}$; π_{2p_z} et $\pi^\star_{2p_z}$. L'ordre croissant des niveaux d'énergie des orbitales moléculaires est le suivant :

$$\sigma_{1s} < \sigma^\star_{1s} < \sigma_{2s} < \sigma^\star_{2s} < \pi_{2p_y} = \pi_{2p_z} < \sigma_{2p_x} < \pi^\star_{2p_y} = \pi^\star_{2p_z} < \sigma^\star_{2p_x}$$

La **FIGURE 8.20** indique l'ordre énergétique croissant des orbitales moléculaires 2*p*.

L'inversion de l'orbitale σ_{2p_x} et de π_{2p_y} est due à la complexité de l'interaction entre les orbitales 2*s* et 2*p*. Il s'avère que l'orbitale σ_{2p_x} est plus élevée en énergie que les orbitales π_{2p_y} et π_{2p_z} dans le cas des molécules plus légères B_2, C_2 et N_2, mais plus faible en énergie que les orbitales π_{2p_y} et π_{2p_z} pour O_2 et F_2.

i+ CHIMIE EN LIGNE

Interaction

- Les niveaux d'énergie des orbitales moléculaires

Avec ces concepts et avec l'aide des **FIGURES 8.19** et **8.20**, lesquelles indiquent l'ordre énergétique croissant des orbitales moléculaires, on peut écrire les configurations électroniques et prédire les propriétés magnétiques ainsi que les ordres de liaison des molécules diatomiques homonucléaires des éléments de la deuxième période.

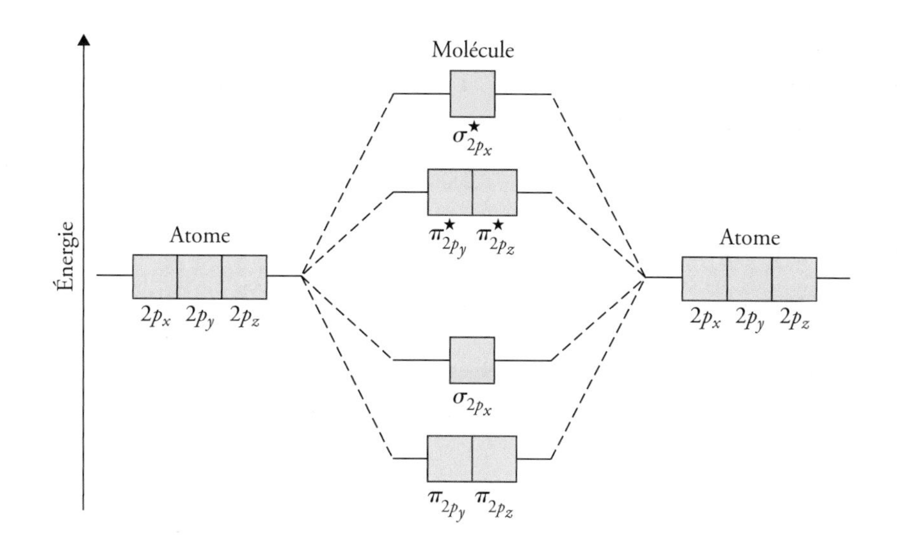

FIGURE 8.20

Diagramme général des niveaux d'énergie des orbitales moléculaires pour les molécules diatomiques Li_2, Be_2, B_2, C_2 et N_2

Pour simplifier, les orbitales σ_{1s} et σ_{2s} ont été omises. Dans ces molécules, l'orbitale σ_{2p_x} est d'un niveau d'énergie plus élevé que celui des orbitales π_{2p_y} ou π_{2p_z}. Cela signifie que les électrons des orbitales σ_{2p_x} sont moins stables que ceux dans π_{2p_y} et π_{2p_z}. Pour O_2 et F_2, l'orbitale σ_{2p_x} est plus faible en énergie que π_{2p_y} et π_{2p_z}.

La molécule d'oxygène (O_2)

Comme indiqué précédemment, la théorie de la liaison de valence ne rend pas compte des propriétés magnétiques de l'oxygène. Pour montrer les deux électrons non appariés sur O_2, il faudrait une structure semblable à la suivante:

$$\cdot\ddot{\underset{\cdot\cdot}{O}}-\ddot{\underset{\cdot\cdot}{O}}\cdot$$

Cette structure est déficiente pour deux raisons. Premièrement, elle implique la présence d'une seule liaison covalente alors que les mesures expérimentales montrent que la molécule contient une liaison double. Deuxièmement, chaque atome d'oxygène est entouré de sept électrons, ce qui contrevient à la règle de l'octet.

La configuration électronique de O dans son état fondamental est $1s^2 2s^2 2p^4$; il y a donc 16 électrons au total dans O_2. En respectant l'ordre croissant d'énergie des orbitales moléculaires déjà présenté, la configuration de O_2 dans son état fondamental s'écrit ainsi (les niveaux d'énergie des orbitales $2p$ sont inversés par rapport à la **FIGURE 8.20**):

↑↓	↑↓	↑↓	↑↓	↑↓	↑↓ ↑↓	↑ ↑	
σ_{1s}	$\sigma^\star_{1s}$	σ_{2s}	$\sigma^\star_{2s}$	σ_{2p_x}	$\pi_{2p_y}\ \pi_{2p_z}$	$\pi^\star_{2p_y}\ \pi^\star_{2p_z}$	$\sigma^\star_{2p_x}$

Selon la règle de Hund, les deux derniers électrons vont dans les orbitales $\pi^\star_{2p_y}$ et $\pi^\star_{2p_z}$ avec des spins parallèles (les orbitales $\pi^\star_{2p_y}$ et $\pi^\star_{2p_z}$ ont la même énergie). Avec l'équation 8.2, il est possible de calculer l'ordre de liaison de O_2:

$$\text{ordre de liaison} = \frac{1}{2}(10 - 6) = 2$$

La molécule d'oxygène a donc un ordre de liaison de 2 et elle est paramagnétique (elle a des électrons non appariés): la prédiction est en accord avec les observations expérimentales.

Le **TABLEAU 8.5** (*voir page suivante*) résume les propriétés générales des molécules diatomiques stables de la deuxième période.

TABLEAU 8.5 > Propriétés des molécules diatomiques homonucléaires des éléments de la deuxième période*

	Li_2	B_2	C_2	N_2	O_2	F_2	
$\sigma^{\star}_{2p_x}$	□	□	□	□	□	□	$\sigma^{\star}_{2p_x}$
$\pi^{\star}_{2p_y}, \pi^{\star}_{2p_z}$	□□	□□	□□	□□	↑ ↑	↑↓ ↑↓	$\pi^{\star}_{2p_y}, \pi^{\star}_{2p_z}$
σ_{2p_x}	□	□	□	↑↓	↑↓ ↑↓	↑↓ ↑↓	π_{2p_y}, π_{2p_z}
π_{2p_y}, π_{2p_z}	□□	↑ ↑	↑↓ ↑↓	↑↓ ↑↓	↑↓	↑↓	σ_{2p_x}
$\sigma^{\star}_{2s}$	□	↑↓	↑↓	↑↓	↑↓	↑↓	$\sigma^{\star}_{2s}$
σ_{2s}	↑↓	↑↓	↑↓	↑↓	↑↓	↑↓	σ_{2s}
Ordre de liaison	1	1	2	3	2	1	
Longueur de liaison (pm)	267	159	131	110	121	142	
Énergie de liaison (kJ/mol)	104,6	288,7	627,6	941,4	498,7	156,9	
Propriétés magnétiques	Diamagnétique	Paramagnétique	Diamagnétique	Diamagnétique	Paramagnétique	Diamagnétique	

* Pour simplifier, les orbitales σ_{1s} et $\sigma^{\star}_{1s}$ ont été omises. Ces deux orbitales contiennent en tout quatre électrons. Il faut aussi se rappeler que, pour O_2 et F_2, l'énergie de σ_{2p_x} est inférieure à celle de π_{2p_y} et de π_{2p_z}.

EXEMPLE 8.5 La prédiction des propriétés de certaines espèces chimiques à l'aide de la théorie des orbitales moléculaires

L'ion N_2^+ peut être obtenu par le bombardement de molécules de N_2 avec des électrons se déplaçant à haute vitesse. Prédisez les propriétés suivantes de N_2^+ : **a)** sa configuration électronique ; **b)** son ordre de liaison ; **c)** son caractère magnétique ; **d)** sa longueur de liaison comparativement à celle de N_2 (plus courte ou plus longue ?).

DÉMARCHE

Le **TABLEAU 8.5** permet de déduire les propriétés des ions dérivés de molécules homonucléaires. Comment la stabilité d'une molécule dépend-elle du nombre d'électrons dans les orbitales moléculaires liantes et antiliantes ? De quelle orbitale moléculaire faut-il enlever un électron pour former l'ion N_2^+ à partir de N_2 ? Quelles propriétés font qu'une espèce est diamagnétique ou paramagnétique ?

SOLUTION

a) Parce que N_2^+ a un électron de moins que N_2, sa configuration électronique est :

$$(\sigma_{1s})^2(\sigma^{\star}_{1s})^2(\sigma_{2s})^2(\sigma^{\star}_{2s})^2(\pi_{2p_y})^2(\pi_{2p_z})^2(\sigma_{2p_x})^1$$

b) L'ordre de liaison de N_2^+, selon l'équation 8.2 (*voir p. 401*), est :

$$\text{ordre de liaison} = \frac{1}{2}(9 - 4) = 2,5$$

c) N_2^+ a un électron non apparié, il est donc paramagnétique. ▶

d) Puisque les liaisons sont dues aux électrons des orbitales moléculaires liantes, N_2^+ devrait avoir une liaison plus faible de même qu'une longueur de liaison plus grande que dans le cas de N_2. (En fait, la longueur de liaison de N_2^+ vaut 112 pm, alors que celle de N_2 vaut 110 pm.)

VÉRIFICATION

On s'attend à ce que l'ordre de liaison diminue parce qu'il y a eu retrait d'un électron d'une orbitale moléculaire liante. L'ion N_2^+ ayant un nombre impair d'électrons (13), il devrait donc être paramagnétique.

EXERCICE E8.5

Laquelle des espèces suivantes a la liaison la plus longue : F_2, F_2^+ ou F_2^- ?

Problèmes semblables
8.25 et 8.27

QUESTION de révision

17. Expliquez à quoi correspond l'ordre de liaison. Est-ce que l'ordre de liaison peut être utilisé pour des comparaisons quantitatives des forces des liaisons ?

8.6 Les orbitales moléculaires délocalisées

Jusqu'ici, l'étude de la liaison chimique s'est faite par rapport aux paires d'électrons uniquement. Cependant, les propriétés moléculaires ne peuvent pas toujours être expliquées correctement à l'aide d'une seule structure. Un cas typique est celui du benzène (C_6H_6), une molécule déjà présentée à la section 7.8 (*voir p. 340*). Le problème a alors été résolu par l'introduction du concept de la résonance. La théorie des orbitales moléculaires propose une autre solution à ce problème.

8.6.1 Le benzène (C_6H_6)

Le benzène est une molécule hexagonale plane dont les atomes de carbone sont situés aux six sommets d'un hexagone. Toutes les liaisons C—C sont égales en longueur et en force, et il en est de même pour toutes les liaisons C—H ; les angles des liaisons CCC et HCC valent tous 120°. Chaque atome de carbone est donc hybridé sp^2 ; chacun forme trois liaisons σ avec deux atomes de carbone adjacents et un atome d'hydrogène (*voir la* **FIGURE 8.21**). Cet arrangement laisse une orbitale $2p_z$ non hybridée sur chaque atome de carbone, laquelle est perpendiculaire au plan de la molécule de benzène. Cette description ressemble beaucoup à celle de la configuration de l'éthylène, C_2H_4, déjà présentée à la section 8.3.6 (*voir p. 392*) sauf que, dans ce cas-ci, six orbitales $2p_z$ forment un arrangement cyclique.

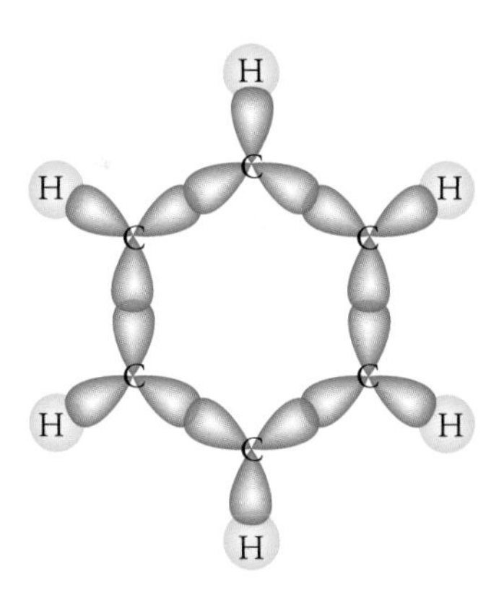

FIGURE 8.21
Schéma des liaisons σ dans la molécule de benzène
Chaque atome de carbone est hybridé sp^2 et forme des liaisons σ avec deux atomes de carbone adjacents et une autre liaison σ avec un atome d'hydrogène.

Selon les règles énoncées à la page 400, l'interaction des six orbitales $2p_z$ mène à la formation de six orbitales moléculaires π, certaines étant liantes et d'autres, antiliantes. Une molécule de benzène dans son état fondamental a six électrons dans trois orbitales moléculaires liantes π, chaque orbitale ayant deux électrons de spins appariés (*voir la* **FIGURE 8.22A, B** et **C**, *page suivante*).

Contrairement aux orbitales moléculaires π de l'éthylène, les **orbitales moléculaires** du benzène sont **délocalisées**, c'est-à-dire qu'elles ne sont pas confinées entre deux atomes adjacents liés, mais s'étendent plutôt sur plusieurs atomes. Par conséquent, les électrons occupant l'une ou l'autre de ces orbitales sont libres de se déplacer autour de l'anneau de benzène. Pour cette raison, la structure du benzène est souvent représentée ainsi :

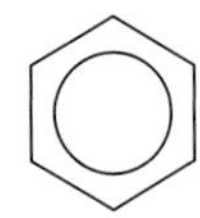

Dans cette représentation, le cercle indique que les liaisons π entre les atomes de carbone ne sont pas confinées entre les paires d'atomes individuels, mais qu'elles sont plutôt également distribuées dans toute la molécule de benzène. Les atomes de carbone et d'hydrogène ne sont pas montrés dans ce type de représentation. Les hybrides de résonance dont il est question au chapitre 7 sont en fait tirés de la théorie des électrons délocalisés.

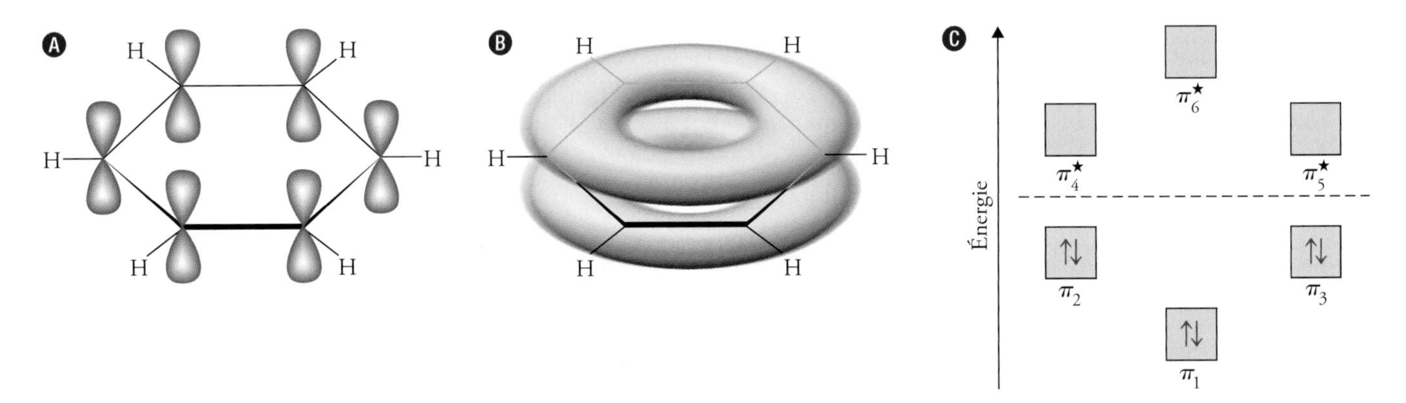

FIGURE 8.22

Molécule de benzène

A Les six orbitales $2p_z$ sur les atomes de carbone du benzène

B Orbitale moléculaire délocalisée

C Diagramme énergétique

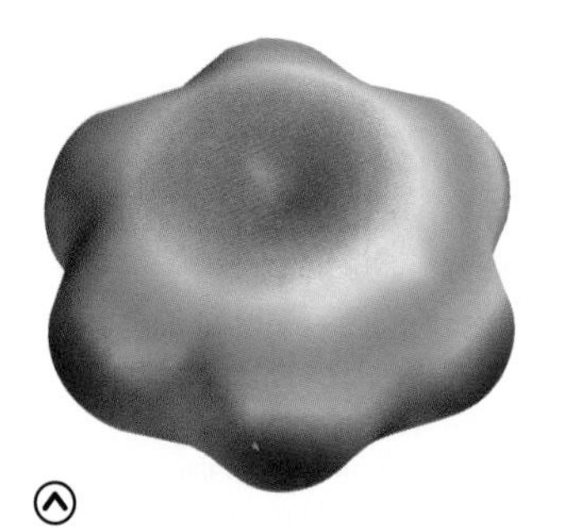

Le diagramme de potentiel électrostatique du benzène montre que la densité électronique est plus importante au centre (liaisons pi).

Chaque lien carbone-carbone dans le benzène est constitué d'une liaison σ et d'une liaison π « partielle ». L'ordre de liaison entre deux atomes de carbone adjacents se situe donc entre 1 et 2.

8.6.2 L'ion carbonate (CO_3^{2-})

Les composés cycliques comme le benzène ne sont pas les seuls à avoir des orbitales moléculaires délocalisées. La structure planaire de l'ion carbonate peut s'expliquer si on suppose que l'atome de carbone est hybridé sp^2. L'atome de carbone forme des liaisons σ avec trois atomes d'oxygène. Ainsi, l'orbitale $2p_z$ non hybridée de l'atome de carbone peut recouvrir simultanément les orbitales $2p_z$ des trois atomes d'oxygène (*voir la* **FIGURE 8.23**). Il en résulte une orbitale moléculaire délocalisée qui s'étend tout autour des quatre noyaux, de manière à ce que les densités électroniques (et de là, les ordres de liaison) dans les liaisons C—O soient toutes identiques. La théorie des orbitales moléculaires fournit donc une autre explication des propriétés de l'ion carbonate comparativement aux structures de résonance de l'ion montrées à la page 341.

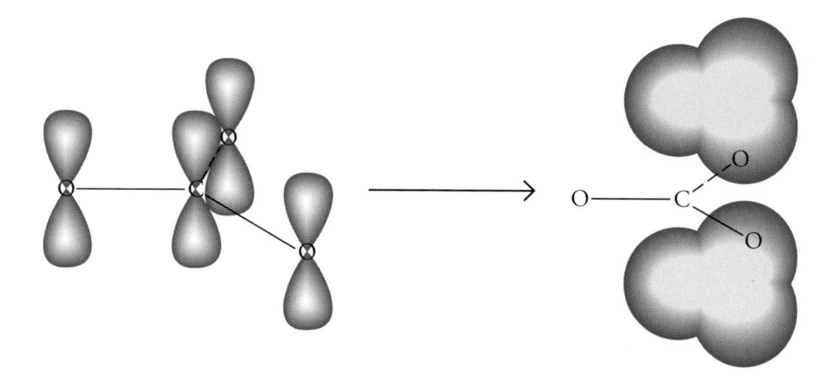

FIGURE 8.23

Liaisons dans l'ion carbonate

L'atome de carbone forme trois liaisons σ avec les trois atomes d'oxygène. De plus, les orbitales $2p_z$ des atomes de carbone et d'oxygène se recouvrent pour former des orbitales moléculaires délocalisées, ce qui correspond à une liaison π partielle entre l'atome de carbone et chacun des trois atomes d'oxygène.

QUESTION de révision

18. Comment une orbitale moléculaire délocalisée diffère-t-elle d'une orbitale moléculaire comme celle qu'on trouve dans H_2 ou C_2H_4 ?

RÉSUMÉ

8.1 La géométrie des molécules

Théorie de la répulsion des paires d'électrons de valence (RPEV)
Permet de prédire la disposition tridimensionnelle des paires d'électrons de valence autour d'un atome central en considérant que les doublets d'électrons de valence se repoussent entre eux.

Géométrie de répulsion
Correspond à la disposition de tous les doublets (liants ou non) autour de l'atome central.

Géométrie moléculaire
Correspond uniquement à la disposition des doublets liants autour de l'atome central.

La méthode pour appliquer le modèle RPEV

1. Écrire la structure de Lewis.
2. Compter le nombre de doublets (libres et liants) autour de l'atome central et déterminer la notation AB_xE_y. (Les liaisons multiples doivent être considérées comme des liaisons simples.)
3. Prédire la géométrie de répulsion et la géométrie moléculaire. Déterminer le nom associé à la géométrie.
4. Prédire les angles de liaison.

doublet libre $\longleftrightarrow$ doublet libre > doublet libre $\longleftrightarrow$ doublet liant > doublet liant $\longleftrightarrow$ doublet liant

Géométries en présence ou en absence de doublet libre

Nombre de paires d'électrons	Géométrie			
2	AB_2 : **Linéaire** B—A—B			
3	AB_3 : **Trigonale plane** 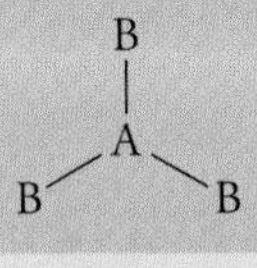	AB_2E : **Angulaire** 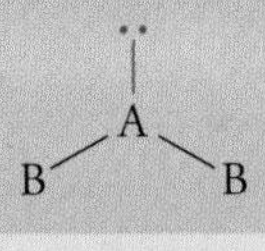		
4	AB_4 : **Tétraédrique** 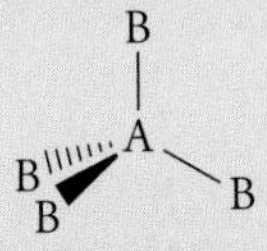	AB_3E : **Trigonale pyramidale** 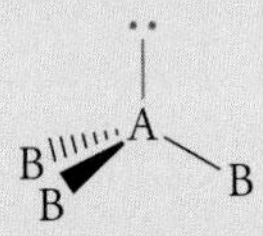	AB_2E_2 : **Angulaire** 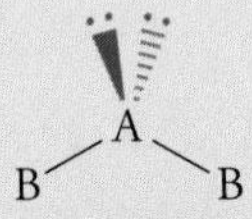	
5	AB_5 : **Trigonale bipyramidale** 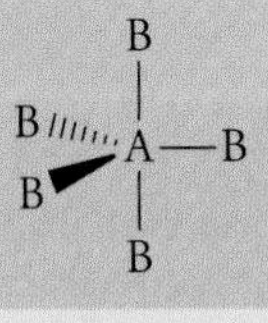	AB_4E : **Tétraédrique irrégulière (bascule)** 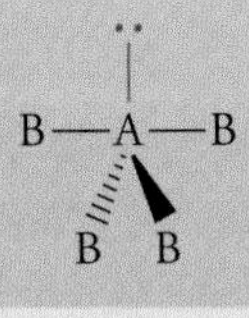	AB_3E_2 : **En T** 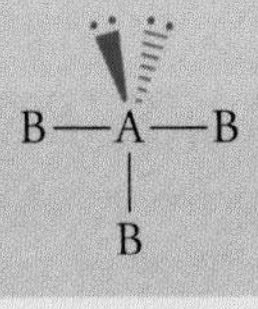	AB_2E_3 : **Linéaire** 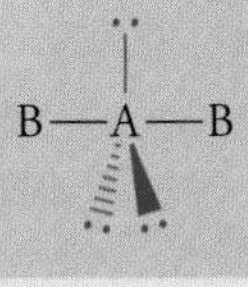
6	AB_6 : **Octaédrique** 	AB_5E : **Pyramidale à base carrée** 	AB_4E_2 : **Plane carrée** 	

8.2 La polarité des molécules

Le moment dipolaire est une mesure de la séparation des charges dans une molécule qui contient des atomes ayant des électronégativités différentes. Il est une grandeur vectorielle (a une valeur et une direction). Le moment dipolaire d'une molécule est la somme résultante de ses moments de liaison, et il peut fournir des renseignements sur la forme de la molécule. Comme le rappelle le tableau suivant, pour qu'une molécule soit polaire, il faut non seulement qu'elle ait une ou plusieurs liaisons polaires, mais aussi que ses liaisons se composent vectoriellement de manière à ne pas s'annuler.

Les molécules qui ont un moment dipolaire résultant s'orientent sous l'effet d'un champ électrique. Le moment dipolaire d'une molécule est le produit de sa charge (en valeur absolue) et de la longueur de la liaison qui unit les deux atomes.

$$\mu = Q \times d$$

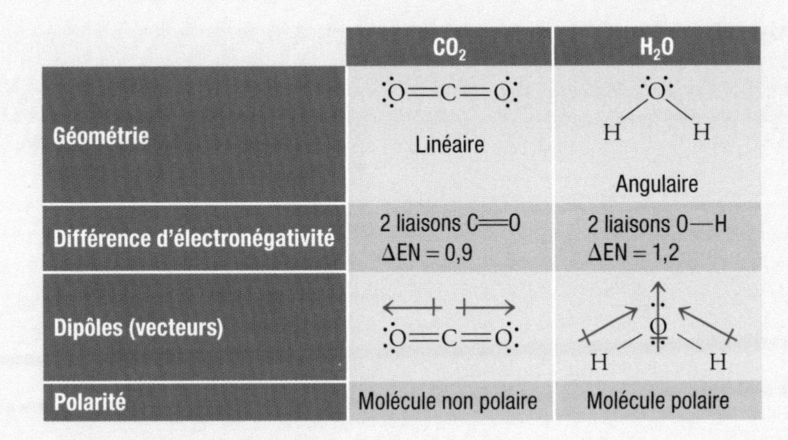

	CO_2	H_2O
Géométrie	Linéaire	Angulaire
Différence d'électronégativité	2 liaisons C═O ΔEN = 0,9	2 liaisons O—H ΔEN = 1,2
Dipôles (vecteurs)		
Polarité	Molécule non polaire	Molécule polaire

8.3 L'hybridation des orbitales atomiques

Dans ce modèle de la liaison de valence, des orbitales atomiques hybrides sont formées par le mélange d'orbitales atomiques d'un atome de façon à obtenir des orbitales équivalentes en énergie. Le nombre d'orbitales hybrides formées est égal au nombre d'orbitales atomiques qui se combinent. L'hybridation fournit une explication mathématique à la forme géométrique de plusieurs composés.

Les étapes à suivre afin de déterminer l'état d'hybridation d'un atome

Étape	Exemple : CH_4
1. Déterminer l'état de valence de l'atome central afin d'avoir le nombre d'électrons célibataires nécessaires.	C [↑↓] 2*s* [↑][↑][ ] 2*p* → C* [↑] 2*s* [↑][↑][↑] 2*p*
2. Combiner les orbitales atomiques afin d'obtenir des orbitale hybrides.	[↑] 2*s* [↑][↑][↑] 2*p* — Hybridation (combinaison) → [↑][↑][↑][↑] Orbitales sp^3

Les types d'hybridation des orbitales atomiques

Dans l'hybridation *sp*, les deux orbitales hybrides se situent sur un même axe. Dans l'hybridation sp^2, les trois orbitales hybrides se dirigent vers les trois sommets d'un triangle. Dans l'hybridation sp^3, les quatre orbitales hybrides sont orientées vers les sommets d'un tétraèdre. Dans l'hybridation sp^3d, les cinq orbitales hybrides sont orientées vers les sommets d'une bipyramide trigonale. Dans l'hybridation sp^3d^2, les six orbitales hybrides sont orientées vers les sommets d'un octaèdre. Revoyons, à la page suivante, une partie du **TABLEAU 8.4** (*p. 390*) pour illustrer ces différents types d'hybridation.

Nombre de paires d'électrons	Type d'hybridation	Représentation	Orbitales *p* non hybridées	RPEV
2	*sp*	180°	Deux *p* restantes	Linéaire
3	sp^2	120°	Une *p* restante	Trigonale plane
4	sp^3	109,5°	Aucune	Tétraédrique
5	sp^3d	90° 120°	Aucune	Trigonale bipyramidale
6	sp^3d^2	90° 90°	Aucune	Octaédrique

8.4 La théorie des orbitales moléculaires

Certaines propriétés des molécules sont parfois mieux expliquées par la théorie des orbitales moléculaires, une théorie de la mécanique quantique qui décrit les liaisons à l'aide d'orbitales moléculaires résultant de l'interaction des orbitales atomiques des atomes liants et qui sont associées à la molécule entière.

Les orbitales moléculaires liantes et antiliantes

	Orbitales moléculaires liantes	Orbitales moléculaires antiliantes
Caractéristiques	• Ont une énergie plus faible et une stabilité plus grande que les orbitales atomiques à partir desquelles elles sont formées. • Correspondent à une interférence constructive. • La présence d'électrons stabilise l'espèce.	• Ont une énergie plus grande et une stabilité plus faible que les orbitales atomiques à partir desquelles elles sont formées. • Correspondent à une interférence destructive. • La présence d'électrons déstabilise l'espèce.
Stabilité de la liaison	Liaison stable	Liaison instable

8.5 Les configurations électroniques des orbitales moléculaires

Les configurations électroniques des orbitales moléculaires s'écrivent de manière semblable aux configurations électroniques des orbitales atomiques, c'est-à-dire en remplissant progressivement d'électrons les orbitales par ordre croissant de niveau d'énergie. Le nombre d'orbitales moléculaires est toujours égal au nombre d'orbitales atomiques qui ont été combinées. Le principe d'exclusion de Pauli et la règle de Hund s'appliquent dans le remplissage des orbitales moléculaires.

Ordre de remplissage des orbitales moléculaires :

$$\sigma_{1s} < \sigma^{\star}_{1s} < \sigma_{2s} < \sigma^{\star}_{2s} < \pi_{2p_y} = \pi_{2p_z} < \sigma_{2p_x} < \pi^{\star}_{2p_y} = \pi^{\star}_{2p_z} < \sigma^{\star}_{2p_x}$$

Note : Pour O_2 et F_2, l'énergie de σ_{2p_x} est inférieure à celle de π_{2p_y} et π_{2p_z}.

L'ordre de liaison

Une molécule est stable si le nombre d'électrons qui occupent ses orbitales moléculaires liantes est supérieur au nombre d'électrons qui occupent ses orbitales moléculaires antiliantes. Le calcul de l'ordre de liaison (*voir l'équation 8.2, p. 401*) donne un indice de la force d'une liaison.

8.6 Les orbitales moléculaires délocalisées

Les orbitales moléculaires délocalisées, dans lesquelles les électrons sont libres de se déplacer tout autour d'une molécule ou autour d'un groupe d'atomes, sont formées par les électrons d'orbitales *p* d'atomes adjacents. Les orbitales moléculaires délocalisées offrent une solution de remplacement aux structures de résonance pour expliquer les propriétés moléculaires observées. Les propriétés et la structure de l'anneau de benzène (C_6H_6) s'expliquent aussi très bien par cette théorie.

ÉQUATIONS CLÉS

- $\mu = Q \times d$ — Relation décrivant le moment dipolaire à partir de la charge (Q) et de la distance (d) qui sépare les deux charges (longueur de liaison) (8.1)

- $$\text{ordre de liaison} = \frac{1}{2}\left(\begin{array}{c}\text{nombre d'électrons}\\ \text{dans les OM liantes}\end{array} - \begin{array}{c}\text{nombre d'électrons}\\ \text{dans les OM antiliantes}\end{array}\right) \quad (8.2)$$

MOTS CLÉS

Géométrie de répulsion, p. 370
Géométrie moléculaire, p. 371
Hybridation, p. 385
Molécule diatomique homonucléaire, p. 402
Molécule non polaire, p. 381
Molécule polaire, p. 380
Moment dipolaire (μ), p. 380
Orbitale hybride, p. 385
Orbitale moléculaire, p. 397
Orbitale moléculaire antiliante, p. 397
Orbitale moléculaire délocalisée, p. 406
Orbitale moléculaire liante, p. 397
Orbitale moléculaire pi (π), p. 400
Orbitale moléculaire sigma (σ), p. 398
Ordre de liaison (indice de liaison), p. 401
Théorie de la répulsion des paires d'électrons de valence (modèle RPEV), p. 367

PROBLÈMES

Niveau de difficulté : ★ facile ; ★ moyen ; ★ élevé

Biologie : 8.52, 8.60, 8.66 ;
Concepts : 8.6 à 8.11, 8.20, 8.24 à 8.26, 8.28 à 8.30, 8.32, 8.47, 8.49, 8.50, 8.57, 8.63 ;
Environnement : 8.53, 8.61, 8.62 ;
Organique : 8.18, 8.32, 8.48 à 8.50, 8.52, 8.59, 8.60, 8.64, 8.65.

PROBLÈMES PAR SECTION

8.1 La géométrie des molécules

★**8.1** À l'aide du modèle RPEV, prédisez la géométrie de répulsion et la géométrie des molécules suivantes : **a)** PCl_3 ; **b)** $CHCl_3$; **c)** SiH_4 ; **d)** $TeCl_4$.

★**8.2** À l'aide du modèle RPEV, prédisez la géométrie de répulsion et la forme des espèces suivantes (géométrie moléculaire) : **a)** N_2O (l'arrangement des atomes est NNO) ; **b)** SCN^- (l'arrangement des atomes est SCN).

★**8.3** Pour chacun des ions suivants, donnez la géométrie de répulsion et la géométrie moléculaire : **a)** NH_4^+ ; **b)** NH_2^- ; **c)** CO_3^{2-} ; **d)** ICl_2^- ; **e)** ICl_4^- ; **f)** $SnCl_5^-$; **g)** H_3O^+ ; **h)** BeF_4^{2-}.

★**8.4** Décrivez la géométrie de chacun des trois atomes centraux dans la molécule de CH_3COOH.

★**8.5** Lesquelles des espèces suivantes sont tétraédriques ? $SiCl_4$, SeF_4, XeF_4, CI_4.

8.2 La polarité des molécules

★**8.6** Classez les molécules suivantes par ordre croissant de leur moment dipolaire : H_2O, H_2S, H_2Te, H_2Se.

★**8.7** Le moment dipolaire des halogénures d'hydrogène décroît de HF à HI. Expliquez cette tendance.

★**8.8** Classez les molécules suivantes par ordre croissant de leur moment dipolaire : H_2O, CBr_4, H_2S, HF, NH_3, CO_2.

★**8.9** Le moment dipolaire de OCS est-il supérieur ou inférieur à celui de CS_2 ?

★**8.10** Laquelle de ces deux molécules a le moment dipolaire le plus élevé ?

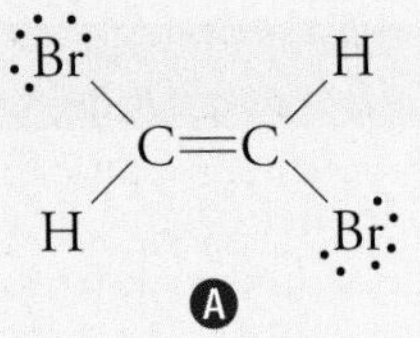

A 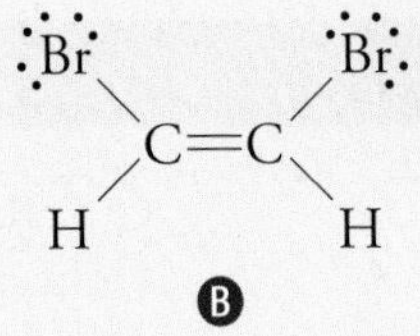 B

★**8.11** Classez les composés suivants par ordre croissant de leur moment dipolaire.

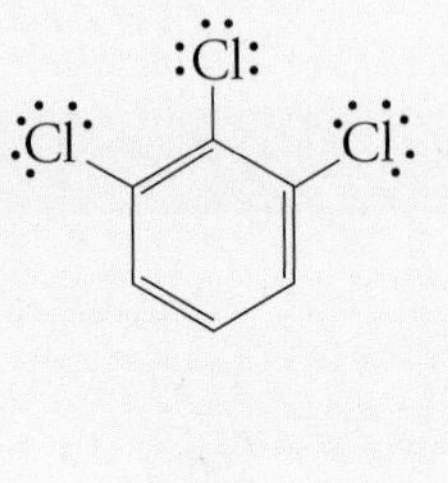

A 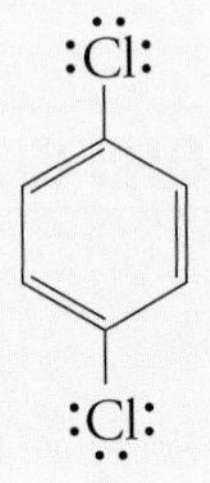 B 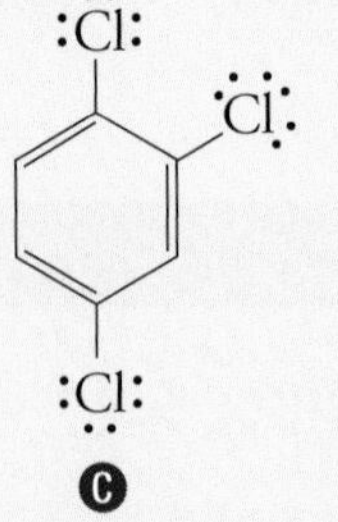 C 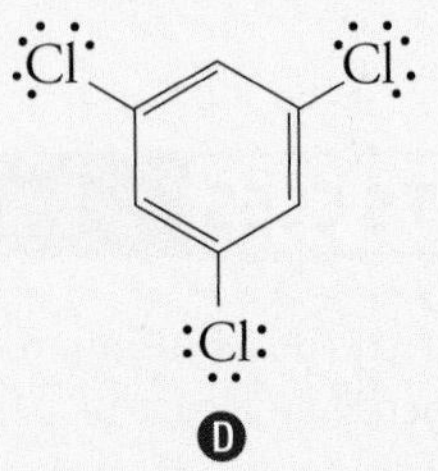 D

★**8.12** À l'aide du **TABLEAU 8.3** (*voir p. 382*) et de l'équation 8.1, calculez la charge partielle portée par chacun des atomes de la molécule de HBr, sachant que la longueur de la liaison est égale à $1{,}40 \times 10^{-10}$ m. (**Rappel** : 1 D = $3{,}336 \times 10^{-30}$ C · m.)

8.3 L'hybridation des orbitales atomiques

★**8.13** Décrivez l'état d'hybridation de l'arsenic dans la molécule de AsH_3.

★**8.14** Quel est l'état d'hybridation de Si dans SiH_4 et dans $H_3Si—SiH_3$?

★**8.15** Décrivez le changement de l'état d'hybridation (s'il y a lieu) de l'atome d'aluminium dans la réaction suivante :

$$AlCl_3 + Cl^- \longrightarrow AlCl_4^-$$

★**8.16** Soit la réaction :

$$BF_3 + NH_3 \longrightarrow F_3B—NH_3$$

Décrivez les changements d'état d'hybridation (s'il y a lieu) des atomes B et N dans cette réaction.

★**8.17** Quelles orbitales hybrides sont utilisées par les atomes d'azote dans les espèces suivantes ? **a)** NH_3 ; **b)** $H_2N—NH_2$; **c)** NO_3^-.

★**8.18** Quelles sont les orbitales hybrides des atomes de carbone dans les molécules suivantes ? Les liaisons formées sont-elles des liaisons σ ou des liaisons π ?

a) $H_3C—CH_3$

b) $H_3C—CH{=}CH_2$

c) $CH_3—CH_2—OH$

d) $CH_3CH{=}O$

e) CH_3COOH

★**8.19** Quelles sont les orbitales hybrides des atomes de carbone dans les espèces suivantes ? Les liaisons sont-elles de type sigma ou pi ? **a)** CO_2 ; **b)** HCN.

★**8.20** La molécule d'allène $H_2C{=}C{=}CH_2$ est linéaire (les trois atomes de C sont dans le même axe). Quels sont les états d'hybridation de chacun des atomes de carbone ? La molécule est-elle complètement planaire ? Faites un diagramme qui montre la formation des liaisons σ et des liaisons π dans la molécule d'allène.

★**8.21** Décrivez l'hybridation du phosphore dans PF_5.

★**8.22** Déterminez l'état d'hybridation de l'atome central dans chacune des espèces chimiques suivantes : **a)** CS_2 ; **b)** ClNO ; **c)** XeF_2 ; **d)** $SnCl_2$; **e)** SF_4 ; **f)** $BrCl_3$; **g)** BrF_5.

★**8.23** Déterminez l'état d'hybridation des atomes centraux des ions suivants : **a)** ICl_2^- ; **b)** ICl_4^-.

8.4 La théorie des orbitales moléculaires

★**8.24** Expliquez, par rapport aux orbitales moléculaires, les changements de distances internucléaires H—H qui se produisent lorsque H_2 moléculaire est d'abord ionisée en H_2^+ et ensuite en H_2^{2+}.

★**8.25** Classez les espèces suivantes par ordre de stabilité croissante : Li_2, Li_2^+, Li_2^-. Justifiez votre choix en traçant un diagramme des niveaux d'énergie des orbitales moléculaires.

★**8.26** Expliquez, à l'aide de la théorie des orbitales moléculaires, pourquoi la molécule de Be_2 ne peut pas exister.

★**8.27** Laquelle des espèces suivantes a une liaison plus longue : B_2 ou B_2^+ ? Expliquez votre réponse à l'aide de la théorie des orbitales moléculaires.

★**8.28** L'acétylène, C_2H_2, a une tendance à perdre deux protons H^+ et à former l'ion carbure C_2^{2-}, qui existe dans des composés ioniques, tels que CaC_2 et MgC_2. Décrivez le schéma de liaison dans l'ion C_2^{2-} relativement à la théorie des orbitales moléculaires. Comparez l'ordre de liaison dans C_2^{2-} avec celui dans C_2.

★**8.29** Expliquez pourquoi l'ordre de liaison de N_2 est supérieur à celui de N_2^+, alors que l'ordre de liaison de O_2 est inférieur à celui de O_2^+.

★**8.30** Comparez les stabilités relatives des espèces suivantes et mentionnez leurs propriétés magnétiques (elles sont soit diamagnétiques, soit paramagnétiques) : O_2, O_2^+, O_2^- (l'ion superoxyde), O_2^{2-} (l'ion peroxyde).

8.6 Les orbitales moléculaires délocalisées

★8.31 Les molécules d'éthylène, C_2H_4, et de benzène, C_6H_6, ont toutes deux des liaisons doubles C═C. La réactivité de l'éthylène est plus grande que celle du benzène. Par exemple, l'éthylène réagit facilement avec le brome moléculaire, alors que le benzène est presque inerte avec le brome et plusieurs autres réactifs. Expliquez cette différence de réactivité.

★8.32 Laquelle de ces molécules a une orbitale moléculaire davantage délocalisée ? Justifiez votre choix.

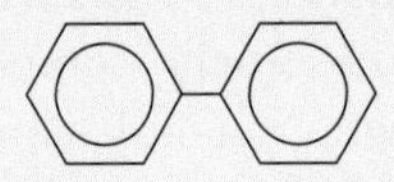

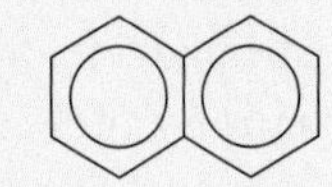

(**Indice** : Les deux molécules contiennent chacune deux anneaux de benzène. Dans le naphtalène, à droite, les deux anneaux sont fusionnés. Dans le biphényle, à gauche, les deux anneaux sont joints par une seule liaison, ce qui leur permet de tourner librement l'un par rapport à l'autre.)

★8.33 Décrivez les liaisons dans l'ion nitrate, NO_3^-, relativement aux orbitales délocalisées.

★8.34 Le fluorure de nitrile, FNO_2, est une molécule très réactive. Les atomes de fluor et d'oxygène sont liés à l'atome d'azote. **a)** Écrivez une structure de Lewis simplifiée pour FNO_2. **b)** Quel est le type d'hybridation pour l'atome d'azote ? **c)** Décrivez les liaisons relativement à la théorie OM. Où vous attendez-vous à trouver des orbitales moléculaires délocalisées ?

★8.35 Quel est l'état d'hybridation de l'atome central de O dans O_3 ? Décrivez les liaisons dans O_3 relativement aux orbitales moléculaires délocalisées.

PROBLÈMES VARIÉS

★8.36 Laquelle des espèces suivantes n'est pas susceptible d'avoir une forme tétraédrique ? **a)** $SiBr_4$; **b)** NF_4^+ ; **c)** SF_4 ; **d)** $BeCl_4^{2-}$; **e)** BF_4^- ; **f)** $AlCl_4^-$.

★8.37 Écrivez la structure de Lewis simplifiée du bromure de mercure(II). Cette molécule est-elle linéaire ou angulaire ? Comment serait-il possible de confirmer sa forme expérimentalement ?

★8.38 Tracez les moments des liaisons et les moments dipolaires résultants des molécules suivantes : H_2O, PCl_3, XeF_4, PCl_5, SF_6.

★8.39 Calculez la longueur de la liaison qui unit le chlore à l'hydrogène dans la molécule de HCl, sachant qu'elle est à 17 % ionique (*voir l'équation 7.1 et le* **TABLEAU 8.3**, *p. 382*). (**Rappel** : 1D = $3{,}336 \times 10^{-30}$ C · m.)

★8.40 Prédisez la forme du dichlorure de soufre (SCl_2) et l'hybridation de l'atome de soufre dans ce composé.

★8.41 Le pentafluorure d'antimoine, SbF_5, réagit avec XeF_4 et XeF_6 pour former les composés ioniques $XeF_3^+SbF_6^-$ et $XeF_5^+SbF_6^-$. Décrivez la forme des cations et de l'anion dans ces deux composés.

★8.42 Écrivez les structures de Lewis simplifiées des molécules suivantes et donnez les renseignements demandés : **a)** BF_3 : forme plane ou non ? **b)** ClO_3^- : forme plane ou non ? **c)** H_2O : indiquez la direction du moment dipolaire résultant ; **d)** OF_2 : molécule polaire ou non ? **e)** SeO_2 : estimez l'angle OSeO.

★8.43 Prédisez les angles des liaisons dans les molécules suivantes : **a)** $BeCl_2$; **b)** BCl_3 ; **c)** CCl_4 ; **d)** CH_3Cl ; **e)** $SnCl_2$; **f)** H_2O_2 ; **g)** SnH_4.

★8.44 Écrivez les structures de Lewis simplifiées des espèces suivantes et donnez les renseignements demandés : **a)** SO_3 : molécule polaire ou non ? **b)** PF_3 : molécule polaire ou non ? **c)** F_3SiH : indiquez la direction du moment dipolaire résultant ; **d)** SiH_3^- : forme plane ou pyramidale ? **e)** Br_2CH_2 : molécule polaire ou non ?

★8.45 Lesquelles des espèces suivantes sont linéaires ? ICl_2^-, IF_2^+, OF_2, SnI_2, $BeBr_2$.

★8.46 Écrivez la structure de Lewis de l'ion $BeCl_4^{2-}$. Prédisez sa forme et décrivez l'état d'hybridation de l'atome de Be.

★8.47 La molécule de formule N_2F_2 existe sous les deux formes suivantes :

a) Quelle est l'hybridation de N dans la molécule ?

b) Laquelle des deux formes a un moment dipolaire ?

★8.48 Le cyclopropane (C_3H_6) a une forme triangulaire, dans laquelle, à chaque angle, un atome de C est lié à deux atomes de H et à deux autres atomes de C. Le cubane (C_8H_8) a une forme cubique, dans laquelle, à chaque sommet, un atome de C est lié à un atome de H et à trois autres atomes de C. **a)** Dessinez les structures de ces molécules. **b)** Comparez les angles CCC dans ces molécules à ceux qui sont prédits pour un atome de C ayant subi une hybridation sp^3. **c)** D'après vous, ces molécules sont-elles faciles à préparer en laboratoire?

★8.49 Le composé 1,2-dichloroéthane ($C_2H_4Cl_2$) est non polaire, alors que le *cis*-1,2-dichloroéthylène ($C_2H_2Cl_2$) a un moment dipolaire:

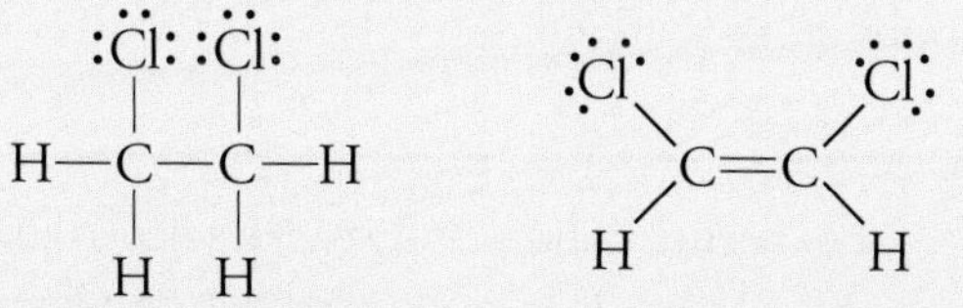

1,2-dichloroéthane — *Cis*-dichloroéthylène

Cette différence s'explique par le fait qu'il y a libre rotation des groupes liés par une liaison simple autour de l'axe de cette liaison, contrairement aux groupes liés par une liaison double. En utilisant ce que vous savez sur les liaisons, dites pourquoi il y a libre rotation dans la molécule de 1,2-dichloroéthane, alors qu'il n'y en a pas dans le *cis*-1,2-dichloroéthylène.

★8.50 La molécule suivante a-t-elle un moment dipolaire?

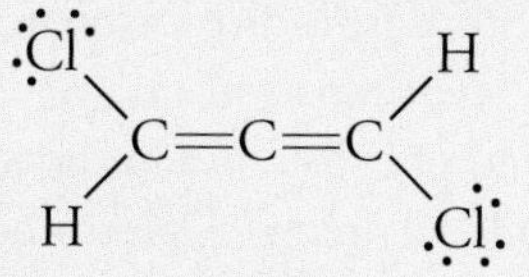

(**Indice**: Voyez la réponse au problème 8.20, p. 505.)

★8.51 L'angle de liaison dans SO_2 est très près de 120°, même si S possède un doublet libre. Expliquez ce phénomène.

★8.52 L'azidothymidine, connue sous l'abréviation AZT, est un médicament utilisé dans le traitement du syndrome d'immunodéficience acquise (sida). **a)** Déterminez l'état d'hybridation des atomes de C et de N dans cette molécule. **b)** Déterminez les angles de liaison: i) OCN; ii) NNN.

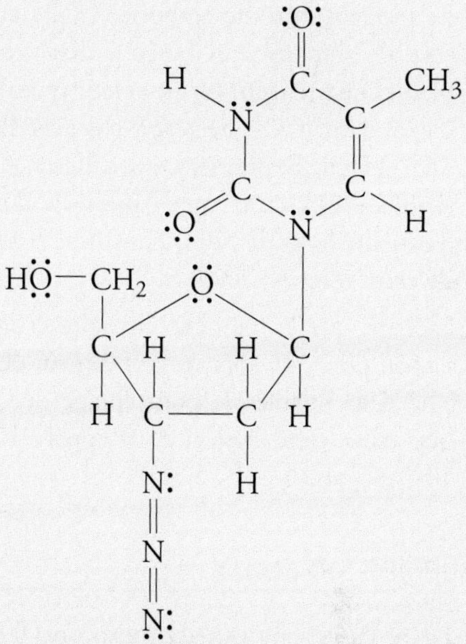

★8.53 Les gaz qui contribuent au réchauffement de la planète (gaz à effet de serre) ont un moment dipolaire ou peuvent en produire un en se déformant sous l'effet de la lumière. Lesquels des gaz suivants entrent dans cette catégorie? N_2, O_2, O_3, CO, CO_2, NO_2, $CFCl_3$.

★8.54 Écrivez la configuration électronique à l'état fondamental de la molécule de B_2. S'agit-il d'une molécule diamagnétique ou paramagnétique?

★8.55 Utilisez la théorie des orbitales moléculaires pour expliquer la différence entre les énergies des liaisons de F_2 et de F_2^- (*voir le problème 7.74, p. 362*).

★8.56 Les molécules de formule AB_4E_2 ont toutes une forme octaédrique. Regroupez celles qui sont équivalentes l'une à l'autre.

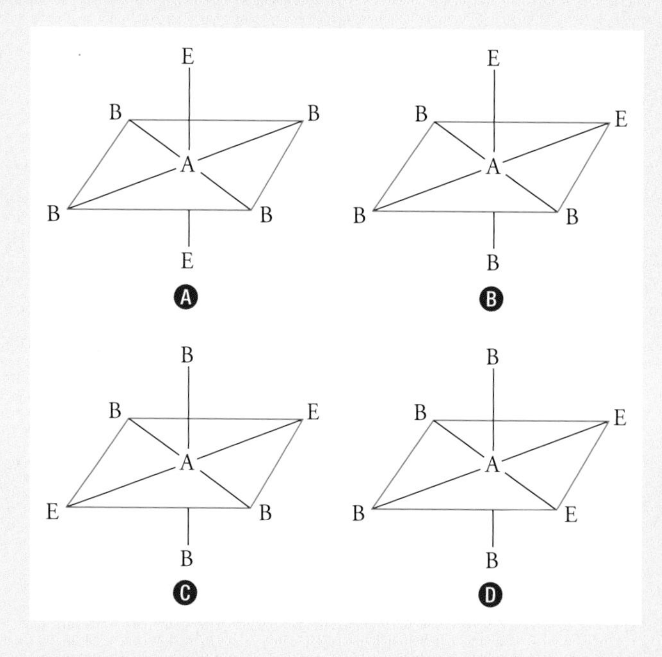

★**8.57** Le tétrachlorure de carbone (CCl_4) et le tétrachlorure de silicium ($SiCl_4$) sont deux composés semblables quant à leur forme et leur type d'hybridation. Cependant, CCl_4 ne réagit pas avec l'eau alors que $SiCl_4$ réagit. Expliquez cette différence de réactivité. (**Indice :** On croit que l'addition d'une molécule d'eau sur le Si de $SiCl_4$ constitue la première étape de cette réaction.)

★**8.58** Sachant que le moment dipolaire et la longueur de liaison pour HF sont respectivement de 1,92 D et de 91,7 pm, calculez le pourcentage de caractère ionique dans cette molécule. (**Rappel :** 1D = $3{,}336 \times 10^{-30}$ C · m.)

★**8.59** **a)** Quels sont les états d'hybridation des atomes de C et de N dans cette molécule ?

b) Déterminez les angles de liaison OCN, CNH et CCC.

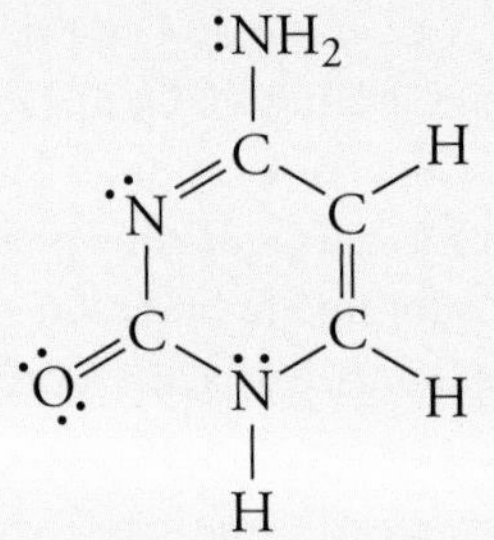

PROBLÈMES SPÉCIAUX

8.60 La progestérone est une hormone femelle responsable des caractères sexuels féminins. On écrit habituellement la structure d'une telle molécule de la manière abrégée suivante : il y a un atome de C à chaque endroit où des traits de lignes se rencontrent, et la plupart des atomes de H ne sont pas indiqués. Dessinez la structure complète de cette molécule en montrant tous les atomes de C et de H. Indiquez, pour chacun des atomes de C, son état d'hybridation.

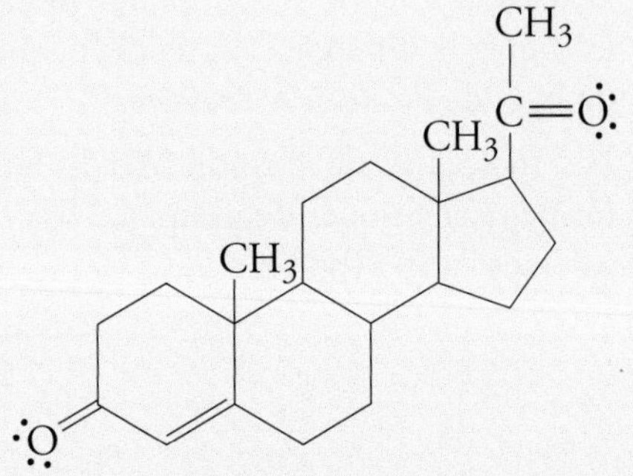

8.61 Les gaz à effet de serre absorbent (et emprisonnent) les radiations infrarouges (chaleur) réémises par la Terre et contribuent ainsi au réchauffement global. Une molécule gazeuse à effet de serre a soit un moment dipolaire permanent, soit un moment dipolaire temporaire durant ses mouvements vibrationnels. Voici trois modes de vibration pour le dioxyde de carbone, CO_2 :

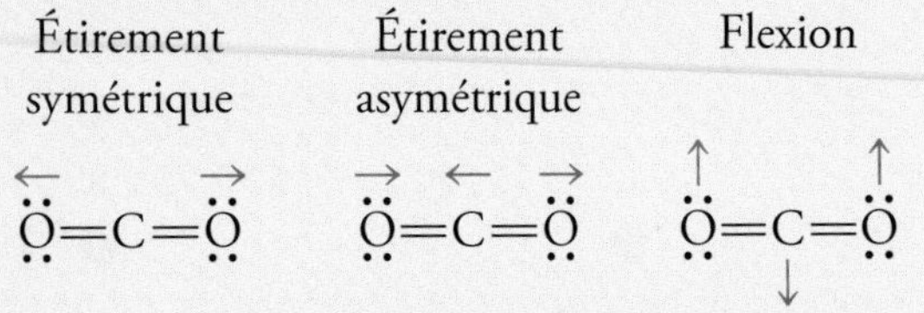

Étirement symétrique — Étirement asymétrique — Flexion

Les flèches indiquent le sens des déplacements relatifs des atomes. (Un cycle complet de vibration correspond à un déplacement extrême dans une direction puis à son retour complet dans la direction contraire.)

a) Parmi les vibrations décrites précédemment, lesquelles peut-on attribuer au comportement « effet de serre » du CO_2 ?

b) Parmi la liste suivante de molécules, lesquelles peut-on qualifier de molécules à effet de serre : N_2, O_2, CO, NO_2 et N_2O ?

8.62 Considérons une molécule de N_2 dans son premier état excité, c'est-à-dire lorsqu'un électron du plus haut niveau d'occupation d'une orbitale moléculaire monte au plus bas niveau inoccupé d'une autre orbitale moléculaire. **a)** Déterminez les orbitales impliquées dans cette transition et illustrez cette transition. **b)** Comparez les ordres de liaison ainsi que les longueurs de liaison de $N_2^\star$ et de N_2 (l'étoile indique qu'il s'agit d'un état excité de la molécule). **c)** Lorsque $N_2^\star$ perd cette énergie supplémentaire et revient à son état fondamental N_2, elle émet un photon de longueur d'onde de 470 nm, ce qui correspond à une portion de la lumière émise par les aurores boréales. Calculez la différence d'énergie entre ces deux niveaux.

8.63 La structure de Lewis simplifiée de O_2 est :

$$:\ddot{O}=\ddot{O}:$$

Démontrez que, d'après la théorie des orbitales moléculaires, cette structure est en fait un état excité de la molécule d'oxygène.

8.64 Le TCDD (ou 2,3,7,8-tétrachlorodibenzo-*p*-dioxine) est un composé très toxique. En 2004, il aurait servi à empoisonner un politicien ukrainien.

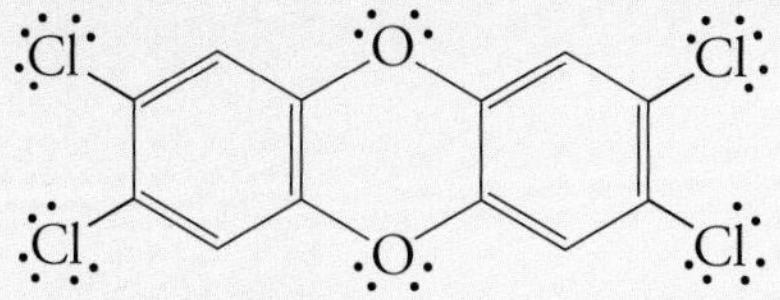

a) Décrivez la forme géométrique de cette molécule et dites si elle a un moment dipolaire. b) Combien de liaisons π et de liaisons σ y a-t-il dans cette molécule ?

8.65 Soit une molécule organique dont la formule semi-développée est : $NCCH_2CHCHCH_2CH_2OH$.

a) Proposez une structure tridimensionnelle pour cette molécule ;

b) déterminez l'état d'hybridation de chaque atome d'azote, de carbone et d'oxygène ;

c) déterminez la valeur approximative de tous les angles de liaison des atomes ;

d) comptez le nombre de liaisons π et le nombre de liaisons σ ;

e) déterminez les groupements fonctionnels présents sur la molécule.

8.66 Le monoxyde de carbone, CO, est un poison qui agit en se liant à l'ion Fe^{2+} de l'hémoglobine, la protéine responsable du transport de l'oxygène dans le sang. L'affinité du CO pour l'hémoglobine est environ 300 fois supérieure à celle de l'oxygène, réduisant ainsi la capacité de l'hémoglobine à transporter l'oxygène, d'où le risque d'intoxication pouvant causer la mort.

a) Sachant que l'atome de carbone dans le monoxyde de carbone n'est pas tétravalent et qu'il porte un doublet libre, proposez une structure de Lewis pour CO et précisez les charges formelles.

b) Proposez une configuration électronique pour la molécule de CO. (**Indice :** Comptez le nombre total d'électrons de valence.)

c) Comparez l'ordre de liaison de CO obtenu avec la théorie des OM avec le nombre de liaisons prédit par la théorie de la liaison de valence.

d) Prédisez le comportement du CO si on applique un champ électrique.

e) Quelle extrémité de la molécule est la plus susceptible de se lier à l'ion Fe^{2+} de l'hémoglobine ?

Dans les conditions atmosphériques, le dioxyde de carbone (glace sèche) ne fond pas, mais se sublime.

CHAPITRE 9

Les forces intermoléculaires, les liquides et les solides

Alors que les chapitres 7 et 8 portent sur les liaisons chimiques et le type de force qui unit les atomes les uns aux autres à l'intérieur d'une molécule (intramoléculaire), le présent chapitre s'intéresse plutôt aux forces intermoléculaires, c'est-à-dire celles qui interviennent entre différentes molécules qui se trouvent à l'état solide ou liquide. Ce sont ces forces qui sont responsables de plusieurs des propriétés physiques des liquides et des solides moléculaires. Il sera donc question ici des forces intermoléculaires ainsi que des propriétés fondamentales des états solide et liquide.

PLAN DE CHAPITRE

OBJECTIFS D'APPRENTISSAGE

> Identifier les forces qui assurent la cohésion des états condensés dans différentes espèces chimiques ;

> Prédire certaines propriétés physiques de composés chimiques et comparer les propriétés de divers composés ;

> Prévoir et reconnaître les structures cristallines de divers types de solides ;

> Distinguer les forces d'attraction présentes dans les différents types de solides cristallins et décrire leurs caractéristiques ;

> Utiliser l'équation de Clausius-Clapeyron pour calculer la chaleur de vaporisation, la pression ou la température d'une substance ;

> Utiliser le diagramme de phases pour prédire l'état et les transformations physiques d'un composé chimique dans des conditions définies.

CHIMIE EN LIGNE

Animation
- L'empilement de sphères (9.4)
- L'équilibre liquide-vapeur (9.6)

CAPSULE D'INFORMATION

Lévitation d'un aimant au-dessus d'un supraconducteur à haute température immergé dans de l'azote liquide

Les supraconducteurs, des rêves à la réalité

Bien que le cuivre et l'aluminium soient de bons conducteurs d'électricité, ils possèdent quand même une certaine résistance à la température ambiante. En fait, lorsqu'on utilise ces métaux comme câbles de lignes de transmission d'électricité, on peut observer une perte, sous forme de chaleur, de 20 % de l'électricité transportée. On sait que la résistance R d'un fil conducteur cause une perte de puissance égale au produit Ri^2, où i est la valeur du courant. Cette perte de puissance se traduit par un réchauffement du fil conducteur. Ne serait-il pas merveilleux de pouvoir fabriquer des câbles qui ne posséderaient aucune résistance électrique ?

On sait depuis 1911 que certains métaux et alliages perdent totalement leur résistance quand ils sont exposés à des températures très basses (autour du point d'ébullition de l'hélium liquide, soit 4 K) ; c'est pourquoi on les appelle des « supraconducteurs ». La supraconductivité s'explique par le pairage d'électrons à très basse température, ce qui a pour effet d'éviter les obstacles au passage du courant. Étant donné leur maintien à une température aussi basse, ces matériaux n'ont pratiquement pas eu d'applications commerciales.

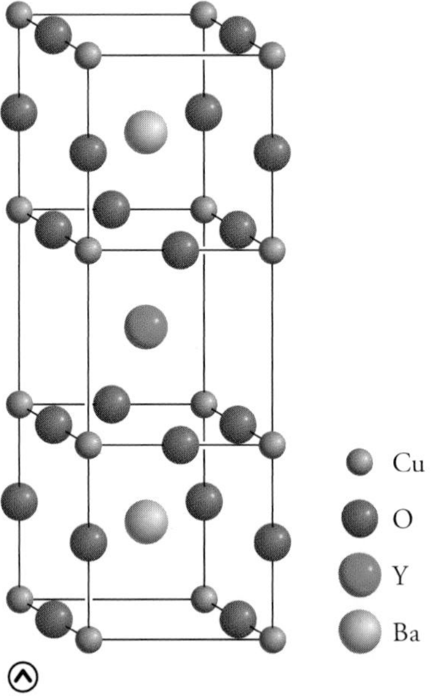

Modèle de la structure cristalline du $YBa_2Cu_3O_x$, un cuprate où $x = 5$, 6 ou 7. Parce que certains sites occupés normalement par des atomes d'oxygène sont vacants, on peut les doper, c'est-à-dire contrôler la quantité d'oxygène à ajouter pour obtenir les propriétés désirées.

En 1986, en Suisse, deux physiciens ont découvert une nouvelle classe de substances qui sont des supraconducteurs à 35 K. Bien que cette température reste très basse, le progrès accompli en passant de 4 K à 35 K est si important que leurs travaux ont suscité un immense intérêt et déclenché de nombreuses recherches. En quelques mois, les scientifiques ont synthétisé des composés contenant du cuivre, du baryum et un lanthanide, l'yttrium. Dernièrement, ces composés, appelés « cuprates », se sont révélés des supraconducteurs jusqu'à une température record de 164 K (ou −109 °C), ce qui est très au-dessus du point d'ébullition de l'azote liquide (77 K), un gaz beaucoup moins coûteux et beaucoup plus abondant que l'hélium. La figure ci-dessus montre la structure cristalline de l'un de ces composés, un oxyde mixte d'yttrium, de baryum et de cuivre ayant comme formule $YBa_2Cu_3O_x$ (où $x = 5$, 6 ou 7).

Malgré un grand enthousiasme de départ, cette classe de supraconducteurs n'a pas rempli ses promesses. En effet, après plus de 25 ans de recherche et développement, les scientifiques se demandent encore comment et pourquoi ces composés sont des supraconducteurs. De plus, les cuprates n'ont encore révolutionné aucun domaine technologique, bien qu'ils aient commencé à servir de câbles électriques à haute tension dans certaines grosses centrales électriques. Mais une chose est certaine, la course bat son plein, et le gagnant sera celui qui réussira à fabriquer un matériau qui sera supraconducteur à la température ambiante. Les enjeux sont si importants que l'étude des supraconducteurs à haute température est actuellement l'un des secteurs de pointe en chimie et en physique.

Louis Taillefer, physicien, dans son laboratoire à l'Université de Sherbrooke

Par exemple, en 2007, le physicien Louis Taillefer, chercheur à l'Université de Sherbrooke et titulaire de la Chaire de recherche du Canada en matériaux quantiques, a effectué, avec son équipe et une équipe française de Toulon, une percée fondamentale et spectaculaire dans la compréhension du mécanisme de la supraconductivité des cuprates, mystère qui perdurait depuis 20 ans. En présence d'un champ magnétique très puissant, leur appareillage, comportant une sonde spéciale détectant des champs magnétiques, a mis en évidence, pour la première fois, des oscillations quantiques dues aux électrons en état de supraconductivité dans des cristaux de cuprates d'une extrême pureté. Il semble que ces électrons auraient une double personnalité « entre celle des trous et celle des électrons ». Les expérimentateurs ont fait leur travail. Les théoriciens qui expliqueront ces observations auront probablement du même coup expliqué la supraconductivité des cuprates.

En 2008, une équipe de chercheurs japonais a découvert la supraconductivité jusqu'à 56 K dans une autre catégorie de composés encore plus prometteurs que les cuprates, soit les pnictures, des composés à base de fer et d'arsenic. Le mécanisme de la supraconductivité des pnictures semble davantage dépendre du magnétisme que du pairage d'électrons. Dans un avenir plus ou moins lointain, on pourra obtenir des supraconducteurs à 20 °C, ce qui entraînera une révolution technologique aussi importante que celles déjà causées par les inventions du transistor et du laser.

Les lignes de transmission électrique supraconductrices permettront aux énergies vertes, telles les énergies éolienne et solaire, de véritablement prendre leur envol. Souvent, le meilleur lieu de production de l'énergie est très éloigné du lieu de sa consommation. Les supraconducteurs pourraient aussi servir à la fabrication d'ordinateurs très rapides, appelés « superordinateurs », dont la vitesse ne serait limitée que par celle du courant électrique. Les énormes champs magnétiques créés par ces supraconducteurs conduiront aussi à la construction d'accélérateurs de particules plus puissants, de dispositifs efficaces pour la fusion nucléaire et d'appareils d'imagerie médicale par résonance magnétique à plus haute résolution.

9.1 La théorie cinétique des liquides et des solides

Au chapitre 4, la théorie cinétique a servi à expliquer le comportement des gaz. Cette explication est fondée sur le fait qu'un système gazeux est un ensemble de molécules en mouvement constant et aléatoire. Dans un gaz, les molécules sont séparées par des distances si grandes (comparées à leurs diamètres) que, à température et à pression ordinaires (disons à 25 °C et à 101 kPa), il n'y a pas d'interaction appréciable entre elles.

Cette simple description explique plusieurs propriétés spécifiques des gaz. Puisqu'il y a beaucoup d'espace vide dans un gaz, c'est-à-dire de l'espace où il n'y a pas de molécules, les gaz sont facilement comprimables. Par contre, puisqu'aucune force importante ne s'exerce entre leurs particules, ils peuvent également se dilater et occuper tout le volume de leur contenant. Cette grande distance entre les molécules explique également que les masses volumiques des gaz soient très basses dans des conditions ordinaires.

Pour les solides et les liquides, c'est tout autre chose. La principale différence entre un état condensé (liquide ou solide) et l'état gazeux, c'est la distance entre les molécules. Dans un liquide, les molécules sont si près les unes des autres qu'il reste très peu d'espace vide. Les liquides sont donc beaucoup plus difficiles à comprimer et, dans des conditions ordinaires, ils ont des masses volumiques plus grandes que celles des gaz. Dans un liquide, les molécules sont maintenues ensemble par un ou plusieurs types de forces attractives, qui seront définies dans la prochaine section. Un liquide a un volume bien défini puisque ses molécules ne peuvent pas se défaire facilement de leur emprise mutuelle. Cependant, les molécules peuvent glisser librement les unes contre les autres : c'est pourquoi un liquide peut couler, se déverser et prendre la forme de son contenant.

Dans un solide, les molécules sont maintenues fermement en place, presque sans liberté de mouvement ; elles ne peuvent que vibrer en faisant du surplace. Beaucoup de solides sont structurés de manière ordonnée sur de longues distances, c'est-à-dire que leurs unités de base (atomes, molécules ou ions) sont disposées tridimensionnellement d'une façon régulière et répétitive. Il y a encore moins d'espace vide entre les molécules d'un solide qu'entre celles d'un liquide. Les solides sont donc presque incompressibles et ont une forme et un volume bien définis. Sauf quelques exceptions (le cas de l'eau étant le plus important), la masse volumique d'une substance est plus grande à l'état solide qu'à l'état liquide. Le **TABLEAU 9.1** résume quelques caractéristiques des trois états de la matière.

TABLEAU 9.1 > Propriétés caractéristiques des gaz, des liquides et des solides

État de la matière	Volume	Forme	Masse volumique	Compressibilité	Mouvement des molécules
Gaz	Prend le volume de son contenant.	Prend la forme de son contenant.	Basse	Élevée	Bougent très librement.
Liquide	A un volume défini.	Prend la forme de son contenant.	Élevée	Très faible	Glissent librement les unes contre les autres.
Solide	A un volume défini.	A une forme définie.	Élevée	Pratiquement nulle	Vibrent dans une position fixe.

9.2 Les forces intermoléculaires

On appelle **forces intermoléculaires** les forces attractives qui s'exercent entre les molécules. Ces forces sont responsables du comportement non idéal des gaz décrit au chapitre 4. Elles expliquent également l'existence des états condensés (liquide et solide) des substances constituées de molécules, c'est-à-dire la plupart des corps simples et des composés covalents (à l'exception des réseaux). Par exemple, quand la température d'un gaz baisse, l'énergie cinétique moyenne de ses molécules baisse également. Si la température baisse suffisamment, les molécules n'ont plus assez d'énergie pour échapper à l'attraction qu'elles exercent les unes sur les autres. Les molécules s'agglutinent alors pour former de petites gouttes de liquide. Ce phénomène s'appelle « condensation ».

Par contre, on appelle **forces intramoléculaires** les forces attractives qui maintiennent les atomes ensemble dans une molécule. (Les liaisons chimiques, étudiées aux chapitres 7 et 8, mettent en jeu de telles forces.) Autrement dit, les forces intramoléculaires permettent l'existence de molécules individuelles, tandis que les forces intermoléculaires sont principalement responsables des caractéristiques macroscopiques des substances (par exemple, le point de fusion et le point d'ébullition).

Généralement, les forces intermoléculaires sont beaucoup plus faibles que les forces intramoléculaires. C'est pourquoi il faut moins d'énergie pour évaporer un liquide que pour rompre les liaisons à l'intérieur des molécules de ce même liquide. Par exemple, il faut fournir environ 41 kJ pour évaporer une mole d'eau à son point d'ébullition, alors qu'il faut fournir environ 930 kJ pour rompre les liaisons O—H dans une mole de molécules d'eau. Le point d'ébullition d'une substance traduit souvent l'importance de ses forces intermoléculaires. Au point d'ébullition, il faut, pour qu'une substance puisse s'évaporer, fournir l'énergie nécessaire pour rompre les forces attractives entre ses molécules. S'il faut plus d'énergie pour évaporer une substance A qu'il n'en faut pour une substance B, c'est parce que les molécules de A sont maintenues ensemble par des forces intermoléculaires supérieures à celles de la substance B : le point d'ébullition de A est plus élevé que celui de B. Le même principe s'applique au point de fusion. En général, plus les forces intermoléculaires sont importantes, plus le point de fusion est élevé.

Pour comprendre les propriétés de la matière condensée, il faut connaître les différents types de forces intermoléculaires, qu'on appelle globalement forces de Van der Waals. Les **forces de Van der Waals** sont donc des forces intermoléculaires qui incluent les forces dipôle-dipôle, les forces dipôle-dipôle induit et les forces de dispersion. Il existe aussi des forces d'attraction entre les ions et les dipôles. Il ne s'agit toutefois pas de forces intermoléculaires.

La **liaison hydrogène** est un type particulièrement fort d'interaction dipôle-dipôle. Puisqu'il n'y a que peu d'éléments qui peuvent participer à une liaison hydrogène, celle-ci est considérée comme une catégorie particulière.

Selon l'état physique (gazeux, solide ou liquide) d'une substance, la nature des liaisons chimiques et le type d'éléments présents, toutes ces forces peuvent agir en même temps, et c'est de cette superposition de plusieurs types de forces attractives que résultent les forces d'attraction intermoléculaires.

9.2.1 Les forces dipôle-dipôle

Les **forces dipôle-dipôle** (ou **forces de Keesom**) sont des forces qui interviennent entre des molécules polaires, c'est-à-dire entre les molécules qui possèdent des moments dipolaires permanents (*voir la section 8.2, p. 379*). Lorsque deux molécules polaires s'approchent l'une de l'autre, l'extrémité positive (δ^+) de l'une des molécules est attirée par l'extrémité négative (δ^-) de l'autre.

Les forces d'attraction de Keesom sont de nature électrostatique et elles obéissent à la loi de Coulomb. Plus le moment dipolaire est élevé, plus la force est importante. La **FIGURE 9.1A** (*voir page suivante*) montre l'interaction dipôle-dipôle entre deux molécules de HI. La **FIGURE 9.1B** (*voir page suivante*) montre l'orientation des molécules polaires dans un solide. Dans un liquide, les molécules ne sont pas maintenues aussi fermement ; elles ont toutefois tendance à s'aligner pour que, en moyenne, l'interaction attractive soit à son maximum. La **FIGURE 9.1C** (*voir page suivante*) montre que les molécules non polaires ont peu tendance à s'aligner.

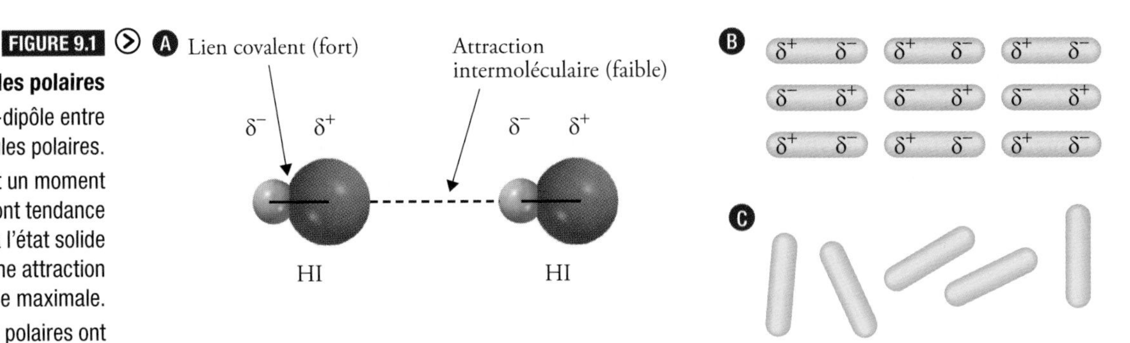

FIGURE 9.1 **Orientation des molécules polaires**

A Interaction dipôle-dipôle entre deux molécules polaires.

B Les molécules qui ont un moment dipolaire permanent ont tendance à s'aligner à l'état solide pour permettre une attraction mutuelle maximale.

C Les molécules non polaires ont peu tendance à s'aligner.

9.2.2 Les forces dipôle-dipôle induit

Jusqu'à maintenant, seules les molécules polaires ont été mentionnées. Quel type d'interaction attractive existe-t-il dans le cas de molécules non polaires ? La **FIGURE 9.2** donne un aperçu de la réponse. Si l'on place une molécule polaire près d'un atome (ou d'une molécule non polaire), le nuage électronique de l'atome (ou de la molécule) est déformé par la force qu'exerce la molécule polaire. Le dipôle qui en résulte dans l'atome (ou la molécule) est appelé **dipôle induit**, car la séparation des charges positives et négatives dans le nuage électronique de l'atome (ou de la molécule non polaire) est causée par la proximité d'une molécule polaire. L'interaction attractive qui existe entre une molécule polaire et un dipôle induit se nomme **forces dipôle-dipôle induit** (ou forces de Debye). Il s'agit de la plus faible des forces de Van der Waals.

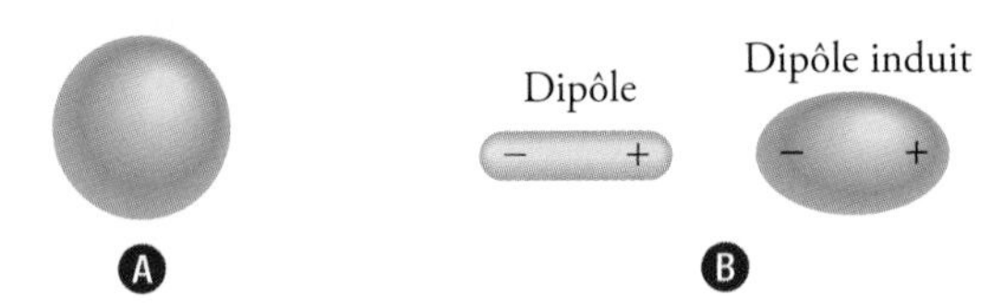

FIGURE 9.2 **Type d'interaction attractive d'un atome d'hélium**

A Distribution sphérique des charges dans un atome d'hélium

B Déformation causée par la proximité d'un dipôle

La possibilité qu'un moment dipolaire soit induit dans un cas donné dépend non seulement de la force du dipôle, mais aussi de la polarisabilité de l'atome ou de la molécule. La **polarisabilité** indique la facilité avec laquelle le nuage électronique dans un atome (ou une molécule) peut être déformé. Généralement, plus il y a d'électrons et plus le nuage électronique de l'atome ou de la molécule est diffus, plus la polarisabilité est élevée. Par « nuage diffus », on entend ici un nuage électronique qui occupe un volume appréciable, ce qui signifie que les électrons ne sont pas retenus fermement près du noyau.

9.2.3 Les forces de dispersion (dipôle instantané-dipôle induit)

Il existe un troisième type d'interaction, présent dans toutes les molécules, qu'elles soient polaires ou non. Ces forces de dispersion sont toutefois les seules présentes dans les molécules non polaires. La polarisabilité permet aux gaz qui contiennent des atomes ou des molécules non polaires (par exemple, Ar ou I_2) de se condenser. Dans un atome d'argon par exemple, les électrons se meuvent à une certaine distance du noyau. À chaque instant, c'est comme si l'atome avait un moment dipolaire créé par les positions déterminées de ses électrons. Ce moment dipolaire est appelé **dipôle instantané** parce qu'il ne dure qu'une infime fraction de seconde. Il s'agit d'un moment dipolaire temporaire causé par le déplacement des électrons. L'instant d'après, les électrons sont à des endroits différents et l'atome a un nouveau dipôle instantané, et ainsi de suite. Durant leur très brève existence, si l'on essaie de mesurer ces moments dipolaires, on obtiendra en fait une moyenne égale à zéro, car pendant le temps de mesure, ces dipôles se font et se défont constamment dans toutes les directions : l'atome n'a donc pas de moment dipolaire. Dans un groupe d'atomes d'argon, un dipôle instantané dans un atome peut induire un dipôle dans chacun de ses plus proches voisins (*voir la* **FIGURE 9.3**). À l'instant suivant, un dipôle instantané différent peut créer d'autres dipôles temporaires dans les atomes environnants. Par conséquent, ce type d'interaction produit des **forces de dispersion**, c'est-à-dire des forces d'attraction qui résultent de dipôles temporaires induits dans les atomes ou les molécules. À une température très basse (à des vitesses atomiques réduites), cette attraction devient assez forte pour maintenir les atomes ensemble et provoquer la condensation de l'argon. On peut expliquer de la même manière l'attraction entre des molécules non polaires.

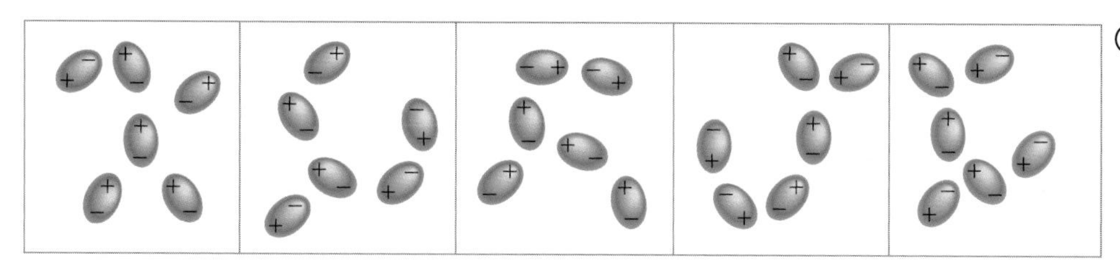

FIGURE 9.3

Interactions entre dipôles instantanés et dipôles induits

Un tel phénomène ne dure qu'un instant ; l'instant d'après, un nouvel arrangement se forme. Ce type d'interaction est responsable de la condensation des gaz non polaires.

En 1930, le physicien allemand Fritz London donna une interprétation des dipôles instantanés en recourant à la mécanique quantique. Il démontra que l'importance de cette interaction attractive était directement proportionnelle à la polarisabilité de l'atome ou de la molécule. Comme on peut s'y attendre, les forces de dispersion peuvent être assez faibles. C'est certainement le cas pour l'hélium, dont le point d'ébullition n'est que de 4,2 K, ou −269 °C. (Il est à noter que l'hélium n'a que deux électrons, qui sont fermement maintenus dans l'orbitale 1*s*. Ainsi, l'atome d'hélium a une polarisabilité faible.)

Les forces de dispersion, appelées également « forces de London », augmentent généralement avec la masse molaire, puisque les molécules de masse plus élevée ont un plus grand nombre d'électrons et que les forces de dispersion augmentent avec le nombre d'électrons. De plus, dans le cas de composés similaires, une masse molaire plus élevée va de pair avec des atomes plus volumineux dont les nuages électroniques peuvent être facilement déformés parce que plus faiblement retenus par les noyaux. Le **TABLEAU 9.2** compare les points de fusion de quelques substances similaires formées de molécules non polaires. Comme on peut s'y attendre, le point de fusion augmente avec le nombre d'électrons dans la molécule. Puisqu'il ne s'agit que de molécules non polaires, les seules forces intermoléculaires présentes sont les forces de dispersion.

TABLEAU 9.2 >
Points de fusion de composés non polaires similaires

Composé	Point de fusion (°C)
CH_4	−182,5
CF_4	−150,0
CCl_4	−23,0
CBr_4	90,0
CI_4	171,0

Dans bien des cas, les forces de dispersion sont comparables, voire supérieures, aux forces dipôle-dipôle qui s'exercent entre les molécules polaires. Comme exemple saisissant, on peut comparer les points de fusion de CH_3F (−141,8 °C) et de CCl_4 (−23 °C). Bien que CH_3F ait un moment dipolaire de 1,8 D, son point de fusion est bien inférieur à celui de CCl_4, qui est non polaire. Le point de fusion de CCl_4 est supérieur tout simplement parce que cette molécule contient plus d'électrons. Les forces de dispersion entre les molécules CCl_4 sont par conséquent plus grandes que les forces de dispersion combinées aux forces dipôle-dipôle qui s'exercent entre les molécules de CH_3F. (Il faut se rappeler que les forces de dispersion existent dans toutes les molécules, qu'elles soient polaires ou non.)

EXEMPLE 9.1 La détermination des forces intermoléculaires

Déterminez les types de forces intermoléculaires pouvant s'exercer entre les paires des espèces suivantes : **a)** HBr et H_2S ; **b)** Cl_2 et CBr_4 ; **c)** NH_3 et C_6H_6.

DÉMARCHE

Classez les espèces en deux catégories : polaires (présence d'un dipôle permanent) et non polaires. Rappelez-vous aussi que les forces de dispersion sont présentes dans toutes les espèces.

SOLUTION

a) Les molécules de HBr et de H_2S sont toutes deux polaires ; les forces qui s'exercent entre elles sont donc de type dipôle-dipôle. Il y a également des forces de dispersion.

H—Br

Dipôle résultant

S, H, H

b) Les molécules de Cl_2 et de CBr_4 sont toutes deux non polaires ; il n'y a donc que des forces de dispersion qui agissent entre ces molécules.

Cl – Cl

$\mu = 0$

C, Br, Br, Br, Br

$\mu = 0$

c) La molécule de NH_3 est polaire, et la molécule de C_6H_6 est non polaire. Les forces sont de types dipôle-dipôle induit et de dispersion.

Problème semblable 9.4

EXERCICE E9.1

Quels types de forces intermoléculaires s'exercent entre les molécules (ou les unités de base) de chacune des espèces suivantes ? **a)** CH_4 ; **b)** SO_2.

9.2.4 Les forces ion-dipôle

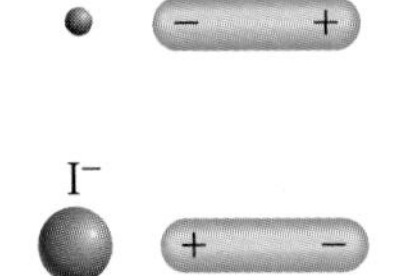

FIGURE 9.4 Deux types d'interactions ion-dipôle

Il existe aussi des variantes aux forces d'attraction mentionnées dans les sections précédentes. Les forces ion-dipôle et ion-dipôle induit ne font pas partie des forces de Van der Waals, mais s'expliquent de la même façon. Les **forces ion-dipôle** sont des forces qui s'exercent entre un ion (un cation ou un anion) et une molécule polaire (*voir la* **FIGURE 9.4**). Ce type de force, qui est une variante des forces de Keesom présentées à la section 9.2.1, varie selon la charge et la taille de l'ion ainsi que selon la valeur du moment dipolaire et la taille de la molécule. Les charges d'un cation sont généralement plus concentrées, car les cations sont habituellement plus petits que les anions. C'est pourquoi, pour un nombre égal de charges, les interactions cation-dipôle sont plus fortes que les interactions anion-dipôle.

L'**hydratation**, processus par lequel des molécules d'eau sont disposées d'une manière particulière autour des ions, est un exemple d'interaction ion-dipôle. Dans une solution aqueuse de NaCl, par exemple, les ions Na^+ et Cl^- sont entourés de molécules d'eau, lesquelles ont un moment dipolaire important (1,87 D). Quand un composé ionique, comme le NaCl, se dissout, les molécules d'eau agissent comme un isolant électrique qui sépare les ions (*voir la* **FIGURE 9.5**) :

$$NaCl(s) \xrightarrow{H_2O} Na^+(aq) + Cl^-(aq) \quad (9.1)$$

Par contre, les molécules non polaires, comme le tétrachlorure de carbone (CCl_4), ne peuvent pas participer à une interaction ion-dipôle. En fait, le tétrachlorure de carbone, comme la plupart des liquides non polaires, est un mauvais solvant pour les composés ioniques.

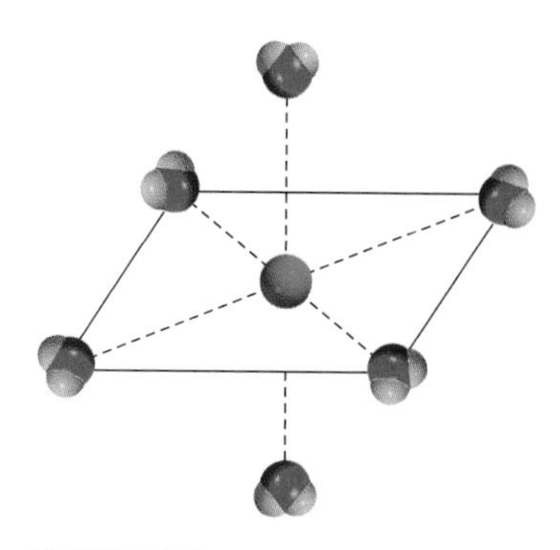

FIGURE 9.5

Hydratation d'un ion métallique

Dans les solutions aqueuses, les ions métalliques sont habituellement entourés de six molécules d'eau selon un arrangement octaédrique.

La **FIGURE 9.6** illustre bien l'attraction ion-dipôle. De l'eau s'écoule d'une burette dans un bécher. Si l'on approche un objet chargé négativement (par exemple, une tige d'ébonite qu'on a frottée sur de la fourrure) du filet d'eau, celui-ci est attiré par la tige et dévié. Si l'on remplace cette tige par une autre qui est chargée positivement (par exemple, une tige de verre qu'on a frottée sur de la soie), le filet d'eau est, là aussi, dévié. La charge négative de la tige d'ébonite force les molécules d'eau à orienter leur région positive vers la tige, de sorte qu'elles sont attirées par la charge négative de celle-ci. Dans le cas du verre, c'est la région négative des dipôles qui est orientée vers la tige positive. On peut aussi observer un tel phénomène avec d'autres liquides polaires. Cependant, on ne perçoit aucune déviation quand on utilise un liquide non polaire, l'hexane (C_6H_{14}) par exemple.

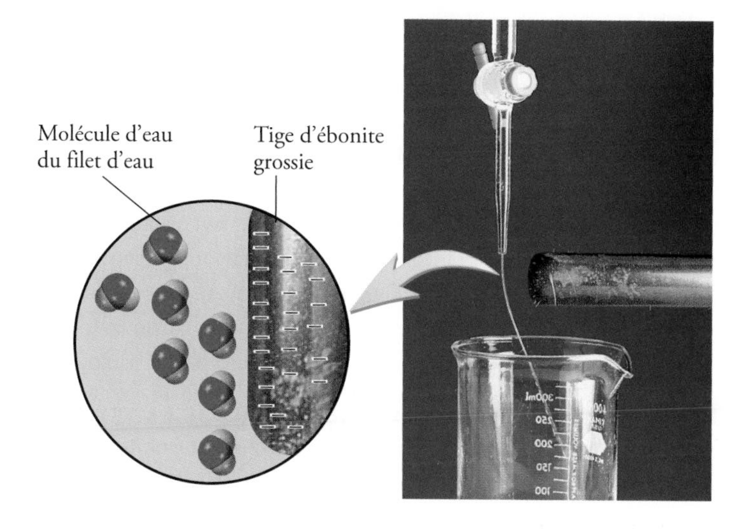

FIGURE 9.6

Déviation d'un filet d'eau causée par une tige d'ébonite chargée

Sous l'effet des charges négatives de la tige d'ébonite, les molécules d'eau s'orientent de manière à avoir les atomes d'hydrogène chargés δ^+ placés en face de la tige.

Il existe aussi des forces attractives entre les ions et les molécules polaires : il s'agit de forces ion-dipôle induit, une variante des forces de Debye présentées à la section 9.2.2. Dans ce cas, la proximité d'un ion induit un dipôle dans le nuage électronique d'un atome ou d'une molécule non polaire (*voir la* **FIGURE 9.7**).

FIGURE 9.7

Forces ion-dipôle induit : déformation du nuage électronique causée par la proximité d'un cation

9.2.5 La liaison hydrogène

Normalement, le point d'ébullition d'une série de composés similaires contenant des éléments d'un même groupe augmente avec la masse molaire. Cet accroissement du point d'ébullition est dû à l'accroissement des forces de dispersion pour des molécules constituées d'un plus grand nombre d'électrons. Les composés d'hydrogène du groupe 4A suivent cette tendance, comme le démontre la **FIGURE 9.8** (*voir page suivante*). Le composé le plus léger, CH_4, a le point d'ébullition le plus faible, et le plus lourd, SnH_4, a le point d'ébullition le plus élevé. Cependant, les composés d'hydrogène des éléments des groupes 5A, 6A et 7A ne suivent pas cette tendance.

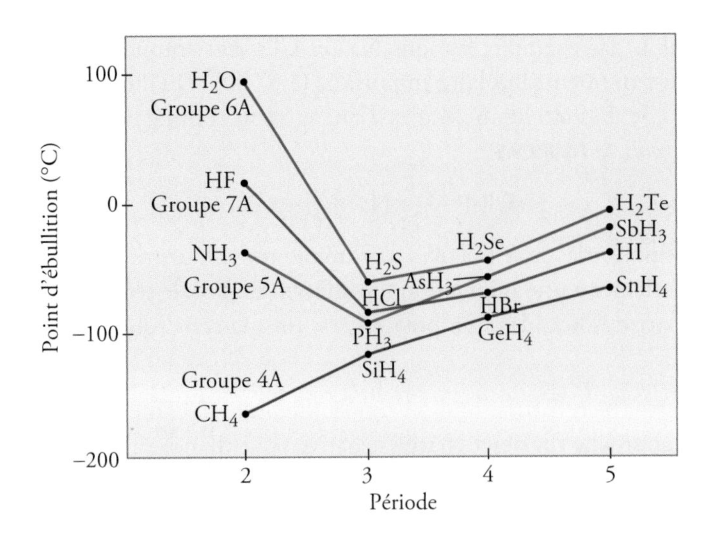

FIGURE 9.8

Points d'ébullition des composés de l'hydrogène et des éléments des groupes 4A, 5A, 6A et 7A

Bien que l'on s'attende normalement à ce que le point d'ébullition s'élève à mesure que l'on descend dans un groupe, on voit que trois composés (NH_3, H_2O et HF) font exception. Cette anomalie s'explique par la présence de liaisons hydrogène intermoléculaires.

Dans chacune de ces séries, le composé le plus léger (NH_3, H_2O et HF) a le point d'ébullition le plus élevé, contrairement à ce que prévoit la tendance basée sur la masse molaire. Cette observation signifie qu'il doit y avoir des attractions intermoléculaires plus fortes dans les cas de NH_3, H_2O et HF, comparativement aux autres molécules dans les mêmes groupes. En fait, ce type d'attraction intermoléculaire particulièrement fort (pour une liaison intermoléculaire) s'appelle **liaison hydrogène**, laquelle constitue un type spécial d'interaction dipôle-dipôle entre l'atome d'hydrogène participant déjà à une liaison covalente particulièrement polaire, soit N—H, O—H ou F—H, et un atome très électronégatif portant un doublet libre (O, N ou F). On représente cette interaction de la façon suivante :

> **NOTE**
>
> Les atomes de O, de N et de F ont tous au moins une paire d'électrons libres qui peut interagir avec un atome d'hydrogène au cours de la formation d'une liaison hydrogène.

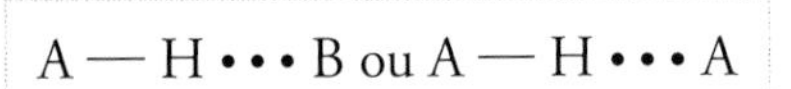

A — H • • • B ou A — H • • • A

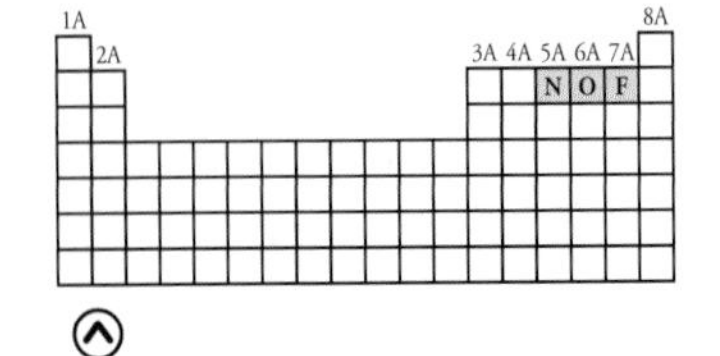

Les trois éléments les plus électronégatifs qui sont impliqués dans la liaison hydrogène

où A et B représentent O, N ou F, A—H est une molécule ou une partie de molécule, et B, une partie d'une autre molécule, et où le pointillé représente la liaison hydrogène. Habituellement, les trois atomes sont bien alignés, mais l'angle AHB (ou AHA) peut dévier jusqu'à 30° de la ligne droite. Ce type d'interaction se rapproche tellement d'une liaison intramoléculaire qu'on le nomme « liaison hydrogène » (ou « pont hydrogène », car il implique toujours H).

Pour une interaction dipôle-dipôle, la liaison hydrogène a une énergie moyenne élevée (jusqu'à 40 kJ/mol). Ainsi, les liaisons hydrogène constituent une force importante dans le maintien de la structure et dans les propriétés de nombreux composés. En effet, la force de la liaison hydrogène n'est pas due qu'aux interactions électrostatiques : elle dépend aussi de la géométrie des groupes d'atomes qui y participent. La **FIGURE 9.9** montre plusieurs exemples de liaisons hydrogène.

La force d'une liaison hydrogène dépend de l'interaction coulombienne entre les électrons libres de l'atome électronégatif et le noyau de l'hydrogène. Par exemple, dans HF solide, les molécules n'existent pas de manière individuelle, elles forment plutôt de longues chaînes en zigzag maintenues par des liaisons hydrogène :

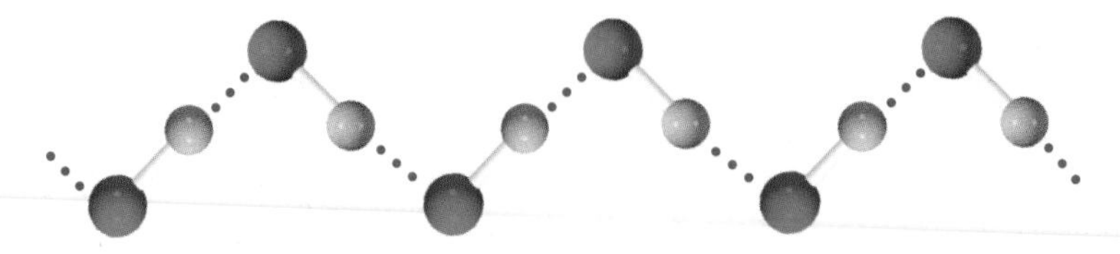

À l'état liquide, les chaînes en zigzag sont brisées, mais les molécules sont toujours unies par des liaisons hydrogène. Dans un tel cas, les molécules sont plus difficiles à séparer ; c'est pourquoi HF a un point d'ébullition particulièrement élevé.

H—Ö:···H—Ö: (chaque O lié à un H) H—N:···H—N: (chaque N lié à deux H) H—Ö:···H—N: (O lié à un H; N lié à deux H)

H—N:···H—Ö: (N lié à deux H; O lié à un H) H—F:···H—N: (N lié à deux H) H—N:···H—F: (N lié à deux H)

FIGURE 9.9

Liaison hydrogène dans l'eau, l'ammoniac et le fluorure d'hydrogène

Les lignes pleines représentent les liaisons covalentes; les lignes pointillées rouges représentent les liaisons hydrogène.

Il peut sembler étrange que le point d'ébullition de HF soit inférieur à celui de l'eau, car le fluor étant plus électronégatif que l'oxygène, on devrait s'attendre à ce que la liaison hydrogène soit plus forte dans HF liquide que dans H_2O. Cependant, H_2O est un cas unique, car chacune de ses molécules peut prendre part à quatre liaisons hydrogène intermoléculaires; c'est pourquoi les molécules d'eau sont maintenues ensemble plus fortement. La section suivante reviendra sur cette importante caractéristique de l'eau.

EXEMPLE 9.2 La détermination des liaisons hydrogène

Lesquelles des espèces suivantes peuvent former des liaisons hydrogène avec l'eau? CH_3OCH_3, CH_4, HCOOH, Na^+.

DÉMARCHE

Une molécule peut former des liaisons hydrogène avec l'eau si elle possède un élément parmi F, O ou N, ou si elle a un atome d'hydrogène lié à l'un de ces trois éléments.

SOLUTION

On ne retrouve pas les éléments électronégatifs requis (F, O ou N) dans CH_4 ni dans Na^+. Alors, seuls CH_3OCH_3 et HCOOH peuvent former des liaisons hydrogène avec l'eau:

H—C(=Ö:···H—Ö—H)—O—H···:Ö(H)—H H_3C—Ö(—H_3C):···H—Ö:—H

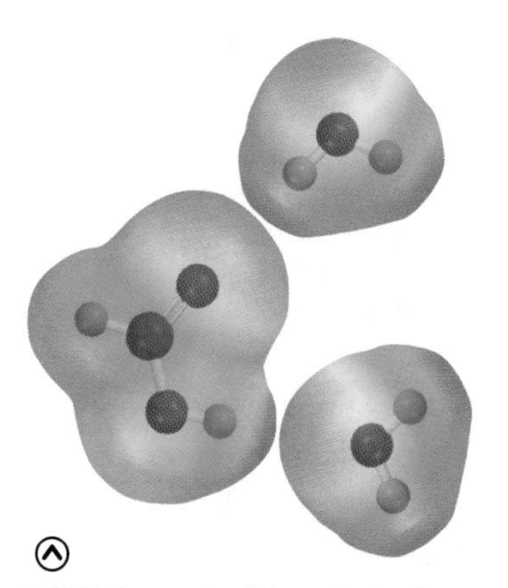

HCOOH forme des liaisons hydrogène avec deux molécules d'eau.

Remarquez que l'acide formique (HCOOH) peut former des liaisons hydrogène avec l'eau de deux manières différentes.

EXERCICE E9.2

Parmi les molécules suivantes, lesquelles peuvent former des liaisons hydrogène entre elles? **a)** H_2S; **b)** C_6H_6; **c)** CH_3OH.

Problème semblable 9.6

Toutes les forces intermoléculaires examinées précédemment sont de nature attractive. Cependant, il faut se rappeler que les molécules exercent aussi des forces répulsives entre elles. Ainsi, quand deux molécules sont mises en contact, les répulsions entre les électrons et entre les noyaux se manifestent. Ces répulsions augmentent très rapidement à mesure que la distance qui sépare les molécules dans un état condensé diminue. Voilà pourquoi les liquides et les solides sont si difficiles à comprimer. Dans ces états, les molécules sont déjà très proches les unes des autres; elles s'opposent donc fortement à une plus grande compression.

CHIMIE EN ACTION

Les forces intermoléculaires à la rescousse des pattes du gecko

Les geckos sont de petits reptiles de la famille des lézards qui vivent surtout dans les pays chauds et tempérés. On peut aussi en trouver dans les animaleries. Ils peuvent facilement marcher sur des parois lisses et verticales et même littéralement se suspendre au plafond par leurs pattes, voire par une seule patte ! Comment est-ce possible ? Quelle sorte de « semelles » adhésives ont-ils sous leurs pieds constitués de doigts recouverts de poils étranges ? De nombreux scientifiques ont longtemps cherché à percer le secret de cette colle « miracle » dans le but de pouvoir fabriquer de nouveaux adhésifs en imitant la nature.

Le docteur Robert Full et un gecko Tokay

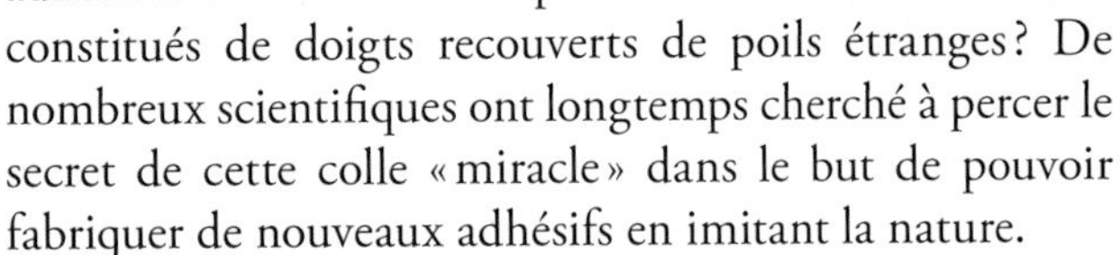

Serait-ce causé par des forces de succion ?

On a d'abord pensé que les pieds du gecko pouvaient coller comme des ventouses microscopiques, ce qui est le cas des salamandres. Pour vérifier cette hypothèse, on a fait le vide autour et en dessous des pattes. Résultat : les pieds de la salamandre décrochent, mais pas ceux du gecko.

Serait-ce causé par des forces de friction ?

Les chercheurs savaient que les cafards montent sur les murs à l'aide de minuscules crochets présents sur leurs pattes ; ces crochets s'agrippent aux rebords des petites aspérités et cavités des surfaces irrégulières, un peu à la manière d'un alpiniste qui s'accroche à une paroi avec des crampons. Mais si la surface est très lisse, comme c'est le cas pour le verre, le cafard décroche de la paroi, mais pas le gecko. Il fallait donc chercher ailleurs.

Serait-ce causé par des forces entre charges électriques (électricité statique) ?

Pourquoi les vêtements dans la sécheuse se chargent-ils d'électricité statique ? C'est que, dès que le linge est sec et que la sécheuse continue de tourner, les frottements font que des charges électriques négatives (électrons) sautent d'une région à l'autre, ce qui cause l'accumulation de charges positives à certains endroits sur les tissus et de charges négatives à d'autres endroits. Ces accumulations localisées de charges de signes contraires produisent des forces d'attraction (selon la loi de Coulomb) qui font coller les vêtements. Si l'on ajoute un agent antistatique comme ceux contenus dans les assouplissants textiles avant le démarrage de la sécheuse, le linge devient meilleur conducteur d'électricité, et les charges ne s'accumulent plus. On a observé l'effet de charges électrostatiques sur les pieds du gecko en présence d'air ionisé : rien n'y fait, ils adhèrent encore fortement.

Serait-ce causé par la sécrétion d'une colle ?

Plusieurs espèces d'insectes possèdent de petites glandes sécrétrices qui enduisent leurs pattes de molécules collantes pour les aider à grimper. Il n'y a pas de glande de ce genre chez le gecko ni aucune sécrétion d'une colle quelconque.

Serait-ce causé par des forces d'interactions moléculaires ?

Ayant remarqué que les poils plantaires du gecko adhéraient plus fortement à des surfaces constituées de molécules bien ordonnées, les chercheurs ont émis l'hypothèse suivante : il s'agirait d'une interaction des poils qui a lieu directement au niveau moléculaire avec les surfaces de contact. Enthousiasmés par cette nouvelle hypothèse, le biologiste Robert Full et son équipe de l'Université de Californie à Berkeley ont alors décidé d'examiner de plus près les pieds de ce reptile. Ils ont observé des rangées de petits poils disposés comme des franges en dessous des orteils (*voir un pied de gecko ci-après*). Sur chaque pied, il y a environ un million de ces poils, appelés « setæ », qui pointent tous en direction du talon. On peut voir ces poils au microscope optique avec un grossissement de 700X : leur diamètre (5 μm) est 10 fois plus petit que celui d'un cheveu humain. En les observant ensuite au microscope électronique, on voit que chaque sétule – frange de micropoils – se ramifie à son extrémité pour former des nanopoils d'un diamètre 25 fois plus petit (200 nm), appelés « spatula ».

Lorsque le gecko fait un pas, il dirige son pied sur le sol, puis il le tire vers l'arrière et l'appuie fermement, ce qui a pour effet d'étendre tous les poils bien à plat et de les placer en contact direct avec la surface. Les molécules de chaque nanopoil sont en contact direct avec les molécules de la surface, et voilà la force qui défie la gravité ! Lorsque des atomes ou des molécules sont rapprochés au point de presque s'interpénétrer, les forces intermoléculaires (ou forces de Van der Waals, *voir p. 423*) se manifestent. Rappelons que ces forces agissent seulement à des distances très courtes et que, prises individuellement, elles sont faibles. Mais si on les additionne toutes, la somme devient fort impressionnante, et il en résulte une très grande adhérence.

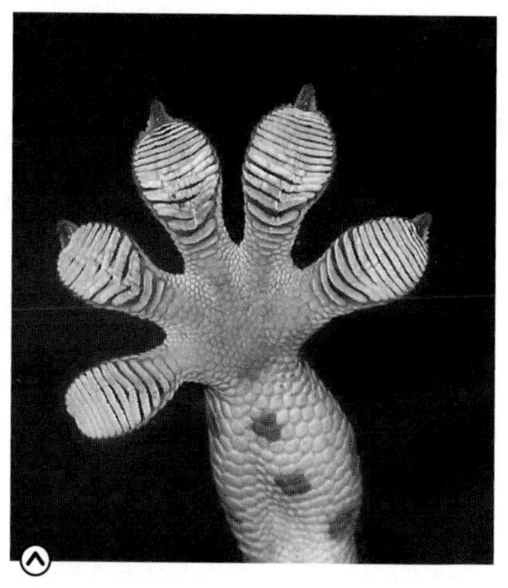

Les rayures blanches en forme de franges sous les orteils d'un gecko Tokay sont constituées de poils microscopiques.

Il ne restait plus à Robert Full et son équipe qu'à essayer de mesurer ces forces de Van der Waals. Ils ont alors construit un dispositif inspiré des micromanipulateurs utilisés en microscopie. Il s'agit de microcircuits électroniques qui incorporent des capteurs mécaniques sur une toute petite plaquette pour mesurer de très petites forces. Ainsi, ils ont pu mesurer la force d'adhérence d'un seul poil arraché d'une patte de gecko. Cette force très petite est de 200 μN (micronewtons), une force stupéfiante pour un si petit poil ! C'est comme si l'on pouvait faire porter un sac à dos pesant 35 kg à un petit gecko sans que ses pattes décrochent du mur. Les ingénieurs diraient que, dans son cas, la nature a prévu un très grand facteur de sécurité !

Si le gecko colle si bien aux surfaces, comment fait-il alors pour s'en détacher ? Si les poils ne sont pas bien étalés à plat sur la surface, passé un angle critique de 30°, les forces d'attraction entre les poils et la surface s'affaiblissent très rapidement et vont jusqu'à disparaître. Selon la masse molaire des molécules impliquées, les forces de Van der Waals peuvent varier jusqu'à l'inverse de la septième puissance de la distance qui les sépare (fonction $1/d^7$). Le truc pour décoller les pieds serait donc de modifier l'angle de contact avec la surface, ce que fait le gecko lorsqu'il recourbe simultanément vers le haut chacun de ses orteils en s'appuyant sur leur extrémité, un peu comme on fait quand on tire un objet vers le haut pour le détacher d'une bande de velcro. Ainsi, le gecko peut faire coller et décoller ses poils 10 fois par seconde.

À la suite de ces découvertes, d'autres chercheurs de la Californie ont pensé s'inspirer de la nature pour fabriquer de nouveaux adhésifs. En 2007, une équipe de New York et de l'Ohio a reproduit fidèlement un arrangement de poils de gecko en synthétisant des franges de « poils » en nanotubes de carbone. Leurs résultats montrent qu'une surface de seulement 1 cm^2 de cette bande peut supporter une force de 38 N, soit quatre fois la force maximale supportée par les franges du gecko.

Des chercheurs de Chicago se sont inspirés à la fois des geckos et des moules pour inventer un adhésif révolutionnaire, le geckel (ce mot provient de la combinaison du « geck » de « gecko » et du « el » de *mussel*, ou « moule »). Cet adhésif colle pratiquement à toutes les surfaces, même les surfaces lisses et humides. Les chercheurs ont d'abord fabriqué des nanopoils synthétiques en silicone, de manière à imiter la disposition des poils de gecko, puis ils ont fixé aux extrémités des molécules collantes une protéine retrouvée chez la moule. On sait comment les moules adhèrent bien aux coques des navires et aux quais. Cette protéine colle donc dans l'eau et sur les surfaces humides.

Un des avantages de ces nouveaux papiers collants, c'est qu'ils peuvent être collés et décollés à volonté, sans perte d'adhérence et sans laisser de résidu sur les surfaces. Le geckel pourrait avantageusement remplacer les points de suture en chirurgie ou servir de pansement qui ne décollerait pas, même dans un bain. Toutefois, il faut se rappeler que le gecko peut faire coller et décoller ses pattes jusqu'à 10 fois par seconde, et que s'il perd des poils, il peut les faire repousser. En outre, ses pattes ne se salissent jamais. Pourquoi donc ? Voilà un autre secret bien gardé par le gecko.

RÉVISION DES CONCEPTS

Lequel parmi les composés suivants est le plus susceptible d'exister sous forme liquide à la température de la pièce : l'éthane (C_2H_6), l'hydrazine (N_2H_4) ou le fluorométhane (CH_3F) ?

QUESTIONS de révision

1. Définissez les termes suivants et donnez un exemple pour chacun : **a)** forces dipôle-dipôle ; **b)** forces dipôle-dipôle induit ; **c)** forces ion-dipôle ; **d)** forces de dispersion ; **e)** forces de Van der Waals.
2. Retrouve-t-on des liaisons intermoléculaires chez les solides métalliques ? Justifiez votre réponse.
3. Expliquez ce que signifie le terme « polarisabilité ». Quels types de molécules ont tendance à avoir une polarisabilité élevée ? Quel rapport existe-t-il entre la polarisabilité et les forces intermoléculaires ?
4. Expliquez la différence entre le moment dipolaire temporaire induit d'une molécule et le moment dipolaire permanent d'une molécule polaire.
5. Nommez quelques phénomènes qui illustrent le fait que toutes les molécules exercent des forces attractives les unes sur les autres.
6. À quels types de caractéristiques physiques devriez-vous recourir pour comparer l'importance des forces intermoléculaires qui s'exercent dans les liquides et celles qui s'exercent dans les solides ?
7. Déterminez la particularité que doit avoir chaque molécule afin qu'une liaison hydrogène puisse s'établir entre les deux.

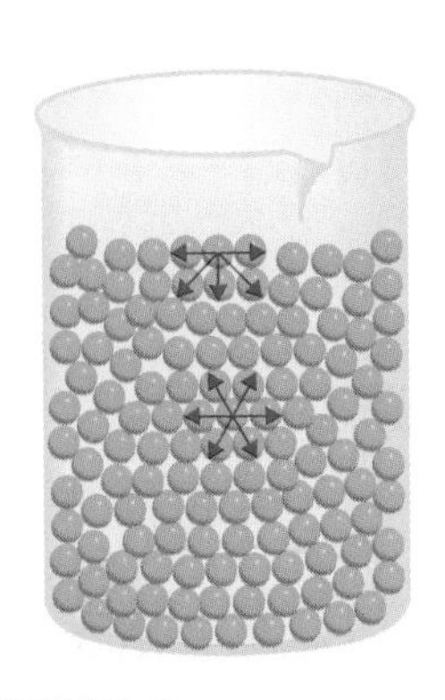

FIGURE 9.10 **Forces intermoléculaires s'exerçant sur une molécule située à la surface du liquide et sur une autre dans le liquide**

9.3 L'état liquide

Cette section traite de deux phénomènes associés aux liquides : la tension superficielle et la viscosité, toutes deux attribuables aux forces intermoléculaires. On y aborde également la structure et les propriétés de l'eau.

9.3.1 La tension superficielle

On sait que les liquides ont tendance à prendre la forme de leur contenant. Si c'est le cas, pourquoi, au lieu de former une couche uniforme, l'eau perle-t-elle sur une voiture fraîchement cirée ? Ce sont les forces intermoléculaires qui expliquent ce phénomène.

À l'intérieur d'un liquide, les molécules ne sont pas attirées dans un seul et même sens, mais dans tous les sens par les forces intermoléculaires (*voir la* **FIGURE 9.10**). Cependant, les molécules situées à la surface sont attirées vers le bas et vers les côtés par les autres molécules, jamais vers le haut, hors du liquide. Ces forces d'attraction intermoléculaire attirent donc les molécules à l'intérieur du liquide et provoquent un « resserrement » à la surface, formant ainsi un genre de film élastique. Pour en revenir à l'exemple de l'eau et de la voiture, étant donné qu'il n'y a que peu ou pas d'attraction entre les molécules d'eau (polaires) et les molécules de cire (essentiellement non polaires), une goutte d'eau sur une auto fraîchement cirée prend la forme d'une petite « perle ». Le même phénomène se produit à la surface d'une pomme cirée (*voir la* **FIGURE 9.11**).

FIGURE 9.11 **Eau qui perle sur une pomme cirée**

La tension superficielle est une mesure de la force élastique qui s'exerce à la surface d'un liquide. La **tension superficielle** est la quantité d'énergie requise par unité de surface pour étirer ou augmenter la surface d'un liquide. Les liquides dans lesquels les forces intermoléculaires sont grandes ont des tensions superficielles élevées. Par exemple, à cause des liaisons hydrogène, la tension superficielle de l'eau est considérablement plus élevée que celle de la plupart des liquides courants.

Grâce à la tension superficielle de l'eau, le patineur (araignée d'eau) peut flotter et se déplacer facilement sur l'eau.

La tension superficielle se manifeste également d'une autre manière: la **capillarité**. La FIGURE 9.12A illustre la montée spontanée de l'eau dans un tube capillaire. Une mince couche d'eau adhère à la paroi du tube de verre. La tension superficielle de l'eau provoque la contraction de cette couche et, ce faisant, fait monter l'eau dans le tube. Ce phénomène est causé par deux types de forces: d'une part, par la **force de cohésion**, qui est l'attraction entre des molécules semblables (dans ce cas-ci, les molécules d'eau), et, d'autre part, par la **force d'adhésion**, qui est l'attraction entre des molécules différentes (ici, l'attraction qui s'exerce entre deux substances polaires, l'eau (H_2O) et le verre [$(SiO_2)_n$]). Si la force d'adhésion est supérieure à la force de cohésion, le liquide sera attiré par le verre, ce qui aura pour effet de le faire monter dans le tube, comme le montre la FIGURE 9.12A. Ce processus s'arrête quand la force d'adhésion et le poids de l'eau contenue dans le tube sont en équilibre. Ce phénomène ne se produit pas avec tous les liquides, comme le montre la FIGURE 9.12B. Prenons le mercure: la force de cohésion y est supérieure à la force d'adhésion qui s'exerce entre le mercure et le verre; il se crée donc une dépression du niveau du liquide quand on y plonge un tube capillaire. Par un raisonnement similaire, on peut expliquer pourquoi l'eau forme un ménisque concave dans un cylindre en verre alors que le mercure en forme un convexe.

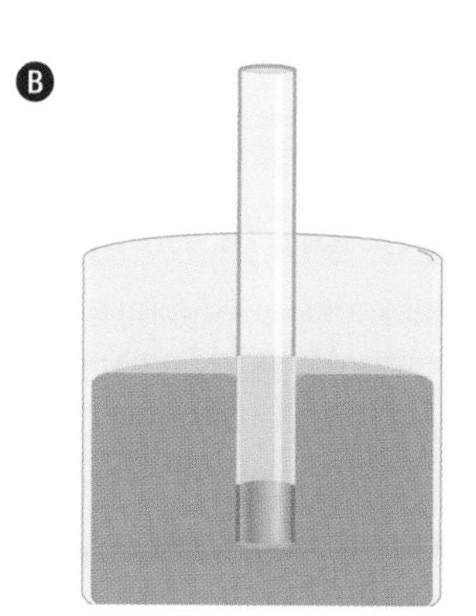

FIGURE 9.12

Variation du niveau d'un liquide dans un tube capillaire

A Quand les forces d'adhésion sont supérieures aux forces de cohésion, le liquide (par exemple, l'eau) monte dans le tube capillaire.

B Quand les forces de cohésion sont supérieures aux forces d'adhésion, comme dans le cas du mercure, il y a dépression du niveau du liquide dans le tube capillaire.

9.3.2 La viscosité

La **viscosité** est la grandeur qui exprime la résistance d'un liquide à l'écoulement. Plus le liquide s'écoule lentement, plus la viscosité est élevée. La viscosité d'un liquide diminue habituellement quand sa température augmente; par exemple, de l'huile végétale chauffée dans un chaudron devient beaucoup moins visqueuse qu'à la température de la pièce.

Les liquides dont les forces intermoléculaires sont importantes ont une viscosité plus élevée que ceux dont ces forces sont faibles (*voir le* TABLEAU 9.3, *page suivante*). On voit que la viscosité de l'eau est plus élevée que celle de nombreux autres liquides à cause des liaisons hydrogène qui se forment dans l'eau. Fait intéressant, on note que la viscosité du glycérol est de beaucoup plus élevée que celle des autres liquides. Voici la structure du glycérol ($C_3H_8O_3$):

$$\begin{array}{l} CH_2—OH \\ | \\ CH—OH \\ | \\ CH_2—OH \end{array}$$

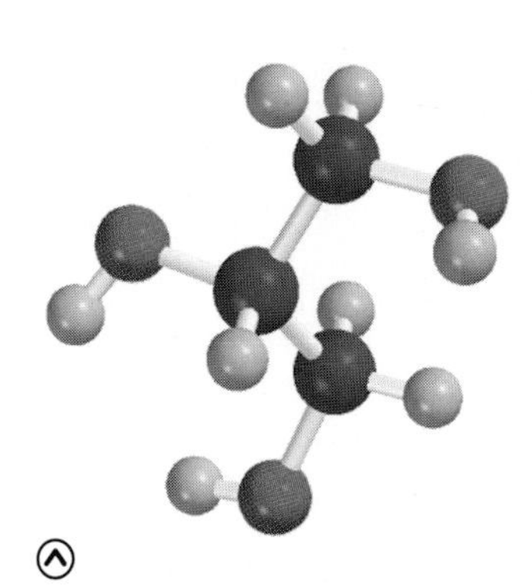

Le glycérol ($C_3H_8O_3$) est un liquide translucide, inodore et sirupeux utilisé dans la fabrication d'explosifs, d'encres et de lubrifiants.

Comme l'eau, le glycérol peut former des liaisons hydrogène. Chaque molécule de glycérol contient trois groupes —OH qui peuvent participer à des liaisons hydrogène avec d'autres molécules de glycérol. De plus, à cause de leur forme, ces molécules ont tendance à s'imbriquer plutôt qu'à glisser les unes contre les autres comme dans les liquides moins visqueux. Ces interactions contribuent à la viscosité élevée du glycérol.

TABLEAU 9.3 > Viscosités de certains liquides courants à 20 °C

Liquide	Viscosité ($N \cdot s/m^2$)*
Acétone (C_3H_6O)	$3{,}16 \times 10^{-4}$
Benzène (C_6H_6)	$6{,}25 \times 10^{-4}$
Eau (H_2O)	$1{,}01 \times 10^{-3}$
Éthanol (C_2H_5OH)	$1{,}20 \times 10^{-3}$
Éther diéthylique ($C_2H_5OC_2H_5$)	$2{,}33 \times 10^{-4}$
Glycérol ($C_3H_8O_3$)	1,49
Mercure (Hg)	$1{,}55 \times 10^{-3}$
Tétrachlorure de carbone (CCl_4)	$9{,}69 \times 10^{-4}$
Sang	4×10^{-3}

* Le newton-seconde par mètre carré est l'unité SI qui exprime la viscosité.

RÉVISION DES CONCEPTS

Pourquoi est-il pertinent d'utiliser des huiles à moteur plus visqueuses l'été que l'hiver?

NOTE

La capacité thermique massique (ou chaleur spécifique) c d'une substance est la quantité de chaleur requise pour élever de 1 °C la température de 1 g de cette substance.

9.3.3 La structure et les propriétés de l'eau

L'eau est une substance si courante sur la Terre qu'on oublie souvent sa nature unique. Toute manifestation de la vie met en jeu de l'eau. Celle-ci est un excellent solvant pour de nombreux composés ioniques comme pour de nombreuses autres substances capables de former des liaisons hydrogène avec elle.

Comme le montre le **TABLEAU 9.4**, la **capacité thermique massique** (c) de l'eau est élevée, ce qui s'explique ainsi : pour élever la température de l'eau (autrement dit, pour augmenter l'énergie cinétique moyenne des molécules d'eau), il faut d'abord rompre les nombreuses liaisons hydrogène intermoléculaires. Ainsi, l'eau peut absorber une bonne quantité de chaleur avant que sa température augmente de quelques degrés. L'inverse est aussi vrai : l'eau peut libérer beaucoup de chaleur alors que sa température ne diminue que faiblement. C'est pourquoi les énormes quantités d'eau contenues dans les lacs et les océans peuvent modérer le climat des terres adjacentes en absorbant la chaleur l'été et en la libérant l'hiver, tout en ne subissant que de faibles changements de température. Le fait que le sable d'une plage devienne brûlant lors d'une journée d'été alors que la température de l'eau ne varie que très peu est aussi un bon exemple du rôle de régulateur thermique de l'eau dans la nature.

TABLEAU 9.4 > Capacités thermiques massiques (c) de quelques substances courantes

Substance	c ($J/g \cdot °C$)
Al	0,900
Au	0,129
C (graphite)	0,720
C (diamant)	0,502
Cu	0,385
Fe	0,444
Hg	0,139
H_2O	4,184
C_2H_5OH (éthanol)	2,46

La caractéristique la plus frappante de l'eau est que sa masse volumique à l'état solide est inférieure à sa masse volumique à l'état liquide : pour preuve, la glace flotte sur l'eau. C'est une propriété qui lui est quasiment propre. La masse volumique de presque toutes les autres substances est plus grande à l'état solide qu'à l'état liquide (*voir la* **FIGURE 9.13**).

FIGURE 9.13

Comparaison des masses volumiques de deux liquides par rapport à leur solide

A Des cubes de glace flottent sur l'eau.

B Des cubes de benzène solide calent dans du benzène liquide.

Pour comprendre cette particularité de l'eau, il faut examiner sa structure électronique. Comme l'indique le chapitre 7, l'atome d'oxygène porte deux doublets libres :

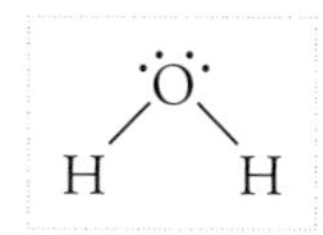

Même si de nombreux composés peuvent former des liaisons hydrogène intermoléculaires, la différence entre la molécule de H_2O et les autres molécules polaires, comme NH_3 et HF, est que, dans le cas de l'eau, chaque atome d'oxygène peut former deux liaisons hydrogène, c'est-à-dire autant qu'il y a de doublets libres sur l'atome d'oxygène. Les molécules d'eau sont donc maintenues ensemble dans un réseau tridimensionnel illimité où chaque atome d'oxygène est lié d'une manière presque tétraédrique à quatre atomes d'hydrogène : deux par des liaisons covalentes et deux par des liaisons hydrogène (*voir la* **FIGURE 9.14**). Cette égalité entre le nombre d'atomes d'hydrogène et le nombre de doublets libres ne se retrouve ni dans NH_3, ni dans HF (*voir la* **FIGURE 9.9**, *p. 429*), ni dans d'autres molécules pouvant former des liaisons hydrogène. Par conséquent, ces autres molécules peuvent former des anneaux ou des chaînes, mais pas des structures tridimensionnelles.

NOTE

Sans cette capacité à former des liaisons hydrogène, l'eau serait un gaz à la température de la pièce.

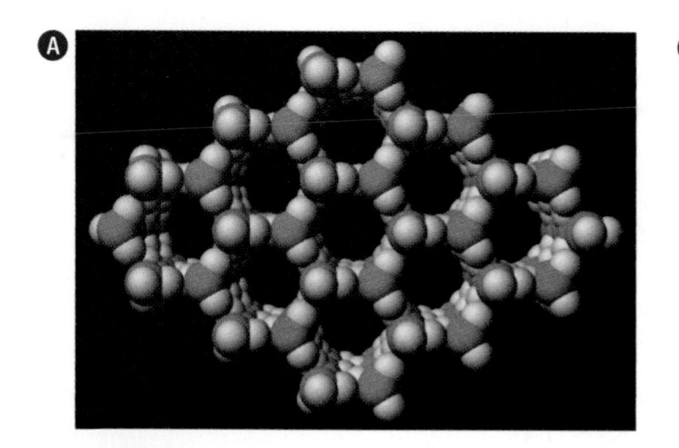

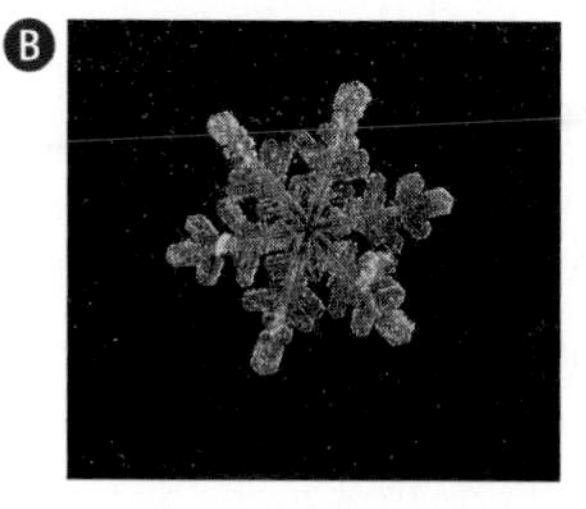

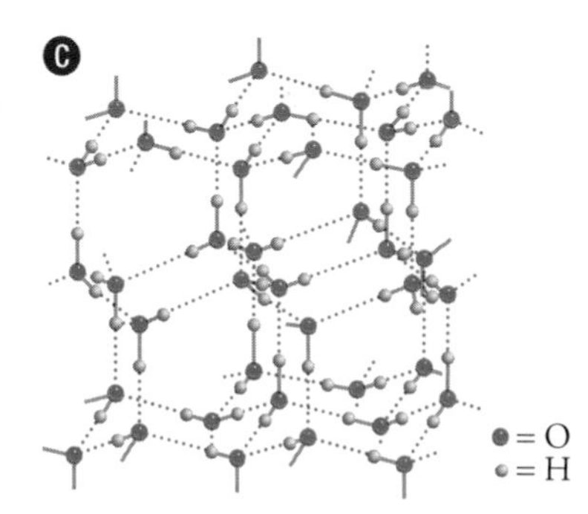

FIGURE 9.14

Structure de la glace

A Structure en modèle compact tridimensionnelle de la glace. On remarque ici la structure hexagonale qui forme des cavités dans la structure, ce qui explique la faible masse volumique de la glace.

B La structure hexagonale de la glace se retrouve aussi dans les flocons de neige.

C Structure éclatée tridimensionnelle de la glace. Chaque atome de O est lié à quatre atomes de H, produisant une structure tétraédrique. Les liaisons covalentes sont illustrées par des lignes courtes et unies ; les liaisons hydrogène, plus faibles, par de longues lignes pointillées entre atomes de O et de H. Ici aussi, on peut voir les cavités dans la structure.

La structure tridimensionnelle très ordonnée de la glace empêche les molécules de trop s'approcher les unes des autres. Il faut toutefois considérer ce qui arrive quand la glace fond. Au point de fusion, certaines molécules d'eau ont assez d'énergie cinétique pour se libérer des liaisons hydrogène intermoléculaires. Ces molécules sont alors « emprisonnées » dans les cavités de la structure tridimensionnelle, qui se brise en petits amas. Ainsi, par unité de volume, il y a plus de molécules dans l'eau liquide que dans la glace. Puisque masse volumique = masse/volume, la masse volumique de l'eau est supérieure à celle de la glace. Si l'on augmente légèrement la température, un peu plus de molécules d'eau se libèrent des liaisons hydrogène intermoléculaires de sorte que, juste au-dessus du point de fusion, la masse volumique de l'eau augmente avec la température. Bien sûr, en même temps, l'eau se dilate avec la chaleur et, par conséquent, sa masse volumique diminue. Ces deux phénomènes (l'emprisonnement des molécules d'eau libres dans les cavités et la dilatation thermique) agissent en sens opposés. De 0 °C à 4 °C, l'emprisonnement prévaut, et la masse volumique de l'eau augmente graduellement. Cependant, au-dessus de 4 °C, la dilatation thermique prédomine ; la masse volumique de l'eau diminue alors avec la température (*voir la* **FIGURE 9.15**).

FIGURE 9.15 

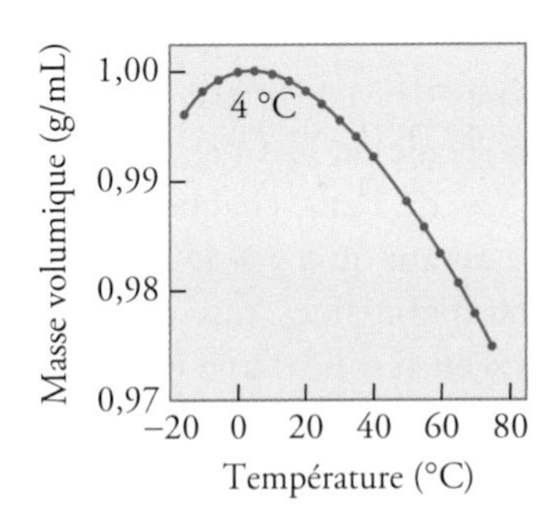

Variation de la masse volumique de l'eau liquide en fonction de la température

La masse volumique de l'eau liquide atteint sa valeur maximale à 4 °C. La masse volumique de la glace à 0 °C est d'environ 0,92 g/mL.

QUESTIONS de révision

8. Dites pourquoi les liquides, contrairement aux gaz, sont pratiquement incompressibles.

9. Dites ce qu'est la tension superficielle. Quelle est la relation entre la tension superficielle et les forces intermoléculaires dans un liquide ?

10. Même si la masse volumique de l'acier inoxydable est plus grande que celle de l'eau, une lame de rasoir en acier inoxydable peut flotter. Dites pourquoi.

11. Dites pourquoi, lorsqu'on remplit un verre légèrement au-dessus de son bord, l'eau ne déborde pas.

12. À partir de trois tubes de différents diamètres, faites des dessins expliquant la capillarité : **a)** de l'eau ; **b)** du mercure.

13. Qu'est-ce que la viscosité ? Expliquez la relation entre les forces intermoléculaires d'un liquide et sa viscosité.

14. Pourquoi la viscosité d'un liquide diminue-t-elle quand la température augmente ?

15. Expliquez pourquoi la glace flotte sur l'eau.

16. Pourquoi, en hiver dans les pays froids, les conduites d'eau extérieures doivent-elles être vidées ou isolées ?

CHIMIE EN ACTION

Pourquoi les lacs gèlent-ils de haut en bas?

Le fait que la masse volumique de la glace soit inférieure à celle de l'eau liquide a une très grande importance écologique. On peut observer, par exemple, le refroidissement de l'eau douce d'un lac à l'arrivée de l'hiver. Au fur et à mesure que l'eau à la surface du lac se refroidit, la masse volumique de cette eau de surface s'accroît. Ensuite, cette couche d'eau refroidie plonge vers le fond et est remplacée par de l'eau plus chaude. Ce mouvement de convection normal se produit jusqu'à ce que toute l'eau ait atteint la température de 4 °C. Au-dessous de cette température, la masse volumique de l'eau commence à diminuer avec l'abaissement de la température (*voir la* **FIGURE 9.15**), de sorte qu'elle ne coule plus vers le fond. En se refroidissant davantage, l'eau commence à geler à la surface. Cette couche de glace ne cale pas parce qu'elle est moins dense que son liquide; elle agit même comme isolant thermique pour la masse d'eau audessous d'elle. Si la masse volumique de la glace était plus grande que celle de son liquide, elle calerait au fond du lac aussitôt qu'elle serait formée, et le lac pourrait geler complètement à partir du fond jusqu'en haut, d'un travers à l'autre. La plupart des organismes aquatiques ne pourraient pas survivre dans de telles conditions et mourraient gelés. Heureusement, grâce à cette propriété exceptionnelle de l'eau, les lacs ne gèlent pas de bas en haut. C'est ce qui rend possible la pêche sur la glace!

9.4 Les structures cristallines

On peut diviser les solides en deux catégories: les solides cristallins et les solides amorphes. Un **solide cristallin** a une structure ordonnée, rigide et répétitive dans tout le solide; ses atomes, ses molécules ou ses ions occupent des positions déterminées. Dans un tel solide, les atomes, les molécules ou les ions sont disposés de manière à ce que les forces attractives soient à leur maximum. Les forces responsables de la stabilité d'un cristal peuvent être des forces ioniques, des liaisons covalentes, des forces intermoléculaires (forces de Van der Waals et possiblement des liaisons hydrogène), seules ou combinées. Les molécules des **solides amorphes**, comme le verre, n'ont pas cette structure ordonnée et répétitive dans l'espace. Dans cette section, il sera uniquement question des solides cristallins.

On appelle **maille élémentaire** l'unité structurale de base qui se répète dans un solide cristallin. La **FIGURE 9.16** (*voir page suivante*) montre une maille élémentaire et un empilement tridimensionnel de cette maille formant un réseau. Chaque point représente un atome, un ion ou une molécule et s'appelle **nœud** du réseau cristallin. Dans de nombreux cristaux, le nœud ne contient pas vraiment un atome, un ion ou une molécule; il peut être constitué de plusieurs atomes, ions ou molécules disposés de manière identique d'un nœud à l'autre. Cependant, pour simplifier, on peut imaginer que chaque nœud est occupé par un seul atome. C'est certainement le cas pour la plupart des métaux. Toutes les structures cristallines se ramènent à l'un ou à l'autre des sept types de mailles ou systèmes cristallins illustrés à la **FIGURE 9.17** (*voir page suivante*). Quatorze sortes de réseaux dérivent de ces sept systèmes. La forme de la maille cubique est particulièrement simple parce que toutes ses arêtes et tous ses angles sont égaux. Lorsqu'une maille se répète dans l'espace tridimensionnel, il y a formation d'un **réseau** caractéristique d'un solide cristallin.

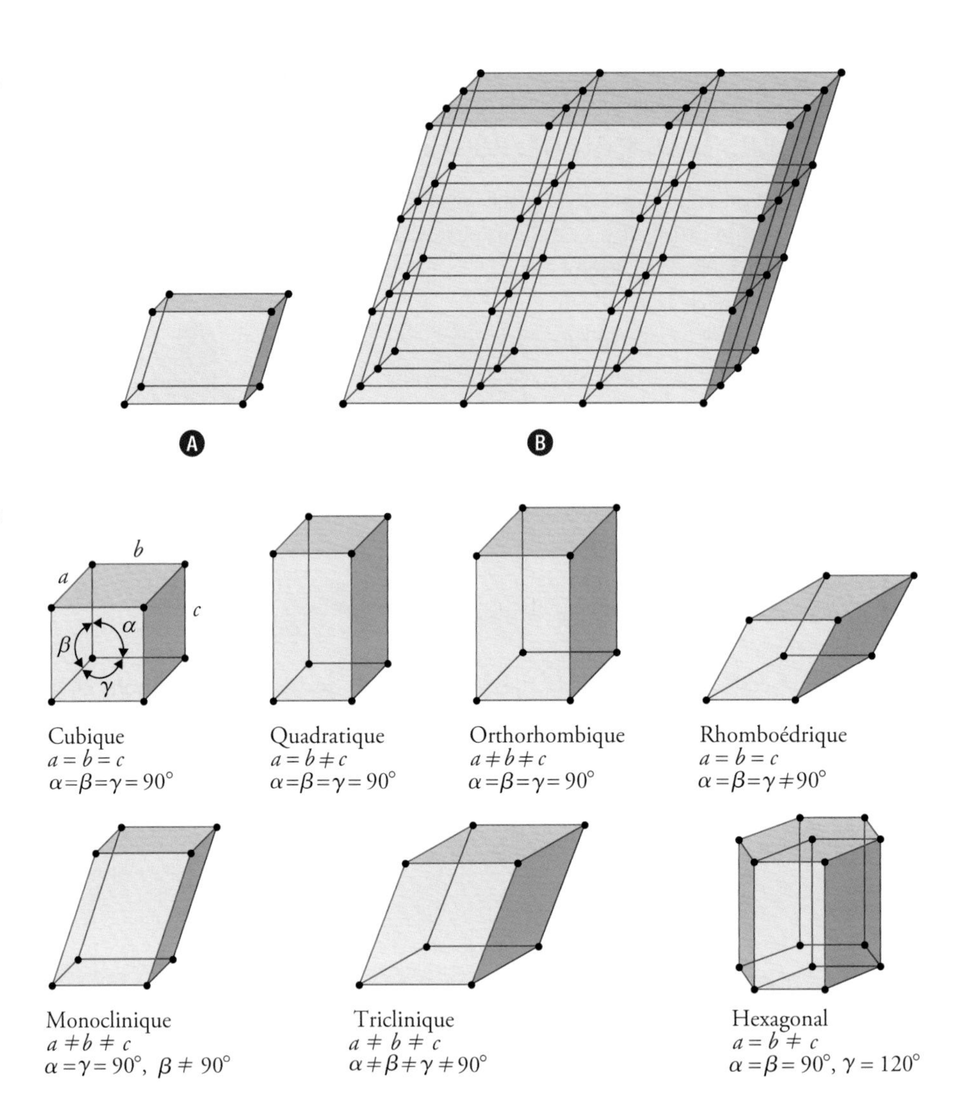

FIGURE 9.16

Maille élémentaire A et réseau formé par ce type de mailles B

Les points noirs (nœuds) représentent des atomes ou des molécules.

FIGURE 9.17

Les sept systèmes cristallins

L'angle α est défini par les arêtes *b* et *c*; l'angle β, par les arêtes *a* et *c*; l'angle γ, par les arêtes *a* et *b*.

Animation

- L'empilement de sphères

9.4.1 L'empilement de sphères

On peut comprendre les exigences géométriques générales liées à la formation d'un cristal en essayant d'empiler de différentes façons un certain nombre de sphères identiques (par exemple, des oranges) pour former une structure tridimensionnelle ordonnée. Ce sont ces manières de disposer les sphères dans des couches superposées qui déterminent le type de maille en jeu.

Dans le cas le plus simple, les sphères peuvent être disposées comme le montre la **FIGURE 9.18A**. On peut alors créer une structure tridimensionnelle en superposant des couches de telle sorte que les sphères soient placées directement les unes sur les autres. On peut alors répéter ce procédé pour former de nombreuses couches, comme c'est le cas dans un cristal. Si l'on regarde la sphère marquée d'un « *x* », on voit qu'elle est en contact avec quatre autres sphères de sa propre couche et avec une sphère de la couche supérieure et une sphère de la couche inférieure. Dans un tel cas, on dit que chaque sphère a un indice de coordination de 6 parce qu'elle a six sphères immédiatement voisines. L'**indice de coordination** indique le nombre d'atomes (ou d'ions) qui sont dans le voisinage immédiat d'un atome (ou d'un ion) dans un réseau cristallin. La maille élémentaire correspondant à cet arrangement est appelée **maille cubique simple** (*voir la* **FIGURE 9.18B**).

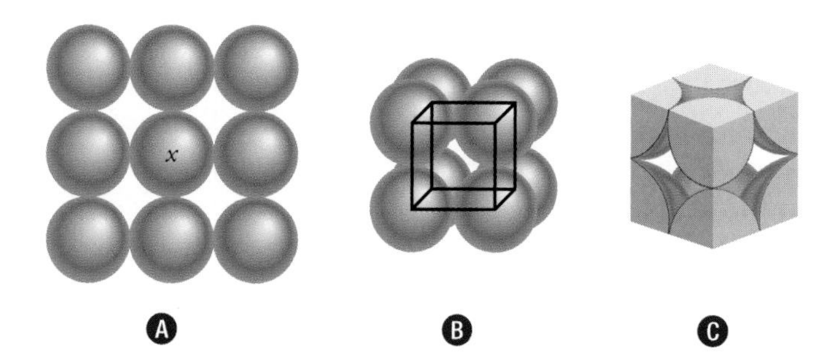

FIGURE 9.18

Disposition de sphères identiques dans une maille cubique simple

A Vue supérieure d'une couche de sphères.

B Représentation d'une maille cubique simple.

C Puisque chaque sphère appartient à huit mailles adjacentes et qu'il y a huit coins dans un cube, il y a l'équivalent d'une sphère complète par maille cubique simple.

Les autres types de mailles cubiques sont la **maille centrée I** et la **maille centrée F** (*voir la* FIGURE 9.19). La différence entre une maille cubique simple et une maille centrée I est que, dans ce dernier cas, les nœuds de la deuxième couche se logent dans les dépressions de la première couche, et ceux de la troisième couche se logent dans les dépressions de la deuxième. On remarque aussi le nœud à l'intérieur au centre du cube, d'où son appellation « I ». Dans cette structure, l'indice de coordination de chaque nœud est de 8 (chacun d'eux est en contact avec quatre nœuds de la couche supérieure et quatre nœuds de la couche inférieure). Pour sa part, la maille cubique centrée F possède un nœud au centre de chacune des faces (d'où son appellation « F ») du cube, en plus des huit nœuds situés aux quatre coins; dans ce dernier cas, l'indice de coordination de chaque sphère est de 12.

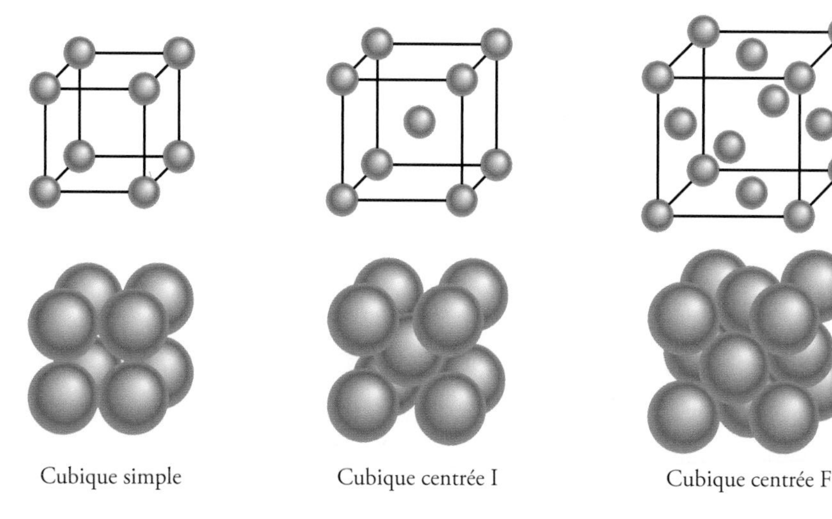

FIGURE 9.19

Trois types de mailles cubiques

En réalité, les sphères qui représentent des atomes, des molécules ou des ions sont en contact entre elles dans ces mailles.

Puisque chaque maille d'un solide cristallin est adjacente à d'autres mailles, la plupart des atomes d'une maille font aussi partie des mailles voisines. Par exemple, dans tous les types de mailles cubiques, chaque atome de coin appartient à huit mailles (*voir la* FIGURE 9.20A) ; un atome situé sur l'un des côtés appartient à quatre mailles élémentaires (*voir la* FIGURE 9.20B) ; un atome centré sur l'une des faces est partagé entre deux mailles (*voir la* FIGURE 9.20C).

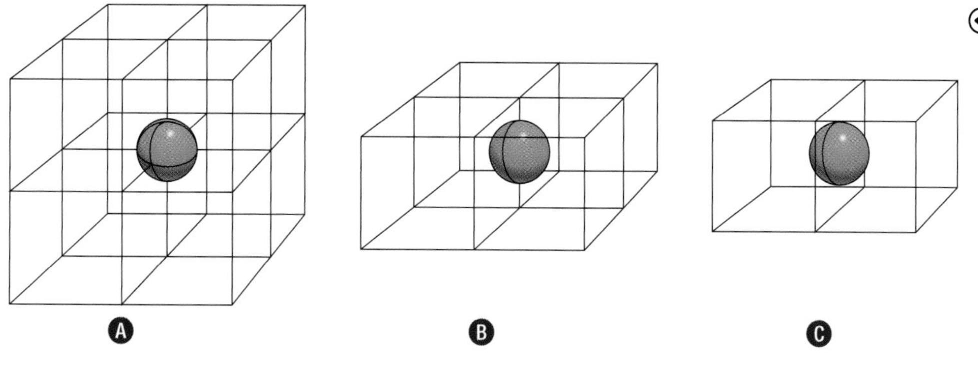

FIGURE 9.20

Partage des sphères entre mailles adjacentes

A Un atome de coin dans tous les types de mailles appartient à huit mailles adjacentes.

B Un atome de côté appartient à quatre mailles adjacentes.

C Un atome centré sur l'une des faces dans une maille cubique appartient à deux mailles adjacentes.

Puisque chacun des nœuds de coin appartient à huit mailles et qu'il y a huit coins dans un cube, une maille cubique simple renferme donc l'équivalent d'un seul nœud complet (*voir la* **FIGURE 9.21A**). Une maille cubique centrée I contient l'équivalent de deux nœuds complets : un au centre et un venant des huit nœuds de coin (*voir la* **FIGURE 9.21B**). Une maille cubique centrée F contient l'équivalent de quatre nœuds complets : trois venant des six nœuds de face et un venant des huit nœuds de coin (*voir la* **FIGURE 9.21C**).

FIGURE 9.21

Nombre d'atomes équivalents par maille et relation entre l'arête de la maille et le rayon des atomes

A Dans une maille cubique simple

B Dans une maille cubique centrée I

C Dans une maille cubique centrée F

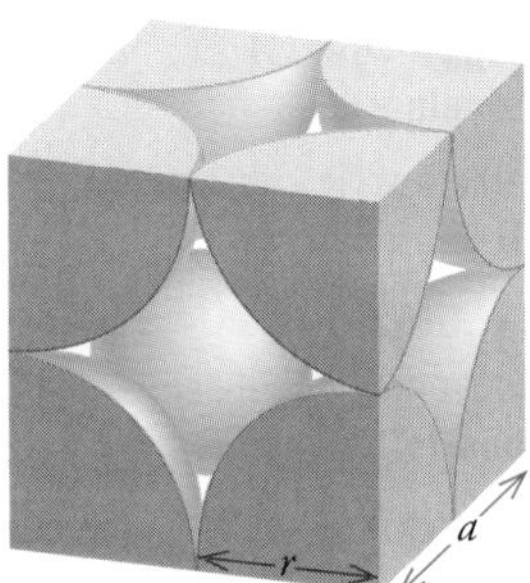

Maille cubique simple

$a = 2r$

A

Maille cubique centrée I

$$b^2 = a^2 + a^2$$
$$c^2 = a^2 + b^2$$
$$= 3a^2$$
$$c = \sqrt{3}a = 4r$$
$$a = \frac{4r}{\sqrt{3}}$$

B

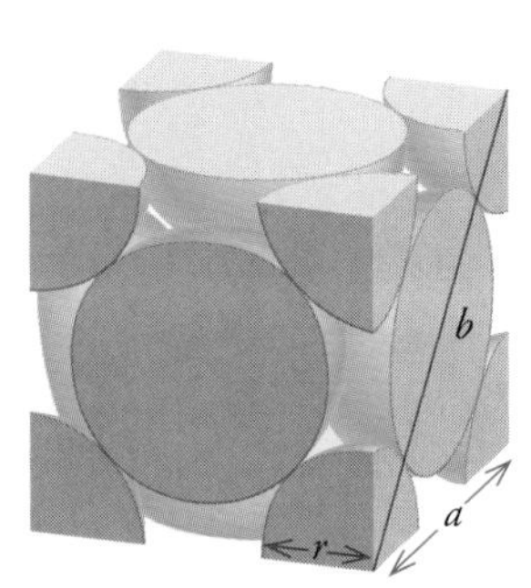

Maille cubique centrée F

$$b = 4r$$
$$b^2 = a^2 + a^2$$
$$16r^2 = 2a^2$$
$$a = \sqrt{8}r$$

C

La **FIGURE 9.21** résume le rapport entre le rayon atomique r et la longueur de l'arête a dans une maille cubique simple, une maille cubique centrée I et une maille cubique centrée F. Ce rapport peut servir à déterminer le rayon atomique d'une sphère si la masse volumique du cristal est connue, comme le démontre l'exemple suivant.

Lingots d'or

EXEMPLE 9.3 Le calcul du rayon atomique d'un métal à partir de sa structure cristalline et de sa masse volumique

Sachant que les cristaux d'or sont constitués de mailles cubiques centrées F et que la masse volumique de l'or est 19,3 g/cm^3, calculez le rayon atomique de l'or en picomètres.

DÉMARCHE

On veut calculer le rayon atomique de l'or. Selon la **FIGURE 9.21**, on voit que le rapport entre l'arête a et le rayon atomique r d'une maille cubique centrée F est $a = \sqrt{8}r$. Alors, pour déterminer le rayon r d'un atome d'or, il faut trouver a. Le volume du cube est $V = a^3$ ou $a = \sqrt[3]{V}$. Donc, si nous pouvons déterminer le volume d'une maille, nous pouvons calculer a. La masse volumique est connue :

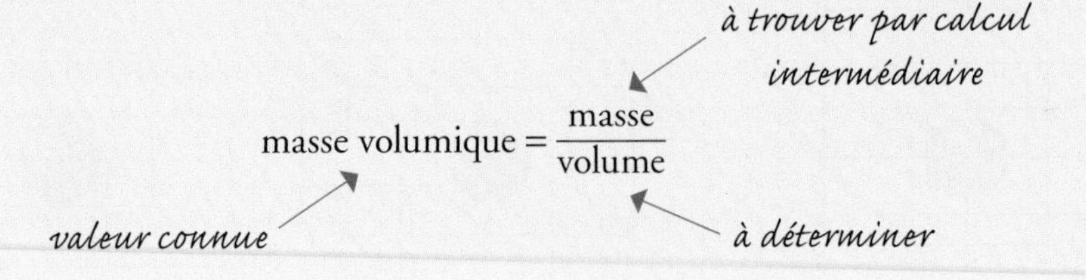

Résumons les étapes de calculs :

$$\begin{matrix}\text{masse volumique} \\ \text{d'une maille}\end{matrix} \xrightarrow{1} \begin{matrix}\text{volume} \\ \text{d'une maille}\end{matrix} \xrightarrow{2} \begin{matrix}\text{longueur de l'arête} \\ \text{d'une maille}\end{matrix} \xrightarrow{3} \begin{matrix}\text{rayon d'un} \\ \text{atome d'or}\end{matrix}$$

SOLUTION

Étape 1 : La masse volumique est connue, mais pour déterminer le volume, il faut préalablement trouver la masse d'une maille.

Chaque maille élémentaire a huit coins et six faces. Le nombre total d'atomes dans une telle maille est, selon la **FIGURE 9.20** (*voir p. 439*), $(8 \times \frac{1}{8}) + (6 \times \frac{1}{2}) = 4$. La masse d'une maille est :

$$m = \frac{4 \text{ atomes}}{1 \text{ maille}} \times \frac{1 \text{ mol}}{6{,}022 \times 10^{23} \text{ atomes}} \times \frac{197{,}0 \text{ g}}{1 \text{ mol}}$$
$$= 1{,}31 \times 10^{-21} \text{ g/maille}$$

Le volume de la maille se calcule ainsi :

$$V = \frac{m}{\rho} = \frac{1{,}31 \times 10^{-21} \text{ g}}{19{,}3 \text{ g/cm}^3} = 6{,}79 \times 10^{-23} \text{ cm}^3$$

Étape 2 : Le volume étant une longueur au cube, il faut extraire la racine cubique du volume de la maille pour obtenir la longueur de l'arête a de la maille :

$$a = \sqrt[3]{V}$$
$$= \sqrt[3]{6{,}79 \times 10^{-23} \text{ cm}^3}$$
$$= 4{,}08 \times 10^{-8} \text{ cm}$$

NOTE
La masse volumique est une propriété qui ne dépend pas de la quantité de matière. Sa valeur est la même dans le cas d'une maille élémentaire et dans le cas d'un volume de 1 cm^3 d'une substance.

Étape 3 : À la **FIGURE 9.21**, on voit que le rapport entre l'arête a et le rayon atomique r d'une maille cubique centrée F est :

$$a = \sqrt{8}r$$

Alors :

$$r = \frac{a}{\sqrt{8}} = \frac{4{,}08 \times 10^{-8} \text{ cm}}{\sqrt{8}}$$
$$= 1{,}44 \times 10^{-8} \text{ cm}$$
$$= 1{,}44 \times 10^{-8} \text{ cm} \times \frac{1 \times 10^{-2} \text{ m}}{1 \text{ cm}} \times \frac{1 \text{ pm}}{1 \times 10^{-12} \text{ m}}$$
$$= 144 \text{ pm}$$

EXERCICE E9.3

Quand l'argent cristallise, il forme des mailles cubiques centrées F. L'arête de la maille mesure 408,7 pm. Calculez la masse volumique de l'argent.

Problème semblable ⊕
9.22

RÉVISION DES CONCEPTS

Les cristaux de tungstène sont constitués de mailles cubiques centrées I. Déterminez le nombre d'atomes de tungstène présents dans une maille.

QUESTIONS de révision

17. Définissez les termes suivants : solide cristallin, nœud, maille élémentaire, indice de coordination.
18. Décrivez la forme des mailles cubiques suivantes : maille cubique simple, maille cubique centrée I, maille cubique centrée F. Laquelle de ces mailles, si elles sont toutes formées du même type d'atome, aura la masse volumique la plus élevée ?

9.5 Les liaisons dans les solides cristallins

La structure et les propriétés des solides cristallins, comme le point de fusion, la masse volumique et la dureté, sont déterminées par les forces attractives qui maintiennent les particules ensemble. On peut classer les cristaux selon les types d'attractions qui s'exercent entre leurs particules : ioniques, moléculaires, covalents et métalliques.

Cristaux géants de dihydrogénophosphate de potassium (KH_2PO_4), un solide ionique, « cultivés » en laboratoire. Le plus gros pèse 318 kg.

9.5.1 Les solides ioniques

Les solides cristallins ioniques sont constitués d'ions maintenus ensemble par des liaisons ioniques. La structure d'un tel cristal dépend des charges des cations et des anions ainsi que de leurs rayons. La structure du chlorure de sodium, qui est formé de mailles cubiques centrées F, est illustrée à la **FIGURE 2.13** (*voir p. 57*). La **FIGURE 9.22** montre la structure de trois autres solides ioniques : CsCl, ZnS et CaF_2. Puisque Cs^+ est considérablement plus gros que Na^+, CsCl est formé de mailles cubiques simples. Quant au solide ZnS, il a une structure appelée « zincblende » qui est basée sur un réseau de mailles cubiques centrées F. Si l'on situe les ions S^{2-} aux nœuds, les ions Zn^{2+} se trouveront alors au quart de chaque diagonale de la maille.

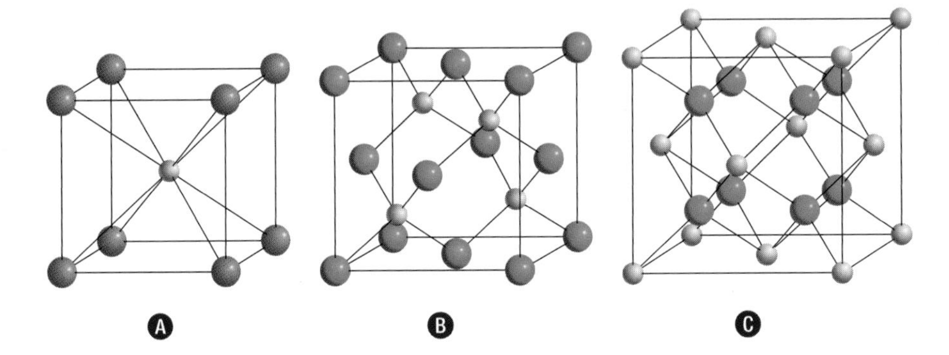

FIGURE 9.22 **Structures de solides ioniques**
A CsCl ; B ZnS ; C CaF_2. Dans chaque cas, le cation est représenté par la sphère la plus petite.

Parmi les autres composés ioniques qui présentent une structure semblable, on trouve CuCl, BeS, CdS et HgS. Dans le cas du solide CaF_2, la structure s'appelle « fluorine ». Si on place les ions Ca^{2+} aux nœuds, chaque ion F^- sera situé au centre d'un tétraèdre formé par quatre ions Ca^{2+}. Les composés SrF_2, BaF_2, $BaCl_2$ et PbF_2 ont ce même type d'arrangement.

NOTE

La conductivité électrique s'explique par la capacité des électrons à se déplacer librement dans une substance (passage d'un courant électrique).

Les points de fusion des solides ioniques sont élevés, ce qui traduit les grandes forces de cohésion qui maintiennent les ions ensemble. Ces solides ne conduisent pas l'électricité parce que leurs ions ont une position fixe. Cependant, à l'état liquide ou dissous dans l'eau, leurs ions circulent librement ; la solution qui en résulte est conductrice d'électricité.

EXEMPLE 9.4 Le décompte des ions dans une maille élémentaire

Combien d'ions Na^+ et Cl^- y a-t-il dans chaque maille élémentaire de NaCl?

SOLUTION

La structure de NaCl est constituée de mailles cubiques centrées F. Comme le montre la **FIGURE 2.13** (*voir p. 60*), il y a 1 ion Na^+ entier au centre de la maille et 12 ions Na^+ sur les arêtes. Puisque chacun des ions Na^+ situés sur les arêtes est partagé entre quatre mailles, le nombre total d'ions Na^+ est $1 + (12 \times \frac{1}{4}) = 4$. Par ailleurs, il y a six ions Cl^- au centre des faces et huit aux coins. Chaque ion de face est partagé entre deux mailles, et chaque ion de coin est partagé entre huit mailles (*voir la* **FIGURE 9.20**, *p. 439*) ; le nombre total d'ions Cl^- est donc $(6 \times \frac{1}{2}) + (8 \times \frac{1}{8}) = 4$. Ainsi, il y a quatre ions Na^+ et quatre ions Cl^- dans chaque maille de NaCl. La **FIGURE 9.23** montre les portions d'ions Na^+ et Cl^- dans une maille élémentaire.

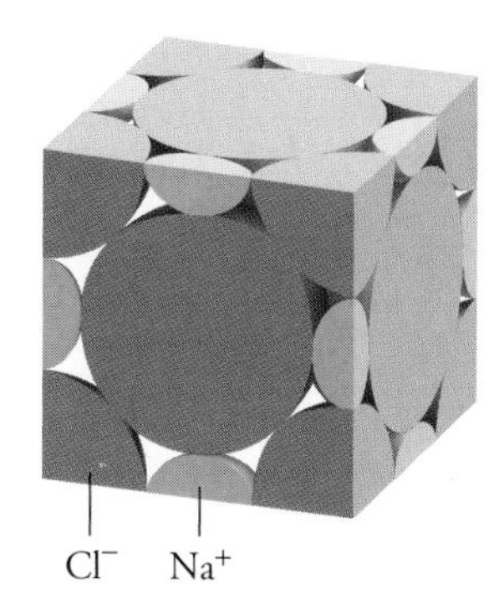

FIGURE 9.23 **Parties d'ions Na^+ et Cl^- dans une maille cubique centrée F**

EXERCICE E9.4

Combien d'atomes y a-t-il dans une maille cubique centrée I, si tous les atomes occupent les nœuds?

Problème semblable 9.21

9.5.2 Les solides moléculaires

Les solides moléculaires sont constitués d'atomes ou de molécules maintenus ensemble par des forces de Van der Waals et possiblement par des liaisons hydrogène. Le dioxyde de soufre (SO_2) solide en est un bon exemple; les forces attractives sont des forces de dispersion et des forces dipôle-dipôle. Dans le cas de la glace, un autre exemple de solide formé de cristaux moléculaires, ce sont les liaisons hydrogène intermoléculaires qui sont principalement responsables du réseau tridimensionnel (*voir la* **FIGURE 9.14**, *p. 435*). Les solides I_2, P_4 et S_8 sont d'autres exemples de solides moléculaires.

Du soufre (S_8)

En général, sauf dans le cas de la glace, les molécules des solides moléculaires sont empilées aussi près les unes des autres que le leur permettent leur taille et leur forme. Puisque les forces de Van der Waals et les liaisons hydrogène sont généralement plus faibles que les liaisons ioniques ou les liaisons covalentes, les cristaux des solides moléculaires sont plus faciles à briser que ceux des solides ioniques ou covalents : la plupart des solides moléculaires fondent sous les 200 °C.

9.5.3 Les solides covalents

Dans les solides covalents (aussi appelés « réseaux covalents »), les atomes sont maintenus ensemble seulement par des liaisons covalentes dans un réseau cristallin tridimensionnel illimité. Il n'y a pas de molécules distinctes, comme dans les solides moléculaires. Deux des formes allotropiques du carbone, le diamant et le graphite (*voir la* **FIGURE 6.23**, *p. 281*), en sont des exemples bien connus. Dans le diamant, le carbone est hybridé sp^3, et chaque atome est au centre d'un tétraèdre formé de quatre autres atomes de carbone (*voir la* **FIGURE 9.24A**, *page suivante*). Les puissantes liaisons covalentes orientées dans les trois dimensions expliquent l'extraordinaire dureté du diamant (la substance la plus dure connue) et son point de fusion élevé (3550 °C). Dans le graphite (*voir la* **FIGURE 9.24B**, *page suivante*), les atomes de carbone sont disposés en anneaux formés de six atomes. Ces atomes ont tous subi une hybridation sp^2 ; étant trigonal, chacun d'eux est lié par une liaison covalente à trois autres atomes. L'orbitale $2p$ non hybridée forme une liaison π. En fait, les électrons contenus dans les orbitales $2p$ sont **délocalisés**, c'est-à-dire qu'ils peuvent se mouvoir librement dans une direction parallèle aux plans des atomes de carbone liés entre eux, faisant

NOTE

L'électrode centrale d'une pile de lampe de poche est constituée de graphite.

du graphite un bon conducteur d'électricité. Les couches sont maintenues ensemble par de faibles forces de Van der Waals. D'une part, les liaisons covalentes expliquent la dureté du graphite ; d'autre part, sa structure en couches qui peuvent se mouvoir l'une par rapport à l'autre fait qu'il est glissant au toucher et efficace comme lubrifiant. On l'utilise également dans les crayons et comme fibre dans les matériaux composites.

FIGURE 9.24 

Liaisons covalentes de deux formes allotropiques du carbone

Ⓐ Structure du diamant. Chaque atome de carbone est au centre d'un tétraèdre formé de quatre autres atomes de carbone.

Ⓑ Structure du graphite. La distance qui sépare deux couches est de 335 pm.

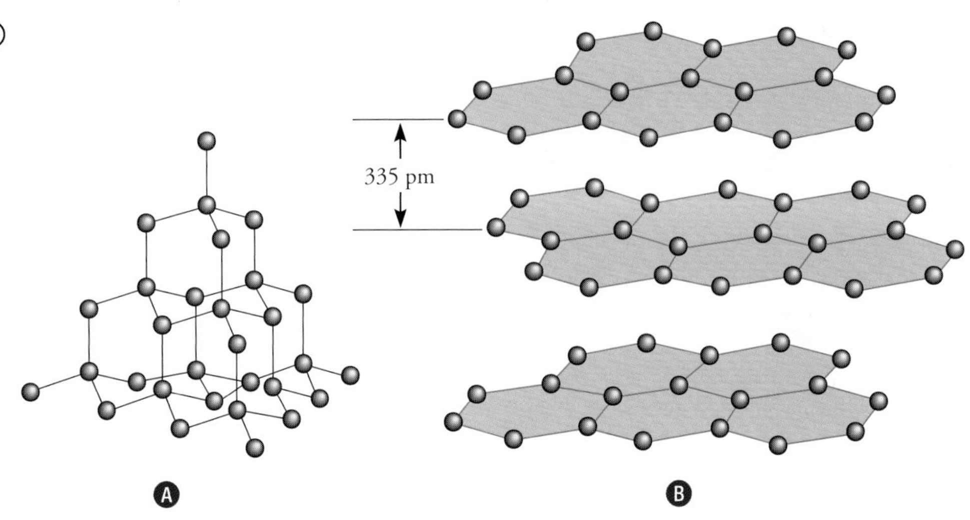

Du quartz

Le quartz (SiO_2) représente un autre type de solide covalent. La disposition des atomes de silicium dans le quartz est semblable à celle des atomes de carbone dans le diamant, mais, dans le quartz, il y a un atome d'oxygène entre chaque paire d'atomes de Si. Étant donné que Si et O ont des électronégativités différentes (*voir la* **FIGURE 7.2**, *p. 303*), la liaison Si—O est polaire. Néanmoins, SiO_2 ressemble au diamant sous quelques aspects : il est très dur et son point de fusion est élevé (1610 °C).

9.5.4 Les solides métalliques

Dans un sens, la structure des solides métalliques est la plus simple à comprendre puisque chaque nœud du cristal est occupé par un atome du même métal. Dans les métaux, les liaisons sont différentes de celles qui existent dans les autres types de cristaux : les électrons liants sont distribués (ou délocalisés) dans le cristal tout entier. En fait, on peut imaginer les atomes métalliques dans un cristal comme un assemblage d'ions positifs (ou de cœurs d'atomes) baignant dans une mer d'électrons de valence délocalisés (*voir la* **FIGURE 9.25**). La grande force de cohésion qui résulte de cette délocalisation est responsable de la ténacité (résistance à la rupture) du métal, qui augmente avec le nombre d'électrons disponibles pour les liaisons. Par exemple, le point de fusion du sodium, qui a un électron de valence, est de 97,6 °C, tandis que celui de l'aluminium, qui en a trois, est de 660 °C. La mobilité des électrons délocalisés rend les métaux bons conducteurs de chaleur et d'électricité. La liaison métallique permet aussi d'expliquer d'autres propriétés des métaux telles la malléabilité et la ductilité : les couches d'ions positifs peuvent glisser les unes sur les autres et demeurent retenues par les électrons de valence.

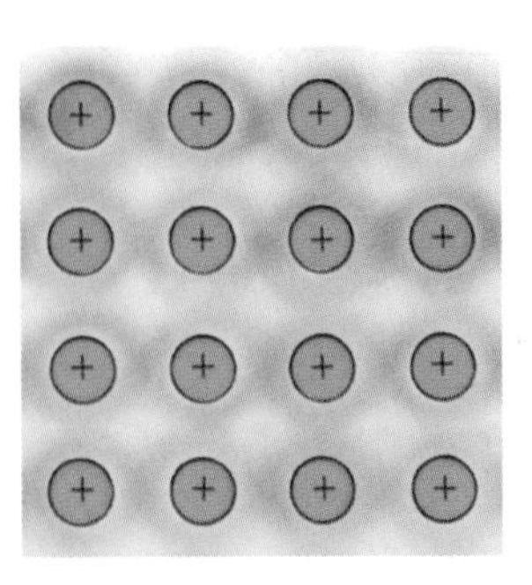

FIGURE 9.25 

Section transversale d'un solide métallique

Chaque cercle marqué d'un signe positif représente le noyau et les électrons internes d'un atome métallique. La région grise qui entoure les ions métalliques positifs représente la « mer » d'électrons mobiles.

Le **TABLEAU 9.5** présente tous les types de solides étudiés dans cette section ainsi que leurs caractéristiques générales. La **FIGURE 9.26** compare les températures de fusion des différents types de solides, températures qui s'expliquent par l'intensité des forces d'attraction du solide. Les liaisons intermoléculaires étant faibles comparativement aux autres types de liaisons, les solides moléculaires ont en général des températures de fusion beaucoup plus basses que les autres types de solides.

TABLEAU 9.5 > Types de solides cristallins et leurs caractéristiques générales

	Type de solide			
	Solide ionique	**Solide moléculaire**	**Solide covalent**	**Solide métallique**
Corps simples	–	Non-métaux	Métalloïdes	Métaux
Corps composés	Composés ioniques	Composés covalents	Quelques composés covalents	–
Unités de base (situées aux nœuds du réseau cristallin)	Ions positifs et ions négatifs	Molécules	Atomes	Cœurs d'atomes positifs
Force unissant les unités de base	Liaison ionique : attraction électrostatique entre cations et anions	Liaison intermoléculaire : forces de dispersion, forces dipôle-dipôle, liaisons hydrogène	Liaison covalente : paire d'électrons mis en commun entre deux noyaux	Liaison métallique : attraction électrostatique entre les cœurs d'atomes positifs et les électrons de valence délocalisés
Intensité de la liaison assurant la cohésion du solide	Forte	Faible pour les petites molécules sans liaison hydrogène	Forte	Moyenne à forte : varie en fonction du nombre d'électrons de valence
Caractéristiques générales	Dur ; cassant ; point de fusion élevé ; mauvais conducteur de chaleur et d'électricité	Mou ; point de fusion de bas à moyen ; mauvais conducteur de chaleur et d'électricité	Dur ; point d'ébullition élevé ; mauvais conducteur d'électricité (sauf graphite)	Mou à dur ; point d'ébullition variable, de moyen à élevé ; bon conducteur de chaleur et d'électricité
Exemples	NaCl, LiF, MgO, $CaCO_3$	Ar, CO_2, I_2, H_2O, $C_{12}H_{22}O_{11}$ (saccharose) ● = O • = H	C (diamant), SiO_2 (quartz)	Tous les métaux ; par exemple, Na, Mg, Fe, Cu

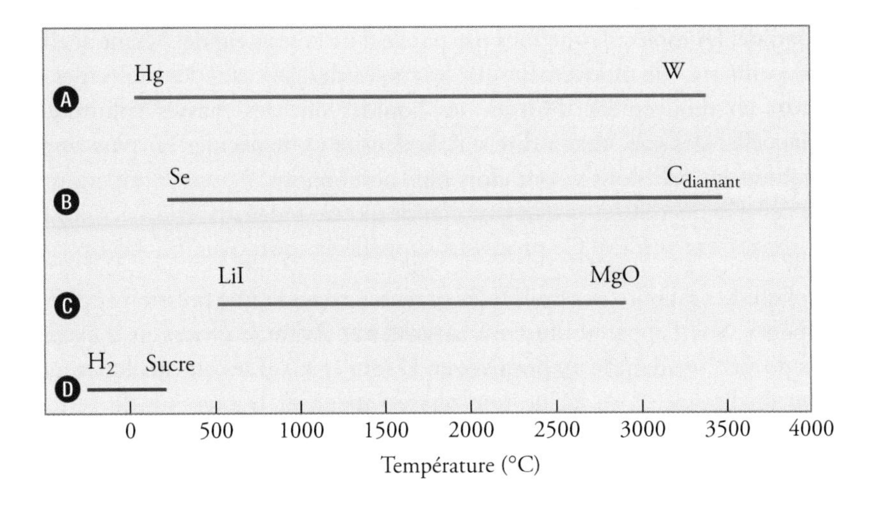

FIGURE 9.26

Plages de températures de fusion des différents types de solides

A Solide métallique : la plage varie en fonction du nombre d'électrons de valence.

B Solide covalent : la plage varie en fonction de la taille des atomes et du nombre de doublets libres.

C Solide ionique : la plage varie en fonction de la taille et de la charge des ions.

D Solide moléculaire : la plage varie en fonction de la taille de la molécule et de la présence de ponts H.

RÉVISION DES CONCEPTS

La maille de l'oxyde de zinc est présentée ci-contre. Déterminez le nombre d'ions Zn^{2+} et O^{2-} dans la maille ainsi que la formule chimique du composé.

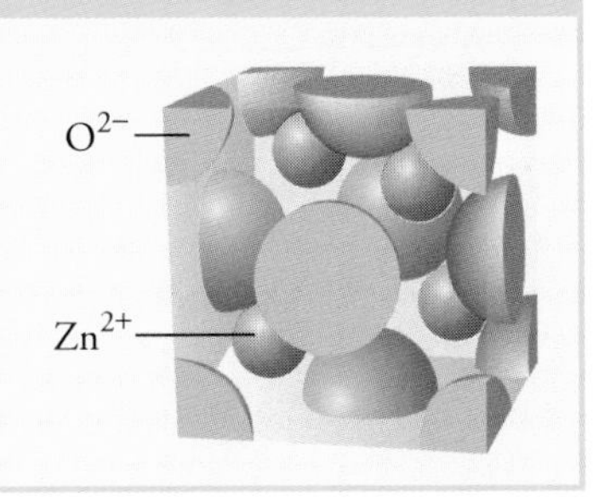

QUESTIONS de révision

19. Les électrons délocalisés dans un solide métallique peuvent-ils être des électrons de cœur (électrons internes) ?
20. Expliquez la conductivité électronique et thermique des métaux à l'aide de l'affirmation suivante : « Les électrons délocalisés sont mobiles et peuvent se déplacer à l'intérieur d'un morceau de métal. »

9.6 Les changements de phase

Le chapitre 4 et les sections précédentes du présent chapitre traitent des principales caractéristiques des trois états de la matière : l'état gazeux, l'état liquide et l'état solide. On nomme souvent ces états des phases. Une **phase** est une partie homogène d'un système en contact avec d'autres parties du même système, séparée de celles-ci par une frontière bien définie. Par exemple, dans le cas de la glace qui flotte sur l'eau, le système est constitué de deux phases : la phase solide (la glace) et la phase liquide (l'eau). Les **changements de phase**, ou passages d'une phase à une autre, se produisent quand de l'énergie (habituellement sous forme de chaleur) est fournie au système ou qu'elle en est retirée. Ces passages sont des transformations physiques caractérisées par un changement dans l'agencement des molécules ; c'est à l'état solide que les molécules sont le plus ordonnées et à l'état gazeux qu'elles le sont le moins. Si l'on garde en tête cette relation entre les échanges d'énergie et l'augmentation ou la diminution de l'ordre des molécules, on comprendra facilement le processus des changements de phase.

9.6.1 L'équilibre liquide-vapeur

La pression de vapeur

Animation
- L'équilibre liquide-vapeur

NOTE
La différence entre un gaz et une vapeur est expliquée à la page 141.

Dans un liquide, les molécules ne font pas partie d'un réseau rigide. Même si elles n'ont pas la même « liberté » de mouvement que les molécules gazeuses, les molécules liquides sont toujours en mouvement. Puisque les liquides ont des masses volumiques plus grandes que celles des gaz, c'est-à-dire que la densité de molécules est plus importante dans un liquide, les collisions y sont alors plus nombreuses. À toute température, il y a un certain nombre de molécules dans un liquide qui possèdent assez d'énergie cinétique pour s'échapper de la surface. Ce processus s'appelle **évaporation** (ou **vaporisation**).

Quand un liquide s'évapore, ses molécules gazeuses exercent une pression appelée « pression de vapeur ». Soit l'appareil illustré à la **FIGURE 9.27**. Avant le processus d'évaporation, les niveaux de mercure dans le manomètre en U sont égaux. Dès que quelques molécules s'échappent du liquide, il se forme une phase vapeur, et la pression de cette vapeur devient mesurable quand il y en a une bonne quantité. Cependant, cette pression n'augmente pas indéfiniment. À un certain moment, les niveaux dans les colonnes de mercure se stabilisent ; on n'observe plus de changements.

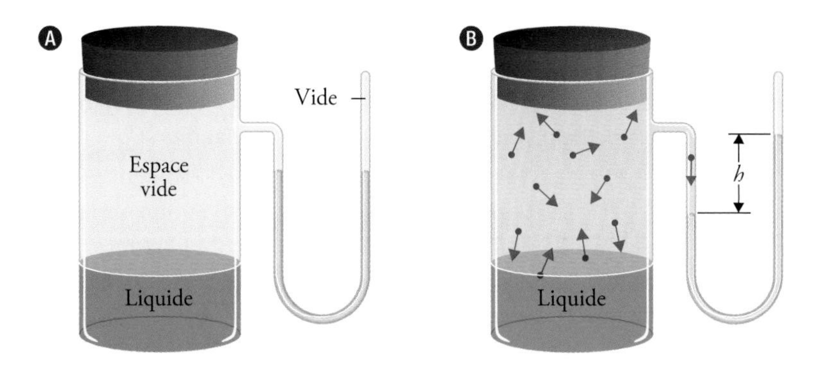

FIGURE 9.27

Appareil servant à mesurer la pression de vapeur d'un liquide

A Avant le début de l'évaporation

B À l'état d'équilibre. En B, le nombre de molécules qui s'échappent du liquide est égal au nombre de molécules qui y retournent. La différence de niveaux du mercure (*h*) indique la pression de vapeur à l'équilibre du liquide à une température donnée.

Que se passe-t-il au niveau moléculaire durant ce phénomène ? Au début, la circulation est à sens unique : du liquide vers l'espace vide. Très tôt, les molécules au-dessus du liquide établissent une phase vapeur. Comme la concentration de molécules en phase vapeur augmente, certaines molécules retournent à la phase liquide : c'est la **condensation**. Celle-ci se produit parce que les molécules qui heurtent la surface du liquide sont retenues par les forces intermoléculaires.

La vitesse d'évaporation est constante à une température donnée, tandis que la vitesse de condensation augmente avec la concentration des molécules en phase vapeur. Un état d'**équilibre dynamique**, dans lequel la vitesse d'un processus est exactement la même que celle du processus inverse, est atteint quand les vitesses de condensation et d'évaporation sont égales (*voir la* **FIGURE 9.28**). La pression de vapeur mesurée quand il y a équilibre entre la condensation et l'évaporation s'appelle **pression de vapeur à l'équilibre** (***P***°) (ou **tension de vapeur**). Souvent, on dit de manière abrégée « pression de vapeur » ; c'est acceptable, pourvu que l'on s'entende pour dire qu'il s'agit de l'expression abrégée.

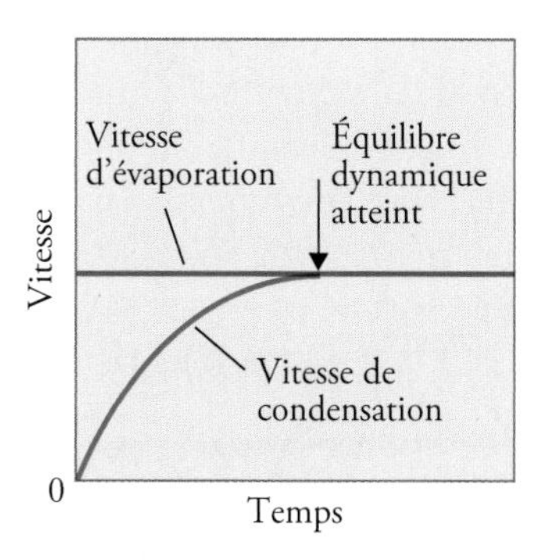

FIGURE 9.28

Comparaison des vitesses d'évaporation et de condensation à température constante

Il est important de noter que la pression de vapeur à l'équilibre est la pression de vapeur **maximale** qu'exerce la vapeur d'un liquide à une température donnée, et qu'elle est constante à température constante. Cependant, elle change avec la température.

La **FIGURE 9.29** montre la variation de la tension de vapeur en fonction de la température pour trois liquides différents. On sait que le nombre de molécules ayant une énergie cinétique élevée augmente avec la température ; il en est donc de même pour la vitesse d'évaporation. C'est pourquoi la pression de vapeur d'un liquide à l'équilibre augmente toujours avec la température. Par exemple, la tension de vapeur de l'eau est de 17,5 mm Hg à 20 °C, mais elle passe à 760 mm Hg à 100 °C (*voir le* **TABLEAU 4.4**, *p. 158*).

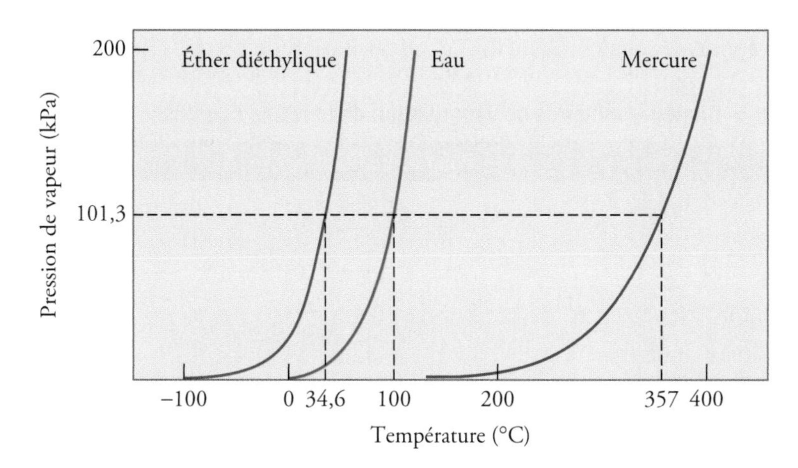

FIGURE 9.29

Augmentation de la pression de vapeur de trois liquides en fonction de la température

Les points d'ébullition normaux des liquides (à 101,3 kPa) sont indiqués sur l'axe des *x*.

RÉVISION DES CONCEPTS

Expliquez, à l'aide de la pression de vapeur, pourquoi il y aura de la condensation sur le miroir de votre salle de bain si vous prenez une douche chaude.

La chaleur de vaporisation et le point d'ébullition

Une des manières d'évaluer les forces qui maintiennent les molécules dans un liquide est de mesurer la **chaleur molaire de vaporisation** (ΔH°_{vap}), c'est-à-dire l'énergie (habituellement donnée en kilojoules) requise pour vaporiser une mole d'un liquide. Cette grandeur est directement reliée aux forces intermoléculaires présentes dans le liquide. Si l'attraction intermoléculaire est forte, il faut beaucoup d'énergie pour libérer les molécules de la phase liquide. Par conséquent, un tel liquide a une pression de vapeur relativement basse et une chaleur molaire de vaporisation élevée.

L'équation de Clausius-Clapeyron relie de manière quantitative la pression de vapeur P d'un liquide à sa température absolue T. Cette équation s'écrit :

$$\ln P = -\frac{\Delta H^\circ_{vap}}{RT} + C \qquad (9.2)$$

où R est la constante des gaz (8,314 J/K · mol) et C est une constante. L'équation de Clausius-Clapeyron correspond à l'équation d'une droite de la forme $y = mx + b$:

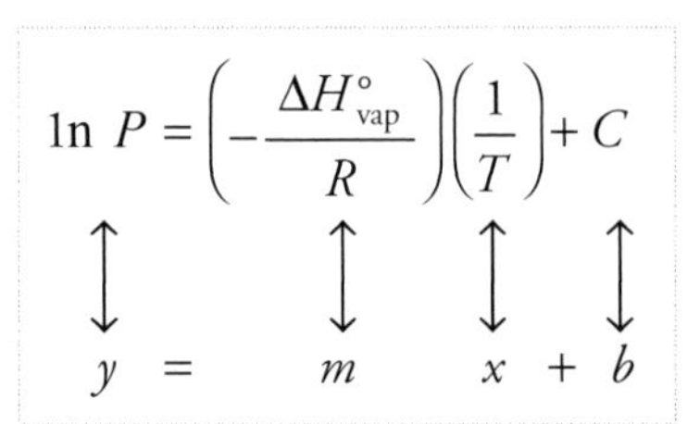

$$\ln P = \left(-\frac{\Delta H^\circ_{vap}}{R}\right)\left(\frac{1}{T}\right) + C$$

$$y = m \quad x + b$$

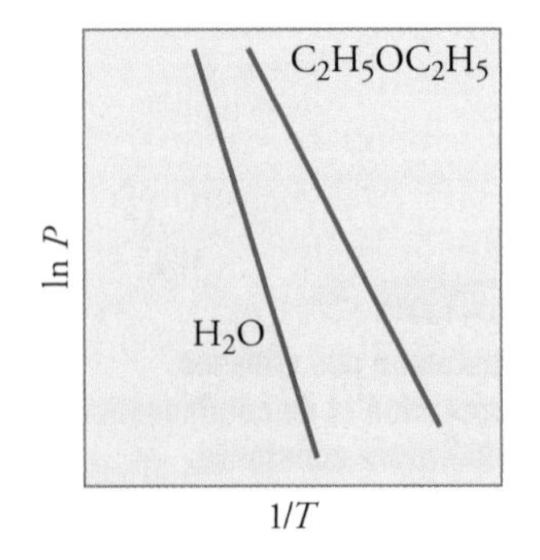

FIGURE 9.30 **Graphes de ln P en fonction de $1/T$ pour l'eau et l'éther diéthylique**

Dans chaque cas, la pente est égale à $-\Delta H^\circ_{vap}/R$.

En mesurant la pression de vapeur d'un liquide à différentes températures et en traçant le graphe de ln P en fonction de $1/T$, on peut évaluer la pente de la droite correspondant à l'équation ; cette pente est égale à $-\Delta H^\circ_{vap}/R$. (On suppose que ΔH°_{vap} est indépendante de la température.) C'est ainsi que la plupart des chaleurs de vaporisation sont déterminées. La **FIGURE 9.30** montre les graphes de ln P en fonction de $1/T$ pour l'eau et l'éther diéthylique ($C_2H_5OC_2H_5$). Il faut noter que la pente de la droite dans le cas de l'eau est plus prononcée que celle de l'éther parce que l'eau a une valeur de ΔH°_{vap} plus élevée. Le **TABLEAU 9.6** donne ces chaleurs molaires de vaporisation de certains liquides.

TABLEAU 9.6 > Chaleurs molaires de vaporisation de certains liquides

Substance	Point d'ébullition* (°C)	ΔH°_{vap} (kJ/mol)
Argon (Ar)	−186,0	6,3
Benzène (C_6H_6)	80,1	31,0
Eau (H_2O)	100,0	40,79
Éthanol (C_2H_5OH)	78,3	39,3
Éther diéthylique ($C_2H_5OC_2H_5$)	34,6	26,0
Mercure (Hg)	357,0	59,0
Méthane (CH_4)	−164,0	9,2

* À 101,3 kPa

Si les valeurs de ΔH°_{vap} et de P d'un liquide sont connues à une température donnée, on peut utiliser l'équation de Clausius-Clapeyron pour calculer la pression de ce liquide à une autre température. Aux températures T_1 et T_2, si les pressions de vapeur correspondantes sont de P_1 et de P_2, on peut alors écrire, à partir de l'équation 9.2 :

$$\ln P_1 = -\frac{\Delta H^\circ_{vap}}{RT_1} + C \qquad \text{et} \qquad \ln P_2 = -\frac{\Delta H_{vap}}{RT_2} + C$$

Par soustraction, on obtient :

$$\ln P_1 - \ln P_2 = -\frac{\Delta H^\circ_{vap}}{RT_1} - \left(-\frac{\Delta H^\circ_{vap}}{RT_2}\right) = \frac{\Delta H^\circ_{vap}}{R}\left(\frac{1}{T_2} - \frac{1}{T_1}\right)$$

d'où :

$$\ln \frac{P_1}{P_2} = \frac{\Delta H^\circ_{vap}}{R}\left(\frac{1}{T_2} - \frac{1}{T_1}\right)$$

$$\ln \frac{P_1}{P_2} = \frac{\Delta H^\circ_{vap}}{R}\left(\frac{T_1 - T_2}{T_1 T_2}\right) \qquad (9.3)$$

EXEMPLE 9.5 Le calcul de la pression de vapeur à une température donnée

L'éther diéthylique ($C_2H_5OC_2H_5$), ou diéthyléther, est un liquide organique volatil très inflammable, surtout utilisé comme solvant. La pression de vapeur de l'éther diéthylique est de 401 mm Hg à 18 °C. Calculez sa pression de vapeur à 32 °C.

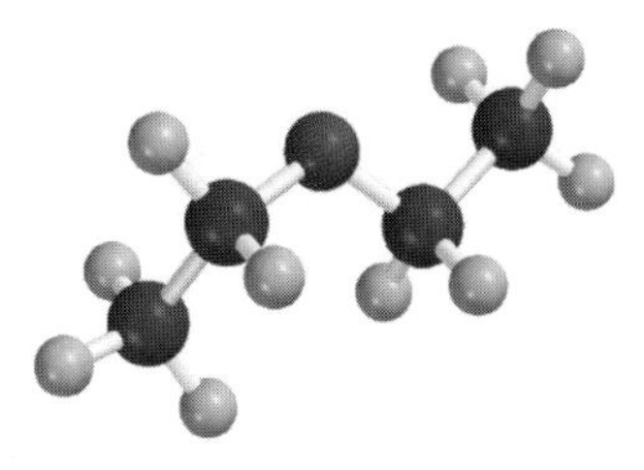

$C_2H_5OC_2H_5$

DÉMARCHE

On connaît la pression de vapeur de l'éther diéthylique à une température, et l'on nous demande de trouver la pression à une autre température. Il faudra donc utiliser l'équation 9.3.

SOLUTION

D'après le **TABLEAU 9.6**, ΔH°_{vap} = 26,0 kJ/mol = 26 000 J/mol. Les données sont :

$$P_1 = 401 \text{ mm Hg} \qquad P_2 = ?$$
$$T_1 = 18\,°\text{C} = 291 \text{ K} \quad T_2 = 32\,°\text{C} = 305 \text{ K}$$

Selon l'équation 9.3, nous avons :

$$\ln \frac{401}{P_2} = \frac{26{,}0 \times 10^3 \text{ J/mol}}{8{,}314 \text{ J/K} \cdot \text{mol}}\left[\frac{291 \text{ K} - 305 \text{ K}}{(291 \text{ K})(305 \text{ K})}\right] = -0{,}493$$

►

et, en prenant l'antilogarithme des deux membres (*voir l'annexe 7, p. 484*), nous obtenons :

$$\frac{401}{P_2} = e^{-0,493} = 0,611$$

d'où :

$$P_2 = 656 \text{ mm Hg}$$

VÉRIFICATION

On s'attend à ce que la pression de vapeur soit plus grande à une température plus élevée. La réponse est donc plausible.

Problème semblable
9.44

EXERCICE E9.5

La pression de vapeur de l'éthanol est de 100 mm Hg à 34,9 °C. Quelle est sa pression de vapeur à 63,5 °C ? (La ΔH°_{vap} de l'éthanol est de 39,3 kJ/mol.)

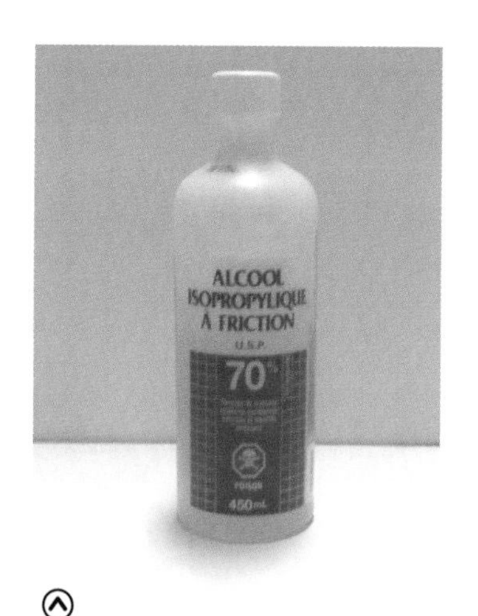

Bouteille d'isopropanol (alcool à friction)

Pour comprendre de façon simple ce qu'est la chaleur de vaporisation, on peut frotter de l'alcool à friction (isopropanol) sur ses mains. La chaleur des mains augmente l'énergie cinétique des molécules d'alcool. L'alcool s'évapore alors rapidement, retirant la chaleur des mains, ce qui les refroidit. Ce processus est semblable à celui de la transpiration, un moyen qu'utilise l'organisme pour maintenir sa température constante. À cause des fortes liaisons intermoléculaires causées par les ponts hydrogène qui existent dans l'eau, il faut une quantité considérable d'énergie pour évaporer la sueur de la surface du corps. Cette énergie provient de la chaleur générée par les différents processus du métabolisme.

On sait déjà que la pression de vapeur d'un liquide augmente avec la température. Chaque liquide commence à bouillir à une température précise. Cette température est le **point d'ébullition**, c'est-à-dire la température à laquelle la pression de vapeur d'un liquide est égale à la pression extérieure. Le point d'ébullition dit « normal » d'un liquide correspond à celui qui est mesuré quand la pression extérieure est de 101,3 kPa.

Au point d'ébullition, des bulles apparaissent dans le liquide. En se formant, ces bulles repoussent le liquide qui occupait l'espace qu'elles prennent ; par conséquent, le niveau du liquide monte dans le contenant. La pression qui s'exerce *sur* la bulle est principalement la pression atmosphérique plus une certaine pression hydrostatique (pression causée par la présence du liquide). Par contre, la pression *dans* la bulle est uniquement attribuable à la pression de vapeur du liquide. Quand cette dernière est égale à la pression extérieure, la bulle monte à la surface et éclate. Si la pression dans la bulle est inférieure à la pression extérieure, la bulle disparaît avant de pouvoir s'élever. On peut donc en conclure que le point d'ébullition d'un liquide dépend de la pression extérieure. (On néglige habituellement la faible contribution de la pression hydrostatique.) Par exemple, à 101,3 kPa, l'eau bout à 100 °C, mais si la pression est réduite à 50 kPa, l'eau bout à seulement 82 °C.

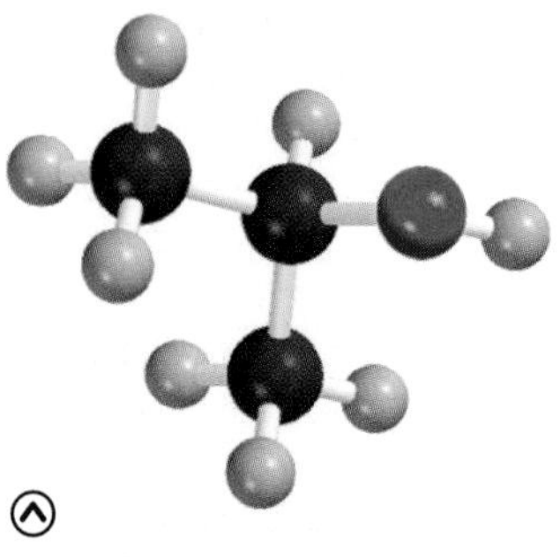

L'alcool à friction, ou isopropanol (C_3H_7OH), est une solution aqueuse à 70 % volume/volume (% V/V) de cet alcool.

Puisque le point d'ébullition est défini en relation avec la pression de vapeur, on peut s'attendre à ce qu'il soit aussi relié à la chaleur molaire de vaporisation : plus ΔH°_{vap} est élevée, plus le point d'ébullition est élevé. Les données du **TABLEAU 9.6** (*voir p. 448*) confirment en gros ces prédictions. Finalement, on peut dire que le point d'ébullition et ΔH°_{vap} dépendent tous deux de la valeur des forces attractives qui assurent la cohésion des états condensés. Par exemple, l'argon (Ar) et le méthane (CH_4), qui ont des forces de dispersion faibles, ont des points d'ébullition et des chaleurs molaires de vaporisation bas. L'éther diéthylique ($C_2H_5OC_2H_5$) a un moment dipolaire, et ses forces dipôle-dipôle expliquent son point d'ébullition et sa valeur de ΔH°_{vap} moyennement élevés. L'éthanol (C_2H_5OH) et l'eau ont des liaisons hydrogène fortes, c'est ce qui explique leurs points d'ébullition et leurs valeurs de ΔH°_{vap} élevés. Les liaisons métalliques plus fortes font que le mercure a le point d'ébullition et la valeur de ΔH°_{vap} les plus élevés de ce groupe de liquides. Fait intéressant, le point d'ébullition du benzène, une substance non polaire, est comparable à celui de l'éthanol. Le benzène a une grande polarisabilité et, par conséquent, les forces de dispersion parmi ses molécules peuvent être aussi fortes et même plus fortes que les forces dipôle-dipôle et/ou les liaisons hydrogène.

RÉVISION DES CONCEPTS

Vous étudiez deux courbes de ln P en fonction de $1/T$ pour deux liquides organiques : le méthanol (CH_3OH) et l'éther diméthylique (CH_3OCH_3) (*voir la* **FIGURE 9.30**, *p. 448*). Les pentes sont respectivement égales à $-2{,}32 \times 10^3$ K et $-4{,}50 \times 10^3$ K. Comment devez-vous procéder pour déterminer la chaleur molaire de vaporisation de ces deux composés ?

La température critique et la pression critique

Le processus inverse de l'évaporation est la condensation. En principe, on peut liquéfier un gaz en utilisant deux techniques. Ou bien on le refroidit : on diminue alors l'énergie cinétique de ses molécules, et finalement celles-ci s'agglomèrent pour former de petites gouttes de liquide, ou bien on augmente la pression : la distance moyenne entre les molécules est alors réduite, au point que leur attraction mutuelle devient efficace. La liquéfaction industrielle fait appel à ces deux méthodes.

Chaque substance a sa **température critique** (T_c) (ou point critique), c'est-à-dire la température au-dessus de laquelle un gaz ne peut être liquéfié, quelle que soit la valeur de la pression appliquée. C'est également la température la plus élevée à laquelle une substance donnée peut exister à l'état liquide. La **pression critique** (P_c) est la pression minimale qu'il faut appliquer pour liquéfier un gaz à sa température critique. On peut expliquer qualitativement l'existence de la température critique de la manière suivante. Pour toute substance, l'attraction qui assure la cohésion est une grandeur finie. En dessous de T_c, cette attraction est suffisamment forte pour maintenir les molécules ensemble (sous une pression appropriée) dans un liquide. Au-delà de T_c, le mouvement moléculaire devient si fort que les molécules peuvent toujours échapper à cette attraction. La **FIGURE 9.31** montre ce qui arrive quand on chauffe de l'hexafluorure de soufre au-delà de sa température critique (45,5 °C), puis qu'on le refroidit sous 45,5 °C.

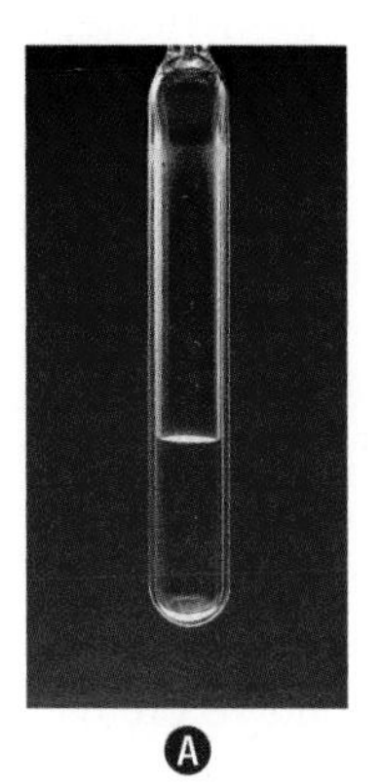

A

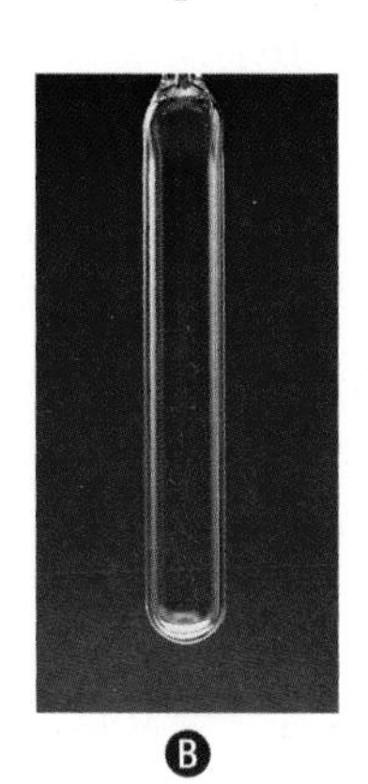

B

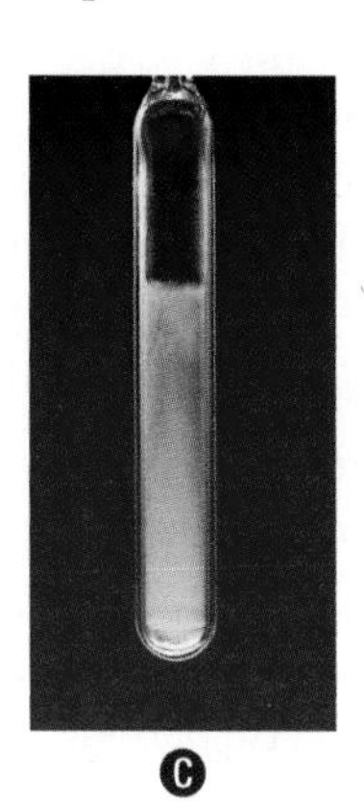

C

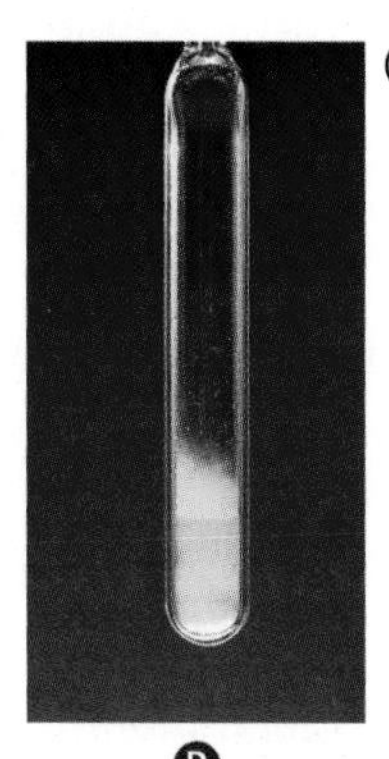

D

FIGURE 9.31

Comportement de l'hexafluorure de soufre autour de sa température critique

A Sous la température critique, on peut voir nettement la substance dans sa phase liquide.

B Au-dessus de la température critique, on voit que la phase liquide disparaît.

C La substance est refroidie juste sous sa température critique. La buée est causée par la condensation de la vapeur.

D Finalement, il y a retour à la phase liquide.

Le **TABLEAU 9.7** donne la température et la pression critiques de certaines substances courantes. Le benzène, l'éthanol, le mercure et l'eau, dont les forces attractives sont grandes, ont des températures critiques élevées comparativement à celles des autres substances énumérées.

TABLEAU 9.7 > Températures et pressions critiques de certaines substances

Substance	T_c (°C)	P_c (kPa)
Ammoniac (NH_3)	132,4	$1{,}129 \times 10^4$
Argon (Ar)	−186	$6{,}4 \times 10^2$
Azote moléculaire (N_2)	−147,1	$3{,}39 \times 10^3$
Benzène (C_6H_6)	288,9	$4{,}85 \times 10^3$
Dioxyde de carbone (CO_2)	31,0	$7{,}39 \times 10^3$
Eau (H_2O)	374,4	$2{,}22 \times 10^4$
Éthanol (C_2H_5OH)	243	$6{,}38 \times 10^3$
Éther diéthylique ($C_2H_5OC_2H_5$)	192,6	$3{,}61 \times 10^3$
Hexafluorure de soufre (SF_6)	45,5	$3{,}81 \times 10^3$
Hydrogène moléculaire (H_2)	−239,9	$1{,}30 \times 10^3$
Mercure (Hg)	1462	$1{,}049 \times 10^5$
Méthane (CH_4)	−83,0	$4{,}62 \times 10^3$
Oxygène moléculaire (O_2)	−118,8	$5{,}03 \times 10^3$

9.6.2 L'équilibre liquide-solide

Le passage de l'état liquide à l'état solide s'appelle « congélation » (ou solidification); le processus inverse est la fusion. Le **point de fusion** d'un solide (ou le point de congélation d'un liquide) est la température à laquelle les phases solide et liquide coexistent en équilibre. Le point de fusion dit « normal » (ou le point de congélation dit « normal ») d'une substance est celui qui est mesuré à une pression de 101,3 kPa. Généralement, on omet le mot « normal » quand on parle du point de fusion d'une substance à 101,3 kPa.

L'équilibre liquide-solide le plus connu est celui de l'eau et de la glace. À 0 °C et à 101,3 kPa, on représente l'équilibre dynamique de la manière suivante:

$$\text{glace} \rightleftharpoons \text{eau}$$

Un verre d'eau contenant des glaçons fournit une illustration concrète, mais imparfaite de cet équilibre dynamique. Alors que certains cubes de glace fondent pour former de l'eau, l'eau qui se trouve entre les glaçons peut geler et ainsi souder les cubes. Ce n'est toutefois pas un véritable équilibre dynamique, puisque la température du verre n'est pas maintenue à 0 °C; toute la glace finira donc par fondre.

Les molécules étant retenues plus fortement à l'état solide qu'à l'état liquide, il faut fournir de la chaleur pour produire le changement de phase solide-liquide. En examinant la courbe de chauffage montrée à la **FIGURE 9.32**, on peut voir que, lorsqu'un solide est chauffé, sa température s'accroît jusqu'à ce qu'elle atteigne le point A où le solide commence à fondre. Durant cette période de fusion (A $\longrightarrow$ B), qui correspond au premier plateau sur la courbe, il y a absorption de chaleur par le système, même si la température demeure constante. Cette chaleur permet aux molécules de vaincre les forces attractives dans le solide. Lorsque le solide a complètement fondu (point B), la chaleur absorbée accroît l'énergie cinétique moyenne des molécules à l'état liquide, ce qui cause une augmentation de la température du liquide (B ⟶ C). On peut expliquer l'étape de la vaporisation (C ⟶ D) de façon similaire. La température reste constante tant que l'accroissement de l'énergie cinétique sert à vaincre les forces de cohésion à l'intérieur du liquide. Lorsque toutes les molécules sont passées à l'état gazeux, la température recommence à monter.

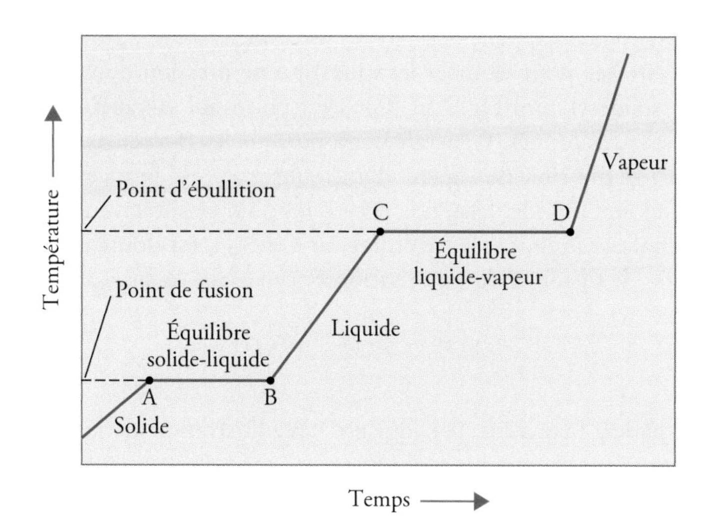

FIGURE 9.32

Courbe type de chauffage d'une substance, de la phase solide à la phase liquide à la phase gazeuse

Du fait que la ΔH°_{fus} est plus petite que la ΔH°_{vap}, la durée du temps de fusion est plus petite que celle de l'ébullition. Cela explique pourquoi le segment AB est plus court que le segment CD. Les valeurs des pentes des différentes droites pour le solide, le liquide et la vapeur dépendent des chaleurs spécifiques de la substance dans chaque état.

On appelle **chaleur molaire de fusion** (ΔH°_{fus}) l'énergie (habituellement donnée en kilojoules) requise pour faire fondre une mole d'un solide. Le **TABLEAU 9.8** montre la chaleur molaire de fusion des substances nommées au **TABLEAU 9.6** *(voir p. 448)*. Si l'on compare les données de ces deux tableaux, on remarque que, pour chaque substance, la ΔH°_{fus} est inférieure à la ΔH°_{vap}. Cela est en accord avec le fait que, dans un liquide, les molécules restent relativement près les unes des autres. Il faut donc beaucoup moins d'énergie pour faire passer ces molécules de la phase solide à la phase liquide qu'il n'en faut pour rompre les attractions intermoléculaires et les séparer les unes des autres afin de les faire passer à la phase vapeur.

TABLEAU 9.8 > Chaleurs molaires de fusion de certaines substances

Substance	Point de fusion* (°C)	ΔH°_{fus} (kJ/mol)
Argon (Ar)	−190	1,3
Benzène (C_6H_6)	5,5	10,9
Eau (H_2O)	0	6,01
Éthanol (C_2H_5OH)	−117,3	7,61
Éther diéthylique ($C_2H_5OC_2H_5$)	−116,2	6,90
Mercure (Hg)	−39	23,4
Méthane (CH_4)	−183	0,84

* À 101,3 kPa

9.6.3 L'équilibre solide-vapeur

Les solides aussi subissent une évaporation. Ils ont ainsi une pression de vapeur selon l'équilibre dynamique suivant :

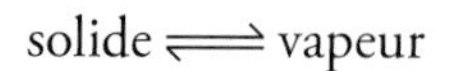

$$\text{solide} \rightleftharpoons \text{vapeur}$$

Iode solide en équilibre avec sa vapeur

On appelle **sublimation** le processus par lequel les molécules passent directement de la phase solide à la phase vapeur. Le processus inverse (qui est le passage direct de la phase vapeur à la phase solide) s'appelle **déposition** (ou **condensation solide**). Le naphtalène (une substance utilisée pour éloigner les mites) a une pression de vapeur relativement élevée pour un solide (1 mm Hg à 53 °C) ; c'est pourquoi sa vapeur odorante remplit rapidement les espaces fermés. Généralement, puisque les molécules y sont maintenues plus fermement, la pression de vapeur d'une substance est beaucoup moins élevée à l'état solide qu'à l'état liquide. L'énergie nécessaire pour sublimer une mole d'un solide, qu'on appelle **chaleur molaire de sublimation** (ΔH°_{sub}), est donnée par la somme des chaleurs molaires de fusion et de vaporisation :

$$\Delta H^\circ_{sub} = \Delta H^\circ_{fus} + \Delta H^\circ_{vap} \tag{9.4}$$

À proprement parler, l'équation 9.4, qui est une illustration de la loi de Hess, n'est valable que si tous les changements de phase se produisent à la même température. L'enthalpie (ou variation d'énergie) du processus global reste la même, que la substance passe de la phase solide à la phase de vapeur ou qu'elle passe de solide à liquide puis à vapeur. La **FIGURE 9.33** résume les différents types de changements de phase abordés dans la présente section.

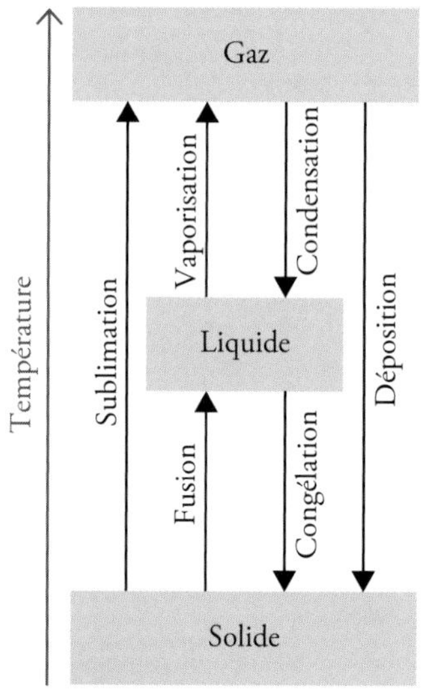

FIGURE 9.33

Les différents changements de phase que peut subir une substance

QUESTIONS de révision

21. Définissez l'expression « changement de phase ». Nommez tous les changements possibles qui peuvent se produire entre les phases gazeuse, liquide et solide d'une substance.
22. Qu'est-ce que la pression de vapeur à l'équilibre d'un liquide ? Comment varie-t-elle avec la température ?
23. Prenez l'exemple d'un changement de phase de votre choix pour expliquer ce qu'on entend par équilibre dynamique.
24. Définissez les termes suivants : **a)** chaleur molaire de vaporisation ; **b)** chaleur molaire de fusion ; **c)** chaleur molaire de sublimation. Quelles sont les unités utilisées pour exprimer ces grandeurs ?
25. Quel est le rapport entre la chaleur molaire de sublimation et les chaleurs molaires de vaporisation et de fusion ? Sur quelle loi cette relation se base-t-elle ?
26. Que nous apprend la chaleur molaire de vaporisation sur la force des attractions intermoléculaires qui s'exercent dans un liquide ?
27. Indiquez si l'énoncé suivant est vrai ou faux. « Plus la chaleur molaire de vaporisation d'un liquide est élevée, plus sa pression de vapeur est élevée. »
28. Qu'est-ce que le point d'ébullition ? De quelle manière le point d'ébullition d'un liquide dépend-il de la pression extérieure ? À l'aide du **TABLEAU 4.4** (*voir p. 158*), donnez le point d'ébullition de l'eau quand la pression extérieure est de 187,5 mm Hg.

29. Quand un liquide est chauffé à pression constante, sa température monte. On observe ce phénomène jusqu'au point d'ébullition du liquide. On ne peut alors plus augmenter la température du liquide par chauffage. Expliquez pourquoi.
30. Dites ce qu'est la température critique. Quelle est l'importance de la température critique dans la condensation des gaz ?
31. Quelle est la relation, pour un liquide donné, entre les forces intermoléculaires, le point d'ébullition et la température critique ? Pourquoi la température critique de l'eau est-elle plus élevée que celle de la plupart des autres substances ?
32. Comment les points d'ébullition et de fusion de l'eau et du tétrachlorure de carbone varient-ils selon la pression ? Expliquez les différences de comportement de ces deux substances.
33. De laquelle des variables suivantes dépend la pression de vapeur d'un liquide contenu dans un récipient fermé ? **a)** le volume au-dessus du liquide ; **b)** la quantité de liquide ; **c)** la température.
34. En vous aidant de la **FIGURE 9.29** (*voir p. 447*), estimez le point d'ébullition de l'éther diéthylique, de l'eau et du mercure à 50 kPa.
35. Dites pourquoi les vêtements mouillés sèchent plus rapidement durant les journées chaudes et sèches que durant les journées chaudes et humides.
36. Lequel des changements de phase suivants libère le plus de chaleur ? **a)** Une mole de vapeur devient une mole d'eau à 100 °C. **b)** Une mole d'eau devient une mole de glace à 0 °C.
37. L'eau d'un bécher est portée à ébullition à l'aide d'un bec Bunsen. Est-ce que l'ajout d'un deuxième brûleur ferait monter le point d'ébullition de l'eau ? Expliquez votre réponse.

9.7 Les diagrammes de phases

La meilleure façon d'obtenir une vue d'ensemble des relations entre les phases solide, liquide et vapeur est de rassembler toutes ces données en un seul graphique appelé diagramme de phases. Un **diagramme de phases** décrit les conditions de température et de pression dans lesquelles une substance se retrouve à l'état solide, liquide ou gazeux.

Dans certaines conditions précises, deux ou même trois états physiques peuvent coexister en étant à l'équilibre, ce qui correspond aux tracés des lignes appelées « courbes d'équilibre ». Par comparaison avec des graphiques habituels, où l'on ne considère que les points sur les courbes, on a plutôt ici un diagramme pour lequel il faut considérer toute la surface. Cette surface se trouve partagée en plus petites surfaces (ou domaines) délimitées par les courbes d'équilibre (*voir la* **FIGURE 9.34**, *page suivante*). Tout point à l'intérieur d'un domaine donné correspond à une température et à une pression pour lesquelles la substance est stable dans cet état. Si, par contre, la température et la pression correspondent à un point situé sur l'une des courbes (l'une ou l'autre des frontières), la substance se trouve alors dans les deux états délimités par cette frontière.

On remarque deux points particulièrement importants dans un diagramme de phases typique comme celui de la **FIGURE 9.34** (*voir page suivante*). Le point P_t, situé à l'intersection des trois courbes, se nomme **point triple** et correspond aux uniques valeurs de la température et de la pression (et seulement pour ces valeurs) où les trois phases – solide, liquide et vapeur – sont en équilibre entre elles. Le point P_c, situé à l'extrémité de la courbe d'équilibre liquide-vapeur, est appelé **point critique** et correspond aux coordonnées de la température critique et de la pression critique. Rappelons que la température critique est la température au-dessus de laquelle une substance donnée ne peut pas exister à l'état liquide (*voir la section 9.6, p. 446*).

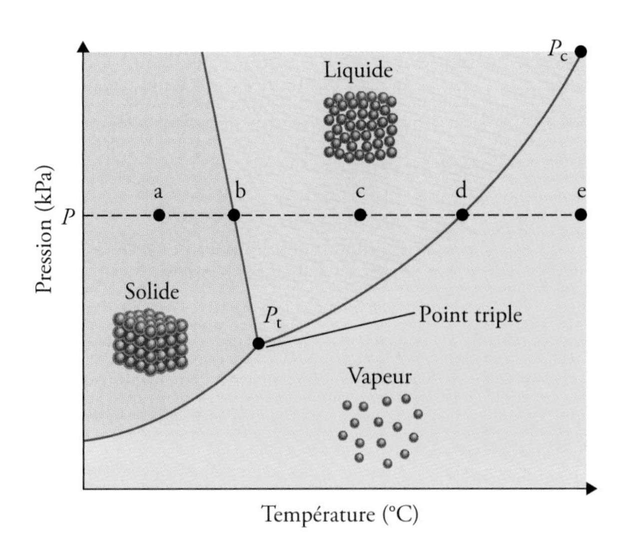

FIGURE 9.34

Diagramme de phases typique

Les différentes zones de couleurs correspondent à différents états physiques pour une substance donnée en fonction de la pression et de la température. Par exemple, supposons qu'à une certaine pression *P* (ligne horizontale en pointillés), on voudrait suivre la série d'événements qui devraient se produire en augmentant progressivement la température en partant du point *a*. En *a*, la substance serait à l'état solide ; en *b*, elle serait en changement de phase ou fusion (S $\longrightarrow$ L) ; en *c*, elle serait à l'état liquide L, etc. Si l'on maintenait la température et la pression constantes au point *d*, il y aurait coexistence du liquide avec sa vapeur, soit l'état d'équilibre (L $\rightleftharpoons$ V).

Les diagrammes de phases de différentes substances se ressemblent mais ne sont pas identiques : chaque substance a un diagramme de phases qui lui est propre. Les diagrammes de phases de l'eau et du dioxyde de carbone sont étudiés ci-après.

9.7.1 L'eau

La **FIGURE 9.35A** illustre le diagramme de phases de l'eau. Les courbes qui délimitent deux domaines indiquent les conditions dans lesquelles les deux phases peuvent coexister en équilibre. Par exemple, la courbe située entre les phases liquide et vapeur montre la variation de la pression de vapeur à l'équilibre en fonction de la température. (On peut comparer cette courbe avec celle de la **FIGURE 9.29**, p. 447.) Les deux autres courbes donnent, de la même manière, les conditions dans lesquelles il y a équilibre entre la glace et l'eau liquide, et entre la glace et la vapeur d'eau. (À noter que la courbe d'équilibre solide-liquide a une pente négative.) Dans le cas de l'eau, les coordonnées du point triple sont 0,01 °C et 0,61 kPa. Le point critique a comme coordonnées les valeurs de P_c et T_c. Ce point n'est pas indiqué sur la **FIGURE 9.35B**, car il se situe à la valeur de coordonnée (374 °C, 2,22 × 10^4 kPa) d'après le **TABLEAU 9.7** (*voir p. 452*), soit une valeur bien au-delà des axes.

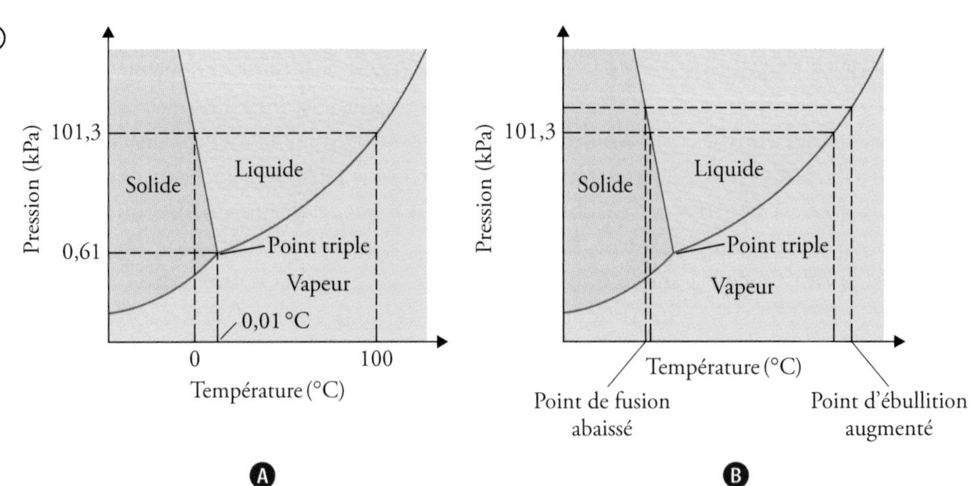

FIGURE 9.35

Diagrammes de phases de l'eau

A Le point triple correspond à l'intersection des trois courbes. En ce point, les trois phases sont en équilibre entre elles.

B On peut voir que l'augmentation de la pression exercée sur la glace abaisse son point de fusion et que l'augmentation de la pression exercée sur l'eau liquide élève son point d'ébullition.

Les diagrammes de phases permettent de prédire les variations du point de fusion et du point d'ébullition d'une substance en fonction des modifications de la pression extérieure ; ils permettent également de prédire le sens des changements de phase occasionnés par les variations de température et de pression. Les points de fusion et d'ébullition normaux de l'eau (mesurés à 101,3 kPa) sont respectivement 0 °C et 100 °C. Qu'arriverait-il si on la faisait fondre et bouillir à une pression différente ? La **FIGURE 9.35B** montre qu'une augmentation de la pression au-dessus de 101,3 kPa élève le point d'ébullition et abaisse le point de fusion. Une baisse de pression abaisse le point d'ébullition et élève le point de fusion.

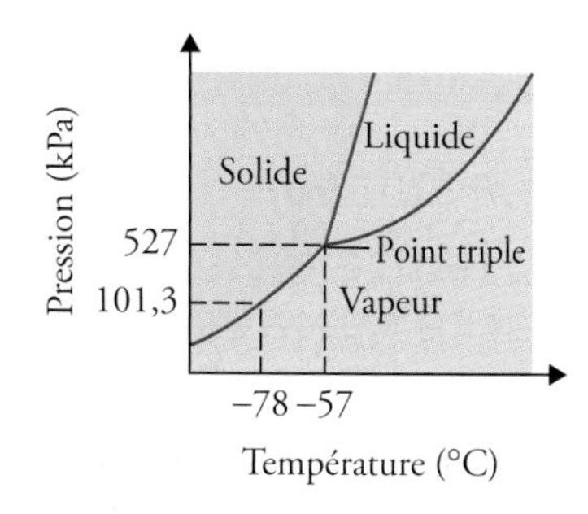

FIGURE 9.36

Diagramme de phases du dioxyde de carbone

La courbe solide-liquide a une pente positive. La phase liquide n'est pas stable sous 527 kPa. Ainsi, seules les phases solide et vapeur peuvent exister dans les conditions atmosphériques.

9.7.2 Le dioxyde de carbone

Le diagramme de phases du dioxyde de carbone (CO_2) (*voir la* **FIGURE 9.36**) ressemble à celui de l'eau, à la différence que la pente de la courbe d'équilibre solide-liquide est positive. En fait, cela est vrai pour presque toutes les substances. L'eau se comporte différemment parce que la glace a une masse volumique inférieure à celle de l'eau liquide. Le point triple du CO_2 se situe à 527 kPa et à −57 °C.

L'examen du diagramme de phases illustré à la **FIGURE 9.36** permet de faire une observation intéressante : comme toute la phase liquide est située bien au-dessus de la pression atmosphérique, il est impossible au CO_2 solide de fondre à 101,3 kPa. À 101,3 kPa, quand le CO_2 solide est chauffé à −78 °C, il passe directement à la phase vapeur. Dans le langage courant, on appelle « glace sèche » le dioxyde de carbone solide parce qu'il ressemble à de la glace et qu'il *ne fond pas* (*voir la* **FIGURE 9.37**). Cette propriété fait qu'on utilise la glace sèche comme agent refroidissant.

RÉVISION DES CONCEPTS

Indiquez, parmi les diagrammes de phases suivants, le diagramme qui correspond à celui d'une substance qui subit une sublimation plutôt qu'une fusion lorsqu'elle est chauffée à 101,3 kPa.

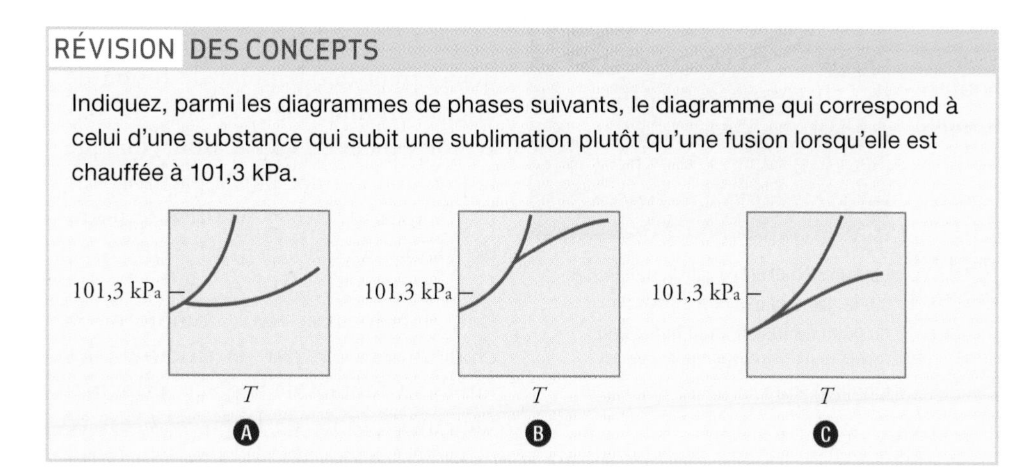

FIGURE 9.37

Dioxyde de carbone (glace sèche)

Dans les conditions atmosphériques, le dioxyde de carbone solide ne fond pas ; il ne peut que se sublimer. Le dioxyde de carbone gazeux froid (−78 °C) provoque la condensation de la vapeur d'eau, d'où le léger brouillard.

QUESTIONS de révision

38. Qu'est-ce qu'un diagramme de phases ? Quels renseignements utiles peut-on en tirer ?
39. Dites en quoi le diagramme de phases de l'eau diffère de ceux de la plupart des autres substances. Quelle caractéristique de l'eau cause cette différence ?

CHIMIE EN ACTION

La cuisson d'un œuf à la coque à haute altitude, les autocuiseurs et le patinage sur glace

La pression ambiante influe sur les équilibres de phases. Selon les conditions atmosphériques, les points d'ébullition et de congélation de l'eau peuvent dévier passablement de leurs valeurs habituelles respectives de 100 °C et de 0 °C.

La cuisson d'un œuf à la coque à haute altitude

Une personne vient tout juste d'escalader le mont Logan, le plus haut sommet des Rocheuses, à 5959 m d'altitude, et décide de se faire cuire un œuf à la coque. Elle constate avec surprise que l'eau a bouilli rapidement, mais que, après 10 minutes d'ébullition, l'œuf n'est pas encore cuit. La connaissance des équilibres de phases aurait pu lui éviter de casser la coquille de cet œuf non cuit (déception encore plus grande s'il s'agissait de son seul œuf!). À cette altitude, la pression atmosphérique est seulement de 51 kPa. À la **FIGURE 9.35B** (*voir p. 456*), on peut voir que le point d'ébullition de l'eau diminue si la pression diminue ; à cette faible pression, l'eau bout à environ 81 °C. Cependant, ce n'est pas le bouillonnement, mais plutôt la quantité de chaleur transmise à l'œuf qui le fait cuire, et cette quantité de chaleur est proportionnelle à la température de l'eau. Il faudrait donc beaucoup plus de temps pour parvenir à faire cuire l'œuf.

La pression exercée par la patineuse sur la glace cause une diminution du point de fusion, et le film d'eau formé sous les lames agit comme lubrifiant entre les patins et la glace.

Les autocuiseurs

L'influence de la pression sur le point d'ébullition permet aussi d'expliquer pourquoi les autocuiseurs font gagner du temps en cuisant plus rapidement les aliments. Il s'agit d'une marmite scellée qui laisse la vapeur s'échapper seulement si elle excède une certaine pression. La pression au-dessus de l'eau dans l'autocuiseur est la somme de la pression atmosphérique et de la pression de vapeur. Par conséquent, l'eau dans l'autocuiseur bouillira à une température supérieure à 100 °C, et les aliments qu'il contient étant plus chauds, ils pourront cuire plus vite.

Le patinage sur glace

La valeur négative de la pente de la courbe solide-liquide signifie que le point de fusion de la glace diminue quand la pression externe augmente (*voir la* **FIGURE 9.35B**, *p. 456*). Le phénomène de l'équilibre glace-eau rend possible le patinage sur glace. Du fait que les lames des patins sont très minces, une personne pesant 60 kg peut exercer une pression qui équivaut à $5{,}1 \times 10^4$ kPa sur la glace. (La pression est la force exercée par unité de surface.) Ainsi, à une température inférieure à 0 °C, la glace fond sous la lame, et un mince film d'eau se forme, ce qui facilite le mouvement sur la glace. Des calculs démontrent que le point de fusion de la glace diminue de $7{,}3 \times 10^{-5}$ °C par accroissement de 1 kPa. Donc, lorsque la pression exercée par le patineur sur la glace est de $5{,}1 \times 10^4$ kPa, le point de fusion descend à $-[(5{,}1 \times 10^4 \text{ kPa})(7{,}3 \times 10^{-5} \text{ °C/kPa})] = -3{,}7$ °C. En fait, il faut aussi tenir compte de la chaleur causée par la friction des lames au contact de la glace, principal facteur de fonte de la glace. C'est ce qui explique pourquoi il est possible de faire du patin à l'extérieur même quand la température descend au-dessous de −20 °C.

RÉSUMÉ

9.1 La théorie cinétique des liquides et des solides

Les états de la matière

État de la matière	Volume	Forme	Compressibilité	Distance entre les molécules	Masse volumique	Présence de forces attractives	Mouvement des molécules
Gaz	Indéfini	Indéfinie	Élevée	La plus grande possible	Faible	Non	Bougent très librement.
Liquide	Défini	Indéfinie	Très légère	Petite	Moyenne à élevée	Oui	Glissent librement les unes contre les autres.
Solide	Défini	Définie	Pratiquement nulle	Très petite	Élevée	Oui	Vibrent dans une position fixe.

9.2 Les forces intermoléculaires

Les forces intermoléculaires s'exercent entre les molécules et sont responsables de la cohésion des états solides et liquides. En général, elles sont beaucoup plus faibles que les forces de liaison.

Tableau récapitulatif des forces intermoléculaires

Interactions*	Autre nom	Espèces impliquées	Particularité	Phénomène observé	Représentation
Dipôle-dipôle	Forces de Keesom	Deux molécules polaires	Attraction entre deux dipôles permanents	Le δ^+ de la première molécule s'aligne avec le δ^- de la seconde.	Lien covalent (fort) Attraction intermoléculaire (faible) δ^- δ^+ δ^- δ^+ Exemple : HI
Dipôle-dipôle induit	Forces de Debye	Une molécule non polaire et une molécule polaire	Le dipôle permanent (ou la charge de l'ion) force un déplacement des électrons dans la molécule non polaire (apparition d'un dipôle instantané).	La déformation du nuage électronique (polarisabilité) augmente avec la taille de la molécule et le nombre d'électrons.	Dipôle Dipôle induit Exemple : H_2O et CH_4 (dans un hydrate)
Forces de dispersion (dipôle instantané-dipôle induit)	Forces de London	Deux molécules non polaires	L'apparition d'un dipôle instantané sur une première molécule induit un dipôle sur la seconde.	L'intensité des forces de dispersion augmente avec la taille de la molécule et le nombre d'électrons.	Exemple : azote (N_2)
Liaison hydrogène	Pont hydrogène	Molécule portant un atome de H lié à un atome très électronégatif (N, O ou F) et une molécule portant un atome très électronégatif porteur de doublets libres (N, O ou F)	Interactions plus fortes que celles de Van der Waals.	Les liaisons hydrogène sont responsables de la structure tridimensionnelle de la glace.	• = O ◦ = H Exemple : H_2O

* Les interactions dipôle-dipôle, dipôle-dipôle induit et les forces de dispersion sont des forces de Van der Waals.

Il convient de noter la grande importance des forces de dispersion. Dans la plupart des molécules, les forces de dispersion sont les plus importantes des forces intermoléculaires.

9.3 L'état liquide

La tension superficielle

Quantité d'énergie requise pour étirer ou augmenter la surface d'un liquide.

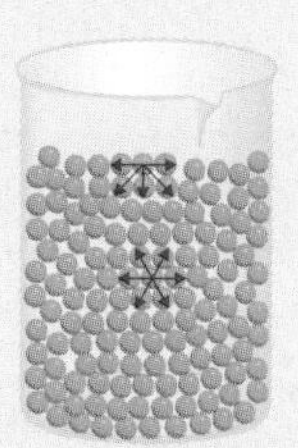

- Une molécule à l'intérieur du liquide subit des interactions de tous les côtés.
- Une molécule à la surface n'est pas entourée complètement et aura tendance à prendre la plus petite surface possible.
- Les liquides dans lesquels les forces intermoléculaires sont grandes ont des tensions superficielles élevées.

La capillarité

Tendance d'un liquide à remonter vers le sommet d'un tube fin.

Forces de cohésion : Attraction entre des molécules semblables.

Forces d'adhésion : Attraction entre des molécules différentes.

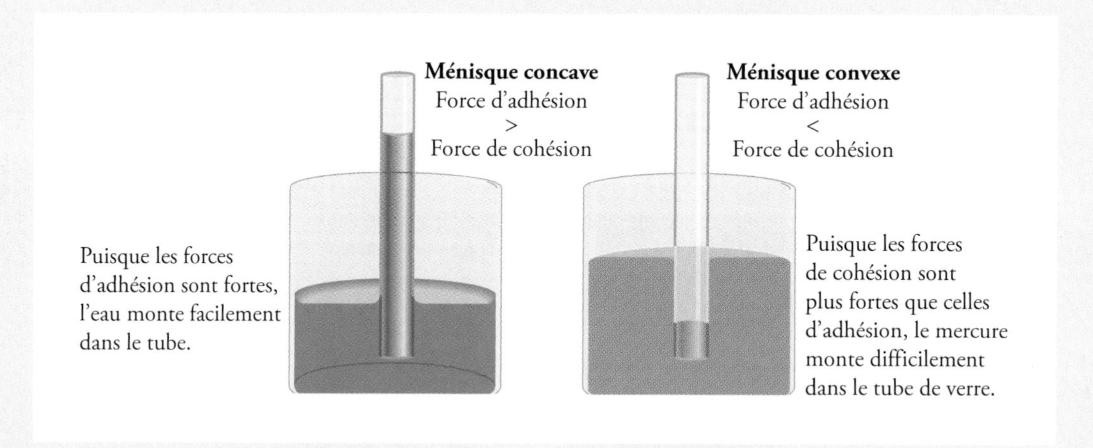
Ménisque concave
Force d'adhésion
>
Force de cohésion
Ménisque convexe
Force d'adhésion
<
Force de cohésion
Puisque les forces d'adhésion sont fortes, l'eau monte facilement dans le tube.
Puisque les forces de cohésion sont plus fortes que celles d'adhésion, le mercure monte difficilement dans le tube de verre.

La viscosité

Grandeur qui exprime la résistance d'un liquide à l'écoulement.

- Plus le liquide s'écoule lentement, plus la viscosité est élevée.
- La viscosité d'un liquide augmente avec l'intensité des forces attractives.

9.4 Les structures cristallines

Les solides sont soit cristallins (structure ordonnée), soit amorphes (sans structure ordonnée).

L'unité structurale de base d'un solide cristallin est la maille élémentaire.

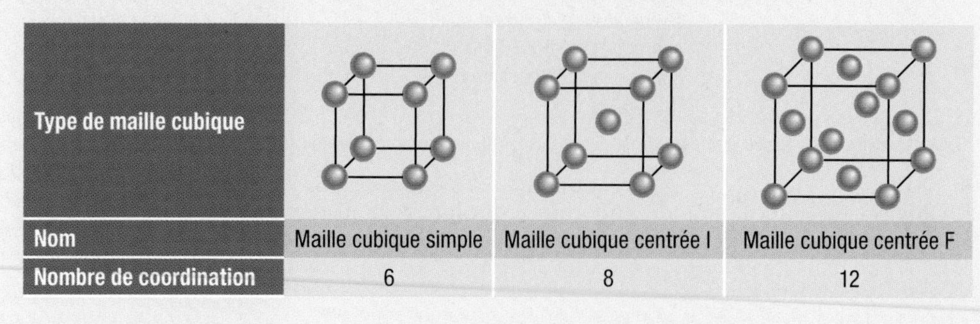

Type de maille cubique			
Nom	Maille cubique simple	Maille cubique centrée I	Maille cubique centrée F
Nombre de coordination	6	8	12

9.5 Les liaisons dans les solides cristallins

Il existe quatre types de solides cristallins, dont les caractéristiques sont présentées dans le tableau ci-dessous.

	Type de solide			
	Solide ionique	**Solide moléculaire**	**Solide covalent**	**Solide métallique**
Corps simples	–	Non-métaux	Métalloïdes	Métaux
Corps composés	Composés ioniques	Composés covalents	Quelques composés covalents	–
Unités de base (situées aux nœuds du réseau cristallin)	Ions positifs et ions négatifs	Molécules	Atomes	Cœurs d'atomes positifs
Force unissant les unités de base	Liaison ionique : attraction électrostatique entre cations et anions	Liaison intermoléculaire : forces de dispersion, forces dipôle-dipôle, liaisons hydrogène	Liaison covalente : paire d'électrons mis en commun entre deux noyaux	Liaison métallique : attraction électrostatique entre les cœurs d'atomes positifs et les électrons de valence délocalisés
Intensité de la liaison assurant la cohésion du solide	Forte	Faible pour les petites molécules sans liaison hydrogène	Forte	Moyenne à forte : varie en fonction du nombre d'électrons de valence
Caractéristiques générales	Dur ; cassant ; point de fusion élevé ; mauvais conducteur de chaleur et d'électricité	Mou ; point de fusion bas à moyen ; mauvais conducteur de chaleur et d'électricité	Dur ; point d'ébullition élevé ; mauvais conducteur d'électricité (sauf graphite)	Mou à dur ; point d'ébullition variable, de moyen à élevé ; bon conducteur de chaleur et d'électricité
Exemples	NaCl, LiF, MgO, $CaCO_3$	Ar, CO_2, I_2, H_2O, $C_{12}H_{22}O_{11}$ (saccharose) ● = O • = H	C (diamant), SiO_2 (quartz)	Tous les métaux ; par exemple, Na, Mg, Fe, Cu

9.6 9.7 Les changements de phase et les diagrammes de phases

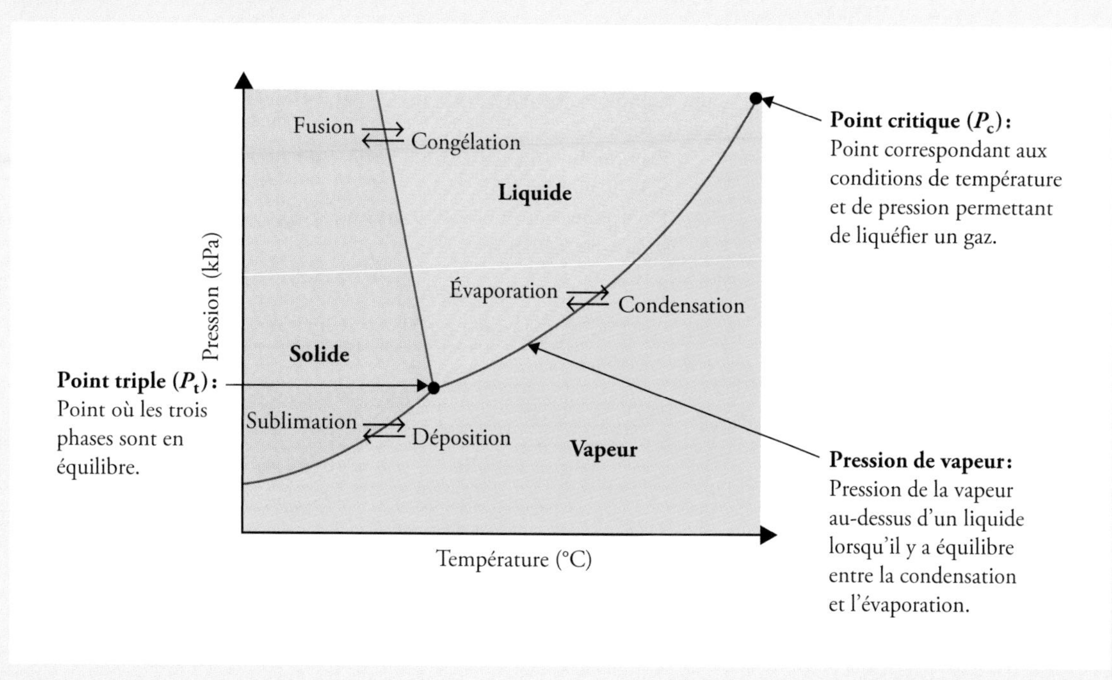

Fusion
Congélation
Liquide
Pression (kPa)
Évaporation
Condensation
Solide
Sublimation
Déposition
Vapeur
Température (°C)
Point critique (P_c) :
Point correspondant aux conditions de température et de pression permettant de liquéfier un gaz.
Point triple (P_t) :
Point où les trois phases sont en équilibre.
Pression de vapeur :
Pression de la vapeur au-dessus d'un liquide lorsqu'il y a équilibre entre la condensation et l'évaporation.

ÉQUATIONS CLÉS

- $NaCl(s) \xrightarrow{H_2O} Na^+(aq) + Cl^-(aq)$ — Équation représentant la dissociation d'un composé ionique et l'hydratation des ions (9.1)
- $\ln P = -\frac{\Delta H^\circ_{vap}}{RT} + C$ — L'équation de Clausius-Clapeyron peut servir à déterminer la ΔH°_{vap} d'un liquide. (9.2)
- $\ln \frac{P_1}{P_2} = -\frac{\Delta H^\circ_{vap}}{R}\left(\frac{T_1 - T_2}{T_1 T_2}\right)$ — Permet de calculer la ΔH°_{vap}, la pression de vapeur ou le point d'ébullition d'un liquide. (9.3)
- $\Delta H^\circ_{sub} = \Delta H^\circ_{fus} + \Delta H^\circ_{vap}$ — Application de la loi de Hess (9.4)

MOTS CLÉS

PROBLÈMES

Niveau de difficulté : ★ facile ; ★ moyen ; ★ élevé

Concepts : 9.4, 9.12, 9.29, 9.37, 9.42, 9.45 à 9.47, 9.53, 9.59 à 9.61, 9.63, 9.65, 9.66, 9.74, 9.76 ;
Descriptifs : 9.1 à 9.3, 9.5, 9.9 à 9.11, 9.13 à 9.16, 9.26 à 9.28, 9.30 à 9.33, 9.39, 9.50, 9.51, 9.54 ;
Environnement : 9.2, 9.37, 9.41, 9.57, 9.78 ;
Industrie : 9.40, 9.75, 9.78.

PROBLÈMES PAR SECTION

9.2 Les forces intermoléculaires

★**9.1** Les molécules des substances Br_2 et ICl ont le même nombre d'électrons ; cependant, Br_2 fond à −7,2 °C, tandis que ICl fond à 27,2 °C. Expliquez cette différence.

★**9.2** Si vous viviez au Nunavik, dans le Grand Nord québécois, lequel des gaz naturels suivants garderiez-vous dans un réservoir extérieur en hiver pour chauffer votre maison : le méthane (CH_4), le propane (C_3H_8) ou le butane (C_4H_{10}) ? Justifiez votre choix.

★**9.3** Les composés binaires formés d'hydrogène et des éléments du groupe 4A (avec, entre parenthèses, leurs points d'ébullition) sont : CH_4 (−162 °C), SiH_4 (−112 °C), GeH_4 (−88 °C) et SnH_4 (−52 °C). Dites pourquoi le point d'ébullition augmente de CH_4 à SnH_4.

★**9.4** Nommez les forces intermoléculaires présentes dans chacune des espèces suivantes : **a)** le benzène (C_6H_6) ; **b)** CH_3Cl ; **c)** PF_3 ; **d)** CS_2.

★**9.5** L'ammoniac est à la fois un receveur et un donneur d'hydrogène dans une liaison hydrogène. À l'aide d'un diagramme, illustrez les liaisons hydrogène entre une molécule d'ammoniac et deux autres molécules d'ammoniac.

★**9.6** Indiquez, parmi les molécules suivantes, celles qui peuvent former des liaisons hydrogène entre elles : **a)** C_2H_6 ; **b)** HI ; **c)** KF ; **d)** BeH_2 ; **e)** CH_3COOH.

★**9.7** Classez les substances suivantes par ordre croissant de leur point d'ébullition : CO_2, CH_3OH, CH_3Br. Expliquez votre classement.

★**9.8** Le point d'ébullition de l'éther diéthylique est 34,5 °C et celui du butan-1-ol est 117 °C.

$$H{-}\underset{H}{\overset{H}{C}}{-}\underset{H}{\overset{H}{C}}{-}O{-}\underset{H}{\overset{H}{C}}{-}\underset{H}{\overset{H}{C}}{-}H$$

Éther diéthylique

$$H{-}\underset{H}{\overset{H}{C}}{-}\underset{H}{\overset{H}{C}}{-}\underset{H}{\overset{H}{C}}{-}\underset{H}{\overset{H}{C}}{-}OH$$

Butan-1-ol

Ces deux composés ont la même formule moléculaire (le même nombre et les mêmes types d'atomes). Dites pourquoi leurs points d'ébullition sont différents.

★**9.9** Dans chacune des paires suivantes, nommez la substance dont le point d'ébullition est le plus élevé : **a)** O_2 et N_2 ; **b)** SO_2 et CO_2 ; **c)** HF et HI.

★**9.10** Dans chacune des paires suivantes, nommez la substance dont le point d'ébullition est le plus élevé et expliquez votre choix : **a)** Ne et Xe ; **b)** CO_2 et CS_2 ; **c)** CH_4 et Cl_2 ; **d)** F_2 et LiF ; **e)** NH_3 et PH_3.

★**9.11** En utilisant le concept de forces intermoléculaires, dites pourquoi : **a)** le point d'ébullition de NH_3 est supérieur à celui de CH_4 ; **b)** le point de fusion de KCl est supérieur à celui de I_2.

★**9.12** Quel type de forces d'attraction faut-il rompre pour : **a)** faire fondre de la glace ; **b)** faire bouillir du brome moléculaire ; **c)** faire fondre de l'iode solide ; **d)** dissocier la molécule F_2 en atomes de F ?

★**9.13** Les deux molécules suivantes sont des isomères. Laquelle, selon vous, a le point d'ébullition le plus élevé ?

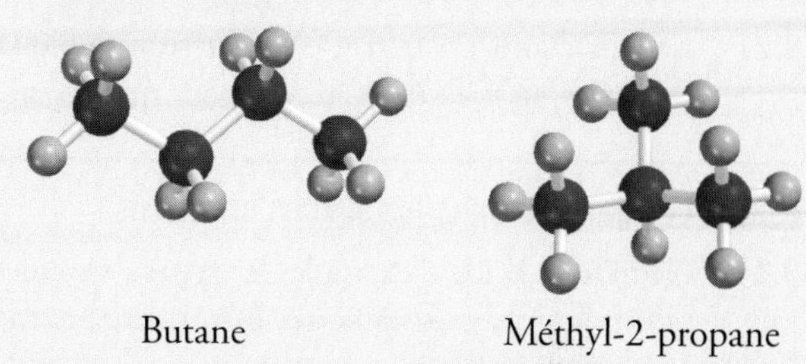

Butane — Méthyl-2-propane

(**Indice** : Les molécules qui peuvent s'imbriquer plus facilement subissent des attractions intermoléculaires plus fortes.)

★**9.14** Expliquez la différence entre les points de fusion des composés suivants :

NO_2 / OH (ortho)	NO_2 / OH (para)
Point de fusion 45 °C	Point de fusion 115 °C

(**Indice** : Une seule de ces deux molécules peut former des liaisons hydrogène intramoléculaires.)

9.3 L'état liquide

★**9.15** Lequel des liquides suivants a la tension superficielle la plus élevée : l'éthanol (C_2H_5OH) ou l'éther diméthylique (CH_3OCH_3) ?

★**9.16** Comparez la viscosité de l'éthylène glycol à celles de l'éthanol et du glycérol (*voir le* **TABLEAU 9.3**, *p. 434*).

$$HO{-}CH_2{-}CH_2{-}OH$$

Éthylène glycol

9.4 Les structures cristallines

★**9.17** Quel est l'indice de coordination de chaque sphère dans : **a)** un réseau cubique simple ; **b)** un réseau cubique centré I ; **c)** un réseau cubique centré F ? Supposez que les sphères sont de taille égale.

★**9.18** Calculez le nombre de sphères contenues dans les mailles élémentaires suivantes : cubique simple, cubique centrée I et cubique centrée F. Supposez que les sphères sont de même taille et qu'elles ne sont situées qu'aux nœuds.

★**9.19** Le fer cristallise en un réseau cubique. L'arête de la maille vaut 287 pm. La masse volumique du fer est de 7,87 g/cm^3. Combien d'atomes de fer y a-t-il dans une maille élémentaire ?

★**9.20** Le baryum cristallise en un réseau cubique centré I (les atomes de Ba n'occupent que les nœuds). L'arête de la maille est de 502 pm ; la masse volumique de Ba est de 3,50 g/cm^3. Selon ces données, calculez le nombre d'Avogadro. (**Indice** : Calculez d'abord le volume occupé par une mole d'atomes de Ba dans ce type de maille élémentaire, puis calculez le volume occupé par un des atomes de Ba dans une maille élémentaire.)

★**9.21** Le vanadium cristallise en un réseau cubique centré I (les atomes de V n'occupent que les nœuds). Combien d'atomes de vanadium y a-t-il dans une maille élémentaire ?

★**9.22** L'europium cristallise en un réseau cubique centré I (les atomes de Eu n'occupent que les nœuds). La masse volumique de Eu est de 5,26 g/cm^3. Calculez la longueur de l'arête de la maille en picomètres.

★**9.23** Le silicium cristallin a une structure cubique. L'arête de sa maille élémentaire est de 543 pm. La masse volumique du solide est de 2,33 g/cm^3. Calculez le nombre d'atomes de Si contenus dans une maille élémentaire.

★**9.24** Soit un solide dont la maille cubique centrée F contient huit atomes de coin X et six atomes de face Y. Quelle est la formule empirique de ce solide ?

9.5 Les liaisons dans les solides cristallins

★**9.25** Décrivez à l'aide d'exemples les types de solides cristallins suivants : **a)** ionique ; **b)** covalent ; **c)** moléculaire ; **d)** métallique.

★**9.26** On vous donne un solide dur, friable et qui ne conduit pas l'électricité. Toutefois, la même substance à l'état liquide et en solution aqueuse conduit l'électricité. De quel type de solide s'agit-il ?

★**9.27** Un solide mou a un point de fusion bas (sous les 100 °C). Cette substance ne conduit pas l'électricité, qu'elle soit à l'état solide ou liquide, ou en solution. De quel type de solide s'agit-il ?

★**9.28** Un solide est très dur et a un point de fusion élevé. Cette substance, qu'elle soit solide ou liquide, ne conduit pas l'électricité. De quel type de solide s'agit-il ?

★**9.29** Pourquoi les métaux sont-ils de bons conducteurs de chaleur et d'électricité ? Pourquoi la résistance électrique d'un métal augmente-t-elle quand la température augmente ?

★**9.30** Dites quel type de solide forme chacun des éléments de la deuxième période du tableau périodique.

★**9.31** Le point de fusion de chacun des oxydes des éléments suivants de la troisième période est donné entre parenthèses : Na_2O (1275 °C), MgO (2800 °C), Al_2O_3 (2045 °C), SiO_2 (1610 °C), P_4O_{10} (580 °C), SO_3 (16,8 °C), Cl_2O_7 (−91,5 °C). Dans chaque cas, de quel type de solide s'agit-il ?

★**9.32** Classez les solides suivants en solides moléculaires et en solides covalents : Se_8, HBr, Si, CO_2, C, P_4O_6, B, SiH_4.

★**9.33** Classez les solides suivants en solides ioniques, covalents, moléculaires ou métalliques : **a)** CO_2 ; **b)** B ; **c)** S_8 ; **d)** KBr ; **e)** Mg ; **f)** SiO_2 ; **g)** LiCl ; **h)** Cr.

★**9.34** Dites pourquoi le diamant est plus dur que le graphite. Pourquoi le graphite est-il un bon conducteur d'électricité, contrairement au diamant ?

9.6 Les changements de phase

★**9.35** Calculez la quantité de chaleur requise (en kilojoules) pour convertir 74,6 g d'eau en vapeur à 100 °C.

★**9.36** Quelle quantité de chaleur (en kilojoules) est nécessaire pour convertir 866 g de glace à −10 °C en vapeur à 126 °C ? (Les capacités thermiques massiques de la glace et de la vapeur sont respectivement de 2,03 J/g · °C et de 1,99 J/g · °C.)

★**9.37** Comment la vitesse d'évaporation d'un liquide est-elle influencée par : **a)** la température ; **b)** la surface du liquide exposée à l'air ; **c)** les forces intermoléculaires ?

★**9.38** Les chaleurs molaires de fusion et de sublimation de l'iode moléculaire sont respectivement de 15,27 kJ/mol et de 62,30 kJ/mol. Estimez la chaleur molaire de vaporisation de l'iode liquide.

★**9.39** Voici les points d'ébullition de composés qui sont liquides à −10 °C : butane, −0,5 °C ; éthanol, 78,3 °C ; toluène, 110,6 °C. À −10 °C, lequel de ces liquides aurait la pression de vapeur la plus élevée ? la plus basse ?

★**9.40** On obtient le café séché à froid en congelant du café liquide préparé, puis en en retirant la glace à l'aide d'une pompe à vide. Décrivez les changements de phase en jeu dans ce procédé appelé « lyophilisation ».

★9.41 En hiver, par une température de −15 °C, un étudiant suspend des vêtements mouillés dehors. Après quelques heures, les vêtements sont presque secs. Décrivez les changements de phase qui ont eu lieu.

★9.42 La vapeur d'eau à 100 °C cause des brûlures plus graves que l'eau à 100 °C. Pourquoi ?

★9.43 Déterminez graphiquement la chaleur molaire de vaporisation du mercure à l'aide des mesures de la pression de vapeur du mercure à différentes températures.

T (°C)	200	250	300	320	340
P (mm Hg)	17,3	74,4	246,8	376,3	557,9

★9.44 La pression de vapeur du benzène, C_6H_6, est de 40,1 mm Hg à 7,6 °C. Quelle est la pression de vapeur du benzène à 60,6 °C ? La chaleur molaire de vaporisation du benzène est de 31,0 kJ/mol.

★9.45 La pression de vapeur d'un liquide X est inférieure à celle d'un liquide Y à 20 °C, mais elle lui est supérieure si la température est à 60 °C. Que pouvez-vous déduire des ordres de grandeur relative des chaleurs de vaporisation de X et de Y ?

9.7 Les diagrammes de phases

★9.46 Les lames de patins à glace étant très minces, la pression exercée sur la glace par un patineur peut alors être importante. Expliquez comment cela permet à une personne de glisser sur la glace. *(Voir la rubrique « Chimie en action – La cuisson d'un œuf à la coque à haute altitude, les autocuiseurs et le patinage sur glace », p. 458.)*

★9.47 Un fil métallique est placé sur un bloc de glace ; il dépasse de chaque côté. On attache un poids à chaque extrémité du fil. La glace sous le fil se met à fondre graduellement de sorte que le fil descend lentement à travers le cube. En même temps, l'eau au-dessus du fil regèle. Expliquez ce qui se produit.

★9.48 Les points d'ébullition et de congélation du dioxyde de soufre sont respectivement −10 °C et −72,7 °C (à 101,3 kPa). Le point triple est situé à −75,5 °C et à 1,67 × 10^{-1} kPa ; son point critique est à 157 °C et à 7,9 × 10^3 kPa. D'après ces données, esquissez le diagramme de phases de SO_2.

★9.49 Soit le diagramme de phases de l'eau illustré ci-dessous. Nommez ses domaines. Prédisez ce qui arriverait si l'on effectuait les opérations suivantes : **a)** en partant de A, on augmente la température à pression constante ; **b)** en partant de C, on abaisse la température à pression constante ; **c)** en partant de B, on abaisse la pression à température constante.

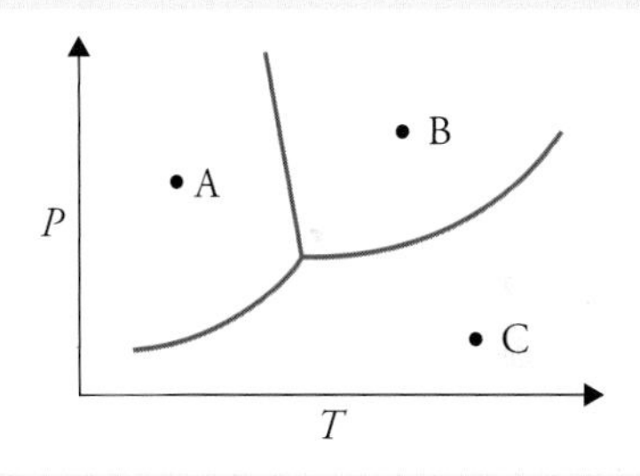

PROBLÈMES VARIÉS

★9.50 Nommez les types de forces attractives qui doivent être rompues pour : **a)** faire bouillir de l'ammoniac liquide ; **b)** faire fondre du phosphore solide (P_4) ; **c)** dissoudre du CsI dans du HF liquide ; **d)** faire fondre du potassium.

★9.51 Identifiez les types de forces attractives qui doivent être rompues lors des transformations suivantes : **a)** la sublimation de SiO_2 ; **b)** la fusion de $(NH_4)_2SO_4$; **c)** la décomposition de $(NH_4)_2SO_4$ en atomes neutres et isolés ; **d)** la vaporisation de Br_2 ; **e)** la sublimation du diamant.

★9.52 Indiquez, parmi les propriétés suivantes, celle qui traduit des attractions intermoléculaires très fortes dans un liquide : **a)** une tension superficielle très faible ; **b)** une température critique très basse ; **c)** un point d'ébullition très bas ; **d)** une pression de vapeur très basse.

★9.53 Expliquez pourquoi, à −35 °C, la pression de vapeur de HI liquide est plus élevée que celle de HF liquide.

★9.54 Le bore élémentaire possède les caractéristiques suivantes : il a un point de fusion élevé (2300 °C), est mauvais conducteur de chaleur et d'électricité, est insoluble dans l'eau et très dur. Dites de quel type de solide cristallin il s'agit.

★9.55 À l'aide de la **FIGURE 9.36** (*voir p. 457*), déterminez la phase stable de CO_2 : **a)** à 400 kPa et à −60 °C ; **b)** à 50 kPa et à −20 °C.

★9.56 Un solide contient des atomes X, Y et Z assemblés en un réseau cubique ; les atomes X sont dans les coins, les atomes Y sont centrés dans les cubes et les atomes Z sont situés sur les faces des mailles. Quelle est la formule empirique de ce composé ?

★9.57 Un extincteur à CO_2 est suspendu à l'extérieur d'un immeuble à Montréal. Durant l'hiver, on peut entendre du liquide bouger quand on le secoue lentement. Durant l'été, on n'entend pas de liquide bouger. Expliquez pourquoi, en considérant que l'extincteur n'a aucune fuite et qu'il n'a pas été utilisé.

★9.58 Quelle est la pression de vapeur du mercure à son point d'ébullition normal (375 °C) ?

★9.59 Un flacon contenant de l'eau est raccordé à une puissante pompe à vide. Quand la pompe est mise en marche, l'eau commence à bouillir. Après quelques minutes, cette même eau commence à geler. Finalement, la glace disparaît. Expliquez ce qui se produit à chaque étape.

★9.60 La courbe liquide-vapeur du diagramme de phases de toute substance s'arrête à un certain point. Pourquoi ?

★9.61 À l'aide du diagramme de phases du carbone illustré ci-dessous, répondez aux questions suivantes : **a)** Combien de points triples y a-t-il et quelles sont les phases qui coexistent à chacun d'eux ? **b)** Lequel des allotropes du carbone, le graphite ou le diamant, a la masse volumique la plus élevée ? **c)** À partir du graphite, on peut fabriquer du diamant synthétique. En vous aidant du diagramme de phases, indiquez comment vous procéderiez pour en fabriquer.

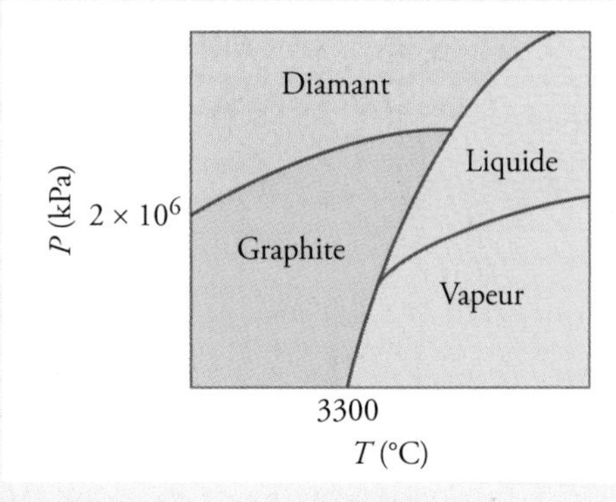

★9.62 Calculez la chaleur molaire de vaporisation d'un liquide dont la pression de vapeur double lorsque la température passe de 85 °C à 95 °C.

★9.63 Lesquels des énoncés suivants sont faux ? **a)** Les interactions dipôle-dipôle entre des molécules sont à leur plus fort quand elles ne possèdent que des moments de dipôle temporaire. **b)** Tous les composés contenant des atomes d'hydrogène peuvent participer à la formation de liaisons hydrogène. **c)** Les forces de dispersion existent entre toutes les molécules.

★9.64 Le pôle sud de la planète Mars est couvert de glace sèche qui se sublime partiellement durant l'été. La vapeur de CO_2 se recondense en hiver lorsque la température descend à 150 K. En sachant que la chaleur de sublimation de CO_2 est de 25,9 kJ/mol, calculez la pression atmosphérique, en kilopascals, à la surface de Mars. (**Indice :** Utilisez la **FIGURE 9.36** (*voir p. 457*) pour déterminer la température normale de sublimation de la glace sèche ainsi que l'équation 9.3 (*voir p. 449*), qui s'applique aussi à la sublimation.)

★9.65 Les chaleurs d'hydratation, c'est-à-dire les échanges d'énergie qui se produisent lorsque des ions s'hydratent en solution, sont surtout dues à des interactions ion-dipôle. Les chaleurs d'hydratation pour les ions des métaux alcalins sont les suivantes : pour Li^+, −520 kJ/mol ; pour Na^+, −405 kJ/mol ; pour K^+, −321 kJ/mol. Quelle tendance y a-t-il dans ces données ? Comment pouvez-vous l'expliquer ?

★9.66 Un bécher contenant de l'eau est placé dans un contenant fermé hermétiquement. Prédisez l'effet sur la pression de vapeur quand : **a)** la température est abaissée ; **b)** le volume du contenant est doublé ; **c)** on rajoute de l'eau dans le contenant.

★9.67 Une masse d'eau pesant 1,20 g est injectée dans une fiole de 5,00 L préalablement évidée. La température est de 65 °C. Quel pourcentage de l'eau sera en phase vapeur lorsque le système aura atteint l'équilibre ? Supposez que la vapeur d'eau a un comportement idéal et que le volume de l'eau liquide est négligeable. La pression de la vapeur d'eau à 65 °C est de 187,5 mm Hg.

★9.68 Les courbes approximatives de ln P en fonction de $1/T$ pour le méthanol (CH_3OH), le chlorométhane (CH_3Cl) et le propane (C_3H_8) sont tracées ci-dessous. Associez une courbe à chacun de ces composés.

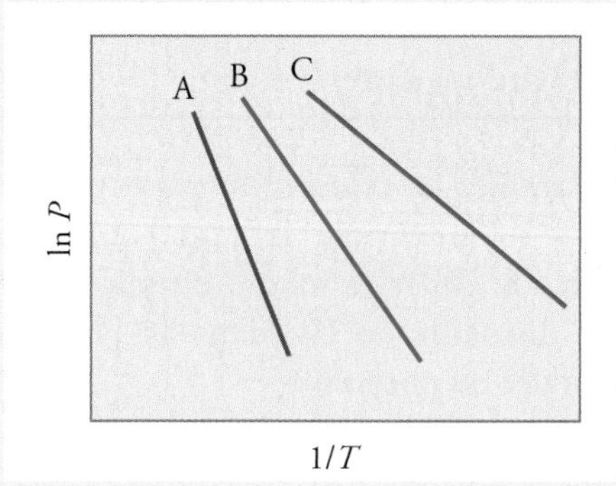

★9.69 La pression de vapeur d'un liquide est-elle plus sensible aux changements de température si l'enthalpie molaire de vaporisation est petite ou si elle est grande ?

★9.70 Le diagramme de phases de l'hélium est présenté ci-après. L'hélium est la seule substance connue qui possède deux phases liquides distinctes (appelées hélium-I et hélium-II).

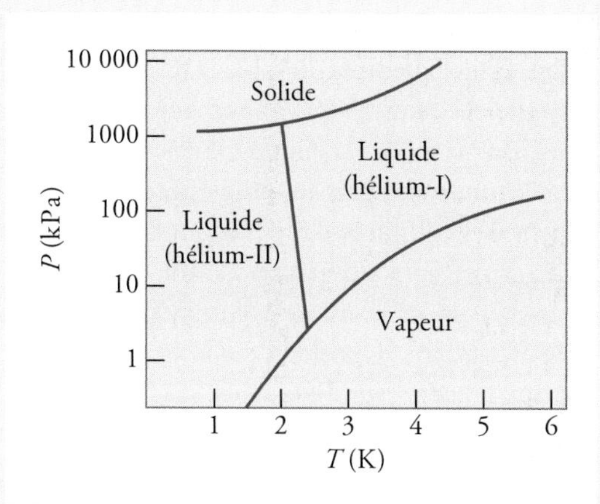

a) Quelle est la température maximale à laquelle l'hélium-II peut exister?

b) Quelle est la pression minimale à laquelle l'hélium solide peut exister?

c) Quelle est la température d'ébullition normale de l'hélium-I?

d) L'hélium solide peut-il se sublimer?

e) Combien de points triples le diagramme de phases de l'hélium compte-t-il?

★**9.71** Classez les corps simples suivants par ordre croissant de températures de fusion: Ca, V, Cl_2, $C_{diamant}$, Br_2, Na.

PROBLÈMES SPÉCIAUX

9.72 En supposant que la formation des produits à partir des réactifs nécessite le bris de toutes les liaisons (ou interactions) présentes dans les réactifs et la formation de toutes les liaisons (ou interactions) présentes dans les produits, indiquez le type de liaisons (ou interactions) formées et brisées pour chacun des réactifs et des produits des équations suivantes (considérez que les interactions intermoléculaires ne sont significatives que dans les états condensés).

a) $Ti(s) + Cl_2(g) \longrightarrow TiCl_2(s)$

b) $MgCO_3(s) + 2HF(aq) \longrightarrow MgF_2(aq) + CO_2(g) + H_2O(l)$

c) $SiO_2(s) + 4HF(l) \longrightarrow SiF_4(g) + 2H_2O(l)$

d) $2Fe_2O_3(s) + 3C(s) \longrightarrow 4Fe(s) + 3CO_2(l)$

	Bris	Formation
Liaison hydrogène		
Forces de Van der Waals		
Liaison ionique		
Liaison métallique		
Liaison covalente non polaire		
Liaison covalente polaire		

9.73 La mesure quantitative indiquant l'efficacité d'un mode d'empilement de sphères identiques dans une maille donnée s'appelle « taux de remplissage ». Le taux de remplissage correspond au pourcentage de l'espace occupé par les sphères dans la maille. Calculez le taux de remplissage lorsqu'il s'agit: **a)** d'une maille cubique simple; **b)** d'une maille cubique centrée I; **c)** d'une maille cubique centrée F. (**Indice**: Utilisez la **FIGURE 9.21** (*voir p. 440*) ainsi que la formule suivante pour le volume V d'une sphère de rayon r: $V = 4/3\pi r^3$.)

9.74 Une professeure de chimie a fait une « démonstration mystère » devant ses étudiants. Juste avant que ceux-ci arrivent en classe, elle a chauffé de l'eau dans un erlenmeyer jusqu'au point d'ébullition. Elle a ensuite retiré la fiole de la flamme, puis elle l'a fermée avec un bouchon en caoutchouc. Au début du cours, elle tenait la fiole devant les étudiants en leur déclarant qu'elle pouvait faire bouillir l'eau simplement en frottant un cube de glace sur les parois externes de la fiole. À la grande surprise de tous, l'eau s'est mise à bouillir. Expliquez ce phénomène.

9.75 Le silicium utilisé dans la fabrication des puces pour ordinateur doit avoir une teneur en impureté inférieure à 10^{-9} (c'est-à-dire qu'il ne doit pas y avoir plus d'un atome étranger par 10^9 atomes de Si). Le silicium est préparé par un procédé de réduction du quartz (SiO_2) avec du coke (une forme de carbone obtenue par la distillation destructive du charbon) à une température d'environ 2000 °C:

$$SiO_2(s) + 2C(s) \longrightarrow Si(l) + 2CO(g)$$

Ensuite, le silicium solide est séparé des impuretés solides par traitement avec du chlorure d'hydrogène à 350 °C pour former du trichlorosilane ($SiCl_3H$):

$$Si(s) + 3HCl(g) \longrightarrow SiCl_3H(g) + H_2(g)$$

Finalement, on obtient du Si ultrapur en renversant la réaction précédente à 1000 °C:

$$SiCl_3H(g) + H_2(g) \longrightarrow Si(s) + 3HCl(g)$$

a) Le trichlorosilane a une pression de vapeur de 26,1 kPa à −2 °C. Quel est son point d'ébullition normal? Est-ce que ce point d'ébullition est en accord avec le type de forces intermoléculaires qui existe entre les molécules de trichlorosilane? (La chaleur molaire de vaporisation du trichlorosilane est de 28,8 kJ/mol.)

b) Quels types de cristaux Si et SiO_2 forment-ils?

c) Le silicium a une structure cristalline semblable à celle du diamant (*voir la* **FIGURE 9.24**, *p. 444*). Chaque maille cubique (arête de longueur a = 543 pm) contient huit atomes de Si. S'il y a $1{,}0 \times 10^{13}$ atomes de bore par centimètre cube dans un échantillon de silicium purifié, combien d'atomes de Si y a-t-il pour chaque atome de B dans cet échantillon ? Cet échantillon répond-il à la norme de pureté 10^{-9} exigée par l'industrie électronique des puces de silicium ?

9.76 Voici une courbe de chauffage d'une masse d'eau. La chaleur est fournie à un taux constant.

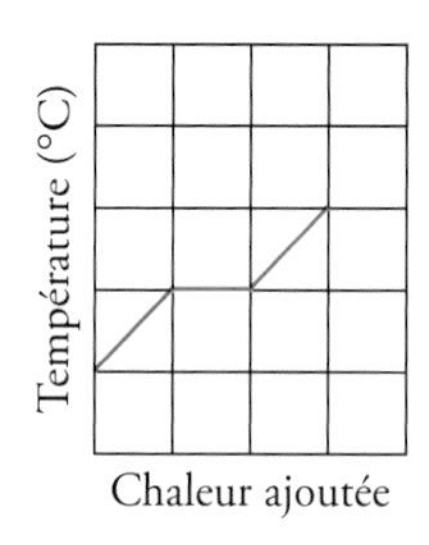

Si l'on chauffe une masse d'eau deux fois plus grande au même rythme de transfert de chaleur, laquelle des courbes de chauffage suivantes décrit le mieux la variation de température observée ? (Tous les graphiques sont à la même échelle.)

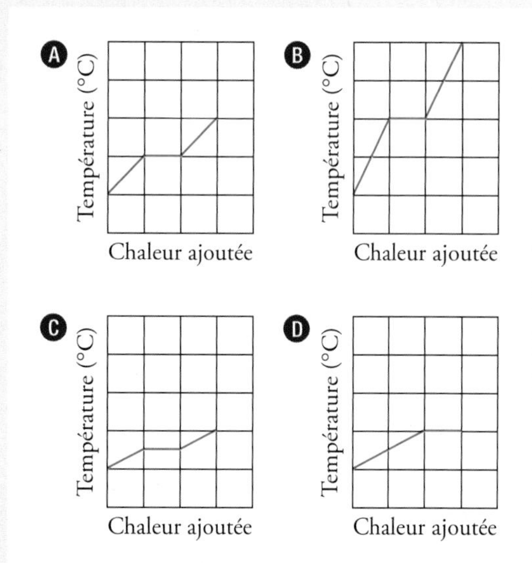

9.77 Vous videz un flacon contenant 5,00 g d'alcool à friction (C_3H_7OH) dans un contenant initialement vide de 2,0 L que vous fermez puis laissez sur le comptoir à 20 °C. Quelle quantité d'alcool à friction demeurera à l'état liquide une fois l'équilibre établi ? (La pression de vapeur de l'alcool isopropylique est de 4,4 kPa à 20 °C). **Indice :** Considérez que l'alcool, lorsqu'il est sous forme gazeuse, obéit à la loi des gaz parfaits (le volume occupé par l'alcool liquide est négligeable par rapport au volume du contenant).

9.78 Vous échappez environ 4 L de diluant à peinture contenant principalement du toluène ($C_6H_5CH_3$) dans votre garage où il fait 25 °C. **a)** Sachant qu'à cette température la tension de vapeur du toluène est égale à 3,78 kPa, déterminez si, après le temps nécessaire à l'établissement de l'équilibre, il restera du toluène à l'état liquide. Les dimensions du garage sont de 4,00 m sur 3,40 m sur 2,70 m et la masse volumique du toluène est de 0,8670 g/cm^3. Considérez que le volume du toluène lorsqu'il est à l'état liquide est négligeable par rapport au volume du garage. **b)** Sachant qu'une concentration égale ou supérieure à 1885 mg/m^3 peut constituer un danger immédiat pour la vie ou pour la santé (concentration DIVS), calculez la concentration en toluène dans votre garage si tout le toluène renversé s'évapore.

9.79 À Montréal, par une chaude journée d'été, la température peut atteindre 35 °C avec un taux d'humidité égal à 65 %. Quel serait le volume d'eau accumulé dans une pièce mesurant 2,7 m sur 3,3 m sur 4,4 m si toute la vapeur d'eau était condensée sous forme liquide ? L'humidité relative est définie comme le rapport, exprimé en pourcentage, de la pression partielle de la vapeur d'eau dans l'air sur la pression de vapeur à l'équilibre à une température donnée (*voir le* **TABLEAU 4.4**, *p. 434*).

9.80 En 2009, des milliers de bébés tombèrent gravement malades en Chine après avoir bu du lait contaminé. À cause de son fort contenu en azote, de la mélamine ($C_3H_6N_6$) avait été ajoutée aux préparations lactées afin de fausser les résultats des analyses de teneur en protéines. En effet, cette méthode d'analyse détermine indirectement le taux de protéines à la suite de réactions qui dégagent l'azote total (ici celui des protéines et celui de la mélamine ajoutée) sous la forme d'ions ammonium (NH_4^+). Malheureusement, par le biais de liaisons hydrogène, la mélamine forme un précipité avec l'acide cyanurique ($C_3H_3N_3O_3$), un autre contaminant présent. Le précipité ainsi formé causa beaucoup de dommages graves aux reins de plusieurs bébés. Dessinez le complexe formé entre la mélamine et l'acide cyanurique.

Mélamine | Acide cyanurique

ANNEXE 1

Les éléments, leurs symboles et l'origine de leurs noms*

Élément	Symbole	Numéro atomique	Masse atomique**	Année de la découverte	Découvreur et sa nationalité***	Origine du nom
Actinium	Ac	89	(227)	1899	A. Debierne (fr.)	Gr. *aktis*, rayon.
Aluminium	Al	13	26,98	1827	F. Wochler (all.)	Alumine, composé dans lequel il fut découvert; dérivé du lat. *alumen*, astringent.
Américium	Am	95	(243)	1944	A. Ghiorso (am.) R. A. James (am.) G. T. Seaborg (am.) S. G. Thompson (am.)	Amériques.
Antimoine	Sb	51	121,8	Antiquité		Lat. *antimonium* (*anti*, opposé de; *monium*, solitaire); nommé ainsi parce que c'est une substance (métallique) qui se combine facilement; le symbole vient du lat. *stibium*, antimoine.
Argent	Ag	47	107,9	Antiquité		Lat. *argentum*.
Argon	Ar	18	39,95	1894	Lord Raleigh (brit.) Sir William Ramsay (brit.)	Gr. *argos*, inactif.
Arsenic	As	33	74,92	1250	Albertus Magnus (all.)	Gr. *aksenikon*, pigment jaune; lat. *arsenicum*, orpiment; les Grecs utilisaient le trisulfure d'arsenic comme pigment.
Astate	At	85	(210)	1940	D. R. Corson (am.) K. R. MacKenzie (am.) E. Segre (am.)	Gr. *astatos*, instable.
Azote	N	7	14,01	1772	Daniel Rutherford (brit.)	Gr. *a* privatif et *zoê*, vie; le symbole vient de l'ancien nom, nitrogène.
Baryum	Ba	56	137,3	1808	Sir Humphry Davy (brit.)	Baryte, un spath lourd, dérivé du gr. *barys*, lourd.
Berkélium	Bk	97	(247)	1950	G. T. Seaborg (am.) S. G. Thompson (am.) A. Ghiorso (am.)	Berkeley, Californie.
Béryllium	Be	4	9,012	1828	F. Woehler (all.) A. A. B. Bussy (fr.)	Lat. *beryllus*, aigue-marine.
Bismuth	Bi	83	209,0	1753	Claude Geoffroy (fr.)	All. *bismuth*, probablement une transformation de *weiss masse* (masse blanche) dans laquelle il fut découvert.

* Au moment où ce tableau a été conçu, on ne connaissait que 103 éléments.

** Les masses atomiques données ici correspondent aux valeurs établies en 1961 par la Commission sur les masses atomiques. Les masses données entre parenthèses sont celles des isotopes les plus stables ou les plus courants.

*** Pour la nationalité des découvreurs et l'origine des mots, on utilise les abréviations suivantes: all.: allemande; am.: américaine; ar.: arabe; aut.: autrichienne; brit.: britannique; esp.: espagnole; fr.: française; gr.: grecque; hon.: hongroise; hol.: hollandaise; it.: italienne; lat.: latine; pol.: polonaise; r.: russe; suéd.: suédoise.

Élément	Symbole	Numéro atomique	Masse atomique**	Année de la découverte	Découvreur et sa nationalité***	Origine du nom
Bore	B	5	10,81	1808	Sir Humphry Davy (brit.) J. L. Gay-Lussac (fr.) L. J. Thenard (fr.)	Borax, composé; dérivé de l'ar. *buraq*, blanc.
Brome	Br	35	79,90	1826	A. J. Balard (fr.)	Gr. *brômos*, puanteur.
Cadmium	Cd	48	112,4	1817	Fr. Stromeyer (all.)	Gr. *kadmeia*; lat. *cadmia*, calamine (parce qu'on le trouve dans la calamine).
Calcium	Ca	20	40,08	1808	Sir Humphry Davy (brit.)	Lat. *calx*, chaux.
Californium	Cf	98	(249)	1950	G. T. Seaborg (am.) S. G. Thompson (am.) A. Ghiorso (am.) K. Street, Jr. (am.)	Californie.
Carbone	C	6	12,01	Antiquité		Lat. *carbo*, charbon de bois.
Cérium	Ce	58	140,1	1803	J. J. Berzelius (suéd.) William Hisinger (suéd.) M. H. Klaproth (all.)	Cérès, astéroïde.
Césium	Cs	55	132,9	1860	R. Bunsen (all.) G. R. Kirchhoff (all.)	Lat. *cœsium*, bleu (il fut découvert par ses raies spectrales, qui sont bleues).
Chlore	Cl	17	35,45	1774	K. W. Scheele (suéd.)	Gr. *khlôros*, lumière verte.
Chrome	Cr	24	52,00	1797	L. N. Vauquelin (fr.)	Gr. *khrôma*, couleur (parce qu'on l'utilise dans les pigments).
Cobalt	Co	27	58,93	1735	G. Brandt (all.)	All. *kobold*, lutin (parce que le minerai donnait du cobalt au lieu du métal espéré, le cuivre; ce phénomène était attribué à des lutins qui faisaient la substitution).
Cuivre	Cu	29	63,55	Antiquité		Lat. *cuprum*, cuivre; dérivé de *cyprium*, du nom de l'île de Chypre, principale source de cuivre dans l'Antiquité.
Curium	Cm	96	(247)	1944	G. T. Seaborg (am.) R. A. James (am.) A. Ghiorso (am.)	Pierre et Marie Curie.
Dysprosium	Dy	66	162,5	1886	F. Lecoq de Boisbaudran (fr.)	Gr. *dysprositos*, difficile à atteindre.
Einsteinium	Es	99	(254)	1952	A. Ghiorso (am.)	Albert Einstein.
Erbium	Er	68	167,3	1843	C. G. Mosander (suéd.)	Ytterby, en Suède, où plusieurs métaux de terre rare ont été découverts.
Étain	Sn	50	118,7	Antiquité		Lat. *stannum*; le symbole vient du nom latin.
Europium	Eu	63	152,0	1896	E. Demarcay (fr.)	Europe.
Fer	Fe	26	55,85	Antiquité		Lat. *ferrum*.
Fermium	Fm	100	(253)	1953	A. Ghiorso (am.)	Enrico Fermi.
Fluor	F	9	19,00	1886	H. Moissan (fr.)	Spath fluor, minéral, du lat. *fluor*, écoulement (parce que le spath fluor était utilisé comme fondant).
Francium	Fr	87	(223)	1939	Marguerite Perey (fr.)	France.
Gadolinium	Gd	64	157,3	1880	J. C. Marignac (fr.)	Johan Gadolin, chimiste finlandais spécialiste des métaux de terre rare.

Élément	Symbole	Numéro atomique	Masse atomique**	Année de la découverte	Découvreur et sa nationalité***	Origine du nom
Gallium	Ga	31	69,72	1875	F. Lecoq de Boisbaudran (fr.)	Lat. *gallus*, coq ; d'après le nom de son découvreur. Aussi par allusion à Gallia, la Gaule.
Germanium	Ge	32	72,59	1886	Clemens Winkler (all.)	Lat. *Germania*, Allemagne.
Hafnium	Hf	72	178,5	1923	D. Coster (holl.) G. von Hevesey (hongr.)	Lat. *Hafnia*, Copenhague.
Hélium	He	2	4,003	1868	P. Janssen (spectre) (fr.) Sir William Ramsay (isolé) (brit.)	Gr. *hêlios*, Soleil (parce qu'il fut d'abord découvert dans le spectre solaire).
Holmium	Ho	67	164,9	1879	P. T. Cleve (suéd.)	Lat. *Holmia*, Stockholm.
Hydrogène	H	1	1,008	1766	Sir Henry Cavendish (brit.)	Gr. *hydro*, eau, et *genês*, production (parce qu'il produit de l'eau quand il se consume avec l'oxygène).
Indium	In	49	114,8	1863	F. Reich (all.) T. Richter (all.)	Indigo (à cause de ses raies spectrales indigo).
Iode	I	53	126,9	1811	B. Courtois (fr.)	Gr. *iôeidês*, violette.
Iridium	Ir	77	192,2	1803	S. Tennant (brit.)	Lat. *iris*, arc-en-ciel.
Krypton	Kr	36	83,80	1898	Sir William Ramsay (brit.) M. W. Travers (brit.)	Gr. *kryptos*, caché.
Lanthane	La	57	138,9	1839	C. G. Mosander (suéd.)	Gr. *lanthanein*, être caché.
Lawrencium	Lr	103	(257)	1961	A. Ghiorso (am.) T. Sikkeland (am.) A. E. Larsh (am.) R. M. Latimer (am.)	E. O. Lawrence (am.), inventeur du cyclotron.
Lithium	Li	3	6,941	1817	A. Arfvedson (suéd.)	Gr. *lithos*, roche (parce qu'il se trouve dans les roches).
Lutécium	Lu	71	175,0	1907	G. Urbain (fr.) C. A. von Welsbach (autr.)	Lutèce, ancien nom de Paris (lat. *Lutetia*).
Magnésium	Mg	12	24,31	1808	Sir Humphry Davy (brit.)	Magnesia, ville de Thessalie ; probablement dérivé du lat. *magnesia*.
Manganèse	Mn	25	54,94	1774	J. G. Gahn (suéd.)	Lat. *magnes*, aimant.
Mendélévium	Md	101	(256)	1955	A. Ghiorso (am.) G. R. Choppin (am.) G. T. Seaborg (am.) B. G. Harvey (am.) S. G. Thompson (am.)	Mendeleïev, chimiste russe qui conçut le tableau périodique et qui prédit les propriétés d'éléments alors inconnus.
Mercure	Hg	80	200,6	Antiquité		Mercure, planète ; le symbole vient du lat. *hydrargyrum*, argent liquide.
Molybdène	Mo	42	95,94	1778	G. W. Scheele (suéd.)	Gr. *molybdos*, plomb.
Néodyme	Nd	60	144,2	1885	C. A. von Welsbach (autr.)	Gr. *neos*, nouveau, et *didymos*, jumeau.
Néon	Ne	10	20,18	1898	Sir William Ramsay (brit.) M. W. Travers (brit.)	Gr. *neos*, nouveau.
Neptunium	Np	93	(237)	1940	E. M. McMillan (am.) P. H. Abelson (am.)	Neptune, planète.
Nickel	Ni	28	58,69	1751	A. F. Cronstedt (suéd.)	Suéd. *kopparnickel*, faux cuivre ; aussi all. *nickel*, d'après les lutins qui empêchaient l'extraction du cuivre du minerai de nickel.

►

Élément	Symbole	Numéro atomique	Masse atomique**	Année de la découverte	Découvreur et sa nationalité***	Origine du nom
Niobium	Nb	41	92,91	1801	Charles Hatchett (brit.)	Gr. *Niobé*, fille de Tantale (le niobium était considéré identique au tantale jusqu'en 1884; colombium, symbole Cb).
Nobélium	No	102	(253)	1958	A. Ghiorso (am.) T. Sikkeland (am.) J. R. Walton (am.) G. T. Seaborg (am.)	Alfred Nobel.
Or	Au	79	197,0	Antiquité		Lat. *aurum*, métal précieux de couleur jaune; le symbole vient du nom latin.
Osmium	Os	76	190,2	1803	S. Tennant (brit.)	Gr. *osme*, odeur.
Oxygène	O	8	16,00	1774	Joseph Priestley (brit.) C. W. Scheele (suéd.)	Gr. *oxy*, acide, et *genês*, production (parce qu'on croyait jadis qu'il faisait partie de tous les acides).
Palladium	Pd	46	106,4	1803	W. H. Wollaston (brit.)	Pallas, astéroïde.
Phosphore	P	15	30,97	1669	H. Brandt (all.)	Gr. *phôsphoros*, qui apporte la lumière.
Platine	Pt	78	195,1	1735 1741	A. de Ulloa (esp.) Charles Wood (brit.)	Esp. *platina*, argent.
Plomb	Pb	82	207,2	Antiquité		Lat. *plumbum*, lourd.
Plutonium	Pu	94	(242)	1940	G. T. Seaborg (am.) E. M. McMillan (am.) J. W. Kennedy (am.) A. C. Wahl (am.)	Pluton, planète.
Polonium	Po	84	(210)	1898	Marie Curie (pol.)	Pologne.
Potassium	K	19	39,10	1807	Sir Humphry Davy (brit.)	Potasse, composé duquel on l'extrait; le symbole vient du lat. *kalium*, potasse.
Praséodyme	Pr	59	140,9	1885	C. A. von Welsbach (autr.)	Gr. *prasios*, vert, et *didymos*, jumeau.
Prométhéum	Pm	61	(147)	1945	J. A. Marinsky (am.) L. E. Glendenin (am.) C. D. Coryell (am.)	Gr. *Promêtheus*, géant grec qui vola le feu du ciel.
Protactinium	Pa	91	(231)	1917	O. Hahn (all.) L. Meitner (autr.)	Gr. *protos*, premier, et *actinium* (parce qu'il se désintègre en actinium).
Radium	Ra	88	(226)	1898	Pierre et Marie Curie (fr.; pol.)	Lat. *radius*, rayon.
Radon	Rn	86	(222)	1900	F. E. Dorn (all.)	Radium avec le suffixe « -on » propre aux gaz rares.
Rhénium	Re	75	186,2	1925	W. Noddack (all.) I. Tacke (all.) Otto Berg (all.)	Lat. *Rhenus*, Rhin.
Rhodium	Rh	45	102,9	1804	W. H. Wollaston (brit.)	Gr. *rhodon*, rose (parce que certains de ses sels sont roses).
Rubidium	Rb	37	85,47	1861	R. W. Bunsen (all.) G. R. Kirchhoff (all.)	Lat. *rubidius*, rouge foncé (découvert grâce au spectroscope; son spectre présentait des raies rouges).

▶

Élément	Symbole	Numéro atomique	Masse atomique **	Année de la découverte	Découvreur et sa nationalité ***	Origine du nom
Ruthénium	Ru	44	101,1	1844	K. K. Klaus (r.)	Lat. *Ruthenia*, Russie.
Samarium	Sm	62	150,4	1879	F. Lecoq de Boisbaudran (fr.)	Samarskite, d'après Samarski, un ingénieur russe.
Scandium	Sc	21	44,96	1879	L. F. Nilson (suéd.)	Scandinavie.
Sélénium	Se	34	78,96	1817	J. J. Berzelius (suéd.)	Gr. *selênê*, Lune (à cause de ses analogies avec le tellure, du lat. *tellus*, Terre).
Silicium	Si	14	28,09	1824	J. J. Berzelius (suéd.)	Lat. *silex*, *silicis*, pierre à feu.
Sodium	Na	11	22,99	1807	Sir Humphry Davy (brit.)	Lat. *sodanum*, soude, plante utilisée pour combattre la migraine ; le symbole vient du lat. *natrium*, soude.
Soufre	S	16	32,07	Antiquité		Lat. *sulphurium* (en sanskrit, *sulvere*).
Strontium	Sr	38	87,62	1808	Sir Humphry Davy (brit.)	Strontian, village d'Écosse.
Tantale	Ta	73	180,9	1802	A. G. Ekeberg (suéd.)	Tantale, à cause de la difficulté à l'isoler (dans la mythologie grecque, Tantale, fils de Zeus, fut puni en étant plongé jusqu'au cou dans de l'eau dont le niveau baissait quand il tentait de boire).
Technétium	Tc	43	(99)	1937	C. Perrier (it.)	Gr. *technetos*, artificiel (parce que ce fut le premier élément artificiel).
Tellure	Te	52	127,6	1782	F. J. Müller (autr.)	Lat. *tellus*, Terre.
Terbium	Tb	65	158,9	1843	C. G. Mosander (suéd.)	Ytterby, en Suède.
Thallium	Tl	81	204,4	1861	Sir William Crookes (brit.)	Gr. *thallos*, rameau vert (à cause de sa forte raie spectrale verte).
Thorium	Th	90	232,0	1828	J. J. Berzelius (suéd.)	Thorite, minéral ; dérivé de Thor, dieu scandinave de la guerre.
Thulium	Tm	69	168,9	1879	P. T. Cleve (suéd.)	Thule, ancien nom de la Scandinavie.
Titane	Ti	22	47,88	1791	W. Gregor (brit.)	Titans, divinités géantes.
Tungstène	W	74	183,9	1783	J. J. et F. de Elhuyar (esp.)	Suéd. *tung*, lourd, et *stene*, pierre ; le symbole vient de wolframite, un minéral.
Uranium	U	92	238,0	1789 1841	M. H. Klaproth (all.) E. M. Peligot (fr.)	Uranus, planète.
Vanadium	V	23	50,94	1801 1830	A. M. del Rio (esp.) N. G. Sefstrom (suéd.)	Vanadis, déesse scandinave de l'amour et de la beauté.
Xénon	Xe	54	131,3	1898	Sir William Ramsay (brit.) M. W. Travers (brit.)	Gr. *xenos*, étranger.
Ytterbium	Yb	70	173,0	1907	G. Urbain (fr.)	Ytterby, en Suède.
Yttrium	Y	39	88,91	1843	C. G. Mosander (suéd.)	Ytterby, en Suède.
Zinc	Zn	30	65,38	1746	A. S. Marggraf (all.)	All. *zink*, d'origine incertaine.
Zirconium	Zr	40	91,22	1789	M. H. Klaproth (all.)	Zircon, dans lequel il fut découvert ; dérivé de *arzargum*, couleur or.

ANNEXE 2

La notation scientifique

En chimie, les nombres extrêmement grands ou extrêmement petits sont courants. Par exemple, dans 1 g d'hydrogène, il y a environ :

602 200 000 000 000 000 000 000 atomes d'hydrogène

Chaque atome a donc une masse de :

0,000 000 000 000 000 000 000 001 66 g

Ces nombres sont encombrants et, de plus, il est facile de faire des erreurs en les utilisant dans des équations. Voyez, par exemple, la multiplication suivante :

$$0{,}000\,000\,0056 \times 0{,}000\,000\,000\,48 = 0{,}000\,000\,000\,000\,000\,002\,688$$

Il serait facile d'oublier un zéro ou d'en ajouter un après la virgule. C'est pourquoi, pour exprimer des nombres très grands et très petits, on utilise un système appelé **notation scientifique**. Quelle que soit sa valeur, tout nombre peut s'exprimer sous la forme

$$N \times 10^n$$

où N est un nombre compris entre 1 et 10 et n, un exposant qui est un nombre entier positif ou négatif. Ainsi, on peut dire que tout nombre exprimé de cette manière est écrit en *notation scientifique*.

Supposons que l'on doive écrire un certain nombre en notation scientifique. En pratique, cela consiste à trouver n. Il faut compter le nombre de fois que la virgule doit se déplacer pour obtenir le nombre N (qui doit être compris entre 1 et 10). Si la virgule doit se déplacer vers la gauche, n est un entier positif; si elle doit se déplacer vers la droite, n est négatif. Les exemples qui suivent illustrent l'utilisation de la notation scientifique.

NOTE

Tout nombre élevé à la puissance 0 est égal à 1. Donc $10^0 = 1$.

Pour exprimer 10^1, on omet souvent l'exposant 1. Par exemple, $7{,}46 \times 10^1 = 7{,}46 \times 10$.

1. Exprimez 568,762 en notation scientifique :

$$568{,}762 = 5{,}687\,62 \times 10^2$$

Notez que la virgule s'est déplacée de deux chiffres vers la gauche, donc $n = 2$.

2. Exprimez 0,000 007 72 en notation scientifique :

$$0{,}000\,007\,72 = 7{,}72 \times 10^{-6}$$

Notez que la virgule s'est déplacée de six chiffres vers la droite, donc $n = -6$.

Voyons maintenant comment manipuler la notation scientifique dans les équations.

L'addition et la soustraction

Pour additionner ou soustraire des nombres exprimés en notation scientifique, on doit d'abord ramener toutes les quantités, disons N_1 et N_2, au même exposant n. Puis on additionne ou on soustrait N_1 et N_2 ; l'exposant reste le même. Prenons les exemples suivants :

$$(7{,}4 \times 10^3) + (2{,}1 \times 10^3) = 9{,}5 \times 10^3$$

$$(4{,}31 \times 10^4) + (3{,}9 \times 10^3) = (4{,}31 \times 10^4) + (0{,}39 \times 10^4)$$
$$= 4{,}70 \times 10^4$$

$$(2{,}22 \times 10^{-2}) - (4{,}10 \times 10^{-3}) = (2{,}22 \times 10^{-2}) - (0{,}41 \times 10^{-2})$$
$$= 1{,}81 \times 10^{-2}$$

La multiplication et la division

Pour multiplier des nombres exprimés en notation scientifique, il faut d'abord multiplier N_1 et N_2, puis additionner les exposants n. Pour les diviser, il faut d'abord diviser N_1 et N_2, et soustraire les exposants n. Les exemples qui suivent montrent comment effectuer ces opérations :

$$(8{,}0 \times 10^4) \times (5{,}0 \times 10^2) = (8{,}0 \times 5{,}0)(10^{4+2})$$
$$= 40 \times 10^6$$
$$= 4{,}0 \times 10^7$$

$$(4{,}0 \times 10^{-5}) \times (7{,}0 \times 10^3) = (4{,}0 \times 7{,}0)(10^{-5+3})$$
$$= 28 \times 10^{-2}$$
$$= 2{,}8 \times 10^{-1}$$

$$\frac{8{,}5 \times 10^4}{5{,}0 \times 10^9} = \frac{8{,}5}{5{,}0} \times 10^{4-9}$$
$$= 1{,}7 \times 10^{-5}$$

$$\frac{6{,}9 \times 10^7}{3{,}0 \times 10^{-5}} = \frac{6{,}9}{3{,}0} \times 10^{7-(-5)}$$
$$= 2{,}3 \times 10^{12}$$

ANNEXE 3

La déduction des règles relatives à l'usage des chiffres significatifs dans les calculs

Le présent exposé n'est pas une preuve mathématique complète et à toute épreuve. Il est basé sur quelques exemples numériques et ne fait appel ni à l'algèbre ni au calcul différentiel et intégral. Il propose une expérience mathématique reposant sur des données expérimentales qui permettra de mieux comprendre le bon sens (la logique) des règles d'arrondissement des réponses calculées données à la section 1.5.2 (*voir p. 21*).

L'erreur globale attribuée à un résultat calculé provient d'abord des instruments de mesure, mais elle dépend aussi des types d'opérations mathématiques qui servent à calculer le résultat final à l'aide de ces mesures. Dans cet exposé, nous nous limiterons aux opérations suivantes : l'addition, la soustraction, la multiplication et la division.

Le cas de l'addition et de la soustraction

Deux masses ont été mesurées à l'aide de balances qui n'avaient pas la même précision. Essayons d'évaluer l'erreur obtenue lors de la soustraction entre ces deux masses :

$$8{,}45 \text{ g} - 4{,}324 \text{ g}$$

Supposons que la première pesée a une précision de $\pm 0{,}01$ g, ce qui signifie que sa valeur de 8,45 g se situe entre 8,44 g et 8,46 g. Dans le cas de la deuxième pesée, on a utilisé une balance d'une plus grande précision, soit de $\pm 0{,}001$ g, ce qui signifie que cette pesée de 4,324 g se situe entre 4,323 g et 4,325 g.

Supposons maintenant que, lors de ces pesées, le hasard a fait en sorte que l'erreur sur la masse de 8,45 g était à son maximum en déviation positive, ce qui donne 8,46 g.

Par contre, supposons que, lors de la pesée de l'autre masse, l'erreur a joué cette fois à son maximum en déviation négative, ce qui donne 4,323 g.

La différence entre ces deux valeurs extrêmes représente donc la différence maximale que l'on puisse obtenir en soustrayant les deux masses.

$$(8{,}46 \text{ g} - 4{,}323 \text{ g}) = 4{,}137 \text{ g} \qquad \text{(valeur obtenue avec une calculatrice)}$$

Cherchons maintenant la différence qu'on obtiendrait dans le pire des cas, ce qui correspond à la plus petite valeur possible pour ce calcul. Pour ce faire, on doit soustraire l'erreur de la première masse, ce qui donne 8,44 g, et l'additionner à la deuxième, ce qui donne 4,325 g. La différence minimale sera donc :

$$(8{,}44 \text{ g} - 4{,}325 \text{ g}) = 4{,}115 \text{ g} \qquad \text{(valeur obtenue avec une calculatrice)}$$

Ensuite, calculons directement la différence à l'aide des données de départ :

$$(8{,}45 \text{ g} - 4{,}324 \text{ g}) = 4{,}126 \text{ g} \qquad \text{(valeur obtenue avec une calculatrice)}$$

On constate que la réponse, 4,126 g, obtenue directement avec les données brutes se situe exactement à mi-chemin entre les deux extrêmes préalablement calculés. C'est la moyenne des deux valeurs extrêmes :

$$4{,}115 \underset{0{,}011}{\longleftrightarrow} 4{,}126 \underset{0{,}011}{\longleftrightarrow} 4{,}137$$

ce qui équivaut à écrire la réponse accompagnée de son incertitude de la manière suivante :

$$4{,}126 \text{ g} \pm 0{,}011 \text{ g}$$

On peut mettre en doute cette valeur d'incertitude parce que la valeur de départ, 8,45 g, ne donne pas les millièmes de gramme. La comparaison entre l'une ou l'autre des valeurs extrêmes et la valeur centrale indique une variation de l'ordre des centièmes.

Dans la valeur calculée de 4,126 g, le chiffre 6 à la position des millièmes est donc très peu fiable. Pour cette raison, on l'élimine, mais puisqu'il est supérieur ou égal à 5, on additionne 1 au dernier chiffre retenu, qui devient 3. La réponse devrait donc être 4,13 g. Dans un tel cas, on dit que tous les chiffres certains, ici le 4 et le 1, sont des chiffres significatifs de même que le premier chiffre douteux, c'est-à-dire le 3. On dit également qu'il y a trois chiffres significatifs dans la réponse calculée. Par ailleurs, il faut comprendre que si une autre personne nous avait transmis le résultat de cette expérience en donnant la valeur 4,13 g sans rapporter l'erreur absolue sous la forme $\pm x$ g, on aurait dû considérer le dernier chiffre rapporté comme incertain.

On peut tirer une autre conclusion de cet exemple : lors de la soustraction de valeurs n'ayant pas le même nombre de chiffres après la virgule décimale, la différence sera toujours déterminée par le terme qui en comporte le moins après la virgule, selon la règle énoncée au chapitre 1 (*voir p. 24*), mais pas justifiée. On a démontré au paragraphe précédent que la réponse avait une variation de l'ordre des centièmes ; on pourrait donc éliminer dès le départ le dernier 4 de 4,324 g et calculer directement la différence ainsi :

$$(8{,}45 \text{ g} - 4{,}32 \text{ g}) = 4{,}13 \text{ g}$$

La même démarche logique et les mêmes conclusions s'appliquent dans le cas d'une soustraction qui comporterait plus de deux termes. De même, l'addition et la soustraction étant deux opérations inverses, ces conclusions sont également valables dans le cas de l'addition, ce qui évite de refaire le calcul des valeurs maximale et minimale. On suit donc la même procédure pour écrire le résultat calculé d'une addition en indiquant la précision à l'aide des chiffres significatifs, par exemple (4,13 g + 4,324 g) = 8,45 g.

Remarques

Qu'arrive-t-il si on soustrait ou additionne des nombres sans valeurs décimales ? Si ces nombres n'ont pas de chiffres après la virgule décimale, cela signifie que tous les chiffres connus de ces données sont de l'ordre des unités. Tous les chiffres obtenus seront significatifs, car seul le dernier, à la position des unités, est douteux. Voici un exemple :

$$(291 \text{ g} + 4532 \text{ g}) = 4823 \text{ g}$$

De plus, si les valeurs précédentes nous avaient été communiquées en notation scientifique, le résultat serait le même, puisque :

$$\begin{aligned}(291 \text{ g} + 4532 \text{ g}) &= (2{,}91 \times 10^2 \text{ g}) + (4{,}532 \times 10^3 \text{ g}) \\ &= (2{,}91 \times 10^2 \text{ g}) + (45{,}32 \times 10^2 \text{ g}) \\ &= (2{,}91 + 45{,}32) \times 10^2 \text{ g}\end{aligned}$$

On voit bien, à cette étape du calcul, que cela revient à un cas où les termes ont le même nombre de chiffres après la virgule décimale, et tous ces chiffres sont significatifs. La somme est donc :

$$(2{,}91 + 45{,}32) \times 10^2 \text{ g} = 48{,}23 \times 10^2 \text{ g} = 4823 \text{ g}$$

Comme dernier exemple, calculons la masse totale à la suite de l'addition de 1500 g d'une substance à 300 g d'une autre substance, sur une même balance dont la précision est de ± 10 g.

Il faut d'abord se demander si ces données ne portent pas à confusion. Si on les additionne directement, on obtient 1800 g, mais cette réponse laisse sous-entendre une précision de l'ordre des unités (le dernier chiffre rapporté) alors que, d'après la précision de la balance, ±10 g, on devrait s'attendre à une réponse située entre 1820 et 1780 g, ce qui équivaut à écrire 1800 g ± 20 g. La même réponse exprimée avec les chiffres significatifs n'est qu'une autre manière – moins précise – d'indiquer à la fois la valeur du résultat calculé ainsi que sa précision. Ainsi, 1800 g ± 20 g devient $1{,}80 \times 10^3$ g. Ce dernier résultat exprimé avec les chiffres significatifs indique une erreur de l'ordre des dizaines de gramme, soit d'au moins une dizaine, ce qui est en accord avec l'erreur de deux dizaines déterminée au départ. La réponse serait donc $1{,}80 \times 10^3$ g et non 1800 g. On voit ici l'importance d'exprimer les données à l'aide des chiffres significatifs et en notation scientifique avant de faire les calculs.

Le cas de la multiplication et de la division

La justification des règles d'arrondissement lors du calcul de résultats expérimentaux provenant d'une division ou d'une multiplication est un peu plus complexe que pour l'addition et la soustraction. Reprenons ici la même démarche, soit le calcul des extrêmes, aussi appelé calcul des pires cas. Commençons par étudier un exemple faisant intervenir la division.

On veut calculer la masse volumique, ρ, d'un solide à partir des mesures suivantes :

$$\text{masse } (m) = 54{,}42 \text{ g} \pm 0{,}01 \text{ g}$$

$$\text{volume } (V) = 8{,}74 \text{ mL} \pm 0{,}01 \text{ mL}$$

$$\rho = m/V = ?\ \text{g/mL}$$

D'après ces données, on peut dire que la masse et le volume ont tous deux une précision de l'ordre des centièmes de leurs unités respectives. Commençons par calculer la valeur du plus petit quotient possible. Pour ce faire, vous pouvez facilement déduire qu'il faut minimiser le numérateur et, en même temps, maximiser le dénominateur.

$$\rho_{\text{min}} = (54{,}41 \text{ g}) \div (8{,}75 \text{ mL}) = 6{,}2183 \text{ g/mL} \quad \text{(valeur obtenue avec une calculatrice)}$$

$$\rho = (54{,}42 \text{ g}) \div (8{,}74 \text{ mL}) = 6{,}2265 \text{ g/mL} \quad \text{(valeur obtenue avec une calculatrice)}$$

L'écart entre ces deux valeurs est de (6,2265 g/mL) – (6,2183 g/mL) = 0,0082 g/mL. Comme nous l'avons déjà vu, la valeur calculée directement à partir des valeurs brutes correspond à la moyenne des valeurs extrêmes. Par conséquent, la valeur maximale sera :

$$\rho_{\text{max}} = (6{,}2265 \text{ g/mL}) + (0{,}0082 \text{ g/mL}) = 6{,}2347 \text{ g/mL}$$

On obtient donc :

$$6{,}2183 \xleftrightarrow[0{,}0082]{} 6{,}2265 \xleftrightarrow[0{,}0082]{} 6{,}2347$$

On observe que les chiffres des valeurs extrêmes diffèrent à partir de la deuxième décimale. Étant donné que, dans le résultat calculé directement, soit 6,2265, on a un 6 à la position des millièmes, il faudra additionner 1 à la décimale précédente. Pour tenir compte de la précision du résultat calculé, il faut écrire la réponse ainsi :

$$\rho = (54{,}42\text{ g}) \div (8{,}74\text{ mL}) = 6{,}23\text{ g/mL}$$

Ce résultat illustre la règle énoncée au chapitre 1 (*voir p. 24*), mais pas justifiée, à savoir que lorsque l'opération mathématique est une division, le résultat calculé doit afficher le même nombre de chiffres significatifs que le terme qui en comporte le moins. Dans le présent exemple, la réponse a trois chiffres significatifs, comme le terme qui en a le moins, soit 8,74.

La même règle s'applique dans le cas de la multiplication, du fait que la multiplication est l'opération inverse de la division. Comme dans le cas de l'addition et de la soustraction, il n'est pas nécessaire d'en faire une démonstration par le calcul des valeurs extrêmes.

Remarques

Comment expliquer que la précision du résultat obtenu dans l'exemple relatif à la division dépende du terme le moins précis, donc de celui qui a le moins de chiffres significatifs ? Faisons encore ici une petite expérience de « mathématiques virtuelles ».

Si, dans le calcul de la masse volumique expérimentale (fait précédemment) :

$$\rho = (54{,}42\text{ g}) \div (8{,}74\text{ mL})$$

on refaisait le calcul du quotient minimal en supposant que la masse au numérateur est exacte (autrement dit qu'il n'y a aucune erreur sur la mesure), mais que l'incertitude sur le volume au dénominateur est encore de ±0,01 mL, on obtiendrait :

$$(54{,}42\text{ g}) \div (8{,}75\text{ mL}) = 6{,}2194\text{ g/mL} \quad \text{(valeur obtenue avec une calculatrice)}$$

Par contre, si on faisait cette fois un nouveau calcul du quotient minimal en ne tenant compte que de l'erreur sur la masse, on aurait :

$$(54{,}41\text{ g}) \div (8{,}74\text{ mL}) = 6{,}2254\text{ g/mL} \quad \text{(valeur obtenue avec une calculatrice)}$$

Visualisons ces résultats :

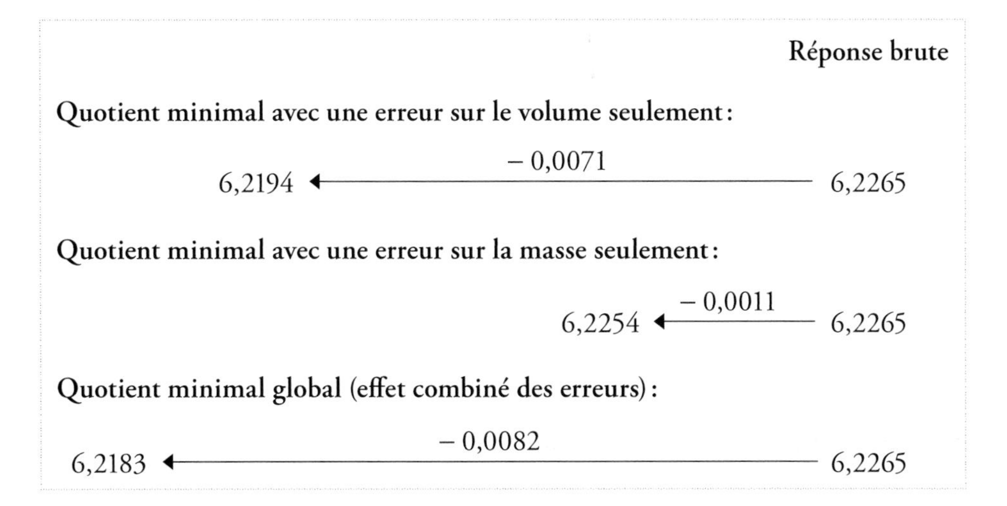

On voit que la source d'erreur la plus importante est la mesure du volume. Si on évalue les erreurs combinées en pourcentage, on a :

$$\frac{(0{,}0071 + 0{,}0011)}{6{,}2265} \times 100 = 0{,}13\,\%$$

et, de ce pourcentage, l'erreur due au volume vaut :

$$\frac{(0{,}0071)}{(0{,}0071 + 0{,}0011)} \times 100 = 86\,\%$$

Étant donné que l'erreur provient très majoritairement de la mesure du volume, ce terme de la division sera déterminant dans la précision du quotient calculé, c'est-à-dire qu'il déterminera le nombre de chiffres significatifs de la réponse. Dorénavant, il devient possible, avec des données initiales telles que celles qu'on a vues dans cet exemple, de procéder directement au calcul de la réponse avec ses chiffres significatifs en se fiant au nombre de chiffres significatifs du terme qui en a le moins. Ainsi, pour :

$$\rho = (54{,}42\text{ g}) \div (8{,}74\text{ mL}) = ?$$

il y a trois chiffres significatifs dans le terme qui en contient le moins, 8,74, et il y en aura donc trois dans la réponse :

$$\rho = (54{,}42\text{ g}) \div (8{,}74\text{ mL}) = 6{,}226\,544\,6\ldots \quad \text{(réponse obtenue avec une calculatrice)}$$

$$= 6{,}23\text{ g/mL} \quad \text{(réponse conforme à la précision)}$$

Une exception à la règle

Lors de certaines opérations de division et de multiplication, l'arrondissement du résultat calculé n'est pas toujours évident. En effet, selon les chiffres en jeu, on pourrait raisonnablement conserver un chiffre significatif de plus par rapport à la règle déjà énoncée. Ces situations se produisent lorsque la réponse obtenue commence par un petit chiffre (1, 2, 3 ou 4) et que la donnée qui comporte le moins de chiffres significatifs dans le calcul commence par un grand chiffre. Par exemple, recommençons un calcul de masse volumique avec $m = 1{,}23$ g et $V = 0{,}90$ mL :

$$\rho = (1{,}23\text{ g}) \div (0{,}90\text{ mL}) = 1{,}366\,666\ldots \quad \text{(valeur obtenue avec une calculatrice)}$$

$$= 1{,}4\text{ g/mL} \quad \text{(arrondissement suivant la règle)}$$

La réponse débute par un petit chiffre, 1, et le terme de l'opération qui comporte le moins de chiffres significatifs, 0,90, commence par un grand chiffre, 9.

Avec ces deux chiffres significatifs, la réponse donnée ici, 1,4 g/mL, suit la règle vue précédemment. Toutefois, on peut aussi observer qu'une erreur de 0,1 sur 1,4 correspond à une erreur de 7 % dans la réponse, alors que l'erreur due au volume, la principale source d'erreur, n'est que d'environ 1 %. En réalité, la réponse est exagérément arrondie. Dans un tel cas, on pourrait admettre un chiffre significatif supplémentaire à la réponse.

La calculatrice donnait 1,366 666 6… Par conséquent, on peut arrondir à 1,37, ce qui équivaut maintenant à 0,7 % d'erreur, valeur beaucoup plus rapprochée du pourcentage d'erreur attribuable au volume. Comme le dit si bien l'adage, « l'exception confirme la règle » ! En effet, rien ne sert d'appliquer aveuglément une règle sans se poser de questions sur la vraisemblance de la réponse. Cela dit, dans cet ouvrage, c'est la règle générale qui est appliquée dans le but d'uniformiser la manière de faire les calculs et de rapporter les réponses dans les exemples, exercices et problèmes.

ANNEXE 4

Les grandes découvertes scientifiques importantes pour la chimie générale *

Année	Travaux et découvertes scientifiques
1643	**Evangelista Torricelli :** baromètre au mercure
1648	**Blaise Pascal :** démonstration expérimentale de la pression atmosphérique
1662	**Robert Boyle :** volume d'un gaz inversement proportionnel à sa pression
1679	**Edme Mariotte :** à température constante, volume d'un gaz inversement proportionnel à sa pression
1709	**Gabriel Daniel Fahrenheit :** thermomètre à alcool
1714	**Gabriel Daniel Fahrenheit :** échelle de température, thermomètre à mercure
1741-1742	**Anders Celsius :** thermomètre à mercure et échelle de température centigrade
1747-1751	**Benjamin Franklin :** expérience du cerf-volant, paratonnerre, charges positives et charges négatives
1754-1761	**Joseph Black :** CO_2, bases de la calorimétrie, température constante lors des changements d'état
1765-1771	**Henry Cavendish :** H_2, notions de potentiel et de charges électriques
1772	**Joseph Priestley :** début de ses travaux sur les gaz (isole et caractérise huit gaz)
1774	**Joseph Priestley :** publication de ses travaux sur l'oxygène **Antoine Laurent de Lavoisier :** début de ses expériences sur la combustion, la constitution de l'air, l'eau, l'oxygène, la nomenclature des éléments
1783	**Pilâtre de Rozier** et le **marquis d'Arlandes :** premier vol dans un ballon à air chaud conçu par les frères **Joseph Michel** et **Jacques Étienne Montgolfier** **Jacques Charles** et un des frères **Robert :** premier vol dans un ballon à hydrogène
1784, 1787	**Jacques Charles :** à pression constante, volume d'un gaz proportionnel à sa température
1785	**Charles Augustin de Coulomb :** forces entre les charges électrostatiques
1789	**Antoine Laurent de Lavoisier :** loi de la conservation de la masse, classification des éléments chimiques
1801	**John Dalton :** loi des pressions partielles des gaz
1808	**John Dalton :** théorie atomique et table des masses atomiques d'une vingtaine d'éléments
1811	**Amedeo Avogadro :** des volumes égaux de gaz, dans les mêmes conditions de température et de pression, contiennent le même nombre de molécules
1829 à 1846	**Thomas Graham :** loi sur la vitesse de diffusion des gaz
1840	**Germain Henri Hess :** additivité des enthalpies de réaction
1843	**James Joule :** équivalent mécanique de la chaleur
1848, 1851	**Lord Kelvin :** échelle de température et zéro absolu
1855	**Geissler :** pompe au mercure pour faire le vide dans les tubes à décharge
1862	**Béguyer de Chancourtois :** tableau périodique cylindrique à 24 éléments
1863	**John Newlands :** loi des octaves (périodicité des propriétés des éléments)
1864 à 1873	**James Clerk Maxwell :** théorie des champs électromagnétiques
1865	**Friedrich August Kekulé :** suggestion de la structure du benzène
1869	**Dmitri Ivanovitch Mendeleïev :** classification périodique des éléments **Hittorf :** rayons cathodiques
1870	**Julius Lothar von Meyer :** classification périodique des éléments
1873	**Johannes Van der Waals :** forces d'attraction intermoléculaires
1877	**Ludwig Boltzmann :** théorie cinétique des gaz
1879	**Thomas Edison :** lampe à incandescence
1880	**Sir William Crookes :** tube cathodique, propriétés des rayons cathodiques
1885	**Johann Jacob Balmer :** expression mathématique des raies spectrales de l'hydrogène
1886	**Heinrich Rudolf Hertz :** ondes électromagnétiques radio **Eugen Goldstein :** rayons canaux
1887	**Svante August Arrhenius :** théorie ionique des électrolytes, des acides et des bases
1891	**George Johnstone Stoney :** introduction du mot « électron »

▶

* Selon les sources consultées, les dates varient parfois d'une ou de quelques années.

Année	Travaux et découvertes scientifiques
1895	**Wilhelm Conrad Roentgen :** rayons X **Jean Perrin :** rayons cathodiques = électrons ; rayons canaux = corpuscules chargés d'électricité positive
1896	**Antoine Henri Becquerel :** radioactivité naturelle **Jean Perrin :** rayons X = ondes électromagnétiques **Friedrich Wilhelm Ostwald :** introduction du mot « mole »
1897	**Joseph John Thompson :** rapport *e/m* de l'électron
1898	**Pierre** et **Marie Curie :** polonium et radium
1899	**Antoine Henri Becquerel :** radioactivité de l'uranium = particules chargées déviées par un champ magnétique **Ernest Rutherford :** radiations du radium nommées « rayons α »
1900	**Johannes Robert Rydberg :** équation définissant les raies spectrales de l'hydrogène **Max Planck :** émission des corps noirs, naissance de la théorie quantique
1900	**Paul Villard (Ernest Rutherford ?) :** rayons γ = ondes électromagnétiques
1901	**Wilhelm Wien :** rayons canaux = particules chargées d'électricité positive
1903	**Ernest Rutherford :** rayons α = particules chargées d'électricité positive
1905	**Albert Einstein :** explication de l'effet photoélectrique (hypothèse du photon) **Ernest Rutherford :** rapport *e/m* des particules α
1906	**Lyman :** raies émises par l'hydrogène dans l'ultraviolet **William Coolidge** (General Electric Company) : ampoule électrique à filament de tungstène (1906-1910)
1908	**Ernest Rutherford :** particules α = noyaux d'hélium
1909	**Hans Geiger :** détecteur de particules α **Hans Geiger**, **E. Marsden**, sous la direction d'**Ernest Rutherford :** noyau atomique **Robert Andrew Millikan :** détermination de la charge de l'électron
1911	**Ernest Rutherford** (**Geiger** et **Marsden**) : modèle nucléaire de l'atome **Peter Debye :** polarité des molécules
1912	**Max von Laue**, **William Henry**, **William Lawrence Bragg :** rayons X et cristallographie **Willem Hendrik Keesom :** interactions entre dipôles permanents
1913	**Niels Bohr :** modèle atomique **Henry Gwyn-Jeffreys Moseley :** rayons X des éléments et classification périodique
1914	**Frederick Soddy :** notion d'isotopes **Ernest Rutherford :** rayons γ = ondes électromagnétiques, noyau atomique et protons
1916	**Gilbert Newton Lewis :** modèle de liaisons chimiques, structure moléculaire
1917-1919	**Ernest Rutherford :** première désintégration nucléaire artificielle
1919	**Francis William Aston :** perfectionnement du spectromètre de masse
1920	**Ernest Rutherford :** existence du neutron
1923, 1924	**Louis de Broglie :** aspect ondulatoire des particules
1925	**George Uhlenbeck**, **Samuel Goudsmit :** postulat de l'existence du spin de l'électron **Wolfgang Pauli :** principe d'exclusion
1926	**Erwin Schrödinger :** fonctions d'onde de l'électron **Max Born :** carré des fonctions d'onde de Schrödinger = probabilité de présence de l'électron
1926	**Enrico Fermi :** statistiques de Fermi-Dirac, niveau de Fermi
1927	**Werner Heisenberg :** principe d'incertitude **Georges Lemaître :** origine de la théorie du big-bang **Clinton Joseph Davisson**, **Lester Halbert Germer :** diffraction des électrons par un cristal métallique
1928	**Paul Dirac :** généralisation de la notion de spin **Alexander Fleming :** pénicilline
1930	**Fritz London :** interactions entre dipôles instantanés **Walther Bothe**, **H. Becker :** nouveau « rayonnement » très pénétrant (les neutrons)
1931	**Linus Carl Pauling :** nature de la liaison chimique **Irène** et **Frédéric Joliot-Curie :** nouveau rayonnement (les neutrons) capable d'expulser des protons d'un bloc de paraffine
1932	**James Chadwick :** neutron = particule neutre de masse voisine de celle du proton **Robert Sanderson Mulliken :** orbitale moléculaire
1935	**Robert Sanderson Mulliken :** méthode LCAO de calcul des orbitales moléculaires
1938	**Roy Plunkett :** téflon
1952, 1953	**Rosalind Franklin**, **Maurice Wilkins :** rayons X et ADN
1953	**Francis Harry Compton Crick**, **James Dewey Watson :** structure de l'ADN
1957	**Ronald J. Gillespie** (avec **R. S. Nyholm**) : théorie de la répulsion des paires d'électrons
1960	**Robert B. Woodward :** synthèse de la chlorophylle
1962	**Neil Bartlett :** préparation d'un composé du xénon
1965	**Barnett Rosenberg :** cisplatine
1971	**Robert B. Woodward :** synthèse de la vitamine B12
1981	**Gerd Binning**, **Heinrich Rohrer :** microscope à effet tunnel
1985	**Richard Smalley**, **Robert Curl**, **Harold Kroto :** fullerènes

ANNEXE 5

La conversion des unités de pression

À partir de la définition générale de la pression, voici comment procéder pour convertir en pascals (Pa) une valeur de pression exprimée initialement en millimètres de mercure (mm Hg). Par exemple, on pourrait se poser la question suivante : 760 mm Hg = ? kPa.

$$\begin{aligned} \text{pression} &= \frac{\text{force}}{\text{surface}} \\ &= \frac{\text{masse} \times \text{accélération}}{\text{surface}} \\ &= \frac{\text{volume} \times \text{masse volumique} \times \text{accélération}}{\text{surface}} \\ &= \text{longueur} \times \text{masse volumique} \times \text{accélération} \end{aligned}$$

Par définition, la pression atmosphérique normale est la pression exercée par une colonne de mercure de 760 mm, dont la masse volumique est de 13,5951 g/cm^3, à un endroit où l'accélération gravitationnelle est de 980,665 cm/s^2. Cependant, pour exprimer la pression en newtons par mètre carré (N/m^2), il faut écrire :

$$\text{masse volumique du mercure} = 1{,}359\ 51 \times 10^4\ \text{kg/m}^3$$
$$\text{accélération causée par la gravité} = 9{,}806\ 65\ \text{m/s}^2$$

La pression atmosphérique normale qui est exactement égale à 1 atm est donnée par :

$$\begin{aligned} \text{pression} &= (\text{longueur}) \times (\text{masse volumique}) \times (\text{accélération}) \\ 1\ \text{atm} &= (0{,}760\ \text{m Hg})(1{,}359\ 51 \times 10^4\ \text{kg/m}^3)(9{,}806\ 65\ \text{m/s}^2) \\ &= 101\ 325\ \text{kg} \cdot \text{m/m}^2 \cdot \text{s}^2 \\ &= 101\ 325\ \text{N/m}^2 \\ &= 101\ 325\ \text{Pa} \\ &= 101{,}325\ \text{kPa} \end{aligned}$$

ANNEXE 6

La conversion des unités de la constante des gaz *R*

D'après la section 4.4 (*voir p. 147*), la constante des gaz (R) est $\frac{8{,}3145\ \text{L} \cdot \text{kPa}}{\text{K} \cdot \text{mol}}$.

Cette constante peut aussi s'exprimer en $\frac{\text{J}}{\text{K}} \cdot \text{mol}$ si on convertit le numérateur en joules à l'aide des facteurs de conversion suivants :

$$1\ \text{L} = 1 \times 10^{-3}\ \text{m}^3 \quad 1\ \text{kPa} = 1000\ \text{Pa} \quad 1\ \text{Pa} = 1\ \text{N/m}^2$$

On obtient:

$$R = \frac{8{,}3145\ \text{L} \cdot \text{kPa}}{\text{K} \cdot \text{mol}} \times \frac{1 \times 10^{-3}\ \text{m}^3}{1\ \text{L}} \times \frac{1000\ \text{Pa}}{1\ \text{kPa}} \times \frac{1\ \text{N/m}^2}{1\ \text{Pa}}$$
$$= 8{,}3145\ \frac{\text{N} \cdot \text{m}}{\text{K} \cdot \text{mol}}$$
$$= 8{,}3145\ \frac{\text{J}}{\text{K} \cdot \text{mol}}$$

ANNEXE 7

Quelques opérations mathématiques

Les logarithmes de base 10

Logarithme	Exposant
$\log 1 = 0$	$10^0 = 1$
$\log 10 = 1$	$10^1 = 10$
$\log 100 = 2$	$10^2 = 100$
$\log 10^{-1} = -1$	$10^{-1} = 0{,}1$
$\log 10^{-2} = -2$	$10^{-2} = 0{,}01$

La notion de logarithme est une extension de celle d'exposant, dont on parle au chapitre 1. Le logarithme de base 10 d'un nombre correspond à la puissance à laquelle le nombre 10 doit être élevé pour égaler ce nombre. Les exemples présentés ci-contre illustrent cette relation. Dans chacun de ces cas, on peut obtenir le logarithme du nombre par tâtonnement.

Puisque les logarithmes des nombres sont des exposants, ils en ont les mêmes propriétés. On a donc:

Logarithme	Exposant
$\log \text{AB} = \log \text{A} + \log \text{B}$	$10^{\text{A}} \times 10^{\text{B}} = 10^{\text{A}+\text{B}}$
$\log \frac{\text{A}}{\text{B}} = \log \text{A} - \log \text{B}$	$\frac{10^{\text{A}}}{10^{\text{B}}} = 10^{\text{A}-\text{B}}$

De plus, $\log \text{A}^n = n\log \text{A}$.

Maintenant, supposons qu'il faille trouver le logarithme de base 10 de $6{,}7 \times 10^{-4}$. Sur la plupart des calculettes, on entre d'abord le nombre, puis on appuie sur la touche « log ». Cette opération donne:

$$\log 6{,}7 \times 10^{-4} = -3{,}17$$

Nombre	Logarithme de base 10
62	1,79
0,872	−0,0595
$1{,}0 \times 10^{-7}$	−7,00

Notez qu'il y a autant de chiffres *après* la virgule qu'il y a de chiffres significatifs dans le nombre original. Le nombre original a deux chiffres significatifs; le nombre 17 dans −3,17 indique que le logarithme a deux chiffres significatifs. Voici d'autres exemples ci-contre.

Parfois (comme dans le cas du calcul du pH qui sera abordé dans *Chimie des solutions*), il faut trouver le nombre correspondant au logarithme connu. On extrait alors l'antilogarithme; il s'agit simplement de l'opération inverse de l'extraction du logarithme. Supposons que, dans un calcul donné, on ait pH = 1,46 et que l'on doive calculer la valeur de $[H_3O^+]$. Selon la définition du pH (pH = $-\log [H_3O^+]$), on peut écrire:

$$[H_3O^+] = 10^{-1{,}46}$$

Beaucoup de calculettes ont une touche « $\log^{-1}$ » ou « INV log », qui permet d'obtenir l'antilogarithme. D'autres ont la touche « 10^x » ou « y^x » (où x correspond à −1,46 dans le présent exemple, et y est 10, car il s'agit d'un logarithme de base 10). On trouve donc $[H_3O^+] = 0{,}035$ mol/L.

Les logarithmes naturels

Les logarithmes extraits de la base e au lieu de la base 10 sont dits logarithmes naturels (l'abréviation est ln ou $\log_e$) ; e est égal à 2,7183. La relation entre les logarithmes de base 10 et les logarithmes naturels est la suivante :

$$\log 10 = 1 \qquad 10^1 = 10$$

$$\ln 10 = 2{,}303 \qquad e^{2{,}303} = 10$$

Donc, $\ln x = 2{,}303 \log x$.

Par exemple, pour trouver le logarithme naturel de 2,27, il faut entrer le nombre dans la calculette et appuyer sur la touche « ln », ce qui donne :

$$\ln 2{,}27 = 0{,}820$$

Si la calculette ne comporte pas la touche appropriée, on peut effectuer l'opération de la façon suivante :

$$2{,}303 \log 2{,}27 = 2{,}303 \times 0{,}356 = 0{,}820$$

Parfois, on connaît le logarithme naturel et il faut trouver le nombre correspondant. Par exemple, $\ln x = 59{,}7$.

Sur de nombreuses calculettes, on ne fait qu'entrer le nombre et appuyer sur la touche « e » :

$$e^{59{,}7} = 8{,}46 \times 10^{25}$$

L'équation quadratique

L'équation quadratique prend la forme $ax^2 + bx + c = 0$.

Si l'on connaît les coefficients a, b et c, la valeur de x est donnée par :

$$x = \frac{-b \pm \sqrt{b^2 - 4ac}}{2a}$$

Supposons l'équation quadratique $2x^2 + 5x - 12 = 0$.

Si l'on résout l'équation :

$$x = \frac{-5 \pm \sqrt{(5)^2 - 4(2)(-12)}}{2(2)} = \frac{-5 \pm \sqrt{25 + 96}}{4}$$

Donc : $x = \dfrac{-5 + 11}{4} = \dfrac{3}{2}$ et : $x = \dfrac{-5 - 11}{4} = -4$

Glossaire

Absorption Énergie absorbée lorsqu'un électron passe d'un niveau d'énergie inférieur à un niveau d'énergie supérieur, c'est-à-dire lorsque $n_i < n_f$.

Acide Substance qui, une fois dissoute dans l'eau, libère des ions hydrogène (H^+), lesquels s'associent avec l'eau pour former l'ion hydronium (H_3O^+).

Actinides Série constituée des 14 éléments qui suivent l'actinium, du thorium ($Z = 90$) au lawrencium ($Z = 103$).

Affinité électronique (*AE*) Inverse négatif de la variation d'énergie (énergie absorbée ou dégagée) qui se produit quand un atome à l'état gazeux capte un électron.

Amplitude Distance entre la ligne médiane d'une onde et la crête ou entre la médiane et le creux.

Analyse élémentaire (ou analyse par combustion) Méthode expérimentale qui permet d'établir la formule empirique d'un composé.

Anion Ion de charge négative (atome qui gagne des électrons).

Atome Plus petite partie d'un élément qui peut se combiner chimiquement.

Atome polyélectronique Atome qui contient plus d'un électron.

Base Substance qui, une fois dissoute dans l'eau, libère des ions hydroxyde (OH^-).

Cation Ion de charge positive (atome qui perd des électrons).

Chaleur molaire de fusion (ΔH°_{fus}) Énergie requise pour fondre une mole d'un solide.

Chaleur molaire de sublimation (ΔH°_{sub}) Énergie nécessaire pour sublimer une mole d'un solide.

Chaleur molaire de vaporisation (ΔH°_{vap}) Énergie requise pour vaporiser une mole d'un liquide.

Changement de phase Processus par lequel une substance passe d'un état à un autre.

Charge formelle Différence entre le nombre d'électrons de valence contenus dans un atome isolé et le nombre d'électrons associés à ce même atome dans une structure de Lewis.

Charge nucléaire effective (Z_{eff}) Charge nucléaire corrigée ressentie par un électron tenant compte à la fois de la charge nucléaire réelle (Z) et de l'effet d'écran.

Chiffres significatifs Chiffres ayant une signification dans le calcul ou la mesure d'une quantité.

Chimie Science qui étudie la structure de la matière et ses transformations.

Coefficient stœchiométrique Coefficient placé devant une espèce chimique.

Composé Substance formée d'atomes de deux ou de plusieurs espèces d'éléments liés chimiquement dans des proportions définies.

Composé binaire Composé formé à partir de deux éléments différents.

Composé ionique Assemblage électriquement neutre d'ions de charges opposées.

Composition centésimale massique Pourcentage en masse de chaque élément contenu dans un composé.

Concentration molaire (*C*) Grandeur qui indique la quantité d'une espèce chimique contenue dans 1 L (ou 1 dm^3) de solution.

Condensation Phénomène où certaines molécules retournent à la phase liquide.

Condensation solide *Voir* Déposition.

Conditions atmosphériques ordinaires (TPO) Température de 25 °C et pression d'exactement 1 atmosphère (atm) ou 101,325 kilopascals (kPa).

Conditions de température et de pression normales (TPN) Conditions de 273,15 K (0 °C) et 101,325 kPa.

Configuration électronique Distribution des électrons d'un atome dans ses différentes orbitales atomiques.

Configuration électronique abrégée (ou structure de gaz rare) Représentation de la configuration électronique d'un élément où le symbole du gaz rare qui précède l'élément est entre crochets, suivi de la configuration des électrons supplémentaires.

Constante des gaz parfaits (*R*) Constante de proportionnalité.

Constantes de Van der Waals Valeurs de *a* ou de *b* pour un gaz donné dans l'équation de Van der Waals.

Corps simple Corps chimique qui ne contient qu'une seule espèce d'atomes.

Couche (ou niveau) Ensemble d'orbitales ayant la même valeur de *n*.

Cristal ionique Assemblage régulier d'ions répété un très grand nombre de fois.

Cycle de Born-Haber Méthode qui consiste à décrire chacune des étapes menant à la formation d'un composé ionique à partir des éléments les plus stables qui le composent en reliant les énergies de réseau des composés ioniques aux énergies d'ionisation, aux affinités électroniques ainsi qu'à d'autres propriétés atomiques et moléculaires.

Densité électronique (ou nuage électronique) Densité de probabilité de présence d'un électron par unité de volume.

Déposition (ou condensation solide) Passage direct de la phase vapeur à la phase solide.

Désintégration radioactive Transformation d'un élément chimique en d'autres éléments.

Diagramme de Lewis *Voir* Structure de Lewis.

Diagramme de phases Diagramme qui décrit les conditions de température et de pression dans lesquelles une substance se retrouve à l'état solide, liquide ou gazeux.

Diffusion gazeuse Mélange graduel d'un gaz avec les molécules d'un autre gaz, causé par leurs propriétés cinétiques.

Dipôle induit Séparation des charges positives et négatives dans le nuage électronique de l'atome (ou de la molécule non polaire) causée par la proximité d'une molécule polaire.

Dipôle instantané Moment dipolaire temporaire causé par le déplacement des électrons.

Données qualitatives Observations générales concernant un système.

Données quantitatives Valeurs chiffrées résultant de mesures prises à partir d'un système avec une panoplie d'instruments.

Doublet liant Doublet d'électrons qui participe à une liaison.

Doublet libre (ou doublet non liant) Doublet d'électrons qui ne participe pas à une liaison.

Effet photoélectrique Phénomène au cours duquel des électrons sont éjectés de la surface d'un métal sous l'action d'un faisceau lumineux.

Effusion gazeuse Phénomène où un gaz sous pression s'échappe d'un compartiment en passant par une petite ouverture.

Électron Particule négative.

Électron de cœur Électron d'une couche interne.

Électron de valence Électron périphérique (de la couche de nombre *n* le plus élevé) d'un atome.

Électronégativité Capacité que possède un atome à attirer vers lui les électrons mis en commun lors de la formation d'une liaison chimique avec un autre atome.

Élément Substance que des moyens chimiques ne peuvent pas décomposer en substances plus simples.

Éléments représentatifs Éléments des blocs *s* et *p*.

Émission Énergie libérée lorsqu'un électron passe d'un niveau d'énergie supérieur vers un niveau d'énergie inférieur, c'est-à-dire lorsque $n_i > n_f$.

Énergie cinétique (E_c) Énergie du mouvement; elle dépend de la masse et de la vitesse de l'objet observé.

Énergie d'ionisation (I) Énergie minimale requise (en kilojoules par mole) pour arracher un électron d'un atome gazeux à l'état fondamental.

Énergie de dissociation de la liaison (ou énergie de liaison) Variation d'enthalpie requise pour rompre une liaison particulière dans une mole de molécules à l'état gazeux.

Énergie de réseau (ou énergie réticulaire) Énergie qu'il faudrait fournir pour séparer complètement une mole d'un composé ionique solide en ions gazeux.

Équation chimique Équation qui utilise des symboles chimiques et des coefficients pour indiquer ce qui se produit durant une réaction chimique.

Équation des gaz parfaits Équation décrivant la relation entre les quatre variables expérimentales *P*, *V*, *T* et *n*.

Équation de Van der Waals Équation reliant *P*, *V*, *n* et *T* pour un gaz réel.

Équilibre dynamique État dans lequel la vitesse d'un processus est exactement la même que celle du processus inverse.

Espèces isoélectroniques Espèces qui ont le même nombre d'électrons et, par conséquent, la même configuration électronique.

État excité État d'énergie supérieur au niveau fondamental.

État fondamental État le plus stable de l'atome, où l'énergie est à son minimum.

État quantique Ensemble des quatre nombres quantiques n, ℓ, m_ℓ et m_s.

Évaporation (ou vaporisation) Processus au cours duquel, à toute température, un certain nombre de molécules dans un liquide s'échappe de la surface après avoir accumulé assez d'énergie cinétique.

Exactitude Écart entre une mesure et la valeur réelle de la quantité mesurée.

Facteur de conversion Relation entre différentes unités qui expriment une même quantité physique.

Famille *Voir* Groupe.

Fonction d'onde (ψ) Mesure de l'amplitude de l'onde stationnaire associée à un électron.

Force d'adhésion Force d'attraction entre des molécules différentes.

Force de cohésion Force d'attraction entre des molécules semblables.

Forces de dispersion Forces d'attraction qui résultent de dipôles temporaires induits dans les atomes ou les molécules.

Forces de Van der Waals Forces intermoléculaires qui incluent les forces dipôle-dipôle, les forces dipôle-dipôle induit et les forces de dispersion.

Forces dipôle-dipôle Forces qui interviennent entre des molécules polaires.

Forces intermoléculaires Forces attractives qui s'exercent entre les molécules.

Forces intramoléculaires Forces attractives qui maintiennent les atomes ensemble dans une molécule.

Forces ion-dipôle Forces qui s'exercent entre un ion (un cation ou un anion) et une molécule polaire.

Forme de résonance (ou forme mésomère) Une des structures de Lewis d'une molécule qui sont nécessaires pour décrire cette molécule de façon adéquate.

Forme mésomère *Voir* Forme de résonance.

Formule chimique Expression de la composition d'une espèce chimique à l'aide de symboles.

Formule chimique réelle (ou formule moléculaire dans le cas d'une molécule) Formule qui indique le nombre exact d'atomes de chaque élément contenu dans la plus petite partie d'une substance.

Formule développée *Voir* Formule structurale.

Formule empirique Rapport le plus simple dans lequel se trouvent les éléments dans un composé.

Formule moléculaire *Voir* Formule chimique réelle.

Formule structurale (ou formule développée) Formule qui indique comment les atomes sont reliés les uns aux autres dans une molécule.

Fraction molaire (χ) Grandeur sans unité qui exprime le rapport entre le nombre de moles d'un constituant donné d'un mélange et le nombre total de moles présentes dans ce mélange.

Fréquence (ν) Nombre d'ondes qui passent en un point donné par seconde.

Gaz inerte *Voir* Gaz rare.

Gaz parfait Gaz hypothétique dont la pression, le volume et la température peuvent être exactement prévus par l'équation des gaz parfaits.

Gaz rare (ou inerte) Élément du groupe 8A (He, Ne, Ar, Kr, Xe et Rn).

Géométrie de répulsion Disposition de tous les doublets de l'atome central d'une molécule, tant les doublets libres que les doublets liants.

Géométrie moléculaire Forme d'une molécule; elle dépend seulement de l'arrangement des atomes de celle-ci.

Groupe (ou famille) Ensemble des éléments d'une même colonne dans le tableau périodique.

Groupement fonctionnel Caractéristique structurale d'un composé organique qui lui confère une certaine réactivité.

Halogène Élément du groupe 7A (F, Cl, Br, I et At).

Hybridation Processus qui consiste à générer un ensemble d'orbitales hybrides à partir du mélange des orbitales atomiques d'un atome.

Hybride de résonance Structure qui traduit le mélange des différentes formes de résonance.

Hydracide Acide dont l'anion ne contient pas d'oxygène.

Hydratation Processus par lequel des molécules d'eau sont disposées d'une manière particulière autour des ions.

Hydrate Composé ayant un nombre déterminé de molécules d'eau qui lui est rattaché.

Hypothèse Tentative d'explication d'un phénomène observé.

Indice de coordination Nombre d'atomes (ou d'ions) qui sont dans le voisinage immédiat d'un atome (ou d'un ion) dans un réseau cristallin.

Indice de liaison *Voir* Ordre de liaison.

Ion Atome ou groupe d'atomes qui a gagné ou perdu des électrons à la suite d'une réaction chimique.

Ion monoatomique Ion qui ne contient qu'un atome.

Ion polyatomique Ion qui contient plus d'un atome.

Isomères Molécules qui comportent la même formule moléculaire, mais dont l'arrangement des atomes diffère.

Isotopes Atomes d'un même élément qui diffèrent par leur nombre de neutrons.

Kelvin (K) Unité SI pour la température.

Lanthanides (ou série des terres rares) Éléments qui possèdent des sous-couches $4f$ incomplètes ou qui forment facilement des cations dont les sous-couches $4f$ sont incomplètes.

Liaison covalente non polaire (ou liaison covalente pure) Liaison où le doublet d'électrons est également réparti entre les deux atomes.

Liaison covalente polaire Liaison où le doublet est partagé inégalement entre les deux atomes.

Liaison covalente pure *Voir* Liaison covalente non polaire.

Liaison covalente simple Liaison dans laquelle deux électrons (c'est-à-dire un doublet) sont partagés entre deux atomes.

Liaison de coordinence Liaison covalente dans laquelle l'un des atomes fournit les deux électrons de la liaison.

Liaison double Liaison caractérisée par deux doublets d'électrons formant deux liaisons covalentes entre deux atomes.

Liaison hydrogène Type spécial d'interaction dipôle-dipôle entre l'atome d'hydrogène participant déjà à une liaison covalente particulièrement polaire, soit N—H, O—H ou F—H, et un atome très électronégatif portant un doublet libre (O, N ou F).

Liaison ionique Force électrostatique entre deux ions de charges opposées qui retient les ions ensemble dans un cristal ionique.

Liaison pi (π) Liaison covalente formée par le recouvrement des orbitales selon un plan latéral par rapport au plan dans lequel sont situés les noyaux des atomes qui sont liés.

Liaison sigma (σ) Liaison covalente formée par le recouvrement axial des orbitales; les nuages électroniques des atomes se concentrent alors entre les noyaux des atomes liés.

Liaison triple Trois liaisons covalentes.

Litre Volume occupé par un décimètre cube.

Loi Énoncé concis, composé de mots ou mathématique, d'une relation entre des phénomènes, cette relation étant toujours la même dans les mêmes conditions.

Loi d'Avogadro Loi d'après laquelle, à pression et à température constantes, le volume d'un gaz est directement proportionnel au nombre de moles de gaz présentes.

Loi de Boyle-Mariotte Loi d'après laquelle la pression d'une quantité donnée de gaz maintenu à une température constante est inversement proportionnelle à son volume.

Loi de Charles-Gay-Lussac (ou simplement loi de Charles) Loi d'après laquelle le volume d'une quantité donnée de gaz maintenu à une pression constante est directement proportionnel à sa température absolue.

Loi de Coulomb Loi selon laquelle l'énergie potentielle (E) entre deux particules est directement proportionnelle au produit de leur charge (Q) et inversement proportionnelle à la distance (r) qui les sépare.

Loi de diffusion de Graham Loi selon laquelle, dans les mêmes conditions de pression et de température, les vitesses de diffusion des gaz sont inversement proportionnelles à la racine carrée de leur masse molaire respective.

Loi de Hess Loi qui énonce que lorsque des réactifs sont convertis en produits, la variation d'enthalpie, ΔH, est la même, peu importe que la réaction ait lieu en une seule étape ou en une série d'étapes.

Loi de la conservation de la masse Loi qui stipule que la masse totale demeure constante lors d'une réaction chimique.

Loi des gaz parfaits *Voir* Équation des gaz parfaits.

Loi des pressions partielles de Dalton Loi d'après laquelle la pression totale d'un mélange de gaz est la somme des pressions que chaque gaz du mélange exercerait s'il était seul.

Loi des proportions définies Loi qui stipule que la composition d'une substance chimique donnée est invariable, quelle qu'en soit la provenance.

Loi des proportions multiples Loi qui énonce que si deux éléments peuvent se combiner pour former plus d'un composé, les rapports des masses du premier qui s'unissent à une masse constante de l'autre sont entre eux dans un rapport de nombres entiers simples.

Longueur d'onde (λ) Distance entre deux points identiques situés sur deux ondes successives.

Longueur de liaison Distance mesurée entre les centres (noyaux) de deux atomes formant une liaison dans une molécule.

Lumière blanche Superposition de toutes les longueurs d'onde du domaine du visible.

Maille élémentaire Unité structurale de base qui se répète dans un solide cristallin.

Masse (m) Mesure de la quantité de matière dans un objet.

Masse atomique Masse d'un atome en unités de masse atomique.

Masse molaire ($\mathcal{M}$) Masse (en grammes) d'une mole d'entités élémentaires.

Masse moléculaire Somme des masses atomiques des atomes qui constituent une molécule.

Masse volumique (ρ) Rapport entre la masse d'un objet (m) et le volume qu'il occupe (V).

Matière Tout ce qui occupe un espace et qui a une masse.

Mélange Combinaison de deux ou de plusieurs substances pures dans laquelle chaque substance garde son identité propre.

Mélange hétérogène Mélange dont la composition n'est pas uniforme.

Mélange homogène Mélange dont la composition est uniforme.

Métal Élément malléable et ductile, bon conducteur d'électricité et de chaleur, qui libère facilement ses électrons de valence pour former des cations. Il occupe la gauche du tableau périodique.

Métal alcalin Élément du groupe 1A (Li, Na, K, Rb, Cs et Fr).

Métal alcalino-terreux Élément du groupe 2A (Be, Mg, Ca, Sr, Ba et Ra).

Métal de transition Élément qui présente des sous-couches d incomplètes ou qui forme facilement des cations dont les sous-couches d sont incomplètes.

Métalloïde (ou semi-métal) Élément dont les propriétés sont intermédiaires entre celles des métaux et celles des non-métaux.

Méthode des moles Approche basée sur le fait que les coefficients stœchiométriques d'une équation chimique peuvent être interprétés comme le nombre de moles de chaque substance.

Méthode scientifique Méthode basée sur les observations, l'expérimentation et l'interprétation.

Modèle probabiliste Nouveau modèle atomique basé sur la notion de probabilité de présence.

Modèle RPEV *Voir* Théorie de la répulsion des paires d'électrons de valence.

Mole (mol) Quantité de substance qui contient autant d'entités élémentaires (atomes, molécules, ions ou autres particules) qu'il y a d'atomes dans exactement 12 g de ^{12}C.

Molécule Assemblage d'au moins deux atomes maintenus ensemble, dans un arrangement déterminé, par des forces appelées « liaisons covalentes ».

Molécule diatomique Molécule qui contient deux atomes.

Molécule diatomique homonucléaire Molécule diatomique contenant des atomes d'un même élément.

Molécule non polaire Molécule qui n'a pas de moment dipolaire.

Molécule polaire Molécule qui a des régions positive et négative.

Molécule polyatomique Molécule formée de plus de deux atomes.

Moment dipolaire (μ) Mesure quantitative de la polarité d'une molécule.

Neutron Particule électriquement neutre ayant une masse légèrement supérieure à celle du proton.

Niveau *Voir* Couche.

Nœud 1) Point d'une onde où l'amplitude est de zéro. 2) Point représentant un atome, un ion ou une molécule dans une maille élémentaire.

Nombre d'Avogadro (N_A) Le nombre réel d'atomes contenus dans exactement 12 g de ^{12}C.

Nombre de masse (A) Somme du nombre de protons et du nombre de neutrons contenus dans le noyau d'un atome.

Nombre d'oxydation Nombre de charges qu'aurait un atome dans une molécule (ou dans un composé ionique) si les électrons lui étaient complètement enlevés ou donnés.

Nombres quantiques Nombres qui décrivent la distribution des électrons dans un atome.

Nombre quantique azimutal *Voir* Nombre quantique secondaire.

Nombre quantique de spin (ou de rotation propre) (m_s) Nombre qui décrit le sens de rotation de l'électron sur lui-même.

Nombre quantique magnétique (m_ℓ) Nombre qui définit l'orientation de l'orbitale dans l'espace.

Nombre quantique principal (n) Nombre entier positif qui détermine la taille de l'orbitale et l'énergie de l'électron qui l'occupe.

Nombre quantique secondaire (ou azimutal) (ℓ) Nombre qui détermine la forme de l'orbitale.

Non-métal Élément mauvais conducteur d'électricité et de chaleur qui retient bien ses électrons de valence et qui forme, en général, facilement des anions. Il occupe l'extrême droite du tableau périodique.

Notation de Lewis Représentation d'un élément par son symbole entouré de points qui représentent les électrons de valence.

Notation scientifique Expression d'un nombre sous la forme $N \times 10^n$, où N est un nombre compris entre 1 et 10 et n, un exposant qui est un nombre entier positif ou négatif.

Noyau Corps dense situé au centre de l'atome et contenant toute la charge positive de l'atome.

Nuage électronique *Voir* Densité électronique.

Nucléon Ensemble des protons et des neutrons du noyau.

Numéro atomique (Z) Nombre de protons contenus dans le noyau de chaque atome d'un élément.

Onde Vibration temporaire par laquelle l'énergie est transmise.

Onde électromagnétique Onde qui vibre selon deux composantes : une composante électrique et une composante magnétique.

Orbitale atomique Fonction d'onde d'un électron, distribution de sa probabilité de présence dans l'espace.

Orbitale hybride Orbitale atomique obtenue par la combinaison de deux ou de plusieurs orbitales atomiques non équivalentes du même atome lors de la formation des liaisons covalentes.

Orbitale moléculaire Orbitale qui résulte de l'interaction des orbitales atomiques des atomes liants et qui est associée à la molécule entière.

Orbitale moléculaire antiliante Orbitale qui possède une énergie plus grande et une stabilité plus petite que les orbitales atomiques à partir desquelles elle a été formée.

Orbitale moléculaire délocalisée Orbitale qui n'est pas confinée entre deux atomes adjacents liés, mais qui s'étend plutôt sur plusieurs atomes.

Orbitale moléculaire liante Orbitale qui possède une énergie plus basse et une stabilité plus grande que les orbitales atomiques à partir desquelles elle a été formée.

Orbitale moléculaire pi (π) Orbitale dont la densité électronique est concentrée au-dessus et au-dessous d'une ligne imaginaire joignant les deux noyaux des atomes liés.

Orbitale moléculaire sigma (σ) Orbitale dont la densité électronique est concentrée symétriquement autour d'un axe situé entre les deux noyaux des atomes liés.

Orbitales dégénérées Orbitales d'un même sous-niveau qui ont toutes la même énergie.

Ordre de liaison (ou indice de liaison) Indice de la force d'une liaison covalente.

Oxacide Acide qui contient de l'hydrogène, de l'oxygène et un autre élément (l'élément central).

Oxanion Anion polyoxygéné.

Oxydant Substance qui gagne des électrons.

Oxydation Réaction lors de laquelle il y a perte d'électrons.

Oxyde acide Oxyde qui se comporte comme un acide dans certaines conditions ou qui produit un acide lorsqu'il est mis en solution aqueuse.

Oxyde amphotère Oxyde qui présente à la fois les propriétés des acides et celles des bases.

Oxyde basique Oxyde qui se comporte comme une base dans certaines conditions ou qui libère une base lorsqu'il est mis en solution aqueuse.

Parenté diagonale Similitudes qui existent entre deux éléments immédiatement voisins de différents groupes et de différentes périodes du tableau périodique.

Particule alpha (α) *Voir* Rayon alpha.

Particule bêta (β) *Voir* Rayon bêta.

Pascal (Pa) Unité de pression SI.

Période Ensemble des éléments d'une même rangée horizontale du tableau périodique.

Phase Partie homogène d'un système en contact avec d'autres parties du même système, séparée de celles-ci par une frontière bien définie.

Photon Particule de lumière.

Poids Force que la gravité exerce sur un objet.

Point critique (P_c) Point qui correspond aux coordonnées de la température critique et de la pression critique.

Point d'ébullition Température à laquelle la pression de vapeur d'un liquide est égale à la pression extérieure.

Point de fusion Température à laquelle les phases solide et liquide coexistent en équilibre.

Point triple (P_t) Point qui correspond aux uniques valeurs de la température et de la pression (et seulement pour ces valeurs) où les trois phases – solide, liquide et vapeur – sont en équilibre entre elles.

Polarisabilité Facilité avec laquelle le nuage électronique dans un atome (ou une molécule) peut être déformé.

Pourcentage de rendement Rapport entre le rendement réel et le rendement théorique d'une réaction donnée.

Précision Limites à l'intérieur desquelles se situe la valeur d'une quantité mesurée.

Pression Force exercée par unité de surface.

Pression critique (P_c) Pression minimale qu'il faut appliquer pour liquéfier un gaz à sa température critique.

Pression de vapeur à l'équilibre ($P°$) (ou tension de vapeur) Pression de vapeur mesurée quand il y a équilibre entre la condensation et l'évaporation.

Pression partielle Pression de chacun des gaz constituant un mélange.

Principe d'exclusion de Pauli Principe qui affirme que deux électrons dans un atome ne peuvent pas être représentés par le même ensemble de nombres quantiques.

Principe d'incertitude de Heisenberg Principe qui affirme qu'il est impossible de connaître avec précision à la fois la position d'une particule et sa quantité de mouvement (masse × vitesse).

Principe de l'*aufbau* Principe qui affirme que, comme des protons qui s'ajoutent un à un au noyau pour former des éléments successifs, les électrons s'ajoutent un à un aux orbitales atomiques.

Probabilité radiale Probabilité de trouver un électron dans chacune des couches d'un atome.

Processus endothermique Variation d'enthalpie d'une réaction caractérisée par une absorption d'énergie.

Processus exothermique Variation d'enthalpie d'une réaction caractérisée par un dégagement d'énergie.

Produit Substance résultant d'une réaction chimique.

Propriété chimique Propriété qui peut être observée lorsque la composition ou la nature d'une substance est modifiée.

Propriété physique Propriété qui peut être mesurée ou observée sans que la composition ou la nature d'une substance soit modifiée.

Proton Particule positive constitutive du noyau de l'atome.

Quantités stœchiométriques Proportions exactes indiquées par une équation équilibrée.

Quantum Plus petite quantité d'énergie pouvant être émise (ou absorbée) sous forme de rayonnement électromagnétique.

Radioactivité Émission spontanée de particules ou de radiation.

Rayon alpha (α) Rayon constitué de particules de charge positive.

Rayon atomique Dans un métal, moitié de la distance séparant les noyaux de deux atomes adjacents.

Rayon bêta (β) Rayon constitué d'électrons.

Rayon covalent Chez les éléments qui existent à l'état de molécules diatomiques, moitié de la distance séparant les noyaux des deux atomes dans la molécule.

Rayon gamma (γ) Rayon à haute énergie.

Rayon ionique Rayon d'un cation ou d'un anion.

Rayonnement électromagnétique Émission et transmission d'énergie sous forme d'ondes électromagnétiques.

Réactif Substance de départ d'une réaction chimique.

Réactif en excès Réactif dont la quantité dépasse celle requise pour réagir avec la quantité du réactif limitant.

Réactif limitant Réactif épuisé le premier au cours d'une réaction chimique.

Réaction chimique Transformations impliquant le réarrangement des atomes qui sont mis en présence.

Réaction d'oxydoréduction Réaction au cours de laquelle il y a transfert d'électrons.

Réducteur Substance qui perd des électrons.

Réduction Réaction au cours de laquelle il y a gain d'électrons.

Règle de Hund Règle qui établit que l'arrangement électronique le plus stable d'une sous-couche est celui qui présente le plus grand nombre de spins parallèles.

Règle de Klechkowski Règle permettant d'établir l'ordre de remplissage des orbitales pour un atome polyélectronique.

Règle de l'octet Règle qui affirme que tout atome a tendance à former des liaisons jusqu'à ce qu'il soit entouré de huit électrons de valence.

Rendement réel Quantité de produit réellement obtenue à la fin d'une réaction.

Rendement théorique Quantité de produit prévue à la fin d'une réaction en supposant que tout le réactif limitant ait réagi.

Réseau Structure qui résulte de la répétition d'une maille dans l'espace tridimensionnel d'un solide cristallin.

Réseau covalent Assemblage d'atomes disposés selon un réseau tridimensionnel d'extension indéterminée.

Réseau cristallin Réseau tridimensionnel d'extension indéterminée.

Résonance Utilisation de deux ou de plusieurs structures de Lewis pour représenter une molécule donnée.

Sel Composé neutre formé d'un anion et d'un cation.

Semi-métal *Voir* Métalloïde.

Série Groupe de raies.

Série des terres rares *Voir* Lanthanides.

Solide cristallin Solide qui a une structure ordonnée, rigide et répétitive dans tout le solide; ses atomes, ses molécules ou ses ions occupent des positions déterminées.

Sous-couches (ou sous-niveaux) Orbitales ayant les mêmes valeurs de n et de ℓ.

Spectre d'émission Spectre continu ou discontinu des rayonnements émis par les substances.

Spectre discontinu (ou spectre de raies) Spectre produit lorsque des atomes émettent de la lumière à des longueurs d'onde caractéristiques.

Spectre électromagnétique Gamme étendue de fréquences possibles pour un rayonnement électromagnétique.

Stœchiométrie Étude des relations quantitatives entre les produits et les réactifs au cours d'une réaction chimique.

Structure de gaz rare *Voir* Configuration électronique abrégée.

Structure de Kékulé *Voir* Structure de Lewis simplifiée.

Structure de Lewis (ou diagramme de Lewis) Représentation des liaisons covalentes d'une molécule ou d'un ion à l'aide de symboles qui correspondent aux électrons de valence de chacun des atomes.

Structure de Lewis simplifiée (ou structure de Kékulé) Représentation des liaisons covalentes dans laquelle un trait symbolise une liaison.

Sublimation Processus par lequel les molécules passent directement de la phase solide à la phase vapeur.

Substance diamagnétique Substance dont les électrons sont tous appariés et qui, soumise au champ magnétique d'un aimant, est repoussée hors de ce champ.

Substance paramagnétique Substance qui a un ou plusieurs électrons non appariés et qui, soumise au champ magnétique d'un aimant, est attirée dans ce champ.

Substance pure Matière qui a une composition fixe et constante ainsi que des propriétés distinctes.

Surface de contour Surface qui délimite une frontière englobant environ 90 % de la densité électronique totale pour une orbitale donnée.

Symétrie sphérique Distribution spatiale des électrons dans une sous-couche de façon à ce qu'elle soit remplie ou à demi remplie (engendre une configuration électronique plus stable).

Système international (SI) Système métrique révisé qui comporte sept grandeurs de base (ou fondamentales).

Tableau périodique Tableau dans lequel sont regroupés les éléments ayant des propriétés chimiques et physiques similaires.

Tableau stœchiométrique Tableau qui dresse le portrait des substances en présence au tout début de la réaction, lorsque la réaction se déroule, et une fois la réaction terminée.

Température critique (T_c) Température au-dessus de laquelle un gaz ne peut être liquéfié, quelle que soit la valeur de la pression appliquée. Également, température la plus élevée à laquelle une substance donnée peut exister à l'état liquide.

Tension superficielle Quantité d'énergie requise par unité de surface pour étirer ou augmenter la surface d'un liquide.

Théorie Énoncé de principes unificateurs qui permet d'expliquer un ensemble de phénomènes ou de lois formulées à partir de ces phénomènes.

Théorie cinétique des gaz Généralisations et modélisations mathématiques concernant le comportement des gaz.

Théorie de la répulsion des paires d'électrons de valence (ou modèle RPEV) Modèle qui permet de prédire la disposition tridimensionnelle des paires d'électrons de valence autour d'un atome central.

Unité de masse atomique (u) Masse qui correspond exactement au douzième de la masse d'un atome de ^{12}C.

Valence d'un élément Nombre de liaisons covalentes que peut former un élément.

Vaporisation *Voir* Évaporation.

Variation d'enthalpie (ΔH) Variation entre les valeurs des énergies de liaison dans les réactifs et celles contenues dans les produits d'une réaction.

Viscosité Grandeur qui exprime la résistance d'un liquide à l'écoulement.

Vitesse quadratique moyenne (v_{quadr}) Racine carrée de la moyenne des carrés des vitesses des molécules d'une substance donnée.

Zone nodale Zone de probabilité nulle de la présence d'un électron dans un atome.

Réponses aux exercices, aux problèmes et aux révisions des concepts

CHAPITRE 1

EXERCICES

E1.1 **A)** **a)** 4,09 GA **b)** 9,75 mmol
B) **a)** $6,48 \times 10^{-9}$ m **b)** $1,12 \times 10^{-2}$ m
E1.2 **a)** 96,5 g **b)** 242 mL
E1.3 **a)** 83,1 °F **b)** 78,3 °C **c)** −196 °C
E1.4 **a)** 20,00 ml **b)** 39,40 °C
E1.5 **a)** Deux **b)** Quatre **c)** Trois
d) Deux **e)** Trois (ou deux)
E1.6 **a)** 26,76 L **b)** 4,4 g
c) $1,6 \times 10^{7}$ dm^2 **d)** 0,0756 g/mL
e) $6,69 \times 10^{4}$ m
E1.7 2,36 lb
E1.8 $1,08 \times 10^{5}$ m^3
E1.9 0,534 g/cm^3

PROBLÈMES

1.1 **a)** Quantitatif **b)** Qualitatif
1.2 **a)** Hypothèse **b)** Loi
c) Théorie
1.3 **a)** Propriété chimique
b) Propriété chimique
c) Propriété physique
d) Propriété physique
e) Propriété chimique
1.4 **a)** Transformation chimique
b) Transformation physique
c) Transformation chimique
d) Transformation physique
1.5 **a)** Élément **b)** Composé
c) Élément **d)** Composé
1.6 **a)** Mélange homogène
b) Élément
c) Composé
d) Mélange homogène
e) Mélange homogène
f) Mélange hétérogène
1.7 **a)** $2,7 \times 10^{-8}$ g **b)** $3,56 \times 10^{2}$ K
c) $9,6 \times 10^{-2}$ s **d)** $7,49 \times 10^{-1}$ A
e) $6,21 \times 10^{-7}$ mol
1.8 **a)** 7,49 Ts^{-1} **b)** 5,6 μmol
c) 2,11 mL **d)** 1,19 nm
e) 9,95 GJ
1.9 11,4 g/cm^3
1.10 $1,30 \times 10^{3}$ g
1.11 41 °C
1.12 **a)** 11,3 °F **b)** 261,6 K
1.13 **a)** B **b)** C
1.14 **a)** Quatre **b)** Deux **c)** Cinq
d) Un **e)** Deux
1.15 **a)** 20,00 mL **b)** 50 mL
1.16 **a)** 10,6 m **b)** 0,79 g
c) 16,5 cm^2 **d)** 1,28
e) $3,18 \times 10^{-3}$ mg **f)** $8,14 \times 10^{7}$ dm
1.17 **a)** 0,900 cm **b)** 53,007 33 g
c) $8,2 \times 10^{2}$ cm^3
1.18 **a)** $2,26 \times 10^{2}$ dm **b)** $2,54 \times 10^{-5}$ kg
c) $7,12 \times 10^{-5}$ m^3 **d)** $7,2 \times 10^{3}$ L
1.19 58,03 $
1.20 $3,1557 \times 10^{7}$ s
1.21 **a)** 88 km/h **b)** $1,1 \times 10^{9}$ km/h
c) $3,7 \times 10^{-3}$ g de Pb
1.22 $2,70 \times 10^{3}$ kg/m^3
1.23 **a)** Propriété chimique
b) Propriété chimique
c) Propriété physique
d) Propriété physique
e) Propriété chimique
1.24 **a)** $x\,°S = (y\,°C + 117,3\,°C)\left(\dfrac{100\ °S}{195,6\ °C}\right)$
b) 73 °S
1.25 2,6 g/cm^3
1.26 0,882 cm
1.27 10,5 g/cm^3
1.28 2,24 $
1.29 Gradué en Fahrenheit, 0,1 %;
en Celsius, 0,3 %
1.30 5×10^{2} mL/respiration
1.31 $4,8 \times 10^{19}$ kg NaCl
1.32 L'objet n'est pas en or pur.
1.33 Le creuset est fait de platine pur.
1.34 −40 °F = −40 °C
1.35 $6,0 \times 10^{12}$ g Au
$3,5 \times 10^{14}$ $
1.36 2,5 nm
1.37 ❶: C ❷: B ❸: A
1.38 $5,9 \times 10^{10}$ kg CO_2/an
1.39 0,13 L
1.40 La bouteille éclatera.
1.41 **a)** 365,242 20 jours
b) 8 chiffres significatifs

RÉVISIONS DES CONCEPTS

p. 7 c)
p. 11 Éléments : Ⓑ; composés : Ⓐ et Ⓒ
p. 12 Changements chimiques : Ⓑ et Ⓒ;
changements physiques : Ⓓ
p. 26 Règle du haut : 4,6 po; règle du bas :
4,57 po

CHAPITRE 2

EXERCICES

E2.1 Isotope du cuivre $^{63}_{29}Cu$: 29 protons,
34 neutrons et 29 électrons; cation
Cu^{2+} : 29 protons, mais 27 électrons
E2.2 $C_4H_5N_2O$
E2.3 **a)** $Cr_2(SO_4)_3$ **b)** $Ca_3(PO_4)_2$
E2.4 $CHCl_3$
E2.5 L'oxydant est H_2O, le réducteur est
Cs, la substance oxydée est Cs et
la substance réduite est H de H_2O.
E2.6 **a)** Ion chrome(III) ou chromique
b) Ion nitrite
E2.7 **a)** Oxyde de plomb(II)
b) Sulfite de lithium
E2.8 **a)** Rb_2SO_4 **b)** BaH_2
E2.9 **a)** Trifluorure d'azote
b) Heptaoxyde de dichlore
E2.10 **a)** SF_4 **b)** N_2O_5
E2.11 Acide bromique

PROBLÈMES

2.1 1,0 km
2.2 54
2.3 145
2.4 $^{3}_{2}He$: 2 protons, 1 neutron;
$^{4}_{2}He$: 2 protons, 2 neutrons;
$^{24}_{12}Mg$: 12 protons, 12 neutrons;
$^{25}_{12}Mg$: 12 protons, 13 neutrons;
$^{48}_{22}Ti$: 22 protons, 26 neutrons;
$^{79}_{35}Br$: 35 protons, 44 neutrons;
$^{195}_{78}Pt$: 78 protons, 117 neutrons
2.5 **a)** $^{23}_{11}Na$ **b)** $^{64}_{28}Ni$
2.6 Ion (protons, électrons) : Na^+ (11, 10),
Ca^{2+} (20, 18), Al^{3+} (13, 10), Fe^{2+} (26, 24),
I^- (53, 54), F^- (9, 10), S^{2-} (16, 18),
O^{2-} (8, 10), N^{3-} (7, 10)
2.7 Ion (protons, électrons) : K^+ (19, 18), Mg^{2+}
(12, 10), Fe^{3+} (26, 23), Br^- (35, 36),
Mn^{2+} (25, 23), Cu^{2+} (29, 27)
2.8 NH_4^+ : 11 protons et 10 électrons
SO_4^{2-} : 48 protons et 50 électrons
MnO_4^- : 57 protons et 58 électrons
$S_2O_8^{2-}$: 96 protons et 98 électrons
2.9 **a)** CN **b)** CH
c) C_9H_{20} **d)** P_2O_5
e) BH_3 **f)** $AlBr_3$
2.10 $C_2H_5NO_2$
2.11 C_2H_6O
2.12 Ⓐ Molécule polyatomique, qui n'est
pas un composé. Corps simple. Ⓑ
Molécule polyatomique qui est un
composé. Ⓒ Molécule diatomique
qui est un composé.
2.13 Ⓐ Molécule diatomique qui est un
composé. Ⓑ Molécule polyatomique
qui est un composé. Ⓒ Molécule
polyatomique qui n'est pas un
composé. Corps simple.
2.14 Corps simples : N_2, S_8, H_2
Composés : NH_3, NO, CO, CO_2, SO_2
2.15 **a)** H_2 et F_2
b) HCl et CO
c) S_8 et P_4
d) H_2O et $C_{12}H_{22}O_{11}$ (sucrose)
2.16 **a)** Cation : Li^+; anion : Cl^-
b) Cation : Ag^+; anion : OH^-
c) Cation : Na^+; anion : HSO_4^-

d) Cation : K^+ ; anion : HCO_3^-
e) Cation : Na^+ ; anion : SO_4^{2-}
f) Cation : Mn^{2+} ; anion : CO_3^{2-}
g) Cation : Fe^{2+} ; anion : SO_4^{2-}
h) Cation : Fe^{3+} ; anion : PO_4^{3-}
i) Cation : Al^{3+} ; anion : SO_4^{2-}

2.17 **a)** CuBr **b)** Mn_2O_3 **c)** Hg_2I_2 **d)** $Mg_3(PO_4)_2$

2.18 **a)** $Sr_3(PO_4)_2$ **b)** $CaSO_4$ **c)** $FeHPO_4$ **d)** $Al(H_2PO_4)_3$ **e)** $Mn_2(CO_3)_3$

2.19 **a)** Covalent **b)** Ionique **c)** Ionique **d)** Covalent **e)** Ionique **f)** Covalent

2.20 Ioniques : NaBr, BaF_2, CsCl
Covalents : CH_4, CCl_4, ICl, NF_3

2.21 a), b), c), d), g), h)

2.22 **a)** Vrai **b)** Faux **c)** Vrai **d)** Vrai

2.23 **a)** Cl_2 : 0 ; ClO_2 : +4 ; $NaClO_3$: +5 ; ClO_4^- : +7 ; ClO_3 : +6 ; HClO : +1
b) ClO_4^-

2.24 **a)** Oxydant : Br_2 ; réducteur : Li
b) Oxydant : $HClO_4$; réducteur : Ca

2.25 **a)** Ion sulfate
b) Ion calcium
c) Chromate de sodium
d) Hydrogénophosphate de potassium
e) Bromure d'hydrogène
f) Acide bromhydrique
g) Carbonate de lithium
h) Dichromate de potassium
i) Nitrite d'ammonium
j) Acide iodique
k) Pentafluorure de phosphore
l) Hexoxyde de tétraphosphore
m) Iodure de cadmium
n) Sulfate de strontium
o) Hydroxyde d'aluminium
p) Carbonate de sodium décahydraté

2.26 **a)** Hypochlorite de potassium
b) Carbonate d'argent
c) Acide nitreux
d) Permanganate de potassium
e) Chlorate de césium
f) Acide hypoiodeux
g) Oxyde de fer(II)
h) Oxyde de fer(III)
i) Chlorure de titane(IV)
j) Hydrure de sodium
k) Nitrure de lithium
l) Oxyde de sodium
m) Peroxyde de sodium
n) Chlorure de fer(III) hexahydraté

2.27 **a)** $RbNO_2$ **b)** K_2S **c)** $HBrO_4$ **d)** $Mg_3(PO_4)_2$ **e)** $CaHPO_4$ **f)** BCl_3 **g)** IF_7 **h)** $(NH_4)_2SO_4$ **i)** $AgClO_4$ **j)** $Fe_2(CrO_4)_3$ **k)** $Ca(SO_4) \cdot 2H_2O$

2.28 **a)** CuCN **b)** $Sr(ClO_2)_2$ **c)** $HClO_4$ **d)** HI (dans l'eau) **e)** $PbCO_3$ **f)** SnF_2 **g)** P_4S_{10} **h)** HgO **i)** Hg_2I_2 **j)** $CoCl_2 \cdot 6H_2O$

2.29 Zn^{2+}

2.30 Le changement de la charge d'un atome provoque habituellement un changement majeur de ses propriétés chimiques. Les deux isotopes du carbone, en c), tous deux neutres, devraient avoir des propriétés chimiques identiques.

2.31 **a)** A **b)** B, E et F **c)** C et D
d) A : $^{10}_{5}B$ B : $^{14}_{7}N^{3-}$ C : $^{39}_{19}K^+$ D : $^{66}_{30}Zn^{2+}$ E : $^{81}_{35}Br^-$ F : $^{19}_{9}F^-$

2.32 **a)** H ou H_2 ?
b) NaCl est un composé ionique.

2.33 Oui, le rapport est 3:7:10, un rapport de nombres entiers, comme le stipule la loi des proportions multiples.

2.34 Éléments : Cs, O, S
Corps simples : S_8, O_2, O_3, P_4
Composés (sans être des molécules) : KBr, LiF
Molécules et composés : SO_2, N_2O_5, CH_4

2.35 Étant donné que la charge de l'ion positif des composés formés de métaux alcalino-terreux est toujours égale à +2, il n'est pas nécessaire de la spécifier à l'aide de chiffres romains.

2.36 **a)** CO_2 (solide) **b)** NaCl **c)** N_2O **d)** $CaCO_3$ **e)** CaO **f)** $Ca(OH)_2$ **g)** $NaHCO_3$ **h)** $MgSO_4$ **i)** NaOH

2.37 $^{11}_{5}B$: 5 protons, 6 neutrons, 5 électrons, charge électrique : 0 ;
$^{54}_{26}Fe^{2+}$: 26 protons, 28 neutrons, 24 électrons, charge électrique : +2 ;
$^{31}_{15}P^{3-}$: 15 protons, 16 neutrons, 18 électrons, charge électrique : −3 ;
$^{196}_{79}Au$: 79 protons, 117 neutrons, 79 électrons, charge électrique : 0 ;
$^{222}_{86}Rn$: 86 protons, 136 neutrons, 86 électrons, charge électrique : 0

2.38 ^{23}Na

2.39 F et Cl ; Na et K ; P et N

2.40 **a)** NaH, hydrure de sodium
b) B_2O_3, trioxyde de dibore
c) Na_2S, sulfure de sodium
d) AlF_3, fluorure d'aluminium
e) OF_2, difluorure d'oxygène
f) $SrCl_2$, chlorure de strontium

2.41 **a)** Br **b)** Rn **c)** Se **d)** Rb **e)** Pb

2.42 1re rangée : Mg^{2+}, HCO_3^-, $Mg(HCO_3)_2$. 2e rangée : Sr^{2+}, Cl^-, chlorure de strontium. 3e rangée : $Fe(NO_2)_3$, nitrite de fer(III). 4e rangée : Mn^{2+}, ClO_3^-, $Mn(ClO_3)_2$. 5e rangée : $Co_3(PO_4)_2$, phosphate de cobalt(II). 6e rangée : Hg_2I_2, iodure de mercure(I). 7e rangée : Cu^+, CO_3^{2-}, carbonate de cuivre(I). 8e rangée : Li^+, N_3^-, Li_3N. 9e rangée : Al_2O, oxyde d'aluminium.

2.43 Numéro : 25 ; symbole : Mn

2.44 Tous les isotopes du radium sont radioactifs et instables. Il s'agit d'un produit de la désintégration de l'uranium 238. Le radium n'existe pas comme tel dans la nature sur Terre.

2.45 La masse de fluor qui réagirait avec l'hydrogène serait la même que celle qui réagirait avec le deutérium. Le rapport de combinaison des deux atomes (H ou deutérium) avec le fluor est le même, soit 1:1 dans les deux composés. Ce n'est pas une violation de la loi des proportions définies. (Lorsque cette loi a été découverte, les scientifiques ne connaissaient pas l'existence des isotopes.)

2.46 NF_3 (trifluorure d'azote), PBr_5 (pentabromure de phosphore), SCl_2 (dichlorure de soufre).

2.47 Acide chlorique, acide nitreux, acide cyanhydrique et acide sulfurique.

RÉVISIONS DES CONCEPTS

p. 44 Oui. Le rapport des atomes orange aux atomes bleus dans ces deux composés est (2/1):(5/2) ou 4:5.

p. 49 Le proton et le neutron ont approximativement la même masse.

p. 52 **a)** 78 **b)** ^{17}O

p. 54 Les propriétés chimiques changent plus drastiquement dans une période.

p. 59 **A** $Mg(NO_3)_2$ **B** Al_2O_3 **C** LiH **D** Na_2S

p. 60 S_8 signifie « une molécule de soufre composée de huit atomes de soufre ». 8S signifie « huit atomes de soufre ».

CHAPITRE 3

EXERCICES

E3.1 10,81 u
E3.2 32,04 u
E3.3 $2{,}57 \times 10^3$ g
E3.4 $8{,}49 \times 10^{21}$ atomes de K
E3.5 $2{,}107 \times 10^{-22}$ g
E3.6 1,66 mol
E3.7 $5{,}81 \times 10^{24}$ atomes de H
E3.8 2,055 % H, 32,69 % S, 65,25 % O
E3.9 196 g
E3.10 $KMnO_4$ (permanganate de potassium)

E3.11 B_2H_6
E3.12 $Fe_2O_3 + 3CO \longrightarrow 2Fe + 3CO_2$
E3.13 235 g
E3.14 0,769 g
E3.15 5,00 g
E3.16 **a)** 234 g **b)** 233 g
E3.17 **a)** 863 g **b)** 93,1 %

PROBLÈMES

3.1 35,45 u
3.2 Li 6 : 7,5 % ; Li 7 : 92,5 %
3.3 ^{140}Ce
3.4 **a)** 159,8 u **b)** 30,07 u
3.5 **a)** $3,3 \times 10^5$ douzaines d'œufs
b) $6,5 \times 10^{-18}$ mol d'œufs
3.6 $3,07 \times 10^{24}$ atomes de S
3.7 $9,96 \times 10^{-15}$ mol Co
3.8 1,93 mol Ca
3.9 **a)** $3,331 \times 10^{-22}$ g/atome de Hg
b) $3,351 \times 10^{-23}$ g/atome de Ne
3.10 $3,44 \times 10^{-10}$ g
3.11 $6,57 \times 10^{23}$ atomes de H
$1,70 \times 10^{23}$ atomes de Cr
Il y a plus d'atomes d'hydrogène que d'atomes de chrome.
3.12 Le plomb
3.13 $5,8 \times 10^3$ années-lumière
3.14 **a)** 73,89 g/mol **b)** 76,15 g/mol
c) 119,37 g/mol **d)** 176,12 g/mol
e) 164,10 g/mol **f)** 100,95 g/mol
3.15 $6,69 \times 10^{21}$ molécules de C_2H_6
3.16 $3,01 \times 10^{22}$ atomes de C
$3,01 \times 10^{22}$ atomes de O
$6,02 \times 10^{22}$ atomes de H
3.17 **a)** 0,313 mol O_2 **b)** 0,626 mol O
3.18 $2,1 \times 10^9$ molécules
3.19 82,3 g $Ca(H_2PO_4)_2$
3.20 4,18 g $Al_2(SO_4)_3$
3.21 C : 10,06 %
H : 0,8442 %
Cl : 89,07 %
3.22 **a)** C : 80,56 % ; H : 7,51 % ; O : 11,93 %
b) $2,11 \times 10^{21}$ molécules
3.23 L'ammoniac
3.24 Les deux sont $C_6H_{10}S_2O$.
3.25 0,308 mol Fe
3.26 5,97 g F
3.27 **a)** CH_2O **b)** KCN
3.28 Ca : 34,50 % ; Si : 24,18 % ; O : 41,32 %
3.29 C_6H_6
3.30 $C_5H_8O_4NNa$
3.31 **a)** C : 89,9 % ; H : 10,1 %
b) C_3H_4
c) C_6H_8
3.32 **a)** $2CO + O_2 \longrightarrow 2CO_2$
b) $H_2 + Br_2 \longrightarrow 2HBr$
c) $2N_2O_5 \longrightarrow 2N_2O_4 + O_2$
d) $2K + 2H_2O \longrightarrow 2KOH + H_2$
e) $2O_3 \longrightarrow 3O_2$
f) $NH_4NO_2 \longrightarrow N_2 + 2H_2O$
g) $P_4O_{10} + 6H_2O \longrightarrow 4H_3PO_4$
h) $2Al + 3H_2SO_4 \longrightarrow Al_2(SO_4)_3 + 3H_2$
i) $S_8 + 8O_2 \longrightarrow 8SO_2$
j) $2NaOH + H_2SO_4 \longrightarrow Na_2SO_4 + 2H_2O$
3.33 **a)** $CH_4 + 4Br_2 \longrightarrow CBr_4 + 4HBr$
b) $2NH_3 + 3CuO \longrightarrow 3Cu + N_2 + 3H_2O$
c) $3Ca(OH)_2 + 2H_3PO_4 \longrightarrow Ca_3(PO_4)_2 + 6H_2O$
d) $10P_2I_4 + 13P_4 + 128H_2O \longrightarrow 40PH_4I + 32H_3PO_4$
3.34 d)
3.35 3,60 mol CO_2
3.36 1,01 mol Cl_2
3.37 9,0 mol H_2 et 3,0 mol N_2
3.38 **a)** $2NaHCO_3 \longrightarrow Na_2CO_3 + H_2O + CO_2$
b) 78,3 g $NaHCO_3$
3.39 0,0581 g HCN
3.40 0,300 mol H_2O
3.41 **a)** $NH_4NO_3(s) \longrightarrow N_2O(g) + 2H_2O(g)$
b) $2,0 \times 10^1$ g N_2O
3.42 18,0 g O_2
3.43 0,100 g Ca
3.44 **a)** $2NH_3 + H_2SO_4 \longrightarrow (NH_4)_2SO_4$
b) $2,11 \times 10^5$ g $(NH_4)_2SO_4$
3.45 **a)** $2H_3PO_4 + 3Ba(OH)_2 \longrightarrow Ba_3(PO_4)_2 + 6H_2O$
b) 0,0820 mol/L
3.46 6 mol NH_3 et 1 mol H_2
3.47 NO est le réactif limitant ;
0,886 mol NO_2
3.48 0,709 g NO_2 ; O_3 est le réactif limitant ; $6,9 \times 10^{-3}$ mol NO
3.49 HCl ; 23,4 g Cl_2
3.50 **a)** CaF_2 **b)** $4,00 \times 10^3$ g HF
c) $3,12 \times 10^3$ g CaF_2
3.51 92,9 %
3.52 **a)** 7,05 g O_2 **b)** 92,9 %
3.53 28,6 %
3.54 87,2 %
3.55 $2C_2H_6 + 7O_2 \longrightarrow 4CO_2 + 6H_2O$
3.56 B
3.57 Cl_2O_7
3.58 18
3.59 700 g
3.60 0,471 L ou 471 mL
3.61 65,4 g/mol ; Zn
3.62 $C_6H_{12}O_6$
3.63 **a)** $Zn(s) + H_2SO_4(aq) \longrightarrow ZnSO_4(aq) + H_2(g)$
b) 64,2 %
3.64 89,6 %
3.65 84,3 g KOH
3.66 $1,9 \times 10^{15}$ g CO_2/année
3.67 CH_2O ; $C_6H_{12}O_6$
3.68 $X_2O_3(s) + 3CO(g) \longrightarrow 2X(s) + 3CO_2(g)$
3.69 0,387
3.70 $4,90 \times 10^2$ g H_2SO_4
3.71 $1,71 \times 10^{23}$ ions
3.72 **a)** $2H_2SO_4 + Ca_3(PO_4)_2 \longrightarrow Ca(H_2PO_4)_2 + 2CaSO_4$
b) 113 g $Ca(H_2PO_4)_2$
c) 188 g $Ca_3(PO_4)_2$
d) 119 g H_2SO_4
3.73 **a)** 1) $Ca_3(PO_4)_2(s) + 3SiO_2(s) \longrightarrow 3CaSiO_3(s) + P_2O_5(s)$
2) $2P_2O_5(s) + 10C(s) \longrightarrow 10CO(g) + P_4(s)$
b) Carbone
c) 96,5 g P_4
d) 81,8 %
3.74 **a)** $2Al(s) + 6HCl(aq) \longrightarrow 2AlCl_3(s) + 3H_2(g)$
b) 0,0650 g Al
c) 0,121 mol/L
3.75 0,200 L
3.76 88,8 g NaN_3
3.77 $3,1 \times 10^{23}$ molécules/mol

RÉVISIONS DES CONCEPTS

p. 88 La probabilité est nulle.
p. 94 b)
p. 96 Masse moléculaire : 192,12 u ; masse molaire : 192,12 g/mol
p. 100 Le pourcentage massique de Hg est supérieur à celui de O. Il s'agit de comparer les masses relatives d'un atome de Hg et de six atomes de O.
p. 114 a)
p. 121 Le diagramme D montre que NO est le réactif limitant.
p. 123 Non. Un rendement supérieur au rendement théorique va à l'encontre de la loi de la conservation de la masse ; cependant, le rendement calculé pourrait paraître supérieur au rendement théorique si des impuretés sont présentes.

CHAPITRE 4

EXERCICES

E4.1 99,9 kPa
E4.2 9,28 L
E4.3 30,6 L
E4.4 $2,6 \times 10^2$ kPa
E4.5 44,0 g/mol
E4.6 96,9 L
E4.7 4,76 L
E4.8 0,338 mol/L
E4.9 CH_4 : 130 kPa ; C_2H_6 : 6,62 kPa ; C_3H_8 : 1,82 kPa
E4.10 0,0654 g
E4.11 321 m/s
E4.12 $1,5 \times 10^2$ g/mol
E4.13 $3,03 \times 10^3$ kPa et $4,61 \times 10^3$ kPa selon la loi des gaz parfaits

PROBLÈMES

4.1 74,9 kPa et 15 mm Hg
4.2 0,797 atm
4.3 **a)** D **b)** B
4.4 1) B 2) A 3) C 4) A
4.5 $1{,}30 \times 10^3$ mL
4.6 $5{,}37 \times 10^3$ kPa
4.7 457 mm Hg
4.8 $1{,}3 \times 10^2$ K
4.9 L'équation équilibrée est $4NH_3(g) + 5O_2(g) \longrightarrow 4NO(g) + 6H_2O(g)$. Donc, un volume d'ammoniac permet d'obtenir un volume de monoxyde d'azote.
4.10 ClF_3
4.11 0,44 mol
4.12 $6{,}3 \times 10^2$ kPa
4.13 747 K ou 474 °C
4.14 842 L
4.15 9,0 L
4.16 0,82 L
4.17 336 mL
4.18 0,62 kPa
4.19 32,0 g/mol
4.20 35,0 g/mol
4.21 $2{,}9 \times 10^{19}$ molécules de O_3
4.22 N_2: $2{,}1 \times 10^{22}$ molécules
O_2: $5{,}7 \times 10^{21}$ molécules
Ar: 3×10^{20} atomes
4.23 **a)** 2,21 g/L **b)** 54,6 g/mol
4.24 2,98 g/L
4.25 $C_8H_{20}O_2$
4.26 SF_4
4.27 95 %
4.28 18 g HCl
4.29 **a)** $M(s) + 3HCl(aq) \longrightarrow 1{,}5H_2(g) + MCl_3(aq)$
b) M_2O_3, $M_2(SO_4)_3$, MPO_4
4.30 P_2F_4
4.31 P_{CH_4}: 55 kPa
$P_{C_2H_6}$: 44 kPa
$P_{C_3H_8}$: 52 kPa
4.32 **a)** $P_{N_2} = 79{,}10$ kPa; $P_{O_2} = 21{,}21$ kPa; $P_{Ar} = 0{,}94$ kPa; $P_{CO_2} = 0{,}05$ kPa
b) $C_{N_2} = 3{,}49 \times 10^{-2}$ mol/L; $C_{O_2} = 9{,}34 \times 10^{-3}$ mol/L; $C_{Ar} = 4{,}1 \times 10^{-4}$ mol/L; $C_{CO_2} = 2 \times 10^{-5}$ mol/L
4.33 349 mm Hg
4.34 0,45 g Na
4.35 19,8 g Zn
4.36 5,0 %
4.37 N_2: 217 mm Hg, H_2: 650 mm Hg
4.38 **a)** C **b)** C
4.39 **a)** Le récipient de droite
b) Le récipient de gauche
4.40 O_2: 513 m/s
UF_6: 155 m/s
4.41 N_2: 472 m/s; O_2: 441 m/s; O_3: 360 m/s
4.42 43,8 g/mol; CO_2
4.43 $x = 4$
4.44 $1{,}82 \times 10^3$ kPa et, selon l'équation des gaz parfaits, $1{,}87 \times 10^3$ kPa.
4.45 Il ne s'agit pas d'un gaz parfait.
4.46 Quand les valeurs de *a* et de *b* sont égales à zéro, l'équation de Van der Waals devient tout simplement l'équation des gaz parfaits. Dans le choix proposé, le gaz dont les valeurs de *a* et de *b* sont les plus petites est le néon, Ne.
4.47 **a)** Quand la température s'élève, la pression augmente.
b) Quand on frappe un sac de papier qu'on a gonflé, son volume diminue, donc sa pression augmente.
c) À mesure que le ballon s'élève, la pression extérieure décroît régulièrement, et le ballon prend de l'expansion.
d) La différence de pression entre l'intérieur et l'extérieur cause ce bruit.
4.48 $1{,}7 \times 10^2$ L; $P_{N_2} = 26$ kPa; $P_{O_2} = 4{,}1$ kPa; $P_{H_2O} = 41$ kPa; $P_{CO_2} = 50$ kPa
4.49 C_6H_6
4.50 **a)** $NH_4NO_2(s) \longrightarrow N_2(g) + 2H_2O(l)$
b) 0,275 g NH_4NO_2
4.51 445 mL
4.52 Non, parce qu'un gaz parfait ne peut pas être liquéfié.
4.53 **a)** $9{,}66 \times 10^2$ kPa
b) Le $Ni(CO)_4$ se décompose de nouveau en produisant plus de moles de gaz (CO).
4.54 Elle est plus élevée en hiver.
4.55 $1{,}3 \times 10^{22}$ molécules; CO_2, O_2, N_2 et H_2O
4.56 **a)** $2NaHCO_3(s) \longrightarrow Na_2CO_3(s) + CO_2(g) + H_2O(g)$
b) 0,86 L
c) $NH_4HCO_3(s) \longrightarrow NH_3(g) + CO_2(g) + H_2O(g)$; l'avantage est qu'il produit plus de gaz par gramme de réactif; le désavantage est que l'ammoniac dégage une odeur désagréable.
4.57 3,88 L
4.58 0,0701 mol/L
4.59 **a)** $C_3H_8(g) + 5O_2(g) \longrightarrow 3CO_2(g) + 4H_2O(g)$
b) 11,4 L CO_2
4.60 Quand l'eau du compte-gouttes entre dans l'ampoule, de l'ammoniac se dissout, créant ainsi un vide partiel. La pression de l'atmosphère pousse donc l'eau dans le tube vertical.
4.61 Gaz présents: 0,0403 mol O_2 donnant une pression partielle de 16,6 kPa et 0,0807 mol NO_2 donnant 33,3 kPa.
4.62 **a)** 61,2 m/s
b) $4{,}58 \times 10^{-4}$ s
c) $v = 328$ m/s et $v_{quadr} = 366$ m/s. Les vitesses ne sont pas identiques, mais l'ordre de grandeur est le même; 328 m/s est la vitesse d'un seul atome de Bi, alors que la vitesse quadratique est une moyenne.
4.63 **a)** $CaO(s) + CO_2(g) \longrightarrow CaCO_3(s)$
$BaO(s) + CO_2(g) \longrightarrow BaCO_3(s)$
b) CaO: 10,5 % et BaO: 89,5 %
4.64 **a)** 0,112 mol CO/min
b) 19 min
4.65 $1{,}7 \times 10^{12}$ molécules de O_2
4.66 **a)** $1{,}09 \times 10^{44}$ molécules d'air
b) $1{,}19 \times 10^{22}$ molécules/inhalation ou expiration
c) $2{,}62 \times 10^{30}$ molécules
d) 3×10^8 molécules déjà expirées par Mozart
e) 1) L'air se mélange complètement dans l'atmosphère.
2) Il n'y a pas de perte de molécules dans l'espace extraterrestre.
3) Il n'y a pas eu de molécules transformées par le métabolisme ni par fixation d'azote ou tout autre phénomène du genre.
4.67 On déduit cette relation en appliquant deux fois à deux gaz différents la relation $v_{quadr} = \sqrt{3RT/\mathcal{M}}$ et en les divisant l'une par l'autre.
4.68 86,0 %
4.69 $P_{NO_2} = 51$ kPa; $P_{N_2O_4} = 48$ kPa
4.70 **a)** Non. La température est un concept statistique.
b) **i)** Puisque les deux échantillons d'hélium sont à la même température, ils ont les mêmes vitesses quadratiques moyennes et les mêmes énergies cinétiques.
ii) Les atomes d'hélium du plus petit volume, V_1, frappent les parois plus souvent. Puisque les énergies cinétiques sont les mêmes, la force exercée lors des collisions est la même dans les deux ballons.
c) **i)** La vitesse quadratique moyenne est plus grande dans le ballon dont la température, T_2, est la plus élevée.
ii) Les atomes d'hélium à la température la plus élevée, T_2, frappent les parois plus souvent et avec une force plus grande.

d) **i)** Faux **ii)** Vrai
iii) Vrai, $v_{\text{quadr}} = 1{,}47 \times 10^{3}$ m/s

4.71 **a)** Les courbes descendent à cause des attractions intermoléculaires. P étant plus petit, donc PV/RT diminue. Elles remontent avec la pression, car le volume occupé par les molécules devient non négligeable, ce qui fait augmenter PV/RT.
b) À très faible pression, ils se comportent tous comme des gaz parfaits.
c) Pour cette valeur, les forces d'attraction sont égales aux forces de répulsion, ce qui ne signifie pas que le comportement soit idéal.

4.72 **a)** $v_{\text{pb}} = 421$ m/s, $v_{\text{quadr}} = 515$ m/s
b) $T_2 = 1{,}20 \times 10^{3}$ K

4.73 **a)** $8((4/3)\pi r^3)$ **b)** $(4/3)N_A\pi r^3$.
Le volume exclu vaut quatre fois celui des sphères.

4.74 b)

4.75 $P_{CH_4} = 2{,}3 \times 10^{2}$ kPa
$P_{C_2H_6} = 86$ kPa
$P_{C_3H_8} = 1{,}4 \times 10^{2}$ kPa

4.76 L'échantillon d'air est plus lourd que celui qui contient de l'air et de la vapeur d'eau.

RÉVISIONS DES CONCEPTS

p. 143 c) < d) < a) < b)
p. 145 **a)** Le volume double.
b) Le volume augmente d'un facteur 1,4.
p. 146 Elle augmente.
p. 152 b)
p. 161 Sphères bleues : 17 kPa ; sphères vertes : 50 kPa ; sphères rouges : 33 kPa
p. 168 c) et d)
p. 172 Pressions élevées et faibles températures

CHAPITRE 5

EXERCICES

E5.1 8,24 m
E5.2 $3{,}39 \times 10^{3}$ nm
E5.3 $2{,}63 \times 10^{3}$ nm
E5.4 56,6 nm
E5.5 $n = 3$, $\ell = 1$, $m_\ell = -1, 0, +1$
E5.6 16 orbitales et 32 états quantiques
E5.7 (4, 2, −2, +1/2), (4, 2, −2, −1/2), (4, 2, −1, +1/2), (4, 2, −1, −1/2), (4, 2, 0, +1/2), (4, 2, 0, −1/2), (4, 2, +1, +1/2), (4, 2, +1, −1/2), (4, 2, +2, +1/2), (4, 2, +2, −1/2)

PROBLÈMES

5.1 **a)** $6{,}58 \times 10^{14}$ s^{-1} ou Hz
b) $1{,}22 \times 10^{8}$ nm

5.2 $1{,}5 \times 10^{2}$ s ou 2,5 min

5.3 $3{,}26 \times 10^{-2}$ m ou $3{,}26 \times 10^{7}$ nm ; ce rayonnement se situe dans la région des micro-ondes.

5.4 $3{,}19 \times 10^{-19}$ J

5.5 **a)** A **b)** B **c)** B **d)** Infrarouge

5.6 **a)** Ondes radio **b)** Infrarouge
c) Rayons X
Par ordre croissant d'énergie : a < b < c

5.7 0,310 mol de C

5.8 **a)** $5{,}0 \times 10^{3}$ m ou $5{,}0 \times 10^{12}$ nm
Non, il s'agit d'une onde radio.
b) $4{,}0 \times 10^{-29}$ J
c) $2{,}4 \times 10^{-5}$ J/mol

5.9 $\lambda = 9{,}29 \times 10^{-13}$ m ou 0,929 pm ;
$\nu = 3{,}23 \times 10^{20}$ s^{-1}

5.10 $1{,}29 \times 10^{-15}$ J

5.11 **a)** $3{,}70 \times 10^{-7}$ m ou $3{,}70 \times 10^{2}$ nm
b) UV
c) $5{,}38 \times 10^{-19}$ J

5.12 L'arrangement des niveaux d'énergie est particulier à chaque élément. Les fréquences de la lumière émise par les éléments sont propres à chaque élément.

5.13 En utilisant un prisme.

5.14 $-5{,}45 \times 10^{-19}$ J

5.15 **a)** $1{,}4 \times 10^{-7}$ m ou $1{,}4 \times 10^{2}$ nm
b) 5×10^{-19} J
c) $2{,}0 \times 10^{-7}$ m ou $2{,}0 \times 10^{2}$ nm

5.16 $3{,}027 \times 10^{-19}$ J

5.17 $\lambda = 1{,}28 \times 10^{-6}$ m ou $1{,}28 \times 10^{3}$ nm

5.18 $2{,}04 \times 10^{-18}$ J

5.19 5 ; indigo

5.20 $3{,}65 \times 10^{14}$ s^{-1}

5.21 6

5.22 Raie verte

5.23 Violette < indigo < verte < rouge

5.24 **a)** E (J)

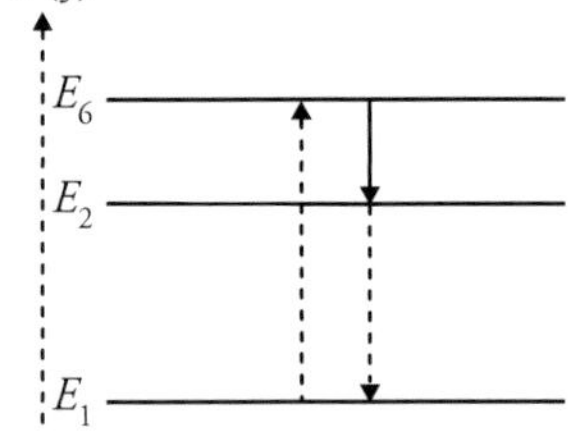

b) $2{,}12 \times 10^{-18}$ J
c) $7{,}31 \times 10^{14}$ s^{-1}

5.25 $5{,}65 \times 10^{-10}$ m ou 0,565 nm

5.26 $1{,}39 \times 10^{-15}$ m ou $1{,}39 \times 10^{-6}$ nm

5.27 $9{,}24 \times 10^{3}$ m/s

5.28 $1{,}7 \times 10^{-23}$ nm

5.29 $\approx 10^{-31}$ m ; $\approx 10^{-4}$ m

5.30 $\ell = 0 : m_\ell = 0$
$\ell = 1 : m_\ell = -1, 0, +1$

5.31 **a)** $\ell = 1 : m_\ell = -1, 0, +1$
b) $\ell = 0 : m_\ell = 0$
c) $\ell = 2 : m_\ell = -2, -1, 0, +1, +2$

5.32 **a)** $n = 3$, $\ell = 0$, $m_\ell = 0$
b) $n = 4$, $\ell = 1$, $m_\ell = -1, 0, +1$
c) $n = 3$, $\ell = 2$, $m_\ell = -2, -1, 0, +1, +2$
Dans tous les cas, $m_s = +\frac{1}{2}$ ou $-\frac{1}{2}$.

5.33 **a)** $3d_{+2}$ **b)** $5s$ **c)** $4f_{-1}$

5.34 **a)** 16 orbitales ; 32 états quantiques
b) Trois orbitales permises ; six états quantiques permis
c) Une seule orbitale permise et deux états quantiques permis

5.35 Leurs orientations dans l'espace sont différentes.

5.36 Les valeurs permises à ℓ sont 0, 1, 2 et 3. Elles correspondent aux sous-niveaux $4s$, $4p$, $4d$ et $4f$. Ces sous-niveaux possèdent respectivement 1, 3, 5 et 7 orbitales.

5.37 **a)** 2 **b)** 6
c) 10 **d)** 14

5.38 **a)** $3s$, $3p_{-1}$, $3p_0$, $3p_{+1}$, $3d_{-2}$, $3d_{-1}$, $3d_0$, $3d_{+1}$, et $3d_{+2}$
b) $2p_{-1}$, $2p_0$ et $2p_{+1}$
c) $4d_{+1}$

5.39 **a)** $2p_{-2}$, $5d_{-3}$, $4s_{+1}$, $2d_0$

5.40 **a)** $2s$ **b)** $3p$
c) Égale **d)** Égale
e) $5s$

5.41 **a)** $2s$ **b)** $3p$
c) $3s$ **d)** $4d$

5.42 **a)** Faux **b)** Vrai **c)** Faux
d) Faux **e)** Vrai **f)** Faux
g) Vrai

5.43 **a)** Impossible, car le nombre quantique magnétique (m_l) ne peut être qu'un nombre entier.
c) Impossible, car la valeur maximale du nombre quantique secondaire l est de $n - 1$.
e) Impossible, car le nombre quantique de spin m_s ne peut avoir que des valeurs de $+\frac{1}{2}$ ou de $-\frac{1}{2}$.

5.44 $\lambda = 4{,}63 \times 10^{-7}$ m ou 463 nm.
La flamme est donc bleue.

5.45 **a)** $1{,}20 \times 10^{18}$ photons
b) $3{,}76 \times 10^{8}$ W

5.46 **a)** La longueur d'onde et la fréquence sont des propriétés ondulatoires qui dépendent l'une de l'autre. Les deux sont reliées par l'équation 5.2.
b) Les propriétés typiques des ondes sont : longueur d'onde, fréquence, vitesse de propagation caractéristique (le son, la lumière, etc.).
Les propriétés typiques des particules sont : masse, vitesse, quantité de mouvement (masse × vitesse), énergie cinétique. Dans les phénomènes que nous percevons normalement tous les jours (niveau macroscopique), ces propriétés s'excluent mutuellement. Au niveau atomique (niveau microscopique),

les « objets » peuvent avoir des caractéristiques à la fois particulaires et ondulatoires. Ce phénomène se situe complètement en dehors de notre champ habituel de perception; il est donc très difficile à concevoir.

c) La quantification de l'énergie implique que l'émission ou l'absorption de l'énergie n'est permise qu'en quantités discrètes (par exemple, un spectre de raies). La variation continue d'énergie suppose que tous les changements d'énergie sont permis (par exemple, un spectre continu).

5.47 **a)** 4 **b)** 6 **c)** 10 **d)** 1 **e)** 2

5.48 L'effet photoélectrique consiste dans le fait qu'une lumière d'énergie suffisante qui éclaire une surface métallique provoque l'éjection d'électrons. Puisque les électrons sont des particules chargées, la surface métallique devient chargée positivement à mesure qu'elle perd des électrons. Après un certain temps, la surface positive devient suffisamment chargée pour attirer les électrons éjectés; l'énergie cinétique en est ainsi réduite.

5.49 Rouge

5.50 **a)** $8,77 \times 10^{-35}$ m
b) $7,41 \times 10^{-9}$ m

5.51 Dans les deux cas, l'énergie sera la même.

5.52 Pour He^+ : pour la transition $n = 3 \longrightarrow 2$, $\lambda = 164$ nm
Pour la transition $n = 4 \longrightarrow 2$, $\lambda = 121$ nm
Pour la transition $n = 5 \longrightarrow 2$, $\lambda = 109$ nm
Pour la transition $n = 6 \longrightarrow 2$, $\lambda = 103$ nm
Pour H : pour la transition $n = 3 \longrightarrow 2$, $\lambda = 656$ nm (rouge)
Pour la transition $n = 4 \longrightarrow 2$, $\lambda = 486$ nm (verte)
Pour la transition $n = 5 \longrightarrow 2$, $\lambda = 434$ nm (indigo)
Pour la transition $n = 6 \longrightarrow 2$, $\lambda = 411$ nm (violet)
Toutes les transitions de la série de Balmer pour He^+ sont dans la région de l'ultraviolet, alors que celles pour H sont toutes dans la région du visible.

5.53 $4,19 \times 10^{-7}$ m ou 419 nm

5.54 $\Delta v = 2,0 \times 10^{-5}$ m/s

5.55 $1,2 \times 10^2$ photons

5.56 25 orbitales (n^2) et 50 états quantiques ($2n^2$)

5.57 La masse molaire obtenue est très similaire à celle de l'hélium ($Z = 2$).

5.58 Une quantité d'énergie plus importante doit être fournie pour faire passer un électron du niveau 1 au niveau 2.

5.59 Pour un nombre quantique principal $n = 1$, la seule valeur possible pour ℓ est 0. La seule orbitale possible est donc l'orbitale 1*s*.

5.60

1789	Loi de la conservation de la masse	Lavoisier
1808	Théorie atomique	Dalton
1869	Classification périodique	Mendeleïev
1900	Théorie des quanta	Planck
1905	Hypothèse du photon	Einstein
1909	Découverte du noyau de l'atome	Rutherford
1909	Mesure de la charge de l'électron	Millikan
1924	Théorie de l'onde associée	De Broglie
1927	Principe d'incertitude	Heisenberg

5.61 Seulement b) et d)

5.62 **a)** La raie B à $4 \longrightarrow 2$ et la raie C à $5 \longrightarrow 2$.
b) Raie A : 41,1 nm ; raie B : 30,4 nm
c) $2,18 \times 10^{-18}$ J
d) Quand n prend des valeurs élevées, les différences d'énergie entre les niveaux s'amenuisent à tel point que les longueurs d'onde forment un continuum au moment du retour vers $n = 2$.

5.63 **a)** $\Delta x = 1 \times 10^{-9}$ m, ce qui est 22 fois le rayon de l'atome, donc sa position ne peut pas être déterminée.
b) $\Delta x = 7,9 \times 10^{-29}$ m

5.64 $2,9 \times 10^{10}$ cm/s ou $2,9 \times 10^8$ m/s

5.65 80 photons/s

RÉVISIONS DES CONCEPTS

p. 190 **a)** B **b)** C **c)** A

p. 193 Les longueurs d'onde des régions du visible et de l'infrarouge ne sont pas assez courtes (donc pas assez énergétiques) pour activer les mélanocytes, cellules productrices du pigment noir sous la peau.

p. 197 Le faisceau qui a la longueur d'onde la plus courte : λ_3. Le faisceau qui a la longueur d'onde la plus longue : λ_2.

p. 205 b)

p. 210 La masse, m. Les objets macroscopiques auraient une très grosse masse et, parce que la masse est au dénominateur, les longueurs d'onde obtenues seraient extrêmement petites et indétectables à l'échelle macroscopique.

p. 214 Ψ est la fonction d'onde de l'électron et Ψ^2 représente la probabilité de trouver l'électron dans une région donnée de l'espace autour du noyau.

p. 216 **a)** n et m_s **b)** ℓ et m_ℓ

p. 220 (6, 0, 0, +1/2) et (6, 0, 0, −1/2)

p. 222 Lorsque $n = 2$, les valeurs permises à ℓ sont 0 et 1, ce qui correspond aux orbitales *s* et *p* ; il n'y a donc pas d'orbitales 2*d*. Lorsque n = 3, les valeurs de ℓ permises sont 0, 1 et 2, ce qui correspond aux orbitales *s*, *p* et *d*.

CHAPITRE 6

EXERCICES

E6.1 $1s^22s^22p^63s^23p^3$

E6.2 **a)** $1s^22s^22p^63s^23p^64s^2$ ou $[Ar]4s^2$
b) Élément représentatif
c) Diamagnétique

E6.3

Y : [↑↓] [↑↓] [↑↓|↑↓|↑↓] [↑↓] [↑↓|↑↓|↑↓] [↑↓] [↑↓|↑↓|↑↓|↑↓|↑↓] [↑↓|↑↓|↑↓] [↑↓] [↑| | | |]
1*s* 2*s* 2*p* 3*s* 3*p* 4*s* 3*d* 4*p* 5*s* 4*d*

E6.4

Br^- : [↑↓] [↑↓] [↑↓|↑↓|↑↓] [↑↓] [↑↓|↑↓|↑↓] [↑↓] [↑↓|↑↓|↑↓|↑↓|↑↓] [↑↓|↑↓|↑↓]
1*s* 2*s* 2*p* 3*s* 3*p* 4*s* 3*d* 4*p*

E6.5 Li > Be > C

E6.6 **a)** Li^+ **b)** Au^{3+} **c)** N^{3-}

E6.7 **a)** N **b)** Mg

E6.8 Non

E6.9 **a)** Amphotère **b)** Acide **c)** Basique

PROBLÈMES

6.1 **a)** $1s^22s^22p^63s^23p^1$
b) $1s^22s^22p^1$
c) $1s^22s^2sp^5$

6.2 Il y a un total de 12 électrons :

Orbitale	n	ℓ	m_ℓ	m_s
1*s*	1	0	0	$+\frac{1}{2}$
1*s*	1	0	0	$-\frac{1}{2}$
2*s*	2	0	0	$+\frac{1}{2}$
2*s*	2	0	0	$-\frac{1}{2}$
2*p*	2	1	1	$+\frac{1}{2}$
2*p*	2	1	1	$-\frac{1}{2}$
2*p*	2	1	0	$+\frac{1}{2}$
2*p*	2	1	0	$-\frac{1}{2}$
2*p*	2	1	−1	$+\frac{1}{2}$
2*p*	2	1	−1	$-\frac{1}{2}$
3*s*	3	0	0	$+\frac{1}{2}$
3*s*	3	0	0	$-\frac{1}{2}$

Il s'agit du magnésium.

6.3 Paramagnétiques

6.4 B (1), Ne (0), P (3), Sc (1), Mn (5), Se (2), Kr (0), Fe (4), Cd (0), I (1), Pb (2)

6.5 Ge : $1s^22s^22p^63s^23p^64s^23d^{10}4p^2$ ou $[Ar]4s^23d^{10}4p^2$
Fe : $[Ar]4s^23d^6$
Zn : $[Ar]4s^23d^{10}$
W : $[Xe]6s^24f^{14}5d^4$
Tl : $[Xe]6s^24f^{14}5d^{10}6p^1$

6.6
B : [↑↓] [↑↓] [↑][ ][ ]
1s 2s 2p

V : [↑↓] [↑↓] [↑↓][↑↓][↑↓] [↑↓] [↑↓][↑↓][↑↓] [↑↓] [↑][↑][↑][ ][ ]
1s 2s 2p 3s 3p 4s 3d

Ni : [↑↓] [↑↓] [↑↓][↑↓][↑↓] [↑↓] [↑↓][↑↓][↑↓] [↑↓] [↑↓][↑↓][↑↓][↑][↑]
1s 2s 2p 3s 3p 4s 3d

As : [↑↓] [↑↓] [↑↓][↑↓][↑↓] [↑↓] [↑↓][↑↓][↑↓] [↑↓] [↑↓][↑↓][↑↓][↑↓][↑↓] [↑][↑][↑]
1s 2s 2p 3s 3p 4s 3d 4p

I : [↑↓] [↑↓] [↑↓][↑↓][↑↓] [↑↓] [↑↓][↑↓][↑↓] [↑↓] [↑↓][↑↓][↑↓][↑↓][↑↓] [↑↓][↑↓][↑↓] [↑↓] [↑↓][↑↓][↑↓][↑↓][↑↓] [↑↓][↑↓][↑]
1s 2s 2p 3s 3p 4s 3d 4p 5s 4d 5p

6.7 L'hydrogène, en ayant un seul électron ($1s^1$), a tendance à perdre ou à gagner un électron pour se stabiliser. Il se comporte à la fois comme un alcalin (élément du groupe 1A) et comme un halogène (élément du groupe 7A).

6.8 **a)** $1s^22s^22p^63s^23p^5$
b) Élément représentatif, halogène et non-métal
c) Paramagnétiques

6.9 a) et d) ; b) et f) ; c) et e).

6.10 **a)** $1s^22s^22p^5$ (halogène)
b) $[Ar]4s^2$ (métal alcalino-terreux)
c) $[Ar]4s^23d^6$ (métal de transition)
d) $[Ar]4s^23d^{10}4p^3$ (élément du groupe 5A)

6.11

a)
8 : [↑↓] [↑↓] [↑↓][↑][↑] (élément du groupe 6A)
1s 2s 2p

b)
19 : [↑↓] [↑↓] [↑↓][↑↓][↑↓] [↑↓] [↑↓][↑↓][↑↓] [↑] (métal alcalin)
1s 2s 2p 3s 3p 4s

c)
21 : [↑↓] [↑↓] [↑↓][↑↓][↑↓] [↑↓] [↑↓][↑↓][↑↓] [↑↓] [↑][ ][ ][ ][ ] (métal de transition)
1s 2s 2p 3s 3p 4s 3d

d)
32 : [↑↓] [↑↓] [↑↓][↑↓][↑↓] [↑↓] [↑↓][↑↓][↑↓] [↑↓] [↑↓][↑↓][↑↓][↑↓][↑↓] [↑][↑][ ] (élément du groupe 4A)
1s 2s 2p 3s 3p 4s 3d 4p

6.12 **a)** Groupe 1A **b)** Groupe 5A
c) Groupe 8A **d)** Groupe 8B

6.13 S^+

6.14 **a)** $1s^2$ **b)** $1s^2$
c) $1s^22s^22p^6$ **d)** $1s^22s^22p^6$
e) $[Ne]3s^23p^6$ **f)** [Ne]
g) $[Ar]4s^23d^{10}4p^6$ **h)** $[Ar]4s^23d^{10}4p^6$
i) [Kr] **j)** [Kr]
k) $[Kr]5s^24d^{10}$

6.15 **a)** [Ne] **b)** [Ne]
c) [Ar] **d)** [Ar]
e) [Ar] **f)** $[Ar]3d^6$
g) $[Ar]3d^9$ **h)** $[Ar]3d^{10}$

6.16 **a)** [Ar] **b)** [Ar]
c) [Ar] **d)** $[Ar]3d^3$
e) $[Ar]3d^5$ **f)** $[Ar]3d^6$
g) $[Ar]3d^5$ **h)** $[Ar]3d^7$
i) $[Ar]3d^8$ **j)** $[Ar]3d^{10}$
k) $[Ar]3d^9$ **l)** $[Kr]4d^{10}$
m) $[Xe]4f^{14}5d^{10}$ **n)** $[Xe]4f^{14}5d^8$
o) $[Xe]4f^{14}5d^8$

6.17 **a)** Cr^{3+} **b)** Sc^{3+}
c) Rh^{3+} **d)** Ir^{3+}

6.18 C et B^- sont isoélectroniques.
Mn^{2+} et Fe^{3+} sont isoélectroniques.
Ar et Cl^- sont isoélectroniques.
Zn et Ge^{2+} sont isoélectroniques.

6.19 Be^{2+} et He ; F^- et N^{3-} ; Fe^{2+} et Co^{3+} ; S^{2-} et Ar.

6.20 Chrome (Cr)

6.21 Fe^{3+}

6.22 **a)** Cs est plus gros.
b) Ba est plus gros.
c) Sb est plus gros.
d) Br est plus gros.
e) Xe est plus gros.

6.23 Na > Mg > Al > P > Cl

6.24 Pb

6.25 F

6.26 La configuration électronique du lithium est $1s^22s^1$. Les deux électrons 1*s* font écran à l'attraction exercée par le noyau sur l'électron 2*s*. Par conséquent, l'atome de lithium est beaucoup plus gros que l'atome d'hydrogène.

6.27 L'effet d'écran incomplet qu'exercent les électrons situés plus près du noyau se solde par une augmentation de la charge nucléaire effective à mesure qu'on passe de gauche à droite dans une période.

6.28 **a)** Cl **b)** Na^+ **c)** O^{2-}
d) Al^{3+} **e)** Au^{3+}

6.29 $Mg^{2+} < Na^+ < F^- < O^{2-} < N^{3-}$

6.30 L'ion Cu^+ est plus gros que l'ion Cu^{2+} parce qu'il possède un électron de plus.

6.31 Le sélénium et le tellure appartiennent tous deux au groupe 6A. Puisque le rayon ionique augmente à mesure qu'on descend dans un groupe, Te^{2-} doit être plus gros que Se^{2-}.

6.32 Sauf quelques irrégularités, les énergies d'ionisation des éléments d'une période augmentent avec le numéro atomique. On peut expliquer cette tendance par l'augmentation de la charge nucléaire effective de gauche à droite dans une période. Une charge nucléaire effective plus importante signifie que les électrons périphériques sont retenus plus fortement et que l'énergie de première ionisation est plus élevée. Ainsi, dans la troisième période, le sodium a la plus basse énergie de première ionisation, et le néon a la plus élevée.

6.33 L'électron $3p^1$ de Al subit l'effet d'écran des électrons internes et des électrons $3s^2$.

6.34 Pour former l'ion 2+ du calcium, il suffit d'arracher deux électrons de valence. Dans le cas du potassium, toutefois, on doit arracher le deuxième électron à partir des électrons de la couche interne, dont la configuration correspond à celle d'un gaz rare.

6.35 L'énergie de 496 kJ/mol serait associée à $1s^22s^22p^63s^1$; l'énergie de 2080 kJ/mol serait associée à $1s^22s^22p^6$.

6.36 **a)** Aluminium **b)** Titane
c) Strontium

6.37 $5,25 \times 10^3$ kJ/mol

6.38 $8,43 \times 10^6$ kJ/mol

6.39 **a)** K < Na < Li
b) I < Br < F

6.40 Cl

6.41 Non. Selon les affinités électroniques, on ne s'attend pas à voir des métaux alcalins former des anions. Dans des circonstances très spéciales, on peut amener un métal alcalin à accepter un électron pour en faire un ion négatif.

6.42 La configuration électronique périphérique des métaux alcalins est ns^1 : ces éléments peuvent donc capter un autre électron.

6.43 **a)** L'oxygène et le fluor
b) Le césium et le rubidium

6.44 Rb < Ca < Ge < Si < S < Cl < F

6.45 Les métaux sont malléables et ductiles, sont de bons conducteurs d'électricité et de chaleur, ont un aspect métallique et, ayant de faibles énergies d'ionisation et de faibles affinités électroniques, ils libèrent facilement leurs électrons de valence pour former des cations. Ils occupent la gauche du tableau périodique.
Les non-métaux sont de mauvais conducteurs d'électricité et de chaleur. Ils ont de fortes énergies d'ionisation et de fortes affinités électroniques, c'est-à-dire qu'ils retiennent bien leurs électrons de valence et qu'ils forment en général, facilement des anions. On les retrouve à l'extrême droite du tableau périodique, juste avant les gaz rares.

6.46 Le brome est liquide; tous les autres sont solides.

6.47 Le phosphore, le soufre et le sélénium existent sous forme de solides moléculaires dont les formules respectives sont P_4, S_8 et Se_8. L'arsenic et le bore sont des métalloïdes que l'on retrouve principalement sous forme de solides (réseaux covalents). L'oxygène et l'iode se retrouvent sous forme diatomique. O_2 est gazeux, alors que I_2 est solide. Le magnésium est un solide métallique et le néon est un gaz.

6.48 On pourrait vérifier si l'échantillon est un bon conducteur électrique. Les métaux le sont et les non-métaux ne le sont pas.

6.49 −199,4 °C

6.50 Ces éléments auront tendance à perdre facilement un ou plusieurs électrons. Puisque la configuration électronique périphérique de tous les métaux alcalins est ns^1, ils formeront des ions de charge 1+: M^+. Les métaux alcalino-terreux, dont la configuration électronique périphérique est ns^2, formeront des ions M^{2+}.

6.51 Son énergie d'ionisation est basse; il réagit avec l'eau pour former FrOH et avec l'oxygène pour former un oxyde ou un superoxyde.

6.52 Les sous-couches complètement remplies assurent une grande stabilité.

6.53 Les énergies de première ionisation des métaux du groupe 1B sont élevées parce que leur électron ns^1 ne subit qu'un faible effet d'écran exercé par les électrons de la couche *d* interne.

6.54 Dans une période, les oxydes des éléments du côté gauche sont basiques. Vers la droite, ils deviennent amphotères, puis acides. Ils deviennent plus basiques à mesure qu'on descend dans un groupe.

6.55 **a)** $Li_2O(s) + H_2O(l) \longrightarrow 2LiOH(aq)$
b) $CaO(s) + H_2O(l) \longrightarrow Ca(OH)_2(aq)$
c) $CO_2(g) + H_2O(l) \longrightarrow H_2CO_3(aq)$

6.56 LiH (hydrure de lithium): composé ionique; BeH_2 (hydrure de béryllium): composé covalent; B_2H_6 (diborane): composé covalent; CH_4 (méthane): composé covalent; NH_3 (ammoniac): composé covalent; H_2O (eau): composé covalent; HF (fluorure d'hydrogène): composé covalent. LiH et BeH_2 sont des solides. B_2H_6, CH_4, NH_3 et HF sont des gaz, et H_2O est un liquide.

6.57 BaO

6.58 À cause de la règle de Hund, il y a beaucoup plus d'atomes paramagnétiques que d'atomes diamagnétiques.

6.59 **a)** I, F et Ar **b)** Ge et As **c)** Mn, Mg et Zn **d)** Mn **e)** Mn, Mg et Zn **f)** F et I **g)** F **h)** F

6.60 **a)** Le caractère métallique des éléments diminue de gauche à droite dans une période, et il augmente de haut en bas dans un groupe.
b) La taille des atomes diminue de gauche à droite dans une période, et elle augmente de haut en bas dans un groupe.
c) L'énergie d'ionisation augmente (il y a quelques exceptions) de gauche à droite dans une période et elle diminue de haut en bas dans un groupe.
d) L'acidité des oxydes augmente de gauche à droite dans une période, et elle diminue de haut en bas dans un groupe.

6.61 **a)** Le brome **b)** L'azote **c)** Le rubidium **d)** Le magnésium

6.62 **a)** Vanadium **b)** Azote **c)** Brome

6.63 S'il est difficile d'arracher un électron d'un atome (énergie d'ionisation élevée), il doit être facile d'y ajouter un électron (grande affinité électronique).

6.64 **a)** $Mg^{2+} < Na^+ < F^- < O^{2-}$
b) $O^{2-} < F^- < Na^+ < Mg^{2+}$

6.65 **a)** Rb **b)** F **c)** F **d)** Rb **e)** Al **f)** Ca, Rb et K **g)** F et O **h)** SiO_2

6.66 **a)** Na_2O (ionique); MgO (ionique); Al_2O_3 (ionique); SiO_2 (réseau covalent); P_4O_6 et P_4O_{10} (moléculaires); SO_2 et SO_3 (moléculaires); Cl_2O et beaucoup d'autres (moléculaires).
b) NaCl (ionique); $MgCl_2$ (ionique); $AlCl_3$ (ionique); $SiCl_4$ (moléculaire); PCl_3 et PCl_5 (moléculaires); SCl_2 (moléculaire).

6.67 M correspond au potassium (K) et X, au brome (Br).

6.68 **a)** V. Brome (Br_2)
b) III. Hydrogène (H_2)
c) I. Calcium (Ca)
d) II. Or (Au)
e) IV. Argon (Ar)

6.69 O^+ et N; Ar et S^{2-}; Ne et N^{3-}; Zn et As^{3+}; Cs^+ et Xe.

6.70 b)

6.71 a) et d)

6.72 $CO_2(g) + Ca(OH)_2(aq) \longrightarrow CaCO_3(s) + H_2O(l)$
L'hydroxyde de calcium est une base, et le dioxyde de carbone un oxyde acide. Les produits sont un sel et de l'eau.

6.73 Le fluor est un gaz vert jaunâtre qui réagit avec le verre; le chlore est un gaz jaune; le brome est un liquide rouge; l'iode est un solide foncé d'apparence métallique.

6.74 **a)** i) Les deux réagissent avec l'eau pour produire de l'hydrogène.
ii) Leurs oxydes sont basiques.
iii) Leurs halogénures sont ioniques.
b) i) Les deux sont des agents oxydants forts.
ii) Les deux réagissent avec l'hydrogène pour former HX (où X est Cl ou Br).
iii) Les deux forment des ions halogénure (Cl^- ou Br^-) quand ils sont combinés à des métaux électropositifs (Na, K, Ca, Ba).

6.75 Le fluor

6.76 La configuration électronique du soufre à l'état fondamental est [Ne] $3s^23p^4$. Il a donc tendance à capter un électron et à devenir S^-. Bien que l'addition d'un autre électron donne S^{2-} (S^{2-} et Ar sont isoélectroniques), l'augmentation de la répulsion électronique rend ce processus plus difficile.

6.77 H^-

6.78 $Na_2O + H_2O \longrightarrow 2NaOH$
$BaO + H_2O \longrightarrow Ba(OH)_2$
$CO_2 + H_2O \longrightarrow H_2CO_3$
$N_2O_5 + H_2O \longrightarrow 2HNO_3$
$P_4O_{10} + 6H_2O \longrightarrow 4H_3PO_4$
$SO_3 + H_2O \longrightarrow H_2SO_4$

6.79 Li_2O, oxyde de lithium (basique)
BeO, oxyde de béryllium (amphotère)
B_2O_3, oxyde de bore (acide)
CO_2, dioxyde de carbone (acide)
N_2O_5, pentoxyde de diazote (acide)

6.80 Mg: solide, réseau tridimensionnel
Cl: gaz, molécules diatomiques
Si: solide, réseau tridimensionnel
Kr: gaz, monoatomique
O: gaz, molécules diatomiques
I: solide, molécules diatomiques
Br: liquide, molécules diatomiques

6.81 Chimiquement, l'hydrogène peut se comporter comme un métal alcalin en formant l'ion H^+ ou comme un halogène en formant l'ion H^-. H^+ est un proton, et dans l'eau il existe plutôt sous la forme hydratée $H_3O^+(aq)$.

6.82 $I = 6{,}94 \times 10^{-19}$ J. Il faudrait utiliser la plus grande longueur d'onde possible qui causerait encore une ionisation.

6.83 X doit faire partie du groupe 4A; il s'agit probablement de Sn ou de Pb; Y est un non-métal, probablement du phosphore; Z est un métal alcalin.

6.84 Environ 670 °C, après extrapolation sur la courbe tracée.

6.85 343 nm; région de l'UV

6.86 **a)** Mg dans $Mg(OH)_2$
b) Na, liquide
c) Mg dans $MgSO_4 \cdot 7H_2O$
d) Na dans $NaHCO_3$
e) K dans KNO_3
f) Mg
g) Ca dans CaO
h) Ca
i) Na dans NaCl et Ca dans $CaCl_2$

6.87 Z_{eff} s'accroît en général de gauche à droite, ce qui explique les valeurs comparatives entre C et O. Pour N, la stabilité conférée au demi-remplissage de la sous-couche $2p$ lui procure une très faible électroaffinité.

6.88 **a)** I_1 : correspond à la perte de l'électron $3s^1$; I_2 correspond à la perte du premier électron dans $2p^6$, I_3 à $2p^5$, I_4 à $2p^4$, I_5 à $2p^3$, I_6 à $2p^2$, I_7 à $2p^1$, I_8 à $2s^2$, I_9 à $2s^1$, I_{10} à $1s^2$, I_{11} à $1s^1$.
b) Il faut plus d'énergie pour enlever un électron d'une couche remplie. Les sauts correspondent au retrait d'un électron d'une couche ou d'une sous-couche complète.

6.89 242 nm

6.90 Le saut énorme entre la deuxième et la troisième ionisation indique un changement de niveau n, donc il est dans le groupe 2A.

6.91 **a)** F_2 **b)** Na **c)** B
d) N_2 **e)** Al

6.92 A est MgO, et B est Mg_3N_2.
$MgO(s) + H_2O(l) \longrightarrow Mg(OH)_2(aq)$
$Mg_3N_2(s) + 6H_2O(l) \longrightarrow 3Mg(OH)_2(aq) + 2NH_3(g)$

6.93 **a)** Comme à la figure 5.8, mais avec de l'argon; le spectre d'un nouvel élément.
b) Il est inerte, donc ne se combine pas.
c) Il s'est mis à la recherche des autres gaz pouvant compléter cette famille chimique (le néon, le krypton et le xénon ont été découverts en trois mois).
d) Il est naturellement produit à la suite des désintégrations radioactives d'autres éléments. Comme il est léger, sa concentration dans l'air est très faible et il est inerte.
e) C'est un autre gaz rare, donc inerte. Lui aussi est formé comme un produit de désintégration, mais son court temps de demi-vie (3,82 jours) le rend peu abondant en tout temps. Il peut réagir avec le fluor, l'élément le plus électronégatif.

6.94 $4{,}19 \times 10^{-7}$ m ou 419 nm

6.95 L'effet d'écran dans He rend Z_{eff} inférieur à 2. Donc, $I_1(\text{He}) < 2I(\text{H})$. Pour He^+, il y a un seul électron, donc aucun effet d'écran et deux protons pour le retenir, comparativement à un proton pour H. La plus grande attraction entre le noyau et le seul électron fait diminuer r à une valeur inférieure à celle de l'hydrogène, donc $I_2(\text{He}) > 2I(\text{H})$.

6.96 L'air contient O_2 et N_2. Il faudra d'abord préparer NH_3 et HNO_3, qui réagiront ensemble pour produire NH_4NO_3. Pour préparer NH_3, il faut extraire N_2 de l'air et obtenir H_2 par l'électrolyse de l'eau.
Dans certaines conditions,
$N_2(g) + 3H_2(g) \longrightarrow 2NH_3(g)$
Pour préparer HNO_3, il faut faire réagir N_2 avec O_2:
$N_2(g) + O_2(g) \longrightarrow 2NO(g)$
Ensuite:
$2NO(g) + O_2(g) \longrightarrow 2NO_2(g)$
Puis: $2NO_2(g) + H_2O(l) \longrightarrow HNO_2(aq) + HNO_3(aq)$
Finalement:
$NH_3(g) + HNO_3(aq) \longrightarrow NH_4NO_3(aq) \longrightarrow NH_4NO_3(s)$

6.97 N_2

6.98 L'application de la règle de Hund laisse prévoir qu'il y aura plus d'atomes paramagnétiques que d'atomes diamagnétiques. Les atomes paramagnétiques sont: H, Li, B, C, N, O, F, Na, Al, Si, P, S, Cl. Les atomes diamagnétiques sont: He, Be, Ne, Mg, Ar.

6.99 Configurations électroniques

a) Co	**b)** N	**c)** F	**d)** I
e) G	**f)** U	**g)** R	**h)** A
i) Ti	**j)** O	**k)** N	**l)** S
m) e	**n)** L	**o)** E	**p)** C
q) T	**r)** R	**s)** O	**t)** Ni
u) Q	**v)** U	**w)** E	**x)** S

RÉVISIONS DES CONCEPTS

p. 245 Les nombres quantiques n, ℓ et m_s seraient les mêmes.

p. 249 Ni

p. 255 **a)** Strontium **b)** Phosphore **c)** Fer

p. 259 **a)** Ba > Be **b)** Al > S
c) Même grosseur. Le nombre de neutrons n'a pas d'effet sur le rayon atomique.

p. 262 Par ordre décroissant de la grosseur des sphères: $S^{2-} > F^- > Na^+ > Mg^{2+}$

p. 269 Courbe en bleu: K; en vert: Al; en rouge: Mg. (*Voir le tableau 6.2, p. 264.*)

p. 272 Il est possible d'enlever successivement des électrons à des atomes parce que les cations formés sont stables. (Les électrons qui restent sont retenus encore plus fortement par le noyau.) Par contre, si l'on ajoute des électrons à un atome, il en résulte une plus grande répulsion électrostatique dans les anions formés, ce qui donne de l'instabilité. C'est pour cette raison qu'il est difficile et même parfois impossible de faire des mesures d'affinité électronique au-delà de la première étape dans la plupart des cas.

p. 286 a)

CHAPITRE 7

EXERCICES

E7.1 **a)** Ionique **b)** Covalente polaire
c) Covalente non polaire

E7.2
Ba + 2H ⟶ $Ba^{2+} \cdot 2H^-$ (ou BaH_2)
$[Xe]6s^2$ $1s^1$ [Xe] [He]

E7.3 ×× S ×× :C: ×× S ××

E7.4 H·×O×·S·×O×·H

E7.5 :F· ·F: / ×S× / :F· ·F:

E7.6 [:O·×N××:O:]⁻

E7.7 :O=N—O:⁻

E7.8 H·×O×·P·×O×·H (avec ×O× au-dessus de P et ×O× — H au-dessous)

Structure de Lewis simplifiée

$$H—O—P^+(—O^-)(—O—H)—O—H$$

H·×Ö×·P̈·×Ö×·H H—O—P(=O)(—O—H)—O—H

Structure la plus plausible

E7.9 H—C≡N: (σ, π, π)

E7.10 $^{-}$:Ö—N̈=O: ⟷ :O—N̈=Ö:$^{-}$

E7.11 −119 kJ/mol

PROBLÈMES

7.1 Oui

7.2
- **a)** La liaison est ionique.
- **b)** La liaison est covalente polaire.
- **c)** La liaison est covalente non polaire.
- **d)** La liaison est covalente pure.
- **e)** La liaison est covalente polaire.
- **f)** La liaison est ionique.
- **g)** La liaison est covalente polaire.

7.3 c) < d) < e) < b) < a)

7.4
- **a)** C—H < Br—H < F—H = Na—I < Li—Cl < K—F
- **b)** Cl—Cl < Br—Cl < Si—C < Cs—F

7.5 DG < EG < DF < DE

7.6
- **a)** Un composé covalent, ICl, chlorure d'iode
- **b)** Un composé ionique, MgF_2, fluorure de magnésium
- **c)** Covalent, BF_3, trifluorure de bore
- **d)** Ionique, KBr, bromure de potassium

7.7
- **a)** Doubler le rayon du cation ferait augmenter la distance *r* entre les centres des ions. (Une plus grande valeur de *r* correspond à une liaison ionique moins forte).
- **b)** L'énergie *E* de la liaison ionique sera triplée.
- **c)** *E* sera quadruplée.
- **d)** *E* sera doublée.

7.8
- **a)** RbI, iodure de rubidium
- **b)** Cs_2SO_4, sulfate de césium
- **c)** Sr_3N_2, nitrure de strontium
- **d)** Al_2S_3, sulfure d'aluminium

7.9 **a)** ·Be· **b)** ·K **c)** ·Ca· **d)** ·Ġa· **e)** ·Ö·

7.10 **a)** Li^+ **b)** :C̈l:$^-$ **c)** :S̈:$^{2-}$ **d)** Mg^{2+} **e)** :N̈:$^{3-}$

7.11
- **a)** Na· + :F̈· ⟶ Na^+ :F̈:$^-$
- **b)** 2K· + ·S̈· ⟶ $2K^+$:S̈:$^{2-}$
- **c)** Ba + ·Ö· ⟶ Ba^{2+} :Ö:$^{2-}$
- **d)** Al· + ·N̈· ⟶ Al^{3+} :N̈:$^{3-}$

7.12
- **a)** Sr + ·Se· ⟶ Sr^{2+} :Se:$^{2-}$
- **b)** Ca + 2H· ⟶ Ca^{2+} 2H:$^-$
- **c)** 3Li· + ·N̈· ⟶ $3Li^+$:N̈:$^{3-}$
- **d)** 2Al· + 3·S̈· ⟶ $2Al^{3+}$ 3 :S̈:$^{2-}$

7.13
- **a)** Il y a trop d'électrons. La bonne structure est:
  H—C≡N:
- **b)** Les atomes d'hydrogène ne forment pas de liaisons doubles. La bonne structure est:
  H—C≡C—H
- **c)** Il n'y a pas assez d'électrons. La bonne structure est:
  :Ö=Sn=Ö:
- **d)** Il y a trop d'électrons. La bonne structure est:

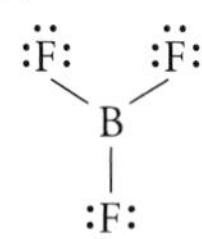

- **e)** Le fluor a plus de un octet. La bonne structure est:
  H—Ö—F̈:
- **f)** L'oxygène n'a pas d'octet complet. La bonne structure est:
  H—C(=O:)—F̈:
- **g)** Il n'y a pas assez d'électrons. La bonne structure est:
  :F̈—N̈(—:F̈:)—F̈:

7.14
- **a)** I×·C̈l: La valence est égale à 1.
- **b)** H·×P×·H (H) La valence est de 3.
- **c)** P_4 (tétraèdre) La valence est de 3.
- **d)** H·×S×·H La valence est de 2.
- **e)** H×·N̈·×N̈×·H (H, H) La valence est de 3.

7.15
- **a)** Ö::Cl×·Ö·×H (Ö:) État de valence 5
- **b)** :Br·×C×·Br: (Ö:) État de valence 4
- **c)** :C̈l·×N::Ö État de valence 3
- **d)** H×·N̈::N̈×·H
  Les deux atomes d'azote sont trivalents.

7.16 $SbCl_5$ (:C̈l: autour de Sb)

La règle de l'octet n'est pas respectée.

7.17 SeF_4 et SeF_6

La règle de l'octet n'est pas respectée.

7.18 :C̈l·×S×·C̈l:

État de valence 2; respecte la règle de l'octet.

$SiBr_4$ (:B̈r: autour de Si)

État de valence 4; respecte la règle de l'octet.

PH_5 (H autour de P)

État de valence 5; ne respecte pas la règle de l'octet.

ClF_3 (:F̈: autour de Cl)

État de valence 3; ne respecte pas la règle de l'octet.

SF_6 (:F̈: autour de S)

État de valence 6; ne respecte pas la règle de l'octet.

7.19
- **a)** :F̈·×Xe×·F̈:
  État de valence 2
- **b)** XeF_4
  État de valence 4
- **c)** XeF_6
  État de valence 6

d)

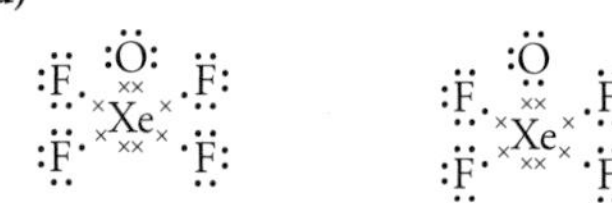

Liaison de coordinence — État de valence 4 | Liaison double — État de valence 6

e)

:F··×Xe×··F: (avec :Ö:) | :F··×Xe×··F: (avec :Ö)

Liaison de coordinence — État de valence 2 | Liaison double — État de valence 4

7.20 a) $^{-}$:Ö—Ö:$^{-}$ b) :N≡Ö:$^{+}$

7.21 :Cl·×Al×·Cl: (:Cl:) + :Cl:$^{-}$ → [:Cl·×Al×·Cl: (:Cl:, :Cl:)]$^{-}$

Liaison de coordinence

7.22 Pour $POCl_3$:

Ö: =P(—Cl:)(—Cl:)(—Cl:) | :Ö:$^{-}$—P^{+}(—Cl:)(—Cl:)(—Cl:)

La structure la plus plausible est celle de gauche.

Pour BrO_2^{-} :

:Ö=Br—Ö:$^{-}$ | $^{-}$:Ö—Br^{+}—Ö:$^{-}$

La structure la plus plausible est celle de gauche.

Pour HPO_4^{2-} :

Ö:=P(—Ö:$^{-}$)(—Ö—H)(—Ö:$^{-}$) | :Ö:$^{-}$—P^{+}(—Ö:$^{-}$)(—Ö—H)(—Ö:$^{-}$)

La structure la plus plausible est celle de gauche.

7.23 H—Ö—As^{+}(:Ö:$^{-}$)(:Ö:$^{-}$)—Ö—As^{+}(:Ö:$^{-}$)(:Ö:$^{-}$)—Ö—H

7.24 Il y a trois types de liaisons dans la molécule : C—H, C—Cl et C═C.

Liaison C — H

↑↓

σ (1*s*, 2*s*)

Liaison C — CK

↑↓

σ (2*p*, 3*p*)

Liaison C ═ C

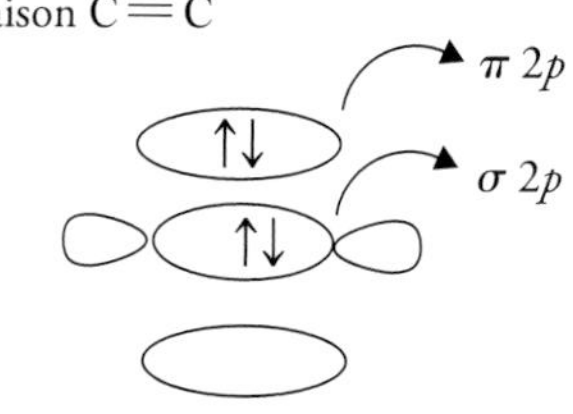

7.25 **A** Quatre liaisons σ, aucune liaison π
B Cinq liaisons σ, une liaison π

7.26 Neuf liaisons π et neuf liaisons σ

7.27

H—C(H)(H)—C(H)(H)—H — C_2H_6

H—C(H)(H)—C(H)(H)—C(H)(H)—H — C_3H_8

Acide carboxylique ; Alcène

C_6H_5COOH

Aldéhyde

C_2H_5CHO

Amine

$C_3H_7NH_2$

7.28

:Cl:—C(—F:)(—Cl:)(—Cl:) | :Cl:—C(—F:)(—F:)(—Cl:)

:F:—C(H)(—F:)(—Cl:) | :F:—C(—F:)(—F:)—C(H)(—F:)(—F:)

7.29

H—C(H)=C(:F:)—H — C_2H_3F

H—C(H)=C(H)—C(H)(H)—H — C_3H_6

H—C(H)=C(H)—C(H)(H)—C(H)(H)—H

H—C(H)(H)—C(H)=C(H)—C(H)(H)—H

C_4H_8 : les deux structures sont des isomères

7.30

H—C(H)—C(H)—H / H—C(H)—C(H)—H (cycle)

H—C(H)=C(H)—C(H)(H)—C(H)(H)—H

H—C(H)(H)—C(H)=C(H)—C(H)(H)—H

7.31 a) H—C(=Ö:)—Ö:$^{-}$ ⟷ H—C(—Ö:$^{-}$)=Ö:

b) H—C(H)(H)—N^{+}(=Ö:)—Ö:$^{-}$ ⟷ H—C(H)(H)—N^{+}(—Ö:$^{-}$)=Ö

7.32 :Ö:$^{-}$—Cl^{+}(=O)—Ö:$^{-}$ ⟷ :O:=Cl^{+}(—Ö:$^{-}$)—Ö:$^{-}$ ⟷ :Ö:$^{-}$—Cl^{+}(—Ö:$^{-}$)=Ö

Hybride de résonance:

$O^{\delta-}$ ‖ Cl, $^{\delta-}O$ ≈ Cl ≈ $O^{\delta-}$

7.33 H—N̈=N⁺=N̈⁻: ⟷ H—N̈⁻—N⁺≡N: ⟷ H—N⁺≡N⁺—N̈:$^{2-}$

7.34 H—C(H)=N⁺=N̈⁻: ⟷ H—C⁻(H)—N⁺≡N:

7.35 Ö=C=N̈⁻ ⟷ :Ö⁻—C≡N: ⟷ :O⁺≡C—N̈:$^{2-}$

7.36 ⁻N̈=N⁺=Ö ⟷ :N≡N⁺—Ö:⁻ ⟷ $^{2-}$:N̈—N⁺≡O⁺:

7.37 787 kJ/mol
7.38 +2195 kJ/mol
7.39 392 kJ/mol
7.40 78,5 kJ/mol
7.41 303,0 kJ/mol
7.42 –2759 kJ
7.43 Liaison triple
7.44 31 kJ/mol
7.45 **a)** L'affinité électronique du fluor
b) L'énergie de dissociation de la liaison du fluor moléculaire
c) L'énergie d'ionisation du sodium
d) L'enthalpie standard de formation du fluorure de sodium
7.46 Covalents: SiF_4, PF_5, SF_6, ClF_3
Ioniques: NaF, MgF_2, AlF_3
7.47 **a)** 225 kJ **b)** 168 kJ **c)** 70 kJ
7.48 KF est un solide; il a un point de fusion élevé; c'est un électrolyte. CO_2 est un gaz; c'est un composé covalent.
7.49 BrF_3, ClF_5, IF_7 (structures de Lewis)

La règle de l'octet n'est respectée dans aucun de ces composés.

7.50 Les structures de résonance sont les suivantes:

⁻N̈=N⁺=N̈⁻ ⟷ :N≡N⁺—N̈:$^{2-}$ ⟷ $^{2-}$:N̈—N⁺≡N:

7.51 —N⁺(H)=C(—Ö:⁻)—

Hybride de résonance:

—N$^{\delta+}$(H)⋯C(=O$^{\delta-}$)—

7.52 **a)** $AlCl_4^-$ **b)** AlF_6^{3-} **c)** $AlCl_3$

7.53 :Ö—P⁺(—Ö:⁻)(—Ö:⁻)—F̈: ⟷ ⁻:Ö—P(=O)(—Ö:⁻)—F̈: ⟷ Ö=P(—Ö:⁻)(—Ö:⁻)—F̈: ⟷ ⁻:Ö—P(—Ö:⁻)(=O)—F̈:

7.54 C a un octet incomplet dans CF_2; C a un octet étendu dans CH_5; F et H ne peuvent former que des liaisons simples; les atomes I sont trop gros pour entourer l'atome P.

7.55 **a)** H—Ö—S⁺(=O)(—Ö:⁻)—Ö:⁻ ⟷ H—Ö—S⁺(—Ö:⁻)(—Ö:⁻)=Ö ⟷ H—Ö—S⁺(—Ö:⁻)(=O)—Ö:⁻ ⟷ H—Ö—S^{2+}(—Ö:⁻)(—Ö:⁻)—Ö:⁻

b) ⁻:Ö—S(=O)(=O)—Ö:⁻ ⟷ ⁻:Ö—S⁺(=O)(—Ö:⁻)—Ö:⁻ ⟷ ⁻:Ö—S^{2+}(—Ö:⁻)(—Ö:⁻)—Ö:⁻

c) H—Ö—S(=O)—Ö:⁻ ⟷ H—Ö—S(—Ö:⁻)=Ö ⟷ H—Ö—S⁺(—Ö:⁻)—Ö:⁻

d) ⁻:Ö—S(=O)—Ö:⁻ ⟷ ⁻:Ö—S⁺(—Ö:⁻)—Ö:

7.56 **a)** Faux **b)** Vrai **c)** Faux **d)** Faux
7.57 –66 kJ/mol
7.58 b)
7.59 N_2
7.60 **a)** —C(=O)—Ö—H
b) —C(=O)—Ö:⁻ ⟷ —C(—Ö:⁻)=Ö:
7.61 NH_4^+ et CH_4; CO et N_2; $B_3N_3H_6$ et C_6H_6
7.62 **a)** ·C̈—H Paramagnétique
b) ·Ö—H Paramagnétique
c) :C=C: Non paramagnétique
d) H—N⁺≡C⁻: Non paramagnétique
e) H—Ċ=Ö Paramagnétique
7.63 H—N̈⁻(H) + H—Ö(H): ⟶ H—N̈(H)—H + ⁻:Ö—H
7.64 **a)** :F̈(—)C(—F̈:)=C(—F̈:)—F̈: (C_2F_4)
b) H—C(H)(H)—C(H)(H)—C(H)(H)—H
c) H—C(H)=C(H)—C(H)=C(H)—H
d) H—C(H)(H)—C≡C—H
7.65 F ne peut avoir d'octet étendu.
7.66 $F_2(g) \longrightarrow F(g) + F(g)$; $\Delta H° = 156{,}9$ kJ
$F_2(g) \longrightarrow F^+(g) + F^-(g)$; $\Delta H° = 1509$ kJ
Il est plus facile de dissocier F_2 en deux atomes F neutres que de le dissocier en un cation et en un anion de fluor.

7.67

```
     H
     |
  H—C—N=C=O:
     |  ··  ··
     H
```

7.68

```
           :O:
            ||
  :Cl—O—N—O:⁻
   ··  ··  +  ··
```

7.69 c) et d)

7.70 –9,2 kJ/mol

7.71 **a)**

```
      H
      |
  H—C—O—H
      |  ··
      H
```

b)

```
      H  H
      |  |
  H—C—C—O—H
      |  |  ··
      H  H
```

c)

```
           C2H5
            |
  H5C2— Pb — C2H5
            |
           C2H5
```

d)

```
      H    H
      |    |
  H—C—N—H
      |    ··
      H
```

e)

```
       H   H       H   H
       |   |       |   |
  :Cl—C—C—S—C—C—Cl:
   ··  |   |   ··  |   |   ··
       H   H       H   H
```

f)

```
      H  :O:  H
      |   ||   |
  H—N—C—N—H
      ··        ··
```

g)

```
      H   H  :O:
      |   |   ||
  H—N—C—C—O—H
          |      ··
          H
```

Note :
En c), éthyle ou

```
               H   H
               |   |
  C2H5 = H—C—C—
               |   |
               H   H
```

7.72

$:\ddot{O}:^{2-}$	$:\ddot{O}:\ddot{O}:^{2-}$	$:\ddot{O}:\dot{O}:^{-}$
Oxyde	Peroxyde	Superoxyde

7.73 Faux

7.74 **a)** 114 kJ/mol

b) La liaison dans F_2^- est plus faible, car l'électron supplémentaire augmente la répulsion entre les atomes F.

7.75 H—Ar—F: (avec doublets libres sur Ar et F)

7.76 **a)**

```
      :F:  H
       |   |
  :F—C—C—Br:
       |   |
      :F: :Cl:
```

Halothane

b)

```
      H  :F:      H
      |   |       |
  :F—C—C—O—C—F:
      |   |       |
    :Cl: :F:     :F:
```

Enflurane

c)

```
     :F:  H       H
      |   |       |
  :F—C—C—O—C—F:
      |   |       |
     :F: :Cl:    :F:
```

Isoflurane

d)

```
       H  :F:      H
       |   |       |
  :Cl—C—C—O—C—H
       |   |       |
     :Cl: :F:      H
```

Méthoxyflurane

7.77

```
                 CH3
                  |
           ··N    N··
          //   \ /   \
    H—C         C      C=O
          \     ||     |
          :N—C     N··
           |     \   /   \
          H3C      C      CH3
                   ||
                   O:
```

Caféine

```
                 CH3
                  |
           ··N    N··
          //   \ /   \
    H—C         C      C=O:
          \     ||     |
          :N—C     N··
           |     \   /   \
          H3C      C      H
                   ||
                   O:
```

Théobromine

7.78 **a)**

```
             O:       H
             ||       |
  :N≡C—C—O—C—H
                 ··   |
                      H
```

b) –152 kJ/mol

7.79 +15 279 kJ/mol

7.80 **a)** $:\dot{\ddot{O}}—H$

b) La liaison O—H est relativement forte (460 kJ/mol). Pour compléter son octet, le radical O—H a une forte tendance à former un lien avec un H.

c) –46 kJ/mol

d) 260 nm

7.81 **a)**

```
  H           H
    \       /
      C=C
    /       \
  H           Cl:
```

b)

```
    H    H    H    H    H    H
    |    |    |    |    |    |
  —C—C—C—C—C—C—
    |    |    |    |    |    |
    H  :Cl:  H  :Cl:  H  :Cl:
```

c) $-1{,}2 \times 10^{6}$ kJ

7.82

$S(s) + O_2(g) \rightarrow SO_2(g)$

$2SO_2(g) + O_2(g) \rightarrow 2SO_3(g)$

$SO_3(g) + H_2O(l) \rightarrow H_2SO_4(aq)$

$SO_3(g) + H_2SO_4(aq) \rightarrow H_2S_2O_7(aq)$

$H_2S_2O_7(aq) + H_2O(l) \rightarrow 2H_2SO_4(aq)$

```
     :O:      :O:
      ||       ||
  O=S—O—S=O   ⟷
      |        |
    :O—H   :O—H

            :O:⁻       :O:⁻
             |          |
      :O—²⁺S—O—²⁺S—O:⁻
             |          |
           :O—H     :O—H
```

7.83 $2{,}60 \times 10^{-7}$ m ou 260 nm

7.84

```
:N≡N⁺—N⁻=N⁺=N⁻  ⟷
   ⁻:N=N⁺=N—N⁺≡N:  ⟷
        :N≡N⁺—N—N⁺≡N:
```

7.85 –844 kJ/mol

RÉVISIONS DES CONCEPTS

p. 305 $\delta^+ \delta^-$ $\delta^+ \delta^-$
Gauche : LiH Droite : HCl

p. 308 Li^+. La grande demande énergétique nécessaire pour former l'ion Pb_4^+ le rend moins susceptible de former un composé ionique.

p. 309 8

p. 322 b)

p. 323

```
                  O:
                  ||
            ··N    C     H
          //   \ /  \  /
    H—C         C     N··
          \     ||     |
           N—C     C       H
           |     \ //  \  /
           H      N      N··
                  ··      |
                          H
```

p. 331 Al est dans la troisième période. Il a accès aux orbitales 3*d*, alors il peut s'entourer de plus de huit électrons. Il n'y a pas d'orbitales *d* accessibles aux éléments de la deuxième période. Le bore ne peut pas avoir d'octet étendu.

p. 335 Liaison σ : a) et b) ; liaison π : c) et e) ; aucune liaison : d)

p. 342

$H_3C-C(=\ddot{O}:)-\ddot{N}H_2 \longleftrightarrow H_3C-C(-\ddot{O}:^-)=\overset{+}{N}H_2$

p. 348 a)

CHAPITRE 8

EXERCICES

E8.1 **a)** Tétraédrique **b)** Linéaire
c) Trigonale plane
(Dans les trois cas, la géométrie de répulsion et la géométrie de la molécule ou de l'ion sont identiques.)

E8.2 Non

E8.3 **a)** sp^3 **b)** sp^2 **c)** sp^3d^2

E8.4 $He_2 < He_2^{2+}, H_2^+ < H_2$

E8.5 F_2^-

PROBLÈMES

8.1 **a)** Tétraédrique et trigonale pyramidale
b) Tétraédrique
c) Tétraédrique
d) Trigonale bipyramidale et tétraédrique irrégulière (bascule)

8.2 **a)** Linéaire **b)** Linéaire

8.3 **a)** Tétraédrique
b) Tétraédrique et angulaire
c) Trigonale plane
d) Trigonale bipyramidale et linéaire
e) Trigonale bipyramidale et tétraédrique irrégulière (bascule)
f) Trigonale bipyramidale
g) Tétraédrique et trigonale pyramidale
h) Tétraédrique

8.4

AB_4, tétraédrique

$:O:$ (double liaison) $-C-$

AB_3, trigonale plane

$-\ddot{O}-H$

AB_2E_2, angulaire

8.5 $SiCl_4$, CI_4

8.6 $Te < Se < S < O$

8.7 L'électronégativité des halogènes décroît de F à I.

8.8 $CO_2 = CBr_4$ ($\mu = 0$ pour les deux) $< H_2S < NH_3 < H_2O < HF$

8.9 Il est supérieur.

8.10 B

8.11 B = D = 0 < C < A

8.12 $H = +1{,}9 \times 10^{-20}$ C
$Br = -1{,}9 \times 10^{-20}$ C

8.13 sp^3

8.14 sp^3

8.15 L'hybridation passe de sp^2 à sp^3.

8.16 Avant la réaction, B est hybridé sp^2 et N est hybridé sp^3. Après la réaction, les deux sont hybridés sp^3.

8.17 **a)** sp^3 **b)** sp^3 **c)** sp^2

8.18 **a)** H_3C-CH_3 (toutes les liaisons σ)

Les deux atomes de C sont hybridés sp^3.

b) $H_3C-CH=CH_2$ (liaisons σ ; double liaison σ + π)

Le premier atome de C est hybridé sp^3. Le deuxième et le troisième sont hybridés sp^2.

c) $H_3C-CH_2-\ddot{O}-H$ (toutes les liaisons σ)

Les deux atomes C sont hybridés sp^3.

d) $H_3C-CH=O$ (liaisons σ ; double liaison σ + π)

Le premier atome C est hybridé sp^3. Le deuxième est hybridé sp^2.

e) $H_3C-C(=\ddot{O}:)-\ddot{O}-H$ (liaisons σ ; C=O σ + π)

Le premier atome C est hybridé sp^3. Le deuxième est hybridé sp^2.

8.19 **a)** sp $:\ddot{O}=C=\ddot{O}:$ (σ, π)

b) sp $H-C\equiv N$ (σ ; σ, π, π)

8.20 Les deux atomes de carbone latéraux sont trigonaux plans et sont hybridés sp^2. L'atome de carbone central est linéaire et hybridé sp. La molécule est complètement planaire.

8.21 sp^3d

8.22 **a)** sp **b)** sp^2 **c)** sp^3d
d) sp^2 **e)** sp^3d **f)** sp^3d
g) sp^3d^2

8.23 **a)** sp^3d **b)** sp^3d^2

8.24 Pour H_2, l'ordre de liaison = 1, pour H_2^+, c'est $\frac{1}{2}$ et pour H_2^{2+}, c'est 0. La distance internucléaire dans l'ion +1 est plus grande que celle dans la molécule neutre d'hydrogène. Pour l'ion +2, la distance est si grande que cette molécule n'existe pas (ordre de liaison = 0).

8.25 $Li_2^- = Li_2^+ < Li_2$

8.26 Be_2 n'existe pas, l'ordre de liaison = 0.

8.27 B_2^+

8.28 L'ordre de liaison du carbure vaut 3 et celui de C_2 seulement 2.

8.29 De N_2 à N_2^+, l'ordre de liaison passe de 3 à 2,5, alors que de O_2 à O_2^+, il change de 2 à 2,5.

8.30 $O_2^{2-} < O_2^- < O_2 < O_2^+$

8.31 La plus grande stabilité du benzène est due à la présence d'orbitales moléculaires délocalisées, alors que dans l'éthylène, il y a seulement une liaison double très localisée.

8.32 Celle de droite, car il y a toujours délocalisation sur toute la structure, alors qu'il peut y avoir une restriction pour la structure de gauche dans le cas où les plans des anneaux seraient perpendiculaires.

8.33 Sur les 24 électrons de valence, il y en a 6 dans des orbitales moléculaires π délocalisées.

8.34 **a)** $:\ddot{F}-\overset{+}{N}(=\ddot{O}:)-\ddot{O}:^-$

b) sp^2

c) Il y a des liaisons σ joignant l'atome d'azote au fluor et aux atomes d'oxygène. Il y a aussi une liaison π délocalisée formant une orbitale moléculaire répartie dans toute la molécule.

8.35 sp^2

8.36 Seule la molécule c) n'est pas tétraédrique.

8.37 $:\ddot{Br}-Hg-\ddot{Br}:$ Linéaire

8.38

Structure de Lewis	Moments de liaison	Moment dipolaire résultant

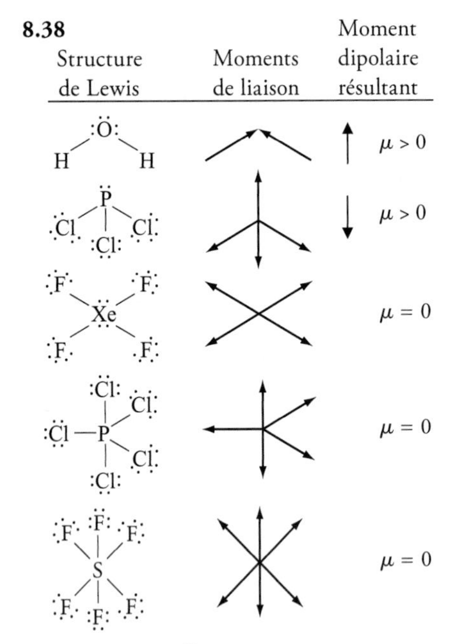

8.39 $1{,}32 \times 10^{-10}$ m

8.40 Angulaire ; sp^3

8.41 AB_3E_2 : en T ; AB_5E : pyramidale à base carrée ; AB_6 : octaédrique

8.42 **a)** :F̤—B—F̤: (avec :F̤: sur B) trigonale plane

b) $[$:Ö—C̈l—Ö: avec =Ö: sur Cl$]^-$

trigonale pyramidale

c) La structure de Lewis et le moment dipolaire de H_2O sont présentés au problème 8.38. Le vecteur résultant représentant le moment dipolaire est orienté de manière à montrer que la charge partielle est positive sur le H et négative sur le O, donc de H vers O.

d) F—Ö—F angulaire et polaire

e) Ö=S̈e—Ö:

trigonale plane, environ 120°

8.43 **a)** 180° **b)** 120° **c)** 109,5° **d)** 109,5° **e)** Environ 120° **f)** Environ 109,5° **g)** 109,5°

8.44 **a)** :Ö—S(=O)—Ö: non polaire

b) :F̤—P(—F̤:)—F̤: polaire

c) H—Si(F)(F)—F polaire (la région du fluor est négative)

d) $[$H—S̈i(—H)—H$]^-$

trigonale pyramidale

e) H—C(Br)(Br)—H polaire

8.45 ICl_2^- et $BeBr_2$

8.46 $[$Be entouré de quatre :C̈l:$]^{2-}$

tétraédrique sp^3

8.47 **a)** sp^2

b) La structure de droite a un moment dipolaire.

8.48 **a)**

Cyclopropane

Cubane

b) L'angle CCC est de 60° dans le cyclopropane et de 90° dans le cubane. Les deux sont inférieurs à 109,5°.

c) Plus difficiles à obtenir que des structures sans tension avec un angle normal de 109,5° pour une hybridation sp^3.

8.49 Une rotation autour de l'axe de la liaison C=C dans la molécule *cis*-dichloroéthylène romprait une liaison π ; dans la molécule 1,2-dichloroéthane, il y a donc libre rotation autour de la liaison σ.

8.50 Oui

8.51 La répulsion entre les électrons des liaisons doubles fait augmenter la valeur de l'angle à près de 120°.

8.52 **a)** C : tous les atomes de carbone avec seulement des liaisons simples sont hybridés sp^3, et ceux qui ont une liaison double sont hybridés sp^2 ; N : tous les atomes d'azote qui ont des liaisons simples sont hybridés sp^3, ceux qui ont une liaison double sont hybridés sp^2, et celui qui a deux liaisons doubles est hybridé *sp*.

b) i) 120° ii) 180°

8.53 O_3, CO, CO_2, NO_2, $CFCl_3$.

8.54 $(\sigma_{1s})^2(\sigma^\star_{1s})^2(\sigma_{2s})^2(\sigma^\star_{2s})^2(\pi_{2py})^1(\pi_{2pz})^1$

Cette molécule est paramagnétique.

8.55 Au tableau 8.5, on peut déduire que par rapport à F_2, l'ion F_2^- a un électron en plus dans l'orbitale $\sigma^\star_{2px}$. Il a donc un ordre de liaison de seulement $\frac{1}{2}$ comparativement à un ordre de liaison égal à 1 pour F_2.

8.56 **A** et **C** sont identiques ainsi que **B** et **D**

8.57 Le Si a des orbitales *3d*, ce qui permet à l'eau de s'additionner sur le Li (couche de valence étendue).

8.58 43,6 %

8.59 **a)** C : sp^2 ; N : sp^2 pour la liaison double, sp^3 pour les autres. O est sp^2.

b) OCN : 120° ; CNH : 109,5° ; CCC : 120°

8.60

Les atomes de carbone marqués d'un astérisque sont hybridés sp^2, les autres sont hybridés sp^3.

8.61 **a)** Les deuxième et troisième modes vibrationnels, en créant des dipôles temporaires.

b) CO, NO_2 et N_2O

8.62 **a)** La transition est de σ_{2px} à $\pi^\star_{2py}$ ou $\pi^\star_{2pz}$

b) L'ordre de liaison change de 3 à 2, et elle s'allonge.

c) $4{,}23 \times 10^{-19}$ J

8.63 Pour que tous les électrons soient appariés dans O_2 (*voir le tableau 8.5*), il faudrait modifier le spin de l'un des électrons $\pi^\star_{2p}$ et l'apparier avec l'autre. (Cet arrangement est moins stable selon la règle de Hund.)

8.64 **a)** Plane et sans moment polaire

b) 20 liaisons σ et 6 liaisons π

8.65 **a)**

b) Atomes hybridés sp : N_1 et C_1 ; atomes hybridés sp^2 : C_3 et C_4 ; atomes hybridés sp^3 : C_2, C_5, C_6 et O_1

c) $N—C_1—C_2$: 180°
$C_3—C_4—C_5$: 120°
$C_1—C_2—C_3$: 109,5°
$C_2—C_3—C_4$: 120°
$C_4—C_5—C_6$: 109,5°
$C_5—C_6—O_1$: 109,5°
$C_6—O_1—H$: 109,5°

d) 16 liaisons σ et 3 liaisons π

e) Nitrile, alcène et alcool

8.66 a) $:\overset{-}{C}\equiv\overset{+}{O}:$

b)

↑↓	↑↓	↑↓ ↑↓	↑↓	☐☐	☐
σ_{2s}	$\sigma^\star_{2s}$	π_{2p_y} π_{2p_z}	σ_{2p_x}	$\pi^\star_{2p_y}$ $\pi^\star_{2p_z}$	$\sigma^\star_{2p_x}$

c) Le diagramme de Lewis prédit une liaison triple et l'ordre de liaison est égal à 3.

d) La molécule possède un moment dipolaire.

e) C

RÉVISIONS DES CONCEPTS

p. 370 Celle de droite, puisque les angles de liaison sont plus grands (109,5° par opposition à 90°).

p. 385 À un instant précis, CO_2 peut avoir un moment dipolaire dû à ses mouvements de vibration. Cependant, l'instant d'après, les vibrations peuvent changer de sens, inversant ainsi le moment dipolaire. Dans le temps (comme celui nécessaire à la mesure du moment dipolaire), le moment dipolaire global « net » s'approche de zéro et la molécule est non polaire.

p. 392 Il n'y a que trois orbitales p par niveau n ($n \geq 2$).

p. 397 1. La structure montre un lien simple. Or, selon les mesures d'enthalpies de liaison, la molécule de O_2 aurait un lien double.
2. La structure ne respecte pas la règle de l'octet.

CHAPITRE 9

EXERCICES

E9.1 a) Forces de dispersion
b) Forces dipôle-dipôle et de dispersion

E9.2 c)

E9.3 10,50 g/cm^3

E9.4 2

E9.5 369 mm Hg

PROBLÈMES

9.1 ICl a un moment dipolaire, mais Br_2 n'en a pas, ce qui donne à cette substance un point de fusion plus élevé.

9.2 Le méthane ; son point d'ébullition est le plus bas.

9.3 Ils sont tous tétraédriques et non polaires. Les seules attractions intermoléculaires possibles sont les forces de dispersion. Les autres facteurs étant égaux, l'importance des forces de dispersion augmente avec le nombre d'électrons. Plus l'attraction intermoléculaire est importante, plus le point d'ébullition est élevé, celui-ci augmente donc avec la masse molaire : ici de CH_4 à SnH_4.

9.4 a) Forces de dispersion
b) Forces de dispersion et dipôle-dipôle
c) Forces de dispersion et dipôle-dipôle
d) Forces de dispersion

9.5

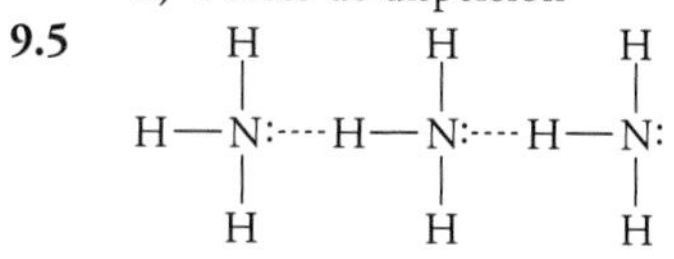

9.6 e)

9.7 $CO_2 < CH_3Br < CH_3OH$

9.8 Seul le butan-1-ol peut former des liaisons hydrogène ; il a donc le point d'ébullition le plus élevé.

9.9 a) O_2 b) SO_2 c) HF

9.10 a) Xe (forces de dispersion plus grandes)
b) CS_2 (forces de dispersion plus grandes)
c) Cl_2 (forces de dispersion plus grandes)
d) LiF (composé ionique)
e) NH_3 (liaisons hydrogène)

9.11 a) NH_3 est polaire et peut former des liaisons hydrogène ; CH_4 est non polaire.
b) KCl est un composé ionique. Dans I_2, une substance covalente non polaire, il n'y a que des forces de dispersion en jeu.

9.12 a) Les liaisons hydrogène, les forces dipôle-dipôle et de dispersion
b) Les forces de dispersion
c) Les forces de dispersion
d) Les forces attractives dues aux liaisons covalentes (forces intramoléculaires)

9.13 La structure linéaire (n-butane)

9.14 Le composé de gauche peut former des liaisons hydrogène intramoléculaires.

9.15 Les molécules d'éthanol

9.16 Sa viscosité se situe entre celles de l'éthanol et du glycérol.

9.17 a) 6 b) 8 c) 12

9.18 Cubique simple : une sphère ; cubique centrée I : deux sphères ; cubique centrée F : quatre sphères

9.19 2

9.20 $6{,}17 \times 10^{23}$ atomes/mol

9.21 2

9.22 458 pm

9.23 8

9.24 XY_3

9.25 *Voir* le tableau 9.6 pour la description de chaque type de solide et pour des exemples.

9.26 Solide ionique

9.27 Solide moléculaire

9.28 Solide covalent

9.29 Dans un métal, les électrons de valence sont délocalisés, ce qui donne une bonne conduction de chaleur et d'électricité. À haute température, les atomes vibrent davantage et constituent des obstacles pour la libre circulation des électrons.

9.30 Li et Be sont des solides métalliques, B et C sont des solides covalents, et N, O, F et Ne sont des solides moléculaires.

9.31 Na_2O, MgO et Al_2O_3 sont composés d'un métal et d'un non-métal, et ils ont tous des points de fusion élevés. Ce sont des solides ioniques. SiO_2 est un composé d'un métalloïde et d'un non-métal, c'est un solide covalent. Les trois autres sont des solides moléculaires.

9.32 Solides covalents : Si, C et B ; solides moléculaires : tous les autres.

9.33 a) Solide moléculaire
b) Solide covalent
c) Solide moléculaire
d) Solide ionique
e) Solide métallique
f) Solide covalent
g) Solide ionique
h) Solide métallique

9.34 Dans le diamant, chaque atome de carbone est lié de manière covalente à quatre autres atomes de carbone. Puisque ces liaisons sont fortes et uniformes, le diamant est une substance très dure. Dans le graphite, les atomes de carbone situés dans chaque couche sont retenus par des liens forts, mais les couches sont liées entre elles par de faibles forces de dispersion. Par conséquent, les couches de graphite se séparent facilement et le graphite est beaucoup moins dur que le diamant.

9.35 169 kJ

9.36 $2{,}67 \times 10^3$ kJ

9.37 a) Les autres facteurs étant égaux, les liquides s'évaporent plus rapidement à des températures plus élevées.
b) Plus la surface est grande, plus l'évaporation est rapide.
c) Des forces intermoléculaires faibles impliquent une pression de vapeur élevée et une évaporation rapide.

9.38 47,03 kJ/mol

9.39 Le butane aura la pression de vapeur la plus élevée.

9.40 Première étape : congélation ; seconde étape : sublimation

9.41 Congélation de l'eau, puis sublimation

9.42 Il y a libération de chaleur additionnelle quand la vapeur d'eau se condense à 100 °C.

9.43 60,1 kJ/mol

9.44 331 mm Hg

9.45 ΔH_{vap} de X < ΔH_{vap} de Y

9.46 La pression exercée par les lames sur la glace abaisse le point de fusion. Un film d'eau liquide agit comme lubrifiant.

9.47 D'abord, la glace fond à cause de l'augmentation de la pression. À mesure que le fil s'enfonce dans la glace, l'eau qui est au-dessus regèle. Finalement, le fil traverse complètement le cube de glace sans le couper en deux.

9.48 Diagramme de phases de SO_2. Les axes ont une échelle variable.

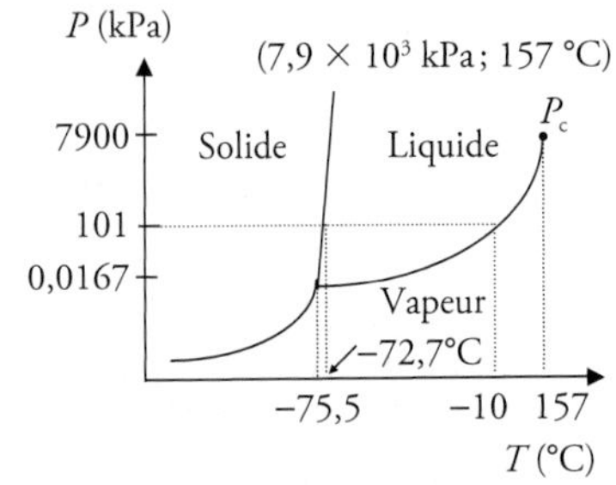

9.49 **a)** La glace fond, puis l'eau bout.
b) Il se forme de la glace.
c) L'eau bout.

9.50 **a)** Les liaisons hydrogène, les forces dipôle-dipôle et de dispersion
b) Les forces de dispersion
c) Peu importe le solvant, il faut rompre les forces ion-ion.
d) Il faut rompre les liaisons métalliques.

9.51 **a)** Les liaisons covalentes polaires
b) Certaines forces ion-ion
c) Les liaisons ioniques et les liaisons covalentes polaires
d) Les forces de dispersion
e) Les liaisons covalentes non polaires

9.52 d)

9.53 Les molécules HF sont maintenues ensemble par de fortes liaisons hydrogène intermoléculaires. (Les molécules HI ne forment pas de liaisons hydrogène entre elles.)

9.54 Il s'agit d'un solide covalent.

9.55 **a)** Solide **b)** Vapeur

9.56 XYZ_3

9.57 Puisque le point critique de CO_2 n'est que de 31 °C, le CO_2 ne peut être stable en phase liquide durant l'été.

9.58 760 mm Hg

9.59 Quand la pompe à vide est mise en marche et que la pression est réduite, le liquide commence à bouillir parce que sa pression de vapeur est supérieure à la pression extérieure (qui est près de zéro). La chaleur de vaporisation est fournie par l'eau, d'où le refroidissement de l'eau. Bientôt, l'eau perd suffisamment de chaleur pour que sa température tombe sous le point de congélation. Finalement, la glace passe à l'état gazeux (sublimation) à cause de la pression réduite.

9.60 Elle a atteint son point critique.

9.61 **a)** Deux :
Diamant/graphite/liquide
Graphite/liquide/vapeur
b) Le diamant
c) En appliquant une pression élevée à une température élevée.

9.62 75,9 kJ/mol

9.63 a) et b)

9.64 $8{,}3 \times 10^{-3}$ kPa

9.65 Ont une interaction ion-dipôle plus grande, donc une plus grande chaleur d'hydratation.

9.66 **a)** Diminue
b) et **c)** Aucun changement

9.67 66,8 %

9.68 A : méthanol
B : cholorométhane
C : propane

9.69 Plus grande

9.70 **a)** Environ 2,4 K
b) Environ 1000 kPa
c) Environ 5 K
d) Non. Il n'y a pas de courbe d'équilibre solide-vapeur.
e) Deux points triples

9.71 $Cl_2 < Br_2 < Na < Ca < V < C_{diamant}$

9.72 **a)** Bris de liaison métallique et de liaison covalente non polaire ; formation de liaison ionique.
b) Bris de forces de Van der Waals, de liaison ionique et de liaison covalente polaire ; formation de liaison hydrogène, de forces de Van der Waals, de liaison ionique et de liaison covalente polaire.
c) Bris de liaison hydrogène, de forces de Van der Waals et de liaison covalente polaire ; formation de liaison hydrogène, de forces de Van der Waals et de liaison covalente polaire.
d) Bris de liaison ionique et de liaison covalente non polaire ; formation de forces de Van der Waals, de liaison métallique et de liaison covalente polaire.

9.73 **a)** 52,4 % **b)** 68,0 % **c)** 74,0 %

9.74 La glace fait condenser la vapeur d'eau à l'intérieur. Puisque l'eau est encore chaude, elle commence à bouillir à pression réduite.

9.75 **a)** 30 °C
b) Ce sont tous deux des solides covalents.
c) $5{,}00 \times 10^{22}$ atomes de Si. Atomes B/atomes Si = $2{,}0 \times 10^{-10}$, le critère de pureté est satisfait.

9.76 La réponse est **D**. Dans ce cas, la température d'ébullition ne change pas, et la même chaleur fournie ne sera pas suffisante pour chauffer la vapeur d'eau.

9.77 4,80 g

9.78 **a)** Tout le toluène s'évaporera.
b) $9{,}45 \times 10^4$ mg/m^3

9.79 $9{,}9 \times 10^2$ mL

9.80

```
                H
                 \
                  N—H···O        H
                 /       \\     /
H        N=C              C—N
 \      /    \           /    \
  N—C          N···H—N          C=O
 /     \\    //          \     /
H        N—C              C—N
              \          //    \
               N—H···O          H
              /
             H
```

RÉVISIONS DES CONCEPTS

p. 432 L'hydrazine, puisqu'il s'agit du seul composé du groupe qui peut former des liaisons hydrogène.

p. 434 La viscosité décroît avec la température. Afin d'empêcher que l'huile à moteur devienne trop liquide en été, on a intérêt à utiliser de l'huile plus visqueuse. En hiver, à cause des températures plus basses, une huile moins visqueuse devrait être utilisée.

p. 441 2

p. 445 Quatre ions Zn^{2+} et quatre ions O^{2-}. La formule chimique de l'oxyde est donc ZnO.

p. 448 L'eau condense sur les parois du miroir qui est plus froid que la pièce saturée de vapeur d'eau chaude. (La tension de vapeur augmente avec la température.)

p. 451 Selon l'équation 9.2, la pente de la droite correspond à $-\Delta H^{\circ}_{vap}/R$. À cause de sa capacité à former des liaisons H, la ΔH°_{vap} de CH_3OH est plus élevée que celle de CH_3OCH_3. La pente la plus abrupte devrait donc correspondre à CH_3OH. Les résultats sont donc : CH_3OH : $\Delta H^{\circ}_{vap} = 37{,}4$ kJ/mol ; CH_3OCH_3 : $\Delta H^{\circ}_{vap} = 19{,}3$ kJ/mol.

p. 457 **B**

Sources iconographiques

CHAPITRE 1 p. 2: Robert R. Johnson, Department of Physics and Astronomy, University of Pennsylvania; **4 (h)**: © Tarker / The Bridgeman Art Library; **4 (b)**: Chris Rorres; **5 (h)**: UQAM; **5 (m)**: © vicm / iStockphoto; **5 (b)**: photo fournie par le professeur C.-J. Li; **7**: ESA and the Planck Collaboration; **9**: The McGraw-Hill Companies, Inc. / photo de Ken Karp; **11**: © Fenykepez / iStockphoto; **13**: The McGraw-Hill Companies, Inc. / photo de Charles D. Winters / Timeframe Photography, Inc.; **14**: courtoisie de NASA / JPL-Caltech; **16**: NASA; **17**: Comstock Royalty Free; **18, 22 (exercice 1.4a)**: Wikimedia Commons; **22 (fig. 1.13)**: Mettler-Toledo International Inc.; **22 (exemple 1.4a)**: Martyn F. Chillmaid / Science Photo Library; **22 (exemple 1.4b)**: GIPhotoStock / Science Source; **22 (exercice 1.4b)**: Tatiana Popova / Shutterstock.com; **27**: Sidney Harris / ScienceCartoonsPlus.com; **31**: Charles D. Winters / Science Source; **32**: Marc Tellier.

CHAPITRE 2 p. 40: C. Powell, P. Fowler et D. Perkins / Science Photo Library; **42 (g)**: Emilio Segrè Visual Archives / American Institute of Physics; **42 (d)**: ACJC / Fonds Curie et Joliot-Curie / Institut Curie, photothèque historique; **43**: Wikimedia Commons; **44**: tiré de la page couverture de *John Dalton and the Rise of Modern Chemistry* de Henry Roscoe / Wikimedia Commons; **45 (h)**: BortN66 / Shutterstock.com; **45 (b)**: FirstWorldWar.com / Wikimedia Commons; **46**: Richard Megna / Fundamental Photographs; **48**: George Grantham Bain Collection (Library of Congress) / Wikimedia Commons; **49**: © Reuters / Corbis; **53**: Serge Lachinov / Wikimedia Commons; **55**: Stephanie Colvey; **57**: © cezars / iStockphoto; **58 (h)**: Andrew Lambert Photography / Science Source; **58 (b), 62 (g), 66, 76**: The McGraw-Hill Companies, Inc. / photo de Ken Karp; **62 (d)**: © ProArtWork / iStockphoto; **63**: Alexander Gordeyev / Shutterstock.com; **77**: adapté de Kotz, J. C. et P. M. Treichel Jr. (2005). *Chimie générale*, trad. et adapt. de l'anglais par M. Deneux, Montréal, Beauchemin, p. 78.

CHAPITRE 3 p. 84: U. S. Geological Survey / photo de J. Pinkston et L. Stern; **86**: Science Source; **88**: Kotomiti Okuma / Shutterstock.com; **90 (h)**: Anton / Wikimedia Commons; **90 (b)**: The McGraw-Hill Companies, Inc. / photo de Stephen Frisch; **92**: Ben Mills / Wikimedia Commons; **93**: MarcelClemens / Shutterstock.com; **94**: Nikreates / Alamy; **95 (h)**: © KTPhoto / iStockphoto; **95 (b), 105, 106, 108 (h), 114**: The McGraw-Hill Companies, Inc. / photo de Ken Karp; **100**: Minerals Education Coalitions; **101**: © ErickN / iStockphoto; **108 (b)**: courtoisie de Scott Maclaren, Center for Microanalysis of Materials, University of Illinois at Urbana-Champaign; **116 (m), 127**: Marc Tellier; **122**: PhotoLink / Photodisc / Getty Images RF; **124**: Grant Heilman Photography; **125**: © Luc Papillon.

CHAPITRE 4 p. 138: Trent Schindler / NASA; **140 (g)**: Bildarchiv Preussuscher Kulturbesitz, Berlin / Wikimedia Commons; **140 (d)**: Sequajectrof – Jacques Forêt / Wikimedia Commons; **142**: © Estate of Stephen Laurence Strathdee / iStockphoto; **143**: Chemical Heritage Foundation, photo de Will Brown / Wikimedia Commons; **144**: LOC / Science Source; **145**: François Séraphin Delpech, 1778-1825 / Library of Congress; **147, 166 (b)**: The McGraw-Hill Companies, Inc. / photo de Ken Karp; **152**: Charles D. Winters / Science Source; **153**: Mediaseite der DaimlerChryslerAG / Wikimedia Commons; **154**: © Per Björkdahl / Dreamstime.com; **160**: Richard Whitcombe / Shutterstock.com; **162 (fig. 4.12)**: adapté de Kotz, J. C. et P. M. Treichel Jr. (2005). *Chimie générale*, trad. et adapt. de l'anglais par M. Deneux, Montréal, Beauchemin, p. 322; **166 (h)**: NASA; **169**: Wikimedia Commons; **170 (fig. 4.19)**: adapté de Kotz, J. C. et P. M. Treichel Jr. (2005). *Chimie générale*, trad. et adapt. de l'anglais par M. Deneux, Montréal, Beauchemin, p. 325; **175 (b)**: adapté de Kotz, J. C. et P. M. Treichel Jr. (2005). *Chimie générale*, trad. et adapt. de l'anglais par M. Deneux, Montréal, Beauchemin, p. 320; **176 (h)**: Marc Tellier.

CHAPITRE 5 p. 186: tiré de Crommie, M. F., C. P. Lutz et D. M. Eigler. (1993). « Confinement of Electrons to Quantum Corrals on a Metal Surface », *Science*, n° 262 (8 octobre 1993), p. 218-220 / illustration originale créée par IBM Corporation; **188 (h)**: Andreas Fink / Wikimedia Commons; **188 (m)**: Museumsstiftung Post und Telekommunikation / artiste: professeur Ernst Kößlinger; **188 (b)**: archives fédérales allemandes (Deutsches Bundesarchiv) / Wikimedia Commons; **189**: © Henrik5000 / iStockphoto; **193 (fig. 5.5), 226 (b)**: adapté de Kotz, J. C. et P. M. Treichel Jr. (2005). *Chimie générale*, trad. et adapt. de l'anglais par M. Deneux, Montréal, Beauchemin, p. 113; **194**: archives du California Institute of Technology; **197**: Peter Hermes Furian / Shutterstock.com; **198 (fig. 5.7)**: Charles D. Winters / Science Source; **199**: AIP Emilio Segrè Visual Archives, Uhlenbeck Collection; **205 (fig 5.15)**: adapté de Kotz, J. C. et P. M. Treichel Jr. (2005). *Chimie générale*, trad. et adapt. de l'anglais par M. Deneux, Montréal, Beauchemin, p. 118; **206, 207 (h)**: tiré de Chang, R. (2007). *Chemistry*, 9e éd., New York, McGraw-Hill, p. 280 / avec l'autorisation de McGraw-Hill; **207 (b)**: NASA / Wikimedia Commons; **207 (fig. 5.16)**: département de physique, Imperial College / Science Photo Library; **208, 212 (h)**: Wikimedia Commons; **211 (m)**: Dr Stanley Fleger / Visuals:Unlimited; **211 (b)**: courtoisie de IBM Corporation, © International Business Machines Corporation; **212 (m)**: NASA; **212 (b)**: AIP Emilio Segrè Visual Archives, photo de Francis Simon; **213 (fig. 5.19 B)**: adapté de Kotz, J. C. et P. M. Treichel Jr. (2005). *Chimie générale*, trad. et adapt. de l'anglais par M. Deneux, Montréal, Beauchemin, p. 127; **221 (fig. 5.25)**: adapté de Girouard, S. *et al.* (2013). *Chimie organique* 1, Montréal, Chenelière Éducation, p. 22; **222 (fig. 5.26, 5.28)**: Marc Tellier.

CHAPITRE 6 p. 236: SPL / Science Source; **238 (g)**: Emilio Segrè Visual Archives / American Institute of Physics / Science Photo Library; **238 (d)**: Sadi Carnot / Wikimedia Commons; **238 (b)**: Serge Lachinov / Wikimedia Commons; **239, 280 (Al, Ga)**: The McGraw-Hill Companies, Inc. / photo de Charles D. Winter; **241**: AIP Emilio Segrè Visual Archives, Goudsmit Collection, photo de Samuel Goudsmit; **251**: © Bosca78 / iStockphoto; **277**: Charles D. Winters / Science Source; **278 (Li, Na), 282 (Te), 283 (fig. 6.27)**: The McGraw-Hill Companies, Inc. / photo de Ken Karp; **278 (K, Cs)**: Dnn87 / Wikimedia Commons; **278 (Rb), 279 (Mg), 280 (In), 281 (Bi)**: Wikimedia Commons; **279 (Be, Ba), 281 (As)**: W. Oelen / Wikimedia Commons; **279 (Ca)**: Alexander C. Wimmer / Wikimedia Commons; **279 (Sr)**: Matthias Zepper / Wikimedia Commons; **279 (Ra)**: courtoisie Fred Bayer, www.bayerf.de/pse; **280 (B)**: © Lester V. Bergman / Corbis; **281 (fig. 6.23, Sb), 282 (Se)**: The McGraw-Hill Companies, Inc. / photo de Charles D. Winters / Timeframe Photography, Inc.; **281 (N_2)**: Charles D. Winters / Science Source; **281 (P)**: Time & Life Pictures / Getty Images; **282 (S_8)**: MarcelClemens / Shutterstock.com; **282 (fig. 6.26)**: © Joel Gordon 1979; **283 (XeF_4)**: courtoisie de Argonne National Laboratory; **284**: image de *A Day Made of Glass 2*, vidéo produite par Corning Incorporated.

CHAPITRE 7 p. 298: Leo Gross, IBM Research – Zurich / courtoisie de IBM Corporation, © International Business Machines Corporation; **300 (g)**: University of California, Lawrence Berkeley National Laboratory; **300 (d)**: Lewis, G. N. (1966). *Valence*, Dover Publications, New York, p. 289; **309, 325**: The McGraw-Hill Companies, Inc. / photo de Ken Karp; **311**: Imfoto / Shutterstock.com; **330 (m)**: © Stephen J. Lippard, département de chimie, Massachusetts Institute of Technology; **332 (m)**: tiré de Paquin, I. *et al.* (2013). *Chimie organique 2*, Montréal, Chenelière Éducation, p. 293; **332 (d)**: © Brenden Gebhart / Dreamstime.com; **332 (b), 333**: adapté de Girouard, S. *et al.* (2013). *Chimie organique 1*, Montréal, Chenelière Éducation, p. 23; **334 (fig. 7.7)**: adapté de Girouard, S. *et al.* (2013). *Chimie organique 1*, Montréal, Chenelière Éducation, p. 28; **340**: gracieuseté de James O. Schreck, professeur de chimie, University of Northern Colorado.

CHAPITRE 8 p. 364: © 1988, American Association for the Advancement of Science; **366 (h)**: National Library of Medicine / Science Source; **366 (b)**: © Underwood & Underwood / Corbis; **367**: National Archives and Records Administration; **386 (fig. 8.3)**: adapté de Girouard, S. *et al.* (2013). *Chimie organique 1*, Montréal, Chenelière Éducation, p. 24; **386 (fig. 8.4), 387 (fig. 8.6)**: adapté de Girouard, S. *et al.* (2013). *Chimie organique 1*, Montréal, Chenelière Éducation, p. 23; **388 (fig. 8.7)**: adapté de Girouard, S. *et al.* (2013). *Chimie organique 1*, Montréal, Chenelière Éducation, p. 25; **388 (fig. 8.9)**: adapté de Girouard, S. *et al.* (2013). *Chimie organique 1*, Montréal, Chenelière Éducation, p. 27; **393 (fig. 8.13)**: adapté de Girouard, S. *et al.* (2013). *Chimie organique 1*, Montréal, Chenelière Éducation, p. 26; **394 (fig. 8.14)**: adapté de Girouard, S. *et al.* (2013). *Chimie organique 1*, Montréal, Chenelière Éducation, p. 28; **395**: Charles D. Winters / Science Photo Library; **396 (g)**: Riichiro Saito / University of Electro-Communications, Tokyo; **396 (d)**: tiré de Chang, R. (2007). *Chemistry*, 9e éd., New York, McGraw-Hill, p. 441 / avec l'autorisation de McGraw-Hill; **397**: © 1992 Richard Megna, Fundamental Photographs, NYC; **406 (fig. 8.22 A, B)**: adapté de Kotz, J. C. et P. M. Treichel Jr. (2005). *Chimie générale*, trad. et adapt. de l'anglais par M. Deneux, Montréal, Beauchemin, p. 239.

CHAPITRE 9 p. 418, 427, 432, 435 (fig. 9.13), 451, 454, 457: The McGraw-Hill Companies, Inc. / photo de Ken Karp; **420 (g)**: Boreal & Northwest Canada; **421**: Université de Sherbrooke; **430**: Peter Menzel / Science Photo Library; **431**: Wikimedia Commons; **433**: optimarc / Shutterstock.com; **435 (fig. 9.14 B)**: Steve Collender / Shutterstock.com; **437**: © Steve McSweeny/iStockphoto; **440**: Comstock Royalty Free; **442**: courtoisie de Lawrence Livermore National Laboratory; **443**: MarcelClemens / Shutterstock.com; **444**: Hande Yüce / iStockphoto; **445 (fig. 9.26)**: adapté d'un graphique de Jean-Louis Galinier, professeur au département de chimie, Collège de Maisonneuve; **450**: © Luc Papillon; **458**: lightpoet / Shutterstock.com; **468 (prob. 9.76)**: courbes reproduites avec la permission de *Journal of Chemical Education*, vol. 79, n° 7, 2002, p. 889-895, © 2002, American Chemical Society.

Index

T

U

V

X

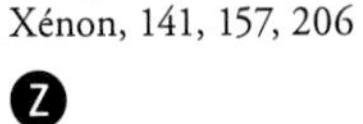

Z